KB275356

세상이 변해도
배움의 즐거움은
변함없도록

시대는 빠르게 변해도
배움의 즐거움은
변함없어야 하기에

어제의 비상은
남다른 교재부터
결이 다른 콘텐츠
전에 없던 교육 플랫폼까지

변함없는 혁신으로
교육 문화 환경의 새로운 전형을
실현해왔습니다.

비상은 오늘, 다시 한번
새로운 교육 문화 환경을 실현하기 위한
또 하나의 혁신을 시작합니다.

오늘의 내가 어제의 나를 초월하고
오늘의 교육이 어제의 교육을 초월하여
배움의 즐거움을 지속하는 혁신,

바로, 메타인지 기반 완전 학습을.

상상을 실현하는 교육 문화 기업 비상

메타인지 기반 완전 학습

초월을 뜻하는 meta와 생각을 뜻하는 인지가 결합한 메타인지는
자신이 알고 모르는 것을 스스로 구분하고 학습계획을 세우도록 하는
궁극의 학습 능력입니다. 비상의 메타인지 기반 완전 학습 시스템은
잠들어 있는 메타인지를 깨워 공부를 100% 내 것으로 만들도록 합니다.

완자 기출 PICK

공통수학2

1070제

PICK 1   실전 개념

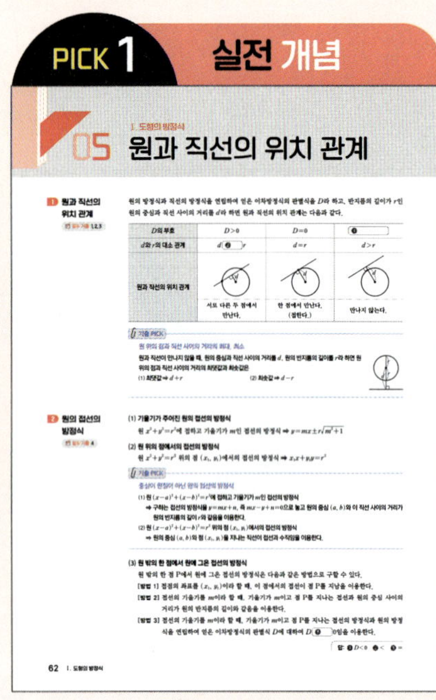

- 기출 문제 분석을 통해 정리한 실전 개념을 학습에 용이하도록 구성
- 중요한 개념을 확인할 수 있도록 ☐ 채우기 구성
- 빈출 유형에서 사용되는 주요 비법은 **기출 PICK**에 수록

PICK 2   난이도별 필수 기출

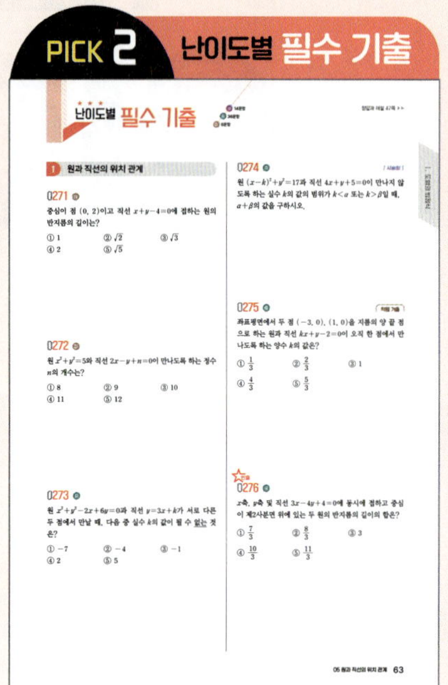

- 각종 시험의 기출 문제를 주제별, 난이도별로 구성
- 학평 기출 , 평가원 기출 , 수능 기출
  내신에 출제 가능성이 높은 모의고사 기출 문제 수록
- | 서술형 | 내신에서 서술형 유형으로 자주 출제되는 문제 수록
- 신유형 최근 출제 경향의 새로운 문제 수록

PICK 3   최고수준 도전 기출

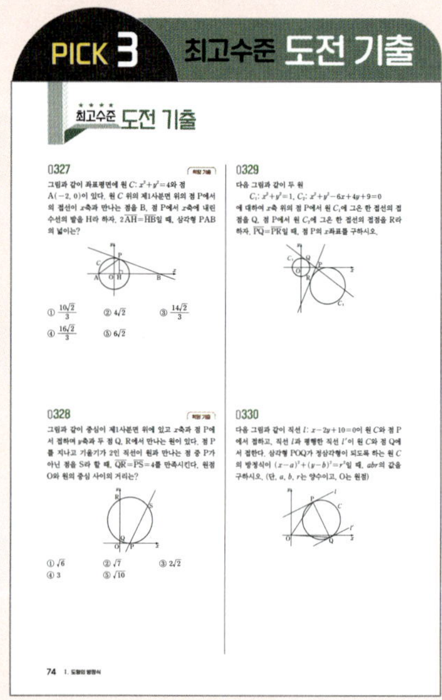

- 내신에서 변별력을 주기 위해 출제되는 1등급 달성을 위한 최고난도 문제 수록

차례 contents

완자 기출 PICK 공통수학1 구성

01 평면좌표

1 두 점 사이의 거리

☑ 필수 기출 1, 2

(1) 수직선 위의 두 점 사이의 거리

수직선 위의 두 점 $A(x_1)$, $B(x_2)$ 사이의 거리 $\overline{AB}$는

$$\overline{AB}=|x_2-x_1|$$

특히 수직선 위의 원점 O와 점 $A(x_1)$ 사이의 거리 $\overline{OA}$는

$$\overline{OA}=|x_1|$$

(2) 좌표평면 위의 두 점 사이의 거리

좌표평면 위의 두 점 $A(x_1,\ y_1)$, $B(x_2,\ y_2)$ 사이의 거리 $\overline{AB}$는

$$\overline{AB}=\sqrt{(x_2-x_1)^2+(y_2-y_1)^2}$$

특히 좌표평면 위의 원점 O와 점 $A(x_1,\ y_1)$ 사이의 거리 $\overline{OA}$는

$$\overline{OA}=\sqrt{x_1^{\,2}+y_1^{\,2}}$$

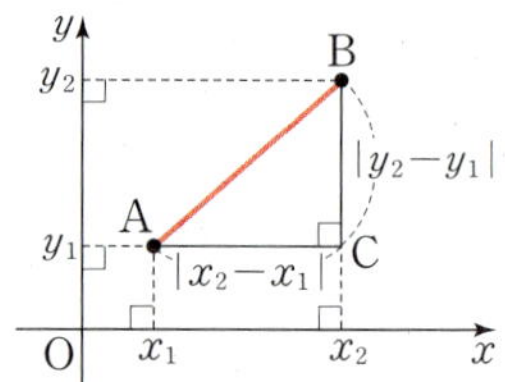

🖋 기출 PICK

두 점에서 같은 거리에 있는 점

두 점 A, B에서 같은 거리에 있는 점 P의 좌표는 점 P의 위치에 따라 좌표를 다음과 같이 나타낸 후

$$\overline{AP}=\overline{BP},\ 즉\ \overline{AP}^2=\overline{BP}^2$$

임을 이용하여 구한다.

(1) 점 P가 x축 위의 점 ➡ $P(a,\,0)$

(2) 점 P가 y축 위의 점 ➡ $P(0,\,b)$

(3) 점 P가 직선 $y=mx+n$ 위의 점 ➡ $P(a,\,ma+n)$

선분의 길이의 합의 최솟값

두 점 A, B와 임의의 점 P에 대하여 $\overline{AP}+\overline{BP}$의 값이 최소인 경우는 점 P가 선분 AB 위에 있을 때이다.

➡ $\overline{AP}+\overline{BP}\geq\overline{AB}$

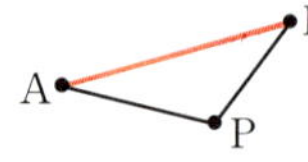

삼각형의 세 변의 길이와 모양

세 점 A, B, C의 좌표를 이용하여 $\overline{AB}$, $\overline{BC}$, $\overline{CA}$의 길이를 구한 후 다음과 같이 삼각형 ABC의 모양을 판단한다.

(1) $\overline{AB}=\overline{BC}=\overline{CA}$ ➡ 정삼각형

(2) $\overline{AB}=\overline{BC}$ 또는 $\overline{BC}=\overline{CA}$ 또는 $\overline{CA}=\overline{AB}$ ➡ 이등변삼각형

(3) $\overline{AB}^2+\overline{BC}^2=\overline{CA}^2$ ➡ $\angle B=90°$인 직각삼각형

2 선분의 내분점

☑ 필수 기출 3, 4

(1) 선분의 내분과 내분점

선분 AB 위의 점 P에 대하여 $\overline{AP}:\overline{PB}=m:n\,(m>0,\ n>0)$일 때, 점 P는 선분 AB를 $m:n$으로 내분한다고 하고, 점 P를 선분 AB의 ❶⬚⬚⬚⬚⬚⬚⬚⬚ 이라 한다.

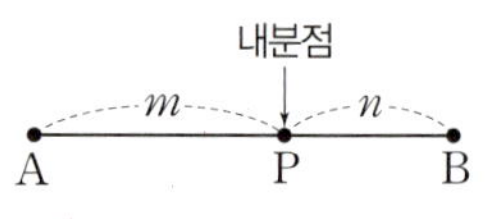

답: ❶ 내분점

(2) 수직선 위의 선분의 내분점

수직선 위의 두 점 $A(x_1)$, $B(x_2)$에 대하여 선분 AB를 $m : n\,(m>0,\ n>0)$으로 내분하는 점의

좌표는 $\dfrac{mx_2+nx_1}{m+n}$ ← 대각선 방향으로 곱하여 더한다.

특히 선분 AB의 중점의 좌표는 $\dfrac{x_1+x_2}{2}$

(3) 좌표평면 위의 선분의 내분점

좌표평면 위의 두 점 $A(x_1,\ y_1)$, $B(x_2,\ y_2)$에 대하여 선분 AB를 $m : n\,(m>0,\ n>0)$으로 내분하

는 점의 좌표는 $\left(\dfrac{mx_2+nx_1}{m+n},\ \dfrac{my_2+ny_1}{m+n}\right)$

특히 선분 AB의 중점의 좌표는 $\left(\dfrac{\text{❷}}{2},\ \dfrac{\text{❸}}{2}\right)$

📎 기출 PICK

등식을 만족시키는 선분의 연장선 위의 점

선분 AB의 연장선 위의 점 C가 서로소인 자연수 m, n에 대하여 $m\overline{AB}=n\overline{BC}$를 만족시키면 $\overline{AB} : \overline{BC}=n : m$이

므로 다음을 이용하여 점 C의 좌표를 구한다.

(1) $m<n$일 때,

점 B는 선분 AC를 $n : m$으로 내분하는 점이다.

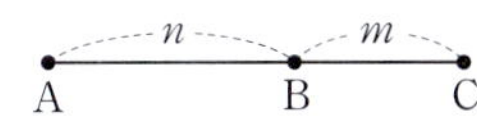

(2) $m>n$일 때,

① 점 B는 선분 AC를 $n : m$으로 내분하는 점이다.

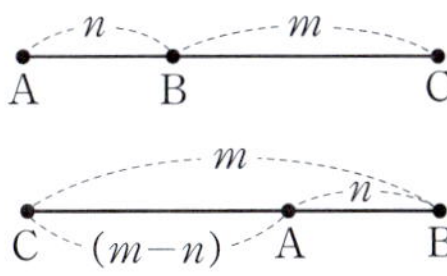

② 점 A는 선분 BC를 $n : (m-n)$으로 내분하는 점이다.

삼각형의 내각의 이등분선

삼각형 ABC에서 $\angle$A의 이등분선이 변 BC와 만나는 점을 D라 하면

$$\overline{AB} : \overline{AC}=\overline{BD} : \overline{CD}$$

➡ 점 D는 변 BC를 $\overline{AB} : \overline{AC}$로 내분하는 점이다.

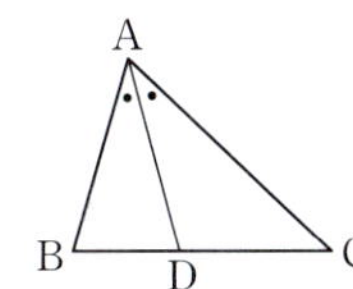

---

❸ 삼각형의 무게중심

☑ 필수 기출 5

좌표평면 위의 세 점 $A(x_1,\ y_1)$, $B(x_2,\ y_2)$, $C(x_3,\ y_3)$을 꼭짓점으로 하는

삼각형 ABC의 무게중심의 좌표는

$$\left(\dfrac{x_1+x_2+x_3}{3},\ \dfrac{y_1+y_2+y_3}{3}\right)$$

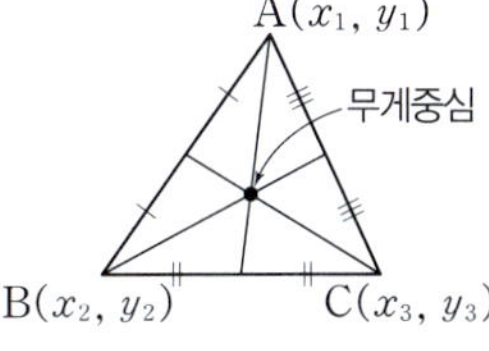

참고 삼각형의 세 중선의 교점을 무게중심이라 한다. 삼각형의 무게중심은 세 중선을 각 꼭짓점으로부터 각각 $2 : 1$로 내분한다.

📎 기출 PICK

삼각형의 세 변을 일정한 비율로 내분하는 점을 연결한 삼각형의 무게중심

삼각형 ABC의 세 변 AB, BC, CA를 $m : n\,(m>0,\ n>0)$으로 내분하는 점을 각각 D, E, F라 하면 삼각형 DEF의 무게중심은 삼각형 ABC의 무게중심과 일치한다.

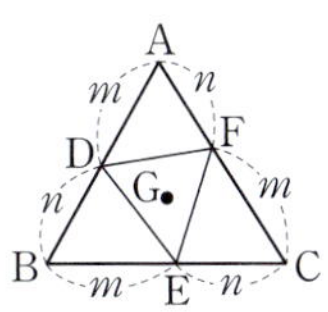

답: ❷ x_1+x_2 ❸ y_1+y_2

1 두 점 사이의 거리

0001 하

학평 기출

좌표평면 위의 점 $A(a, 3)$에 대하여 $\overline{OA}=4$일 때, a^2의 값은? (단, O는 원점이다.)

① 6   ② 7   ③ 8
④ 9   ⑤ 10

0002 하 🟍빈출

학평 기출

좌표평면 위의 두 점 $A(-1, 3)$, $B(4, 1)$에 대하여 선분 AB를 한 변으로 하는 정사각형의 넓이를 구하시오.

0003 하

오른쪽 그림과 같이 좌표평면 위에 두 정사각형이 놓여 있을 때, 두 점 A, B 사이의 거리는?

① $2\sqrt{6}$ ② 5
③ $\sqrt{26}$ ④ $3\sqrt{3}$
⑤ $2\sqrt{7}$

0004 중 🟍빈출

두 점 $A(a, 2)$, $B(5, -2a+6)$ 사이의 거리가 $2\sqrt{2}$일 때, 모든 a의 값의 합은?

① 5   ② $\dfrac{26}{5}$ ③ $\dfrac{27}{5}$
④ $\dfrac{28}{5}$ ⑤ $\dfrac{29}{5}$

0005 중

네 점 $A(1, 3)$, $B(-a, 2)$, $C(0, a)$, $D(-4, -1)$에 대하여 $2\overline{AB}=\overline{CD}$일 때, 양수 a의 값은?

① 1   ② $\sqrt{2}$ ③ $\sqrt{3}$
④ 2   ⑤ $\sqrt{5}$

0006 중

두 점 $A(a, -2)$, $B(2, 1-a)$ 사이의 거리가 5 이하가 되도록 하는 정수 a의 개수는?

① 5   ② 6   ③ 7
④ 8   ⑤ 9

0007 중

두 점 $A(t, -4)$, $B(-2, -t)$에 대하여 선분 AB의 길이가 최소가 되도록 하는 t의 값은?

① -2　　　② -1　　　③ 0

④ 1　　　⑤ 2

★빈출 0008 중 | 서술형 |

두 점 $A(1, 4)$, $B(4, 7)$에서 같은 거리에 있는 x축 위의 점을 P, y축 위의 점을 Q라 할 때, 선분 PQ의 길이를 구하시오.

0009 중

평행사변형 ABCD에서 세 꼭짓점이 $A(3, 4)$, $B(1, 5)$, $C(4, k)$이고, 둘레의 길이가 $8\sqrt{5}$일 때, k의 값은?

(단, 점 C는 제4사분면 위에 있다.)

① -5　　　② -4　　　③ -3

④ -2　　　⑤ -1

0010 중

두 점 $A(3, 4)$, $B(5, 2)$에서 같은 거리에 있는 점 $P(a, b)$에 대하여 $\overline{OP}=5$일 때, ab의 값은?

(단, O는 원점)

① 10　　　② 12　　　③ 14

④ 16　　　⑤ 18

0011 중 학평 기출

좌표평면 위에 두 점 $A(2, 4)$, $B(5, 1)$이 있다. 직선 $y=-x$ 위의 점 P에 대하여 $\overline{AP}=\overline{BP}$일 때, 선분 OP의 길이는? (단, O는 원점이다.)

① $\dfrac{\sqrt{2}}{4}$　　　② $\dfrac{\sqrt{2}}{2}$　　　③ $\sqrt{2}$

④ $2\sqrt{2}$　　　⑤ $4\sqrt{2}$

0012 중

두 점 $A(-1, 3)$, $B(4, 6)$에서 같은 거리에 있는 점이 나타내는 도형의 방정식을 구하시오.

세 점 A$(2, 4)$, B$(0, 2)$, C$(3, -1)$을 꼭짓점으로 하는 삼각형 ABC의 외심을 P라 할 때, 삼각형 BOP의 넓이를 구하시오. (단, O는 원점)

0014 중 학평 기출

좌표평면 위의 한 점 A$(2, 1)$을 꼭짓점으로 하는 삼각형 ABC의 외심은 변 BC 위에 있고 좌표가 $(-1, -1)$일 때, $\overline{AB}^2 + \overline{AC}^2$의 값은?

① 51　　　② 52　　　③ 53
④ 54　　　⑤ 55

★빈출
0015 상

오른쪽 그림과 같이 O 지점에서 수직으로 만나는 일직선 모양의 두 도로가 있다. 유나는 O 지점으로부터 150 m 떨어진 P 지점에서 출발하여 O 지점의 방향으로 초속 1 m의 속력으

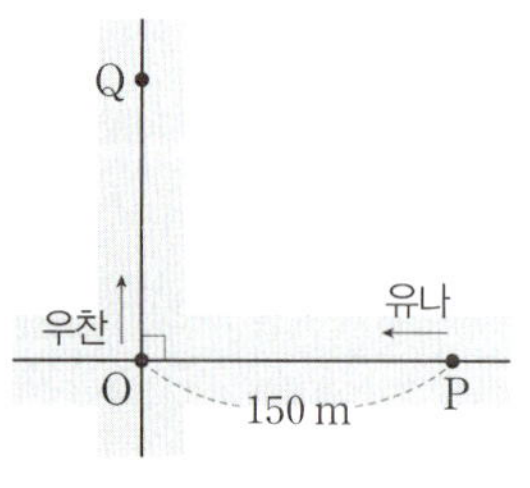

로, 우찬이는 O 지점에서 출발하여 Q 지점의 방향으로 초속 2 m의 속력으로 도로를 따라 걸어가고 있다. 이 두 사람이 동시에 출발할 때, 두 사람이 가장 가까이 있을 때의 거리를 구하시오.

0016 상

다음 그림과 같이 함수 $f(x) = x^2 + x - 3$의 그래프와 직선 $y = -x$가 만나는 두 점을 각각 A, B라 하자. 함수 $y = f(x)$의 그래프 위의 점 P에 대하여 $\overline{AP} = \overline{BP}$를 만족시키는 모든 점 P의 x좌표의 곱은?

(단, 점 A의 x좌표는 점 B의 x좌표보다 작다.)

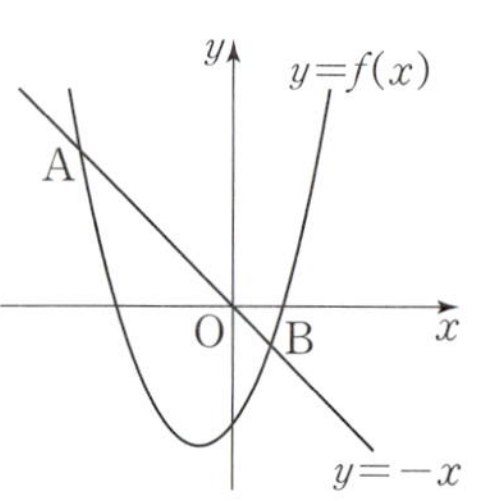

① -7　　　② -6　　　③ -5
④ -4　　　⑤ -3

0017 상

다음 그림과 같이 아파트 B는 아파트 A에서 동쪽으로 4 km만큼 떨어진 위치에 있고, 아파트 C는 아파트 A에서 동쪽으로 1 km, 북쪽으로 3 km만큼 떨어진 위치에 있다. 세 아파트 A, B, C에서 같은 거리에 있는 지점에 정류장을 만들려고 할 때, 정류장에서 각 아파트까지의 거리는?

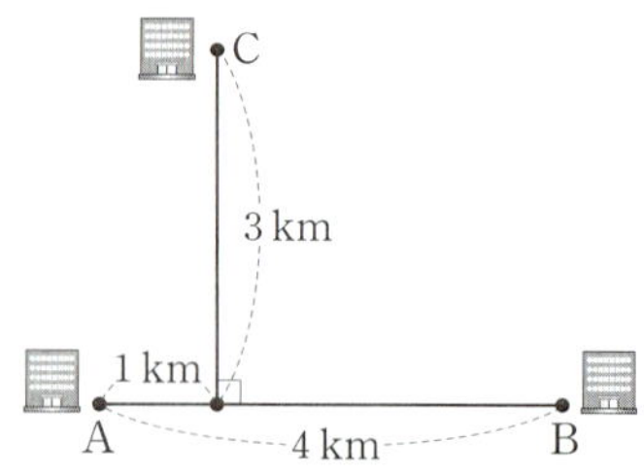

① 2 km　　　② $\sqrt{5}$ km　　　③ $\sqrt{6}$ km
④ $\sqrt{7}$ km　　　⑤ $2\sqrt{2}$ km

2 두 점 사이의 거리의 활용

0018 중

두 점 $O(0, 0)$, $A(5, 6)$과 임의의 점 P에 대하여 $\overline{OP}+\overline{AP}$의 최솟값은?

① $2\sqrt{15}$ 　　② $\sqrt{61}$ 　　③ $\sqrt{62}$
④ $3\sqrt{7}$ 　　⑤ 8

0019 중

두 점 $A(-4, -3)$, $B(2, 5)$와 y축 위의 점 P에 대하여 $\overline{AP}^{2}+\overline{BP}^{2}$의 최솟값은?

① 48 　　② 50 　　③ 52
④ 54 　　⑤ 56

0020 중

| 서술형 |

두 점 $A(1, -3)$, $B(-3, 1)$과 직선 $y=x-3$ 위의 점 P에 대하여 $\overline{AP}^{2}+\overline{BP}^{2}$의 값이 최소가 되도록 하는 점 P의 좌표를 구하시오.

0021 중

세 점 $A(4, 3)$, $B(-2, 0)$, $C(5, 0)$을 꼭짓점으로 하는 삼각형 ABC에서 변 BC 위를 움직이는 점을 P라 할 때, $\overline{AP}^{2}+\overline{BP}^{2}$의 최댓값과 최솟값의 차를 구하시오.

0022 중

실수 a, b에 대하여
$$\sqrt{(a+4)^{2}+(b+3)^{2}}+\sqrt{(a-2)^{2}+(b-1)^{2}}$$
의 최솟값은?

① $4\sqrt{3}$ 　　② 7 　　③ $5\sqrt{2}$
④ $\sqrt{51}$ 　　⑤ $2\sqrt{13}$

0023 중

| 서술형 |

실수 x, y에 대하여
$$\sqrt{(x+a)^{2}+(y-3a)^{2}}+\sqrt{(x+5)^{2}+(y-3)^{2}}$$
의 최솟값이 $3\sqrt{2}$일 때, 정수 a의 값을 구하시오.

0024 중

세 점 $O(0, 0)$, $A(4, 3)$, $B(7, -1)$을 꼭짓점으로 하는 삼각형 AOB는 어떤 삼각형인가?

① 정삼각형
② $\overline{AO}=\overline{OB}$인 이등변삼각형
③ $\angle A=90°$인 직각이등변삼각형
④ $\angle B=90°$인 직각삼각형
⑤ 둔각삼각형

0025 중

두 점 $A(1, -1)$, $B(-1, 1)$과 직선 $y=2x$ 위의 점 C를 꼭짓점으로 하는 삼각형 ABC가 $\angle A=90°$인 직각삼각형일 때, 점 C의 좌표를 구하시오.

0026 중

세 점 $A(-2, -1)$, $B(2, 1)$, $C(a, b)$를 꼭짓점으로 하는 삼각형 ABC가 정삼각형일 때, $a+b$의 값을 구하시오. (단, 점 C는 제2사분면 위에 있다.)

0027 중

세 점 $A(2, -1)$, $B(k, -3)$, $C(8, 1)$을 꼭짓점으로 하는 삼각형 ABC가 $\angle B>90°$인 둔각삼각형이 되도록 하는 정수 k의 값은?

① -1　　② 1　　③ 3
④ 5　　⑤ 7

0028 중 | 서술형 |

세 점 $A(-2, 1)$, $B(-3, -2)$, $C(1, 0)$을 꼭짓점으로 하는 삼각형 ABC의 넓이를 구하시오.

0029 중

세 점 $A(-2, 8)$, $B(0, -1)$, $C(2, k)$를 꼭짓점으로 하는 삼각형 ABC가 $\angle C=90°$인 직각삼각형일 때, 삼각형 ABC의 넓이의 최댓값을 구하시오.

0030 중

다음은 평행사변형 ABCD의 두 대각선 AC, BD에 대하여

$$\overline{AC}^2+\overline{BD}^2=2(\overline{AB}^2+\overline{BC}^2)$$

이 성립함을 증명하는 과정이다. (가), (나), (다)에 들어갈 알맞은 것을 구하시오.

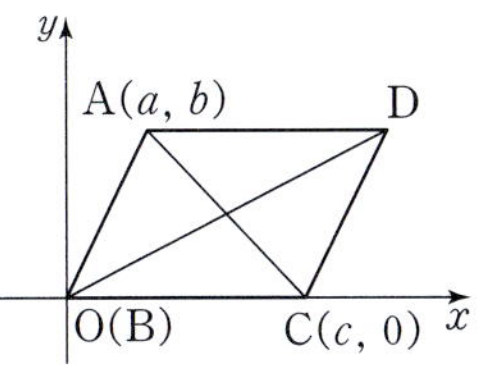

오른쪽 그림과 같이 직선 BC를 x축, 점 B를 지나고 직선 BC에 수직인 직선을 y축으로 하는 좌표평면을 잡으면 점 B는 원점이 된다.

이때 A(a, b), C$(c, 0)$이라 하면 D$(\boxed{\ (가)\ }, b)$이므로

$$\overline{AC}^2+\overline{BD}^2=\boxed{\ (나)\ }$$
$$\overline{AB}^2+\overline{BC}^2=\boxed{\ (다)\ }$$
$$\therefore \overline{AC}^2+\overline{BD}^2=2(\overline{AB}^2+\overline{BC}^2)$$

0031 중

다음은 삼각형 ABC에서 변 BC를 삼등분하는 두 점을 각각 M, N이라 할 때,

$$\overline{AB}^2+\overline{AC}^2=\overline{AM}^2+\overline{AN}^2+4\overline{MN}^2$$

이 성립함을 증명하는 과정이다. (가)~(라)에 들어갈 알맞은 것을 구하시오.

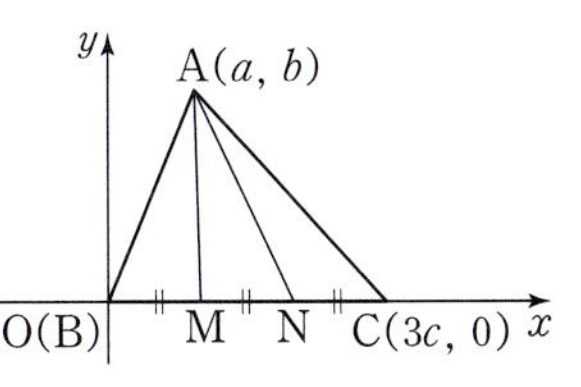

오른쪽 그림과 같이 직선 BC를 x축, 점 B를 지나고 직선 BC에 수직인 직선을 y축으로 하는 좌표평면을 잡으면 점 B는 원점이 된다.

이때 A(a, b), C$(3c, 0)$이라 하면

M$(\boxed{\ (가)\ }, 0)$, N$(\boxed{\ (나)\ }, 0)$이므로

$$\overline{AB}^2+\overline{AC}^2=\boxed{\ (다)\ }$$
$$\overline{AM}^2+\overline{AN}^2+4\overline{MN}^2=\boxed{\ (라)\ }$$
$$\therefore \overline{AB}^2+\overline{AC}^2=\overline{AM}^2+\overline{AN}^2+4\overline{MN}^2$$

0032 중

오른쪽 그림과 같은 평행사변형 ABCD에서 B$(3, 3)$, D$(9, 11)$이고 $\overline{AB}=5$, $\overline{BC}=7$일 때, 선분 AC의 길이는?

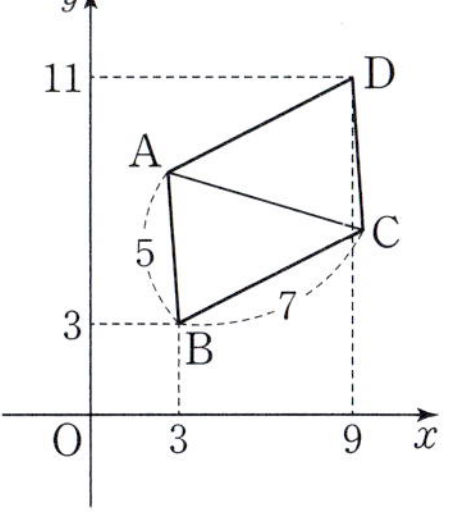

① $4\sqrt{3}$ ② $\sqrt{51}$
③ $3\sqrt{6}$ ④ $\sqrt{57}$
⑤ $2\sqrt{15}$

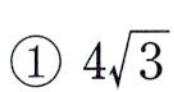

빈출 0033 상

실수 x, y에 대하여

$$\sqrt{x^2+y^2-6x-10y+34}+\sqrt{x^2+y^2+12x-4y+40}$$

의 최솟값을 구하시오.

0034 상

다음 그림과 같이 네 점 A$(3, 5)$, B$(-2, 3)$, C$(-2, -4)$, D$(5, -5)$를 꼭짓점으로 하는 사각형 ABCD의 내부의 한 점 P에서 각 꼭짓점에 이르는 거리의 제곱의 합이 최소일 때, 점 P의 좌표를 구하시오.

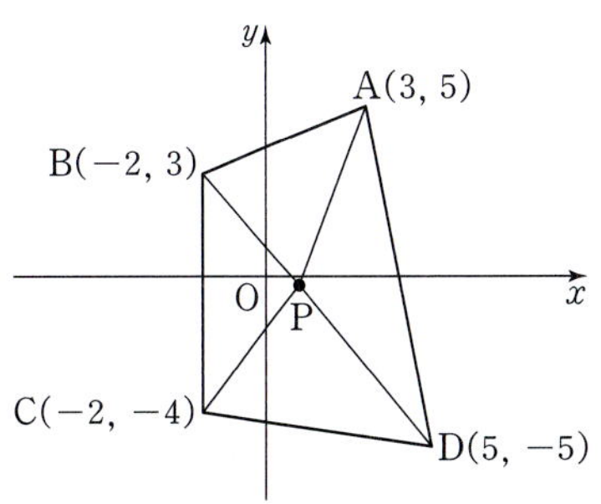

0035 (상)

다음 그림과 같이 $\angle B = 90°$인 직각삼각형 ABC에서 $\overline{CA} = 12$이다. 변 CA를 삼등분하는 두 점을 각각 P, Q라 할 때, $\overline{BP}^2 + \overline{BQ}^2$의 값은?

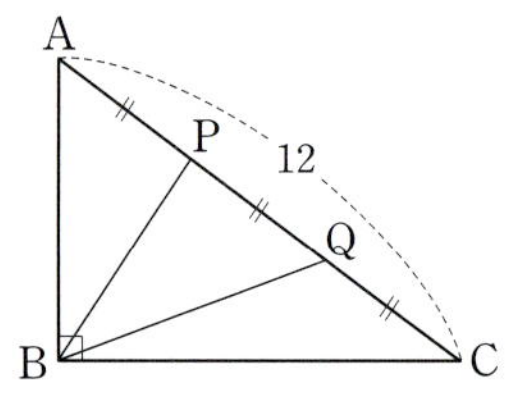

① 60 ② 70 ③ 80
④ 90 ⑤ 100

0036 (상)

[학평 기출]

실수 k에 대하여 이차함수 $y = (x-k)^2 - 2$의 그래프와 직선 $y = 2$는 서로 다른 두 점 A, B에서 만난다. 삼각형 AOB가 이등변삼각형이 되도록 하는 서로 다른 k의 개수를 n, k의 최댓값을 M이라 하자. $n+M$의 값은? (단, O는 원점이고, 점 A의 x좌표는 점 B의 x좌표보다 작다.)

① $7+\sqrt{3}$ ② $7+2\sqrt{3}$ ③ $7+3\sqrt{3}$
④ $9+2\sqrt{3}$ ⑤ $9+3\sqrt{3}$

---

3 선분의 내분점

0037 (하)

수직선 위의 두 점 $A(a)$, $B(2)$에 대하여 선분 AB를 $5:1$로 내분하는 점의 좌표가 1일 때, a의 값은?

① -4 ② -2 ③ 0
④ 2 ⑤ 4

0038 (하)

두 점 $A(-6, 8)$, $B(1, 1)$에 대하여 선분 AB를 $4:3$으로 내분하는 점을 P라 할 때, 선분 OP의 중점의 좌표를 구하시오. (단, O는 원점)

0039 (중)

빈출

두 점 $A(-2, -1)$, $B(8, 4)$에 대하여 선분 AB를 $2:k$로 내분하는 점이 직선 $y = x - 1$ 위에 있을 때, 실수 k의 값을 구하시오.

0040 중   학평 기출

두 점 $A(a, 0)$, $B(2, -4)$에 대하여 선분 AB를 $3 : 1$로 내분하는 점이 y축 위에 있을 때, 선분 AB의 길이는?

① $2\sqrt{5}$ ② $3\sqrt{5}$ ③ $4\sqrt{5}$

④ $5\sqrt{5}$ ⑤ $6\sqrt{5}$

0041 중 | 서술형 |

세 점 $A(2, a-1)$, $B(b+1, -1)$, $C(a+1, b)$에 대하여 선분 AB를 $2 : 1$로 내분하는 점이 원점일 때, 선분 BC를 $3 : 2$로 내분하는 점의 좌표를 구하시오.

⭐빈출 0042 중   학평 기출

좌표평면 위의 두 점 A, B에 대하여 선분 AB의 중점의 좌표가 $(1, 2)$이고, 선분 AB를 $3 : 1$로 내분하는 점의 좌표가 $(4, 3)$일 때, $\overline{AB}^2$의 값을 구하시오.

0043 중

두 점 $A(-1, 4)$, $B(3, -1)$에 대하여 선분 AB가 x축에 의하여 $m : n$으로 내분될 때, $m-n$의 값을 구하시오.
(단, m, n은 서로소인 자연수)

⭐빈출 0044 중 | 서술형 |

두 점 $A(3, 2)$, $B(-2, -5)$에 대하여 선분 AB를 $t : (1-t)$로 내분하는 점이 제4사분면 위에 있을 때, $35t$가 자연수가 되도록 하는 실수 t의 개수를 구하시오.

0045 중

점 P가 직선 $y = -9x+3$ 위를 움직일 때, 원점 O에 대하여 선분 OP를 $1 : 2$로 내분하는 점 Q가 나타내는 도형의 방정식은 $mx+y+n=0$이다. 이때 상수 m, n에 대하여 mn의 값은?

① -9 ② -3 ③ 1

④ 3 ⑤ 9

0046 ⟨상⟩

정삼각형 ABC의 변 BC 위의 점 P에 대하여
$\overline{AP}^2+\overline{BP}^2$의 값이 최소일 때, 점 P는 선분 BC를 $m:n$
으로 내분한다. 이때 $m+n$의 값을 구하시오.

(단, m, n은 서로소인 자연수)

0047 ⟨상⟩

곡선 $y=x^2-2x$와 직선
$y=3x+k\,(k>0)$이 두 점 P, Q에
서 만난다. 선분 PQ를 $1:2$로 내
분하는 점의 x좌표가 1일 때, 상수
k의 값을 구하시오. (단, 점 P의 x
좌표는 점 Q의 x좌표보다 작다.)

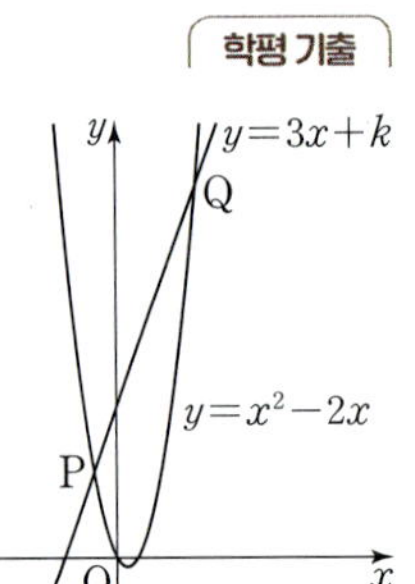

0048 ⟨상⟩

세 점 A(a, b), B$(-3, 3)$, C$(9, -9)$에 대하여 선분
AB를 $m:n$으로 내분하는 점은 y축 위에 있고, 선분
AC를 $m:n$으로 내분하는 점은 x축 위에 있다. 이때 세
점 A, B, C를 꼭짓점으로 하여 만들 수 있는 삼각형
ABC의 개수를 구하시오.

(단, a, b는 10 이하의 자연수이고, $m>0$, $n>0$)

---

4 선분의 내분점의 활용

0049 ⟨중⟩

두 점 A(a, b), B(c, d)를 이은 선분 AB 위에 점
P(x, y)가 있다. $\overline{AB}=42$이고 $7x=3a+4c$,
$7y=3b+4d$가 성립할 때, 선분 AP의 길이는?

① 18　　　② 21　　　③ 24
④ 27　　　⑤ 30

0050 ⟨중⟩

평행사변형 ABCD에서 세 꼭짓점이 A$(5, 3)$, B$(2, -7)$,
C$(-3, 6)$일 때, 꼭짓점 D의 좌표를 구하시오.

★빈출
0051 ⟨중⟩

두 점 A$(-2, 1)$, B$(4, -3)$을 이은 선분 AB의 연장선
위에 $2\overline{AB}=\overline{BC}$를 만족시키는 점 C$(a, b)$가 있을 때,
$a-b$의 값은? (단, $a>0$)

① 19　　　② 21　　　③ 23
④ 25　　　⑤ 27

0052 중

평행사변형 ABCD의 두 꼭짓점 A, B의 좌표가 각각 $(5, 1)$, $(-3, 4)$이고, 두 대각선 AC, BD의 교점의 좌표가 $(2, -1)$일 때, 두 꼭짓점 C, D를 이은 선분 CD의 중점의 좌표는?

① $(-1, -3)$ ② $\left(0, \dfrac{1}{2}\right)$ ③ $\left(3, -\dfrac{9}{2}\right)$

④ $\left(4, \dfrac{3}{2}\right)$ ⑤ $(7, -2)$

0053 중

학평 기출

직선 $y=\dfrac{1}{3}x$ 위의 두 점 A$(3, 1)$, B(a, b)가 있다. 제2사분면 위의 한 점 C에 대하여 삼각형 BOC와 삼각형 OAC의 넓이의 비가 $2 : 1$일 때, $a+b$의 값은?

(단, $a<0$이고, O는 원점이다.)

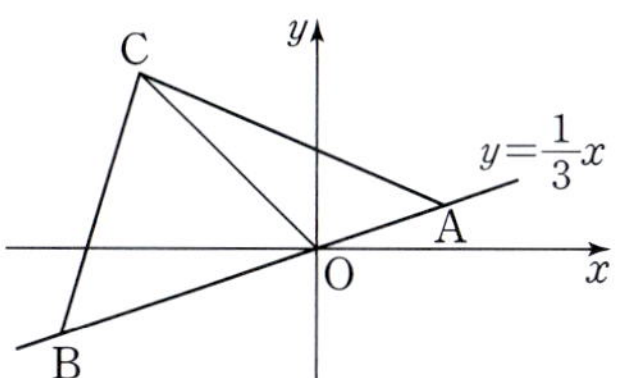

① -8 ② -7 ③ -6

④ -5 ⑤ -4

0054 중

| 서술형 |

두 점 A$(4, 2)$, B$(2, 3)$을 이은 선분 AB의 연장선 위에 $k\overline{AB}=\overline{BC}$를 만족시키는 점 C$(-6, a)$를 잡을 때, $a+k$의 값을 구하시오. (단, k는 자연수)

0055 중

학평 기출

세 양수 a, b, c에 대하여 좌표평면 위에 서로 다른 네 점 O$(0, 0)$, A$(a, 7)$, B(b, c), C$(5, 5)$가 있다. 사각형 OABC가 선분 OB를 대각선으로 하는 마름모일 때, $a+b+c$의 값을 구하시오. (단, 네 점 O, A, B, C 중 어느 세 점도 한 직선 위에 있지 않다.)

0056 중

네 점 A$(a, 3)$, B$(0, b-1)$, C$(-4, c)$, D$(d+1, 11)$을 꼭짓점으로 하는 평행사변형 ABCD의 두 대각선의 교점이 직선 $y=-x$ 위에 있을 때, $a+b+c+d$의 값을 구하시오.

0057 중

그림과 같이 좌표평면 위의 세 점 $A(0, a)$, $B(-3, 0)$, $C(1, 0)$을 꼭짓점으로 하는 삼각형 ABC가 있다.
$\angle ABC$의 이등분선이 선분 AC의 중점을 지날 때, 양수 a의 값은?

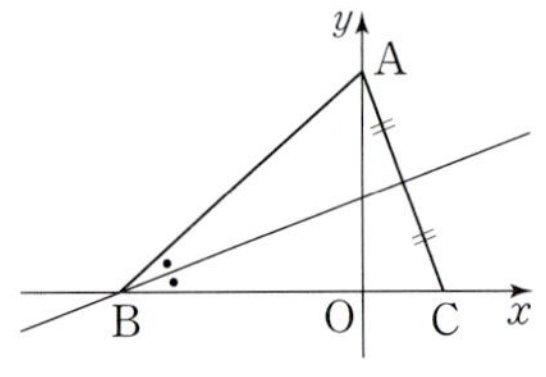

① $\sqrt{5}$ ② $\sqrt{6}$ ③ $\sqrt{7}$
④ $2\sqrt{2}$ ⑤ 3

빈출
0058 중

다음 그림과 같이 세 점 $A(1, 4)$, $B(-3, -4)$, $C(5, 2)$를 꼭짓점으로 하는 삼각형 ABC에서 $\angle A$의 이등분선이 변 BC와 만나는 점을 $D(a, b)$라 할 때, $3(a+b)$의 값을 구하시오.

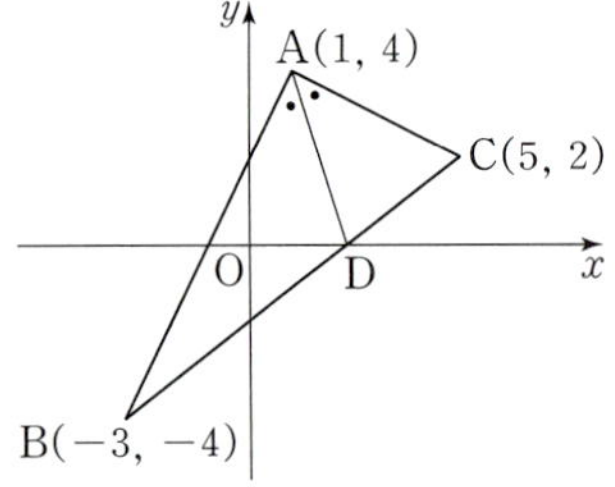

0059 중

세 점 $A(1, 3)$, $B(-2, 0)$, $C(5, -1)$을 꼭짓점으로 하는 삼각형 ABC에서 $\angle A$의 이등분선이 변 BC와 만나는 점을 D라 하자. 삼각형 ABD와 삼각형 ADC의 넓이를 각각 S_1, S_2라 할 때, $\dfrac{S_1}{S_2}$의 값은?

① $\dfrac{1}{2}$ ② $\dfrac{3}{4}$ ③ $\dfrac{5}{6}$
④ $\dfrac{4}{3}$ ⑤ $\dfrac{6}{5}$

빈출
0060 중 | 서술형 |

세 점 $A(3, 3)$, $B(1, 2)$, $C(6, -3)$을 꼭짓점으로 하는 삼각형 ABC의 내심을 I라 하자. 직선 AI와 변 BC가 만나는 점의 좌표를 (a, b)라 할 때, $a+b$의 값을 구하시오.

0061 상

네 점 (a, b), $(4, 6)$, $(-3, 1)$, $(-5, -2)$를 꼭짓점으로 하는 사각형이 평행사변형일 때, 모든 $a-b$의 값의 곱은?

① -25 ② -20 ③ -15
④ -10 ⑤ -5

0062 상

두 점 $A(3, -2)$, $B(8, 3)$을 지나는 직선 AB 위에 있고 $\overline{AC} = 4\overline{BC}$를 만족시키는 점 C의 좌표를 모두 구하시오.

0063 상 · 신유형

두 점 A, B에 대하여 선분 AB의 삼등분점 중 점 A에 가까운 점을 $A \bigcirc B$, 점 B에 가까운 점을 $A \triangle B$라 하자. 네 점 $A(4, 5)$, $B(-2, 2)$, $C(3, -4)$, $D(-3, 2)$에 대하여 점 $(A \bigcirc B) \triangle (C \bigcirc D)$의 좌표를 구하시오.

0064 상

두 점 $A(-4, -3)$, $B(0, -9)$를 지나는 직선 AB 위의 점 $C(a, b)$에 대하여 삼각형 OAC의 넓이가 72일 때, $3a+b$의 값은? (단, $a > 0$이고, O는 원점)

① -18 ② -9 ③ 1
④ 9 ⑤ 18

★빈출 0065 상

다음 그림과 같이 세 점 $A(0, 4)$, $B(-8, -2)$, $C(4, 1)$을 꼭짓점으로 하는 삼각형 ABC에서 $\angle A$의 외각의 이등분선이 선분 BC의 연장선과 만나는 점을 D라 할 때, 선분 AD의 길이는?

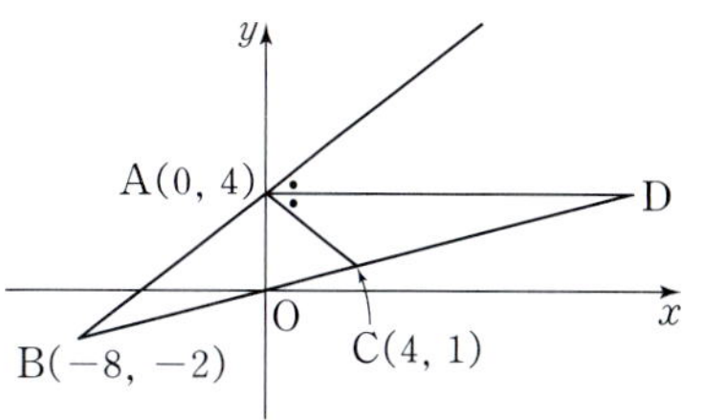

① 4 ② $4\sqrt{2}$ ③ 8
④ $8\sqrt{2}$ ⑤ 16

0066 상 · 학평 기출

세 꼭짓점의 좌표가 $A(0, 3)$, $B(-5, -9)$, $C(4, 0)$인 삼각형 ABC가 있다. 그림과 같이 $\overline{AC} = \overline{AD}$가 되도록 점 D를 선분 AB 위에 잡는다. 점 A를 지나면서 선분 DC와 평행인 직선이 선분 BC의 연장선과 만나는 점을 P라 하자. 이때 점 P의 좌표는?

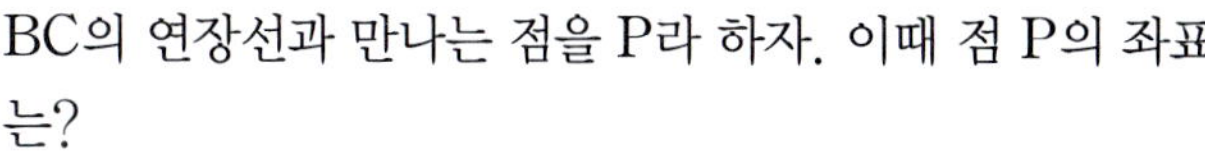
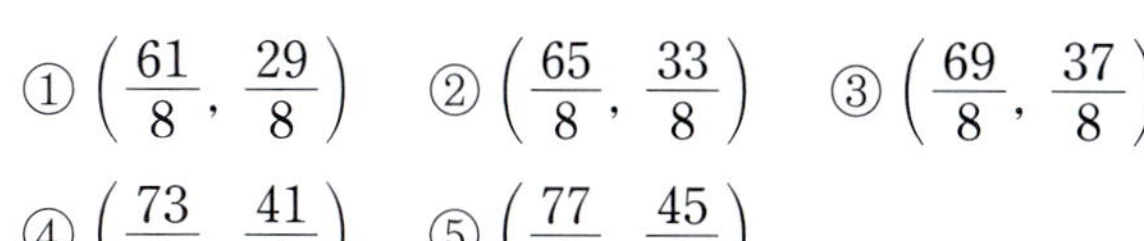

① $\left(\dfrac{61}{8}, \dfrac{29}{8} \right)$ ② $\left(\dfrac{65}{8}, \dfrac{33}{8} \right)$ ③ $\left(\dfrac{69}{8}, \dfrac{37}{8} \right)$
④ $\left(\dfrac{73}{8}, \dfrac{41}{8} \right)$ ⑤ $\left(\dfrac{77}{8}, \dfrac{45}{8} \right)$

0067 하

세 점 $A(a, b)$, $B(c, 2)$, $C(-7, 3)$을 꼭짓점으로 하는 삼각형 ABC의 무게중심이 원점일 때, $a+b+c$의 값은?

① 1 ② 2 ③ 3
④ 4 ⑤ 5

0068 중

| 서술형 |

직선 $y=-3x$가 세 점 $A(2, a)$, $B(-1, 3)$, $C(-4, 1)$을 꼭짓점으로 하는 삼각형 ABC의 무게중심을 지날 때, a의 값을 구하시오.

0069 중

| 학평 기출 |

좌표평면에 세 점 $A(-2, 0)$, $B(0, 4)$, $C(a, b)$를 꼭짓점으로 하는 삼각형 ABC가 있다. $\overline{AC}=\overline{BC}$이고 삼각형 ABC의 무게중심이 y축 위에 있을 때, $a+b$의 값은?

① $\dfrac{1}{2}$ ② 1 ③ $\dfrac{3}{2}$
④ 2 ⑤ $\dfrac{5}{2}$

0070 중

삼각형 ABC의 세 변 AB, BC, CA를 2 : 1로 내분하는 점이 각각 $P(3, 1)$, $Q(-1, 6)$, $R(4, 5)$일 때, 삼각형 ABC의 무게중심의 좌표는?

① $(2, 4)$ ② $(2, 6)$ ③ $(4, -2)$
④ $(5, 3)$ ⑤ $(6, -4)$

0071 중

두 직선 $y=x$, $y=-\dfrac{1}{4}x$가 직선 $y=-\dfrac{3}{2}x+k$와 만나는 점을 각각 A, B라 할 때, 삼각형 OAB의 무게중심의 좌표가 $\left(2, \dfrac{1}{3}\right)$이다. 이때 상수 k의 값을 구하시오.

(단, O는 원점)

0072 중

| 학평 기출 |

좌표평면 위의 세 점 $A(1, 2)$, B, C를 꼭짓점으로 하는 삼각형 ABC가 있다. 선분 AB의 중점의 좌표가 $(6, 7)$, 선분 AC의 중점의 좌표가 $(a, 6)$이고 삼각형 ABC의 무게중심의 좌표는 $(5, b)$일 때, $a+b$의 값은?

① 8 ② 9 ③ 10
④ 11 ⑤ 12

0073 중 학평 기출

좌표평면에서 이차함수 $y=x^2-8x+1$의 그래프와 직선 $y=2x+6$이 만나는 두 점을 각각 A, B라 하자. 삼각형 OAB의 무게중심의 좌표를 $(a,\ b)$라 할 때, $a+b$의 값을 구하시오. (단, O는 원점이다.)

0074 중

오른쪽 그림과 같이 $\mathrm{A}(-9,\ 9)$이고 변 BC의 중점이 원점 O인 삼각형 ABC가 있다. 삼각형 ABO, 삼각형 AOC의 무게중심을 각각 P, Q라 할 때, 삼각형 APQ의 무게중심의 좌표를 구하시오.

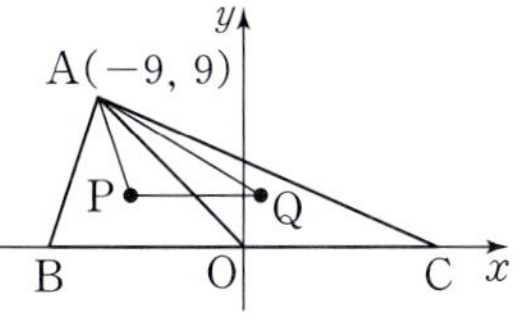

0075 상

정삼각형 ABC에서 꼭짓점 A의 좌표가 $(8,\ 8)$이고 무게중심이 원점일 때, 삼각형 ABC의 한 변의 길이는?

① $\sqrt{6}$ ② $2\sqrt{6}$ ③ $4\sqrt{6}$
④ $6\sqrt{6}$ ⑤ $8\sqrt{6}$

0076 상

다음 그림과 같이 직선 $x=4$가 x축과 만나는 점을 A, 직선 $l:3x-4y=0$과 만나는 점을 B, $\angle$AOB의 이등분선 m과 만나는 점을 C라 하자. 삼각형 BOC의 무게중심을 G라 할 때, 삼각형 OAG의 넓이는? (단, O는 원점)

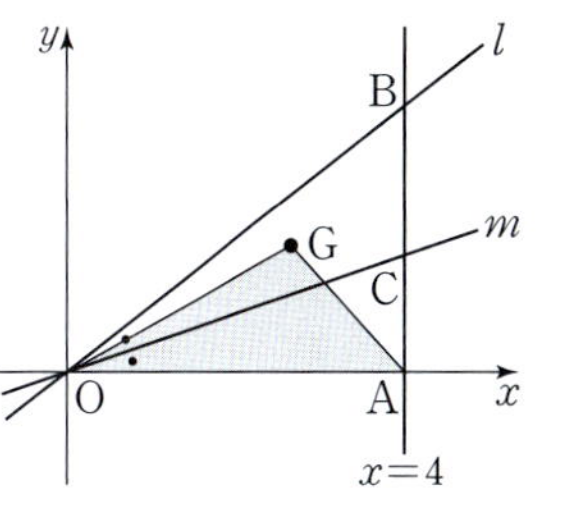

① $\dfrac{8}{3}$ ② $\dfrac{25}{9}$ ③ $\dfrac{26}{9}$
④ 3 ⑤ $\dfrac{28}{9}$

0077 상

다음 그림과 같이 원점 O를 한 꼭짓점으로 하는 삼각형 OAB에서 두 변 OA, OB의 중점을 각각 C, D라 하자. 두 선분 AD, BC의 교점의 좌표가 $(12,\ 8)$일 때, 삼각형 OCD의 무게중심의 좌표를 구하시오.

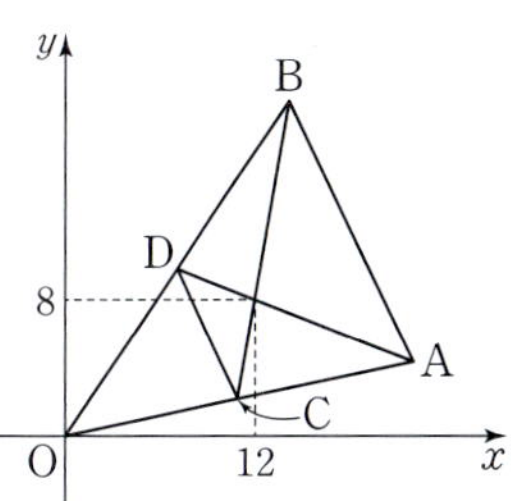

0078

실수 x, y에 대하여 다음 식의 최솟값을 구하시오.

$$\sqrt{(x-5)^2+(y+2)^2}+\sqrt{(x+3)^2+(y-4)^2} \\ +\sqrt{(x-2)^2+(y-3)^2}+\sqrt{(x+1)^2+(y+1)^2}$$

0079

그림과 같이 x축 위의 네 점 A_1, A_2, A_3, A_4에 대하여 $\overline{OA_1}$, $\overline{A_1A_2}$, $\overline{A_2A_3}$, $\overline{A_3A_4}$를 각각 한 변으로 하는 정사각형 $OA_1B_1C_1$, $A_1A_2B_2C_2$, $A_2A_3B_3C_3$, $A_3A_4B_4C_4$가 있다. 점 B_4의 좌표가 $(30,\ 18)$이고 정사각형 $OA_1B_1C_1$, $A_1A_2B_2C_2$, $A_2A_3B_3C_3$의 넓이의 비가 $1:4:9$일 때, $\overline{B_1B_3}^{\,2}$의 값을 구하시오. (단, O는 원점이다.)

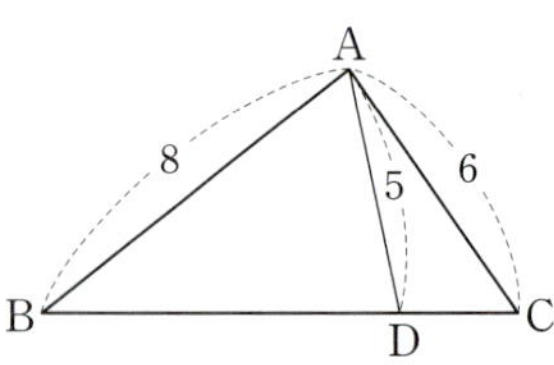

0080

그림과 같이 이차함수 $y=ax^2\,(a>0)$의 그래프와 직선 $y=\dfrac{1}{2}x+1$이 서로 다른 두 점 P, Q에서 만난다. 선분 PQ의 중점 M에서 y축에 내린 수선의 발을 H라 하자. 선분 MH의 길이가 1일 때, 선분 PQ의 길이는?

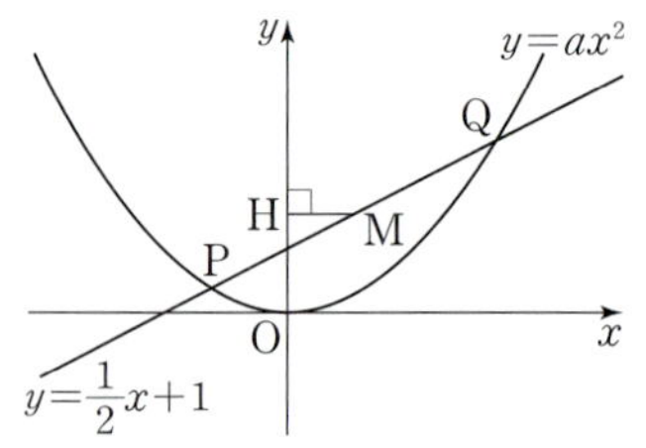

① 4 ② $\dfrac{9}{2}$ ③ 5

④ $\dfrac{11}{2}$ ⑤ 6

0081

다음 그림과 같이 $\overline{AB}=8$, $\overline{CA}=6$인 삼각형 ABC가 있다. 선분 BC를 $3:1$로 내분하는 점 D에 대하여 $\overline{AD}=5$일 때, 선분 BC의 길이를 구하시오.

0082 〔학평 기출〕

좌표평면 위에 세 점 A(2, 3), B(7, 1), C(4, 5)가 있다. 직선 AB 위의 점 D에 대하여 점 D를 지나고 직선 BC와 평행한 직선이 직선 AC와 만나는 점을 E라 하자. 삼각형 ABC와 삼각형 ADE의 넓이의 비가 4 : 1이 되도록 하는 모든 점 D의 y좌표의 곱은?

(단, 점 D는 점 A도 아니고 점 B도 아니다.)

① 8 ② $\dfrac{17}{2}$ ③ 9

④ $\dfrac{19}{2}$ ⑤ 10

0083

다음 그림과 같이 세 점 A(0, a), B(-2, 0), C(3, 0)을 꼭짓점으로 하는 삼각형 ABC가 있다. y절편이 1이고 ∠B를 이등분하는 직선이 선분 AC와 만나는 점을 D라 할 때, 삼각형 BCD의 넓이를 구하시오. (단, $a>1$)

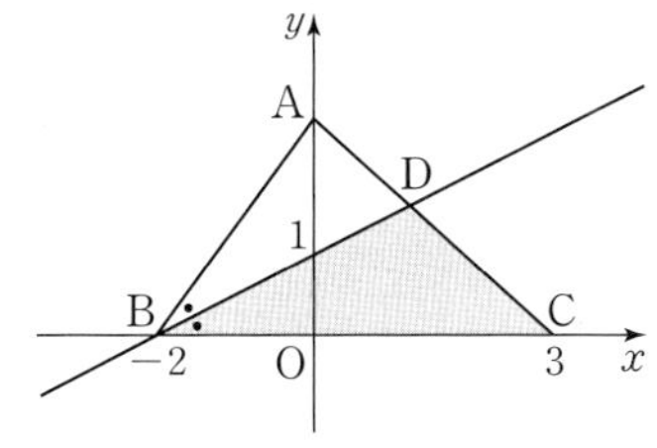

0084

다음 그림과 같이 세 점 P(5, 9), Q(3, 3), R(11, 5)로부터 같은 거리에 있는 직선 l이 선분 PQ, PR와 만나는 점을 각각 A, B라 하고, 선분 QR의 중점을 C라 하자. 삼각형 ACB의 무게중심의 좌표가 (a, b)일 때, $a+b$의 값은?

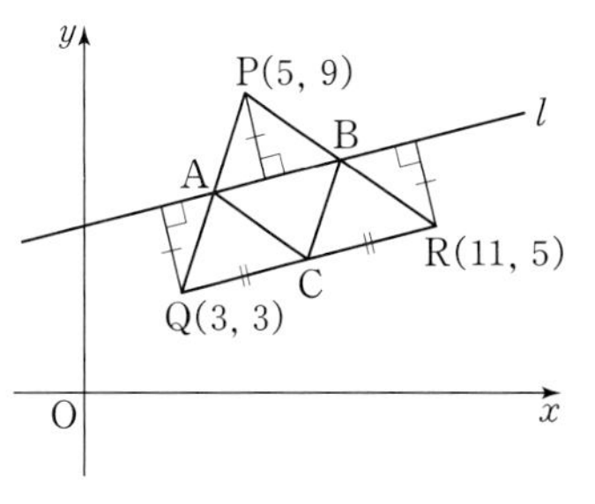

① 11 ② $\dfrac{34}{3}$ ③ $\dfrac{35}{3}$

④ 12 ⑤ $\dfrac{37}{3}$

0085

좌표평면 위에 있는 정삼각형 ABC가 다음 조건을 만족시킬 때, 세 점 A, B, C의 x좌표의 합을 구하시오.

⑺ 삼각형 ABC의 넓이는 $6\sqrt{3}$이다.

⑻ 변 BC의 중점 M의 좌표는 (5, 2)이다.

⑼ 삼각형 ABC의 무게중심 G는 직선 $y=\dfrac{1}{2}x$ 위에 있고 점 G의 y좌표는 2 이상이다.

02 직선의 방정식

1 직선의 방정식

☑ 필수 기출 1

(1) 한 점과 기울기가 주어진 직선의 방정식

점 (x_1, y_1)을 지나고 기울기가 m인 직선의 방정식은

$$y - y_1 = m(x - x_1)$$

(2) 서로 다른 두 점을 지나는 직선의 방정식

서로 다른 두 점 $\mathrm{A}(x_1, y_1)$, $\mathrm{B}(x_2, y_2)$를 지나는 직선의 방정식은

① $x_1 \neq x_2$일 때, $y - y_1 = \dfrac{y_2 - y_1}{x_2 - x_1}(x - x_1)$

② $x_1 = x_2$일 때, ❶ ⬚

(3) x절편과 y절편이 주어진 직선의 방정식

x절편이 a이고 y절편이 b인 직선의 방정식은

$$\frac{x}{a} + \frac{y}{b} = 1 \quad (\text{단, } a \neq 0, \ b \neq 0)$$

(4) 좌표축에 평행 또는 수직인 직선의 방정식

① x절편이 a이고 y축에 평행한(x축에 수직인) 직선의 방정식은

$$x = a$$

② y절편이 b이고 x축에 평행한(y축에 수직인) 직선의 방정식은

$$y = b$$

참고 y축의 방정식은 $x = 0$, x축의 방정식은 $y = 0$이다.

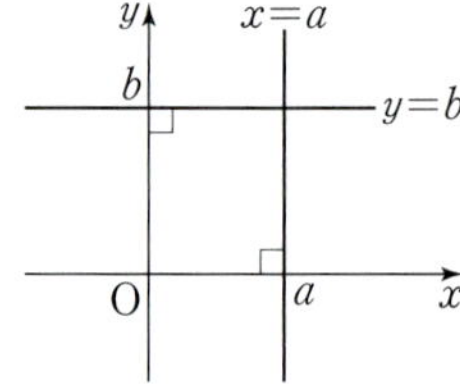

📎 **기출 PICK**

도형의 넓이를 이등분하는 직선의 방정식

(1) 삼각형 ABC의 꼭짓점 A를 지나면서 그 넓이를 이등분하는 직선

➡ 선분 BC의 중점을 지난다.

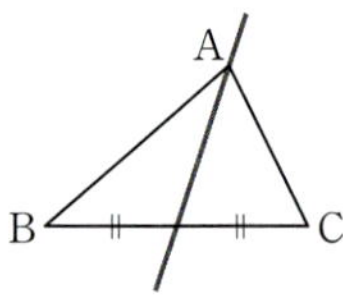

(2) 직사각형 ABCD의 넓이를 이등분하는 직선

➡ 직사각형의 두 대각선의 교점을 지난다.

➡ 선분 AC의 중점(또는 선분 BD의 중점)을 지난다.

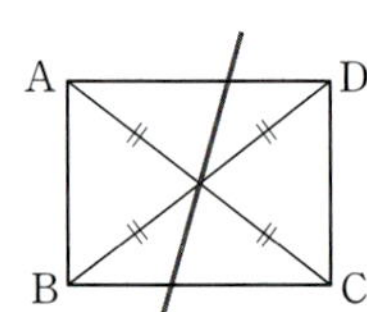

2 일차방정식 $ax + by + c = 0$ 이 나타내는 도형

☑ 필수 기출 2

x, y에 대한 일차방정식 $ax + by + c = 0 \ (a \neq 0 \ \text{또는} \ b \neq 0)$이 나타내는 도형은 ❷ ⬚ 이다.

(1) $a \neq 0$, $b \neq 0$일 때, $y = -\dfrac{a}{b}x - \dfrac{c}{b}$ ← 기울기가 $-\dfrac{a}{b}$, y절편이 $-\dfrac{c}{b}$인 직선

(2) $a \neq 0$, $b = 0$일 때, $x = -\dfrac{c}{a}$ ← y축에 평행한 직선

(3) $a = 0$, $b \neq 0$일 때, $y = -\dfrac{c}{b}$ ← x축에 평행한 직선

답: ❶ $x = x_1$ ❷ 직선

❸ 두 직선의 교점을 지나는 직선의 방정식

☑ 필수 기출 3

(1) 정점을 지나는 직선

두 직선 $ax+by+c=0$, $a'x+b'y+c'=0$이 한 점에서 만날 때, 직선

$$ax+by+c+k(a'x+b'y+c')=0$$

은 실수 k의 값에 관계없이 항상 두 직선 $ax+by+c=0$, $a'x+b'y+c'=0$의 교점을 지난다.

(2) 두 직선의 교점을 지나는 직선의 방정식

한 점에서 만나는 두 직선 $ax+by+c=0$, $a'x+b'y+c'=0$의 교점을 지나는 직선 중 직선 $a'x+b'y+c'=0$을 제외한 직선의 방정식은

$$ax+by+c+k(a'x+b'y+c')=0\,(k는\ 실수)$$

꼴로 나타낼 수 있다.

🖊 기출 PICK

직선이 실수 k의 값에 관계없이 항상 지나는 점의 좌표

직선 $ax+by+c+k(a'x+b'y+c')=0$은 실수 k의 값에 관계없이 항상 두 직선 $ax+by+c=0$, $a'x+b'y+c'=0$의 교점을 지난다.

➡ 두 직선 $ax+by+c=0$, $a'x+b'y+c'=0$의 교점의 좌표는 연립방정식 $\begin{cases} ax+by+c=0 \\ a'x+b'y+c'=0 \end{cases}$ 의 해와 같다.

❹ 두 직선의 평행과 수직

☑ 필수 기출 4, 5

(1) 두 직선 $y=mx+n$, $y=m'x+n'$이

① 서로 평행하다. ➡ $m=m'$, $n\neq n'$ ← 기울기가 같고 y절편이 다르다.

② 서로 ❸ 이다. ➡ $mm'=-1$ ← 두 직선의 기울기의 곱이 -1이다.

참고 ① 한 점에서 만난다. ➡ $m\neq m'$
　　　② 일치한다. ➡ $m=m'$, $n=n'$

(2) 두 직선 $ax+by+c=0$, $a'x+b'y+c'=0$이

① 서로 평행하다. ➡ $\dfrac{a}{a'}=\dfrac{b}{b'}$ ❹ $\dfrac{c}{c'}$

② 서로 수직이다. ➡ $aa'+bb'=0$

참고 ① 한 점에서 만난다. ➡ $\dfrac{a}{a'}\neq\dfrac{b}{b'}$

　　　② 일치한다. ➡ $\dfrac{a}{a'}=\dfrac{b}{b'}=\dfrac{c}{c'}$

🖊 기출 PICK

선분의 수직이등분선의 방정식

선분 AB의 수직이등분선을 l이라 하면

(1) 직선 l과 직선 AB의 기울기의 곱은 -1이다.

(2) 직선 l은 선분 AB의 중점을 지난다.

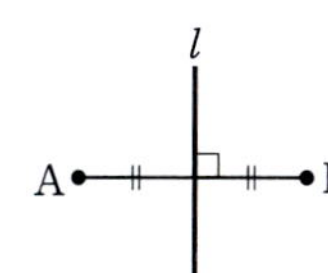

세 직선의 위치 관계

서로 다른 세 직선이 삼각형을 이루지 않는 경우는 다음과 같다.

(1) 세 직선이 모두 평행하다. ➡ 세 직선의 기울기가 모두 같다.

(2) 세 직선 중 두 직선이 서로 평행하다. ➡ 두 직선의 기울기는 같고, 나머지 한 직선의 기울기는 다르다.

(3) 세 직선이 한 점에서 만난다. ➡ 세 직선의 기울기가 모두 다르고, 한 직선이 나머지 두 직선의 교점을 지난다.

답: ❸ 수직　❹ $\neq$

1 직선의 방정식

0086 하

두 점 $(6, -5)$, $(-2, 3)$을 이은 선분의 중점을 지나고 기울기가 -2인 직선의 방정식을 구하시오.

0087 하

다음 중 두 점 $(-1, -4)$, $(3, 4)$를 지나는 직선 위의 점인 것은?

① $(-3, -5)$ ② $(-2, 1)$ ③ $(1, 5)$
④ $(4, 6)$ ⑤ $(6, 8)$

0088 하

세 점 $A(-1, 3)$, $B(2, -2)$, $C(5, 2)$를 꼭짓점으로 하는 삼각형 ABC의 무게중심을 지나고 y축에 평행한 직선의 방정식을 구하시오.

0089 중

빈출

x절편이 -2, y절편이 5인 직선이 점 $(a, a-1)$을 지날 때, a의 값은?

① -4 ② -3 ③ -2
④ -1 ⑤ 0

0090 중

빈출

세 점 $A(3, 2)$, $B(k, 5)$, $C(0, -1)$이 한 직선 위에 있도록 하는 k의 값은?

① -6 ② -3 ③ 1
④ 3 ⑤ 6

0091 중

| 서술형 |

직선 $x+ay+b=0$이 x축의 양의 방향과 이루는 각의 크기가 $30°$이고 점 $(\sqrt{3}, 3)$을 지날 때, 상수 a, b에 대하여 ab의 값을 구하시오.

0092 중

두 점 $A(2, -1)$, $B(-8, 4)$에 대하여 선분 AB를 $3 : 2$로 내분하는 점을 지나고 직선 $x - 4y - 6 = 0$과 기울기가 같은 직선이 점 $(a, 5)$를 지날 때, a의 값은?

① -4 ② -1 ③ 2
④ 5 ⑤ 8

0093 중

x절편이 y절편의 3배인 직선 l과 기울기가 같고 점 $(-3, 5)$를 지나는 직선의 방정식은?

(단, 직선 l의 y절편은 0이 아니다.)

① $3x + y + 4 = 0$ ② $3x + y + 8 = 0$
③ $x + 3y - 12 = 0$ ④ $x + 3y - 2 = 0$
⑤ $x - 3y + 18 = 0$

0094 중

직선 $x + ay = 4a$가 x축과 y축에 의하여 잘린 선분의 길이가 8일 때, 양수 a의 값은?

① 1 ② $\sqrt{2}$ ③ $\sqrt{3}$
④ 2 ⑤ $\sqrt{5}$

0095 중

점 $A(1, 3)$이 두 점 $B(k, 3k-1)$, $C(-2k+1, -5)$를 지나는 직선 위에 있을 때, 이 직선과 x축 및 y축으로 둘러싸인 부분의 넓이를 구하시오. (단, k는 자연수)

0096 중

세 점 $A(1, k)$, $B(-1, 2)$, $C(k+1, 8)$이 삼각형을 이루지 않도록 하는 양수 k의 값은?

① 1 ② 4 ③ $\dfrac{17}{3}$
④ 6 ⑤ $\dfrac{19}{2}$

0097 중

오른쪽 그림과 같이 네 점 $O(0, 0)$, $A(4, 0)$, $B(3, 2)$, $C(-2, 4)$를 꼭짓점으로 하는 사각형 OABC의 두 대각선의 교점의 좌표를 구하시오.

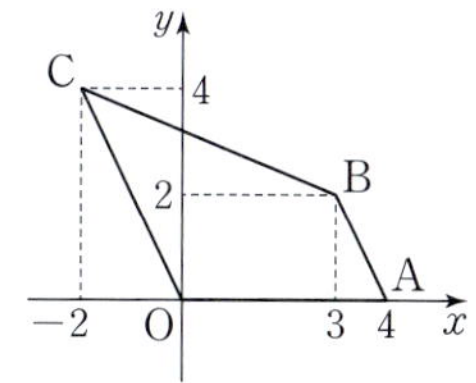

0098 (중)

오른쪽 그림과 같이 세 점
A$(1, 3)$, B$(5, 4)$, C$(6, 8)$을
꼭짓점으로 하는 삼각형 ABC에
서 선분 AC 위의 한 점 P에 대하
여 삼각형 PAB와 삼각형 PBC
의 넓이의 비가 3 : 2일 때, 두 점
B, P를 지나는 직선의 y절편을 구
하시오.

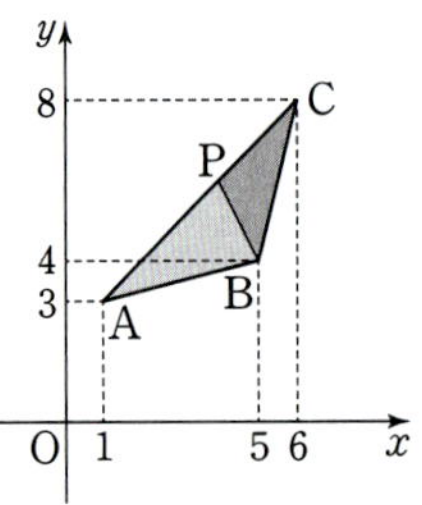

0099 (중)

네 점 O$(0, 0)$, A$(4, 1)$, B$(0, 7)$, C$(1, a)$에 대하여
점 C가 삼각형 OAB의 변 위에 있도록 하는 모든 a의 값
의 합은?

① $\dfrac{21}{4}$ ② $\dfrac{11}{2}$ ③ $\dfrac{23}{4}$

④ 6 ⑤ $\dfrac{25}{4}$

0100 (중)

다음 그림과 같이 정사각형 ABCD에서 A$(0, 2)$,
B$(1, 0)$일 때, 직선 CD의 방정식은 $ax+y+b=0$이다.
이때 상수 a, b에 대하여 $a-b$의 값은?

(단, 두 점 C, D는 제1사분면 위에 있다.)

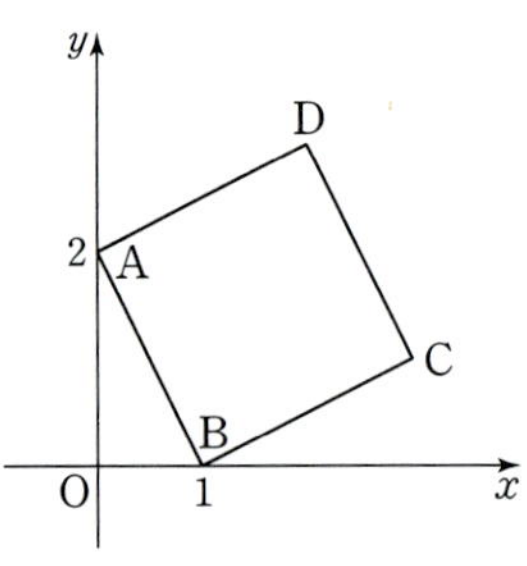

① 5 ② 6 ③ 7

④ 8 ⑤ 9

0101 (중)

학평 기출

좌표평면에서 원점 O를 지나고 꼭짓점이 A$(2, -4)$인
이차함수 $y=f(x)$의 그래프가 x축과 만나는 점 중에서
원점이 아닌 점을 B라 하자. 직선 $y=mx$가 삼각형
OAB의 넓이를 이등분하도록 하는 실수 m의 값은?

① $-\dfrac{1}{6}$ ② $-\dfrac{1}{3}$ ③ $-\dfrac{1}{2}$

④ $-\dfrac{2}{3}$ ⑤ $-\dfrac{5}{6}$

0102 ⑧ | 서술형 |

오른쪽 그림과 같은 직사각형의 넓이를 이등분하고 세 점 $(5, -4)$, $(3, 0)$, $(-2, 1)$을 꼭짓점으로 하는 삼각형의 무게중심을 지나는 직선의 방정식을 구하시오.

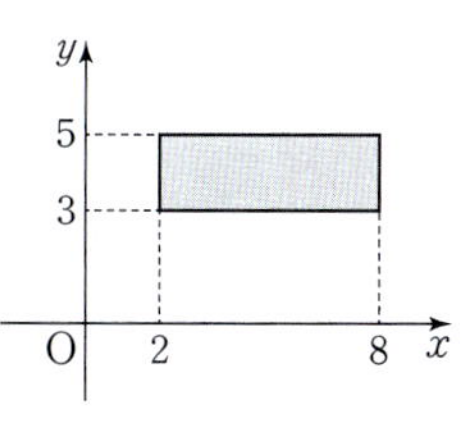

0103 ⑧

다음 그림과 같은 두 직사각형 OABC, ADEF의 넓이를 동시에 이등분하는 직선의 x절편은? (단, O는 원점)

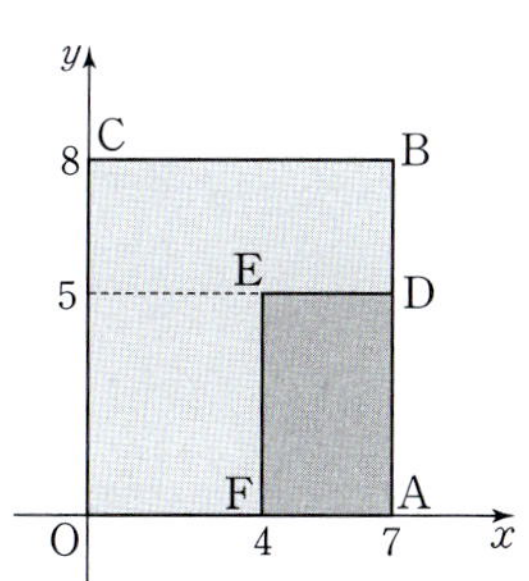

① $\dfrac{17}{2}$　　② $\dfrac{26}{3}$　　③ $\dfrac{53}{6}$

④ 9　　⑤ $\dfrac{55}{6}$

★빈출 0104 ⑧ | 학평 기출 |

그림과 같이 좌표평면 위의 세 점 $A(3, 5)$, $B(0, 1)$, $C(6, -1)$을 꼭짓점으로 하는 삼각형 ABC에 대하여 선분 AB 위의 한 점 D와 선분 AC 위의 한 점 E가 다음 조건을 만족시킨다.

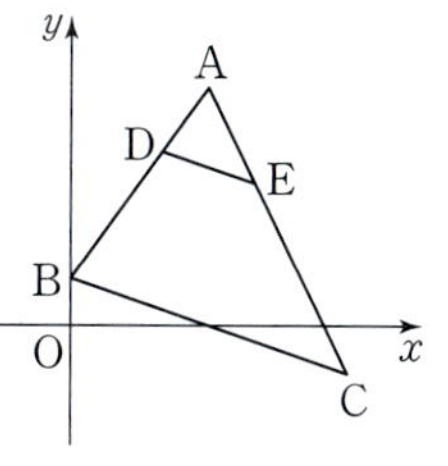

(개) 선분 DE와 선분 BC는 평행하다.
(내) 삼각형 ADE와 삼각형 ABC의 넓이의 비는 1 : 9이다.

직선 BE의 방정식이 $y = kx + 1$일 때, 상수 k의 값은?

① $\dfrac{1}{8}$　　② $\dfrac{1}{4}$　　③ $\dfrac{3}{8}$

④ $\dfrac{1}{2}$　　⑤ $\dfrac{5}{8}$

0105 ⑧ | 서술형 |

점 $(-3, 4)$를 지나고 기울기가 m인 직선이 x축과 만나는 점을 A, y축과 만나는 점을 B라 하자. $\overline{OA} > \overline{OB}$이고 삼각형 AOB의 넓이가 27일 때, 양수 m의 값을 구하시오. (단, O는 원점)

0106 상

다음 그림과 같이 세 점 $A(-4, 2)$, $B(-4, -2)$, $C(4, 2)$를 꼭짓점으로 하는 삼각형 ABC가 있다. 함수

$$f(x)=\begin{cases} m(x-k) & (x\leq k) \\ 0 & (x>k) \end{cases}$$

에 대하여 함수 $y=f(x)$의 그래프가 삼각형 ABC의 넓이를 이등분하고 $m(2-k)=-7$일 때, $m+k$의 값을 구하시오. (단, $m<0$, $k>-2$)

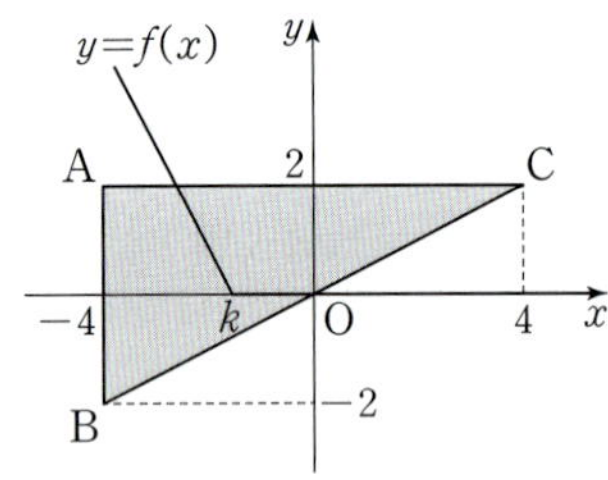

0107 상

그림과 같이 좌표평면 위에 세 점 $A(-8, a)$, $B(7, 3)$, $C(-6, 0)$이 있다. 선분 AB를 $2 : 1$로 내분하는 점을 P라 할 때, 직선 PC가 삼각형 AOB의 넓이를 이등분한다. 양수 a의 값은? (단, O는 원점이다.)

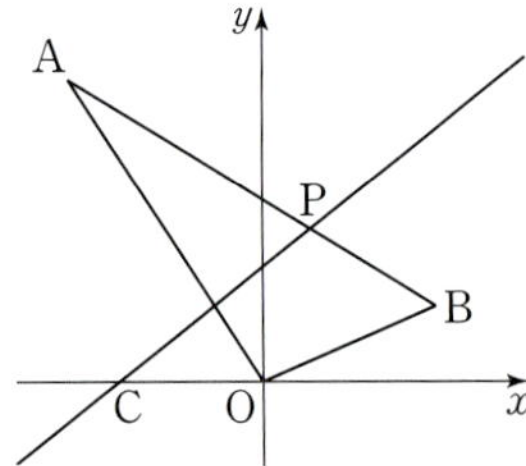

① $\dfrac{21}{2}$ ② 11 ③ $\dfrac{23}{2}$

④ 12 ⑤ $\dfrac{25}{2}$

---

2 직선의 개형

0108 중

$ab<0$, $bc>0$일 때, 직선 $ax+by+c=0$이 지나지 <u>않는</u> 사분면은?

① 제1사분면 ② 제2사분면 ③ 제3사분면
④ 제4사분면 ⑤ 제2, 4사분면

빈출
0109 중

직선 $ax+by+c=0$의 개형이 오른쪽 그림과 같을 때, 직선 $ax+cy-b=0$의 개형은?
(단, a, b, c는 상수)

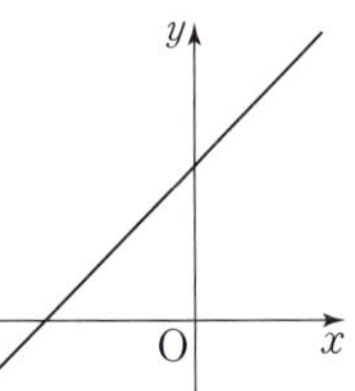

① 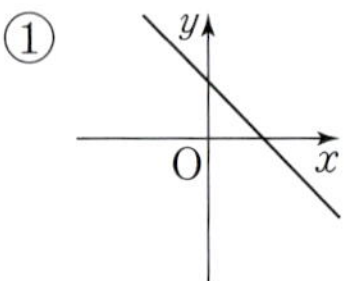 ② 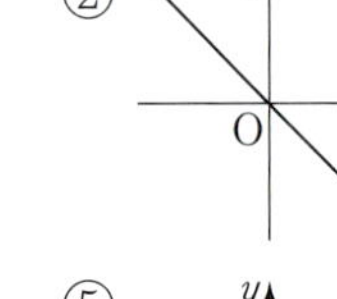 ③ 

④ 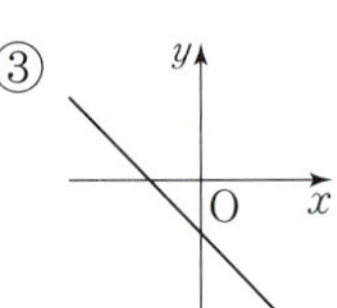 ⑤

0110 중

이차함수 $y=ax^2+bx+c$의 그래프의 개형이 오른쪽 그림과 같을 때, 직선 $ax+by+c=0$이 지나지 <u>않는</u> 사분면은?

(단, a, b, c는 상수)

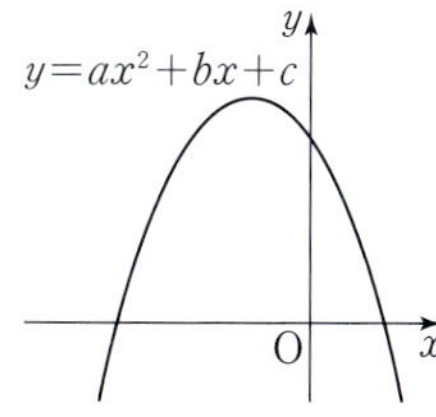

① 제1사분면　　② 제2사분면　　③ 제3사분면
④ 제4사분면　　⑤ 제3, 4사분면

0111 상

직선 $ax+by+c=0$에 대하여 보기에서 옳은 것만을 있는 대로 고르시오.

┌ 보기 ┐

ㄱ. $ac<0$, $bc<0$이면 제1, 2, 4사분면을 지난다.

ㄴ. $ab>0$, $bc=0$이면 제2, 4사분면을 지난다.

ㄷ. $ab=0$, $ac<0$이면 y축에 수직이다.

3　정점을 지나는 직선의 방정식

0112 하

직선 $3x-2y-6+k(x+y-2)=0$이 실수 k의 값에 관계없이 항상 점 (a, b)를 지날 때, a^2+b^2의 값은?

① 2　　　　　② 4　　　　　③ 6
④ 8　　　　　⑤ 10

0113 중 빈출 | 서술형 |

직선 $(2k+1)x+(k+1)y-k=a$가 실수 k의 값에 관계없이 항상 점 $(b, 3)$을 지날 때, ab의 값을 구하시오.

(단, a는 상수)

0114 중 빈출 | 학평 기출 |

좌표평면에서 두 직선 $x-2y+2=0$, $2x+y-6=0$이 만나는 점과 점 $(4, 0)$을 지나는 직선의 y절편은?

① $\dfrac{5}{2}$　　　　② 3　　　　③ $\dfrac{7}{2}$
④ 4　　　　　⑤ $\dfrac{9}{2}$

0115 중

| 서술형 |

직선 $(k-2)x+(2k+3)y-3k-8=0$이 실수 k의 값에 관계없이 항상 점 P를 지날 때, x절편이 -5이고 점 P를 지나는 직선의 방정식을 구하시오.

0116 중

두 직선 $x+2y+1=0$, $2x-y-3=0$의 교점을 지나고 기울기가 -2인 직선이 점 $(-2, a)$를 지날 때, a의 값을 구하시오.

0117 중

직선 $(2k+5)x-(k+1)y+k+5=0$에 대하여 보기에서 옳은 것만을 있는 대로 고르시오. (단, k는 실수)

| 보기 |

ㄱ. k의 값에 관계없이 항상 점 $\left(-\dfrac{4}{3}, -\dfrac{5}{3}\right)$를 지난다.

ㄴ. $k=-1$이면 x축에 평행하다.

ㄷ. 기울기가 2인 직선이 될 수 없다.

0118 중

두 직선 $ax-(a-2)y-5=0$, $x+(a+2)y+7=0$의 교점과 원점을 지나는 직선의 기울기가 $\dfrac{8}{15}$일 때, 상수 a의 값은?

① -5　　② -3　　③ 1
④ 3　　⑤ 5

0119 중 빈출

다음 그림과 같이 두 직선 $4x-y+8=0$, $x+y-6=0$이 x축과 만나는 점을 각각 A, B라 하고, 두 직선의 교점을 C라 하자. 점 C를 지나고 삼각형 ABC의 넓이를 이등분하는 직선의 방정식이 $ax+by-16=0$일 때, 상수 a, b에 대하여 ab의 값은?

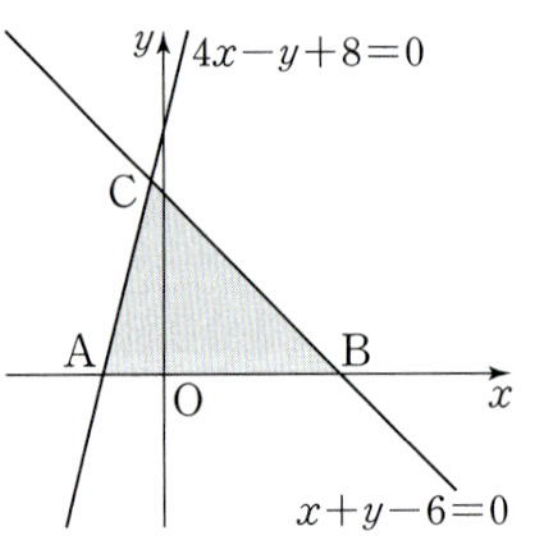

① -24　　② -12　　③ 6
④ 12　　⑤ 24

0120 충

직선 $mx-y-2m+2=0$이 두 점 A$(1, 0)$, B$(-2, 4)$를 이은 선분 AB와 한 점에서 만나도록 하는 실수 m의 값의 범위는?

① $m \leq -\dfrac{1}{2}$　　　② $-2 \leq m \leq \dfrac{1}{2}$

③ $-2 \leq m \leq 2$　　　④ $-\dfrac{1}{2} \leq m \leq 2$

⑤ $m \geq 2$

0121 충

| 서술형 |

두 직선 $x+y-2=0$, $mx-y+2m-3=0$이 제1사분면에서 만나도록 하는 모든 정수 m의 값의 합을 구하시오.

0122 충

직선 $y=(k+1)x+2k+2$가 오른쪽 그림과 같은 직사각형과 만나도록 하는 실수 k의 최댓값을 M, 최솟값을 m이라 할 때, $M+m$의 값은?

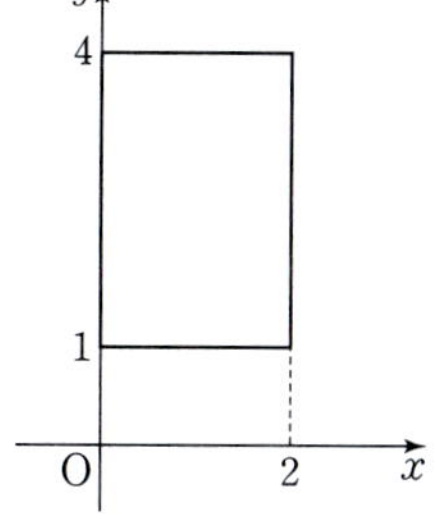

① $\dfrac{1}{8}$　　　② $\dfrac{1}{4}$

③ $\dfrac{1}{2}$　　　④ 1

⑤ 2

0123 충

직선 $4x-y-3=0$ 위의 점 (a, b)에 대하여 직선 $2ax+3by=-9$가 항상 지나는 점의 좌표를 구하시오.

0124 ⚫

직선 $y=mx+2m+1$이 실수 m의 값에 관계없이 항상 직사각형 ABCD의 넓이를 이등분한다. A(2, 4)일 때, 꼭짓점 C의 좌표가 (a, b)이다. 이때 ab의 값을 구하시오.

0125 ⚫

직선 $mx-y-3m+2=0$이 세 점 A(1, 3), B(-1, 1), C(4, -1)을 꼭짓점으로 하는 삼각형 ABC와 만나지 않도록 하는 정수 m의 개수를 구하시오.

⭐빈출
0126 ⚫

두 직선 $ax+y+1=0$, $2x+(2-3a)y+2=0$이 서로 수직일 때, 상수 a의 값은?

① -2 ② -1 ③ 1

④ 2 ⑤ 4

0127 ⚫

두 점 $(-2, 8)$, $(1, -1)$을 지나는 직선에 평행하고 점 $(-1, 2)$를 지나는 직선의 방정식이 $y=ax+b$일 때, 상수 a, b에 대하여 ab의 값은?

① 3 ② 6 ③ 9

④ 12 ⑤ 15

0128 ⚫

다음 중 두 직선의 위치 관계가 나머지 넷과 <u>다른</u> 하나는?

① $y=-2x$, $2x-4y=3$
② $x-y+1=0$, $x+y-8=0$
③ $3x-y-1=0$, $y=3x-7$
④ $y=5x+1$, $y=-\dfrac{1}{5}x+2$
⑤ $4x-y-2=0$, $x+4y-11=0$

0129 충 학평 기출

점 $(1, a)$를 지나고 직선 $2x+3y+1=0$에 수직인 직선의 y절편이 $\dfrac{5}{2}$일 때, 상수 a의 값은?

① 3 ② 4 ③ 5
④ 6 ⑤ 7

0130 충 | 서술형 |

두 직선 $(k-3)x+y+5=0$, $4x+ky-7=0$의 교점이 존재하지 않도록 하는 모든 실수 k의 값의 합을 구하시오.

0131 충

x절편이 3인 직선과 직선 $(2k+3)x+2y+8=0$이 y축에서 수직으로 만날 때, 상수 k의 값은?

① -1 ② $-\dfrac{3}{4}$ ③ $-\dfrac{1}{2}$
④ $-\dfrac{1}{4}$ ⑤ $\dfrac{1}{4}$

0132 충

직선 $3x+y+2=0$이 직선 $ax-by-2=0$에 수직이고 직선 $ax+(b-2)y+3=0$에 평행할 때, 상수 a, b에 대하여 $a+b$의 값은?

① 1 ② 3 ③ 5
④ 7 ⑤ 9

0133 충

두 직선
$$l: 5x-ay+a+1=0,$$
$$m: ax-y-a-5=0$$
에 대하여 보기에서 옳은 것만을 있는 대로 고른 것은?

(단, a는 실수)

| 보기 |

ㄱ. $a=0$일 때, 두 직선 l과 m은 서로 수직이다.
ㄴ. 직선 m은 a의 값에 관계없이 항상 점 $(1, 5)$를 지난다.
ㄷ. 두 직선 l과 m이 서로 평행하도록 하는 모든 a의 값의 곱은 -5이다.

① ㄱ ② ㄷ ③ ㄱ, ㄴ
④ ㄱ, ㄷ ⑤ ㄱ, ㄴ, ㄷ

0134 중

두 점 $A(-2, 1)$, $B(8, 7)$을 이은 선분 AB의 수직이등분선의 방정식은?

① $x-3y-3=0$
② $x-3y-9=0$
③ $x-3y-15=0$
④ $5x+3y-21=0$
⑤ $5x+3y-27=0$

0135 중

| 서술형 |

두 점 $A(a, -7)$, $B(1, b)$를 이은 선분 AB의 수직이등분선의 방정식이 $x+3y+4=0$일 때, $a-b$의 값을 구하시오.

0136 중

오른쪽 그림과 같이 점 $A(1, 1)$에서 직선 $2x-y+1=0$에 내린 수선의 발을 $H(a, b)$라 할 때, a^2+b^2의 값을 구하시오.

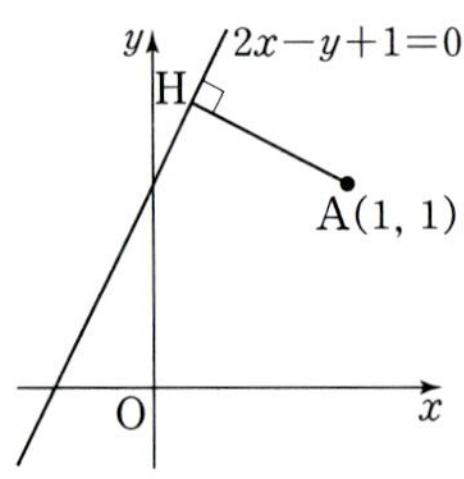

0137 중

직선 $x+2y=11$ 위의 점 중에서 원점과의 거리가 가장 가까운 점의 좌표를 구하시오.

0138 중

두 점 $A(4, 1)$, $B(a, b)$에 대하여 선분 AB가 직선 $y=-2x+4$와 수직으로 만나는 점을 P라 할 때, $\overline{AP} : \overline{BP} = 2 : 3$이다. 이때 ab의 값을 구하시오.

0139 상

세 점 $A(0, 6)$, $B(-3, 0)$, $C(9, 0)$을 꼭짓점으로 하는 삼각형 ABC의 각 꼭짓점에서 그 대변에 내린 세 수선의 교점의 좌표를 (a, b)라 할 때, $a+b$의 값을 구하시오.

0140 상

다음 그림과 같이 네 점 $A(1, 3)$, B, $C(a, 0)$, D를 꼭짓점으로 하는 마름모 ABCD에 대하여 대각선 AC의 길이가 $3\sqrt{2}$일 때, 직선 BD의 방정식을 구하시오.

(단, $a<0$)

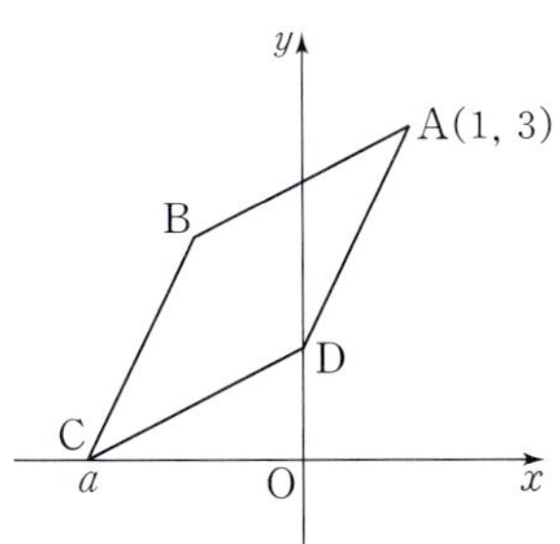

0141 상

직선 $4x+y-12=0$과 x축 및 y축으로 둘러싸인 부분의 넓이를 직선 $4x+y-12=0$과 평행한 직선 $ax+y+b=0$이 이등분할 때, 상수 a, b에 대하여 a^2+b^2의 값은?

① 80   ② 82   ③ 84
④ 86   ⑤ 88

0142 상

다음 그림과 같이 두 직선 l_1, l_2가 y축과 점 $A(0, 3)$에서 만나고 x축과 각각 점 $B(-4, 0)$, C에서 만난다. $\angle OAB=\angle OCA$일 때, 직선 l_2에 평행하고 점 $(-2, 5)$를 지나는 직선의 방정식이 $ax+by-7=0$이다. 이때 상수 a, b에 대하여 ab의 값은? (단, O는 원점)

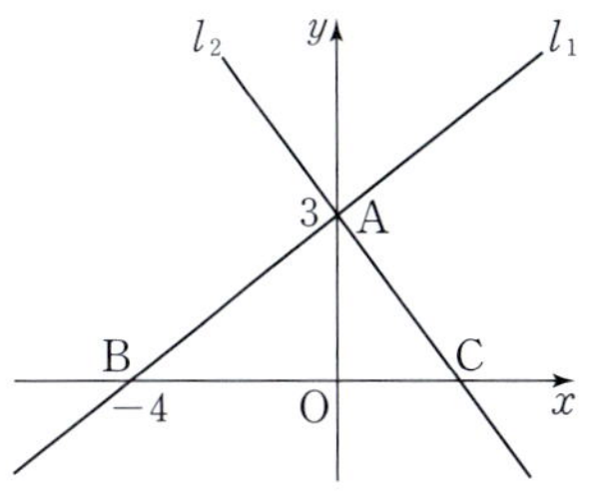

① -12 ② -6 ③ 6
④ 12   ⑤ 18

0143 상   학평 기출

좌표평면에서 점 (a, a)를 지나고 곡선 $y=x^2-4x+10$에 접하는 두 직선이 서로 수직일 때, 이 두 직선의 기울기의 합을 구하시오.

5 세 직선의 위치 관계

0144 하

세 직선 $x+y+1=0$, $3x+2y-1=0$,
$ax+y-5=0$이 한 점에서 만날 때, 상수 a의 값은?

① 1   ② 2   ③ 3
④ 4   ⑤ 5

0145 중

| 서술형 |

세 직선 $2x-y-3=0$, $x+2y+1=0$,
$2x+ay-5=0$에 의하여 생기는 교점이 2개가 되도록
하는 실수 a의 값을 모두 구하시오.

★빈출
0146 중

세 직선 $x-y+1=0$, $x+y+3=0$, $ax-y-a=0$이 삼
각형을 이루지 않도록 하는 모든 실수 a의 값의 합은?

① $-\dfrac{1}{3}$ ② 0   ③ $\dfrac{1}{3}$
④ $\dfrac{2}{3}$ ⑤ 1

★빈출
0147 중

서로 다른 세 직선 $ax+y+2=0$, $x+by+4=0$,
$2x+y+6=0$에 의하여 좌표평면이 4개의 영역으로 나
누어질 때, 상수 a, b에 대하여 $a+b$의 값은?

① 1   ② $\dfrac{3}{2}$ ③ 2
④ $\dfrac{5}{2}$ ⑤ 3

0148 상

세 직선 $x-2y+3=0$, $x+y-3=0$, $ax-y+7=0$으
로 둘러싸인 도형이 직각삼각형이 되도록 하는 자연수 a
의 값을 구하시오.

0149 상

서로 다른 세 직선 $x+y-2=0$, $2x-y+1=0$,
$y=mx+3$에 의하여 좌표평면이 6개의 영역으로 나누어
질 때, 모든 실수 m의 값의 곱을 구하시오.

★★★★ 최고수준 도전 기출

0150

학평 기출

그림과 같이 좌표평면에서 직선 $y=-x+10$과 y축과의 교점을 A, 직선 $y=3x-6$과 x축과의 교점을 B, 두 직선 $y=-x+10$, $y=3x-6$의 교점을 C라 하자. x축 위의 점 $D(a, 0)\,(a>2)$에 대하여 삼각형 ABD의 넓이가 삼각형 ABC의 넓이와 같도록 하는 a의 값은?

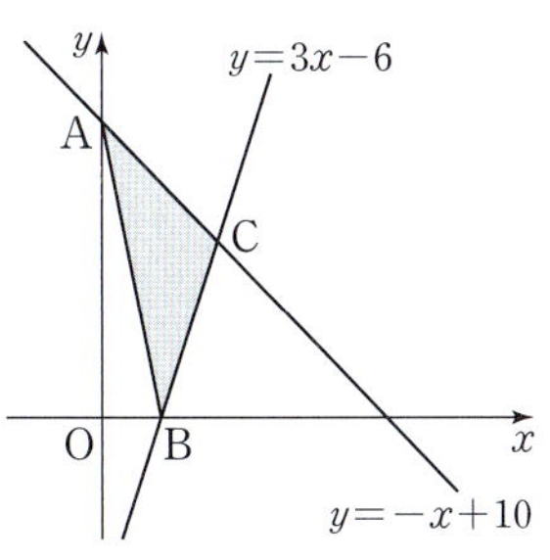

① 5

② $\dfrac{26}{5}$

③ $\dfrac{27}{5}$

④ $\dfrac{28}{5}$

⑤ $\dfrac{29}{5}$

0151

세 직선 $2x-y+4=0$, $3x-4y+9=0$, $mx-y-3m+3=0$으로 둘러싸인 도형이 예각삼각형이 되도록 하는 실수 m의 값의 범위가 $a<m<b$일 때, $|6a+6b|$의 값은?

① 11

② 13

③ 15

④ 17

⑤ 19

0152

학평 기출

그림과 같이 좌표평면에서 이차함수 $y=x^2$의 그래프 위의 점 $P(1, 1)$에서의 접선을 l_1, 점 P를 지나고 직선 l_1과 수직인 직선을 l_2라 하자. 직선 l_1이 y축과 만나는 점을 Q, 직선 l_2가 이차함수 $y=x^2$의 그래프와 만나는 점 중 점 P가 아닌 점을 R라 하자. 삼각형 PRQ의 넓이를 S라 할 때, $40S$의 값을 구하시오.

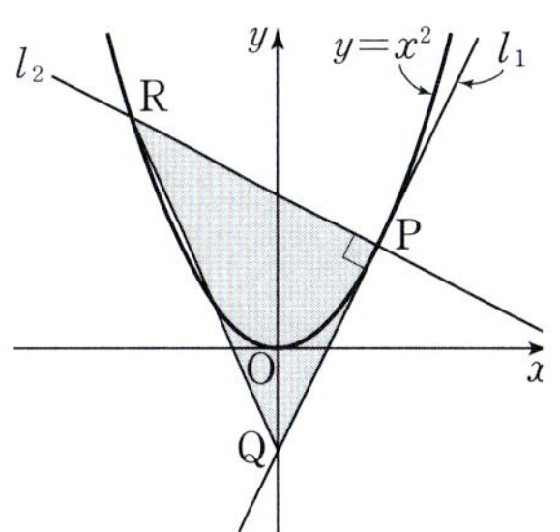

0153

두 점 $A(-4, 3)$, $B(2, 9)$와 x축 위의 점 P에 대하여 $|\overline{AP}-\overline{BP}|$의 최댓값을 M, 그때의 점 P의 x좌표를 a라 하자. 이때 aM의 값을 구하시오.

03 점과 직선 사이의 거리

1 점과 직선 사이의 거리

☑ 필수 기출 1~4

(1) 점과 직선 사이의 거리

점 $P(x_1, y_1)$과 직선 $ax+by+c=0$ 사이의 거리는

$$\frac{|ax_1+by_1+c|}{\sqrt{a^2+b^2}}$$

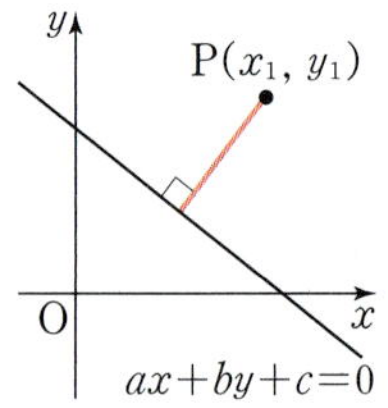

특히 원점과 직선 $ax+by+c=0$ 사이의 거리는

$$\frac{\boxed{\mathbf{0}}}{\sqrt{a^2+b^2}}$$

예 점 $(-1, 3)$과 직선 $x+3y+2=0$ 사이의 거리는

$$\frac{|1\times(-1)+3\times3+2|}{\sqrt{1^2+3^2}}=\frac{10}{\sqrt{10}}=\sqrt{10}$$

참고 점과 직선 사이의 거리는 그 점에서 직선에 내린 수선의 발까지의 거리이다.

(2) 평행한 두 직선 사이의 거리

평행한 두 직선 l과 l' 사이의 거리는 직선 l 위의 한 점과 직선 l' 사이의 거리와 같다.

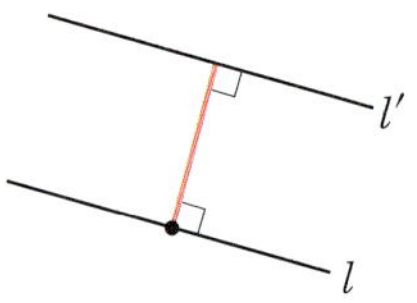

📎 기출 PICK

세 꼭짓점의 좌표가 주어진 삼각형의 넓이

세 점 A, B, C를 꼭짓점으로 하는 삼각형 ABC의 넓이는 다음과 같은 순서로 구한다.

(1) 변 BC의 길이와 직선 BC의 방정식을 구한다.

(2) 점 A와 직선 BC 사이의 거리 h를 구한다.

(3) $\triangle ABC = \dfrac{1}{2} \times \overline{BC} \times h$를 구한다.

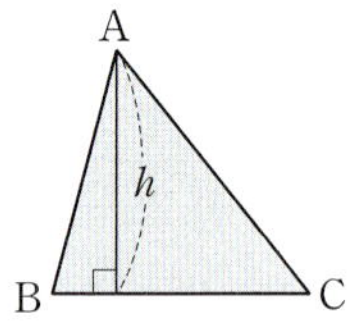

두 직선이 이루는 각의 이등분선의 방정식

두 직선이 이루는 각의 이등분선의 방정식은 다음과 같은 순서로 구한다.

(1) 각의 이등분선 위의 임의의 점을 $P(x, y)$로 놓는다.

(2) 점 P에서 각을 이루는 두 직선에 이르는 거리가 같음을 이용하여 x, y에 대한 방정식을 구한다.

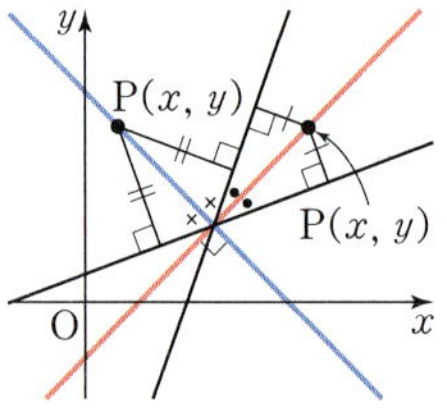

답: ❶ $|c|$

난이도별 필수 기출

1 점과 직선 사이의 거리

0154 하

점 $(-2, 3)$과 직선 $y=-\dfrac{1}{2}x+3$ 사이의 거리는?

① $\dfrac{\sqrt{5}}{5}$ ② $\dfrac{2\sqrt{5}}{5}$ ③ $\dfrac{3\sqrt{5}}{5}$

④ $\dfrac{4\sqrt{5}}{5}$ ⑤ $\sqrt{5}$

0155 하

두 점 $(0, 4)$, $(3, 1)$을 지나는 직선과 원점 사이의 거리를 구하시오.

0156 중

직선 $x-y+6=0$과의 거리가 $3\sqrt{2}$이고 x축 위에 있는 점의 좌표를 모두 구하시오.

⚡빈출 0157 중

학평 기출

점 $(1, 3)$을 지나고 기울기가 k인 직선 l이 있다. 원점과 직선 l 사이의 거리가 $\sqrt{5}$일 때, 양수 k의 값은?

① $\dfrac{1}{4}$ ② $\dfrac{3}{8}$ ③ $\dfrac{1}{2}$

④ $\dfrac{5}{8}$ ⑤ $\dfrac{3}{4}$

⭐빈출 0158 중

직선 $4x-3y-7=0$에 수직이고 점 $(1, -1)$로부터의 거리가 5인 두 직선의 y절편의 합은?

① $-\dfrac{13}{2}$ ② -5 ③ $-\dfrac{7}{2}$

④ -2 ⑤ $-\dfrac{1}{2}$

0159 중

| 서술형 |

점 $(2, -1)$에서 두 직선 $x+y+1=0$, $x-2y+a=0$에 이르는 거리가 같도록 하는 모든 실수 a의 값의 곱을 구하시오.

0160 중

y축 위의 점 P에서 두 직선 $x-2y+3=0$,
$2x-y-6=0$에 이르는 거리가 같을 때, 보기에서 점 P
의 좌표가 될 수 있는 것만을 있는 대로 고르시오.

| 보기 |
ㄱ. $(0, -3)$ ㄴ. $(0, -1)$
ㄷ. $(0, 6)$ ㄹ. $(0, 9)$

0161 중

| 서술형 |

직선 $(k-1)x-(2k+1)y+4k+5=0$은 실수 k의 값
에 관계없이 항상 점 P를 지난다. 점 P와 직선
$2x-3y+t=0$ 사이의 거리가 $2\sqrt{13}$일 때, 모든 실수 t의
값의 합을 구하시오.

0162 중

세 점 $A(2, 4)$, $B(-2, 2)$, $C(1, 5)$를 꼭짓점으로 하는
삼각형 ABC의 외심과 직선 $3x+y-13=0$ 사이의 거리
는?

① 3   ② $\sqrt{10}$ ③ $\sqrt{11}$
④ $2\sqrt{3}$ ⑤ $\sqrt{13}$

0163 중

두 직선 $3x+5y+1=0$, $5x-3y-4=0$으로부터 같은
거리에 있는 점 P가 나타내는 도형의 방정식은?

① $2x-8y-5=0$, $8x+2y-9=0$
② $2x-8y-5=0$, $8x+2y-3=0$
③ $2x-8y+1=0$, $8x+2y-9=0$
④ $2x-8y+7=0$, $8x+2y-3=0$
⑤ $2x-8y+7=0$, $8x+2y-1=0$

0164 상

점 $(3, 4)$를 지나고 원점으로부터의 거리가 d인 두 직선
이 서로 수직으로 만날 때, d^2의 값을 구하시오.

0165 상

두 직선 $x-3y+3=0$, $3x+y-3=0$으로부터 같은 거
리에 있는 점을 $P(a, b)$라 할 때, $ab \leq 50$을 만족시키는
자연수 a, b의 순서쌍 (a, b)의 개수는?

① 4   ② 5   ③ 6
④ 7   ⑤ 8

2 점과 직선 사이의 거리의 최대, 최소

0166 (중)

점 $(3, -1)$에서 직선 $kx+2y-3k-4=0$에 내린 수선의 길이를 $l(k)$라 할 때, $l(k)$의 최댓값은?

(단, k는 실수)

① 1   ② $\dfrac{3}{2}$ ③ 2

④ $\dfrac{5}{2}$ ⑤ 3

0167 (중)

★빈출

점 $(1, 1)$과 직선 $2x+4y+k(x-y)+6=0$ 사이의 거리의 최댓값을 M, 그때의 실수 k의 값을 a라 할 때, aM의 값을 구하시오.

0168 (중)

★빈출

| 서술형 |

두 직선 $2x-y-1=0$, $x+2y=0$의 교점을 지나는 직선 중에서 원점으로부터의 거리가 가장 먼 직선의 x절편을 구하시오.

0169 (상)

두 직선 $l: x+y-2=0$, $m: 4x+3y-12=0$에 대하여 직선 l 위의 점 (a, b)와 직선 m 사이의 거리의 최댓값과 최솟값의 합은? (단, $a\geq0$, $b\geq0$)

① $\dfrac{6}{5}$ ② $\dfrac{7}{5}$ ③ $\dfrac{8}{5}$

④ $\dfrac{9}{5}$ ⑤ 2

0170 (상)

이차함수 $y=x^2+2x$의 그래프 위의 점 (a, b)와 직선 $y=3x-5$ 사이의 거리가 최소일 때, $a+b$의 값은?

① $\dfrac{5}{4}$ ② $\dfrac{3}{2}$ ③ $\dfrac{7}{4}$

④ 2   ⑤ $\dfrac{9}{4}$

0171 ⓗ

평행한 두 직선 $3x-2y+2=0$, $3x-2y+15=0$ 사이의 거리는?

① $2\sqrt{3}$ ② $\sqrt{13}$ ③ $\sqrt{14}$

④ $\sqrt{15}$ ⑤ 4

0172 ⓒ 빈출

평행한 두 직선 $2x-y-1=0$, $2x-y+a=0$ 사이의 거리가 $2\sqrt{5}$일 때, 음수 a의 값은?

① -11 ② -9 ③ -7

④ -5 ⑤ -3

0173 ⓒ

직선 $4x-3y+5=0$에 평행하고 이 직선과의 거리가 2인 직선 중 제2사분면을 지나는 직선의 방정식이 $4x+ay+b=0$일 때, 상수 a, b에 대하여 $a+b$의 값은?

① 4 ② 8 ③ 12

④ 16 ⑤ 20

0174 ⓒ

실수 a, b에 대하여 $a^2+b^2=9$일 때, 두 직선 $ax+by=3$, $ax+by=4$ 사이의 거리는?

① $\dfrac{1}{3}$ ② $\dfrac{1}{2}$ ③ 1

④ 2 ⑤ 3

0175 ⓒ

오른쪽 그림과 같이 네 점 $A(-2, 0)$, $B(4, 0)$, $C(5, 3)$, $D(-1, 3)$을 꼭짓점으로 하는 평행사변형 $ABCD$에 대하여 두 직선 AD, BC 사이의 거리를 구하시오.

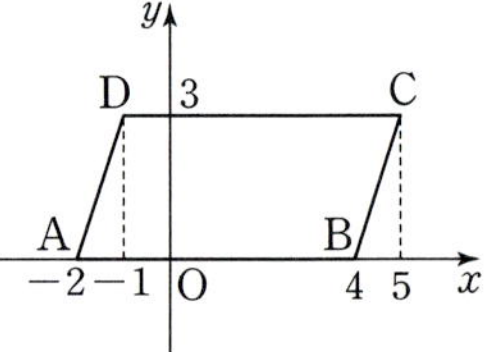

0176 ⓒ

| 서술형 |

평행한 두 직선 $2x-(m-1)y-1=0$, $(3m-2)x-my+3=0$ 사이의 거리를 d라 할 때, $4d^2$의 값을 구하시오. (단, m은 정수)

0177 중

| 서술형 |

다음 그림과 같이 평행한 두 직선 $x+ky+4=0$, $kx+y-2=0$ 위에 사각형 ABCD가 정사각형이 되도록 네 점 A, B, C, D를 잡을 때, 정사각형 ABCD의 넓이를 구하시오. (단, $k>0$)

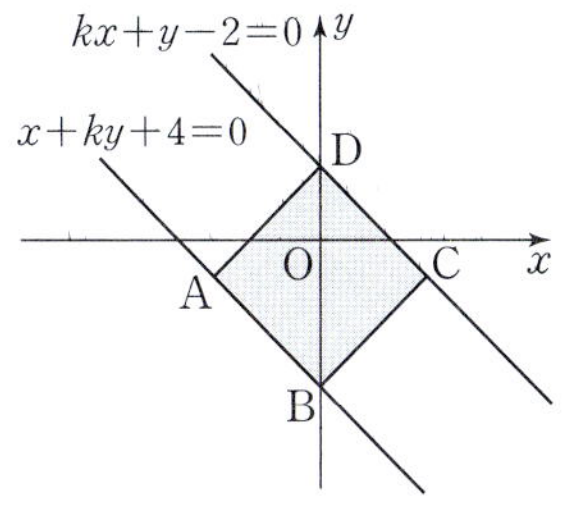

0178 중

두 점 $A(-4, 0)$, $B(4, 3)$에서 직선 $x+2y-4=0$에 내린 수선의 발을 각각 C, D라 할 때, 두 직선 AC, BD 사이의 거리는?

① $\dfrac{9\sqrt{5}}{5}$ ② $2\sqrt{5}$ ③ $\dfrac{11\sqrt{5}}{5}$

④ $\dfrac{12\sqrt{5}}{5}$ ⑤ $\dfrac{13\sqrt{5}}{5}$

0179 상

다음 그림과 같이 직선 l이 두 직선 $y=x-1$, $y=x+2$와 만나는 점을 각각 P, Q라 하자. 직선 l이 x축의 양의 방향과 이루는 각의 크기가 $75°$일 때, 선분 PQ의 길이를 구하시오.

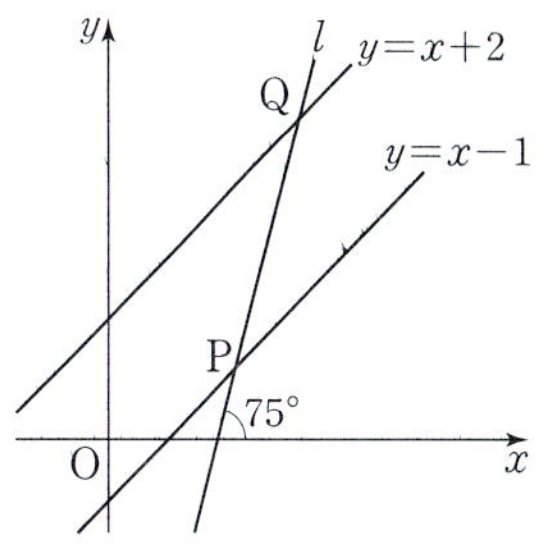

0180 상

다음 그림과 같이 평행한 두 직선 $y=2x+1$, $y=2x-2$가 두 직선에 수직인 직선 l과 제1사분면에서 만나는 점을 각각 A, B라 하자. 삼각형 AOB의 넓이가 $\dfrac{3}{2}$일 때, 직선 l의 x절편은? (단, O는 원점)

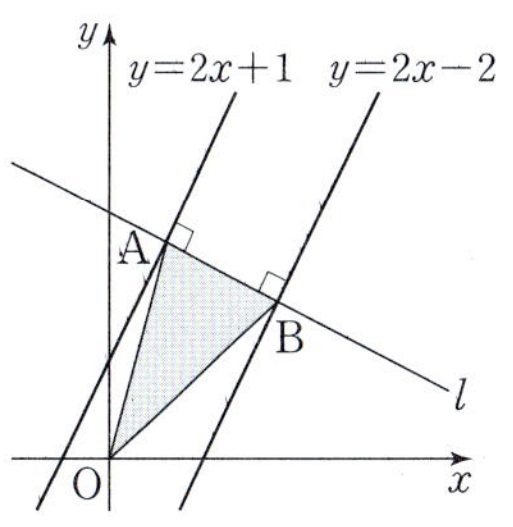

① 1   ② 2   ③ 3

④ 4   ⑤ 5

Ⅰ. 도형의 방정식

0181 중

두 직선 $3x+4y+2=0$, $4x-3y+1=0$이 이루는 각의 이등분선 중 기울기가 음수인 직선의 방정식을 구하시오.

0182 중

두 직선 $x+3y+2=0$, $3x+y-2=0$이 이루는 각의 이등분선이 점 $(-2, a)$를 지날 때, 양수 a의 값은?

① 1 ② 2 ③ 3
④ 4 ⑤ 5

0183 빈출 중

세 점 $O(0, 0)$, $A(4, 2)$, $B(3, 3)$을 꼭짓점으로 하는 삼각형 OAB의 넓이는?

① $\dfrac{5}{2}$ ② 3 ③ $\dfrac{7}{2}$
④ 4 ⑤ $\dfrac{9}{2}$

0184 빈출 중

| 서술형 |

세 점 $A(0, 3)$, $B(-3, 0)$, $C(2, a)$를 꼭짓점으로 하는 삼각형 ABC의 넓이가 12일 때, 음수 a의 값을 구하시오.

0185 중

오른쪽 그림과 같이 가로의 길이가 6, 세로의 길이가 3인 직사각형 OABC에 대하여 선분 OB를 $1 : 2$로 내분하는 점을 D라 할 때, 점 A와 직선 CD 사이의 거리를 구하시오.

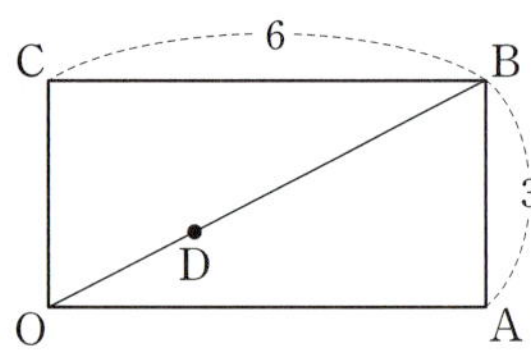

0186 중

오른쪽 그림과 같이 서로 다른 세 점 O, A, B를 꼭짓점으로 하는 삼각형 OAB의 넓이를 $S(a)$라 할 때, $100 \leq S(a) < 1000$을 만족시키는 자연수 a의 개수는?
(단, O는 원점이고, 두 점 A, B는 제1사분면 위에 있다.)

① 2 ② 3 ③ 4
④ 5 ⑤ 6

0187 중

다음 그림과 같이 두 점 A$(-1, -3)$, B$(2, 1)$과 직선 $4x-3y+12=0$ 위의 한 점 P를 꼭짓점으로 하는 삼각형 ABP의 넓이는?

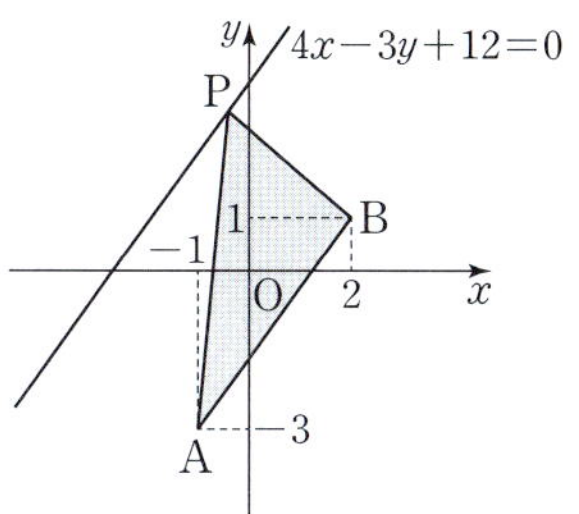

① $\dfrac{13}{2}$ ② 7 ③ $\dfrac{15}{2}$

④ 8 ⑤ $\dfrac{17}{2}$

0188 중 학평 기출

그림과 같이 좌표평면에 세 점 O$(0, 0)$, A$(8, 4)$, B$(7, a)$와 삼각형 OAB의 무게중심 G$(5, b)$가 있다. 점 G와 직선 OA 사이의 거리가 $\sqrt{5}$일 때, $a+b$의 값은?

(단, a는 양수이다.)

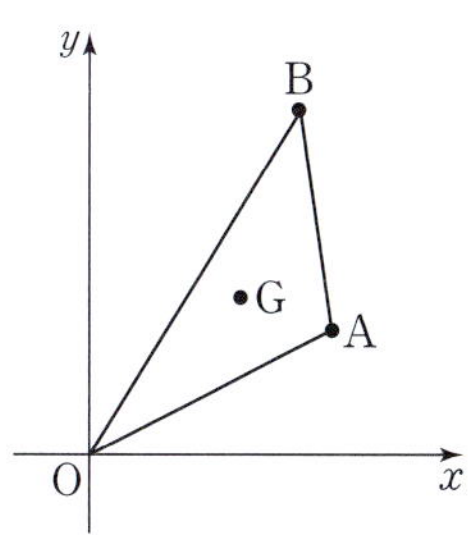

① 16 ② 17 ③ 18

④ 19 ⑤ 20

0189 중 학평 기출

그림과 같이 좌표평면 위에 점 A$(a, 6)$ $(a>0)$과 두 점 $(6, 0)$, $(0, 3)$을 지나는 직선 l이 있다. 직선 l 위의 서로 다른 두 점 B, C와 제1사분면 위의 점 D를 사각형 ABCD가 정사각형이 되도록 잡는다. 정사각형 ABCD의 넓이가 $\dfrac{81}{5}$일 때, a의 값은?

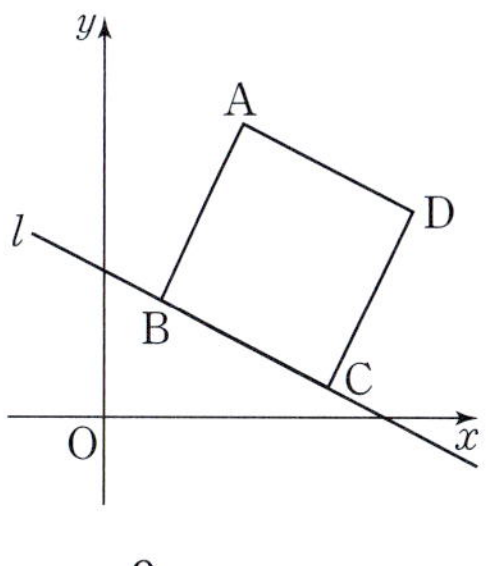

① 2 ② $\dfrac{9}{4}$ ③ $\dfrac{5}{2}$

④ $\dfrac{11}{4}$ ⑤ 3

★빈출 0190 중 학평 기출

그림과 같이 좌표평면 위의 점 A$(8, 6)$에서 x축에 내린 수선의 발을 H라 하고, 선분 OH 위의 점 B에서 선분 OA에 내린 수선의 발을 I라 하자. $\overline{\mathrm{BH}}=\overline{\mathrm{BI}}$일 때, 직선 AB의 방정식은 $y=mx+n$이다. $m+n$의 값은?

(단, O는 원점이고, m, n은 상수이다.)

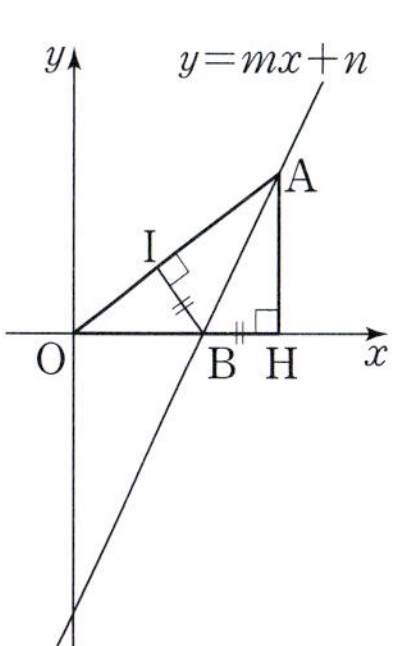

① -10 ② -9 ③ -8

④ -7 ⑤ -6

0191 상

| 서술형 |

세 직선 $x+2y-4=0$, $2x+y-8=0$, $x-y+2=0$으로 둘러싸인 도형의 넓이를 구하시오.

0192 상

오른쪽 그림과 같이 네 점 A$(-4, 0)$, B$(0, -3)$, C$(4, 0)$, D$(0, 3)$을 꼭짓점으로 하는 마름모 ABCD에 대하여 점 P$(4, 5)$에서 마름모 위의 한 점까지의 거리의 최댓값을 M, 최솟값을 m이라 할 때, M^2-m^2의 값을 구하시오.

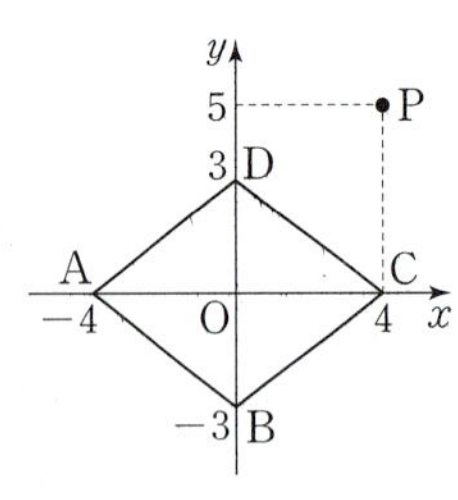

0193 상

다음 그림과 같이 일직선으로 뻗은 해안선의 A 지점에 부두가 있고, 부두에서 동쪽으로 6 km 떨어진 B 지점에서 북쪽으로 4 km 떨어진 C 지점에 등대가 있다. 부두에서 배가 해안선에 대하여 $60°$를 이루면서 움직일 때, 등대와 배 사이의 최단 거리를 구하시오.

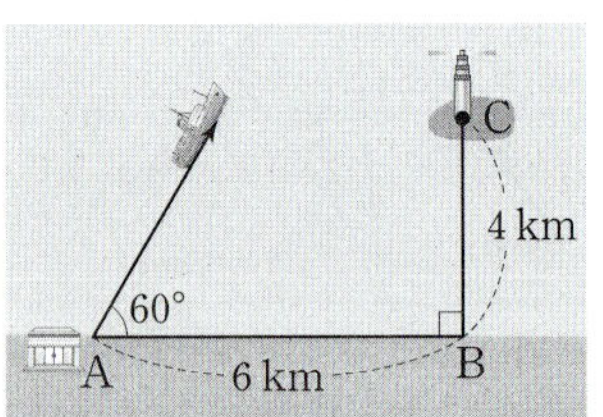

0194 상

다음 그림과 같이 한 변의 길이가 4인 정사각형 모양의 종이 ABCD에서 변 AB의 중점을 M, 변 CD의 중점을 N이라 하고 꼭짓점 A가 선분 MN 위에 놓이도록 접었을 때, 점 A가 선분 MN과 만나는 점을 A′이라 하자. 이때 점 A와 직선 A′B 사이의 거리를 구하시오.

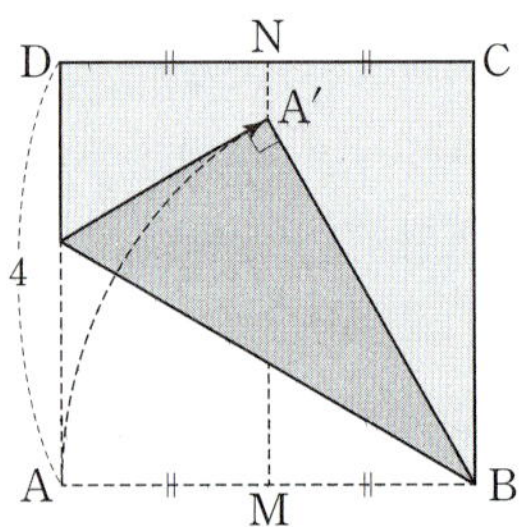

0195

이차함수 $y=-x^2+4$의 그래프 위의 점과 직선 $y=2x+k$ 사이의 거리의 최솟값이 $3\sqrt{5}$가 되도록 하는 상수 k의 값을 구하시오.

0196

세 점 $A(-1, 1)$, $B(2, -1)$, $C(4, 2)$를 꼭짓점으로 하는 삼각형 ABC에 대하여 점 B와 삼각형 ABC의 내심을 지나는 직선의 방정식이 $ax+by-9=0$일 때, $a-b$의 값을 구하시오. (단, a, b는 상수)

0197

다음 그림과 같이 한 변의 길이가 20인 정사각형 ABCD에 내접하는 원이 있다. 선분 BC를 $1:2$로 내분하는 점을 P라 하고 선분 AP가 정사각형 ABCD에 내접하는 원과 만나는 두 점을 Q, R라 할 때, 선분 QR의 길이를 구하시오.

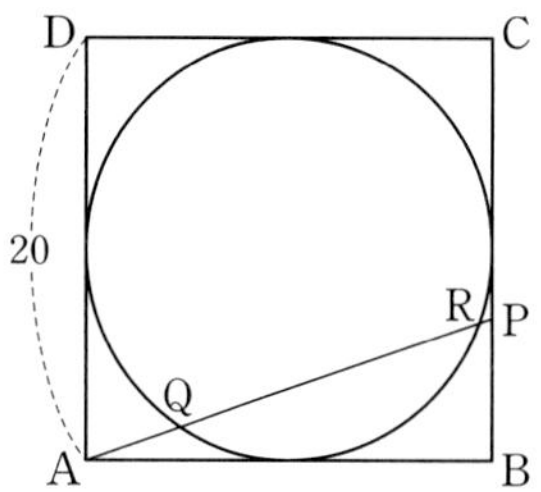

0198

학평 기출

최고차항의 계수가 양수인 이차함수 $y=f(x)$의 그래프가 x축과 두 점 $A(2, 0)$, $B(a, 0)\,(a>2)$에서 만나고 y축과 점 C에서 만난다. 이차함수 $y=f(x)$의 그래프의 꼭짓점을 P, 두 점 A, P에서 직선 BC에 내린 수선의 발을 각각 Q, R이라 하자. 사각형 APRQ가 정사각형일 때, $f(12)$의 값을 구하시오.

04 원의 방정식

1 원의 방정식

☑ 필수 기출 1~5

(1) 원의 방정식

중심이 점 (a, b)이고 반지름의 길이가 r인 원의 방정식은

$$(x-a)^2+(y-b)^2=r^2 \;\leftarrow\; \text{원의 방정식의 표준형}$$

특히 중심이 원점이고 반지름의 길이가 r인 원의 방정식은

(2) 이차방정식 $x^2+y^2+Ax+By+C=0$이 나타내는 도형

x, y에 대한 이차방정식 $\underline{x^2+y^2+Ax+By+C=0}\,(A^2+B^2-4C>0)$은 중심이

→ 원의 방정식의 일반형

점 $\left(-\dfrac{A}{2},\, -\dfrac{B}{2}\right)$, 반지름의 길이가 $\dfrac{\sqrt{A^2+B^2-4C}}{2}$인 원을 나타낸다.

참고 $x^2+y^2+Ax+By+C=0$에서 $\left(x+\dfrac{A}{2}\right)^2+\left(y+\dfrac{B}{2}\right)^2=\dfrac{A^2+B^2-4C}{4}$

✐ 기출 PICK

좌표축에 접하는 원의 방정식

(1) 중심이 점 (a, b)이고 x축에 접하는 원의 방정식
  ➡ (반지름의 길이)$=|($중심의 y좌표$)|=|b|$
  ➡ $(x-a)^2+(y-b)^2=b^2$

(2) 중심이 점 (a, b)이고 y축에 접하는 원의 방정식
  ➡ (반지름의 길이)$=|($중심의 x좌표$)|=|a|$
  ➡ $(x-a)^2+(y-b)^2=a^2$

(3) 반지름의 길이가 r이고 x축과 y축에 동시에 접하는 원의 방정식
  ➡ (반지름의 길이)$=|($중심의 x좌표$)|=|($중심의 y좌표$)|=r$
  ➡ $(x\pm r)^2+(y\pm r)^2=r^2$

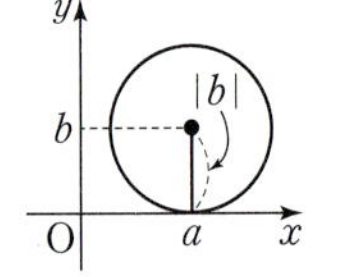
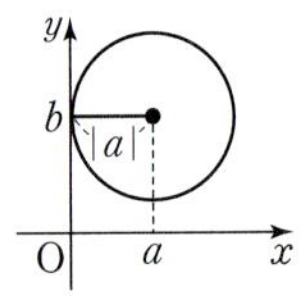
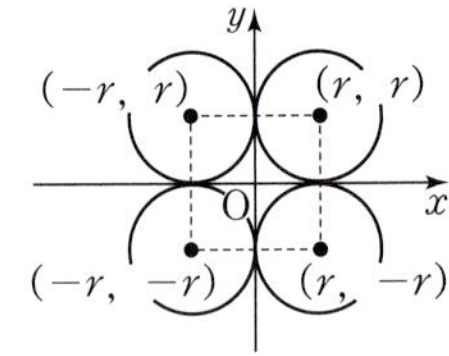

2 두 원의 교점을 지나는 도형의 방정식

☑ 필수 기출 6

(1) 두 원의 교점을 지나는 직선의 방정식

서로 다른 두 점에서 만나는 두 원

$$x^2+y^2+Ax+By+C=0,\; x^2+y^2+A'x+B'y+C'=0$$

의 교점을 지나는 직선의 방정식은

$$x^2+y^2+Ax+By+C-(x^2+y^2+A'x+B'y+C')=0$$
$$\therefore (A-A')x+(B-B')y+C-C'=0$$

(2) 두 원의 교점을 지나는 원의 방정식

서로 다른 두 점에서 만나는 두 원

$$O: x^2+y^2+Ax+By+C=0,\; O': x^2+y^2+A'x+B'y+C'=0$$

의 교점을 지나는 원 중에서 원 O'을 제외한 원의 방정식은

$$x^2+y^2+Ax+By+C+k(x^2+y^2+A'x+B'y+C')=0 \;(\text{단, } k\neq -1\text{인 실수})$$

답: ❶ $x^2+y^2=r^2$

난이도별 필수 기출

1 원의 방정식(1)

0199 하

중심이 점 $(2, -1)$이고 반지름의 길이가 3인 원의 방정식은?

① $(x-2)^2+(y+1)^2=\sqrt{3}$
② $(x-2)^2+(y+1)^2=3$
③ $(x-2)^2+(y+1)^2=9$
④ $(x+2)^2+(y-1)^2=3$
⑤ $(x+2)^2+(y-1)^2=9$

0200 하

중심이 점 $(-1, 2)$이고 원 $(x-2)^2+(y-5)^2=16$과 반지름의 길이가 같은 원이 점 $(3, a)$를 지날 때, a의 값을 구하시오.

0201 하

원 $(x+4)^2+(y-1)^2=15$와 중심이 같고 점 $(2, -3)$을 지나는 원의 넓이는?

① 52π
② 54π
③ 56π
④ 58π
⑤ 60π

0202 중

다음 중 중심이 y축 위에 있고 두 점 $(4, -1)$, $(5, 2)$를 지나는 원 위의 점인 것은?

① $(-3, 5)$
② $(-2, 7)$
③ $(-1, 6)$
④ $(1, -3)$
⑤ $(3, -2)$

0203 중 | 서술형 |

두 점 $(-2, 1)$, $(4, 5)$를 지름의 양 끝 점으로 하는 원이 x축과 만나는 두 점을 P, Q라 할 때, 선분 PQ의 길이를 구하시오.

☆ 빈출
0204 중

중심이 직선 $y=2x-1$ 위에 있고 두 점 $(1, 3)$, $(5, -1)$을 지나는 원의 중심의 좌표가 (a, b)일 때, $a+b$의 값은?

① -5
② -4
③ -3
④ -2
⑤ -1

두 점 $A(-2, -1)$, $B(4, 8)$을 이은 선분 AB를 $1:2$로 내분하는 점을 중심으로 하고 점 A를 지나는 원의 방정식을 구하시오.

0206 중 | 서술형 |

직선 $4x+y-8=0$이 x축, y축과 만나는 점을 각각 A, B라 할 때, 두 점 A, B를 지름의 양 끝 점으로 하는 원의 둘레의 길이를 구하시오.

0207 중

중심이 x축 위에 있고 두 점 $(1, 5)$, $(5, 3)$을 지나는 원에 대하여 보기에서 옳은 것만을 있는 대로 고른 것은?

> 보기
> ㄱ. 중심의 좌표는 $(1, 0)$이다.
> ㄴ. 반지름의 길이는 4이다.
> ㄷ. 점 $(-2, 4)$를 지난다.

① ㄱ   ② ㄴ   ③ ㄱ, ㄷ
④ ㄴ, ㄷ   ⑤ ㄱ, ㄴ, ㄷ

두 점 $A(a, -1)$, $B(-2, a+1)$을 지름의 양 끝 점으로 하는 원의 넓이가 18π일 때, 양수 a의 값은?

① 2   ② 4   ③ 6
④ 8   ⑤ 10

0209 중 | 서술형 |

직선 $y=-3x+9$가 x축과 만나는 점을 중심으로 하고 y축과 만나는 점을 지나는 원이 점 $(a, 0)$을 지날 때, 모든 a의 값의 합을 구하시오.

0210 중

세 점 $A(1, 4)$, $B(-1, 1)$, $C(3, -5)$를 꼭짓점으로 하는 삼각형 ABC에 대하여 꼭짓점 A에서 변 BC에 그은 중선을 지름으로 하는 원의 방정식은?

① $(x-1)^2+(y-1)^2=3$
② $(x-1)^2+(y-1)^2=9$
③ $(x-1)^2+(y+1)^2=3$
④ $(x+1)^2+(y-1)^2=9$
⑤ $(x+1)^2+(y+1)^2=9$

0211 (상)

세 점 $A(5, 2)$, $B(-3, 8)$, $C(1, -1)$을 꼭짓점으로 하는 삼각형 ABC에서 $\angle A$의 이등분선이 변 BC와 만나는 점을 D라 할 때, 두 점 A, D를 지름의 양 끝 점으로 하는 원의 넓이를 구하시오.

0212 (상) 학평 기출

그림과 같이 원의 중심 $C(a, b)$가 제1사분면 위에 있고, 반지름의 길이가 r이며 원점 O를 지나는 원이 있다. 원과 x축, y축이 만나는 점 중 O가 아닌 점을 각각 A, B라 하자. 네 점 O, A, B, C가 다음 조건을 만족시킬 때, $a+b+r^2$의 값을 구하시오.

> (가) $\overline{OB}-\overline{OA}=4$
> (나) 두 점 O, C를 지나는 직선의 방정식은 $y=3x$이다.

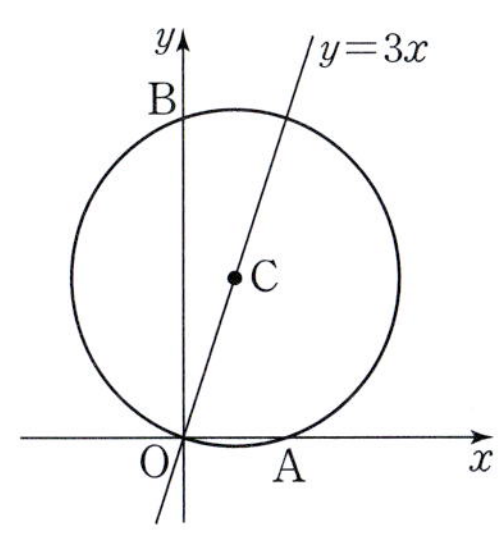

2 원의 방정식(2)

0213 (하)

원 $x^2+y^2-6x+8y+21=0$의 중심의 좌표가 (a, b), 반지름의 길이가 r일 때, $a+b+r$의 값은?

① 1 　　② 2 　　③ 3
④ 4 　　⑤ 5

★빈출 0214 (하)

다음 중 원의 방정식인 것은?

① $x^2+y^2-x-4y+7=0$
② $x^2+y^2-2x-4y+5=0$
③ $x^2+y^2-3x+4y+7=0$
④ $x^2+y^2+3x-8y+20=0$
⑤ $x^2+y^2-4x+5y+10=0$

0215 (중)

방정식 $x^2+y^2-6x+4y+8=0$이 나타내는 도형이 지나지 <u>않는</u> 사분면은?

① 제1, 2사분면 　　② 제2, 3사분면
③ 제3, 4사분면 　　④ 제1, 2, 3사분면
⑤ 제1, 3, 4사분면

0216 ⑤

방정식 $x^2+y^2-4kx+4y+5k^2-6k+9=0$이 원을 나타내도록 하는 정수 k의 개수는?

① 1   ② 2   ③ 3
④ 4   ⑤ 5

0217 ⑤

점 $(2, 1)$을 지나는 원 $x^2+y^2-6x+2y+k=0$의 중심의 좌표가 (a, b)일 때, abk의 값은? (단, k는 상수)

① -25 ② -20 ③ -15
④ -10 ⑤ -5

0218 ⑤

원 $x^2+y^2+kx-2y+6=0$의 반지름의 길이가 2일 때, 원점과 원의 중심 사이의 거리는? (단, k는 상수)

① $2\sqrt{2}$ ② 3   ③ $\sqrt{10}$
④ $\sqrt{11}$ ⑤ $2\sqrt{3}$

0219 ⑤

학평 기출

좌표평면에서 직선 $y=2x+3$이 원 $x^2+y^2-4x-2ay-19=0$의 중심을 지날 때, 상수 a의 값은?

① 4   ② 5   ③ 6
④ 7   ⑤ 8

0220 ⑤

학평 기출

두 상수 a, b에 대하여 이차함수 $y=x^2-4x+a$의 그래프의 꼭짓점을 A라 할 때, 점 A는 원 $x^2+y^2+bx+4y-17=0$의 중심과 일치한다. $a+b$의 값은?

① -1 ② -2 ③ -3
④ -4 ⑤ -5

★ 빈출
0221 ⑤

| 서술형 |

방정식 $x^2+y^2-4kx+k^2+8k-9=0$이 반지름의 길이가 2 이상 5 이하인 원을 나타낼 때, 실수 k의 값의 범위를 구하시오.

 0222 ㈜

두 원 $x^2+y^2+4x-6y-12=0$,
$x^2+y^2-2x-2y-7=0$의 넓이를 동시에 이등분하는 직선의 방정식을 구하시오.

0223 ㈜

원 $x^2+y^2+ax+by=0$의 넓이가 4π 이하가 되도록 하는 자연수 a, b의 순서쌍 (a, b)의 개수는?

① 5   ② 6   ③ 7
④ 8   ⑤ 9

0224 ㈜

방정식 $x^2+y^2+2ax-4ay+6a^2-2a-3=0$이 원을 나타낼 때, 원의 넓이가 최대가 되도록 하는 원의 반지름의 길이를 구하시오. (단, a는 상수)

0225 ㈖

원 $x^2+y^2+2x-6y=0$의 넓이가 두 직선 $y=ax$, $y=bx+c$에 의하여 4등분 될 때, $a+b+c$의 값은?
(단, a, b, c는 상수)

① $\dfrac{2}{3}$ ② 1   ③ $\dfrac{4}{3}$
④ $\dfrac{5}{3}$ ⑤ 2

0226 ㈖

방정식 $x^2+y^2+8x-6y-2k+15=0$이 원을 나타낼 때, 이 원 위의 모든 점이 제2사분면 위에 있도록 하는 정수 k의 개수를 구하시오.

0227 ㈖

방정식 $f(x, y)=0$에 대하여 $f(x, y)=x^2+y^2+ay+b$일 때, 보기에서 옳은 것만을 있는 대로 고르시오.
(단, a, b는 실수)

보기

ㄱ. $a=1$, $b=-3$이면 방정식 $f(x, y)=0$이 나타내는 도형은 원이다.
ㄴ. $a=2$, $b=1$이면 방정식 $f(x, y)=0$이 나타내는 도형은 점 $(0, -1)$이다.
ㄷ. $a^2<4b$이면 방정식 $f(x, y)=0$을 만족시키는 실수 x, y의 값은 존재하지 않는다.

0228 중

점 $(0, 5)$에서 y축에 접하는 원의 넓이가 4π일 때, 이 원의 방정식을 구하시오.

(단, 원의 중심은 제2사분면 위에 있다.)

0229 중

중심이 직선 $y=x+1$ 위에 있고 x축에 접하는 원이 점 $(-1, 3)$을 지날 때, 이 원의 둘레의 길이는?

① 2π ② 4π ③ 6π
④ 8π ⑤ 10π

★빈출 0230 중

점 $(2, 4)$를 지나고 x축과 y축에 동시에 접하는 두 원의 중심 사이의 거리는?

① $4\sqrt{2}$ ② $5\sqrt{2}$ ③ $6\sqrt{2}$
④ $7\sqrt{2}$ ⑤ $8\sqrt{2}$

0231 중

원 $x^2+y^2-4kx+2ky+4k+12=0$이 y축에 접하도록 하는 모든 실수 k의 값의 합은?

① 1 ② 2 ③ 3
④ 4 ⑤ 5

0232 중 | 서술형 |

원 $x^2+y^2-2x-4ay+b=0$이 x축에 접하고 점 $(5, 4)$를 지날 때, 상수 a, b에 대하여 $a+b$의 값을 구하시오.

0233 중

세 점 $(0, 0)$, $(1, 1)$, $(6, -4)$를 지나는 원 C_1과 중심이 같고 점 $(4, 2)$를 지나는 원 C_2의 반지름의 길이는?

① 4 ② $\sqrt{17}$ ③ $3\sqrt{2}$
④ $\sqrt{19}$ ⑤ $2\sqrt{5}$

0234 중 | 서술형 |

두 점 $(0, 2)$, $(-2, 4)$를 지나고 x축에 접하는 두 원의 넓이의 합을 구하시오.

0235 중

y축에 접하는 원 $x^2+y^2-6x+ky+16=0$의 중심이 제4사분면 위에 있을 때, 상수 k의 값은?

① -8 ② -4 ③ 4

④ 8 ⑤ 12

0236 중

네 점 $(0, 0)$, $(-1, 3)$, $(2, 4)$, $(p, 1)$이 한 원 위에 있을 때, 양수 p의 값을 구하시오.

0237 중

곡선 $y=x^2-x-1$ 위의 점 중 제2사분면에 있는 점을 중심으로 하고, x축과 y축에 동시에 접하는 원의 방정식은
$x^2+y^2+ax+by+c=0$이다.
$a+b+c$의 값을 구하시오.
(단, a, b, c는 상수이다.)

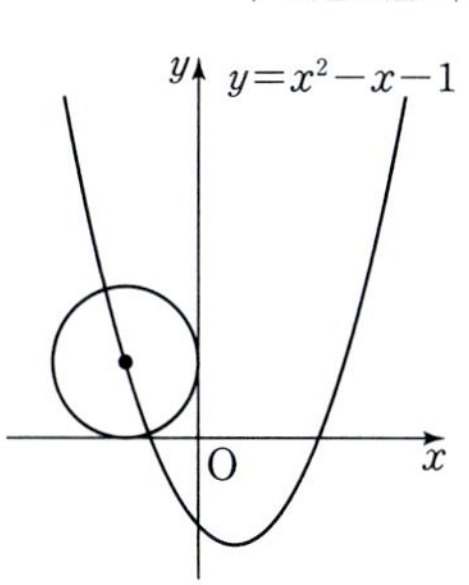

0238 상

반지름의 길이가 r인 원이 x축과 y축에 동시에 접할 때, 점 $P(-2, -1)$이 이 원의 내부에 있도록 하는 자연수 r의 개수를 구하시오.

0239 상

세 점 $O(0, 0)$, $A(2, 0)$, $B(1, \sqrt{3})$을 꼭짓점으로 하는 삼각형 OAB의 내접원의 방정식을 구하시오.

★ 빈출
0240 (상)

세 직선 $x-y=0$, $2x+y=0$, $x+2y-3=0$으로 둘러싸인 삼각형의 외접원의 넓이는?

① $\dfrac{5}{9}\pi$ ② $\dfrac{5}{6}\pi$ ③ $\dfrac{10}{9}\pi$

④ $\dfrac{25}{18}\pi$ ⑤ $\dfrac{5}{3}\pi$

0241 (상)

중심이 곡선 $y=x^2-12$ 위에 있고 x축과 y축에 동시에 접하는 모든 원의 넓이의 합은?

① 42π ② 46π ③ 50π
④ 54π ⑤ 58π

0242 (하)
학평 기출

좌표평면에서 점 $A(5, 5)$와 원 $x^2+y^2=8$ 위의 점 P에 대하여 선분 AP의 길이의 최솟값은?

① $\dfrac{5\sqrt{2}}{2}$ ② $3\sqrt{2}$ ③ $\dfrac{7\sqrt{2}}{2}$

④ $4\sqrt{2}$ ⑤ $\dfrac{9\sqrt{2}}{2}$

0243 (하)

점 $A(4, -3)$과 원 $x^2+y^2=r^2$ 위의 점 P에 대하여 선분 AP의 길이의 최댓값이 9일 때, 양수 r의 값을 구하시오.

★ 빈출
0244 (중)

점 $P(-1, 3)$과 원 $x^2+y^2-4x+2y+1=0$ 위의 점 Q에 대하여 선분 PQ의 길이의 최댓값을 M, 최솟값을 m이라 할 때, Mm의 값은?

① 21 ② 24 ③ 27
④ 30 ⑤ 33

0245 중

원 $x^2+y^2+2x-4y-4=0$ 위의 점과 원 밖의 점 $(-4, a)$ 사이의 거리의 최솟값이 2일 때, 음수 a의 값은?

① -5 ② -4 ③ -3

④ -2 ⑤ -1

★ 빈출
0246 중

점 $A(4, -1)$과 원 $x^2+y^2-2x-4y-11=0$ 위의 점 P에 대하여 선분 AP의 길이를 l이라 할 때, l의 값이 될 수 있는 자연수의 개수는?

① 6   ② 7   ③ 8

④ 9   ⑤ 10

0247 중

| 서술형 |

원 $x^2+y^2-10x-8y+32=0$ 위의 점 P와 원 $x^2+y^2+6x+4y+9=0$ 위의 점 Q에 대하여 선분 PQ의 길이의 최댓값과 최솟값의 합을 구하시오.

0248 상

원 $x^2+y^2=4$ 위의 점 $P(a, b)$에 대하여 $\sqrt{(a+8)^2+(b-6)^2}$의 최댓값을 구하시오.

0249 상

| 학평 기출 |

그림과 같이 두 점 $A(4, 0)$, $B(10, 0)$을 지나고 반지름의 길이가 5인 원이 있다. 원점 O와 원 위를 움직이는 점 P에 대하여 선분 OP의 길이가 정수가 되게 하는 점 P의 개수를 구하시오. (단, 원의 중심은 제1사분면에 있다.)

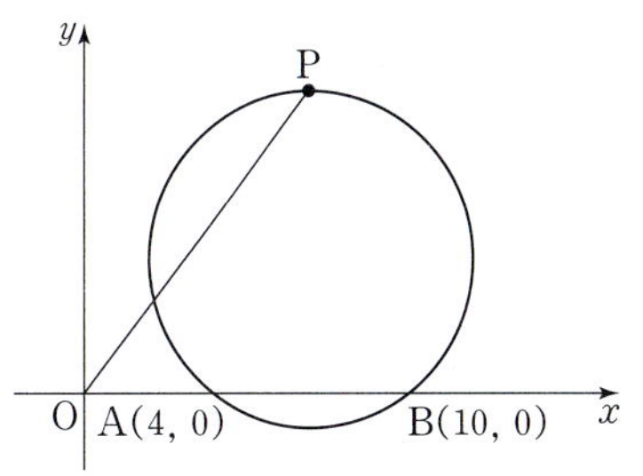

0250 ^중

두 점 $A(-3, 0)$, $B(1, 0)$에 대하여 $\overline{AP}^2 + \overline{BP}^2 = 40$을 만족시키는 점 P가 나타내는 도형의 둘레의 길이는?

① 6π　　　　② $\dfrac{13}{2}\pi$　　　　③ 7π

④ $\dfrac{15}{2}\pi$　　　　⑤ 8π

0251 ^중　　　| 서술형 |

두 점 $A(5, 4)$, $B(1, -3)$과 원 $(x+3)^2 + (y-2)^2 = 18$ 위의 점 P를 꼭짓점으로 하는 삼각형 APB의 무게중심 G가 나타내는 도형의 넓이를 구하시오.

0252 ^중

점 $A(4, 2)$와 원 $x^2 + y^2 + 4x - 6y - 12 = 0$ 위의 점 P에 대하여 선분 AP의 중점 Q가 나타내는 도형의 방정식을 구하시오.

0253 ^중

행렬 $A = \begin{pmatrix} x & y \\ y & -x \end{pmatrix}$에 대하여 $A^2 = 5E$를 만족시키는 점 $P(x, y)$가 나타내는 도형을 C라 할 때, 점 $Q(6, -3)$과 도형 C 위의 점 사이의 거리의 최솟값은?

(단, E는 단위행렬)

① $\sqrt{5}$　　　　② $2\sqrt{5}$　　　　③ $3\sqrt{5}$
④ $4\sqrt{5}$　　　　⑤ $5\sqrt{5}$

0254 ^상　　　학평 기출

좌표평면 위의 두 점 $A(5, 12)$, $B(a, b)$에 대하여 선분 AB의 길이가 3일 때, $a^2 + b^2$의 최댓값을 구하시오.

0255 ^상

두 점 $A(3, -1)$, $B(-5, -1)$로부터의 거리의 비가 $3 : 1$인 점 P에 대하여 삼각형 APB의 넓이의 최댓값은?

① 11　　　　② 12　　　　③ 13
④ 14　　　　⑤ 15

6 두 원의 교점을 지나는 도형의 방정식

0256 하

두 원 $x^2+y^2-3x-4y+1=0$, $x^2+y^2-x-5y-4=0$
의 교점을 지나는 직선의 기울기는?

① -4 ② -2 ③ -1
④ 2 ⑤ 4

빈출
0257 중

두 원 $x^2+y^2+ax-8y+1=0$, $x^2+y^2-ax-4y-7=0$
의 교점을 지나는 직선이 점 $(-2, 3)$을 지날 때, 상수 a
의 값은?

① -3 ② -1 ③ 1
④ 3 ⑤ 5

빈출
0258 중

두 원 $x^2+y^2=2$, $x^2+y^2-2x+4y+2=0$의 교점과 원
점을 지나는 원의 방정식이 $x^2+y^2+ax+by=0$일 때,
상수 a, b에 대하여 ab의 값은?

① -2 ② -1 ③ 0
④ 1 ⑤ 2

0259 중

| 서술형 |

두 원 $x^2+y^2+3x-8=0$, $x^2+y^2+5x+4y+4=0$의
교점을 지나는 직선이 x축, y축과 만나는 점을 각각 A,
B라 할 때, 삼각형 OAB의 넓이를 구하시오.

(단, O는 원점)

0260 중

두 원 $x^2+y^2+4x-5=0$, $x^2+y^2-2x-3ay+1=0$의
교점과 점 $(-1, 0)$을 지나는 원의 반지름의 길이가 $\sqrt{2}$
일 때, 양수 a의 값은?

① 1 ② 2 ③ 3
④ 4 ⑤ 5

0261 중

두 원 $x^2+y^2=4$, $x^2+y^2-8x-6y+6=0$이 만나는 서
로 다른 두 점을 A, B라 할 때, 선분 AB의 길이는?

① $\sqrt{3}$ ② $2\sqrt{3}$ ③ $3\sqrt{3}$
④ $4\sqrt{3}$ ⑤ $5\sqrt{3}$

0262 중

두 원 $O: x^2+y^2=4$, $O': (x+1)^2+(y-2)^2=9$의 두 교점을 P, Q라 할 때, 원 O의 중심 O'에 대하여 삼각형 O'PQ의 넓이는?

① $\dfrac{\sqrt{5}}{4}$ ② $\dfrac{\sqrt{5}}{2}$ ③ $\sqrt{5}$

④ $2\sqrt{5}$ ⑤ $4\sqrt{5}$

0263 상

두 원 $x^2+y^2-2x-8=0$, $x^2+y^2+4x-8y+4=0$의 두 교점을 지나는 원 중에서 넓이가 최소인 원의 넓이는?

① $\dfrac{16}{25}\pi$ ② $\dfrac{36}{25}\pi$ ③ $\dfrac{64}{25}\pi$

④ 4π ⑤ $\dfrac{144}{25}\pi$

빈출
0264 상 | 서술형 |

원 $x^2+y^2+4ax-4y+4=0$이 원 $x^2+y^2+4x-6y+9=0$의 둘레의 길이를 이등분할 때, 상수 a의 값을 구하시오.

0265 상

두 원 $x^2+y^2-4x-1=0$, $x^2+y^2+2x+4y-5=0$의 교점을 지나고 중심이 y축 위에 있는 원의 둘레의 길이는?

① $\dfrac{10}{3}\pi$ ② 4π ③ $\dfrac{14}{3}\pi$

④ $\dfrac{16}{3}\pi$ ⑤ 6π

0266 상

다음 그림과 같이 원 $x^2+y^2=16$을 선분 PQ를 접는 선으로 하여 접었더니 점 $(2, 0)$에서 x축에 접하였다. 이때 직선 PQ의 기울기는?

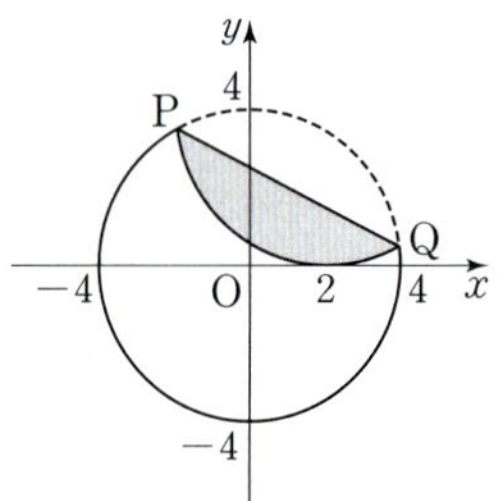

① $-\dfrac{5}{4}$ ② -1 ③ $-\dfrac{3}{4}$

④ $-\dfrac{1}{2}$ ⑤ $-\dfrac{1}{4}$

★ ★ ★ ★
최고수준 도전 기출

0267

다음 그림과 같이 반지름의 길이가 $2\sqrt{10}$이고 중심이 O인 원 위의 두 점 A, C와 원 내부의 점 B를 잡아 $\overline{AB}=8$, $\overline{BC}=4$, $\angle ABC=90°$가 되도록 원과 원의 내부의 일부를 잘라 내었다. 이때 선분 OB의 길이를 구하시오.

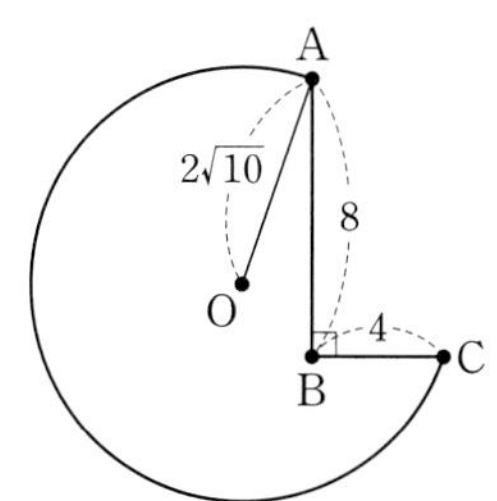

0268

두 점 $A(-2, 0)$, $B(3, 0)$에 대하여 $\overline{AP} : \overline{BP}=2 : 3$을 만족시키는 점 P가 나타내는 도형을 S라 하자. 도형 S 위의 점 P와 두 점 $C(0, 10)$, $D(4, 2)$에 대하여 사각형 CPDQ가 평행사변형이 되도록 점 Q를 잡을 때, 선분 PQ의 길이의 최솟값을 구하시오.

0269

그림과 같이 좌표평면 위의 세 점 $A(-2, 4)$, $B(3, -6)$, $C(a, b)$를 꼭짓점으로 하는 삼각형 ABC에서 각 ACB의 이등분선이 원점 O를 지날 때, 점 C와 직선 AB 사이의 거리의 최댓값을 m이라 하자. m^2의 값을 구하시오.

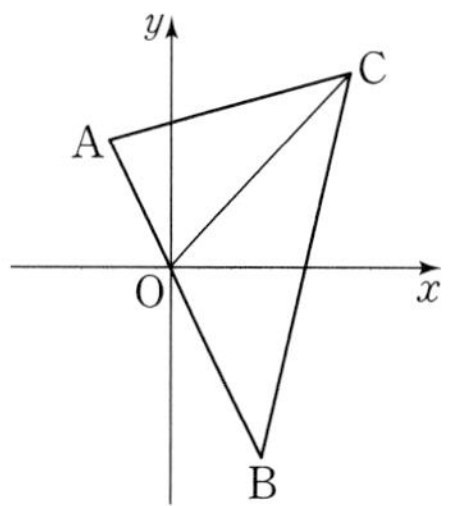

0270

좌표평면 위의 두 점 $A(-1, -9)$, $B(5, 3)$에 대하여 $\angle APB=45°$를 만족시키는 점 P가 있다. 서로 다른 세 점 A, B, P를 지나는 원의 중심을 C라 하자. 선분 OC의 길이를 k라 할 때, k의 최솟값은? (단, O는 원점이다.)

① 3　　　② 4　　　③ 5
④ 6　　　⑤ 7

05 원과 직선의 위치 관계

1 원과 직선의 위치 관계

☑ 필수 기출 1, 2, 3

원의 방정식과 직선의 방정식을 연립하여 얻은 이차방정식의 판별식을 D라 하고, 반지름의 길이가 r인 원의 중심과 직선 사이의 거리를 d라 하면 원과 직선의 위치 관계는 다음과 같다.

D의 부호	$D>0$	$D=0$	❶
d와 r의 대소 관계	d ❷ r	$d=r$	$d>r$
원과 직선의 위치 관계	서로 다른 두 점에서 만난다.	한 점에서 만난다. (접한다.)	만나지 않는다.

🖉 기출 PICK

원 위의 점과 직선 사이의 거리의 최대, 최소

원과 직선이 만나지 않을 때, 원의 중심과 직선 사이의 거리를 d, 원의 반지름의 길이를 r라 하면 원 위의 점과 직선 사이의 거리의 최댓값과 최솟값은

(1) 최댓값 ➡ $d+r$ (2) 최솟값 ➡ $d-r$

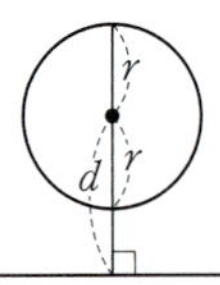

2 원의 접선의 방정식

☑ 필수 기출 4

(1) 기울기가 주어진 원의 접선의 방정식

원 $x^2+y^2=r^2$에 접하고 기울기가 m인 접선의 방정식 ➡ $y=mx\pm r\sqrt{m^2+1}$

(2) 원 위의 점에서의 접선의 방정식

원 $x^2+y^2=r^2$ 위의 점 (x_1, y_1)에서의 접선의 방정식 ➡ $x_1x+y_1y=r^2$

🖉 기출 PICK

중심이 원점이 아닌 원의 접선의 방정식

(1) 원 $(x-a)^2+(x-b)^2=r^2$에 접하고 기울기가 m인 접선의 방정식
➡ 구하는 접선의 방정식을 $y=mx+n$, 즉 $mx-y+n=0$으로 놓고 원의 중심 (a, b)와 이 직선 사이의 거리가 원의 반지름의 길이 r와 같음을 이용한다.

(2) 원 $(x-a)^2+(x-b)^2=r^2$ 위의 점 (x_1, y_1)에서의 접선의 방정식
➡ 원의 중심 (a, b)와 점 (x_1, y_1)을 지나는 직선이 접선과 수직임을 이용한다.

(3) 원 밖의 한 점에서 원에 그은 접선의 방정식

원 밖의 한 점 P에서 원에 그은 접선의 방정식은 다음과 같은 방법으로 구할 수 있다.

[방법 1] 접점의 좌표를 (x_1, y_1)이라 할 때, 이 점에서의 접선이 점 P를 지남을 이용한다.

[방법 2] 접선의 기울기를 m이라 할 때, 기울기가 m이고 점 P를 지나는 접선과 원의 중심 사이의 거리가 원의 반지름의 길이와 같음을 이용한다.

[방법 3] 접선의 기울기를 m이라 할 때, 기울기가 m이고 점 P를 지나는 접선의 방정식과 원의 방정식을 연립하여 얻은 이차방정식의 판별식 D에 대하여 D ❸ 0임을 이용한다.

답: ❶ $D<0$ ❷ $<$ ❸ $=$

난이도별 필수 기출

상 14문항
중 36문항
하 6문항

1 원과 직선의 위치 관계

0271 (하)

중심이 점 $(0, 2)$이고 직선 $x+y-4=0$에 접하는 원의 반지름의 길이는?

① 1 ② $\sqrt{2}$ ③ $\sqrt{3}$
④ 2 ⑤ $\sqrt{5}$

0272 (하)

원 $x^2+y^2=5$와 직선 $2x-y+n=0$이 만나도록 하는 정수 n의 개수는?

① 8 ② 9 ③ 10
④ 11 ⑤ 12

0273 (중)

원 $x^2+y^2-2x+6y=0$과 직선 $y=3x+k$가 서로 다른 두 점에서 만날 때, 다음 중 실수 k의 값이 될 수 <u>없는</u> 것은?

① -7 ② -4 ③ -1
④ 2 ⑤ 5

0274 (중) | 서술형 |

원 $(x-k)^2+y^2=17$과 직선 $4x+y+5=0$이 만나지 않도록 하는 실수 k의 값의 범위가 $k<\alpha$ 또는 $k>\beta$일 때, $\alpha+\beta$의 값을 구하시오.

0275 (중) 학평 기출

좌표평면에서 두 점 $(-3, 0)$, $(1, 0)$을 지름의 양 끝 점으로 하는 원과 직선 $kx+y-2=0$이 오직 한 점에서 만나도록 하는 양수 k의 값은?

① $\dfrac{1}{3}$ ② $\dfrac{2}{3}$ ③ 1
④ $\dfrac{4}{3}$ ⑤ $\dfrac{5}{3}$

0276 (중) ★ 빈출

x축, y축 및 직선 $3x-4y+4=0$에 동시에 접하고 중심이 제2사분면 위에 있는 두 원의 반지름의 길이의 합은?

① $\dfrac{7}{3}$ ② $\dfrac{8}{3}$ ③ 3
④ $\dfrac{10}{3}$ ⑤ $\dfrac{11}{3}$

0277 중

직선 $x-y+k=0$이 원 $x^2+y^2=2$와 만나고, 원 $(x-1)^2+(y-2)^2=1$과 만나지 않도록 하는 실수 k의 값의 범위를 구하시오.

0278 중

직선 $y=2x$ 위의 점을 중심으로 하고 x축에 접하는 원 중에서 직선 $3x-4y+15=0$과 접하는 원의 개수는 2이다. 이 두 원의 중심을 각각 A, B라 할 때, $\overline{\mathrm{AB}}^2$의 값은?

① 60   ② 65   ③ 70
④ 75   ⑤ 80

0279 중

| 서술형 |

중심이 x축 위에 있고 두 점 A$(4,\ 3)$, B$(-1,\ 2)$를 지나는 원과 직선 $2x+3y+a=0$이 서로 다른 두 점에서 만나도록 하는 정수 a의 최솟값을 구하시오.

0280 중

| 학평 기출 |

중심이 원점이고 직선 $y=-2x+k$와 만나는 원 중에서 넓이가 최소인 원을 C라 하자. 원 C의 넓이가 45π일 때, 양의 상수 k의 값은?

① 15   ② 16   ③ 17
④ 18   ⑤ 19

0281 중

| 학평 기출 |

그림과 같이 좌표평면 위에 원 $C\colon (x-a)^2+(y-a)^2=10$이 있다. 원 C의 중심과 직선 $y=2x$ 사이의 거리가 $\sqrt{5}$이고 직선 $y=kx$가 원 C에 접할 때, 상수 k의 값은? (단, $a>0$, $0<k<1$)

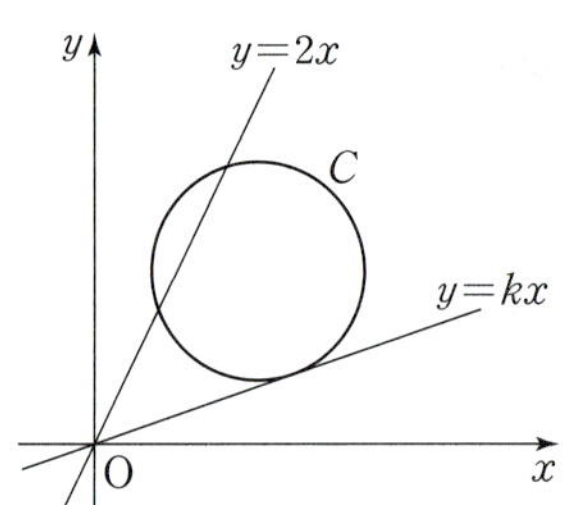

① $\dfrac{2}{9}$ ② $\dfrac{5}{18}$ ③ $\dfrac{1}{3}$
④ $\dfrac{7}{18}$ ⑤ $\dfrac{4}{9}$

0282 중

다음 그림과 같이 중심이 제1사분면 위에 있고 반지름의 길이가 1인 원 C가 직선 $3x-4y=0$과 y축에 동시에 접한다. 원 C가 직선 $3x-4y=0$과 접하는 점을 $P(\alpha, \beta)$라 할 때, $5(\alpha+\beta)$의 값은?

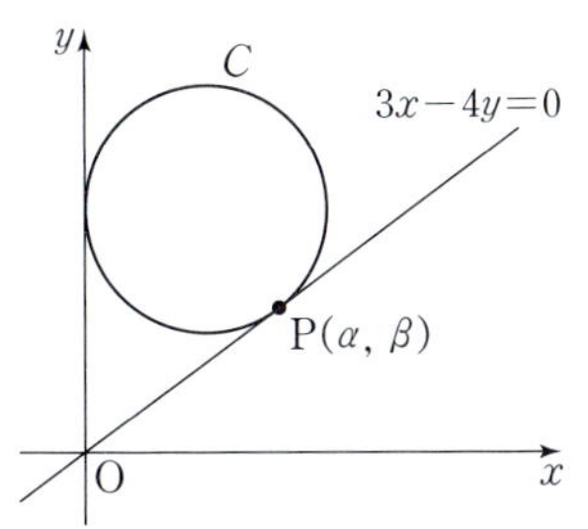

① 11   ② 12   ③ 13
④ 14   ⑤ 15

0283 상

중심이 이차함수 $y=x^2+1$의 그래프 위에 있고 y축에 접하는 원 중에서 직선 $4x-3y-1=0$과 접하는 원은 2개이다. 두 원의 반지름의 길이를 각각 r_1, r_2라 할 때, $r_1{}^2+r_2{}^2$의 값을 구하시오.

0284 상

직선 $y=x-k$와 두 원 $(x-1)^2+y^2=1$, $(x+1)^2+(y+1)^2=1$의 교점의 개수를 각각 a, b라 할 때, $a+b=3$을 만족시키는 모든 실수 k의 값의 합을 구하시오.

0285 상   학평 기출

좌표평면에서 두 직선 $y=2x+6$, $y=-2x+6$에 모두 접하고 점 $(2, 0)$을 지나는 서로 다른 두 원의 중심을 각각 O_1, O_2라 할 때, 선분 O_1O_2의 길이를 구하시오.

2 원과 직선의 위치 관계의 활용

0286 하

원 $x^2+y^2-6x-2y-8=0$과 y축이 만나서 생기는 현의 길이는?

① 3   ② 4   ③ 5
④ 6   ⑤ 7

0287 하

점 $P(6, -4)$에서 원 $x^2+y^2=8$에 그은 접선이 원과 만나는 점을 Q라 할 때, 선분 PQ의 길이는?

① 6   ② $2\sqrt{10}$ ③ $2\sqrt{11}$
④ $4\sqrt{3}$ ⑤ $2\sqrt{13}$

0288 중 | 학평 기출 |

좌표평면에서 원 $(x-2)^2+(y-3)^2=r^2$과 직선 $y=x+5$가 서로 다른 두 점 A, B에서 만나고, $\overline{AB}=2\sqrt{2}$이다. 양수 r의 값은?

① 3   ② $\sqrt{10}$ ③ $\sqrt{11}$
④ $2\sqrt{3}$ ⑤ $\sqrt{13}$

0289 빈출 중

원 $x^2+y^2-6x-4y+4=0$과 직선 $2x-y+1=0$이 만나는 두 점을 A, B라 하고 원의 중심을 C라 할 때, 삼각형 ABC의 넓이는?

① $2\sqrt{3}$ ② $\sqrt{14}$ ③ 4
④ $3\sqrt{2}$ ⑤ $2\sqrt{5}$

0290 빈출 중 | 서술형 |

점 $A(4, -5)$에서 원 $x^2+y^2+2x-2y-7=0$에 그은 두 접선의 접점을 각각 P, Q라 하고, 원의 중심을 C라 할 때, 사각형 APCQ의 넓이를 구하시오.

0291 중

오른쪽 그림과 같이 원 $(x-3)^2+y^2=r^2$ 밖의 한 점 $A(5, 6)$에서 원에 그은 두 접선의 접점을 각각 P, Q라 하면 $\angle PAQ=60°$이다. $\overline{AP}=k$라 할 때, 양수 r, k에 대하여 r^2-k^2의 값은?

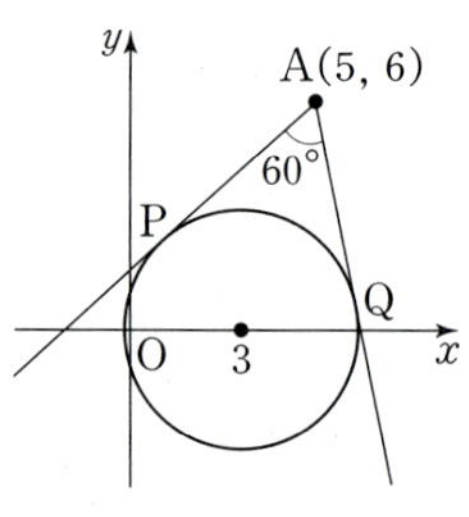

① -30 ② -25 ③ -20
④ -15 ⑤ -10

0292 중

점 $A(-2, 1)$에서 원 $x^2+y^2-2x+6y=k$에 그은 두 접선이 원과 만나는 점을 각각 P, Q라 하고, 원의 중심을 C라 하자. 사각형 APCQ가 정사각형일 때, 상수 k의 값은?

① $\dfrac{5}{2}$ ② 3 ③ $\dfrac{7}{2}$

④ 4 ⑤ $\dfrac{9}{2}$

0293 중

| 서술형 |

원 $x^2+y^2=14$와 직선 $x+2y-5=0$의 두 교점을 모두 지나는 원 중에서 넓이가 최소인 원의 반지름의 길이를 구하시오.

⭐빈출
0294 중

원 $x^2+y^2=4$와 직선 $y=x+k$의 두 교점을 A, B라 할 때, 삼각형 OAB가 정삼각형이 되도록 하는 양수 k의 값은? (단, O는 원점)

① $\sqrt{6}$ ② $\sqrt{7}$ ③ $2\sqrt{2}$

④ 3 ⑤ $\sqrt{10}$

0295 중

점 $A(4, 2)$에서 원 $x^2+y^2=8$에 그은 두 접선의 접점을 각각 P, Q라 할 때, 선분 PQ의 길이는?

① $\dfrac{8\sqrt{5}}{5}$ ② 4 ③ $\dfrac{4\sqrt{30}}{5}$

④ $\dfrac{4\sqrt{35}}{5}$ ⑤ $\dfrac{8\sqrt{10}}{5}$

0296 상

중심이 직선 $x+y+8=0$ 위에 있고 y축에 접하는 원이 x축에 의하여 잘린 현의 길이가 8일 때, 원의 반지름의 길이는? (단, 원의 중심은 제3사분면 위에 있다.)

① 3 ② 4 ③ 5

④ 6 ⑤ 7

0297 ❸

원 $(x-1)^2+(y-2)^2=9$와 직선 $y=kx$가 서로 다른 두 점 A, B에서 만날 때, 선분 AB의 길이의 최솟값과 그때의 k의 값의 합을 구하시오. (단, k는 상수)

0298 ❸

그림과 같이 기울기가 2인 직선 l이 원 $x^2+y^2=10$과 제2사분면 위의 점 A, 제3사분면 위의 점 B에서 만나고 $\overline{AB}=2\sqrt{5}$이다. 직선 OA와 원이 만나는 점 중 A가 아닌 점을 C라 하자. 점 C를 지나고 x축과 평행한 직선이 직선 l과 만나는 점을 D$(a,\ b)$라 할 때, 두 상수 $a,\ b$에 대하여 $a+b$의 값은? (단, O는 원점이다.)

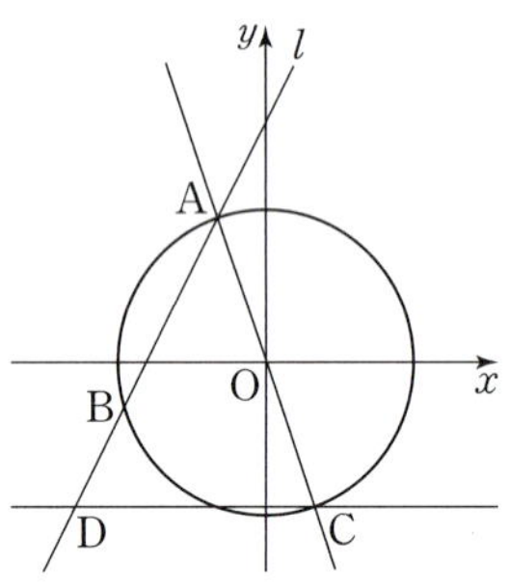

① -8 ② $-\dfrac{15}{2}$ ③ -7

④ $-\dfrac{13}{2}$ ⑤ -6

0299 ❸

원 $x^2+y^2+4x+2y-4=0$ 위의 점과 직선 $4x+3y-14=0$ 사이의 거리의 최댓값을 M, 최솟값을 m이라 할 때, Mm의 값은?

① 14 ② 16 ③ 18

④ 20 ⑤ 22

0300 ❸

원 $x^2+y^2-4x+8y+2=0$ 위의 점과 직선 $x-y+k=0$ 사이의 거리의 최솟값이 $4\sqrt{2}$일 때, 양수 k의 값은?

① 6 ② 7 ③ 8

④ 9 ⑤ 10

⭐빈출 0301 ❸

| 서술형 |

원 $x^2+y^2-6x+4y+5=0$ 위의 점 P와 두 점 A$(-2,\ -1)$, B$(3,\ 4)$에 대하여 삼각형 APB의 넓이의 최댓값을 구하시오.

0302 중

다음 그림과 같이 원 $x^2+y^2=1$ 위의 점 A와 직선 $y=x-2\sqrt{2}$ 위의 두 점 B, C를 꼭짓점으로 하는 정삼각형 ABC가 있다. 정삼각형 ABC의 넓이의 최댓값과 최솟값의 비는?

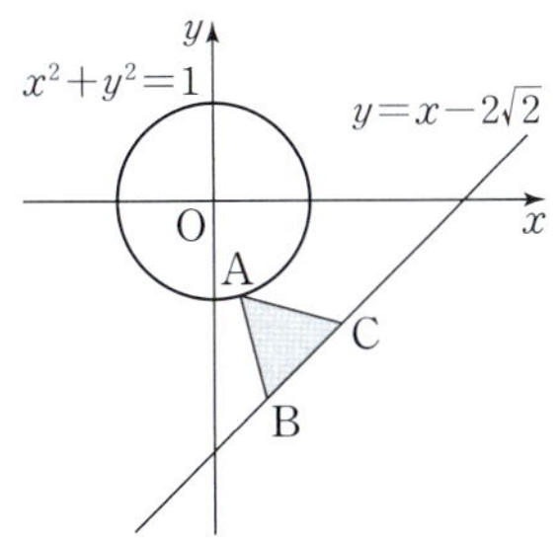

① 6 : 1
② 7 : 1
③ 8 : 1
④ 9 : 1
⑤ 10 : 1

★빈출
0303 상

| 서술형 |

두 점 A$(4, 3)$, B$(1, 7)$과 원 $(x-1)^2+(y-2)^2=4$ 위의 점 P에 대하여 삼각형 PAB의 무게중심과 직선 AB 사이의 거리의 최댓값을 구하시오.

0304 상

학평 기출

좌표평면 위의 점 $(3, 4)$를 지나는 직선 중에서 원점과의 거리가 최대인 직선을 l이라 하자. 원 $(x-7)^2+(y-5)^2=1$ 위의 점 P와 직선 l 사이의 거리의 최솟값을 m이라 할 때, $10m$의 값을 구하시오.

★빈출
0305 상

학평 기출

좌표평면 위에 두 점 A$(0, \sqrt{3})$, B$(1, 0)$과 원 $C: (x-1)^2+(y-10)^2=9$가 있다. 원 C 위의 점 P에 대하여 삼각형 ABP의 넓이가 자연수가 되도록 하는 모든 점 P의 개수는?

① 9
② 10
③ 11
④ 12
⑤ 13

0306 하

직선 $6x-2y+1=0$에 평행하고 원 $x^2+y^2=4$에 접하는 직선의 방정식이 $y=mx+n$일 때, 상수 m, n에 대하여 m^2+n^2의 값은?

① 41 ② 43 ③ 45
④ 47 ⑤ 49

0307 중

| 서술형 |

원 $x^2+y^2-6x+4y+3=0$ 위의 점 $(2, 1)$에서의 접선이 점 $(5, a)$를 지날 때, a의 값을 구하시오.

0308 중

원 $(x+2)^2+(y-3)^2=8$에 접하고 기울기가 1인 두 직선의 x절편의 차는?

① 6 ② 7 ③ 8
④ 9 ⑤ 10

0309 중

학평 기출

원 $x^2+y^2=r^2$ 위의 점 $(a, 4\sqrt{3})$에서의 접선의 방정식이 $x-\sqrt{3}y+b=0$일 때, $a+b+r$의 값은?

(단, r는 양수이고, a, b는 상수이다.)

① 17 ② 18 ③ 19
④ 20 ⑤ 21

0310 중

학평 기출

좌표평면 위의 점 $(2, -4)$에서 원 $x^2+y^2=2$에 그은 두 접선이 각각 y축과 만나는 점의 좌표를 $(0, a)$, $(0, b)$라 할 때, $a+b$의 값은?

① 4 ② 6 ③ 8
④ 10 ⑤ 12

0311 중

원 $x^2+y^2=10$ 위의 두 점 $(3, 1)$, $(3, -1)$에서의 접선과 y축으로 둘러싸인 삼각형의 넓이는?

① $\dfrac{50}{3}$ ② $\dfrac{100}{3}$ ③ 50
④ $\dfrac{200}{3}$ ⑤ $\dfrac{250}{3}$

0312 중

점 $(1, 2)$에서 원 $x^2+y^2-6x-8y+24=0$에 그은 두 접선의 기울기의 곱은?

① 1 ② 3 ③ 5
④ 7 ⑤ 9

0313 중

원 $x^2+y^2=9$에 접하고 기울기가 -1 또는 1인 네 직선으로 둘러싸인 도형의 넓이는?

① 18 ② 27 ③ 36
④ 45 ⑤ 54

0314 중

| 학평 기출 |

좌표평면에서 원 $x^2+y^2=25$ 위의 점 $(3, -4)$에서의 접선이 원 $(x-6)^2+(y-8)^2=r^2$과 만나도록 하는 자연수 r의 최솟값을 구하시오.

0315 중

원 $x^2+y^2=40$ 위의 점 (a, b)에서의 접선이 직선 $3x-y-20=0$과 서로 수직일 때, ab의 값은?

① 8 ② 10 ③ 12
④ 14 ⑤ 16

0316 중

| 서술형 |

두 원 $O: x^2+y^2=2$, $O': x^2+(y+4)^2=2$에 대하여 직선 l이 원 O에 접하면서 원 O'의 넓이를 이등분할 때, 기울기가 양수인 직선 l의 방정식을 구하시오.

0317 중

오른쪽 그림과 같이 원 $x^2+y^2=4$ 위의 점 $P(a, b)$에서의 접선이 x축, y축과 만나는 점을 각각 Q, R라 하자. $\overline{QR}=4\sqrt{5}$일 때, ab의 값은? (단, 점 P는 제1사분면 위에 있다.)

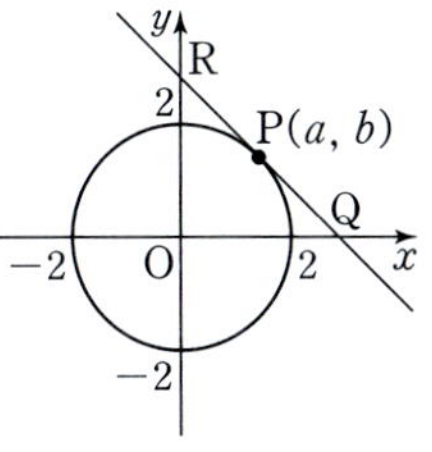

① $\dfrac{\sqrt{5}}{5}$ ② $\dfrac{2\sqrt{5}}{5}$ ③ $\dfrac{3\sqrt{5}}{5}$
④ $\dfrac{4\sqrt{5}}{5}$ ⑤ 1

0318 중

| 서술형 |

원 $x^2+y^2=13$ 위의 점 P(2, 3)에서의 접선과 점 Q(-3, 2)에서의 접선이 만나는 점을 R라 할 때, 사각형 OPRQ의 둘레의 길이를 구하시오. (단, O는 원점)

0319 중

오른쪽 그림과 같이 원 $x^2+y^2=16$ 위의 점 P에서의 접선의 방정식을 $y=f(x)$라 할 때, $f(-4)f(4)$의 값은?
(단, 점 P는 제1사분면 위에 있다.)

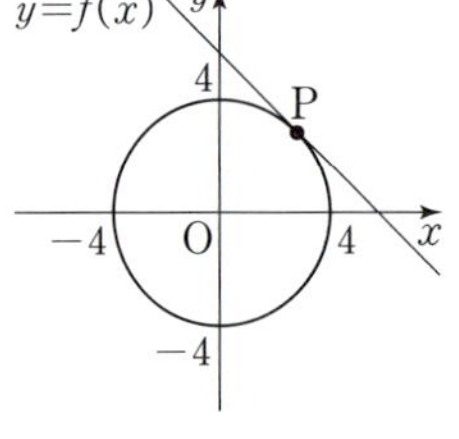

① 8 　　　② 10
③ 12 　　　④ 14
⑤ 16

0320 중

점 A(6, 3)에서 원 $x^2+y^2=9$에 그은 두 접선이 원과 만나는 점을 각각 B, C라 할 때, 삼각형 ABC의 넓이는?

① 9 　　　② $\dfrac{54}{5}$ 　　　③ $\dfrac{63}{5}$

④ $\dfrac{72}{5}$ 　　　⑤ $\dfrac{81}{5}$

0321 중

두 원 $x^2+y^2=16$, $x^2+(y-4)^2=1$에 동시에 접하는 직선의 y절편은?

① $\dfrac{16}{3}$ 　　　② $\dfrac{17}{3}$ 　　　③ 6

④ $\dfrac{19}{3}$ 　　　⑤ $\dfrac{20}{3}$

0322 상

점 $(0,\ a)$에서 원 $(x-1)^2+y^2=4$에 그은 두 접선이 서로 수직일 때, 양수 a의 값을 구하시오.

0323 <상>

다음 그림과 같이 원 $(x-2)^2+(y-2)^2=10$ 위의 두 점 A$(-1,\ 3)$, B$(3,\ -1)$이 있다. 원 위의 한 점 P에 대하여 삼각형 PAB의 넓이의 최댓값이 $4(a+\sqrt{b}\,)$일 때, $a+b$의 값은? (단, a, b는 정수)

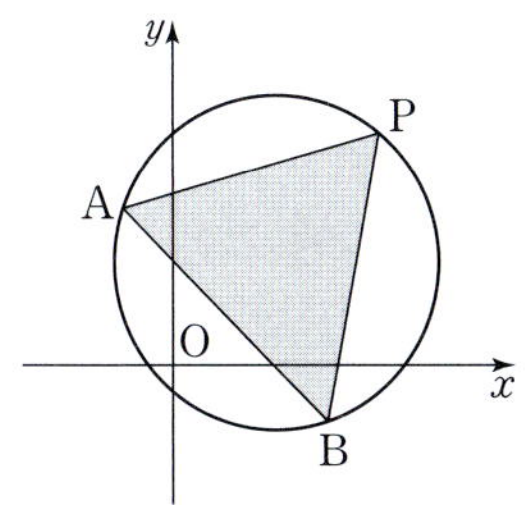

① 4   ② 6   ③ 8

④ 10   ⑤ 12

0324 <상>

원 $x^2+y^2=4$ 위의 점 P와 원 $(x-4)^2+(y-1)^2=1$ 위의 점 Q에 대하여 직선 PQ의 기울기의 최솟값은?

① $\dfrac{1-6\sqrt{2}}{7}$ ② $\dfrac{2-6\sqrt{2}}{7}$ ③ $\dfrac{3-6\sqrt{2}}{7}$

④ $\dfrac{4-6\sqrt{2}}{7}$ ⑤ $\dfrac{5-6\sqrt{2}}{7}$

0325 <상>

다음 그림과 같이 원 $x^2+y^2=25$ 위의 점 P에서의 접선 l이 원 $x^2+(y-5)^2=9$와 두 점 A, B에서 만난다. $\overline{AB}=2\sqrt{5}$일 때, 직선 l의 기울기는?

(단, 점 P는 제1사분면 위에 있다.)

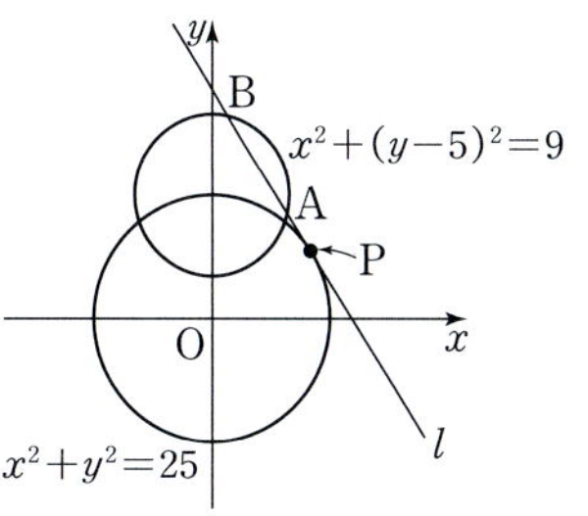

① $-\dfrac{7}{3}$ ② -2 ③ $-\dfrac{5}{3}$

④ $-\dfrac{4}{3}$ ⑤ -1

0326 <상> <신유형>

2 이상의 자연수 n에 대하여 점 $(n,\ 0)$에서 원 $x^2+y^2=1$에 접선을 그었을 때, 제1사분면 위에 있는 접점을 $\mathrm{P}_n(x_n,\ y_n)$이라 하자. $y_2^{\ 2}\times y_3^{\ 2}\times y_4^{\ 2}\times\cdots\times y_{99}^{\ 2}=\dfrac{q}{p}$일 때, $p+q$의 값은? (단, p, q는 서로소인 자연수)

① 137   ② 140   ③ 143

④ 146   ⑤ 149

0327

그림과 같이 좌표평면에 원 $C: x^2+y^2=4$와 점 $A(-2, 0)$이 있다. 원 C 위의 제1사분면 위의 점 P에서의 접선이 x축과 만나는 점을 B, 점 P에서 x축에 내린 수선의 발을 H라 하자. $2\overline{AH}=\overline{HB}$일 때, 삼각형 PAB의 넓이는?

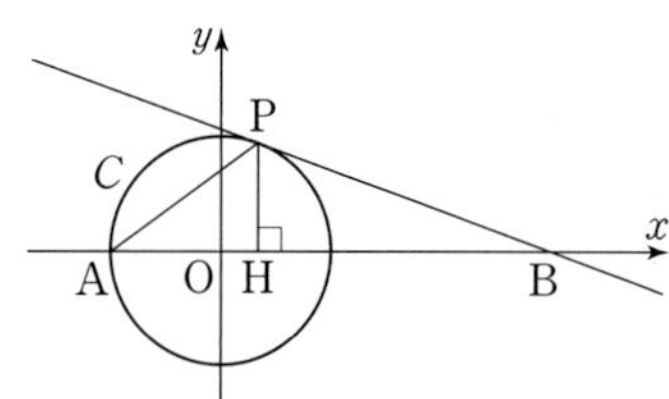

① $\dfrac{10\sqrt{2}}{3}$ ② $4\sqrt{2}$ ③ $\dfrac{14\sqrt{2}}{3}$

④ $\dfrac{16\sqrt{2}}{3}$ ⑤ $6\sqrt{2}$

0328

그림과 같이 중심이 제1사분면 위에 있고 x축과 점 P에서 접하며 y축과 두 점 Q, R에서 만나는 원이 있다. 점 P를 지나고 기울기가 2인 직선이 원과 만나는 점 중 P가 아닌 점을 S라 할 때, $\overline{QR}=\overline{PS}=4$를 만족시킨다. 원점 O와 원의 중심 사이의 거리는?

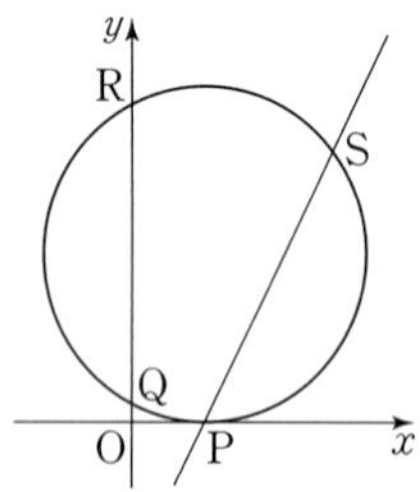

① $\sqrt{6}$ ② $\sqrt{7}$ ③ $2\sqrt{2}$

④ 3   ⑤ $\sqrt{10}$

0329

다음 그림과 같이 두 원

$$C_1: x^2+y^2=1, \quad C_2: x^2+y^2-6x+4y+9=0$$

에 대하여 x축 위의 점 P에서 원 C_1에 그은 한 접선의 접점을 Q, 점 P에서 원 C_2에 그은 한 접선의 접점을 R라 하자. $\overline{PQ}=\overline{PR}$일 때, 점 P의 x좌표를 구하시오.

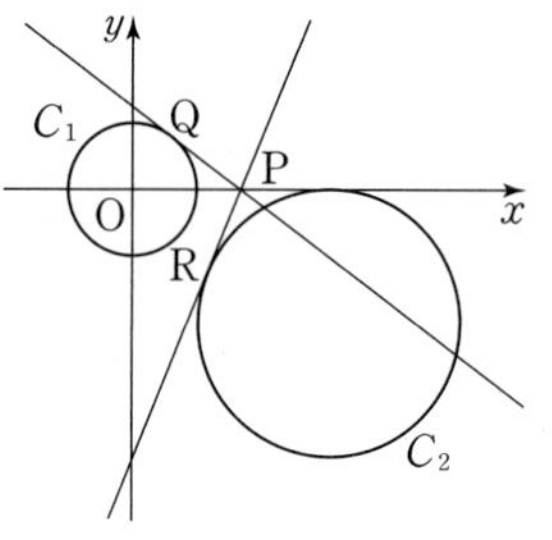

0330

다음 그림과 같이 직선 $l: x-2y+10=0$이 원 C와 점 P에서 접하고, 직선 l과 평행한 직선 l'이 원 C와 점 Q에서 접한다. 삼각형 POQ가 정삼각형이 되도록 하는 원 C의 방정식이 $(x-a)^2+(y-b)^2=r^2$일 때, abr의 값을 구하시오. (단, a, b, r는 양수이고, O는 원점)

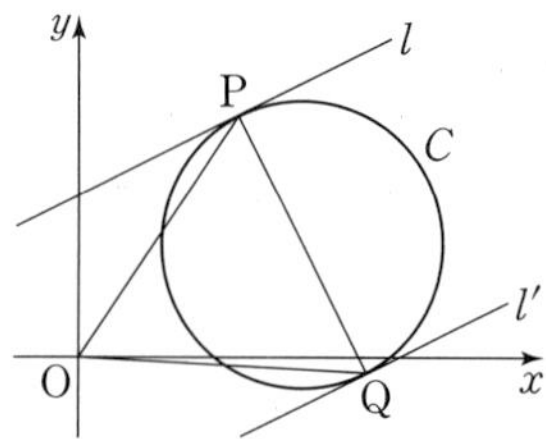

0331

좌표평면 위에 두 원 C_1: $(x+6)^2+y^2=4$,
C_2: $(x-5)^2+(y+3)^2=1$과 직선 l: $y=x-2$가 있다.
원 C_1 위의 점 P에서 직선 l에 내린 수선의 발을 H_1, 원
C_2 위의 점 Q에서 직선 l에 내린 수선의 발을 H_2라 하자.
선분 H_1H_2의 길이의 최댓값을 M, 최솟값을 m이라 할
때, 두 수 M, m의 곱 Mm의 값을 구하시오.

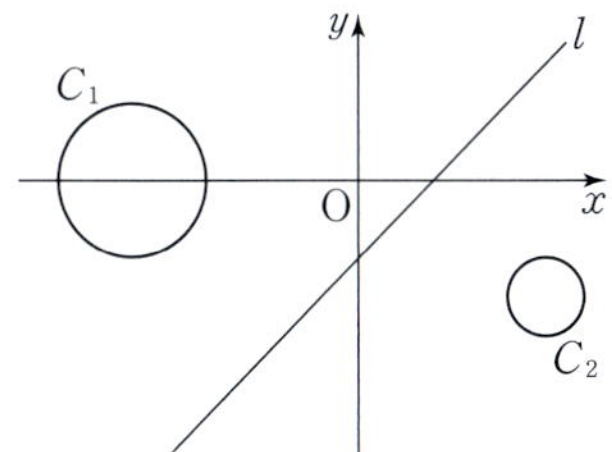

0332

원 $x^2+(y-2)^2=4$와 직선 $y=mx-2m+2$가 서로 다
른 두 점 P, Q에서 만난다. 선분 PQ와 호 PQ로 둘러싸
인 도형 중 넓이가 작은 도형의 넓이를 S_1, 선분 OQ와 호
OQ로 둘러싸인 도형 중 넓이가 작은 도형의 넓이를 S_2라
하자. $S_1=S_2$를 만족시키는 모든 실수 m의 값의 곱은?
(단, O는 원점이고, 점 P의 x좌표는 점 Q의 x좌표보다
크다.)

① -3 ② -2 ③ -1
④ 1 ⑤ 2

0333

그림과 같이 x축과 직선
l: $y=mx\,(m>0)$에 동시에 접하
는 반지름의 길이가 2인 원이 있
다. x축과 원이 만나는 점을 P, 직
선 l과 원이 만나는 점을 Q, 두 점
P, Q를 지나는 직선이 y축과 만나
는 점을 R라 하자. 삼각형 ROP
의 넓이가 16일 때, $60m$의 값을 구하시오.
  (단, 원의 중심은 제1사분면 위에 있고, O는 원점이다.)

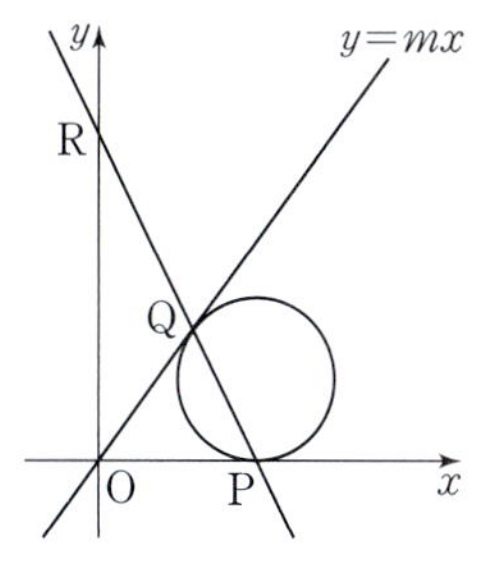

0334

오른쪽 그림과 같이 중심의 좌표가
$(4, 2)$인 원이 제1사분면 위에 있다.
원점과 이 원의 중심을 지나는 직선이
이 원과 만나는 두 점을 A, B라 하
고, 두 점 A, B를 각각 접점으로 하
는 두 접선이 x축 및 y축과 만나는 점
을 C, D, E, F라 하자. 사다리꼴
DCEF의 넓이가 $18\sqrt{5}$일 때, 이 원
의 반지름의 길이를 구하시오.

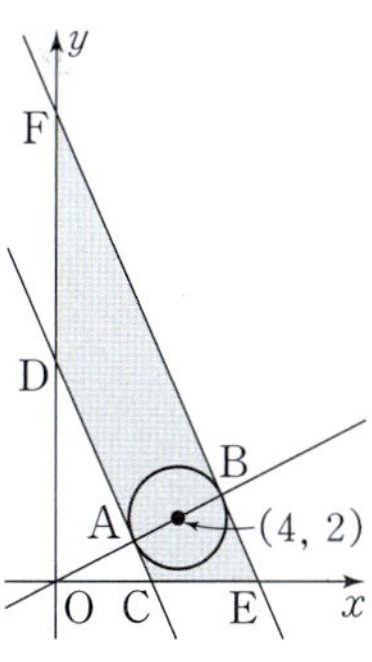

06 도형의 이동

1 점의 평행이동

☑ 필수 기출 1, 3

(1) 평행이동: 좌표평면 위에서 도형을 모양과 크기를 바꾸지 않고 일정한 방향으로 일정한 거리만큼 옮기는 것

(2) 점의 평행이동

점 (x, y)를 x축의 방향으로 a만큼, y축의 방향으로 b만큼 평행이동한 점의 좌표는 $(x+a, y+b)$이다.

이때 이 평행이동을 $(x, y) \longrightarrow (x+a, y+b)$와 같이 나타낸다.

참고 x축의 방향으로 a만큼 평행이동한다는 것은 $a>0$일 때는 양의 방향으로, $a<0$일 때는 음의 방향으로 $|a|$만큼 평행이동함을 뜻한다.

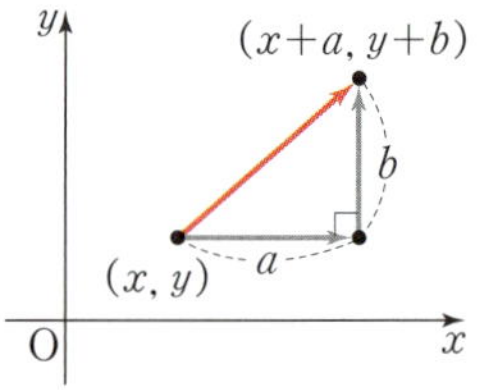

2 도형의 평행이동

☑ 필수 기출 1, 3

방정식 $f(x, y)=0$이 나타내는 도형을 x축의 방향으로 a만큼, y축의 방향으로 b만큼 평행이동한 도형의 방정식은

$$f(x-a, y-b)=0 \quad \leftarrow x \text{ 대신 } x-a \text{를, } y \text{ 대신 } y-b \text{를 대입한다.}$$

참고 평행이동에 의하여 점은 점, 직선은 기울기가 같은 직선, 원은 반지름의 길이가 같은 원으로 옮겨진다.

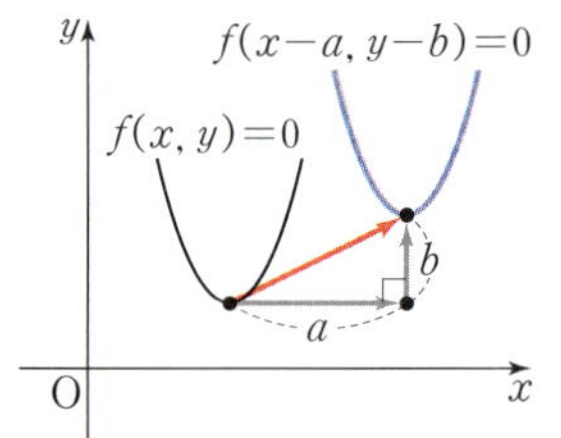

3 점의 대칭이동

☑ 필수 기출 2, 3, 4

(1) ❶ [   ] : 좌표평면 위에서 도형을 한 점 또는 한 직선에 대하여 대칭인 도형으로 이동하는 것

(2) 점의 대칭이동

점 (x, y)를 x축, y축, 원점, 직선 $y=x$에 대하여 대칭이동한 점의 좌표는 다음과 같다.

x축에 대한 대칭이동	y축에 대한 대칭이동	원점에 대한 대칭이동	직선 $y=x$에 대한 대칭이동
$(x, y) \longrightarrow (x, -y)$	$(x, y) \longrightarrow (-x, y)$	$(x, y) \longrightarrow (-x, -y)$	$(x, y) \longrightarrow (y, x)$
➡ y좌표의 부호가 바뀐다.	➡ x좌표의 부호가 바뀐다.	➡ x, y좌표의 부호가 바뀐다.	➡ x, y좌표가 서로 바뀐다.

참고 점 (x, y)를 직선 $y=-x$에 대하여 대칭이동한 점의 좌표는 $(-y, -x)$이다.

🖊 기출 PICK

선분의 길이의 합의 최솟값

두 점 A, B와 직선 l 위의 점 P에 대하여 점 B를 직선 l에 대하여 대칭이동한 점을 B′이라 하면

➡ $\overline{AP}+\overline{BP}=\overline{AP}+\overline{B'P} \geq \overline{AB'}$

➡ $\overline{AP}+\overline{BP}$의 최솟값은 $\overline{AB'}$의 길이이다.

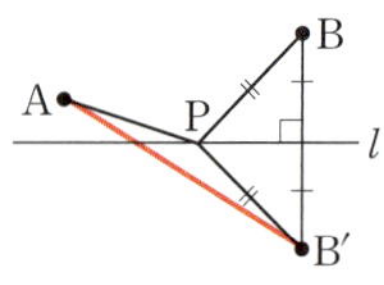

답: ❶ 대칭이동

4 도형의 대칭이동

☑ 필수 기출 2, 3, 4

방정식 $f(x, y)=0$이 나타내는 도형을 x축, y축, 원점, 직선 $y=x$에 대하여 대칭이동한 도형의 방정식은 다음과 같다.

x축에 대한 대칭이동	y축에 대한 대칭이동
$f(x, y)=0 \longrightarrow f(x, -y)=0$ ➡ y 대신 $-y$를 대입한다.	$f(x, y)=0 \longrightarrow f(-x, y)=0$ ➡ x 대신 $-x$를 대입한다.
원점에 대한 대칭이동	직선 $y=x$에 대한 대칭이동
$f(x, y)=0 \longrightarrow f(-x, -y)=0$ ➡ x 대신 $-x$를, y 대신 $-y$를 대입한다.	$f(x, y)=0 \longrightarrow f(y, x)=0$ ➡ x 대신 y를, y 대신 x를 대입한다.

참고 방정식 $f(x, y)=0$이 나타내는 도형을 직선 $y=-x$에 대하여 대칭이동한 도형의 방정식은 $f(-y, -x)=0$이다.

5 점과 직선에 대한 대칭이동

☑ 필수 기출 4

(1) 점에 대한 대칭이동

① 점 $P(x, y)$를 점 (a, b)에 대하여 대칭이동한 점을 P'이라 하면
$$P'(2a-x, 2b-y)$$

② 방정식 $f(x, y)=0$이 나타내는 도형을 점 (a, b)에 대하여 대칭이동한 도형의 방정식은
$$f(2a-x, 2b-y)=0$$

(2) 직선에 대한 대칭이동

점 $P(x, y)$를 직선 $l: ax+by+c=0$에 대하여 대칭이동한 점을 $P'(x', y')$이라 하면 점 P'의 좌표는 다음 두 조건을 이용하여 구할 수 있다.

① **중점 조건**: 선분 PP'의 중점 $M\left(\dfrac{\boxed{②}}{2}, \dfrac{y+y'}{2}\right)$이 직선 l 위의 점이다.

➡ $a\times\dfrac{x+x'}{2}+b\times\dfrac{y+y'}{2}+c=0$

② **수직 조건**: 직선 PP'과 직선 l은 서로 수직이다.

➡ $\dfrac{y'-y}{x'-x}\times\left(-\dfrac{a}{b}\right)=\boxed{③}$

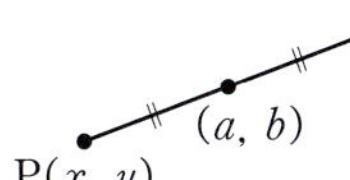

답: ② $x+x'$　③ -1

1 점과 도형의 평행이동

빈출
0335 하

평행이동 $(x,\ y) \longrightarrow (x-1,\ y+a)$에 의하여 점 $(2, 4)$가 점 $(b, 7)$로 옮겨질 때, a^2+b^2의 값은?

① 1   ② 5   ③ 10
④ 13   ⑤ 17

0336 하   학평 기출

직선 $y=kx+1$을 x축의 방향으로 1만큼, y축의 방향으로 -2만큼 평행이동한 직선이 점 $(3, 1)$을 지날 때, 상수 k의 값은?

① 1   ② 2   ③ 3
④ 4   ⑤ 5

0337 하

원 $x^2+y^2=25$를 x축의 방향으로 1만큼, y축의 방향으로 4만큼 평행이동한 원의 방정식이
$x^2+y^2-2x+ay+b=0$일 때, 상수 a, b에 대하여 ab의 값을 구하시오.

0338 중

점 $(3, 2)$를 점 $(5, 1)$로 옮기는 평행이동에 의하여 점 $(-3, 2)$로 옮겨지는 점의 좌표를 구하시오.

0339 중   학평 기출

좌표평면 위의 점 $\mathrm{P}(a,\ a^2)$을 x축의 방향으로 $-\dfrac{1}{2}$만큼, y축의 방향으로 2만큼 평행이동한 점이 직선 $y=4x$ 위에 있을 때, 상수 a의 값은?

① -2 ② -1 ③ 0
④ 1   ⑤ 2

0340 중 | 서술형 |

점 $\mathrm{A}(2, 3)$을 x축의 방향으로 a만큼, y축의 방향으로 -7만큼 평행이동하였더니 원점 O로부터의 거리가 처음 거리의 2배가 되었다. 이때 양수 a의 값을 구하시오.

0341 _중

방정식 $f(x, y)=0$이 나타내는 도형을 방정식 $f(x+2, y-5)=0$이 나타내는 도형으로 옮기는 평행이동에 의하여 직선 $4x+3y-5=0$이 직선 $ax+3y+b=0$으로 옮겨질 때, 상수 a, b에 대하여 $a-b$의 값은?

① -16 ② -4 ③ -1

④ 4 ⑤ 16

0342 _중

점 $(-1, 1)$을 점 $(1, 2)$로 옮기는 평행이동에 의하여 포물선 $y=x^2-6x+1$이 옮겨지는 포물선의 꼭짓점의 좌표가 (a, b)일 때, $a+b$의 값은?

① -4 ② -2 ③ 1

④ 2 ⑤ 4

0343 _중 | 서술형 |

포물선 $y=x^2+2x+4a$를 x축의 방향으로 a만큼, y축의 방향으로 -7만큼 평행이동한 포물선의 꼭짓점이 x축 위에 있을 때, 꼭짓점의 좌표를 구하시오.

0344 _중

평행이동 $(x, y) \longrightarrow (x+a, y+b)$에 의하여 직선 $l: y=3x+1$이 직선 m으로 옮겨졌다. 두 직선 l, m이 일치할 때, $\dfrac{b}{a}$의 값은? (단, $a \neq 0$)

① -3 ② -1 ③ $\dfrac{1}{3}$

④ 1 ⑤ 3

0345 _중 빈출

원 $x^2+y^2-ax+4y-28=0$을 x축의 방향으로 -2만큼, y축의 방향으로 3만큼 평행이동한 원의 중심의 좌표가 $(-4, b)$이고 반지름의 길이가 r일 때, $a+b+r$의 값은?
(단, a는 상수)

① 1 ② 2 ③ 3

④ 4 ⑤ 5

0346 _중 빈출 학평 기출

좌표평면 위의 점 $A(3, -1)$을 x축의 방향으로 1만큼, y축의 방향으로 -4만큼 평행이동한 점을 B라 하자. 직선 AB를 x축의 방향으로 3만큼, y축의 방향으로 1만큼 평행이동한 직선의 y절편을 구하시오.

0347 중 | 서술형 |

직선 $y=ax+b$를 x축의 방향으로 2만큼, y축의 방향으로 3만큼 평행이동하면 직선 $y=\dfrac{1}{2}x-8$과 x축 위에서 수직으로 만날 때, 상수 a, b에 대하여 ab의 값을 구하시오.

0348 중

평행이동 $(x,\ y)\longrightarrow(x-a,\ y-5)$에 의하여 원 $C_1\colon x^2+y^2+4x+6y-3=0$이 옮겨지는 원을 C_2라 하자. 두 원 C_1, C_2의 중심 사이의 거리가 $\sqrt{41}$일 때, 양수 a의 값을 구하시오.

0349 중

네 점 $A(2,\ 1)$, $B(-1,\ a)$, $C(b,\ 0)$, $D(c,\ d)$를 꼭짓점으로 하는 평행사변형 ABCD가 있다. 직선 $3x-2y+3=0$을 x축의 방향으로 -3만큼, y축의 방향으로 -10만큼 평행이동한 직선이 평행사변형 ABCD의 넓이를 이등분할 때, $a+b+c+d$의 값은?

① 6　　　　② 8　　　　③ 10

④ 12　　　⑤ 14

0350 중 학평 기출

좌표평면에서 두 양수 a, b에 대하여 원 $(x-a)^2+(y-b)^2=b^2$을 x축의 방향으로 3만큼, y축의 방향으로 -8만큼 평행이동한 원을 C라 하자. 원 C가 x축과 y축에 동시에 접할 때, $a+b$의 값은?

① 5　　　　② 6　　　　③ 7

④ 8　　　　⑤ 9

0351 중 | 서술형 |

직선 $y=2x+k$를 x축의 방향으로 -1만큼, y축의 방향으로 3만큼 평행이동한 직선이 원 $(x-2)^2+y^2=5$와 서로 다른 두 점에서 만나도록 하는 정수 k의 개수를 구하시오.

0352 중

포물선 $y=x^2+4x+6$을 포물선 $y=x^2-12x+30$으로 옮기는 평행이동에 의하여 직선 $l\colon 2x-y+1=0$이 직선 l'으로 옮겨질 때, 두 직선 l, l' 사이의 거리는?

① $\dfrac{22\sqrt{5}}{5}$　　　② $\dfrac{23\sqrt{5}}{5}$　　　③ $\dfrac{24\sqrt{5}}{5}$

④ $5\sqrt{5}$　　　⑤ $\dfrac{26\sqrt{5}}{5}$

0353 (상)

이차함수 $f(x)=x^2$의 그래프를 x축의 방향으로 p만큼 평행이동하였더니 함수 $y=g(x)$의 그래프와 일치하였다. 직선 $y=\dfrac{3}{4}x+1$이 두 함수 $y=f(x)$, $y=g(x)$의 그래프와 서로 다른 네 점에서 만날 때, 네 교점의 x좌표의 합이 10이 되도록 하는 p의 값은? (단, $p>0$)

① $\dfrac{13}{4}$ ② $\dfrac{7}{2}$ ③ $\dfrac{15}{4}$

④ 4 ⑤ $\dfrac{17}{4}$

0354 (상)

다음 그림에서 직사각형 DEFG는 직사각형 OABC를 평행이동한 것이다. A(6, -3), C(4, 8), G(1, 6)일 때, 점 F의 좌표를 구하시오. (단, O는 원점)

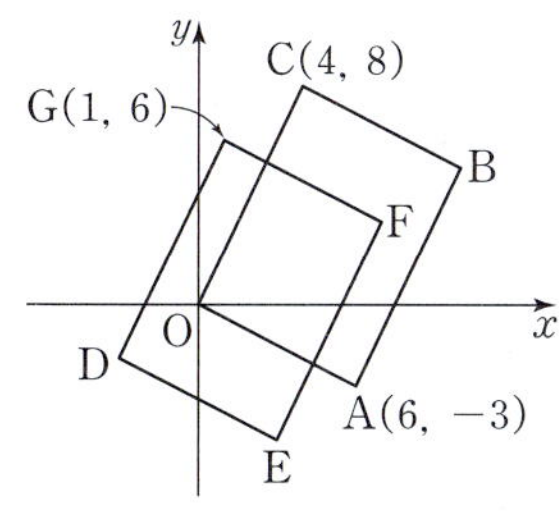

0355 (상)

점 P는 한 번 이동할 때마다 x축의 방향으로 1만큼 또는 y축의 방향으로 1만큼 평행이동한다. 원점에서 출발한 점 P가 n번 이동한 후 원 $(x-5)^2+(y-7)^2=8$ 위에 있도록 하는 모든 자연수 n의 값의 합은?

(단, 점 P는 한 번에 1만큼 이동한다.)

① 24 ② 28 ③ 32

④ 36 ⑤ 40

0356 (상)

다음 그림과 같이 원 C_1: $x^2+y^2=4$와 직선 $3x+4y-6=0$이 만나는 두 점을 각각 A, B라 하자. 원 C_1을 원 C_2: $x^2+y^2-6x-8y+21=0$으로 옮기는 평행이동에 의하여 두 점 A, B가 각각 원 C_2 위의 두 점 C, D로 옮겨질 때, 선분 AC, 선분 BD, 호 AB, 호 CD로 둘러싸인 부분의 넓이를 구하시오.

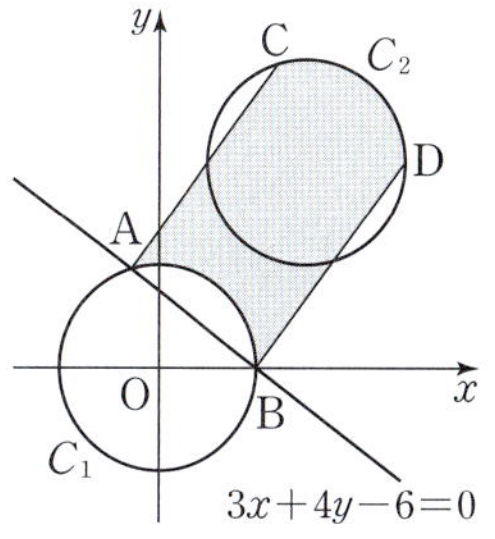

0357 하

직선 $x-3y+2=0$을 y축에 대하여 대칭이동한 직선의 방정식이 $ax+by-2=0$일 때, $a-b$의 값은?

(단, a, b는 상수)

① -5 ② -2 ③ 1
④ 4 ⑤ 7

0358 하

점 $(-4,\ 7)$을 직선 $y=x$에 대하여 대칭이동한 점과 직선 $3x-4y-2=0$ 사이의 거리를 구하시오.

0359 하

학평 기출

좌표평면 위의 점 $(1,\ a)$를 직선 $y=x$에 대하여 대칭이동한 점을 A라 하자. 점 A를 x축에 대하여 대칭이동한 점의 좌표가 $(2,\ b)$일 때, $a+b$의 값은?

① 1 ② 2 ③ 3
④ 4 ⑤ 5

0360 하

포물선 $y=x^2-3x+7$을 원점에 대하여 대칭이동한 포물선이 점 $(1,\ a)$를 지날 때, a의 값은?

① -17 ② -15 ③ -13
④ -11 ⑤ -9

0361 중

점 $A(1,\ -2)$를 원점에 대하여 대칭이동한 점을 B, y축에 대하여 대칭이동한 점을 C라 할 때, 삼각형 ABC의 무게중심의 좌표를 구하시오.

0362 중

두 직선 $ax-(b-4)y+5=0$, $(b+1)x+(2a-1)y-5=0$이 원점에 대하여 대칭일 때, $3a+b$의 값은? (단, a, b는 상수)

① -1 ② 1 ③ 3
④ 5 ⑤ 7

0363 중

직선 $ax+y+7=0$을 y축에 대하여 대칭이동한 후 원점에 대하여 대칭이동한 직선이 점 $(12, 3)$을 지날 때, 상수 a의 값을 구하시오.

0364 중

원 $x^2+y^2-2ax+10y+a^2=0$을 직선 $y=x$에 대하여 대칭이동한 원의 중심이 직선 $5x+3y-2=0$ 위에 있을 때, 상수 a의 값은?

① -9 　　② -3 　　③ 1
④ 3 　　⑤ 9

0365 중

포물선 $y=x^2-4x+8$을 원점에 대하여 대칭이동한 후 x축에 대하여 대칭이동한 포물선의 꼭짓점이 직선 $y=3x+a$ 위에 있을 때, 상수 a의 값은?

① 2 　　② 4 　　③ 6
④ 8 　　⑤ 10

0366 중 　　| 서술형 |

점 (a, b)를 x축에 대하여 대칭이동한 점이 제2사분면 위에 있을 때, 점 $(a+b, ab)$를 y축에 대하여 대칭이동한 점은 어느 사분면 위에 있는지 구하시오.

0367 중

직선 $y=2x$ 위의 점 $A(a, b)$를 y축에 대하여 대칭이동한 점을 B, x축에 대하여 대칭이동한 점을 C라 할 때, 삼각형 ABC의 넓이는 24이다. 이때 $a+b$의 값을 구하시오. (단, 점 A는 제1사분면 위에 있다.)

0368 중 　　학평 기출

좌표평면에서 세 점 $A(1, 3)$, $B(a, 5)$, $C(b, c)$가 다음 조건을 만족시킨다.

> (가) 두 직선 OA, OB는 서로 수직이다.
> (나) 두 점 B, C는 직선 $y=x$에 대하여 서로 대칭이다.

직선 AC의 y절편은? (단, O는 원점이다.)

① $\dfrac{9}{2}$ 　　② $\dfrac{11}{2}$ 　　③ $\dfrac{13}{2}$
④ $\dfrac{15}{2}$ 　　⑤ $\dfrac{17}{2}$

직선 $x+3y+p=0$을 y축에 대하여 대칭이동한 직선이 원 $(x-1)^2+(y-2)^2=40$에 접하도록 하는 양수 p의 값은?

① 11   ② 13   ③ 15
④ 17   ⑤ 19

0370 중 | 서술형 |

직선 $l: x-3y-6=0$을 직선 $y=x$에 대하여 대칭이동한 직선을 m, x축에 대하여 대칭이동한 직선을 n이라 하자. 두 직선 l, m의 교점을 A, 두 직선 l, n의 교점을 B라 할 때, 삼각형 OAB의 넓이를 구하시오.

(단, O는 원점)

0371 중 | 서술형 |

원 $(x+2)^2+(y-2)^2=16$을 x축에 대하여 대칭이동한 원을 C_1, y축에 대하여 대칭이동한 원을 C_2라 할 때, 두 원 C_1, C_2의 교점을 지나는 직선의 방정식을 구하시오.

0372 중

원 $O: x^2+y^2-2x+6y+6=0$을 원점에 대하여 대칭이동한 원을 O'이라 하자. 원 O 위의 임의의 점 P와 원 O' 위의 임의의 점 P'에 대하여 선분 PP'의 길이의 최댓값을 구하시오.

★빈출
0373 중

포물선 $y=-3x^2+x+k$를 x축에 대하여 대칭이동한 후 y축에 대하여 대칭이동한 포물선이 직선 $y=4x-1$에 접하도록 하는 상수 k의 값은?

① $-\dfrac{1}{2}$ ② $-\dfrac{1}{4}$ ③ $\dfrac{1}{4}$
④ $\dfrac{1}{2}$ ⑤ 1

0374 중

직선 $(2k+1)x+(k+3)y-k+1=0$을 직선 $y=-x$에 대하여 대칭이동한 직선이 실수 k의 값에 관계없이 항상 점 (a, b)를 지날 때, $a-b$의 값은?

① $-\dfrac{1}{5}$ ② $\dfrac{1}{5}$ ③ $\dfrac{3}{5}$
④ 1   ⑤ $\dfrac{7}{5}$

0375 (상)

그림과 같이 원 $x^2+y^2=100$ 위에 x좌표가 각각 3, 7인 두 점 A_1, A_2가 있다. 점 $B(-10, 0)$을 지나고 두 직선 A_1B, A_2B에 각각 수직인 두 직선이 원과 만나는 점 중 점 B가 아닌 두 점을 각각 C_1, C_2라 하자. 점 C_1의 y좌표를 a, 점 C_2의 x좌표를 b라 할 때, a^2+b^2의 값을 구하시오.

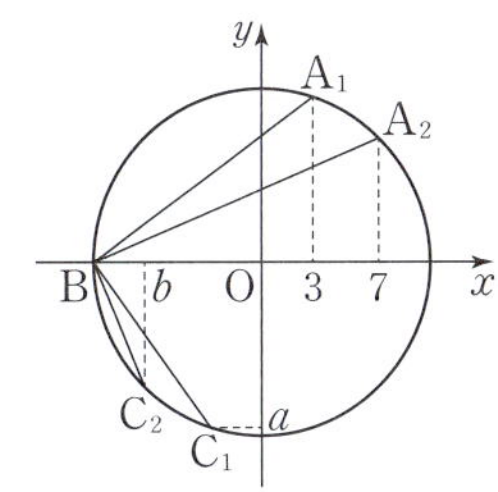

(단, 두 점 A_1, A_2는 제1사분면 위에 있다.)

0376 (상)

빈출

원 $(x-1)^2+(y-1)^2=2$의 $x \geq 0$, $y \geq 0$인 부분과 이 부분을 각각 x축, y축, 원점에 대하여 대칭이동하여 생기는 모든 곡선으로 둘러싸인 부분의 넓이를 구하시오.

0377 (상)

좌표평면 위에 두 점 $A(2, 4)$, $B(6, 6)$이 있다. 점 A를 직선 $y=x$에 대하여 대칭이동한 점을 A'이라 하자. 점 $C(0, k)$가 다음 조건을 만족시킬 때, k의 값은?

(가) $0 < k < 3$
(나) 삼각형 $A'BC$의 넓이는 삼각형 ACB의 넓이의 2배이다.

① $\dfrac{4}{5}$ ② 1 ③ $\dfrac{6}{5}$

④ $\dfrac{7}{5}$ ⑤ $\dfrac{8}{5}$

0378 (상)

포물선 $y=x^2-2$ 위의 서로 다른 두 점 A, B가 직선 $y=x$에 대하여 대칭일 때, 선분 AB의 길이는?

① 3 ② $\sqrt{10}$ ③ $\sqrt{11}$

④ $2\sqrt{3}$ ⑤ $\sqrt{13}$

0379 하

점 (a, b)를 x축의 방향으로 -4만큼 평행이동한 후 y축에 대하여 대칭이동한 점의 좌표가 $(5, 2)$일 때, $a+b$의 값은?

① 1　　　　② 2　　　　③ 3
④ 4　　　　⑤ 5

0380 하　　　　학평 기출

원 $(x+5)^2+(y+11)^2=25$를 y축의 방향으로 1만큼 평행이동한 후, x축에 대하여 대칭이동한 원이 점 $(0, a)$를 지날 때, a의 값은?

① 8　　　　② 9　　　　③ 10
④ 11　　　　⑤ 12

0381 중　　　　| 서술형 |

점 $(a-3, -a)$를 x축의 방향으로 -2만큼, y축의 방향으로 2만큼 평행이동한 후 원점에 대하여 대칭이동한 점이 직선 $2x+y-5=0$ 위에 있을 때, a의 값을 구하시오.

0382 중　　　　학평 기출

좌표평면 위의 점 $A(-3, 4)$를 직선 $y=x$에 대하여 대칭이동한 점을 B라 하고, 점 B를 x축의 방향으로 2만큼, y축의 방향으로 k만큼 평행이동한 점을 C라 하자. 세 점 A, B, C가 한 직선 위에 있을 때, 실수 k의 값은?

① -5　　　② -4　　　③ -3
④ -2　　　⑤ -1

0383 빈출 중　　　　학평 기출

직선 $y=ax+4$를 x축의 방향으로 4만큼 평행이동한 후, y축에 대하여 대칭이동한 직선이 원 $(x+3)^2+(y+5)^2=1$의 넓이를 이등분할 때, 상수 a의 값은?

① 1　　　　② 3　　　　③ 5
④ 7　　　　⑤ 9

0384 중

이차함수 $y=2x^2-4x-3$의 그래프를 원점에 대하여 대칭이동한 후 y축의 방향으로 m만큼 평행이동한 곡선을 $y=f(x)$라 하자. 함수 $f(x)$의 최댓값이 22일 때, m의 값은?

① 11　　　　② 13　　　　③ 15
④ 17　　　　⑤ 19

0385 중

직선 $l: y=ax+5$를 x축의 방향으로 3만큼, y축의 방향으로 1만큼 평행이동한 후 직선 $y=x$에 대하여 대칭이동한 직선을 l'이라 하자. 두 직선 l, l'의 교점이 y축 위에 있을 때, 상수 a의 값을 구하시오.

0386 중

방정식 $f(x, y)=0$이 나타내는 도형이 오른쪽 그림과 같을 때, 다음 중 방정식 $f(-x, y+1)=0$이 나타내는 도형은?

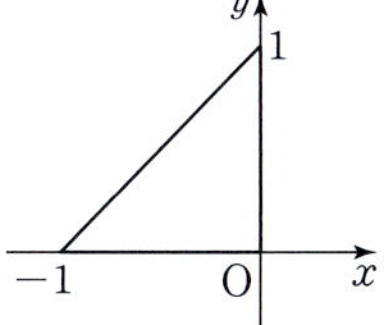

① 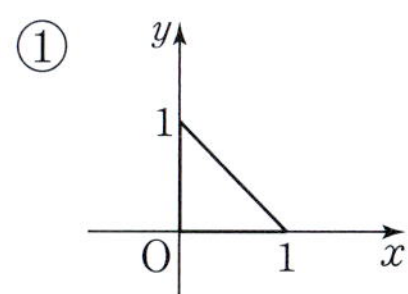 ② 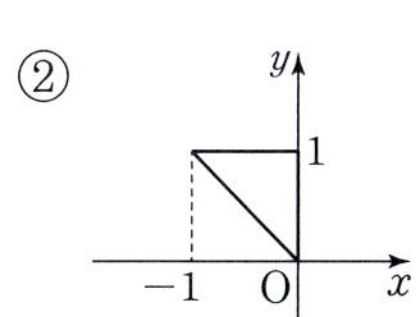

③ 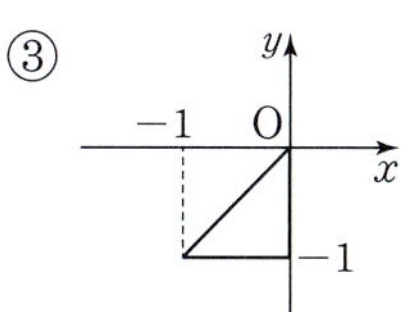 ④ 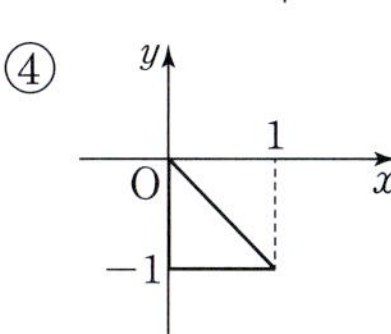

⑤ 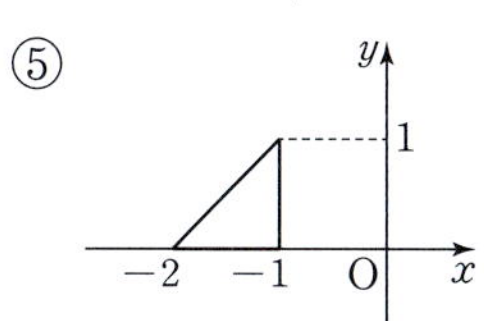

0387 중

오른쪽 그림에서 방정식 $f(x, y)=0$이 나타내는 도형이 P일 때, 다음 중 도형 Q를 나타내는 방정식이 <u>아닌</u> 것은?

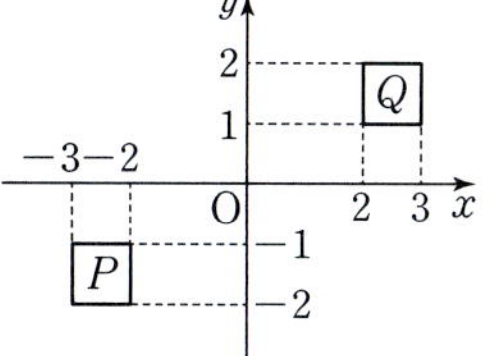

① $f(x-5, y-3)=0$
② $f(-x, y-3)=0$
③ $f(x-5, -y)=0$
④ $f(y-5, x-3)=0$
⑤ $f(-x, -y)=0$

0388 중

중심이 점 $(-2, 0)$이고 반지름의 길이가 1인 원의 방정식을 $f(x, y)=0$, 중심이 점 $(0, 2)$이고 반지름의 길이가 1인 원의 방정식을 $g(x, y)=0$이라 할 때, 보기에서 옳은 것만을 있는 대로 고르시오.

┌ 보기 ├
ㄱ. $f(x-1, y-1)=g(x+1, y+1)$
ㄴ. $f(-y, x)=g(x, y)$
ㄷ. $f(x, y)=g(y, x+4)$

0389 (상)

오른쪽 그림과 같이 중심의 좌표가 $(-2, 2)$이고 반지름의 길이가 1인 원 C가 있다. 원 C를 직선 $y=x$에 대하여 대칭이동한 후 x축의 방향으로 m만큼, y축의 방향으로 n만큼 평행이동한 원은 제3사분면 위에 있고, 원 C를 x축의 방향으로 m만큼, y축의 방향으로 n만큼 평행이동한 후 직선 $y=x$에 대하여 대칭이동한 원은 제4사분면 위에 있다. 이때 $m+n$의 최댓값을 구하시오. (단, 원이 좌표축과 접할 수 있다.)

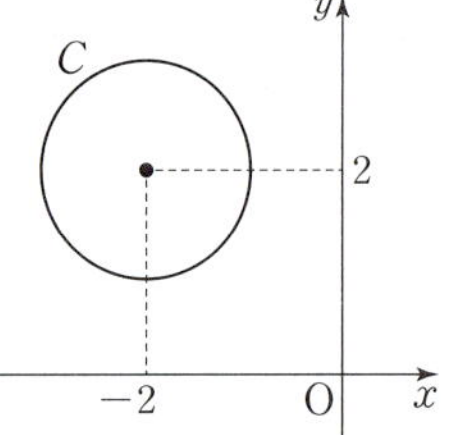

0390 (상)

학평 기출

중심이 $(4, 2)$이고 반지름의 길이가 2인 원 O_1이 있다. 원 O_1을 직선 $y=x$에 대하여 대칭이동한 후 y축의 방향으로 a만큼 평행이동한 원을 O_2라 하자. 원 O_1과 원 O_2가 서로 다른 두 점 A, B에서 만나고 선분 AB의 길이가 $2\sqrt{3}$일 때, 상수 a의 값은?

① $-2\sqrt{2}$ ② -2 ③ $-\sqrt{2}$

④ -1 ⑤ $-\dfrac{\sqrt{2}}{2}$

0391 (상)

자연수 n에 대하여 두 점 A_n, B_n은 다음과 같은 규칙에 따라 이동한다.

㈎ $A_1(1, 1)$
㈏ 점 B_n은 점 A_n을 직선 $y=x$에 대하여 대칭이동한 점이다.
㈐ n이 홀수이면 점 A_{n+1}은 점 B_n을 y축의 방향으로 1만큼 평행이동한 점이고, n이 짝수이면 점 A_{n+1}은 점 B_n을 x축의 방향으로 1만큼 평행이동한 점이다.

이때 선분 $A_{11}B_{22}$의 길이를 구하시오.

0392 (상)

방정식 $f(x, y)=0$이 나타내는 도형이 다음 그림과 같을 때, 세 방정식 $f(-x, y)=0$, $f(-x, -y)=0$, $f(y, x)=0$이 나타내는 도형으로 둘러싸인 부분의 넓이를 구하시오.

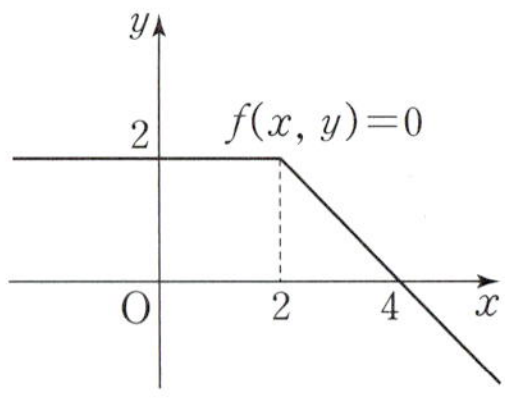

4 대칭이동의 활용

0393 ⓒ

점 $(a, 4)$를 점 $(-2, 3)$에 대하여 대칭이동한 점의 좌표가 $(-2, b)$일 때, ab의 값은?

① -4 ② -2 ③ 2
④ 4 ⑤ 8

0394 ⓒ

두 포물선 $y=x^2-6x+10$, $y=-x^2-14x-50$이 점 A에 대하여 대칭일 때, 점 A의 좌표는?

① $(-2, 0)$ ② $(0, -3)$ ③ $(1, 0)$
④ $(5, -2)$ ⑤ $(6, 3)$

0395 ⓒ

다음 중 원 $(x-3)^2+(y-4)^2=4$를 점 $(-1, -1)$에 대하여 대칭이동한 원 위의 점인 것은?

① $(-7, 1)$ ② $(-5, 2)$ ③ $(-3, -6)$
④ $(-1, -5)$ ⑤ $(1, 1)$

0396 ⓒ | 서술형 |

두 점 $(-1, -2)$, $(5, 10)$이 직선 $y=ax+b$에 대하여 대칭일 때, 상수 a, b에 대하여 $a-b$의 값을 구하시오.

0397 ⓒ

원 $x^2+y^2-8x-2y+16=0$을 직선 $y=x+1$에 대하여 대칭이동한 원의 방정식은?

① $x^2+y^2=1$ ② $(x-5)^2+y^2=1$
③ $(x+5)^2+y^2=1$ ④ $x^2+(y-5)^2=1$
⑤ $x^2+(y+5)^2=1$

0398 ⓒ

두 점 $A(1, 4)$, $B(5, 3)$과 x축 위를 움직이는 점 P에 대하여 $\overline{AP}+\overline{BP}$의 최솟값을 구하시오.

0399 중

| 서술형 |

두 점 $A(2, 5)$, $B(7, 0)$과 직선 $x+y=2$ 위를 움직이는 점 P에 대하여 $\overline{AP}+\overline{BP}$의 최솟값을 구하시오.

0400 중

| 학평 기출 |

좌표평면 위의 두 점 $A(1, 0)$, $B(6, 5)$와 직선 $y=x$ 위의 점 P에 대하여 $\overline{AP}+\overline{BP}$의 값이 최소가 되도록 하는 점 P를 P_0이라 하자. 직선 AP_0을 직선 $y=x$에 대하여 대칭이동한 직선이 점 $(9, a)$를 지날 때, a의 값은?

① 4   ② 5   ③ 6
④ 7   ⑤ 8

0401 중

직선 $y=2x-1$을 직선 $y=-x+3$에 대하여 대칭이동한 직선을 l이라 할 때, 직선 l과 x축 및 y축으로 둘러싸인 부분의 넓이는?

① $\dfrac{1}{2}$ ② 1   ③ 2
④ 4   ⑤ 16

0402 중

| 학평 기출 |

그림과 같이 좌표평면 위에 두 점 $A(2, 3)$, $B(-3, 1)$이 있다. 서로 다른 두 점 C와 D가 각각 x축과 직선 $y=x$ 위에 있을 때, $\overline{AD}+\overline{CD}+\overline{BC}$의 최솟값은?

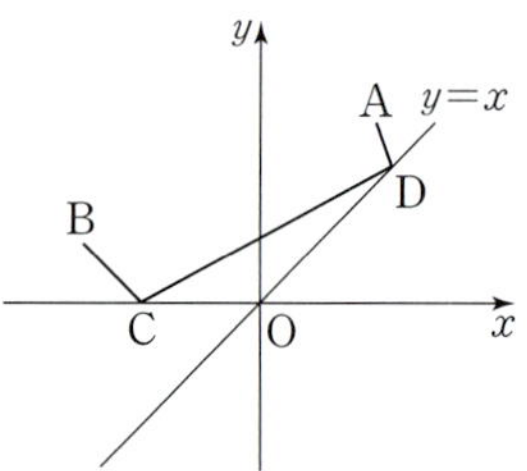

① $\sqrt{42}$ ② $\sqrt{43}$ ③ $2\sqrt{11}$
④ $3\sqrt{5}$ ⑤ $\sqrt{46}$

0403 중

다음 그림과 같이 점 $A(3, 6)$과 y축 위를 움직이는 점 P, 직선 $y=x$ 위를 움직이는 점 Q에 대하여 삼각형 APQ의 둘레의 길이의 최솟값은?

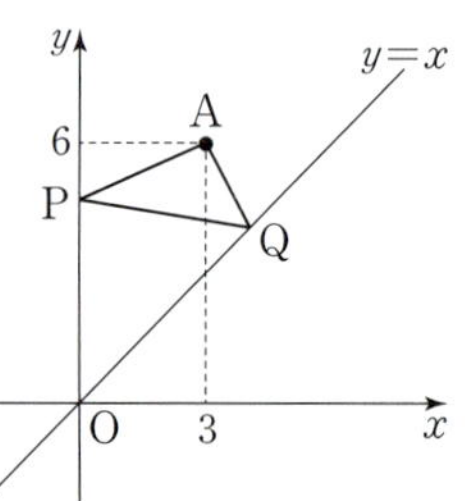

① $3\sqrt{6}$ ② $3\sqrt{7}$ ③ $6\sqrt{2}$
④ 9   ⑤ $3\sqrt{10}$

0404 ⟨중⟩ ★빈출

다음 그림과 같이 직선 방향으로 지나고 있는 고압 전선 l 로부터 각각 60 m, 100 m만큼 떨어진 두 지점에 빌딩 A, B가 위치하고 있다. 두 지점 D, E 사이의 거리가 200 m이고, 두 지점 D, E 사이의 C 지점에 변압기를 설치하려고 한다. 각 빌딩과 변압기 사이의 전선의 길이의 합 $\overline{AC}+\overline{BC}$의 값이 최소일 때, 두 지점 C, D 사이의 거리는?

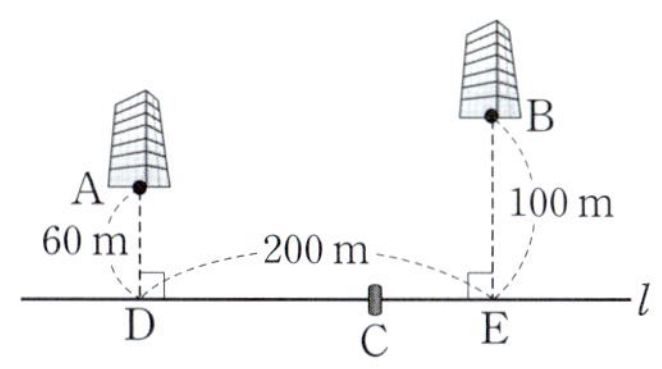

① 60 m ② 65 m ③ 70 m
④ 75 m ⑤ 80 m

0405 ⟨중⟩ [학평 기출]

좌표평면 위에 두 점 $A(-3, 2)$, $B(5, 4)$가 있다.
$\overline{BP}=3$인 점 P와 x축 위의 점 Q에 대하여 $\overline{AQ}+\overline{QP}$의 최솟값은?

① 5 ② 6 ③ 7
④ 8 ⑤ 9

0406 ⟨상⟩ ★빈출

원 C_1: $(x-3)^2+(y+1)^2=1$을 직선 $2x-y+3=0$에 대하여 대칭이동한 원을 C_2라 하자. 원 C_1 위의 임의의 점 P와 원 C_2 위의 임의의 점 Q에 대하여 두 점 P, Q 사이의 거리의 최댓값을 M, 최솟값을 m이라 할 때, Mm의 값을 구하시오.

0407 ⟨상⟩

포물선 $y=x^2+ax$를 점 $(2, 5)$에 대하여 대칭이동한 포물선과 직선 $y=3x-2$가 만나는 두 점이 원점에 대하여 대칭일 때, 상수 a의 값을 구하시오.

0408 ⟨상⟩

직선 $y=0$을 직선 $y=mx$에 대하여 대칭이동한 직선과 직선 $3x+4y+11=0$의 교점을 P라 하자. 원점과 점 P 사이의 거리가 최소가 되도록 하는 음수 m의 값을 구하시오.

0409

원 C_1: $(x-1)^2+(y-2)^2=\dfrac{17}{4}$ 을 x축의 방향으로 4만큼, y축의 방향으로 1만큼 평행이동한 원을 C_2라 하자. 원 C_1 위의 점 P와 직선 l 사이의 거리의 최솟값을 m_1, 원 C_2 위의 점 Q와 직선 l 사이의 거리의 최솟값을 m_2라 할 때, $m_1=m_2=\dfrac{\sqrt{17}}{2}$ 이다. 이때 직선 l의 y절편을 구하시오. (단, 직선 l의 y절편은 양수이다.)

0410

원 $x^2+y^2-6x-8y+21=0$ 위의 두 점 (a, b), (c, d) 에 대하여 $\dfrac{b+d}{a+c}$ 의 최댓값과 최솟값의 합은?

① $\dfrac{21}{5}$ ② $\dfrac{22}{5}$ ③ $\dfrac{23}{5}$

④ $\dfrac{24}{5}$ ⑤ 5

0411

학평 기출

원 C: $x^2+y^2=4$ 위에 서로 다른 두 점 A(a, b), B(b, a)가 있다. 원 C 위의 점 중 $\overline{\text{AP}}=\overline{\text{BP}}$, $\overline{\text{AQ}}=\overline{\text{BQ}}$ 를 만족시키는 서로 다른 두 점 P, Q에 대하여 사각형 APBQ의 넓이가 $2\sqrt{2}$일 때, $a\times b$의 값은?

① $\dfrac{1}{2}$ ② $\dfrac{3}{4}$ ③ 1

④ $\dfrac{5}{4}$ ⑤ $\dfrac{3}{2}$

0412

학평 기출

두 양수 a, b에 대하여 원 C: $(x-1)^2+y^2=r^2$을 x축의 방향으로 a만큼, y축의 방향으로 b만큼 평행이동한 원을 C'이라 할 때, 두 원 C, C'이 다음 조건을 만족시킨다.

> (가) 원 C'은 원 C의 중심을 지난다.
> (나) 직선 $4x-3y+21=0$은 두 원 C, C'에 모두 접한다.

$a+b+r$의 값을 구하시오. (단, r는 양수이다.)

0413

학평 기출

그림과 같이 좌표평면 위에 두 원
$$C_1:\ (x-8)^2+(y-2)^2=4,$$
$$C_2:\ (x-3)^2+(y+4)^2=4$$
와 직선 $y=x$가 있다. 점 A는 원 C_1 위에 있고, 점 B는 원 C_2 위에 있다. 점 P는 x축 위에 있고, 점 Q는 직선 $y=x$ 위에 있을 때, $\overline{AP}+\overline{PQ}+\overline{QB}$의 최솟값은?

(단, 세 점 A, P, Q는 서로 다른 점이다.)

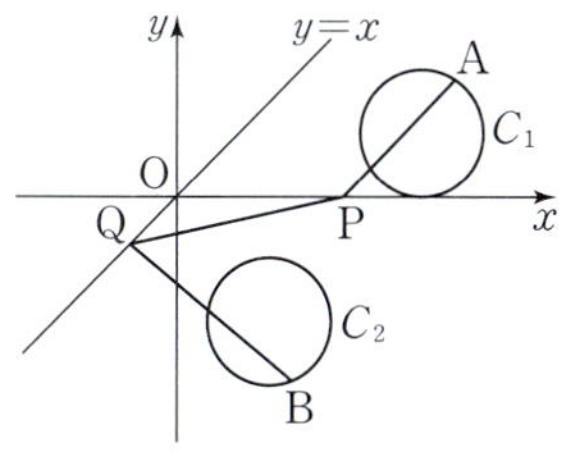

① 7 ② 8 ③ 9
④ 10 ⑤ 11

0414

점 $A(10-3a,\ a)$를 y축에 대하여 대칭이동한 후 직선 $y=x$에 대하여 대칭이동한 점을 B라 하고, 삼각형 AOB의 외심을 P라 할 때, 삼각형 OBP의 넓이의 최솟값을 구하시오.

(단, O는 원점이고, 점 A는 제1사분면 위에 있다.)

0415

학평 기출

좌표평면 위에 세 점 $A(0,\ 9)$, $B(-9,\ 0)$, $C(9,\ 0)$이 있다. 실수 $t\,(0<t<18)$에 대하여 세 점 O, A, B를 x축의 방향으로 t만큼 평행이동한 점을 각각 O′, A′, B′이라 하자. 삼각형 OCA의 내부와 삼각형 O′A′B′의 내부의 공통부분의 넓이를 $S(t)$라 할 때, $S(t)$의 최댓값은?

(단, O는 원점이다.)

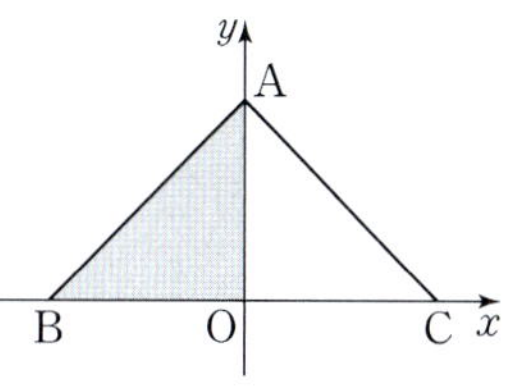

① 21 ② 24 ③ 27
④ 30 ⑤ 33

0416

다음 그림과 같이 직선 $y=x$ 위에 두 점 A, B가 $\overline{AB}=\sqrt{2}$를 만족시키며 움직이고 있다. 두 점 $C(1,\ -1)$, $D(8,\ 0)$에 대하여 사각형 ACDB의 둘레의 길이의 최솟값을 구하시오.

(단, 점 A의 x좌표는 점 B의 x좌표보다 작다.)

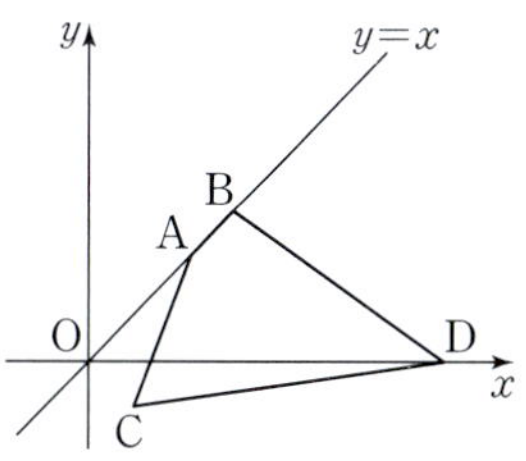

07 집합의 뜻과 집합 사이의 포함 관계

1 집합의 뜻과 표현
☑ 필수 기출 1

(1) 집합과 원소
① **집합**: 주어진 조건에 따라 대상을 분명하게 정할 수 있을 때, 그 대상들의 모임
② **원소**: 집합을 이루는 대상 하나하나

(2) 집합과 원소 사이의 관계
① a가 집합 A의 원소일 때, a는 집합 A에 속한다고 하고, 기호로 $a \in A$와 같이 나타낸다.
② b가 집합 A의 원소가 아닐 때, b는 집합 A에 속하지 않는다고 하고, 기호로 $b \notin A$와 같이 나타낸다.

> **참고** 일반적으로 집합은 알파벳 대문자 A, B, C, …로 나타내고, 원소는 알파벳 소문자 a, b, c, …로 나타낸다.

(3) 집합의 표현 방법
① **❶ [   ]**: 집합에 속하는 모든 원소를 기호 { } 안에 나열하여 집합을 나타내는 방법
② **조건제시법**: 집합에 속하는 원소의 공통된 성질을 조건으로 제시하여 집합을 나타내는 방법
③ **벤 다이어그램**: 집합에 속하는 모든 원소를 원이나 직사각형 같은 도형 안에 나열하여 집합을 나타낸 그림

> **참고** • 원소를 나열하는 순서는 상관 없다.
> • 같은 원소는 중복하여 쓰지 않는다.
> • 집합의 원소의 개수가 많고 일정한 규칙이 있을 때는 원소의 일부를 생략하고 '…'을 사용하여 나타낸다.

2 집합의 원소의 개수
☑ 필수 기출 2

(1) 원소의 개수에 따른 집합의 분류
① **유한집합**: 원소가 유한개인 집합
② **❷ [   ]**: 원소가 무한히 많은 집합
③ **공집합**: 원소가 하나도 없는 집합을 공집합이라 하고, 기호로 $\varnothing$과 같이 나타낸다.

> **참고** 공집합은 원소의 개수가 0이므로 유한집합으로 생각한다.

(2) 유한집합의 원소의 개수
집합 A가 유한집합일 때, 집합 A의 원소의 개수를 기호로 $n(A)$와 같이 나타낸다.

⬭ 기출 PICK

집합 $\varnothing$, $\{\varnothing\}$, $\{0\}$의 원소의 개수

(1) $\varnothing$ ➡ 원소가 하나도 없다.
    ➡ $n(\varnothing) = 0$
(2) $\{\varnothing\}$ ➡ 원소는 $\varnothing$의 1개이다.
    ➡ $n(\{\varnothing\}) = 1$
(3) $\{0\}$ ➡ 원소는 0의 1개이다.
    ➡ $n(\{0\}) = 1$

답: ❶ 원소나열법　❷ 무한집합

③ 집합 사이의 포함 관계

☑ 필수 기출 3,4

(1) 부분집합

① 두 집합 A, B에 대하여 A의 모든 원소가 B에 속할 때, A를 B의 **③________**이라 하고, 기호로 $A \subset B$와 같이 나타낸다.

　이때 A는 B에 포함된다 또는 B는 A를 포함한다고 한다.

② 집합 A가 집합 B의 부분집합이 아닐 때, 기호로 $A \not\subset B$와 같이 나타낸다.

　[참고] $A \not\subset B$이면 집합 A의 원소 중에서 집합 B의 원소가 아닌 것이 있다.

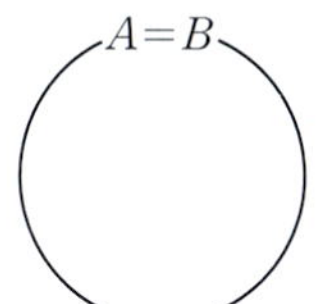

(2) 부분집합의 성질

세 집합 A, B, C에 대하여

① $\varnothing \subset A$　← 공집합은 모든 집합의 부분집합이다.

② $A \subset A$　← 모든 집합은 자기 자신의 부분집합이다.

③ $A \subset B$이고 $B \subset C$이면 A **④___** C이다.

(3) 서로 같은 집합

① 두 집합 A, B에 대하여 $A \subset B$이고 $B \subset A$일 때, A와 B는 서로 같다고 하고, 기호로 $A = B$와 같이 나타낸다.

② 두 집합 A, B가 서로 같지 않을 때, 기호로 $A \neq B$와 같이 나타낸다.

　[참고] 두 집합이 서로 같으면 두 집합의 모든 원소가 같다.

(4) 진부분집합

두 집합 A, B에 대하여 A가 B의 부분집합이고 A, B가 서로 같지 않을 때, 즉

　　$A \subset B$이고 $A \neq B$　← 부분집합 중 자기 자신을 제외한 모든 부분집합

일 때, A를 B의 진부분집합이라 한다.

　[참고] 집합 A가 집합 B의 진부분집합이면 $A \subset B$이지만 B의 원소 중에서 A의 원소가 아닌 것이 있다.

④ 부분집합의 개수

☑ 필수 기출 5,6

집합 $A = \{a_1,\ a_2,\ a_3,\ a_4,\ \dots,\ a_n\}$에 대하여

(1) 집합 A의 부분집합의 개수 ➡ 2^n

(2) 집합 A의 진부분집합의 개수 ➡ $2^n - $ **⑤___**

(3) 집합 A의 원소 중에서 특정한 원소 k개를 반드시 원소로 갖는 부분집합의 개수 ➡ 2^{n-k} (단, $k < n$)

(4) 집합 A의 원소 중에서 특정한 원소 l개를 원소로 갖지 않는 부분집합의 개수 ➡ 2^{n-l} (단, $l < n$)

(5) 집합 A의 원소 중에서 특정한 원소 k개는 반드시 원소로 갖고 특정한 원소 l개는 원소로 갖지 않는 부분집합의 개수 ➡ 2^{n-k-l} (단, $k+l < n$)

🖉 기출 PICK

$A \subset X \subset B$를 만족시키는 집합 X의 개수

두 집합 A, B에 대하여 집합 X가 $A \subset X \subset B$를 만족시킬 때, 집합 X는 집합 B의 부분집합 중에서 집합 A의 모든 원소를 반드시 원소로 갖는 부분집합이다.

➡ $n(A) = k$, $n(B) = m$일 때, 집합 X의 개수: 2^{m-k}

여러 가지 부분집합의 개수

(1) 특정한 원소 k개 중에서 적어도 한 개를 원소로 갖는 부분집합의 개수

　➡ (모든 부분집합의 개수) − (특정한 원소 k개를 원소로 갖지 않는 부분집합의 개수)

(2) a 또는 b를 원소로 갖는 부분집합의 개수

　➡ (모든 부분집합의 개수) − (a, b를 모두 원소로 갖지 않는 부분집합의 개수)

답: ③ 부분집합　④ $\subset$　⑤ 1

1 집합의 뜻과 표현

⭐빈출
0417 하

다음 중 집합이 <u>아닌</u> 것은?

① 우리 학교 학생들의 모임
② 우리나라 광역시의 모임
③ 두 자리 자연수의 모임
④ 8의 양의 약수의 모임
⑤ 높은 산의 모임

0418 하

보기에서 집합인 것만을 있는 대로 고르시오.

보기
ㄱ. 작은 유리수의 모임
ㄴ. 따뜻한 나라의 모임
ㄷ. 수학을 잘하는 학생들의 모임
ㄹ. 5에 가까운 자연수의 모임
ㅁ. 2의 배수 중 한 자리 수의 모임
ㅂ. 이차방정식 $x^2-2x+1=0$의 실근의 모임

0419 하

다음 중 12의 양의 약수의 집합을 원소나열법과 조건제시법으로 나타낸 것으로 옳은 것은?

	원소나열법	조건제시법
①	$\{1,\ 2,\ 6\}$	$\{x \mid x$는 12의 양의 약수$\}$
②	$\{1,\ 2,\ 3,\ 4,\ 6,\ 12\}$	$\{x$는 12의 양의 약수$\}$
③	$\{1,\ 2,\ 3,\ 4,\ 6,\ 12\}$	$\{x \mid x$는 12의 양의 약수$\}$
④	$\{x$는 12의 양의 약수$\}$	$\{1,\ 2,\ 6\}$
⑤	$\{x \mid x$는 12의 양의 약수$\}$	$\{1,\ 2,\ 3,\ 4,\ 6,\ 12\}$

0420 중

10보다 크고 20보다 작은 소수의 집합을 A라 할 때, 다음 중 옳지 <u>않은</u> 것은?

① $12 \notin A$　　② $13 \in A$　　③ $15 \notin A$
④ $17 \in A$　　⑤ $18 \in A$

⭐빈출
0421 중

방정식 $x^3+x^2-2x=0$의 해의 집합을 A라 할 때, 다음 중 옳지 <u>않은</u> 것은?

① $-2 \in A$　　② $-1 \notin A$　　③ $0 \in A$
④ $1 \in A$　　⑤ $2 \in A$

0422 중

다음 집합 중 나머지 넷과 <u>다른</u> 하나는?

① $\{1,\ 2,\ 3,\ 4,\ \ldots,\ 10\}$
② $\{x \mid 0 < x < 11,\ x$는 정수$\}$
③ $\{x \mid x$는 10 이하의 자연수$\}$
④ $\{x \mid x$는 한 자리의 자연수$\}$
⑤ $\{x \mid x \leq 10,\ x$는 양의 정수$\}$

0423 중

다음 중 오른쪽 벤 다이어그램과 같은 집합 A를 조건제시법으로 바르게 나타낸 것은?

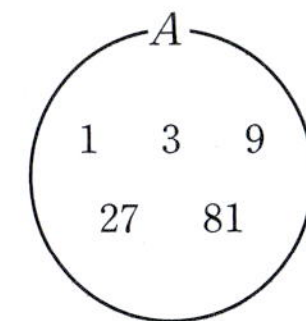

① $A=\{x\,|\,x$는 9의 양의 약수$\}$
② $A=\{x\,|\,x$는 27의 양의 약수$\}$
③ $A=\{x\,|\,x$는 81의 양의 약수$\}$
④ $A=\{x\,|\,x$는 81 이하의 3의 양의 배수$\}$
⑤ $A=\{x\,|\,x$는 90 이하의 9의 양의 배수$\}$

0424 중

두 집합

$$A=\{x\,|\,x\text{는 4의 양의 약수}\},$$
$$B=\{x\,|\,x\text{는 6의 양의 약수}\}$$

에 대하여 다음 중 옳지 <u>않은</u> 것은?

① $1\in A$, $1\in B$ ② $2\in A$, $2\notin B$
③ $3\notin A$, $3\in B$ ④ $4\in A$, $4\notin B$
⑤ $5\notin A$, $5\notin B$

0425 중

다음 중 집합 $A=\{x\,|\,x=2^p\times3^q,\ p,\ q$는 음이 아닌 정수$\}$의 원소가 <u>아닌</u> 것은?

① 1   ② 6   ③ 18
④ 21   ⑤ 36

0426 중

집합 $A=\{3,\ 6,\ 9,\ 12,\ 15\}$를 조건제시법으로 나타내면
$$A=\{x\,|\,x\text{는 }k\text{보다 작은 3의 양의 배수}\}$$
일 때, 자연수 k의 최댓값을 구하시오.

0427 중

집합 $A=\{-1,\ 0,\ 1,\ 2\}$에 대하여 집합
$$B=\{ab\,|\,a\in A,\ b\in A\}$$
라 할 때, 집합 B의 모든 원소의 합을 구하시오.

0428 중 | 서술형 |

두 집합 $A=\{1,\ 2,\ 3,\ 4,\ 5,\ 6,\ 7,\ 8\}$, $B=\{1,\ 3,\ 5,\ 7\}$에 대하여 집합 $C=\{2x-1\,|\,x\in A,\ x\notin B\}$라 할 때, 집합 C를 원소나열법으로 나타내시오.

0429 중

집합 $A=\{x\,|\,x$는 10 이하의 소수$\}$일 때, 집합
$B=\{x\,|\,x^2-10x+21\neq0,\ x\in A\}$의 모든 원소의 합은?

① 5   ② 6   ③ 7
④ 8   ⑤ 9

0430 중

$(i,\ j)$ 성분 a_{ij}가 $a_{ij}=-a_{ji}\,(i=1,\ 2,\ j=1,\ 2)$를 만족시키는 행렬의 집합을 A라 할 때, 보기에서 집합 A의 원소인 것만을 있는 대로 고르시오.

┌ 보기 ┐

ㄱ. $\begin{pmatrix} 0 & -1 \\ 1 & 0 \end{pmatrix}$ ㄴ. $\begin{pmatrix} -1 & 0 \\ 0 & 1 \end{pmatrix}$

ㄷ. $\begin{pmatrix} 0 & 2 \\ -2 & 0 \end{pmatrix}$ ㄹ. $\begin{pmatrix} 0 & 2 \\ 2 & 0 \end{pmatrix}$

0431 중 | 서술형 |

집합 $A=\{x\,|\,ax^3+x^2-5x+a=0\}$에 대하여 $1\in A$일 때, 집합 A의 모든 원소의 합을 구하시오. (단, a는 상수)

0432 중 | 서술형 |

집합 $A=\{z\,|\,z=i^n,\ n$은 자연수$\}$에 대하여 집합
$B=\{z_1z_2\,|\,z_1\in A,\ z_2\in A\}$라 할 때, 집합 B의 모든 원소의 곱을 구하시오. (단, $i=\sqrt{-1}$)

★ 빈출
0433 상

정수 전체의 집합을 Z, 유리수 전체의 집합을 Q, 실수 전체의 집합을 R라 할 때, 보기에서 옳은 것만을 있는 대로 고르시오. (단, $i=\sqrt{-1}$)

┌ 보기 ┐

ㄱ. $\dfrac{3}{5}\notin Z$ ㄴ. $\sqrt{169}\in Z$

ㄷ. $i^4\notin Q$ ㄹ. $\dfrac{1}{2-\sqrt{3}}\notin Q$

ㅁ. $5\notin R$ ㅂ. $-i\in R$

2 집합의 원소의 개수

0434 하

다음 중 무한집합인 것은?

① $\{x \mid x$는 6의 양의 약수$\}$
② $\{x \mid x$는 2의 양의 배수$\}$
③ $\{x \mid x$는 두 자리의 홀수$\}$
④ $\{x \mid x$는 $x^2+4<0$인 실수$\}$
⑤ $\{x \mid x$는 $x^2+3x+6=0$인 실수$\}$

0435 하

다음 중 공집합인 것은?

① $\{x \mid x^2=1\}$
② $\{x \mid x$는 $x<1$인 정수$\}$
③ $\{x \mid x$는 짝수인 소수$\}$
④ $\{x \mid x$는 $0<x<1$인 자연수$\}$
⑤ $\{x \mid x$는 -1 초과 0 이하인 정수$\}$

0436 하

집합 $A=\{x \mid x^2-4x+4=0\}$에 대하여 $n(A)$를 구하시오.

0437 하

집합 $A=\{(x, y) \mid x^2+y^2=5, \ x, y$는 정수$\}$에 대하여 $n(A)$는?

① 4   ② 6   ③ 8
④ 10   ⑤ 12

0438 중

다음 중 옳은 것은?

① $n(\{2\})=2$
② $n(\{50\})-n(\{48\})=2$
③ $n(\{0, 1\})-n(\{1\})=0$
④ $n(\{0, 1, 2\})-n(\{\varnothing\})=3$
⑤ $n(\{0\})-n(\varnothing)=1$

0439 중

세 집합
$$A=\{1, 3, 5, 7, 9\},$$
$$B=\{x \mid x$는 45의 양의 약수$\},$$
$$C=\{x \mid x^2-4x-5=0\}$$
에 대하여 $n(A)+n(B)+n(C)$의 값을 구하시오.

0440 중

집합 $A=\{x \mid x$는 $k \leq x<10$인 5의 양의 배수$\}$가 공집합이 되도록 하는 자연수 k의 최솟값을 구하시오.

0441 중

두 집합

$$A=\{x\,|\,x\text{는 12의 양의 약수}\},$$
$$B=\{x\,|\,x\text{는 }k\text{ 미만의 자연수, }k\text{는 자연수}\}$$

에 대하여 $n(A)+n(B)=20$일 때, k의 값을 구하시오.

0442 중

학평 기출

두 집합 $A=\{1,\,2,\,3,\,4,\,a\}$, $B=\{1,\,3,\,5\}$에 대하여 집합 $X=\{x+y\,|\,x\in A,\,y\in B\}$라 할 때, $n(X)=10$이 되도록 하는 자연수 a의 최댓값을 구하시오.

0443 중

| 서술형 |

두 집합

$$A=\{x\,|\,x^2-5x+7=0,\,x\text{는 실수}\},$$
$$B=\{x\,|\,x^2+ax+a=0,\,x\text{는 실수}\}$$

에 대하여 $n(A)=n(B)$가 되도록 하는 모든 정수 a의 값의 합을 구하시오.

0444 상

다음 조건을 만족시키는 집합 A를 구하시오.

> (가) $1\in A$, $6\in A$
> (나) $n(A)=4$
> (다) 집합 A의 모든 원소의 합은 2, 곱은 36이다.

0445 상

집합 $A=\{x\,|\,(k-2)x^2-4x+k=0,\,x\text{는 실수}\}$에 대하여 $n(A)=1$이 되도록 하는 모든 실수 k의 값의 합은?

① 3   ② 4   ③ 5
④ 6   ⑤ 7

0446 상

집합 $A=\{(x,\,y)\,|\,x^2+y^2=1,\,y=-2x+k,\,x,\,y\text{는 실수}\}$일 때, $A\neq\varnothing$이 되도록 하는 실수 k의 최댓값을 구하시오.

3 집합 사이의 포함 관계

0447 하

두 집합 $A=\{-2, 1, 3\}$, $B=\{1, 2, 3, 4\}$에 대하여 다음 중 옳은 것은?

① $1\notin A$ ② $-2\in B$ ③ $\{1, 3\}\in A$

④ $4\subset B$ ⑤ $\{1, 3\}\subset B$

0448 하

두 집합 $A=\{-1, 0, 1\}$, $B=\{x\,|\,|x|<1,\ x$는 정수$\}$ 사이의 포함 관계를 기호 $\subset$를 사용하여 나타내시오.

0449 하

집합 $\{x\,|\,x$는 25의 양의 약수$\}$의 진부분집합을 모두 구하시오.

0450 중

집합 $A=\{0, 1, \{1\}\}$에 대하여 다음 중 옳지 <u>않은</u> 것은?

① $\varnothing\subset A$ ② $0\in A$

③ $\{1\}\in A$ ④ $\{\{1\}\}\subset A$

⑤ $\{0, 1, \{1\}\}\in A$

0451 중

두 집합

$$A=\{x\,|\,x=2n,\ n$은 5 이하의 자연수\},$$
$$B=\{x\,|\,x는 18의 양의 약수\}$$

에 대하여 다음 중 옳지 <u>않은</u> 것은?

① $8\in A$ ② $10\notin B$

③ $\{4, 6\}\subset A$ ④ $\{2, 6, 10\}\not\subset B$

⑤ $\{1, 4, 6, 9\}\subset B$

0452 중

두 집합 A, B를 벤 다이어그램으로 나타내면 오른쪽 그림과 같을 때, 다음 중 옳지 <u>않은</u> 것은?

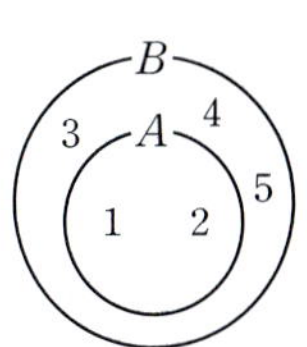

① $2\in B$ ② $4\notin A$

③ $\{5\}\not\subset A$ ④ $\{1, 2\}\not\subset B$

⑤ $\{1, 3, 4\}\subset B$

보기에서 옳은 것만을 있는 대로 고르시오.

┤ 보기 ├
ㄱ. $0 \in \{\varnothing, 1, 2\}$　　　ㄴ. $\varnothing \notin \{\varnothing, 1, 2\}$
ㄷ. $\varnothing \subset \{\varnothing, 1, 2\}$　　　ㄹ. $\{\varnothing\} \subset \{\varnothing, 1, 2\}$

빈출
0454 중

집합 $A=\{\{\varnothing\}, 1, 2, \{3\}, \{1, 2\}\}$에 대하여 보기에서 옳은 것만을 있는 대로 고르시오.

┤ 보기 ├
ㄱ. $\{\varnothing\} \in A$　　　ㄴ. $3 \in A$
ㄷ. $\{\varnothing\} \subset A$　　　ㄹ. $\{1, 2\} \subset A$

0455 중

다음 중 두 집합 A, B 사이의 포함 관계가 오른쪽 벤 다이어그램과 같은 것은?

① $A=\{1, 3, 5\}$, $B=\{1, 2, 3, 4, 5\}$
② $A=\{a, b, c\}$, $B=\{b, c, d\}$
③ $A=\{x \mid x$는 2의 양의 배수$\}$,
　　$B=\{x \mid x$는 4의 양의 배수$\}$
④ $A=\{x \mid x$는 6의 양의 약수$\}$,
　　$B=\{x \mid x$는 12의 양의 약수$\}$
⑤ $A=\{x \mid x$는 5 이하의 소수$\}$,
　　$B=\{x \mid x$는 10보다 작은 소수$\}$

0456 중

다음 중 두 집합 A, B에 대하여 $A \subset B$이고 $B \subset A$인 것은?

① $A=\{1, 3, 5, 7, 9\}$, $B=\{x \mid x$는 홀수$\}$
② $A=\{1, 2, 3, 4, 5\}$, $B=\{x \mid x$는 5보다 작은 자연수$\}$
③ $A=\{x \mid x$는 10 이하의 소수$\}$, $B=\{2, 3, 5, 7\}$
④ $A=\{x \mid x^2-1=0\}$, $B=\{x \mid -2<x<2,\ x$는 정수$\}$
⑤ $A=\{x \mid x$는 8의 양의 약수$\}$,
　　$B=\{x \mid x$는 2의 양의 배수$\}$

0457 중

두 집합 A, B에 대하여 보기에서 A가 B의 진부분집합인 것만을 있는 대로 고른 것은?

┤ 보기 ├
ㄱ. $A=\varnothing$, $B=\{1, 2, 3, 4\}$
ㄴ. $A=\{a, b, c, d\}$, $B=\{a, b, c, d\}$
ㄷ. $A=\{x \mid x$는 12의 양의 약수$\}$,
　　$B=\{x \mid x$는 6의 양의 약수$\}$
ㄹ. $A=\{3, 5, 7\}$, $B=\{x \mid x$는 10 이하의 소수$\}$

① ㄱ　　　　② ㄴ　　　　③ ㄱ, ㄷ
④ ㄱ, ㄹ　　　⑤ ㄱ, ㄴ, ㄹ

빈출
0458 중

다음 중 세 집합 $A=\{-1, 0, 1\}$,
$B=\{x+y \mid x \in A,\ y \in A\}$, $C=\{x^2 \mid x \in A\}$ 사이의 포함 관계를 바르게 나타낸 것은?

① $A \subset B \subset C$　　② $A \subset C \subset B$　　③ $B \subset C \subset A$
④ $C \subset A \subset B$　　⑤ $C \subset B \subset A$

0459 중

세 집합

$$A=\{x\,|\,x^2=9\},$$
$$B=\{x\,|\,|x|\leq 3,\ x\text{는 정수}\},$$
$$C=\{x\,|\,x^2+3x=0\}$$

에 대하여 보기에서 옳은 것만을 있는 대로 고르시오.

┤ 보기 ├
ㄱ. $A\subset B$　　ㄴ. $A\subset C$　　ㄷ. $B\subset A$
ㄹ. $B\subset C$　　ㅁ. $C\subset A$　　ㅂ. $C\subset B$

0460 중

다음 중 옳은 것은?

① $A=\varnothing$이면 $n(A)=1$이다.
② $n(A)=n(B)$이면 $A=B$이다.
③ $A\subset B$이면 $n(A)\leq n(B)$이다.
④ $n(A)\leq n(B)$이면 $A\subset B$이다.
⑤ $A=\{1,\ 2\}$이면 $n(\{X\,|\,X\subset A\})=2$이다.

★ 빈출
0461 중

두 집합 $A=\{\varnothing,\ a,\ \{a\}\}$, $B=\{X\,|\,X\subset A\}$에 대하여 다음 중 옳지 <u>않은</u> 것은?

① $\varnothing\in B$　　② $\{a\}\in B$　　③ $\{\{a\}\}\notin B$
④ $\{\{\varnothing\}\}\subset B$　　⑤ $\{\{a,\ \{a\}\}\}\subset B$

0462 상

집합 $\{2,\ 4,\ 6,\ 8,\ 10\}$의 진부분집합을 X라 할 때, 집합 X의 모든 원소의 합을 $S(X)$라 하자. $S(X)$의 최댓값을 구하시오.

0463 상　　　　　| 서술형 |

집합 $A=\{x\,|\,x=2n-5,\ n\text{은 }5\text{ 이하의 자연수}\}$의 부분집합 중에서 $n(X)=3$을 만족시키는 집합 X의 모든 원소의 곱을 $M(X)$라 하자. $M(X)$의 최솟값을 구하시오.

0464 상

집합 $A=\{1,\ 3,\ 4,\ 7,\ x\}$의 부분집합 중에서 2개의 원소로 이루어진 부분집합을 각각 $A_1,\ A_2,\ A_3,\ ...,\ A_{10}$이라 하고, 집합 A_k의 모든 원소의 합을 $a_k\,(k=1,\ 2,\ 3,\ ...,\ 10)$라 하자. $a_1+a_2+a_3+\cdots+a_{10}=108$일 때, 자연수 x의 값을 구하시오. (단, $n(A)=5$)

0465 하

두 집합 $A=\{a,\ 3,\ 5\}$, $B=\{1,\ b,\ 5\}$에 대하여 $A=B$일 때, $a+b$의 값은? (단, a, b는 상수)

① 1 　　　　② 2 　　　　③ 3
④ 4 　　　　⑤ 5

0466 하

두 집합 $A=\{x\,|\,-2\leq x\leq3\}$, $B=\{x\,|\,-2\leq x\leq a\}$에 대하여 $B\subset A$가 성립하도록 하는 상수 a의 최댓값을 구하시오.

0467 중 | 학평 기출 |

자연수 전체의 집합의 두 부분집합
$$A=\{1,\ 2a\},\quad B=\{x\,|\,x는 8의 약수\}$$
에 대하여 $A\subset B$를 만족시키는 모든 자연수 a의 값의 합을 구하시오.

0468 중

두 집합 $A=\{2,\ a+3\}$, $B=\{6,\ a-1,\ 3a-1\}$에 대하여 $A\subset B$일 때, 상수 a의 값은?

① -2 　　　　② -1 　　　　③ 1
④ 2 　　　　⑤ 3

★빈출
0469 중

세 집합 $A=\{x\,|\,x<2\}$, $B=\{x\,|\,x\leq a\}$, $C=\{x\,|\,x\leq6\}$에 대하여 $A\subset B\subset C$가 성립하도록 하는 정수 a의 개수를 구하시오.

0470 중 | 서술형 |

두 집합 $A=\{2,\ a+1,\ 7\}$, $B=\{2b-3,\ 2,\ 3\}$에 대하여 $A\subset B$이고 $B\subset A$일 때, $b-a$의 값을 구하시오.
(단, a, b는 상수)

0471 _중

두 집합 $A=\{4,\ a^2\}$, $B=\{1,\ b^2+3b\}$가 서로 같을 때, 자연수 a, b에 대하여 $a+b$의 값은?

① 2   ② 3   ③ 4

④ 5   ⑤ 6

빈출 0472 _중

두 집합 $A=\{1,\ 3,\ a^2+1\}$, $B=\{a+1,\ 3-a,\ 2a+1\}$ 에 대하여 $A=B$일 때, 상수 a의 값은? (단, $a\neq0$)

① -3 ② -2 ③ -1

④ 1   ⑤ 2

0473 _중

두 집합 $A=\{3a+1,\ 10\}$, $B=\{-5,\ a^2-3a,\ 16\}$에 대하여 $A\subset B$가 성립하도록 하는 모든 상수 a의 값의 합을 구하시오.

0474 _중

두 집합 $A=\{2,\ 11,\ a^2-a+3\}$, $B=\{2a+6,\ 3-4a,\ 9\}$ 에 대하여 $A\subset B$이고 $B\subset A$일 때, 상수 a의 값을 구하시오.

빈출 0475 _중

두 집합 $A=\{x\,|\,x^2+x-6\leq0\}$, $B=\{x\,|\,|x+2|\leq a\}$ 에 대하여 $A\subset B$가 성립하도록 하는 양수 a의 최솟값은?

① 4   ② 5   ③ 6

④ 7   ⑤ 8

0476 _중

두 집합 $A=\{x\,|\,x$는 12의 양의 배수$\}$, $B=\{x\,|\,x$는 a의 양의 배수$\}$에 대하여 $A\subset B$이고 $A\neq B$ 일 때, 모든 자연수 a의 값의 합을 구하시오.

0477 중

| 서술형 |

두 집합 $A=\{x|-6 \le x \le -2k\}$, $B=\{x|3k \le x \le 12\}$에 대하여 $A \subset B$가 성립하도록 하는 실수 k의 최댓값을 M, 최솟값을 m이라 할 때, Mm의 값을 구하시오.

0480 중

두 집합 $A=\{1, 2, a\}$, $B=\{1, 2, a+4, a^2-a-8\}$에 대하여 집합 A가 집합 B의 진부분집합일 때, 집합 B의 모든 원소의 합은 b이다. 이때 $a+b$의 값은?

(단, a는 상수)

① 15   ② 16   ③ 17
④ 19   ⑤ 20

0478 중

두 집합 $A=\{-2, a\}$, $B=\{x|x^2+x+b=0\}$에 대하여 $A \subset B$이고 $B \subset A$일 때, $a+b$의 값은?

(단, a, b는 상수)

① -3 ② -1 ③ 1
④ 3 ⑤ 5

0481 중

학평 기출

자연수 n에 대하여 자연수 전체 집합의 부분집합 A_n을 다음과 같이 정의하자.

$$A_n=\{x|x는 \sqrt{n} \text{ 이하의 홀수}\}$$

$A_n \subset A_{25}$를 만족시키는 n의 최댓값을 구하시오.

0479 중

| 서술형 |

두 집합 $A=\{a+2, a^2-2\}$, $B=\{2, 6-a\}$에 대하여 $A=B$일 때, $a+1$, a^2을 두 근으로 하는 이차방정식은 $x^2+mx+n=0$이다. 이때 $m+n$의 값을 구하시오.

(단, m, n은 상수)

두 집합 $A=\{3, a+4\}$, $B=\{1, -6-a, 2b+5\}$에 대하여 $A \subset B$이다. 상수 a, b에 대하여 $a+b$의 최댓값을 M, 최솟값을 m이라 할 때, $M-m$의 값은?

(단, $a \ne -1$)

① 6   ② 8   ③ 10
④ 12   ⑤ 14

0483 상

세 집합 $A=\{x\,|\,a<x\le b\}$, $B=\{x\,|\,x^2+5x+6\le 0\}$, $C=\{x\,|\,x^2<36\}$에 대하여 $B\subset A\subset C$가 성립하도록 하는 정수 a, b의 순서쌍 $(a,\ b)$의 개수를 구하시오.

0484 상

0이 아닌 서로 다른 세 실수 x, y, z에 대하여 $x+y+z=4$이고 두 집합
$$A=\{x,\ y,\ z\},\ B=\{xy,\ yz,\ zx\}$$
가 서로 같을 때, $x^3+y^3+z^3$의 값을 구하시오.

---

5   부분집합의 개수

0485 하

집합 $A=\{a,\ b,\ c,\ d\}$의 부분집합의 개수를 x, 진부분집합의 개수를 y라 할 때, $x+y$의 값을 구하시오.

0486 하

집합 $A=\{1,\ 2,\ 3,\ 4,\ 5,\ 6\}$에 대하여 $2\in A$를 만족시키는 집합 A의 부분집합의 개수는?

① 4   ② 8   ③ 16
④ 32   ⑤ 64

0487 중

집합 A의 부분집합의 개수가 64이고, 집합 B의 진부분집합의 개수가 255일 때, $n(A)+n(B)$의 값을 구하시오.

0488 중

집합 $A=\{1, 3, 5, 7, 9\}$의 부분집합 X에 대하여
$1\in X$, $3\in X$, $7\not\in X$인 집합 X의 개수는?

① 2　　　　　② 4　　　　　③ 6
④ 8　　　　　⑤ 10

0489 중

집합 $A=\{x\,|\,x^2-7x+6\leq0,\ x$는 정수$\}$의 부분집합 중
에서 짝수인 원소만으로 이루어진 부분집합의 개수를 구
하시오.

0490 중

집합 $A=\{1, 2, 3, 4, 5, 6\}$의 부분집합 중에서 가장 큰
원소가 5인 부분집합의 개수는?

① 4　　　　　② 8　　　　　③ 16
④ 32　　　　　⑤ 64

0491 중

집합 $A=\{x\,|\,x$는 9 이하의 자연수$\}$의 부분집합 중에서
3의 배수는 반드시 원소로 갖고, 4의 배수는 원소로 갖지
않는 부분집합의 개수를 구하시오.

0492 중

집합 $A=\{1, 2, 3\}$에 대하여 집합 $P(A)=\{X\,|\,X\subset A\}$
라 할 때, 집합 $P(A)$의 부분집합의 개수는?

① 16　　　　　② 32　　　　　③ 64
④ 128　　　　　⑤ 256

0493 중

| 서술형 |

집합 $A=\{x\,|\,x$는 20 이하의 3의 양의 배수$\}$의 부분집합
중에서 적어도 1개의 짝수를 원소로 갖는 부분집합의 개
수를 구하시오.

0494 중

집합 $A=\{1,\ 2,\ 3,\ 4,\ \cdots,\ 10\}$의 부분집합 S에 대하여 집합 S의 원소 중 홀수의 개수를 $N(S)$라 할 때, $N(S)=1$인 집합 S의 개수를 구하시오.

0495 중

집합 $A=\{x\,|\,x$는 자연수$\}$에 대하여 다음 조건을 만족시키는 집합 B의 개수를 구하시오.

(가) $B \subset A$이고 $n(B) \neq 0$
(나) $x \in B$이면 $\dfrac{16}{x} \in B$

0496 중

집합 $A=\{x\,|\,1 \leq x \leq 10,\ x$는 자연수$\}$의 부분집합 중에서 소수인 원소가 2개 이상인 부분집합의 개수는?

① 584   ② 614   ③ 644
④ 674   ⑤ 704

0497 상

집합 $A=\{a,\ b,\ c,\ d,\ e,\ f,\ g,\ h\}$의 부분집합 중에서 a, b는 반드시 원소로 갖고, e 또는 f를 원소로 갖는 부분집합의 개수를 구하시오.

0498 상

집합 $A=\{x\,|\,x$는 k 이하의 자연수$\}$의 부분집합 중에서 가장 작은 원소가 4인 부분집합의 개수가 16일 때, 자연수 k의 값을 구하시오. (단, $k \geq 4$)

0499 상

집합 $A=\{1,\ 2,\ 3,\ 4,\ 5,\ 6,\ 7\}$의 부분집합 중에서 3은 반드시 원소로 갖고, 연속하는 두 자연수는 포함하지 않는 부분집합의 개수를 구하시오.

0500 상

집합 $U=\{1, 2, 3, 4\}$의 두 부분집합 A, B에 대하여 집합 $X=\{(-i)^m+i^n \,|\, m\in A,\ n\in B\}$라 할 때, $2\in X$를 만족시키는 두 집합 A, B의 순서쌍 (A, B)의 개수는? (단, $i=\sqrt{-1}$)

① 36 ② 64 ③ 81
④ 196 ⑤ 256

0501 상

집합 X의 모든 원소의 곱을 $f(X)$라 할 때, 집합 $A=\{1, 3, 9, 27\}$의 부분집합 중에서 공집합이 아닌 모든 부분집합 A_1, A_2, A_3, $\dots$, A_{15}에 대하여
$$f(A_1)\times f(A_2)\times f(A_3)\times \cdots \times f(A_{15})=3^k$$
을 만족시키는 상수 k의 값을 구하시오.

0502 상

집합 $S=\left\{\dfrac{1}{2},\ \dfrac{1}{2^2},\ \dfrac{1}{2^3},\ \dfrac{1}{2^4},\ \dfrac{1}{2^5},\ \dfrac{1}{2^6}\right\}$의 공집합이 아닌 서로 다른 부분집합을 각각 A_1, A_2, A_3, $\dots$, A_{63}이라 하자. 각각의 부분집합에서 가장 작은 원소를 각각 a_1, a_2, a_3, $\dots$, a_{63}이라 할 때, $a_1+a_2+a_3+\cdots+a_{63}$의 값을 구하시오.

---

6 $A\subset X\subset B$를 만족시키는 집합 X의 개수

0503 중

두 집합 A, B를 벤 다이어그램으로 나타내면 오른쪽 그림과 같을 때, $A\subset X\subset B$를 만족시키는 집합 X 중에서 2를 원소로 갖지 않는 집합의 개수를 구하시오.

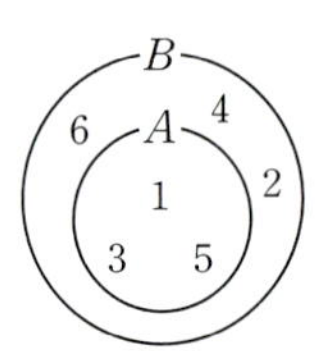

0504 중

전체집합 $U=\{x\,|\,x$는 자연수$\}$의 두 부분집합 A, B에 대하여 $A=\{x\,|\,x$는 4의 약수$\}$, $B=\{x\,|\,x$는 12의 약수$\}$일 때, $A\subset X\subset B$를 만족시키는 집합 X의 개수를 구하시오.

0505 중

두 집합 $A=\{x\,|\,x^2-8x+15=0\}$, $B=\{x\,|\,x$는 11 이하의 소수$\}$에 대하여 $A\subset X\subset B$를 만족시키는 집합 X의 개수는?

① 1 ② 2 ③ 4
④ 8 ⑤ 16

0506 중

집합 $A=\{x\,|\,x$는 36의 양의 약수$\}$에 대하여 다음 조건을 만족시키는 집합 X의 개수를 구하시오.

> ㈎ $\{1,\ 6,\ 9\}\subset X\subset A$ ㈏ $X\neq A$

0507 중

집합 $A=\{1,\ 2,\ 3,\ \cdots,\ n\}$에 대하여 $\{1,\ 3\}\subset X\subset A$를 만족시키는 집합 X의 개수가 64일 때, 집합 A의 진부분집합의 개수를 구하시오. (단, n은 자연수)

0508 중

| 서술형 |

두 집합

$$A=\{x\,|\,x는\ 6의\ 양의\ 약수\},$$
$$B=\{x\,|\,x는\ 0<x<k인\ 자연수\}$$

에 대하여 $A\subset X\subset B$를 만족시키는 집합 X의 개수가 16일 때, 자연수 k의 값을 구하시오. (단, $k>6$)

0509 중

두 집합 $A=\{2,\ 8,\ 10\}$, $B=\{x\,|\,x$는 20 이하의 짝수$\}$에 대하여 다음 조건을 만족시키는 집합 X의 개수를 구하시오.

> ㈎ $A\subset X\subset B$ ㈏ $n(X)\geq 5$

0510 상

☆빈출

집합 $U=\{1,\ 2,\ 3\}$의 세 부분집합 $A,\ B,\ C$에 대하여 $A\subset B\subset C$를 만족시키는 순서쌍 $(A,\ B,\ C)$의 개수는?

① 8 ② 27 ③ 64
④ 128 ⑤ 216

0511 상

다음 조건을 만족시키는 집합 A의 개수를 구하시오.

> ㈎ $\{0\}\subset A\subset\{x\,|\,x$는 실수$\}$
> ㈏ $a\in A$이면 $a^2-2\in A$이다.
> ㈐ $n(A)=4$

0512

학평 기출

전체집합 $U=\{x \mid x$는 9 이하의 자연수$\}$의 부분집합 A는 다음 조건을 만족시킨다.

> m이 집합 A의 원소이면, m^2의 일의 자릿수와 n^2의 일의 자릿수가 같아지는 m이 아닌 자연수 n이 집합 A에 존재한다.

예를 들면, 2가 집합 A의 원소이면 2^2의 일의 자릿수와 8^2의 일의 자릿수가 같으므로 8도 집합 A의 원소이다. 공집합이 아닌 집합 A의 개수를 구하시오.

0513

2 이상의 자연수 k에 대하여 자연수 전체의 집합의 부분집합 A_k는 '$1\in A_k$이고, $x\in A_k$이면 $\dfrac{k}{x}\in A_k$'를 만족시키는 원소의 개수가 최대인 집합이다. $n(A_k)=12$일 때, k의 최솟값은?

① 45　　　　② 52　　　　③ 60
④ 72　　　　⑤ 90

0514

두 집합 $A=\{1,\ 2,\ 3,\ 4\}$, $B=\{1,\ 2\}$에 대하여 방정식 $x^3=1$의 서로 다른 두 허근을 x_1, x_2라 할 때, 집합 $C=\left\{x_k^{\,n}+\dfrac{1}{x_k^{\,n}}+k\,\middle|\,n\in A,\ k\in B\right\}$의 원소의 개수는?

① 4　　　　② 5　　　　③ 6
④ 7　　　　⑤ 8

0515

집합 $A=\{x \mid x$는 20 이하의 자연수$\}$와 자연수 n에 대하여 집합 $B_n=\{a(n-a) \mid a\in A\}$라 할 때, 집합 B_n의 원소의 개수가 최소가 되도록 하는 n의 값을 구하시오.

0516

집합 $\{1, 2, 3, 4, \ldots, 20\}$의 부분집합 중에는 어떤 두 원소의 곱도 6의 배수가 아닌 수들로만 이루어진 것이 있다. 예를 들어 $\{1, 2, 4, 5, 20\}$, $\{3, 5, 9, 15\}$이다. 이와 같은 부분집합 중에서 원소의 개수가 최대인 집합을 M이라 할 때, 집합 M의 원소의 개수는?

① 12   ② 14   ③ 16
④ 18   ⑤ 20

0517

[학평 기출]

전체집합 $U=\{2, 2^2, 2^3, 2^4, 2^5, 2^6\}$의 서로 다른 부분집합을 $A_i\,(i=1, 2, 3, \ldots, 64)$라 하자. $n(A_i)\geq 3$을 만족시키는 모든 집합 A_i에 대하여 각 집합의 가장 작은 원소를 모두 더한 값을 구하시오.

(단, $n(A)$는 집합 A의 원소의 개수이다.)

0518

집합 $U=\{1, 2, 3, 4, 5, 6, 7\}$의 부분집합 X에 대하여 집합 X의 모든 원소의 합을 $S(X)$라 할 때, 집합 U의 두 부분집합 A, B는 다음 조건을 만족시킨다. 이때 집합 B의 개수를 구하시오.

(가) $A=\{1, 3, 4\}$
(나) $2\in B$
(다) $S(A)<S(B)$

0519

자연수 m에 대하여 집합

$$X_m=\left\{(a, b)\,\middle|\,3^a=\frac{m}{b},\ a,\ b\text{는 자연수}\right\}$$

라 할 때, 보기에서 옳은 것만을 있는 대로 고르시오.

┌ 보기 ├
ㄱ. $X_9=\{(1, 3), (2, 1)\}$
ㄴ. 자연수 k에 대하여 $m=3^k$이면 $n(X_m)=k+1$이다.
ㄷ. $n(X_m)=1$이 되도록 하는 두 자리 자연수 m의 개수는 20이다.

08 집합의 연산

1 집합의 연산

☑ 필수 기출 1, 4

(1) 합집합

두 집합 A, B에 대하여 A에 속하거나 B에 속하는 모든 원소로 이루어진 집합을 A와 B의 ❶ **[   ]**이라 하고, 기호로 $A \cup B$와 같이 나타낸다.

➡ $A \cup B = \{x \mid x \in A$ 또는 $x \in B\}$

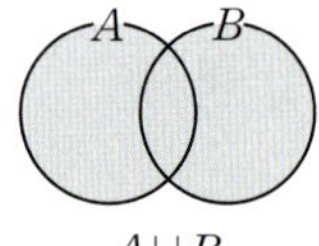

$A \cup B$

(2) 교집합

두 집합 A, B에 대하여 A에도 속하고 B에도 속하는 모든 원소로 이루어진 집합을 A와 B의 교집합이라 하고, 기호로 $A \cap B$와 같이 나타낸다.

➡ $A \cap B = \{x \mid x \in A$ 그리고 $x \in B\}$

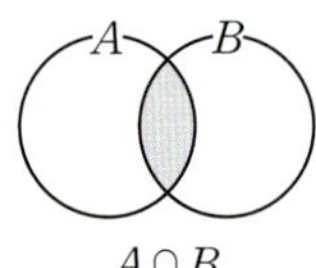

$A \cap B$

(3) 서로소

두 집합 A, B에 대하여 A와 B의 공통인 원소가 하나도 없을 때, 즉 $A \cap B = $ ❷ **[   ]**일 때, A와 B는 서로소라 한다.

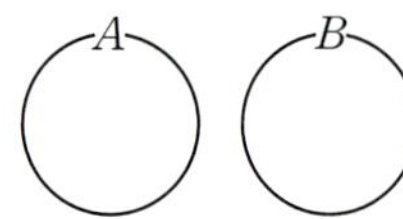

(4) 전체집합

어떤 집합에 대하여 그 부분집합을 생각할 때, 처음에 주어진 집합을 전체집합이라 하고, 기호로 U와 같이 나타낸다.

(5) 여집합

집합 A가 전체집합 U의 부분집합일 때, U의 원소 중에서 A에 속하지 않는 모든 원소로 이루어진 집합을 U에 대한 A의 여집합이라 하고, 기호로 A^C와 같이 나타낸다.

➡ $A^C = \{x \mid x \in U$ 그리고 ❸ **[   ]**$\}$

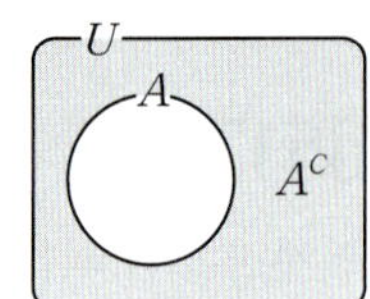

(6) 차집합

두 집합 A, B에 대하여 A에는 속하지만 B에는 속하지 않는 모든 원소로 이루어진 집합을 A에 대한 B의 차집합이라 하고, 기호로 $A - B$와 같이 나타낸다.

➡ $A - B = \{x \mid x \in A$ 그리고 $x \notin B\}$

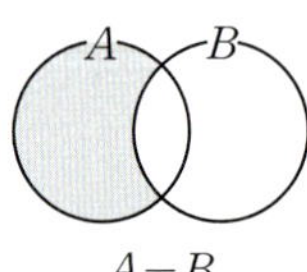

$A - B$

✎ 기출 PICK

배수 또는 약수의 집합의 연산

(1) 자연수 k의 양의 배수의 집합을 A_k라 하고 자연수 m, n의 최소공배수를 p라 하면

$$A_m \cap A_n = A_p$$

이때 m이 n의 배수이면 $A_m \subset A_n$이므로

$$A_m \cap A_n = A_m, \ A_m \cup A_n = A_n$$

(2) 자연수 k의 양의 약수의 집합을 B_k라 하고 자연수 m, n의 최대공약수를 q라 하면

$$B_m \cap B_n = B_q$$

이때 m이 n의 약수이면 $B_m \subset B_n$이므로

$$B_m \cap B_n = B_m, \ B_m \cup B_n = B_n$$

답: ❶ 합집합 ❷ $\varnothing$ ❸ $x \notin A$

2 **집합의 연산의 성질**

☑ 필수 기출 2, 3, 4

전체집합 U의 두 부분집합 A, B에 대하여

(1) $A \cup \varnothing = A$, $A \cap \varnothing = \varnothing$

(2) $A \cup A = A$, $A \cap A = A$

(3) $A \cup (A \cap B) = A$, $A \cap (A \cup B) = A$

(4) $A \cup A^C = U$, $A \cap A^C = \varnothing$

(5) $\varnothing^C = \boxed{\text{④}}$, $U^C = \varnothing$

(6) $(A^C)^C = A$

(7) $A - B = A \cap B^C = A - (A \cap B) = (A \cup B) - B = B^C - A^C$

✐ 기출 PICK

집합의 연산을 이용한 여러 가지 표현

전체집합 U의 두 부분집합 A, B에 대하여

(1) $A \subset B$와 같은 표현

① $A \cup B = B$, $A \cap B = A$

② $A - B = \varnothing$

③ $B^C \subset A^C$

④ $A^C \cup B = U$

(2) $A \cap B = \varnothing$ (A와 B는 서로소)과 같은 표현

① $A - B = A$, $B - A = B$

② $A \subset B^C$, $B \subset A^C$

3 **집합의 연산 법칙**

☑ 필수 기출 3, 4

(1) **집합의 연산 법칙**

세 집합 A, B, C에 대하여

① **교환법칙**: $A \cup B = B \cup A$, $A \cap B = B \cap A$

② **결합법칙**: $(A \cup B) \cup C = A \cup (B \cup C)$, $(A \cap B) \cap C = A \cap (B \cap C)$

③ **분배법칙**: $A \cap (B \cup C) = (A \cap B) \cup (A \cap C)$, $A \cup (B \cap C) = (A \cup B) \cap (A \cup C)$

(2) **드모르간 법칙**

전체집합 U의 두 부분집합 A, B에 대하여 다음이 성립하고 이것을 드모르간 법칙이라 한다.

① $(A \cup B)^C = A^C \cap B^C$

② $(A \cap B)^C = A^C \boxed{\text{⑤}} B^C$

4 **유한집합의 원소의 개수**

☑ 필수 기출 5, 6

전체집합 U의 세 부분집합 A, B, C가 유한집합일 때

(1) $n(A \cup B) = n(A) + n(B) - n(A \cap B)$

특히 $A \cap B = \varnothing$이면 $n(A \cap B) = 0$이므로 $n(A \cup B) = n(A) + n(B)$

(2) $n(A \cup B \cup C) = n(A) + n(B) + n(C) - n(A \cap B) - n(B \cap C) - n(C \cap A) + n(A \cap B \cap C)$

(3) $n(A^C) = n(U) - \boxed{\text{⑥}}$

(4) $n(A - B) = n(A) - n(A \cap B) = n(A \cup B) - n(B)$

특히 $B \subset A$이면 $A \cap B = B$, $A \cup B = A$이므로 $n(A - B) = n(A) - n(B)$

✐ 기출 PICK

유한집합의 원소의 개수의 최댓값과 최솟값

전체집합 U의 두 부분집합 A, B에 대하여

(1) $n(A \cap B)$가 최대인 경우 (단, $n(A) \leq n(B)$)

➡ $n(A \cup B)$가 최소

➡ $A \subset B$, 즉 $n(A \cap B) = n(A)$

(2) $n(A \cap B)$가 최소인 경우

➡ $n(A \cup B)$가 최대

➡ $A \cup B = U$, 즉 $n(A \cup B) = n(U)$

답: ④ U ⑤ $\cup$ ⑥ $n(A)$

1 집합의 연산

0520 하

전체집합 $U=\{1, 2, 3, 4, 5\}$의 부분집합 $A=\{1, 3, 5\}$에 대하여 집합 A^C의 모든 원소의 곱은?

① 2 　　　　② 4 　　　　③ 6
④ 8 　　　　⑤ 10

0521 하

두 집합 $A=\{x \mid x$는 5 이하의 자연수$\}$,
$B=\{x \mid x$는 10보다 작은 홀수인 자연수$\}$에 대하여 집합 $A \cap B$를 구하시오.

0522 하

다음 중 집합 $\{2, 3\}$과 서로소인 집합은?

① $\{2\}$
② $\{1, 3, 5\}$
③ $\{x \mid x$는 7의 양의 약수$\}$
④ $\{x \mid x$는 10 이하의 소수$\}$
⑤ $\{x \mid x$는 10 이하의 짝수$\}$

0523 하　　　　　　　　　　학평 기출

두 집합 $A=\{3, \ a+2, \ 5\}$, $B=\{b, \ 6, \ 8\}$에 대하여 $A \cap B=\{4\}$일 때, $a+b$의 값은? (단, a, b는 실수이다.)

① 2 　　　　② 4 　　　　③ 6
④ 8 　　　　⑤ 10

☆빈출
0524 하

전체집합 $U=\{x \mid x$는 10 이하의 자연수$\}$의 두 부분집합 A, B에 대하여
$$A=\{2, 4, 6, 8, 10\}, \ B=\{1, 2, 4, 8\}$$
일 때, 다음 중 옳지 <u>않은</u> 것은?

① $A \cup B=\{1, 2, 4, 6, 8, 10\}$
② $A \cap B=\{2, 4, 8\}$
③ $A^C=\{1, 3, 5, 7, 9\}$
④ $B^C=\{3, 5, 6, 7, 9, 10\}$
⑤ $A-B=\{1, 4, 8\}$

0525 하

두 집합 A, B에 대하여
$$A=\{3, 5, 7\}, \ A \cap B=\{5, 7\},$$
$$A \cup B=\{1, 3, 5, 7, 9, 11\}$$
일 때, 집합 B의 모든 원소의 합은?

① 18 　　　　② 23 　　　　③ 28
④ 33 　　　　⑤ 38

0526 중 | 서술형 |

두 집합 A, B에 대하여
$$A=\{x\,|\,x\text{는 9의 양의 약수}\},$$
$$A\cup B=\{x\,|\,x\text{는 18의 양의 약수}\}$$
일 때, 집합 A와 서로소인 집합 B의 원소의 개수를 구하시오.

0527 중

세 집합
$$A=\{x\,|\,x\text{는 10 이하의 소수}\},$$
$$B=\{x\,|\,x\text{는 16의 양의 약수}\},$$
$$C=\{x\,|\,x\text{는 24의 양의 약수}\}$$
에 대하여 집합 $A\cup(B\cap C)$는?

① $\{2,\ 3\}$　　　　② $\{2,\ 4,\ 8\}$
③ $\{1,\ 2,\ 3,\ 5,\ 7\}$　　④ $\{2,\ 3,\ 5,\ 7,\ 8\}$
⑤ $\{1,\ 2,\ 3,\ 4,\ 5,\ 7,\ 8\}$

0528 중

빈출

다음 중 오른쪽 벤 다이어그램의 색칠한 부분을 나타내는 집합은?

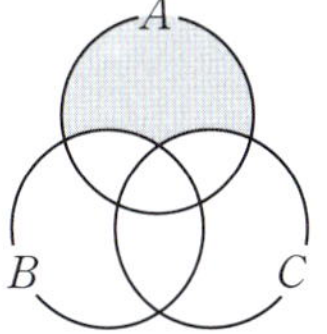

① $(A\cup B)-C$
② $(A\cap B)-C$
③ $A-(B-C)$
④ $A-(B\cup C)$
⑤ $(A\cap B)\cup(B\cap C)$

0529 중

집합 $A=\{1,\ 2,\ 3,\ 4,\ 5\}$의 부분집합 중에서 집합 $B=\{4,\ 5\}$와 서로소인 집합의 개수를 구하시오.

0530 중

전체집합 $U=\{x\,|\,|x|\leq 4\}$의 두 부분집합
$$A=\{x\,|\,-1\leq x<2\},\ B=\{x\,|\,1<x\leq 3\}$$
에 대하여 집합 $A\cup B^{C}$의 정수인 모든 원소의 합은?

① -5　　　　② -4　　　　③ -3
④ -2　　　　⑤ -1

0531 중

전체집합 $U=\{x\,|\,x\text{는 9 이하의 자연수}\}$의 두 부분집합 A, B에 대하여
$$A\cap B=\{2,\ 7\},\ A\cap B^{C}=\{1,\ 3,\ 6\},$$
$$A^{C}\cap B^{C}=\{4,\ 9\}$$
일 때, 집합 B의 부분집합의 개수를 구하시오.

두 집합 $A=\{2,\ 6,\ 9,\ 2a-b\}$, $B=\{6,\ 7,\ a+b\}$에 대하여 $A-B=\{9\}$일 때, ab의 값을 구하시오.

(단, a, b는 상수)

0533 중

두 집합 $A=\{2,\ 3,\ 5-a\}$, $B=\{a^2+2,\ 3-a,\ 8\}$에 대하여 $A\cup B=\{2,\ 3,\ 5,\ 8\}$일 때, 상수 a의 값을 구하시오.

0534 중

세 집합 A, B, C에 대하여
$$A-B=\{1,\ 4,\ 5,\ 8\},\quad A\cap B=\{2,\ 3\},$$
$$A-(B\cup C)=\{4,\ 8\}$$
일 때, 집합 $A\cap(B\cup C)$의 원소가 <u>아닌</u> 것은?

① 1   ② 2   ③ 3
④ 4   ⑤ 5

빈출
0535 중 학평 기출

집합 $A=\{1,\ 2,\ 3,\ 4\}$에 대하여 집합 B가 $B-A=\{5,\ 6\}$을 만족시킨다. 집합 B의 모든 원소의 합이 12일 때, 집합 $A-B$의 모든 원소의 합은?

① 5   ② 6   ③ 7
④ 8   ⑤ 9

0536 중

전체집합 $U=\{x\,|\,x$는 10 이하의 자연수$\}$의 두 부분집합 A, B에 대하여
$$A-B=\{x\,|\,x$는 짝수$\},$$
$$B-A=\{x\,|\,x$는 홀수인 소수$\}$$
가 성립한다. 집합 A의 원소의 개수가 최대일 때, 집합 B의 모든 원소의 합을 구하시오.

0537 (상)

| 서술형 |

두 집합 $A=\{3,\ a-1,\ a^2-2\}$, $B=\{2,\ 3,\ a-2\}$에 대하여 $(A-B)\cup(B-A)=\{0,\ 1\}$일 때, 집합 A의 모든 원소의 곱을 b라 하자. 이때 $a+b$의 값을 구하시오.

(단, a는 상수)

0538 (상)

서로 다른 세 자연수를 원소로 갖는 집합 A에 대하여 집합 $B=\{x+y\,|\,x\in A,\ y\in A\}$라 하자. 집합 B의 원소의 최솟값은 8, 최댓값은 24이고 $n(B)=5$일 때, 집합 $B-A$의 모든 원소의 합은?

① 12   ② 24   ③ 36
④ 48   ⑤ 60

0539 (상)

다음 조건을 만족시키는 두 집합 A, B에 대하여

$$n(A)=5,\quad B=\left\{\frac{x+a}{2}\,\middle|\,x\in A\right\}$$

일 때, 상수 a의 값은?

> (가) 집합 A의 모든 원소의 합은 80이다.
> (나) 집합 $A\cup B$의 모든 원소의 합은 104이다.
> (다) $A\cap B=\{12,\ 14\}$

① 4   ② 5   ③ 6
④ 7   ⑤ 8

0540 (상)   신유형

전체집합 $U=\{(x,\ y)\,|\,x,\ y$는 실수$\}$의 부분집합 $X=\{(x,\ y)\,|\,x\le 0$ 또는 $y\ge 0\}$에 대하여

$$A=\{(-x,\ y)\,|\,(x,\ y)\in X\},$$
$$B=\{(x,\ -y)\,|\,(x,\ y)\in X\},$$
$$C=\{(-x,\ -y)\,|\,(x,\ y)\in X\}$$

라 할 때, 집합 $(A\cup B)-C$의 원소인 것은?

① $(-3,\ -1)$ ② $(-2,\ 3)$ ③ $(1,\ 4)$
④ $(5,\ 0)$ ⑤ $(6,\ -3)$

0541 하

전체집합 U의 두 부분집합 A, B에 대하여 다음 중 옳지 않은 것은?

① $A \cup A^C = \varnothing$ ② $\varnothing^C = U$ ③ $U^C = \varnothing$
④ $(A^C)^C = A$ ⑤ $A - B = A \cap B^C$

0542 하

전체집합 $U = \{1, 3, 5, 7, 9\}$의 두 부분집합 $A = \{1, 5\}$, B에 대하여 $A \cup B = B$를 만족시키는 집합 B의 개수를 구하시오.

0543 빈출 중

전체집합 U의 서로 다른 두 부분집합 A, B에 대하여 $A \cap B = A$일 때, 다음 중 항상 옳은 것은?

① $B \subset A$ ② $A \subset B^C$ ③ $B - A = \varnothing$
④ $A^C \cup B = U$ ⑤ $A^C \cap B^C = A^C$

0544 중

전체집합 U의 두 부분집합 A, B에 대하여 $A - B = A$일 때, 보기에서 항상 옳은 것만을 있는 대로 고른 것은?

> **보기**
>
> ㄱ. $A \cap B = A$ ㄴ. $B - A = B$
> ㄷ. $A \subset B^C$ ㄹ. $B^C \subset A^C$

① ㄱ, ㄴ   ② ㄱ, ㄷ   ③ ㄴ, ㄷ
④ ㄴ, ㄹ   ⑤ ㄷ, ㄹ

0545 빈출 중

전체집합 $U = \{1, 2, 3, 4, 5, 6, 7\}$의 두 부분집합 $A = \{1, 2, 3, 6\}$, $B = \{2, 4, 6\}$에 대하여 $(A \cap B) \cup X = X$를 만족시키는 U의 부분집합 X의 개수를 구하시오.

0546 중 | 서술형 |

두 집합 $A = \{1, 2, 3, 4, 5, 6\}$, $B = \{1, 3, 5\}$에 대하여 $A \cap X = X$, $B \cap X = \varnothing$을 만족시키는 집합 X의 개수를 구하시오.

0547 ㉛

전체집합 U의 공집합이 아닌 서로 다른 두 부분집합 A, B에 대하여 다음 중 나머지 넷과 <u>다른</u> 하나는?

① $A \cap B$
② $B - A^C$
③ $A \cap (B \cup B^C)$
④ $A \cap (U - B^C)$
⑤ $(A \cap B) \cap (A \cup A^C)$

0548 ㉛

전체집합 U의 서로 다른 두 부분집합 A, B에 대하여 $A^C \cap B = \varnothing$일 때, 다음 중 항상 옳은 것은?

① $A^C \subset B$
② $A \cap B = A$
③ $A - B^C = B$
④ $A^C \cap B^C = B^C$
⑤ $B^C \subset A^C$

0549 ㉛

전체집합 U의 세 부분집합 A, B, C에 대하여 $(A - B) \cup (B \cap C) = \varnothing$일 때, 보기에서 항상 옳은 것만을 있는 대로 고르시오.

| 보기 |

ㄱ. $A \cap B = \varnothing$
ㄴ. $B \cap C = \varnothing$
ㄷ. $B^C \subset A^C$
ㄹ. $B^C \subset C$

0550 ㉛

| 서술형 |

두 집합 $A = \{x \mid x$는 10 이하의 소수$\}$, $B = \{x \mid x$는 16의 양의 약수$\}$에 대하여 $(A - B) \cup X = X$, $(A \cup B) \cap X = X$를 만족시키는 집합 X의 개수를 구하시오.

0551 ㉛

학평 기출

전체집합 $U = \{1, 2, 3, ..., 10\}$의 두 부분집합
$$A = \{1, 2, 3, 4, 5\}, \ B = \{1, 3, 5, 7, 9\}$$
에 대하여 $A \cup C = B \cup C$를 만족시키는 U의 부분집합 C의 개수를 구하시오.

★빈출 0552 ㉛

전체집합 $U = \{x \mid x$는 10 이하의 자연수$\}$의 두 부분집합 $A = \{1, 3, 5\}$, $B = \{2, 3, 6, 8\}$에 대하여 다음 조건을 만족시키는 U의 부분집합 X의 개수는?

> ㈎ $B \cup X = X$
> ㈏ $(A - B) \cap X = \{5\}$

① 4
② 8
③ 16
④ 32
⑤ 64

0553 ⬆

두 집합 $A=\{x \mid 1 \le x \le 6\}$, $B=\{x \mid 3 < x < 8\}$에 대하여 $A \cap X = X$, $(A-B) \cup X = X$를 만족시키는 집합 X를 $X=\{x \mid p \le x \le q\}$라 할 때, q의 최댓값과 최솟값의 합을 구하시오.

0554 ⬆

전체집합 $U=\{1, 2, 3, 4, 5, 6, 7, 8\}$의 두 부분집합 $A=\{1, 2, 4, 8\}$, $B=\{2, 3, 5, 7\}$에 대하여 $(A \cap X) \subset (B \cap X)$를 만족시키는 U의 부분집합 X의 개수는?

① 8 ② 16 ③ 32
④ 64 ⑤ 128

0555 ⬇

다음은 전체집합 U의 두 부분집합 A, B에 대하여
$$(A \cup B) \cap (B-A)^c = A$$
임을 보이는 과정이다. ㉠, ㉡, ㉢에 이용된 연산 법칙을 구하시오.

$$(A \cup B) \cap (B-A)^c = (A \cup B) \cap (B \cap A^c)^c \quad \Big\} ㉠$$
$$= (A \cup B) \cap (B^c \cup A) \quad \Big\} ㉡$$
$$= (A \cup B) \cap (A \cup B^c) \quad \Big\} ㉢$$
$$= A \cup (B \cap B^c)$$
$$= A \cup \varnothing = A$$

0556 ⬇　　　| 서술형 |

세 집합 A, B, C에 대하여 $A \cap B = \{1, 2\}$, $A \cap C = \{2, 3, 4\}$일 때, 집합 $A \cap (B \cup C)$의 모든 원소의 합을 구하시오.

⭐빈출
0557 ⬇

전체집합 U의 두 부분집합 A, B에 대하여 집합 $A - (A \cap B^c)$와 항상 같은 집합은?

① $\varnothing$ ② A ③ B^c
④ $A \cap B$ ⑤ $B - A$

0558 중

학평 기출

전체집합 $U=\{x\,|\,x$는 20 이하의 자연수$\}$의 두 부분집합
$$A=\{x\,|\,x\text{는 4의 배수}\},$$
$$B=\{x\,|\,x\text{는 20의 약수}\}$$
에 대하여 집합 $(A^C\cup B)^C$의 모든 원소의 합을 구하시오.

0559 중

전체집합 U의 공집합이 아닌 서로 다른 두 부분집합 A, B에 대하여 집합 $A\cap B$와 항상 같은 집합을 보기에서 있는 대로 고르시오.

보기
ㄱ. $A-B^C$ ㄴ. $A\cap(U-B)$
ㄷ. $A\cap(A^C\cup B)$ ㄹ. $(A\cap B)\cup(A\cap B^C)$

0560 빈출 중

전체집합 U의 세 부분집합 A, B, C에 대하여 집합 $A-(C-B)$와 항상 같은 집합은?

① $A\cap(B^C\cup C)$ ② $A\cap(B\cup C^C)$
③ $(A^C\cup B)\cap C$ ④ $(A\cup B^C)\cap C$
⑤ $A\cap B\cap C$

0561 중

전체집합 U의 세 부분집합 A, B, C에 대하여 집합
$$\{(A\cap B)\cup(A\cap B^C)\}\cap\{(B\cup C^C)\cap(B\cap C)^C\}$$
와 항상 같은 집합은?

① $A\cup B$ ② $A\cup C$ ③ $A-B$
④ $A-C$ ⑤ $B-C$

0562 빈출 중

전체집합 U의 두 부분집합 A, B에 대하여 $(A-B^C)\cup(B^C-A^C)=A\cap B$일 때, 다음 중 항상 옳은 것은?

① $B\subset A$ ② $A^C\subset B^C$
③ $A^C\cup B=U$ ④ $B\cap(A-B)^C=\varnothing$
⑤ $A-(A-B)=B$

0563 중

전체집합 U의 세 부분집합 A, B, C에 대하여 $A\cap(B^C\cup C^C)=\varnothing$일 때, 다음 중 옳지 <u>않은</u> 것은?

① $A^C\cap B^C=A^C$ ② $A-C=\varnothing$
③ $C^C\subset A^C$ ④ $A\cap B=A$
⑤ $A\cap B\cap C=A$

다음 중 오른쪽 벤 다이어그램의 색
칠한 부분을 나타내는 집합은?

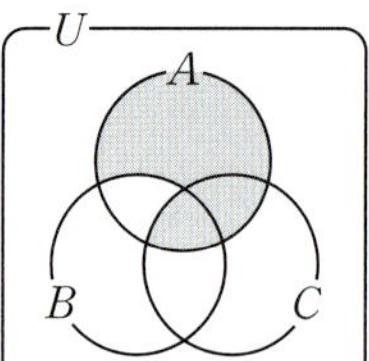

① $A\cap(C-B)$
② $A\cup(C-B)$
③ $A\cup(B^c\cap C^c)^c$
④ $(A\cap B^c)\cup(A\cap C)$
⑤ $(A\cap B^c)\cup(A\cap C^c)$

0565 중

학평 기출

전체집합 $U=\{1,\ 2,\ 4,\ 8,\ 16,\ 32\}$의 두 부분집합 A, B
가 다음 조건을 만족시킨다.

> (가) $A\cap B=\{2,\ 8\}$
> (나) $A^c\cup B=\{1,\ 2,\ 8,\ 16\}$

집합 A의 모든 원소의 합은?

① 26   ② 31   ③ 36
④ 41   ⑤ 46

0566 중

전체집합 $U=\{x\,|\,x$는 10 이하의 자연수$\}$의 두 부분집합
A, B에 대하여
$$A=\{1,\ 3,\ 5,\ 7\},$$
$$(A\cup B)\cap(A^c\cup B^c)=\{3,\ 4,\ 5\}$$
일 때, 집합 B의 모든 원소의 합을 구하시오.

전체집합 U의 공집합이 아닌 세 부분집합 A, B, C에 대
하여 보기에서 항상 옳은 것만을 있는 대로 고른 것은?

> ┤ 보기 ├
> ㄱ. $A\cap(A-B)^c=A$
> ㄴ. $A\cap(A^c\cup B^c)=A-B$
> ㄷ. $A-(B\cap C)=(A-B)\cup(A-C)$

① ㄴ   ② ㄷ   ③ ㄱ, ㄴ
④ ㄱ, ㄷ   ⑤ ㄴ, ㄷ

0568 중

전체집합 U의 서로 다른 두 부분집합 A, B에 대하여
$$\{(A^c\cap B^c)\cup(A-B)\}\cup A^c=A^c$$
가 성립할 때, 다음 중 두 집합 A, B 사이의 포함 관계를
벤 다이어그램으로 바르게 나타낸 것은?

① 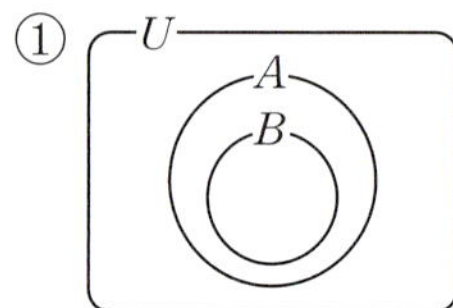   ② 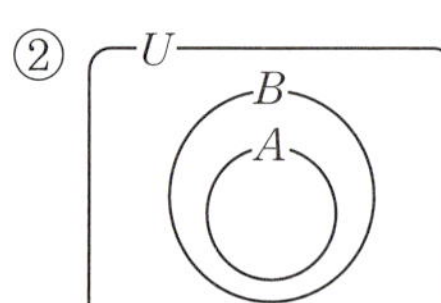

③ 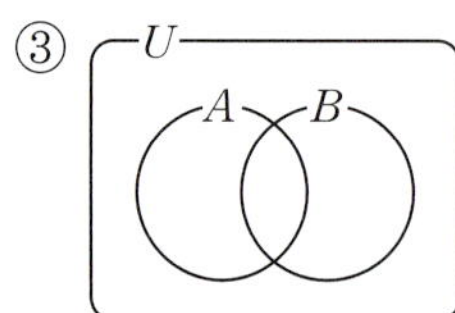   ④ 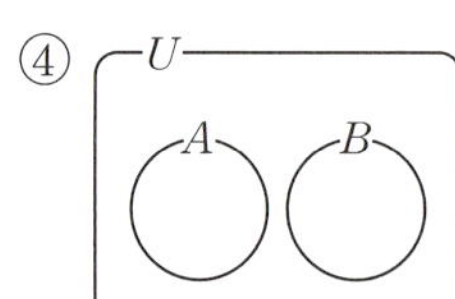

⑤ 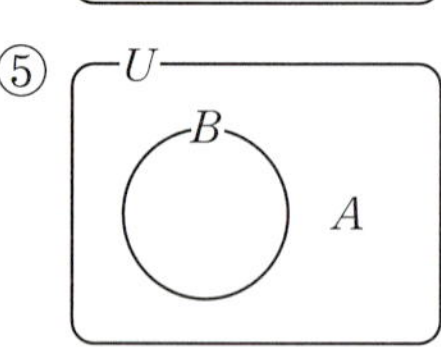

0569 중

전체집합 U의 공집합이 아닌 세 부분집합 A, B, C에 대하여 다음 중 항상 옳은 것은?

① $(A \cap B) - B = B$
② $(A - B)^C \cap A = A \cup B$
③ $(A \cup B) \cap (B - A)^C = \varnothing$
④ $(A \cup B) \cap (A^C \cap B^C) = U$
⑤ $(A - B^C) - C = A \cap (B - C)$

0570 중

| 서술형 |

전체집합 $U = \{x \,|\, x$는 정수$\}$의 두 부분집합
$$A = \{0, 4, a^2 - a\}, \ B = \{a, a+1, a+3\}$$
에 대하여 $A \cap B = \{2\}$일 때, 집합
$(A \cap B^C) \cup (A^C \cap B^C)^C$의 모든 원소의 합을 구하시오.

(단, a는 상수)

0571 상

보기에서 오른쪽 벤 다이어그램의 색칠한 부분을 나타내는 집합인 것만을 있는 대로 고르시오.

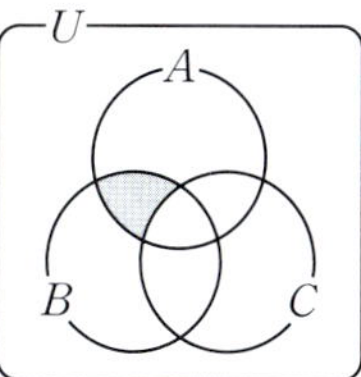

┌ 보기 ┐
ㄱ. $A \cap (B \cap C^C)$ ㄴ. $(A \cup B) \cap C^C$
ㄷ. $(A \cap B^C) \cup (C \cap B^C)$ ㄹ. $(A - C) - (A - B)$

0572 상

| 서술형 |

전체집합 $U = \{x \,|\, x$는 자연수$\}$의 두 부분집합
$$A = \{x \,|\, x$는 18의 배수$\}, \ B = \{x \,|\, x$는 k의 배수$\}$$
에 대하여 $\{(A \cup B) \cap (A^C - B^C)^C\} \cup B = A$가 성립하도록 하는 자연수 k의 최솟값을 구하시오.

★빈출
0573 중

전체집합 U의 두 부분집합 A, B에 대하여 연산 $\triangle$를
$$A \triangle B = (A-B) \cup (B-A)$$
라 할 때, 다음 중 옳지 <u>않은</u> 것은?

① $A \triangle \varnothing = A$ ② $A \triangle A = \varnothing$

③ $A \triangle U = A^C$ ④ $A \triangle A^C = U$

⑤ $A^C \triangle B^C = (A \triangle B)^C$

0574 중

전체집합 U의 두 부분집합 A, B에 대하여 연산 $\triangleright$를
$$A \triangleright B = (A^C \cap B) \cup (A \cap B)$$
라 할 때, 다음 중 $(B \triangleright A) \triangleright A$와 항상 같은 집합은?

① A ② B ③ $A \cap B$

④ $A \cup B$ ⑤ $A-B$

0575 중

| 서술형 |

전체집합 $U = \{1, 2, 3, 4, 5, 6, 7\}$의 두 부분집합 A, B에 대하여 연산 $\odot$를
$$A \odot B = (A \cup B) - (A \cap B)$$
라 할 때, $A \cup B = U$, $A = \{1, 2, 3, 5, 7\}$,
$A \odot B = \{1, 2, 4, 6\}$이다. 이때 집합 B의 모든 원소의 합을 구하시오.

0576 중

전체집합 U의 두 부분집합 A, B에 대하여 연산 $\diamond$를
$$A \diamond B = (A \cup B) \cap A^C$$
라 할 때, 다음 중 벤 다이어그램의 색칠한 부분이 $(B \diamond C) \diamond A$를 나타내는 것은?

①
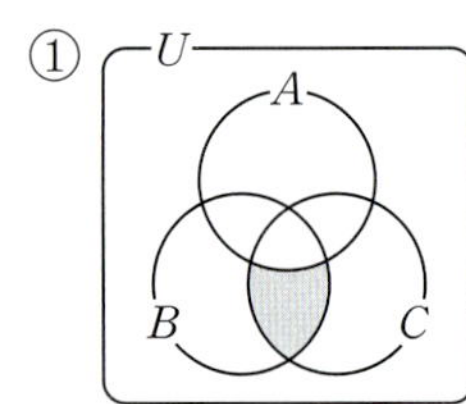

②
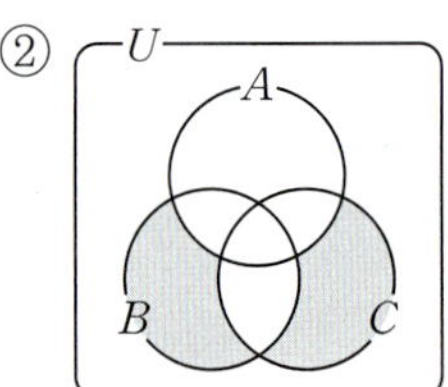

③
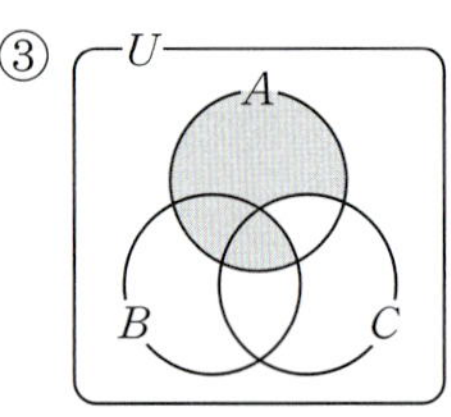

④
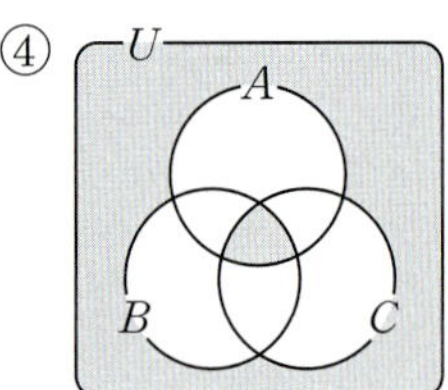

⑤
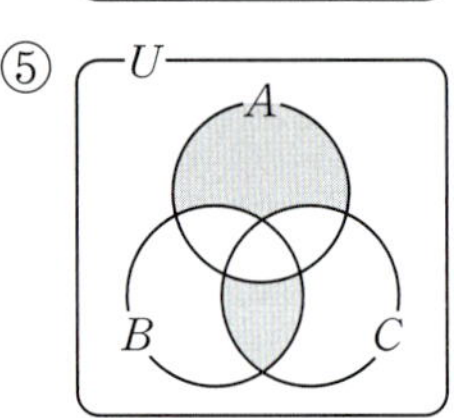

0577 중

자연수 k의 양의 약수의 집합을 A_k라 할 때, 다음 중 집합 $A_6 \cap A_{18} \cap A_{24}$에 속하는 원소가 <u>아닌</u> 것은?

① 1 ② 2 ③ 3

④ 4 ⑤ 6

0578 중

전체집합 $U=\{x\,|\,x$는 100 이하의 자연수$\}$의 부분집합 A_k를

$$A_k=\{x\,|\,x$는 k의 배수, k는 자연수$\}$$

라 할 때, 집합 $A_3\cap(A_2\cup A_4)$의 원소의 개수는?

① 10 ② 12 ③ 14
④ 16 ⑤ 18

0579 중

2 이상의 자연수 k에 대하여 집합 A_k를
$A_k=\{x\,|\,x$는 k의 양의 약수$\}$라 할 때,
$(A_{72}\cap A_{48})\subset A_m$을 만족시키는 자연수 m의 최솟값을 구하시오.

0580 중

두 집합 $A=\{x\,|\,x$는 24의 양의 약수$\}$,
$B=\{x\,|\,x$는 k의 양의 약수$\}$에 대하여
$A\cap B=\{x\,|\,x$는 6의 양의 약수$\}$일 때, 다음 중 자연수 k의 값이 될 수 있는 것은?

① 12 ② 21 ③ 30
④ 39 ⑤ 48

0581 중

자연수 k의 양의 배수의 집합을 A_k라 할 때, 자연수 a, b에 대하여 $A_8\cap A_{12}=A_a$, $A_{18}\cup A_{36}=A_b$가 성립한다. 이때 $(A_a\cup A_b)\subset A_m$을 만족시키는 자연수 m의 최댓값은?

① 3 ② 6 ③ 9
④ 12 ⑤ 15

0582 중

자연수 전체의 집합의 부분집합 A_k를
$A_k=\{x\,|\,x$는 k의 배수$\}$라 할 때, 보기에서 옳은 것만을 있는 대로 고르시오.

⊣ 보기 ⊢

ㄱ. $A_2\cup A_4=A_4$ ㄴ. $A_3\cap A_{12}=A_{12}$
ㄷ. $A_2\cup(A_4\cap A_5)=A_2$ ㄹ. $A_2\cap(A_3\cup A_6)=A_3$
ㅁ. $A_5\cap(A_2\cup A_6)=A_{10}$ ㅂ. $A_{10}\cup(A_4\cap A_5)=A_{20}$

0583 중 | 서술형 |

두 집합 $A=\{x\,|\,x^2+2x+a=0\}$,
$B=\{x\,|\,x^3-bx^2-4x+12=0\}$에 대하여 $A\cap B=\{2\}$일 때, 집합 $A\cup B$를 구하시오. (단, a, b는 상수)

0584 중

두 집합 $A=\{x\,|\,x^2-3x-4\le0\}$,
$B=\{x\,|\,x^2+ax+b\le0\}$에 대하여
$$A\cap B=\{x\,|\,1\le x\le4\},\ A\cup B=\{x\,|\,-1\le x\le6\}$$
일 때, $b-a$의 값은? (단, a, b는 상수)

① 9   ② 11   ③ 13
④ 15   ⑤ 17

0585 중

| 학평 기출 |

두 집합
$$A=\{x\,|\,(x-1)(x-26)>0\},$$
$$B=\{x\,|\,(x-a)(x-a^2)\le0\}$$
에 대하여 $A\cap B=\varnothing$이 되도록 하는 정수 a의 개수는?

① 1   ② 2   ③ 3
④ 4   ⑤ 5

0586 상

실수 전체의 집합의 두 부분집합 A, B가 다음 조건을 만족시킨다.

(가) $A\cup B=\{x\,|\,-3\le x\le3\}$
(나) $B-A=\{x\,|\,1<x\le3\}$

$A=\{x\,|\,x^2+ax+b\le0\}$일 때, ab의 값을 구하시오.
(단, a, b는 상수)

0587 상

| 학평 기출 |

실수 전체의 집합 R의 두 부분집합
$$A=\{x\,|\,x^2-x-6>0\},\ B=\{x\,|\,x^2+ax+b\le0\}$$
가 다음 조건을 모두 만족시킬 때, 두 상수 a, b에 대하여 $a-b$의 값을 구하시오.

(가) $A\cup B=R$
(나) $A\cap B=\{x\,|\,-5\le x<-2\}$

0588 상

| 서술형 |

두 집합
$$A_m=\{x\,|\,x\text{는 자연수 }m\text{의 양의 배수}\},$$
$$B_n=\{x\,|\,x\text{는 자연수 }n\text{의 양의 약수}\}$$
에 대하여 $A_p\subset(A_{10}\cap A_{12})$를 만족시키는 자연수 p의 최솟값과 $B_q\subset(B_{24}\cap B_{36})$을 만족시키는 자연수 q의 최댓값의 합을 구하시오.

0589 상

전체집합 U의 두 부분집합 A, B에 대하여 연산 ☆를
$$A\,☆\,B=(A\cup B)\cap(A\cap B)^C$$
라 할 때, 보기에서 옳은 것만을 있는 대로 고르시오.

| 보기 |
ㄱ. $A\subset B$이면 $A\,☆\,B=B$이다.
ㄴ. $A\cap B=\varnothing$이면 $A\,☆\,B=U$이다.
ㄷ. $A\,☆\,A^C=U$
ㄹ. $(B\,☆\,B)\,☆\,B=B$

0590 ⓢ

두 집합 $A=\{x\,|\,x^2-6x+3k+4=0,\ x는\ 실수\}$,
$B=\{x\,|\,x^2-7x+10>0\}$에 대하여 $A\cup B=B$를 만족
시키는 실수 k의 값의 범위를 구하시오. (단, $A\neq\varnothing$)

0591 ⓢ

두 집합 $A=\{x\,|\,x^2+x-2>0\}$,
$B=\{x\,|\,x^2-(a+4)x+4a<0\}$에 대하여 집합 $A\cap B$
에 속하는 정수의 개수가 1이 되도록 하는 실수 a의 최댓
값을 M, 최솟값을 m이라 할 때, M^2+m^2의 값은?

① 30　　　　② 35　　　　③ 40
④ 45　　　　⑤ 50

---

5 유한집합의 원소의 개수

0592 ⓗ

두 집합 A, B에 대하여 $n(B)=7$, $n(A\cup B)=12$,
$n(A\cap B)=3$일 때, $n(A)$는?

① 5　　　　② 6　　　　③ 7
④ 8　　　　⑤ 9

0593 ⓗ

두 집합 A, B에 대하여 $n(A\cap B)=10$, $n(B)=26$일
때, $n(B\cap A^C)$를 구하시오.

0594 ⓒ 〔학평 기출〕

전체집합 $U=\{x\,|\,x는\ 100\ 이하의\ 자연수\}$의 두 부분집합
　　$A=\{x\,|\,x는\ 홀수\},\ B=\{x\,|\,x는\ 7의\ 배수\}$
에 대하여 $n(A\cup B)$의 값은?

① 53　　　　② 54　　　　③ 55
④ 56　　　　⑤ 57

전체집합 U의 두 부분집합 A, B에 대하여 $A \subset B^C$이고 $n(A)=5$, $n(B)=10$일 때, $n(A \cup B)$는?

① 7   ② 9   ③ 11

④ 13   ⑤ 15

0596 중

전체집합 U의 두 부분집합 A, B에 대하여
$$n(U)=30, \ n(A \cap B)=7, \ n(A^C \cap B^C)=5$$
일 때, $n(A)+n(B)$의 값은?

① 30   ② 32   ③ 34

④ 36   ⑤ 38

0597 중 | 서술형 |

어느 반 학생 35명 중에서 수학을 좋아하는 학생이 20명, 영어를 좋아하는 학생이 14명, 수학과 영어 중 어느 것도 좋아하지 않는 학생이 10명일 때, 수학과 영어를 모두 좋아하는 학생 수를 구하시오.

0598 중 | 서술형 |

전체집합 U의 두 부분집합 A, B에 대하여 $n(U)=60$, $n(A)=40$, $n(B)=32$, $n(A-B)=15$일 때, $n(A^C \cap B^C)$를 구하시오.

빈출
0599 중

어느 고등학교 학생 30명이 동굴 탐사를 하기 위해 준비물을 점검해 보니 손전등을 가져오지 않은 학생이 12명, 머리 전등을 가져오지 않은 학생이 10명이었다. 손전등과 머리 전등을 모두 가져온 학생이 12명일 때, 손전등과 머리 전등 중 어느 것도 가져오지 않은 학생 수는?

① 1   ② 2   ③ 3

④ 4   ⑤ 5

0600 중   학평 기출

전체집합 U의 두 부분집합 A, B에 대하여
$$n(U)=50, \ n(A \cap B)=12, \ n(A^C \cap B^C)=5$$
일 때, $n((A-B) \cup (B-A))$의 값은?

① 30   ② 31   ③ 32

④ 33   ⑤ 34

0601 (중)

전체 회원이 50명인 어느 운동 동호회 회원을 대상으로 축구와 야구의 선호도를 조사하였더니 축구는 선호하지만 야구는 선호하지 않는 회원은 13명, 축구와 야구를 모두 선호하지 않는 회원은 10명이었다. 이때 야구를 선호하는 회원 수를 구하시오.

0602 (상)

학평 기출

은행 A 또는 은행 B를 이용하는 고객 중 남자 35명과 여자 30명을 대상으로 두 은행 A, B의 이용 실태를 조사한 결과가 다음과 같다.

> (가) 은행 A를 이용하는 고객의 수와 은행 B를 이용하는 고객의 수의 합은 82이다.
> (나) 두 은행 A, B 중 한 은행만 이용하는 남자 고객의 수와 두 은행 A, B 중 한 은행만 이용하는 여자 고객의 수는 같다.

이 고객 중 은행 A와 은행 B를 모두 이용하는 여자 고객의 수는?

① 5 ② 6 ③ 7
④ 8 ⑤ 9

⭐빈출
0603 (상)

어느 반 학생들을 대상으로 희망하는 체험 학습 장소를 조사하였더니 미술관, 박물관을 희망한 학생이 각각 14명, 9명이고, 두 장소 중 어느 한 장소도 희망하지 않은 학생이 15명이었다. 두 장소 중 한 장소만 희망한 학생이 11명이었을 때, 이 반 전체 학생 수는?

① 26 ② 28 ③ 30
④ 32 ⑤ 34

0604 (상)

세 집합 A, B, C에 대하여 A와 B가 서로소이고
$$n(A)=10,\ n(B)=8,\ n(C)=12,$$
$$n(A\cup C)=16,\ n(B\cup C)=18$$
일 때, $n(A\cup B\cup C)$는?

① 18 ② 20 ③ 22
④ 24 ⑤ 26

0605 (상)

전체집합 U의 세 부분집합 A, B, C에 대하여 $A\subset C$이고, $n(U)=45$, $n(B)=13$, $n(C)=18$, $n(B\cap C)=7$일 때, $n(A^c\cap B^c\cap C^c)$를 구하시오.

0606 (상)

어느 반 학생 50명을 대상으로 방과 후 수업으로 신청한 과목을 조사하였더니 국어, 영어, 수학을 신청한 학생이 각각 28명, 23명, 20명이고, 세 과목을 모두 신청한 학생이 4명이었다. 한 과목도 신청하지 않은 학생이 6명일 때, 세 과목 중 두 과목만 신청한 학생 수를 구하시오.

6　유한집합의 원소의 개수의 최댓값과 최솟값

★빈출 0607 중 | 서술형 |

어느 영화 동아리 회원 25명 중 영화 A를 관람한 회원이 20명, 영화 B를 관람한 회원이 18명이다. 영화 A와 영화 B를 모두 관람한 회원 수의 최댓값을 M, 최솟값을 m이라 할 때, $M-m$의 값을 구하시오.

★빈출 0608 중

전체집합 U의 두 부분집합 A, B에 대하여
$$n(U)=32,\ n(A)=21,\ n(B)=18$$
일 때, $n(A-B)$의 최솟값을 구하시오.

0609 중

전체집합 U의 두 부분집합 A, B에 대하여
$$n(A\cup B)=6,\ n(A\cap B^C)=4$$
일 때, $n(A^C\cap B)$의 최댓값은?

① 2　　　　② 3　　　　③ 4
④ 5　　　　⑤ 6

0610 중 | 서술형 |

어느 반 학생 40명 중 등교할 때 버스를 이용하는 학생이 25명, 자전거를 이용하는 학생이 32명이다. 버스와 자전거를 모두 이용하지 않는 학생 수의 최댓값을 구하시오.

0611 중

다음 조건을 만족시키는 전체집합 U의 두 부분집합 A, B에 대하여 $n(A-B)$의 최댓값은?

> (가) $n(U)=25$
> (나) $n(B-A)=15$
> (다) $B\cap(A\cup B^C)\neq\varnothing$

① 7　　　　② 8　　　　③ 9
④ 10　　　　⑤ 11

0612 (상)

전체집합 U의 두 부분집합 A, B에 대하여
$$n(A)=12,\ n(B)=20,\ n(A\cap B)\geq 7$$
일 때, $n(A\cup B)$의 최댓값을 M, 최솟값을 m이라 하자.
이때 $M+m$의 값은?

① 25　　　　② 30　　　　③ 35
④ 40　　　　⑤ 45

0613 (상)

세 집합 A, B, C에 대하여
$$n(A)=31,\ n(B)=36,\ n(C)=38$$
이고 $n(B\cap C)$와 $n(A\cap B\cap C)$가 최댓값을 가질 때,
$n(A-B)+n(B-C)+n(C-A)$의 값을 구하시오.

0614 (상)

학평 기출

어느 학급 전체 학생 30명 중 지역 A를 방문한 학생이 17명, 지역 B를 방문한 학생이 15명이라 하자. 이 학급 학생 중에서 지역 A와 지역 B 중 어느 한 지역만 방문한 학생의 수의 최댓값을 M, 최솟값을 m이라 할 때, Mm의 값을 구하시오.

0615 (상)

어느 고등학교 학생 200명을 대상으로 부산과 경주 중 희망하는 수련회 장소를 조사하였더니 부산을 희망한 학생은 경주를 희망한 학생보다 30명이 많았고, 어느 곳도 희망하지 않은 학생은 하나 이상의 장소를 희망한 학생보다 160명이 적었다. 이때 경주만 희망한 학생 수의 최댓값을 구하시오.

0616

전체집합 $U=\{(x,\ y)\,|\,x,\ y$는 실수$\}$의 두 부분집합
$$A=\{(x,\ y)\,|\,(x-a)^2+(y+1)^2=9\},$$
$$B=\{(x,\ y)\,|\,4x-3y-a=0\}$$
에 대하여 $n(A\cap B)=2$일 때, 정수 a의 개수를 구하시오.

0617

전체집합 U의 두 부분집합 $A,\ B$에 대하여
$$n(U)=40,\ n(A\cup B)=30,\ n(A^C\cup B^C)=28$$
일 때, $n(A)\times n(B)$의 최댓값은?

① 72　　　　　② 75　　　　　③ 78
④ 81　　　　　⑤ 84

0618

학평 기출

다항식 $f(x)=(x^2-7x+11)(x^2+3x+3)$에 대하여
두 집합 $A,\ B$를
$$A=\{f(n)\,|\,n$은 20 이하의 자연수$\},$$
$$B=\{m\,|\,m$은 100 이하의 소수$\}$$
라 할 때, $n(A\cap B)$의 값은?

① 1　　　　　② 2　　　　　③ 3
④ 4　　　　　⑤ 5

0619

다음 조건을 만족시키는 전체집합
$U=\{x\,|\,x$는 20 이하의 짝수$\}$의 두 부분집합 $A,\ B$에 대
하여 집합 B의 원소의 개수의 최댓값을 M, 최솟값을 m
이라 할 때, $M+m$의 값은?

> (가) $n(A)=4$
> (나) $(B-A)\subset X\subset U$를 만족시키는 전체집합 U의 부분집
> 합 X의 개수는 32이다.

① 10　　　　　② 11　　　　　③ 12
④ 13　　　　　⑤ 14

0620

전체집합 $U=\{a,\ b,\ c,\ d,\ e\}$의 세 부분집합 $A,\ B,\ C$에 대하여 다음 조건이 성립하도록 하는 순서쌍 $(A,\ B,\ C)$의 개수를 구하시오.

(가) $B\cap C=\{a,\ b,\ c\}$
(나) $A\cap B\cap C\neq\varnothing$

0621 · 학평 기출

전체집합 $U=\{x\,|\,x$는 10 이하의 자연수$\}$의 두 부분집합
$$A=\{1,\ 2,\ 3,\ 4,\ 5\},\ B=\{3,\ 4,\ 5,\ 6,\ 7\}$$
에 대하여 집합 U의 부분집합 X가 다음 조건을 만족시킬 때, 집합 X의 모든 원소의 합의 최솟값은?

(가) $n(X)=6$
(나) $A-X=B-X$
(다) $(X-A)\cap(X-B)\neq\varnothing$

---

① 26 　② 27 　③ 28
④ 29 　⑤ 30

0622

전체집합 $U=\{x\,|\,x$는 10 이하의 자연수$\}$의 두 부분집합
$$A_k=\{x\,|\,x(y-k)=10,\ y\in U\},\ B=\left\{x\,\middle|\,\frac{20-x}{3}\in U\right\}$$
에 대하여 $n(A_k\cap B^C)=1$이 되도록 하는 자연수 k의 개수를 구하시오.

0623 · 학평 기출

두 자연수 $k,\ m\,(k\geq m)$에 대하여 전체집합
$$U=\{x\,|\,x$는 k 이하의 자연수$\}$$
의 두 부분집합 $A=\{x\,|\,x$는 m의 약수$\}$, B가 다음 조건을 만족시킨다.

(가) $B-A=\{4,\ 7\},\ n(A\cup B^C)=7$
(나) 집합 A의 모든 원소의 합과 집합 B의 모든 원소의 합은 서로 같다.

집합 $A^C\cap B^C$의 모든 원소의 합은?

① 18 　② 19 　③ 20
④ 21 　⑤ 22

09 명제

1 명제와 조건

☑ 필수 기출 1

(1) 명제

참인지 거짓인지를 분명하게 판별할 수 있는 문장이나 식

(2) 조건

변수를 포함한 문장이나 식 중에서 참, 거짓이 변수의 값에 따라 정해지는 문장이나 식

(3) 진리집합

전체집합 U의 원소 중에서 조건을 ❶ 이 되게 하는 모든 원소의 집합

(4) 부정

명제 또는 조건 p에 대하여 'p가 아니다.'를 p의 부정이라 하고, 기호로 $\sim p$와 같이 나타낸다.

① 전체집합 U에 대하여 조건 p의 진리집합을 P라 하면 조건 $\sim p$의 진리집합은 P^C이다.

② 명제 p가 참이면 $\sim p$는 거짓이고, 명제 p가 거짓이면 $\sim p$는 ❷ 이다.

③ 명제 또는 조건 p에 대하여 $\sim p$의 부정은 p이다. ➡ $\sim(\sim p)=p$

참고 • 명제와 조건은 보통 알파벳 소문자 p, q, r, …로 나타낸다.

　• 특별한 말이 없으면 전체집합 U는 실수 전체의 집합이다.

📎 기출 PICK

조건 'p 또는 q'와 'p 그리고 q'

(1) 두 조건 p, q의 진리집합을 각각 P, Q라 할 때

　① 조건 'p 또는 q'의 진리집합 ➡ $P \cup Q$

　② 조건 'p 그리고 q'의 진리집합 ➡ $P \cap Q$

(2) 두 조건 p, q에 대하여

　① 조건 'p 또는 q'의 부정 ➡ $\sim p$ 그리고 $\sim q$ ← $(P \cup Q)^C = P^C \cap Q^C$

　② 조건 'p 그리고 q'의 부정 ➡ $\sim p$ 또는 $\sim q$ ← $(P \cap Q)^C = P^C \cup Q^C$

2 명제 $p \longrightarrow q$의 참, 거짓

☑ 필수 기출 2

(1) 명제 $p \longrightarrow q$

두 조건 p, q로 이루어진 명제 'p이면 q이다.'를 기호로 $p \longrightarrow q$와 같이 나타내고, p를 가정, q를 결론이라 한다.

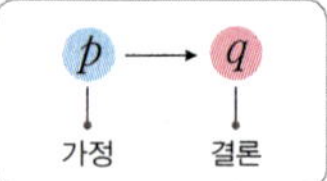

(2) 명제 $p \longrightarrow q$의 참, 거짓과 진리집합 사이의 관계

명제 $p \longrightarrow q$에 대하여 두 조건 p, q의 진리집합을 각각 P, Q라 할 때

① $P \subset Q$이면 명제 $p \longrightarrow q$는 참이고, 명제 $p \longrightarrow q$가 참이면 P ❸ Q이다.

② $P \not\subset Q$이면 명제 $p \longrightarrow q$는 거짓이고, 명제 $p \longrightarrow q$가 거짓이면 $P \not\subset Q$이다.

참고 명제 $p \longrightarrow q$가 거짓임을 보일 때는 가정 p는 만족시키지만 결론 q는 만족시키지 않는 예가 하나라도 있음을 보이면 된다. 이와 같이 명제가 거짓임을 보이는 예를 반례라 한다.

답: ❶ 참　❷ 참　❸ ⊂

3 **'모든'이나 '어떤'을 포함한 명제**

☑ 필수 기출 3

(1) '모든'이나 '어떤'을 포함한 명제의 참, 거짓

전체집합 U에 대하여 조건 p의 진리집합을 P라 할 때

① 명제 '모든 x에 대하여 p이다.' ➡ $P=U$이면 참이고, $P \neq U$이면 거짓이다.

② 명제 '어떤 x에 대하여 p이다.' ➡ $P \neq \varnothing$이면 참이고, $P = \varnothing$이면 거짓이다.

참고 일반적으로 조건은 명제가 아니지만 문자 x의 앞에 '모든'이나 '어떤'이 있으면 참, 거짓을 판별할 수 있으므로 명제가 된다.

(2) '모든'이나 '어떤'을 포함한 명제의 부정

조건 p에 대하여

① 명제 '모든 x에 대하여 p이다.'의 부정은 '어떤 x에 대하여 $\sim p$이다.'이다.

② 명제 '어떤 x에 대하여 p이다.'의 부정은 '❹⬚⬚⬚ x에 대하여 $\sim p$이다.'이다.

참고 '모든'을 포함한 명제는 성립하지 않는 예가 하나만 있어도 거짓이고, '어떤'을 포함한 명제는 성립하는 예가 하나만 있어도 참이다.

4 **명제의 역과 대우**

☑ 필수 기출 4

(1) 명제의 역과 대우

명제 $p \longrightarrow q$에 대하여

① 역: $q \longrightarrow p$

② 대우: $\sim q \longrightarrow \sim p$

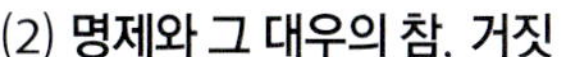

참고 명제 $p \longrightarrow q$가 참이라고 해서 그 역 $q \longrightarrow p$가 반드시 참인 것은 아니다.

(2) 명제와 그 대우의 참, 거짓

① 명제 $p \longrightarrow q$가 참이면 그 대우 ❺⬚⬚⬚ 도 참이다.

② 명제 $p \longrightarrow q$가 거짓이면 그 대우 $\sim q \longrightarrow \sim p$도 거짓이다.

(3) 삼단논법

세 조건 p, q, r에 대하여 두 명제 $p \longrightarrow q$, $q \longrightarrow r$가 모두 참이면 명제 $p \longrightarrow r$가 참이다.

참고 세 조건 p, q, r의 진리집합을 각각 P, Q, R라 할 때, $P \subset Q$이고 $Q \subset R$이면 $P \subset R$이다.

5 **충분조건과 필요조건**

☑ 필수 기출 5

(1) 충분조건과 필요조건

명제 $p \longrightarrow q$가 참일 때, 기호로 $p \Longrightarrow q$와 같이 나타내고 p는 q이기 위한 충분조건, q는 p이기 위한 필요조건이라 한다.

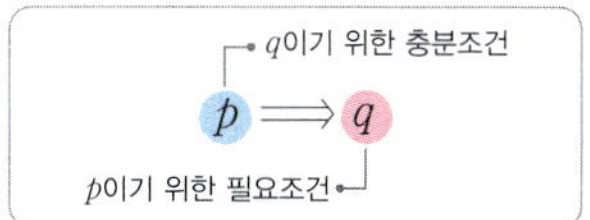

(2) 필요충분조건

명제 $p \longrightarrow q$에 대하여 $p \Longrightarrow q$이고 $q \Longrightarrow p$일 때, 기호로 $p \Longleftrightarrow q$와 같이 나타내고 p는 q이기 위한 필요충분조건이라 한다.

이때 q도 p이기 위한 ❻⬚⬚⬚ 이다.

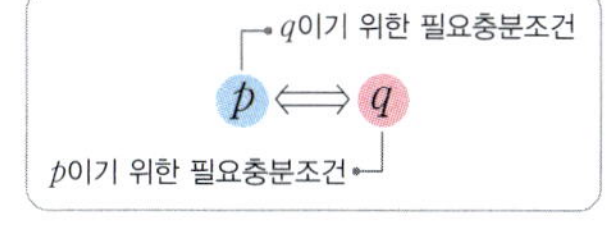

참고 p는 q이기 위한 필요충분조건임을 보이려면 명제 $p \longrightarrow q$와 그 역인 $q \longrightarrow p$가 모두 참임을 보이면 된다.

(3) 충분조건, 필요조건과 진리집합 사이의 관계

두 조건 p, q의 진리집합을 각각 P, Q라 할 때

① $P \subset Q$이면 $p \Longrightarrow q$이므로 p는 q이기 위한 충분조건, q는 p이기 위한 필요조건이다.

② $P = Q$이면 $p \Longleftrightarrow q$이므로 p는 q이기 위한 필요충분조건이다.

참고 $P=Q$이면 $P \subset Q$, $Q \subset P$이므로 $p \Longleftrightarrow q$이다.

답: ❹ 모든   ❺ $\sim q \longrightarrow \sim p$ ❻ 필요충분조건

1 명제와 조건

☆빈출
0624 하

다음 중 명제가 <u>아닌</u> 것은?

① 200은 큰 수이다.
② 10은 5의 배수이다.
③ $5+3=8$
④ 2의 배수는 4의 배수이다.
⑤ 이등변삼각형은 정삼각형이다.

0625 하
학평 기출

실수 x에 대한 조건 'x는 1보다 크다.'의 부정은?

① $x<1$ ② $x\leq 1$ ③ $x=1$
④ $x\geq 1$ ⑤ $x>1$

0626 하

전체집합 $U=\{x\,|\,x$는 6 이하의 자연수$\}$에 대하여 조건
'p: x는 소수이다.'
의 진리집합을 구하시오.

☆빈출
0627 중

보기에서 명제인 것의 개수를 a, 조건인 것의 개수를 b라 할 때, $a-b$의 값을 구하시오.

| 보기 |
ㄱ. 소수는 홀수이다.
ㄴ. $3x-5<8$
ㄷ. 순환소수는 무리수이다.
ㄹ. π는 유리수이다.
ㅁ. $x^2-5x+6=0$
ㅂ. $3x+2x=5x$

0628 중
학평 기출

전체집합 $U=\{1,\,2,\,3,\,4,\,5,\,6,\,7,\,8\}$에 대하여 조건 p가
$$p:\ x는\ 짝수\ 또는\ 6의\ 약수이다.$$
일 때, 조건 $\sim p$의 진리집합의 모든 원소의 합은?

① 11   ② 12   ③ 13
④ 14   ⑤ 15

0629 중

실수 a, b에 대하여 다음 중 조건 '$a^2+b^2=0$'의 부정과 서로 같은 것은?

① $a=b=0$
② $a=0$ 또는 $b=0$
③ $a\neq 0$이고 $b\neq 0$
④ $a\neq 0$이고 $b=0$
⑤ $a\neq 0$ 또는 $b\neq 0$

0630 중
| 서술형 |

전체집합 $U=\{x\,|\,x$는 정수$\}$에 대하여 두 조건 p, q가

$$p: x^2-x-6=0,\ q: |x-2|\leq 1$$

일 때, 조건 'p 그리고 q'의 진리집합을 구하시오.

빈출
0631 중

전체집합 $U=\{x\,|\,|x|<5,\ x$는 정수$\}$에 대하여 두 조건 p, q가

$$p: x^2+2x-8>0,\ q: x^2=1$$

일 때, 조건 '$\sim p$ 그리고 $\sim q$'의 진리집합의 모든 원소의 합은?

① -7 ② -5 ③ -3
④ -1 ⑤ 1

빈출
0632 중

두 조건

$$p: x^2-3x-4\leq 0,\ q: x^2-4\geq 0$$

에 대하여 조건 '$\sim p$ 또는 q'의 부정은?

① $x\geq -1$ ② $x\leq 4$ ③ $-1\leq x<2$
④ $-1\leq x<4$ ⑤ $-2<x\leq 4$

0633 중

실수 전체의 집합에서 두 조건 $p: x\geq 2$, $q: x\geq -3$의 진리집합을 각각 P, Q라 할 때, 다음 중 조건 '$-3\leq x<2$'의 진리집합을 나타내는 것은?

① $P\cap Q$ ② $P\cup Q^C$ ③ $P^C\cap Q$
④ $P^C\cap Q^C$ ⑤ $P^C\cup Q^C$

0634 중

전체집합 $U=\{x\,|\,x$는 15 이하의 자연수$\}$에 대하여 두 조건

$$p: x는\ 10의\ 약수,\ q: x^2-2x-24\leq 0$$

의 진리집합을 각각 P, Q라 할 때, $(P\cap Q)\subset X\subset Q$를 만족시키는 집합 X의 개수를 구하시오.

0635 상

실수 a, b, c에 대하여 다음 중 조건

$$'a^2+b^2+c^2-ab-bc-ca=0'$$

의 부정과 서로 같은 것은?

① $abc\neq 0$
② $a=b=c$
③ $(a-b)(b-c)(c-a)=0$
④ $a\neq b$이고 $b\neq c$이고 $c\neq a$
⑤ $a\neq b$ 또는 $b\neq c$ 또는 $c\neq a$

0636 (상)

정수 x에 대한 두 조건

$$p: (x+n)(x+2n)>0, \quad q: x^2+4x-5\leq 0$$

의 진리집합을 각각 P, Q라 할 때, $n(P\cap Q)=4$를 만족시키는 모든 자연수 n의 값의 합은?

① 3   ② 4   ③ 5
④ 6   ⑤ 7

0637 (상)   학평 기출

두 자연수 a, b에 대하여 실수 x에 대한 두 조건

$$p: x^2-4x+a+2\leq 0, \quad q: 0<|x-b|\leq 4$$

의 진리집합을 각각 P, Q라 하자.

$$P\neq\varnothing, \quad P\subset Q$$

가 되도록 하는 a, b의 모든 순서쌍 (a, b)의 개수는?

① 5   ② 6   ③ 7
④ 8   ⑤ 9

---

2 명제 $p \longrightarrow q$의 참, 거짓

0638 (하)

자연수 n에 대하여 다음 중 명제

'n이 18의 약수이면 n은 24의 약수이다.'

가 거짓임을 보이는 반례는?

① 1   ② 2   ③ 3
④ 6   ⑤ 9

0639 (하)

명제 $p \longrightarrow \sim q$가 참일 때, 다음 중 항상 참인 명제는?

① $p \longrightarrow q$ ② $\sim p \longrightarrow q$ ③ $q \longrightarrow \sim p$
④ $\sim q \longrightarrow p$ ⑤ $\sim q \longrightarrow \sim p$

0640 (중)   ★빈출

다음 중 참인 명제는?

① 9의 약수이면 6의 약수이다.
② $x-2=0$이면 $x^2-2x=0$이다.
③ x가 소수이면 x는 홀수이다.
④ 실수 x, y에 대하여 $x^2=y^2$이면 $x=y$이다.
⑤ $x>-1$이면 $x>10$이다.

0641 중

전체집합 $U=\{x\,|\,x$는 10 이하의 자연수$\}$에 대하여 두 조건 p, q가

$$p: x$는 4의 배수, $q: x$는 16의 약수$$

일 때, 보기에서 항상 참인 명제인 것만을 있는 대로 고르시오.

┌ 보기 ├
ㄱ. $p \longrightarrow q$ ㄴ. $q \longrightarrow p$
ㄷ. $\sim p \longrightarrow q$ ㄹ. $\sim q \longrightarrow p$
ㅁ. $\sim p \longrightarrow \sim q$ ㅂ. $\sim q \longrightarrow \sim p$

0642 중

명제 '$a<x<3$이면 $x>-2$이다.'가 참이 되도록 하는 정수 a의 개수를 구하시오. (단, $a<3$)

빈출 0643 중

실수 x, y에 대하여 다음 중 참인 명제는?

① $x^2>0$이면 $x>1$이다.
② $xy>0$이면 $x+y>0$이다.
③ $|x-1|<1$이면 $x^2<4$이다.
④ $x+y<1$이면 $x<1$이고 $y<1$이다.
⑤ $x^2+y^2\leq1$이면 $|x|+|y|\leq1$이다.

빈출 0644 중

전체집합 U에 대하여 두 조건 p, q의 진리집합을 각각 P, Q라 하자. 명제 $p \longrightarrow q$가 참일 때, 다음 중 항상 옳은 것은?

① $Q\subset P$ ② $P\cup Q=P$ ③ $P^C\subset Q^C$
④ $P^C\cup Q^C=U$ ⑤ $P-Q=\varnothing$

0645 중

전체집합 U에 대하여 두 조건 p, q의 진리집합을 각각 P, Q라 할 때, 다음 중 명제 '$\sim p$이면 q이다.'가 거짓임을 보이는 원소가 속하는 집합은?

① $P\cap Q$ ② $P\cap Q^C$ ③ $P^C\cap Q$
④ $P^C\cap Q^C$ ⑤ $P^C\cup Q^C$

0646 중

| 서술형 |

실수 x에 대한 두 조건

$$p: -1\leq x\leq3, \quad q: x\leq k+1$$

에 대하여 명제 $q \longrightarrow \sim p$가 거짓이 되도록 하는 실수 k의 최솟값을 구하시오.

II. 집합과 명제

0647 중

전체집합 U에 대하여 세 조건 p, q, r의 진리집합을 각각 P, Q, R라 하자. 세 집합 P, Q, R 사이의 포함 관계가 오른쪽 벤 다이어그램과 같을 때, 다음 중 항상 참인 명제는?

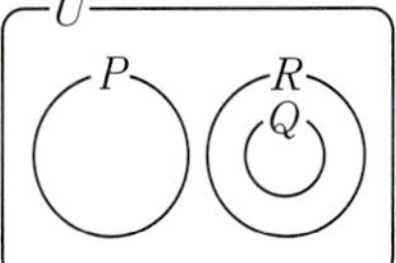

① $p \longrightarrow q$ ② $p \longrightarrow \sim q$ ③ $r \longrightarrow q$

④ $\sim p \longrightarrow r$ ⑤ $\sim q \longrightarrow r$

0648 중

전체집합 U에 대하여 세 조건 p, q, r의 진리집합을 각각 P, Q, R라 하자. $(P-Q) \cup (Q-R^C) = \varnothing$일 때, 다음 중 항상 참인 명제는?

① $p \longrightarrow r$ ② $q \longrightarrow p$ ③ $q \longrightarrow r$

④ $r \longrightarrow \sim p$ ⑤ $\sim r \longrightarrow q$

0649 중

실수 a, b에 대한 세 조건

$$p: |ab| > ab,$$
$$q: a > b \text{이고 } ab < 0,$$
$$r: a^2 - 2ab + b^2 > 0$$

이 있다. 다음 중 항상 참인 명제는?

① $p \longrightarrow q$ ② $q \longrightarrow p$ ③ $r \longrightarrow p$

④ $r \longrightarrow q$ ⑤ $\sim p \longrightarrow r$

0650 중

실수를 원소로 갖는 집합 A에 대하여 명제

'$a \in A$이면 $a^2 \in A$이다.'

가 참일 때, 보기에서 옳은 것만을 있는 대로 고른 것은?

| 보기 |

ㄱ. $a \in A$이면 $a^{32} \in A$이다.

ㄴ. $2 \in A$이면 A는 무한집합이다.

ㄷ. $1 \in A$이면 A는 유한집합이다.

ㄹ. A가 무한집합이면 1이 아닌 실수를 원소로 갖는다.

① ㄱ, ㄴ   ② ㄱ, ㄹ   ③ ㄴ, ㄷ

④ ㄱ, ㄴ, ㄹ   ⑤ ㄴ, ㄷ, ㄹ

0651 중 | 서술형 |

세 조건

$$p: -3 \leq x \leq 2 \text{ 또는 } x > 5, \quad q: x \geq a, \quad r: x \leq b$$

에 대하여 두 명제 $p \longrightarrow q$, $\sim r \longrightarrow p$가 모두 참이 되도록 하는 실수 a의 최댓값을 M, 실수 b의 최솟값을 m이라 할 때, $M + m$의 값을 구하시오.

0652 중 | 학평 기출 |

실수 x에 대한 두 조건

$$p: 2x - a = 0, \quad q: x^2 - bx + 9 > 0$$

이 있다. 명제 $p \longrightarrow \sim q$와 명제 $\sim p \longrightarrow q$가 모두 참이 되도록 하는 두 양수 a, b의 값의 합을 구하시오.

0653 ⟨상⟩ | 서술형 |

전체집합 $U=\{x\,|\,x$는 10 이하의 자연수$\}$에 대하여 세 조건 p, q, r의 진리집합을 각각 P, Q, R라 하자. 두 조건 p, q가

$$p: x는 12의 약수, \quad q: x는 소수$$

일 때, 명제 'p 또는 q이면 r이다.'가 참이 되도록 하는 집합 R의 개수를 구하시오.

빈출 0654 ⟨상⟩

전체집합 U에 대하여 세 조건 p, q, r의 진리집합을 각각 P, Q, R라 하자. 세 명제 $p \longrightarrow q$, $\sim p \longrightarrow q$, $r \longrightarrow \sim p$가 모두 참일 때, 보기에서 옳은 것만을 있는 대로 고르시오.

| 보기 |
- ㄱ. $P^C \subset Q$
- ㄴ. $Q - R^C = R$
- ㄷ. $P - R = \varnothing$
- ㄹ. $R \subset (Q - P)$

0655 ⟨상⟩

두 조건

$$p: x \leq 2 \text{ 또는 } x \geq 5, \quad q: k < x < 6$$

에 대하여 명제 $\sim p \longrightarrow q$가 거짓임을 보이는 반례 중 정수는 1개일 때, 실수 k의 값의 범위를 구하시오.

$$(단, k < 6)$$

3 '모든'이나 '어떤'을 포함한 명제

0656 ⟨하⟩

다음 중 명제 '모든 실수 x에 대하여 $x^2 > 0$이다.'의 부정과 서로 같은 것은?

① $x^2 > 0$이면 $x > 0$이다.
② 모든 실수 x에 대하여 $x^2 < 0$이다.
③ 모든 실수 x에 대하여 $x^2 \leq 0$이다.
④ 어떤 실수 x에 대하여 $x^2 < 0$이다.
⑤ 어떤 실수 x에 대하여 $x^2 \leq 0$이다.

빈출 0657 ⟨하⟩

다음 중 참인 명제는?

① 모든 무한소수는 유리수이다.
② 어떤 9의 양의 약수는 짝수이다.
③ 어떤 소수는 2로 나누어떨어진다.
④ 모든 이등변삼각형은 정삼각형이다.
⑤ 모든 무리수 x에 대하여 x^2은 유리수이다.

0658 ⟨중⟩

명제 '$5 \leq x < 8$인 모든 실수 x에 대하여 $x < a - 2$이다.'가 거짓이 되도록 하는 정수 a의 최댓값을 구하시오.

0659 ⓒ

전체집합 $U=\{-1,\ 0,\ 1,\ 2\}$에 대하여 $x\in U$일 때, 다음 중 참인 명제는?

① 모든 x에 대하여 $-x\in U$이다.
② 어떤 x에 대하여 $x^2\notin U$이다.
③ 어떤 x에 대하여 $x+1<0$이다.
④ 모든 x에 대하여 $|x|>0$이다.
⑤ 모든 x에 대하여 $2x+1>-1$이다.

0660 ⓒ

| 서술형 |

명제 '어떤 실수 x에 대하여 $x^2+4kx+3k^2<k-6$이다.'의 부정이 참일 때, 실수 k의 최댓값을 M, 최솟값을 m이라 하자. 이때 $M-m$의 값을 구하시오.

0661 ⓒ

| 학평 기출 |

정수 k에 대한 두 조건 p, q가 모두 참인 명제가 되도록 하는 모든 k의 값의 합을 구하시오.

> p: 모든 실수 x에 대하여 $x^2+2kx+4k+5>0$이다.
> q: 어떤 실수 x에 대하여 $x^2=k-2$이다.

0662 ⓢ

10 이하의 자연수 a, b에 대한 명제 '모든 실수 x에 대하여 $x^2-2ax+b\geq0$이다.'의 부정이 참이 되도록 하는 a, b의 순서쌍 $(a,\ b)$의 개수는?

① 75   ② 78   ③ 81
④ 84   ⑤ 87

0663 ⓢ

전체집합 U의 공집합이 아닌 세 부분집합 A, B, C에 대하여 세 명제 ㈎, ㈏, ㈐가 모두 참일 때, 다음 중 항상 옳은 것은?

> ㈎ A의 모든 원소 x에 대하여 $x\notin B$이다.
> ㈏ B의 어떤 원소 x에 대하여 $x\notin C$이다.
> ㈐ C의 어떤 원소 x에 대하여 $x\notin A$이다.

① $A\cap B=B$ ② $A\cap B^C=A$ ③ $A-C=\varnothing$
④ $A\cup C=A$ ⑤ $B\cap C=\varnothing$

0664 ⓢ

좌표평면 위에 두 점 $A(4,\ 0)$, $B(2,\ 4)$와 직선 $l: -2x+y+2+k=0$이 있다. 명제 '직선 l 위의 어떤 점 P에 대하여 $\angle APB=90°$이다.'가 참일 때, 실수 k의 최댓값과 최솟값의 합을 구하시오.

4 명제의 역과 대우

0665 하

다음 중 명제 '$x^2 \geq 1$이면 $x \geq 1$이다.'의 역과 서로 같은 것은?

① $x^2 < 1$이면 $x < 1$이다.
② $x < 1$이면 $x^2 < 1$이다.
③ $x > 1$이면 $x^2 > 1$이다.
④ $x \geq 1$이면 $x^2 \geq 1$이다.
⑤ $x^2 \leq 1$이면 $x \leq 1$이다.

☆빈출
0666 하

자연수 a, b, c에 대하여 다음 중 명제 '$a^2 + b^2 = c^2$이면 a, b, c 중 적어도 하나는 짝수이다.'의 대우와 서로 같은 것은?

① a, b, c가 모두 홀수이면 $a^2 + b^2 \neq c^2$이다.
② a, b, c가 모두 홀수이면 $a^2 + b^2 = c^2$이다.
③ $a^2 + b^2 \neq c^2$이면 a, b, c가 모두 홀수이다.
④ $a^2 + b^2 \neq c^2$이면 a, b, c 중 적어도 하나는 짝수이다.
⑤ a, b, c 중 적어도 하나가 짝수이면 $a^2 + b^2 = c^2$이다.

0667 하

명제 '$x^3 - k \neq 0$이면 $x - 2 \neq 0$이다.'가 참일 때, 실수 k의 값을 구하시오.

0668 중

보기에서 그 역이 참인 명제인 것만을 있는 대로 고르시오.

┤ 보기 ├

ㄱ. 실수 x에 대하여 $x < 0$이면 $|x| = -x$이다.
ㄴ. 네 각이 모두 직각인 사각형은 정사각형이다.
ㄷ. 순환하지 않는 무한소수는 무리수이다.
ㄹ. 실수 x, y에 대하여 $x > y$이면 $x^2 > y^2$이다.

☆빈출
0669 중

두 조건 p, q에 대하여 명제 $\sim p \longrightarrow q$의 역이 참일 때, 다음 중 항상 참인 명제는?

① $p \longrightarrow q$ ② $p \longrightarrow \sim q$ ③ $q \longrightarrow p$
④ $\sim p \longrightarrow q$ ⑤ $\sim p \longrightarrow \sim q$

0670 중

세 조건 p, q, r에 대하여 두 명제 $q \longrightarrow \sim p$, $\sim r \longrightarrow p$가 모두 참일 때, 보기에서 항상 참인 명제인 것만을 있는 대로 고른 것은?

┤ 보기 ├

ㄱ. $p \longrightarrow q$　　　　　　ㄴ. $p \longrightarrow \sim q$
ㄷ. $q \longrightarrow r$　　　　　　ㄹ. $r \longrightarrow \sim p$

① ㄱ, ㄴ   　② ㄱ, ㄹ   　③ ㄴ, ㄷ
④ ㄴ, ㄹ   　⑤ ㄷ, ㄹ

II. 집합과 명제

0671 중

세 조건 p, q, r에 대하여 두 명제 $p \longrightarrow \sim q$, $\sim r \longrightarrow q$가 모두 참일 때, 다음 명제 중 반드시 참이라고 할 수 <u>없는</u> 것은?

① $p \longrightarrow r$ ② $q \longrightarrow \sim p$ ③ $q \longrightarrow \sim r$

④ $\sim q \longrightarrow r$ ⑤ $\sim r \longrightarrow \sim p$

0672 중

실수 x, y에 대하여 보기에서 그 대우는 참이지만 역은 거짓인 명제인 것만을 있는 대로 구하시오.

> **보기**
>
> ㄱ. $x=1$이면 $x^2=1$이다.
> ㄴ. $|xy|=xy$이면 $x>0$이고 $y>0$이다.
> ㄷ. $x^3=y^3$이면 $x=y$이다.
> ㄹ. $xy<0$이면 $x^2+y^2>0$이다.
> ㅁ. $x^2+y^2=0$이면 $|x+y|=|x-y|$이다.

0673 중

| 서술형 |

실수 전체의 집합에서 x에 대한 두 조건

$$p: x^2+3x+2\neq0, \quad q: x^2-2x+1-a^2<0$$

에 대하여 명제 $p \longrightarrow q$의 역이 참이 되도록 하는 정수 a의 개수를 구하시오.

0674 중

다음 두 명제가 모두 참일 때, 항상 참인 명제는?

> (가) 사과를 좋아하는 학생은 바나나를 좋아한다.
> (나) 바나나를 좋아하는 학생은 귤을 좋아하지 않는다.

① 사과를 좋아하는 학생은 귤을 좋아한다.
② 사과를 좋아하지 않는 학생은 귤을 좋아하지 않는다.
③ 귤을 좋아하지 않는 학생은 사과를 좋아한다.
④ 귤을 좋아하는 학생은 사과를 좋아하지 않는다.
⑤ 바나나를 좋아하지 않는 학생은 귤을 좋아한다.

0675 상

두 조건 $p: |x-a|\geq5$, $q: x^2-(b+7)x+7b<0$에 대하여 $a+b=11$일 때, 명제 $p \longrightarrow q$의 역이 참이 되도록 하는 자연수 a, b의 곱의 최댓값은?

① 10   ② 18   ③ 24

④ 28   ⑤ 30

0676 (상)

학평 기출

전체집합 U의 공집합이 아닌 세 부분집합 P, Q, R가 각각 세 조건 p, q, r의 진리집합이라 하자. 세 명제

$$\sim p \longrightarrow r, \quad r \longrightarrow \sim q, \quad \sim r \longrightarrow q$$

가 모두 참일 때, 보기에서 옳은 것만을 있는 대로 고른 것은?

┌ 보기 ┐

ㄱ. $P^C \subset R$ ㄴ. $P \subset Q$ ㄷ. $P \cap Q = R^C$

① ㄱ   ② ㄴ   ③ ㄱ, ㄷ
④ ㄴ, ㄷ   ⑤ ㄱ, ㄴ, ㄷ

0677 (상)

민지, 유빈, 지혜는 각각 햄버거, 피자, 샌드위치 중 서로 다른 하나를 먹은 후 다음과 같이 말했다.

민지: 나는 햄버거를 먹었어.
유빈: 나는 햄버거를 먹지 않았어.
지혜: 나는 샌드위치를 먹지 않았어.

세 사람 중 한 사람만 진실을 말했다고 할 때, 민지, 유빈, 지혜가 먹은 것을 차례로 구하시오.

5 충분조건, 필요조건, 필요충분조건

0678 (하)

두 조건 p, q에 대하여 $\sim p$는 q이기 위한 충분조건일 때, 다음 중 항상 참인 명제는?

① $p \longrightarrow q$ ② $p \longrightarrow \sim q$ ③ $q \longrightarrow p$
④ $\sim p \longrightarrow \sim q$ ⑤ $\sim q \longrightarrow p$

0679 (중)

실수 x, y에 대하여 ㈎, ㈏에 들어갈 알맞은 것을 구하시오.

- $x^2 + y^2 = 0$은 $xy = 0$이기 위한 [㈎] 조건이다.
- $|x| = |y|$는 $x^2 = y^2$이기 위한 [㈏] 조건이다.

★ 빈출
0680 (중)

전체집합 U의 두 부분집합 A, B에 대하여

$$(A \cup B) \cap (A^C \cup B) = A \cup B$$

이기 위한 필요충분조건인 것은?

① $A \cup B = U$ ② $A \cap B = A$ ③ $A \cap B = \varnothing$
④ $A^C \subset B^C$ ⑤ $B \subset A$

0681 _중

두 조건 p, q에 대하여 다음 중 p가 q이기 위한 필요조건
이지만 충분조건은 아닌 것은? (단, x, y, z는 실수)

① p: $x=1$, $y=2$ q: $x+y=3$
② p: $x=y$ q: $xz=yz$
③ p: $-1<x<0$ q: $-2\leq x\leq 2$
④ p: x는 6의 양의 약수 q: x는 3의 양의 약수
⑤ p: x, y가 모두 유리수 q: xy가 유리수

0682 _중

| 서술형 |

실수 x에 대한 두 조건

$$p: x^2-6x=ax-6a, \quad q: x-b=0$$

에 대하여 p가 q이기 위한 필요충분조건일 때, $a+b$의 값
을 구하시오. (단, a, b는 상수)

0683 _중

| 학평 기출 |

실수 x에 대한 두 조건

$$p: (x+1)(x+2)(x-3)=0,$$
$$q: x^2+kx+k-1=0$$

에 대하여 p가 q이기 위한 필요조건이 되도록 하는 모든
정수 k의 값의 곱은?

① -18 ② -16 ③ -14
④ -12 ⑤ -10

0684 _중

| 학평 기출 |

실수 x에 대한 두 조건

$$p: x^2-6x+9\leq 0, \quad q: |x-a|\leq 2$$

에 대하여 p가 q이기 위한 충분조건이 되도록 하는 실수
a의 최댓값과 최솟값의 합은?

① 6 ② 7 ③ 8
④ 9 ⑤ 10

0685 _중

세 조건 p, q, r에 대하여 두 명제 $p \longrightarrow \sim q$, $r \longrightarrow q$가
모두 참일 때, 보기에서 옳은 것만을 있는 대로 고른 것
은?

| 보기 |

ㄱ. p는 $\sim r$이기 위한 충분조건이다.
ㄴ. q는 $\sim p$이기 위한 필요조건이다.
ㄷ. $\sim r$는 $\sim q$이기 위한 충분조건이다.

① ㄱ   ② ㄴ   ③ ㄱ, ㄷ
④ ㄴ, ㄷ   ⑤ ㄱ, ㄴ, ㄷ

0686 _중

전체집합 U에 대하여 세 조건 p, q, r의 진리집합을 각각 P, Q, R라 하자. 세 집합 P, Q, R 사이의 포함 관계가 오른쪽 벤 다이어그램과 같을 때, 보기에서 항상 옳은 것만을 있는 대로 고르시오.

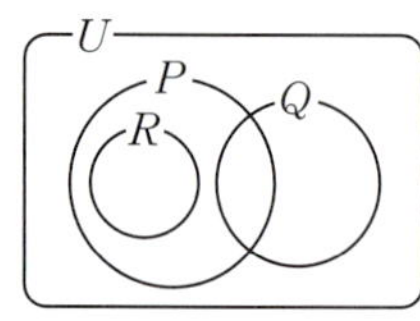

| 보기 |

ㄱ. p는 $\sim r$이기 위한 충분조건이다.
ㄴ. $\sim q$는 r이기 위한 필요조건이다.
ㄷ. $\sim r$는 $\sim p$이기 위한 필요조건이다.

0687 ⓒ

세 조건 p, q, r에 대하여 p는 q이기 위한 충분조건이고 $\sim q$는 r이기 위한 필요조건일 때, 다음 중 항상 참인 명제는?

① $p \longrightarrow r$ ② $\sim p \longrightarrow r$ ③ $q \longrightarrow \sim r$
④ $\sim q \longrightarrow p$ ⑤ $r \longrightarrow p$

0688 ⓒ

전체집합 U에 대하여 세 조건 p, q, r의 진리집합을 각각 P, Q, R라 하자. $\sim q$는 $\sim p$이기 위한 필요조건이고 r는 q이기 위한 충분조건일 때, 다음 중 옳지 <u>않은</u> 것은?

① $Q \subset P$ ② $R \subset P$ ③ $Q^c \subset R^c$
④ $P \subset (Q \cup R)$ ⑤ $(Q \cap R) \subset P$

0689 ⓒ

두 조건 p, q에 대하여 보기에서 p가 q이기 위한 충분조건이지만 필요조건은 아닌 것만을 있는 대로 고르시오.
(단, x, y는 실수)

┤ 보기 ├
ㄱ. $p: x>0$ $q: |x|=x$
ㄴ. $p: x+y<0$ $q: x<0,\ y<0$
ㄷ. $p: xy \geq 0$ $q: |x+y|=|x|+|y|$
ㄹ. $p: x^3=y^3$ $q: x^2=y^2$

0690 ⓒ

전체집합 U에 대하여 세 조건 p, q, r의 진리집합을 각각 P, Q, R라 하자. $R^C \subset P$, $Q-R=\varnothing$, $R-Q \neq \varnothing$일 때, 다음 중 옳은 것은?

① $\sim q$는 p이기 위한 필요조건이다.
② r는 q이기 위한 충분조건이다.
③ p는 r이기 위한 충분조건이다.
④ p는 $\sim r$이기 위한 필요조건이다.
⑤ q는 r이기 위한 필요충분조건이다.

0691 ⓒ

네 조건 p, q, r, s에 대하여 p는 r이기 위한 필요조건, p는 s이기 위한 충분조건, q는 r이기 위한 필요충분조건일 때, 보기에서 항상 옳은 것만을 있는 대로 고르시오.

┤ 보기 ├
ㄱ. q는 p이기 위한 필요조건이다.
ㄴ. r는 s이기 위한 충분조건이다.
ㄷ. s는 q이기 위한 충분조건이다.

0692 ⓒ | 서술형 |

세 조건 $p: 1<x<3$ 또는 $x \geq 5$, $q: x \geq a$, $r: x \leq b$에 대하여 q는 p이기 위한 충분조건이고 $\sim p$는 r이기 위한 필요조건일 때, 실수 a의 최솟값과 실수 b의 최댓값의 합을 구하시오.

0693 ⓢ 빈출

두 실수 a, b에 대한 세 조건

$\quad p: |a|+|b|=0,$

$\quad q: a^2-2ab+b^2=0,$

$\quad r: |a+b|=|a-b|$

에 대하여 보기에서 옳은 것만을 있는 대로 고르시오.

┤ 보기 ├

ㄱ. p는 q이기 위한 필요조건이다.

ㄴ. r는 p이기 위한 충분조건이다.

ㄷ. q이고 r는 p이기 위한 필요충분조건이다.

0694 ⓢ

전체집합 U에 대하여 세 조건 p, q, r의 진리집합을 각각 P, Q, R라 하자. $Q-P=P^C$, $(P\cap R)\cup Q^C=Q^C$일 때, 보기에서 옳은 것만을 있는 대로 고른 것은?

┤ 보기 ├

ㄱ. 명제 '$\sim q$이면 p이다.'는 참이다.

ㄴ. r는 q이기 위한 필요조건이다.

ㄷ. $R-P=\varnothing$

① ㄱ 　② ㄱ, ㄴ 　③ ㄱ, ㄷ

④ ㄴ, ㄷ 　⑤ ㄱ, ㄴ, ㄷ

0695 ⓢ

세 조건 $p: |x+2|<a$, $q: x^2\leq 9$, $r: x\geq 7$에 대하여 p는 q이기 위한 필요조건이고, r는 $\sim p$이기 위한 충분조건일 때, 모든 자연수 a의 값의 합은?

① 26 　② 28 　③ 30

④ 32 　⑤ 34

0696 ⓢ

세 조건 p, q, r의 진리집합을 각각 $P=\{a\}$, $Q=\{b^2, 6\}$, $R=\{4, ab\}$라 하자. p는 q이기 위한 충분조건이고, r는 p이기 위한 필요조건이 되도록 하는 집합 R의 개수를 구하시오.

0697 ⓢ 　　학평 기출

실수 x에 대한 두 조건

$\quad p: x^2+2ax+1\geq 0,$

$\quad q: x^2+2bx+9\leq 0$

이 있다. 다음 두 문장이 모두 참인 명제가 되도록 하는 정수 a, b의 순서쌍 (a, b)의 개수는?

• 모든 실수 x에 대하여 p이다.

• p는 $\sim q$이기 위한 충분조건이다.

① 15 　② 18 　③ 21

④ 24 　⑤ 27

최고수준 ★★★★ 도전 기출

0698

전체집합 $U=\{x \mid x$는 10 이하의 자연수$\}$의 부분집합 A에 대하여 명제 '$a \in A$이면 $\dfrac{a}{2} \notin A$이다.'가 참일 때, 집합 A의 모든 원소의 합의 최댓값을 구하시오.

0699

전체집합 $U=\{x \mid x$는 k 이하의 자연수$\}$의 원소 x에 대한 두 조건

$p: (x-a)(x-b)(x-c) \neq 0,$

$q: x$는 소수 또는 3의 배수

에 대하여 p는 q이기 위한 필요충분조건이 되도록 하는 모든 자연수 k의 값의 합을 구하시오.

(단, a, b, c는 서로 다른 자연수)

0700

실수 x에 대한 두 조건

$$p: |x-k| \leq 2, \quad q: x^2-4x-5 \leq 0$$

이 있다. 명제 $p \longrightarrow q$와 명제 $p \longrightarrow {\sim}q$가 모두 거짓이 되도록 하는 모든 정수 k의 값의 합은?

① 14 　　② 16 　　③ 18

④ 20 　　⑤ 22

0701

전체집합 $U=\{x \mid x$는 18의 양의 약수$\}$에 대하여 세 조건 p, q, r의 진리집합을 각각 $P=\{x \mid x$는 9의 양의 약수$\}$, Q, R라 할 때, 세 집합 P, Q, R가 다음 조건을 만족시킨다. 집합 $Q \cap R$의 모든 원소의 합을 S라 할 때, S의 최댓값과 최솟값의 합을 구하시오.

> (가) q는 ${\sim}p$이기 위한 필요조건이다.
> (나) r는 p이기 위한 필요조건이지만 충분조건은 아니다.
> (다) 두 집합 Q, R는 전체집합 U의 진부분집합이다.

10 명제의 증명

1 명제의 증명
☑ 필수 기출 1

(1) 정의와 정리
① **정의**: 용어의 뜻을 명확하게 정한 문장
② **정리**: 참임이 증명된 명제 중에서 기본이 되는 것이나 다른 명제를 증명할 때 사용되는 것
> **참고** 명제의 가정과 이미 알려진 성질을 근거로 그 명제가 참임을 논리적으로 밝히는 과정을 증명이라 한다.

(2) 명제의 증명
① **대우를 이용한 증명**: 명제 $p \longrightarrow q$가 참임을 증명할 때 그 대우 ❶ [＿＿＿＿＿]가 참임을 보여서 증명하는 방법
② **귀류법**: 명제를 증명하는 과정에서 명제를 부정하거나 명제의 결론을 부정하여 이미 알려진 수학적 사실이나 명제의 가정에 모순됨을 보여서 그 명제가 참임을 증명하는 방법

2 절대부등식
☑ 필수 기출 2,3

(1) **절대부등식**: 부등식의 문자에 어떤 실수를 대입하여도 항상 성립하는 부등식

(2) 부등식의 증명에 이용되는 실수의 성질
a, b가 실수일 때
① $a>b \Longleftrightarrow a-b>0$
② $a^2 \geq 0$, $a^2+b^2 \geq 0$
③ $a^2+b^2=0 \Longleftrightarrow a=b=0$
④ $|a|^2=a^2$, $|a||b|=|ab|$, $|a| \geq a$
⑤ $a>0$, $b>0$일 때, $a>b \Longleftrightarrow a^2>b^2 \Longleftrightarrow \sqrt{a}>\sqrt{b}$

(3) 여러 가지 절대부등식
a, b, c가 실수일 때
① $a^2 \pm ab+b^2 \geq 0$ (단, 등호는 $a=b=0$일 때 성립)
② $a^2+b^2+c^2-ab-bc-ca \geq 0$ (단, 등호는 $a=b=c$일 때 성립)
③ $|a|+|b| \geq |a+b|$ (단, 등호는 $ab \geq 0$일 때 성립)

(4) 산술평균과 기하평균의 관계
$a>0$, $b>0$일 때, $\dfrac{a+b}{2} \geq \sqrt{ab}$ (단, 등호는 ❷ [＿＿＿＿＿]일 때 성립)

(5) 코시-슈바르츠의 부등식
a, b, x, y가 실수일 때, $(a^2+b^2)(x^2+y^2) \geq (ax+by)^2$ (단, 등호는 $ay=bx$일 때 성립)

📎 기출 PICK

산술평균과 기하평균의 관계를 이용하여 최댓값, 최솟값 구하기

(1) 합 또는 곱이 일정한 경우

$a>0$, $b>0$일 때, $a+b \geq 2\sqrt{ab}$ 이므로

① $a+b=k$이면 $\sqrt{ab} \leq \dfrac{k}{2}$ (단, 등호는 $a=b$일 때 성립) ← 두 수의 합이 일정할 때 곱의 최댓값 구하기

② $ab=k$이면 $a+b \geq 2\sqrt{k}$ (단, 등호는 $a=b$일 때 성립) ← 두 수의 곱이 일정할 때 합의 최솟값 구하기

(2) 식을 전개하거나 변형하는 경우

➡ $\dfrac{b}{a}+\dfrac{a}{b}$ $(a>0, b>0)$ 또는 $f(x)+\dfrac{1}{f(x)}$ $(f(x)>0)$ 꼴을 포함하도록 식을 변형한 후 산술평균과 기하평균의 관계를 이용한다.

답: ❶ $\sim q \longrightarrow \sim p$ ❷ $a=b$

난이도별 필수 기출

상 12문항
중 28문항
하 2문항

1 명제의 증명

0702 중

빈출

다음은 명제 '$\sqrt{2}$는 무리수이다.'가 참임을 귀류법을 이용하여 증명하는 과정이다. 이때 (가), (나), (다)에 알맞은 것을 구하시오.

> **증명**
>
> $\sqrt{2}$가 [(가)]라 가정하면
>
> $\sqrt{2}=\dfrac{a}{b}$ (a, b는 [(나)]인 자연수)
>
> 로 나타낼 수 있다.
> 양변을 제곱하여 정리하면
> $a^2=2b^2$ ······ ㉠
> 이때 a^2이 [(다)]이므로 a도 [(다)]이다.
> 즉, $a=2k$ (k는 자연수)로 나타낼 수 있으므로 이를 ㉠에 대입하면
> $(2k)^2=2b^2$ ∴ $b^2=2k^2$
> 이때 b^2이 [(다)]이므로 b도 [(다)]이다.
> 그런데 a, b가 모두 [(다)]이면 a, b가 [(나)]라는 가정에 모순이므로 $\sqrt{2}$는 무리수이다.

0703 중

다음은 명제 '$1+\sqrt{2}$는 무리수이다.'가 참임을 귀류법을 이용하여 증명하는 과정이다. 이때 (가)~(마) 중 '무리수'가 들어갈 곳으로 알맞은 것만을 있는 대로 고른 것은?

> **증명**
>
> $1+\sqrt{2}$가 [(가)]라 가정하면
> $1+\sqrt{2}=a$ (a는 [(가)])
> 로 나타낼 수 있다.
> 이때 $\sqrt{2}=a-1$이고, a와 1은 모두 [(나)]이므로
> $a-1$도 [(나)]이다.
> 즉, $\sqrt{2}$도 [(다)]이다.
> 이는 $\sqrt{2}$가 [(라)]라는 사실에 모순이므로 $1+\sqrt{2}$는 [(마)]이다.

① (가), (나) ② (가), (다) ③ (나), (라)
④ (다), (마) ⑤ (라), (마)

0704 중

빈출

다음은 명제 '자연수 n에 대하여 n^2이 3의 배수이면 n도 3의 배수이다.'가 참임을 대우를 이용하여 증명하는 과정이다. (가), (나), (다)에 알맞은 식을 각각 $f(k)$, $g(k)$, $h(k)$라 할 때, $f(3)+g(3)+h(3)$의 값은?

> **증명**
>
> 주어진 명제의 대우 '자연수 n에 대하여 n이 3의 배수가 아니면 n^2도 3의 배수가 아니다.'가 참임을 보이면 된다.
> n이 3의 배수가 아니면
> $n=3k-2$ 또는 $n=$ [(가)] (k는 자연수)
> 로 나타낼 수 있다.
> (i) $n=3k-2$일 때, $n^2=3($ [(나)] $)+1$
> (ii) $n=$ [(가)] 일 때, $n^2=3($ [(다)] $)+1$
> (i), (ii)에서 n^2은 3으로 나누면 나머지가 1인 자연수가 되므로 n이 3의 배수가 아니면 n^2도 3의 배수가 아니다.
> 따라서 주어진 명제의 대우가 참이므로 주어진 명제도 참이다.

① 42 ② 43 ③ 44
④ 45 ⑤ 46

0705 중

| 서술형 |

명제 '자연수 a, b에 대하여 a, b가 서로소이면 a 또는 b는 홀수이다.'가 참임을 대우를 이용하여 증명하시오.

0706 중

다음은 명제 '자연수 a, b, c에 대하여 $a^2+b^2=c^2$이면 a, b, c 중 적어도 하나는 짝수이다.'가 참임을 대우를 이용하여 증명하는 과정이다. 이때 (가), (나), (다)에 알맞은 것은?

> ┤ 증명 ├
>
> 주어진 명제의 대우 '자연수 a, b, c에 대하여 a, b, c가 (가) 이면 $a^2+b^2 \neq c^2$이다.'가 참임을 보이면 된다.
> a, b, c가 (가) 이면 a^2+b^2은 (나) , c^2은 (다) 이므로 $a^2+b^2 \neq c^2$이다.
> 따라서 주어진 명제의 대우가 참이므로 주어진 명제도 참이다.

	(가)	(나)	(다)
①	적어도 하나는 홀수	홀수	짝수
②	적어도 하나는 홀수	짝수	홀수
③	모두 짝수	홀수	짝수
④	모두 홀수	짝수	홀수
⑤	모두 홀수	홀수	짝수

0707 중

다음은 모든 자연수 n에 대하여 $n^2+2n+23$은 121의 배수가 아님을 귀류법을 이용하여 증명하는 과정이다. (가)에 알맞은 식을 $f(k)$, (나)에 알맞은 수를 a라 할 때, $f(a)$의 값은?

> ┤ 증명 ├
>
> $n^2+2n+23$이 121의 배수라 가정하면
> $n^2+2n+23=121k$ (k는 자연수)
> 로 나타낼 수 있으므로
> $(n+1)^2=11(\boxed{\text{(가)}})$ ...... ㉠
> 이때 $(n+1)^2$은 11의 배수이므로 $n+1$도 11의 배수이다.
> 즉, $n+1=11l$ (l은 자연수)로 나타낼 수 있으므로 이를 ㉠에 대입하면
> $(11l)^2=11(\boxed{\text{(가)}})$ ∴ $11(k-l^2)=\boxed{\text{(나)}}$
> 이때 $\boxed{\text{(나)}}$ 가 11의 배수가 되어 모순이므로
> $n^2+2n+23$은 121의 배수가 아니다.

① 19 ② 20 ③ 21
④ 22 ⑤ 23

0708 중

| 서술형 |

명제 '자연수 a, b에 대하여 a^2+b^2이 홀수이면 ab는 짝수이다.'가 참임을 대우를 이용하여 증명하시오.

0709 중

학평 기출

다음은 a, b, c가 정수일 때, $f(x)=ax^2+bx+c$에 대하여 $f(0)$, $f(1)$이 홀수이면 방정식 $f(x)=0$은 정수인 근을 갖지 않음을 증명한 것이다.

> ┤ 증명 ├
>
> 방정식 $f(x)=0$이 정수인 근 α를 가진다고 가정하면 $f(\alpha)=0$이다.
> (i) $\alpha=2n$ (n은 정수)일 때
> $f(\alpha)=2(2an^2+bn)+\boxed{\text{(가)}}$
> 위 등식에서 우변은 $\boxed{\text{(나)}}$ 가 되어 모순이다.
> (ii) $\alpha=2n+1$ (n은 정수)일 때
> $f(\alpha)=2(2an^2+2an+bn)+\boxed{\text{(다)}}$
> 위 등식에서 우변은 $\boxed{\text{(나)}}$ 가 되어 모순이다.
> 따라서 방정식 $f(x)=0$은 정수인 근을 갖지 않는다.

위 증명에서 (가), (나), (다)에 알맞은 것은?

	(가)	(나)	(다)
①	$f(1)$	짝수	$f(1)$
②	$f(1)$	짝수	$f(0)$
③	$f(0)$	짝수	$f(0)$
④	$f(0)$	홀수	$f(0)$
⑤	$f(0)$	홀수	$f(1)$

2 절대부등식

0710 (하)

양수 a에 대하여 $2a+\dfrac{8}{a}$의 최솟값은?

① 5　　　　② 6　　　　③ 7
④ 8　　　　⑤ 9

0711 (하)

실수 x, y에 대하여 $x^2+y^2=5$일 때, $2x+4y$의 최댓값을 구하시오.

0712 (중)

다음은 실수 x, y에 대하여 부등식 $x^2+y^2\geq xy$가 성립함을 증명하는 과정이다. (가)에 알맞은 식을 $f(y)$, (나)에 알맞은 수를 a라 할 때, $(a+2)f(a+4)$의 값을 구하시오.

| 증명 |

$x^2+y^2-xy=\left(x-\boxed{\text{(가)}}\right)^2+\dfrac{3}{4}y^2$

x, y가 실수이므로 $\left(x-\dfrac{y}{2}\right)^2\geq 0$, $\dfrac{3}{4}y^2\geq 0$에서

$x^2+y^2-xy\geq 0$　　$\therefore x^2+y^2\geq xy$

이때 등호는 $x=y=\boxed{\text{(나)}}$일 때 성립한다.

0713 (중)

실수 a, b, c에 대하여 보기에서 절대부등식인 것의 개수는?

| 보기 |

ㄱ. $2a+\dfrac{2}{a}\geq 4$　　　ㄴ. $4a-1<4a$

ㄷ. $a^2+2a+2>0$　　　ㄹ. $a^2+b^2\geq 0$

ㅁ. $|a|+|b|>0$　　　ㅂ. $ab+bc+ca\leq a^2+b^2+c^2$

① 1　　　　② 2　　　　③ 3
④ 4　　　　⑤ 5

0714 (중)

양수 x, y에 대하여 $2x+5y=20$일 때, xy의 최댓값은?

① 4　　　　② 6　　　　③ 8
④ 10　　　　⑤ 12

☆빈출 0715 (중)

$x>0$일 때, $3x+\dfrac{12}{x}+6$의 최솟값을 m, 그때의 x의 값을 n이라 하자. 이때 mn의 값을 구하시오.

0716 중

학평 기출

$x>0$인 실수 x에 대하여
$$4x+\frac{a}{x}\ (a>0)$$
의 최솟값이 2일 때, 상수 a의 값은?

① $\dfrac{1}{4}$ ② $\dfrac{1}{2}$ ③ $\dfrac{3}{4}$

④ 1 ⑤ $\dfrac{5}{4}$

0717 중

실수 x, y에 대하여 $\dfrac{x}{3}+\dfrac{y}{4}=\dfrac{5}{3}$일 때, x^2+y^2의 최솟값은?

① 1 ② 4 ③ 9

④ 16 ⑤ 25

0718 중

$a>0$일 때, $\left(a-\dfrac{2}{a}\right)\left(2a-\dfrac{1}{a}\right)$의 값이 최소가 되도록 하는 실수 a의 값을 구하시오.

0719 중

실수 x에 대하여 $5x^2+\dfrac{5}{x^2+1}$의 최솟값을 a, 그때의 x의 값을 b라 하자. 이때 $a+b$의 값은?

① 1 ② 3 ③ 5

④ 7 ⑤ 9

0720 중

양수 a, b, c에 대하여 $\left(\dfrac{a}{b}+\dfrac{b}{c}\right)\left(\dfrac{b}{c}+\dfrac{c}{a}\right)\left(\dfrac{c}{a}+\dfrac{a}{b}\right)$의 최솟값은?

① 4 ② 6 ③ 8

④ 10 ⑤ 12

0721 중

다음은 실수 a, b에 대하여 부등식 $|a|+|b|\ge|a+b|$가 성립함을 증명하는 과정이다. 이때 ㈎, ㈏에 알맞은 것을 차례로 나열한 것은?

> **증명**
>
> $(|a|+|b|)^2-|a+b|^2=2(\boxed{\ ㈎\ })\ge0$
> $\therefore (|a|+|b|)^2\ge|a+b|^2$
> 그런데 $|a|+|b|\ge0$, $|a+b|\ge0$이므로
> $|a|+|b|\ge|a+b|$
> 이때 등호는 $\boxed{\ ㈏\ }$일 때 성립한다.

① $|ab|-ab,\ ab\ge0$ ② $|ab|-ab,\ ab\le0$
③ $|ab|-ab,\ ab<0$ ④ $|ab|+ab,\ ab\le0$
⑤ $|ab|+ab,\ ab\ge0$

0722 ⓒ

실수 a, b에 대하여 보기에서 절대부등식인 것만을 있는 대로 고른 것은?

> **보기**
> ㄱ. $|a-b| \geq |a| - |b|$
> ㄴ. $|a-b| \geq |b| - |a|$
> ㄷ. $|a-b| \geq ||a| - |b||$

① ㄱ ② ㄴ ③ ㄱ, ㄷ
④ ㄴ, ㄷ ⑤ ㄱ, ㄴ, ㄷ

0723 ⓒ

| 서술형 |

양수 x, y에 대하여 $x+y=8$일 때, $\dfrac{x^2+4}{x} + \dfrac{y^2+4}{y}$의 최솟값을 구하시오.

⭐빈출
0724 ⓒ

x에 대한 이차방정식 $x^2 - 4x + 2a = 0$이 허근을 가질 때, 실수 a에 대하여 $4a + \dfrac{1}{a-2}$의 최솟값은?

① 4 ② 6 ③ 8
④ 10 ⑤ 12

⭐빈출
0725 ⓒ

$x^2 + y^2 = k$를 만족시키는 실수 x, y에 대하여 $2x+y$의 최댓값과 최솟값의 차가 10일 때, 양수 k의 값을 구하시오.

0726 ⓒ

양수 x에 대하여 $\dfrac{x}{x^2+3x+16}$의 최댓값은?

① $\dfrac{1}{11}$ ② $\dfrac{1}{6}$ ③ 1
④ 6 ⑤ 11

0727 ⓢ

실수 x, y, z에 대하여 $x^2 + y^2 + z^2 = 4$일 때, $x - 2y + z$의 최댓값을 구하시오.

II. 집합과 명제

다음은 세 양수 a, b, c에 대하여 부등식

$$\frac{a}{b+c}+\frac{b}{c+a}+\frac{c}{a+b}\geq\frac{3}{2}$$

이 성립함을 증명한 것이다.

⊢ 증명 ⊢

$b+c=x$, $c+a=y$, $a+b=z$라 하면,

$a+b+c=\boxed{(가)}(x+y+z)$이므로

$a=\dfrac{1}{2}(y+z-x)$, $b=\dfrac{1}{2}(z+x-y)$, $c=\dfrac{1}{2}(x+y-z)$

이다.

그러므로

$\dfrac{a}{b+c}+\dfrac{b}{c+a}+\dfrac{c}{a+b}$

$=\dfrac{1}{2}\left(\dfrac{y}{x}+\dfrac{z}{x}+\dfrac{z}{y}+\dfrac{x}{y}+\dfrac{x}{z}+\dfrac{y}{z}\right)+\boxed{(나)}$

$\geq\boxed{(다)}\left(\sqrt{\dfrac{y}{x}\times\dfrac{x}{y}}+\sqrt{\dfrac{z}{y}\times\dfrac{y}{z}}+\sqrt{\dfrac{x}{z}\times\dfrac{z}{x}}\right)$

$\qquad\qquad\qquad\qquad\qquad\qquad+\boxed{(나)}$

$=\dfrac{3}{2}$

따라서 세 양수 a, b, c에 대하여 주어진 부등식이 성립한다.

위 증명에서 (가), (나), (다)에 알맞은 것은?

	(가)	(나)	(다)
①	$\dfrac{1}{2}$	$-\dfrac{1}{2}$	1
②	$\dfrac{1}{2}$	$-\dfrac{3}{2}$	2
③	$\dfrac{1}{2}$	$-\dfrac{3}{2}$	1
④	2	$-\dfrac{3}{2}$	2
⑤	2	$-\dfrac{1}{2}$	2

0729 상

양수 a, b에 대하여 $a+b=4$일 때, $\sqrt{2a}+\sqrt{3b}$의 최댓값을 p, 그때의 a, b의 값을 각각 q, r라 하자. 이때 $\dfrac{pr}{q}$의 값을 구하시오.

0730 상

양수 x, y에 대하여 $(x-y)\left(\dfrac{1}{x}-\dfrac{9}{y}\right)\leq k$가 항상 성립하도록 하는 실수 k의 최솟값을 구하시오.

3 절대부등식의 활용

0731 중 | 학평 기출 |

$\angle C = 90°$인 직각삼각형 ABC에 대하여 삼각형 ABC의 넓이가 16일 때, $\overline{AB}^2$의 최솟값은?

① 48   ② 56   ③ 64
④ 72   ⑤ 80

빈출 0732 중 | 서술형 |

양수 a, b에 대하여 점 $P(a, b)$가 직선 $2x+3y=12$ 위의 점일 때, $(3+a)(2+b)$의 최댓값을 구하시오.

빈출 0733 중

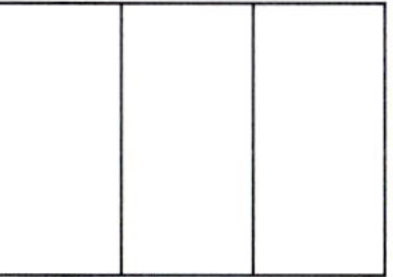

길이가 40 m인 철망을 모두 사용하여 오른쪽 그림과 같이 3개의 작은 직사각형으로 이루어진 구역을 만들려고 한다. 이때 구역의 전체 넓이의 최댓값은? (단, 철망의 두께는 무시한다.)

① $50\,\text{m}^2$ ② $60\,\text{m}^2$ ③ $70\,\text{m}^2$
④ $80\,\text{m}^2$ ⑤ $90\,\text{m}^2$

빈출 0734 중 | 서술형 |

오른쪽 그림과 같이 지름의 길이가 6인 원에 내접하는 직사각형의 둘레의 길이의 최댓값을 구하시오.

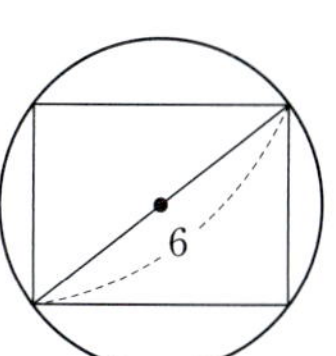

0735 중 | 학평 기출 |

두 양수 a, b에 대하여 좌표평면 위의 점 $P(a, b)$를 지나고 직선 OP에 수직인 직선이 y축과 만나는 점을 Q라 하자. 점 $R\left(-\dfrac{1}{a}, 0\right)$에 대하여 삼각형 OQR의 넓이의 최솟값은? (단, O는 원점이다.)

① $\dfrac{1}{2}$ ② 1   ③ $\dfrac{3}{2}$
④ 2   ⑤ $\dfrac{5}{2}$

0736 상

오른쪽 그림과 같이 넓이가 135인 꽃밭을 만들기 위하여 직사각형 ABCD 모양의 울타리를 설치하려고 한다. 벽과 이웃한 C 지점에서 D 지점까지 울타리 설치 비용은 다른 곳의 $\dfrac{1}{5}$이다. 울타리 설치 비용을 최소로 하려고 할 때, C 지점에서 D 지점까지 설치할 울타리의 길이는? (단, 울타리의 설치 비용은 길이에 비례하고, 울타리의 두께는 고려하지 않는다.)

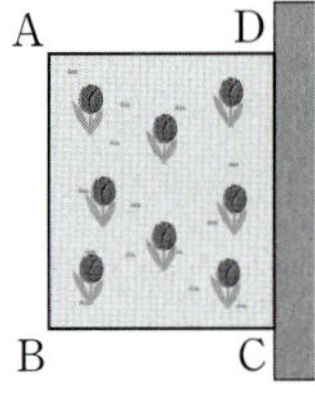

① 12   ② 13   ③ 14
④ 15   ⑤ 16

0737 상

양수 a, b에 대하여 좌표평면 위의 점 $(4, 9)$를 지나는 직선 $\dfrac{x}{a}+\dfrac{y}{b}=1$이 x축, y축과 만나는 점을 각각 A, B라 할 때, $\overline{OA}+\overline{OB}$의 최솟값은? (단, O는 원점)

① 9   ② 16   ③ 25
④ 36   ⑤ 49

0738 상

한 모서리의 길이가 6이고 부피가 108인 직육면체를 만들려고 한다. 이때 만들 수 있는 직육면체의 대각선의 길이의 최솟값은?

① $6\sqrt{2}$ ② 9   ③ $7\sqrt{2}$
④ 11   ⑤ $8\sqrt{2}$

0739 상

다음 그림과 같이 대각선의 길이가 $2\sqrt{5}$이고 가로, 세로의 길이가 각각 $2a$, b인 직사각형 모양의 종이를 점선을 따라 접어서 두 밑면이 정사각형 모양으로 뚫린 사각기둥을 만들려고 한다. 이때 사각기둥의 모든 모서리의 길이의 합의 최댓값은?

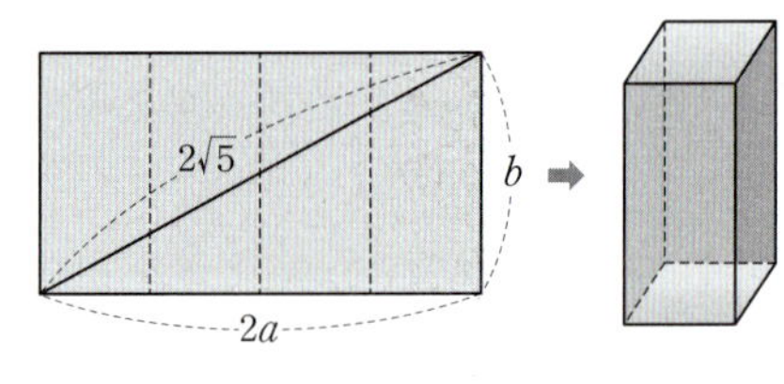

① 8   ② 12   ③ 16
④ 20   ⑤ 24

0740 상

오른쪽 그림과 같이 직사각형
ABCD에서 선분 AD를 1 : 2로
내분하는 점을 P, 선분 BC를
2 : 1로 내분하는 점을 Q라 하자.
$\overline{PQ}=4\sqrt{3}$일 때, 직사각형 ABCD
의 넓이의 최댓값은?

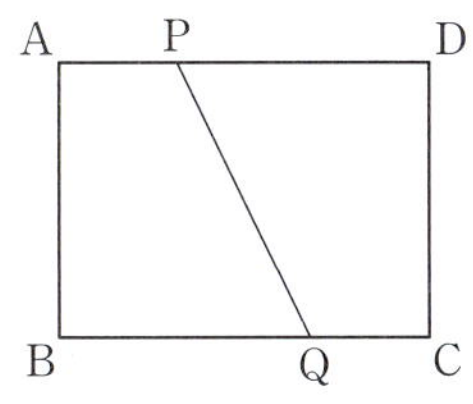

① 18　　　　② 36　　　　③ 54
④ 72　　　　⑤ 90

0741 상

오른쪽 그림과 같이 사각형
ABCD의 두 대각선 AC, BD의
교점을 O라 하자. $\angle AOB=90°$
이고 두 삼각형 OAB, OCD의 넓
이가 각각 2, 8일 때, 사각형
ABCD의 넓이의 최솟값을 구하시오.

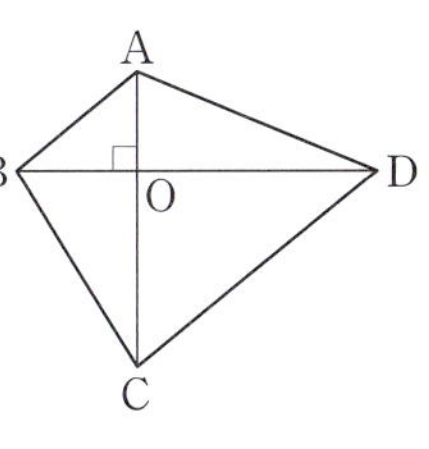

0742 상 빈출

오른쪽 그림과 같이 반지름의 길이
가 4인 원 위의 두 점 A, B에 대하
여 선분 AB는 원의 중심 O를 지난
다. 두 점 A, B가 아닌 원 위의 한
점 P에 대하여 $3\overline{AP}+4\overline{BP}$의 최댓
값을 구하시오.

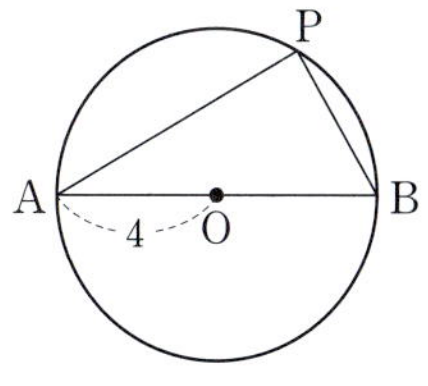

0743 상 학평 기출

그림과 같이 양수 a에 대하여
이차함수 $f(x)=x^2-2ax$의
그래프와 직선 $g(x)=\dfrac{1}{a}x$가
두 점 O, A에서 만난다. 이차
함수 $y=f(x)$의 그래프의 꼭
짓점을 B라 하고 선분 AB의 중점을 C라 하자. 점 C에
서 y축에 내린 수선의 발을 H라 할 때, 선분 CH의 길이
의 최솟값은? (단, O는 원점이다.)

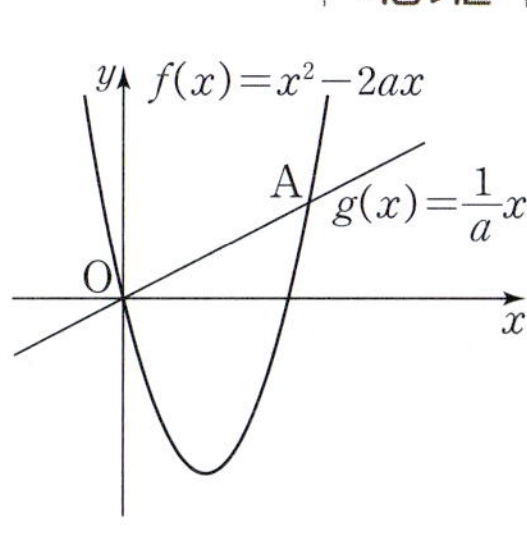

① $\sqrt{3}$　　　　② 2　　　　③ $\sqrt{5}$
④ $\sqrt{6}$　　　　⑤ $\sqrt{7}$

0744

다음은 $n \geq 2$인 자연수 n에 대하여 $\sqrt{n^2-1}$이 무리수임을 귀류법을 이용하여 증명하는 과정이다. 이때 (가)~(마)에 알맞지 <u>않은</u> 것은?

증명

$\sqrt{n^2-1}$이 $\boxed{\text{(가)}}$ 라 가정하면

$\sqrt{n^2-1} = \dfrac{a}{b}$ (a, b는 서로소인 자연수)

로 나타낼 수 있다.

양변을 제곱하여 정리하면

$\boxed{\text{(나)}} = a^2$

b는 a^2의 약수이고 a, b가 서로소이므로

$n^2 = \boxed{\text{(다)}}$

(i) $a = 2k$ (k는 자연수)일 때,

$\boxed{\text{(라)}} < n^2 < (2k+1)^2$인 자연수 n의 값은 존재하지 않는다.

(ii) $a = 2k+1$ (k는 자연수)일 때,

$(2k+1)^2 < n^2 < \boxed{\text{(마)}}$인 자연수 n의 값은 존재하지 않는다.

(i), (ii)에서 $\sqrt{n^2-1} = \dfrac{a}{b}$ (a, b는 서로소인 자연수)를 만족시키는 자연수 n의 값은 존재하지 않으므로 $\sqrt{n^2-1}$은 무리수이다.

---

① (가) 유리수   ② (나) $b^2(n^2-1)$

③ (다) b^2+1 ④ (라) $(2k)^2$

⑤ (마) $(2k+2)^2$

0745

다음 그림과 같이 $\overline{AB}=10$, $\overline{BC}=8$, $\overline{CA}=6$인 직각삼각형 ABC의 내부의 한 점 P에서 세 변 AB, BC, CA에 이르는 거리가 각각 a, b, c일 때, $\dfrac{5}{a}+\dfrac{4}{b}+\dfrac{3}{c}$의 최솟값은?

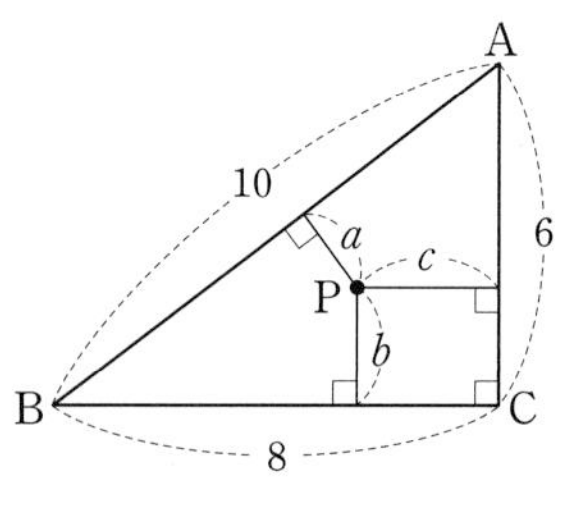

① 2   ② 3   ③ 4

④ 5   ⑤ 6

0746

오른쪽 그림과 같이 사각형 ABCD에서 $\overline{AB}=7$, $\overline{AD}=1$, $\angle A = \angle C = 90°$일 때, 사각형 ABCD의 둘레의 길이의 최댓값을 구하시오.

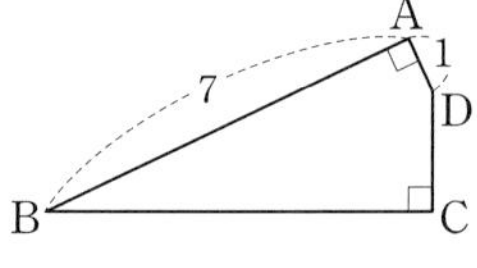

0747

양수 a, b에 대하여 $\dfrac{1}{2a+1}+\dfrac{1}{3b+1}=\dfrac{1}{4}$일 때, $2a+3b$의 최솟값은?

① 14   ② 16   ③ 18

④ 20   ⑤ 22

0748

실수 a, b, c, d에 대하여
$$a^2+b^2=16,\ c^2+d^2=4$$
일 때, $ab+cd$의 최댓값을 M_1, $ac+bd$의 최댓값을 M_2라 하자. 이때 M_1M_2의 값을 구하시오. (단, $abcd \neq 0$)

0749

반지름의 길이가 서로 다른 세 원의 둘레의 길이의 합은 16π, 넓이의 합은 24π이다. 세 원 중 넓이가 가장 큰 원의 반지름의 길이의 최댓값은?

① 1   ② 2   ③ 3

④ 4   ⑤ 5

0750

양수 a, b에 대하여 한 변의 길이가 $a+b$인 정사각형 ABCD의 네 변 AB, BC, DC, DA를 각각 $a:b$로 내분하는 점을 각각 E, F, G, H라 하고 선분 FH의 중점을 M이라 하자. $\overline{\text{FH}}=6\sqrt{2}$일 때, 삼각형 MFG의 넓이의 최댓값을 구하시오.

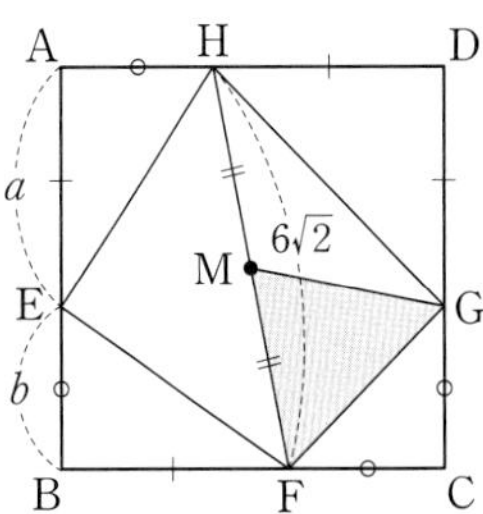

11 함수

1 함수

☑ 필수 기출 1, 2

(1) 대응

공집합이 아닌 두 집합 X, Y에 대하여 X의 원소에 Y의 원소를 짝 지어 주는 것을 집합 X에서 집합 Y로의 ❶ [   ]이라 한다. 이때 집합 X의 원소 x에 집합 Y의 원소 y가 짝 지어지면 x에 y가 대응한다고 하고, 기호로 $x \longrightarrow y$와 같이 나타낸다.

(2) 함수

공집합이 아닌 두 집합 X, Y에 대하여 X의 각 원소에 Y의 원소가 오직 하나씩 대응할 때, 이 대응을 집합 X에서 집합 Y로의 함수라 하고, 이 함수 f를 기호로 $f : X \longrightarrow Y$와 같이 나타낸다.

① **정의역**: 집합 X ② ❷ [   ]: 집합 Y
③ **치역**: 함숫값 전체의 집합, 즉 $\{f(x)\,|\,x \in X\}$

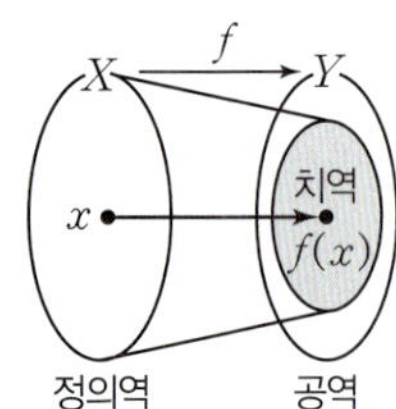

(3) 서로 같은 함수

두 함수 f, g의 정의역과 공역이 각각 같고, 정의역의 모든 원소 x에 대하여 $f(x)=g(x)$일 때, 두 함수 f와 g는 서로 같다고 하고, 기호로 $f=g$와 같이 나타낸다.

(4) 함수의 그래프

함수 $f : X \longrightarrow Y$에서 정의역 X의 각 원소 x와 이에 대응하는 함숫값 $f(x)$의 순서쌍 $(x, f(x))$ 전체의 집합 $\{(x, f(x))\,|\,x \in X\}$를 함수 f의 그래프라 한다.

2 여러 가지 함수

☑ 필수 기출 3, 4, 5

(1) 일대일함수

함수 $f : X \longrightarrow Y$에서 정의역 X의 임의의 두 원소 x_1, x_2에 대하여 $x_1 \neq x_2$이면 $f(x_1) \neq f(x_2)$일 때, 함수 f를 일대일함수라 한다.

(2) 일대일대응

함수 $f : X \longrightarrow Y$가 일대일함수이고 ❸ [   ]과 공역이 같을 때, 함수 f를 일대일대응이라 한다.

(3) 항등함수

함수 $f : X \longrightarrow X$에서 정의역 X의 임의의 원소 x에 대하여 $f(x)=x$일 때, 함수 f를 항등함수라 한다.

(4) 상수함수

함수 $f : X \longrightarrow Y$에서 정의역 X의 모든 원소 x에 공역 Y의 오직 한 원소 c가 대응할 때, 즉 $f(x)=c\,(c$는 상수$)$일 때, 함수 f를 상수함수라 한다.

🖉 기출 PICK

여러 가지 함수의 개수

두 집합 $X=\{x_1, x_2, x_3, \ldots, x_m\}$, $Y=\{y_1, y_2, y_3, \ldots, y_n\}$에 대하여 X에서 Y로의
(1) 함수의 개수 ➡ n^m (2) 일대일함수의 개수 ➡ $_n\mathrm{P}_m$ (단, $m \leq n$)
(3) 일대일대응의 개수 ➡ $n!$ (단, $m=n$) (4) 상수함수의 개수 ➡ n

답: ❶ 대응 ❷ 공역 ❸ 치역

난이도별 필수 기출

상 15문항
중 31문항
하 9문항

1 함수

★빈출
0751 하

다음 대응 중 집합 X에서 집합 Y로의 함수가 <u>아닌</u> 것은?

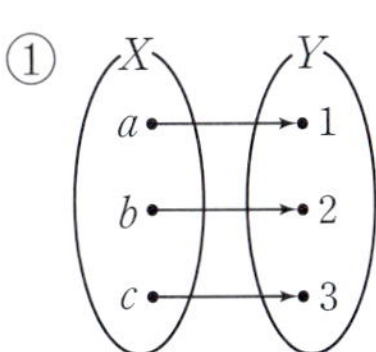
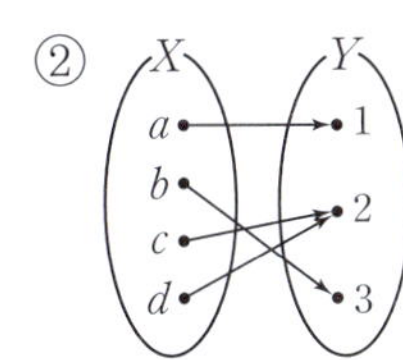
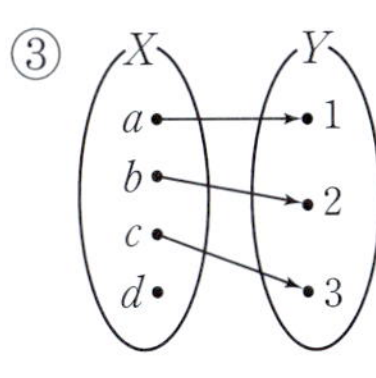
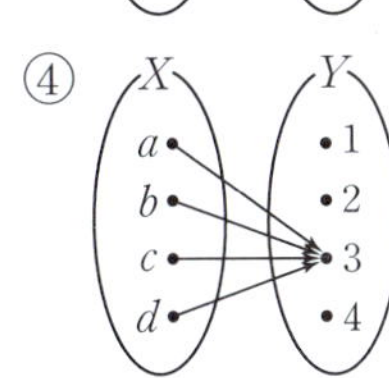
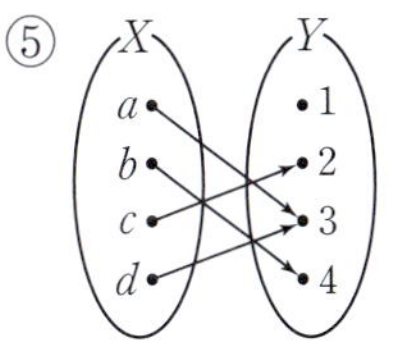

0752 하

함수 $f : X \longrightarrow Y$가 오른쪽 그림과 같을 때, $f(2)+f(4)$의 값은?

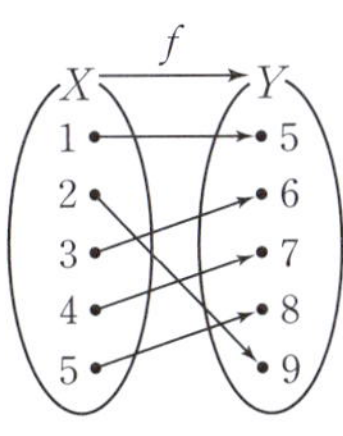

① 13
② 14
③ 15
④ 16
⑤ 17

0753 하

집합 $X=\{-2,\ -1,\ 0,\ 1\}$을 정의역으로 하는 함수 $f(x)=3x^2-1$의 치역의 모든 원소의 합은?

① 4
② 6
③ 8
④ 10
⑤ 12

★빈출
0754 하

실수 전체의 집합에서 정의된 보기의 그래프에서 함수의 그래프인 것만을 있는 대로 고르시오.

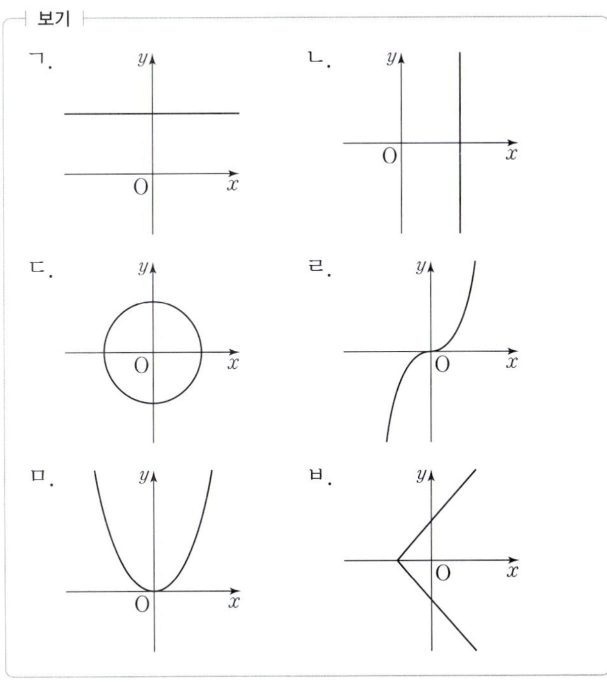

0755 중

두 집합 $X=\{-1,\ 0,\ 1\}$, $Y=\{1,\ 2,\ 3,\ 4\}$에 대하여 다음 중 X에서 Y로의 함수인 것은?

① $f(x)=x+1$
② $f(x)=x^2$
③ $f(x)=x|x|$
④ $f(x)=2x^2-x$
⑤ $f(x)=\begin{cases} -x+1 & (x<0) \\ x+2 & (x\geq 0) \end{cases}$

0756 중

함수 $f(x)$에 대하여 $f\left(\dfrac{x+1}{3}\right)=2x+3$일 때, $f(3)$의 값을 구하시오.

0757 중

자연수 전체의 집합에서 정의된 함수 f가
$$f(x)=(x의\ 양의\ 약수의\ 개수)$$
일 때, $f(2)+f(3)+f(4)+\cdots+f(9)$의 값은?

① 18   ② 20   ③ 22
④ 24   ⑤ 26

0758 중

두 집합 $X=\{1,\ 2,\ 3,\ 4\}$, $Y=\{2,\ 4,\ 6\}$에 대하여 X에서 Y로의 함수 $f(x)$의 공역과 치역이 서로 같을 때, $f(1)+f(2)+f(3)+f(4)$의 최솟값은?

① 8   ② 10   ③ 12
④ 14   ⑤ 16

★빈출

0759 중

집합 $X=\{x|-2\leq x\leq 1\}$에 대하여 X에서 X로의 함수 $f(x)=ax+b$의 공역과 치역이 서로 같다. 이때 상수 a, b에 대하여 ab의 값은? (단, $ab\neq 0$)

① -3 ② -2 ③ -1
④ 1 ⑤ 2

0760 중

임의의 양수 x, y에 대하여 함수 f가
$$f(xy)=f(x)+f(y)$$
를 만족시키고 $f(2)=3$일 때, $f(8)$의 값은?

① -3 ② 1 ③ 3
④ 6 ⑤ 9

0761 (중) 신유형

오른쪽 그림과 같은 함수
$f : X \longrightarrow X$에 대하여 3×3 행렬 A
의 (i, j) 성분 a_{ij}를

$$a_{ij} = \begin{cases} 1 & (f(i) \geq j) \\ 0 & (f(i) < j) \end{cases}$$

으로 정의할 때, 행렬 A의 모든 성분의 합은?

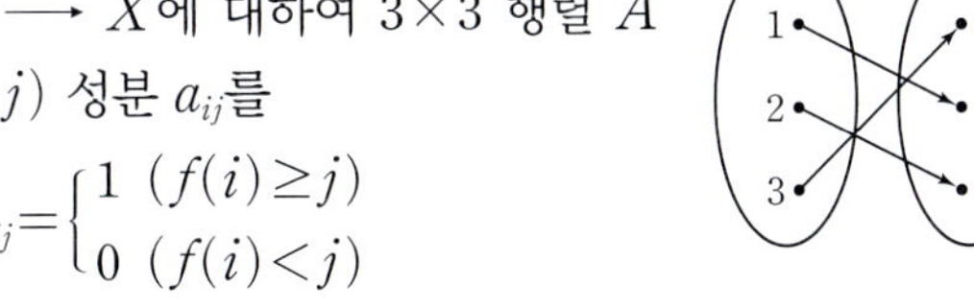

① 5   ② 6   ③ 7
④ 8   ⑤ 9

0762 (중) | 서술형 |

실수 전체의 집합에서 정의된 함수 f가

$$f(x) = \begin{cases} x & (x \text{는 유리수}) \\ x^2 & (x \text{는 무리수}) \end{cases}$$

일 때, 이차방정식 $x^2 + 4x - 2 = 0$의 두 근 α, β에 대하여 $f(\alpha) + f(\beta) + f(\alpha\beta)$의 값을 구하시오.

★빈출
0763 (상)

집합 $A = \{x \mid x \text{는 } 20 \text{ 이하의 자연수}\}$의 부분집합 X를 정의역으로 하는 함수 f를

$$f(x) = (x \text{를 } 4 \text{로 나누었을 때의 나머지})$$

로 정의하자. 함수 f의 치역이 $\{1\}$이 되도록 하는 정의역 X의 개수는?

① 7   ② 15   ③ 31
④ 63   ⑤ 127

0764 (상) 학평 기출

집합 $X = \{1, 2, 3, 4, 5\}$에서 집합 $Y = \{0, 2, 4, 6, 8\}$로의 함수 f를

$$f(x) = (2x^2 \text{의 일의 자리의 숫자})$$

로 정의하자. $f(a) = 2$, $f(b) = 8$을 만족시키는 X의 원소 a, b에 대하여 $a + b$의 최댓값은?

① 5   ② 6   ③ 7
④ 8   ⑤ 9

0765 (상)

실수 전체의 집합에서 정의된 두 함수 $f(x) = x^2 - 1$, $g(x) = x + 1$에 대하여 함수 h를

$$h(x) = \begin{cases} f(x) & (f(x) \geq g(x)) \\ g(x) & (f(x) < g(x)) \end{cases}$$

라 할 때, $h(-3) - h(1)$의 값을 구하시오.

0766 (상)

임의의 실수 x, y에 대하여 함수 f가

$$f(x+y) = f(x) + f(y)$$

를 만족시키고 $f(2) = -4$일 때, 보기에서 옳은 것만을 있는 대로 고른 것은?

보기
ㄱ. $f(0) = 0$
ㄴ. $f(x) = f(-x)$
ㄷ. $f(-1) = 2$
ㄹ. 임의의 자연수 n에 대하여 $f(nx) = nf(x)$이다.

① ㄱ, ㄴ   ② ㄱ, ㄹ   ③ ㄱ, ㄴ, ㄷ
④ ㄱ, ㄷ, ㄹ   ⑤ ㄴ, ㄷ, ㄹ

0767 (하)

다음 중 집합 $X=\{-1,\ 1\}$을 정의역으로 하는 두 함수 $f,\ g$가 서로 같지 <u>않은</u> 것은?

① $f(x)=x,\ g(x)=x^3$
② $f(x)=x-1,\ g(x)=x^2-1$
③ $f(x)=x+1,\ g(x)=x^3+1$
④ $f(x)=|x|,\ g(x)=x^2$
⑤ $f(x)=\sqrt{x^2},\ g(x)=\begin{cases} -x & (x<0) \\ x & (x\geq 0) \end{cases}$

★빈출
0768 (중)

집합 $X=\{2,\ 3\}$을 정의역으로 하는 두 함수 $f(x)=ax+b,\ g(x)=x^2-2$에 대하여 $f=g$일 때, $a+b$의 값은? (단, $a,\ b$는 상수)

① -5 ② -4 ③ -3
④ -2 ⑤ -1

0769 (중)

| 서술형 |

집합 $X=\{-4,\ a\}$를 정의역으로 하는 두 함수 $f(x)=-3x+2,\ g(x)=x^2+4x+b$가 서로 같을 때, 함수 g의 치역을 구하시오. (단, $a\neq -4$이고, b는 상수)

0770 (중)

| 학평 기출 |

두 집합 $X=\{0,\ 1,\ 2\},\ Y=\{1,\ 2,\ 3,\ 4\}$에 대하여 두 함수 $f:X\longrightarrow Y,\ g:X\longrightarrow Y$를
$$f(x)=2x^2-4x+3,\ g(x)=a|x-1|+b$$
라 하자. 두 함수 f와 g가 서로 같도록 하는 상수 $a,\ b$에 대하여 $2a-b$의 값은?

① -3 ② -1 ③ 1
④ 3 ⑤ 5

0771 (상)

집합 X를 정의역으로 하는 두 함수 $f(x)=2x^2-3x-1,\ g(x)=x^2+3$에 대하여 $f=g$가 되도록 하는 집합 X의 개수를 구하시오. (단, $X\neq\varnothing$)

0772 (상)

집합 $X=\{a,\ b,\ c\}$를 정의역으로 하는 두 함수
$$f(x)=\begin{cases} x^2+3x & (x\leq 0) \\ x^2-x & (x>0) \end{cases},$$
$$g(x)=\begin{cases} x+3 & (x\leq 3) \\ 6x-12 & (x>3) \end{cases}$$
가 서로 같을 때, 집합 X의 모든 원소의 합은?
(단, $a,\ b,\ c$는 서로 다른 상수)

① -4 ② -2 ③ 0
④ 2 ⑤ 4

3 일대일함수와 일대일대응

빈출
0773 하

보기의 함수의 그래프에서 일대일함수의 그래프인 것의 개수를 a, 일대일대응의 그래프인 것의 개수를 b라 할 때, $a+b$의 값을 구하시오.

(단, 정의역과 공역은 모두 실수 전체의 집합이다.)

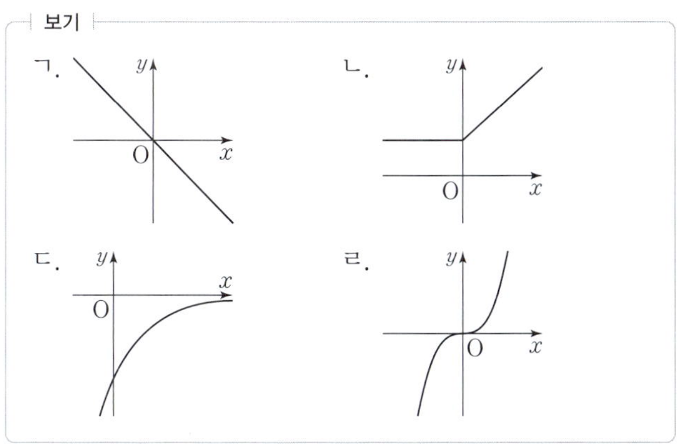

0774 하

실수 전체의 집합에서 정의된 다음 함수 중 일대일함수인 것은?

① $f(x)=3$ ② $f(x)=x^2$
③ $f(x)=2x+1$ ④ $f(x)=|x|$
⑤ $f(x)=-x^2+2$

0775 중

두 집합 $X=\{1, 2, 3\}$, $Y=\{1, 2, 3, 4, 5\}$에 대하여 X에서 Y로의 일대일함수를 $f(x)$라 하자. $f(3)=2$일 때, $f(1)+f(2)$의 최솟값은?

① 2   ② 3   ③ 4
④ 5   ⑤ 6

빈출
0776 중

두 집합 $X=\{1, 3, 5, 7\}$, $Y=\{2, 4, 6, 8\}$에 대하여 X에서 Y로의 함수 $f(x)$가 일대일대응이고 $f(5)=8$, $f(1)-f(7)=4$일 때, $f(1)+f(3)$의 값을 구하시오.

빈출
0777 중

두 집합 $X=\{x \mid -1 \le x \le 3\}$, $Y=\{y \mid -2 \le y \le 4\}$에 대하여 X에서 Y로의 함수 $f(x)=ax+b\,(a>0)$가 일대일대응일 때, $4ab$의 값은? (단, a, b는 상수)

① -3 ② -1 ③ 0
④ 1 ⑤ 3

0778 중

| 서술형 |

실수 전체의 집합에서 정의된 함수

$$f(x)=\begin{cases}(a+2)x+1 & (x<0)\\(3-a)x+1 & (x\geq0)\end{cases}$$

이 일대일대응이 되도록 하는 정수 a의 개수를 구하시오.

0779 중

집합 $X=\{-1,\ 0,\ 1\}$에 대하여 X에서 X로의 함수 $f(x)=ax^2+bx+1$이 일대일대응일 때, $2(a^2+b^2)$의 값은? (단, a, b는 상수)

① 1　　　　② 2　　　　③ 3
④ 4　　　　⑤ 5

0780 중

실수 전체의 집합에서 정의된 함수 $f(x)=|2x-1|+kx+3$이 일대일대응일 때, 실수 k의 값의 범위를 구하시오.

0781 중

집합 $X=\{2,\ 4,\ 6,\ 8,\ 10\}$에 대하여 일대일대응인 함수 $f:X\longrightarrow X$가 다음 조건을 만족시킨다.

> (가) $f(8)=\dfrac{1}{2}f(6)$
>
> (나) 집합 X의 모든 원소 x에 대하여 $f(x)=y$이면 $f(y)=x$이다.

$f(2)+f(4)-f(10)$의 값은?

① 2　　　　② 4　　　　③ 6
④ 8　　　　⑤ 10

0782 중

| 학평 기출 |

집합 $X=\{x\,|\,0\leq x\leq4\}$에 대하여 X에서 X로의 함수

$$f(x)=\begin{cases}ax^2+b & (0\leq x<3)\\x-3 & (3\leq x\leq4)\end{cases}$$

가 일대일대응일 때, $f(1)$의 값은? (단, a, b는 상수이다.)

① $\dfrac{7}{3}$　　　　② $\dfrac{8}{3}$　　　　③ 3
④ $\dfrac{10}{3}$　　　　⑤ $\dfrac{11}{3}$

0783 상

| 학평 기출 |

집합 $X=\{x\,|\,x\geq a\}$에서 집합 $Y=\{y\,|\,y\geq b\}$로의 함수 $f(x)=x^2-4x+3$이 일대일대응이 되도록 하는 두 실수 a, b에 대하여 $a-b$의 최댓값은 $\dfrac{q}{p}$이다. $p+q$의 값을 구하시오. (단, p와 q는 서로소인 자연수이다.)

0784 (상)

집합 $X=\{x \mid a \le x \le b\}$에 대하여 X에서 X로의 함수

$$f(x) = \begin{cases} x^2-6x+12 & (a \le x < 3) \\ -\dfrac{1}{3}x+4 & (3 \le x \le b) \end{cases}$$

가 일대일대응일 때, $a+b$의 값을 구하시오.

(단, $a<3<b$)

0785 (상)

두 자연수 a, b에 대하여 함수 $f(x)=a(x-3)(x-b)$가 다음 조건을 만족시킬 때, $f(5)$의 값은?

> (가) $f(0)=6$
> (나) $x>2$일 때, 함수 $f(x)$는 일대일대응이다.

① 6　　　　② 8　　　　③ 10
④ 12　　　　⑤ 16

4　여러 가지 함수

0786 (하)

자연수 전체의 집합에서 정의된 함수 f는 상수함수이고 $f(3)=5$일 때, $f(1)+f(2)+f(3)+\cdots+f(10)$의 값은?

① 35　　　　② 40　　　　③ 45
④ 50　　　　⑤ 55

0787 (중) 빈출

집합 $X=\{1,\ 3,\ 5,\ 7\}$에 대하여 X에서 X로의 보기의 함수에서 항등함수인 것의 개수를 a, 상수함수인 것의 개수를 b라 할 때, $a+2b$의 값을 구하시오.

> | 보기 |
> ㄱ. $f(x)=|x|$
> ㄴ. $g(x)=(x$를 8로 나누었을 때의 나머지$)$
> ㄷ. $h(x)=(x$의 양의 약수의 개수$)$
> ㄹ. $i(x) = \begin{cases} 1 & (x\text{는 홀수}) \\ 2 & (x\text{는 짝수}) \end{cases}$

0788 (중) 빈출

실수 전체의 집합에서 정의된 두 함수 f, g에 대하여 함수 f는 항등함수이고, 함수 g는 상수함수이다. $f(2)=g(2)$일 때, $f(3)+g(1)$의 값은?

① 1　　　　② 3　　　　③ 5
④ 7　　　　⑤ 9

0789 중

집합 X를 정의역으로 하는 함수 $f(x)=x^2-11x+20$이 항등함수가 되도록 하는 집합 X의 개수를 구하시오.

(단, $X\neq\varnothing$)

0790 중

집합 $X=\{0,\ 2,\ 4\}$에 대하여 X에서 X로의 함수

$$f(x)=\begin{cases}3x+2 & (x<2) \\ x^2+ax+b & (x\geq2)\end{cases}$$

가 상수함수일 때, $a+b$의 값은? (단, $a,\ b$는 상수이다.)

① 1   ② 2   ③ 3
④ 4   ⑤ 5

0791 중

빈출

집합 $X=\{1,\ 2,\ 3\}$에 대하여 X에서 X로의 세 함수 f, g, h는 각각 일대일대응, 항등함수, 상수함수이고

$$f(1)=g(2)=h(3),\quad f(3)-f(2)=f(1)$$

일 때, $f(2)+g(3)+h(1)$의 값은?

① 2   ② 3   ③ 4
④ 5   ⑤ 6

0792 상

집합 $X=\{1,\ 2,\ 3,\ 4,\ 5\}$에 대하여 X에서 X로의 세 함수 f, g, h가 다음 조건을 만족시킨다.

> (가) f는 항등함수이고 g는 상수함수이다.
> (나) 집합 X의 모든 원소 x에 대하여
> $f(x)+g(x)+h(x)=7$이다.

$g(3)+h(1)$의 값은?

① 2   ② 3   ③ 4
④ 5   ⑤ 6

0793 상

집합 $X=\{a,\ b,\ c\}$에 대하여 X에서 X로의 함수

$$f(x)=\begin{cases}-3 & (x\leq-1) \\ 2x-1 & (-1<x\leq2) \\ 3 & (x>2)\end{cases}$$

이 항등함수일 때, $f(a)+f(b)+f(c)$의 값을 구하시오.

(단, $a,\ b,\ c$는 서로 다른 상수)

0794 상

집합 $X=\{1,\ 2,\ 3,\ 4\}$에 대하여 X에서 X로의 세 함수 f, g, h가 다음 조건을 만족시킬 때, $g(4)+f(2)+h(1)$의 최솟값을 구하시오.

> (가) 세 함수 f, g, h 중 항등함수, 상수함수, 항등함수가 아닌 일대일대응이 모두 존재한다.
> (나) $h(2)=g(1)+g(2)+g(3)$
> (다) $f(1)=h(3)$

5 여러 가지 함수의 개수

빈출
0795 하

집합 $X=\{a,\ b,\ c,\ d\}$에 대하여 X에서 X로의 함수의 개수를 p, 일대일대응의 개수를 q, 항등함수의 개수를 r, 상수함수의 개수를 s라 할 때, $p+q+r+s$의 값을 구하시오.

0796 중

집합 $X=\{-1,\ 0,\ 1\}$에 대하여 함수 $f:X \longrightarrow X$ 중에서 $f(1)+f(-1)=0$을 만족시키는 함수 f의 개수는?

① 3   ② 6   ③ 9
④ 12   ⑤ 15

0797 중

두 집합 $X=\{1,\ 2,\ 3,\ 4,\ 5\}$, $Y=\{6,\ 7\}$에 대하여 X에서 Y로의 함수 중에서 공역과 치역이 서로 같은 함수의 개수는?

① 30   ② 32   ③ 34
④ 36   ⑤ 38

0798 중

집합 $X=\{1,\ 2\}$에서 집합 Y로의 일대일함수의 개수가 30일 때, X에서 Y로의 함수의 개수는?

① 32   ② 36   ③ 40
④ 44   ⑤ 48

빈출
0799 중

두 집합 $X=\{1,\ 2,\ 3,\ 4\}$, $Y=\{1,\ 2,\ 3,\ 4,\ 5,\ 6,\ 7\}$에 대하여 함수 $f:X \longrightarrow Y$ 중에서 다음 조건을 만족시키는 함수 f의 개수는?

> $x_1 \in X,\ x_2 \in X$일 때, $x_1 < x_2$이면 $f(x_1) > f(x_2)$이다.

① 20   ② 25   ③ 30
④ 35   ⑤ 40

0800 중 | 서술형 |

집합 $X=\{1,\ 2,\ 3,\ 4,\ 5\}$에 대하여 함수 $f:X \longrightarrow X$ 중에서 다음 조건을 만족시키는 함수 f의 개수를 구하시오.

> ㈎ 집합 X의 임의의 두 원소 x_1, x_2에 대하여
> $f(x_1)=f(x_2)$이면 $x_1=x_2$이다.
> ㈏ $f(3)<f(5)$

0801 중

학평 기출

집합 $X=\{1, 2, 3, 4\}$일 때 함수 $f : X \longrightarrow X$ 중에서 집합 X의 모든 원소 x에 대하여 $x+f(x) \geq 4$를 만족시키는 함수 f의 개수를 구하시오.

0802 중

전체집합 $U=\{1, 2, 3, 4, 5, 6\}$의 두 부분집합 X, Y에 대하여
$$X \cup Y = U,\ X \cap Y = \varnothing$$
이고 함수 $f : X \longrightarrow Y$가 일대일대응일 때, 함수 f의 개수는?

① 80   ② 100   ③ 120
④ 140   ⑤ 160

0803 상

빈출

집합 $X=\{-3, -2, -1, 0, 1, 2, 3\}$에 대하여 함수 $f : X \longrightarrow X$ 중에서 $f(-x)=-f(x)$를 만족시키는 함수 f의 개수는?

① 335   ② 337   ③ 339
④ 341   ⑤ 343

0804 상

집합 $X=\{0, 1, 2, 3, 4\}$에 대하여 다음 조건을 만족시키는 X에서 X로의 함수 f의 개수는?

> (가) 함수 f는 일대일대응이다.
> (나) 집합 X의 오직 한 원소 n에 대하여
> $f(n+2)=f(n)+4$이다.

① 16   ② 18   ③ 20
④ 22   ⑤ 24

0805 상

학평 기출

집합 $X=\{1, 2, 3, 4, 5, 6, 7, 8\}$에 대하여 일대일대응인 함수 $f : X \longrightarrow X$가 다음 조건을 만족시킬 때, 함수 f의 개수를 구하시오.

> (가) p가 소수일 때, $f(p) \leq p$이다.
> (나) $a < b$이고 a가 b의 약수이면 $f(a) < f(b)$이다.

0806

집합 $X=\{3,\ 4,\ 5,\ 6,\ 7\}$에 대하여 함수 $f:X\longrightarrow X$ 는 일대일대응이다. $3\leq n\leq 5$인 모든 자연수 n에 대하여 $f(n)+f(n+2)$의 값이 홀수일 때, $f(3)\times f(7)$의 최솟 값은?

① 12　　　② 15　　　③ 18

④ 21　　　⑤ 24

0807 　　　학평 기출

집합 $X=\{1,\ 2,\ 3,\ 4,\ 5,\ 6,\ 7,\ 8\}$에 대하여 함수 $f:X\longrightarrow X$가 다음 조건을 만족시킨다.

> (가) 함수 f의 치역의 원소의 개수는 7이다.
> (나) $f(1)+f(2)+f(3)+f(4)+f(5)+f(6)+f(7)+f(8)=42$
> (다) 함수 f의 치역의 원소 중 최댓값과 최솟값의 차는 6이다.

집합 X의 어떤 두 원소 a, b에 대하여 $f(a)=f(b)=n$ 을 만족하는 자연수 n의 값을 구하시오. (단, $a\neq b$)

0808

실수 전체의 집합의 부분집합 $X=\{x_1,\ x_2\}$를 정의역으로 하는 두 함수 $f(x)=2x^2+1$, $g(x)=-x^2+ax+b$가 서 로 같다. 집합 $R=\{f(x)|x\in X\}$에 대하여 $n(R)=1$일 때, $a+b$의 최솟값을 구하시오.

(단, $x_1\neq x_2$이고, a는 상수, b는 정수)

0809 　　　학평 기출

집합 $X=\{-3,\ -2,\ -1,\ 0,\ 1,\ 2\}$에서 실수 전체의 집 합으로의 일대일함수 $f(x)$가 다음 조건을 만족시킨다.

> (가) 집합 X의 모든 원소 x에 대하여
> 　　$\{f(x)+x^2-5\}\times\{f(x)+4x\}=0$이다.
> (나) $f(0)\times f(1)\times f(2)<0$

$f(-3)+f(-2)+f(-1)+f(0)+f(1)+f(2)$의 값을 구하시오.

12 합성함수와 역함수

1 합성함수

☑ 필수 기출 1, 2, 4

(1) 합성함수: 두 함수 $f : X \longrightarrow Z$, $g : Z \longrightarrow Y$가 주어질 때, 집합 X의 임의의 원소 x에 함숫값 $f(x)$를 대응시키고, 다시 이 $f(x)$에 집합 Y의 원소 $g(f(x))$를 대응시키는 함수를 f와 g의 합성함수라 하고, 기호로 $g \circ f$와 같이 나타낸다. 즉,

$$g \circ f : X \longrightarrow Y, \quad (g \circ f)(x) = g(f(x))$$

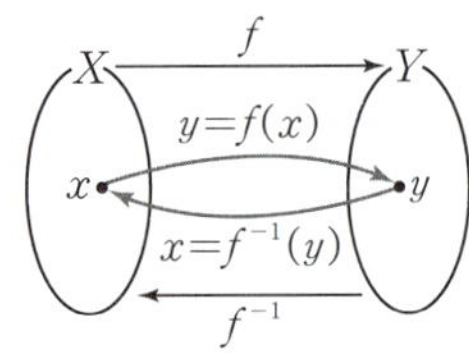

(2) 합성함수의 성질

세 함수 f, g, h에 대하여

① $g \circ f \neq f \circ g$

② $h \circ (g \circ f) = (h \circ g) \circ f$

③ $f \circ I = I \circ f =$ ❶ (단, I는 항등함수)

📎 기출 PICK

f^n 꼴의 합성함수

함수 f에 대하여 $f^1 = f$, $f^{n+1} = f \circ f^n$ (n은 자연수)일 때, $f^n(a)$의 값은 다음과 같은 방법으로 구한다.

[방법 1] $f^2(x)$, $f^3(x)$, $f^4(x)$, …를 구하여 규칙을 찾아 $f^n(x)$를 구한 후 $x=a$를 대입한다.

[방법 2] $f^1(a)$, $f^2(a)$, $f^3(a)$, …의 값에서 규칙을 찾아 $f^n(a)$의 값을 구한다.

---

2 역함수

☑ 필수 기출 3, 4, 5

(1) 역함수: 함수 $f : X \longrightarrow Y$가 ❷ 일 때, 집합 Y의 각 원소 y에 대하여 $y = f(x)$인 집합 X의 원소 x를 대응시키는 함수를 역함수라 하고, 기호로 f^{-1}와 같이 나타낸다. 즉,

$$f^{-1} : Y \longrightarrow X, \quad x = f^{-1}(y) \ \longleftarrow y = f(x)$$

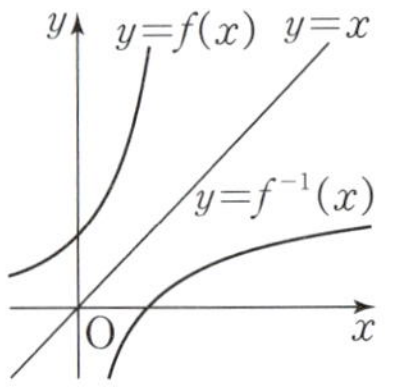

(2) 역함수의 성질

함수 $f : X \longrightarrow Y$가 일대일대응일 때, 그 역함수 $f^{-1} : Y \longrightarrow X$에 대하여

① $(f^{-1})^{-1} = f$

② $(f^{-1} \circ f)(x) = x$ (단, $x \in X$), $(f \circ f^{-1})(y) = y$ (단, $y \in Y$)

③ 함수 $g : Y \longrightarrow Z$가 일대일대응이고 그 역함수가 g^{-1}일 때, $(g \circ f)^{-1} = f^{-1} \circ g^{-1}$

(3) 역함수의 그래프

함수 $y = f(x)$의 그래프와 그 역함수 $y = f^{-1}(x)$의 그래프는 직선 ❸ 에 대하여 대칭이다.

참고 두 함수 $y = f(x)$, $y = f^{-1}(x)$의 그래프의 교점은 함수 $y = f(x)$의 그래프와 직선 $y = x$의 교점과 같다.

📎 기출 PICK

합성함수와 역함수

두 함수 f, g와 그 역함수 f^{-1}, g^{-1}에 대하여

(1) $(f^{-1} \circ g)(a)$의 값은 ➡ $f^{-1}(g(a)) = k$로 놓고 $f(k) = g(a)$를 만족시키는 k의 값을 구한다.

(2) $(f \circ g^{-1})(a)$의 값은 ➡ $g^{-1}(a) = k$로 놓고 $g(k) = a$를 만족시키는 k의 값을 구한 후 $f(k)$의 값을 구한다.

답: ❶ f ❷ 일대일대응 ❸ $y = x$

1 합성함수

0810 하

두 함수 $f : X \longrightarrow Y$, $g : Y \longrightarrow X$가 다음 그림과 같을 때, $(g \circ f)(7)$의 값은?

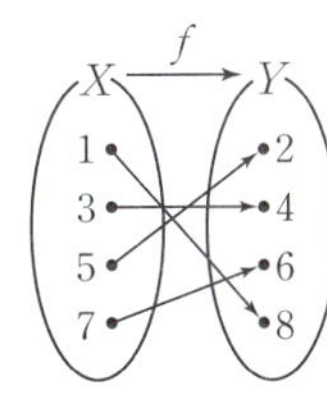 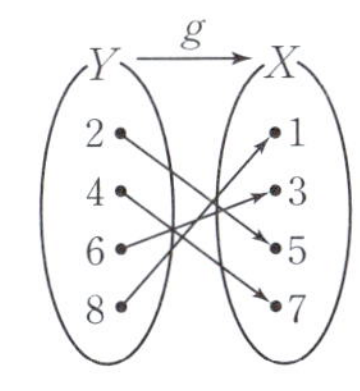

① 2   ② 3   ③ 4
④ 5   ⑤ 6

0811 하

두 함수 $f(x) = \begin{cases} 2 & (x < 3) \\ -3x + 20 & (x \geq 3) \end{cases}$, $g(x) = \dfrac{1}{2}x^2 - 3$
에 대하여 $(f \circ g)(4) + (g \circ f)(-1)$의 값을 구하시오.

0812 중

두 함수 $f(x) = 3x + 1$, $g(x) = -x + 7$에 대하여
$(f \circ g)(k) = 7$일 때, 상수 k의 값을 구하시오.

0813 중

두 함수 $f(x) = 2x + 5$, $g(x) = -3x + 2$에 대하여 함수 $h(x)$가 $f \circ h = g$를 만족시킬 때, $h(-5)$의 값은?

① 5   ② 6   ③ 7
④ 8   ⑤ 9

☆빈출 0814 중

두 함수 $f(x) = 2x + 1$, $g(x) = ax - 7$에 대하여
$f \circ g = g \circ f$가 성립할 때, 상수 a의 값은?

① -10 ② -8 ③ -6
④ -4 ⑤ -2

0815 중

함수 $f(x) = 1 - x$에 대하여
$$f^1 = f, \quad f^{n+1} = f \circ f^n \quad (n \text{은 자연수})$$
으로 정의할 때, $f^{100}(3)$의 값을 구하시오.

0816 중

두 함수 $f(x)=x^2-4x-7$, $g(x)=x-2$에 대하여 $-1 \le x \le 6$에서 함수 $y=(f \circ g)(x)$의 최댓값을 M, 최솟값을 m이라 할 때, $M-m$의 값을 구하시오.

0817 중

두 함수 $f(x)=4x-3$, $g(x)=ax+b$가 $f \circ g=g \circ f$를 만족시킬 때, 함수 $y=g(x)$의 그래프는 a의 값에 관계없이 항상 점 (p, q)를 지난다. 이때 $p+q$의 값은?

(단, a, b는 실수)

① 1 　　　② 2 　　　③ 3
④ 4 　　　⑤ 5

★빈출 0818 중

함수 $f : X \longrightarrow X$가 오른쪽 그림과 같고
$$f^1=f, \ f^{n+1}=f \circ f^n \ (n은 자연수)$$
으로 정의할 때, $f^{28}(2)+f^{38}(1)$의 값은?

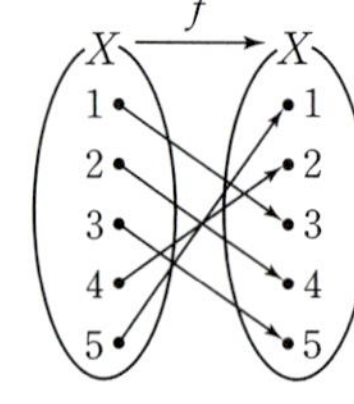

① 3 　　　② 4 　　　③ 5
④ 6 　　　⑤ 7

0819 중

함수 $f(x)=x+3$에 대하여
$$f^1=f, \ f^{n+1}=f \circ f^n \ (n은 자연수)$$
으로 정의할 때, $f^{16}(k)=50$을 만족시키는 상수 k의 값을 구하시오.

0820 중　　　학평 기출

실수 전체의 집합에서 정의된 두 함수 $f(x)=2x+1$, $g(x)$가 있다. 모든 실수 x에 대하여 $(g \circ g)(x)=3x-1$일 때, $((f \circ g) \circ g)(a)=a$를 만족시키는 실수 a의 값은?

① $\dfrac{1}{5}$ 　　　② $\dfrac{3}{5}$ 　　　③ 1
④ $\dfrac{7}{5}$ 　　　⑤ $\dfrac{9}{5}$

0821 중　　　| 서술형 |

두 함수 $f(x)=x^2-ax+a$, $g(x)=-x-a$가 모든 실수 x에 대하여 $(f \circ g)(x)>0$을 만족시킬 때, 실수 a의 값의 범위를 구하시오.

0822 중

두 함수 f, g에 대하여

$$(f \circ g)(x) = 3x - 2, \quad g(x) = \frac{-x+2}{4}$$

일 때, $f(-1)$의 값을 구하시오.

0823 중

세 함수 f, g, h에 대하여

$$(g \circ f)(x) = -x + 2,$$
$$((h \circ g) \circ f)(2x-1) = 4x - 1$$

일 때, $h(2)$의 값은?

① -3 ② -2 ③ -1
④ 0 ⑤ 1

0824 중

학평 기출

집합 $X = \{2, 3\}$을 정의역으로 하는 함수 $f(x) = ax - 3a$와 함수 $f(x)$의 치역을 정의역으로 하고 집합 X를 공역으로 하는 함수 $g(x) = x^2 + 2x + b$가 있다. 함수 $g \circ f : X \longrightarrow X$가 항등함수일 때, $a+b$의 값을 구하시오. (단, a, b는 상수이다.)

0825 중

$0 \le x \le 4$에서 정의된 함수 $y = f(x)$의 그래프가 오른쪽 그림과 같고 $f^1 = f$, $f^{n+1} = f \circ f^n$ (n은 자연수)으로 정의할 때, $f(3) + f^2(3) + f^3(3) + \cdots + f^{10}(3)$의 값을 구하시오.

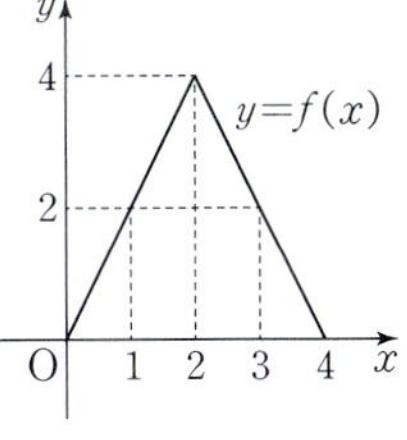

0826 중

자연수 전체의 집합에서 정의된 함수 f가

$$f(x) = \begin{cases} \dfrac{x}{2} & (x\text{는 짝수}) \\ x+1 & (x\text{는 홀수}) \end{cases}$$

이고 $f^1 = f$, $f^{n+1} = f \circ f^n$으로 정의할 때, $f^n(50) = 2$를 만족시키는 자연수 n의 최솟값은?

① 7 ② 8 ③ 9
④ 10 ⑤ 11

0827 상

집합 $X = \{2, 4, 6, 8, 10\}$에 대하여 함수 $f : X \longrightarrow X$가

$$f(x) = \begin{cases} 2 & (x=10) \\ x+2 & (x \ne 10) \end{cases}$$

이다. 함수 $g : X \longrightarrow X$가 $g(2) = 6$, $g \circ f = f \circ g$를 만족시킬 때, $g(6) + g(10)$의 값은?

① 6 ② 8 ③ 10
④ 12 ⑤ 14

Ⅲ. 함수와 그래프

180

0828 (상)

집합 $X=\{1, 2, 3, 4\}$에 대하여 X에서 X로의 함수 f가 다음 조건을 만족시킬 때, $4f(2)+3f(3)+2f(4)$의 값을 구하시오.

> (가) 함수 f는 일대일대응이다.
> (나) $(f \circ f)(1)=3$, $(f \circ f)(2)=2$

0829 (상)

학평 기출

실수 전체의 집합에서 정의된 함수

$$f(x)=\begin{cases} 2x+2 & (x<2) \\ x^2-7x+16 & (x \geq 2) \end{cases}$$

에 대하여 $(f \circ f)(a)=f(a)$를 만족시키는 모든 실수 a의 값의 합을 구하시오.

0830 (중)

$-1 \leq x \leq 1$에서 정의된 함수 $f(x)$가

$$f(x)=\begin{cases} x^2 & (-1 \leq x < 0) \\ -x & (0 \leq x \leq 1) \end{cases}$$

일 때, 다음 중 함수 $y=(f \circ f)(x)$의 그래프로 알맞은 것은?

① 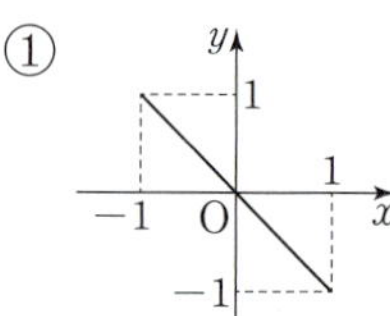　② 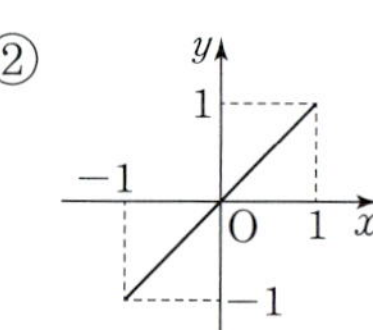

③ 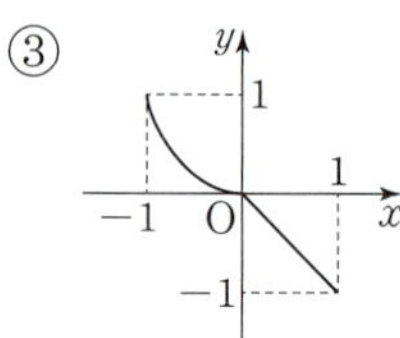　④ 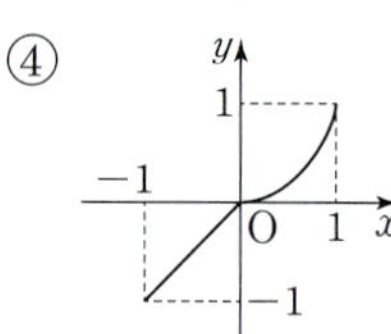

⑤ 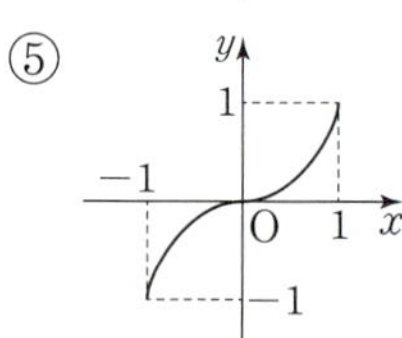

0831 (중)

함수 $y=f(x)$의 그래프가 오른쪽 그림과 같을 때, 함수 $g(x)=-x+1$에 대하여 다음 중 함수 $y=(f \circ g)(x)$의 그래프로 알맞은 것은?

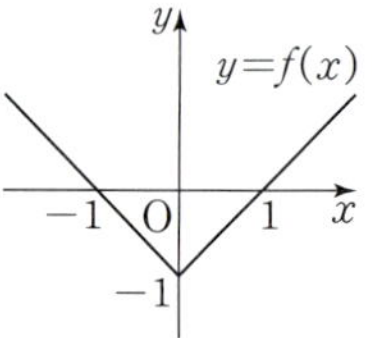

① 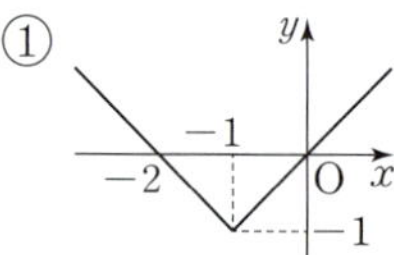　② 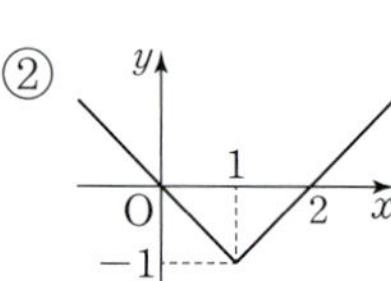

③ 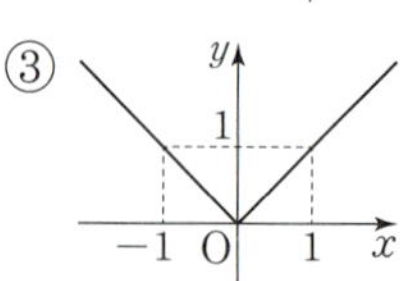　④ 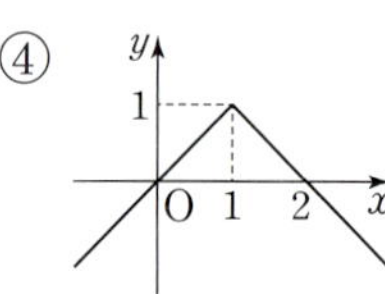

⑤ 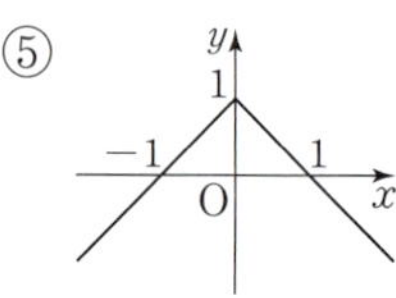

0832 (상)

$0 \le x \le 4$에서 정의된 함수 $y = f(x)$의 그래프가 오른쪽 그림과 같을 때, 방정식 $(f \circ f)(x) = 2$의 서로 다른 실근의 개수를 구하시오.

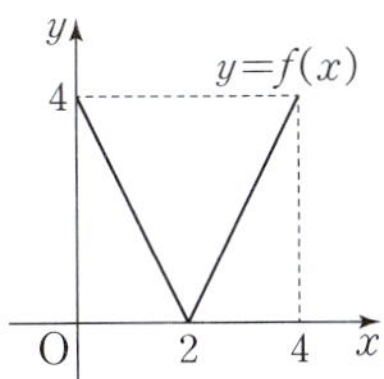

0833 (상)

$0 \le x \le 3$에서 정의된 두 함수 $y = f(x)$, $y = g(x)$의 그래프가 다음 그림과 같을 때, 함수 $y = (g \circ f)(x)$의 그래프와 x축 및 y축으로 둘러싸인 부분의 넓이는?

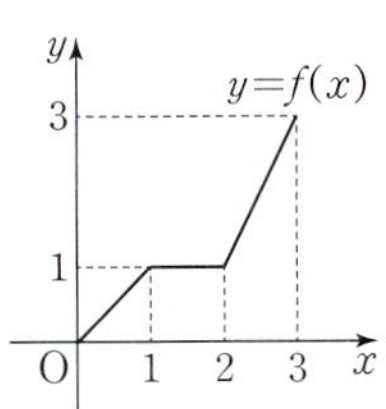 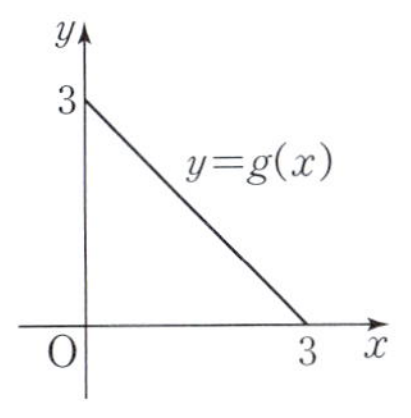

① $\dfrac{7}{2}$ ② 4 ③ $\dfrac{9}{2}$

④ 5 ⑤ $\dfrac{11}{2}$

---

3 역함수

0834 (하)

함수 $f(x) = ax + b$에 대하여 $f^{-1}(-8) = 2$, $f^{-1}(-6) = 3$일 때, ab의 값은? (단, a, b는 상수)

① -24 ② -12 ③ 0

④ 12 ⑤ 24

0835 (중)

일차함수 $f(x) = ax - 9$의 역함수가 $f^{-1}(x) = \dfrac{1}{3}x + b$일 때, 상수 a, b에 대하여 $a^2 + b^2$의 값을 구하시오.

0836 (중)

| 서술형 |

일차함수 $f(x)$에 대하여 $f^{-1}(1) = 2$, $(f \circ f)(2) = 3$일 때, $f(5) + f^{-1}(9)$의 값을 구하시오.

$x \leq 0$에서 정의된 함수 $f(x) = -(x-2)^2 + 9$의 역함수를 $g(x)$라 할 때, 함수 $g(x)$의 정의역에 속하는 모든 자연수의 합을 구하시오.

0838 중 | 서술형 |

실수 전체의 집합에서 정의된 함수
$f(x) = a|x-1| + 3x - 4$의 역함수가 존재하도록 하는 정수 a의 개수를 구하시오.

빈출
0839 중

집합 $X = \{x \mid x \geq a\}$에 대하여 X에서 X로의 함수 $f(x) = x^2 - 6x + 10$의 역함수가 존재할 때, a의 값은?

① 1   ② 2   ③ 3
④ 4   ⑤ 5

0840 중

함수 $f(x) = \begin{cases} 3x-1 & (x<1) \\ x^2+1 & (x \geq 1) \end{cases}$에 대하여 $f^{-1}(5)$의 값을 구하시오.

빈출
0841 중

실수 전체의 집합에서 정의된 함수 f에 대하여 $f(2x-7) = -6x+15$일 때, $f^{-1}(x) = ax+b$이다. 상수 a, b에 대하여 ab의 값은?

① -1 ② $-\dfrac{2}{3}$ ③ $-\dfrac{1}{3}$
④ $\dfrac{1}{3}$ ⑤ $\dfrac{2}{3}$

0842 중 학평 기출

집합 $X = \{1, 2, 3, 4, 5\}$에 대하여 X에서 X로의 함수 f의 역함수가 존재하고
$$f(1) + 2f(3) = 12, \quad f^{-1}(1) - f^{-1}(3) = 2$$
일 때, $f(4) + f^{-1}(4)$의 값은?

① 5   ② 6   ③ 7
④ 8   ⑤ 9

0843 중 학평 기출

두 정수 a, b에 대하여 함수

$$f(x)=\begin{cases} a(x-2)^2+b & (x<2) \\ -2x+10 & (x\geq 2) \end{cases}$$

는 실수 전체의 집합에서 정의된 역함수를 갖는다. $a+b$의 최솟값은?

① 1   ② 3   ③ 5

④ 7   ⑤ 9

0844 상 학평 기출

실수 전체의 집합에서 정의된 함수 $f(x)$가 역함수를 갖는다. 모든 실수 x에 대하여

$$f(x)=f^{-1}(x),\ f(x^2+1)=-2x^2+1$$

일 때, $f(-2)$의 값은?

① $\dfrac{3}{2}$ ② 2   ③ $\dfrac{5}{2}$

④ 3   ⑤ $\dfrac{7}{2}$

0845 상

실수 전체의 집합에서 정의된 함수
$f(x)=x|x-2|+2x+k$의 역함수가 존재하고
$f(1)=2$일 때, $f^{-1}(-6)+f^{-1}(8)$의 값은?

(단, k는 상수)

① 2   ② 3   ③ 4

④ 5   ⑤ 6

0846 빈출 상

함수 $f(x)$의 역함수를 $g(x)$라 할 때, 함수 $f(4x+5)$의 역함수를 $g(x)$에 대한 식으로 나타내면?

① $y=\dfrac{-g(x)-4}{5}$ ② $y=\dfrac{-g(x)+4}{5}$

③ $y=\dfrac{-g(x)+5}{4}$ ④ $y=\dfrac{g(x)-5}{4}$

⑤ $y=\dfrac{g(x)+5}{4}$

0847 상 학평 기출

집합 $X=\{1,\ 2,\ 3,\ 4\}$에 대하여 X에서 X로의 함수 f가

$$f(x)=\begin{cases} x^2 & (x=1,\ 2) \\ x+a & (x=3,\ 4)\ (a\text{는 상수}) \end{cases}$$

이고 함수 f의 역함수 g가 존재한다. $g^1(x)=g(x)$, $g^{n+1}=g(g^n(x))\ (n=1,\ 2,\ 3,\ \cdots)$라 할 때, $a+g^{10}(2)+g^{11}(2)$의 값은?

① 4   ② 5   ③ 6

④ 7   ⑤ 8

III. 함수와 그래프

0848 하

두 함수 f, g를 다음 그림과 같이 정의할 때,
$(g \circ f^{-1})(1)$의 값을 구하시오.

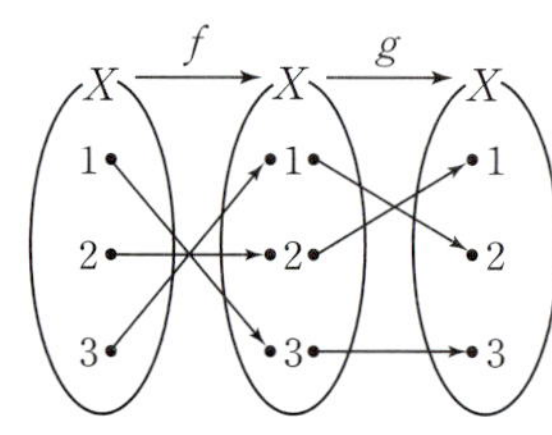

0849 중

두 함수 $f(x)=2x+7$, $g(x)=4x-3$에 대하여
$(f^{-1} \circ g)(0)+(g^{-1} \circ f)(-1)$의 값을 구하시오.

0850 중

학평 기출

두 함수
$$f(x)=4x-5, \ g(x)=3x+1$$
에 대하여 $(f \circ g^{-1})(k)=7$을 만족시키는 실수 k의 값은?

① 4   ② 7   ③ 10
④ 13   ⑤ 16

0851 중

두 함수 $f(x)=\begin{cases} 2x+3 & (x<0) \\ x^2+3 & (x\geq 0) \end{cases}$, $g(x)=-2x+6$에
대하여 $(g^{-1} \circ (g \circ f^{-1})^{-1} \circ g)(3)$의 값은?

① -5 ② -4 ③ -3
④ -2 ⑤ -1

0852 중

함수 $f(x)=3x-4$에 대하여 함수 $g(x)$가
$(g \circ f)(x)=x$를 만족시킬 때, $f^{-1}(2)+g^{-1}(2)$의 값은?

① 2   ② 4   ③ 6
④ 8   ⑤ 10

0853 중

| 서술형 |

두 함수 $f(x)=3x-1$, $g(x)=-x+2$에 대하여
$(f \circ (g^{-1} \circ f)^{-1} \circ f^{-1})(x)=ax+b$일 때, ab의 값을
구하시오. (단, a, b는 상수)

0854 중

함수 $f(x)=-2x|x|+a$에 대하여 $f^{-1}(-4)=2$일 때, $(f\circ f)^{-1}(-4)$의 값은? (단, a는 상수)

① 1　　　　② 2　　　　③ 3
④ 4　　　　⑤ 5

0855 중

두 함수 $f(x)=2x-1$, $g(x)=ax+b$에 대하여 $(f^{-1}\circ g^{-1})(3)=4$, $(g\circ f^{-1})(-5)=-6$일 때, $a-2b$의 값은? (단, a, b는 상수)

① 1　　　　② 3　　　　③ 5
④ 7　　　　⑤ 9

0856 중

두 함수 $f(x)$, $g(x)$에 대하여 $(f\circ g)(x)=-4x+2$이고 $h(x)=3x$일 때, $(h^{-1}\circ g^{-1}\circ f^{-1})(14)$의 값을 구하시오.

0857 상

두 함수 $f:X\longrightarrow Y$, $g:Y\longrightarrow Z$에 대하여 보기에서 옳은 것만을 있는 대로 고르시오.

┌ 보기 ├
ㄱ. 두 함수 f, g가 일대일대응이면 $(g\circ f)^{-1}=f^{-1}\circ g^{-1}$이다.
ㄴ. 집합 X의 모든 원소 x에 대하여 $(g\circ f)(x)=x$이면 f는 g의 역함수이다.
ㄷ. 함수 f가 일대일대응인 것은 함수 f의 역함수가 존재하기 위한 필요충분조건이다.
ㄹ. 함수 f의 역함수 f^{-1}가 존재할 때, 두 함수 $f\circ f^{-1}$와 $f^{-1}\circ f$는 서로 같다.

0858 상　　학평 기출

세 집합
$$A=\{1,\,2,\,3\},\ B=\{4,\,5,\,6\},\ C=\{7,\,8,\,9\}$$
에 대하여 두 함수 $f:A\longrightarrow B$와 $g:B\longrightarrow C$가 일대일대응이다. 함수 $(g\circ f)^{-1}:C\longrightarrow A$가 그림과 같고 $f(1)=4$, $g(6)=9$일 때, $f(2)+g(5)$의 값은?

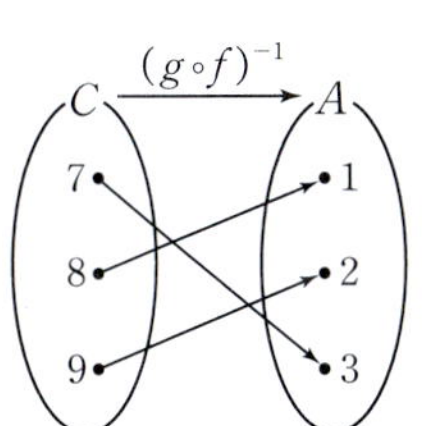

① 11　　　　② 12　　　　③ 13
④ 14　　　　⑤ 15

0859 상

세 함수 $f(x)=x+1$, $g(x)=-5x+2$, $h(x)$에 대하여 $(f^{-1} \circ g^{-1} \circ h)(x)=f(x)$가 성립할 때, $h(-3)$의 값을 구하시오.

0860 상

실수 전체의 집합에서 정의된 세 함수 f, g, h가 다음 조건을 만족시킬 때, $h^{-1}(8)$의 값은? (단, a는 상수)

> (가) $f(x)=2x-2$
> (나) $(f \circ h)(x)=3x+a$
> (다) $(g \circ (f^{-1} \circ g)^{-1} \circ h)(-1)=-4$

① 2   ② 3   ③ 4
④ 5   ⑤ 6

0861 상   학평 기출

두 집합 $X=\{1, 2, 3, 4\}$, $Y=\{2, 4, 6, 8\}$에 대하여 함수 $f : X \longrightarrow Y$가 다음 조건을 만족시킨다.

> (가) 함수 f는 일대일대응이다.
> (나) $f(1) \neq 2$
> (다) 등식 $\dfrac{1}{2}f(a)=(f \circ f^{-1})(a)$를 만족시키는 a의 개수는 2이다.

$f(2) \times f^{-1}(2)$의 값을 구하시오.

5 역함수의 그래프의 성질

0862 하

함수 $f(x)=\dfrac{3}{2}x+4$의 그래프와 그 역함수 $y=f^{-1}(x)$의 그래프의 교점의 좌표가 (a, b)일 때, $a+b$의 값을 구하시오.

0863 중

함수 $f(x)=3x+4$의 역함수를 $g(x)$라 하자. 함수 $y=g(x)$의 그래프는 점 $(10, a)$를 지나고 함수 $y=f(x)$의 그래프는 점 (b, a)를 지날 때, $a-3b$의 값은?

① 2   ② 4   ③ 6
④ 8   ⑤ 10

0864 중   빈출

함수 $f(x)=ax+b$에 대하여 함수 $y=f(x)$의 그래프와 그 역함수 $y=f^{-1}(x)$의 그래프가 모두 점 $(2, -3)$을 지날 때, ab의 값은? (단, a, b는 상수)

① 1   ② 2   ③ 3
④ 4   ⑤ 5

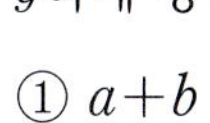 0865 중

함수 $y=f(x)$의 그래프와 직선 $y=x$가 오른쪽 그림과 같을 때, $(f \circ f)(a)+(f \circ f)^{-1}(d)$의 값은? (단, 모든 점선은 x축 또는 y축에 평행하다.)

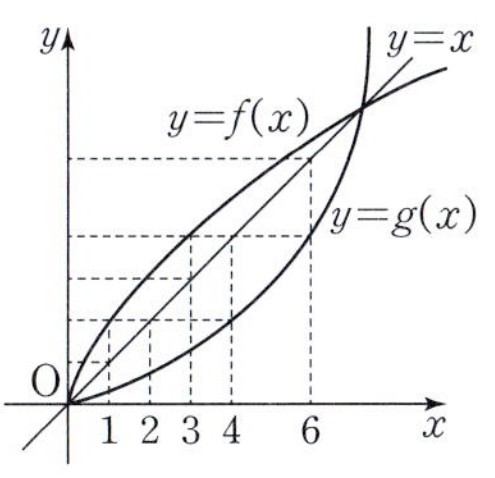

① $a+b$ ② $a+c$
③ $b+c$ ④ $b+d$
⑤ $c+d$

0866 중

$x \geq 0$에서 정의된 두 함수 $y=f(x)$, $y=g(x)$의 그래프와 직선 $y=x$가 오른쪽 그림과 같을 때, $f^{-1}(2)+(f^{-1} \circ g)^{-1}(3)$의 값을 구하시오. (단, 모든 점선은 x축 또는 y축에 평행하다.)

0867 중

| 서술형 |

함수 $f(x)=-x^2-2x+4\,(x \leq -1)$의 그래프와 그 역함수 $y=f^{-1}(x)$의 그래프의 교점을 P라 할 때, 선분 OP의 길이를 구하시오. (단, O는 원점)

0868 중

함수 $f(x)=x^2+4x+2\,(x \geq -2)$의 역함수를 $g(x)$라 할 때, 두 함수 $y=f(x)$, $y=g(x)$의 그래프의 두 교점의 x좌표를 각각 α, β라 하자. 이때 보기에서 옳은 것만을 있는 대로 고르시오.

> 보기
>
> ㄱ. 두 교점 사이의 거리는 1이다.
> ㄴ. $\alpha^3+\beta^3=-9$
> ㄷ. 함수 $y=g(x)$의 그래프와 직선 $y=x$의 교점의 x좌표의 합은 -3이다.

0869 상

함수

$$f(x)=\begin{cases} 2x & (x<2) \\ \dfrac{1}{2}x+3 & (x \geq 2) \end{cases}$$

의 역함수를 $g(x)$라 할 때, 두 함수 $y=f(x)$, $y=g(x)$의 그래프로 둘러싸인 부분의 넓이는?

① 10   ② 12   ③ 14
④ 16   ⑤ 18

0870 상

함수 $f(x)=x^2-4x+k\,(x \geq 2)$와 그 역함수 $y=f^{-1}(x)$의 그래프가 서로 다른 두 점에서 만나도록 하는 정수 k의 값을 구하시오.

0871

$0 \leq x \leq 3$에서 정의된 함수 $y=f(x)$의 그래프가 오른쪽 그림과 같을 때, 방정식 $f(f(x))=\dfrac{3}{2}-f(x)$의 서로 다른 실근의 개수는?

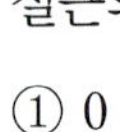

① 0   ② 1   ③ 2
④ 3   ⑤ 4

0872

집합 $X=\{0,\ 1,\ 2\}$일 때, X에서 X로의 세 함수 f_1, f_2, f_3은 다음과 같다.

$$f_1(x)=0,\ f_2(x)=1,\ f_3(x)=|x-2|$$

이차정사각행렬 A의 $(i,\ j)$ 성분 a_{ij}를

$$a_{ij}=\begin{cases}(f_{i+1}\circ f_i)(i) & (i=j)\\(f_{j+1}\circ f_j)(j) & (i\neq j)\end{cases}$$

로 정의할 때, 행렬 A^7의 모든 성분의 합을 구하시오.

0873

두 함수

$$f(x)=x+a,\ g(x)=\begin{cases}2x-6 & (x<a)\\x^2 & (x\geq a)\end{cases}$$

에 대하여 $(g\circ f)(1)+(f\circ g)(4)=57$을 만족시키는 모든 실수 a의 값의 합을 S라 할 때, $10S^2$의 값을 구하시오.

0874

집합 $X=\{-2,\ -1,\ 0,\ 1,\ 2\}$에 대하여 함수 $f:X \longrightarrow X$가 역함수가 존재하고 다음 조건을 만족시킨다.

> (가) $(f\circ f)(-1)+f^{-1}(-2)=4$
> (나) $k=0,\ 1$일 때, $f(k)\times f(k-2)\leq 0$이다.

$6f(0)+5f(1)+2f(2)$의 값을 구하시오.

0875

함수 $y=f(x)$와 그 역함수 $y=f^{-1}(x)$의 그래프가 다음 그림과 같다. 함수 $y=f(x)$의 그래프 위의 두 점 A, D와 함수 $y=f^{-1}(x)$의 그래프 위의 두 점 B, C가 다음 조건을 만족시킨다.

(가) 점 A의 좌표는 $(3, 4)$이다.
(나) 두 선분 AB, DC는 각각 직선 $y=x$에 수직이다.
(다) 직선 BD는 x축에 평행하다.

$f(3)=f^{-1}(3)+12$일 때, 사각형 ADCB의 넓이를 구하시오.

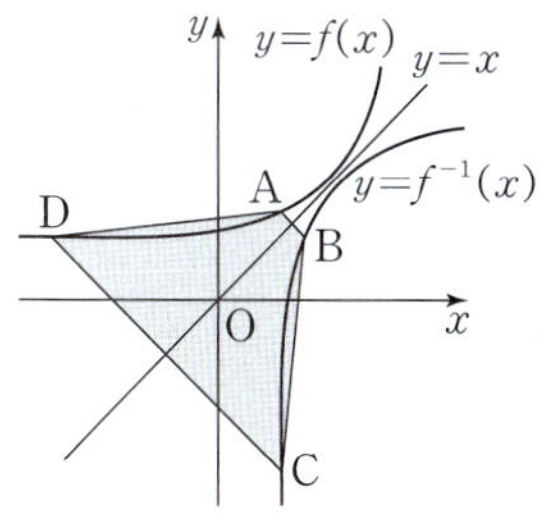

0876

두 함수 $f(x)=\begin{cases} -3x+4 & (x<1) \\ -\dfrac{1}{3}x+\dfrac{4}{3} & (x\geq1) \end{cases}$ 와 $g(x)$가 모든 실수 x에 대하여 $g(f^{-1}(x))+g(f(x))=\dfrac{3}{2}x+\dfrac{7}{2}$ 을 만족시킬 때, $g(2)$의 값을 구하시오.

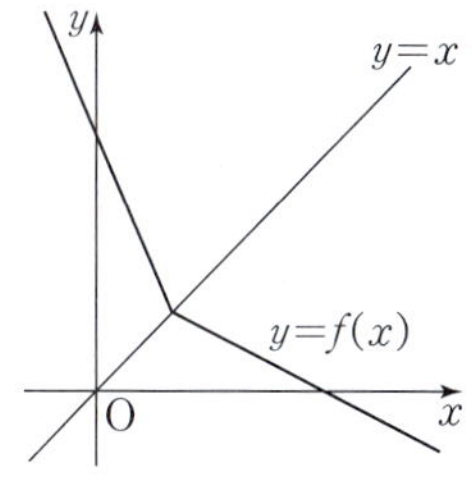

0877

집합 $S=\{n\,|\,1\leq n\leq100,\ n$은 9의 배수$\}$의 공집합이 아닌 부분집합 X와 집합 $Y=\{0,\ 1,\ 2,\ 3,\ 4,\ 5,\ 6\}$에 대하여 함수 $f:X\longrightarrow Y$를

$f(n)$은 'n을 7로 나눈 나머지'

로 정의하자. 함수 $f(n)$의 역함수가 존재하도록 하는 집합 X의 개수를 구하시오.

0878

두 이차함수 $f(x)=x^2-2x-3$, $g(x)=x^2+2x+a$가 있다. x에 대한 방정식 $f(g(x))=f(x)$의 서로 다른 실근의 개수가 2가 되도록 하는 정수 a의 개수는?

① 1   ② 2   ③ 3
④ 4   ⑤ 5

13 유리함수

답: ❶ AC

1 유리식

☑ 필수 기출 1

(1) 유리식

두 다항식 A, $B\,(B\neq 0)$에 대하여 $\dfrac{A}{B}$ 꼴로 나타내어지는 식

> 참고 B가 0이 아닌 상수이면 $\dfrac{A}{B}$ 는 다항식이므로 다항식도 유리식이다.

(2) 유리식의 성질

세 다항식 A, B, $C\,(BC\neq 0)$에 대하여

① $\dfrac{A}{B}=\dfrac{A\times C}{B\times C}$ 　　　　　② $\dfrac{A}{B}=\dfrac{A\div C}{B\div C}$

> 참고 두 개 이상의 유리식을 통분할 때는 ①의 성질을, 약분할 때는 ②의 성질을 이용한다.

2 유리식의 사칙연산

☑ 필수 기출 1, 2

네 다항식 A, B, C, D에 대하여

(1) $\dfrac{A}{C}+\dfrac{B}{C}=\dfrac{A+B}{C}$ (단, $C\neq 0$) 　　　(2) $\dfrac{A}{C}-\dfrac{B}{C}=\dfrac{A-B}{C}$ (단, $C\neq 0$)

(3) $\dfrac{A}{B}\times\dfrac{C}{D}=\dfrac{\boxed{❶}}{BD}$ (단, $BD\neq 0$) 　　　(4) $\dfrac{A}{B}\div\dfrac{C}{D}=\dfrac{A}{B}\times\dfrac{D}{C}=\dfrac{AD}{BC}$ (단, $BCD\neq 0$)

> 참고 유리식의 덧셈, 곱셈에 대하여 교환법칙과 결합법칙이 성립한다.

📎 기출 PICK

여러 가지 형태의 유리식의 계산

(1) (분자의 차수)≥(분모의 차수)인 경우
　➡ 분자를 분모로 나누어 (분자의 차수)<(분모의 차수)가 되도록 변형한다.

(2) 분모가 두 개 이상의 인수의 곱인 경우
　➡ $\dfrac{1}{AB}=\dfrac{1}{B-A}\left(\dfrac{1}{A}-\dfrac{1}{B}\right)\,(A\neq B,\ AB\neq 0)$임을 이용한다.

(3) 분모 또는 분자가 분수식인 경우
　➡ $\dfrac{\frac{A}{B}}{\frac{C}{D}}=\dfrac{A}{B}\div\dfrac{C}{D}=\dfrac{A}{B}\times\dfrac{D}{C}=\dfrac{AD}{BC}\,(BCD\neq 0)$임을 이용한다.

유리식의 값 구하기

(1) 비례식이 주어진 경우
　➡ 각 문자를 비례상수 k에 대한 식으로 나타낸 후 주어진 유리식에 대입한다.
　➡ $a:b:c=d:e:f\iff\dfrac{a}{d}=\dfrac{b}{e}=\dfrac{c}{f}$
　　　　　$\iff a=dk,\,b=ek,\,c=fk$ (단, $k\neq 0$)

(2) $a+b+c=0$이 주어진 경우
　➡ $a+b=-c,\,b+c=-a,\,c+a=-b$를 주어진 유리식에 대입하여 간단히 하거나 주어진 유리식을 $a+b+c$
　　를 포함한 식으로 변형한 후 $a+b+c=0$임을 이용한다.

(3) 등식이 주어진 경우
　➡ 등식에 포함된 문자를 한 문자에 대한 식으로 나타낸 후 주어진 유리식에 대입한다.

---

3 유리함수

☑ 필수 기출 3

(1) 유리함수

함수 $y=f(x)$에서 $f(x)$가 x에 대한 유리식일 때, 이 함수를 ❷ [　　　　]라 한다.
특히 $f(x)$가 x에 대한 다항식일 때, 이 함수를 다항함수라 한다.

> **참고** 다항식도 유리식이므로 다항함수도 유리함수이고, 유리함수 중에서 다항함수가 아닌 유리함수를 분수함수라 한다.

(2) 유리함수에서 정의역이 주어져 있지 않은 경우에는 분모가 0이 되지 않도록 하는 실수 전체의 집합을 정의역으로 생각한다.

4 유리함수의 그래프

☑ 필수 기출 3~9

(1) 점근선

곡선 위의 점이 어떤 직선에 한없이 가까워질 때, 이 직선을 그 곡선의 ❸ [　　　　]이라 한다.

(2) 유리함수 $y=\dfrac{k}{x}$ $(k \neq 0)$의 그래프

① 정의역: $\{x \,|\, x \neq 0$인 실수$\}$, 치역: $\{y \,|\, y \neq 0$인 실수$\}$

② $k>0$이면 그래프는 제1사분면, 제3사분면에 있고,
　$k<0$이면 그래프는 제2사분면, 제4사분면에 있다.

③ 점근선은 x축, y축이다. ← $x=0$, $y=0$

④ 원점에 대하여 대칭이고, 두 직선 $y=x$, $y=-x$에 대하여 대칭이다.

⑤ $|k|$의 값이 커질수록 그래프는 원점에서 멀어진다.

> **참고** 유리함수 $y=\dfrac{k}{x}$ $(k \neq 0)$의 그래프는 직선 $y=x$에 대하여 대칭이므로 유리함수
> $y=\dfrac{k}{x}$ $(k \neq 0)$의 역함수는 자기 자신이다.

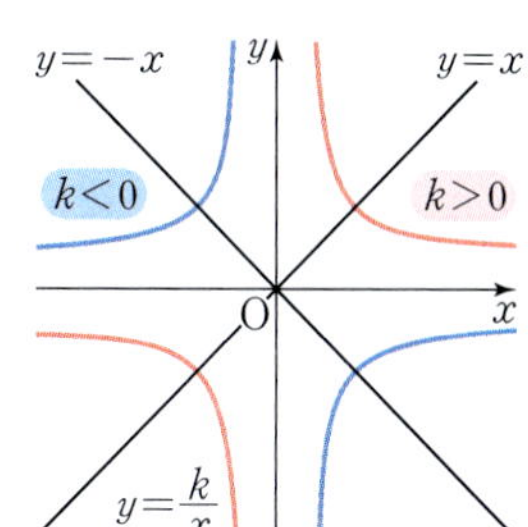

(3) 유리함수 $y=\dfrac{k}{x-p}+q$ $(k \neq 0)$의 그래프

① 유리함수 $y=\dfrac{k}{x-p}+q$ $(k \neq 0)$의 그래프는 유리함수 $y=\dfrac{k}{x}$의

그래프를 x축의 방향으로 ❹ [　] 만큼, y축의 방향으로
❺ [　] 만큼 평행이동한 것이다.

② 정의역: $\{x \,|\, x \neq p$인 실수$\}$, 치역: $\{y \,|\, y \neq q$인 실수$\}$

③ 점근선은 두 직선 $x=p$, $y=q$이다.

④ 점 (p, q)에 대하여 대칭이고, 두 직선 $y=(x-p)+q$,
　$y=-(x-p)+q$에 대하여 대칭이다.

> **참고** 점 (p, q)는 두 점근선의 교점이다.

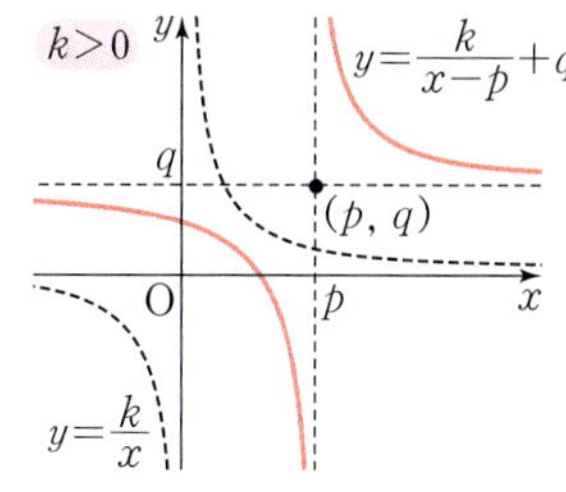

✎ 기출 PICK

유리함수 $y=\dfrac{ax+b}{cx+d}$ $(ad-bc \neq 0,\ c \neq 0)$의 그래프

유리함수 $y=\dfrac{ax+b}{cx+d}$ $(ad-bc \neq 0,\ c \neq 0)$의 그래프는 $y=\dfrac{k}{x-p}+q$ $(k \neq 0)$ 꼴로 변형하여 그린다. 이때 그래프

의 점근선은 두 직선 $x=-\dfrac{d}{c}$, $y=\dfrac{a}{c}$이고 그래프는 두 점근선의 교점 $\left(-\dfrac{d}{c},\ \dfrac{a}{c}\right)$에 대하여 대칭이다.

유리함수의 그래프와 직선의 위치 관계

유리함수 $y=f(x)$의 그래프와 직선 $y=g(x)$의 위치 관계는

(1) 정의역이 주어지지 않으면 방정식 $f(x)-g(x)=0$에서 얻은 이차방정식의 판별식을 이용한다.

(2) 정의역이 주어지면 유리함수 $y=f(x)$의 그래프를 그린 후 주어진 조건을 만족시키도록 직선 $y=g(x)$를 움직여 본다.

답: ❷ 유리함수　❸ 점근선　❹ p　❺ q

1 유리식의 사칙연산

0879 (하)

$\dfrac{x-1}{x+2} - \dfrac{2}{x-3} + \dfrac{7x-1}{x^2-x-6}$ 을 계산하면?

① $\dfrac{x-3}{x+2}$ ② $\dfrac{x+1}{x+2}$ ③ 1

④ $\dfrac{x-1}{x-3}$ ⑤ $\dfrac{x+2}{x-3}$

0880 (하)

$\dfrac{2x-6}{x^2-4} \times \dfrac{x+2}{x^2-6x+9} \div \dfrac{2}{x-3}$ 를 계산하면?

① 2 ② $x-3$ ③ $\dfrac{1}{x-2}$

④ $\dfrac{2}{x-2}$ ⑤ $\dfrac{x+2}{x-3}$

0881 (하)

분모를 0으로 만들지 않는 모든 실수 x에 대하여 등식

$$\dfrac{3x}{x^2-3x+2} + \dfrac{4}{x-1} = \dfrac{cx+d}{(x-a)(x-b)}$$

가 성립할 때, $ab-cd$의 값은? (단, a, b, c, d는 상수)

① 52 ② 54 ③ 56

④ 58 ⑤ 60

0882 (중)

다음 중 옳지 <u>않은</u> 것은?

① $\dfrac{2}{x+1} - \dfrac{1}{x-1} = \dfrac{x-3}{(x+1)(x-1)}$

② $\dfrac{x-1}{x-2} + \dfrac{3x}{x^2-2x} = \dfrac{x+2}{x-2}$

③ $\dfrac{x+4}{x^2-x-2} - \dfrac{x}{x^2-3x+2} = \dfrac{1}{(x+1)(x-1)}$

④ $\dfrac{x-3}{x+2} \times \dfrac{x^2+x-2}{x^2-3x} = \dfrac{x-1}{x}$

⑤ $\dfrac{x^2+2x}{x-1} \div \dfrac{x^2-4}{x^2-1} = \dfrac{x(x+1)}{x-2}$

0883 (중)

다음 식을 계산하시오.

$$\dfrac{x^2}{(x-y)(z-x)} + \dfrac{y^2}{(x-y)(y-z)} + \dfrac{z^2}{(y-z)(z-x)}$$

0884 (중) ⭐빈출

$x \neq 2$인 모든 실수 x에 대하여 등식

$$\dfrac{a}{x-2} + \dfrac{x+b}{x^2+2x+4} = \dfrac{-x-10}{x^3-8}$$

이 성립할 때, $b-a$의 값을 구하시오. (단, a, b는 상수)

0885 (중)

$\dfrac{1}{2\times3}+\dfrac{1}{3\times4}+\dfrac{1}{4\times5}+\cdots+\dfrac{1}{24\times25}$ 의 값을 구하시오.

0886 (중) 빈출

분모를 0으로 만들지 않는 모든 실수 x에 대하여 등식

$$\dfrac{1}{x(x+1)}+\dfrac{2}{(x+1)(x+3)}+\dfrac{3}{(x+3)(x+6)}$$
$$=\dfrac{6}{ax^2+bx}$$

이 성립할 때, $a-b$의 값은? (단, a, b는 상수)

① -9 ② -7 ③ -5
④ -3 ⑤ -1

0887 (중) 빈출

$x\neq1$인 모든 실수 x에 대하여 다음 등식이 성립할 때, $a+b-c$의 값은? (단, a, b, c는 상수)

$$\dfrac{x+2}{x^2-2x+1}=\dfrac{a}{x-1}+\dfrac{b}{(x-1)^2}+\dfrac{c}{(x-1)^3}$$

① 1   ② 2   ③ 3
④ 4   ⑤ 5

0888 (중) | 서술형 |

분모를 0으로 만들지 않는 모든 실수 x에 대하여 등식

$$\dfrac{2}{x^2+2x}+\dfrac{3}{1+\dfrac{1}{x+1}}=\dfrac{f(x)}{x^2+2x}$$

가 성립할 때, $f(-2)$의 값을 구하시오.

0889 (중)

분모를 0으로 만들지 않는 모든 실수 x에 대하여 등식

$$\dfrac{x+1}{x}-\dfrac{x+2}{x+1}+\dfrac{x-1}{x-2}-\dfrac{x-2}{x-3}$$
$$=\dfrac{ax+b}{x(x+1)(x-2)(x-3)}$$

가 성립할 때, ab의 값을 구하시오. (단, a, b는 상수)

0890 (중) | 서술형 |

$\dfrac{\dfrac{1}{n+1}-\dfrac{1}{n+5}}{\dfrac{1}{n+5}-\dfrac{1}{n+9}}$ 의 값이 자연수가 되도록 하는 모든 정수 n의 값의 합을 구하시오.

0891 (상)

$$\frac{16}{57} = \cfrac{1}{a+\cfrac{1}{b+\cfrac{1}{c+\cfrac{1}{d+\cfrac{1}{e}}}}}$$ 을 만족시키는 자연수 a, b,

c, d, e에 대하여 $a+b+c+d+e$의 값은?

① 6   ② 7   ③ 8
④ 9   ⑤ 10

0892 (상)

분모를 0으로 만들지 않는 모든 실수 x에 대하여 등식

$$\frac{1}{(x-1)(x-2)(x-3)\times\cdots\times(x-8)}$$
$$= \frac{a_1}{x-1} + \frac{a_2}{x-2} + \frac{a_3}{x-3} + \cdots + \frac{a_8}{x-8}$$

이 성립할 때, $a_1+a_2+a_3+\cdots+a_8$의 값을 구하시오.

(단, a_1, a_2, a_3, ..., a_8은 상수)

0893 (상)

$\dfrac{1}{1^2+2} + \dfrac{1}{3^2+6} + \dfrac{1}{5^2+10} + \cdots + \dfrac{1}{57^2+114} = \dfrac{q}{p}$일 때,

$p+q$의 값은? (단, p, q는 서로소인 자연수)

① 80   ② 84   ③ 88
④ 92   ⑤ 96

0894 (하)

세 실수 x, y, z에 대하여 $x : y : z = 3 : 4 : 7$일 때,

$\dfrac{3x+2y-z}{x-2y+3z}$의 값을 구하시오. (단, $xyz \neq 0$)

0895 (중)

서로 다른 두 양수 x, y에 대하여 $x^2 - 5xy + 4y^2 = 0$일 때,

$\dfrac{x^2 - 3xy + 3y^2}{2xy - x^2}$의 값을 구하시오.

0896 (중)

| 서술형 |

$x - y + z = 0$, $x + 5y - z = 0$일 때, $\dfrac{x^2+y^2+z^2}{xy+yz+zx}$의 값

을 구하시오. (단, $xyz \neq 0$)

0897 중

0이 아닌 두 실수 x, y에 대하여 $\dfrac{x+xy+y}{x-xy+y}=9$일 때, $\dfrac{1}{x}+\dfrac{1}{y}$의 값은?

① $\dfrac{10}{9}$ ② $\dfrac{9}{8}$ ③ $\dfrac{7}{6}$

④ $\dfrac{5}{4}$ ⑤ $\dfrac{4}{3}$

0898 중

| 서술형 |

0이 아닌 세 실수 a, b, c에 대하여
$$(a+b):(b+c):(c+a)=5:7:8$$
일 때, $\dfrac{bc}{a^2+2bc-c^2}$의 값을 구하시오.

0899 중

$a+2b+3c=0$일 때,
$$a\left(\dfrac{1}{2b}+\dfrac{1}{3c}\right)+2b\left(\dfrac{1}{3c}+\dfrac{1}{a}\right)+3c\left(\dfrac{1}{a}+\dfrac{1}{2b}\right)$$
의 값은? (단, $abc\neq0$)

① -3 ② -2 ③ -1

④ 0 ⑤ 1

0900 상

0이 아닌 세 실수 x, y, z에 대하여 $x-\dfrac{4}{z}=1$, $\dfrac{1}{x}-y=1$일 때, $\dfrac{12}{xyz}$의 값은?

① -5 ② -3 ③ -1

④ 1 ⑤ 3

0901 상

0이 아닌 세 실수 a, b, c에 대하여
$$\dfrac{1}{a^2}+\dfrac{1}{b^2}+\dfrac{1}{c^2}=\left(\dfrac{1}{a}+\dfrac{1}{b}+\dfrac{1}{c}\right)^2$$
일 때, $\dfrac{a^3+b^3+c^3}{abc}$의 값을 구하시오.

0902 상

0이 아닌 세 실수 a, b, c가
$$\dfrac{3a-b-c}{3a}=\dfrac{-a+3b-c}{3b}=\dfrac{-a-b+3c}{3c}$$
를 만족시킨다. $\dfrac{(a+b)(b+c)(c+a)}{2abc}=p$일 때, 모든 실수 p의 값의 곱은?

① -4 ② -2 ③ -1

④ 1 ⑤ 2

0903 하

함수 $y=\dfrac{4x-6}{x-2}$ 의 정의역이 $\{x\,|\,x\geq 4\}$ 일 때, 치역은?

① $\{y\,|\,y\neq 4$ 인 실수$\}$
② $\{y\,|\,y>4\}$
③ $\{y\,|\,4\leq y<5\}$
④ $\{y\,|\,4<y\leq 5\}$
⑤ $\{y\,|\,y\leq 5\}$

0904 하

함수 $y=\dfrac{mx+3}{x+n}$ 의 정의역은 $\{x\,|\,x\neq -1$ 인 실수$\}$ 이고 치역은 $\{y\,|\,y\neq 5$ 인 실수$\}$ 일 때, 상수 m, n 에 대하여 mn 의 값은?

① 5
② 10
③ 15
④ 20
⑤ 25

0905 중
| 서술형 |

함수 $y=\dfrac{3x+5}{x+a}$ 의 정의역과 치역이 서로 같을 때, 상수 a 의 값을 구하시오.

0906 중 빈출

함수 $y=\dfrac{2x+1}{x-4}$ 의 치역이 $\{y\,|\,y\leq -1$ 또는 $y\geq 3\}$ 일 때, 정의역에 속하는 자연수의 개수를 구하시오.

0907 중
| 학평 기출 |

두 상수 a, b 에 대하여 정의역이 $\{x\,|\,2\leq x\leq a\}$ 인 함수 $y=\dfrac{3}{x-1}-2$ 의 치역이 $\{y\,|\,-1\leq y\leq b\}$ 일 때, $a+b$ 의 값은? (단, $a>2$, $b>-1$)

① 5
② 6
③ 7
④ 8
⑤ 9

0908 상

정의역이 $\{x\,|\,x\geq -1\}$ 인 함수 $f(x)=\dfrac{8x+a}{x+2}$ 의 치역의 원소 중 정수의 개수가 5가 되도록 하는 모든 정수 a 의 값의 합을 구하시오.

4 유리함수의 그래프

0909 하

함수 $y=\dfrac{4x+2}{x+1}$ 의 그래프는 함수 $y=\dfrac{k}{x}$ 의 그래프를 x축의 방향으로 a만큼, y축의 방향으로 b만큼 평행이동한 것이다. 이때 $k+a+b$의 값은? (단, k는 상수)

① -2 ② -1 ③ 0
④ 1 ⑤ 2

0910 하

함수 $y=\dfrac{6x-4}{2x-1}$ 의 그래프의 점근선의 방정식이 $x=a$, $y=b$일 때, 상수 a, b에 대하여 $a+b$의 값을 구하시오.

0911 하

함수 $y=\dfrac{-3x+2}{x-1}$ 의 그래프가 지나지 <u>않는</u> 사분면은?

① 제1사분면   ② 제2사분면   ③ 제3사분면
④ 제1, 3사분면   ⑤ 제2, 4사분면

0912 중   수능 기출

좌표평면에서 함수 $y=\dfrac{3}{x-5}+k$ 의 그래프가 직선 $y=x$ 에 대하여 대칭일 때, 상수 k의 값은?

① 1 ② 2 ③ 3
④ 4 ⑤ 5

0913 빈출 중

함수 $y=\dfrac{2}{x+5}+3$ 의 그래프에 대하여 보기에서 옳은 것만을 있는 대로 고른 것은?

> 보기
>
> ㄱ. 함수 $y=\dfrac{2}{x}$ 의 그래프를 평행이동한 것이다.
> ㄴ. 점 $(-5,\ 3)$에 대하여 대칭이다.
> ㄷ. 제2사분면을 지나지 않는다.

① ㄱ   ② ㄴ   ③ ㄱ, ㄴ
④ ㄴ, ㄷ   ⑤ ㄱ, ㄴ, ㄷ

0914 빈출 중

보기에서 그 그래프가 함수 $y=-\dfrac{2}{x}$ 의 그래프를 평행이동하여 겹쳐지는 함수인 것만을 있는 대로 고르시오.

> 보기
>
> ㄱ. $y=\dfrac{2x-1}{x}$ ㄴ. $y=\dfrac{x-3}{x-1}$
> ㄷ. $y=\dfrac{2x+7}{x+3}$ ㄹ. $y=\dfrac{3x-4}{2-x}$

0915 중   학평 기출

함수 $y=\dfrac{b}{x-a}$ 의 그래프가 점 $(2,\ 4)$를 지나고 한 점근선의 방정식이 $x=4$일 때, $a-b$의 값은?
(단, a, b는 상수이다.)

① 6 ② 8 ③ 10
④ 12 ⑤ 14

0916 중　　　　　　　　　　　　　　| 서술형 |

두 함수 $y=\dfrac{3x-5}{1-x}$, $y=\dfrac{bx-4}{3x+a}$ 의 그래프의 점근선이 일치할 때, 상수 a, b에 대하여 $a-b$의 값을 구하시오.

0917 중

함수 $y=\dfrac{2x+3}{x+4}$ 의 그래프가 점 $(p,\,q)$에 대하여 대칭이고, 직선 $y=x+r$에 대하여 대칭일 때, $p+q+r$의 값을 구하시오. (단, r는 상수)

0918 중

함수 $y=\dfrac{ax+b}{x+3}$ 의 그래프가 점 $(c,\,1)$에 대하여 대칭이고 y축과 만나는 점의 y좌표는 2일 때, abc의 값을 구하시오. (단, a, b는 상수)

0919 중

함수 $y=\dfrac{ax+b}{x+c}$ 의 그래프가 점 $(1,\,-2)$를 지나고 두 직선 $y=x-1$, $y=-x+5$에 대하여 대칭일 때, $a-b-c$의 값은? (단, a, b, c는 상수)

① 2　　　　　　② 3　　　　　　③ 4
④ 5　　　　　　⑤ 6

0920 중　　　　　　　　　　　　　　학평 기출

유리함수 $f(x)=\dfrac{3x+k}{x+4}$ 의 그래프를 x축의 방향으로 -2만큼, y축의 방향으로 3만큼 평행이동한 곡선을 $y=g(x)$라 하자. 곡선 $y=g(x)$의 두 점근선의 교점이 곡선 $y=f(x)$ 위의 점일 때, 상수 k의 값은?

① -6　　　　　② -3　　　　　③ 0
④ 3　　　　　　⑤ 6

0921 중　　　　　　　　　　　　　　학평 기출

함수 $y=\dfrac{3x+k-10}{x+1}$ 의 그래프가 제4사분면을 지나도록 하는 모든 자연수 k의 개수는?

① 5　　　　　　② 7　　　　　　③ 9
④ 11　　　　　⑤ 13

0922 중

함수 $y=\dfrac{k}{x}$ 의 그래프를 x축의 방향으로 1만큼, y축의 방향으로 2만큼 평행이동한 그래프가 제3사분면을 지나지 않도록 하는 실수 k의 값의 범위를 구하시오. (단, $k\neq0$)

0923 중

함수 $f(x)=\dfrac{a}{x+3}-4$의 그래프는 제2, 3, 4사분면만을 지나고, 함수 $g(x)=\dfrac{a}{x+2}-3$의 그래프는 모든 사분면을 지나도록 하는 정수 a의 개수를 구하시오. (단, $a\neq0$)

0924 중

학평 기출

좌표평면에서 곡선

$$y=\frac{k}{x-2}+1\,(k<0)$$

이 x축, y축과 만나는 점을 각각 A, B라 하고, 이 곡선의 두 점근선의 교점을 C라 하자. 세 점 A, B, C가 한 직선 위에 있도록 하는 상수 k의 값은?

① -5 ② -4 ③ -3

④ -2 ⑤ -1

0925 상

함수 $y=\dfrac{2x-1}{x-1}$의 그래프가 두 직선 l_1, l_2에 대하여 대칭일 때, 두 직선 l_1, l_2와 y축으로 둘러싸인 부분의 넓이를 구하시오.

0926 상

빈출

| 서술형 |

두 함수 $y=\dfrac{3x+1}{x-k}$, $y=\dfrac{-kx-1}{x+1}$의 그래프의 점근선으로 둘러싸인 부분의 넓이가 24일 때, 양수 k의 값을 구하시오.

0927 상

유리함수 $f(x)=\dfrac{ax+b}{cx+d}$의 그래프가 두 직선 $y=x-\dfrac{7}{2}$, $y=-x+\dfrac{11}{2}$에 대하여 대칭일 때, $f(1)+f(2)+f(3)+\cdots+f(8)$의 값은?

(단, a, b, c, d는 상수)

① 0 ② 2 ③ 4

④ 6 ⑤ 8

0928 상

함수 $y=\dfrac{x+3a-4}{x-2}$의 그래프가 지나는 사분면의 개수가 3이 되도록 하는 정수 a의 최댓값은?

① -2 ② -1 ③ 0

④ 1 ⑤ 2

0929 (하)

함수 $y=\dfrac{k}{x-a}+b$의 그래프가 오른쪽 그림과 같을 때, 상수 a, b, k에 대하여 $a+b+k$의 값은?

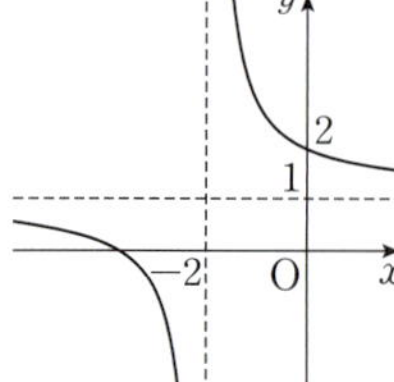

① 1   ② 2
③ 3   ④ 4
⑤ 5

★빈출 0930 (중)

보기에서 그 그래프가 오른쪽 함수의 그래프를 평행이동하여 겹쳐지는 함수인 것만을 있는 대로 고른 것은?

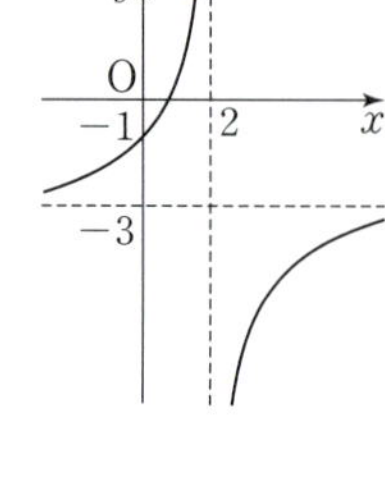

보기

ㄱ. $y=\dfrac{4}{x}+2$

ㄴ. $y=-\dfrac{4}{x-3}+1$

ㄷ. $y=-\dfrac{6}{x+1}-3$

① ㄱ   ② ㄴ   ③ ㄷ
④ ㄱ, ㄴ   ⑤ ㄴ, ㄷ

0931 (중)

| 서술형 |

함수 $y=\dfrac{bx+c}{x+a}$의 그래프가 오른쪽 그림과 같고, 이 그래프를 y축의 방향으로 2만큼 평행이동한 그래프는 원점을 지난다. 상수 a, b, c에 대하여 $a-b-c$의 값을 구하시오.

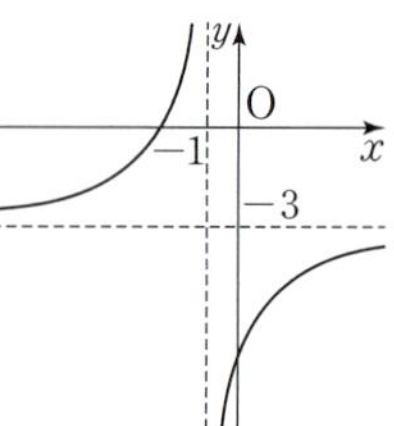

0932 (상)

함수 $y=\dfrac{b}{x-a}+c$의 그래프가 오른쪽 그림과 같이 두 직선 $x=m$, $y=n$을 점근선으로 가질 때, 보기에서 옳은 것만을 있는 대로 고른 것은?

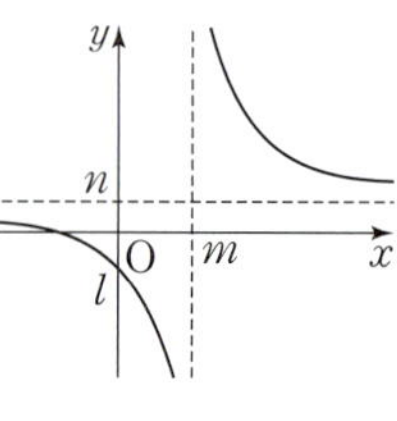

(단, a, b, c는 상수이고, $l<0<n<m$)

보기

ㄱ. $a-c>0$

ㄴ. $a+b+c<0$

ㄷ. $ac<b$

① ㄱ   ② ㄴ   ③ ㄱ, ㄴ
④ ㄱ, ㄷ   ⑤ ㄱ, ㄴ, ㄷ

6 유리함수의 최대, 최소

0933 하

$-1 \le x \le 4$에서 함수 $y = -\dfrac{7}{x-5} - 2$의 최댓값과 최솟값의 곱은?

① -5 ② $-\dfrac{25}{6}$ ③ $-\dfrac{10}{3}$

④ $-\dfrac{5}{2}$ ⑤ $-\dfrac{5}{3}$

0934 중

정의역이 $\{x \mid x^2 - 6x + 8 \ge 0\}$인 함수 $y = \dfrac{x+4}{x-3}$의 최댓값을 M, 최솟값을 m이라 할 때, $M + m$의 값은?

① 1 ② 2 ③ 3

④ 4 ⑤ 5

0935 중

정의역이 $\{x \mid -3 \le x \le 0\}$인 함수 $y = \dfrac{2}{x+4} + a$의 최댓값과 최솟값의 합이 -2일 때, 상수 a의 값은?

① $-\dfrac{9}{4}$ ② -2 ③ $-\dfrac{7}{4}$

④ $-\dfrac{3}{2}$ ⑤ $-\dfrac{5}{4}$

0936 중

$-1 \le x \le 3$에서 함수 $y = \dfrac{kx + 2k + 5}{x+2}$의 최솟값이 -1일 때, 최댓값은? (단, k는 상수)

① 3 ② 5 ③ 7

④ 9 ⑤ 11

0937 중 | 서술형 |

함수 $f(x) = \dfrac{ax+b}{x+c}$의 그래프가 점 $(3, 1)$에 대하여 대칭이고 점 $(2, 3)$을 지날 때, $-1 \le x \le 2$에서 함수 $f(x)$의 최댓값과 최솟값의 합을 구하시오. (단, a, b, c는 상수)

0938 상

정의역이 $\{x \mid -2 \le x \le 0\}$인 함수 $y = \dfrac{x+k}{x+3}$의 최댓값이 0일 때, 상수 k의 값을 구하시오.

0939 (하)

함수 $y=\dfrac{x-4}{x+1}$ 의 그래프와 직선 $y=mx+1$이 한 점에서 만날 때, 양수 m의 값은?

① 4 　　　② 8 　　　③ 12
④ 16 　　　⑤ 20

0940 (중) 빈출

함수 $y=\dfrac{x-2}{x-3}$ 의 그래프와 직선 $y=-x+m$이 만나지 않도록 하는 정수 m의 최댓값은?

① 3 　　　② 4 　　　③ 5
④ 6 　　　⑤ 7

0941 (중)

함수 $y=\dfrac{2}{x-2}+1$의 그래프와 직선 $y=kx+3$이 교점을 갖도록 하는 실수 k의 값의 범위를 구하시오.

0942 (중)

두 집합

$$A=\left\{(x,\,y)\,\middle|\,y=\frac{2x-5}{x+2}\right\},$$
$$B=\{(x,\,y)\,|\,y=mx+2\}$$

에 대하여 $A\cap B=\varnothing$일 때, 정수 m의 최솟값을 구하시오.

0943 (중) 빈출

| 서술형 |

$2\le x\le 4$에서 함수 $y=\dfrac{x+2}{x-1}$의 그래프와 직선 $y=mx-m+1$이 만나도록 하는 실수 m의 최댓값과 최솟값의 합을 구하시오.

0944 (상)

$2\le x\le 6$에서 부등식 $mx\le\dfrac{2x+3}{x-1}\le nx$가 항상 성립할 때, 실수 m, n에 대하여 $m-n$의 최댓값은?
(단, $m\ne 0$, $n\ne 0$)

① -3 　　　② -2 　　　③ -1
④ 0 　　　⑤ 1

8 유리함수의 그래프의 활용

0945 ⓒ 〔수능 기출〕

좌표평면에서 곡선 $y=\dfrac{1}{2x-8}+3$과 x축, y축으로 둘러싸인 영역의 내부에 포함되고 x좌표와 y좌표가 모두 자연수인 점의 개수는?

① 3 ② 4 ③ 5
④ 6 ⑤ 7

0946 ⓒ

오른쪽 그림과 같이 함수 $y=\dfrac{k}{x-1}+2\,(x>1)$의 그래프 위의 점 P에서 두 점근선에 내린 수선의 발을 각각 A, B라 할 때, $\overline{\mathrm{PA}}+\overline{\mathrm{PB}}$의 최솟값이 6이 되도록 하는 양수 k의 값은?

① 7 ② 9 ③ 11
④ 13 ⑤ 15

0947 ⓒ

함수 $y=\dfrac{1}{x}\,(x>0)$의 그래프를 x축의 방향으로 2만큼, y축의 방향으로 3만큼 평행이동한 그래프 위의 점 P에서 x축, y축에 내린 수선의 발을 각각 Q, R라 할 때, 직사각형 PROQ의 둘레의 길이의 최솟값을 구하시오.

(단, O는 원점)

0948 ⓒ | 서술형 |

함수 $y=\dfrac{2}{x-2}+3\,(x>2)$의 그래프 위를 움직이는 점 P와 직선 $y=-x+5$ 사이의 거리의 최솟값을 구하시오.

0949 ⓒ

점 A$(-2,\ -1)$과 함수 $y=\dfrac{-x+1}{x+2}$의 그래프 위의 점 P에 대하여 점 A를 중심으로 하고 점 P를 지나는 원의 둘레의 길이의 최솟값은?

① 4π ② $2\sqrt{5}\,\pi$ ③ $2\sqrt{6}\,\pi$
④ $2\sqrt{7}\,\pi$ ⑤ $4\sqrt{2}\,\pi$

0950 ⓒ

함수 $y=\dfrac{k}{x}\,(k\ne0)$의 그래프와 직선 $y=-x+2$가 서로 다른 두 점 A, B에서 만난다. $\overline{\mathrm{AB}}=4\sqrt{2}$일 때, 상수 k의 값을 구하시오.

0951 중

유리함수 $f(x)=\dfrac{4}{x-a}-4\,(a>1)$에 대하여 좌표평면에서 함수 $y=f(x)$의 그래프가 x축, y축과 만나는 점을 각각 A, B라 하고 함수 $y=f(x)$의 그래프의 두 점근선이 만나는 점을 C라 하자. 사각형 OBCA의 넓이가 24일 때, 상수 a의 값은? (단, O는 원점이다.)

① 3   ② $\dfrac{7}{2}$ ③ 4

④ $\dfrac{9}{2}$ ⑤ 5

0952 상

오른쪽 그림과 같이 함수 $y=\dfrac{4}{x}$의 그래프 위의 두 점 P, Q에 대하여 점 P에서 x축, y축에 내린 수선의 발을 각각 A, B라 하고, 점 Q에서 x축, y축에 내린 수선의 발을 각각 C, D라 하자. 이때 육각형 APBCQD의 넓이의 최솟값을 구하시오. (단, 점 P는 제1사분면 위에 있고, 점 Q는 제3사분면 위에 있다.)

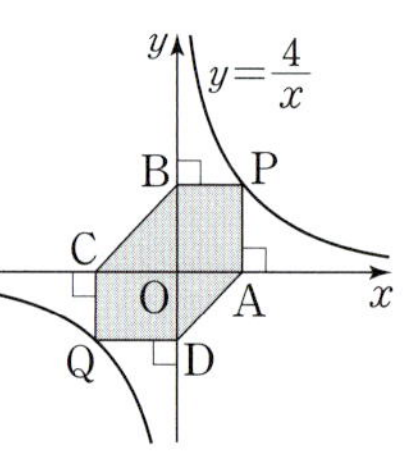

0953 상

오른쪽 그림과 같이 곡선 $y=\dfrac{k}{x}\,(x>0)$ 위의 점 P와 곡선 $y=-\dfrac{2k}{x}\,(x<0)$ 위의 점 Q에 대하여 삼각형 OPQ의 넓이의 최솟값이 4일 때, 양수 k의 값은? (단, O는 원점)

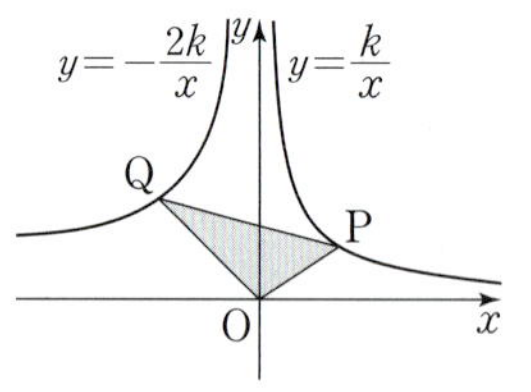

① $\sqrt{2}$ ② $2\sqrt{2}$ ③ $3\sqrt{2}$

④ $4\sqrt{2}$ ⑤ $5\sqrt{2}$

0954 상

함수 $y=\dfrac{3}{x}\,(x>0)$의 그래프 위의 점 P와 두 점 A$(-1,\ 1)$, B$(2,\ -3)$에 대하여 삼각형 PAB의 넓이가 최소일 때, 점 P의 좌표를 $(p,\ q)$라 하자. 이때 p^2+q^2의 값을 구하시오.

0955 상

그림과 같이 유리함수 $y=\dfrac{k}{x}\,(k>0)$의 그래프가 직선 $y=-x+6$과 두 점 P, Q에서 만난다. 삼각형 OPQ의 넓이가 14일 때, 상수 k의 값은? (단, O는 원점이다.)

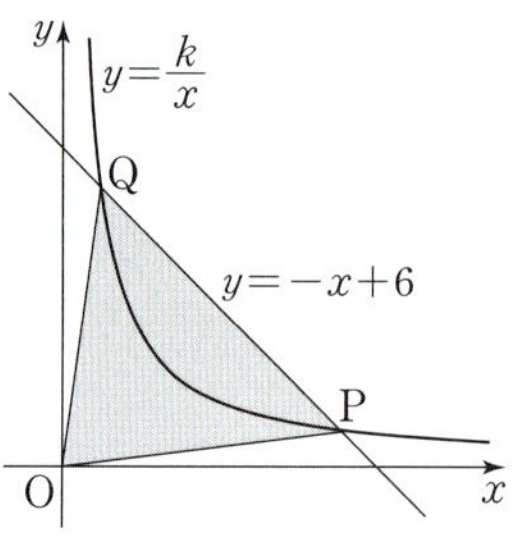

① $\dfrac{32}{9}$ ② $\dfrac{34}{9}$ ③ 4

④ $\dfrac{38}{9}$ ⑤ $\dfrac{40}{9}$

9 유리함수의 합성함수와 역함수

0956 하

두 함수 $f(x)=\dfrac{x-3}{x+1}$, $g(x)=\dfrac{x-2}{x+4}$에 대하여 $(f\circ g)(5)$의 값은?

① -5　　　② -4　　　③ -3
④ -2　　　⑤ -1

0957 하

함수 $f(x)=\dfrac{1}{x-1}$에 대하여 $(f\circ f)(k)=-3$을 만족시키는 상수 k의 값은?

① 1　　　② $\dfrac{3}{2}$　　　③ 2
④ $\dfrac{5}{2}$　　　⑤ 3

★빈출
0958 하

함수 $f(x)=\dfrac{x-1}{x-3}$의 역함수가 $f^{-1}(x)=\dfrac{ax+b}{x+c}$일 때, 상수 a, b, c에 대하여 abc의 값을 구하시오.

0959 중　　　| 서술형 |

두 함수 $f(x)=\dfrac{x+a}{2x+1}$, $g(x)=\dfrac{4x-10}{x-3}$에 대하여 $(g\circ f)(-1)=2$를 만족시키는 상수 a의 값을 구하시오.

0960 중

함수 $y=f(x)$의 그래프가 오른쪽 그림과 같고,
$$f^1=f,\ f^{n+1}=f\circ f^n$$
　　　　　　　　(n은 자연수)
으로 정의할 때, $f^{121}(3)$의 값은?

① -2　　　② -1　　　③ 0
④ 1　　　⑤ 2

0961 중　　　신유형

두 함수 $f(x)$, $g(x)$가
$$f(x)=\dfrac{6x+21}{2x+1},$$
$$g(x)=\begin{cases} 1 & (x\text{가 정수인 경우}) \\ 0 & (x\text{가 정수가 아닌 경우}) \end{cases}$$
일 때, 방정식 $(g\circ f)(x)=1$을 만족시키는 자연수 x의 개수는?

① 2　　　② 3　　　③ 4
④ 5　　　⑤ 6

★빈출
0962 중

함수 $f(x)=\dfrac{x+1}{x-1}$에 대하여
$$f^1=f,\ f^{n+1}=f\circ f^n\ (n\text{은 자연수})$$
으로 정의할 때, $f^{50}(4)$의 값을 구하시오.

0963 중

함수 $f(x)=\dfrac{x}{1-x}$에 대하여

$$f^1=f, \quad f^{n+1}=f \circ f^n \ (n\text{은 자연수})$$

으로 정의할 때, $f^{19}(a)=1$을 만족시키는 상수 a의 값은?

① $\dfrac{1}{21}$ ② $\dfrac{1}{20}$ ③ $\dfrac{1}{19}$

④ $\dfrac{1}{18}$ ⑤ $\dfrac{1}{17}$

0964 중 | 서술형 |

함수 $f(x)=\dfrac{x-3}{x+1}$에 대하여

$$f^1=f, \quad f^{n+1}=f \circ f^n \ (n\text{은 자연수})$$

으로 정의할 때, $f^{300}(f^{200}(f^{100}(2)))$의 값을 구하시오.

⭐ 빈출

0965 중

함수 $f(x)=\dfrac{3x+1}{x+a}$에 대하여 $f=f^{-1}$일 때, $f^{-1}(4)$의 값은? (단, a는 상수)

① 3 ② 5 ③ 9

④ 11 ⑤ 13

0966 중 학평 기출

유리함수 $f(x)=\dfrac{2x+5}{x+3}$의 역함수 $y=f^{-1}(x)$의 그래프는 점 $(p,\ q)$에 대하여 대칭이다. $p-q$의 값은?

① 1 ② 2 ③ 3

④ 4 ⑤ 5

0967 중

두 함수 $f(x)=\dfrac{6x+1}{ax+6}$, $g(x)=\dfrac{bx+1}{3x-6}$의 그래프가 직선 $y=x$에 대하여 대칭일 때, $a+b$의 값은?

(단, $a,\ b$는 상수)

① -3 ② -2 ③ 1

④ 2 ⑤ 3

⭐ 빈출

0968 중

함수 $f(x)=\dfrac{x+b}{x-a}$의 그래프와 그 역함수의 그래프가 모두 점 $(2,\ -1)$을 지날 때, 상수 $a,\ b$에 대하여 ab의 값을 구하시오.

0969 중
| 서술형 |

두 함수 $f(x)=\dfrac{x}{x+1}$, $g(x)=\dfrac{2x-4}{x}$에 대하여
$(f \circ (f^{-1} \circ g)^{-1} \circ f^{-1})(-2)$의 값을 구하시오.

★빈출 0970 중

함수 $f(x)=\dfrac{-3x+2}{x+1}$에 대하여 함수 $g(x)$가
$g(f(x))=x$를 만족시킬 때, $(g \circ f \circ g)(1)$의 값은?

① $\dfrac{1}{5}$ ② $\dfrac{1}{4}$ ③ $\dfrac{1}{3}$

④ $\dfrac{1}{2}$ ⑤ 1

0971 중

함수 $f(x)=\dfrac{ax+b}{x+c}$의 그래프가 다음 조건을 만족시킨다.
함수 $f(x)$의 역함수를 $f^{-1}(x)$라 할 때, $f^{-1}(-4)$의 값을 구하시오. (단, a, b, c는 상수)

> (가) 점 $(-3, 2)$를 지난다.
> (나) 점근선의 방정식은 $x=1$, $y=-2$이다.

0972 상

함수 $f(x)$가 $x \neq 1$인 모든 실수 x에 대하여
$f\left(\dfrac{4x+3}{x-1}\right)=2x+1$을 만족시킬 때, $f(x)$의 역함수를 $g(x)$라 하자. 함수 $y=g(x)$의 그래프가 점 (a, b)에 대하여 대칭일 때, $b-a$의 값을 구하시오.

0973 상

함수 $f(x)=-\dfrac{x+1}{x}$에 대하여
$$f^1=f, \quad f^{n+1}=f \circ f^n \ (n은 자연수)$$
으로 정의할 때, 보기에서 옳은 것만을 있는 대로 고르시오.

> ┤ 보기 ├
> ㄱ. 함수 $y=f^2(x)$의 그래프는 제1사분면을 지나지 않는다.
> ㄴ. $f^{11}(x)=\dfrac{ax+b}{cx+1}$라 할 때, $a+b+c=0$이다.
>   (단, a, b, c는 상수)
> ㄷ. 함수 $f^{24}(x)$는 항등함수이다.

0974 상
| 학평 기출 |

유리함수 $f(x)=\dfrac{2x+b}{x-a}$가 다음 조건을 만족시킨다.

> (가) 2가 아닌 모든 실수 x에 대하여
> $f^{-1}(x)=f(x-4)-4$이다.
> (나) 함수 $y=f(x)$의 그래프를 평행이동하면 함수 $y=\dfrac{3}{x}$의 그래프와 일치한다.

$a+b$의 값은? (단, a, b는 상수이다.)

① 1 ② 2 ③ 3

④ 4 ⑤ 5

0975

함수 $y=\dfrac{4x+7}{x+5}$ 의 그래프와 중심이 점 $(-5,\ 4)$인 원이 서로 다른 네 점에서 만날 때, 네 교점의 y좌표 $y_1,\ y_2,\ y_3,\ y_4$에 대하여 $y_1+y_2+y_3+y_4$의 값을 구하시오.

0976

함수 $f(x)=\dfrac{2x-1}{2x}$ 에 대하여

$$f^1=f,\quad f^{n+1}=f\circ f^n\ (n\text{은 자연수})$$

으로 정의할 때,

$$f(2)\times f^2(2)\times f^3(2)\times\cdots\times f^k(2)=\dfrac{3}{64}$$

을 만족시키는 자연수 k의 값은? (단, $k\geq4$)

① 6　　　　　② 9　　　　　③ 12
④ 15　　　　　⑤ 18

0977　학평 기출

두 양수 $a,\ k$에 대하여 함수 $f(x)=\dfrac{k}{x}$ 의 그래프 위의 두 점 $\mathrm{P}(a,\ f(a))$, $\mathrm{Q}(a+2,\ f(a+2))$가 다음 조건을 만족시킬 때, k의 값은?

> (가) 직선 PQ의 기울기는 -1이다.
> (나) 두 점 P, Q를 원점에 대하여 대칭이동한 점을 각각 R, S라 할 때, 사각형 PQRS의 넓이는 $8\sqrt{5}$이다.

① $\dfrac{5}{2}$　　　　② 3　　　　③ $\dfrac{7}{2}$

④ 4　　　　⑤ $\dfrac{9}{2}$

0978　학평 기출

함수 $f(x)=\dfrac{a}{x-6}+b$ 에 대하여 함수 $y=\left|f(x+a)+\dfrac{a}{2}\right|$ 의 그래프가 y축에 대하여 대칭일 때, $f(b)$의 값은? (단, $a,\ b$는 상수이고, $a\neq0$이다.)

① $-\dfrac{25}{6}$　　　② -4　　　③ $-\dfrac{23}{6}$

④ $-\dfrac{11}{3}$　　　⑤ $-\dfrac{7}{2}$

0979 　학평 기출

곡선 $y=\dfrac{1}{x}$ 위의 두 점 $A(-1, -1)$, $B\left(a, \dfrac{1}{a}\right)(a>1)$ 를 지나는 직선이 x축, y축과 만나는 점을 각각 P, Q라 하자. 점 B에서 x축에 내린 수선의 발을 B′라 할 때, 두 삼각형 POQ, PB′B의 넓이를 각각 S_1, S_2라 하자. S_1+S_2의 최솟값은? (단, O는 원점이다.)

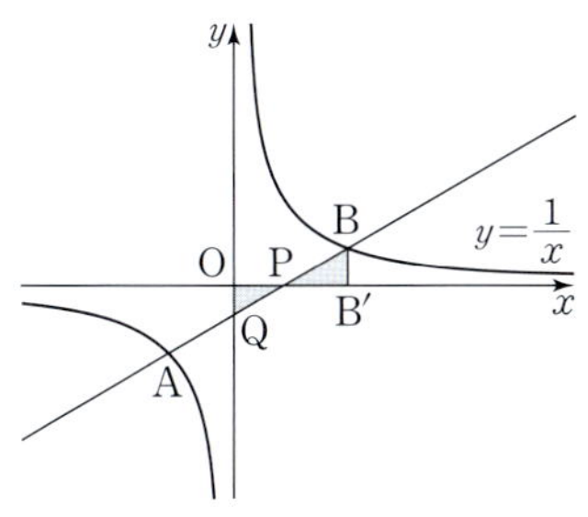

① $\dfrac{2-\sqrt{3}}{2}$　　② $\dfrac{\sqrt{2}-1}{2}$　　③ $2-\sqrt{3}$

④ $\dfrac{\sqrt{3}-1}{2}$　　⑤ $\sqrt{2}-1$

0980 　학평 기출

곡선 $y=\dfrac{2}{x}$와 직선 $y=-x+k$가 제1사분면에서 만나는 서로 다른 두 점을 각각 A, B라 하자. $\angle ABC=90°$인 점 C가 곡선 $y=\dfrac{2}{x}$ 위에 있다. $\overline{AC}=2\sqrt{5}$가 되도록 하는 상수 k에 대하여 k^2의 값을 구하시오. (단, $k>2\sqrt{2}$)

0981

다음 그림과 같이 함수 $f(x)=\dfrac{4k}{x-2}+2k\,(k>1)$의 그래프가 있다. 점 $P(2, 2k)$에 대하여 직선 OP와 함수 $y=f(x)$의 그래프가 만나는 점 중 원점이 아닌 점을 A라 하자. 점 P를 지나고 원점으로부터 거리가 2인 직선 l이 함수 $y=f(x)$의 그래프와 제1사분면에서 만나는 점을 B, x축과 만나는 점을 C라 하자. 삼각형 PBA의 넓이를 S_1, 삼각형 PCO의 넓이를 S_2라 할 때, $2S_1=S_2$이다. 상수 k에 대하여 $8k^2$의 값을 구하시오.

　(단, O는 원점이고, 직선 l은 좌표축에 평행하지 않다.)

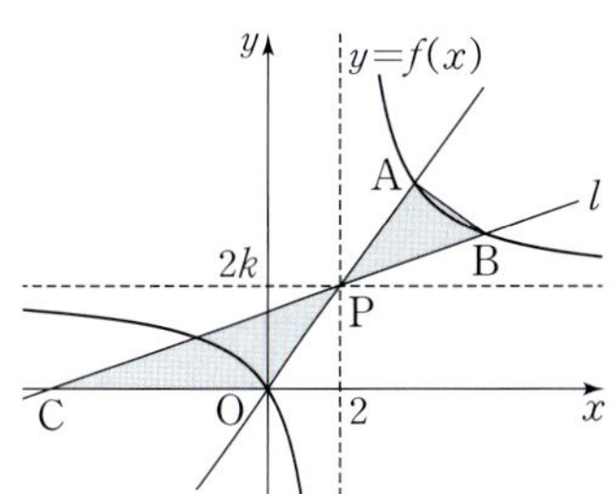

0982 　학평 기출

함수 $f(x)=\dfrac{a}{x}+b\,(a\neq 0)$이 다음 조건을 만족시킨다.

> (가) 곡선 $y=|f(x)|$는 직선 $y=2$와 한 점에서만 만난다.
> (나) $f^{-1}(2)=f(2)-1$

$f(8)$의 값은? (단, a, b는 상수이다.)

① $-\dfrac{1}{2}$　　② $-\dfrac{1}{4}$　　③ 0

④ $\dfrac{1}{4}$　　⑤ $\dfrac{1}{2}$

14 무리함수

1 무리식

☑ 필수 기출 1

(1) 무리식

근호 안에 문자가 포함된 식 중에서 유리식으로 나타낼 수 없는 식

(2) 무리식의 값이 실수가 되기 위한 조건

무리식의 값이 실수가 되려면 근호 안의 식의 값이 0 이상이어야 하고, 분모는 0이 아니어야 한다.

➡ $\sqrt{A}$ 의 값이 실수가 되려면 $A \geq 0$, $\dfrac{1}{\sqrt{A}}$ 의 값이 실수가 되려면 $A > 0$

2 무리식의 계산

☑ 필수 기출 1

무리식의 계산은 무리수의 계산과 마찬가지로 제곱근의 성질을 이용한다.
특히 분모가 무리식인 경우에는 분모를 ❶ [   ] 하여 계산한다.

(1) 제곱근의 성질

① A가 실수일 때,

$$\sqrt{A^2} = |A| = \begin{cases} A & (A \geq 0) \\ -A & (A < 0) \end{cases}$$

② $A > 0$, $B > 0$일 때,

$$\sqrt{A}\sqrt{B} = \sqrt{AB}, \quad \dfrac{\sqrt{A}}{\sqrt{B}} = \sqrt{\dfrac{A}{B}}$$

참고 음수의 제곱근의 성질

① $A < 0$, $B < 0$이면 $\sqrt{A}\sqrt{B} = -\sqrt{AB}$

② $A > 0$, $B < 0$이면 $\dfrac{\sqrt{A}}{\sqrt{B}} = -\sqrt{\dfrac{A}{B}}$

(2) 분모의 유리화

$A > 0$, $B > 0$일 때

① $\dfrac{A}{\sqrt{B}} = \dfrac{A\sqrt{B}}{\sqrt{B}\sqrt{B}} = \dfrac{A\sqrt{B}}{B}$

② $\dfrac{C}{\sqrt{A} + \sqrt{B}} = \dfrac{C(\sqrt{A} - \sqrt{B})}{(\sqrt{A} + \sqrt{B})(\sqrt{A} - \sqrt{B})} = \dfrac{C(\sqrt{A} - \sqrt{B})}{A - B}$ (단, $A \neq B$)

③ $\dfrac{C}{\sqrt{A} - \sqrt{B}} = \dfrac{C(\sqrt{A} + \sqrt{B})}{(\sqrt{A} - \sqrt{B})(\sqrt{A} + \sqrt{B})} = \dfrac{C(\sqrt{A} + \sqrt{B})}{A - B}$ (단, $A \neq B$)

3 무리함수

☑ 필수 기출 2

(1) 무리함수

함수 $y = f(x)$에서 $f(x)$가 x에 대한 무리식일 때, 이 함수를 ❷ [   ] 라 한다.

(2) 무리함수에서 정의역이 주어져 있지 않은 경우에는 근호 안의 식의 값이 0 이상이 되도록 하는 실수 전체의 집합을 정의역으로 생각한다.

(1) 무리함수 $y=\sqrt{ax}\,(a\neq0)$의 그래프

① $a>0$일 때, 정의역: $\{x\,|\,x\geq0\}$, 치역: $\{y\,|\,y\geq0\}$

　$a<0$일 때, 정의역: $\{x\,|\,x\leq0\}$, 치역: ❸

② 함수 $y=\dfrac{x^2}{a}\,(x\geq0)$의 그래프와 직선 $y=x$에 대하여 대칭이다.

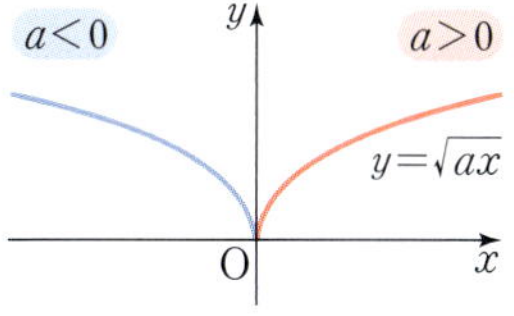

(2) 무리함수 $y=-\sqrt{ax}\,(a\neq0)$의 그래프

① $a>0$일 때, 정의역: $\{x\,|\,x\geq0\}$, 치역: $\{y\,|\,y\leq0\}$

　$a<0$일 때, 정의역: $\{x\,|\,x\leq0\}$, 치역: $\{y\,|\,y\leq0\}$

② 함수 $y=\sqrt{ax}$의 그래프와 x축에 대하여 대칭이다.

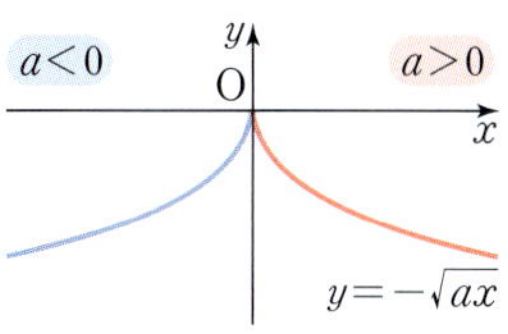

참고 ・무리함수 $y=\pm\sqrt{ax}\,(a\neq0)$의 그래프는 $|a|$의 값이 커질수록 x축에서 멀어진다.

　・함수 $y=-\sqrt{ax}$, $y=\sqrt{-ax}$, $y=-\sqrt{-ax}$의 그래프는 함수 $y=\sqrt{ax}$의 그래프
　와 각각 x축, y축, 원점에 대하여 대칭이다.

(3) 무리함수 $y=\sqrt{a(x-p)}+q\,(a\neq0)$의 그래프

① 무리함수 $y=\sqrt{a(x-p)}+q\,(a\neq0)$의 그래프는 무리함수 $y=\sqrt{ax}$의 그래프를 x축의 방향으로
　❹ 만큼, y축의 방향으로 ❺ 만큼 평행이동한 것이다.

② $a>0$일 때, 정의역: $\{x\,|\,x\geq p\}$, 치역: $\{y\,|\,y\geq q\}$

　$a<0$일 때, 정의역: $\{x\,|\,x\leq p\}$, 치역: $\{y\,|\,y\geq q\}$

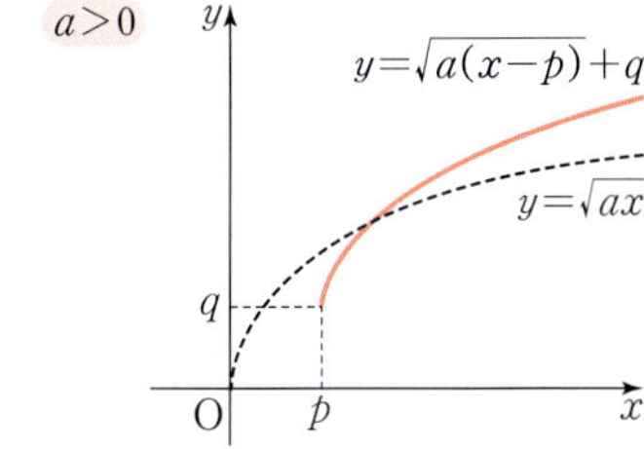

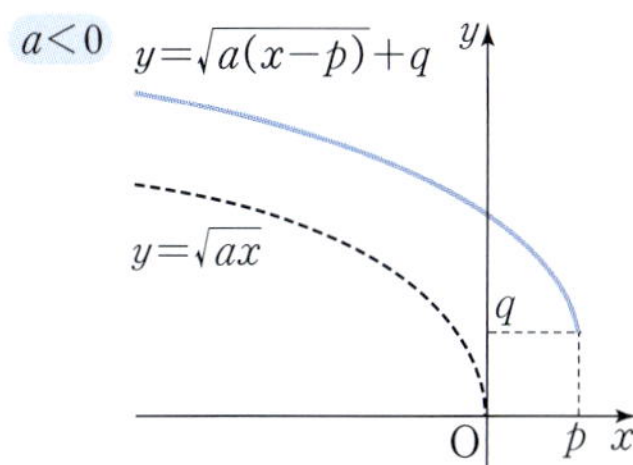

참고 함수 $y=-\sqrt{a(x-p)}+q$에서

① $a>0$일 때, 정의역: $\{x\,|\,x\geq p\}$, 치역: $\{y\,|\,y\leq q\}$

② $a<0$일 때, 정의역: $\{x\,|\,x\leq p\}$, 치역: $\{y\,|\,y\leq q\}$

📎 기출 PICK

무리함수 $y=\sqrt{ax+b}+c\,(a\neq0)$의 그래프

무리함수 $y=\sqrt{ax+b}+c\,(a\neq0)$의 그래프는 $y=\sqrt{a\left(x+\dfrac{b}{a}\right)}+c$ 꼴로 변형하여 그린다. 이때 함수 $y=\sqrt{ax+b}+c$

의 그래프는 함수 $y=\sqrt{ax}$의 그래프를 x축의 방향으로 $-\dfrac{b}{a}$ 만큼, y축의 방향으로 c만큼 평행이동한 것이다.

무리함수 $y=f(x)$의 그래프와 직선 $y=g(x)$의 위치 관계

(1) 서로 다른 두 점에서 만난다.

　➡ 직선 $y=g(x)$는 (ⅰ)과 (ⅱ) 사이에 있거나 (ⅱ)이다.

(2) 한 점에서 만난다.

　➡ 직선 $y=g(x)$는 (ⅰ)이거나 (ⅱ)보다 아래쪽에 있다.

(3) 만나지 않는다.

　➡ 직선 $y=g(x)$는 (ⅰ)보다 위쪽에 있다.

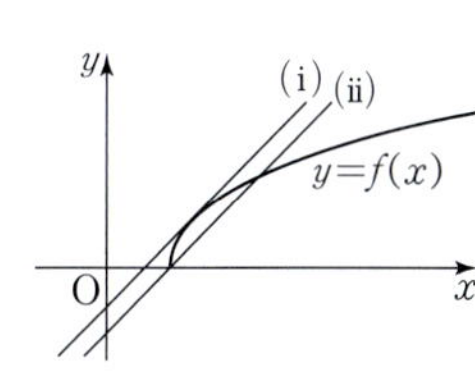

답: ❸ $\{y\,|\,y\geq0\}$　❹ p　❺ q

1 무리식의 계산

0983 하

$\sqrt{x-2}+\dfrac{1}{\sqrt{5-x}}$ 의 값이 실수가 되도록 하는 모든 자연수 x의 값의 합은?

① 7   ② 9   ③ 11
④ 13   ⑤ 15

0984 하

$\dfrac{\sqrt{x+2}}{\sqrt{x+2}-\sqrt{x}}-\dfrac{\sqrt{x}}{\sqrt{x+2}+\sqrt{x}}$ 를 계산하면?

① $\sqrt{x-1}$ ② $\sqrt{x+1}$ ③ $\sqrt{x+2}$
④ $x+1$ ⑤ $x+2$

0985 하

$x=\sqrt{5}$ 일 때, $\dfrac{1}{1+\sqrt{x}}+\dfrac{1}{1-\sqrt{x}}$ 의 값은?

① $-1-\sqrt{5}$ ② $\dfrac{-1-\sqrt{5}}{2}$ ③ 1
④ $\dfrac{1+\sqrt{5}}{2}$ ⑤ $1+\sqrt{5}$

0986 중

$a>0$, $b>0$일 때, $\dfrac{2}{a+\sqrt{ab}}+\dfrac{2}{b+\sqrt{ab}}$ 를 계산하면?

① $2(\sqrt{a}-\sqrt{b})$ ② $2(\sqrt{a}+\sqrt{b})$ ③ $2\sqrt{ab}$
④ $\dfrac{2}{\sqrt{a}+\sqrt{b}}$ ⑤ $\dfrac{2\sqrt{ab}}{ab}$

☆빈출 0987 중

$\dfrac{\sqrt{x^2+x-2}}{\sqrt{-x^2-5x+6}}$ 의 값이 실수가 되도록 하는 실수 x의 값의 범위를 구하시오.

0988 중

$\sqrt{|x-2|-2}+\sqrt{5-|x+1|}$ 의 값이 실수가 되도록 하는 정수 x의 개수는?

① 5   ② 6   ③ 7
④ 8   ⑤ 9

0989 중

$\sqrt{x+2}-\sqrt{1-x}$ 의 값이 실수가 되도록 하는 실수 x 에 대하여 $\sqrt{x^2+4x+4}+\sqrt{4x^2-24x+36}$ 을 계산하면?

① $-2x+2$　　② $-x+4$　　③ $-x+8$
④ $2x-3$　　⑤ $3x-4$

★빈출
0990 중

$\dfrac{\sqrt{x+1}}{\sqrt{x-2}}=-\sqrt{\dfrac{x+1}{x-2}}$ 을 만족시키는 실수 x 에 대하여 $\sqrt{(x+1)^2}-\sqrt{(x-2)^2}$ 을 계산하시오.

0991 중

학평 기출

모든 실수 x 에 대하여 $\sqrt{kx^2-kx+3}$ 의 값이 실수가 되도록 하는 정수 k 의 개수는?

① 10　　② 11　　③ 12
④ 13　　⑤ 14

0992 중

$x=\sqrt{6}-\sqrt{2}$, $y=\sqrt{6}+\sqrt{2}$ 일 때, $\dfrac{\sqrt{y}}{\sqrt{x}}-\dfrac{\sqrt{x}}{\sqrt{y}}$ 의 값은?

① $-\sqrt{6}$　　② $-\sqrt{2}$　　③ -1
④ $\sqrt{2}$　　⑤ $\sqrt{6}$

0993 중

$x=\dfrac{\sqrt{2}-1}{\sqrt{2}+1}$ 일 때, $\dfrac{\sqrt{x}+1}{\sqrt{x}-1}+\dfrac{\sqrt{x}-1}{\sqrt{x}+1}$ 의 값은?

① $-3\sqrt{2}$　　② $-2\sqrt{2}$　　③ $-\sqrt{2}$
④ 0　　⑤ $\sqrt{2}$

★빈출
0994 중

| 서술형 |

$\sqrt{2x+5}=3$ 일 때, $\dfrac{1}{4-\dfrac{1}{2-\sqrt{x+1}}}$ 의 값을 구하시오.

0995 중

$x=5$일 때, 다음 식의 값은?

$$\frac{1}{\sqrt{x+1}+\sqrt{x+2}}+\frac{1}{\sqrt{x+2}+\sqrt{x+3}}+\frac{1}{\sqrt{x+3}+\sqrt{x+4}}$$

① $3-\sqrt{6}$ ② $4-\sqrt{6}$ ③ $5-\sqrt{6}$
④ $3+\sqrt{6}$ ⑤ $4+\sqrt{6}$

★빈출
0996 중

| 서술형 |

자연수 n에 대하여 $f(n)=\sqrt{2n+1}+\sqrt{2n-1}$일 때,

$\dfrac{1}{f(1)}+\dfrac{1}{f(2)}+\dfrac{1}{f(4)}+\cdots+\dfrac{1}{f(40)}$의 값을 구하시오.

0997 중

$x=\dfrac{2}{\sqrt{3}+1}$, $y=\dfrac{2}{\sqrt{3}-1}$일 때, $x^3+x^2y-xy^2-y^3$의 값은?

① -48 ② -24 ③ -12
④ -6 ⑤ -3

0998 중

$x=\dfrac{\sqrt{5}+\sqrt{3}}{\sqrt{5}-\sqrt{3}}$, $y=\dfrac{\sqrt{5}-\sqrt{3}}{\sqrt{5}+\sqrt{3}}$일 때, $\sqrt{x}+\sqrt{y}$의 값을 구하시오.

0999 상

$\dfrac{\sqrt{3}+\sqrt{2}+1}{\sqrt{3}-\sqrt{2}+1}=\sqrt{a}+\sqrt{b}$일 때, 자연수 a, b에 대하여 ab의 값은?

① 3 ② 6 ③ 9
④ 12 ⑤ 15

1000 상

자연수 n에 대하여 $\sqrt{n^2+n}$의 정수 부분을 $f(n)$, 소수 부분을 $g(n)$이라 할 때, $\dfrac{f(n)}{g(n)}$의 정수 부분은?

① n ② $n+1$ ③ $n+2$
④ $2n-1$ ⑤ $2n$

2 무리함수와 그 그래프

1001 하

함수 $y=\sqrt{4x+8}+3$의 정의역과 치역은?

① 정의역: $\{x\,|\,x\geq-8\}$, 치역: $\{y\,|\,y\geq-3\}$
② 정의역: $\{x\,|\,x\geq-2\}$, 치역: $\{y\,|\,y\geq3\}$
③ 정의역: $\{x\,|\,x\geq2\}$, 치역: $\{y\,|\,y\geq-3\}$
④ 정의역: $\{x\,|\,x\geq3\}$, 치역: $\{y\,|\,y\geq-2\}$
⑤ 정의역: $\{x\,|\,x\geq8\}$, 치역: $\{y\,|\,y\geq3\}$

★빈출
1002 하 　　　　학평 기출

무리함수 $y=\sqrt{ax}$의 그래프를 x축의 방향으로 1만큼, y축의 방향으로 -2만큼 평행이동한 그래프가 원점을 지난다. 상수 a의 값은?

① -7　　　　② -4　　　　③ -1
④ 2　　　　⑤ 5

1003 중

다음 중 함수 $y=-\sqrt{3x-1}+1$에 대한 설명으로 옳은 것은?

① 치역은 $\{y\,|\,y\geq1\}$이다.
② 그래프는 제1, 2사분면을 지난다.
③ 그래프와 x축의 교점의 좌표는 $(1,\,0)$이다.
④ 그래프는 함수 $y=-\sqrt{3x}$의 그래프를 평행이동한 것이다.
⑤ 그래프는 함수 $y=\sqrt{3x-1}-1$의 그래프와 y축에 대하여 대칭이다.

1004 중

보기에서 그 그래프가 함수 $y=-\sqrt{2x}$의 그래프를 평행이동 또는 대칭이동하여 겹쳐지는 함수인 것만을 있는 대로 고른 것은?

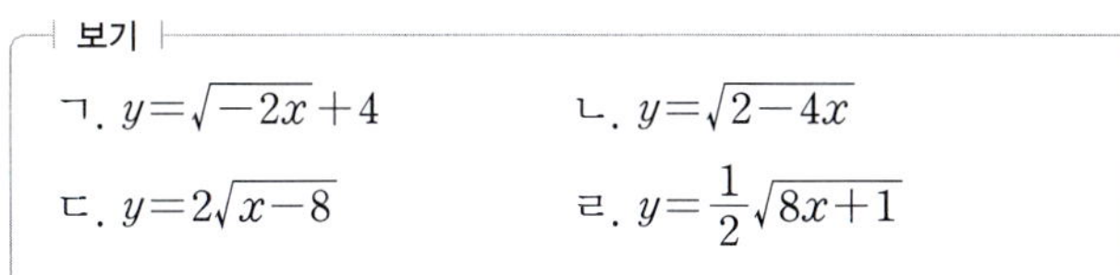

① ㄱ, ㄴ　　　② ㄱ, ㄷ　　　③ ㄱ, ㄹ
④ ㄴ, ㄷ　　　⑤ ㄷ, ㄹ

1005 중 　　　　학평 기출

함수 $y=-\sqrt{x-a}+a+2$의 그래프가 점 $(a,\,-a)$를 지날 때, 이 함수의 치역은? (단, a는 상수이다.)

① $\{y\,|\,y\leq1\}$　　② $\{y\,|\,y\geq1\}$　　③ $\{y\,|\,y\leq0\}$
④ $\{y\,|\,y\leq-1\}$　　⑤ $\{y\,|\,y\geq-1\}$

★빈출
1006 중

함수 $y=\sqrt{2x+a}+b$의 치역이 $\{y\,|\,y\geq4\}$이고 이 함수의 그래프가 점 $(3,\,7)$을 지날 때, 상수 a, b에 대하여 ab의 값은?

① 8　　　　② 10　　　　③ 12
④ 14　　　　⑤ 16

★빈출

1007 중

함수 $y=\sqrt{3x+4}-2$의 그래프를 x축의 방향으로 3만큼, y축의 방향으로 -2만큼 평행이동한 후 y축에 대하여 대칭이동하면 함수 $y=\sqrt{ax+b}+c$의 그래프와 일치한다. 이때 상수 a, b, c에 대하여 abc의 값은?

① -76　　　② -72　　　③ -68
④ -64　　　⑤ -60

1008 중

| 서술형 |

함수 $y=\dfrac{ax-5}{x+b}$의 그래프의 점근선의 방정식이 $x=-2$, $y=4$일 때, 함수 $y=\sqrt{ax-b}$의 정의역에 속하는 정수 x의 최솟값을 구하시오. (단, a, b는 상수)

★빈출

1009 중

함수 $y=-\sqrt{-x+5}+k$의 그래프가 제4사분면을 지나지 않도록 하는 자연수 k의 최솟값을 구하시오.

1010 중

함수 $y=\sqrt{-3x+k}-3$의 그래프를 원점에 대하여 대칭이동한 후 x축의 방향으로 -1만큼 평행이동한 그래프의 x절편이 음수일 때, 정수 k의 최솟값은?

① 5　　　② 6　　　③ 7
④ 8　　　⑤ 9

1011 중

| 서술형 |

함수 $y=-\sqrt{ax}$의 그래프를 x축의 방향으로 -3만큼, y축의 방향으로 5만큼 평행이동한 그래프가 함수 $y=\dfrac{1-2x}{x-4}$의 그래프의 두 점근선의 교점을 지날 때, 상수 a의 값을 구하시오.

1012 중

| 평가원 기출 |

정의역이 $\{x\,|\,x>a\}$인 함수 $y=\sqrt{2x-2a}-a^2+4$의 그래프가 오직 하나의 사분면을 지나도록 하는 실수 a의 최댓값은?

① 2　　　② 4　　　③ 6
④ 8　　　⑤ 10

1013 (중)

함수 $y=\dfrac{ax+b}{x+c}$ 의 그래프가 오른

쪽 그림과 같을 때, 다음 중 함수
$y=\sqrt{-ax+b}+c$의 그래프가 지나
는 사분면만을 모두 고른 것은?

(단, a, b, c는 상수)

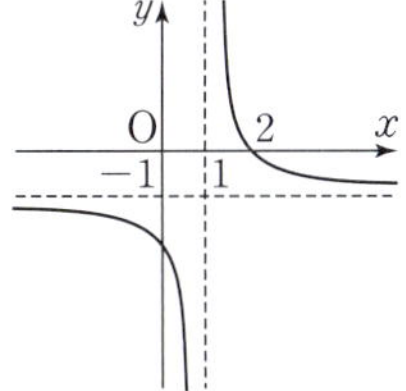

① 제1, 2사분면   ② 제1, 4사분면
③ 제3, 4사분면   ④ 제1, 2, 3사분면
⑤ 제1, 3, 4사분면

1014 (중)

함수 $y=a\sqrt{bx+c}$ 에 대하여 보기에서 옳은 것만을 있는
대로 고른 것은? (단, a, b, c는 상수)

───┤ 보기 ├───

ㄱ. 그래프는 함수 $y=-a\sqrt{bx+c}$ 의 그래프와 x축에 대
하여 대칭이다.

ㄴ. $a>0$, $b<0$, $c>0$이면 그래프는 제1, 2사분면을 지난
다.

ㄷ. $b>0$이면 정의역은 $\left\{x \,\middle|\, x>-\dfrac{c}{b}\right\}$이다.

① ㄱ   ② ㄱ, ㄴ   ③ ㄱ, ㄷ
④ ㄴ, ㄷ   ⑤ ㄱ, ㄴ, ㄷ

1015 (중)

수능 기출

함수 $y=\sqrt{x+3}$의 그래프와 함수 $y=\sqrt{1-x}+k$의 그래
프가 만나도록 하는 실수 k의 최댓값을 구하시오.

1016 (상)

함수 $y=\dfrac{k-1}{x+2}+1$의 그래프가 모든 사분면을 지나고,

함수 $y=2\sqrt{3-x}+k$의 그래프가 제1, 2, 4사분면만을 지
나도록 하는 정수 k의 개수를 구하시오. (단, $k\neq1$)

★빈출
1017 (상)

정의역이 $\{x \mid -1\le x\le 2\}$인 두 함수 $y=\dfrac{4x+7}{x+2}$,

$y=-\sqrt{2x+3}+k$의 그래프가 한 점에서 만날 때, 실수
k의 최솟값은?

① 0   ② 1   ③ 2
④ 3   ⑤ 4

Ⅲ. 함수와 그래프

1018 (상)

함수 $y=\sqrt{ax}\ (a>0)$의 그래프를 x축의 방향으로 -2만큼, y축의 방향으로 1만큼 평행이동한 그래프가 함수 $y=\dfrac{3x+8}{x+2}$의 그래프와 제1사분면에서 만날 때, 실수 a의 값의 범위를 구하시오.

1019 (상)

실수 전체의 집합에서 정의된 함수

$$f(x)=\begin{cases} \dfrac{2x-4}{x-4} & (x>5) \\[2mm] \sqrt{5-x}+a & (x\le 5) \end{cases}$$

가 다음 조건을 만족시킨다.

> (가) 치역은 $\{y|y>2\}$이다.
> (나) 임의의 두 실수 x_1, x_2에 대하여 $x_1\ne x_2$이면 $f(x_1)\ne f(x_2)$이다.

$f(4)f(k)=28$일 때, 상수 k의 값은? (단, a는 상수)

① 6　　　　② 7　　　　③ 8
④ 9　　　　⑤ 10

1020 (하)　　

함수 $f(x)=\sqrt{-x+a}+b$의 그래프가 그림과 같을 때, 두 상수 a, b에 대하여 $a+b$의 값은?

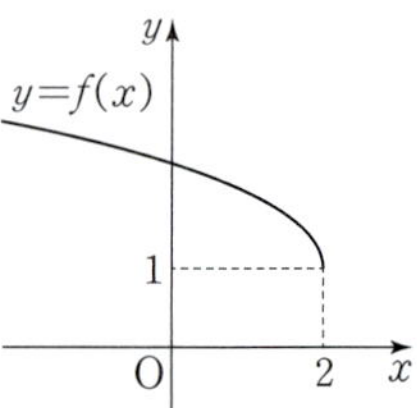

① 1　　　　② 2
③ 3　　　　④ 4
⑤ 5

빈출
1021 (중)

함수 $f(x)=-\sqrt{ax+b}+c$의 그래프가 오른쪽 그림과 같을 때, $f\left(\dfrac{7}{3}\right)$의 값은? (단, a, b, c는 상수)

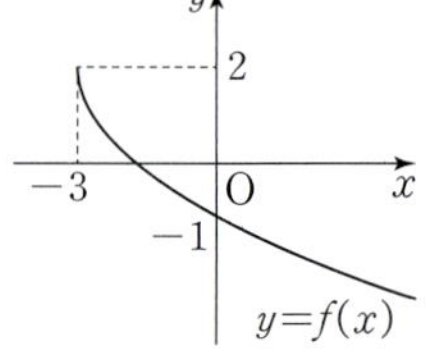

① -5　　　② -4
③ -3　　　④ -2
⑤ -1

1022 (중)

함수 $f(x)=\sqrt{ax+b}+c$의 그래프를 y축에 대하여 대칭이동한 함수 $y=g(x)$의 그래프가 오른쪽 그림과 같을 때, 다음 중 상수 a, b, c의 부호로 옳은 것은?

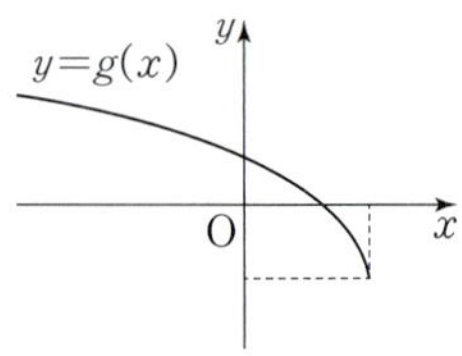

① $a>0,\ b>0,\ c>0$
② $a>0,\ b>0,\ c<0$
③ $a>0,\ b<0,\ c<0$
④ $a<0,\ b>0,\ c<0$
⑤ $a<0,\ b<0,\ c>0$

1023 ㉖

그림은 무리함수 $y=a\sqrt{bx+c}$의 그래프의 개형이다. 이때 유리함수 $y=\dfrac{b}{x+a}+c$의 그래프의 개형은?

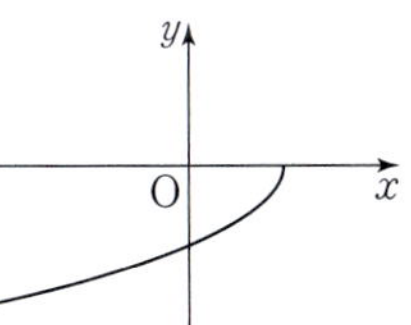

① 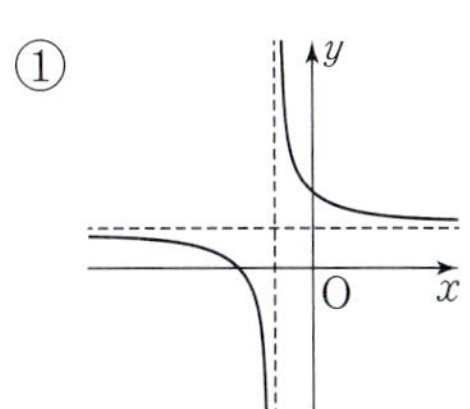 ② 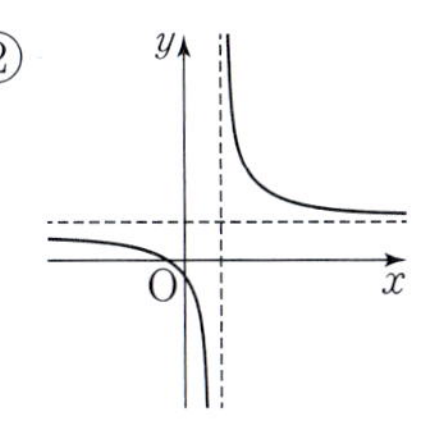

③ 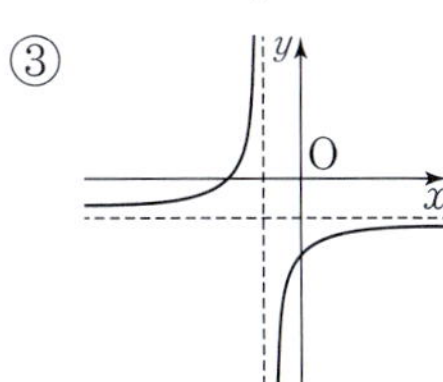 ④ 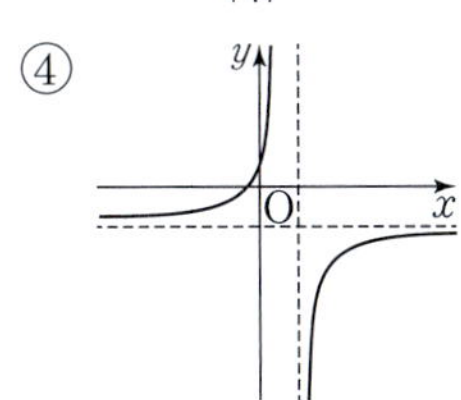

⑤ 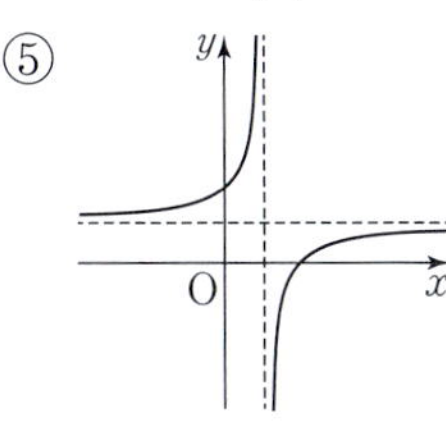

1024 ㉖

함수 $y=\dfrac{a}{x+b}+c$의 그래프가 오른쪽 그림과 같을 때, 다음 중 함수 $y=\sqrt{-ax-b}+c$의 그래프의 개형은? (단, a, b, c는 상수)

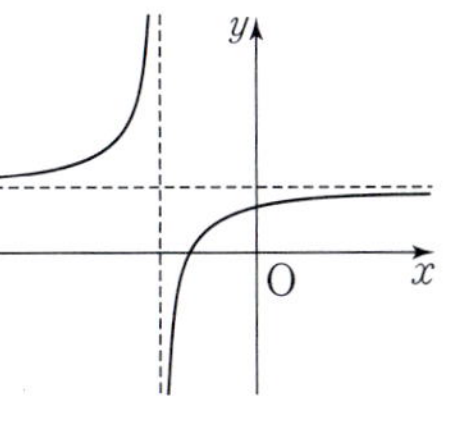

① 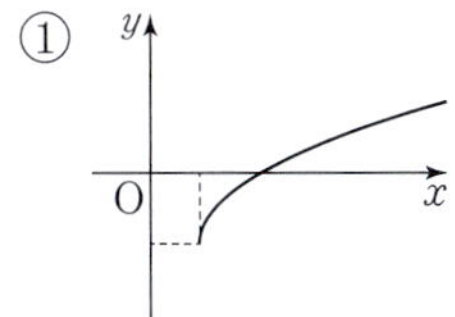 ② 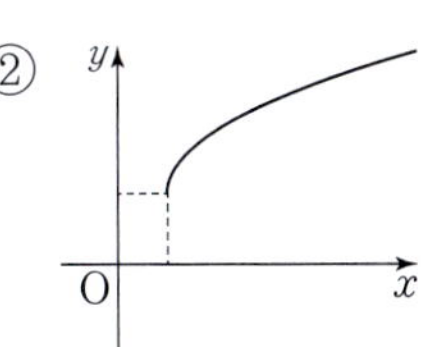

③ 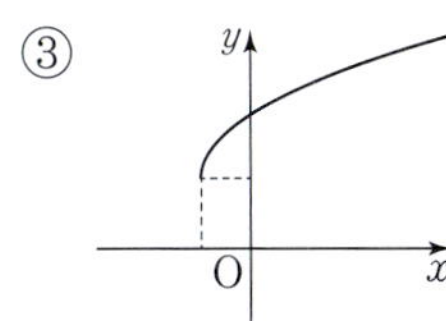 ④ 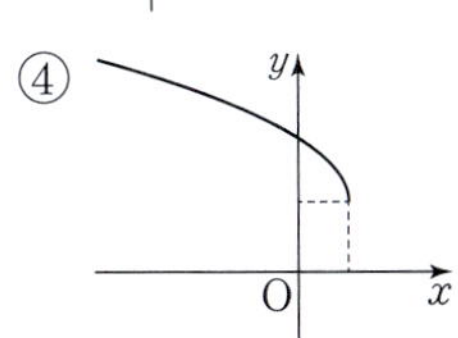

⑤ 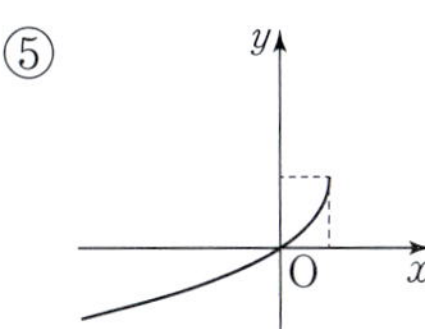

---

4 무리함수의 최대, 최소

1025 ㉕

함수 $y=\sqrt{3x+a}+5$는 $x=-2$일 때, 최솟값 m을 갖는다. 이때 $a+m$의 값을 구하시오. (단, a는 상수)

☆빈출 1026 ㉕

$-2\le x\le 2$에서 함수 $y=6-\sqrt{10-3x}$의 최댓값을 M, 최솟값을 m이라 할 때, Mm의 값은?

① 8 ② 10 ③ 12

④ 14 ⑤ 16

☆빈출 1027 ㉗

$-5\le x\le -1$에서 함수 $f(x)=\sqrt{-ax+1}\ (a>0)$의 최댓값이 4가 되도록 하는 상수 a의 값을 구하시오.

1028 ㉗

$k-1\le x\le k+8$에서 함수 $y=\sqrt{-x+3k}+2$의 최솟값이 6일 때, 최댓값을 구하시오. (단, k는 상수)

1029 상

함수 $y=-\sqrt{x-a}+3$의 그래프가 제3사분면을 지날 때,
정수 a의 최댓값을 m이라 하자. $m+4\leq x\leq m+16$에
서 함수 $y=\sqrt{-x-m}+5$의 최솟값을 n이라 할 때, mn
의 값은?

① -84 ② -77 ③ -70
④ -63 ⑤ -56

1030 상

두 함수 $f(x)=3-\sqrt{2x-5}$, $g(x)=\dfrac{2x-1}{x+1}$에 대하여
$3\leq x\leq 7$에서 함수 $(g\circ f)(x)$의 최댓값은?

① -1 ② $-\dfrac{1}{2}$ ③ 0
④ $\dfrac{1}{2}$ ⑤ 1

1031 상

함수 $y=\sqrt{2x+2}+\sqrt{-2x+6}$의 최댓값을 M, 최솟값을
m이라 할 때, M^2+m^2의 값은?

① 8 ② 12 ③ 16
④ 20 ⑤ 24

★빈출 1032 중

함수 $y=-\sqrt{x-2}+3$의 그래프와 직선 $y=mx-1$이 만
나지 않도록 하는 자연수 m의 최솟값은?

① 1 ② 2 ③ 3
④ 4 ⑤ 5

1033 중

함수 $y=\sqrt{2x-1}$의 그래프와 직선 $y=2x+k$가 한 점에
서 만날 때, 다음 중 실수 k의 값이 될 수 <u>없는</u> 것은?

① $-\dfrac{9}{4}$ ② $-\dfrac{7}{4}$ ③ $-\dfrac{5}{4}$
④ $-\dfrac{3}{4}$ ⑤ $-\dfrac{1}{4}$

★빈출 1034 중

| 서술형 |

함수 $y=\sqrt{x-4}$의 그래프와 직선 $y=x+k$가 서로 다른
두 점에서 만날 때, 실수 k의 값의 범위를 구하시오.

1035 중 · 학평 기출

함수 $y=5-2\sqrt{1-x}$의 그래프와 직선 $y=-x+k$가 제1사분면에서 만나도록 하는 모든 정수 k의 값의 합은?

① 11 ② 13 ③ 15
④ 17 ⑤ 19

1036 중 · | 서술형 |

두 집합
$$A=\{(x,\,y)\,|\,y=\sqrt{-2x+3}\,\},$$
$$B=\{(x,\,y)\,|\,y=2x+k\}$$
에 대하여 $A\cap B\neq\varnothing$일 때, 실수 k의 최솟값을 구하시오.

1037 중

함수 $y=\sqrt{8-4x}$의 그래프와 직선 $y=-x+k$가 만나는 서로 다른 점의 개수를 $f(k)$라 할 때,
$f\left(\dfrac{3}{2}\right)+f(2)+f(3)+f\left(\dfrac{9}{2}\right)$의 값은? (단, k는 실수)

① 3 ② 4 ③ 5
④ 6 ⑤ 7

1038 상

함수 $y=\sqrt{kx+1}-2$의 그래프가 두 점 $A(1,\,3)$, $B(3,\,1)$을 이은 선분 AB와 만나도록 하는 정수 k의 개수는?

① 22 ② 24 ③ 26
④ 28 ⑤ 30

1039 상

두 함수 $y=\sqrt{3x-9}$, $y=|x-k|$의 그래프의 교점이 존재하도록 하는 실수 k의 최솟값을 구하시오.

1040 상

함수 $y=\sqrt{x+|x|}$의 그래프와 직선 $y=2x+k$가 서로 다른 세 점에서 만날 때, 실수 k의 값의 범위는 $\alpha<k<\beta$이다. 이때 $\alpha+\beta$의 값을 구하시오.

1041 ⊛

학평 기출

그림과 같이 양수 k에 대하여 함수 $f(x)=\sqrt{2x}$의 그래프 위의 두 점 $A(k,\ f(k))$, $B(4k,\ f(4k))$에서 x축에 내린 수선의 발을 각각 C, D라 하자. 사각형 ACDB의 넓이가 18일 때, $\overline{AB}$의 값은?

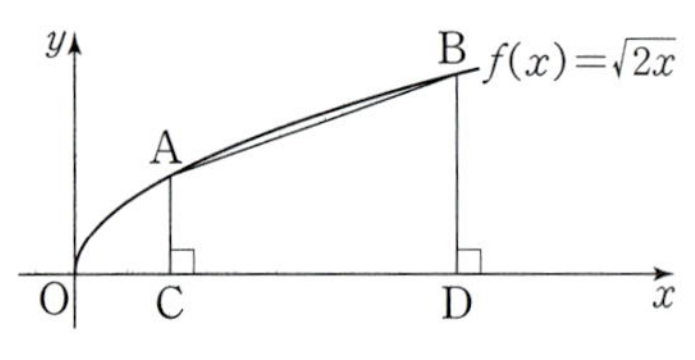

① $\sqrt{35}$ ② $2\sqrt{10}$ ③ $3\sqrt{5}$
④ $5\sqrt{2}$ ⑤ $\sqrt{55}$

1042 ⊛

함수 $y=\sqrt{x-1}+3$의 그래프 위의 서로 다른 두 점 P, Q에 대하여 선분 PQ의 중점의 y좌표가 5이다. 직선 PQ에 평행하고 점 $(4, 3)$을 지나는 직선의 방정식이 $y=ax+b$일 때, 상수 a, b에 대하여 ab의 값은?

① $-\dfrac{1}{2}$ ② $-\dfrac{1}{4}$ ③ $-\dfrac{1}{8}$
④ $\dfrac{1}{4}$ ⑤ $\dfrac{1}{2}$

⭐빈출 1043 ⊛

다음 그림과 같이 양수 a에 대하여 직선 $x=a$와 두 함수 $y=\sqrt{2x}$, $y=\sqrt{6x}$의 그래프가 만나는 점을 각각 A, B라 하자. 점 B를 지나고 x축에 평행한 직선이 함수 $y=\sqrt{2x}$의 그래프와 만나는 점을 C라 하고, 점 C를 지나고 y축에 평행한 직선이 함수 $y=\sqrt{6x}$의 그래프와 만나는 점을 D라 하자. 두 점 A, D를 지나는 직선의 기울기가 $\dfrac{1}{4}$일 때, a의 값을 구하시오.

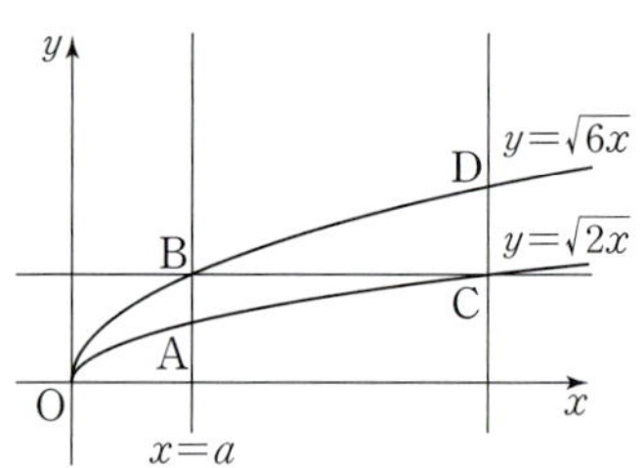

⭐빈출 1044 ⊛

다음 그림과 같이 점 $A(a, 0)$을 지나고 x축에 수직인 직선이 함수 $y=5\sqrt{x}$의 그래프와 만나는 점을 D라 할 때, $\overline{AD}$를 한 변으로 하는 정사각형 ABCD를 만들면 점 C는 함수 $y=\sqrt{5x}$의 그래프 위에 있다. 이때 양수 a의 값은?

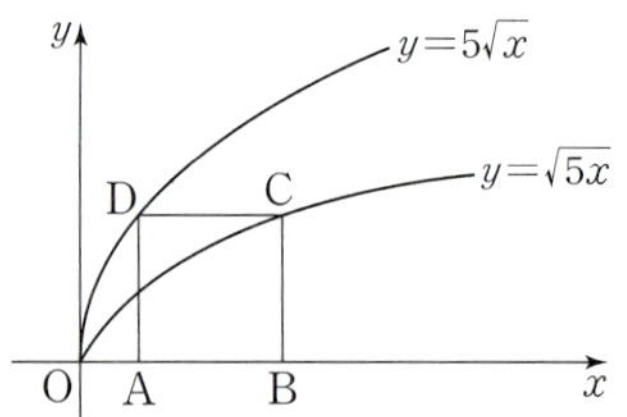

① $\dfrac{5}{16}$ ② $\dfrac{5}{8}$ ③ $\dfrac{15}{16}$
④ $\dfrac{5}{4}$ ⑤ $\dfrac{25}{16}$

1045 (상) | 서술형 |

다음 그림과 같이 자연수 k에 대하여 직선 $x=k$와 두 함수 $y=\sqrt{x+1}$, $y=\sqrt{x}$의 그래프가 만나는 점을 각각 P_k, Q_k라 하자. $\overline{P_1Q_1}+\overline{P_2Q_2}+\overline{P_3Q_3}+\cdots+\overline{P_{79}Q_{79}}=a+b\sqrt{5}$일 때, 유리수 a, b에 대하여 $a+b$의 값을 구하시오.

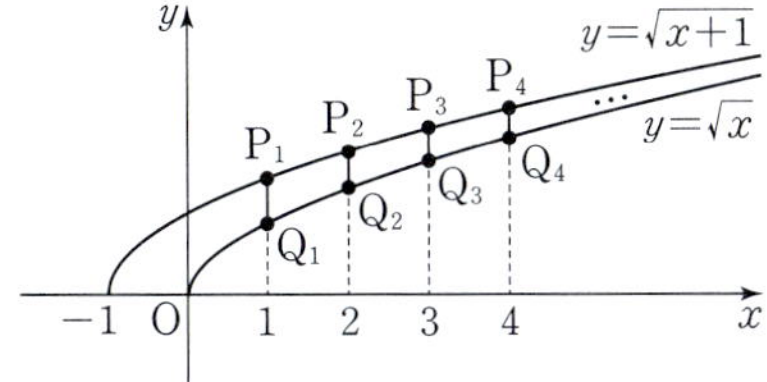

1046 (상) | 학평 기출 |

빈출

함수 $y=\sqrt{a(6-x)}\,(a>0)$의 그래프와 함수 $y=\sqrt{x}$의 그래프가 만나는 점을 A라 하자. 원점 O와 점 B$(6,\ 0)$에 대하여 삼각형 AOB의 넓이가 6일 때, 상수 a의 값은?

① 1 ② 2 ③ 3
④ 4 ⑤ 5

1047 (상)

다음 그림과 같이 직선 $x=k\,(k>0)$와 두 함수 $y=\sqrt{x}$, $y=2\sqrt{x}$의 그래프가 만나는 점을 각각 A, B라 하자. 함수 $y=2\sqrt{x}$의 그래프 위의 한 점 C에 대하여 삼각형 ABC가 정삼각형일 때, 삼각형 ABC의 한 변의 길이는?

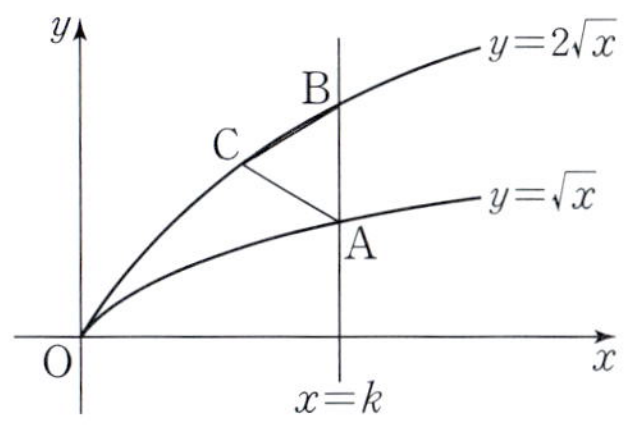

① $\dfrac{4\sqrt{3}}{7}$ ② $\dfrac{6\sqrt{3}}{7}$ ③ $\dfrac{8\sqrt{3}}{7}$

④ $\dfrac{10\sqrt{3}}{7}$ ⑤ $\dfrac{12\sqrt{3}}{7}$

1048 (상) | 학평 기출 |

함수 $f(x)=\begin{cases}\sqrt{x} & (x\geq 0)\\ x^2 & (x<0)\end{cases}$ 의 그래프와 직선 $x+3y-10=0$이 두 점 A$(-2,\ 4)$, B$(4,\ 2)$에서 만난다. 그림과 같이 주어진 함수 $f(x)$의 그래프와 직선으로 둘러싸인 부분의 넓이를 구하시오. (단, O는 원점이다.)

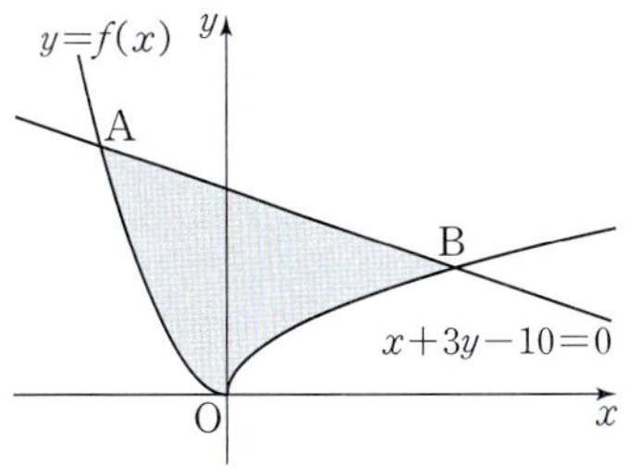

1049 하
학평 기출

함수 $f(x)=\sqrt{x-2}+2$에 대하여 $f^{-1}(7)$의 값을 구하시오.

1050 하
학평 기출

함수 $f(x)=\sqrt{3x-12}$가 있다. 함수 $g(x)$가 2 이상의 모든 실수 x에 대하여 $f^{-1}(g(x))=2x$를 만족시킬 때, $g(3)$의 값은?

① 2   ② $\sqrt{5}$ ③ $\sqrt{6}$

④ $\sqrt{7}$ ⑤ $2\sqrt{2}$

1051 하

정의역이 $\{x \mid x>1\}$인 두 함수 $f(x)=\dfrac{x+3}{x-1}$,

$g(x)=\sqrt{2x-1}$에 대하여 $(g^{-1}\circ f)(2)$의 값을 구하시오.

1052 하
학평 기출

무리함수 $y=\sqrt{2(x-1)}+a$의 역함수의 그래프가 두 점 $(5, 1)$, $(b, 3)$을 지날 때, $a+b$의 값을 구하시오.

(단, a는 상수이다.)

1053 중

함수 $f(x)=-\sqrt{ax+b}+c$의 그래프가 오른쪽 그림과 같고 이 함수의 역함수를 $g(x)$라 할 때, $g(-2)$의 값은?

(단, a, b, c는 상수)

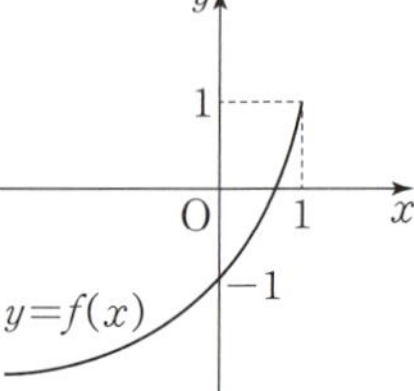

① $-\dfrac{3}{2}$ ② $-\dfrac{5}{4}$ ③ -1

④ $-\dfrac{3}{4}$ ⑤ $-\dfrac{1}{2}$

1054 중

함수 $f(x)=\sqrt{4x+5}-1$의 역함수가 $f^{-1}(x)=\dfrac{1}{4}x^2+ax+b\,(x\geq c)$일 때, 상수 a, b, c에 대하여 $a+b+c$의 값은?

① $-\dfrac{3}{2}$ ② -1 ③ $-\dfrac{1}{2}$

④ $\dfrac{1}{2}$ ⑤ 1

빈출
1055 중

함수 $f(x)=\sqrt{x+2}+4$의 역함수를 $g(x)$라 할 때, 두 함수 $y=f(x)$, $y=g(x)$의 그래프의 교점의 좌표는 (a, b)이다. 이때 $(a-4)(b-5)$의 값은?

① 2   ② 4   ③ 6

④ 8   ⑤ 10

1056 중

함수 $f(x)=\sqrt{ax+b}$ 의 그래프와 그 역함수의 그래프가 모두 점 $(3,\ 2)$ 를 지날 때, 상수 $a,\ b$ 에 대하여 $a-b$ 의 값은?

① -24 ② -20 ③ -16
④ -12 ⑤ -8

1057 중

정의역이 $\{x\,|\,x>2\}$ 인 두 함수

$$f(x)=\frac{2x+4}{x-2},\ g(x)=\sqrt{4-x}+3$$

에 대하여 $(g^{-1}\circ(f\circ g^{-1})^{-1}\circ g)(3)$ 의 값은?

① 2 ② 3 ③ 4
④ 5 ⑤ 6

1058 중

| 서술형 |

함수 $f(x)=\sqrt{-2x+11}$ 의 역함수를 $g(x)$ 라 할 때, $(g\circ g)(3)$ 의 값을 구하시오.

1059 중

함수 $y=2\sqrt{x}$ 의 그래프를 x 축의 방향으로 a 만큼, y 축의 방향으로 3만큼 평행이동한 그래프의 식을 $y=f(x)$ 라 하자. 함수 $y=f(x)$ 의 그래프와 그 역함수 $y=f^{-1}(x)$ 의 그래프가 접할 때, a 의 값은?

① 4 ② $\dfrac{9}{2}$ ③ 5
④ $\dfrac{11}{2}$ ⑤ 6

1060 상

함수 $f(x)=\begin{cases}\sqrt{2-x} & (x<0)\\ 1-2\sqrt{x} & (x\geq 0)\end{cases}$ 에 대하여 $(f^{-1}\circ f^{-1})(k)=9$ 를 만족시키는 상수 k 의 값은?

① $\sqrt{3}$ ② $\sqrt{5}$ ③ $\sqrt{7}$
④ 3 ⑤ $\sqrt{11}$

1061 상

함수 $f(x)=\sqrt{3x-a}+2$ 의 그래프와 그 역함수 $y=f^{-1}(x)$ 의 그래프의 두 교점 사이의 거리가 $\sqrt{2}$ 일 때, 상수 a 의 값은?

① 6 ② 7 ③ 8
④ 9 ⑤ 10

1062 상

| 학평 기출 |

두 함수 $f(x)=\dfrac{1}{5}x^2+\dfrac{1}{5}k\ (x\geq 0)$, $g(x)=\sqrt{5x-k}$ 에 대하여 $y=f(x)$, $y=g(x)$ 의 그래프가 서로 다른 두 점에서 만나도록 하는 모든 정수 k 의 개수는?

① 5 ② 7 ③ 9
④ 11 ⑤ 13

1063

함수 $y=\sqrt{9-x}$의 그래프가 x축과 만나는 점을 A, y축과 만나는 점을 B라 하자. 점 P가 제1사분면에서 함수 $y=\sqrt{9-x}$의 그래프 위를 움직일 때, 사각형 OAPB의 넓이가 최대가 되도록 하는 점 P의 좌표를 구하시오.

(단, O는 원점)

1064

학평 기출

좌표평면 위의 두 곡선 $y=-\sqrt{kx+2k}+4$, $y=\sqrt{-kx+2k}-4$에 대하여 보기에서 옳은 것만을 있는 대로 고른 것은? (단, k는 0이 아닌 실수이다.)

보기

ㄱ. 두 곡선은 서로 원점에 대하여 대칭이다.

ㄴ. $k<0$이면 두 곡선은 한 점에서 만난다.

ㄷ. 두 곡선이 서로 다른 두 점에서 만나도록 하는 k의 최댓값은 16이다.

① ㄱ   ② ㄴ   ③ ㄱ, ㄴ

④ ㄱ, ㄷ   ⑤ ㄱ, ㄴ, ㄷ

1065

학평 기출

무리함수 $f(x)=\sqrt{x-k}$에 대하여 좌표평면에 곡선 $y=f(x)$와 세 점 A$(1, 6)$, B$(7, 1)$, C$(8, 9)$를 꼭짓점으로 하는 삼각형 ABC가 있다. 곡선 $y=f(x)$와 함수 $f(x)$의 역함수의 그래프가 삼각형 ABC와 만나도록 하는 실수 k의 최댓값은?

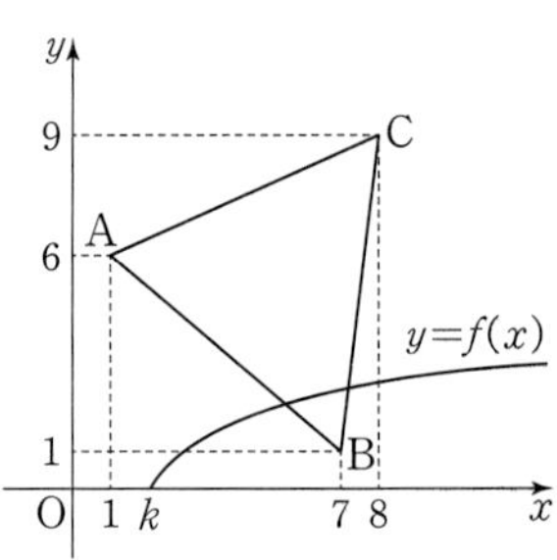

① 6   ② 5   ③ 4

④ 3   ⑤ 2

1066

함수 $f(x)=\sqrt{|x|-1}-3$에 대하여 방정식 $f(f(x))=0$의 서로 다른 실근의 개수를 k라 할 때, 함수 $y=f(x)$의 그래프와 직선 $y=-k$가 만나는 점의 x좌표의 최댓값을 구하시오.

1067

그림과 같이 함수 $f(x)=\sqrt{2x+3}$의 그래프와 함수 $g(x)=\dfrac{1}{2}(x^2-3)\,(x\geq0)$의 그래프가 만나는 점을 A라 하자. 함수 $y=f(x)$ 위의 점 $\mathrm{B}\left(\dfrac{1}{2},\,2\right)$를 지나고 기울기가 -1인 직선 l이 함수 $y=g(x)$의 그래프와 만나는 점을 C라 할 때, 삼각형 ABC의 넓이는?

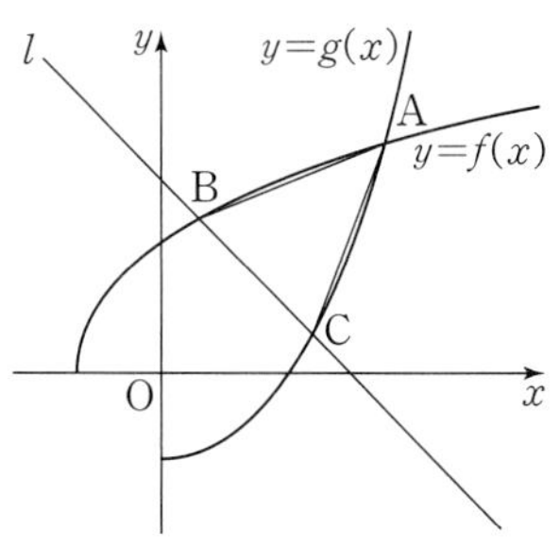

① $\dfrac{9}{4}$ ② $\dfrac{19}{8}$ ③ $\dfrac{5}{2}$

④ $\dfrac{21}{8}$ ⑤ $\dfrac{11}{4}$

1068

함수 $f(x)=\sqrt{x-1}$의 역함수를 $g(x)$라 할 때, 함수 $y=f(x)$의 그래프 위를 움직이는 점 P와 함수 $y=g(x)$의 그래프 위를 움직이는 점 Q가 있다. 이때 두 점 P, Q 사이의 거리의 최솟값을 구하시오.

1069

자연수 n에 대하여 함수 $f(x)=\sqrt{x+n^2}-n\,(x\geq0)$의 역함수를 $g(x)$라 할 때, 두 함수 $y=f(x)$, $y=g(x)$의 그래프는 원점에서만 만난다. 직선 $y=-x+2n+2$와 두 함수 $y=f(x)$, $y=g(x)$의 그래프가 만나는 점을 각각 P_n, Q_n이라 하고 $l_n=\overline{\mathrm{P}_n\mathrm{Q}_n}$이라 하자. 이때 $l_1^{\,2}+l_2^{\,2}+l_3^{\,2}$의 값은?

① 104   ② 106   ③ 108

④ 110   ⑤ 112

1070

그림과 같이 함수 $y=2\sqrt{x}$의 그래프 위를 움직이는 점 P와 직선 $y=x+2$ 위를 움직이는 점 Q에 대하여 선분 PQ의 중점을 M이라 하자. 점 M과 점 $\mathrm{A}(0,\,8)$ 사이의 거리의 최솟값은?

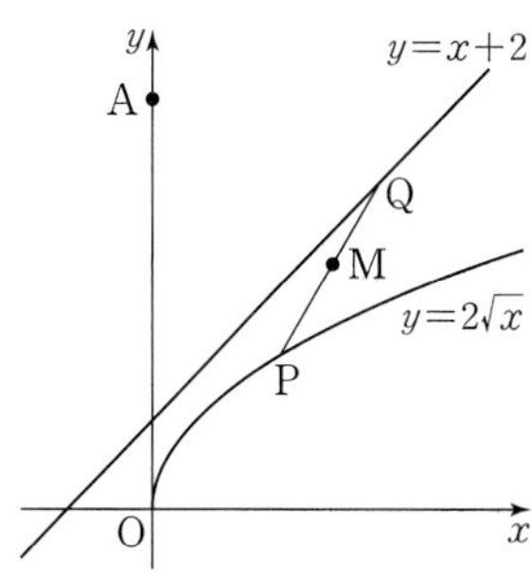

① $\dfrac{13\sqrt{2}}{4}$ ② $\dfrac{27\sqrt{2}}{8}$ ③ $\dfrac{7\sqrt{2}}{2}$

④ $\dfrac{29\sqrt{2}}{8}$ ⑤ $\dfrac{15\sqrt{2}}{4}$

MEMO

2022 개정 교육과정

기출 PICK

정답과 해설

공통수학 2

책 속의 가접 별책 (특허 제 0557442호)

'정답과 해설'은 본책에서 쉽게 분리할 수 있도록 제작되었으므로
유통 과정에서 분리될 수 있으나 파본이 아닌 정상제품입니다.

visang

ABOVE IMAGINATION

우리는 남다른 상상과 혁신으로
교육 문화의 새로운 전형을 만들어
모든 이의 행복한 경험과 성장에 기여한다

정답과 해설

공통수학 2

0001 답 ②

$\overline{OA}=4$이므로 $\sqrt{a^2+3^2}=4$

양변을 제곱하면

$a^2+9=16$ $\therefore a^2=7$

0002 답 29

$\overline{AB}=\sqrt{(4+1)^2+(1-3)^2}=\sqrt{29}$

따라서 선분 AB를 한 변으로 하는 정사각형의 넓이는

$\overline{AB}^2=29$

0003 답 ③

오른쪽 그림과 같이 두 정사각형의 한
변의 길이가 각각 3, 2이므로
$A(2, 3)$, $B(7, 2)$
$\therefore \overline{AB}=\sqrt{(7-2)^2+(2-3)^2}=\sqrt{26}$

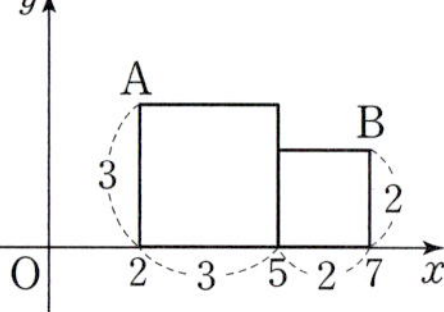

0004 답 ②

$\overline{AB}=2\sqrt{2}$이므로

$\sqrt{(5-a)^2+(-2a+6-2)^2}=2\sqrt{2}$

양변을 제곱하면

$(5-a)^2+(-2a+4)^2=8$

$5a^2-26a+33=0$, $(5a-11)(a-3)=0$

$\therefore a=\dfrac{11}{5}$ 또는 $a=3$

따라서 모든 a의 값의 합은 $\dfrac{11}{5}+3=\dfrac{26}{5}$

참고 이차방정식 $5a^2-26a+33=0$에서 근과 계수의 관계에 의하여 구하
는 모든 a의 값의 합이 $\dfrac{26}{5}$임을 알 수도 있다.

0005 답 ①

$2\overline{AB}=\overline{CD}$이므로

$2\sqrt{(-a-1)^2+(2-3)^2}=\sqrt{(-4)^2+(-1-a)^2}$

양변을 제곱하면

$4\{(a+1)^2+1\}=16+(a+1)^2$

$3(a+1)^2=12$, $(a+1)^2=4$

$a+1=\pm2$ $\therefore a=-3$ 또는 $a=1$

따라서 양수 a의 값은 1이다.

0006 답 ④

$\overline{AB}\leq5$에서 $\overline{AB}^2\leq5^2$이므로

$(2-a)^2+(1-a+2)^2\leq25$

$a^2-5a-6\leq0$, $(a+1)(a-6)\leq0$

$\therefore -1\leq a\leq6$

따라서 정수 a는 -1, 0, 1, $\ldots$, 6의 8개이다.

0007 답 ④

$\overline{AB}=\sqrt{(-2-t)^2+(-t+4)^2}$

$\quad\ =\sqrt{2t^2-4t+20}$

$\quad\ =\sqrt{2(t-1)^2+18}$

따라서 선분 AB의 길이는 $t=1$일 때 최소이다.

> ✔ **중3 다시보기**
>
> 이차함수 $y=a(x-p)^2+q$에 대하여
> (1) $a>0$이면 ➡ $x=p$에서 최솟값은 q이고, 최댓값은 없다.
> (2) $a<0$이면 ➡ $x=p$에서 최댓값은 q이고, 최솟값은 없다.

0008 답 $8\sqrt{2}$

$P(a, 0)$이라 하면

$\overline{AP}=\overline{BP}$에서 $\overline{AP}^2=\overline{BP}^2$이므로

$(a-1)^2+(-4)^2=(a-4)^2+(-7)^2$

$a^2-2a+17=a^2-8a+65$

$6a=48$

$\therefore a=8$

$\therefore P(8, 0)$ ...... ❶

$Q(0, b)$라 하면

$\overline{AQ}=\overline{BQ}$에서 $\overline{AQ}^2=\overline{BQ}^2$이므로

$(-1)^2+(b-4)^2=(-4)^2+(b-7)^2$

$b^2-8b+17=b^2-14b+65$

$6b=48$

$\therefore b=8$

$\therefore Q(0, 8)$ ...... ❷

$\therefore \overline{PQ}=\sqrt{(-8)^2+8^2}=8\sqrt{2}$ ...... ❸

채점 기준

❶ 점 P의 좌표 구하기	40%
❷ 점 Q의 좌표 구하기	40%
❸ 선분 PQ의 길이 구하기	20%

0009 답 ⑤

평행사변형 ABCD에서 두 쌍의 대변의 길이가 각각 같으므로

$\overline{AB}=\overline{CD}$, $\overline{AD}=\overline{BC}$

이때 평행사변형 ABCD의 둘레의 길이가 $8\sqrt{5}$이므로

$2(\overline{AB}+\overline{BC})=8\sqrt{5}$

$\therefore \overline{AB}+\overline{BC}=4\sqrt{5}$

$\sqrt{(1-3)^2+(5-4)^2}+\sqrt{(4-1)^2+(k-5)^2}=4\sqrt{5}$

$\sqrt{9+(k-5)^2}=3\sqrt{5}$

양변을 제곱하면

$9+(k-5)^2=45$

$(k-5)^2=36$

$k-5=\pm6$

$\therefore k=-1$ 또는 $k=11$

그런데 점 C가 제4사분면 위에 있으므로 $k<0$

따라서 구하는 k의 값은 -1이다.

0010 답 ②

$\overline{AP}=\overline{BP}$에서 $\overline{AP}^2=\overline{BP}^2$이므로

$(a-3)^2+(b-4)^2=(a-5)^2+(b-2)^2$

$a^2+b^2-6a-8b+25=a^2+b^2-10a-4b+29$

$a-b=1$

$\therefore b=a-1$ ······ ㉠

$\overline{OP}=5$이므로 $\sqrt{a^2+b^2}=5$

양변을 제곱하면

$a^2+b^2=25$ ······ ㉡

㉠을 ㉡에 대입하면

$a^2+(a-1)^2=25$

$a^2-a-12=0,\ (a+3)(a-4)=0$

$\therefore a=-3$ 또는 $a=4$

이를 ㉠에 대입하면

$a=-3,\ b=-4$ 또는 $a=4,\ b=3$

$\therefore ab=12$

참고 $a-b=1$, $a^2+b^2=25$에서 곱셈 공식의 변형에 의하여 $a^2+b^2=(a-b)^2+2ab$이므로 $ab=12$임을 구할 수도 있다.

0011 답 ②

점 P가 직선 $y=-x$ 위의 점이므로 $P(a,\ -a)$라 하면

$\overline{AP}=\overline{BP}$에서 $\overline{AP}^2=\overline{BP}^2$이므로

$(a-2)^2+(-a-4)^2=(a-5)^2+(-a-1)^2$

$2a^2+4a+20=2a^2-8a+26$

$12a=6$ $\therefore a=\dfrac{1}{2}$

따라서 $P\left(\dfrac{1}{2},\ -\dfrac{1}{2}\right)$이므로

$\overline{OP}=\sqrt{\left(\dfrac{1}{2}\right)^2+\left(-\dfrac{1}{2}\right)^2}=\dfrac{\sqrt{2}}{2}$

0012 답 $5x+3y-21=0$

두 점 A, B에서 같은 거리에 있는 점을 $P(x,\ y)$라 하면

$\overline{AP}=\overline{BP}$에서 $\overline{AP}^2=\overline{BP}^2$이므로

$(x+1)^2+(y-3)^2=(x-4)^2+(y-6)^2$

$x^2+y^2+2x-6y+10=x^2+y^2-8x-12y+52$

$\therefore 5x+3y-21=0$

0013 답 $\dfrac{5}{2}$

$P(a,\ b)$라 하면 점 P가 삼각형 ABC의 외심이므로

$\overline{AP}=\overline{BP}=\overline{CP}$

$\overline{AP}=\overline{BP}$에서 $\overline{AP}^2=\overline{BP}^2$이므로

$(a-2)^2+(b-4)^2=a^2+(b-2)^2$

$a^2+b^2-4a-8b+20=a^2+b^2-4b+4$

$\therefore a+b=4$ ······ ㉠

$\overline{BP}=\overline{CP}$에서 $\overline{BP}^2=\overline{CP}^2$이므로

$a^2+(b-2)^2=(a-3)^2+(b+1)^2$

$a^2+b^2-4b+4=a^2+b^2-6a+2b+10$

$\therefore a-b=1$ ······ ㉡

㉠, ㉡을 연립하여 풀면 $a=\dfrac{5}{2},\ b=\dfrac{3}{2}$

$\therefore P\left(\dfrac{5}{2},\ \dfrac{3}{2}\right)$

따라서 오른쪽 그림에서 삼각형 BOP의 넓이는

$\dfrac{1}{2}\times 2\times\dfrac{5}{2}=\dfrac{5}{2}$

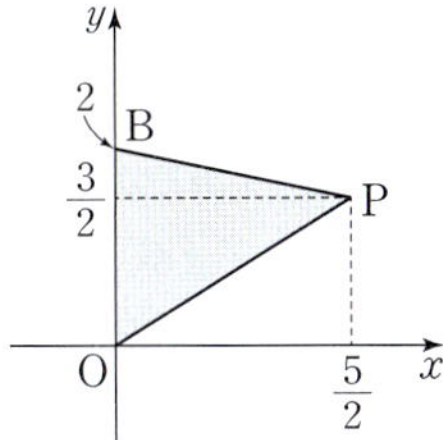

✔ 중2 다시보기

(1) 삼각형의 외심은 세 변의 수직이등분선의 교점이다.

(2) 삼각형의 외심에서 세 꼭짓점에 이르는 거리는 같다.

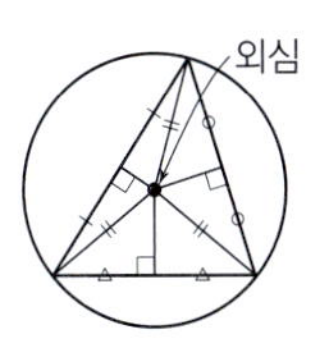

0014 답 ②

오른쪽 그림과 같이 삼각형 ABC의 외심을 P라 하면 점 P에서 각 꼭짓점까지의 거리가 같으므로

$\overline{AP}=\overline{BP}=\overline{CP}$

즉, 점 P는 선분 BC의 중점이다.

따라서 선분 BC는 삼각형 ABC의 외접원의 지름이므로 삼각형 ABC는 선분 BC를 빗변으로 하는 직각삼각형이다.

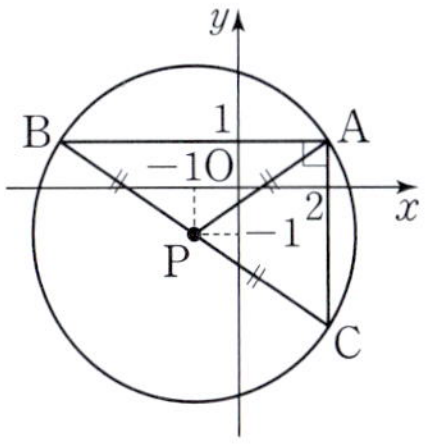

$\therefore \overline{AB}^2+\overline{AC}^2=\overline{BC}^2=(2\overline{AP})^2=4\overline{AP}^2$
$=4\times\{(-1-2)^2+(-1-1)^2\}$
$=52$

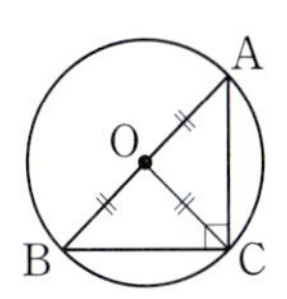

✔ 중2 다시보기

직각삼각형의 외심은 빗변의 중점이다.

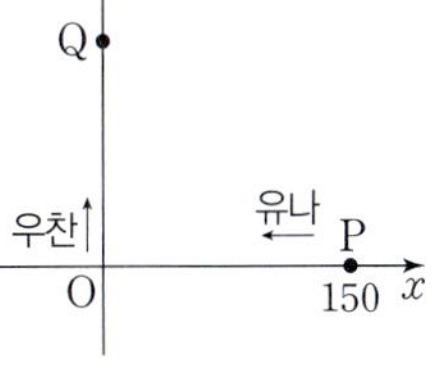

0015 답 $60\sqrt{5}$ m

오른쪽 그림과 같이 O 지점을 원점으로 하고 두 도로를 각각 x축, y축으로 하는 좌표평면을 잡으면 출발한 지 t초 후의 유나의 위치는 $(150-t,\ 0)$, 우찬이의 위치는 $(0,\ 2t)$이다.

이때 두 사람 사이의 거리는

$\sqrt{(-150+t)^2+(2t)^2}=\sqrt{5t^2-300t+22500}$
$=\sqrt{5(t-30)^2+18000}$ (m)

따라서 두 사람이 가장 가까이 있을 때는 $t=30$, 즉 출발한 지 30초 후이고 그때의 거리는 $\sqrt{18000}=60\sqrt{5}$ (m)이다.

0016 답 ③

함수 $f(x)=x^2+x-3$의 그래프와 직선 $y=-x$의 교점의 x좌표는

$x^2+x-3=-x$에서

$x^2+2x-3=0$

$(x+3)(x-1)=0$

$\therefore x=-3$ 또는 $x=1$

이때 점 A의 x좌표가 점 B의 x좌표보다 작으므로

$A(-3, 3)$, $B(1, -1)$

한편 점 P가 함수 $f(x)=x^2+x-3$의 그래프 위의 점이므로

$P(a, a^2+a-3)$이라 하자.

$\overline{AP}=\overline{BP}$에서 $\overline{AP}^2=\overline{BP}^2$이므로

$(a+3)^2+(a^2+a-3-3)^2=(a-1)^2+(a^2+a-3+1)^2$

$a^4+2a^3-10a^2-6a+45=a^4+2a^3-2a^2-6a+5$

$8a^2=40$, $a^2=5$

$\therefore a=\pm\sqrt{5}$

따라서 모든 점 P의 x좌표의 곱은

$-\sqrt{5}\times\sqrt{5}=-5$

참고 이차방정식 $a^2=5$, 즉 $a^2-5=0$에서 근과 계수의 관계에 의하여 구하는 모든 점 P의 x좌표의 곱이 -5임을 알 수도 있다.

0017 답 ②

오른쪽 그림과 같이 아파트 A에서 동쪽으로 1 km 떨어진 지점을 원점으로 하고 두 아파트 A, B가 x축 위에, 아파트 C가 y축 위에 오도록 좌표평면을 잡으면

$A(-1, 0)$, $B(3, 0)$, $C(0, 3)$

정류장을 만들려는 지점을 $P(x, y)$라 하면

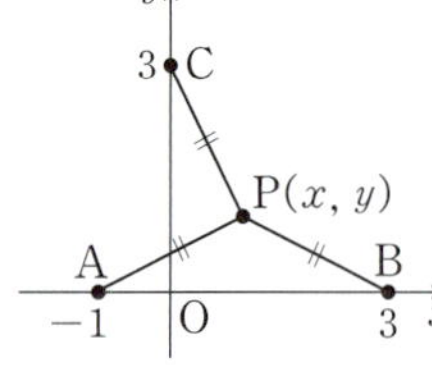

$\overline{AP}=\overline{BP}=\overline{CP}$

$\overline{AP}=\overline{BP}$에서 $\overline{AP}^2=\overline{BP}^2$이므로

$(x+1)^2+y^2=(x-3)^2+y^2$

$x^2+y^2+2x+1=x^2+y^2-6x+9$

$8x=8$

$\therefore x=1$

$\overline{BP}=\overline{CP}$에서 $\overline{BP}^2=\overline{CP}^2$이므로

$(x-3)^2+y^2=x^2+(y-3)^2$

$x^2+y^2-6x+9=x^2+y^2-6y+9$

$x=y$

$\therefore y=1$

즉, $P(1, 1)$이므로

$\overline{AP}=\sqrt{(1+1)^2+1^2}=\sqrt{5}$

따라서 정류장에서 각 아파트까지의 거리는 $\sqrt{5}$ km이다.

0018 답 ②

$\overline{OP}+\overline{PA}$의 값이 최소인 경우는 점 P가 선분 OA 위에 있을 때이므로

$\overline{OP}+\overline{PA}\geq\overline{OA}$

$\qquad\qquad=\sqrt{5^2+6^2}=\sqrt{61}$

따라서 구하는 최솟값은 $\sqrt{61}$이다.

0019 답 ③

$P(0, a)$라 하면

$\overline{AP}^2+\overline{BP}^2=4^2+(a+3)^2+(-2)^2+(a-5)^2$

$\qquad\qquad=2a^2-4a+54$

$\qquad\qquad=2(a-1)^2+52$

따라서 $a=1$일 때, 주어진 식의 최솟값은 52이다.

0020 답 $\left(\dfrac{1}{2}, -\dfrac{5}{2}\right)$

점 P가 직선 $y=x-3$ 위의 점이므로 $P(a, a-3)$이라 하면

$\overline{AP}^2+\overline{BP}^2=(a-1)^2+(a-3+3)^2+(a+3)^2+(a-3-1)^2$

$\qquad\qquad=4a^2-4a+26$

$\qquad\qquad=4\left(a-\dfrac{1}{2}\right)^2+25$ $\qquad\cdots\cdots$ ❶

따라서 $a=\dfrac{1}{2}$일 때, $\overline{AP}^2+\overline{BP}^2$의 값이 최소이므로 구하는 점 P의 좌표는 $\left(\dfrac{1}{2}, -\dfrac{5}{2}\right)$이다. $\qquad\cdots\cdots$ ❷

채점 기준

❶	점 P의 x좌표를 a로 놓고 $\overline{AP}^2+\overline{BP}^2$을 a에 대한 식으로 나타내기	70%
❷	$\overline{AP}^2+\overline{BP}^2$의 값이 최소일 때의 점 P의 좌표 구하기	30%

0021 답 32

두 점 B, C가 x축 위의 점이므로

$P(a, 0)(-2\leq a\leq5)$라 하면

$\overline{AP}^2+\overline{BP}^2=(a-4)^2+(-3)^2+(a+2)^2$

$\qquad\qquad=2a^2-4a+29$

$\qquad\qquad=2(a-1)^2+27$

따라서 $a=5$일 때, 최댓값은 59이고 $a=1$일 때, 최솟값은 27이므로 구하는 차는

$59-27=32$

✔ 공통수학1 다시보기

x의 값의 범위가 $\alpha\leq x\leq\beta$일 때, 이차함수 $f(x)=a(x-p)^2+q$의 최댓값과 최솟값은 다음과 같다.

(1) 꼭짓점의 x좌표 p가 $\alpha\leq x\leq\beta$에 포함될 때
$\Rightarrow f(\alpha)$, $f(p)$, $f(\beta)$ 중 가장 큰 값이 최댓값, 가장 작은 값이 최솟값이다.

(2) 꼭짓점의 x좌표 p가 $\alpha\leq x\leq\beta$에 포함되지 않을 때
$\Rightarrow f(\alpha)$, $f(\beta)$ 중 큰 값이 최댓값, 작은 값이 최솟값이다.

0022 답 ⑤

$A(-4, -3)$, $B(2, 1)$, $P(a, b)$라 하면

$\sqrt{(a+4)^2+(b+3)^2}+\sqrt{(a-2)^2+(b-1)^2}$

$=\overline{AP}+\overline{BP}$

$\geq\overline{AB}$

$=\sqrt{(2+4)^2+(1+3)^2}$

$=2\sqrt{13}$

따라서 구하는 최솟값은 $2\sqrt{13}$이다.

0023 답 2

$A(-a, 3a)$, $B(-5, 3)$, $P(x, y)$라 하면

$\sqrt{(x+a)^2+(y-3a)^2}+\sqrt{(x+5)^2+(y-3)^2}$

$=\overline{AP}+\overline{BP}$ …… ❶

$\geq\overline{AB}$

$=\sqrt{(-5+a)^2+(3-3a)^2}$

$=\sqrt{10a^2-28a+34}$ …… ❷

즉, $\sqrt{10a^2-28a+34}=3\sqrt{2}$이므로 양변을 제곱하면

$10a^2-28a+34=18$

$5a^2-14a+8=0$, $(5a-4)(a-2)=0$

$\therefore a=\dfrac{4}{5}$ 또는 $a=2$

따라서 정수 a의 값은 2이다. …… ❸

채점 기준	
❶ 주어진 식을 두 선분의 길이의 합으로 나타내기	30%
❷ 최솟값을 a에 대한 식으로 나타내기	30%
❸ 정수 a의 값 구하기	40%

0024 답 ③

$\overline{AO}=\sqrt{(-4)^2+(-3)^2}=5$

$\overline{OB}=\sqrt{7^2+(-1)^2}=5\sqrt{2}$

$\overline{BA}=\sqrt{(4-7)^2+(3+1)^2}=5$

따라서 $\overline{AO}=\overline{BA}$, $\overline{AO}^2+\overline{BA}^2=\overline{OB}^2$이므로 삼각형 AOB는 $\angle A=90°$인 직각이등변삼각형이다.

0025 답 $(-2, -4)$

점 C가 직선 $y=2x$ 위의 점이므로 $C(a, 2a)$라 하자.

삼각형 ABC가 $\angle A=90°$인 직각삼각형이므로

$\overline{AB}^2+\overline{CA}^2=\overline{BC}^2$

$(-1-1)^2+(1+1)^2+(1-a)^2+(-1-2a)^2=(a+1)^2+(2a-1)^2$

$5a^2+2a+10=5a^2-2a+2$

$4a=-8$ $\therefore a=-2$

따라서 점 C의 좌표는 $(-2, -4)$이다.

0026 답 $\sqrt{3}$

삼각형 ABC가 정삼각형이므로

$\overline{AB}=\overline{BC}=\overline{CA}$

$\overline{AB}=\overline{BC}$에서 $\overline{AB}^2=\overline{BC}^2$이므로

$(2+2)^2+(1+1)^2=(a-2)^2+(b-1)^2$

$\therefore a^2+b^2-4a-2b-15=0$ …… ㉠

$\overline{BC}=\overline{CA}$에서 $\overline{BC}^2=\overline{CA}^2$이므로

$(a-2)^2+(b-1)^2=(-2-a)^2+(-1-b)^2$

$a^2+b^2-4a-2b+5=a^2+b^2+4a+2b+5$

$\therefore b=-2a$ …… ㉡

㉡을 ㉠에 대입하면

$a^2+(-2a)^2-4a-2(-2a)-15=0$

$a^2=3$ $\therefore a=\pm\sqrt{3}$

그런데 점 C가 제2사분면 위에 있으므로 $a<0$

$\therefore a=-\sqrt{3}$

이를 ㉡에 대입하면

$b=-2\times(-\sqrt{3})=2\sqrt{3}$

$\therefore a+b=\sqrt{3}$

0027 답 ④

삼각형 ABC가 $\angle B>90°$인 둔각삼각형이 되려면

$\overline{AB}^2+\overline{BC}^2<\overline{CA}^2$이어야 하므로

$(k-2)^2+(-3+1)^2+(8-k)^2+(1+3)^2<(2-8)^2+(-1-1)^2$

$k^2-10k+24<0$, $(k-4)(k-6)<0$

$\therefore 4<k<6$

따라서 정수 k의 값은 5이다.

0028 답 5

$\overline{AB}=\sqrt{(-3+2)^2+(-2-1)^2}=\sqrt{10}$

$\overline{BC}=\sqrt{(1+3)^2+2^2}=2\sqrt{5}$

$\overline{CA}=\sqrt{(-2-1)^2+1^2}=\sqrt{10}$ …… ❶

즉, $\overline{AB}=\overline{CA}$, $\overline{AB}^2+\overline{CA}^2=\overline{BC}^2$이므로 삼각형 ABC는 $\angle A=90°$인 직각이등변삼각형이다. …… ❷

따라서 삼각형 ABC의 넓이는

$\dfrac{1}{2}\times\overline{AB}\times\overline{CA}=\dfrac{1}{2}\times\sqrt{10}\times\sqrt{10}=5$ …… ❸

채점 기준	
❶ $\overline{AB}$, $\overline{BC}$, $\overline{CA}$의 길이 구하기	30%
❷ 삼각형 ABC가 어떤 삼각형인지 구하기	40%
❸ 삼각형 ABC의 넓이 구하기	30%

0029 답 17

삼각형 ABC가 $\angle C=90°$인 직각삼각형이므로

$\overline{BC}^2+\overline{CA}^2=\overline{AB}^2$

$2^2+(k+1)^2+(-2-2)^2+(8-k)^2=2^2+(-1-8)^2$

$k^2-7k=0$, $k(k-7)=0$

$\therefore k=0$ 또는 $k=7$

(ⅰ) $k=0$일 때,

　　$C(2, 0)$이므로

　　$\overline{BC}=\sqrt{2^2+1^2}=\sqrt{5}$

　　$\overline{CA}=\sqrt{(-2-2)^2+8^2}=4\sqrt{5}$

　　따라서 삼각형 ABC의 넓이는

　　$\dfrac{1}{2}\times\overline{BC}\times\overline{CA}=\dfrac{1}{2}\times\sqrt{5}\times4\sqrt{5}=10$

(ⅱ) $k=7$일 때,

　　$C(2, 7)$이므로

　　$\overline{BC}=\sqrt{2^2+(7+1)^2}=2\sqrt{17}$

　　$\overline{CA}=\sqrt{(-2-2)^2+(8-7)^2}=\sqrt{17}$

　　따라서 삼각형 ABC의 넓이는

　　$\dfrac{1}{2}\times\overline{BC}\times\overline{CA}=\dfrac{1}{2}\times2\sqrt{17}\times\sqrt{17}=17$

(ⅰ), (ⅱ)에서 삼각형 ABC의 넓이의 최댓값은 17이다.

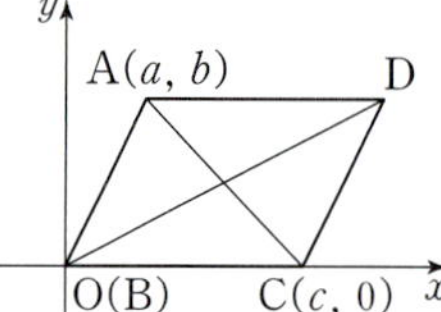

0030 답 (가) $a+c$ (나) $2a^2+2b^2+2c^2$ (다) $a^2+b^2+c^2$

오른쪽 그림과 같이 직선 BC를 x축, 점 B를 지나고 직선 BC에 수직인 직선을 y축으로 하는 좌표평면을 잡으면 점 B는 원점이 된다.

이때 $A(a, b)$, $C(c, 0)$이라 하면
$D(\boxed{\text{(가)} \ a+c}, b)$이므로
$$\overline{AC}^2+\overline{BD}^2=(c-a)^2+(-b)^2+(a+c)^2+b^2$$
$$=\boxed{\text{(나)} \ 2a^2+2b^2+2c^2}$$
$$\overline{AB}^2+\overline{BC}^2=\boxed{\text{(다)} \ a^2+b^2+c^2}$$
$$\therefore \overline{AC}^2+\overline{BD}^2=2(\overline{AB}^2+\overline{BC}^2)$$

0031 답 (가) c (나) $2c$ (다) $2a^2+2b^2+9c^2-6ac$
(라) $2a^2+2b^2+9c^2-6ac$

오른쪽 그림과 같이 직선 BC를 x축, 점 B를 지나고 직선 BC에 수직인 직선을 y축으로 하는 좌표평면을 잡으면 점 B는 원점이 된다.

이때 $A(a, b)$, $C(3c, 0)$이라 하면
$M(\boxed{\text{(가)} \ c}, 0)$, $N(\boxed{\text{(나)} \ 2c}, 0)$이므로
$$\overline{AB}^2+\overline{AC}^2=a^2+b^2+(3c-a)^2+(-b)^2$$
$$=\boxed{\text{(다)} \ 2a^2+2b^2+9c^2-6ac}$$
$$\overline{AM}^2+\overline{AN}^2+4\overline{MN}^2=(c-a)^2+(-b)^2$$
$$+(2c-a)^2+(-b)^2+4\times c^2$$
$$=\boxed{\text{(라)} \ 2a^2+2b^2+9c^2-6ac}$$
$$\therefore \overline{AB}^2+\overline{AC}^2=\overline{AM}^2+\overline{AN}^2+4\overline{MN}^2$$

0032 답 ①

$$\overline{BD}=\sqrt{(9-3)^2+(11-3)^2}=10$$
이때 평행사변형 ABCD에서
$$\overline{AC}^2+\overline{BD}^2=2(\overline{AB}^2+\overline{BC}^2)$$이므로
$$\overline{AC}^2+10^2=2\times(5^2+7^2)$$
$$\overline{AC}^2=48$$
$$\therefore \overline{AC}=4\sqrt{3}$$

0033 답 $3\sqrt{10}$

$$\sqrt{x^2+y^2-6x-10y+34}+\sqrt{x^2+y^2+12x-4y+40}$$
$$=\sqrt{(x-3)^2+(y-5)^2}+\sqrt{(x+6)^2+(y-2)^2}$$
$A(3, 5)$, $B(-6, 2)$, $P(x, y)$라 하면
$$\sqrt{(x-3)^2+(y-5)^2}+\sqrt{(x+6)^2+(y-2)^2}$$
$$=\overline{AP}+\overline{BP}$$
$$\geq\overline{AB}$$
$$=\sqrt{(-6-3)^2+(2-5)^2}$$
$$=3\sqrt{10}$$
따라서 구하는 최솟값은 $3\sqrt{10}$이다.

0034 답 $\left(1, -\dfrac{1}{4}\right)$

$P(a, b)$라 하면
$$\overline{AP}^2+\overline{BP}^2+\overline{CP}^2+\overline{DP}^2$$
$$=(a-3)^2+(b-5)^2+(a+2)^2+(b-3)^2+(a+2)^2+(b+4)^2$$
$$+(a-5)^2+(b+5)^2$$
$$=4a^2+4b^2-8a+2b+117$$
$$=4(a-1)^2+4\left(b+\frac{1}{4}\right)^2+\frac{451}{4}$$
따라서 $a=1$, $b=-\dfrac{1}{4}$일 때, $\overline{AP}^2+\overline{BP}^2+\overline{CP}^2+\overline{DP}^2$의 값이 최소이므로 구하는 점 P의 좌표는 $\left(1, -\dfrac{1}{4}\right)$이다.

0035 답 ③

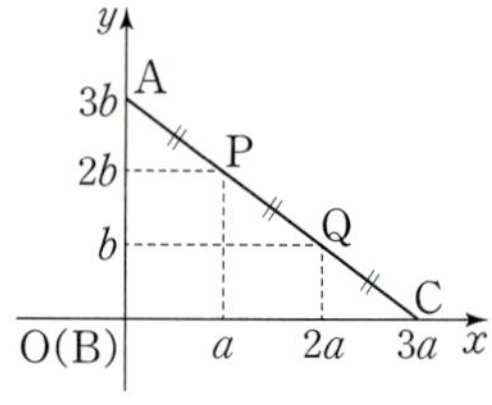

오른쪽 그림과 같이 직선 BC를 x축, 직선 AB를 y축으로 하는 좌표평면을 잡으면 점 B는 원점이 된다.

두 점 P, Q가 변 CA를 삼등분하는 점이므로 점 P의 x좌표를 a, 점 Q의 y좌표를 b라 하면
$A(0, 3b)$, $P(a, 2b)$, $Q(2a, b)$, $C(3a, 0)$
직각삼각형 ABC에서 $\overline{AB}^2+\overline{BC}^2=\overline{CA}^2$이고 $\overline{CA}=12$이므로
$$(-3b)^2+(3a)^2=12^2 \quad \therefore a^2+b^2=16$$
$$\therefore \overline{BP}^2+\overline{BQ}^2=a^2+(2b)^2+(2a)^2+b^2$$
$$=5(a^2+b^2)=5\times16=80$$

0036 답 ②

$y=(x-k)^2-2$의 그래프와 직선 $y=2$의 교점의 x좌표는
$(x-k)^2-2=2$에서 $(x-k)^2=4$, $x-k=\pm2$
$\therefore x=k-2$ 또는 $x=k+2$
이때 점 A의 x좌표가 점 B의 x좌표보다 작으므로
$A(k-2, 2)$, $B(k+2, 2)$
삼각형 AOB가 이등변삼각형이 되려면
$\overline{AO}=\overline{OB}$ 또는 $\overline{OB}=\overline{BA}$ 또는 $\overline{BA}=\overline{AO}$이어야 한다.

(i) $\overline{AO}=\overline{OB}$일 때,
$\overline{AO}^2=\overline{OB}^2$이므로
$$(-k+2)^2+(-2)^2=(k+2)^2+2^2$$
$$8k=0 \quad \therefore k=0$$

(ii) $\overline{OB}=\overline{BA}$일 때,
$\overline{OB}^2=\overline{BA}^2$이므로
$$(k+2)^2+2^2=(k-2-k-2)^2$$
$$(k+2)^2=12, \ k+2=\pm2\sqrt{3}$$
$$\therefore k=-2-2\sqrt{3} \ 또는 \ k=-2+2\sqrt{3}$$

(iii) $\overline{BA}=\overline{AO}$일 때,
$\overline{BA}^2=\overline{AO}^2$이므로
$$(k-2-k-2)^2=(-k+2)^2+(-2)^2$$
$$(k-2)^2=12, \ k-2=\pm2\sqrt{3}$$
$$\therefore k=2-2\sqrt{3} \ 또는 \ k=2+2\sqrt{3}$$

(i), (ii), (iii)에서 $n=5$, $M=2+2\sqrt{3}$이므로
$$n+M=7+2\sqrt{3}$$

0037 답 ①

선분 AB를 $5:1$로 내분하는 점의 좌표가 1이므로

$$\frac{5\times2+1\times a}{5+1}=1, \; 10+a=6$$

$$\therefore a=-4$$

0038 답 $(-1, 2)$

선분 AB를 $4:3$으로 내분하는 점 P의 좌표는

$$\left(\frac{4\times1+3\times(-6)}{4+3}, \; \frac{4\times1+3\times8}{4+3}\right) \quad \therefore (-2, 4)$$

따라서 선분 OP의 중점의 좌표는

$$\left(\frac{-2}{2}, \; \frac{4}{2}\right) \quad \therefore (-1, 2)$$

0039 답 3

선분 AB를 $2:k$로 내분하는 점의 좌표는

$$\left(\frac{2\times8+k\times(-2)}{2+k}, \; \frac{2\times4+k\times(-1)}{2+k}\right)$$

$$\therefore \left(\frac{16-2k}{2+k}, \; \frac{8-k}{2+k}\right)$$

이 점이 직선 $y=x-1$ 위에 있으므로

$$\frac{8-k}{2+k}=\frac{16-2k}{2+k}-1$$

$$2k=6 \quad \therefore k=3$$

0040 답 ③

선분 AB를 $3:1$로 내분하는 점의 좌표는

$$\left(\frac{3\times2+1\times a}{3+1}, \; \frac{3\times(-4)+1\times0}{3+1}\right)$$

$$\therefore \left(\frac{6+a}{4}, \; -3\right)$$

이 점이 y축 위에 있으므로

$$\frac{6+a}{4}=0 \quad \therefore a=-6$$

따라서 $A(-6, 0)$이므로

$$\overline{AB}=\sqrt{(2+6)^2+(-4)^2}=4\sqrt{5}$$

0041 답 $\left(2, -\dfrac{8}{5}\right)$

선분 AB를 $2:1$로 내분하는 점이 원점이므로

$$\frac{2\times(b+1)+1\times2}{2+1}=0, \; \frac{2\times(-1)+1\times(a-1)}{2+1}=0$$

$$2b+4=0, \; a-3=0$$

$$\therefore a=3, \; b=-2 \qquad \cdots\cdots \text{❶}$$

$$\therefore B(-1, -1), \; C(4, -2) \qquad \cdots\cdots \text{❷}$$

따라서 선분 BC를 $3:2$로 내분하는 점의 좌표는

$$\left(\frac{3\times4+2\times(-1)}{3+2}, \; \frac{3\times(-2)+2\times(-1)}{3+2}\right)$$

$$\therefore \left(2, -\frac{8}{5}\right) \qquad \cdots\cdots \text{❸}$$

채점 기준	
❶ a, b의 값 구하기	50%
❷ 두 점 B, C의 좌표 구하기	10%
❸ 선분 BC를 $3:2$로 내분하는 점의 좌표 구하기	40%

0042 답 160

$A(a, b)$, $B(c, d)$라 하면 선분 AB의 중점의 좌표가 $(1, 2)$이므로

$$\frac{a+c}{2}=1, \; \frac{b+d}{2}=2$$

$$\therefore a+c=2 \quad \cdots\cdots ㉠, \; b+d=4 \quad \cdots\cdots ㉡$$

선분 AB를 $3:1$로 내분하는 점의 좌표가 $(4, 3)$이므로

$$\frac{3\times c+1\times a}{3+1}=4, \; \frac{3\times d+1\times b}{3+1}=3$$

$$\therefore a+3c=16 \quad \cdots\cdots ㉢, \; b+3d=12 \quad \cdots\cdots ㉣$$

㉠, ㉢을 연립하여 풀면 $a=-5, \; c=7$

㉡, ㉣을 연립하여 풀면 $b=0, \; d=4$

따라서 $A(-5, 0)$, $B(7, 4)$이므로

$$\overline{AB}^2=(7+5)^2+4^2=160$$

다른 풀이

오른쪽 그림과 같이 선분 AB의 중점을 M, 선분 AB를 $3:1$로 내분하는 점을 P라 하면

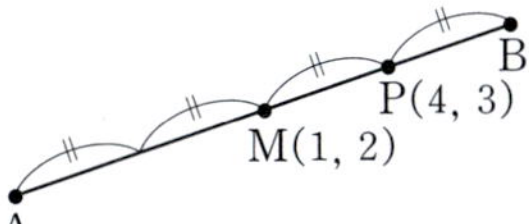

$$\overline{AB}=4\overline{MP}$$
$$=4\sqrt{(4-1)^2+(3-2)^2}$$
$$=4\sqrt{10}$$

$$\therefore \overline{AB}^2=(4\sqrt{10})^2=160$$

0043 답 3

선분 AB가 x축에 의하여 $m:n$으로 내분되므로 선분 AB를 $m:n$으로 내분하는 점은 x축 위에 있다.

선분 AB를 $m:n$으로 내분하는 점의 좌표는

$$\left(\frac{m\times3+n\times(-1)}{m+n}, \; \frac{m\times(-1)+n\times4}{m+n}\right)$$

$$\therefore \left(\frac{3m-n}{m+n}, \; \frac{-m+4n}{m+n}\right)$$

이 점이 x축 위에 있으므로

$$\frac{-m+4n}{m+n}=0 \quad \therefore m=4n$$

이때 m, n은 서로소인 자연수이므로

$$m=4, \; n=1 \quad \therefore m-n=3$$

0044 답 10

$t>0$, $1-t>0$이므로 $0<t<1 \qquad \cdots\cdots ㉠$

선분 AB를 $t:(1-t)$로 내분하는 점의 좌표는

$$\left(\frac{t\times(-2)+(1-t)\times3}{t+(1-t)}, \; \frac{t\times(-5)+(1-t)\times2}{t+(1-t)}\right)$$

$$\therefore (3-5t, \; 2-7t) \qquad \cdots\cdots \text{❶}$$

이 점이 제4사분면 위에 있으므로

$$3-5t>0, \; 2-7t<0$$

$$\therefore \frac{2}{7}<t<\frac{3}{5} \qquad \cdots\cdots ㉡$$

㉠, ㉡에서 실수 t의 값의 범위는 $\dfrac{2}{7}<t<\dfrac{3}{5} \qquad \cdots\cdots \text{❷}$

즉, $10<35t<21$이므로 $35t$가 자연수가 되려면 $35t$의 값은 11, 12, 13, …, 20이어야 한다.

따라서 실수 t는 $\dfrac{11}{35}, \; \dfrac{12}{35}, \; \dfrac{13}{35}, \; \cdots, \; \dfrac{20}{35}$의 10개이다. $\qquad \cdots\cdots \text{❸}$

채점 기준	
❶ 선분 AB를 $t:(1-t)$로 내분하는 점의 좌표를 t를 이용하여 나타내기	40%
❷ 실수 t의 값의 범위 구하기	30%
❸ $35t$가 자연수가 되도록 하는 실수 t의 개수 구하기	30%

0045 답 ①

$P(a, b)$라 하면 점 P가 직선 $y=-9x+3$ 위의 점이므로

$b=-9a+3$ ⋯⋯ ㉠

$Q(x, y)$라 하면 점 Q는 선분 OP를 $1:2$로 내분하는 점이므로

$$x=\frac{1\times a+2\times 0}{1+2}=\frac{a}{3},\ y=\frac{1\times b+2\times 0}{1+2}=\frac{b}{3}$$

$\therefore a=3x,\ b=3y$

이를 ㉠에 대입하면

$3y=-9\times 3x+3$ $\therefore 9x+y-1=0$

따라서 $m=9,\ n=-1$이므로

$mn=-9$

0046 답 4

오른쪽 그림과 같이 직선 BC를 x축, 선분 BC의 중점을 지나고 직선 BC에 수직인 직선을 y축으로 하는 좌표평면을 잡으면 선분 BC의 중점은 원점이 된다.
정삼각형 ABC의 한 변의 길이를 $2a\,(a>0)$라 하면 높이는

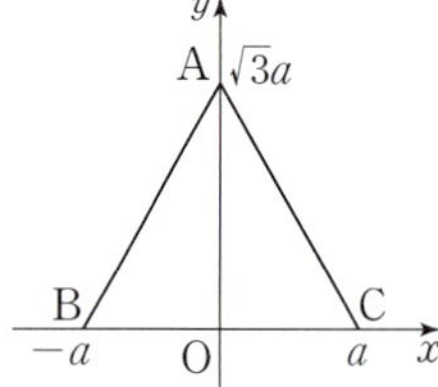

$\sqrt{(2a)^2-a^2}=\sqrt{3}\,a$이므로

$A(0, \sqrt{3}a)$, $B(-a, 0)$, $C(a, 0)$

이때 두 점 B, C가 x축 위의 점이므로 $P(t, 0)\,(-a\leq t\leq a)$라 하면

$$\overline{AP}^2+\overline{BP}^2=t^2+(-\sqrt{3}a)^2+(t+a)^2$$
$$=2t^2+2at+4a^2$$
$$=2\left(t+\frac{a}{2}\right)^2+\frac{7}{2}a^2$$

즉, $t=-\dfrac{a}{2}$일 때, $\overline{AP}^2+\overline{BP}^2$의 값이 최소이므로

$\overline{BP}:\overline{CP}=\dfrac{a}{2}:\dfrac{3}{2}a=1:3$

따라서 점 P는 선분 BC를 $1:3$으로 내분하는 점이므로

$m=1,\ n=3$

$\therefore m+n=4$

0047 답 14

두 점 P, Q의 x좌표를 각각 α, β라 하면 α, β는 이차방정식 $x^2-2x=3x+k$, 즉 $x^2-5x-k=0$의 두 근이므로 근과 계수의 관계에 의하여

$\alpha+\beta=5$ ⋯⋯ ㉠

$\alpha\beta=-k$ ⋯⋯ ㉡

선분 PQ를 $1:2$로 내분하는 점의 x좌표가 1이므로

$$\frac{1\times\beta+2\times\alpha}{1+2}=1$$

$\therefore 2\alpha+\beta=3$ ⋯⋯ ㉢

㉠, ㉢을 연립하여 풀면 $\alpha=-2,\ \beta=7$

이를 ㉡에 대입하면 $-14=-k$ $\therefore k=14$

✔ 공통수학1 다시보기

> 이차방정식 $ax^2+bx+c=0$의 두 근을 α, β라 하면
> $$\alpha+\beta=-\frac{b}{a},\ \alpha\beta=\frac{c}{a}$$

0048 답 3

선분 AB를 $m:n$으로 내분하는 점의 좌표는

$$\left(\frac{-3m+an}{m+n},\ \frac{3m+bn}{m+n}\right)$$

이 점이 y축 위에 있으므로

$$\frac{-3m+an}{m+n}=0 \qquad \therefore m=\frac{1}{3}an$$ ⋯⋯ ㉠

선분 AC를 $m:n$으로 내분하는 점의 좌표는

$$\left(\frac{9m+an}{m+n},\ \frac{-9m+bn}{m+n}\right)$$

이 점이 x축 위에 있으므로

$$\frac{-9m+bn}{m+n}=0 \qquad \therefore m=\frac{1}{9}bn$$ ⋯⋯ ㉡

㉠, ㉡에서 $b=3a\,(\because n>0)$

이때 a, b는 10 이하의 자연수이므로 점 A는 $(1, 3)$, $(2, 6)$, $(3, 9)$의 3개이다.

따라서 만들 수 있는 삼각형 ABC의 개수는 3이다.

0049 답 ③

$7x=3a+4c$에서 $x=\dfrac{4c+3a}{4+3}$

$7y=3b+4d$에서 $y=\dfrac{4d+3b}{4+3}$

따라서 점 $P(x, y)$는 선분 AB를 $4:3$으로 내분하는 점이므로

$\overline{AP}=\dfrac{4}{4+3}\times\overline{AB}=\dfrac{4}{7}\times 42=24$

0050 답 $(0, 16)$

평행사변형의 두 대각선은 서로 다른 것을 이등분하므로 두 대각선 AC와 BD의 중점이 일치한다. ⋯⋯ ❶

대각선 AC의 중점의 좌표는

$$\left(\frac{5-3}{2},\ \frac{3+6}{2}\right) \qquad \therefore \left(1,\ \frac{9}{2}\right)$$ ⋯⋯ ㉠ ⋯⋯ ❷

$D(a, b)$라 하면 대각선 BD의 중점의 좌표는

$$\left(\frac{2+a}{2},\ \frac{-7+b}{2}\right)$$ ⋯⋯ ㉡

㉠, ㉡이 일치하므로

$$1=\frac{2+a}{2},\ \frac{9}{2}=\frac{-7+b}{2}$$

$\therefore a=0,\ b=16$

따라서 점 D의 좌표는 $(0, 16)$이다. ⋯⋯ ❸

채점 기준	
❶ 두 대각선 AC와 BD의 중점이 일치함을 알기	20%
❷ 대각선 AC의 중점의 좌표 구하기	20%
❸ 점 D의 좌표 구하기	60%

0051 답 ⑤

$2\overline{AB}=\overline{BC}$에서 $\overline{AB}:\overline{BC}=1:2$

이때 $a>0$이므로 오른쪽 그림과 같이 점 B는 선분 AC를 $1:2$로 내분하는 점이다.

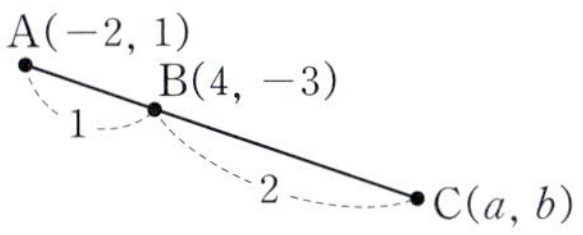

따라서 $\dfrac{1\times a+2\times(-2)}{1+2}=4$, $\dfrac{1\times b+2\times 1}{1+2}=-3$이므로

$a-4=12$, $b+2=-9$

$\therefore a=16$, $b=-11$

$\therefore a-b=27$

0052 답 ③

평행사변형 ABCD의 두 대각선 AC, BD의 교점은 두 대각선 AC, BD의 각각의 중점과 일치한다.

$C(a, b)$라 하면 대각선 AC의 중점의 좌표가 $(2, -1)$이므로

$\dfrac{5+a}{2}=2$, $\dfrac{1+b}{2}=-1$

$\therefore a=-1$, $b=-3$

$\therefore C(-1, -3)$

$D(c, d)$라 하면 대각선 BD의 중점의 좌표가 $(2, -1)$이므로

$\dfrac{-3+c}{2}=2$, $\dfrac{4+d}{2}=-1$

$\therefore c=7$, $d=-6$

$\therefore D(7, -6)$

따라서 선분 CD의 중점의 좌표는

$\left(\dfrac{-1+7}{2}, \dfrac{-3-6}{2}\right)$ $\quad \therefore \left(3, -\dfrac{9}{2}\right)$

0053 답 ①

$\triangle BOC : \triangle OAC=2:1$이므로

$\overline{BO}:\overline{OA}=2:1$

따라서 원점 O는 선분 AB를 $1:2$로 내분하는 점이므로

$\dfrac{1\times a+2\times 3}{1+2}=0$, $\dfrac{1\times b+2\times 1}{1+2}=0$

$a+6=0$, $b+2=0$

$\therefore a=-6$, $b=-2$

$\therefore a+b=-8$

✔ 중2 다시보기

높이가 같은 두 삼각형의 넓이의 비는 두 삼각형의 밑변의 길이의 비와 같다.

➡ $\triangle ABD : \triangle ADC=\overline{BD}:\overline{DC}$

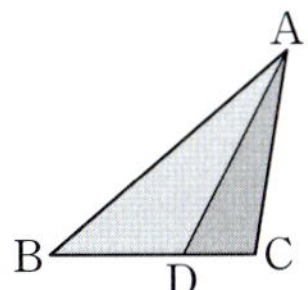

0054 답 11

$k\overline{AB}=\overline{BC}$에서 $\overline{AB}:\overline{BC}=1:k$

이때 점 C의 x좌표가 -6이므로 오른쪽 그림과 같이 점 B는 선분 AC를 $1:k$로 내분하는 점이다.

$\quad \cdots\cdots$ ⓘ

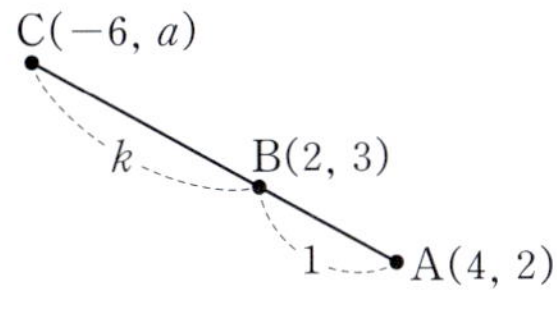

따라서 $\dfrac{1\times(-6)+k\times 4}{1+k}=2$, $\dfrac{1\times a+k\times 2}{1+k}=3$이므로

$-6+4k=2+2k$, $a+2k=3+3k$

$\therefore a=7$, $k=4$ $\quad \cdots\cdots$ ⓘⓘ

$\therefore a+k=11$ $\quad \cdots\cdots$ ⓘⓘⓘ

채점 기준

ⓘ 점 B가 선분 AC를 $1:k$로 내분하는 점임을 알기	50%
ⓘⓘ a, k의 값 구하기	40%
ⓘⓘⓘ $a+k$의 값 구하기	10%

0055 답 19

마름모의 두 대각선은 서로 다른 것을 이등분하므로 두 대각선 OB와 AC의 중점이 일치한다.

대각선 OB의 중점의 좌표는

$\left(\dfrac{b}{2}, \dfrac{c}{2}\right)$ $\quad \cdots\cdots$ ㉠

대각선 AC의 중점의 좌표는

$\left(\dfrac{a+5}{2}, \dfrac{7+5}{2}\right)$ $\quad \therefore \left(\dfrac{a+5}{2}, 6\right)$ $\quad \cdots\cdots$ ㉡

㉠, ㉡이 일치하므로

$\dfrac{b}{2}=\dfrac{a+5}{2}$, $\dfrac{c}{2}=6$ $\quad \therefore b=a+5$, $c=12$ $\quad \cdots\cdots$ ㉢

또 마름모의 네 변의 길이는 모두 같으므로

$\overline{OA}=\overline{AB}=\overline{BC}=\overline{CO}$

$\overline{OA}=\overline{CO}$에서 $\overline{OA}^2=\overline{CO}^2$이므로

$a^2+7^2=(-5)^2+(-5)^2$

$a^2=1$ $\quad \therefore a=\pm 1$

그런데 a는 양수이므로 $a=1$

이를 ㉢에 대입하면 $b=6$

$\therefore a+b+c=19$

0056 답 -10

평행사변형 ABCD의 두 대각선 AC, BD의 교점은 두 대각선 AC, BD의 각각의 중점과 일치한다.

대각선 AC의 중점의 좌표는 $\left(\dfrac{a-4}{2}, \dfrac{3+c}{2}\right)$ $\quad \cdots\cdots$ ㉠

대각선 BD의 중점의 좌표는

$\left(\dfrac{d+1}{2}, \dfrac{b-1+11}{2}\right)$ $\quad \therefore \left(\dfrac{d+1}{2}, \dfrac{b+10}{2}\right)$ $\quad \cdots\cdots$ ㉡

두 대각선 AC, BD의 중점이 직선 $y=-x$ 위에 있으므로

㉠에서 $\dfrac{3+c}{2}=-\dfrac{a-4}{2}$ $\quad \therefore a+c=1$

㉡에서 $\dfrac{b+10}{2}=-\dfrac{d+1}{2}$ $\quad \therefore b+d=-11$

$\therefore a+b+c+d=1+(-11)=-10$

0057 답 ③

오른쪽 그림과 같이 선분 AC의 중점을 D라 하면 선분 BD는 $\angle$B의 이등분선이므로

$\overline{BA}:\overline{BC}=\overline{AD}:\overline{DC}=1:1$

즉, 삼각형 ABC는 $\overline{BA}=\overline{BC}$인 이등변삼각형이다.

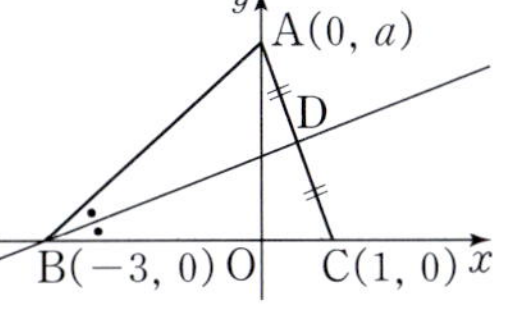

$\overline{BA}=\overline{BC}$에서 $\overline{BA}^2=\overline{BC}^2$이므로

$3^2+a^2=(1+3)^2$, $a^2=7$ $\quad\therefore a=\pm\sqrt{7}$

따라서 양수 a의 값은 $\sqrt{7}$이다.

0058 답 7

$\overline{AB}=\sqrt{(-3-1)^2+(-4-4)^2}=4\sqrt{5}$

$\overline{AC}=\sqrt{(5-1)^2+(2-4)^2}=2\sqrt{5}$

이때 선분 AD는 $\angle$A의 이등분선이므로

$\begin{aligned}\overline{BD}:\overline{CD}&=\overline{AB}:\overline{AC}\\&=4\sqrt{5}:2\sqrt{5}\\&=2:1\end{aligned}$

즉, 점 D는 선분 BC를 $2:1$로 내분하는 점이므로 점 D의 좌표는

$\left(\dfrac{2\times5+1\times(-3)}{2+1},\ \dfrac{2\times2+1\times(-4)}{2+1}\right)$

$\therefore\left(\dfrac{7}{3},\ 0\right)$

따라서 $a=\dfrac{7}{3}$, $b=0$이므로

$3(a+b)=3\times\dfrac{7}{3}=7$

0059 답 ②

$\overline{AB}=\sqrt{(-2-1)^2+(-3)^2}=3\sqrt{2}$

$\overline{AC}=\sqrt{(5-1)^2+(-1-3)^2}=4\sqrt{2}$

이때 선분 AD는 $\angle$A의 이등분선
이므로

$\begin{aligned}\overline{BD}:\overline{CD}&=\overline{AB}:\overline{AC}\\&=3\sqrt{2}:4\sqrt{2}\\&=3:4\end{aligned}$

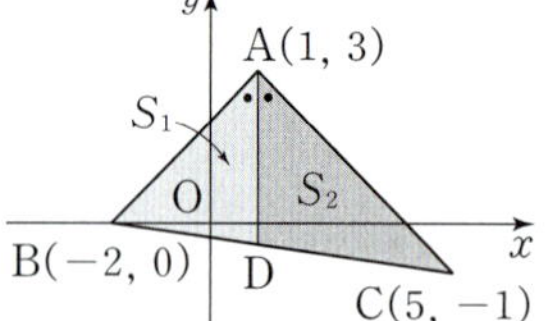

따라서 $S_1:S_2=\overline{BD}:\overline{CD}=3:4$이므로

$\dfrac{S_1}{S_2}=\dfrac{3}{4}$

0060 답 3

$\overline{AB}=\sqrt{(1-3)^2+(2-3)^2}=\sqrt{5}$

$\overline{AC}=\sqrt{(6-3)^2+(-3-3)^2}=3\sqrt{5}$

이때 점 I가 삼각형 ABC의 내심이므로 직선 AI는 $\angle$A의 이등분
선이다. $\quad\cdots\cdots$ ❶

오른쪽 그림과 같이 직선 AI가 변
BC와 만나는 점을 D라 하면

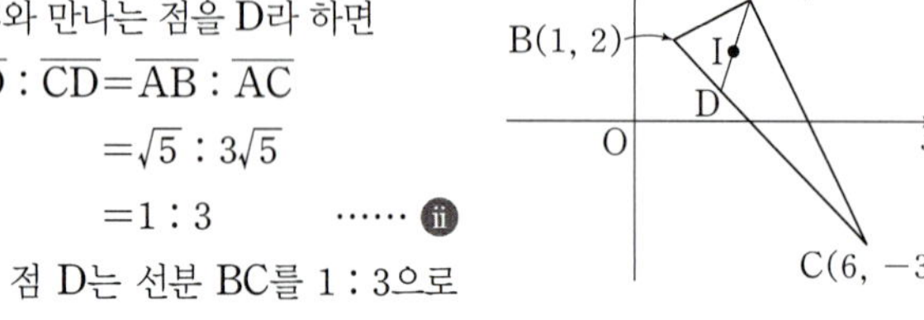

$\begin{aligned}\overline{BD}:\overline{CD}&=\overline{AB}:\overline{AC}\\&=\sqrt{5}:3\sqrt{5}\\&=1:3\quad\cdots\cdots ❷\end{aligned}$

즉, 점 D는 선분 BC를 $1:3$으로
내분하는 점이므로 점 D의 좌표는

$\left(\dfrac{1\times6+3\times1}{1+3},\ \dfrac{1\times(-3)+3\times2}{1+3}\right)$ $\quad\therefore\left(\dfrac{9}{4},\ \dfrac{3}{4}\right)$

따라서 $a=\dfrac{9}{4}$, $b=\dfrac{3}{4}$이므로

$a+b=3\quad\cdots\cdots$ ❸

채점 기준	
❶ 직선 AI가 $\angle$A의 이등분선임을 알기	20%
❷ $\overline{BD}:\overline{CD}$ 구하기	40%
❸ $a+b$의 값 구하기	40%

✔ 중2 다시보기

(1) 삼각형의 내심은 세 내각의 이등분
선의 교점이다.

(2) 삼각형의 내심에서 세 변에 이르는
거리는 같다.

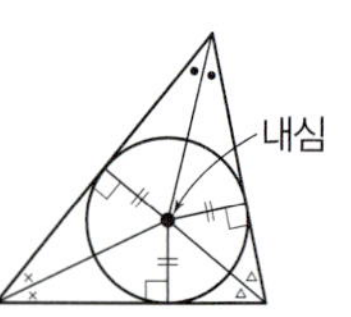

0061 답 ③

주어진 평행사변형의 네 꼭짓점을 A, B, C, D라 하면 두 대각선
AC와 BD의 중점이 일치한다.

(i) A(a, b), C$(4, 6)$일 때,

$\dfrac{a+4}{2}=\dfrac{-3-5}{2}$, $\dfrac{b+6}{2}=\dfrac{1-2}{2}$

$\therefore a=-12$, $b=-7$

$\therefore a-b=-5$

(ii) A(a, b), C$(-3, 1)$일 때,

$\dfrac{a-3}{2}=\dfrac{4-5}{2}$, $\dfrac{b+1}{2}=\dfrac{6-2}{2}$

$\therefore a=2$, $b=3$

$\therefore a-b=-1$

(iii) A(a, b), C$(-5, -2)$일 때,

$\dfrac{a-5}{2}=\dfrac{4-3}{2}$, $\dfrac{b-2}{2}=\dfrac{6+1}{2}$

$\therefore a=6$, $b=9$

$\therefore a-b=-3$

(i), (ii), (iii)에서 모든 $a-b$의 값의 곱은

$-5\times(-1)\times(-3)=-15$

0062 답 $(7, 2)$, $\left(\dfrac{29}{3},\ \dfrac{14}{3}\right)$

$\overline{AC}=4\overline{BC}$에서 $\overline{AC}:\overline{BC}=4:1$

(i) 점 C가 선분 AB 위에 있을 때,

오른쪽 그림과 같이 점 C는 선분 AB
를 $4:1$로 내분하는 점이므로 점 C의
좌표는

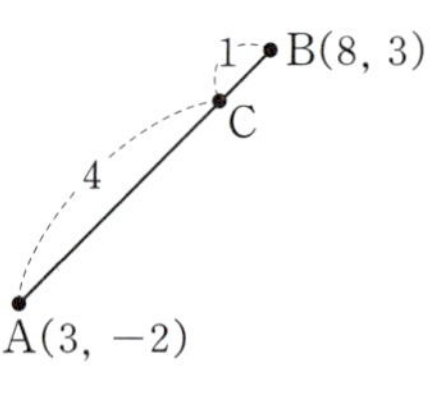

$\left(\dfrac{4\times8+1\times3}{4+1},\ \dfrac{4\times3+1\times(-2)}{4+1}\right)$

$\therefore (7, 2)$

(ii) 점 C가 선분 AB의 연장선 위에 있을 때,

오른쪽 그림과 같이 점 B는 선분 AC
를 $3:1$로 내분하는 점이므로 점 C의
좌표를 (a, b)라 하면

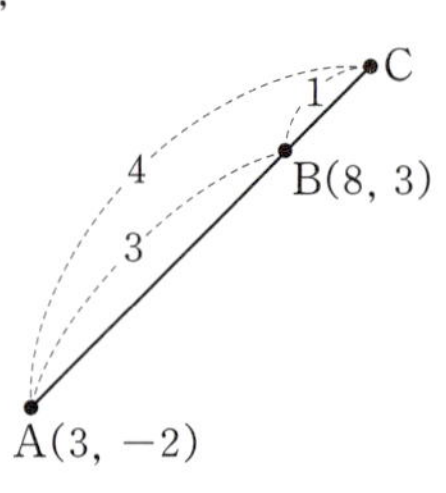

$\dfrac{3\times a+1\times3}{3+1}=8$,

$\dfrac{3\times b+1\times(-2)}{3+1}=3$

$$3a+3=32, \quad 3b-2=12$$
$$\therefore a=\frac{29}{3}, \quad b=\frac{14}{3}$$

따라서 점 C의 좌표는 $\left(\frac{29}{3}, \frac{14}{3}\right)$이다.

(i), (ii)에서 점 C의 좌표는 $(7, 2)$, $\left(\frac{29}{3}, \frac{14}{3}\right)$이다.

0063 답 $\left(\frac{4}{3}, 0\right)$

점 A○B는 선분 AB를 $1:2$로 내분하는 점이므로 그 좌표는
$$\left(\frac{1\times(-2)+2\times4}{1+2}, \frac{1\times2+2\times5}{1+2}\right)$$
$$\therefore (2, 4)$$

점 C○D는 선분 CD를 $1:2$로 내분하는 점이므로 그 좌표는
$$\left(\frac{1\times(-3)+2\times3}{1+2}, \frac{1\times2+2\times(-4)}{1+2}\right)$$
$$\therefore (1, -2)$$

점 (A○B)△(C○D)는 두 점 $(2, 4)$, $(1, -2)$를 이은 선분을 $2:1$로 내분하는 점이므로 그 좌표는
$$\left(\frac{2\times1+1\times2}{2+1}, \frac{2\times(-2)+1\times4}{2+1}\right)$$
$$\therefore \left(\frac{4}{3}, 0\right)$$

0064 답 ④

$\triangle OAB=\frac{1}{2}\times9\times4=18$이므로

$\triangle OAB : \triangle OAC=18:72=1:4$
$$\therefore \overline{AB}:\overline{AC}=1:4$$

이때 $a>0$이므로 오른쪽 그림과 같이 점 B는 선분 AC를 $1:3$으로 내분하는 점이다.

따라서 $\dfrac{1\times a+3\times(-4)}{1+3}=0$,

$\dfrac{1\times b+3\times(-3)}{1+3}=-9$이므로

$a-12=0$, $b-9=-36$
$$\therefore a=12, \quad b=-27$$
$$\therefore 3a+b=36+(-27)=9$$

0065 답 ⑤

$\overline{AB}=\sqrt{(-8)^2+(-2-4)^2}=10$

$\overline{AC}=\sqrt{4^2+(1-4)^2}=5$

이때 선분 AD는 $\angle$A의 외각의 이등분선이므로
$$\overline{BD}:\overline{CD}=\overline{AB}:\overline{AC}$$
$$=10:5=2:1$$

즉, 점 C는 선분 BD의 중점이므로 점 D의 좌표를 (a, b)라 하면
$$\frac{-8+a}{2}=4, \quad \frac{-2+b}{2}=1$$
$$\therefore a=16, \quad b=4$$

따라서 D$(16, 4)$이므로
$$\overline{AD}=|16-0|=16$$

0066 답 ⑤

$\overline{AC}=\sqrt{4^2+(-3)^2}=5$

$\overline{AB}=\sqrt{(-5)^2+(-9-3)^2}=13$

$\overline{AD}=\overline{AC}=5$이므로
$$\overline{BD}=\overline{AB}-\overline{AD}=13-5=8$$

삼각형 BPA에서 $\overline{AP} /\!/ \overline{DC}$이므로
$$\overline{BC}:\overline{CP}=\overline{BD}:\overline{DA}=8:5$$

즉, 점 C는 선분 BP를 $8:5$로 내분하는 점이므로 점 P의 좌표를 (a, b)라 하면
$$\frac{8\times a+5\times(-5)}{8+5}=4, \quad \frac{8\times b+5\times(-9)}{8+5}=0$$
$$8a-25=52, \quad 8b-45=0$$
$$\therefore a=\frac{77}{8}, \quad b=\frac{45}{8}$$

따라서 점 P의 좌표는 $\left(\frac{77}{8}, \frac{45}{8}\right)$이다.

 중2 다시보기

삼각형 ABC에서 $\overline{BC} /\!/ \overline{DE}$이면
$\Rightarrow \overline{AD}:\overline{DB}=\overline{AE}:\overline{EC}$

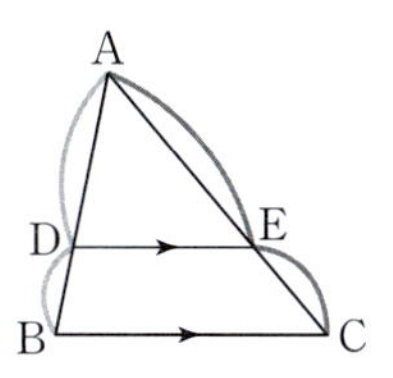

0067 답 ②

삼각형 ABC의 무게중심이 원점이므로
$$\frac{a+c-7}{3}=0, \quad \frac{b+2+3}{3}=0$$
$$\therefore a+c=7, \quad b=-5$$
$$\therefore a+b+c=7+(-5)=2$$

0068 답 5

삼각형 ABC의 무게중심의 좌표는
$$\left(\frac{2-1-4}{3}, \frac{a+3+1}{3}\right)$$
$$\therefore \left(-1, \frac{a+4}{3}\right) \qquad \cdots\cdots ❶$$

이 점이 직선 $y=-3x$ 위에 있으므로
$$\frac{a+4}{3}=-3\times(-1), \quad a+4=9$$
$$\therefore a=5 \qquad \cdots\cdots ❷$$

채점 기준

❶ 삼각형 ABC의 무게중심의 좌표를 a를 이용하여 나타내기		50%
❷ a의 값 구하기		50%

0069 답 ⑤

$\overline{AC}=\overline{BC}$에서 $\overline{AC}^2=\overline{BC}^2$이므로
$$(a+2)^2+b^2=a^2+(b-4)^2$$
$$a^2+b^2+4a+4=a^2+b^2-8b+16$$
$$\therefore a+2b-3=0 \qquad \cdots\cdots ㉠$$

삼각형 ABC의 무게중심의 좌표는

$$\left(\frac{-2+a}{3}, \frac{4+b}{3} \right)$$

이 점이 y축 위에 있으므로

$$\frac{-2+a}{3}=0 \qquad \therefore a=2$$

이를 ㉠에 대입하면

$$2+2b-3=0 \qquad \therefore b=\frac{1}{2}$$

$$\therefore a+b=\frac{5}{2}$$

0070 답 ①

삼각형 ABC의 무게중심은 삼각형 PQR의 무게중심과 일치하므로 구하는 무게중심의 좌표는

$$\left(\frac{3-1+4}{3}, \frac{1+6+5}{3} \right)$$

$$\therefore (2, 4)$$

다른 풀이

세 점 A, B, C의 좌표를 각각 (x_1, y_1), (x_2, y_2), (x_3, y_3)이라 하자.

점 P는 선분 AB를 $2:1$로 내분하는 점이므로

$$\frac{2x_2+x_1}{2+1}=3, \frac{2y_2+y_1}{2+1}=1$$

$$\therefore 2x_2+x_1=9, 2y_2+y_1=3 \qquad \cdots\cdots ㉠$$

점 Q는 선분 BC를 $2:1$로 내분하는 점이므로

$$\frac{2x_3+x_2}{2+1}=-1, \frac{2y_3+y_2}{2+1}=6$$

$$\therefore 2x_3+x_2=-3, 2y_3+y_2=18 \qquad \cdots\cdots ㉡$$

점 R는 선분 CA를 $2:1$로 내분하는 점이므로

$$\frac{2x_1+x_3}{2+1}=4, \frac{2y_1+y_3}{2+1}=5$$

$$\therefore 2x_1+x_3=12, 2y_1+y_3=15 \qquad \cdots\cdots ㉢$$

㉠, ㉡, ㉢에서

$$3(x_1+x_2+x_3)=18, 3(y_1+y_2+y_3)=36$$

$$\therefore x_1+x_2+x_3=6, y_1+y_2+y_3=12$$

따라서 삼각형 ABC의 무게중심의 좌표는

$$\left(\frac{x_1+x_2+x_3}{3}, \frac{y_1+y_2+y_3}{3} \right)$$

$$\left(\frac{6}{3}, \frac{12}{3} \right) \qquad \therefore (2, 4)$$

0071 답 5

두 점 A, B가 각각 직선 $y=x$, $y=-\frac{1}{4}x$ 위의 점이므로 $A(a, a)$, $B\left(b, -\frac{1}{4}b\right)$라 하자.

삼각형 OAB의 무게중심의 좌표가 $\left(2, \frac{1}{3}\right)$이므로

$$\frac{a+b}{3}=2, \frac{a-\frac{1}{4}b}{3}=\frac{1}{3}$$

$$a+b=6, a-\frac{1}{4}b=1$$

두 식을 연립하여 풀면 $a=2, b=4$

$$\therefore A(2, 2), B(4, -1)$$

이때 직선 $y=-\frac{3}{2}x+k$가 점 A를 지나므로

$$2=-\frac{3}{2}\times2+k$$

$$\therefore k=5$$

0072 답 ③

$B(p, q)$라 하면 선분 AB의 중점의 좌표가 $(6, 7)$이므로

$$\frac{1+p}{2}=6, \frac{2+q}{2}=7$$

$$\therefore p=11, q=12$$

$$\therefore B(11, 12)$$

선분 AC의 중점을 $M(a, 6)$이라 하면 삼각형 ABC의 무게중심은 선분 BM을 $2:1$로 내분하는 점이므로

$$\frac{2\times a+1\times11}{2+1}=5, \frac{2\times6+1\times12}{2+1}=b$$

$$2a+11=15, 8=b$$

$$\therefore a=2, b=8$$

$$\therefore a+b=10$$

0073 답 14

두 점 A, B가 직선 $y=2x+6$ 위의 점이므로 $A(\alpha, 2\alpha+6)$, $B(\beta, 2\beta+6)$이라 하면 삼각형 OAB의 무게중심의 좌표는

$$\left(\frac{\alpha+\beta}{3}, \frac{2\alpha+6+2\beta+6}{3} \right)$$

$$\therefore \left(\frac{\alpha+\beta}{3}, \frac{2(\alpha+\beta)+12}{3} \right) \qquad \cdots\cdots ㉠$$

이때 α, β는 이차방정식 $x^2-8x+1=2x+6$, 즉 $x^2-10x-5=0$ 의 두 근이므로 근과 계수의 관계에 의하여

$$\alpha+\beta=10$$

이를 ㉠에 대입하면 삼각형 OAB의 무게중심의 좌표는

$$\left(\frac{10}{3}, \frac{2\times10+12}{3} \right)$$

$$\therefore \left(\frac{10}{3}, \frac{32}{3} \right)$$

따라서 $a=\frac{10}{3}, b=\frac{32}{3}$이므로

$$a+b=14$$

0074 답 $(-5, 5)$

변 BC의 중점이 원점 O이므로 $C(a, 0)(a>0)$이라 하면 $B(-a, 0)$

삼각형 ABO의 무게중심 P의 좌표는

$$\left(\frac{-9-a}{3}, \frac{9}{3} \right) \qquad \therefore \left(\frac{-9-a}{3}, 3 \right)$$

삼각형 AOC의 무게중심 Q의 좌표는

$$\left(\frac{-9+a}{3}, \frac{9}{3} \right) \qquad \therefore \left(\frac{-9+a}{3}, 3 \right)$$

따라서 삼각형 APQ의 무게중심의 좌표는

$$\left(\frac{-9+\frac{-9-a}{3}+\frac{-9+a}{3}}{3}, \frac{9+3+3}{3} \right)$$

$$\therefore (-5, 5)$$

0075 답 ⑤

정삼각형 ABC에서 변 BC의 중점을
$M(a, b)$라 하면 정삼각형 ABC의 무게
중심은 선분 AM을 $2:1$로 내분하는 점이
다.
이때 정삼각형 ABC의 무게중심이 원점이
므로

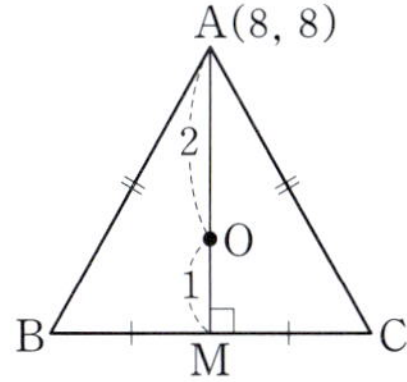

$$\frac{2 \times a + 1 \times 8}{2+1} = 0, \quad \frac{2 \times b + 1 \times 8}{2+1} = 0$$

$\therefore a = -4, \ b = -4$

$\therefore M(-4, -4)$

또 정삼각형의 한 내각의 이등분선은 밑변을 수직이등분하므로
$\angle AMB = \angle AMC = 90°$
즉, 삼각형 ABM은 $\angle ABM = 60°$인 직각삼각형이므로
$\overline{AB} : \overline{AM} = 2 : \sqrt{3}$ ...... ㉠
$\overline{AM} = \sqrt{(-4-8)^2 + (-4-8)^2} = 12\sqrt{2}$
㉠에서
$\overline{AB} : 12\sqrt{2} = 2 : \sqrt{3}$
$\therefore \overline{AB} = 8\sqrt{6}$
따라서 정삼각형 ABC의 한 변의 길이는 $8\sqrt{6}$이다.

0076 답 ③

점 B는 두 직선 $x=4$, $3x-4y=0$의 교점이므로 점 B의 y좌표는
$3 \times 4 - 4y = 0$에서 $y = 3$
$\therefore B(4, 3)$
$A(4, 0)$이므로
$\overline{OA} = 4, \ \overline{OB} = \sqrt{4^2 + 3^2} = 5$
이때 선분 OC는 $\angle AOB$의 이등분선이므로
$\overline{AC} : \overline{CB} = \overline{OA} : \overline{OB} = 4 : 5$
즉, 점 C는 선분 AB를 $4:5$로 내분하는 점이므로 점 C의 좌표는
$\left(\dfrac{4 \times 4 + 5 \times 4}{4+5}, \ \dfrac{4 \times 3 + 5 \times 0}{4+5} \right)$
$\therefore \left(4, \ \dfrac{4}{3} \right)$
점 G는 삼각형 BOC의 무게중심이므로 점 G의 좌표는
$\left(\dfrac{4+4}{3}, \ \dfrac{3 + \dfrac{4}{3}}{3} \right)$
$\therefore \left(\dfrac{8}{3}, \ \dfrac{13}{9} \right)$
따라서 삼각형 OAG의 넓이는
$\dfrac{1}{2} \times 4 \times \dfrac{13}{9} = \dfrac{26}{9}$

0077 답 $(6, 4)$

점 $(12, 8)$은 삼각형 OAB의 두 중선의 교점이므로 삼각형 OAB
의 무게중심이다.
$A(x_1, y_1)$, $B(x_2, y_2)$라 하면
$\dfrac{x_1 + x_2}{3} = 12, \ \dfrac{y_1 + y_2}{3} = 8$
$\therefore x_1 + x_2 = 36, \ y_1 + y_2 = 24$

이때 $C\left(\dfrac{x_1}{2}, \dfrac{y_1}{2} \right)$, $D\left(\dfrac{x_2}{2}, \dfrac{y_2}{2} \right)$이므로 삼각형 OCD의 무게중심의
좌표는
$\left(\dfrac{\dfrac{x_1}{2} + \dfrac{x_2}{2}}{3}, \ \dfrac{\dfrac{y_1}{2} + \dfrac{y_2}{2}}{3} \right), \ \left(\dfrac{x_1 + x_2}{6}, \ \dfrac{y_1 + y_2}{6} \right)$
$\therefore (6, 4)$

최고수준 도전 기출   20~21쪽

0078 답 15

전략 주어진 식을 두 점 사이의 거리를 이용하여 변형한 후 두 점 사
이의 거리의 합이 최소인 경우를 찾는다.

$A(5, -2)$, $B(-3, 4)$, $C(2, 3)$, $D(-1, -1)$, $P(x, y)$라 하면
$\sqrt{(x-5)^2 + (y+2)^2} + \sqrt{(x+3)^2 + (y-4)^2}$
$\qquad + \sqrt{(x-2)^2 + (y-3)^2} + \sqrt{(x+1)^2 + (y+1)^2}$
$= \overline{AP} + \overline{BP} + \overline{CP} + \overline{DP}$
$\overline{AP} + \overline{BP} + \overline{CP} + \overline{DP}$의 값이 최소이려면
오른쪽 그림과 같이 점 P가 선분 AB 위
에 있으면서 선분 CD 위에 있어야 한다.

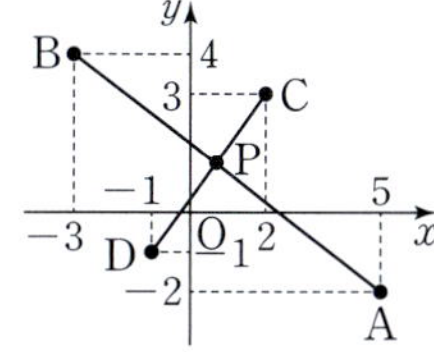

$\therefore \overline{AP} + \overline{BP} + \overline{CP} + \overline{DP}$
$\qquad \geq \overline{AB} + \overline{CD}$
$\qquad = \sqrt{(-3-5)^2 + (4+2)^2} + \sqrt{(-1-2)^2 + (-1-3)^2}$
$\qquad = 10 + 5 = 15$
따라서 구하는 최솟값은 15이다.

0079 답 116

전략 정사각형은 모두 닮은 도형이고, 서로 닮은 세 평면도형의 닮
음비가 $a : b : c$일 때, 넓이의 비는 $a^2 : b^2 : c^2$임을 이용한다.

$B_4(30, 18)$이므로
$\overline{OA_4} = 30, \ \overline{B_4 A_4} = 18$
$\overline{A_3 A_4} = \overline{B_4 A_4} = 18$이므로
$\overline{OA_3} = \overline{OA_4} - \overline{A_3 A_4} = 30 - 18 = 12$
$\therefore A_3(12, 0)$
이때 세 정사각형 $OA_1B_1C_1$, $A_1A_2B_2C_2$, $A_2A_3B_3C_3$의 넓이의 비
가 $1 : 4 : 9$이므로 닮음비는 $1 : 2 : 3$이다.
즉, $\overline{OA_1} : \overline{A_1A_2} : \overline{A_2A_3} = 1 : 2 : 3$이므로
$\overline{OA_1} = \overline{OA_3} \times \dfrac{1}{1+2+3}$
$\qquad = 12 \times \dfrac{1}{6} = 2$
$\overline{A_1A_2} = \overline{OA_3} \times \dfrac{2}{1+2+3}$
$\qquad = 12 \times \dfrac{2}{6} = 4$
$\overline{A_2A_3} = \overline{OA_3} \times \dfrac{3}{1+2+3}$
$\qquad = 12 \times \dfrac{3}{6} = 6$

이때 $\overline{B_1A_1}=\overline{OA_1}=2$이므로
B_1(2, 2)
또 $\overline{B_3A_3}=\overline{A_2A_3}=6$이므로
B_3(12, 6)
$\therefore \overline{B_1B_3}^2=(12-2)^2+(6-2)^2=116$

✔ 중2 다시보기

서로 닮은 두 평면도형의 닮음비가 $m:n$이면 넓이의 비는
$m^2:n^2$이다.

0080 답 ③

전략 두 점 P, Q의 x좌표는 이차방정식 $ax^2=\frac{1}{2}x+1$, 즉
$2ax^2-x-2=0$의 두 근이므로 근과 계수의 관계를 이용하여 두 점 P,
Q의 x좌표 사이의 관계식을 구한다.

두 점 P, Q가 직선 $y=\frac{1}{2}x+1$ 위의 점이므로 $P\left(\alpha, \frac{1}{2}\alpha+1\right)$,
$Q\left(\beta, \frac{1}{2}\beta+1\right)(\alpha<\beta)$이라 하자.

이때 α, β는 이차방정식 $ax^2=\frac{1}{2}x+1$, 즉 $2ax^2-x-2=0$의 두
근이므로 근과 계수의 관계에 의하여
$$\alpha+\beta=\frac{1}{2a}, \ \alpha\beta=-\frac{1}{a} \quad \cdots\cdots \ \bigcirc$$

한편 점 M의 x좌표는 $\frac{\alpha+\beta}{2}$이고, $\overline{MH}=1$이므로
$$\frac{\alpha+\beta}{2}=1$$
$$\therefore \alpha+\beta=2$$

즉, $\frac{1}{2a}=2$이므로 $a=\frac{1}{4}$

이를 $\bigcirc$에 대입하면
$$\alpha\beta=-\frac{1}{\frac{1}{4}}=-4$$

$$\therefore \overline{PQ}=\sqrt{(\beta-\alpha)^2+\left\{\left(\frac{1}{2}\beta+1\right)-\left(\frac{1}{2}\alpha+1\right)\right\}^2}$$
$$=\sqrt{(\beta-\alpha)^2+\frac{1}{4}(\beta-\alpha)^2}=\frac{\sqrt{5}}{2}\times\sqrt{(\alpha-\beta)^2}$$
$$=\frac{\sqrt{5}}{2}\times\sqrt{(\alpha+\beta)^2-4\alpha\beta}$$
$$=\frac{\sqrt{5}}{2}\times\sqrt{2^2-4\times(-4)}=5$$

0081 답 $4\sqrt{6}$

전략 삼각형 ABC를 좌표평면 위에 놓은 후 주어진 선분의 길이를
이용하여 두 점 B, C의 좌표를 구한다.

오른쪽 그림과 같이 직선 BC를 x
축, 점 D를 지나고 직선 BC에 수직
인 직선을 y축으로 하는 좌표평면을
잡으면 점 D는 원점이 된다.
이때 $A(p, q), C(a, 0)(a>0)$이
라 하면 점 D는 선분 BC를 3 : 1로 내분하는 점이므로 $B(-3a, 0)$

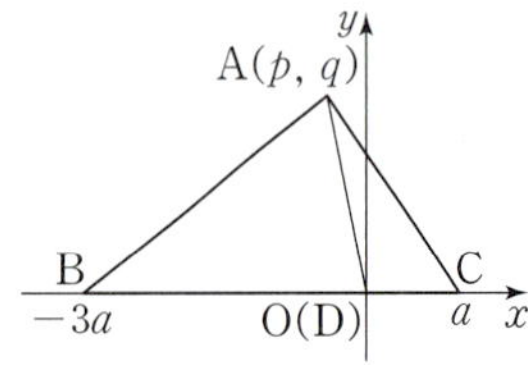

$\overline{AB}=8$이므로 $\sqrt{(-3a-p)^2+(-q)^2}=8$
양변을 제곱하면
$$9a^2+6ap+p^2+q^2=64 \quad \cdots\cdots \ \bigcirc$$
$\overline{CA}=6$이므로 $\sqrt{(p-a)^2+q^2}=6$
양변을 제곱하면
$$a^2-2ap+p^2+q^2=36 \quad \cdots\cdots \ \bigcirc\!\bigcirc$$
$\overline{AD}=5$이므로 $\sqrt{(-p)^2+(-q)^2}=5$
양변을 제곱하면
$$p^2+q^2=25 \quad \cdots\cdots \ \bigcirc\!\bigcirc\!\bigcirc$$
$\bigcirc\!\bigcirc\!\bigcirc$을 $\bigcirc$에 대입하면 $9a^2+6ap+25=64$
$$\therefore 3a^2+2ap=13 \quad \cdots\cdots \ ㉣$$
$\bigcirc\!\bigcirc\!\bigcirc$을 $\bigcirc\!\bigcirc$에 대입하면 $a^2-2ap+25=36$
$$\therefore a^2-2ap=11 \quad \cdots\cdots \ ㉤$$
$㉣+㉤$을 하면 $4a^2=24$
$a^2=6 \quad \therefore a=\sqrt{6} \ (\because a>0)$
따라서 $B(-3\sqrt{6}, 0), C(\sqrt{6}, 0)$이므로
$$\overline{BC}=|\sqrt{6}-(-3\sqrt{6})|=4\sqrt{6}$$

다른 풀이

점 A에서 선분 BC에 내린 수선의 발
을 H라 하고
$\overline{AH}=h, \overline{CD}=x, \overline{HD}=y$라 하면
점 D는 선분 BC를 3 : 1로 내분하는
점이므로

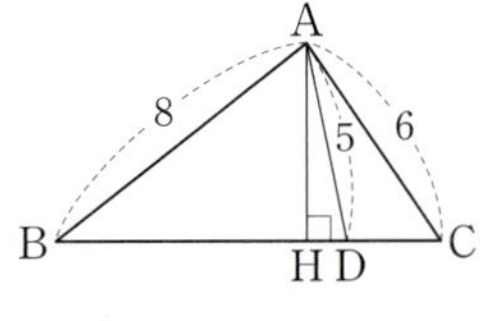

$\overline{BD}=3x, \overline{BH}=3x-y$
직각삼각형 ABH에서 $h^2=8^2-(3x-y)^2$
$$\therefore h^2=64-(3x-y)^2 \quad \cdots\cdots \ \bigcirc$$
직각삼각형 AHC에서 $h^2=6^2-(x+y)^2$
$$\therefore h^2=36-(x+y)^2 \quad \cdots\cdots \ \bigcirc\!\bigcirc$$
직각삼각형 AHD에서 $h^2=5^2-y^2$
$$\therefore h^2=25-y^2 \quad \cdots\cdots \ \bigcirc\!\bigcirc\!\bigcirc$$
$\bigcirc-\bigcirc\!\bigcirc$을 하면
$0=28-(3x-y)^2+(x+y)^2, \ 0=28-8x^2+8xy$
$$\therefore 2x^2-2xy=7 \quad \cdots\cdots \ ㉣$$
$\bigcirc\!\bigcirc-\bigcirc\!\bigcirc\!\bigcirc$을 하면
$0=11-(x+y)^2+y^2, \ 0=11-x^2-2xy$
$$\therefore x^2+2xy=11 \quad \cdots\cdots \ ㉤$$
$㉣+㉤$을 하면
$3x^2=18, \ x^2=6 \quad \therefore x=\sqrt{6} \ (\because x>0)$
$$\therefore \overline{BC}=4x=4\sqrt{6}$$

0082 답 ①

전략 닮음비를 이용하여 $\overline{AB}:\overline{AD}$를 구한 후 점 D가 선분 AB 위
에 있을 때와 선분 AB의 연장선 위에 있을 때로 나누어 각각의 경우에
서 점 D의 좌표를 구한다.

직선 BC와 직선 DE가 서로 평행하므
로 삼각형 ABC와 삼각형 ADE는 서
로 닮음이다.

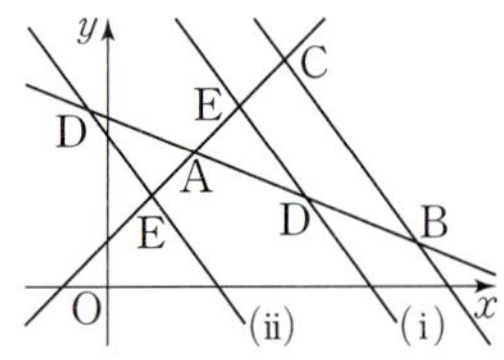

이때 $\triangle ABC : \triangle ADE = 4 : 1$이므로
$\overline{AB} : \overline{AD} = 2 : 1$

(i) 점 D가 선분 AB 위에 있을 때,
점 D는 선분 AB의 중점이므로 점 D의 좌표는
$$\left(\frac{2+7}{2},\ \frac{3+1}{2}\right)$$
$$\therefore \left(\frac{9}{2},\ 2\right)$$

(ii) 점 D가 선분 AB의 연장선 위에 있을 때,
점 A는 선분 DB를 $1 : 2$로 내분하는 점이므로 점 D의 좌표를
$(a,\ b)$라 하면
$$\frac{1\times 7+2\times a}{1+2}=2,\ \frac{1\times 1+2\times b}{1+2}=3$$
$7+2a=6,\ 1+2b=9$
$$\therefore a=-\frac{1}{2},\ b=4$$

따라서 점 D의 좌표는 $\left(-\dfrac{1}{2},\ 4\right)$이다.

(i), (ii)에서 모든 점 D의 y좌표의 곱은
$2\times 4=8$

0083 답 4

 두 삼각형 ABO와 ABC에서 각각 삼각형의 내각의 이등분선의 성질을 이용한다.

$\overline{BA}=\sqrt{2^2+a^2}=\sqrt{4+a^2}$ ······ ㉠
$\overline{BO}=2$

∠B의 이등분선이 선분 AO와 만나는 점을 E라 하면 점 E의 좌표는
$(0,\ 1)$이므로
$\overline{AE}=a-1,\ \overline{EO}=1$

이때 선분 BE는 ∠B의 이등분선이므로 $\overline{BA}:\overline{BO}=\overline{AE}:\overline{EO}$
$\sqrt{4+a^2}:2=(a-1):1$
$2a-2=\sqrt{4+a^2}$

양변을 제곱하면
$4a^2-8a+4=4+a^2,\ 3a^2-8a=0$
$a(3a-8)=0$ $\therefore a=0$ 또는 $a=\dfrac{8}{3}$

그런데 $a>1$이므로 $a=\dfrac{8}{3}$

이를 ㉠에 대입하면
$$\overline{BA}=\sqrt{4+\left(\frac{8}{3}\right)^2}=\frac{10}{3}$$
$\overline{BC}=5$

또 선분 BD는 ∠B의 이등분선이므로
$$\overline{AD}:\overline{CD}=\overline{BA}:\overline{BC}=\frac{10}{3}:5=2:3$$

따라서 $\triangle ABD : \triangle BCD=\overline{AD}:\overline{CD}=2:3$이고,
$\triangle ABC=\dfrac{1}{2}\times 5\times\dfrac{8}{3}=\dfrac{20}{3}$이므로
$$\triangle BCD=\frac{20}{3}\times\frac{3}{2+3}=4$$

0084 답 ④

 세 점 P, Q, R에서 직선 l에 이르는 거리가 같음을 이용하여 합동인 삼각형을 찾은 후 세 점 A, B, C의 좌표를 구한다.

오른쪽 그림과 같이 세 점 P, Q, R에서 직선 l에 내린 수선의 발을 각각 L, M, N이라 하면
$\triangle PLA \equiv \triangle QMA$(ASA 합동)
이므로 $\overline{PA}=\overline{QA}$

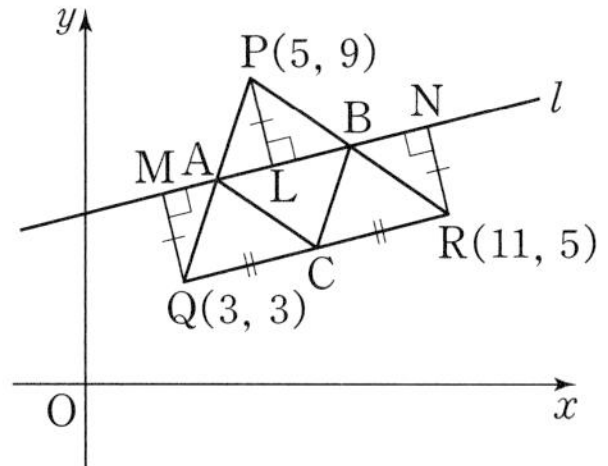

즉, 점 A는 선분 PQ의 중점이므로 점 A의 좌표는
$$\left(\frac{5+3}{2},\ \frac{9+3}{2}\right)\qquad \therefore (4,\ 6)$$

또 $\triangle PLB \equiv \triangle RNB$(ASA 합동)이므로 $\overline{PB}=\overline{RB}$

즉, 점 B는 선분 PR의 중점이므로 점 B의 좌표는
$$\left(\frac{5+11}{2},\ \frac{9+5}{2}\right)\qquad \therefore (8,\ 7)$$

한편 점 C는 선분 QR의 중점이므로 점 C의 좌표는
$$\left(\frac{3+11}{2},\ \frac{3+5}{2}\right)\qquad \therefore (7,\ 4)$$

삼각형 ACB의 무게중심의 좌표는
$$\left(\frac{4+7+8}{3},\ \frac{6+4+7}{3}\right)\qquad \therefore \left(\frac{19}{3},\ \frac{17}{3}\right)$$

따라서 $a=\dfrac{19}{3},\ b=\dfrac{17}{3}$이므로 $a+b=12$

0085 답 18

 정삼각형의 넓이를 이용하여 높이를 구한 후 점 G의 좌표를 구한다.

오른쪽 그림에서 정삼각형 ABC의 한 변의 길이를 $2x\,(x>0)$라 하면 높이는
$\sqrt{(2x)^2-x^2}=\sqrt{3}\,x$

㈎에서 $\dfrac{1}{2}\times 2x\times\sqrt{3}\,x=6\sqrt{3}$
$x^2=6$ $\therefore x=\sqrt{6}\ (\because x>0)$

즉, 정삼각형 ABC의 높이는
$\sqrt{3}\times\sqrt{6}=3\sqrt{2}$

점 G는 삼각형 ABC의 무게중심이고 $\overline{AM}=3\sqrt{2}$이므로
$$\overline{GM}=\frac{1}{3}\overline{AM}=\frac{1}{3}\times 3\sqrt{2}=\sqrt{2}$$

한편 ㈏, ㈐에서 $G(2a,\ a)\,(a\geq 2)$라 하면
$$\overline{GM}=\sqrt{(5-2a)^2+(2-a)^2}=\sqrt{5a^2-24a+29}$$

즉, $\sqrt{5a^2-24a+29}=\sqrt{2}$이므로

양변을 제곱하면
$5a^2-24a+29=2,\ 5a^2-24a+27=0$
$(5a-9)(a-3)=0$ $\therefore a=\dfrac{9}{5}$ 또는 $a=3$

그런데 $a\geq 2$이므로 $a=3$ $\therefore G(6,\ 3)$

이때 삼각형 ABC의 세 꼭짓점 A, B, C의 x좌표를 각각 $x_1,\ x_2,\ x_3$이라 하면
$$\frac{x_1+x_2+x_3}{3}=6\qquad \therefore x_1+x_2+x_3=18$$

따라서 구하는 세 점 A, B, C의 x좌표의 합은 18이다.

난이도별 필수 기출   24~36쪽

0086 답 $y=-2x+3$

두 점 $(6, -5)$, $(-2, 3)$을 이은 선분의 중점의 좌표는

$$\left(\frac{6-2}{2}, \frac{-5+3}{2}\right) \quad \therefore (2, -1)$$

따라서 점 $(2, -1)$을 지나고 기울기가 -2인 직선의 방정식은

$$y+1=-2(x-2)$$

$$\therefore y=-2x+3$$

0087 답 ④

두 점 $(-1, -4)$, $(3, 4)$를 지나는 직선의 방정식은

$$y+4=\frac{4+4}{3+1}(x+1)$$

$$\therefore y=2x-2$$

① $-5\neq2\times(-3)-2$

② $1\neq2\times(-2)-2$

③ $5\neq2\times1-2$

④ $6=2\times4-2$

⑤ $8\neq2\times6-2$

따라서 직선 위의 점인 것은 ④이다.

0088 답 $x=2$

삼각형 ABC의 무게중심의 좌표는

$$\left(\frac{-1+2+5}{3}, \frac{3-2+2}{3}\right)$$

$$\therefore (2, 1)$$

따라서 점 $(2, 1)$을 지나고 y축에 평행한 직선의 방정식은

$$x=2$$

0089 답 ①

x절편이 -2이고 y절편이 5인 직선의 방정식은

$$\frac{x}{-2}+\frac{y}{5}=1$$

이 직선이 점 $(a, a-1)$을 지나므로

$$\frac{a}{-2}+\frac{a-1}{5}=1$$

$$5a-2(a-1)=-10, \; 3a+2=-10$$

$$\therefore a=-4$$

0090 답 ⑤

세 점 A, B, C가 한 직선 위에 있으려면 직선 AB와 직선 AC의 기울기가 같아야 하므로

$$\frac{5-2}{k-3}=\frac{-1-2}{-3}$$

$$\frac{3}{k-3}=1, \; k-3=3$$

$$\therefore k=6$$

0091 답 -6

조건을 만족시키는 직선의 기울기는 $\tan 30°=\dfrac{\sqrt{3}}{3}$ ····· **i**

즉, 기울기가 $\dfrac{\sqrt{3}}{3}$이고 점 $(\sqrt{3}, 3)$을 지나는 직선의 방정식은

$$y-3=\frac{\sqrt{3}}{3}(x-\sqrt{3})$$

$$\therefore x-\sqrt{3}y+2\sqrt{3}=0 \quad\quad ····· \text{ii}$$

따라서 $a=-\sqrt{3}$, $b=2\sqrt{3}$이므로

$$ab=-6 \quad\quad ····· \text{iii}$$

채점 기준

i 직선의 기울기 구하기	20%
ii 직선의 방정식 구하기	70%
iii ab의 값 구하기	10%

참고 기울기가 m인 직선이 x축의 양의 방향과 이루는 각의 크기가 θ일 때, $m=\tan\theta$이다.

0092 답 ⑤

선분 AB를 $3 : 2$로 내분하는 점의 좌표는

$$\left(\frac{3\times(-8)+2\times2}{3+2}, \frac{3\times4+2\times(-1)}{3+2}\right)$$

$$\therefore (-4, 2)$$

$x-4y-6=0$에서 $y=\dfrac{1}{4}x-\dfrac{3}{2}$

즉, 기울기가 $\dfrac{1}{4}$이고 점 $(-4, 2)$를 지나는 직선의 방정식은

$$y-2=\frac{1}{4}(x+4) \quad \therefore y=\frac{1}{4}x+3$$

이 직선이 점 $(a, 5)$를 지나므로

$$5=\frac{1}{4}a+3 \quad \therefore a=8$$

0093 답 ③

직선 l의 y절편을 $a(a\neq0)$라 하면 x절편은 $3a$이므로 직선 l의 방정식은

$$\frac{x}{3a}+\frac{y}{a}=1 \quad \therefore y=-\frac{1}{3}x+a$$

따라서 기울기가 $-\dfrac{1}{3}$이고 점 $(-3, 5)$를 지나는 직선의 방정식은

$$y-5=-\frac{1}{3}(x+3)$$

$$\therefore x+3y-12=0$$

0094 답 ③

$x+ay=4a$에서 $\dfrac{x}{4a}+\dfrac{y}{4}=1$

이 직선과 x축, y축의 교점을 각각 A, B라 하면

$$A(4a, 0), B(0, 4)$$

이때 $\overline{AB}=8$이므로 $\sqrt{(-4a)^2+4^2}=8$

양변을 제곱하면

$$16a^2+16=64, \; a^2=3$$

$$\therefore a=\pm\sqrt{3}$$

따라서 양수 a의 값은 $\sqrt{3}$이다.

0095 답 $\dfrac{1}{4}$

점 A가 직선 BC 위에 있으므로 직선 AB와 직선 AC의 기울기가 같다.

$$\dfrac{(3k-1)-3}{k-1}=\dfrac{-5-3}{(-2k+1)-1}$$

$$\dfrac{3k-4}{k-1}=\dfrac{4}{k},\ k(3k-4)=4(k-1)$$

$$3k^2-8k+4=0,\ (3k-2)(k-2)=0$$

$$\therefore k=\dfrac{2}{3} \text{ 또는 } k=2$$

그런데 k는 자연수이므로 $k=2$ ...... 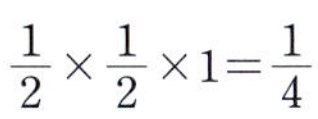

$\therefore \mathrm{B}(2, 5), \mathrm{C}(-3, -5)$

즉, 두 점 B, C를 지나는 직선의 방정식은

$$y-5=\dfrac{-5-5}{-3-2}(x-2)$$

$$\therefore y=2x+1 \qquad \cdots\cdots \ ⅱ$$

따라서 오른쪽 그림에서 구하는 넓이는

$$\dfrac{1}{2}\times\dfrac{1}{2}\times 1=\dfrac{1}{4} \qquad \cdots\cdots \ ⅲ$$

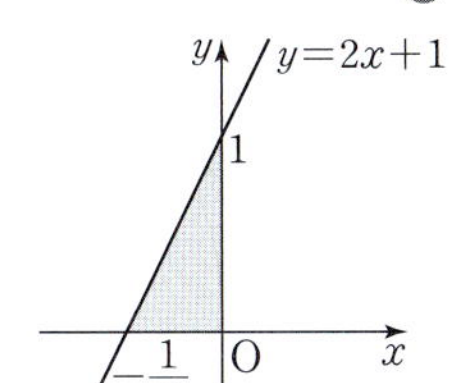

채점 기준

ⓘ 자연수 k의 값 구하기		40%
ⅱ 두 점 B, C를 지나는 직선의 방정식 구하기		30%
ⅲ ⅱ의 직선과 x축 및 y축으로 둘러싸인 부분의 넓이 구하기		30%

0096 답 ②

서로 다른 세 점 A, B, C가 삼각형을 이루지 않으려면 세 점이 한 직선 위에 있어야 한다.

즉, 직선 AB와 직선 BC의 기울기가 같아야 하므로

$$\dfrac{2-k}{-1-1}=\dfrac{8-2}{(k+1)+1},\ \dfrac{2-k}{-2}=\dfrac{6}{k+2}$$

$$(2-k)(k+2)=-12,\ k^2=16$$

$$\therefore k=\pm 4$$

따라서 양수 k의 값은 4이다.

0097 답 $\left(2,\ \dfrac{4}{3}\right)$

두 점 $\mathrm{A}(4, 0), \mathrm{C}(-2, 4)$를 지나는 직선의 방정식은

$$y=\dfrac{4}{-2-4}(x-4)$$

$$\therefore y=-\dfrac{2}{3}x+\dfrac{8}{3} \qquad \cdots\cdots \ ㉠$$

두 점 $\mathrm{O}(0, 0), \mathrm{B}(3, 2)$를 지나는 직선의 방정식은

$$y=\dfrac{2}{3}x \qquad\qquad \cdots\cdots \ ㉡$$

㉠, ㉡을 연립하여 풀면

$$x=2,\ y=\dfrac{4}{3}$$

따라서 사각형 OABC의 두 대각선의 교점의 좌표는 $\left(2,\ \dfrac{4}{3}\right)$이다.

0098 답 14

$\triangle\mathrm{PAB} : \triangle\mathrm{PBC}=3 : 2$이므로

$$\overline{\mathrm{PA}} : \overline{\mathrm{PC}}=3 : 2$$

즉, 점 P는 선분 AC를 $3 : 2$로 내분하는 점이므로 점 P의 좌표는

$$\left(\dfrac{3\times6+2\times1}{3+2},\ \dfrac{3\times8+2\times3}{3+2}\right) \qquad \therefore (4, 6)$$

두 점 $\mathrm{B}(5, 4), \mathrm{P}(4, 6)$을 지나는 직선의 방정식은

$$y-4=\dfrac{6-4}{4-5}(x-5)$$

$$\therefore y=-2x+14$$

따라서 이 직선의 y절편은 14이다.

0099 답 ③

점 C의 x좌표가 1이므로 점 C는 변 OA 또는 변 AB 위에 있다.

(ⅰ) 점 C가 변 OA 위에 있을 때,

직선 OA의 방정식은 $y=\dfrac{1}{4}x$이므로

$$a=\dfrac{1}{4}\times 1=\dfrac{1}{4}$$

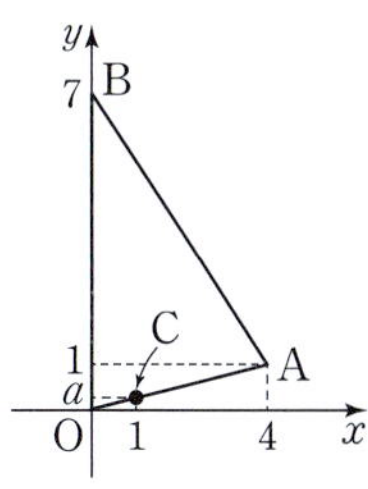

(ⅱ) 점 C가 변 AB 위에 있을 때,

직선 AB의 방정식은

$$y-1=\dfrac{7-1}{-4}(x-4)$$

$$\therefore y=-\dfrac{3}{2}x+7$$

$$\therefore a=-\dfrac{3}{2}\times 1+7=\dfrac{11}{2}$$

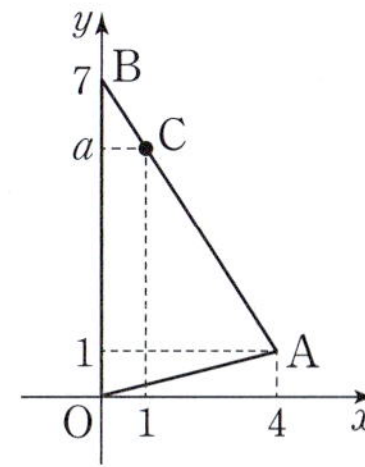

(ⅰ), (ⅱ)에서 모든 a의 값의 합은

$$\dfrac{1}{4}+\dfrac{11}{2}=\dfrac{23}{4}$$

0100 답 ⑤

오른쪽 그림과 같이 점 C에서 x축에 내린 수선의 발을 E, 점 D에서 y축에 내린 수선의 발을 F라 하면

$$\triangle\mathrm{AOB}\equiv\triangle\mathrm{BEC}\equiv\triangle\mathrm{DFA}$$

$$(\text{RHA 합동})$$

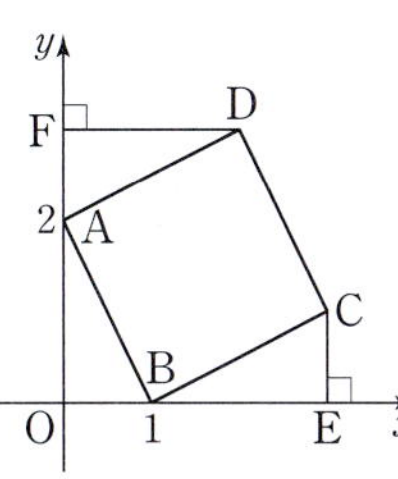

즉, $\overline{\mathrm{BE}}=\overline{\mathrm{DF}}=\overline{\mathrm{AO}}=2$,

$\overline{\mathrm{CE}}=\overline{\mathrm{AF}}=\overline{\mathrm{BO}}=1$이므로

$\mathrm{C}(1+2, 1), \mathrm{D}(2, 2+1) \qquad \therefore \mathrm{C}(3, 1), \mathrm{D}(2, 3)$

직선 CD의 방정식은

$$y-1=\dfrac{3-1}{2-3}(x-3)$$

$$\therefore 2x+y-7=0$$

따라서 $a=2, b=-7$이므로 $a-b=9$

참고 사각형 ABCD가 정사각형이므로 두 직선 AB, CD는 서로 평행임을 이용하여 직선 CD의 기울기를 구한 후 두 점 C, D 중 한 점의 좌표만 구하여 직선 CD의 방정식을 구할 수도 있다.

0101 답 ④

이차함수 $y=f(x)$의 그래프의 꼭짓점의 좌표가 $(2, -4)$이므로 이
그래프는 직선 $x=2$에 대하여 대칭이다.
이때 이 그래프가 원점 O를 지나므로 점 B의 좌표는 $(4, 0)$이다.

직선 $y=mx$는 원점 O를 지나므로 삼각
형 OAB의 넓이를 이등분하려면 선분
AB의 중점을 지나야 한다.
선분 AB의 중점의 좌표는
$$\left(\frac{2+4}{2}, \frac{-4}{2}\right) \qquad \therefore (3, -2)$$
따라서 직선 $y=mx$가 점 $(3, -2)$를 지나야 하므로
$$-2=3m$$
$$\therefore m=-\frac{2}{3}$$

0102 답 $y=\frac{5}{3}x-\frac{13}{3}$

직사각형의 넓이를 이등분하는 직선은 직사각형의 두 대각선의 교
점을 지나야 한다.
직사각형의 두 대각선의 교점은 두 점 $(2, 3)$, $(8, 5)$를 이은 선분
의 중점이므로 그 좌표는
$$\left(\frac{2+8}{2}, \frac{3+5}{2}\right)$$
$$\therefore (5, 4) \qquad \qquad \cdots\cdots \text{ⓘ}$$
한편 세 점 $(5, -4)$, $(3, 0)$, $(-2, 1)$을 꼭짓점으로 하는 삼각형
의 무게중심의 좌표는
$$\left(\frac{5+3-2}{3}, \frac{-4+1}{3}\right)$$
$$\therefore (2, -1) \qquad \qquad \cdots\cdots \text{ⓙ}$$
따라서 두 점 $(5, 4)$, $(2, -1)$을 지나는 직선의 방정식은
$$y-4=\frac{-1-4}{2-5}(x-5)$$
$$\therefore y=\frac{5}{3}x-\frac{13}{3} \qquad \qquad \cdots\cdots \text{ⓚ}$$

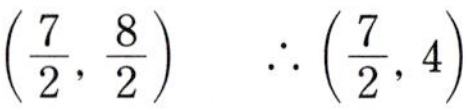

채점 기준	
ⓘ 직사각형의 두 대각선의 교점의 좌표 구하기	40%
ⓙ 주어진 세 점을 꼭짓점으로 하는 삼각형의 무게중심의 좌표 구하기	30%
ⓚ 직선의 방정식 구하기	30%

0103 답 ③

두 직사각형의 넓이를 동시에 이등분하는 직선은 각 직사각형의 두
대각선의 교점을 모두 지나야 한다.

오른쪽 그림과 같이 두 직사각형
OABC, ADEF의 두 대각선의 교점
을 각각 M, M′이라 하자.
점 M은 두 점 $O(0, 0)$, $B(7, 8)$을
이은 선분 OB의 중점이므로 점 M의
좌표는
$$\left(\frac{7}{2}, \frac{8}{2}\right) \qquad \therefore \left(\frac{7}{2}, 4\right)$$

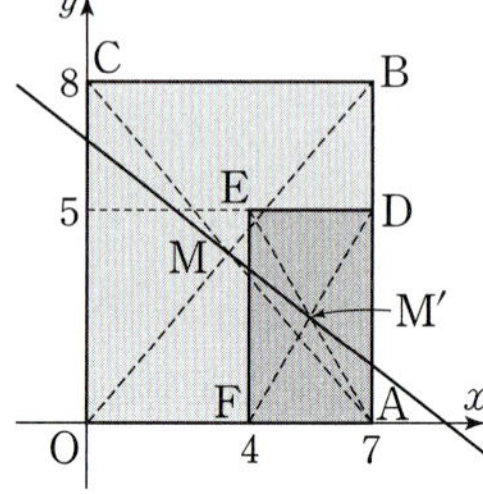

점 M′은 두 점 $D(7, 5)$, $F(4, 0)$을 이은 선분 DF의 중점이므로
점 M′의 좌표는
$$\left(\frac{7+4}{2}, \frac{5}{2}\right) \qquad \therefore \left(\frac{11}{2}, \frac{5}{2}\right)$$
두 점 $M\left(\frac{7}{2}, 4\right)$, $M'\left(\frac{11}{2}, \frac{5}{2}\right)$를 지나는 직선의 방정식은
$$y-4=\frac{\frac{5}{2}-4}{\frac{11}{2}-\frac{7}{2}}\left(x-\frac{7}{2}\right)$$
$$\therefore y=-\frac{3}{4}x+\frac{53}{8}$$
따라서 이 직선의 x절편은 $\frac{53}{6}$이다.

0104 답 ④

㈎에서 $\triangle ADE \backsim \triangle ABC$ (AA 닮음)
이때 ㈏에서 삼각형 ADE와 삼각형 ABC의 넓이의 비가 $1 : 9$이
므로 닮음비는 $1 : 3$이다.
즉, $\overline{AE} : \overline{AC}=1 : 3$이므로 $\overline{AE} : \overline{EC}=1 : 2$
따라서 점 E는 선분 AC를 $1 : 2$로 내분하는 점이므로 점 E의 좌표는
$$\left(\frac{1\times6+2\times3}{1+2}, \frac{1\times(-1)+2\times5}{1+2}\right) \qquad \therefore (4, 3)$$
두 점 $B(0, 1)$, $E(4, 3)$을 지나는 직선의 방정식은
$$y-1=\frac{3-1}{4}x \qquad \therefore y=\frac{1}{2}x+1$$
$$\therefore k=\frac{1}{2}$$

0105 답 $\frac{2}{3}$

점 $(-3, 4)$를 지나고 기울기가 $m\,(m>0)$인 직선의 방정식은
$$y-4=m(x+3) \qquad \therefore y=mx+3m+4 \qquad \cdots\cdots \text{ⓘ}$$
오른쪽 그림에서
$$\overline{OA}=3+\frac{4}{m}, \quad \overline{OB}=3m+4$$
이때 삼각형 AOB의 넓이가 27
이므로

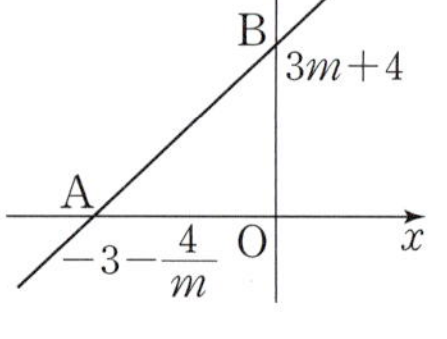

$$\frac{1}{2}\left(3+\frac{4}{m}\right)(3m+4)=27$$
$$9m+24+\frac{16}{m}=54$$
$$9m^2-30m+16=0, \ (3m-2)(3m-8)=0$$
$$\therefore m=\frac{2}{3} \ \text{또는} \ m=\frac{8}{3} \qquad \cdots\cdots \text{ⓙ}$$
$m=\frac{2}{3}$일 때, $\overline{OA}=9$, $\overline{OB}=6$
$m=\frac{8}{3}$일 때, $\overline{OA}=\frac{9}{2}$, $\overline{OB}=12$
그런데 $\overline{OA}>\overline{OB}$이므로 $m=\frac{2}{3}$ $\qquad \cdots\cdots \text{ⓚ}$

채점 기준	
ⓘ 직선의 방정식을 m에 대한 식으로 나타내기	20%
ⓙ 삼각형 AOB의 넓이가 27이 되도록 하는 양수 m의 값 구하기	50%
ⓚ $\overline{OA}>\overline{OB}$를 만족시키는 양수 m의 값 구하기	30%

0106 답 $-\dfrac{7}{2}$

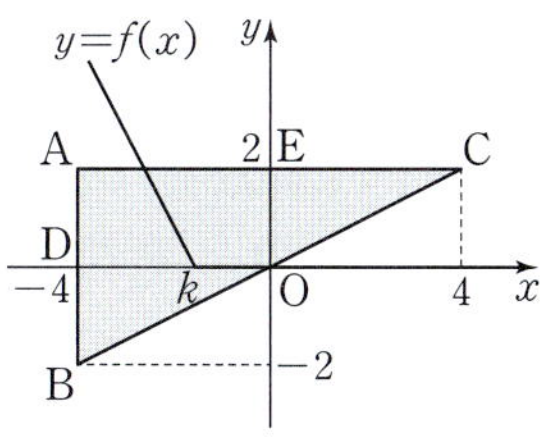

오른쪽 그림과 같이 선분 AB가 x축과 만나는 점을 D, 선분 AC가 y축과 만나는 점을 E라 하자.

두 삼각형 EOC, DBO의 넓이는 $\dfrac{1}{2} \times 4 \times 2 = 4$로 같고, $y=f(x)$의

그래프가 삼각형 ABC의 넓이를 이등분하므로 직사각형 ADOE의 넓이를 이등분한다.

직사각형 ADOE의 두 대각선의 교점은 두 점 $A(-4, 2)$, $O(0, 0)$을 이은 선분 AO의 중점이므로 그 좌표는

$$\left(\dfrac{-4}{2}, \dfrac{2}{2} \right) \qquad \therefore (-2, 1)$$

즉, $y=f(x)$의 그래프는 점 $(-2, 1)$을 지나야 한다.

$k>-2$이므로 $f(-2)=1$에서

$$m(-2-k)=1 \qquad \therefore -2m-mk=1 \qquad \cdots\cdots \text{㉠}$$

또 $m(2-k)=-7$에서 $2m-mk=-7 \qquad \cdots\cdots \text{㉡}$

㉠$-$㉡을 하면

$$-4m=8 \qquad \therefore m=-2$$

이를 ㉠에 대입하면

$$-2 \times (-2) - (-2) \times k = 1 \qquad \therefore k=-\dfrac{3}{2}$$

$$\therefore m+k=-\dfrac{7}{2}$$

0107 답 ④

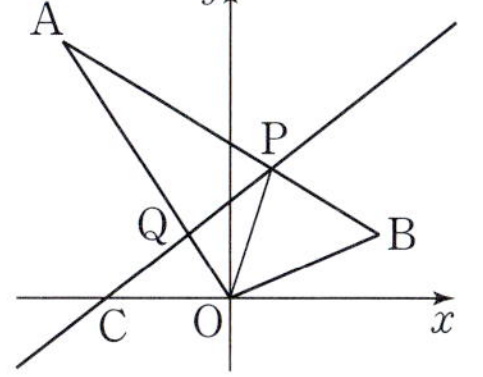

직선 PC가 선분 AO와 만나는 점을 Q, 삼각형 AOB의 넓이를 S라 하면 삼각형 AQP의 넓이는 $\dfrac{1}{2}S$이다.

이때 점 P가 선분 AB를 $2:1$로 내분하는 점이므로 삼각형 AOP의 넓이는 $\dfrac{2}{3}S$이다.

즉, 삼각형 QOP의 넓이는 $\dfrac{2}{3}S - \dfrac{1}{2}S = \dfrac{1}{6}S$

$$\triangle AQP : \triangle QOP = \dfrac{1}{2}S : \dfrac{1}{6}S = 3:1$$

$$\therefore \overline{AQ} : \overline{QO} = 3:1$$

즉, 점 Q는 선분 AO를 $3:1$로 내분하는 점이므로 점 Q의 좌표는

$$\left(\dfrac{3 \times 0 + 1 \times (-8)}{3+1}, \dfrac{3 \times 0 + 1 \times a}{3+1} \right) \qquad \therefore \left(-2, \dfrac{a}{4} \right)$$

또 점 P는 선분 AB를 $2:1$로 내분하는 점이므로 점 P의 좌표는

$$\left(\dfrac{2 \times 7 + 1 \times (-8)}{2+1}, \dfrac{2 \times 3 + 1 \times a}{2+1} \right) \qquad \therefore \left(2, \dfrac{a+6}{3} \right)$$

직선 PC의 방정식은

$$y - \dfrac{a+6}{3} = \dfrac{-\dfrac{a+6}{3}}{-6-2}(x-2) \qquad \therefore y = \dfrac{a+6}{24}x + \dfrac{a+6}{4}$$

이 직선이 점 Q를 지나므로

$$\dfrac{a}{4} = \dfrac{a+6}{24} \times (-2) + \dfrac{a+6}{4}$$

$$\dfrac{a}{4} = \dfrac{a+6}{6}, \ 6a=4a+24 \qquad \therefore a=12$$

0108 답 ②

$b \neq 0$이므로 $ax+by+c=0$에서 $y = -\dfrac{a}{b}x - \dfrac{c}{b} \qquad \cdots\cdots \text{㉠}$

$ab<0$에서 $-\dfrac{a}{b}>0$이므로 직선 ㉠의 기울기는 양수이다.

$bc>0$에서 $-\dfrac{c}{b}<0$이므로 직선 ㉠의 y절편은 음수이다.

따라서 직선 $ax+by+c=0$의 개형은 오른쪽 그림과 같으므로 제2사분면을 지나지 않는다.

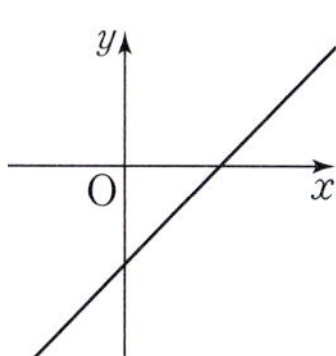

0109 답 ③

직선 $ax+by+c=0$의 개형이 주어진 그림과 같으려면 $a \neq 0$, $b \neq 0$, $c \neq 0$

$ax+by+c=0$에서 $y = -\dfrac{a}{b}x - \dfrac{c}{b}$

이 직선의 기울기와 y절편이 모두 양수이므로

$$-\dfrac{a}{b}>0, \ -\dfrac{c}{b}>0 \qquad \therefore ab<0, \ bc<0$$

즉, $a>0$, $b<0$, $c>0$ 또는 $a<0$, $b>0$, $c<0$이므로 $ac>0$

한편 $ax+cy-b=0$에서 $y = -\dfrac{a}{c}x + \dfrac{b}{c} \qquad \cdots\cdots \text{㉠}$

$ac>0$에서 $-\dfrac{a}{c}<0$이므로 직선 ㉠의 기울기는 음수이다.

$bc<0$에서 $\dfrac{b}{c}<0$이므로 직선 ㉠의 y절편은 음수이다.

따라서 직선 $ax+cy-b=0$의 개형은 ③이다.

0110 답 ③

주어진 이차함수 $y=ax^2+bx+c$의 그래프가 위로 볼록하므로 $a<0$

그래프의 축이 y축의 왼쪽에 있으므로 $ab>0 \qquad \therefore b<0$

그래프의 y절편이 양수이므로 $c>0$

한편 $ax+by+c=0$에서 $y = -\dfrac{a}{b}x - \dfrac{c}{b} \qquad \cdots\cdots \text{㉠}$

$a<0$, $b<0$에서 $-\dfrac{a}{b}<0$이므로 직선 ㉠의 기울기는 음수이다.

$b<0$, $c>0$에서 $-\dfrac{c}{b}>0$이므로 직선 ㉠의 y절편은 양수이다.

따라서 직선 $ax+by+c=0$의 개형은 오른쪽 그림과 같으므로 제3사분면을 지나지 않는다.

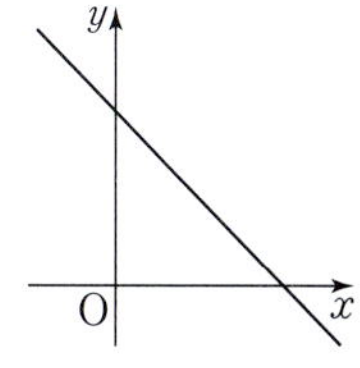

0111 답 ㄱ, ㄴ

ㄱ. $b \neq 0$이므로 $ax+by+c=0$에서 $y = -\dfrac{a}{b}x - \dfrac{c}{b} \qquad \cdots\cdots \text{㉠}$

$\quad ac<0$, $bc<0$에서

$\quad a>0$, $b>0$, $c<0$ 또는 $a<0$, $b<0$, $c>0$이므로 $ab>0$

$\quad ab>0$에서 $-\dfrac{a}{b}<0$이므로 직선 ㉠의 기울기는 음수이다.

$\quad bc<0$에서 $-\dfrac{c}{b}>0$이므로 직선 ㉠의 y절편은 양수이다.

따라서 직선 $ax+by+c=0$의 개형은 오른쪽 그림과 같으므로 제1, 2, 4사분면을 지난다.

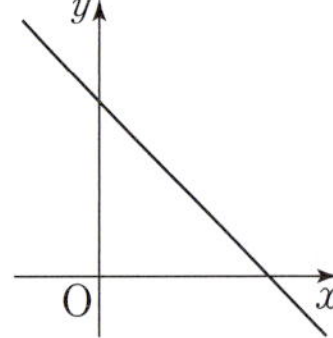

ㄴ. $ab>0$, $bc=0$에서 $a\neq0$, $b\neq0$, $c=0$

$ax+by+c=0$에서 $y=-\dfrac{a}{b}x$ ...... ⓛ

$ab>0$에서 $-\dfrac{a}{b}<0$이므로 직선 ⓛ은 기울기가 음수이고 원점을 지난다.

따라서 직선 $ax+by+c=0$의 개형은 오른쪽 그림과 같으므로 제2, 4사분면을 지난다.

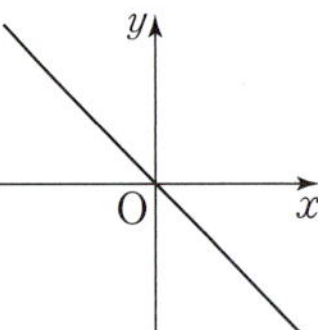

ㄷ. $ab=0$, $ac<0$에서 $a\neq0$, $b=0$, $c\neq0$

$ax+by+c=0$에서 $x=-\dfrac{c}{a}$

$ac<0$에서 $-\dfrac{c}{a}>0$

따라서 직선 $ax+by+c=0$의 개형은 오른쪽 그림과 같으므로 x축에 수직이다.

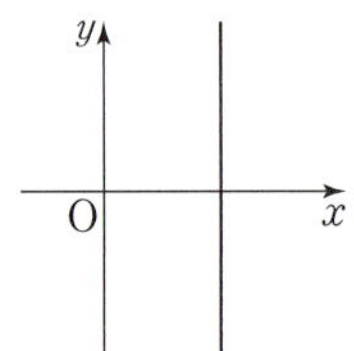

따라서 보기에서 옳은 것은 ㄱ, ㄴ이다.

0112 답 ②

주어진 식이 k의 값에 관계없이 항상 성립해야 하므로

$3x-2y-6=0$, $x+y-2=0$

두 식을 연립하여 풀면

$x=2$, $y=0$

따라서 $a=2$, $b=0$이므로

$a^2+b^2=4+0=4$

0113 답 -2

주어진 식을 k에 대하여 정리하면

$k(2x+y-1)+(x+y-a)=0$ ...... ⓘ

이 식이 k의 값에 관계없이 항상 성립해야 하므로

$2x+y-1=0$, $x+y-a=0$

이때 점 $(b,\ 3)$은 이 두 직선의 교점이므로

$2b+3-1=0$, $b+3-a=0$

$\therefore a=2$, $b=-1$ ...... ⓘⓘ

$\therefore ab=-2$ ...... ⓘⓘⓘ

채점 기준	
ⓘ 주어진 식을 k에 대하여 정리하기	20%
ⓘⓘ a, b의 값 구하기	70%
ⓘⓘⓘ ab의 값 구하기	10%

0114 답 ④

두 직선 $x-2y+2=0$, $2x+y-6=0$의 교점을 지나는 직선의 방정식은

$x-2y+2+k(2x+y-6)=0$ (단, k는 실수) ...... ㉠

직선 ㉠이 점 $(4,\ 0)$을 지나므로

$6+2k=0$ $\therefore k=-3$

이를 ㉠에 대입하여 정리하면

$x+y-4=0$

따라서 이 직선의 y절편은 4이다.

다른 풀이

$x-2y+2=0$, $2x+y-6=0$을 연립하여 풀면 $x=2$, $y=2$

즉, 주어진 두 직선의 교점의 좌표는 $(2,\ 2)$이므로 두 점 $(2,\ 2)$, $(4,\ 0)$을 지나는 직선의 방정식은

$y-2=\dfrac{-2}{4-2}(x-2)$

$\therefore y=-x+4$

따라서 이 직선의 y절편은 4이다.

0115 답 $y=\dfrac{1}{2}x+\dfrac{5}{2}$

주어진 식을 k에 대하여 정리하면

$k(x+2y-3)-(2x-3y+8)=0$

이 식이 k의 값에 관계없이 항상 성립해야 하므로

$x+2y-3=0$, $2x-3y+8=0$

두 식을 연립하여 풀면 $x=-1$, $y=2$

$\therefore \mathrm{P}(-1,\ 2)$ ...... ⓘ

따라서 점 P를 지나고 x절편이 -5, 즉 점 $(-5,\ 0)$을 지나는 직선의 방정식은

$y-2=\dfrac{-2}{-5+1}(x+1)$

$\therefore y=\dfrac{1}{2}x+\dfrac{5}{2}$ ...... ⓘⓘ

채점 기준	
ⓘ 점 P의 좌표 구하기	60%
ⓘⓘ 직선의 방정식 구하기	40%

0116 답 5

두 직선 $x+2y+1=0$, $2x-y-3=0$의 교점을 지나는 직선의 방정식은

$x+2y+1+k(2x-y-3)=0$ (단, k는 실수)

$(2k+1)x-(k-2)y-3k+1=0$ ...... ㉠

이때 직선 ㉠의 기울기가 -2이므로

$\dfrac{2k+1}{k-2}=-2$

$2k+1=-2k+4$ $\therefore k=\dfrac{3}{4}$

이를 ㉠에 대입하여 정리하면

$2x+y-1=0$

이 직선이 점 $(-2,\ a)$를 지나므로

$2\times(-2)+a-1=0$

$\therefore a=5$

0117　답 ㄱ, ㄷ

ㄱ. 주어진 식을 k에 대하여 정리하면

$$k(2x-y+1)+(5x-y+5)=0$$

이 식이 k의 값에 관계없이 항상 성립해야 하므로

$$2x-y+1=0,\ 5x-y+5=0$$

두 식을 연립하여 풀면 $x=-\dfrac{4}{3},\ y=-\dfrac{5}{3}$

따라서 k의 값에 관계없이 항상 점 $\left(-\dfrac{4}{3},\ -\dfrac{5}{3}\right)$를 지난다.

ㄴ. $k=-1$이면 $3x+4=0$, 즉 $x=-\dfrac{4}{3}$이므로 y축에 평행하다.

ㄷ. 직선 $(2k+5)x-(k+1)y+k+5=0$의 기울기가 2이면 ㄴ에서 $k\neq-1$이므로

$$\dfrac{2k+5}{k+1}=2,\ 2k+5=2k+2$$

이를 만족시키는 k의 값이 존재하지 않으므로 기울기가 2인 직선이 될 수 없다.

따라서 보기에서 옳은 것은 ㄱ, ㄷ이다.

0118　답 ②

두 직선 $ax-(a-2)y-5=0$, $x+(a+2)y+7=0$의 교점을 지나는 직선의 방정식은

$$ax-(a-2)y-5+k\{x+(a+2)y+7\}=0 \text{ (단, } k\text{는 실수)}$$
$$\cdots\cdots\ ㉠$$

직선 ㉠이 원점을 지나므로

$$-5+7k=0 \qquad \therefore\ k=\dfrac{5}{7}$$

이를 ㉠에 대입하여 정리하면

$$(7a+5)x+(-2a+24)y=0$$

이때 이 직선의 기울기가 $\dfrac{8}{15}$이므로

$$\dfrac{7a+5}{2a-24}=\dfrac{8}{15}$$

$$105a+75=16a-192,\ 89a=-267$$

$$\therefore\ a=-3$$

0119　답 ⑤

직선 $4x-y+8=0$의 x절편은 -2이므로

$$A(-2,\ 0)$$

직선 $x+y-6=0$의 x절편은 6이므로

$$B(6,\ 0)$$

이때 두 직선의 교점 C를 지나는 직선의 방정식은

$$4x-y+8+k(x+y-6)=0 \text{ (단, } k\text{는 실수)} \quad \cdots\cdots\ ㉠$$

직선 ㉠이 삼각형 ABC의 넓이를 이등분하므로 선분 AB의 중점을 지난다.

선분 AB의 중점의 좌표는

$$\left(\dfrac{-2+6}{2},\ 0\right) \qquad \therefore\ (2,\ 0)$$

직선 ㉠이 점 $(2,\ 0)$을 지나므로

$$16-4k=0 \qquad \therefore\ k=4$$

이를 ㉠에 대입하여 정리하면 $8x+3y-16=0$

따라서 $a=8,\ b=3$이므로 $ab=24$

0120　답 ④

$mx-y-2m+2=0$을 m에 대하여 정리하면

$$m(x-2)-(y-2)=0 \qquad \cdots\cdots\ ㉠$$

이므로 직선 ㉠은 m의 값에 관계없이 항상 점 $(2,\ 2)$를 지난다.

오른쪽 그림과 같이 직선 ㉠을 선분 AB와 한 점에서 만나도록 움직여 보면

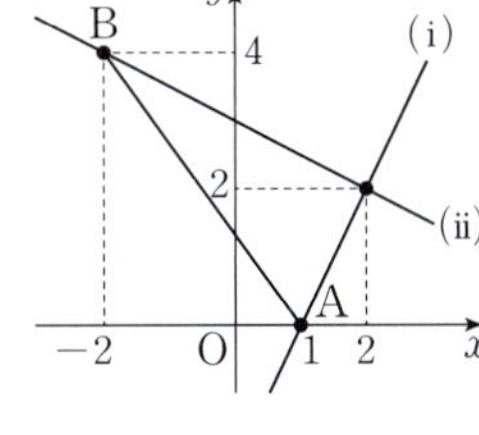

(i) 직선 ㉠이 점 $A(1,\ 0)$을 지날 때,

$$-m+2=0 \qquad \therefore\ m=2$$

(ii) 직선 ㉠이 점 $B(-2,\ 4)$를 지날 때,

$$-4m-2=0 \qquad \therefore\ m=-\dfrac{1}{2}$$

(i), (ii)에서 구하는 실수 m의 값의 범위는 $-\dfrac{1}{2}\leq m\leq 2$

0121　답 3

$mx-y+2m-3=0$을 m에 대하여 정리하면

$$m(x+2)-(y+3)=0 \qquad \cdots\cdots\ ㉠$$

이므로 직선 ㉠은 m의 값에 관계없이 항상 점 $(-2,\ -3)$을 지난다. $\qquad \cdots\cdots\ ❶$

오른쪽 그림과 같이 직선 ㉠을 직선 $x+y-2=0$과 제1사분면에서 만나도록 움직여 보면

(i) 직선 ㉠이 점 $(2,\ 0)$을 지날 때,

$$4m-3=0 \qquad \therefore\ m=\dfrac{3}{4}$$

(ii) 직선 ㉠이 점 $(0,\ 2)$를 지날 때,

$$2m-5=0 \qquad \therefore\ m=\dfrac{5}{2}$$

(i), (ii)에서 실수 m의 값의 범위는 $\dfrac{3}{4}<m<\dfrac{5}{2}$ $\qquad \cdots\cdots\ ❷$

따라서 정수 m의 값은 1, 2이므로 구하는 합은

$$1+2=3 \qquad \cdots\cdots\ ❸$$

채점 기준		
❶ 직선 $mx-y+2m-3=0$이 m의 값에 관계없이 항상 지나는 점의 좌표 구하기		20%
❷ 두 직선이 제1사분면에서 만나도록 하는 m의 값의 범위 구하기		60%
❸ 모든 정수 m의 값의 합 구하기		20%

0122　답 ②

$y=(k+1)x+2k+2$를 k에 대하여 정리하면

$$k(x+2)+(x-y+2)=0 \qquad \cdots\cdots\ ㉠$$

이 식이 k의 값에 관계없이 항상 성립해야 하므로

$$x+2=0,\ x-y+2=0$$

$$\therefore\ x=-2,\ y=0$$

즉, 직선 ㉠은 k의 값에 관계없이 항상 점 $(-2,\ 0)$을 지난다.

오른쪽 그림과 같이 직선 ㉠을 주어진 직사각형과 만나도록 움직여 보면

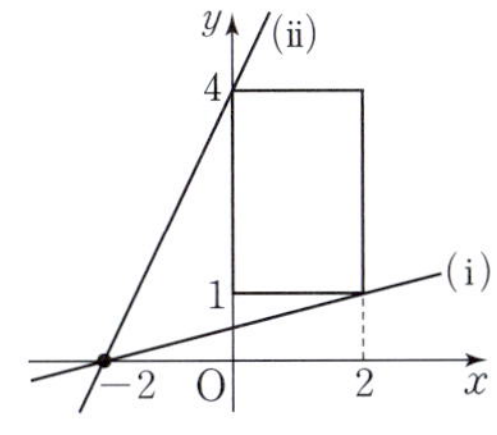

(i) 직선 ㉠이 점 $(2,\ 1)$을 지날 때,

$$4k+3=0$$

$$\therefore\ k=-\dfrac{3}{4}$$

(ii) 직선 ㉠이 점 $(0, 4)$를 지날 때,
$2k-2=0$ ∴ $k=1$

(i), (ii)에서 실수 k의 값의 범위는 $-\dfrac{3}{4}\le k\le 1$

따라서 $M=1$, $m=-\dfrac{3}{4}$이므로

$M+m=\dfrac{1}{4}$

0123 답 $(-6, 1)$

점 (a, b)가 직선 $4x-y-3=0$ 위에 있으므로
$4a-b-3=0$ ∴ $b=4a-3$
이를 $2ax+3by=-9$에 대입하면
$2ax+3(4a-3)y=-9$
이 식을 a에 대하여 정리하면
$a(2x+12y)-(9y-9)=0$
이 식이 a의 값에 관계없이 항상 성립해야 하므로
$2x+12y=0$, $9y-9=0$
∴ $x=-6$, $y=1$
따라서 구하는 점의 좌표는 $(-6, 1)$이다.

0124 답 12

직선 $y=mx+2m+1$이 직사각형 $ABCD$의 넓이를 이등분하므로 대각선 AC의 중점을 지난다.
선분 AC의 중점의 좌표는
$\left(\dfrac{2+a}{2}, \dfrac{4+b}{2}\right)$
직선 $y=mx+2m+1$이 이 점을 지나므로
$\dfrac{4+b}{2}=m\times\dfrac{2+a}{2}+2m+1$
$4+b=m(2+a)+2(2m+1)$
이 식을 m에 대하여 정리하면
$m(a+6)-(b+2)=0$
이 식이 m의 값에 관계없이 항상 성립해야 하므로
$a=-6$, $b=-2$ ∴ $ab=12$

0125 답 2

$mx-y-3m+2=0$을 m에 대하여 정리하면
$m(x-3)-(y-2)=0$ ……㉠
이므로 직선 ㉠은 m의 값에 관계없이 항상 점 $(3, 2)$를 지난다.
직선 ㉠이 삼각형 ABC와 만나지 않으려면 직선 ㉠은 오른쪽 그림의 색칠한 부분(경계선 제외)에 있어야 하므로

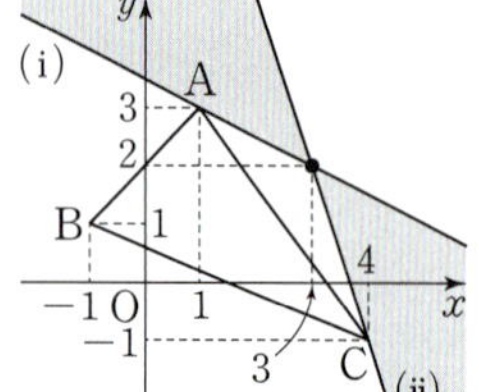

(i) 직선 ㉠이 점 $A(1, 3)$을 지날 때,
$-2m-1=0$ ∴ $m=-\dfrac{1}{2}$
(ii) 직선 ㉠이 점 $C(4, -1)$을 지날 때,
$m+3=0$ ∴ $m=-3$
(i), (ii)에서 실수 m의 값의 범위는 $-3<m<-\dfrac{1}{2}$
따라서 정수 m은 -2, -1의 2개이다.

0126 답 ④

두 직선이 서로 수직이므로
$a\times 2+1\times(2-3a)=0$
∴ $a=2$

0127 답 ①

두 점 $(-2, 8)$, $(1, -1)$을 지나는 직선의 기울기는
$\dfrac{-1-8}{1+2}=-3$
즉, 기울기가 -3이고 점 $(-1, 2)$를 지나는 직선의 방정식은
$y-2=-3(x+1)$
∴ $y=-3x-1$
따라서 $a=-3$, $b=-1$이므로
$ab=3$

0128 답 ③

① $y=-2x$, $2x-4y=3$에서 $2x+y=0$, $2x-4y-3=0$
　$2\times 2+1\times(-4)=0$이므로 두 직선은 서로 수직이다.
② $1\times 1+(-1)\times 1=0$이므로 두 직선은 서로 수직이다.
③ $3x-y-1=0$, $y=3x-7$에서 $3x-y-1=0$, $3x-y-7=0$
　$\dfrac{3}{3}=\dfrac{-1}{-1}\ne\dfrac{-1}{-7}$이므로 두 직선은 서로 평행하다.
④ $5\times\left(-\dfrac{1}{5}\right)=-1$이므로 두 직선은 서로 수직이다.
⑤ $4\times 1+(-1)\times 4=0$이므로 두 직선은 서로 수직이다.
따라서 두 직선의 위치 관계가 나머지 넷과 다른 하나는 ③이다.

0129 답 ②

직선 $2x+3y+1=0$, 즉 $y=-\dfrac{2}{3}x-\dfrac{1}{3}$에 수직인 직선의 기울기는 $\dfrac{3}{2}$이다.

따라서 기울기가 $\dfrac{3}{2}$이고 y절편이 $\dfrac{5}{2}$, 즉 점 $\left(0, \dfrac{5}{2}\right)$를 지나는 직선의 방정식은
$y-\dfrac{5}{2}=\dfrac{3}{2}x$ ∴ $y=\dfrac{3}{2}x+\dfrac{5}{2}$
이 직선이 점 $(1, a)$를 지나므로
$a=\dfrac{3}{2}+\dfrac{5}{2}=4$

0130 답 3

두 직선 $(k-3)x+y+5=0$, $4x+ky-7=0$의 교점이 존재하지 않으려면 두 직선이 서로 평행해야 한다.   …… ❶

$\dfrac{k-3}{4}=\dfrac{1}{k}\ne\dfrac{5}{-7}$

$\dfrac{k-3}{4}=\dfrac{1}{k}$에서 $k(k-3)=4$

$k^2-3k-4=0$, $(k+1)(k-4)=0$

∴ $k=-1$ 또는 $k=4$ …… ❷
따라서 모든 실수 k의 값의 합은
$-1+4=3$ …… ❸

채점 기준

ⅰ 두 직선의 교점이 존재하지 않는 경우 찾기		30%
ⅱ k의 값 구하기		60%
ⅲ 모든 실수 k의 값의 합 구하기		10%

참고 이차방정식 $k^2-3k-4=0$에서 근과 계수의 관계에 의하여 구하는 모든 실수 k의 값의 합이 3임을 알 수도 있다.

0131 답 ②

직선 $(2k+3)x+2y+8=0$은 y축과 점 $(0, -4)$에서 만나므로 x절편이 3이고 y절편이 -4인 직선의 방정식은

$$\frac{x}{3}+\frac{y}{-4}=1 \qquad \therefore \frac{x}{3}-\frac{y}{4}=1$$

이 직선과 직선 $(2k+3)x+2y+8=0$이 서로 수직이므로

$$\frac{1}{3}(2k+3)+\left(-\frac{1}{4}\right)\times 2=0$$

$$\frac{2}{3}k+\frac{1}{2}=0 \qquad \therefore k=-\frac{3}{4}$$

0132 답 ②

직선 $3x+y+2=0$이 직선 $ax-by-2=0$에 수직이므로
$3\times a+1\times(-b)=0 \qquad \therefore 3a-b=0 \qquad \cdots\cdots ㉠$
직선 $3x+y+2=0$이 직선 $ax+(b-2)y+3=0$에 평행하므로

$$\frac{3}{a}=\frac{1}{b-2}\neq\frac{2}{3}$$

$$\frac{3}{a}=\frac{1}{b-2}에서 3(b-2)=a$$

$$\therefore a-3b=-6 \qquad\qquad \cdots\cdots ㉡$$

㉠, ㉡을 연립하여 풀면

$$a=\frac{3}{4}, b=\frac{9}{4} \qquad \therefore a+b=3$$

0133 답 ④

ㄱ. $a=0$일 때,

직선 l의 방정식은 $5x+1=0 \qquad \therefore x=-\frac{1}{5}$

직선 m의 방정식은 $-y-5=0 \qquad \therefore y=-5$

따라서 두 직선 l, m은 각각 y축, x축에 평행하므로 서로 수직이다.

ㄴ. $ax-y-a-5=0$을 a에 대하여 정리하면

$a(x-1)-(y+5)=0$

따라서 직선 m은 a의 값에 관계없이 항상 점 $(1, -5)$를 지난다.

ㄷ. (ⅰ) $a=0$일 때,

두 직선 l과 m은 서로 수직이다. (∵ ㄱ)

(ⅱ) $a\neq 0$일 때,

두 직선이 서로 평행하려면

$$\frac{5}{a}=\frac{-a}{-1}\neq\frac{a+1}{-a-5}$$

$$\frac{5}{a}=\frac{-a}{-1}에서 a^2=5 \qquad \therefore a=\pm\sqrt{5}$$

(ⅰ), (ⅱ)에서 모든 a의 값의 곱은
$-\sqrt{5}\times\sqrt{5}=-5$

따라서 보기에서 옳은 것은 ㄱ, ㄷ이다.

0134 답 ⑤

두 점 $A(-2, 1)$, $B(8, 7)$을 지나는 직선의 기울기는 $\dfrac{7-1}{8+2}=\dfrac{3}{5}$

이므로 선분 AB의 수직이등분선의 기울기는 $-\dfrac{5}{3}$이다.

선분 AB의 중점의 좌표는

$$\left(\frac{-2+8}{2}, \frac{1+7}{2}\right) \qquad \therefore (3, 4)$$

따라서 기울기가 $-\dfrac{5}{3}$이고 점 $(3, 4)$를 지나는 직선의 방정식은

$$y-4=-\frac{5}{3}(x-3)$$

$$\therefore 5x+3y-27=0$$

0135 답 -8

직선 $x+3y+4=0$, 즉 $y=-\dfrac{1}{3}x-\dfrac{4}{3}$의 기울기는 $-\dfrac{1}{3}$이므로 직선 AB의 기울기는 3이다.

$$\frac{b+7}{1-a}=3, b+7=3-3a$$

$$\therefore 3a+b=-4 \qquad \cdots\cdots ㉠$$

선분 AB의 중점의 좌표는

$$\left(\frac{a+1}{2}, \frac{-7+b}{2}\right)$$

이 점이 직선 $x+3y+4=0$ 위에 있으므로

$$\frac{a+1}{2}+3\times\frac{-7+b}{2}+4=0$$

$$\therefore a+3b=12 \qquad \cdots\cdots ㉡ \qquad\qquad \cdots\cdots\textbf{ⅰ}$$

㉠, ㉡을 연립하여 풀면

$a=-3, b=5$

$$\therefore a-b=-8 \qquad\qquad \cdots\cdots\textbf{ⅱ}$$

채점 기준

ⅰ a, b 사이의 관계식 구하기		80%
ⅱ $a-b$의 값 구하기		20%

0136 답 2

직선 $2x-y+1=0$, 즉 $y=2x+1$의 기울기는 2이므로 직선 AH의 기울기는 $-\dfrac{1}{2}$이다.

따라서 기울기가 $-\dfrac{1}{2}$이고 점 $A(1, 1)$을 지나는 직선 AH의 방정식은

$$y-1=-\frac{1}{2}(x-1)$$

$$\therefore x+2y-3=0$$

점 H는 두 직선 $2x-y+1=0$, $x+2y-3=0$의 교점이므로 두 식을 연립하여 풀면

$$x=\frac{1}{5}, y=\frac{7}{5}$$

따라서 $H\left(\dfrac{1}{5}, \dfrac{7}{5}\right)$이므로

$$a=\frac{1}{5}, b=\frac{7}{5}$$

$$\therefore a^2+b^2=\frac{1}{25}+\frac{49}{25}=2$$

0137 답 $\left(\dfrac{11}{5}, \dfrac{22}{5}\right)$

직선 $x+2y=11$ 위의 점 중에서 원점과
의 거리가 가장 가까운 점을 P라 하면 오
른쪽 그림과 같이 직선 OP는 직선
$x+2y=11$에 수직이다.

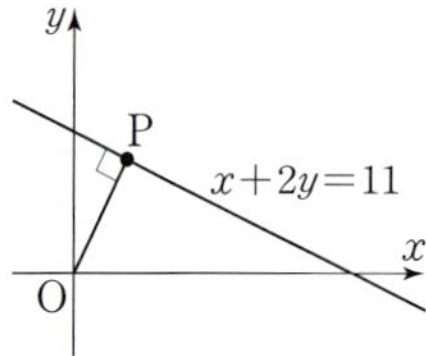

직선 $x+2y=11$, 즉 $y=-\dfrac{1}{2}x+\dfrac{11}{2}$ 의

기울기는 $-\dfrac{1}{2}$ 이므로 직선 OP의 기울기는 2이다.

따라서 기울기가 2이고 원점 O를 지나는 직선 OP의 방정식은
$$y=2x$$
점 P는 두 직선 $x+2y=11$, $y=2x$의 교점이므로 두 식을 연립하
여 풀면
$$x=\dfrac{11}{5}, \quad y=\dfrac{22}{5} \qquad \therefore \mathrm{P}\left(\dfrac{11}{5}, \dfrac{22}{5}\right)$$
따라서 구하는 점의 좌표는 $\left(\dfrac{11}{5}, \dfrac{22}{5}\right)$이다.

0138 답 $\dfrac{3}{2}$

직선 $y=-2x+4$의 기울기는 -2이므로 직선 AB의 기울기는 $\dfrac{1}{2}$
이다.
$$\dfrac{b-1}{a-4}=\dfrac{1}{2}, \quad 2b-2=a-4$$
$$\therefore a-2b=2 \qquad \cdots\cdots \ \bigcirc$$
$\overline{\mathrm{AP}} : \overline{\mathrm{BP}}=2 : 3$에서 점 P는 선분 AB를 $2 : 3$으로 내분하는 점이
므로 점 P의 좌표는
$$\left(\dfrac{2\times a+3\times 4}{2+3}, \dfrac{2\times b+3\times 1}{2+3}\right)$$
$$\therefore \left(\dfrac{2a+12}{5}, \dfrac{2b+3}{5}\right)$$
점 P는 직선 $y=-2x+4$ 위의 점이므로
$$\dfrac{2b+3}{5}=-2\times\dfrac{2a+12}{5}+4$$
$$\therefore 4a+2b=-7 \qquad \cdots\cdots \ \bigcirc\!\!\bigcirc$$
$\bigcirc$, $\bigcirc\!\!\bigcirc$을 연립하여 풀면
$$a=-1, \quad b=-\dfrac{3}{2}$$
$$\therefore ab=\dfrac{3}{2}$$

0139 답 $\dfrac{9}{2}$

오른쪽 그림과 같이 점 A에서 변 BC에
내린 수선의 발을 D, 점 B에서 변 CA에
내린 수선의 발을 E라 하고, 두 직선
AD, BE의 교점을 H라 하자.

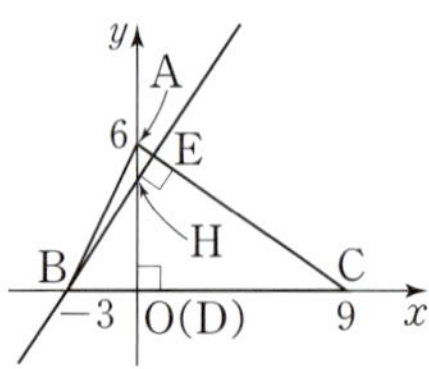

점 D는 원점이므로 직선 AD의 방정식은
$$x=0$$
직선 AC의 기울기는 $\dfrac{-6}{9}=-\dfrac{2}{3}$이므로 직선 BE의 기울기는 $\dfrac{3}{2}$
이다.

따라서 기울기가 $\dfrac{3}{2}$이고 점 $\mathrm{B}(-3, 0)$을 지나는 직선 BE의 방정
식은
$$y=\dfrac{3}{2}(x+3)$$
$$\therefore 3x-2y+9=0$$
점 H는 두 직선 $x=0$, $3x-2y+9=0$의 교점이므로 두 식을 연립
하여 풀면
$$x=0, \quad y=\dfrac{9}{2} \qquad \therefore \mathrm{H}\left(0, \dfrac{9}{2}\right)$$
따라서 구하는 세 수선의 교점은 점 H와 같으므로
$$a=0, \quad b=\dfrac{9}{2} \qquad \therefore a+b=\dfrac{9}{2}$$

0140 답 $x+y-1=0$

$\overline{\mathrm{AC}}=3\sqrt{2}$이므로
$$\sqrt{(a-1)^2+(-3)^2}=3\sqrt{2}$$
양변을 제곱하면
$$a^2-2a+10=18, \quad a^2-2a-8=0$$
$$(a+2)(a-4)=0 \qquad \therefore a=-2 \ \text{또는} \ a=4$$
그런데 $a<0$이므로 $a=-2$
$$\therefore \mathrm{C}(-2, 0)$$
마름모의 두 대각선은 서로 다른 것을 수직이등분하므로 직선 BD
는 선분 AC의 수직이등분선이다.

두 점 $\mathrm{A}(1, 3)$, $\mathrm{C}(-2, 0)$을 지나는 직선의 기울기는 $\dfrac{-3}{-2-1}=1$
이므로 직선 BD의 기울기는 -1이다.

선분 AC의 중점의 좌표는
$$\left(\dfrac{1-2}{2}, \dfrac{3}{2}\right) \qquad \therefore \left(-\dfrac{1}{2}, \dfrac{3}{2}\right)$$
따라서 기울기가 -1이고 점 $\left(-\dfrac{1}{2}, \dfrac{3}{2}\right)$을 지나는 직선 BD의 방

정식은
$$y-\dfrac{3}{2}=-\left(x+\dfrac{1}{2}\right)$$
$$\therefore x+y-1=0$$

0141 답 ⑤

오른쪽 그림에서 직선 $4x+y-12=0$과
x축 및 y축으로 둘러싸인 부분의 넓이는
$$\dfrac{1}{2}\times 3\times 12=18$$
이때 두 직선 $4x+y-12=0$,
$ax+y+b=0$이 서로 평행하므로
$$\dfrac{4}{a}=\dfrac{1}{1}\neq\dfrac{-12}{b}$$
$$\therefore a=4, \ b\neq -12$$
따라서 직선 $4x+y+b=0$이 색칠한 부분의 넓이를 이등분하므로
$b<0$이고
$$\dfrac{1}{2}\times\left(-\dfrac{b}{4}\right)\times(-b)=\dfrac{1}{2}\times 18$$
$$\therefore b^2=72$$
$$\therefore a^2+b^2=16+72=88$$

0142 답 ④

$\angle OAB = \angle OCA$이므로

$\angle BAC = \angle OAB + \angle CAO$

$\qquad = \angle OCA + \angle CAO$

$\qquad = 90°$

즉, 두 직선 l_1, l_2는 서로 수직이다.

두 점 $A(0, 3)$, $B(-4, 0)$을 지나는 직선 l_1의 기울기는 $\dfrac{-3}{-4} = \dfrac{3}{4}$

이므로 직선 l_2의 기울기는 $-\dfrac{4}{3}$이다.

따라서 기울기가 $-\dfrac{4}{3}$이고 점 $(-2, 5)$를 지나는 직선의 방정식은

$y - 5 = -\dfrac{4}{3}(x+2)$

$\therefore 4x + 3y - 7 = 0$

따라서 $a = 4$, $b = 3$이므로

$ab = 12$

0143 답 15

점 (a, a)를 지나고 기울기가 m인 직선의 방정식은

$y - a = m(x - a)$

$\therefore y = mx - am + a$

이 직선이 곡선 $y = x^2 - 4x + 10$에 접하므로 이차방정식

$x^2 - 4x + 10 = mx - am + a$, 즉 $x^2 - (m+4)x + am - a + 10 = 0$

은 중근을 갖는다.

이 이차방정식의 판별식을 D라 하면

$D = \{-(m+4)\}^2 - 4(am - a + 10) = 0$

$m^2 - (4a-8)m + 4a - 24 = 0$ $\qquad \cdots\cdots$ ㉠

이때 점 (a, a)를 지나고 곡선 $y = x^2 - 4x + 10$에 접하는 직선이 2개이고 서로 수직이므로 이차방정식 ㉠은 서로 다른 두 실근을 갖는다.

이 두 근을 m_1, m_2라 하면 두 직선의 기울기는 각각 m_1, m_2이고 $m_1 m_2 = -1$이다.

㉠에서 이차방정식의 근과 계수의 관계에 의하여

$m_1 + m_2 = 4a - 8$

$m_1 m_2 = 4a - 24$

$4a - 24 = -1$에서

$4a = 23$이므로

$m_1 + m_2 = 23 - 8 = 15$

따라서 구하는 두 직선의 기울기의 합은 15이다.

0144 답 ③

주어진 세 직선이 한 점에서 만나므로 직선 $ax + y - 5 = 0$이 두 직선 $x + y + 1 = 0$, $3x + 2y - 1 = 0$의 교점을 지난다.

$x + y + 1 = 0$, $3x + 2y - 1 = 0$을 연립하여 풀면

$x = 3$, $y = -4$

따라서 직선 $ax + y - 5 = 0$이 점 $(3, -4)$를 지나므로

$3a - 4 - 5 = 0$

$\therefore a = 3$

0145 답 -1, 4

세 직선에 의하여 생기는 교점이 2개가 되려면 세 직선 중 두 직선이 서로 평행해야 한다. $\qquad \cdots\cdots$ ❶

두 직선 $2x - y - 3 = 0$, $x + 2y + 1 = 0$은 서로 평행하지 않으므로 주어진 세 직선에 의하여 생기는 교점이 2개가 되는 경우는 다음과 같다.

(i) 두 직선 $2x - y - 3 = 0$, $2x + ay - 5 = 0$이 서로 평행할 때,

$\dfrac{2}{2} = \dfrac{-1}{a} \neq \dfrac{-3}{-5}$ $\qquad \therefore a = -1$

(ii) 두 직선 $x + 2y + 1 = 0$, $2x + ay - 5 = 0$이 서로 평행할 때,

$\dfrac{1}{2} = \dfrac{2}{a} \neq \dfrac{1}{-5}$ $\qquad \therefore a = 4$

(i), (ii)에서 $a = -1$ 또는 $a = 4$ $\qquad \cdots\cdots$ ❷

채점 기준

❶ 세 직선의 교점이 2개가 되는 경우 찾기		30%
❷ 실수 a의 값 구하기		70%

0146 답 ③

세 직선이 삼각형을 이루지 않으려면 세 직선이 모두 평행하거나 세 직선 중 두 직선이 서로 평행하거나 세 직선이 한 점에서 만나야 한다.

두 직선 $x - y + 1 = 0$, $x + y + 3 = 0$은 서로 평행하지 않으므로 주어진 세 직선이 삼각형을 이루지 않는 경우는 다음과 같다.

(i) 두 직선 $x - y + 1 = 0$, $ax - y - a = 0$이 서로 평행할 때,

$\dfrac{1}{a} = \dfrac{-1}{-1} \neq \dfrac{1}{-a}$ $\qquad \therefore a = 1$

(ii) 두 직선 $x + y + 3 = 0$, $ax - y - a = 0$이 서로 평행할 때,

$\dfrac{1}{a} = \dfrac{1}{-1} \neq \dfrac{3}{-a}$ $\qquad \therefore a = -1$

(iii) 직선 $ax - y - a = 0$이 두 직선 $x - y + 1 = 0$, $x + y + 3 = 0$의 교점을 지날 때,

$x - y + 1 = 0$, $x + y + 3 = 0$을 연립하여 풀면

$x = -2$, $y = -1$

직선 $ax - y - a = 0$이 점 $(-2, -1)$을 지나야 하므로

$-2a + 1 - a = 0$ $\qquad \therefore a = \dfrac{1}{3}$

(i), (ii), (iii)에서 모든 실수 a의 값의 합은

$1 + (-1) + \dfrac{1}{3} = \dfrac{1}{3}$

0147 답 ④

좌표평면이 4개의 영역으로 나누어지려면 세 직선이 모두 평행해야 한다.

(i) 두 직선 $ax + y + 2 = 0$, $2x + y + 6 = 0$이 서로 평행할 때,

$\dfrac{a}{2} = \dfrac{1}{1} \neq \dfrac{2}{6}$ $\qquad \therefore a = 2$

(ii) 두 직선 $x + by + 4 = 0$, $2x + y + 6 = 0$이 서로 평행할 때,

$\dfrac{1}{2} = \dfrac{b}{1} \neq \dfrac{4}{6}$ $\qquad \therefore b = \dfrac{1}{2}$

(i), (ii)에서 $a = 2$, $b = \dfrac{1}{2}$

$\therefore a + b = \dfrac{5}{2}$

세 직선으로 둘러싸인 도형이 직각삼각형이 되려면 세 직선 중 두 직선이 서로 수직이고 나머지 한 직선은 두 직선에 평행하지 않아야 한다.

두 직선 $x-2y+3=0$, $x+y-3=0$은 서로 수직이 아니므로 주어진 세 직선으로 둘러싸인 도형이 직각삼각형이 되는 경우는 다음과 같다.

(ⅰ) 두 직선 $x-2y+3=0$, $ax-y+7=0$이 서로 수직일 때,

$1\times a+(-2)\times(-1)=0$ ∴ $a=-2$

이때 직선 $x+y-3=0$은 두 직선과 평행하지 않다.

(ⅱ) 두 직선 $x+y-3=0$, $ax-y+7=0$이 서로 수직일 때,

$1\times a+1\times(-1)=0$ ∴ $a=1$

이때 직선 $x-2y+3=0$은 두 직선과 평행하지 않다.

(ⅰ), (ⅱ)에서 자연수 a의 값은 1이다.

0149 답 8

좌표평면이 6개의 영역으로 나누어지려면 세 직선 중 두 직선만 서로 평행하거나 세 직선이 한 점에서 만나야 한다.

(ⅰ) 두 직선 $x+y-2=0$, $y=mx+3$, 즉 $mx-y+3=0$이 서로 평행할 때, $\dfrac{1}{m}=\dfrac{1}{-1}\neq\dfrac{-2}{3}$ ∴ $m=-1$

(ⅱ) 두 직선 $2x-y+1=0$, $y=mx+3$, 즉 $mx-y+3=0$이 서로 평행할 때, $\dfrac{2}{m}=\dfrac{-1}{-1}\neq\dfrac{1}{3}$ ∴ $m=2$

(ⅲ) 직선 $y=mx+3$이 두 직선 $x+y-2=0$, $2x-y+1=0$의 교점을 지날 때,

$x+y-2=0$, $2x-y+1=0$을 연립하여 풀면 $x=\dfrac{1}{3}$, $y=\dfrac{5}{3}$

직선 $y=mx+3$이 점 $\left(\dfrac{1}{3},\ \dfrac{5}{3}\right)$를 지나야 하므로

$\dfrac{5}{3}=\dfrac{1}{3}m+3$ ∴ $m=-4$

(ⅰ), (ⅱ), (ⅲ)에서 모든 실수 m의 값의 곱은

$-1\times2\times(-4)=8$

0150 답 ②

전략 두 삼각형 ABC, ABD에서 변 AB가 공통이므로 두 삼각형의 넓이가 같도록 하는 점 D의 위치를 찾는다.

삼각형 ABC의 넓이와 삼각형 ABD의 넓이가 같으려면 변 AB가 공통이므로 오른쪽 그림과 같이 점 D는 점 C를 지나고 직선 AB에 평행한 직선이 x축과 만나는 점이어야 한다.

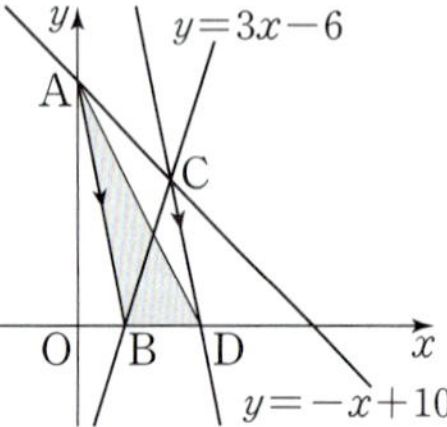

A$(0,\ 10)$, B$(2,\ 0)$이므로 직선 AB의 기울기는 $\dfrac{-10}{2}=-5$

점 C는 두 직선 $y=-x+10$, $y=3x-6$의 교점이므로 두 식을 연립하여 풀면 $x=4$, $y=6$ ∴ C$(4,\ 6)$

따라서 기울기가 -5이고 점 C$(4,\ 6)$을 지나는 직선의 방정식은

$y-6=-5(x-4)$ ∴ $y=-5x+26$

이 직선이 점 D를 지나므로

$0=-5a+26$ ∴ $a=\dfrac{26}{5}$

0151 답 ①

전략 직선 $mx-y-3m+3=0$이 두 직선 $2x-y+4=0$, $3x-4y+9=0$에 각각 수직일 때의 m의 값을 구한다.

$mx-y-3m+3=0$을 m에 대하여 정리하면

$m(x-3)-(y-3)=0$ ······ ㉠

이므로 직선 ㉠은 m의 값에 관계없이 항상 점 $(3, 3)$을 지난다.

오른쪽 그림과 같이 직선 ㉠을 세 직선으로 둘러싸인 도형이 예각삼각형이 되도록 움직여 보면

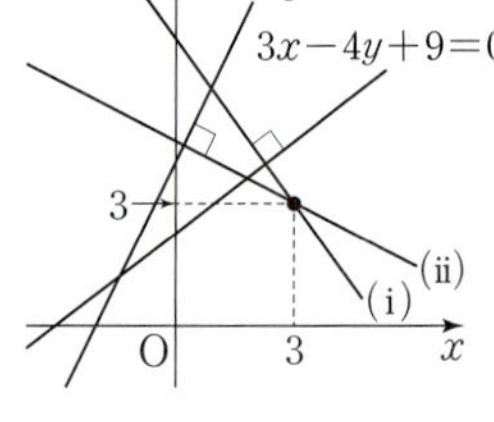

(ⅰ) 직선 $mx-y-3m+3=0$이 직선 $3x-4y+9=0$에 수직일 때,

$m\times3+(-1)\times(-4)=0$

∴ $m=-\dfrac{4}{3}$

(ⅱ) 직선 $mx-y-3m+3=0$이 직선 $2x-y+4=0$에 수직일 때,

$m\times2+(-1)\times(-1)=0$

∴ $m=-\dfrac{1}{2}$

(ⅰ), (ⅱ)에서 실수 m의 값의 범위는

$-\dfrac{4}{3}<m<-\dfrac{1}{2}$

따라서 $a=-\dfrac{4}{3}$, $b=-\dfrac{1}{2}$이므로

$|6a+6b|=|-8-3|=11$

0152 답 125

전략 이차함수의 그래프와 직선이 접하면 이차함수의 식과 직선의 방정식을 연립하여 얻은 이차방정식이 중근을 가짐을 이용하여 직선 l_1의 방정식을 구한다.

직선 l_1의 기울기를 m이라 하면 점 P$(1,\ 1)$을 지나고 기울기가 m인 직선 l_1의 방정식은

$y-1=m(x-1)$

∴ $y=mx-m+1$ ······ ㉠

직선 l_1이 이차함수 $y=x^2$의 그래프와 접하므로 이차방정식

$x^2=mx-m+1$, 즉 $x^2-mx+m-1=0$은 중근을 갖는다.

이 이차방정식의 판별식을 D라 하면

$D=(-m)^2-4(m-1)=0$

$m^2-4m+4=0$, $(m-2)^2=0$

∴ $m=2$

이를 ㉠에 대입하면 직선 l_1의 방정식은

$y=2x-2+1$

∴ $y=2x-1$

이 직선의 y절편은 -1이므로 Q$(0,\ -1)$

직선 l_1의 기울기는 2이므로 직선 l_2의 기울기는 $-\dfrac{1}{2}$이다.

따라서 기울기가 $-\dfrac{1}{2}$이고 점 $\mathrm{P}(1,\,1)$을 지나는 직선 l_2의 방정식은

$y-1=-\dfrac{1}{2}(x-1)$

$\therefore y=-\dfrac{1}{2}x+\dfrac{3}{2}$ $\qquad \cdots\cdots$ ㉡

직선 l_2와 이차함수 $y=x^2$의 교점의 x좌표는

$x^2=-\dfrac{1}{2}x+\dfrac{3}{2}$에서 $2x^2+x-3=0$

$(2x+3)(x-1)=0$

$\therefore x=-\dfrac{3}{2}$ 또는 $x=1$

이때 점 R는 점 P가 아닌 점이므로

$x=-\dfrac{3}{2}$

이를 ㉡에 대입하면

$y=-\dfrac{1}{2}\times\left(-\dfrac{3}{2}\right)+\dfrac{3}{2}=\dfrac{9}{4}$

$\therefore \mathrm{R}\left(-\dfrac{3}{2},\,\dfrac{9}{4}\right)$

따라서 $\overline{\mathrm{PQ}}=\sqrt{(-1)^2+(-1-1)^2}=\sqrt{5}$,

$\overline{\mathrm{PR}}=\sqrt{\left(-\dfrac{3}{2}-1\right)^2+\left(\dfrac{9}{4}-1\right)^2}=\dfrac{5\sqrt{5}}{4}$이므로

$S=\dfrac{1}{2}\times\overline{\mathrm{PQ}}\times\overline{\mathrm{PR}}=\dfrac{1}{2}\times\sqrt{5}\times\dfrac{5\sqrt{5}}{4}=\dfrac{25}{8}$

$\therefore 40S=125$

0153 답 $-42\sqrt{2}$

전략 세 점 A, B, P가 한 직선 위에 있을 때 $|\overline{\mathrm{AP}}-\overline{\mathrm{BP}}|$의 값이 최대임을 이용한다.

(i) 세 점 A, B, P가 삼각형을 이룰 때,

$\overline{\mathrm{AP}}<\overline{\mathrm{AB}}+\overline{\mathrm{BP}}$이므로 $\overline{\mathrm{AP}}-\overline{\mathrm{BP}}<\overline{\mathrm{AB}}$

$\overline{\mathrm{BP}}<\overline{\mathrm{AB}}+\overline{\mathrm{AP}}$이므로 $-\overline{\mathrm{AB}}<\overline{\mathrm{AP}}-\overline{\mathrm{BP}}$

$\therefore |\overline{\mathrm{AP}}-\overline{\mathrm{BP}}|<\overline{\mathrm{AB}}$

(ii) 세 점 A, B, P가 한 직선 위에 있을 때,

점 P는 직선 AB와 x축의 교점이므로

$|\overline{\mathrm{AP}}-\overline{\mathrm{BP}}|=\overline{\mathrm{BP}}-\overline{\mathrm{AP}}=\overline{\mathrm{AB}}$

(i), (ii)에서

$|\overline{\mathrm{AP}}-\overline{\mathrm{BP}}|\leq\overline{\mathrm{AB}}$

즉, 오른쪽 그림과 같이 세 점 A, B, P가 한 직선 위에 있을 때 $|\overline{\mathrm{AP}}-\overline{\mathrm{BP}}|$의 값이 최대이다.

직선 AB의 방정식은

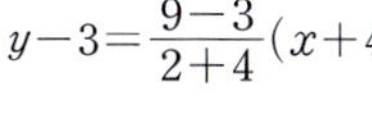

$y-3=\dfrac{9-3}{2+4}(x+4)$

$\therefore y=x+7$

따라서 $|\overline{\mathrm{AP}}-\overline{\mathrm{BP}}|$가 최대일 때의 점 P의 좌표는 $(-7,\,0)$이므로

$a=-7$

$\overline{\mathrm{AP}}=\sqrt{(-7+4)^2+(-3)^2}=3\sqrt{2}$,

$\overline{\mathrm{BP}}=\sqrt{(-7-2)^2+(-9)^2}=9\sqrt{2}$

이므로 $|\overline{\mathrm{AP}}-\overline{\mathrm{BP}}|$의 최댓값 M은

$M=|3\sqrt{2}-9\sqrt{2}|=6\sqrt{2}$

$\therefore aM=-42\sqrt{2}$

03 점과 직선 사이의 거리

난이도별 **필수 기출** 39~46쪽

0154 답 ②

점 $(-2,\,3)$과 직선 $y=-\dfrac{1}{2}x+3$, 즉 $x+2y-6=0$ 사이의 거리는

$\dfrac{|1\times(-2)+2\times3-6|}{\sqrt{1^2+2^2}}=\dfrac{2\sqrt{5}}{5}$

0155 답 $2\sqrt{2}$

두 점 $(0,\,4)$, $(3,\,1)$을 지나는 직선의 방정식은

$y-4=\dfrac{1-4}{3}x$ $\qquad \therefore x+y-4=0$

따라서 원점과 직선 $x+y-4=0$ 사이의 거리는

$\dfrac{|-4|}{\sqrt{1^2+1^2}}=2\sqrt{2}$

0156 답 $(-12,\,0)$, $(0,\,0)$

구하는 점의 좌표를 $(a,\,0)$이라 하면 점 $(a,\,0)$과 직선 $x-y+6=0$ 사이의 거리가 $3\sqrt{2}$이므로

$\dfrac{|a+6|}{\sqrt{1^2+(-1)^2}}=3\sqrt{2}$

$|a+6|=6,\ a+6=\pm6$

$\therefore a=-12$ 또는 $a=0$

따라서 구하는 점의 좌표는 $(-12,\,0)$, $(0,\,0)$이다.

0157 답 ③

점 $(1,\,3)$을 지나고 기울기가 k인 직선 l의 방정식은

$y-3=k(x-1)$

$\therefore kx-y-k+3=0$

이 직선과 원점 사이의 거리가 $\sqrt{5}$이므로

$\dfrac{|-k+3|}{\sqrt{k^2+(-1)^2}}=\sqrt{5}$

$|-k+3|=\sqrt{5(k^2+1)}$

양변을 제곱하면

$k^2-6k+9=5k^2+5$

$2k^2+3k-2=0,\ (k+2)(2k-1)=0$

$\therefore k=-2$ 또는 $k=\dfrac{1}{2}$

따라서 양수 k의 값은 $\dfrac{1}{2}$이다.

0158 답 ⑤

직선 $4x-3y-7=0$, 즉 $y=\dfrac{4}{3}x-\dfrac{7}{3}$의 기울기가 $\dfrac{4}{3}$이므로 이 직선에 수직인 직선의 기울기는 $-\dfrac{3}{4}$이다.

조건을 만족시키는 직선의 방정식을 $y=-\dfrac{3}{4}x+k$(k는 상수)라 하면

$3x+4y-4k=0$ $\qquad \cdots\cdots$ ㉠

점 $(1, -1)$과 직선 ㉠ 사이의 거리가 5이므로

$$\frac{|3 \times 1 + 4 \times (-1) - 4k|}{\sqrt{3^2 + 4^2}} = 5$$

$|-1-4k| = 25,\ -1-4k = \pm 25$

$\therefore k = -\dfrac{13}{2}$ 또는 $k = 6$

이때 직선 ㉠의 y절편은 k이므로 두 직선의 y절편은 $-\dfrac{13}{2}$, 6이다.

따라서 구하는 합은 $-\dfrac{13}{2} + 6 = -\dfrac{1}{2}$

0159 답 6

점 $(2, -1)$과 직선 $x+y+1=0$ 사이의 거리는

$$\frac{|1 \times 2 + 1 \times (-1) + 1|}{\sqrt{1^2 + 1^2}} = \sqrt{2}$$

점 $(2, -1)$과 직선 $x-2y+a=0$ 사이의 거리는

$$\frac{|1 \times 2 - 2 \times (-1) + a|}{\sqrt{1^2 + (-2)^2}} = \frac{|4+a|}{\sqrt{5}} \quad \cdots\cdots \ⓘ$$

점 $(2, -1)$에서 두 직선 $x+y+1=0$, $x-2y+a=0$에 이르는 거리가 같으므로

$$\sqrt{2} = \frac{|4+a|}{\sqrt{5}}$$

$|4+a| = \sqrt{10},\ 4+a = \pm\sqrt{10}$

$\therefore a = -4-\sqrt{10}$ 또는 $a = -4+\sqrt{10}$ $\quad \cdots\cdots \ ⓘⓘ$

따라서 모든 실수 a의 값의 곱은

$(-4-\sqrt{10})(-4+\sqrt{10}) = 6$ $\quad \cdots\cdots \ ⓘⓘⓘ$

ⓘ 점 $(2, -1)$과 주어진 두 직선 사이의 거리 구하기		40%
ⓘⓘ 실수 a의 값 구하기		50%
ⓘⓘⓘ 모든 실수 a의 값의 곱 구하기		10%

0160 답 ㄴ, ㄹ

$P(0, a)$라 하면 점 P에서 두 직선 $x-2y+3=0$, $2x-y-6=0$에 이르는 거리가 같으므로

$$\frac{|-2a+3|}{\sqrt{1^2 + (-2)^2}} = \frac{|-a-6|}{\sqrt{2^2 + (-1)^2}}$$

$|-2a+3| = |-a-6|$

$-2a+3 = \pm(-a-6)$

$\therefore a = -1$ 또는 $a = 9$

$\therefore P(0, -1)$ 또는 $P(0, 9)$

따라서 보기에서 점 P의 좌표가 될 수 있는 것은 ㄴ, ㄹ이다.

0161 답 10

주어진 식을 k에 대하여 정리하면

$$k(x-2y+4) - (x+y-5) = 0$$

이 식이 k의 값에 관계없이 항상 성립해야 하므로

$x-2y+4 = 0,\ x+y-5 = 0$

두 식을 연립하여 풀면 $x=2,\ y=3$

$\therefore P(2, 3)$ $\quad \cdots\cdots \ ⓘ$

이때 점 P와 직선 $2x-3y+t=0$ 사이의 거리가 $2\sqrt{13}$이므로

$$\frac{|2 \times 2 - 3 \times 3 + t|}{\sqrt{2^2 + (-3)^2}} = 2\sqrt{13}$$

$|-5+t| = 26,\ -5+t = \pm 26$

$\therefore t = -21$ 또는 $t = 31$ $\quad \cdots\cdots \ ⓘⓘ$

따라서 모든 실수 t의 값의 합은

$-21 + 31 = 10$ $\quad \cdots\cdots \ ⓘⓘⓘ$

ⓘ 점 P의 좌표 구하기		40%
ⓘⓘ 실수 t의 값 구하기		50%
ⓘⓘⓘ 모든 실수 t의 값의 합 구하기		10%

0162 답 ②

삼각형 ABC의 외심을 $P(a, b)$라 하면

$$\overline{AP} = \overline{BP} = \overline{CP}$$

$\overline{AP} = \overline{BP}$에서 $\overline{AP}^2 = \overline{BP}^2$이므로

$(a-2)^2 + (b-4)^2 = (a+2)^2 + (b-2)^2$

$a^2 + b^2 - 4a - 8b + 20 = a^2 + b^2 + 4a - 4b + 8$

$\therefore 2a+b = 3$ $\quad \cdots\cdots ㉠$

$\overline{BP} = \overline{CP}$에서 $\overline{BP}^2 = \overline{CP}^2$이므로

$(a+2)^2 + (b-2)^2 = (a-1)^2 + (b-5)^2$

$a^2 + b^2 + 4a - 4b + 8 = a^2 + b^2 - 2a - 10b + 26$

$\therefore a+b = 3$ $\quad \cdots\cdots ㉡$

㉠, ㉡을 연립하여 풀면

$a=0,\ b=3$

$\therefore P(0, 3)$

따라서 점 P와 직선 $3x+y-13=0$ 사이의 거리는

$$\frac{|3-13|}{\sqrt{3^2 + 1^2}} = \sqrt{10}$$

삼각형의 외심은 변의 수직이등분선의 교점이다.

두 점 A, B를 지나는 직선의 기울기가 $\dfrac{2-4}{-2-2} = \dfrac{1}{2}$이므로 선분 AB의 수직이등분선의 기울기는 -2이다.

선분 AB의 중점의 좌표는

$\left(\dfrac{2-2}{2},\ \dfrac{4+2}{2}\right)$ $\quad \therefore (0, 3)$

따라서 기울기가 -2이고 점 $(0, 3)$을 지나는 직선의 방정식은

$y-3 = -2x$

$\therefore 2x+y-3 = 0$ $\quad \cdots\cdots ㉠$

두 점 B, C를 지나는 직선의 기울기가 $\dfrac{5-2}{1+2} = 1$이므로 선분 BC의 수직이등분선의 기울기는 -1이다.

선분 BC의 중점의 좌표는

$\left(\dfrac{-2+1}{2},\ \dfrac{2+5}{2}\right)$ $\quad \therefore \left(-\dfrac{1}{2},\ \dfrac{7}{2}\right)$

따라서 기울기가 -1이고 점 $\left(-\dfrac{1}{2},\ \dfrac{7}{2}\right)$을 지나는 직선의 방정식은

$y - \dfrac{7}{2} = -\left(x + \dfrac{1}{2}\right)$

$\therefore x+y-3 = 0$ $\quad \cdots\cdots ㉡$

삼각형 ABC의 외심은 두 직선 ㉠, ㉡의 교점이므로 ㉠, ㉡을 연립하여 풀면 $x=0$, $y=3$

따라서 삼각형 ABC의 외심 $(0, 3)$과 직선 $3x+y-13=0$ 사이의 거리는

$$\frac{|3-13|}{\sqrt{3^2+1^2}}=\sqrt{10}$$

0163 답 ②

$\mathrm{P}(x, y)$라 하면 점 P에서 두 직선 $3x+5y+1=0$, $5x-3y-4=0$에 이르는 거리가 같으므로

$$\frac{|3x+5y+1|}{\sqrt{3^2+5^2}}=\frac{|5x-3y-4|}{\sqrt{5^2+(-3)^2}}$$

$$|3x+5y+1|=|5x-3y-4|$$

$$3x+5y+1=\pm(5x-3y-4)$$

$$\therefore 2x-8y-5=0 \text{ 또는 } 8x+2y-3=0$$

0164 답 $\dfrac{25}{2}$

점 $(3, 4)$를 지나고 기울기가 m인 직선의 방정식은

$$y-4=m(x-3) \qquad \therefore mx-y-3m+4=0$$

이 직선과 원점 사이의 거리가 d이므로

$$\frac{|-3m+4|}{\sqrt{m^2+(-1)^2}}=d$$

$$|-3m+4|=d\sqrt{m^2+1}$$

양변을 제곱하면

$$9m^2-24m+16=d^2(m^2+1)$$

$$(d^2-9)m^2+24m+d^2-16=0 \qquad \cdots\cdots ㉠$$

이때 점 $(3, 4)$를 지나는 두 직선이 서로 수직이므로 두 직선의 기울기의 곱은 -1이다.

두 직선의 기울기의 곱은 m에 대한 이차방정식 ㉠의 두 근의 곱과 같으므로 근과 계수의 관계에 의하여

$$\frac{d^2-16}{d^2-9}=-1 \qquad \therefore d^2=\frac{25}{2}$$

0165 답 ③

점 $\mathrm{P}(a, b)$에서 두 직선 $x-3y+3=0$, $3x+y-3=0$에 이르는 거리가 같으므로

$$\frac{|a-3b+3|}{\sqrt{1^2+(-3)^2}}=\frac{|3a+b-3|}{\sqrt{3^2+1^2}}$$

$$|a-3b+3|=|3a+b-3|$$

$$a-3b+3=\pm(3a+b-3)$$

$$\therefore a+2b-3=0 \text{ 또는 } 2a-b=0$$

(i) $a+2b-3=0$, 즉 $a=3-2b$일 때,

　a, b가 자연수이므로 순서쌍 (a, b)는 $(1, 1)$의 1개이다.

(ii) $2a-b=0$, 즉 $b=2a$일 때,

　a, b가 자연수이므로 순서쌍 (a, b)는

　$(1, 2)$, $(2, 4)$, $(3, 6)$, ...

　이때 $ab \leq 50$이므로 순서쌍 (a, b)는 $(1, 2)$, $(2, 4)$, $(3, 6)$,

　$(4, 8)$, $(5, 10)$의 5개이다.

(i), (ii)에서 구하는 순서쌍 (a, b)의 개수는 6이다.

0166 답 ⑤

$$l(k)=\frac{|3k+2\times(-1)-3k-4|}{\sqrt{k^2+2^2}}=\frac{6}{\sqrt{k^2+4}}$$

즉, k^2+4가 최소일 때, $l(k)$의 값이 최대이다.

따라서 $k=0$일 때, k^2+4의 최솟값은 4이므로 구하는 최댓값은

$$l(0)=\frac{6}{\sqrt{4}}=3$$

0167 답 $2\sqrt{2}$

$2x+4y+k(x-y)+6=0$에서

$$(k+2)x-(k-4)y+6=0$$

이 직선과 점 $(1, 1)$ 사이의 거리를 $f(k)$라 하면

$$f(k)=\frac{|k+2-k+4+6|}{\sqrt{(k+2)^2+\{-(k-4)\}^2}}$$

$$=\frac{12}{\sqrt{2k^2-4k+20}}$$

즉, $2k^2-4k+20$이 최소일 때, $f(k)$의 값이 최대이다.

$2k^2-4k+20=2(k-1)^2+18$이므로 $k=1$일 때, $2k^2-4k+20$의 최솟값은 18이다.

따라서 $a=1$, $M=\dfrac{12}{\sqrt{18}}=2\sqrt{2}$이므로

$$aM=2\sqrt{2}$$

0168 답 $\dfrac{1}{2}$

두 직선 $2x-y-1=0$, $x+2y=0$의 교점을 지나는 직선의 방정식은

$2x-y-1+k(x+2y)=0$ (단, k는 실수)

$\therefore (k+2)x+(2k-1)y-1=0 \qquad \cdots\cdots ㉠$ 　　　　　 ⋯⋯ ❶

이 직선과 원점 사이의 거리를 $f(k)$라 하면

$$f(k)=\frac{|-1|}{\sqrt{(k+2)^2+(2k-1)^2}}=\frac{1}{\sqrt{5k^2+5}} \qquad \cdots\cdots ❷$$

즉, $5k^2+5$가 최소일 때, $f(k)$의 값이 최대이다.

$k=0$일 때, $5k^2+5$의 최솟값은 5이므로 $k=0$을 ㉠에 대입하면

$$2x-y-1=0 \qquad \cdots\cdots ❸$$

따라서 이 직선의 x절편은 $\dfrac{1}{2}$이다. 　　　　　 ⋯⋯ ❹

채점 기준

❶ 두 직선의 교점을 지나는 직선의 방정식을 항등식으로 나타내기		30%
❷ ❶에서 구한 직선과 원점 사이의 거리 구하기		30%
❸ 원점으로부터의 거리가 가장 먼 직선의 방정식 구하기		30%
❹ ❸에서 구한 직선의 x절편 구하기		10%

0169 답 ⑤

점 (a, b)와 직선 m 사이의 거리는

$$\frac{|4a+3b-12|}{\sqrt{4^2+3^2}}=\frac{|4a+3b-12|}{5} \qquad \cdots\cdots ㉠$$

이때 점 (a, b)가 직선 l 위의 점이므로

$$a+b-2=0 \qquad \therefore b=2-a \qquad \cdots\cdots ㉡$$

㉡을 ㉠에 대입하면

$$\frac{|4a+3(2-a)-12|}{5}=\frac{|a-6|}{5}$$

한편 $b\geq0$에 ⓛ을 대입하면
$2-a\geq0$ $\therefore a\leq2$
이때 $a\geq0$이므로 $0\leq a\leq2$
따라서 $a=0$일 때, $\dfrac{|a-6|}{5}$의 최댓값은 $\dfrac{6}{5}$이고 $a=2$일 때,
$\dfrac{|a-6|}{5}$의 최솟값은 $\dfrac{4}{5}$이므로 구하는 합은 $\dfrac{6}{5}+\dfrac{4}{5}=2$

0170　답 ③

점 (a, b)와 직선 $y=3x-5$, 즉 $3x-y-5=0$ 사이의 거리는
$$\dfrac{|3a-b-5|}{\sqrt{3^2+(-1)^2}}=\dfrac{|3a-b-5|}{\sqrt{10}} \quad \cdots\cdots ㉠$$
이때 점 (a, b)가 이차함수 $y=x^2+2x$의 그래프 위의 점이므로
$$b=a^2+2a \quad \cdots\cdots ㉡$$
㉡을 ㉠에 대입하면
$$\dfrac{|3a-(a^2+2a)-5|}{\sqrt{10}}=\dfrac{|-a^2+a-5|}{\sqrt{10}}$$
$f(a)=|-a^2+a-5|$라 하면 $f(a)$의 값이 최소일 때, $\dfrac{f(a)}{\sqrt{10}}$의
값이 최소이다.
$$\begin{aligned}f(a)&=|-a^2+a-5|\\&=\left|-\left(a-\dfrac{1}{2}\right)^2-\dfrac{19}{4}\right|\end{aligned}$$
이므로 $y=f(a)$의 그래프는 오른쪽 그림과
같다.

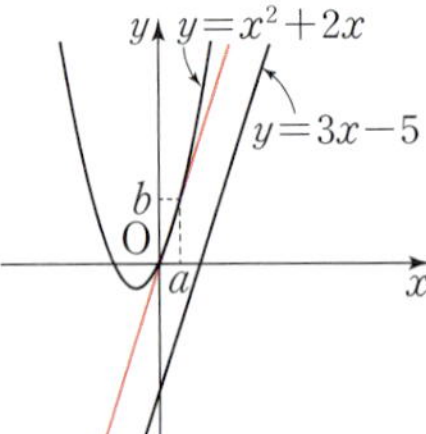

따라서 $a=\dfrac{1}{2}$일 때, $f(a)$의 값이 최소이므로
$a=\dfrac{1}{2}$을 ㉡에 대입하면
$$b=\left(\dfrac{1}{2}\right)^2+2\times\dfrac{1}{2}=\dfrac{5}{4}$$
$$\therefore a+b=\dfrac{7}{4}$$

다른 풀이

오른쪽 그림과 같이 점 (a, b)에서의 접
선이 직선 $y=3x-5$에 평행할 때, 점
(a, b)와 직선 $y=3x-5$ 사이의 거리
가 최소이다.
즉, 이 접선의 방정식을
$y=3x+k\,(k$는 상수)라 하자.
이차방정식 $x^2+2x=3x+k$, 즉 $x^2-x-k=0$이 중근을 가져야
하므로 이 이차방정식의 판별식을 D라 하면
$$D=(-1)^2-4\times(-k)=0 \quad \therefore k=-\dfrac{1}{4}$$
a의 값은 이차방정식 $x^2-x+\dfrac{1}{4}=0$의 근이므로
$$\left(x-\dfrac{1}{2}\right)^2=0 \quad \therefore x=\dfrac{1}{2} \quad \therefore a=\dfrac{1}{2}$$
이때 점 (a, b)는 직선 $y=3x-\dfrac{1}{4}$ 위의 점이므로
$$b=3\times\dfrac{1}{2}-\dfrac{1}{4}=\dfrac{5}{4}$$
$$\therefore a+b=\dfrac{7}{4}$$

0171　답 ②

두 직선 $3x-2y+2=0$, $3x-2y+15=0$이 서로 평행하므로 구하
는 두 직선 사이의 거리는 직선 $3x-2y+2=0$ 위의 한 점 $(0, 1)$과
직선 $3x-2y+15=0$ 사이의 거리와 같다.
$$\therefore \dfrac{|-2\times1+15|}{\sqrt{3^2+(-2)^2}}=\sqrt{13}$$

0172　답 ①

두 직선 $2x-y-1=0$, $2x-y+a=0$이 서로 평행하므로 두 직선
사이의 거리는 직선 $2x-y-1=0$ 위의 한 점 $(0, -1)$과 직선
$2x-y+a=0$ 사이의 거리와 같고, 이 거리가 $2\sqrt{5}$이므로
$$\dfrac{|-(-1)+a|}{\sqrt{2^2+(-1)^2}}=2\sqrt{5}$$
$|1+a|=10$, $1+a=\pm10$
$\therefore a=-11$ 또는 $a=9$
따라서 음수 a의 값은 -11이다.

0173　답 ③

두 직선 $4x-3y+5=0$, $4x+ay+b=0$이 서로 평행하므로
$a=-3$, $b\neq5$
즉, 두 직선 $4x-3y+5=0$, $4x-3y+b=0$ 사이의 거리는 직선
$4x-3y+5=0$ 위의 한 점 $(1, 3)$과 직선 $4x-3y+b=0$ 사이의
거리와 같고, 이 거리가 2이므로
$$\dfrac{|4\times1-3\times3+b|}{\sqrt{4^2+(-3)^2}}=2$$
$|-5+b|=10$, $-5+b=\pm10$
$\therefore b=-5$ 또는 $b=15$
이때 직선 $4x-3y+b=0$이 제2사분면을 지나려면 y절편이 양수이
어야 하므로 $b=15$
$$\therefore a+b=12$$

0174　답 ①

두 직선 $ax+by=3$, $ax+by=4$, 즉 $ax+by-3=0$,
$ax+by-4=0$이 서로 평행하므로 두 직선 사이의 거리는 직선
$ax+by-3=0$ 위의 한 점 (x_1, y_1)과 직선 $ax+by-4=0$ 사이의
거리와 같다.
$$\begin{aligned}\therefore \dfrac{|ax_1+by_1-4|}{\sqrt{a^2+b^2}}&=\dfrac{|ax_1+by_1-4|}{\sqrt{9}}\\&=\dfrac{|ax_1+by_1-4|}{3} \quad \cdots\cdots ㉠\end{aligned}$$
이때 점 (x_1, y_1)이 직선 $ax+by=3$ 위의 점이므로 $ax_1+by_1=3$
이를 ㉠에 대입하면 구하는 거리는
$$\dfrac{|3-4|}{3}=\dfrac{1}{3}$$

0175　답 $\dfrac{9\sqrt{10}}{5}$

사각형 ABCD가 평행사변형이므로 두 직선 AD, BC는 서로 평행
하다.
즉, 두 직선 AD, BC 사이의 거리는 직선 AD 위의 한 점
$A(-2, 0)$과 직선 BC 사이의 거리와 같다.

직선 BC의 방정식은

$$y=\frac{3}{5-4}(x-4) \qquad \therefore 3x-y-12=0$$

따라서 구하는 거리는

$$\frac{|3\times(-2)-12|}{\sqrt{3^2+(-1)^2}}=\frac{9\sqrt{10}}{5}$$

0176 답 5

두 직선 $2x-(m-1)y-1=0$, $(3m-2)x-my+3=0$이 서로 평행하므로

$$\frac{2}{3m-2}=\frac{-(m-1)}{-m}\ne\frac{-1}{3}$$

$\dfrac{2}{3m-2}=\dfrac{-(m-1)}{-m}$에서 $2m=(3m-2)(m-1)$

$$3m^2-7m+2=0$$

$$(3m-1)(m-2)=0$$

$$\therefore m=\frac{1}{3}\ \text{또는}\ m=2$$

그런데 m은 정수이므로 $m=2$ $\qquad$ ...... ⓘ

즉, 두 직선의 방정식은 $2x-y-1=0$, $4x-2y+3=0$이므로 d의 값은 직선 $2x-y-1=0$ 위의 한 점 $(0,-1)$과 직선 $4x-2y+3=0$ 사이의 거리와 같다.

$$\therefore d=\frac{|-2\times(-1)+3|}{\sqrt{4^2+(-2)^2}}=\frac{\sqrt{5}}{2} \qquad \text{...... ⓘⓘ}$$

$$\therefore 4d^2=4\times\frac{5}{4}=5 \qquad \text{...... ⓘⓘⓘ}$$

채점 기준

ⓘ 두 직선이 서로 평행할 때, 정수 m의 값 구하기		50%
ⓘⓘ 두 직선 사이의 거리 d의 값 구하기		40%
ⓘⓘⓘ $4d^2$의 값 구하기		10%

0177 답 18

두 직선 $x+ky+4=0$, $kx+y-2=0$이 서로 평행하므로

$$\frac{1}{k}=\frac{k}{1}\ne\frac{4}{-2}$$

$\dfrac{1}{k}=\dfrac{k}{1}$에서

$$k^2=1 \qquad \therefore k=1\ (\because k>0) \qquad \text{...... ⓘ}$$

즉, 두 직선의 방정식은

$$x+y+4=0,\ x+y-2=0$$

이때 정사각형 ABCD의 한 변의 길이는 평행한 두 직선 사이의 거리와 같고, 이 거리는 직선 $x+y-2=0$ 위의 한 점 $(2,0)$과 직선 $x+y+4=0$ 사이의 거리와 같으므로

$$\frac{|2+4|}{\sqrt{1^2+1^2}}=3\sqrt{2} \qquad \text{...... ⓘⓘ}$$

따라서 정사각형 ABCD의 넓이는

$$(3\sqrt{2})^2=18 \qquad \text{...... ⓘⓘⓘ}$$

채점 기준

ⓘ 두 직선이 서로 평행할 때, k의 값 구하기		40%
ⓘⓘ 정사각형 ABCD의 한 변의 길이 구하기		50%
ⓘⓘⓘ 정사각형 ABCD의 넓이 구하기		10%

0178 답 ⑤

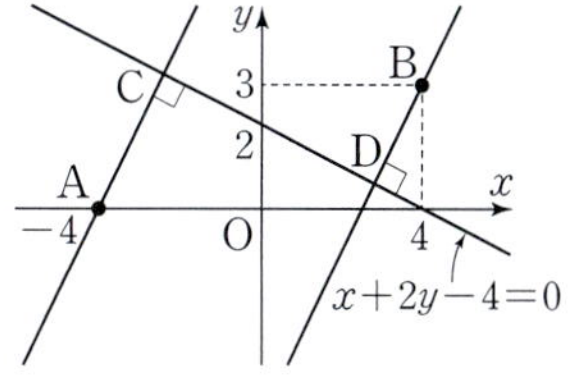

오른쪽 그림과 같이 두 직선 AC, BD가 서로 평행하므로 두 직선 사이의 거리는 직선 AC 위의 한 점 $A(-4, 0)$과 직선 BD 사이의 거리와 같다.

직선 $x+2y-4=0$, 즉

$y=-\dfrac{1}{2}x+2$의 기울기가 $-\dfrac{1}{2}$이므로 직선 BD의 기울기는 2이다.

즉, 기울기가 2이고 점 $B(4, 3)$을 지나는 직선 BD의 방정식은

$$y-3=2(x-4)$$

$$\therefore 2x-y-5=0$$

따라서 구하는 거리는

$$\frac{|2\times(-4)-5|}{\sqrt{2^2+(-1)^2}}=\frac{13\sqrt{5}}{5}$$

0179 답 $3\sqrt{2}$

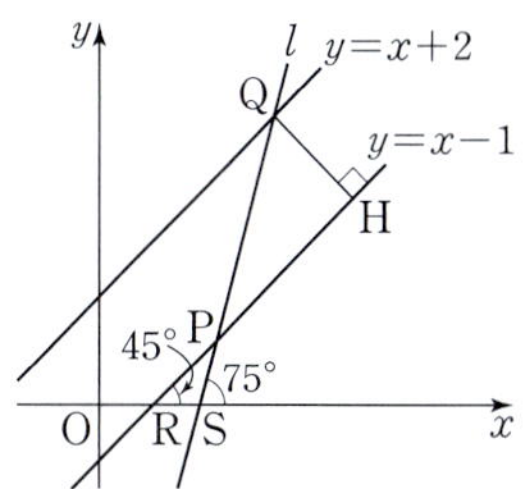

오른쪽 그림과 같이 점 Q에서 직선 $y=x-1$에 내린 수선의 발을 H라 하고, 직선 l과 직선 $y=x-1$이 x축과 만나는 점을 각각 S, R라 하자.

직선 $y=x-1$이 x축의 양의 방향과 이루는 각의 크기가 $45°$이므로

$$\angle\text{RPS}=75°-45°=30°$$

$$\therefore \angle\text{QPH}=\angle\text{RPS}=30°$$

즉, 삼각형 PHQ는 $\angle\text{QPH}=30°$인 직각삼각형이므로

$$\overline{\text{HQ}}:\overline{\text{PH}}:\overline{\text{PQ}}=1:\sqrt{3}:2$$

이때 $\overline{\text{HQ}}$의 길이는 평행한 두 직선 $y=x-1$, $y=x+2$ 사이의 거리와 같다.

두 직선 $y=x-1$, $y=x+2$, 즉 $x-y-1=0$, $x-y+2=0$ 사이의 거리는 직선 $x-y-1=0$ 위의 한 점 $(1, 0)$과 직선 $x-y+2=0$ 사이의 거리와 같으므로

$$\overline{\text{HQ}}=\frac{|1+2|}{\sqrt{1^2+(-1)^2}}=\frac{3\sqrt{2}}{2}$$

$$\therefore \overline{\text{PQ}}=2\overline{\text{HQ}}=2\times\frac{3\sqrt{2}}{2}=3\sqrt{2}$$

0180 답 ⑤

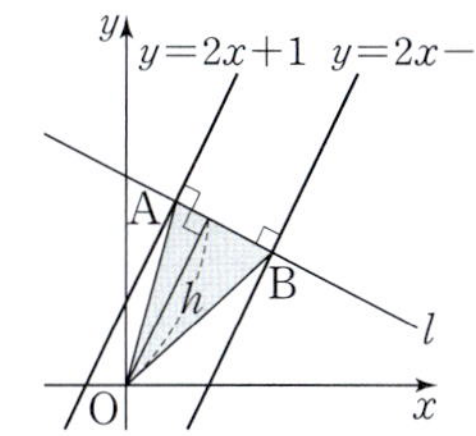

$\overline{\text{AB}}$의 길이는 평행한 두 직선 $y=2x+1$, $y=2x-2$ 사이의 거리와 같다.

두 직선 $y=2x+1$, $y=2x-2$, 즉 $2x-y+1=0$, $2x-y-2=0$ 사이의 거리는 직선 $2x-y+1=0$ 위의 한 점 $(0, 1)$과 직선 $2x-y-2=0$ 사이의 거리와 같으므로

$$\overline{\text{AB}}=\frac{|-1-2|}{\sqrt{2^2+(-1)^2}}=\frac{3\sqrt{5}}{5}$$

직선 l은 직선 $y=2x+1$에 수직이므로 기울기가 $-\dfrac{1}{2}$이다.

직선 l의 방정식을 $y=-\dfrac{1}{2}x+a$, 즉 $x+2y-2a=0$ (a는 상수)
이라 하고 원점과 직선 l 사이의 거리를 h라 하면
$$h=\dfrac{|-2a|}{\sqrt{1^2+2^2}}=\dfrac{2|a|}{\sqrt{5}}$$
$$\therefore \triangle \mathrm{AOB}=\dfrac{1}{2}\times\overline{\mathrm{AB}}\times h=\dfrac{1}{2}\times\dfrac{3\sqrt{5}}{5}\times\dfrac{2|a|}{\sqrt{5}}=\dfrac{3|a|}{5}$$
즉, $\dfrac{3|a|}{5}=\dfrac{3}{2}$이므로 $|a|=\dfrac{5}{2}$ $\qquad \therefore a=\pm\dfrac{5}{2}$

이때 두 점 A, B가 제1사분면 위의 점이므로 $a=\dfrac{5}{2}$

따라서 직선 l의 방정식은 $y=-\dfrac{1}{2}x+\dfrac{5}{2}$이므로 x절편은 5이다.

0181 답 $7x+y+3=0$

두 직선이 이루는 각의 이등분선 위의 임의의 점을 $\mathrm{P}(x, y)$라 하면
점 P에서 두 직선에 이르는 거리가 같으므로
$$\dfrac{|3x+4y+2|}{\sqrt{3^2+4^2}}=\dfrac{|4x-3y+1|}{\sqrt{4^2+(-3)^2}}$$
$$|3x+4y+2|=|4x-3y+1|$$
$$3x+4y+2=\pm(4x-3y+1)$$
$$\therefore x-7y-1=0 \text{ 또는 } 7x+y+3=0$$
따라서 기울기가 음수인 직선의 방정식은
$$7x+y+3=0$$

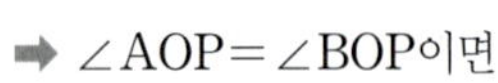
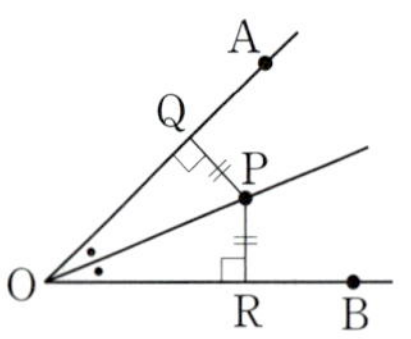

각의 이등분선 위의 한 점에서 그 각
을 이루는 두 변까지의 거리는 같다.
➡ $\angle \mathrm{AOP}=\angle \mathrm{BOP}$이면
$\overline{\mathrm{PQ}}=\overline{\mathrm{PR}}$

0182 답 ②

점 $(-2, a)$에서 두 직선에 이르는 거리가 같으므로
$$\dfrac{|-2+3a+2|}{\sqrt{1^2+3^2}}=\dfrac{|3\times(-2)+a-2|}{\sqrt{3^2+1^2}}$$
$$|3a|=|a-8|$$
$$3a=\pm(a-8) \qquad \therefore a=-4 \text{ 또는 } a=2$$
따라서 양수 a의 값은 2이다.

0183 답 ②

$$\overline{\mathrm{OA}}=\sqrt{4^2+2^2}=2\sqrt{5}$$
직선 OA의 방정식은
$$y=\dfrac{1}{2}x \qquad \therefore x-2y=0$$
점 $\mathrm{B}(3, 3)$과 직선 OA 사이의 거리는
$$\dfrac{|3-2\times3|}{\sqrt{1^2+(-2)^2}}=\dfrac{3\sqrt{5}}{5}$$
따라서 삼각형 OAB의 넓이는
$$\dfrac{1}{2}\times2\sqrt{5}\times\dfrac{3\sqrt{5}}{5}=3$$

0184 답 -3

$$\overline{\mathrm{AB}}=\sqrt{(-3)^2+(-3)^2}=3\sqrt{2} \qquad \cdots\cdots \text{ⓘ}$$
직선 AB의 방정식은
$$\dfrac{x}{-3}+\dfrac{y}{3}=1$$
$$\therefore x-y+3=0 \qquad \cdots\cdots \text{ⓘⓘ}$$
점 $\mathrm{C}(2, a)$와 직선 AB 사이의 거리는
$$\dfrac{|2-a+3|}{\sqrt{1^2+(-1)^2}}=\dfrac{|-a+5|}{\sqrt{2}} \qquad \cdots\cdots \text{ⓘⓘⓘ}$$
이때 삼각형 ABC의 넓이가 12이므로
$$\dfrac{1}{2}\times3\sqrt{2}\times\dfrac{|-a+5|}{\sqrt{2}}=12$$
$$|-a+5|=8$$
$$-a+5=\pm8$$
$$\therefore a=-3 \; (\because a<0) \qquad \cdots\cdots \text{ⓘⓥ}$$

채점 기준		
ⓘ $\overline{\mathrm{AB}}$의 길이 구하기		20%
ⓘⓘ 직선 AB의 방정식 구하기		20%
ⓘⓘⓘ 점 C와 직선 AB 사이의 거리를 a에 대한 식으로 나타내기		20%
ⓘⓥ 음수 a의 값 구하기		40%

0185 답 $\dfrac{3\sqrt{2}}{2}$

오른쪽 그림과 같이 직선 OA를 x축, 직
선 OC를 y축으로 하는 좌표평면을 잡으
면 점 O는 원점이 된다.
$$\therefore \mathrm{A}(6, 0), \mathrm{B}(6, 3), \mathrm{C}(0, 3)$$
이때 점 D는 선분 OB를 $1:2$로 내분하
는 점이므로 점 D의 좌표는
$$\left(\dfrac{1\times6+2\times0}{1+2}, \dfrac{1\times3+2\times0}{1+2}\right)$$
$$\therefore (2, 1)$$
즉, 직선 CD의 방정식은
$$y-3=\dfrac{1-3}{2}x$$
$$\therefore x+y-3=0$$
따라서 점 $\mathrm{A}(6, 0)$과 직선 $x+y-3=0$ 사이의 거리는
$$\dfrac{|6-3|}{\sqrt{1^2+1^2}}=\dfrac{3\sqrt{2}}{2}$$

0186 답 ⑤

$$\overline{\mathrm{OA}}=\sqrt{(6a)^2+(2a)^2}=2\sqrt{10}\,a \;(\because a>0)$$
직선 OA의 방정식은 $y=\dfrac{1}{3}x \qquad \therefore x-3y=0$
점 $\mathrm{B}(2a, 5a)$와 직선 OA 사이의 거리는
$$\dfrac{|2a-3\times5a|}{\sqrt{1^2+(-3)^2}}=\dfrac{13a}{\sqrt{10}} \;(\because a>0)$$
$$\therefore S(a)=\dfrac{1}{2}\times2\sqrt{10}\,a\times\dfrac{13a}{\sqrt{10}}=13a^2$$
따라서 $100\leq13a^2<1000$을 만족시키는 자연수 a는 3, 4, 5, 6, 7,
8의 6개이다.

0187 답 ⑤

직선 AB와 직선 $4x-3y+12=0$의 기울기가 $\dfrac{4}{3}$로 같으므로 서로 평행하다.

이때 삼각형 ABP에서 밑변을 $\overline{AB}$라 하면 높이는 점 A와 직선 $4x-3y+12=0$ 사이의 거리와 같다.

$$\overline{AB}=\sqrt{(2+1)^2+(1+3)^2}=5$$

점 $A(-1, -3)$과 직선 $4x-3y+12=0$ 사이의 거리는

$$\frac{|4\times(-1)-3\times(-3)+12|}{\sqrt{4^2+(-3)^2}}=\frac{17}{5}$$

따라서 삼각형 ABP의 넓이는 $\dfrac{1}{2}\times5\times\dfrac{17}{5}=\dfrac{17}{2}$

0188 답 ①

세 점 $O(0, 0)$, $A(8, 4)$, $B(7, a)$를 꼭짓점으로 하는 삼각형 OAB의 무게중심 G의 좌표는

$$\left(\frac{8+7}{3}, \frac{4+a}{3}\right)\qquad\therefore\left(5, \frac{4+a}{3}\right)$$

$G(5, b)$이므로 $b=\dfrac{4+a}{3}$ $\quad\cdots\cdots$ ㉠

한편 직선 OA의 방정식은 $y=\dfrac{1}{2}x$ $\quad\therefore x-2y=0$

점 $G(5, b)$와 직선 $x-2y=0$ 사이의 거리가 $\sqrt{5}$이므로

$$\frac{|5-2b|}{\sqrt{1^2+(-2)^2}}=\sqrt{5}, \ |5-2b|=5$$

$5-2b=\pm5$ $\quad\therefore b=0$ 또는 $b=5$

이를 ㉠에 대입하여 풀면

$a=-4, b=0$ 또는 $a=11, b=5$

그런데 $a>0$이므로 $a=11, b=5$

$\therefore a+b=16$

0189 답 ⑤

두 점 $(6, 0)$, $(0, 3)$을 지나는 직선 l의 방정식은

$$\frac{x}{6}+\frac{y}{3}=1\qquad\therefore x+2y-6=0$$

$\overline{AB}$의 길이는 점 $A(a, 6)$과 직선 l 사이의 거리와 같으므로

$$\overline{AB}=\frac{|a+2\times6-6|}{\sqrt{1^2+2^2}}=\frac{|a+6|}{\sqrt{5}}$$

따라서 한 변의 길이가 $\dfrac{|a+6|}{\sqrt{5}}$인 정사각형 ABCD의 넓이가 $\dfrac{81}{5}$ 이므로

$$\left(\frac{|a+6|}{\sqrt{5}}\right)^2=\frac{81}{5}$$

$(a+6)^2=81, \ a+6=\pm9$

$\therefore a=3 \ (\because a>0)$

0190 답 ③

원점과 점 $A(8, 6)$을 지나는 직선의 방정식은

$$y=\frac{3}{4}x\qquad\therefore 3x-4y=0$$

점 B가 선분 OH 위의 점이므로 점 B의 좌표를 $(a, 0) \ (a>0)$이라 하면 $\overline{BI}$의 길이는 점 B와 직선 $3x-4y=0$ 사이의 거리와 같으므로

$$\overline{BI}=\frac{|3a|}{\sqrt{3^2+(-4)^2}}=\frac{3}{5}a \ (\because a>0)$$

이때 $H(8, 0)$이므로

$$\overline{BH}=\overline{OH}-\overline{OB}=8-a$$

$\overline{BH}=\overline{BI}$에서 $8-a=\dfrac{3}{5}a$ $\quad\therefore a=5$

즉, $B(5, 0)$이므로 직선 AB의 방정식은

$$y-6=\frac{-6}{5-8}(x-8)\qquad\therefore y=2x-10$$

따라서 $m=2$, $n=-10$이므로 $m+n=-8$

0191 답 6

세 직선의 기울기가 모두 다르고 한 점에서 만나지 않으므로 세 직선으로 둘러싸인 도형은 삼각형이다.

$x+2y-4=0$ $\quad\cdots\cdots$ ㉠

$2x+y-8=0$ $\quad\cdots\cdots$ ㉡

$x-y+2=0$ $\quad\cdots\cdots$ ㉢

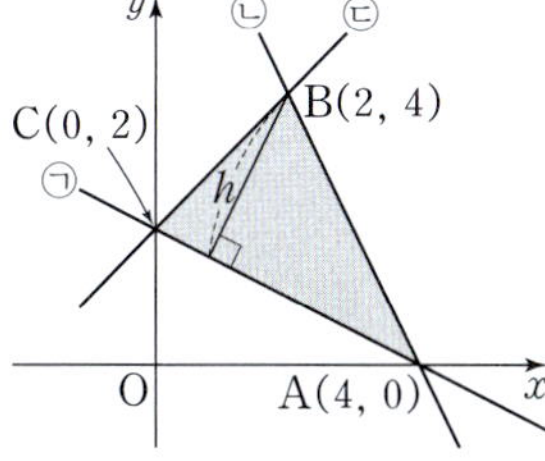

삼각형의 세 꼭짓점은 두 직선 ㉠과 ㉡, ㉡과 ㉢, ㉠과 ㉢의 교점이므로 세 교점을 각각 A, B, C라 하자.

㉠, ㉡을 연립하여 풀면 $x=4, y=0$

$\therefore A(4, 0)$

㉡, ㉢을 연립하여 풀면 $x=2, y=4$

$\therefore B(2, 4)$

㉠, ㉢을 연립하여 풀면 $x=0, y=2$

$\therefore C(0, 2)$ $\quad\cdots\cdots$ ❶

$$\overline{AC}=\sqrt{(-4)^2+2^2}=2\sqrt{5}$$

점 $B(2, 4)$와 직선 ㉠ 사이의 거리를 h라 하면

$$h=\frac{|2+2\times4-4|}{\sqrt{1^2+2^2}}=\frac{6\sqrt{5}}{5} \quad\cdots\cdots ❷$$

따라서 구하는 도형의 넓이는

$$\triangle ABC=\frac{1}{2}\times\overline{AC}\times h=\frac{1}{2}\times2\sqrt{5}\times\frac{6\sqrt{5}}{5}=6 \quad\cdots\cdots ❸$$

채점 기준		
❶ 삼각형의 세 꼭짓점의 좌표 구하기		40%
❷ 삼각형의 밑변의 길이와 높이 구하기		40%
❸ 삼각형의 넓이 구하기		20%

0192 답 73

점 P에서 마름모 ABCD 위의 점까지의 거리의 최댓값은 점 P와 점 A 사이의 거리와 같고 최솟값은 점 P와 직선 CD 사이의 거리와 같다.

$P(4, 5)$, $A(-4, 0)$이므로

$$\overline{PA}=\sqrt{(-4-4)^2+(-5)^2}=\sqrt{89}$$

$\therefore M=\sqrt{89}$

직선 CD의 방정식은

$$\frac{x}{4}+\frac{y}{3}=1\qquad\therefore 3x+4y-12=0$$

이 직선과 점 P 사이의 거리는

$$\frac{|3\times4+4\times5-12|}{\sqrt{3^2+4^2}}=4$$

$\therefore m=4$

$\therefore M^2-m^2=89-16=73$

0193 답 $(3\sqrt{3}-2)\,\mathrm{km}$

오른쪽 그림과 같이 직선 AB를 x축,
직선 BC를 y축으로 하는 좌표평면을
잡으면 점 B는 원점이 된다.

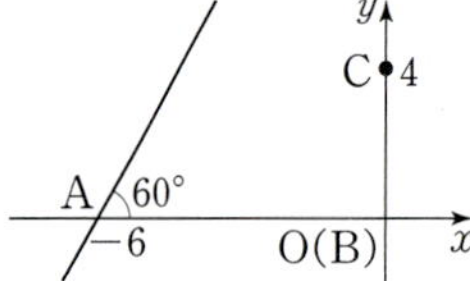

$\therefore\ \mathrm{A}(-6,0),\ \mathrm{C}(0,4)$

x축의 양의 방향과 이루는 각의 크기
가 $60°$인 직선의 기울기는

$\tan 60°=\sqrt{3}$

즉, 기울기가 $\sqrt{3}$이고 점 A를 지나는 직선의 방정식은

$y=\sqrt{3}(x+6)$

$\therefore\ \sqrt{3}x-y+6\sqrt{3}=0\quad\cdots\cdots\ \bigcirc$

따라서 구하는 최단 거리는 점 C와 직선 $\bigcirc$ 사이의 거리와 같으므로

$$\frac{|-4+6\sqrt{3}|}{\sqrt{(\sqrt{3})^2+(-1)^2}}=3\sqrt{3}-2\,(\mathrm{km})$$

0194 답 $2\sqrt{3}$

오른쪽 그림과 같이 직선 AB를 x축, 직
선 MN을 y축으로 하는 좌표평면을 잡
으면 점 M은 원점이 된다.

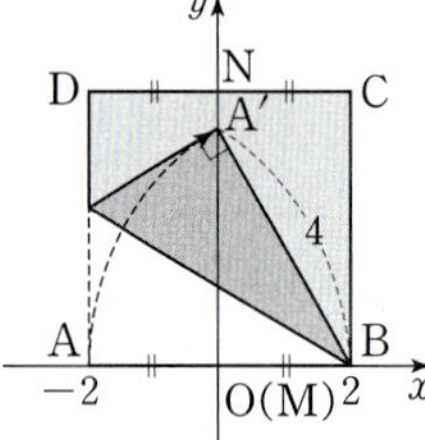

$\therefore\ \mathrm{A}(-2,0),\ \mathrm{B}(2,0)$

이때 $\overline{\mathrm{A'B}}=\overline{\mathrm{AB}}=4$이므로 직각삼각형
A′MB에서

$$\overline{\mathrm{A'M}}=\sqrt{\overline{\mathrm{A'B}}^2-\overline{\mathrm{MB}}^2}$$
$$=\sqrt{4^2-2^2}=2\sqrt{3}$$

즉, $\mathrm{A'}(0,2\sqrt{3})$이므로 직선 A′B의 방정식은

$$\frac{x}{2}+\frac{y}{2\sqrt{3}}=1$$

$\therefore\ \sqrt{3}x+y-2\sqrt{3}=0$

따라서 점 A와 직선 A′B 사이의 거리는

$$\frac{|\sqrt{3}\times(-2)-2\sqrt{3}|}{\sqrt{(\sqrt{3})^2+1^2}}=2\sqrt{3}$$

0195 답 20

전략　이차함수 $y=-x^2+4$의 그래프에 접하고 직선 $y=2x+k$와
평행한 직선의 방정식을 구한다.

이차함수 $y=-x^2+4$의 그래프에 접하고 직선 $y=2x+k$와 평행
한 직선의 방정식을 $y=2x+a\,(a$는 상수$)$라 하자.

이차방정식 $-x^2+4=2x+a$, 즉 $x^2+2x+a-4=0$이 중근을 가
져야 하므로 이 이차방정식의 판별식을 D라 하면

$$\frac{D}{4}=1^2-(a-4)=0$$

$\therefore\ a=5$

이차함수 $y=-x^2+4$의 그래프 위의 점과 직선 $y=2x+k$ 사이의
거리의 최솟값은 평행한 두 직선 $y=2x+5$, $y=2x+k$ 사이의 거
리와 같다.

두 직선 $y=2x+5$, $y=2x+k$, 즉 $2x-y+5=0$, $2x-y+k=0$
사이의 거리는 직선 $2x-y+5=0$ 위의 한 점 $(0,5)$와 직선
$2x-y+k=0$ 사이의 거리와 같고, 이 거리가 $3\sqrt{5}$이어야 하므로

$$\frac{|-5+k|}{\sqrt{2^2+(-1)^2}}=3\sqrt{5}$$

$|-5+k|=15$

$-5+k=\pm15$

$\therefore\ k=-10$ 또는 $k=20$

그런데 오른쪽 그림과 같이 $k=-10$
이면 이차함수 $y=-x^2+4$의 그래
프와 직선 $y=2x-10$이 서로 다른
두 점에서 만나므로 거리의 최솟값은
0이다.

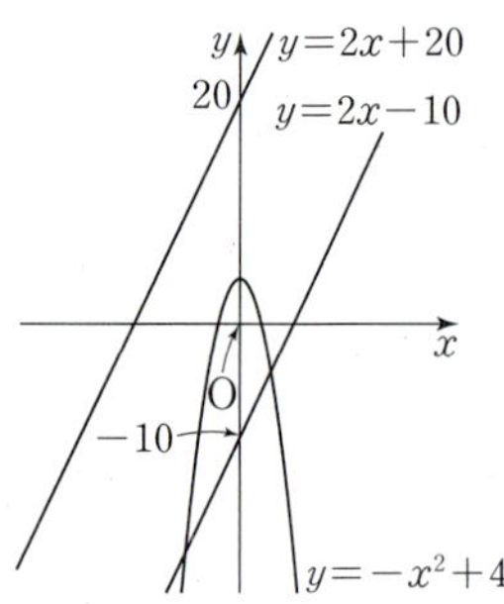

$\therefore\ k=20$

0196 답 4

전략　삼각형 ABC에서 점 B와 삼각형 ABC의 내심을 지나는 직선
은 $\angle$B의 이등분선임을 이용한다.

삼각형의 내심은 삼각형의 세 내각
의 이등분선의 교점이므로 점 B와
삼각형 ABC의 내심을 지나는 직
선은 오른쪽 그림과 같이 $\angle$B의
이등분선과 같다.

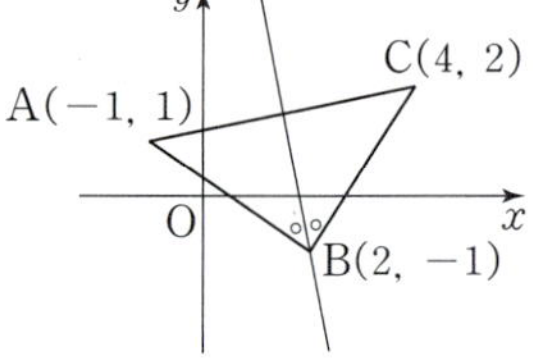

직선 AB의 방정식은

$$y-1=\frac{-1-1}{2+1}(x+1)$$

$\therefore\ 2x+3y-1=0\quad\cdots\cdots\ \bigcirc$

직선 BC의 방정식은

$$y+1=\frac{2+1}{4-2}(x-2)$$

$\therefore\ 3x-2y-8=0\quad\cdots\cdots\ \bigcirc\!\bigcirc$

즉, 두 직선 $\bigcirc$, $\bigcirc\!\bigcirc$이 이루는 각의 이등분선 위의 임의의 점을
$\mathrm{P}(x,y)$라 하면 점 P에서 두 직선에 이르는 거리가 같으므로

$$\frac{|2x+3y-1|}{\sqrt{2^2+3^2}}=\frac{|3x-2y-8|}{\sqrt{3^2+(-2)^2}}$$

$|2x+3y-1|=|3x-2y-8|$

$2x+3y-1=\pm(3x-2y-8)$

$\therefore\ x-5y-7=0$ 또는 $5x+y-9=0$

그런데 $\angle$B의 이등분선의 기울기는 음수이어야 하므로 직선의 방
정식은

$5x+y-9=0$

따라서 $a=5$, $b=1$이므로

$a-b=4$

참고　직선 AB와 직선 BC가 이루는 각의 이등분선은 2개이지만 삼각형
ABC의 내심을 지나는 직선은 기울기가 음수인 직선이다.

다른 풀이

$\overline{AB}=\sqrt{(2+1)^2+(-1-1)^2}=\sqrt{13}$

$\overline{BC}=\sqrt{(4-2)^2+(2+1)^2}=\sqrt{13}$

삼각형 ABC는 $\overline{AB}=\overline{BC}$인 이등변 삼각형이므로 점 B와 삼각형 ABC 의 내심을 지나는 직선은 선분 AC 의 수직이등분선이다.

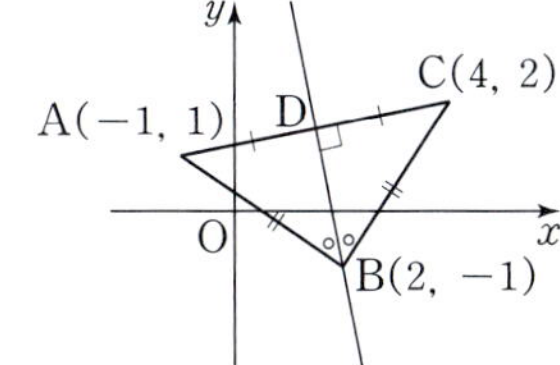

선분 AC의 중점을 D라 하면 직선 AC의 기울기는 $\dfrac{2-1}{4+1}=\dfrac{1}{5}$이므로 직선 AC와 수직인 직선 BD의 기울기는 -5이다.

즉, 직선 BD의 방정식은

$y+1=-5(x-2)$

$\therefore 5x+y-9=0$

따라서 $a=5$, $b=1$이므로

$a-b=4$

0197 답 $4\sqrt{15}$

전략 정사각형 ABCD를 좌표평면 위에 나타낸 후 직선 AP의 방정식을 구하여 원의 중심과 직선 AP 사이의 거리를 구한다.

오른쪽 그림과 같이 직선 AB를 x축, 직선 AD를 y축으로 하는 좌표평면을 잡으면 점 A는 원점이 된다.

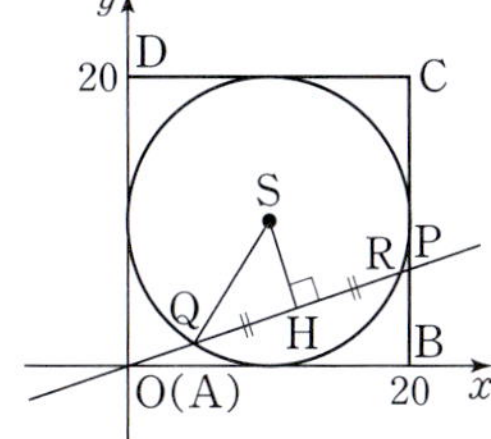

$\therefore$ B(20, 0), C(20, 20), D(0, 20)

이때 사각형 ABCD가 정사각형이므로

$\overline{AB}=\overline{BC}$

$\therefore \overline{AB}:\overline{BP}=\overline{BC}:\overline{BP}$
$\qquad\qquad\quad =3:1$

즉, 직선 AP의 기울기는 $\dfrac{1}{3}$이므로 직선 AP의 방정식은

$y=\dfrac{1}{3}x$

$\therefore x-3y=0$

정사각형 ABCD의 한 변의 길이가 20이므로 내접하는 원의 반지름의 길이는 10이다.

원의 중심을 S라 하면

S(10, 10)

점 S에서 직선 $x-3y=0$에 내린 수선의 발을 H라 하면 $\overline{SH}$의 길이는 점 S와 직선 $x-3y=0$ 사이의 거리와 같으므로

$\overline{SH}=\dfrac{|10-3\times10|}{\sqrt{1^2+(-3)^2}}=2\sqrt{10}$

직각삼각형 SQH에서

$\overline{QH}=\sqrt{\overline{SQ}^2-\overline{SH}^2}=\sqrt{10^2-(2\sqrt{10})^2}=2\sqrt{15}$

$\therefore \overline{QR}=2\overline{QH}=2\times2\sqrt{15}=4\sqrt{15}$

✔ 중3 다시보기

원의 중심에서 현에 내린 수선은 그 현을 수직이등분한다.

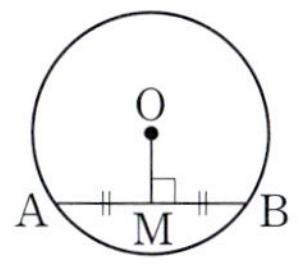

0198 답 30

전략 정사각형 APRQ에서 두 직선 AP, BC가 서로 평행하고 $\overline{AP}=\overline{AQ}$임을 이용하여 이차함수 $f(x)$의 식을 구한다.

$f(x)=k(x-2)(x-a)\,(k>0)$라 하면

$f(x)=k\left(x-\dfrac{a+2}{2}\right)^2-\dfrac{k(a-2)^2}{4}$

$\therefore P\left(\dfrac{a+2}{2},\ -\dfrac{k(a-2)^2}{4}\right)$, C(0, 2ak)

이때 사각형 APRQ가 정사각형이므로 두 직선 AP, BC가 서로 평행하다.

즉, 두 직선의 기울기가 같으므로

$\dfrac{-\dfrac{k(a-2)^2}{4}}{\dfrac{a+2}{2}-2}=\dfrac{2ak}{-a}$

$-\dfrac{k(a-2)}{2}=-2k\,(\because a>2)$

$\dfrac{a-2}{2}=2\,(\because k>0)$

$\therefore a=6$

$\therefore$ B(6, 0), C(0, 12k), P(4, -4k)

따라서 직선 BC의 방정식은

$\dfrac{x}{6}+\dfrac{y}{12k}=1$

$\therefore 2kx+y-12k=0$

한편 $\overline{AQ}$의 길이는 점 A와 직선 BC 사이의 거리와 같으므로

$\overline{AQ}=\dfrac{|2k\times2-12k|}{\sqrt{(2k)^2+1^2}}$

$\qquad=\dfrac{8k}{\sqrt{4k^2+1}}\,(\because k>0)$

또 사각형 APRQ가 정사각형이므로

$\overline{AP}=\overline{AQ}$에서

$\sqrt{(4-2)^2+(-4k)^2}=\dfrac{8k}{\sqrt{4k^2+1}}$

$2\sqrt{4k^2+1}=\dfrac{8k}{\sqrt{4k^2+1}}$

$2(4k^2+1)=8k$

$4k^2-4k+1=0$

$(2k-1)^2=0$

$\therefore k=\dfrac{1}{2}$

따라서 $f(x)=\dfrac{1}{2}(x-2)(x-6)$이므로

$f(12)=\dfrac{1}{2}\times10\times6$

$\qquad=30$

✔ 중3 다시보기

이차함수 $y=f(x)$의 그래프가 x축과 두 점 $(\alpha,\ 0)$, $(\beta,\ 0)$에서 만날 때

$\Rightarrow f(x)=a(x-\alpha)(x-\beta)\,(a\neq0)$

0199 답 ③

원의 중심의 좌표가 $(2, -1)$이고 반지름의 길이가 3이므로 구하는 원의 방정식은

$(x-2)^2+(y+1)^2=9$

0200 답 2

원의 중심의 좌표가 $(-1, 2)$이고 반지름의 길이가 4이므로 원의 방정식은

$(x+1)^2+(y-2)^2=16$

이 원이 점 $(3, a)$를 지나므로

$(3+1)^2+(a-2)^2=16$, $(a-2)^2=0$ $\therefore a=2$

0201 답 ①

원 $(x+4)^2+(y-1)^2=15$의 중심의 좌표가 $(-4, 1)$이므로 원의 반지름의 길이를 r라 하면 원의 방정식은

$(x+4)^2+(y-1)^2=r^2$

이 원이 점 $(2, -3)$을 지나므로

$(2+4)^2+(-3-1)^2=r^2$ $\therefore r^2=52$

따라서 구하는 원의 넓이는 $\pi r^2=\pi \times 52=52\pi$

0202 답 ⑤

원의 중심의 좌표를 $(0, a)$, 반지름의 길이를 r라 하면 원의 방정식은

$x^2+(y-a)^2=r^2$ ······ ㉠

원 ㉠이 점 $(4, -1)$을 지나므로

$16+(-1-a)^2=r^2$

$\therefore a^2+2a+17=r^2$ ······ ㉡

원 ㉠이 점 $(5, 2)$를 지나므로

$25+(2-a)^2=r^2$

$\therefore a^2-4a+29=r^2$ ······ ㉢

㉡, ㉢을 연립하여 풀면 $a=2$, $r^2=25$

즉, 원의 방정식은 $x^2+(y-2)^2=25$

⑤ $x^2+(y-2)^2=25$에 $x=3$, $y=-2$를 대입하면

   $3^2+(-2-2)^2=25$

   따라서 점 $(3, -2)$는 원 위의 점이다.

다른 풀이

원의 중심을 $A(0, a)$라 하고 $B(4, -1)$, $C(5, 2)$라 하면

$\overline{AB}=\overline{AC}$이므로

$\sqrt{4^2+(-1-a)^2}=\sqrt{5^2+(2-a)^2}$

양변을 제곱하면 $a^2+2a+17=a^2-4a+29$

$6a=12$ $\therefore a=2$

따라서 원의 중심은 $A(0, 2)$이고 반지름의 길이는

$\overline{AB}=\sqrt{4^2+(-1-2)^2}=5$이므로 원의 방정식은

$x^2+(y-2)^2=25$

0203 답 4

원의 중심의 좌표는

$\left(\dfrac{-2+4}{2}, \dfrac{1+5}{2}\right)$ $\therefore (1, 3)$

원의 반지름의 길이는

$\dfrac{1}{2}\sqrt{(4+2)^2+(5-1)^2}=\sqrt{13}$

즉, 원의 방정식은

$(x-1)^2+(y-3)^2=13$ ······ ❶

$y=0$을 대입하면

$(x-1)^2+(-3)^2=13$

$(x-1)^2=4$, $x-1=\pm 2$

$\therefore x=-1$ 또는 $x=3$

따라서 x축과 만나는 두 점 P, Q의 좌표는

$(-1, 0)$, $(3, 0)$ ······ ❷

$\therefore \overline{PQ}=|3-(-1)|=4$ ······ ❸

채점 기준

❶ 원의 방정식 구하기		50%
❷ 두 점 P, Q의 좌표 구하기		40%
❸ 선분 PQ의 길이 구하기		10%

0204 답 ②

원의 중심 (a, b)가 직선 $y=2x-1$ 위의 점이므로

$b=2a-1$ ······ ㉠

즉, 원의 중심의 좌표가 $(a, 2a-1)$이므로 반지름의 길이를 r라 하면 원의 방정식은

$(x-a)^2+(y-2a+1)^2=r^2$ ······ ㉡

원 ㉡이 점 $(1, 3)$을 지나므로

$(1-a)^2+(3-2a+1)^2=r^2$

$\therefore 5a^2-18a+17=r^2$ ······ ㉢

원 ㉡이 점 $(5, -1)$을 지나므로

$(5-a)^2+(-1-2a+1)^2=r^2$

$\therefore 5a^2-10a+25=r^2$ ······ ㉣

㉢, ㉣을 연립하여 풀면

$a=-1$, $r^2=40$

$a=-1$을 ㉠에 대입하면

$b=-3$

$\therefore a+b=-4$

다른 풀이

원의 중심 (a, b)가 직선 $y=2x-1$ 위의 점이므로

$b=2a-1$ ······ ㉠

원의 중심을 $A(a, 2a-1)$이라 하고 $B(1, 3)$, $C(5, -1)$이라 하면

$\overline{AB}=\overline{AC}$이므로

$\sqrt{(1-a)^2+(3-2a+1)^2}=\sqrt{(5-a)^2+(-1-2a+1)^2}$

양변을 제곱하면 $5a^2-18a+17=5a^2-10a+25$

$-8a=8$ $\therefore a=-1$

이를 ㉠에 대입하면

$b=-3$

$\therefore a+b=-4$

0205 답 $x^2+(y-2)^2=13$

선분 AB를 $1:2$로 내분하는 점의 좌표는
$$\left(\frac{1\times4+2\times(-2)}{1+2},\ \frac{1\times8+2\times(-1)}{1+2}\right)\quad\therefore\ (0,\ 2)$$
즉, 원의 중심의 좌표가 $(0,\ 2)$이므로 반지름의 길이를 r라 하면 원의 방정식은
$$x^2+(y-2)^2=r^2$$
이 원이 점 $\mathrm{A}(-2,\ -1)$을 지나므로
$$(-2)^2+(-1-2)^2=r^2\quad\therefore\ r^2=13$$
따라서 구하는 원의 방정식은
$$x^2+(y-2)^2=13$$

0206 답 $2\sqrt{17}\,\pi$

$4x+y-8=0$에서 $y=0$일 때, $x=2$이고 $x=0$일 때, $y=8$이므로
$\mathrm{A}(2,\ 0),\ \mathrm{B}(0,\ 8)$ ······ ⓘ
두 점 $\mathrm{A},\ \mathrm{B}$를 지름의 양 끝 점으로 하는 원의 지름의 길이는
$$\overline{\mathrm{AB}}=\sqrt{(-2)^2+8^2}=2\sqrt{17}$$ ······ ⓘⓘ
따라서 구하는 원의 둘레의 길이는 $2\sqrt{17}\,\pi$이다. ······ ⓘⓘⓘ

채점 기준	
ⓘ 두 점 $\mathrm{A},\ \mathrm{B}$의 좌표 구하기	50%
ⓘⓘ 원의 지름의 길이 구하기	40%
ⓘⓘⓘ 원의 둘레의 길이 구하기	10%

0207 답 ③

원의 중심의 좌표를 $(a,\ 0)$, 반지름의 길이를 r라 하면 원의 방정식은
$$(x-a)^2+y^2=r^2$$ ······ ㉠
원 ㉠이 점 $(1,\ 5)$를 지나므로
$$(1-a)^2+5^2=r^2\quad\therefore\ a^2-2a+26=r^2$$ ······ ㉡
원 ㉠이 점 $(5,\ 3)$을 지나므로
$$(5-a)^2+3^2=r^2\quad\therefore\ a^2-10a+34=r^2$$ ······ ㉢
㉡, ㉢을 연립하여 풀면 $a=1,\ r^2=25$
즉, 원의 방정식은 $(x-1)^2+y^2=25$
ㄴ. 반지름의 길이는 5이다.
ㄷ. $(-2-1)^2+4^2=25$이므로 점 $(-2,\ 4)$를 지난다.
따라서 보기에서 옳은 것은 ㄱ, ㄷ이다.

다른 풀이

원의 중심을 $\mathrm{A}(a,\ 0)$이라 하고 $\mathrm{B}(1,\ 5),\ \mathrm{C}(5,\ 3)$이라 하면
$\overline{\mathrm{AB}}=\overline{\mathrm{AC}}$이므로
$$\sqrt{(1-a)^2+5^2}=\sqrt{(5-a)^2+3^2}$$
양변을 제곱하면 $a^2-2a+26=a^2-10a+34$
$8a=8\quad\therefore\ a=1$
따라서 원의 중심은 $\mathrm{A}(1,\ 0)$이고 반지름의 길이는
$\overline{\mathrm{AB}}=|5-0|=5$이므로 원의 방정식은
$$(x-1)^2+y^2=25$$

0208 답 ②

원의 반지름의 길이는
$$\frac{1}{2}\overline{\mathrm{AB}}=\frac{1}{2}\sqrt{(-2-a)^2+(a+1+1)^2}=\frac{1}{2}\sqrt{2(a+2)^2}$$

이때 원의 넓이가 18π이므로
$$\pi\times\left\{\frac{1}{2}\sqrt{2(a+2)^2}\right\}^2=18\pi$$
$$\frac{(a+2)^2}{2}=18,\ (a+2)^2=36$$
$a+2=\pm6\quad\therefore\ a=-8$ 또는 $a=4$
따라서 양수 a의 값은 4이다.

0209 답 6

$y=-3x+9$에서 $y=0$일 때, $x=3$이고 $x=0$일 때, $y=9$이므로
직선 $y=-3x+9$가 x축, y축과 만나는 점의 좌표는 각각
$(3,\ 0),\ (0,\ 9)$ ······ ⓘ
원의 중심의 좌표가 $(3,\ 0)$이므로 반지름의 길이를 r라 하면 원의 방정식은
$$(x-3)^2+y^2=r^2$$
이 원이 점 $(0,\ 9)$를 지나므로
$$(-3)^2+9^2=r^2\quad\therefore\ r^2=90$$
즉, 원의 방정식은 $(x-3)^2+y^2=90$ ······ ⓘⓘ
이 원이 점 $(a,\ 0)$을 지나므로
$$(a-3)^2=90,\ a-3=\pm3\sqrt{10}$$
$$\therefore\ a=3-3\sqrt{10}\ \text{또는}\ a=3+3\sqrt{10}$$
따라서 모든 a의 값의 합은
$$(3-3\sqrt{10})+(3+3\sqrt{10})=6$$ ······ ⓘⓘⓘ

채점 기준	
ⓘ 직선 $y=-3x+9$가 x축, y축과 만나는 점의 좌표 구하기	20%
ⓘⓘ 원의 방정식 구하기	50%
ⓘⓘⓘ 모든 a의 값의 합 구하기	30%

0210 답 ②

선분 BC의 중점을 M이라 하면 점 M의 좌표는
$$\left(\frac{-1+3}{2},\ \frac{1-5}{2}\right)\quad\therefore\ (1,\ -2)$$
구하는 원의 방정식은 두 점 $\mathrm{A},\ \mathrm{M}$을 지름의 양 끝 점으로 하는 원의 방정식이다.
원의 중심의 좌표는
$$\left(\frac{1+1}{2},\ \frac{4-2}{2}\right)\quad\therefore\ (1,\ 1)$$
원의 반지름의 길이는
$$\frac{1}{2}\overline{\mathrm{AM}}=\frac{1}{2}\times|-2-4|=3$$
따라서 구하는 원의 방정식은
$$(x-1)^2+(y-1)^2=9$$

0211 답 $\dfrac{64}{9}\pi$

$$\overline{\mathrm{AB}}=\sqrt{(-3-5)^2+(8-2)^2}=10$$
$$\overline{\mathrm{AC}}=\sqrt{(1-5)^2+(-1-2)^2}=5$$
이때 선분 AD는 $\angle\mathrm{A}$의 이등분선이므로
$$\overline{\mathrm{BD}}:\overline{\mathrm{CD}}=\overline{\mathrm{AB}}:\overline{\mathrm{AC}}=10:5=2:1$$
즉, 점 D는 선분 BC를 $2:1$로 내분하는 점이므로 점 D의 좌표는
$$\left(\frac{2\times1+1\times(-3)}{2+1},\ \frac{2\times(-1)+1\times8}{2+1}\right)\quad\therefore\ \left(-\frac{1}{3},\ 2\right)$$

원의 반지름의 길이는

$$\frac{1}{2}\overline{\mathrm{AD}}=\frac{1}{2}\times\left|-\frac{1}{3}-5\right|=\frac{8}{3}$$

따라서 구하는 원의 넓이는

$$\pi\times\left(\frac{8}{3}\right)^2=\frac{64}{9}\pi$$

0212 답 14

$\angle\mathrm{BOA}=90°$이므로 선분 AB는 원의 지름이다.

점 A가 x축 위의 점이므로 $\mathrm{A}(t,\,0)\,(t>0)$이라 하면

$\overline{\mathrm{OA}}=t$

㈎에서 $\overline{\mathrm{OB}}-\overline{\mathrm{OA}}=4$이므로

$\overline{\mathrm{OB}}=\overline{\mathrm{OA}}+4=t+4$

즉, $\mathrm{B}(0,\,t+4)$이므로 선분 AB의 중점의 좌표는

$\left(\dfrac{t}{2},\,\dfrac{t+4}{2}\right)$

이 점이 원의 중심 C와 일치하고, ㈏에서 점 C는 직선 $y=3x$ 위의 점이므로

$\dfrac{t+4}{2}=3\times\dfrac{t}{2}$ $\therefore t=2$

즉, $\mathrm{C}(1,\,3)$이므로 $a=1$, $b=3$

또 $r=\overline{\mathrm{OC}}$이므로 $r^2=\overline{\mathrm{OC}}^2=1^2+3^2=10$

$\therefore a+b+r^2=14$

다른 풀이

㈏에서 원의 중심 $\mathrm{C}(a,\,b)$가 직선 $y=3x$ 위의 점이므로

$b=3a$ ...... ㉠

$\therefore \mathrm{C}(a,\,3a)$

원의 반지름의 길이가 r이므로 원의 방정식은

$(x-a)^2+(y-3a)^2=r^2$

이 원이 원점을 지나므로

$(-a)^2+(-3a)^2=r^2$ $\therefore r^2=10a^2$ ...... ㉡

오른쪽 그림과 같이 점 C에서 x축, y축에 내린 수선의 발을 각각 D, E라 하면

$\mathrm{D}(a,\,0)$, $\mathrm{E}(0,\,3a)$

이때 두 삼각형 COA, COB는 모두 이등변삼각형이므로

$\overline{\mathrm{OD}}=\overline{\mathrm{AD}}$, $\overline{\mathrm{BE}}=\overline{\mathrm{OE}}$

$\therefore \overline{\mathrm{OA}}=2\overline{\mathrm{OD}}=2a$,

$\overline{\mathrm{OB}}=2\overline{\mathrm{OE}}=2\times3a=6a$

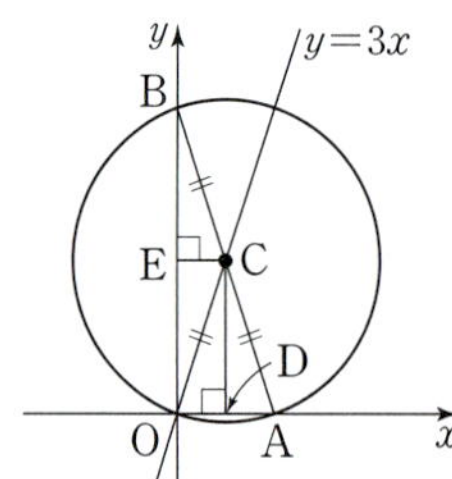

㈎에서 $\overline{\mathrm{OB}}-\overline{\mathrm{OA}}=4$이므로

$6a-2a=4$ $\therefore a=1$

이를 ㉠, ㉡에 각각 대입하면

$b=3$, $r^2=10$

$\therefore a+b+r^2=14$

0213 답 ①

$x^2+y^2-6x+8y+21=0$에서

$(x-3)^2+(y+4)^2=4$

이 원의 중심의 좌표가 $(3,\,-4)$, 반지름의 길이가 2이므로

$a=3$, $b=-4$, $r=2$

$\therefore a+b+r=1$

0214 답 ⑤

① $x^2+y^2-x-4y+7=0$에서 $\left(x-\dfrac{1}{2}\right)^2+(y-2)^2=-\dfrac{11}{4}$

② $x^2+y^2-2x-4y+5=0$에서 $(x-1)^2+(y-2)^2=0$

③ $x^2+y^2-3x+4y+7=0$에서 $\left(x-\dfrac{3}{2}\right)^2+(y+2)^2=-\dfrac{3}{4}$

④ $x^2+y^2+3x-8y+20=0$에서 $\left(x+\dfrac{3}{2}\right)^2+(y-4)^2=-\dfrac{7}{4}$

⑤ $x^2+y^2-4x+5y+10=0$에서 $(x-2)^2+\left(y+\dfrac{5}{2}\right)^2=\dfrac{1}{4}$

따라서 원의 방정식인 것은 ⑤이다.

참고 ② 방정식 $(x-1)^2+(y-2)^2=0$은 점 $(1,\,2)$를 나타낸다.

0215 답 ②

$x^2+y^2-6x+4y+8=0$에서

$(x-3)^2+(y+2)^2=5$

따라서 주어진 방정식이 나타내는 도형은 오른쪽 그림과 같이 중심의 좌표가 $(3,\,-2)$, 반지름의 길이가 $\sqrt{5}$인 원이므로 제2, 3사분면을 지나지 않는다.

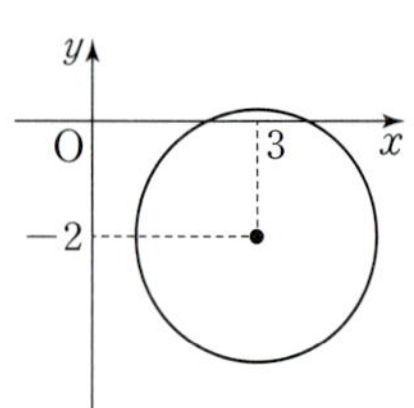

0216 답 ③

$x^2+y^2-4kx+4y+5k^2-6k+9=0$에서

$(x-2k)^2+(y+2)^2=-k^2+6k-5$

이 방정식이 원을 나타내려면

$-k^2+6k-5>0$

$k^2-6k+5<0$, $(k-1)(k-5)<0$

$\therefore 1<k<5$

따라서 정수 k는 2, 3, 4의 3개이다.

0217 답 ③

원 $x^2+y^2-6x+2y+k=0$이 점 $(2,\,1)$을 지나므로

$4+1-12+2+k=0$ $\therefore k=5$

즉, 원의 방정식은

$x^2+y^2-6x+2y+5=0$ $\therefore (x-3)^2+(y+1)^2=5$

따라서 원의 중심의 좌표가 $(3,\,-1)$이므로

$a=3$, $b=-1$

$\therefore abk=-15$

0218 답 ③

$x^2+y^2+kx-2y+6=0$에서

$\left(x+\dfrac{k}{2}\right)^2+(y-1)^2=\dfrac{k^2}{4}-5$ ...... ㉠

원 ㉠의 반지름의 길이가 2이므로

$\dfrac{k^2}{4}-5=4$, $k^2=36$ $\therefore k=\pm6$

따라서 원 ㉠의 중심의 좌표는 $(-3,\,1)$ 또는 $(3,\,1)$이므로 원점과 원 ㉠의 중심 사이의 거리는

$\sqrt{(-3)^2+1^2}=\sqrt{10}$

0219 답 ④

$x^2+y^2-4x-2ay-19=0$에서 $(x-2)^2+(y-a)^2=a^2+23$

이 원의 중심의 좌표는 $(2,\ a)$

따라서 직선 $y=2x+3$이 점 $(2,\ a)$를 지나므로

$a=2\times2+3=7$

0220 답 ②

$y=x^2-4x+a=(x-2)^2+a-4$

이 이차함수의 그래프의 꼭짓점의 좌표는

$(2,\ a-4)$ $\qquad\qquad$ ······ ㉠

$x^2+y^2+bx+4y-17=0$에서 $\left(x+\dfrac{b}{2}\right)^2+(y+2)^2=\dfrac{b^2}{4}+21$

이 원의 중심의 좌표는 $\left(-\dfrac{b}{2},\ -2\right)$ ······ ㉡

㉠, ㉡이 일치하므로

$2=-\dfrac{b}{2},\ a-4=-2$ $\qquad\therefore\ a=2,\ b=-4$

$\therefore\ a+b=-2$

0221 답 $-\dfrac{4}{3}\le k\le1$ 또는 $\dfrac{5}{3}\le k\le4$

$x^2+y^2-4kx+k^2+8k-9=0$에서

$(x-2k)^2+y^2=3k^2-8k+9$ $\qquad$ ······ ❶

이 방정식이 반지름의 길이가 2 이상 5 이하인 원을 나타내므로

$2\le\sqrt{3k^2-8k+9}\le5$ $\quad\therefore\ 4\le3k^2-8k+9\le25$ ······ ❷

$3k^2-8k+9\ge4$에서 $3k^2-8k+5\ge0$

$(3k-5)(k-1)\ge0$ $\quad\therefore\ k\le1$ 또는 $k\ge\dfrac{5}{3}$ ······ ㉠

$3k^2-8k+9\le25$에서 $3k^2-8k-16\le0$

$(3k+4)(k-4)\le0$ $\quad\therefore\ -\dfrac{4}{3}\le k\le4$ ······ ㉡

㉠, ㉡에서 실수 k의 값의 범위는

$-\dfrac{4}{3}\le k\le1$ 또는 $\dfrac{5}{3}\le k\le4$ ······ ❸

채점 기준

❶ 주어진 방정식 변형하기		20%
❷ 원의 반지름의 길이의 조건을 부등식으로 나타내기		20%
❸ 실수 k의 값의 범위 구하기		60%

0222 답 $2x+3y-5=0$

$x^2+y^2+4x-6y-12=0$에서 $(x+2)^2+(y-3)^2=25$

$x^2+y^2-2x-2y-7=0$에서 $(x-1)^2+(y-1)^2=9$

두 원의 넓이를 동시에 이등분하는 직선은 두 원의 중심인 두 점

$(-2,\ 3)$, $(1,\ 1)$을 지나므로 그 직선의 방정식은

$y-3=\dfrac{1-3}{1+2}(x+2)$ $\quad\therefore\ 2x+3y-5=0$

0223 답 ④

$x^2+y^2+ax+by=0$에서 $\left(x+\dfrac{a}{2}\right)^2+\left(y+\dfrac{b}{2}\right)^2=\dfrac{a^2+b^2}{4}$

이 원의 넓이가 4π 이하이려면

$\dfrac{a^2+b^2}{4}\pi\le4\pi$ $\quad\therefore\ a^2+b^2\le16$

(i) $a=1$일 때, $b^2\le15$이므로 $b=1,\ 2,\ 3$

(ii) $a=2$일 때, $b^2\le12$이므로 $b=1,\ 2,\ 3$

(iii) $a=3$일 때, $b^2\le7$이므로 $b=1,\ 2$

(iv) $a\ge4$일 때, $b^2\le0$이므로 이를 만족시키는 자연수 b의 값이 존재하지 않는다.

(i)~(iv)에서 구하는 순서쌍 $(a,\ b)$의 개수는 8이다.

0224 답 2

$x^2+y^2+2ax-4ay+6a^2-2a-3=0$에서

$(x+a)^2+(y-2a)^2=-a^2+2a+3$

이 방정식이 원을 나타내므로

$-a^2+2a+3>0,\ a^2-2a-3<0$

$(a+1)(a-3)<0$ $\quad\therefore\ -1<a<3$

원의 넓이가 최대이려면 반지름의 길이 $\sqrt{-a^2+2a+3}$이 최대이어야 한다.

$\sqrt{-a^2+2a+3}=\sqrt{-(a-1)^2+4}$이므로 $-1<a<3$에서 $a=1$일 때, 반지름의 길이는 최대이다.

따라서 구하는 반지름의 길이는 $\sqrt{4}=2$이다.

0225 답 ①

$x^2+y^2+2x-6y=0$에서

$(x+1)^2+(y-3)^2=10$

이 원의 넓이가 두 직선 $y=ax$, $y=bx+c$에 의하여 4등분 되므로 두 직선은 모두 원의 중심인 점 $(-1,\ 3)$을 지나고 서로 수직이다.

직선 $y=ax$가 점 $(-1,\ 3)$을 지나므로

$3=-a$ $\quad\therefore\ a=-3$

두 직선 $y=-3x$, $y=bx+c$가 서로 수직이므로

$-3b=-1$ $\quad\therefore\ b=\dfrac{1}{3}$

직선 $y=\dfrac{1}{3}x+c$가 점 $(-1,\ 3)$을 지나므로

$3=-\dfrac{1}{3}+c$ $\quad\therefore\ c=\dfrac{10}{3}$

$\therefore\ a+b+c=\dfrac{2}{3}$

0226 답 4

$x^2+y^2+8x-6y-2k+15=0$에서

$(x+4)^2+(y-3)^2=2k+10$

이 방정식이 원을 나타내므로

$2k+10>0$ $\quad\therefore\ k>-5$ ······ ㉠

또 원 위의 모든 점이 제2사분면 위에 있으려면 오른쪽 그림과 같이 원의 반지름의 길이가 3보다 작아야 하므로

$\sqrt{2k+10}<3$

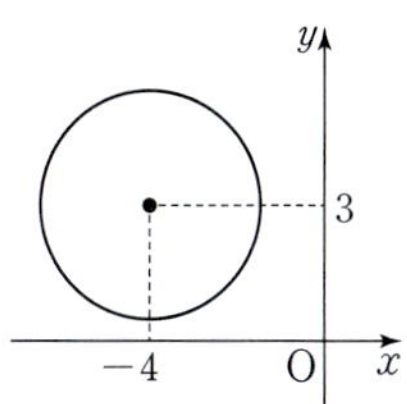

양변을 제곱하면

$2k+10<9$ $\quad\therefore\ k<-\dfrac{1}{2}$ ······ ㉡

㉠, ㉡에서 k의 값의 범위는 $-5<k<-\dfrac{1}{2}$

따라서 정수 k는 $-4,\ -3,\ -2,\ -1$의 4개이다.

0227 답 ㄱ, ㄴ, ㄷ

$f(x, y)=0$에서 $x^2+y^2+ay+b=0$

$\therefore x^2+\left(y+\dfrac{a}{2}\right)^2=\dfrac{a^2}{4}-b$ ......㉠

ㄱ. $a=1$, $b=-3$을 ㉠의 양변에 대입하면

$$x^2+\left(y+\dfrac{1}{2}\right)^2=\dfrac{13}{4}$$

따라서 방정식 $f(x, y)=0$이 나타내는 도형은 원이다.

ㄴ. $a=2$, $b=1$을 ㉠의 양변에 대입하면

$$x^2+(y+1)^2=0$$

따라서 방정식 $f(x, y)=0$이 나타내는 도형은 점 $(0, -1)$이다.

ㄷ. $a^2<4b$에서 $\dfrac{a^2}{4}<b$, $\dfrac{a^2}{4}-b<0$

따라서 ㉠에서 $x^2+\left(y+\dfrac{a}{2}\right)^2<0$이므로 방정식 $f(x, y)=0$을

만족시키는 실수 x, y의 값은 존재하지 않는다.

따라서 보기에서 옳은 것은 ㄱ, ㄴ, ㄷ이다.

0228 답 $(x+2)^2+(y-5)^2=4$

원의 반지름의 길이를 r라 하면 원의 넓이가 4π이므로

$\pi r^2=4\pi$, $r^2=4$ $\therefore r=2\,(\because r>0)$

이 원이 점 $(0, 5)$에서 y축에 접하고 중심이 제2사분면 위에 있으므로 원의 중심의 좌표는 $(-2, 5)$이다.

따라서 구하는 원의 방정식은

$$(x+2)^2+(y-5)^2=4$$

0229 답 ③

원의 중심의 좌표를 $(a, a+1)$이라 하면 x축에 접하는 원의 방정식은

$$(x-a)^2+(y-a-1)^2=(a+1)^2$$

이 원이 점 $(-1, 3)$을 지나므로

$(-1-a)^2+(3-a-1)^2=(a+1)^2$

$(a-2)^2=0$ $\therefore a=2$

따라서 이 원의 반지름의 길이는 $|2+1|=3$이므로 구하는 원의 둘레의 길이는

$2\pi\times3=6\pi$

0230 답 ⑤

점 $(2, 4)$를 지나고 x축과 y축에 동시에 접하므로 원의 중심이 제1사분면 위에 있어야 한다.

원의 반지름의 길이를 r라 하면 중심의 좌표는 (r, r)이므로 원의 방정식은

$$(x-r)^2+(y-r)^2=r^2$$

이 원이 점 $(2, 4)$를 지나므로

$(2-r)^2+(4-r)^2=r^2$

$r^2-12r+20=0$, $(r-2)(r-10)=0$

$\therefore r=2$ 또는 $r=10$

따라서 두 원의 중심의 좌표는 각각 $(2, 2)$, $(10, 10)$이므로 중심 사이의 거리는

$\sqrt{(10-2)^2+(10-2)^2}=8\sqrt{2}$

0231 답 ④

$x^2+y^2-4kx+2ky+4k+12=0$에서

$$(x-2k)^2+(y+k)^2=5k^2-4k-12$$

이 원이 y축에 접하려면

$\sqrt{5k^2-4k-12}=|2k|$

양변을 제곱하면 $5k^2-4k-12=4k^2$

$k^2-4k-12=0$, $(k+2)(k-6)=0$

$\therefore k=-2$ 또는 $k=6$

따라서 모든 실수 k의 값의 합은

$-2+6=4$

0232 답 3

$x^2+y^2-2x-4ay+b=0$에서

$(x-1)^2+(y-2a)^2=4a^2-b+1$ ......㉠   ......❶

원 ㉠이 x축에 접하므로 $\sqrt{4a^2-b+1}=|2a|$

양변을 제곱하면

$4a^2-b+1=4a^2$ $\therefore b=1$ ......❷

이를 ㉠에 대입하면

$$(x-1)^2+(y-2a)^2=4a^2$$

이 원이 점 $(5, 4)$를 지나므로

$(5-1)^2+(4-2a)^2=4a^2$

$-16a+32=0$ $\therefore a=2$ ......❸

$\therefore a+b=3$ ......❹

채점 기준		
❶ 주어진 방정식 변형하기	20%
❷ b의 값 구하기	30%
❸ a의 값 구하기	40%
❹ $a+b$의 값 구하기	10%

0233 답 ②

원 C_1의 방정식을 $x^2+y^2+Ax+By+C=0$으로 놓으면 원 C_1이 점 $(0, 0)$을 지나므로 $C=0$

$\therefore x^2+y^2+Ax+By=0$ ......㉠

원 ㉠이 점 $(1, 1)$을 지나므로

$1+1+A+B=0$

$\therefore A+B=-2$ ......㉡

원 ㉠이 점 $(6, -4)$를 지나므로

$36+16+6A-4B=0$

$\therefore 3A-2B=-26$ ......㉢

㉡, ㉢을 연립하여 풀면 $A=-6$, $B=4$

즉, 원 C_1의 방정식은

$x^2+y^2-6x+4y=0$

$\therefore (x-3)^2+(y+2)^2=13$

원 C_1의 중심의 좌표는 $(3, -2)$이므로 원 C_2의 반지름의 길이를 r라 하면 원 C_2의 방정식은

$$(x-3)^2+(y+2)^2=r^2$$

이 원이 점 $(4, 2)$를 지나므로

$(4-3)^2+(2+2)^2=r^2$, $r^2=17$ $\therefore r=\sqrt{17}\,(\because r>0)$

따라서 원 C_2의 반지름의 길이는 $\sqrt{17}$이다.

0234 답 104π

원의 중심의 좌표를 (a, b)라 하면 x축에 접하는 원의 방정식은
$(x-a)^2+(y-b)^2=b^2$ ……… ㉠
원 ㉠이 점 $(0, 2)$를 지나므로
$a^2+(2-b)^2=b^2$
$a^2-4b+4=0$ $\therefore b=\dfrac{a^2}{4}+1$ ……… ㉡
원 ㉠이 점 $(-2, 4)$를 지나므로
$(-2-a)^2+(4-b)^2=b^2$
$\therefore a^2+4a-8b+20=0$ ……… ㉢ ……… ❶
㉡을 ㉢에 대입하여 정리하면
$a^2-4a-12=0$, $(a+2)(a-6)=0$
$\therefore a=-2$ 또는 $a=6$
$a=-2$를 ㉡에 대입하면 $b=2$
$a=6$을 ㉡에 대입하면 $b=10$ ……… ❷
따라서 두 원의 반지름의 길이는 각각 2, 10이므로 두 원의 넓이의
합은
$\pi\times2^2+\pi\times10^2=104\pi$ ……… ❸

<table>
<tr><td colspan="2">채점 기준</td><td></td></tr>
<tr><td>❶ 원의 중심의 좌표를 (a, b)라 하고 a, b에 대한 식 세우기</td><td>50%</td></tr>
<tr><td>❷ a, b의 값 구하기</td><td>30%</td></tr>
<tr><td>❸ 두 원의 넓이의 합 구하기</td><td>20%</td></tr>
</table>

0235 답 ④

$x^2+y^2-6x+ky+16=0$에서
$(x-3)^2+\left(y+\dfrac{k}{2}\right)^2=\dfrac{k^2}{4}-7$ ……… ㉠
원 ㉠의 중심의 좌표는 $\left(3, -\dfrac{k}{2}\right)$이고, 이 점이 제4사분면 위에 있
으므로
$-\dfrac{k}{2}<0$ $\therefore k>0$
원 ㉠이 y축에 접하므로 $\sqrt{\dfrac{k^2}{4}-7}=|3|$
양변을 제곱하면
$\dfrac{k^2}{4}-7=9$, $k^2=64$
$\therefore k=8\,(\because k>0)$

0236 답 3

원의 방정식을 $x^2+y^2+Ax+By+C=0$으로 놓으면 이 원이 점
$(0, 0)$을 지나므로 $C=0$
$\therefore x^2+y^2+Ax+By=0$ ……… ㉠
원 ㉠이 점 $(-1, 3)$을 지나므로
$1+9-A+3B=0$ $\therefore A-3B=10$ ……… ㉡
원 ㉠이 점 $(2, 4)$를 지나므로
$4+16+2A+4B=0$ $\therefore A+2B=-10$ ……… ㉢
㉡, ㉢을 연립하여 풀면
$A=-2$, $B=-4$
즉, 원의 방정식은
$x^2+y^2-2x-4y=0$

이 원이 점 $(p, 1)$을 지나므로
$p^2+1-2p-4=0$
$p^2-2p-3=0$, $(p+1)(p-3)=0$
$\therefore p=-1$ 또는 $p=3$
따라서 양수 p의 값은 3이다.

다른 풀이

세 점 $(0, 0)$, $(-1, 3)$, $(2, 4)$를 각각 A, B, C라 하고 원의 중심
을 $P(a, b)$라 하면 $\overline{AP}=\overline{BP}=\overline{CP}$
$\overline{AP}=\overline{BP}$에서 $\overline{AP}^2=\overline{BP}^2$이므로
$a^2+b^2=(a+1)^2+(b-3)^2$
$\therefore a-3b=-5$ ……… ㉠
$\overline{BP}=\overline{CP}$에서 $\overline{BP}^2=\overline{CP}^2$이므로
$(a+1)^2+(b-3)^2=(a-2)^2+(b-4)^2$
$\therefore 3a+b=5$ ……… ㉡
㉠, ㉡을 연립하여 풀면
$a=1$, $b=2$
즉, $P(1, 2)$이므로 원의 반지름의 길이는
$\overline{AP}=\sqrt{1^2+2^2}=\sqrt{5}$
원의 중심의 좌표가 $(1, 2)$이고 반지름의 길이가 $\sqrt{5}$인 원의 방정식은
$(x-1)^2+(y-2)^2=5$
이 원이 점 $(p, 1)$을 지나므로
$(p-1)^2+(1-2)^2=5$
$(p-1)^2=4$, $p-1=\pm2$
$\therefore p=-1$ 또는 $p=3$
따라서 양수 p의 값은 3이다.

0237 답 1

원의 중심이 제2사분면에 있고 x축과 y축에 동시에 접하므로 원의
반지름의 길이를 r라 하면 중심의 좌표는 $(-r, r)$이다.
즉, 원의 방정식은
$(x+r)^2+(y-r)^2=r^2$
$\therefore x^2+y^2+2rx-2ry+r^2=0$
이때 원의 중심이 곡선 $y=x^2-x-1$ 위에 있으므로
$r=(-r)^2-(-r)-1$, $r^2=1$ $\therefore r=1\,(\because r>0)$
따라서 원의 방정식은 $x^2+y^2+2x-2y+1=0$이므로
$a=2$, $b=-2$, $c=1$
$\therefore a+b+c=1$

다른 풀이

원의 중심의 좌표를 $(k, k^2-k-1)\,(k<0)$이라 하면 이 점이 제2사
분면에 있고 원이 x축과 y축에 동시에 접하므로
$-k=k^2-k-1$, $k^2=1$ $\therefore k=-1\,(\because k<0)$
이 원의 반지름의 길이는 $|k|=|-1|=1$
즉, 원의 중심의 좌표가 $(-1, 1)$이고 반지름의 길이가 1이므로 원
의 방정식은
$(x+1)^2+(y-1)^2=1$
$\therefore x^2+y^2+2x-2y+1=0$
따라서 $a=2$, $b=-2$, $c=1$이므로
$a+b+c=1$

0238 답 3

점 P가 제3사분면 위의 점이므로 x축과 y축에 동시에 접하는 원의 중심의 좌표는 $(-r, -r)$이다.

점 $P(-2, -1)$이 원의 내부에 있으려면 원의 중심 $(-r, -r)$와 점 P 사이의 거리가 원의 반지름의 길이인 r보다 작아야 하므로

$$\sqrt{(-2+r)^2+(-1+r)^2}<r$$

양변을 제곱하면

$$(-2+r)^2+(-1+r)^2<r^2, \quad r^2-6r+5<0$$

$$(r-1)(r-5)<0 \quad \therefore 1<r<5$$

따라서 자연수 r는 2, 3, 4의 3개이다.

0239 답 $(x-1)^2+\left(y-\dfrac{\sqrt{3}}{3}\right)^2=\dfrac{1}{3}$

$$\overline{OA}=2$$

$$\overline{AB}=\sqrt{(1-2)^2+(\sqrt{3})^2}=2$$

$$\overline{BO}=\sqrt{(-1)^2+(-\sqrt{3})^2}=2$$

즉, 삼각형 OAB는 정삼각형이다.

정삼각형의 내심은 무게중심과 일치하므로 삼각형 OAB의 내심의 좌표는

$$\left(\frac{2+1}{3}, \frac{\sqrt{3}}{3}\right) \quad \therefore \left(1, \frac{\sqrt{3}}{3}\right)$$

오른쪽 그림과 같이 삼각형 OAB의 내접원은 중심의 좌표가 $\left(1, \dfrac{\sqrt{3}}{3}\right)$이고 x축에 접하므로 구하는 원의 방정식은

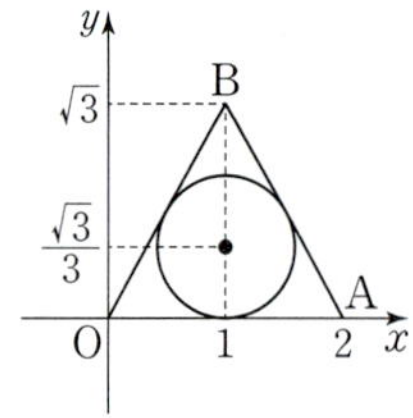

$$(x-1)^2+\left(y-\frac{\sqrt{3}}{3}\right)^2=\left(\frac{\sqrt{3}}{3}\right)^2$$

$$\therefore (x-1)^2+\left(y-\frac{\sqrt{3}}{3}\right)^2=\frac{1}{3}$$

0240 답 ④

$$x-y=0 \qquad \cdots\cdots ㉠$$

$$2x+y=0 \qquad \cdots\cdots ㉡$$

$$x+2y-3=0 \qquad \cdots\cdots ㉢$$

㉠, ㉡을 연립하여 풀면 $x=0, y=0$

㉠, ㉢을 연립하여 풀면 $x=1, y=1$

㉡, ㉢을 연립하여 풀면 $x=-1, y=2$

즉, 삼각형의 세 꼭짓점의 좌표는

$$(0, 0), (1, 1), (-1, 2)$$

외접원의 방정식을 $x^2+y^2+Ax+By+C=0$으로 놓으면 이 원이 점 $(0, 0)$을 지나므로 $C=0$

$$\therefore x^2+y^2+Ax+By=0 \qquad \cdots\cdots ㉣$$

원 ㉣이 점 $(1, 1)$을 지나므로

$$1+1+A+B=0$$

$$\therefore A+B=-2 \qquad \cdots\cdots ㉤$$

원 ㉣이 점 $(-1, 2)$를 지나므로

$$1+4-A+2B=0$$

$$\therefore A-2B=5 \qquad \cdots\cdots ㉥$$

㉤, ㉥을 연립하여 풀면

$$A=\frac{1}{3}, B=-\frac{7}{3}$$

즉, 원의 방정식은 $x^2+y^2+\dfrac{1}{3}x-\dfrac{7}{3}y=0$

$$\therefore \left(x+\frac{1}{6}\right)^2+\left(y-\frac{7}{6}\right)^2=\frac{25}{18}$$

따라서 구하는 외접원의 넓이는

$$\pi\times\frac{25}{18}=\frac{25}{18}\pi$$

0241 답 ③

x축과 y축에 동시에 접하는 원의 중심은 직선 $y=x$ 또는 직선 $y=-x$ 위에 있다.

따라서 주어진 원의 중심은 다음 그림과 같이 곡선 $y=x^2-12$와 직선 $y=x$ 또는 직선 $y=-x$의 교점이다.

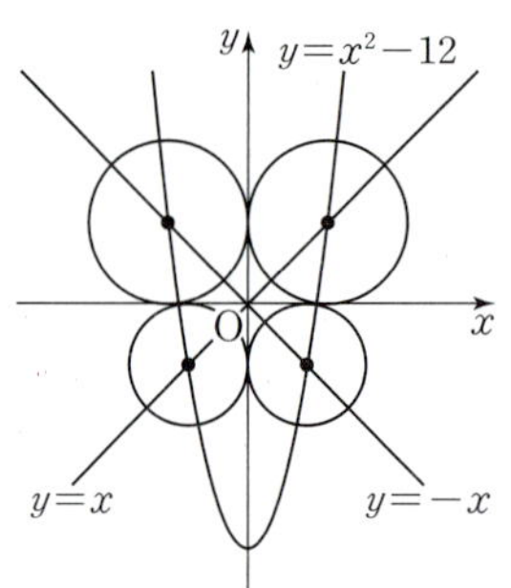

(i) $x^2-12=x$에서

$$x^2-x-12=0, (x+3)(x-4)=0$$

$$\therefore x=-3 \text{ 또는 } x=4$$

(ii) $x^2-12=-x$에서

$$x^2+x-12=0, (x+4)(x-3)=0$$

$$\therefore x=-4 \text{ 또는 } x=3$$

(i), (ii)에서 네 원의 중심의 좌표는 $(-4, 4)$, $(-3, -3)$, $(3, -3)$, $(4, 4)$이고 반지름의 길이는 각각 4, 3, 3, 4이므로 네 원의 넓이의 합은

$$\pi\times 4^2+\pi\times 3^2+\pi\times 3^2+\pi\times 4^2=50\pi$$

0242 답 ②

점 $A(5, 5)$와 원의 중심 $(0, 0)$ 사이의 거리는

$$\sqrt{(-5)^2+(-5)^2}=5\sqrt{2}$$

원의 반지름의 길이가 $2\sqrt{2}$이므로 선분 AP의 길이의 최솟값은

$$5\sqrt{2}-2\sqrt{2}=3\sqrt{2}$$

0243 답 4

점 $A(4, -3)$과 원의 중심 $(0, 0)$ 사이의 거리는

$$\sqrt{(-4)^2+3^2}=5$$

원의 반지름의 길이가 r이고 선분 AP의 길이의 최댓값이 9이므로

$$5+r=9 \quad \therefore r=4$$

0244 답 ①

$x^2+y^2-4x+2y+1=0$에서 $(x-2)^2+(y+1)^2=4$

점 $P(-1, 3)$과 원의 중심 $(2, -1)$ 사이의 거리는

$$\sqrt{(2+1)^2+(-1-3)^2}=5$$

원의 반지름의 길이가 2이므로

$$M=5+2=7, m=5-2=3 \quad \therefore Mm=21$$

0245 답 ④

$x^2+y^2+2x-4y-4=0$에서 $(x+1)^2+(y-2)^2=9$

점 $(-4,\ a)$와 원의 중심 $(-1,\ 2)$ 사이의 거리는

$\sqrt{(-1+4)^2+(2-a)^2}=\sqrt{a^2-4a+13}$

원의 반지름의 길이가 3이고 점 $(-4,\ a)$와 원 위의 점 사이의 거리의 최솟값이 2이므로

$\sqrt{a^2-4a+13}-3=2,\ \sqrt{a^2-4a+13}=5$

양변을 제곱하면

$a^2-4a+13=25,\ a^2-4a-12=0$

$(a+2)(a-6)=0$

$\therefore\ a=-2$ 또는 $a=6$

따라서 음수 a의 값은 -2이다.

0246 답 ③

$x^2+y^2-2x-4y-11=0$에서 $(x-1)^2+(y-2)^2=16$

점 $A(4,\ -1)$과 원의 중심 $(1,\ 2)$ 사이의 거리는

$\sqrt{(1-4)^2+(2+1)^2}=3\sqrt{2}$

원의 반지름의 길이가 4이므로 선분 AP의 길이의 최댓값은 $3\sqrt{2}+4$, 최솟값은 $3\sqrt{2}-4$이다.

따라서 $3\sqrt{2}-4\leq l\leq 3\sqrt{2}+4$이므로 l의 값이 될 수 있는 자연수는 1, 2, 3, ..., 8의 8개이다.

0247 답 20

$x^2+y^2-10x-8y+32=0$에서 $(x-5)^2+(y-4)^2=9$

$x^2+y^2+6x+4y+9=0$에서 $(x+3)^2+(y+2)^2=4$

두 원의 중심의 좌표가 각각 $(5,\ 4)$, $(-3,\ -2)$이므로 중심 사이의 거리는

$\sqrt{(-3-5)^2+(-2-4)^2}=10$ ...... ⅰ

이때 두 원의 반지름의 길이가 각각 3, 2이므로 선분 PQ의 길이의 최댓값은 $10+(3+2)=15$, 최솟값은 $10-(3+2)=5$이다. ...... ⅱ

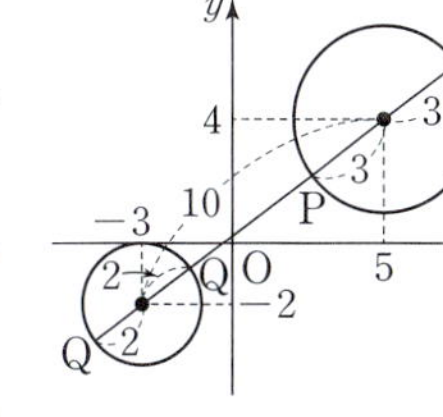

따라서 구하는 합은

$15+5=20$ ...... ⅲ

채점 기준	
ⅰ 두 원의 중심 사이의 거리 구하기	50%
ⅱ 선분 PQ의 길이의 최댓값과 최솟값 구하기	40%
ⅲ 최댓값과 최솟값의 합 구하기	10%

0248 답 12

$A(-8,\ 6)$이라 하면

$\sqrt{(a+8)^2+(b-6)^2}=\overline{AP}$

점 $A(-8,\ 6)$과 원의 중심 $(0,\ 0)$ 사이의 거리는

$\sqrt{8^2+(-6)^2}=10$

원의 반지름의 길이가 2이므로 선분 AP의 길이의 최댓값은

$10+2=12$

따라서 구하는 최댓값은 12이다.

0249 답 20

원의 중심을 $C(a,\ b)$, 점 C에서 x축에 내린 수선의 발을 H라 하면 점 H는 선분 AB의 중점이므로 점 H의 좌표는

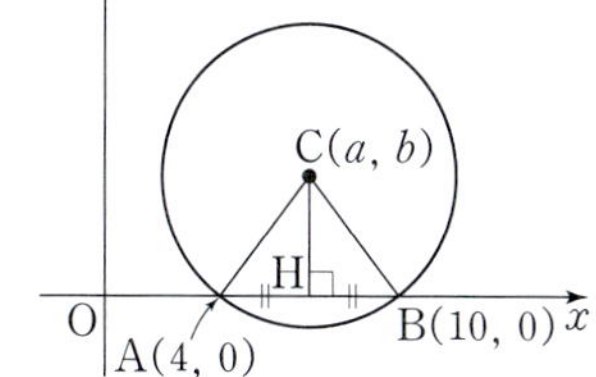

$\left(\dfrac{4+10}{2},\ 0\right)$ $\therefore\ (7,\ 0)$

$\therefore\ a=7$

한편 $\overline{AB}=|10-4|=6$이므로

$\overline{AH}=\dfrac{1}{2}\overline{AB}=3$

직각삼각형 CAH에서 $\overline{CA}$의 길이는 원의 반지름의 길이와 같으므로

$\overline{CH}=\sqrt{\overline{CA}^2-\overline{AH}^2}=\sqrt{5^2-3^2}=4$

$\therefore\ b=4$

즉, $C(7,\ 4)$이므로 원점 O와 원의 중심 C 사이의 거리는

$\sqrt{7^2+4^2}=\sqrt{65}$

원의 반지름의 길이가 5이므로 선분 OP의 길이의 최댓값은 $\sqrt{65}+5$, 최솟값은 $\sqrt{65}-5$이다.

$\therefore\ \sqrt{65}-5\leq\overline{OP}\leq\sqrt{65}+5$

따라서 선분 OP의 길이가 될 수 있는 정수는 4, 5, 6, ..., 13의 10개이고 각각의 길이에 대하여 점 P는 2개씩 존재하므로 구하는 점 P의 개수는 20이다.

0250 답 ⑤

$P(x,\ y)$라 하면 $\overline{AP}^2+\overline{BP}^2=40$에서

$(x+3)^2+y^2+(x-1)^2+y^2=40$

$x^2+y^2+2x-15=0$

$\therefore\ (x+1)^2+y^2=16$

따라서 점 P가 나타내는 도형은 중심의 좌표가 $(-1,\ 0)$이고 반지름의 길이가 4인 원이므로 구하는 둘레의 길이는

$2\pi\times 4=8\pi$

0251 답 2π

$P(a,\ b)$, $G(x,\ y)$라 하면

$x=\dfrac{5+1+a}{3},\ y=\dfrac{4-3+b}{3}$

$\therefore\ a=3x-6,\ b=3y-1$ ...... ㉠ ...... ⅰ

점 $P(a,\ b)$가 원 $(x+3)^2+(y-2)^2=18$ 위의 점이므로

$(a+3)^2+(b-2)^2=18$

이 식에 ㉠을 대입하면

$(3x-6+3)^2+(3y-1-2)^2=18$

$\therefore\ (x-1)^2+(y-1)^2=2$ ...... ⅱ

따라서 삼각형 APB의 무게중심 G가 나타내는 도형은 중심의 좌표가 $(1,\ 1)$이고 반지름의 길이가 $\sqrt{2}$인 원이므로 구하는 넓이는

$\pi\times(\sqrt{2})^2=2\pi$ ...... ⅲ

채점 기준	
ⅰ 점 P의 x좌표, y좌표를 각각 $x,\ y$에 대한 식으로 나타내기	40%
ⅱ 삼각형 APB의 무게중심 G가 나타내는 도형의 방정식 구하기	40%
ⅲ 삼각형 APB의 무게중심 G가 나타내는 도형의 넓이 구하기	20%

0252 답 $x^2+y^2-2x-5y+1=0$

$\mathrm{P}(a, b)$, $\mathrm{Q}(x, y)$라 하면
$$x=\frac{a+4}{2},\ y=\frac{b+2}{2}$$
$$\therefore\ a=2x-4,\ b=2y-2\quad \cdots\cdots\ \bigcirc$$
점 $\mathrm{P}(a, b)$가 원 $x^2+y^2+4x-6y-12=0$ 위의 점이므로
$$a^2+b^2+4a-6b-12=0$$
이 식에 $\bigcirc$을 대입하면 점 Q가 나타내는 도형의 방정식은
$$(2x-4)^2+(2y-2)^2+4(2x-4)-6(2y-2)-12=0$$
$$\therefore\ x^2+y^2-2x-5y+1=0$$

0253 답 ②

$A^2=5E$에서
$$\begin{pmatrix} x & y \\ y & -x \end{pmatrix}\begin{pmatrix} x & y \\ y & -x \end{pmatrix}=5\begin{pmatrix} 1 & 0 \\ 0 & 1 \end{pmatrix}$$
$$\begin{pmatrix} x^2+y^2 & 0 \\ 0 & x^2+y^2 \end{pmatrix}=\begin{pmatrix} 5 & 0 \\ 0 & 5 \end{pmatrix}$$
$$\therefore\ x^2+y^2=5$$
즉, 점 $\mathrm{P}(x, y)$가 나타내는 도형 C는 중심의 좌표가 $(0, 0)$이고 반지름의 길이가 $\sqrt{5}$인 원이다.
점 $\mathrm{Q}(6, -3)$과 원 C의 중심 $(0, 0)$ 사이의 거리는
$$\sqrt{(-6)^2+3^2}=3\sqrt{5}$$
원의 반지름의 길이가 $\sqrt{5}$이므로 점 Q와 원 C 위의 점 사이의 거리의 최솟값은
$$3\sqrt{5}-\sqrt{5}=2\sqrt{5}$$

0254 답 256

선분 AB의 길이가 3이므로
$$\sqrt{(a-5)^2+(b-12)^2}=3$$
양변을 제곱하면 $(a-5)^2+(b-12)^2=9$
즉, 점 B는 중심의 좌표가 $(5, 12)$이고 반지름의 길이가 3인 원 위의 점이다.
$a^2+b^2=\overline{\mathrm{OB}}^2$이므로 선분 OB의 길이가 최대일 때, a^2+b^2의 값도 최대이다.
원점과 원의 중심 $(5, 12)$ 사이의 거리는
$$\sqrt{5^2+12^2}=13$$
원의 반지름의 길이가 3이므로 선분 OB의 길이의 최댓값은
$$13+3=16$$
따라서 $\overline{\mathrm{OB}}^2$의 최댓값은 $16^2=256$이므로 a^2+b^2의 최댓값은 256이다.

0255 답 ②

$\overline{\mathrm{AP}}:\overline{\mathrm{BP}}=3:1$이므로 $\overline{\mathrm{AP}}=3\overline{\mathrm{BP}}$
$$\therefore\ \overline{\mathrm{AP}}^2=9\overline{\mathrm{BP}}^2$$
$\mathrm{P}(x, y)$라 하면
$$(x-3)^2+(y+1)^2=9\{(x+5)^2+(y+1)^2\}$$
$$x^2+y^2+12x+2y+28=0$$
$$\therefore\ (x+6)^2+(y+1)^2=9$$
즉, 점 P는 중심의 좌표가 $(-6, -1)$이고 반지름의 길이가 3인 원 위의 점이다.

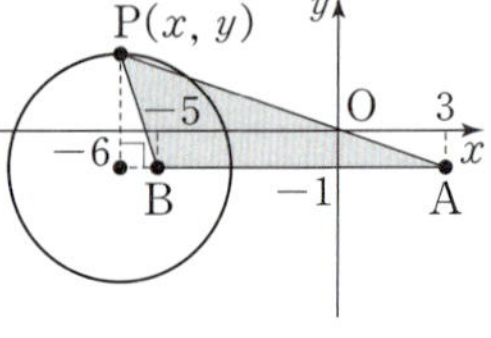

오른쪽 그림과 같이 삼각형 APB의 넓이는 $\overline{\mathrm{AB}}$가 밑변이고 높이가 원의 반지름의 길이와 같을 때 최대이므로 삼각형 APB의 넓이의 최댓값은
$$\frac{1}{2}\times |3-(-5)|\times 3=12$$

0256 답 ④

두 원의 교점을 지나는 직선의 방정식은
$$x^2+y^2-3x-4y+1-(x^2+y^2-x-5y-4)=0$$
$$-2x+y+5=0$$
$$\therefore\ y=2x-5$$
따라서 구하는 직선의 기울기는 2이다.

0257 답 ②

두 원의 교점을 지나는 직선의 방정식은
$$x^2+y^2+ax-8y+1-(x^2+y^2-ax-4y-7)=0$$
$$\therefore\ ax-2y+4=0$$
이 직선이 점 $(-2, 3)$을 지나므로
$$-2a-6+4=0$$
$$\therefore\ a=-1$$

0258 답 ①

두 원의 교점을 지나는 원의 방정식은
$$x^2+y^2-2+k(x^2+y^2-2x+4y+2)=0\ (단,\ k\neq-1)\quad \cdots\cdots\ \bigcirc$$
원 $\bigcirc$이 원점을 지나므로
$$-2+2k=0$$
$$\therefore\ k=1$$
이를 $\bigcirc$에 대입하여 정리하면
$$x^2+y^2-x+2y=0$$
따라서 $a=-1$, $b=2$이므로
$$ab=-2$$

0259 답 9

두 원의 교점을 지나는 직선의 방정식은
$$x^2+y^2+3x-8-(x^2+y^2+5x+4y+4)=0$$
$$\therefore\ x+2y+6=0\quad \cdots\cdots\ ❶$$
$x+2y+6=0$에서 $y=0$일 때, $x=-6$이고 $x=0$일 때, $y=-3$이므로
$$\mathrm{A}(-6, 0),\ \mathrm{B}(0, -3)\quad \cdots\cdots\ ❷$$
따라서 삼각형 OAB의 넓이는
$$\frac{1}{2}\times\overline{\mathrm{OA}}\times\overline{\mathrm{OB}}=\frac{1}{2}\times 6\times 3$$
$$=9\quad \cdots\cdots\ ❸$$

채점 기준	
❶ 두 원의 교점을 지나는 직선의 방정식 구하기	40%
❷ 두 점 A, B의 좌표 구하기	30%
❸ 삼각형 OAB의 넓이 구하기	30%

0260 답 ①

두 원의 교점을 지나는 원의 방정식은
$$x^2+y^2+4x-5+k(x^2+y^2-2x-3ay+1)=0 \ (\text{단}, \ k\neq -1)$$
$$\cdots\cdots \ \bigcirc$$

원 $\bigcirc$이 점 $(-1, 0)$을 지나므로
$$-8+4k=0 \quad \therefore \ k=2$$
이를 $\bigcirc$에 대입하여 정리하면
$$x^2+y^2-2ay-1=0 \quad \therefore \ x^2+(y-a)^2=a^2+1$$
이 원의 반지름의 길이가 $\sqrt{2}$이므로 $\sqrt{a^2+1}=\sqrt{2}$
양변을 제곱하면
$$a^2+1=2, \ a^2=1 \quad \therefore \ a=\pm 1$$
따라서 양수 a의 값은 1이다.

0261 답 ②

두 원의 교점 A, B를 지나는 직선의 방정식은
$$x^2+y^2-4-(x^2+y^2-8x-6y+6)=0$$
$$\therefore \ 4x+3y-5=0$$
오른쪽 그림과 같이 원 $x^2+y^2=4$의 중심 $O(0, 0)$에서 직선 $4x+3y-5=0$에 내린 수선의 발을 H라 하면
$$\overline{OH}=\frac{|-5|}{\sqrt{4^2+3^2}}=1$$
직각삼각형 AOH에서 $\overline{OA}$의 길이는 원 $x^2+y^2=4$의 반지름의 길이와 같으므로
$$\overline{AH}=\sqrt{\overline{OA}^2-\overline{OH}^2}=\sqrt{2^2-1^2}=\sqrt{3}$$
$$\therefore \ \overline{AB}=2\overline{AH}=2\sqrt{3}$$

0262 답 ④

$(x+1)^2+(y-2)^2=9$에서 $x^2+y^2+2x-4y-4=0$
두 원 O, O'의 교점을 지나는 직선의 방정식은
$$x^2+y^2-4-(x^2+y^2+2x-4y-4)=0$$
$$\therefore \ x-2y=0$$
오른쪽 그림과 같이 원 O'의 중심 $O'(-1, 2)$에서 직선 $x-2y=0$에 내린 수선의 발을 H라 하면
$$\overline{O'H}=\frac{|-1-4|}{\sqrt{1^2+(-2)^2}}=\sqrt{5}$$
직각삼각형 $O'PH$에서 $\overline{O'P}$의 길이는 원 O'의 반지름의 길이와 같으므로
$$\overline{PH}=\sqrt{\overline{O'P}^2-\overline{O'H}^2}=\sqrt{3^2-(\sqrt{5})^2}=2$$
$$\therefore \ \overline{PQ}=2\overline{PH}=4$$
따라서 삼각형 $O'PQ$의 넓이는
$$\frac{1}{2}\times \overline{PQ}\times \overline{O'H}=\frac{1}{2}\times 4\times \sqrt{5}=2\sqrt{5}$$

0263 답 ⑤

$x^2+y^2-2x-8=0$에서 $(x-1)^2+y^2=9$
$x^2+y^2+4x-8y+4=0$에서 $(x+2)^2+(y-4)^2=16$
두 원의 교점을 지나는 원 중에서 넓이가 최소인 것은 두 교점을 지름의 양 끝 점으로 하는 원이다.

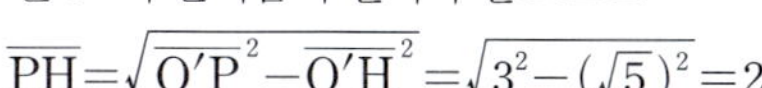

두 원의 교점을 지나는 직선의 방정식은
$$x^2+y^2-2x-8-(x^2+y^2+4x-8y+4)=0$$
$$\therefore \ 3x-4y+6=0$$
오른쪽 그림과 같이 원 $(x-1)^2+y^2=9$의 중심을 $O'(1, 0)$, 두 원의 교점을 A, B라 하고 점 O'에서 직선 $3x-4y+6=0$에 내린 수선의 발을 H라 하면

$$\overline{O'H}=\frac{|3+6|}{\sqrt{3^2+(-4)^2}}=\frac{9}{5}$$
직각삼각형 $AO'H$에서 $\overline{O'A}$의 길이는 원 $(x-1)^2+y^2=9$의 반지름의 길이와 같으므로
$$\overline{AH}=\sqrt{\overline{O'A}^2-\overline{O'H}^2}=\sqrt{3^2-\left(\frac{9}{5}\right)^2}=\frac{12}{5}$$
따라서 넓이가 최소인 원의 반지름의 길이는 $\frac{12}{5}$이므로 구하는 원의 넓이는
$$\pi \times \left(\frac{12}{5}\right)^2=\frac{144}{25}\pi$$

0264 답 $\frac{9}{8}$

원 $x^2+y^2+4ax-4y+4=0$이 원 $x^2+y^2+4x-6y+9=0$의 둘레의 길이를 이등분하므로 두 원의 교점을 지나는 직선이 원 $x^2+y^2+4x-6y+9=0$의 중심을 지난다. $\cdots\cdots$ ❶
두 원의 교점을 지나는 직선의 방정식은
$$x^2+y^2+4ax-4y+4-(x^2+y^2+4x-6y+9)=0$$
$$\therefore \ (4a-4)x+2y-5=0 \quad \cdots\cdots \ \bigcirc \qquad \cdots\cdots \ ❷$$
$x^2+y^2+4x-6y+9=0$에서 $(x+2)^2+(y-3)^2=4$
직선 $\bigcirc$이 이 원의 중심 $(-2, 3)$을 지나므로
$$-2(4a-4)+6-5=0, \ -8a+9=0$$
$$\therefore \ a=\frac{9}{8} \qquad \cdots\cdots \ ❸$$

채점 기준		
❶ 원의 둘레의 길이를 이등분하는 경우 파악하기		20%
❷ 두 원의 교점을 지나는 직선의 방정식 구하기		40%
❸ 상수 a의 값 구하기		40%

0265 답 ③

두 원의 교점을 지나는 원의 방정식은
$$x^2+y^2-4x-1+k(x^2+y^2+2x+4y-5)=0 \ (\text{단}, \ k\neq -1)$$
$$(k+1)x^2+(k+1)y^2+(2k-4)x+4ky-5k-1=0$$
이때 $k\neq -1$이므로
$$x^2+y^2+\frac{2k-4}{k+1}x+\frac{4k}{k+1}y-\frac{5k+1}{k+1}=0 \quad \cdots\cdots \ \bigcirc$$
원 $\bigcirc$의 중심이 y축 위에 있으므로 원의 중심의 x좌표는 0이다.
즉, $\bigcirc$의 x의 계수가 0이어야 하므로
$$\frac{2k-4}{k+1}=0, \ 2k-4=0$$
$$\therefore \ k=2$$

이를 ㉠에 대입하면

$$x^2+y^2+\frac{8}{3}y-\frac{11}{3}=0 \qquad \therefore x^2+\left(y+\frac{4}{3}\right)^2=\frac{49}{9}$$

따라서 이 원의 반지름의 길이는 $\frac{7}{3}$이므로 구하는 원의 둘레의 길이는

$$2\pi\times\frac{7}{3}=\frac{14}{3}\pi$$

0266 답 ④

오른쪽 그림과 같이 $A(2,\,0)$이라 하면 세 점 A, P, Q를 지나는 원은 점 A에서 x축에 접하고 원의 반지름의 길이가 4이므로 중심의 좌표는 $(2,\,4)$이다.

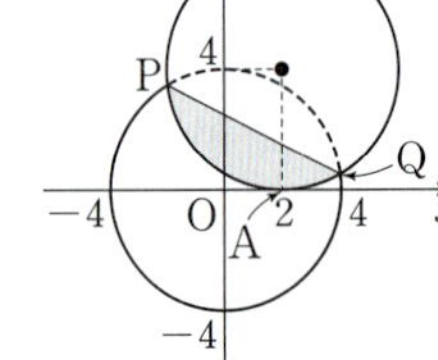

즉, 세 점 A, P, Q를 지나는 원의 방정식은
$$(x-2)^2+(y-4)^2=16$$
$$\therefore x^2+y^2-4x-8y+4=0$$
이때 직선 PQ는 두 원 $x^2+y^2=16$, $x^2+y^2-4x-8y+4=0$의 교점을 지나는 직선이므로 그 직선의 방정식은
$$x^2+y^2-16-(x^2+y^2-4x-8y+4)=0$$
$$\therefore y=-\frac{1}{2}x+\frac{5}{2}$$

따라서 직선 PQ의 기울기는 $-\frac{1}{2}$이다.

0267 답 $2\sqrt{2}$

전략　원의 중심이 원점에 오도록 주어진 도형을 좌표평면 위에 놓고 두 점 A, C가 원 위의 점임을 이용한다.

오른쪽 그림과 같이 원의 중심을 원점으로 하고, 직선 AB가 y축에 평행하면서 점 A가 제1사분면 위에 오도록 주어진 도형을 좌표평면 위에 놓으면 원의 방정식은
$$x^2+y^2=(2\sqrt{10})^2 \qquad \therefore x^2+y^2=40$$
$A(a,\,b)\,(a>0,\,b>0)$라 하면 점 A가 원 위의 점이므로
$$a^2+b^2=40 \qquad\cdots\cdots㉠$$
$\overline{AB}=8$이므로 $B(a,\,b-8)$
$\overline{BC}=4$이므로 $C(a+4,\,b-8)$
점 C가 원 위의 점이므로
$$(a+4)^2+(b-8)^2=40$$
$$\therefore a^2+b^2+8a-16b+40=0$$
이 식에 ㉠을 대입하면
$$40+8a-16b+40=0$$
$$\therefore a=2b-10 \qquad\cdots\cdots㉡$$
㉡을 ㉠에 대입하면
$$(2b-10)^2+b^2=40,\ b^2-8b+12=0$$

$(b-2)(b-6)=0 \qquad \therefore b=2$ 또는 $b=6$

$b=2$를 ㉡에 대입하면 $a=-6$

$b=6$을 ㉡에 대입하면 $a=2$

그런데 $a>0,\,b>0$이므로 $a=2,\,b=6$

따라서 $B(2,\,-2)$이므로
$$\overline{OB}=\sqrt{2^2+(-2)^2}=2\sqrt{2}$$

0268 답 8

전략　$P(x,\,y)$라 하고 점 P가 나타내는 도형을 구한 후 평행사변형의 성질을 이용한다.

$\overline{AP}:\overline{BP}=2:3$에서
$$3\overline{AP}=2\overline{BP} \qquad \therefore 9\overline{AP}^2=4\overline{BP}^2$$
$P(x,\,y)$라 하면
$$9\{(x+2)^2+y^2\}=4\{(x-3)^2+y^2\}$$
$$x^2+y^2+12x=0 \qquad \therefore (x+6)^2+y^2=36$$
즉, 점 P는 중심의 좌표가 $(-6,\,0)$이고 반지름의 길이가 6인 원 위의 점이다.

두 점 C, D의 중점을 M이라 하면 점 M의 좌표는
$$\left(\frac{4}{2},\,\frac{10+2}{2}\right) \qquad \therefore (2,\,6)$$
평행사변형 CPDQ의 두 대각선은 서로를 이등분하므로 점 M은 선분 PQ의 중점이다.
$$\therefore \overline{PQ}=2\overline{MP}$$
이때 점 $M(2,\,6)$과 원의 중심 $(-6,\,0)$ 사이의 거리는

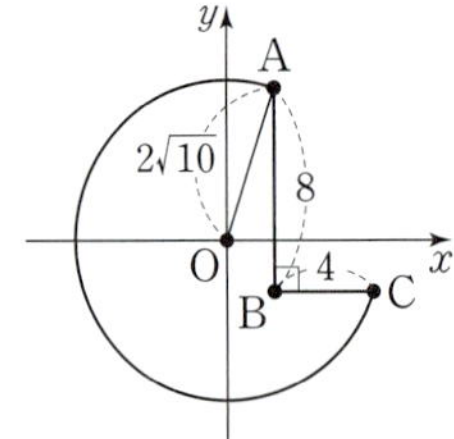

$$\sqrt{(-6-2)^2+(-6)^2}=10$$
원의 반지름의 길이가 6이므로 선분 MP의 길이의 최솟값은
$$10-6=4$$
따라서 선분 PQ의 길이의 최솟값은
$$2\times4=8$$

0269 답 180

전략　각의 이등분선의 성질을 이용하여 점 C가 나타내는 도형을 구한다.

$$\overline{AO}=\sqrt{2^2+(-4)^2}=2\sqrt{5}$$
$$\overline{BO}=\sqrt{(-3)^2+6^2}=3\sqrt{5}$$
이때 선분 CO는 $\angle ACB$의 이등분선이므로
$$\overline{CA}:\overline{CB}=\overline{AO}:\overline{BO}=2\sqrt{5}:3\sqrt{5}=2:3$$
$\overline{CA}:\overline{CB}=2:3$에서 $3\overline{CA}=2\overline{CB} \quad \therefore 9\overline{CA}^2=4\overline{CB}^2$
$$9\{(-2-a)^2+(4-b)^2\}=4\{(3-a)^2+(-6-b)^2\}$$
$$a^2+b^2+12a-24b=0$$
$$\therefore (a+6)^2+(b-12)^2=180$$
즉, 점 C는 중심의 좌표가 $(-6,\,12)$이고 반지름의 길이가 $6\sqrt{5}$인 원 위의 점이다.

또 직선 AB는 기울기가 $\dfrac{-6-4}{3+2}=-2$이고 원점을 지나므로 직선 AB의 방정식은 $y=-2x$이다.

이때 원의 중심 $(-6, 12)$가 직선 AB 위의 점이므로 점 C와 직선 AB 사이의 거리의 최댓값은 원 $(a+6)^2+(b-12)^2=180$의 반지름의 길이와 같다.

따라서 $m=6\sqrt{5}$이므로 $m^2=180$

참고 세 점 $A(-2, 4)$, $B(3, -6)$, $C(a, b)$가 삼각형을 이루어야 하므로 점 C가 나타내는 도형인 원 $(a+6)^2+(b-12)^2=180$에서 직선 AB 위의 점은 제외한다.

0270 답 ②

전략 원에서 현의 수직이등분선은 원의 중심을 지남을 이용하여 점 C의 좌표를 구한다.

오른쪽 그림과 같이 세 점 A, B, P를 지나는 원에서 호 AB에 대한 원주각의 크기는 $\angle APB=45°$이므로 호 AB에 대한 중심각의 크기는

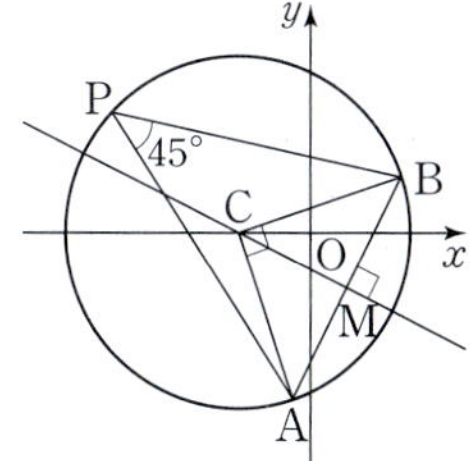

$\angle ACB=2\angle APB=90°$

원의 반지름의 길이를 r라 하면 직각삼각형 ABC에서

$\overline{AB}^2=\overline{BC}^2+\overline{CA}^2=r^2+r^2=2r^2$

이때 $A(-1, -9)$, $B(5, 3)$이므로

$\overline{AB}^2=(5+1)^2+(3+9)^2=180$

즉, $2r^2=180$이므로 $r^2=90$ $\therefore r=3\sqrt{10}\ (\because r>0)$

한편 선분 AB의 중점을 M이라 하면 점 M의 좌표는

$\left(\dfrac{-1+5}{2}, \dfrac{-9+3}{2}\right)$ $\therefore (2, -3)$

직선 AB의 기울기는 $\dfrac{3+9}{5+1}=2$

이때 직선 CM은 선분 AB의 수직이등분선이므로 기울기가 $-\dfrac{1}{2}$이고 점 $M(2, -3)$을 지나는 직선 CM의 방정식은

$y+3=-\dfrac{1}{2}(x-2)$ $\therefore y=-\dfrac{1}{2}x-2$

또 직선 CM은 원의 중심인 점 C를 지나므로 점 C의 좌표를 $\left(a, -\dfrac{1}{2}a-2\right)$라 하면 반지름의 길이가 $3\sqrt{10}$이므로 원의 방정식은

$(x-a)^2+\left(y+\dfrac{1}{2}a+2\right)^2=90$

이 원이 점 $A(-1, -9)$를 지나므로

$(-1-a)^2+\left(-9+\dfrac{1}{2}a+2\right)^2=90, \dfrac{5}{4}a^2-5a-40=0$

$a^2-4a-32=0, (a+4)(a-8)=0$ $\therefore a=-4$ 또는 $a=8$

즉, $C(-4, 0)$ 또는 $C(8, -6)$이므로

$\overline{OC}=4$ 또는 $\overline{OC}=\sqrt{8^2+(-6)^2}=10$

따라서 선분 OC의 길이 k의 최솟값은 4이다.

✔ 중3 다시보기

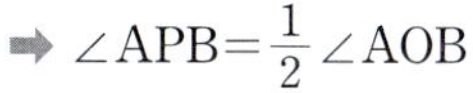

원에서 한 호에 대한 원주각의 크기는 그 호에 대한 중심각의 크기의 $\dfrac{1}{2}$이다.

➡ $\angle APB=\dfrac{1}{2}\angle AOB$

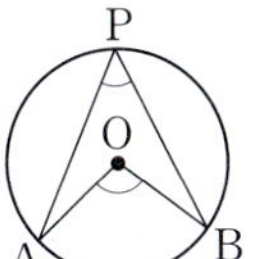

---

05 원과 직선의 위치 관계

난이도별 필수 기출 63~73쪽

0271 답 ②

원의 중심 $(0, 2)$와 직선 $x+y-4=0$ 사이의 거리는

$\dfrac{|2-4|}{\sqrt{1^2+1^2}}=\sqrt{2}$

따라서 원과 직선이 접하므로 원의 반지름의 길이는 $\sqrt{2}$이다.

0272 답 ④

원의 중심 $(0, 0)$과 직선 $2x-y+n=0$ 사이의 거리는

$\dfrac{|n|}{\sqrt{2^2+(-1)^2}}=\dfrac{|n|}{\sqrt{5}}$

원의 반지름의 길이가 $\sqrt{5}$이므로 원과 직선이 만나려면

$\dfrac{|n|}{\sqrt{5}}\le\sqrt{5}, |n|\le5$

$\therefore -5\le n\le5$

따라서 정수 n은 $-5, -4, -3, …, 5$의 11개이다.

다른 풀이

$2x-y+n=0$에서 $y=2x+n$

이를 $x^2+y^2=5$에 대입하면

$x^2+(2x+n)^2=5$

$\therefore 5x^2+4nx+n^2-5=0$

이 이차방정식의 판별식을 D라 하면 원과 직선이 만나야 하므로

$\dfrac{D}{4}=(2n)^2-5(n^2-5)\ge0$

$-n^2+25\ge0, n^2\le25$ $\therefore -5\le n\le5$

따라서 정수 n은 $-5, -4, -3, …, 5$의 11개이다.

0273 답 ⑤

$x^2+y^2-2x+6y=0$에서

$(x-1)^2+(y+3)^2=10$

원의 중심 $(1, -3)$과 직선 $y=3x+k$, 즉 $3x-y+k=0$ 사이의 거리는

$\dfrac{|3+3+k|}{\sqrt{3^2+(-1)^2}}=\dfrac{|k+6|}{\sqrt{10}}$

원의 반지름의 길이가 $\sqrt{10}$이고 원과 직선이 서로 다른 두 점에서 만나므로

$\dfrac{|k+6|}{\sqrt{10}}<\sqrt{10}, |k+6|<10$

$-10<k+6<10$ $\therefore -16<k<4$

따라서 실수 k의 값이 될 수 없는 것은 ⑤이다.

0274 답 $-\dfrac{5}{2}$

원의 중심 $(k, 0)$과 직선 $4x+y+5=0$ 사이의 거리는

$\dfrac{|4k+5|}{\sqrt{4^2+1^2}}=\dfrac{|4k+5|}{\sqrt{17}}$ ······ ❶

원의 반지름의 길이가 $\sqrt{17}$이므로 원과 직선이 만나지 않으려면

$$\frac{|4k+5|}{\sqrt{17}}>\sqrt{17}, \ |4k+5|>17$$

$4k+5<-17$ 또는 $4k+5>17$

$$\therefore \ k<-\frac{11}{2} \ \text{또는} \ k>3 \qquad \cdots\cdots \ \text{ⓘ}$$

따라서 $\alpha=-\dfrac{11}{2}$, $\beta=3$이므로

$$\alpha+\beta=-\frac{5}{2} \qquad\qquad\qquad \cdots\cdots \ \text{ⓘⓘⓘ}$$

채점 기준	
ⓘ 원의 중심과 직선 사이의 거리를 k에 대한 식으로 나타내기	30%
ⓘⓘ 실수 k의 값의 범위 구하기	50%
ⓘⓘⓘ $\alpha+\beta$의 값 구하기	20%

0275 답 ④

두 점 $(-3,\,0)$, $(1,\,0)$을 지름의 양 끝 점으로 하는 원의 중심의 좌표는

$$\left(\frac{-3+1}{2},\,0\right) \qquad \therefore \ (-1,\,0)$$

원의 반지름의 길이는

$$\frac{1}{2}\times|1-(-3)|=2$$

원의 중심 $(-1,\,0)$과 직선 $kx+y-2=0$ 사이의 거리는

$$\frac{|-k-2|}{\sqrt{k^2+1^2}}=\frac{|k+2|}{\sqrt{k^2+1}}$$

원과 직선이 오직 한 점에서 만나려면

$$\frac{|k+2|}{\sqrt{k^2+1}}=2, \ |k+2|=2\sqrt{k^2+1}$$

양변을 제곱하면

$$k^2+4k+4=4k^2+4, \ 3k^2-4k=0$$

$$k(3k-4)=0 \qquad \therefore \ k=0 \ \text{또는} \ k=\frac{4}{3}$$

따라서 양수 k의 값은 $\dfrac{4}{3}$이다.

0276 답 ①

원의 중심이 제2사분면 위에 있고 x축과 y축에 동시에 접하므로 원의 반지름의 길이를 r라 하면 중심의 좌표는 $(-r,\,r)$이다.

원의 중심 $(-r,\,r)$과 직선 $3x-4y+4=0$ 사이의 거리는

$$\frac{|-3r-4r+4|}{\sqrt{3^2+(-4)^2}}=\frac{|7r-4|}{5}$$

원과 직선이 접하므로

$$\frac{|7r-4|}{5}=r, \ |7r-4|=5r$$

$$7r-4=\pm5r \qquad \therefore \ r=\frac{1}{3} \ \text{또는} \ r=2$$

따라서 두 원의 반지름의 길이의 합은

$$\frac{1}{3}+2=\frac{7}{3}$$

0277 답 $-2\leq k<1-\sqrt{2}$

원 $x^2+y^2=2$의 중심 $(0,\,0)$과 직선 $x-y+k=0$ 사이의 거리는

$$\frac{|k|}{\sqrt{1^2+(-1)^2}}=\frac{|k|}{\sqrt{2}}$$

원의 반지름의 길이가 $\sqrt{2}$이므로 원과 직선이 만나려면

$$\frac{|k|}{\sqrt{2}}\leq\sqrt{2}, \ |k|\leq2$$

$$\therefore \ -2\leq k\leq2 \qquad\qquad \cdots\cdots \ \text{㉠}$$

원 $(x-1)^2+(y-2)^2=1$의 중심 $(1,\,2)$와 직선 $x-y+k=0$ 사이의 거리는

$$\frac{|1-2+k|}{\sqrt{1^2+(-1)^2}}=\frac{|k-1|}{\sqrt{2}}$$

원의 반지름의 길이가 1이므로 원과 직선이 만나지 않으려면

$$\frac{|k-1|}{\sqrt{2}}>1, \ |k-1|>\sqrt{2}$$

$k-1<-\sqrt{2}$ 또는 $k-1>\sqrt{2}$

$$\therefore \ k<1-\sqrt{2} \ \text{또는} \ k>1+\sqrt{2} \qquad \cdots\cdots \ \text{㉡}$$

㉠, ㉡에서 실수 k의 값의 범위는

$$-2\leq k<1-\sqrt{2}$$

0278 답 ⑤

직선 $y=2x$ 위의 점을 중심으로 하고 x축에 접하는 원의 중심의 좌표를 $(a,\,2a)$라 하면 반지름의 길이는 $|2a|$이다.

원의 중심 $(a,\,2a)$와 직선 $3x-4y+15=0$ 사이의 거리는

$$\frac{|3a-8a+15|}{\sqrt{3^2+(-4)^2}}=\frac{|5a-15|}{5}$$

원과 직선이 접하므로

$$\frac{|5a-15|}{5}=|2a|, \ |5a-15|=10|a|$$

$$5a-15=\pm10a$$

$$\therefore \ a=-3 \ \text{또는} \ a=1$$

따라서 두 원의 중심 A, B의 좌표는 각각 $(-3,\,-6)$, $(1,\,2)$이므로

$$\overline{\text{AB}}^2=(1+3)^2+(2+6)^2=80$$

0279 답 -16

원의 중심을 $\text{C}(k,\,0)$이라 하면 $\overline{\text{AC}}=\overline{\text{BC}}$이므로

$$\overline{\text{AC}}^2=\overline{\text{BC}}^2$$

$$(k-4)^2+(-3)^2=(k+1)^2+(-2)^2$$

$$k^2-8k+25=k^2+2k+5$$

$$-10k=-20 \qquad \therefore \ k=2$$

즉, 원의 중심 C의 좌표가 $(2,\,0)$이므로 반지름의 길이는

$$\overline{\text{AC}}=\sqrt{(2-4)^2+(-3)^2}=\sqrt{13} \qquad \cdots\cdots \ \text{ⓘ}$$

원의 중심 $\text{C}(2,\,0)$과 직선 $2x+3y+a=0$ 사이의 거리는

$$\frac{|4+a|}{\sqrt{2^2+3^2}}=\frac{|a+4|}{\sqrt{13}}$$

원과 직선이 서로 다른 두 점에서 만나려면

$$\frac{|a+4|}{\sqrt{13}}<\sqrt{13}, \ |a+4|<13$$

$$-13<a+4<13 \qquad \therefore \ -17<a<9 \qquad \cdots\cdots \ \text{ⓘⓘ}$$

따라서 정수 a의 최솟값은 -16이다. $\qquad \cdots\cdots \ \text{ⓘⓘⓘ}$

채점 기준	
ⓘ 원의 중심의 좌표와 반지름의 길이 구하기	40%
ⓘⓘ a의 값의 범위 구하기	50%
ⓘⓘⓘ 정수 a의 최솟값 구하기	10%

0280 답 ①

중심이 원점이고 직선 $y=-2x+k$와 만나는 원의 넓이가 최소이
려면 원과 직선 $y=-2x+k$가 접해야 한다.

원 C의 반지름의 길이를 r라 하면 원 C의 넓이가 45π이므로

$$\pi r^2=45\pi \qquad \therefore r=3\sqrt{5}\ (\because r>0)$$

원 C의 중심 $(0, 0)$과 직선 $y=-2x+k$, 즉 $2x+y-k=0$ 사이
의 거리는

$$\frac{|-k|}{\sqrt{2^2+1^2}}=\frac{|k|}{\sqrt{5}}$$

원 C의 반지름의 길이가 $3\sqrt{5}$이므로 원 C와 직선이 접하려면

$$\frac{|k|}{\sqrt{5}}=3\sqrt{5},\ |k|=15$$

$$\therefore k=\pm15$$

따라서 양의 상수 k의 값은 15이다.

0281 답 ③

원 C의 중심 (a, a)와 직선 $y=2x$, 즉
$2x-y=0$ 사이의 거리는

$$\frac{|2a-a|}{\sqrt{2^2+(-1)^2}}=\frac{|a|}{\sqrt{5}}$$

즉, $\dfrac{|a|}{\sqrt{5}}=\sqrt{5}$이므로

$$|a|=5 \qquad \therefore a=5\,(\because a>0)$$

원 C의 중심 $(5, 5)$와 직선 $y=kx$, 즉 $kx-y=0$ 사이의 거리는

$$\frac{|5k-5|}{\sqrt{k^2+(-1)^2}}=\frac{|5k-5|}{\sqrt{k^2+1}}$$

원 C의 반지름의 길이가 $\sqrt{10}$이고 원 C와 직선 $kx-y=0$이 접하
므로

$$\frac{|5k-5|}{\sqrt{k^2+1}}=\sqrt{10}$$

$$|5k-5|=\sqrt{10}\sqrt{k^2+1}$$

양변을 제곱하면

$$25k^2-50k+25=10k^2+10$$

$$3k^2-10k+3=0$$

$$(3k-1)(k-3)=0$$

$$\therefore k=\frac{1}{3}\ \text{또는}\ k=3$$

그런데 $0<k<1$이므로 $k=\dfrac{1}{3}$

0282 답 ④

원의 중심이 제1사분면 위에 있고 반지름의 길이가 1인 원 C가 y축
에 접하므로 원 C의 중심의 좌표를 $(1, a)\,(a>0)$라 하면 원의 방
정식은

$$(x-1)^2+(y-a)^2=1$$

원 C의 중심 $(1, a)$와 직선 $3x-4y=0$ 사이의 거리는

$$\frac{|3-4a|}{\sqrt{3^2+(-4)^2}}=\frac{|4a-3|}{5}$$

원 C와 직선이 접하므로

$$\frac{|4a-3|}{5}=1,\ |4a-3|=5$$

$$4a-3=\pm5 \qquad \therefore a=-\frac{1}{2}\ \text{또는}\ a=2$$

그런데 $a>0$이므로 $a=2$

점 $\mathrm{P}(\alpha, \beta)$가 원 $(x-1)^2+(y-2)^2=1$ 위의 점이므로

$$(\alpha-1)^2+(\beta-2)^2=1 \qquad \cdots\cdots\ \bigcirc$$

또 점 $\mathrm{P}(\alpha, \beta)$가 직선 $3x-4y=0$ 위의 점이므로

$$3\alpha-4\beta=0$$

$$\therefore \beta=\frac{3}{4}\alpha \qquad \cdots\cdots\ \bigcirc$$

$\bigcirc$을 $\bigcirc$에 대입하면

$$(\alpha-1)^2+\left(\frac{3}{4}\alpha-2\right)^2=1$$

$$\frac{25}{16}\alpha^2-5\alpha+4=0$$

$$25\alpha^2-80\alpha+64=0$$

$$(5\alpha-8)^2=0 \qquad \therefore \alpha=\frac{8}{5}$$

이를 $\bigcirc$에 대입하면

$$\beta=\frac{3}{4}\times\frac{8}{5}=\frac{6}{5}$$

$$\therefore 5(\alpha+\beta)=5\times\frac{14}{5}=14$$

0283 답 $\dfrac{19}{3}$

중심이 이차함수 $y=x^2+1$의 그래프 위에 있고 y축에 접하는 원의
중심의 좌표를 (a, a^2+1)이라 하면 반지름의 길이는 $|a|$이다.

원의 중심 (a, a^2+1)과 직선 $4x-3y-1=0$ 사이의 거리는

$$\frac{|4a-3(a^2+1)-1|}{\sqrt{4^2+(-3)^2}}=\frac{|3a^2-4a+4|}{5}$$

원과 직선이 접하므로

$$\frac{|3a^2-4a+4|}{5}=|a|$$

$$|3a^2-4a+4|=5|a|$$

$$\therefore 3a^2-4a+4=\pm5a$$

(i) $3a^2-4a+4=5a$, 즉 $3a^2-9a+4=0$일 때,

　　이 이차방정식의 판별식을 D_1이라 하면

　　$D_1=(-9)^2-4\times3\times4=33>0$

　　즉, 서로 다른 두 실근을 갖는다.

(ii) $3a^2-4a+4=-5a$, 즉 $3a^2+a+4=0$일 때,

　　이 이차방정식의 판별식을 D_2라 하면

　　$D_2=1^2-4\times3\times4=-47<0$

　　즉, 실근을 갖지 않는다.

(i), (ii)에서 서로 다른 두 실근을 갖는 이차방정식은

$$3a^2-9a+4=0$$

이때 이차방정식의 근과 계수의 관계에 의하여 (두 근의 합)>0,
(두 근의 곱)>0이므로 이 이차방정식은 서로 다른 두 양의 실근을
갖는다.

따라서 두 근이 r_1, r_2이므로 이차방정식의 근과 계수의 관계에 의하여

$$r_1+r_2=3,\ r_1r_2=\frac{4}{3}$$

$$\therefore r_1{}^2+r_2{}^2=(r_1+r_2)^2-2r_1r_2$$

$$=9-\frac{8}{3}=\frac{19}{3}$$

0284 달 1

a, b의 값은 0 또는 1 또는 2이므로 $a+b=3$에서

$a=1$, $b=2$ 또는 $a=2$, $b=1$

(i) $a=1$, $b=2$일 때,

직선 $y=x-k$, 즉 $x-y-k=0$이 원 $(x-1)^2+y^2=1$에 접해야 하므로

$$\frac{|1-k|}{\sqrt{1^2+(-1)^2}}=1, \quad |k-1|=\sqrt{2}$$

$k-1=\pm\sqrt{2}$ $\therefore k=1\pm\sqrt{2}$ …… ㉠

또 직선 $x-y-k=0$이 원 $(x+1)^2+(y+1)^2=1$과 서로 다른 두 점에서 만나야 하므로

$$\frac{|-1+1-k|}{\sqrt{1^2+(-1)^2}}<1, \quad |k|<\sqrt{2}$$

$\therefore -\sqrt{2}<k<\sqrt{2}$ …… ㉡

㉠, ㉡에서 $k=1-\sqrt{2}$

(ii) $a=2$, $b=1$일 때,

직선 $y=x-k$, 즉 $x-y-k=0$이 원 $(x-1)^2+y^2=1$과 서로 다른 두 점에서 만나야 하므로

$$\frac{|1-k|}{\sqrt{1^2+(-1)^2}}<1, \quad |k-1|<\sqrt{2}$$

$\therefore 1-\sqrt{2}<k<1+\sqrt{2}$ …… ㉢

또 직선 $x-y-k=0$이 원 $(x+1)^2+(y+1)^2=1$에 접해야 하므로

$$\frac{|-1+1-k|}{\sqrt{1^2+(-1)^2}}=1, \quad |k|=\sqrt{2}$$

$\therefore k=\pm\sqrt{2}$ …… ㉣

㉢, ㉣에서 $k=\sqrt{2}$

(i), (ii)에서 모든 실수 k의 값의 합은

$(1-\sqrt{2})+\sqrt{2}=1$

0285 달 5

두 직선 $y=2x+6$, $y=-2x+6$에 모두 접하는 원의 중심을 $C(a, b)$라 하자.

점 $C(a, b)$와 두 직선 $y=2x+6$, $y=-2x+6$, 즉 $2x-y+6=0$, $2x+y-6=0$ 사이의 거리가 각각 원의 반지름의 길이와 같으므로

$$\frac{|2a-b+6|}{\sqrt{2^2+(-1)^2}}=\frac{|2a+b-6|}{\sqrt{2^2+1^2}} \quad …… ㉠$$

$|2a-b+6|=|2a+b-6|$

$2a-b+6=\pm(2a+b-6)$

$2a-b+6=2a+b-6$일 때, $b=6$

$2a-b+6=-2a-b+6$일 때, $a=0$

그런데 $b=6$이면 중심이 $C(a, 6)$이고 두 직선 $y=2x+6$, $y=-2x+6$에 모두 접하는 원은 점 $(2, 0)$을 지날 수 없다.

$\therefore a=0$, $b\neq6$

두 점 $C(0, b)$, $(2, 0)$ 사이의 거리가 반지름의 길이와 같으므로 ㉠에서

$$\sqrt{2^2+(-b)^2}=\frac{|-b+6|}{\sqrt{5}}$$

$\sqrt{5}\sqrt{b^2+4}=|b-6|$

양변을 제곱하면

$5b^2+20=b^2-12b+36$, $b^2+3b-4=0$

$(b+4)(b-1)=0$ $\therefore b=-4$ 또는 $b=1$

따라서 두 점 O_1, O_2의 좌표는 각각 $(0, -4)$, $(0, 1)$이므로

$\overline{O_1O_2}=|1-(-4)|=5$

0286 달 ④

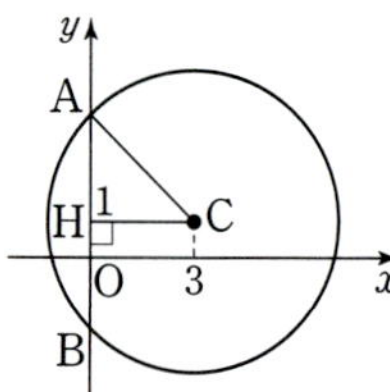

$x^2+y^2-6x-2y-8=0$에서 $(x-3)^2+(y-1)^2=18$

오른쪽 그림과 같이 원과 y축의 두 교점을 A, B라 하면 원과 y축이 만나서 생기는 현은 $\overline{AB}$이다.

원의 중심을 $C(3, 1)$이라 하고, 점 C에서 y축에 내린 수선의 발을 H라 하면

$\overline{CH}=3$

직각삼각형 CAH에서 $\overline{CA}$의 길이는 원의 반지름의 길이와 같으므로

$$\overline{AH}=\sqrt{\overline{CA}^2-\overline{CH}^2}=\sqrt{(3\sqrt{2})^2-3^2}=3$$

따라서 구하는 현의 길이는

$\overline{AB}=2\overline{AH}=6$

다른 풀이

$x=0$을 $x^2+y^2-6x-2y-8=0$에 대입하면

$y^2-2y-8=0$, $(y+2)(y-4)=0$

$\therefore y=-2$ 또는 $y=4$

따라서 원과 y축의 두 교점의 좌표가 $(0, -2)$, $(0, 4)$이므로 구하는 현의 길이는

$|4-(-2)|=6$

0287 달 ③

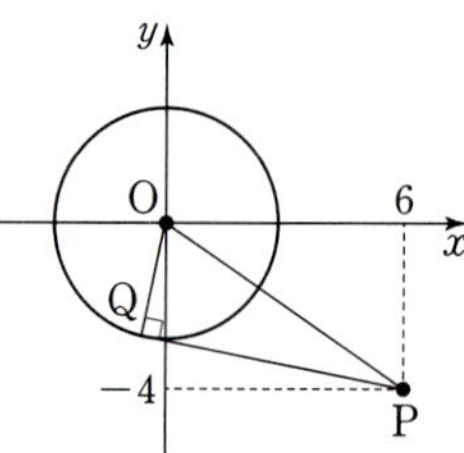

점 $P(6, -4)$와 원의 중심 $O(0, 0)$ 사이의 거리는

$$\overline{OP}=\sqrt{6^2+(-4)^2}=2\sqrt{13}$$

직각삼각형 OQP에서 $\overline{OQ}$의 길이는 원의 반지름의 길이와 같으므로

$$\overline{PQ}=\sqrt{\overline{OP}^2-\overline{OQ}^2}$$
$$=\sqrt{(2\sqrt{13})^2-(2\sqrt{2})^2}$$
$$=2\sqrt{11}$$

0288 달 ②

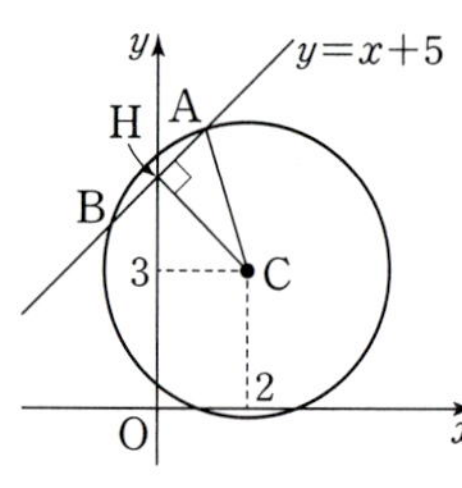

오른쪽 그림과 같이 원의 중심을 $C(2, 3)$이라 하고, 점 C에서 직선 $y=x+5$, 즉 $x-y+5=0$에 내린 수선의 발을 H라 하면

$$\overline{CH}=\frac{|2-3+5|}{\sqrt{1^2+(-1)^2}}=2\sqrt{2}$$

직각삼각형 CAH에서 $\overline{AH}=\frac{1}{2}\overline{AB}=\sqrt{2}$이고, $\overline{CA}$의 길이는 원의 반지름의 길이와 같으므로

$$\overline{CA}^2=\overline{AH}^2+\overline{CH}^2$$

$r^2=(\sqrt{2})^2+(2\sqrt{2})^2=10$

$\therefore r=\sqrt{10}$ $(\because r>0)$

0289 답 ⑤

$x^2+y^2-6x-4y+4=0$에서 $(x-3)^2+(y-2)^2=9$

오른쪽 그림과 같이 원의 중심
C$(3, 2)$에서 직선 $2x-y+1=0$에
내린 수선의 발을 H라 하면

$$\overline{CH}=\frac{|6-2+1|}{\sqrt{2^2+(-1)^2}}=\sqrt{5}$$

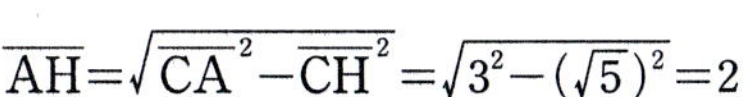

직각삼각형 CAH에서 $\overline{CA}$의 길이는
원의 반지름의 길이와 같으므로

$$\overline{AH}=\sqrt{\overline{CA}^2-\overline{CH}^2}=\sqrt{3^2-(\sqrt{5})^2}=2$$

$$\therefore \overline{AB}=2\overline{AH}=4$$

따라서 삼각형 ABC의 넓이는

$$\frac{1}{2}\times4\times\sqrt{5}=2\sqrt{5}$$

0290 답 $6\sqrt{13}$

$x^2+y^2+2x-2y-7=0$에서 $(x+1)^2+(y-1)^2=9$

점 A$(4, -5)$와 원의 중심 C$(-1, 1)$
사이의 거리는

$$\overline{AC}=\sqrt{(-1-4)^2+(1+5)^2}$$
$$=\sqrt{61} \quad \cdots\cdots ⓘ$$

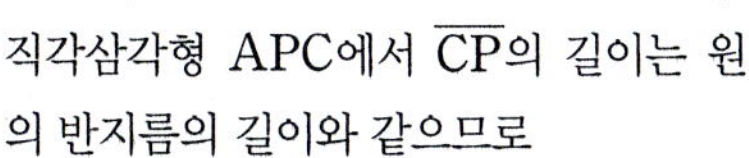
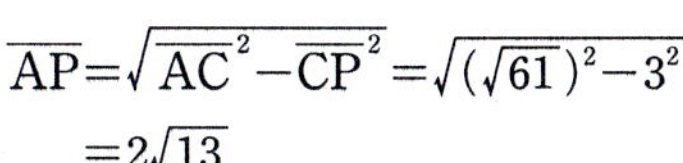

직각삼각형 APC에서 $\overline{CP}$의 길이는 원
의 반지름의 길이와 같으므로

$$\overline{AP}=\sqrt{\overline{AC}^2-\overline{CP}^2}=\sqrt{(\sqrt{61})^2-3^2}$$
$$=2\sqrt{13} \quad \cdots\cdots ⓘⓘ$$

따라서 사각형 APCQ의 넓이는

$$2\triangle APC=2\times\left(\frac{1}{2}\times2\sqrt{13}\times3\right)=6\sqrt{13} \quad \cdots\cdots ⓘⓘⓘ$$

채점 기준	
ⓘ $\overline{AC}$의 길이 구하기	40%
ⓘⓘ $\overline{AP}$의 길이 구하기	30%
ⓘⓘⓘ 사각형 APCQ의 넓이 구하기	30%

0291 답 ③

오른쪽 그림과 같이 원의 중심을 C$(3, 0)$
이라 하면 $\angle PAC=\angle QAC$이므로

$$\angle PAC=\frac{1}{2}\angle PAQ=30°$$

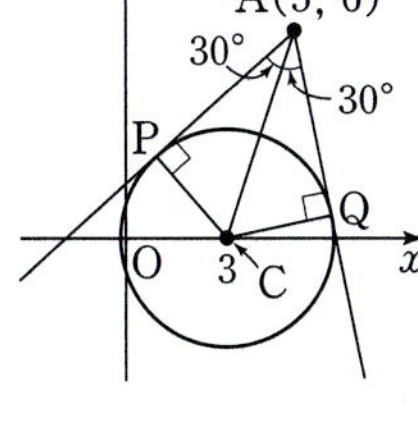

이때 원의 반지름 $\overline{PC}$는 접선 AP와 수직
이므로 삼각형 APC는 $\angle APC=90°$인
직각삼각형이다.

점 A$(5, 6)$과 원의 중심 C$(3, 0)$ 사이의 거리는

$$\overline{AC}=\sqrt{(3-5)^2+(-6)^2}=2\sqrt{10}$$

따라서 직각삼각형 APC에서

$$\overline{AP}=\overline{AC}\cos30°=2\sqrt{10}\times\frac{\sqrt{3}}{2}=\sqrt{30}$$

$$\overline{PC}=\overline{AC}\sin30°=2\sqrt{10}\times\frac{1}{2}=\sqrt{10}$$

$$\therefore k=\sqrt{30},\ r=\sqrt{10}$$

$$\therefore r^2-k^2=10-30=-20$$

0292 답 ①

$x^2+y^2-2x+6y=k$에서 $(x-1)^2+(y+3)^2=k+10$

점 A$(-2, 1)$과 원의 중심 C$(1, -3)$
사이의 거리는

$$\overline{CA}=\sqrt{(-2-1)^2+(1+3)^2}=5$$

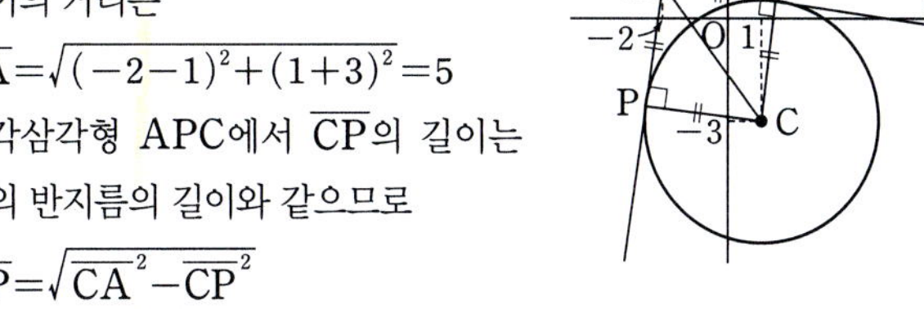

직각삼각형 APC에서 $\overline{CP}$의 길이는
원의 반지름의 길이와 같으므로

$$\overline{AP}=\sqrt{\overline{CA}^2-\overline{CP}^2}$$
$$=\sqrt{5^2-(\sqrt{k+10})^2}=\sqrt{15-k}$$

사각형 APCQ가 정사각형이므로 $\overline{AP}=\overline{CP}$에서

$$\sqrt{15-k}=\sqrt{k+10}$$

양변을 제곱하면

$$15-k=k+10 \quad \therefore k=\frac{5}{2}$$

0293 답 3

오른쪽 그림과 같이 원 $x^2+y^2=14$
와 직선 $x+2y-5=0$의 두 교점을
A, B라 하자.

두 점 A, B를 지나는 원 중에서 넓
이가 최소인 것은 $\overline{AB}$를 지름으로
하는 원이다. $\quad\cdots\cdots ⓘ$

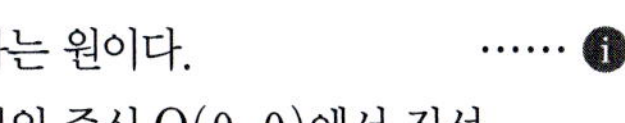

원의 중심 O$(0, 0)$에서 직선
$x+2y-5=0$에 내린 수선의 발을 H라 하면

$$\overline{OH}=\frac{|-5|}{\sqrt{1^2+2^2}}=\sqrt{5} \quad \cdots\cdots ⓘⓘ$$

직각삼각형 OHA에서 $\overline{OA}$의 길이는 원의 반지름의 길이와 같으므로

$$\overline{AH}=\sqrt{\overline{OA}^2-\overline{OH}^2}=\sqrt{(\sqrt{14})^2-(\sqrt{5})^2}=3$$

따라서 $\overline{AH}=\overline{BH}$이므로 넓이가 최소인 원의 반지름의 길이는 3이다.
$$\cdots\cdots ⓘⓘⓘ$$

채점 기준	
ⓘ 원의 넓이가 최소인 경우 파악하기	20%
ⓘⓘ 원의 중심과 직선 사이의 거리 구하기	40%
ⓘⓘⓘ 넓이가 최소인 원의 반지름의 길이 구하기	40%

0294 답 ①

원의 중심이 원점이고 원의 반지름의 길이가 2이므로

$$\overline{OA}=\overline{OB}=2$$

즉, 삼각형 OAB가 정삼각형이려면 $\overline{AB}=2$이어야 한다.

오른쪽 그림과 같이 원의 중심 O에서
직선 $y=x+k$, 즉 $x-y+k=0$에 내
린 수선의 발을 H라 하면

$$\overline{OH}=\frac{|k|}{\sqrt{1^2+(-1)^2}}=\frac{|k|}{\sqrt{2}}$$

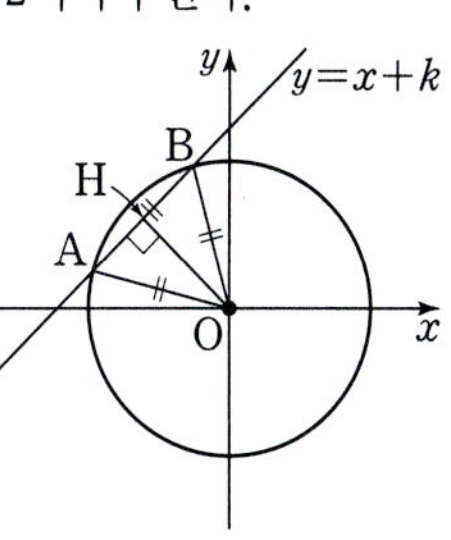

직각삼각형 OAH에서

$$\overline{AH}=\sqrt{\overline{OA}^2-\overline{OH}^2}$$
$$=\sqrt{2^2-\left(\frac{|k|}{\sqrt{2}}\right)^2}=\sqrt{4-\frac{k^2}{2}}$$

이때 $\overline{AH}=\dfrac{1}{2}\overline{AB}=1$이므로

$$\sqrt{4-\dfrac{k^2}{2}}=1$$

양변을 제곱하면

$$4-\dfrac{k^2}{2}=1,\ k^2=6\quad\therefore k=\pm\sqrt{6}$$

따라서 양수 k의 값은 $\sqrt{6}$이다.

0295 답 ③

점 $A(4,\,2)$와 원의 중심 $O(0,\,0)$ 사이
의 거리는

$$\overline{OA}=\sqrt{4^2+2^2}=2\sqrt{5}$$

직각삼각형 APO에서 $\overline{OP}$의 길이는 원
의 반지름의 길이와 같으므로

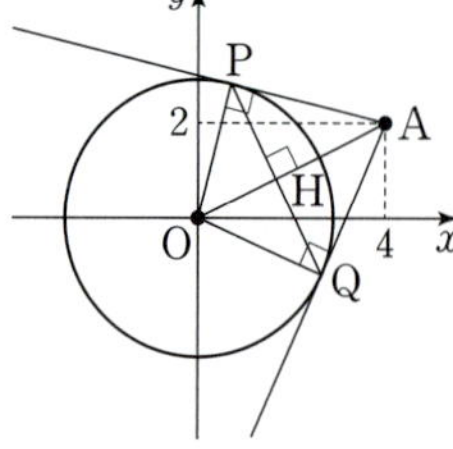

$$\begin{aligned}
\overline{AP}&=\sqrt{\overline{OA}^2-\overline{OP}^2}\\
&=\sqrt{(2\sqrt{5})^2-(2\sqrt{2})^2}\\
&=2\sqrt{3}
\end{aligned}$$

$\overline{OA}$와 $\overline{PQ}$의 교점을 H라 하면 $\overline{OA}\perp\overline{PQ}$이므로 직각삼각형 APO
에서

$$\overline{AP}\times\overline{OP}=\overline{OA}\times\overline{PH}$$

$$2\sqrt{3}\times2\sqrt{2}=2\sqrt{5}\times\overline{PH}$$

$$\therefore \overline{PH}=\dfrac{2\sqrt{30}}{5}$$

$$\therefore \overline{PQ}=2\overline{PH}=\dfrac{4\sqrt{30}}{5}$$

0296 답 ③

원의 중심을 $C(a,\,b)\,(a<0,\,b<0)$라 하면 y축에 접하는 원의 방
정식은

$$(x-a)^2+(y-b)^2=a^2$$

오른쪽 그림과 같이 원
$(x-a)^2+(y-b)^2=a^2$과 x축의 두 교
점을 A, B라 하고, 원의 중심 C에서 x
축에 내린 수선의 발을 H라 하면 원이
x축에 의하여 잘린 현은 $\overline{AB}$이다.

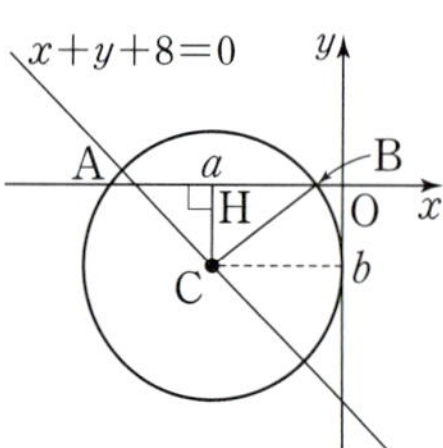

직각삼각형 BHC에서

$\overline{BH}=\dfrac{1}{2}\overline{AB}=4$이고, $\overline{CB}$의 길이는 원의 반지름의 길이 $-a$와 같
으므로

$$\overline{CB}^2=\overline{BH}^2+\overline{CH}^2$$

$$(-a)^2=4^2+(-b)^2$$

$$\therefore a^2=b^2+16\quad\cdots\cdots\ \bigcirc$$

또 점 $C(a,\,b)$가 직선 $x+y+8=0$ 위의 점이므로

$$a+b+8=0$$

$$\therefore a=-b-8\quad\cdots\cdots\ \bigcirc$$

ⓛ을 ㉠에 대입하면

$$(-b-8)^2=b^2+16$$

$$16b=-48\quad\therefore b=-3$$

이를 ⓛ에 대입하면 $a=-5$

따라서 구하는 원의 반지름의 길이는 5이다.

0297 답 $\dfrac{7}{2}$

오른쪽 그림과 같이 원의 중심을
$C(1,\,2)$라 하고, 점 C에서 직선
$y=kx$에 내린 수선의 발을 H라 하
면 $\overline{AB}=2\overline{AH}$이므로 $\overline{AH}$의 길이가
최소일 때, $\overline{AB}$의 길이도 최소이다.

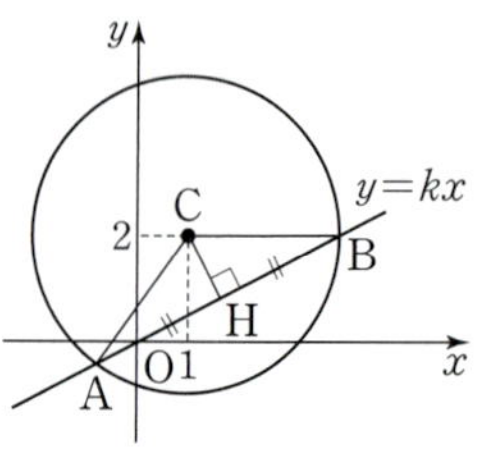

직각삼각형 CAH에서 $\overline{CA}$의 길이는
원의 반지름의 길이와 같으므로

$$\overline{AH}=\sqrt{\overline{CA}^2-\overline{CH}^2}=\sqrt{3^2-\overline{CH}^2}\quad\cdots\cdots\ \bigcirc$$

즉, $\overline{CH}$의 길이가 최대일 때, $\overline{AH}$의 길이가 최소이다.

$\overline{CH}$의 길이가 최대일 때는 오른쪽 그림
과 같이 점 H가 원점 O와 일치할 때이
므로 $\overline{CH}$의 길이의 최댓값은

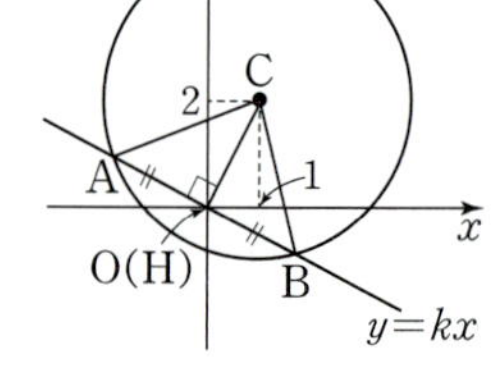

$$\overline{OC}=\sqrt{1^2+2^2}=\sqrt{5}$$

따라서 $\overline{AH}$의 길이의 최솟값은 ㉠에서

$$\sqrt{3^2-(\sqrt{5})^2}=2$$이므로 $\overline{AB}$의 길이의

최솟값은

$$2\times2=4$$

이때 직선 OC의 기울기는 2이고 직선 AB, 즉 직선 $y=kx$는 직선
OC에 수직이므로

$$k=-\dfrac{1}{2}$$

따라서 구하는 합은 $4+\left(-\dfrac{1}{2}\right)=\dfrac{7}{2}$

0298 답 ③

직선 l의 방정식을
$2x-y+k=0\,(k>0)$이라 하고 원
점 O에서 직선 l에 내린 수선의 발
을 H라 하면

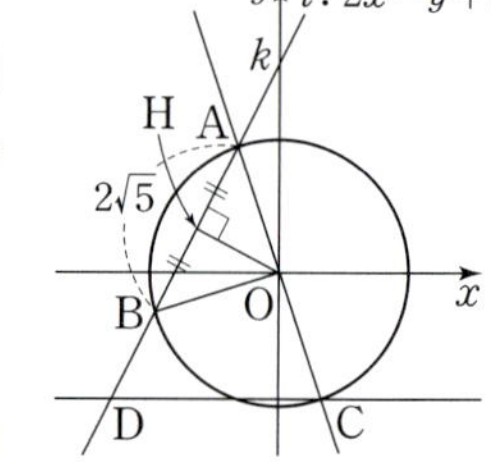

$$\overline{AH}=\dfrac{1}{2}\overline{AB}=\sqrt{5}$$

직각삼각형 OAH에서 $\overline{OA}$의 길이
는 원의 반지름의 길이와 같으므로

$$\overline{OH}=\sqrt{\overline{OA}^2-\overline{AH}^2}=\sqrt{(\sqrt{10})^2-(\sqrt{5})^2}=\sqrt{5}$$

이때 $\overline{OH}$의 길이는 원의 중심 $O(0,\,0)$과 직선 $2x-y+k=0$ 사이
의 거리와 같으므로

$$\dfrac{|k|}{\sqrt{2^2+(-1)^2}}=\sqrt{5},\ |k|=5\quad\therefore k=5\,(\because k>0)$$

두 점 A, B는 직선 $2x-y+5=0$과 원 $x^2+y^2=10$이 만나는 점이
므로 $y=2x+5$를 $x^2+y^2=10$에 대입하면

$$x^2+(2x+5)^2=10,\ x^2+4x+3=0$$

$$(x+1)(x+3)=0\quad\therefore x=-3\ 또는\ x=-1$$

$$\therefore A(-1,\,3),\ B(-3,\,-1)$$

즉, 직선 OA의 방정식은 $y=-3x$

이를 $x^2+y^2=10$에 대입하면

$$x^2+(-3x)^2=10,\ 10x^2=10$$

$$x^2=1\quad\therefore x=\pm1$$

$$\therefore C(1,\,-3)$$

점 C를 지나고 x축과 평행한 직선 $y=-3$이 직선 $2x-y+5=0$과
만나는 점 D의 x좌표는
$2x+8=0$에서 $x=-4$
$\therefore$ D$(-4, -3)$
따라서 $a=-4$, $b=-3$이므로
$a+b=-7$

0299 답 ②

$x^2+y^2+4x+2y-4=0$에서
$(x+2)^2+(y+1)^2=9$
원의 중심 $(-2, -1)$과 직선 $4x+3y-14=0$ 사이의 거리는
$$\frac{|-8-3-14|}{\sqrt{4^2+3^2}}=5$$
원의 반지름의 길이가 3이므로
$M=5+3=8$, $m=5-3=2$
$\therefore Mm=16$

0300 답 ③

$x^2+y^2-4x+8y+2=0$에서
$(x-2)^2+(y+4)^2=18$
원의 중심 $(2, -4)$와 직선 $x-y+k=0$ 사이의 거리는
$$\frac{|2+4+k|}{\sqrt{1^2+(-1)^2}}=\frac{|k+6|}{\sqrt{2}}$$
원 위의 점과 직선 사이의 거리의 최솟값이 $4\sqrt{2}$이고, 원의 반지름
의 길이가 $3\sqrt{2}$이므로
$$\frac{|k+6|}{\sqrt{2}}-3\sqrt{2}=4\sqrt{2}$$
$|k+6|=14$
$k+6=\pm14$
$\therefore k=-20$ 또는 $k=8$
따라서 양수 k의 값은 8이다.

0301 답 25

$x^2+y^2-6x+4y+5=0$에서
$(x-3)^2+(y+2)^2=8$
$\overline{AB}=\sqrt{(3+2)^2+(4+1)^2}=5\sqrt{2}$
삼각형 APB에서 밑변을 $\overline{AB}$라 하면 높이는 원 위의 점 P와 직선
AB 사이의 거리와 같으므로 점 P와 직선 AB 사이의 거리가 최대
일 때, 삼각형 APB의 넓이도 최대이다.　　　……❶
직선 AB의 방정식은
$$y+1=\frac{4+1}{3+2}(x+2)$$
$\therefore x-y+1=0$
원의 중심 $(3, -2)$와 직선 $x-y+1=0$
사이의 거리는
$$\frac{|3+2+1|}{\sqrt{1^2+(-1)^2}}=3\sqrt{2}$$
원의 반지름의 길이가 $2\sqrt{2}$이므로 삼각형 APB의 높이의 최댓값은
$3\sqrt{2}+2\sqrt{2}=5\sqrt{2}$　　　……❷

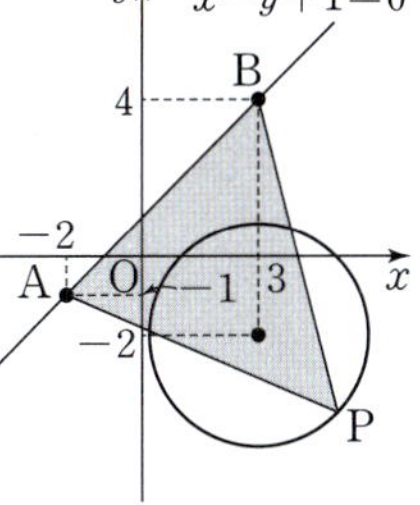

따라서 삼각형 APB의 넓이의 최댓값은
$$\frac{1}{2}\times5\sqrt{2}\times5\sqrt{2}=25$$　　　……❸

채점 기준

❶ 삼각형 APB의 넓이가 최대가 되는 경우 파악하기	30%
❷ 삼각형 APB의 높이의 최댓값 구하기	50%
❸ 삼각형 APB의 넓이의 최댓값 구하기	20%

0302 답 ④

원의 중심 $(0, 0)$과 직선 $y=x-2\sqrt{2}$, 즉 $x-y-2\sqrt{2}=0$ 사이의
거리는
$$\frac{|-2\sqrt{2}|}{\sqrt{1^2+(-1)^2}}=2$$
원의 반지름의 길이가 1이므로 점 A와 직선 BC 사이의 거리의 최
댓값과 최솟값은 각각
$2+1=3$, $2-1=1$
따라서 정삼각형 ABC의 넓이는 높이가 3일 때 최대이고, 높이가 1
일 때 최소이므로 구하는 넓이의 비는
$3^2 : 1^2=9 : 1$

0303 답 $\dfrac{5}{3}$

P(a, b)라 하고 삼각형 PAB의 무게중심의 좌표를 (x, y)라 하면
$$x=\frac{4+1+a}{3}, \quad y=\frac{3+7+b}{3}$$
$\therefore a=3x-5$, $b=3y-10$　　　……㉠　　　……❶
점 P(a, b)가 원 $(x-1)^2+(y-2)^2=4$ 위의 점이므로
$(a-1)^2+(b-2)^2=4$
이 식에 ㉠을 대입하면
$(3x-5-1)^2+(3y-10-2)^2=4$
$\therefore (x-2)^2+(y-4)^2=\dfrac{4}{9}$
즉, 삼각형 PAB의 무게중심이 나타내는 도형은 중심의 좌표가
$(2, 4)$이고 반지름의 길이가 $\dfrac{2}{3}$인 원이다.　　　……❷
한편 직선 AB의 방정식은
$$y-3=\frac{7-3}{1-4}(x-4)\qquad \therefore 4x+3y-25=0$$
삼각형 PAB의 무게중심이 나타내는 원의 중심 $(2, 4)$와 직선
$4x+3y-25=0$ 사이의 거리는
$$\frac{|8+12-25|}{\sqrt{4^2+3^2}}=1$$
원의 반지름의 길이가 $\dfrac{2}{3}$이므로 삼각형 PAB의 무게중심과 직선
AB 사이의 거리의 최댓값은
$$1+\frac{2}{3}=\frac{5}{3}$$　　　……❸

채점 기준

❶ 점 P의 좌표를 삼각형 PAB의 무게중심의 좌표를 이용하여 나타내기	30%
❷ 삼각형 PAB의 무게중심이 나타내는 도형 구하기	30%
❸ 삼각형 PAB의 무게중심과 직선 AB 사이의 거리의 최댓값 구하기	40%

0304 답 22

오른쪽 그림과 같이 직선 l은 원점과 점 $(3, 4)$를 지나는 직선에 수직이어야 한다.

원점과 점 $(3, 4)$를 지나는 직선의 방정식은 $y=\dfrac{4}{3}x$이므로 직선 l의 기울기는 $-\dfrac{3}{4}$이다.

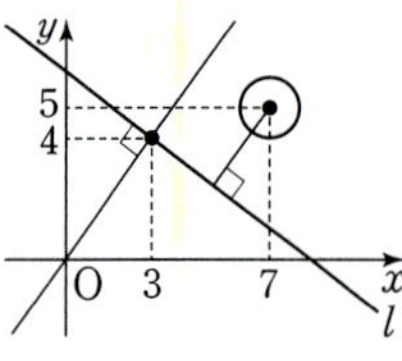

즉, 직선 l의 방정식은

$$y-4=-\frac{3}{4}(x-3) \qquad \therefore 3x+4y-25=0$$

원의 중심 $(7, 5)$와 직선 l 사이의 거리는

$$\frac{|21+20-25|}{\sqrt{3^2+4^2}}=\frac{16}{5}$$

원의 반지름의 길이가 1이므로 원 위의 점 P와 직선 l 사이의 거리의 최솟값 m은

$$m=\frac{16}{5}-1=\frac{11}{5} \qquad \therefore 10m=22$$

0305 답 ④

$$\overline{AB}=\sqrt{1^2+(-\sqrt{3})^2}=2$$

삼각형 ABP에서 밑변을 $\overline{AB}$라 하면 높이는 원 위의 점 P와 직선 AB 사이의 거리와 같다.

삼각형 ABP의 높이를 h라 하면 삼각형 ABP의 넓이는

$$\frac{1}{2}\times\overline{AB}\times h=\frac{1}{2}\times2\times h=h$$

즉, 삼각형 ABP의 넓이가 자연수가 되려면 h가 자연수이어야 한다.

이때 직선 AB의 방정식은

$$\frac{x}{1}+\frac{y}{\sqrt{3}}=1 \qquad \therefore \sqrt{3}x+y-\sqrt{3}=0$$

원의 중심 $(1, 10)$과 직선 $\sqrt{3}x+y-\sqrt{3}=0$ 사이의 거리를 d라 하면

$$d=\frac{|\sqrt{3}+10-\sqrt{3}|}{\sqrt{(\sqrt{3})^2+1^2}}=5$$

원의 반지름의 길이를 r라 하면 $r=3$

오른쪽 그림에서 원 위의 점과 직선 AB 사이의 거리, 즉 h의 값이 최대일 때는 점 P가 점 P_1일 때이므로 최댓값은

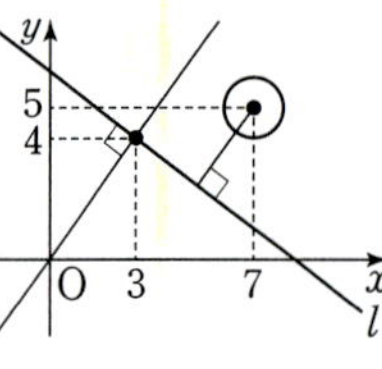

$$d+r=5+3=8$$

최소일 때는 점 P가 점 P_2일 때이므로 최솟값은

$$d-r=5-3=2$$

$$\therefore 2\leq h\leq 8$$

따라서 h가 될 수 있는 자연수는 2, 3, 4, …, 8이다.

이때 $h=2$, $h=8$이 되는 점 P는 P_2, P_1의 각각 1개이고 $h=3$, 4, 5, 6, 7이 되는 점 P는 각각 2개이므로 구하는 점 P의 개수는

$$1+1+2\times5=12$$

0306 답 ⑤

직선 $6x-2y+1=0$, 즉 $y=3x+\dfrac{1}{2}$에 평행한 직선의 기울기는 3이고 원 $x^2+y^2=4$의 반지름의 길이는 2이므로 접선의 방정식은

$$y=3x\pm2\sqrt{3^2+1} \qquad \therefore y=3x\pm2\sqrt{10}$$

따라서 $m=3$, $n=\pm2\sqrt{10}$이므로 $m^2+n^2=9+40=49$

0307 답 2

$x^2+y^2-6x+4y+3=0$에서

$$(x-3)^2+(y+2)^2=10$$

원의 중심 $(3, -2)$와 점 $(2, 1)$을 지나는 직선의 기울기는

$$\frac{1+2}{2-3}=-3$$

즉, 점 $(2, 1)$에서의 접선의 기울기는 $\dfrac{1}{3}$이므로 접선의 방정식은

$$y-1=\frac{1}{3}(x-2) \qquad \therefore y=\frac{1}{3}x+\frac{1}{3} \qquad\cdots\cdots ❶$$

이 접선이 점 $(5, a)$를 지나므로

$$a=\frac{5}{3}+\frac{1}{3}=2 \qquad\cdots\cdots ❷$$

채점 기준

❶ 접선의 방정식 구하기		80%
❷ a의 값 구하기		20%

0308 답 ③

기울기가 1인 접선의 방정식을

$$y=x+k,\ \text{즉}\ x-y+k=0 \qquad\cdots\cdots ㉠$$

이라 하면 원의 중심 $(-2, 3)$과 직선 ㉠ 사이의 거리는

$$\frac{|-2-3+k|}{\sqrt{1^2+(-1)^2}}=\frac{|k-5|}{\sqrt{2}}$$

원의 반지름의 길이가 $2\sqrt{2}$이므로 원과 직선 ㉠이 접하려면

$$\frac{|k-5|}{\sqrt{2}}=2\sqrt{2},\ |k-5|=4$$

$$k-5=\pm4$$

$$\therefore k=1\ \text{또는}\ k=9$$

즉, 두 직선은 $y=x+1$, $y=x+9$이므로 x절편은 각각 -1, -9이다.

따라서 구하는 x절편의 차는

$$-1-(-9)=8$$

0309 답 ④

점 $(a, 4\sqrt{3})$은 원 $x^2+y^2=r^2$ 위의 점이므로

$$a^2+(4\sqrt{3})^2=r^2$$

$$\therefore a^2+48=r^2 \qquad\cdots\cdots ㉠$$

원 $x^2+y^2=r^2$ 위의 점 $(a, 4\sqrt{3})$에서의 접선의 방정식은

$$ax+4\sqrt{3}y=r^2$$

$$\therefore ax+4\sqrt{3}y-r^2=0$$

이 식이 $x-\sqrt{3}y+b=0$과 일치하므로

$$\frac{a}{1}=\frac{4\sqrt{3}}{-\sqrt{3}}=\frac{-r^2}{b}$$

$$\frac{a}{1}=\frac{4\sqrt{3}}{-\sqrt{3}}\text{에서}\ a=-4$$

이를 ㉠에 대입하면

$$64=r^2 \qquad \therefore r=8\,(\because r>0)$$

또 $\dfrac{4\sqrt{3}}{-\sqrt{3}}=\dfrac{-64}{b}$에서

$$4b=64 \qquad \therefore b=16$$

$$\therefore a+b+r=20$$

0310 답 ③

접점의 좌표를 (x_1, y_1)이라 하면 접선의 방정식은
$$x_1 x + y_1 y = 2 \quad \cdots\cdots \ \text{㉠}$$
이 접선이 점 $(2, -4)$를 지나므로
$$2x_1 - 4y_1 = 2$$
$$\therefore \ x_1 = 2y_1 + 1 \quad \cdots\cdots \ \text{㉡}$$
또 접점 (x_1, y_1)은 원 $x^2 + y^2 = 2$ 위에 있으므로
$$x_1^2 + y_1^2 = 2 \quad \cdots\cdots \ \text{㉢}$$
㉡, ㉢을 연립하여 풀면
$$x_1 = -1, \ y_1 = -1 \ \text{또는} \ x_1 = \frac{7}{5}, \ y_1 = \frac{1}{5}$$
이를 ㉠에 대입하여 정리하면 접선의 방정식은
$$x + y + 2 = 0 \ \text{또는} \ 7x + y - 10 = 0$$
따라서 두 접선이 각각 y축과 만나는 점의 좌표는 $(0, -2)$, $(0, 10)$
이므로
$$a = -2, \ b = 10 \ \text{또는} \ a = 10, \ b = -2$$
$$\therefore \ a + b = 8$$

0311 답 ②

원 $x^2 + y^2 = 10$ 위의 점 $(3, 1)$에서의 접선의 방정식은
$$3x + y = 10 \quad \therefore \ y = -3x + 10$$
또 원 $x^2 + y^2 = 10$ 위의 점 $(3, -1)$에서의 접선의 방정식은
$$3x - y = 10 \quad \therefore \ y = 3x - 10$$
두 접선의 교점의 x좌표는
$$-3x + 10 = 3x - 10 \quad \therefore \ x = \frac{10}{3}$$
즉, 두 접선의 교점의 좌표는 $\left(\frac{10}{3}, \ 0 \right)$이다.

따라서 오른쪽 그림에서 구하는 넓이는

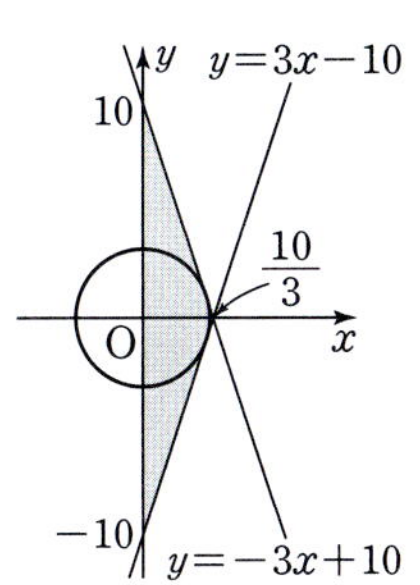

$$\frac{1}{2} \times |10 - (-10)| \times \frac{10}{3} = \frac{100}{3}$$

0312 답 ①

접선의 기울기를 m이라 하면 기울기가 m이고 점 $(1, 2)$를 지나는
접선의 방정식은
$$y - 2 = m(x - 1) \quad \therefore \ mx - y - m + 2 = 0 \quad \cdots\cdots \ \text{㉠}$$
$x^2 + y^2 - 6x - 8y + 24 = 0$에서
$$(x - 3)^2 + (y - 4)^2 = 1$$
원의 중심 $(3, 4)$와 직선 ㉠ 사이의 거리는
$$\frac{|3m - 4 - m + 2|}{\sqrt{m^2 + (-1)^2}} = \frac{|2m - 2|}{\sqrt{m^2 + 1}}$$
원의 반지름의 길이가 1이므로 원과 직선 ㉠이 접하려면
$$\frac{|2m - 2|}{\sqrt{m^2 + 1}} = 1, \ |2m - 2| = \sqrt{m^2 + 1}$$
양변을 제곱하면
$$4m^2 - 8m + 4 = m^2 + 1$$
$$\therefore \ 3m^2 - 8m + 3 = 0$$
이 이차방정식의 두 근이 두 접선의 기울기이므로 근과 계수의 관계
에 의하여 두 접선의 기울기의 곱은 $\frac{3}{3} = 1$이다.

0313 답 ③

원 $x^2 + y^2 = 9$의 반지름의 길이가 3이므로
기울기가 -1인 접선의 방정식은
$$y = -x \pm 3\sqrt{(-1)^2 + 1} \quad \therefore \ y = -x \pm 3\sqrt{2}$$
기울기가 1인 접선의 방정식은
$$y = x \pm 3\sqrt{1^2 + 1} \quad \therefore \ y = x \pm 3\sqrt{2}$$
따라서 오른쪽 그림에서 네 직선으로 둘
러싸인 사각형의 넓이는
$$4 \times \left(\frac{1}{2} \times 3\sqrt{2} \times 3\sqrt{2} \right) = 36$$

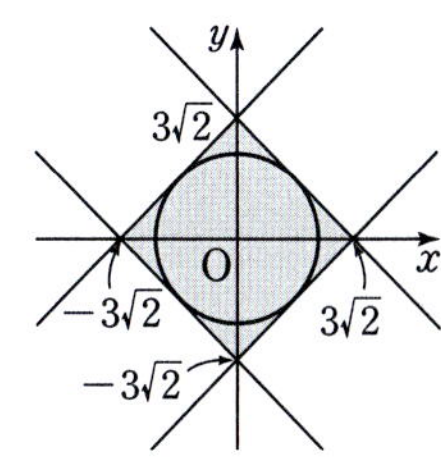

0314 답 8

원 $x^2 + y^2 = 25$ 위의 점 $(3, -4)$에서의 접선의 방정식은
$$3x - 4y = 25$$
$$\therefore \ 3x - 4y - 25 = 0 \quad \cdots\cdots \ \text{㉠}$$
원 $(x - 6)^2 + (y - 8)^2 = r^2$의 중심 $(6, 8)$과 직선 ㉠ 사이의 거리는
$$\frac{|18 - 32 - 25|}{\sqrt{3^2 + (-4)^2}} = \frac{39}{5}$$
직선 ㉠이 원 $(x - 6)^2 + (y - 8)^2 = r^2$과 만나려면
$$r \geq \frac{39}{5}$$
따라서 자연수 r의 최솟값은 8이다.

0315 답 ③

원 $x^2 + y^2 = 40$ 위의 점 (a, b)에서의 접선의 방정식은
$$ax + by = 40$$
$$\therefore \ ax + by - 40 = 0$$
이 직선이 직선 $3x - y - 20 = 0$과 서로 수직이므로
$$3a - b = 0 \quad \cdots\cdots \ \text{㉠}$$
한편 점 (a, b)는 원 $x^2 + y^2 = 40$ 위에 있으므로
$$a^2 + b^2 = 40 \quad \cdots\cdots \ \text{㉡}$$
㉠, ㉡을 연립하여 풀면
$$a = -2, \ b = -6 \ \text{또는} \ a = 2, \ b = 6$$
$$\therefore \ ab = 12$$

0316 답 $\sqrt{7}x - y - 4 = 0$

직선 l이 원 O'의 넓이를 이등분하므로 직선 l은 원 O'의 중심
$(0, -4)$를 지난다. $\quad \cdots\cdots \ \mathbf{0}$
즉, 직선 l의 기울기를 $m\,(m > 0)$이라 하면 직선 l의 방정식은
$$y + 4 = mx$$
$$\therefore \ mx - y - 4 = 0 \quad \cdots\cdots \ \text{㉠}$$
원 O의 중심 $(0, 0)$과 직선 ㉠ 사이의 거리는
$$\frac{|-4|}{\sqrt{m^2 + (-1)^2}} = \frac{4}{\sqrt{m^2 + 1}}$$
원 O의 반지름의 길이가 $\sqrt{2}$이고 원 O와 직선 ㉠이 접하므로
$$\frac{4}{\sqrt{m^2 + 1}} = \sqrt{2}, \ 4 = \sqrt{2}\sqrt{m^2 + 1}$$

양변을 제곱하면

$16=2m^2+2,\ m^2=7$

$\therefore m=\sqrt{7}\ (\because m>0)$　　　　　……ⅱ

이를 ㉠에 대입하면 직선 l의 방정식은

$\sqrt{7}\,x-y-4=0$　　　　　　　　……ⅲ

ⅰ 직선 l이 원 O'의 넓이를 이등분하는 경우 파악하기	20%
ⅱ 직선 l의 기울기 구하기	70%
ⅲ 직선 l의 방정식 구하기	10%

0317 답 ②

원 $x^2+y^2=4$ 위의 점 $P(a,\ b)\ (a>0,\ b>0)$에서의 접선의 방정식은

$ax+by=4$

$\therefore Q\left(\dfrac{4}{a},\ 0\right),\ R\left(0,\ \dfrac{4}{b}\right)$

$\overline{QR}=4\sqrt{5}$이므로

$\sqrt{\left(-\dfrac{4}{a}\right)^2+\left(\dfrac{4}{b}\right)^2}=4\sqrt{5}$

양변을 제곱하면

$\left(-\dfrac{4}{a}\right)^2+\left(\dfrac{4}{b}\right)^2=80$

$\dfrac{1}{a^2}+\dfrac{1}{b^2}=5$

$\therefore a^2+b^2=5a^2b^2$　　……㉠

한편 점 P는 원 $x^2+y^2=4$ 위에 있으므로

$a^2+b^2=4$

이를 ㉠에 대입하면

$4=5a^2b^2,\ (ab)^2=\dfrac{4}{5}$

$\therefore ab=\dfrac{2\sqrt{5}}{5}\ (\because a>0,\ b>0)$

0318 답 $4\sqrt{13}$

원 $x^2+y^2=13$ 위의 점 $P(2,\ 3)$에서의 접선의 방정식은

$2x+3y=13$　　……㉠

원 $x^2+y^2=13$ 위의 점 $Q(-3,\ 2)$에서의 접선의 방정식은

$-3x+2y=13$　　……㉡　　　　　……ⅰ

㉠, ㉡에서 $2\times(-3)+3\times2=0$이므로 두 직선 ㉠, ㉡은 서로 수직이다.　　　　　　　　……ⅱ

따라서 오른쪽 그림과 같이 사각형 OPRQ는 한 변의 길이가 원의 반지름의 길이와 같은 정사각형이므로 구하는 둘레의 길이는

$4\times\sqrt{13}=4\sqrt{13}$　　……ⅲ

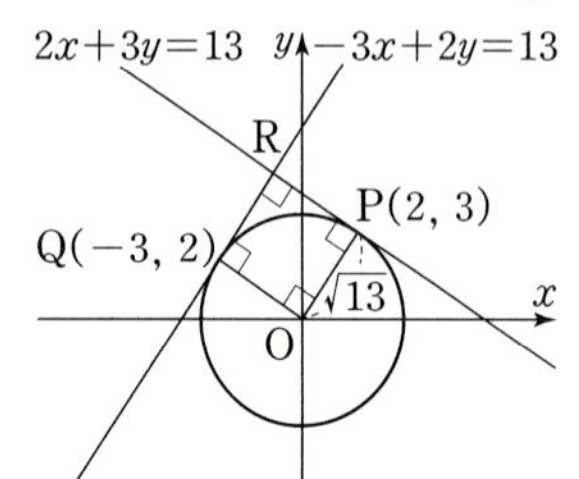

ⅰ 두 점 $P,\ Q$에서의 접선의 방정식 구하기	40%
ⅱ 두 점 $P,\ Q$에서의 접선의 위치 관계 구하기	20%
ⅲ 사각형 OPRQ의 둘레의 길이 구하기	40%

0319 답 ⑤

$P(x_1,\ y_1)\ (x_1>0,\ y_1>0)$이라 하면 점 P는 원 $x^2+y^2=16$ 위에 있으므로

$x_1^2+y_1^2=16$　　$\therefore y_1^2=16-x_1^2$　　……㉠

한편 원 위의 점 P에서의 접선의 방정식은

$x_1x+y_1y=16$　　$\therefore y=\dfrac{-x_1x+16}{y_1}\ (\because y_1\neq0)$

$\therefore f(x)=\dfrac{-x_1x+16}{y_1}$

$\therefore f(-4)f(4)=\dfrac{4x_1+16}{y_1}\times\dfrac{-4x_1+16}{y_1}$

$=\dfrac{(16+4x_1)(16-4x_1)}{y_1^2}$

$=\dfrac{16(16-x_1^2)}{16-x_1^2}\ (\because ㉠)$

$=16$

0320 답 ④

접점의 좌표를 $(x_1,\ y_1)$이라 하면 접선의 방정식은

$x_1x+y_1y=9$

이 직선이 점 $A(6,\ 3)$을 지나므로

$6x_1+3y_1=9$　　$\therefore y_1=-2x_1+3$　　……㉠

또 접점 $(x_1,\ y_1)$은 원 $x^2+y^2=9$ 위에 있으므로

$x_1^2+y_1^2=9$　　　　　　……㉡

㉠, ㉡을 연립하여 풀면

$x_1=0,\ y_1=3$ 또는 $x_1=\dfrac{12}{5},\ y_1=-\dfrac{9}{5}$

즉, 접점의 좌표는 $(0,\ 3),\ \left(\dfrac{12}{5},\ -\dfrac{9}{5}\right)$이다.

$B(0,\ 3),\ C\left(\dfrac{12}{5},\ -\dfrac{9}{5}\right)$라 하고, 삼각형 ABC에서 밑변을 $\overline{AB}$라 하면 높이는

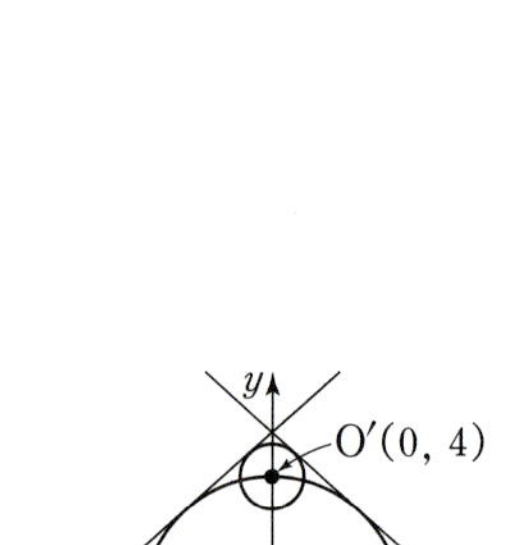

$3-\left(-\dfrac{9}{5}\right)=\dfrac{24}{5}$

따라서 $\overline{AB}=6$이므로 삼각형 ABC의 넓이는

$\dfrac{1}{2}\times6\times\dfrac{24}{5}=\dfrac{72}{5}$

0321 답 ①

오른쪽 그림과 같이 두 원 $x^2+y^2=16,\ x^2+(y-4)^2=1$의 중심을 각각 $O(0,\ 0),\ O'(0,\ 4)$라 하고, 두 원에 동시에 접하는 직선의 방정식을

$y=ax+b$, 즉 $ax-y+b=0$

$(a,\ b$는 상수)이라 하자.

중심이 점 $O(0,\ 0)$이고 반지름의 길이가 4인 원과 직선 $ax-y+b=0$이 접하므로

$\dfrac{|b|}{\sqrt{a^2+(-1)^2}}=4,\ |b|=4\sqrt{a^2+1}$

$\therefore \sqrt{a^2+1}=\dfrac{1}{4}|b|$　　……㉠

또 중심이 점 $O'(0, 4)$이고 반지름의 길이가 1인 원과 직선
$ax-y+b=0$이 접하므로

$$\frac{|-4+b|}{\sqrt{a^2+(-1)^2}}=1$$

$$\therefore \sqrt{a^2+1}=|b-4|$$

이 식에 ㉠을 대입하면

$$\frac{1}{4}|b|=|b-4|$$

$$\frac{1}{4}b=\pm(b-4)$$

$$\therefore b=\frac{16}{5} \text{ 또는 } b=\frac{16}{3}$$

이때 직선 $y=ax+b$와 y축의 교점은 두 원 밖에 있어야 하므로
$b>5$

따라서 구하는 직선의 y절편은 b이므로 $\dfrac{16}{3}$이다.

0322 답 $\sqrt{7}$

접선의 기울기를 m이라 하면 기울기가 m이고 점 $(0, a)$를 지나는
접선의 방정식은

$$y-a=mx$$

$$\therefore mx-y+a=0 \qquad \cdots\cdots ㉠$$

원의 중심 $(1, 0)$과 직선 ㉠ 사이의 거리는

$$\frac{|m+a|}{\sqrt{m^2+(-1)^2}}=\frac{|m+a|}{\sqrt{m^2+1}}$$

원의 반지름의 길이가 2이므로 원과 직선 ㉠이 접하려면

$$\frac{|m+a|}{\sqrt{m^2+1}}=2, \ |m+a|=2\sqrt{m^2+1}$$

양변을 제곱하면

$$m^2+2am+a^2=4m^2+4$$

$$\therefore 3m^2-2am-a^2+4=0 \qquad \cdots\cdots ㉡$$

이때 두 접선이 서로 수직이므로 m에 대한 이차방정식 ㉡의 두 근
의 곱이 -1이다.

즉, 이차방정식의 근과 계수의 관계에 의하여

$$\frac{-a^2+4}{3}=-1, \ a^2=7$$

$$\therefore a=\pm\sqrt{7}$$

따라서 양수 a의 값은 $\sqrt{7}$이다.

다른 풀이

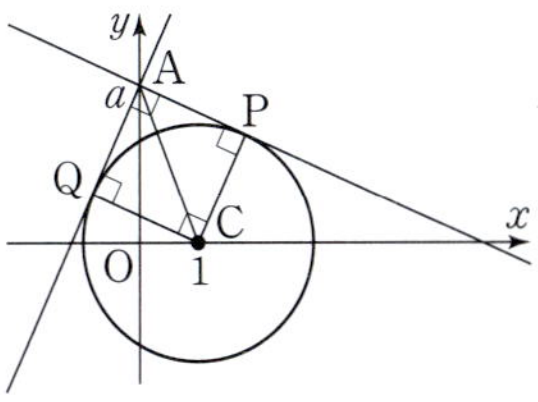

오른쪽 그림과 같이 두 접점을 P,
Q라 하고, $A(0, a)$라 하자.
원의 중심을 $C(1, 0)$이라 하면 두
접선이 서로 수직이므로 사각형
AQCP는 한 변의 길이가 원의 반
지름의 길이와 같은 정사각형이다.

$$\therefore \overline{AP}=\overline{CP}=2$$

직각삼각형 ACP에서

$$\overline{AC}^2=\overline{AP}^2+\overline{CP}^2$$

$$1^2+(-a)^2=2^2+2^2$$

$$a^2=7 \qquad \therefore a=\pm\sqrt{7}$$

따라서 양수 a의 값은 $\sqrt{7}$이다.

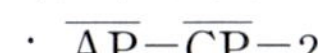

0323 답 ②

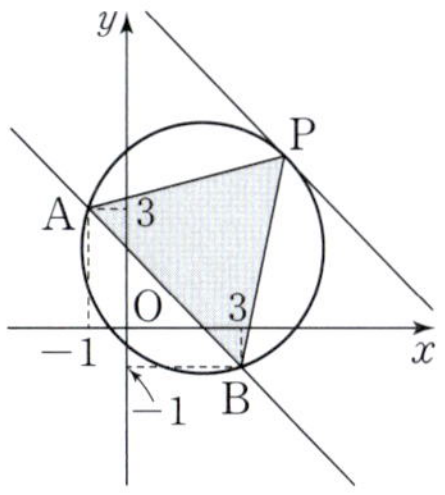

오른쪽 그림과 같이 삼각형 PAB의 넓
이는 점 P에서의 접선이 직선 AB와 평
행하면서 y절편이 양수일 때 최대이다.
직선 AB의 기울기는

$$\frac{-1-3}{3+1}=-1$$

이므로 접선의 방정식을

$$y=-x+k\,(k>0), \text{ 즉 } x+y-k=0 \qquad \cdots\cdots ㉠$$

이라 하면 원의 중심 $(2, 2)$와 직선 ㉠ 사이의 거리는

$$\frac{|2+2-k|}{\sqrt{1^2+1^2}}=\frac{|k-4|}{\sqrt{2}}$$

원의 반지름의 길이가 $\sqrt{10}$이므로 원과 직선 ㉠이 접하려면

$$\frac{|k-4|}{\sqrt{2}}=\sqrt{10}, \ |k-4|=2\sqrt{5}$$

$$k-4=\pm2\sqrt{5} \qquad \therefore k=4-2\sqrt{5} \text{ 또는 } k=4+2\sqrt{5}$$

그런데 $k>0$이므로 $k=4+2\sqrt{5}$

즉, 점 P를 지나는 접선의 방정식은 $x+y-4-2\sqrt{5}=0$이므로 점
$A(-1, 3)$과 직선 $x+y-4-2\sqrt{5}=0$ 사이의 거리는

$$\frac{|-1+3-4-2\sqrt{5}|}{\sqrt{1^2+1^2}}=\frac{2+2\sqrt{5}}{\sqrt{2}}=\sqrt{2}+\sqrt{10}$$

이때 $\overline{AB}=\sqrt{(3+1)^2+(-1-3)^2}=4\sqrt{2}$이므로 삼각형 PAB의
넓이의 최댓값은

$$\frac{1}{2}\times4\sqrt{2}\times(\sqrt{2}+\sqrt{10})=4+4\sqrt{5}=4(1+\sqrt{5})$$

따라서 $a=1$, $b=5$이므로

$$a+b=6$$

0324 답 ④

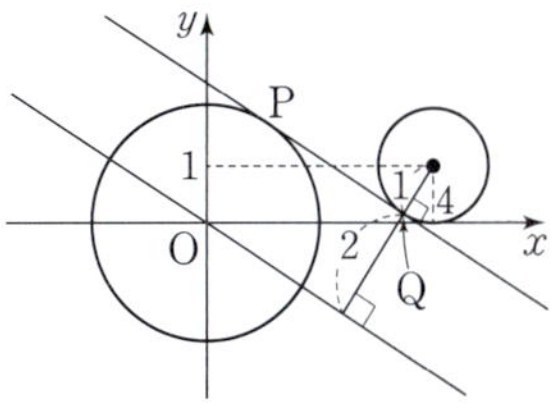

오른쪽 그림과 같이 직선 PQ의 기
울기는 직선 PQ가 두 원에 동시
에 접할 때 최소이다.
이때 직선 PQ의 기울기를
$m\,(m<0)$이라 하면 직선 PQ와
평행하고 점 $(0, 0)$을 지나는 직
선의 방정식은

$$y=mx \qquad \therefore mx-y=0$$

원 $(x-4)^2+(y-1)^2=1$의 중심 $(4, 1)$과 직선 $mx-y=0$ 사이
의 거리는

$$\frac{|4m-1|}{\sqrt{m^2+(-1)^2}}=\frac{|4m-1|}{\sqrt{m^2+1}}$$

이때 두 원 $x^2+y^2=4$, $(x-4)^2+(y-1)^2=1$의 반지름의 길이는
각각 2, 1이고 점 $(4, 1)$과 직선 $mx-y=0$ 사이의 거리는
$2+1=3$이므로

$$\frac{|4m-1|}{\sqrt{m^2+1}}=3, \ |4m-1|=3\sqrt{m^2+1}$$

양변을 제곱하면 $16m^2-8m+1=9m^2+9$

$$7m^2-8m-8=0 \qquad \therefore m=\frac{4-6\sqrt{2}}{7}\,(\because m<0)$$

따라서 직선 PQ의 기울기의 최솟값은 $\dfrac{4-6\sqrt{2}}{7}$이다.

0325 답 ④

원 $x^2+y^2=25$의 반지름 길이가 5이
므로 기울기가 $m\,(m<0)$인 접선 l
의 방정식은
$$y=mx\pm5\sqrt{m^2+1}$$
이때 제1사분면 위의 점 P에서의 접
선 l의 y절편은 양수이므로 접선 l의
방정식은
$$y=mx+5\sqrt{m^2+1}\qquad\therefore\ mx-y+5\sqrt{m^2+1}=0$$
원 $x^2+(y-5)^2=9$의 중심을 C(0, 5)라 하고 점 C에서 직선 l에
내린 수선의 발을 H라 하면
$$\overline{AH}=\frac{1}{2}\,\overline{AB}=\sqrt{5}$$
직각삼각형 CAH에서 $\overline{CA}$의 길이는 원의 반지름의 길이와 같으므로
$$\overline{CH}=\sqrt{\overline{CA}^2-\overline{AH}^2}=\sqrt{3^2-(\sqrt{5})^2}=2$$
이때 $\overline{CH}$의 길이는 원의 중심 C(0, 5)와 직선
$mx-y+5\sqrt{m^2+1}=0$ 사이의 거리와 같으므로
$$\frac{|-5+5\sqrt{m^2+1}|}{\sqrt{m^2+(-1)^2}}=2$$
$$|-5+5\sqrt{m^2+1}|=2\sqrt{m^2+1}$$
그런데 $-5+5\sqrt{m^2+1}>0$이므로
$$-5+5\sqrt{m^2+1}=2\sqrt{m^2+1}$$
$$3\sqrt{m^2+1}=5$$
양변을 제곱하면
$$9m^2+9=25,\ m^2=\frac{16}{9}$$
$$\therefore\ m=-\frac{4}{3}\ (\because\ m<0)$$
따라서 직선 l의 기울기는 $-\dfrac{4}{3}$이다.

0326 답 ⑤

점 $(n,\,0)$에서 원 $x^2+y^2=1$에 접선을 그었을 때의 접점이
$P_n(x_n,\,y_n)$이므로 접선의 방정식은
$$x_n x+y_n y=1$$
이 직선이 점 $(n,\,0)$을 지나므로
$$x_n n=1\qquad\therefore\ x_n=\frac{1}{n}\qquad\cdots\cdots\ \bigcirc$$
또 점 $P_n(x_n,\,y_n)$은 원 $x^2+y^2=1$ 위에 있으므로
$$x_n{}^2+y_n{}^2=1$$
이 식에 $\bigcirc$을 대입하면
$$\frac{1}{n^2}+y_n{}^2=1$$
$$y_n{}^2=1-\frac{1}{n^2}=\frac{n^2-1}{n^2}=\frac{n-1}{n}\times\frac{n+1}{n}$$
$$\therefore\ y_2{}^2\times y_3{}^2\times y_4{}^2\times\cdots\times y_{99}{}^2$$
$$=\left(\frac{1}{2}\times\frac{3}{2}\right)\times\left(\frac{2}{3}\times\frac{4}{3}\right)\times\left(\frac{3}{4}\times\frac{5}{4}\right)\times\cdots\times\left(\frac{98}{99}\times\frac{100}{99}\right)$$
$$=\frac{1}{2}\times\frac{100}{99}=\frac{50}{99}$$
따라서 $p=99,\ q=50$이므로
$$p+q=149$$

0327 답 ④

전략 $P(x_1,\,y_1)$이라 하고 점 P에서의 접선의 방정식을 이용하여 점
B의 좌표를 구한 후 점 P의 좌표와 삼각형 PAB의 넓이를 구한다.

$P(x_1,\,y_1)\,(x_1>0,\,y_1>0)$이라 하면 원 C 위의 점 P에서의 접선의
방정식은
$$x_1 x+y_1 y=4$$
$$\therefore\ B\!\left(\frac{4}{x_1},\,0\right)$$
점 H의 x좌표는 x_1이고 $2\,\overline{AH}=\overline{HB}$이므로
$$2(x_1+2)=\frac{4}{x_1}-x_1$$
$$3x_1{}^2+4x_1-4=0$$
$$(x_1+2)(3x_1-2)=0$$
$$\therefore\ x_1=-2\ 또는\ x_1=\frac{2}{3}$$
그런데 $x_1>0$이므로 $x_1=\dfrac{2}{3}$ $\qquad\cdots\cdots\ \bigcirc$
$$\therefore\ B(6,\,0)$$
점 P는 원 $x^2+y^2=4$ 위에 있으므로
$$x_1{}^2+y_1{}^2=4$$
이 식에 $\bigcirc$을 대입하면
$$\left(\frac{2}{3}\right)^2+y_1{}^2=4\qquad\therefore\ y_1=\pm\frac{4\sqrt{2}}{3}$$
그런데 $y_1>0$이므로 $y_1=\dfrac{4\sqrt{2}}{3}$
$$\therefore\ P\!\left(\frac{2}{3},\,\frac{4\sqrt{2}}{3}\right)$$
따라서 삼각형 PAB의 넓이는
$$\frac{1}{2}\times|6-(-2)|\times\frac{4\sqrt{2}}{3}=\frac{16\sqrt{2}}{3}$$

0328 답 ①

전략 길이가 같은 두 현은 원의 중심으로부터 같은 거리에 있음을
이용하여 원의 중심의 좌표를 구한다.

원의 중심을 $C(a,\,b)\,(a>0,\,b>0)$라 하면 원이 x축과 점 P에서
접하므로 점 P의 좌표는 $(a,\,0)$이다.
점 $P(a,\,0)$을 지나고 기울기가 2인 직선의 방정식은
$$y=2(x-a)$$
$$\therefore\ 2x-y-2a=0$$
$\overline{QR}=\overline{PS}=4$이므로 원의 중심 C와 y축
사이의 거리는 원의 중심 C와 직선
$2x-y-2a=0$ 사이의 거리와 같다.
즉, $a=\dfrac{|2a-b-2a|}{\sqrt{2^2+(-1)^2}}$이므로
$$\sqrt{5}a=|b|$$
$$\therefore\ b=\sqrt{5}a\,(\because\ b>0)\qquad\cdots\cdots\ \bigcirc$$
점 C에서 직선 PS에 내린 수선의 발을 H라 하면
$$\overline{PH}=\frac{1}{2}\,\overline{PS}=2$$

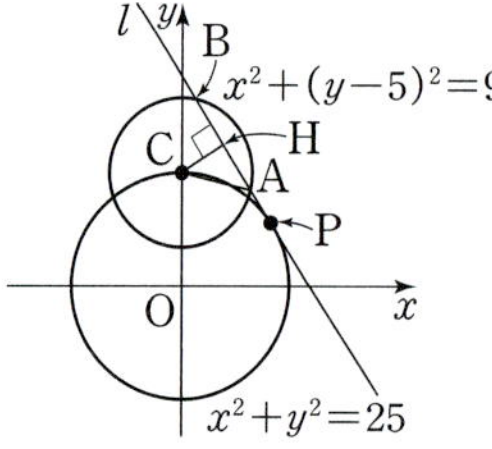

직각삼각형 CPH에서
$$\overline{CP}^2=\overline{CH}^2+\overline{PH}^2$$
$$b^2=a^2+2^2$$
$$\therefore b^2=a^2+4$$
이 식에 ㉠을 대입하면
$$(\sqrt{5}a)^2=a^2+4$$
$$a^2=1$$
$$\therefore a=1\ (\because a>0)$$
이를 ㉠에 대입하면
$$b=\sqrt{5}$$
따라서 원점 O와 원의 중심 $C(1, \sqrt{5})$ 사이의 거리는
$$\sqrt{1^2+(\sqrt{5})^2}=\sqrt{6}$$

0329 답 $\dfrac{5}{3}$

 $P(a, 0)$이라 하고 $\overline{PQ}$, $\overline{PR}$를 각각 a에 대한 식으로 나타낸 후 $\overline{PQ}=\overline{PR}$임을 이용한다.

$P(a, 0)$이라 하면 직각삼각형 OPQ에서 $\overline{OQ}$의 길이는 원 C_1의 반지름의 길이와 같으므로

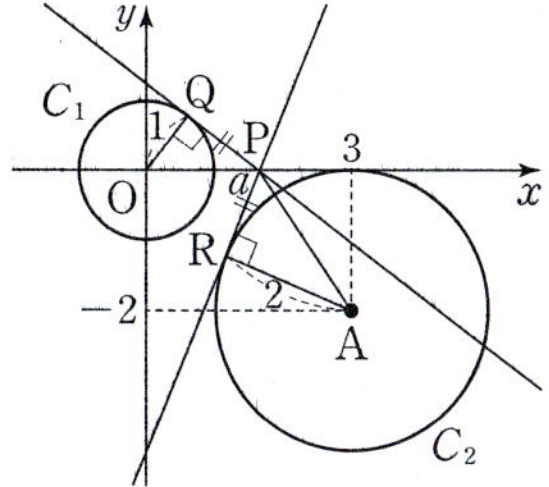

$$\overline{PQ}=\sqrt{\overline{OP}^2-\overline{OQ}^2}$$
$$=\sqrt{a^2-1}$$
$C_2 : x^2+y^2-6x+4y+9=0$에서
$$(x-3)^2+(y+2)^2=4$$
원 C_2의 중심을 $A(3, -2)$라 하면 직각삼각형 APR에서 $\overline{AR}$의 길이는 원 C_2의 반지름의 길이와 같으므로
$$\overline{PR}=\sqrt{\overline{AP}^2-\overline{AR}^2}$$
$$=\sqrt{\{(a-3)^2+2^2\}-2^2}$$
$$=\sqrt{a^2-6a+9}$$
이때 $\overline{PQ}=\overline{PR}$이므로
$$\sqrt{a^2-1}=\sqrt{a^2-6a+9}$$
양변을 제곱하면
$$a^2-1=a^2-6a+9$$
$$6a=10$$
$$\therefore a=\frac{5}{3}$$
따라서 점 P의 x좌표는 $\dfrac{5}{3}$이다.

0330 답 $48\sqrt{5}$

 원점과 원의 중심을 지나는 직선의 방정식을 이용하여 원의 반지름의 길이를 구한 후 삼각형 POQ가 정삼각형임을 이용하여 원의 중심의 좌표를 구한다.

원 C의 중심을 $C(a, b)$라 하면 평행한 두 직선 l, l'이 모두 원 C의 접선이므로 선분 PQ는 원 C의 지름이고 점 $C(a, b)$는 선분 PQ의 중점이다.
이때 삼각형 POQ가 정삼각형이므로 직선 OC는 선분 PQ를 수직이등분한다.

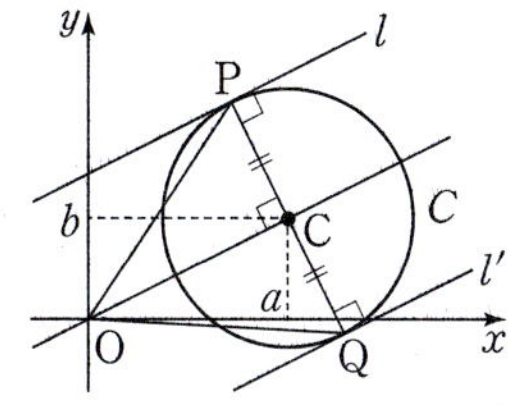

즉, $\overline{OC}\perp\overline{PQ}$이고 $l\perp\overline{PQ}$이므로 직선 OC는 직선 l에 평행하다.
직선 l의 기울기는 $\dfrac{1}{2}$이므로 직선 OC의 방정식은
$$y=\frac{1}{2}x\qquad\therefore x-2y=0$$
점 $C(a, b)$는 이 직선 위의 점이므로
$$a-2b=0\qquad\cdots\cdots\text{㉠}$$
원 C의 반지름의 길이는 점 $C(a, b)$와 직선 l 사이의 거리와 같으므로
$$r=\frac{|a-2b+10|}{\sqrt{1^2+(-2)^2}}=\frac{10}{\sqrt{5}}\ (\because \text{㉠})$$
$$=2\sqrt{5}$$
즉, 정삼각형 POQ의 한 변의 길이는 $\overline{PQ}=2r=4\sqrt{5}$이므로
$$\overline{OP}=\overline{PQ}=4\sqrt{5}$$
직각삼각형 POC에서 $\overline{PC}$의 길이는 원의 반지름의 길이와 같으므로
$$\overline{OC}^2=\overline{OP}^2-\overline{PC}^2=(4\sqrt{5})^2-(2\sqrt{5})^2=60$$
이때 $\overline{OC}=\sqrt{a^2+b^2}$에서 $\overline{OC}^2=a^2+b^2$이므로
$$a^2+b^2=60\qquad\cdots\cdots\text{㉡}$$
㉠, ㉡을 연립하여 풀면
$$a=4\sqrt{3},\ b=2\sqrt{3}\ (\because a>0,\ b>0)$$
$$\therefore abr=48\sqrt{5}$$

0331 답 23

 두 원 C_1, C_2의 중심에서 직선 l에 내린 수선의 발의 좌표를 각각 구한 후 선분 H_1H_2의 길이가 최대일 때와 최소일 때를 구한다.

두 원 C_1, C_2의 중심을 각각 $X_1(-6, 0)$, $X_2(5, -3)$이라 하고 두 원 C_1, C_2의 반지름의 길이를 r_1, r_2라 하자.
두 점 X_1, X_2에서 직선 l에 내린 수선의 발을 각각 $Y_1(a, a-2)$, $Y_2(b, b-2)$라 하면 두 직선 X_1Y_1, X_2Y_2는 모두 직선 l에 수직이므로 기울기가 -1이다.
$$\frac{a-2}{a+6}=-1$$에서 $a-2=-a-6$
$$\therefore a=-2$$
$$\frac{b-2+3}{b-5}=-1$$에서 $b+1=-b+5$
$$\therefore b=2$$
즉, $Y_1(-2, -4)$, $Y_2(2, 0)$이므로
$$\overline{Y_1Y_2}=\sqrt{(2+2)^2+4^2}=4\sqrt{2}$$
선분 H_1H_2의 길이의 최댓값 M은
$$M=\overline{Y_1Y_2}+(r_1+r_2)$$
$$=4\sqrt{2}+(2+1)$$
$$=4\sqrt{2}+3$$
선분 H_1H_2의 길이의 최솟값 m은
$$m=\overline{Y_1Y_2}-(r_1+r_2)$$
$$=4\sqrt{2}-(2+1)$$
$$=4\sqrt{2}-3$$
$$\therefore Mm=23$$

전략 직선 $y=mx-2m+2$가 m의 값에 관계없이 항상 지나는 점을 이용하여 점 P의 좌표를 구한 후 삼각형 OPQ가 이등변삼각형임을 이용하여 점 Q의 좌표를 구한다.

직선 $y=mx-2m+2$, 즉
$y=m(x-2)+2$는 m의 값에 관계없이
항상 점 $(2, 2)$를 지나고 점 P의 x좌표는
점 Q의 x좌표보다 크므로
$P(2, 2)$
또 $S_1=S_2$이므로 $\overline{PQ}=\overline{OQ}$

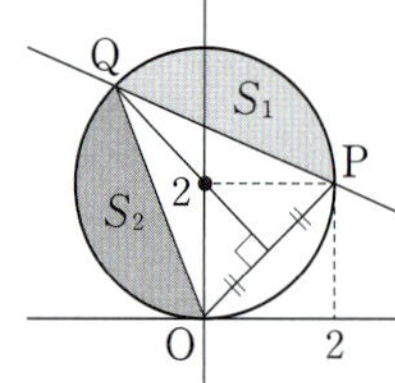

즉, 삼각형 OPQ는 이등변삼각형이므로 선분 OP의 수직이등분선은 점 Q를 지난다.
이때 직선 OP의 기울기는 1이므로 선분 OP의 수직이등분선의 기울기는 -1이다.
선분 OP의 중점의 좌표는 $(1, 1)$이므로 선분 OP의 수직이등분선의 방정식은
$y-1=-(x-1)$ $\therefore y=-x+2$ ……㉠
㉠을 $x^2+(y-2)^2=4$에 대입하면 점 Q의 x좌표는
$x^2+(-x+2-2)^2=4, 2x^2=4$
$\therefore x=\pm\sqrt{2}$
이를 ㉠에 대입하여 풀면 점 Q의 좌표는
$(-\sqrt{2}, 2+\sqrt{2})$ 또는 $(\sqrt{2}, 2-\sqrt{2})$
직선 PQ의 기울기는
$\dfrac{2+\sqrt{2}-2}{-\sqrt{2}-2}=1-\sqrt{2}$ 또는 $\dfrac{2-\sqrt{2}-2}{\sqrt{2}-2}=1+\sqrt{2}$
따라서 m은 직선 PQ의 기울기이므로 모든 실수 m의 값의 곱은
$(1-\sqrt{2})(1+\sqrt{2})=-1$

0333 답 80

전략 $P(a, 0)$이라 하고 직선 PQ의 방정식을 a를 이용하여 나타낸 후 삼각형 ROP의 넓이를 이용하여 a의 값을 구한다.

$P(a, 0)$이라 하면 원이 x축에 접하고 반지름의 길이가 2이므로 원의 중심을 C라 하면
$C(a, 2)$
직선 PQ는 직선 OC에 수직이고
직선 OC의 기울기가 $\dfrac{2}{a}$이므로 직선 PQ의 기울기는 $-\dfrac{a}{2}$이다.

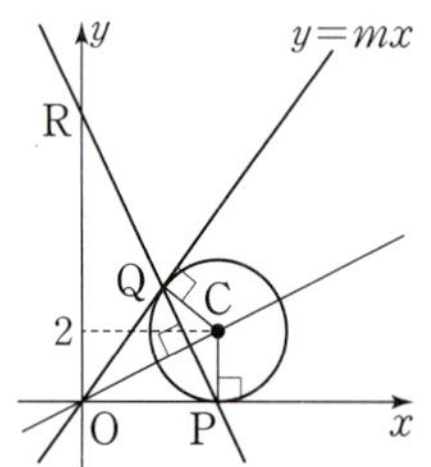

즉, 직선 PQ의 방정식은
$y=-\dfrac{a}{2}(x-a)$ $\therefore y=-\dfrac{a}{2}x+\dfrac{a^2}{2}$
$\therefore R\left(0, \dfrac{a^2}{2}\right)$
삼각형 ROP의 넓이가 16이므로
$\dfrac{1}{2}\times a\times\dfrac{a^2}{2}=16, a^3=64$
$\therefore a=4$
따라서 점 $C(4, 2)$와 직선 $y=mx$, 즉 $mx-y=0$ 사이의 거리는 원의 반지름의 길이와 같으므로

$\dfrac{|4m-2|}{\sqrt{m^2+(-1)^2}}=2, |4m-2|=2\sqrt{m^2+1}$
양변을 제곱하면
$16m^2-16m+4=4m^2+4$
$3m^2-4m=0, m(3m-4)=0$
$\therefore m=0$ 또는 $m=\dfrac{4}{3}$
그런데 $m>0$이므로 $m=\dfrac{4}{3}$
$\therefore 60m=80$

0334 답 $\dfrac{9}{5}$

전략 두 점 A, B에서의 접선의 방정식을 구하여 네 점 C, D, E, F의 좌표를 원의 반지름의 길이를 이용하여 나타낸다.

원점과 점 $(4, 2)$를 지나는 직선의 방정식은
$y=\dfrac{1}{2}x$
두 점 A, B에서의 접선은 모두 직선 $y=\dfrac{1}{2}x$에 수직이므로 기울기는 -2이다.
점 A에서의 접선의 방정식을
$y=-2x+a\,(a>0)$, 즉 $2x+y-a=0$ ……㉠
이라 하면
$C\left(\dfrac{a}{2}, 0\right), D(0, a)$
점 B에서의 접선의 방정식을
$y=-2x+b\,(a<b)$, 즉 $2x+y-b=0$ ……㉡
이라 하면
$E\left(\dfrac{b}{2}, 0\right), F(0, b)$
원의 반지름의 길이를 r라 하면 원의 중심 $(4, 2)$와 두 직선 ㉠, ㉡ 사이의 거리가 각각 원의 반지름의 길이 r와 같으므로
$\dfrac{|8+2-a|}{\sqrt{2^2+1^2}}=r$, $\dfrac{|8+2-b|}{\sqrt{2^2+1^2}}=r$
$|a-10|=\sqrt{5}r$, $|b-10|=\sqrt{5}r$
$\therefore a=10-\sqrt{5}r, b=10+\sqrt{5}r\,(\because 0<a<b)$
$\therefore C\left(\dfrac{10-\sqrt{5}r}{2}, 0\right), D(0, 10-\sqrt{5}r),$
$\quad E\left(\dfrac{10+\sqrt{5}r}{2}, 0\right), F(0, 10+\sqrt{5}r)$
이때 사다리꼴 DCEF의 넓이는
$\triangle OEF-\triangle OCD=\dfrac{1}{2}\times\dfrac{10+\sqrt{5}r}{2}\times(10+\sqrt{5}r)$
$\qquad\qquad\qquad -\dfrac{1}{2}\times\dfrac{10-\sqrt{5}r}{2}\times(10-\sqrt{5}r)$
$\qquad =\dfrac{1}{4}\{(10+\sqrt{5}r)^2-(10-\sqrt{5}r)^2\}$
$\qquad =\dfrac{1}{4}\times40\sqrt{5}r$
$\qquad =10\sqrt{5}r$
즉, $10\sqrt{5}r=18\sqrt{5}$이므로 $r=\dfrac{9}{5}$
따라서 원의 반지름의 길이는 $\dfrac{9}{5}$이다.

06 / 도형의 이동

0335 답 ③

점 $(2, 4)$가 주어진 평행이동에 의하여 옮겨지는 점의 좌표는
$(2-1, 4+a)$ $\therefore$ $(1, 4+a)$
이 점이 점 $(b, 7)$과 일치하므로
$1=b, 4+a=7$ $\therefore$ $a=3, b=1$
$\therefore$ $a^2+b^2=9+1=10$

0336 답 ①

직선 $y=kx+1$을 x축의 방향으로 1만큼, y축의 방향으로 -2만큼 평행이동한 직선의 방정식은
$y+2=k(x-1)+1$ $\therefore$ $y=kx-k-1$
이 직선이 점 $(3, 1)$을 지나므로
$1=3k-k-1$ $\therefore$ $k=1$

0337 답 64

원 $x^2+y^2=25$를 x축의 방향으로 1만큼, y축의 방향으로 4만큼 평행이동한 원의 방정식은
$(x-1)^2+(y-4)^2=25$
$\therefore$ $x^2+y^2-2x-8y-8=0$
따라서 $a=-8, b=-8$이므로 $ab=64$

다른 풀이

원 $x^2+y^2=25$의 중심의 좌표는 $(0, 0)$ $\cdots\cdots$ ㉠
$x^2+y^2-2x+ay+b=0$에서
$(x-1)^2+\left(y+\dfrac{a}{2}\right)^2=1+\dfrac{a^2}{4}-b$
이 원의 중심의 좌표는 $\left(1, -\dfrac{a}{2}\right)$ $\cdots\cdots$ ㉡
점 ㉠을 x축의 방향으로 1만큼, y축의 방향으로 4만큼 평행이동한 점의 좌표는
$(1, 4)$
이 점이 점 ㉡과 일치하므로
$4=-\dfrac{a}{2}$ $\therefore$ $a=-8$
원은 평행이동하여도 반지름의 길이가 변하지 않으므로
$1+\dfrac{a^2}{4}-b=25$
이 식에 $a=-8$을 대입하면
$1+\dfrac{(-8)^2}{4}-b=25$ $\therefore$ $b=-8$
$\therefore$ $ab=64$

0338 답 $(-5, 3)$

점 $(3, 2)$를 x축의 방향으로 m만큼, y축의 방향으로 n만큼 평행이동한 점의 좌표가 $(5, 1)$이라 하면
$3+m=5, 2+n=1$ $\therefore$ $m=2, n=-1$

이 평행이동에 의하여 점 $(-3, 2)$로 옮겨지는 점의 좌표를 (a, b)라 하면
$a+2=-3, b-1=2$ $\therefore$ $a=-5, b=3$
따라서 구하는 점의 좌표는 $(-5, 3)$이다.

0339 답 ⑤

점 $P(a, a^2)$을 x축의 방향으로 $-\dfrac{1}{2}$만큼, y축의 방향으로 2만큼 평행이동한 점의 좌표는 $\left(a-\dfrac{1}{2}, a^2+2\right)$
이 점이 직선 $y=4x$ 위에 있으므로
$a^2+2=4\left(a-\dfrac{1}{2}\right)$, $a^2-4a+4=0$
$(a-2)^2=0$ $\therefore$ $a=2$

0340 답 4

점 $A(2, 3)$을 x축의 방향으로 a만큼, y축의 방향으로 -7만큼 평행이동한 점을 A'이라 하면
$A'(2+a, 3-7)$ $\therefore$ $A'(2+a, -4)$ $\cdots\cdots$ ❶
이때 $\overline{OA'}=2\overline{OA}$에서 $\overline{OA'}^2=4\overline{OA}^2$이므로
$(2+a)^2+(-4)^2=4\times(2^2+3^2)$
$(2+a)^2=36, 2+a=\pm6$
$\therefore$ $a=-8$ 또는 $a=4$
따라서 양수 a의 값은 4이다. $\cdots\cdots$ ❷

채점 기준

❶ 주어진 평행이동에 의하여 점 A가 옮겨지는 점의 좌표를 a를 이용하여 나타내기		30 %
❷ 양수 a의 값 구하기		70 %

0341 답 ⑤

직선 $4x+3y-5=0$이 주어진 평행이동에 의하여 옮겨지는 직선의 방정식은
$4(x+2)+3(y-5)-5=0$ $\therefore$ $4x+3y-12=0$
따라서 $a=4, b=-12$이므로 $a-b=16$

0342 답 ②

점 $(-1, 1)$을 x축의 방향으로 m만큼, y축의 방향으로 n만큼 평행이동한 점의 좌표가 $(1, 2)$라 하면
$-1+m=1, 1+n=2$ $\therefore$ $m=2, n=1$
즉, 포물선 $y=x^2-6x+1=(x-3)^2-8$을 x축의 방향으로 2만큼, y축의 방향으로 1만큼 평행이동한 포물선의 방정식은
$y-1=(x-2-3)^2-8$
$\therefore$ $y=(x-5)^2-7$
따라서 이 포물선의 꼭짓점의 좌표는 $(5, -7)$이므로
$a=5, b=-7$ $\therefore$ $a+b=-2$

다른 풀이

주어진 평행이동은 x축의 방향으로 2만큼, y축의 방향으로 1만큼 평행이동하는 것이다.
포물선 $y=x^2-6x+1=(x-3)^2-8$의 꼭짓점의 좌표는
$(3, -8)$

즉, 주어진 평행이동에 의하여 옮겨지는 포물선의 꼭짓점의 좌표는
점 $(3, -8)$이 주어진 평행이동에 의하여 옮겨지는 점의 좌표와 같
으므로
$$(3+2, -8+1) \qquad \therefore (5, -7)$$
따라서 $a=5$, $b=-7$이므로 $a+b=-2$

☑ 중3 다시보기

이차함수 $y=ax^2+bx+c$의 그래프의 꼭짓점의 좌표는
$y=a(x-p)^2+q$ 꼴로 변형하여 구한다.
➡ 꼭짓점의 좌표: (p, q)

0343 답 $(1, 0)$

$y=x^2+2x+4a=(x+1)^2+4a-1$
이 포물선을 x축의 방향으로 a만큼, y축의 방향으로 -7만큼 평행
이동한 포물선의 방정식은
$$y+7=(x-a+1)^2+4a-1$$
$$\therefore y=(x-a+1)^2+4a-8 \qquad \cdots\cdots ❶$$
이 포물선의 꼭짓점의 좌표는 $(a-1, 4a-8)$이고 이 점이 x축 위
에 있으므로
$$4a-8=0 \qquad \therefore a=2 \qquad \cdots\cdots ❷$$
따라서 구하는 꼭짓점의 좌표는 $(1, 0)$이다. $\qquad \cdots\cdots ❸$

채점 기준	
❶ 평행이동한 포물선의 방정식 구하기	60 %
❷ a의 값 구하기	30 %
❸ 평행이동한 포물선의 꼭짓점의 좌표 구하기	10 %

0344 답 ⑤

주어진 평행이동은 x축의 방향으로 a만큼, y축의 방향으로 b만큼
평행이동하는 것이므로 직선 $l: y=3x+1$이 이 평행이동에 의하여
옮겨지는 직선 m의 방정식은
$$y-b=3(x-a)+1 \qquad \therefore y=3x-3a+b+1$$
이 직선이 직선 $l: y=3x+1$과 일치하므로
$$-3a+b+1=1 \qquad \therefore b=3a$$
$$\therefore \frac{b}{a}=3$$

0345 답 ③

$x^2+y^2-ax+4y-28=0$에서
$$\left(x-\frac{a}{2}\right)^2+(y+2)^2=\frac{a^2}{4}+32$$
이 원을 x축의 방향으로 -2만큼, y축의 방향으로 3만큼 평행이동
한 원의 방정식은
$$\left(x+2-\frac{a}{2}\right)^2+(y-3+2)^2=\frac{a^2}{4}+32$$
$$\therefore \left(x+2-\frac{a}{2}\right)^2+(y-1)^2=\frac{a^2}{4}+32$$
이 원의 중심의 좌표가 $(-4, b)$이므로
$$-2+\frac{a}{2}=-4, \quad 1=b \qquad \therefore a=-4, \quad b=1$$

원은 평행이동하여도 반지름의 길이가 변하지 않으므로
$$r=\sqrt{\frac{a^2}{4}+32}=\sqrt{\frac{(-4)^2}{4}+32}=6$$
$$\therefore a+b+r=3$$

다른 풀이

$x^2+y^2-ax+4y-28=0$에서
$$\left(x-\frac{a}{2}\right)^2+(y+2)^2=\frac{a^2}{4}+32$$
이 원의 중심의 좌표는 $\left(\frac{a}{2}, -2\right)$
이 점을 x축의 방향으로 -2만큼, y축의 방향으로 3만큼 평행이동
한 점의 좌표는
$$\left(\frac{a}{2}-2, -2+3\right) \qquad \therefore \left(\frac{a}{2}-2, 1\right)$$
이 점이 점 $(-4, b)$와 일치하므로
$$\frac{a}{2}-2=-4, \quad 1=b$$
$$\therefore a=-4, \quad b=1$$
원은 평행이동하여도 반지름의 길이가 변하지 않으므로
$$r=\sqrt{\frac{a^2}{4}+32}=\sqrt{\frac{(-4)^2}{4}+32}=6$$
$$\therefore a+b+r=3$$

0346 답 24

점 $A(3, -1)$을 x축의 방향으로 1만큼, y축의 방향으로 -4만큼
평행이동한 점 B의 좌표는
$$(3+1, -1-4) \qquad \therefore (4, -5)$$
즉, 직선 AB의 방정식은
$$y+1=\frac{-5+1}{4-3}(x-3)$$
$$\therefore y=-4x+11$$
이 직선을 x축의 방향으로 3만큼, y축의 방향으로 1만큼 평행이동
한 직선의 방정식은
$$y-1=-4(x-3)+11$$
$$\therefore y=-4x+24$$
따라서 이 직선의 y절편은 24이다.

0347 답 -50

직선 $y=ax+b$를 x축의 방향으로 2만큼, y축의 방향으로 3만큼 평
행이동한 직선의 방정식은
$$y-3=a(x-2)+b$$
$$\therefore y=ax-2a+b+3 \qquad \cdots\cdots ❶$$
이 직선이 직선 $y=\frac{1}{2}x-8$과 x축 위에서 수직으로 만나므로 두 직
선의 기울기의 곱은 -1이고, 두 직선의 x절편은 서로 같다.
$$a\times\frac{1}{2}=-1 \qquad \therefore a=-2 \qquad \cdots\cdots ❷$$
이때 직선 $y=\frac{1}{2}x-8$의 x절편이 16이므로 직선 $y=-2x+b+7$
은 점 $(16, 0)$을 지난다.
$$0=-32+b+7 \qquad \therefore b=25 \qquad \cdots\cdots ❸$$
$$\therefore ab=-50 \qquad \cdots\cdots ❹$$

채점 기준

❶ 평행이동한 직선의 방정식 구하기		30%
❷ a의 값 구하기		30%
❸ b의 값 구하기		30%
❹ ab의 값 구하기		10%

0348 답 4

주어진 평행이동은 x축의 방향으로 $-a$만큼, y축의 방향으로 -5 만큼 평행이동하는 것이다.

$x^2+y^2+4x+6y-3=0$에서 $(x+2)^2+(y+3)^2=16$

이 원이 주어진 평행이동에 의하여 옮겨지는 원 C_2의 방정식은

$(x+a+2)^2+(y+5+3)^2=16$

$\therefore (x+a+2)^2+(y+8)^2=16$

두 원 C_1, C_2의 중심의 좌표가 각각 $(-2, -3)$, $(-a-2, -8)$이고, 두 점 사이의 거리가 $\sqrt{41}$이므로

$\sqrt{(-a-2+2)^2+(-8+3)^2}=\sqrt{41}$

양변을 제곱하면 $a^2+25=41$

$a^2=16$ $\therefore a=\pm4$

따라서 양수 a의 값은 4이다.

다른 풀이

주어진 평행이동은 x축의 방향으로 $-a$만큼, y축의 방향으로 -5 만큼 평행이동하는 것이다.

$x^2+y^2+4x+6y-3=0$에서 $(x+2)^2+(y+3)^2=16$

원 C_1의 중심의 좌표는 $(-2, -3)$

원 C_2의 중심의 좌표는 점 $(-2, -3)$이 주어진 평행이동에 의하여 옮겨지는 점의 좌표와 같으므로

$(-2-a, -3-5)$ $\therefore (-2-a, -8)$

두 점 $(-2, -3)$, $(-2-a, -8)$ 사이의 거리가 $\sqrt{41}$이므로

$\sqrt{(-2-a+2)^2+(-8+3)^2}=\sqrt{41}$

양변을 제곱하면 $a^2+25=41$

$a^2=16$ $\therefore a=\pm4$

따라서 양수 a의 값은 4이다.

참고 두 원 C_1, C_2의 중심을 각각 C_1, C_2라 하면 점 C_1 을 x축의 방향으로 $-a$만큼, y축의 방향으로 -5만큼 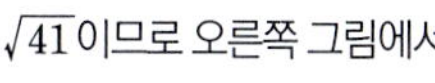 평행이동한 점이 점 C_2이고, 두 점 C_1, C_2 사이의 거리가 $\sqrt{41}$이므로 오른쪽 그림에서 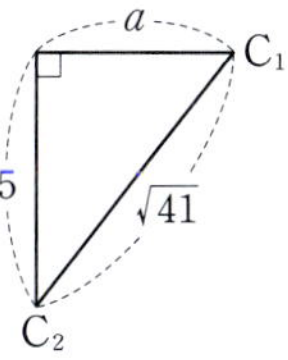

$a^2+5^2=(\sqrt{41})^2$, $a^2=16$

$\therefore a=4 (\because a>0)$

0349 답 ④

사각형 ABCD가 평행사변형이므로 대각선 AC의 중점 $\left(\dfrac{2+b}{2}, \dfrac{1}{2}\right)$과 대각선 BD의 중점 $\left(\dfrac{-1+c}{2}, \dfrac{a+d}{2}\right)$가 일치한다.

$\dfrac{2+b}{2}=\dfrac{-1+c}{2}$, $\dfrac{1}{2}=\dfrac{a+d}{2}$

$\therefore c=b+3$, $a+d=1$

한편 직선 $3x-2y+3=0$을 x축의 방향으로 -3만큼, y축의 방향으로 -10만큼 평행이동한 직선의 방정식은

$3(x+3)-2(y+10)+3=0$

$\therefore 3x-2y-8=0$

이 직선이 평행사변형 ABCD의 넓이를 이등분하므로 두 대각선의 교점 $\left(\dfrac{2+b}{2}, \dfrac{1}{2}\right)$을 지난다.

$3\times\dfrac{2+b}{2}-2\times\dfrac{1}{2}-8=0$

$\dfrac{2+b}{2}=3$ $\therefore b=4$

이를 $c=b+3$에 대입하면 $c=7$

$\therefore a+b+c+d=(a+d)+4+7=1+11=12$

0350 답 ①

원 $(x-a)^2+(y-b)^2=b^2$을 x축의 방향으로 3만큼, y축의 방향으로 -8만큼 평행이동한 원 C의 방정식은

$(x-3-a)^2+(y+8-b)^2=b^2$

원 C의 중심의 좌표는 $(a+3, b-8)$이고 반지름의 길이는 b이다.

원 C가 x축과 y축에 동시에 접하므로

$|a+3|=|b-8|=|b|$

$\therefore a+3=|b-8|=b (\because a>0, b>0)$

$|b-8|=b$에서 $b=\pm(b-8)$

이때 $b=b-8$을 만족시키는 b의 값은 존재하지 않으므로

$b=-(b-8)$ $\therefore b=4$

이를 $a+3=b$에 대입하면

$a+3=4$ $\therefore a=1$

$\therefore a+b=5$

0351 답 9

직선 $y=2x+k$를 x축의 방향으로 -1만큼, y축의 방향으로 3만큼 평행이동한 직선의 방정식은

$y-3=2(x+1)+k$

$\therefore 2x-y+k+5=0$ $\cdots\cdots$ ㉠ $\cdots\cdots$ ❶

원 $(x-2)^2+y^2=5$의 중심의 좌표가 $(2, 0)$이고 반지름의 길이가 $\sqrt{5}$이므로 직선 ㉠이 이 원과 서로 다른 두 점에서 만나려면

$\dfrac{|4+k+5|}{\sqrt{2^2+(-1)^2}}<\sqrt{5}$, $|k+9|<5$

$-5<k+9<5$ $\therefore -14<k<-4$ $\cdots\cdots$ ❷

따라서 정수 k는 -13, -12, -11, $\ldots$, -5의 9개이다. $\cdots\cdots$ ❸

채점 기준

❶ 평행이동한 직선의 방정식 구하기		30%
❷ k의 값의 범위 구하기		60%
❸ 정수 k의 개수 구하기		10%

0352 답 ③

포물선 $y=x^2+4x+6=(x+2)^2+2$의 꼭짓점의 좌표는 $(-2, 2)$

포물선 $y=x^2-12x+30=(x-6)^2-6$의 꼭짓점의 좌표는 $(6, -6)$

점 $(-2, 2)$를 x축의 방향으로 m만큼, y축의 방향으로 n만큼 평행이동한 점의 좌표를 $(6, -6)$이라 하면

$-2+m=6$, $2+n=-6$

$\therefore m=8$, $n=-8$

즉, 직선 l: $2x-y+1=0$을 x축의 방향으로 8만큼, y축의 방향으로 -8만큼 평행이동한 직선 l'의 방정식은
$$2(x-8)-(y+8)+1=0$$
$$\therefore 2x-y-23=0$$
평행한 두 직선 l, l' 사이의 거리는 직선 l 위의 한 점 $(0,1)$과 직선 l', 즉 $2x-y-23=0$ 사이의 거리와 같으므로
$$\frac{|-1-23|}{\sqrt{2^2+(-1)^2}}=\frac{24\sqrt{5}}{5}$$

0353 답 ⑤

$y=g(x)$의 그래프는 $y=f(x)$의 그래프를 x축의 방향으로 p만큼 평행이동한 것이므로
$$g(x)=(x-p)^2$$
$y=f(x)$의 그래프와 직선 $y=\dfrac{3}{4}x+1$의 두 교점의 x좌표를 x_1, x_2라 하면 x_1, x_2는 이차방정식 $x^2=\dfrac{3}{4}x+1$, 즉 $4x^2-3x-4=0$의 두 근이므로 근과 계수의 관계에 의하여
$$x_1+x_2=\frac{3}{4}$$
또 $y=g(x)$의 그래프와 직선 $y=\dfrac{3}{4}x+1$의 두 교점의 x좌표를 x_3, x_4라 하면 x_3, x_4는 이차방정식 $(x-p)^2=\dfrac{3}{4}x+1$, 즉 $4x^2-(8p+3)x+4p^2-4=0$의 두 근이므로 근과 계수의 관계에 의하여
$$x_3+x_4=2p+\frac{3}{4}$$
따라서 $x_1+x_2+x_3+x_4=10$이어야 하므로
$$\frac{3}{4}+2p+\frac{3}{4}=10$$
$$\therefore p=\frac{17}{4}$$

0354 답 $(7, 3)$

사각형 OABC가 직사각형이므로 두 대각선 AC와 OB의 중점이 일치한다.
대각선 AC의 중점의 좌표는
$$\left(\frac{6+4}{2},\ \frac{-3+8}{2}\right)\quad\therefore\left(5,\ \frac{5}{2}\right)$$
B(a, b)라 하면 대각선 OB의 중점의 좌표는
$$\left(\frac{a}{2},\ \frac{b}{2}\right)$$
즉, $5=\dfrac{a}{2}$, $\dfrac{5}{2}=\dfrac{b}{2}$이므로
$$a=10,\ b=5\quad\therefore\text{B}(10, 5)$$
평행이동에 의하여 점 C$(4, 8)$이 점 G$(1, 6)$으로 옮겨진 것이므로 점 $(4, 8)$을 x축의 방향으로 m만큼, y축의 방향으로 n만큼 평행이동한 점의 좌표를 $(1, 6)$이라 하면
$$4+m=1,\ 8+n=6$$
$$\therefore m=-3,\ n=-2$$
따라서 이 평행이동에 의하여 점 B$(10, 5)$가 옮겨지는 점 F의 좌표는
$$(10-3, 5-2)\quad\therefore(7, 3)$$

0355 답 ④

점 P가 원점에서 출발하여 n번 이동하는 데 x축의 방향으로 a번, y축의 방향으로 b번 평행이동하였다고 하면 $n=a+b$이고 이때 점 P의 좌표는 (a, b)이다.
점 P(a, b)가 원 $(x-5)^2+(y-7)^2=8$ 위에 있어야 하므로
$$(a-5)^2+(b-7)^2=8$$
이때 a, b는 자연수이므로
$$(a-5)^2=4,\ (b-7)^2=4$$
$$a-5=\pm2,\ b-7=\pm2$$
$$\therefore a=3 \text{ 또는 } a=7,\ b=5 \text{ 또는 } b=9$$
즉, n번 이동한 후 점 P의 좌표는 $(3, 5)$, $(3, 9)$, $(7, 5)$, $(7, 9)$
이므로 자연수 n의 값은 8, 12, 16이다.
따라서 구하는 모든 자연수 n의 값의 합은
$$8+12+16=36$$

0356 답 16

$x^2+y^2-6x-8y+21=0$에서
$$(x-3)^2+(y-4)^2=4$$
원 C_1의 중심의 좌표는 $(0, 0)$이고 원 C_2의 중심의 좌표는 $(3, 4)$이므로 원 C_2는 원 C_1을 x축의 방향으로 3만큼, y축의 방향으로 4만큼 평행이동한 것이다.
점 C는 점 A가 이 평행이동에 의하여 옮겨진 점이므로 직선 AC의 기울기는 $\dfrac{4}{3}$이고 직선 $3x+4y-6=0$, 즉 $y=-\dfrac{3}{4}x+\dfrac{3}{2}$에 수직이다.

이때 선분 AB와 호 AB로 둘러싸인 부분의 넓이와 선분 CD와 호 CD로 둘러싸인 부분의 넓이가 서로 같으므로 구하는 넓이는 직사각형 ABDC의 넓이와 같다.
$$\overline{\text{AC}}=\sqrt{3^2+4^2}=5$$
원점 O에서 직선 $3x+4y-6=0$에 내린 수선의 발을 H라 하면
$$\overline{\text{OH}}=\frac{|-6|}{\sqrt{3^2+4^2}}=\frac{6}{5}$$
직각삼각형 OBH에서 $\overline{\text{OB}}$의 길이는 원의 반지름의 길이와 같으므로
$$\overline{\text{BH}}=\sqrt{\overline{\text{OB}}^2-\overline{\text{OH}}^2}=\sqrt{2^2-\left(\frac{6}{5}\right)^2}=\frac{8}{5}$$
$$\therefore \overline{\text{AB}}=2\overline{\text{BH}}=\frac{16}{5}$$
따라서 구하는 넓이는
$$\overline{\text{AB}}\times\overline{\text{AC}}=\frac{16}{5}\times5=16$$

0357 답 ②

직선 $x-3y+2=0$을 y축에 대하여 대칭이동한 직선의 방정식은
$$-x-3y+2=0$$
$$\therefore x+3y-2=0$$
따라서 $a=1$, $b=3$이므로
$$a-b=-2$$

0358 답 7

점 $(-4, 7)$을 직선 $y=x$에 대하여 대칭이동한 점의 좌표는
$(7, -4)$

따라서 점 $(7, -4)$와 직선 $3x-4y-2=0$ 사이의 거리는

$$\frac{|21+16-2|}{\sqrt{3^2+(-4)^2}}=7$$

0359 답 ①

점 $(1, a)$를 직선 $y=x$에 대하여 대칭이동한 점 A의 좌표는
$(a, 1)$

점 $A(a, 1)$을 x축에 대하여 대칭이동한 점의 좌표는
$(a, -1)$

이 점이 점 $(2, b)$와 일치하므로
$a=2, b=-1$

$\therefore a+b=1$

0360 답 ④

포물선 $y=x^2-3x+7$을 원점에 대하여 대칭이동한 포물선의 방정
식은

$$-y=(-x)^2-3(-x)+7$$

$$\therefore y=-x^2-3x-7$$

이 포물선이 점 $(1, a)$를 지나므로
$a=-1-3-7=-11$

0361 답 $\left(-\dfrac{1}{3}, -\dfrac{2}{3}\right)$

점 $A(1, -2)$를 원점에 대하여 대칭이동한 점 B의 좌표는
$(-1, 2)$

점 $A(1, -2)$를 y축에 대하여 대칭이동한 점 C의 좌표는
$(-1, -2)$

따라서 삼각형 ABC의 무게중심의 좌표는

$$\left(\frac{1-1-1}{3}, \frac{-2+2-2}{3}\right) \quad \therefore \left(-\frac{1}{3}, -\frac{2}{3}\right)$$

0362 답 ⑤

직선 $ax-(b-4)y+5=0$을 원점에 대하여 대칭이동한 직선의 방
정식은

$$-ax+(b-4)y+5=0$$

$$\therefore ax-(b-4)y-5=0$$

이 직선이 직선 $(b+1)x+(2a-1)y-5=0$과 일치하므로
$a=b+1, -(b-4)=2a-1$

두 식을 연립하여 풀면 $a=2, b=1$

$\therefore 3a+b=6+1=7$

0363 답 $-\dfrac{1}{3}$

직선 $ax+y+7=0$을 y축에 대하여 대칭이동한 직선의 방정식은
$$-ax+y+7=0$$

이 직선을 원점에 대하여 대칭이동한 직선의 방정식은
$$ax-y+7=0$$

이 직선이 점 $(12, 3)$을 지나므로

$12a-3+7=0 \quad \therefore a=-\dfrac{1}{3}$

0364 답 ⑤

원 $x^2+y^2-2ax+10y+a^2=0$을 직선 $y=x$에 대하여 대칭이동한
원의 방정식은

$$x^2+y^2+10x-2ay+a^2=0$$

$$\therefore (x+5)^2+(y-a)^2=25$$

이 원의 중심 $(-5, a)$가 직선 $5x+3y-2=0$ 위에 있으므로

$-25+3a-2=0 \quad \therefore a=9$

0365 답 ⑤

포물선 $y=x^2-4x+8$을 원점에 대하여 대칭이동한 포물선의 방정
식은

$$-y=(-x)^2-4(-x)+8 \quad \therefore y=-x^2-4x-8$$

이 포물선을 x축에 대하여 대칭이동한 포물선의 방정식은

$$-y=-x^2-4x-8 \quad \therefore y=x^2+4x+8=(x+2)^2+4$$

이 포물선의 꼭짓점 $(-2, 4)$가 직선 $y=3x+a$ 위에 있으므로

$4=-6+a \quad \therefore a=10$

0366 답 제1사분면

점 (a, b)를 x축에 대하여 대칭이동한 점의 좌표는
$(a, -b)$ $\qquad \cdots\cdots$ ❶

이 점이 제2사분면 위에 있으므로
$a<0, -b>0$

$\therefore a<0, b<0$ $\qquad \cdots\cdots$ ❷

점 $(a+b, ab)$를 y축에 대하여 대칭이동한 점의 좌표는
$(-a-b, ab)$ $\qquad \cdots\cdots$ ❸

이때 $-a-b>0, ab>0$이므로 이 점은 제1사분면 위에 있다.
$\qquad \cdots\cdots$ ❹

채점 기준		
❶ 점 (a, b)를 x축에 대하여 대칭이동한 점의 좌표 구하기		20%
❷ a, b의 부호 구하기		30%
❸ 점 $(a+b, ab)$를 y축에 대하여 대칭이동한 점의 좌표 구하기		20%
❹ 대칭이동한 점이 있는 사분면 구하기		30%

0367 답 $3\sqrt{6}$

점 $A(a, b)$를 y축에 대하여 대칭이동한 점 B의 좌표는 $(-a, b)$
점 $A(a, b)$를 x축에 대하여 대칭이동한 점 C의 좌표는 $(a, -b)$
오른쪽 그림에서 삼각형 ABC의 넓이는

$$\frac{1}{2}\times 2a\times 2b=2ab$$

즉, $2ab=24$이므로

$ab=12 \qquad \cdots\cdots$ ㉠

또 점 $A(a, b)$가 직선 $y=2x$ 위의 점
이므로 $b=2a$ $\qquad \cdots\cdots$ ㉡

㉡을 ㉠에 대입하면

$2a^2=12 \quad \therefore a=\pm\sqrt{6}$

그런데 점 A는 제1사분면 위의 점이므로 $a=\sqrt{6}$

이를 ㉡에 대입하면 $b=2\sqrt{6}$

$\therefore a+b=3\sqrt{6}$

0368 답 ④

(개)에서

$$\frac{3}{1} \times \frac{5}{a} = -1 \qquad \therefore a = -15$$

즉, B$(-15, 5)$이므로 점 B를 직선 $y=x$에 대하여 대칭이동한 점의 좌표는

$$(5, -15)$$

(내)에서 이 점이 점 C(b, c)와 일치하므로

$$b=5, c=-15$$

즉, C$(5, -15)$이므로 직선 AC의 방정식은

$$y-3 = \frac{-15-3}{5-1}(x-1)$$

$$\therefore y = -\frac{9}{2}x + \frac{15}{2}$$

따라서 이 직선의 y절편은 $\frac{15}{2}$이다.

0369 답 ③

직선 $x+3y+p=0$을 y축에 대하여 대칭이동한 직선의 방정식은

$$-x+3y+p=0$$

$$\therefore x-3y-p=0 \qquad \cdots\cdots \text{㉠}$$

원 $(x-1)^2+(y-2)^2=40$의 중심의 좌표가 $(1, 2)$이고 반지름의 길이가 $2\sqrt{10}$이므로 직선 ㉠이 이 원에 접하려면

$$\frac{|1-6-p|}{\sqrt{1^2+(-3)^2}} = 2\sqrt{10}$$

$$|-5-p| = 20$$

$$-5-p = \pm 20$$

$$\therefore p=-25 \text{ 또는 } p=15$$

따라서 양수 p의 값은 15이다.

0370 답 9

두 직선 l, m의 교점은

직선 $l: x-3y-6=0$과 직선 $y=x$의 교점과 같으므로 두 식을 연립하여 풀면

$$x=-3, y=-3$$

$$\therefore \text{A}(-3, -3) \qquad \cdots\cdots \text{❶}$$

두 직선 l, n의 교점은

직선 $l: x-3y-6=0$과 직선 $y=0$의 교점과 같으므로 두 식을 연립하여 풀면

$$x=6, y=0$$

$$\therefore \text{B}(6, 0) \qquad \cdots\cdots \text{❷}$$

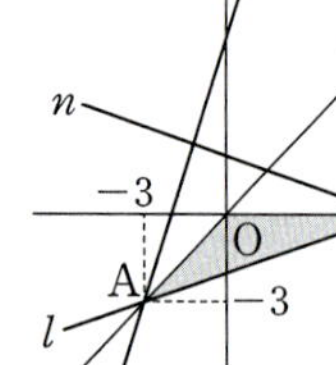

따라서 삼각형 OAB의 넓이는

$$\frac{1}{2} \times 6 \times 3 = 9 \qquad \cdots\cdots \text{❸}$$

채점 기준	
❶ 점 A의 좌표 구하기	40%
❷ 점 B의 좌표 구하기	40%
❸ 삼각형 OAB의 넓이 구하기	20%

0371 답 $x+y=0$

원 $(x+2)^2+(y-2)^2=16$을 x축에 대하여 대칭이동한 원 C_1의 방정식은

$$(x+2)^2+(-y-2)^2=16$$

$$\therefore x^2+y^2+4x+4y-8=0 \qquad \cdots\cdots \text{❶}$$

원 $(x+2)^2+(y-2)^2=16$을 y축에 대하여 대칭이동한 원 C_2의 방정식은

$$(-x+2)^2+(y-2)^2=16$$

$$\therefore x^2+y^2-4x-4y-8=0 \qquad \cdots\cdots \text{❷}$$

두 원 C_1, C_2의 교점을 지나는 직선의 방정식은

$$x^2+y^2+4x+4y-8-(x^2+y^2-4x-4y-8)=0$$

$$\therefore x+y=0 \qquad \cdots\cdots \text{❸}$$

채점 기준	
❶ 원 C_1의 방정식 구하기	30%
❷ 원 C_2의 방정식 구하기	30%
❸ 두 원 C_1, C_2의 교점을 지나는 직선의 방정식 구하기	40%

0372 답 $2\sqrt{10}+4$

$x^2+y^2-2x+6y+6=0$에서

$$(x-1)^2+(y+3)^2=4$$

원 O를 원점에 대하여 대칭이동한 원 O'의 방정식은

$$(-x-1)^2+(-y+3)^2=4$$

$$\therefore (x+1)^2+(y-3)^2=4$$

두 원 O, O'의 중심의 좌표가 각각 $(1, -3)$, $(-1, 3)$이므로 두 점 사이의 거리는

$$\sqrt{(-1-1)^2+(3+3)^2} = 2\sqrt{10}$$

따라서 두 원의 반지름의 길이가 모두 2이므로 선분 PP'의 길이의 최댓값은

$$2\sqrt{10}+(2+2) = 2\sqrt{10}+4$$

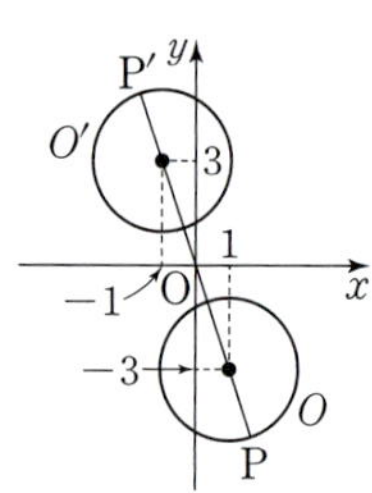

0373 답 ③

포물선 $y=-3x^2+x+k$를 x축에 대하여 대칭이동한 포물선의 방정식은

$$-y=-3x^2+x+k$$

$$\therefore y=3x^2-x-k$$

이 포물선을 y축에 대하여 대칭이동한 포물선의 방정식은

$$y=3(-x)^2-(-x)-k$$

$$\therefore y=3x^2+x-k$$

이 포물선이 직선 $y=4x-1$에 접하려면 이차방정식

$3x^2+x-k=4x-1$, 즉 $3x^2-3x-k+1=0$의 판별식을 D라 할 때

$$D=(-3)^2-4\times3(-k+1)=0$$

$$12k=3$$

$$\therefore k=\frac{1}{4}$$

0374 답 ⑤

직선 $(2k+1)x+(k+3)y-k+1=0$을 직선 $y=-x$에 대하여
대칭이동한 직선의 방정식은
$(2k+1)(-y)+(k+3)(-x)-k+1=0$
$\therefore (k+3)x+(2k+1)y+k-1=0$
이 식을 k에 대하여 정리하면
$k(x+2y+1)+(3x+y-1)=0$
이 식이 k의 값에 관계없이 항상 성립해야 하므로
$x+2y+1=0,\ 3x+y-1=0$
두 식을 연립하여 풀면 $x=\dfrac{3}{5},\ y=-\dfrac{4}{5}$
따라서 $a=\dfrac{3}{5},\ b=-\dfrac{4}{5}$이므로 $a-b=\dfrac{7}{5}$

0375 답 140

$\angle A_1BC_1=90°,\ \angle A_2BC_2=90°$이므
로 두 선분 $A_1C_1,\ A_2C_2$는 원의 지름이
다.
또 $\overline{OA_1}=\overline{OC_1},\ \overline{OA_2}=\overline{OC_2}$이므로 두
점 $C_1,\ C_2$는 두 점 $A_1,\ A_2$를 각각 원
점에 대하여 대칭이동한 점이다.
이때 $A_1(3,\ \sqrt{91}),\ A_2(7,\ \sqrt{51})$이므로
$C_1(-3,\ -\sqrt{91}),\ C_2(-7,\ -\sqrt{51})$
따라서 $a=-\sqrt{91},\ b=-7$이므로
$a^2+b^2=91+49=140$

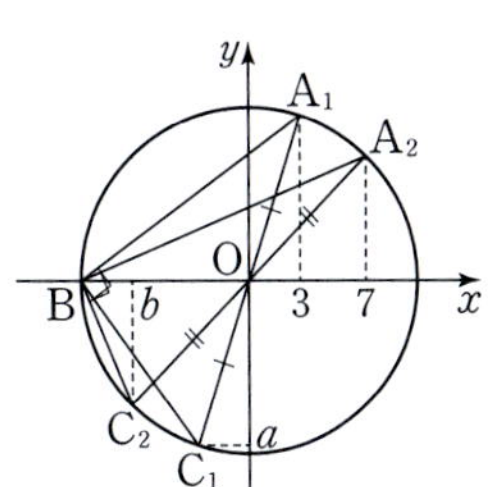

✓ 중3 다시보기

원의 지름에 대한 원주각의 크기는 $90°$이다.

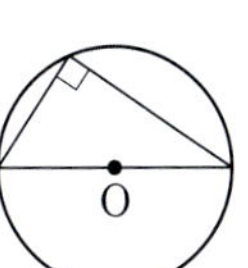

0376 답 $4\pi+8$

원 $(x-1)^2+(y-1)^2=2$의 $x\geq0$,
$y\geq0$인 부분과 이 부분을 각각 x축, y
축, 원점에 대하여 대칭이동하여 생기
는 모든 곡선으로 둘러싸인 부분은 오
른쪽 그림과 같다.

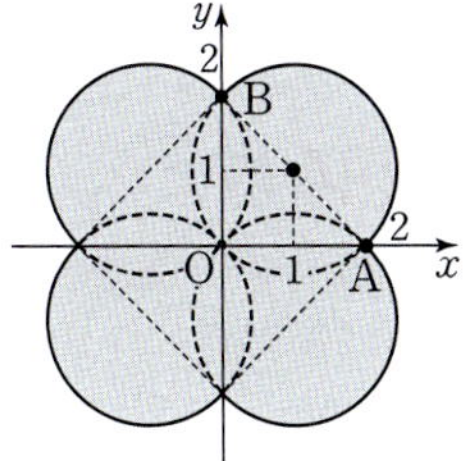

오른쪽 그림에서 원
$(x-1)^2+(y-1)^2=2$가 x축, y축과
만나고 원점이 아닌 점을 각각 $A,\ B$라 하자.
점 A는 원이 x축과 만나는 점이므로
$(x-1)^2+(-1)^2=2$에서
$x^2-2x=0,\ x(x-2)=0$　　$\therefore x=0$ 또는 $x=2$
$\therefore A(2,\ 0)$
점 B는 원이 y축과 만나는 점이므로
$(-1)^2+(y-1)^2=2$에서
$y^2-2y=0,\ y(y-2)=0$　　$\therefore y=0$ 또는 $y=2$
$\therefore B(0,\ 2)$

이때 모든 곡선으로 둘러싸인 부분 중 제1사분면에 있는 부분의 넓
이는 반지름의 길이가 $\sqrt{2}$인 반원과 직각이등변삼각형 OAB의 넓
이의 합과 같으므로
$\dfrac{1}{2}\times\pi\times(\sqrt{2})^2+\dfrac{1}{2}\times2\times2=\pi+2$
따라서 모든 곡선으로 둘러싸인 부분의 넓이는
$4(\pi+2)=4\pi+8$

0377 답 ③

점 $A(2,\ 4)$를 직선 $y=x$에 대하여 대칭이동한 점 A'의 좌표는
$(4,\ 2)$
$\overline{AB}=\sqrt{(6-2)^2+(6-4)^2}=2\sqrt{5}$
$\overline{A'B}=\sqrt{(6-4)^2+(6-2)^2}=2\sqrt{5}$
$\therefore \overline{AB}=\overline{A'B}$
y축 위의 점 $C(0,\ k)$에서 두 직선
$AB,\ A'B$에 내린 수선의 발을 각각
$H,\ H'$이라 하면
$\triangle ACB=\dfrac{1}{2}\times\overline{AB}\times\overline{CH}$
$\triangle A'BC=\dfrac{1}{2}\times\overline{A'B}\times\overline{CH'}$
(나)에서
$\dfrac{1}{2}\times\overline{A'B}\times\overline{CH'}=2\times\left(\dfrac{1}{2}\times\overline{AB}\times\overline{CH}\right)$
이때 $\overline{AB}=\overline{A'B}$이므로
$\overline{AB}\times\overline{CH'}=2\times\overline{AB}\times\overline{CH}$
$\therefore \overline{CH'}=2\overline{CH}$
직선 AB의 방정식은
$y-4=\dfrac{6-4}{6-2}(x-2)$　　$\therefore x-2y+6=0$
직선 $A'B$의 방정식은
$y-2=\dfrac{6-2}{6-4}(x-4)$　　$\therefore 2x-y-6=0$
$\overline{CH'}=2\overline{CH}$에서
$\dfrac{|-k-6|}{\sqrt{2^2+(-1)^2}}=2\times\dfrac{|-2k+6|}{\sqrt{1^2+(-2)^2}}$
$|-k-6|=2|-2k+6|,\ -k-6=\pm2(-2k+6)$
$\therefore k=\dfrac{6}{5}$ 또는 $k=6$
이때 (가)에 의하여 $k=\dfrac{6}{5}$

0378 답 ②

서로 다른 두 점 $A,\ B$가 직선 $y=x$에 대하여 대칭이므로
$A(p,\ q),\ B(q,\ p)(p\neq q)$라 하자.
두 점 $A,\ B$가 포물선 $y=x^2-2$ 위에 있으므로
$q=p^2-2$　　$\cdots\cdots$ ㉠
$p=q^2-2$　　$\cdots\cdots$ ㉡
㉠$-$㉡을 하면
$q-p=p^2-q^2$
$(p+q)(p-q)+(p-q)=0,\ (p-q)(p+q+1)=0$
$\therefore p=q$ 또는 $p+q=-1$

그런데 $p \neq q$이므로
$p+q=-1$
$q=-1-p$를 ㉠에 대입하면
$-1-p=p^2-2$
$\therefore p^2+p-1=0$
$p=-1-q$를 ㉡에 대입하면
$-1-q=q^2-2$
$\therefore q^2+q-1=0$
따라서 p, q가 이차방정식 $x^2+x-1=0$의 두 근이므로 근과 계수의 관계에 의하여
$p+q=-1$, $pq=-1$
$\therefore \overline{AB}=\sqrt{(q-p)^2+(p-q)^2}=\sqrt{2(p-q)^2}$
$\qquad =\sqrt{2}\times\sqrt{(p+q)^2-4pq}$
$\qquad =\sqrt{2}\times\sqrt{(-1)^2-4\times(-1)}=\sqrt{10}$

0379 답 ①

점 (a, b)를 x축의 방향으로 -4만큼 평행이동한 점의 좌표는
$(a-4, b)$
이 점을 y축에 대하여 대칭이동한 점의 좌표는
$(-a+4, b)$
이 점이 점 $(5, 2)$와 일치하므로
$-a+4=5$, $b=2$
$\therefore a=-1$, $b=2$
$\therefore a+b=1$

0380 답 ③

원 $(x+5)^2+(y+11)^2=25$를 y축의 방향으로 1만큼 평행이동한 원의 방정식은
$(x+5)^2+(y-1+11)^2=25$
$\therefore (x+5)^2+(y+10)^2=25$
이 원을 x축에 대하여 대칭이동한 원의 방정식은
$(x+5)^2+(-y+10)^2=25$
이 원이 점 $(0, a)$를 지나므로
$5^2+(-a+10)^2=25$
$(-a+10)^2=0$
$\therefore a=10$

0381 답 3

점 $(a-3, -a)$를 x축의 방향으로 -2만큼, y축의 방향으로 2만큼 평행이동한 점의 좌표는
$(a-3-2, -a+2)$ $\quad \therefore (a-5, -a+2)$ $\qquad$ ⋯⋯ ⓘ
이 점을 원점에 대하여 대칭이동한 점의 좌표는
$(-a+5, a-2)$ $\qquad$ ⋯⋯ ⓘⓘ
이 점이 직선 $2x+y-5=0$ 위에 있으므로
$2(-a+5)+(a-2)-5=0$
$\therefore a=3$ $\qquad$ ⋯⋯ ⓘⓘⓘ

<table>
<tr><td colspan="3">채점 기준</td></tr>
<tr><td>ⓘ 평행이동한 점의 좌표를 a를 이용하여 나타내기</td><td>30%</td></tr>
<tr><td>ⓘⓘ 대칭이동한 점의 좌표를 a를 이용하여 나타내기</td><td>30%</td></tr>
<tr><td>ⓘⓘⓘ a의 값 구하기</td><td>40%</td></tr>
</table>

0382 답 ④

점 $A(-3, 4)$를 직선 $y=x$에 대하여 대칭이동한 점 B의 좌표는
$(4, -3)$
점 $B(4, -3)$을 x축의 방향으로 2만큼, y축의 방향으로 k만큼 평행이동한 점 C의 좌표는
$(4+2, -3+k)$
$\therefore (6, -3+k)$
세 점 A, B, C가 한 직선 위에 있으므로 직선 AB와 직선 BC의 기울기가 같다.
$\dfrac{-3-4}{4+3}=\dfrac{-3+k+3}{6-4}$
$-1=\dfrac{k}{2}$
$\therefore k=-2$

0383 답 ⑤

직선 $y=ax+4$를 x축의 방향으로 4만큼 평행이동한 직선의 방정식은
$y=a(x-4)+4$
$\therefore y=ax-4a+4$
이 직선을 y축에 대하여 대칭이동한 직선의 방정식은
$y=a(-x)-4a+4$
$\therefore y=-ax-4a+4$
이 직선이 원 $(x+3)^2+(y+5)^2=1$의 넓이를 이등분하므로 원의 중심 $(-3, -5)$를 지난다.
$-5=3a-4a+4$
$\therefore a=9$

0384 답 ④

이차함수 $y=2x^2-4x-3$의 그래프를 원점에 대하여 대칭이동한 그래프의 식은
$-y=2(-x)^2-4(-x)-3$
$\therefore y=-2x^2-4x+3$
이 함수의 그래프를 y축의 방향으로 m만큼 평행이동한 그래프의 식은
$y-m=-2x^2-4x+3$
$\therefore y=-2x^2-4x+m+3$
$\therefore f(x)=-2x^2-4x+m+3$
$\qquad =-2(x+1)^2+m+5$
따라서 $x=-1$일 때, 최댓값은 $m+5$이므로
$m+5=22$
$\therefore m=17$

0385 답 -3

직선 $l: y=ax+5$를 x축의 방향으로 3만큼, y축의 방향으로 1만큼
평행이동한 직선의 방정식은
$y-1=a(x-3)+5$
$\therefore ax-y-3a+6=0$
이 직선을 직선 $y=x$에 대하여 대칭이동한 직선 l'의 방정식은
$ay-x-3a+6=0$
$\therefore x-ay+3a-6=0$
두 직선 l, l'의 교점이 y축 위에 있으므로 두 직선의 y절편은 서로
같다.
이때 직선 l의 y절편이 5이므로 직선 l'은 점 $(0, 5)$를 지난다.
$-5a+3a-6=0$
$\therefore a=-3$

0386 답 ④

방정식 $f(x, y)=0$이 나타내는
도형을 y축에 대하여 대칭이동한
도형의 방정식은
$f(-x, y)=0$
방정식 $f(-x, y)=0$이 나타내

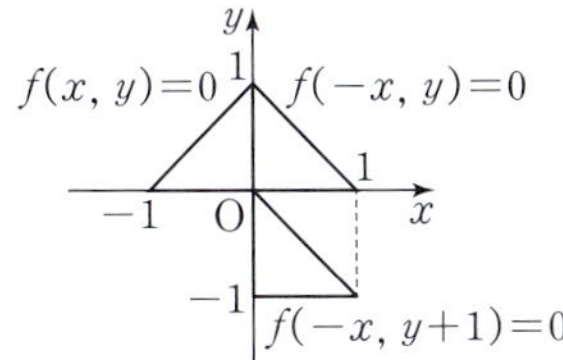

는 도형을 y축의 방향으로 -1만큼 평행이동한 도형의 방정식은
$f(-x, y+1)=0$
따라서 방정식 $f(-x, y+1)=0$이 나타내는 도형은 방정식
$f(x, y)=0$이 나타내는 도형을 y축에 대하여 대칭이동한 후 y축의
방향으로 -1만큼 평행이동한 것이므로 ④이다.

0387 답 ④

① 방정식 $f(x-5, y-3)=0$이 나타내는 도형은 방정식
　$f(x, y)=0$이 나타내는 도형을 x축의 방향으로 5만큼, y축의
　방향으로 3만큼 평행이동한 것이므로 도형 Q와 같다.
② 방정식 $f(x, y)=0$이 나타내는 도형을 y축에 대하여 대칭이동
　한 도형의 방정식은
　$f(-x, y)=0$
　방정식 $f(-x, y)=0$이 나타내는 도형을 y축의 방향으로 3만
　큼 평행이동한 도형의 방정식은
　$f(-x, y-3)=0$
　따라서 방정식 $f(-x, y-3)=0$이 나타내는 도형은 방정식
　$f(x, y)=0$이 나타내는 도형을 y축에 대하여 대칭이동한 후 y
　축의 방향으로 3만큼 평행이동한 것이므로 도형 Q와 같다.
③ 방정식 $f(x, y)=0$이 나타내는 도형을 x축에 대하여 대칭이동
　한 도형의 방정식은
　$f(x, -y)=0$
　방정식 $f(x, -y)=0$이 나타내는 도형을 x축의 방향으로 5만
　큼 평행이동한 도형의 방정식은
　$f(x-5, -y)=0$
　따라서 방정식 $f(x-5, -y)=0$이 나타내는 도형은 방정식
　$f(x, y)=0$이 나타내는 도형을 x축에 대하여 대칭이동한 후 x
　축의 방향으로 5만큼 평행이동한 것이므로 도형 Q와 같다.

④ 방정식 $f(x, y)=0$이 나타내는 도형을 직선 $y=x$에 대하여 대
　칭이동한 도형의 방정식은
　$f(y, x)=0$
　방정식 $f(y, x)=0$이 나타내는 도형을 x축의 방향으로 3만큼,
　y축의 방향으로 5만큼 평행이동한 도형의 방정식은
　$f(y-5, x-3)=0$
　따라서 방정식 $f(y-5, x-3)=0$이 나
　타내는 도형은 방정식 $f(x, y)=0$이 나
　타내는 도형을 직선 $y=x$에 대하여 대칭
　이동한 후 x축의 방향으로 3만큼, y축의
　방향으로 5만큼 평행이동한 것이므로 오
　른쪽 그림과 같다.

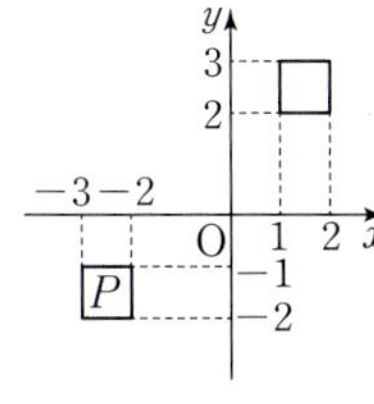

⑤ 방정식 $f(-x, -y)=0$이 나타내는 도형은 방정식
　$f(x, y)=0$이 나타내는 도형을 원점에 대하여 대칭이동한 것이
　므로 도형 Q와 같다.
따라서 도형 Q를 나타내는 방정식이 아닌 것은 ④이다.

0388 답 ㄱ, ㄴ, ㄷ

중심이 점 $(-2, 0)$이고 반지름의 길이가 1인 원의 방정식은
$(x+2)^2+y^2=1$
$\therefore f(x, y)=(x+2)^2+y^2-1$
중심이 점 $(0, 2)$이고 반지름의 길이가 1인 원의 방정식은
$x^2+(y-2)^2=1$
$\therefore g(x, y)=x^2+(y-2)^2-1$
ㄱ. $f(x-1, y-1)=(x-1+2)^2+(y-1)^2-1$
　　　　　　　$=(x+1)^2+(y-1)^2-1$
　　$g(x+1, y+1)=(x+1)^2+(y+1-2)^2-1$
　　　　　　　　$=(x+1)^2+(y-1)^2-1$
　　$\therefore f(x-1, y-1)=g(x+1, y+1)$
ㄴ. $f(-y, x)=(-y+2)^2+x^2-1$
　　　　　$=x^2+(y-2)^2-1$
　　　　　$=g(x, y)$
ㄷ. $g(y, x+4)=y^2+(x+4-2)^2-1$
　　　　　　$=(x+2)^2+y^2-1$
　　　　　　$=f(x, y)$
따라서 보기에서 옳은 것은 ㄱ, ㄴ, ㄷ이다.

0389 답 -2

중심이 점 $(-2, 2)$이고 반지름의 길이가 1인 원 C의 방정식은
$(x+2)^2+(y-2)^2=1$
원 C를 직선 $y=x$에 대하여 대칭이동한 원의 방정식은
$(x-2)^2+(y+2)^2=1$
이 원을 x축의 방향으로 m만큼, y축의 방향으로 n만큼 평행이동한
원의 방정식은
$(x-m-2)^2+(y-n+2)^2=1$
이 원이 제3사분면 위에 있으므로
$m+2\leq-1$, $n-2\leq-1$
$\therefore m\leq-3$, $n\leq1$　　$\cdots\cdots$ ㉠

원 C를 x축의 방향으로 m만큼, y축의 방향으로 n만큼 평행이동한
원의 방정식은
$$(x-m+2)^2+(y-n-2)^2=1$$
이 원을 직선 $y=x$에 대하여 대칭이동한 원의 방정식은
$$(x-n-2)^2+(y-m+2)^2=1$$
이 원이 제4사분면 위에 있으므로
$$n+2\geq1,\ m-2\leq-1$$
$$\therefore m\leq1,\ n\geq-1 \quad \cdots\cdots ㉡$$
㉠, ㉡에서
$$m\leq-3,\ -1\leq n\leq1$$
따라서 $m+n$의 최댓값은
$$-3+1=-2$$

0390 답 ②

중심이 점 $(4, 2)$이고 반지름의 길이가 2인 원 O_1의 방정식은
$$(x-4)^2+(y-2)^2=4$$
원 O_1을 직선 $y=x$에 대하여 대칭이동한 원의 방정식은
$$(x-2)^2+(y-4)^2=4$$
이 원을 y축의 방향으로 a만큼 평행이동한 원 O_2의 방정식은
$$(x-2)^2+(y-a-4)^2=4$$
오른쪽 그림과 같이 두 원 O_1, O_2의 중심
을 각각 C, D라 하면 두 원 O_1, O_2의 반
지름의 길이가 같으므로 사각형 ACBD
는 마름모이다.

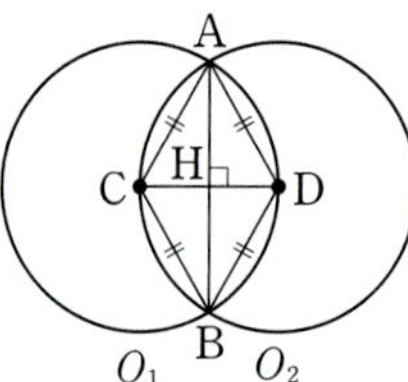

따라서 $\overline{AB}$와 $\overline{CD}$는 서로를 수직이등분
하므로 $\overline{AB}$와 $\overline{CD}$가 만나는 점을 H라 하면
$$\overline{AH}=\frac{1}{2}\overline{AB}=\frac{1}{2}\times2\sqrt{3}=\sqrt{3}$$
직각삼각형 ACH에서 $\overline{AC}$의 길이는 원의 반지름의 길이와 같으므
로
$$\overline{CH}=\sqrt{\overline{AC}^2-\overline{AH}^2}=\sqrt{2^2-(\sqrt{3})^2}=1$$
$$\therefore \overline{CD}=2\overline{CH}=2$$
이때 C$(4, 2)$, D$(2, a+4)$이므로
$$\sqrt{(2-4)^2+(a+4-2)^2}=2$$
$$\sqrt{a^2+4a+8}=2$$
양변을 제곱하면
$$a^2+4a+8=4$$
$$a^2+4a+4=0$$
$$(a+2)^2=0$$
$$\therefore a=-2$$

0391 답 11

주어진 규칙에 따라 옮겨지는 점의 좌표를 차례로 구해 보면
$$A_1(1, 1),\ B_1(1, 1)$$
$$A_2(1, 2),\ B_2(2, 1)$$
$$A_3(3, 1),\ B_3(1, 3)$$
$$A_4(1, 4),\ B_4(4, 1)$$
$$\vdots$$

즉, n이 홀수일 때, $A_n(n, 1)$, $B_n(1, n)$
n이 짝수일 때, $A_n(1, n)$, $B_n(n, 1)$
따라서 $A_{11}(11, 1)$, $B_{22}(22, 1)$이므로
$$\overline{A_{11}B_{22}}=|22-11|=11$$

0392 답 20

세 방정식 $f(-x, y)=0$,
$f(-x, -y)=0$, $f(y, x)=0$이
나타내는 도형은 방정식
$f(x, y)=0$이 나타내는 도형을 각
각 y축, 원점, 직선 $y=x$에 대하여
대칭이동한 것이므로 오른쪽 그림
과 같다.

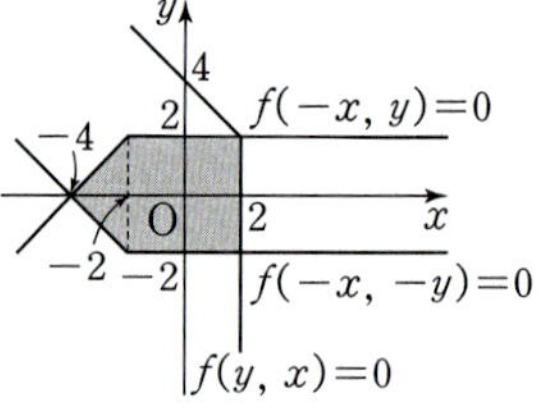

따라서 구하는 넓이는
$$\frac{1}{2}\times4\times2+4\times4=20$$

0393 답 ①

두 점 $(a, 4)$, $(-2, b)$를 이은 선분의 중점의 좌표가 $(-2, 3)$이
므로
$$\frac{a-2}{2}=-2,\ \frac{4+b}{2}=3$$
$$\therefore a=-2,\ b=2$$
$$\therefore ab=-4$$

0394 답 ①

포물선 $y=x^2-6x+10=(x-3)^2+1$의 꼭짓점의 좌표는
$(3, 1)$
포물선 $y=-x^2-14x-50=-(x+7)^2-1$의 꼭짓점의 좌표는
$(-7, -1)$
따라서 점 A는 두 점 $(3, 1)$, $(-7, -1)$을 이은 선분의 중점이므로
점 A의 좌표는
$$\left(\frac{3-7}{2},\ \frac{1-1}{2}\right)$$
$$\therefore (-2, 0)$$

0395 답 ③

원 $(x-3)^2+(y-4)^2=4$의 중심 $(3, 4)$를 점 $(-1, -1)$에 대하
여 대칭이동한 점의 좌표를 (a, b)라 하면 두 점 $(3, 4)$, (a, b)를
이은 선분의 중점의 좌표가 $(-1, -1)$이므로
$$\frac{3+a}{2}=-1,\ \frac{4+b}{2}=-1$$
$$\therefore a=-5,\ b=-6$$
즉, 대칭이동한 원은 중심의 좌표가 $(-5, -6)$이고 반지름의 길이
가 2이므로 원의 방정식은
$$(x+5)^2+(y+6)^2=4$$
따라서 이 원 위에 있는 점은 ③이다.

0396 답 $-\dfrac{11}{2}$

두 점 $(-1, -2)$, $(5, 10)$을 이은 선분의 중점의 좌표는

$$\left(\dfrac{-1+5}{2}, \dfrac{-2+10}{2}\right) \quad \therefore (2, 4)$$

이 점이 직선 $y=ax+b$ 위의 점이므로

$4=2a+b$ $\quad\cdots\cdots$ ㉠

두 점 $(-1, -2)$, $(5, 10)$을 지나는 직선과 직선 $y=ax+b$가 서로 수직이므로

$$\dfrac{10+2}{5+1}\times a=-1 \quad \therefore a=-\dfrac{1}{2} \quad\cdots\cdots$$ ❶

이를 ㉠에 대입하면

$$4=2\times\left(-\dfrac{1}{2}\right)+b \quad \therefore b=5 \quad\cdots\cdots$$ ❷

$$\therefore a-b=-\dfrac{11}{2} \quad\cdots\cdots$$ ❸

채점 기준	
❶ a의 값 구하기	70%
❷ b의 값 구하기	20%
❸ $a-b$의 값 구하기	10%

0397 답 ④

$x^2+y^2-8x-2y+16=0$에서

$(x-4)^2+(y-1)^2=1$

이 원의 중심 $(4, 1)$을 직선 $y=x+1$에 대하여 대칭이동한 점의 좌표를 (a, b)라 하자.

두 점 $(4, 1)$, (a, b)를 이은 선분의 중점의 좌표는

$$\left(\dfrac{4+a}{2}, \dfrac{1+b}{2}\right)$$

이 점이 직선 $y=x+1$ 위의 점이므로

$$\dfrac{1+b}{2}=\dfrac{4+a}{2}+1$$

$\therefore a-b=-5$ $\quad\cdots\cdots$ ㉠

두 점 $(4, 1)$, (a, b)를 지나는 직선과 직선 $y=x+1$이 서로 수직이므로

$$\dfrac{b-1}{a-4}\times 1=-1$$

$\therefore a+b=5$ $\quad\cdots\cdots$ ㉡

㉠, ㉡을 연립하여 풀면

$a=0$, $b=5$

따라서 대칭이동한 원은 중심의 좌표가 $(0, 5)$이고 반지름의 길이가 1인 원이므로 구하는 원의 방정식은

$x^2+(y-5)^2=1$

0398 답 $\sqrt{65}$

점 $B(5, 3)$을 x축에 대하여 대칭이동한 점을 B'이라 하면 $B'(5, -3)$

$$\therefore \overline{AP}+\overline{BP}=\overline{AP}+\overline{B'P}$$
$$\geq \overline{AB'}$$
$$=\sqrt{(5-1)^2+(-3-4)^2}$$
$$=\sqrt{65}$$

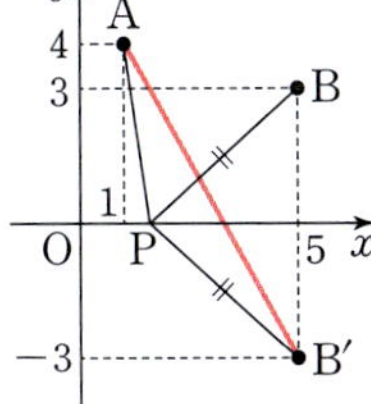

따라서 구하는 최솟값은 $\sqrt{65}$이다.

0399 답 10

점 $B(7, 0)$을 직선 $x+y=2$에 대하여 대칭이동한 점을 $B'(a, b)$라 하자.

선분 BB'의 중점의 좌표는

$$\left(\dfrac{7+a}{2}, \dfrac{b}{2}\right)$$

이 점이 직선 $x+y=2$ 위의 점이므로

$$\dfrac{7+a}{2}+\dfrac{b}{2}=2$$

$\therefore a+b=-3$ $\quad\cdots\cdots$ ㉠

직선 BB'이 직선 $x+y=2$, 즉 $y=-x+2$와 서로 수직이므로

$$\dfrac{b}{a-7}\times(-1)=-1$$

$\therefore a-b=7$ $\quad\cdots\cdots$ ㉡

㉠, ㉡을 연립하여 풀면

$a=2$, $b=-5$

$\therefore B'(2, -5)$ $\quad\cdots\cdots$ ❶

$$\therefore \overline{AP}+\overline{BP}=\overline{AP}+\overline{B'P}$$
$$\geq \overline{AB'}$$
$$=|-5-5|=10$$

따라서 구하는 최솟값은 10이다. $\quad\cdots\cdots$ ❷

채점 기준	
❶ 점 B를 직선 $x+y=2$에 대하여 대칭이동한 점의 좌표 구하기	60%
❷ $\overline{AP}+\overline{BP}$의 최솟값 구하기	40%

0400 답 ④

점 $A(1, 0)$을 직선 $y=x$에 대하여 대칭이동한 점을 A'이라 하면 $A'(0, 1)$

$$\overline{AP}+\overline{BP}=\overline{A'P}+\overline{BP}$$
$$\geq \overline{A'B}$$

즉, $\overline{AP}+\overline{BP}$의 값은 점 P_0이 직선 $A'B$ 위에 있을 때 최소이다.

한편 직선 AP_0을 직선 $y=x$에 대하여 대칭이동한 직선 $A'P_0$은 직선 $A'B$와 같다.

직선 $A'B$의 방정식은

$$y-1=\dfrac{5-1}{6}x$$

$$\therefore y=\dfrac{2}{3}x+1$$

이 직선이 점 $(9, a)$를 지나므로

$$a=\dfrac{2}{3}\times 9+1=7$$

0401 답 ②

직선 $y=2x-1$ 위의 임의의 점 $P(x, y)$를 직선 $y=-x+3$에 대하여 대칭이동한 점을 $P'(x', y')$이라 하자.

선분 PP'의 중점의 좌표는 $\left(\dfrac{x+x'}{2}, \dfrac{y+y'}{2}\right)$

이 점이 직선 $y=-x+3$ 위의 점이므로

$$\dfrac{y+y'}{2}=-\dfrac{x+x'}{2}+3$$

$\therefore x+y=-x'-y'+6$ $\quad\cdots\cdots$ ㉠

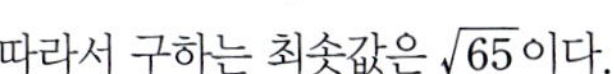

직선 PP'과 직선 $y=-x+3$이 서로 수직이므로
$$\frac{y'-y}{x'-x}\times(-1)=-1$$
$$\therefore x-y=x'-y' \qquad \cdots\cdots \text{ⓛ}$$
㉠, ㉡을 연립하여 x, y에 대하여 풀면
$$x=-y'+3,\ y=-x'+3$$
점 $P(x,\ y)$는 직선 $y=2x-1$ 위의 점이므로
$$-x'+3=2(-y'+3)-1$$
$$\therefore x'-2y'+2=0$$
즉, 직선 l의 방정식은
$$x-2y+2=0$$
따라서 오른쪽 그림에서 구하는 넓이는
$$\frac{1}{2}\times2\times1=1$$

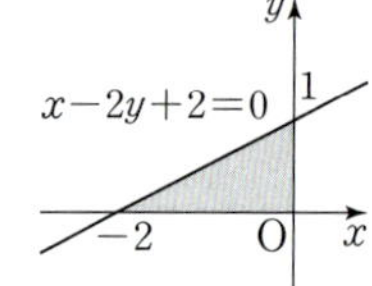

0402 답 ④

점 $A(2,\ 3)$을 직선 $y=x$에 대하여 대칭이동한 점을 A'이라 하면
$A'(3,\ 2)$
점 $B(-3,\ 1)$을 x축에 대하여 대칭이동한 점을 B'이라 하면
$B'(-3,\ -1)$

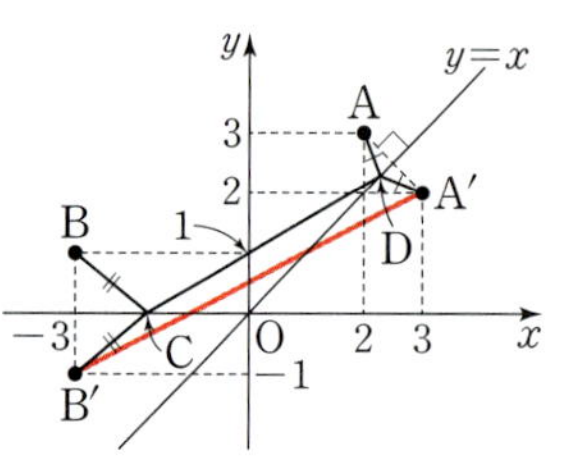

$$\therefore \overline{AD}+\overline{CD}+\overline{BC}=\overline{A'D}+\overline{CD}+\overline{B'C}$$
$$\geq\overline{A'B'}$$
$$=\sqrt{(-3-3)^2+(-1-2)^2}=3\sqrt{5}$$
따라서 구하는 최솟값은 $3\sqrt{5}$이다.

0403 답 ⑤

점 $A(3,\ 6)$을 y축에 대하여 대칭이동한 점을 A'이라 하면 $A'(-3,\ 6)$
점 $A(3,\ 6)$을 직선 $y=x$에 대하여 대칭이동한 점을 A''이라 하면 $A''(6,\ 3)$

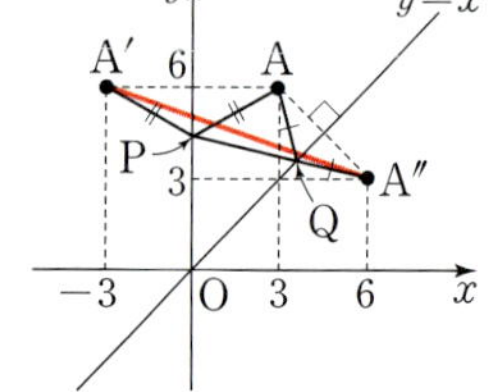

삼각형 APQ의 둘레의 길이는
$$\overline{AP}+\overline{PQ}+\overline{QA}=\overline{A'P}+\overline{PQ}+\overline{QA''}$$
$$\geq\overline{A'A''}$$
$$=\sqrt{(6+3)^2+(3-6)^2}=3\sqrt{10}$$
따라서 구하는 최솟값은 $3\sqrt{10}$이다.

0404 답 ④

오른쪽 그림과 같이 전선 l을 x축, D 지점을 지나고 전선 l에 수직인 직선을 y축으로 하는 좌표평면을 잡으면 점 D는 원점이 된다.

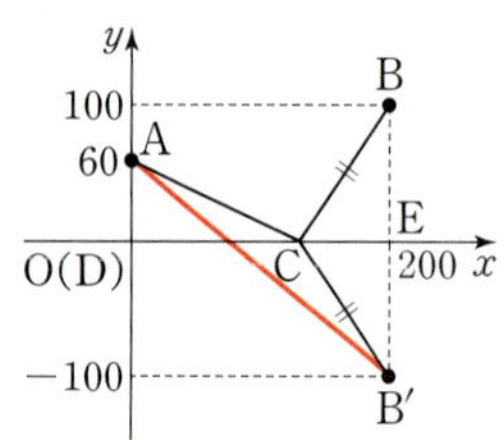

$$\therefore A(0,\ 60),\ B(200,\ 100),$$
$$E(200,\ 0)$$
점 B를 x축에 대하여 대칭이동한 점을 B'이라 하면
$B'(200,\ -100)$
$$\overline{AC}+\overline{BC}=\overline{AC}+\overline{B'C}\geq\overline{AB'}$$

즉, $\overline{AC}+\overline{BC}$의 값이 최소일 때, 점 C는 직선 AB'과 x축의 교점이다.
직선 AB'의 방정식은
$$y-60=\frac{-100-60}{200}x$$
$$\therefore y=-\frac{4}{5}x+60$$
$$-\frac{4}{5}x+60=0\text{에서 } x=75$$
따라서 점 C의 좌표는 $(75,\ 0)$이므로 두 지점 C, D 사이의 거리는 75 m이다.

0405 답 ③

$B(5,\ 4)$에 대하여 $\overline{BP}=3$인 점 P는 중심의 좌표가 $(5,\ 4)$이고 반지름의 길이가 3인 원 위의 점이다.
즉, 구하는 최솟값은 점 A와 원 $(x-5)^2+(y-4)^2=9$ 위의 점 P, x축 위의 점 Q에 대하여 $\overline{AQ}+\overline{QP}$의 최솟값과 같다.
점 $A(-3,\ 2)$를 x축에 대하여 대칭이동한 점을 A'이라 하면
$A'(-3,\ -2)$

$$\therefore \overline{AQ}+\overline{QP}=\overline{A'Q}+\overline{QP}$$
$$\geq\overline{A'B}-\overline{BP}$$
$$=\sqrt{(5+3)^2+(4+2)^2}-3$$
$$=7$$
따라서 구하는 최솟값은 7이다.

0406 답 76

원 C_2의 중심의 좌표를 $(a,\ b)$라 하면 두 원 C_1, C_2의 중심 $(3,\ -1)$, $(a,\ b)$를 이은 선분의 중점의 좌표는
$$\left(\frac{3+a}{2},\ \frac{-1+b}{2}\right)$$
이 점이 직선 $2x-y+3=0$ 위의 점이므로
$$2\times\frac{3+a}{2}-\frac{-1+b}{2}+3=0$$
$$\therefore 2a-b=-13 \qquad \cdots\cdots \text{㉠}$$
두 점 $(3,\ -1)$, $(a,\ b)$를 지나는 직선과 직선 $2x-y+3=0$, 즉 $y=2x+3$이 서로 수직이므로
$$\frac{b+1}{a-3}\times2=-1$$
$$\therefore a+2b=1 \qquad \cdots\cdots \text{㉡}$$
㉠, ㉡을 연립하여 풀면
$$a=-5,\ b=3$$
따라서 두 원 C_1, C_2의 중심의 좌표가 각각 $(3,\ -1)$, $(-5,\ 3)$이므로 두 점 사이의 거리는
$$\sqrt{(-5-3)^2+(3+1)^2}=4\sqrt{5}$$
두 원의 반지름의 길이가 모두 1이므로
$$M=4\sqrt{5}+(1+1)=4\sqrt{5}+2$$
$$m=4\sqrt{5}-(1+1)=4\sqrt{5}-2$$
$$\therefore Mm=76$$

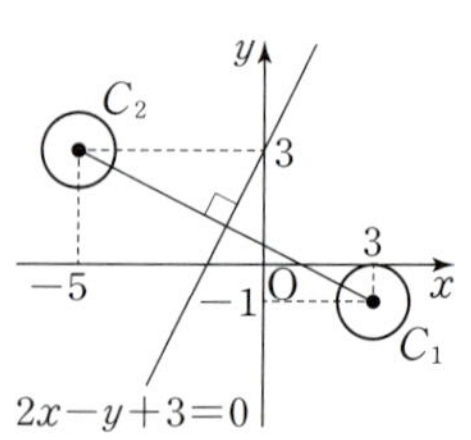

0407 답 -5

포물선 $y=x^2+ax$ 위의 점 $(x,\ y)$를 점 $(2,\ 5)$에 대하여 대칭이동한 점의 좌표를 $(x',\ y')$이라 하면 두 점 $(x,\ y)$, $(x',\ y')$을 이은 선분의 중점의 좌표가 $(2,\ 5)$이므로

$$\frac{x+x'}{2}=2,\ \frac{y+y'}{2}=5 \qquad \therefore\ x=-x'+4,\ y=-y'+10$$

점 $(x,\ y)$는 포물선 $y=x^2+ax$ 위의 점이므로

$$-y'+10=(-x'+4)^2+a(-x'+4)$$

$$\therefore\ y'=-(x')^2+(a+8)x'-4a-6$$

포물선 $y=-x^2+(a+8)x-4a-6$과 직선 $y=3x-2$가 만나는 두 점이 원점에 대하여 대칭이므로 이차방정식

$-x^2+(a+8)x-4a-6=3x-2$, 즉 $x^2-(a+5)x+4a+4=0$

의 두 근의 합이 0이다.

따라서 이차방정식의 근과 계수의 관계에 의하여

$$a+5=0 \qquad \therefore\ a=-5$$

0408 답 -2

직선 $y=0$을 직선 $y=mx$에 대하여 대칭이동한 직선을 l이라 하면 오른쪽 그림과 같이 $\overline{OP}$의 길이는 직선 l과 직선 $3x+4y+11=0$이 서로 수직일 때 최소이다.

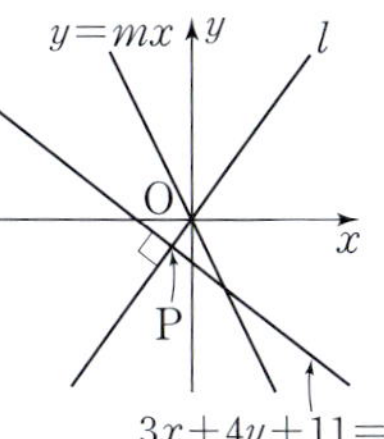

직선 $3x+4y+11=0$, 즉

$y=-\dfrac{3}{4}x-\dfrac{11}{4}$의 기울기는 $-\dfrac{3}{4}$이므로 직선 l의 방정식은

$$y=\frac{4}{3}x$$

이때 직선 $y=mx$는 두 직선 $y=0$, $y=\dfrac{4}{3}x$가 이루는 각의 이등분선이므로 직선 $y=mx$ 위의 한 점 $(1,\ m)$에서 두 직선 $y=0$, $4x-3y=0$에 이르는 거리가 같다.

$$\frac{|m|}{\sqrt{1^2}}=\frac{|4-3m|}{\sqrt{4^2+(-3)^2}},\ 5|m|=|4-3m|$$

$$5m=\pm(4-3m) \qquad \therefore\ m=-2\ \text{또는}\ m=\frac{1}{2}$$

따라서 음수 m의 값은 -2이다.

최고수준 도전 기출   92~93쪽

0409 답 6

전략 $m_1=m_2$이므로 직선 l의 기울기가 두 원 C_1, C_2의 중심을 지나는 직선의 기울기와 같음을 이용하여 직선 l의 방정식을 구한다.

원 C_1: $(x-1)^2+(y-2)^2=\dfrac{17}{4}$의 중심을 C_1이라 하면 $C_1(1,\ 2)$

이 점을 x축의 방향으로 4만큼, y축의 방향으로 1만큼 평행이동한 점의 좌표는

$(1+4,\ 2+1)$ $\therefore\ (5,\ 3)$

이 점이 원 C_2의 중심과 일치하므로 원 C_2의 중심을 C_2라 하면 $C_2(5,\ 3)$

오른쪽 그림에서 $m_1=m_2$이므로 직선 l의 기울기는 직선 C_1C_2의 기울기와 같다.

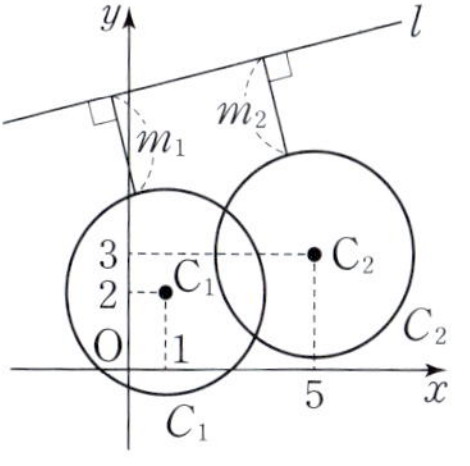

직선 C_1C_2의 기울기는 $\dfrac{3-2}{5-1}=\dfrac{1}{4}$이므로 직선 l의 기울기도 $\dfrac{1}{4}$이다.

직선 l의 방정식을 $y=\dfrac{1}{4}x+a$, 즉

$x-4y+4a=0\ (a\text{는 상수})$이라 하면 원 C_1의 반지름의 길이가 $\dfrac{\sqrt{17}}{2}$이고 $m_1=\dfrac{\sqrt{17}}{2}$이므로 점 $C_1(1,\ 2)$와 직선 $x-4y+4a=0$ 사이의 거리는 $\dfrac{\sqrt{17}}{2}+\dfrac{\sqrt{17}}{2}=\sqrt{17}$이다. 즉,

$$\frac{|1-8+4a|}{\sqrt{1^2+(-4)^2}}=\sqrt{17}$$

$$|-7+4a|=17,\ -7+4a=\pm17$$

$$\therefore\ a=-\frac{5}{2}\ \text{또는}\ a=6$$

따라서 구하는 y절편은 a이고 양수이므로 6이다.

0410 답 ④

전략 $\dfrac{b+d}{a+c}$의 값의 의미를 파악하여 최대, 최소가 되는 경우를 각각 찾는다.

$x^2+y^2-6x-8y+21=0$에서 $(x-3)^2+(y-4)^2=4$

$\dfrac{b+d}{a+c}=\dfrac{b-(-d)}{a-(-c)}$이므로 $\dfrac{b+d}{a+c}$는 두 점 $(a,\ b)$, $(-c,\ -d)$를 지나는 직선의 기울기와 같다.

이때 점 $(-c,\ -d)$는 점 $(c,\ d)$를 원점에 대하여 대칭이동한 점이므로 원 $(x-3)^2+(y-4)^2=4$를 원점에 대하여 대칭이동한 원 $(-x-3)^2+(-y-4)^2=4$, 즉 $(x+3)^2+(y+4)^2=4$ 위의 점이다.

C_1: $(x-3)^2+(y-4)^2=4$,

C_2: $(x+3)^2+(y+4)^2=4$

라 하고 오른쪽 그림과 같이 두 원 C_1, C_2의 공통인 두 접선을 각각 l_1, l_2라 하면

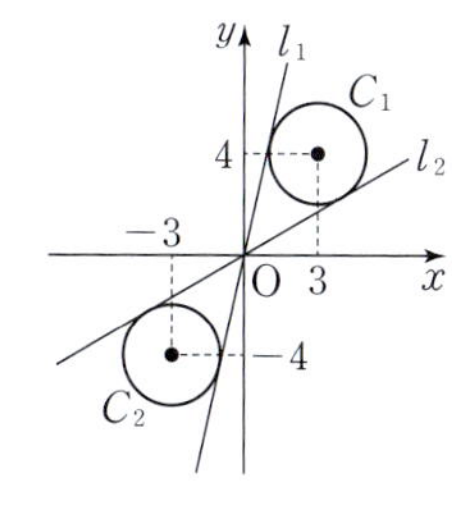

$\dfrac{b+d}{a+c}$의 최댓값과 최솟값은 각각 직선 l_1의 기울기와 직선 l_2의 기울기와 같다.

이때 두 직선 l_1, l_2는 원점을 지나므로 원 C_1에 접하는 직선의 방정식을 $y=mx$라 하면 원 C_1의 중심 $(3,\ 4)$와 직선 $mx-y=0$ 사이의 거리는 원의 반지름의 길이 2와 같다.

$$\frac{|3m-4|}{\sqrt{m^2+(-1)^2}}=2$$

$$|3m-4|=2\sqrt{m^2+1}$$

양변을 제곱하면

$$(3m-4)^2=4(m^2+1)$$

$$\therefore\ 5m^2-24m+12=0 \qquad \cdots\cdots\ \bigcirc$$

즉, 두 직선 l_1, l_2의 기울기는 각각 이차방정식 $\bigcirc$의 두 근 중 큰 값과 작은 값이므로 근과 계수의 관계에 의하여 두 직선 l_1, l_2의 기울기의 합은 $\dfrac{24}{5}$이다.

따라서 $\dfrac{b+d}{a+c}$의 최댓값과 최솟값의 합은 $\dfrac{24}{5}$이다.

0411 답 ⑤

전략 두 점 A, B가 직선 $y=x$에 대하여 대칭임을 이용하여 두 점 P, Q의 위치를 찾은 후 사각형 APBQ의 넓이를 이용하여 선분 AB의 길이를 구한다.

두 점 $A(a, b)$, $B(b, a)$는 직선 $y=x$에 대하여 대칭이고 $\overline{AP}=\overline{BP}$, $\overline{AQ}=\overline{BQ}$를 만족시키는 두 점 P, Q는 선분 AB의 수직이등분선 위의 점이다.

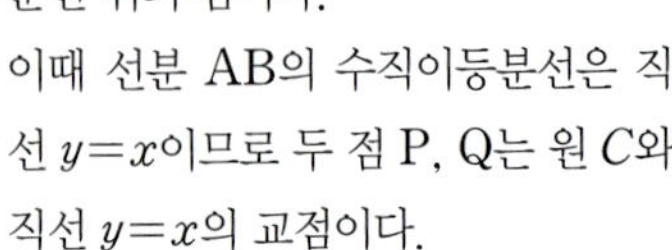

이때 선분 AB의 수직이등분선은 직선 $y=x$이므로 두 점 P, Q는 원 C와 직선 $y=x$의 교점이다.

한편 선분 PQ는 원 C의 지름이므로 $\overline{PQ}=4$

선분 AB와 직선 $y=x$가 만나는 점을 H라 하면 사각형 APBQ의 넓이는

$$\frac{1}{2}\times 4\times \overline{AH}+\frac{1}{2}\times 4\times \overline{BH}=2(\overline{AH}+\overline{BH})=2\overline{AB}$$

즉, $2\overline{AB}=2\sqrt{2}$이므로

$$\overline{AB}=\sqrt{2}$$

$$\sqrt{(b-a)^2+(a-b)^2}=\sqrt{2}$$

$$\sqrt{(a-b)^2}=1$$

양변을 제곱하면

$$a^2-2ab+b^2=1 \qquad \cdots\cdots ㉠$$

이때 점 $A(a, b)$는 원 C 위의 점이므로

$$a^2+b^2=4$$

이를 ㉠에 대입하면

$$4-2ab=1$$

$$\therefore a\times b=\frac{3}{2}$$

0412 답 12

전략 직선 $4x-3y+21=0$이 원 C에 접함을 이용하여 원 C의 반지름의 길이를 구한 후 두 원 C, C'의 중심을 이은 직선과 직선 $4x-3y+21=0$이 서로 평행함을 이용하여 a, b의 값을 구한다.

원 C: $(x-1)^2+y^2=r^2$을 x축의 방향으로 a만큼, y축의 방향으로 b만큼 평행이동한 원 C'의 방정식은

$$(x-a-1)^2+(y-b)^2=r^2$$

두 원 C, C'의 중심을 각각 C, C'이라 하면

$$C(1, 0), C'(a+1, b)$$

㈏에서 직선 $4x-3y+21=0$은 원 C에 접하므로 점 $C(1, 0)$과 직선 $4x-3y+21=0$ 사이의 거리는 원의 반지름의 길이 r와 같다.

$$\therefore r=\frac{|4+21|}{\sqrt{4^2+(-3)^2}}=5$$

따라서 원 C'의 방정식은

$$(x-a-1)^2+(y-b)^2=25$$

㈎에서 이 원은 점 $C(1, 0)$을 지나므로

$$(1-a-1)^2+(-b)^2=25$$

$$\therefore a^2+b^2=25 \qquad \cdots\cdots ㉠$$

오른쪽 그림과 같이 두 점 C, C'에서 직선 $4x-3y+21=0$에 내린 수선의 발을 각각 H, H'이라 하면 사각형 CC'H'H는 정사각형이다.

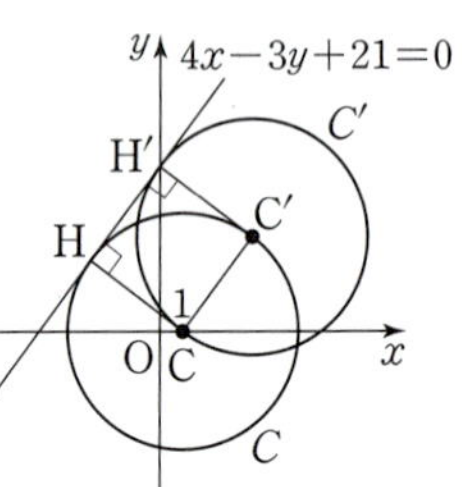

직선 CC'은 직선 $4x-3y+21=0$, 즉 $y=\frac{4}{3}x+7$에 평행하므로

$$\frac{b}{(a+1)-1}=\frac{4}{3}$$

$$\therefore a=\frac{3}{4}b \qquad \cdots\cdots ㉡$$

㉡을 ㉠에 대입하면

$$\left(\frac{3}{4}b\right)^2+b^2=25$$

$$b^2=16 \quad \therefore b=\pm 4$$

그런데 $b>0$이므로 $b=4$

이를 ㉡에 대입하면 $a=3$

$$\therefore a+b+r=12$$

0413 답 ③

전략 원 C_1을 x축에 대하여 대칭이동한 원의 방정식과 원 C_2를 직선 $y=x$에 대하여 대칭이동한 원의 방정식을 구하여 주어진 식의 값이 최소일 때를 찾는다.

원 C_1을 x축에 대하여 대칭이동한 원을 $C_1{}'$, 원 C_2를 직선 $y=x$에 대하여 대칭이동한 원을 $C_2{}'$이라 하면

$$C_1{}': (x-8)^2+(y+2)^2=4, \quad C_2{}': (x+4)^2+(y-3)^2=4$$

점 A를 x축에 대하여 대칭이동한 점을 A', 점 B를 직선 $y=x$에 대하여 대칭이동한 점을 B'이라 하면 두 점 A', B'은 각각 두 원 $C_1{}'$, $C_2{}'$ 위의 점이다.

두 원 $C_1{}'$, $C_2{}'$의 중심을 각각 $C_1{}'$, $C_2{}'$이라 하면 오른쪽 그림과 같이 두 점 A', B'이 모두 직선 $C_1{}'C_2{}'$ 위에 있을 때 두 점 A', B' 사이의 거리는 최소가 된다.

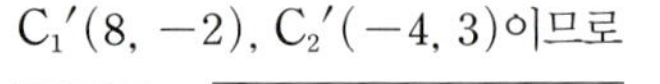

$C_1{}'(8, -2)$, $C_2{}'(-4, 3)$이므로

$$\overline{C_1{}'C_2{}'}=\sqrt{(-4-8)^2+(3+2)^2}=13$$

두 원의 반지름의 길이가 모두 2이므로

$$\overline{AP}+\overline{PQ}+\overline{QB}=\overline{A'P}+\overline{PQ}+\overline{QB'}$$
$$\geq \overline{A'B'}$$
$$=\overline{C_1{}'C_2{}'}-(2+2)$$
$$=13-4=9$$

따라서 구하는 최솟값은 9이다.

0414 답 $\frac{5}{2}$

전략 삼각형 AOB가 직각이등변삼각형임을 이용하여 삼각형 OBP의 넓이를 구한다.

점 $A(10-3a, a)$를 y축에 대하여 대칭이동한 점의 좌표는

$$(3a-10, a)$$

이 점을 직선 $y=x$에 대하여 대칭이동한 점 B의 좌표는

$$(a, 3a-10)$$

$\overline{\mathrm{OA}}=\sqrt{(10-3a)^2+a^2}$, $\overline{\mathrm{OB}}=\sqrt{a^2+(3a-10)^2}$

$\therefore\ \overline{\mathrm{OA}}=\overline{\mathrm{OB}}$

직선 OA의 기울기는 $\dfrac{a}{10-3a}$, 직선 OB의 기울기는 $\dfrac{3a-10}{a}$이므로 두 직선 OA, OB의 기울기의 곱은 -1이다.

즉, 삼각형 AOB는 $\angle\mathrm{AOB}=90°$인 직각이등변삼각형이므로 점 P는 선분 AB의 중점이다.

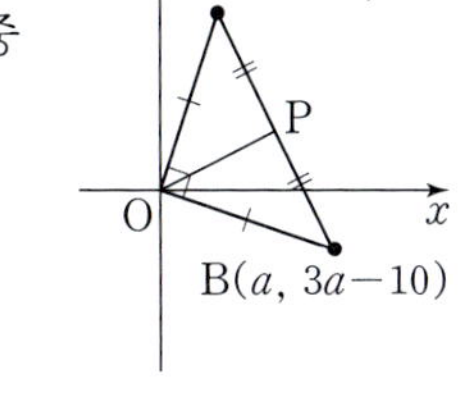

$$\begin{aligned}\triangle\mathrm{OBP}&=\frac{1}{2}\times\triangle\mathrm{AOB}\\&=\frac{1}{2}\times\frac{1}{2}\times\overline{\mathrm{OB}}^2\\&=\frac{1}{4}\times\overline{\mathrm{OB}}^2\quad\cdots\cdots\ \bigcirc\end{aligned}$$

즉, $\overline{\mathrm{OB}}$의 길이가 최소일 때 삼각형 OBP의 넓이가 최소가 된다.

이때 점 $\mathrm{B}(a,\ 3a-10)$은 직선 $y=3x-10$ 위의 점이므로 $\overline{\mathrm{OB}}$의 길이의 최솟값은 원점과 직선 $y=3x-10$, 즉 $3x-y-10=0$ 사이의 거리와 같다.

따라서 $\overline{\mathrm{OB}}$의 길이의 최솟값은 $\dfrac{|-10|}{\sqrt{3^2+(-1)^2}}=\sqrt{10}$이므로 삼각형 OBP의 넓이의 최솟값은

$$\frac{1}{4}\times(\sqrt{10})^2=\frac{5}{2}$$

다른 풀이

$\mathrm{B}(a,\ 3a-10)$이므로 $\bigcirc$에서 삼각형 OBP의 넓이는

$$\begin{aligned}\frac{1}{4}\times\overline{\mathrm{OB}}^2&=\frac{1}{4}\{a^2+(3a-10)^2\}\\&=\frac{5}{2}(a-3)^2+\frac{5}{2}\end{aligned}$$

따라서 $a=3$일 때, 최솟값은 $\dfrac{5}{2}$이다.

0415 답 ③

전략 그림을 그려서 t의 값의 범위에 따른 이차함수 $S(t)$의 식을 구한다.

직선 AB의 방정식은

$$\frac{x}{-9}+\frac{y}{9}=1$$

$$\therefore\ y=x+9$$

직선 AC의 방정식은

$$\frac{x}{9}+\frac{y}{9}=1$$

$$\therefore\ y=-x+9$$

직선 AB를 x축의 방향으로 t만큼 평행이동한 직선 $\mathrm{A'B'}$의 방정식은

$$y=x-t+9$$

(i) $0<t<9$일 때,

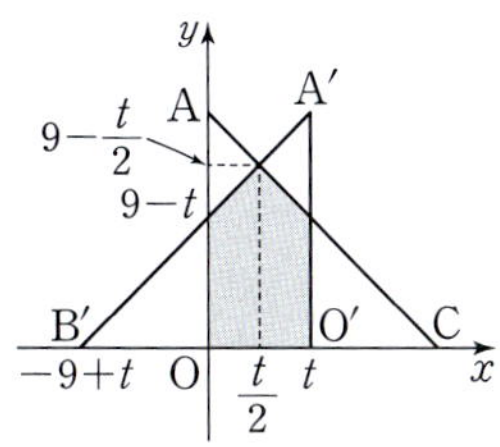

$$\begin{aligned}S(t)&=2\times\frac{1}{2}\times\left\{(9-t)+\left(9-\frac{t}{2}\right)\right\}\times\frac{t}{2}\\&=\frac{t}{2}\left(18-\frac{3}{2}t\right)\\&=-\frac{3}{4}t^2+9t\\&=-\frac{3}{4}(t-6)^2+27\end{aligned}$$

따라서 $t=6$일 때, 최댓값은 27이다.

(ii) $9\le t<18$일 때,

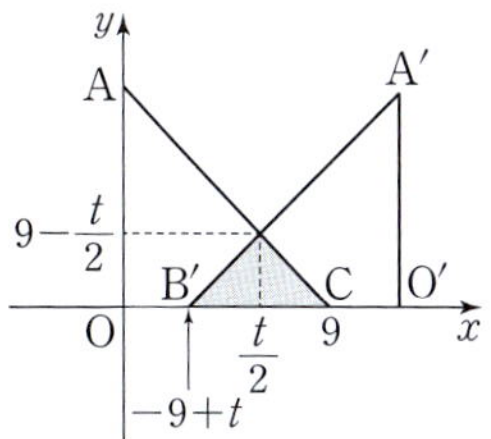

$$\begin{aligned}S(t)&=\frac{1}{2}\times\{9-(-9+t)\}\times\left(9-\frac{t}{2}\right)\\&=\frac{1}{4}(t-18)^2\end{aligned}$$

따라서 $t=9$일 때, 최댓값은 $\dfrac{1}{4}\times(9-18)^2=\dfrac{81}{4}$이다.

(i), (ii)에 의하여 $0<t<18$에서 $S(t)$의 최댓값은 27이다.

0416 답 $6\sqrt{2}+2\sqrt{17}$

전략 사각형 ACDB에서 $\overline{\mathrm{AB}}$, $\overline{\mathrm{CD}}$의 길이가 일정함을 이용하여 사각형 ACDB의 둘레의 길이가 최소가 되는 경우를 구한다.

두 점 A, B가 직선 $y=x$ 위의 점이므로 $\mathrm{A}(a,\ a)$, $\mathrm{B}(b,\ b)\ (b>a)$라 하면

$$\begin{aligned}\overline{\mathrm{AB}}&=\sqrt{(b-a)^2+(b-a)^2}\\&=\sqrt{2}\,|b-a|\\&=\sqrt{2}(b-a)\ (\because\ b>a)\end{aligned}$$

즉, $\sqrt{2}(b-a)=\sqrt{2}$이므로

$$b-a=1\qquad\therefore\ b=a+1$$

$$\therefore\ \mathrm{B}(a+1,\ a+1)$$

한편 사각형 ACDB에서 $\overline{\mathrm{AB}}=\sqrt{2}$, $\overline{\mathrm{CD}}=\sqrt{(8-1)^2+1^2}=5\sqrt{2}$로 각각 일정하므로 $\overline{\mathrm{AC}}+\overline{\mathrm{BD}}$의 값이 최소일 때 사각형 ACDB의 둘레의 길이는 최소가 된다.

선분 AC를 점 $\mathrm{A}(a,\ a)$가 점 $\mathrm{B}(a+1,\ a+1)$로 옮겨지도록 평행이동하면 x축의 방향으로 1만큼, y축의 방향으로 1만큼 평행이동한 것과 같다.

이 평행이동에 의하여 점 $\mathrm{C}(1,\ -1)$이 옮겨지는 점을 $\mathrm{C'}$이라 하면 $\mathrm{C'}(2,\ 0)$

또 점 $\mathrm{C'}$을 직선 $y=x$에 대하여 대칭이동한 점을 $\mathrm{C''}$이라 하면 $\mathrm{C''}(0,\ 2)$

$$\begin{aligned}\overline{\mathrm{AC}}+\overline{\mathrm{BD}}&=\overline{\mathrm{BC'}}+\overline{\mathrm{BD}}\\&=\overline{\mathrm{BC''}}+\overline{\mathrm{BD}}\\&\ge\overline{\mathrm{C''D}}\\&=\sqrt{8^2+(-2)^2}=2\sqrt{17}\end{aligned}$$

따라서 사각형 ACDB의 둘레의 길이의 최솟값은

$$\sqrt{2}+5\sqrt{2}+2\sqrt{17}=6\sqrt{2}+2\sqrt{17}$$

0417 답 ⑤

⑤ '높은'은 기준이 명확하지 않아 그 대상을 분명하게 정할 수 없으므로 집합이 아니다.
따라서 집합이 아닌 것은 ⑤이다.

0418 답 ㅁ, ㅂ

ㄱ, ㄴ, ㄷ, ㄹ. '작은', '따뜻한', '잘하는', '가까운'은 기준이 명확하지 않아 그 대상을 분명하게 정할 수 없으므로 집합이 아니다.
따라서 보기에서 집합인 것은 ㅁ, ㅂ이다.

0419 답 ③

0420 답 ⑤

집합 A의 원소는 11, 13, 17, 19이므로
⑤ $18 \notin A$
따라서 옳지 않은 것은 ⑤이다.

0421 답 ⑤

$x^3+x^2-2x=0$에서
$x(x+2)(x-1)=0$
$\therefore x=-2$ 또는 $x=0$ 또는 $x=1$
따라서 집합 A의 원소는 $-2, 0, 1$이므로
⑤ $2 \notin A$
따라서 옳지 않은 것은 ⑤이다.

0422 답 ④

①, ②, ③, ⑤ $\{1, 2, 3, 4, \ldots, 10\}$
④ $\{1, 2, 3, 4, \ldots, 9\}$
따라서 나머지 넷과 다른 하나는 ④이다.

0423 답 ③

① $A=\{1, 3, 9\}$
② $A=\{1, 3, 9, 27\}$
③ $A=\{1, 3, 9, 27, 81\}$
④ $A=\{3, 6, 9, 12, \ldots, 81\}$
⑤ $A=\{9, 18, 27, 36, \ldots, 90\}$
따라서 집합 A를 조건제시법으로 바르게 나타낸 것은 ③이다.

0424 답 ②

$A=\{1, 2, 4\}$, $B=\{1, 2, 3, 6\}$
② $2 \in A$, $2 \in B$
따라서 옳지 않은 것은 ②이다.

0425 답 ④

$x=2^p \times 3^q$에서 p, q는 음이 아닌 정수이므로 x는 1이거나 2 또는 3만 소인수로 갖는다.
① $1=2^0 \times 3^0$ ② $6=2 \times 3$ ③ $18=2 \times 3^2$
④ $21=3 \times 7$ ⑤ $36=2^2 \times 3^2$
따라서 집합 A의 원소가 아닌 것은 ④이다.

0426 답 18

k의 값이 될 수 있는 자연수는 16, 17, 18이므로 자연수 k의 최댓값은 18이다.

0427 답 4

$a \in A$, $b \in B$인 a, b에 대하여 ab의 값을 구하면 오른쪽 표와 같으므로
$B=\{-2, -1, 0, 1, 2, 4\}$
따라서 집합 B의 모든 원소의 합은
$-2+(-1)+0+1+2+4=4$

a＼b	-1	0	1	2
-1	1	0	-1	-2
0	0	0	0	0
1	-1	0	1	2
2	-2	0	2	4

0428 답 $\{3, 7, 11, 15\}$

$x \in A$, $x \notin B$인 x의 값은 2, 4, 6, 8이다. ······ ❶
$x=2$이면 $2 \times 2-1=3$
$x=4$이면 $2 \times 4-1=7$
$x=6$이면 $2 \times 6-1=11$
$x=8$이면 $2 \times 8-1=15$ ······ ❷
$\therefore C=\{3, 7, 11, 15\}$ ······ ❸

채점 기준

❶ $x \in A$, $x \notin B$인 x의 값 구하기	20%
❷ 집합 C에 속하는 모든 원소 구하기	60%
❸ 집합 C를 원소나열법으로 나타내기	20%

0429 답 ③

$A=\{2, 3, 5, 7\}$
$x \in A$인 x의 값은 2, 3, 5, 7이므로
$x=2$이면 $2^2-10 \times 2+21 \neq 0$
$x=3$이면 $3^2-10 \times 3+21=0$
$x=5$이면 $5^2-10 \times 5+21 \neq 0$
$x=7$이면 $7^2-10 \times 7+21=0$
$\therefore B=\{2, 5\}$
따라서 집합 B의 모든 원소의 합은
$2+5=7$

0430 답 ㄱ, ㄷ

(i) $i=j$일 때,
$a_{11}=-a_{11}$, $a_{22}=-a_{22}$에서 $a_{11}=0$, $a_{22}=0$
(ii) $i \neq j$일 때,
$a_{12}=-a_{21}$
(i), (ii)에서 집합 A의 원소는 $\begin{pmatrix} 0 & k \\ -k & 0 \end{pmatrix}$($k$는 상수) 꼴이어야 한다.
따라서 보기에서 집합 A의 원소인 것은 ㄱ, ㄷ이다.

0431 답 $-\dfrac{1}{2}$

$ax^3+x^2-5x+a=0$에 $x=1$을 대입하면

$a+1-5+a=0$

$2a-4=0$ $\quad\therefore a=2$ $\qquad\cdots\cdots$ ❶

즉, $2x^3+x^2-5x+2=0$에서

$(x+2)(2x-1)(x-1)=0$

$\therefore x=-2$ 또는 $x=\dfrac{1}{2}$ 또는 $x=1$

$\therefore A=\left\{-2,\ \dfrac{1}{2},\ 1\right\}$ $\qquad\cdots\cdots$ ❷

따라서 집합 A의 모든 원소의 합은

$-2+\dfrac{1}{2}+1=-\dfrac{1}{2}$ $\qquad\cdots\cdots$ ❸

채점 기준	
❶ a의 값 구하기	40%
❷ 집합 A 구하기	40%
❸ 집합 A의 모든 원소의 합 구하기	20%

0432 답 -1

$i^2=-1,\ i^3=-i,\ i^4=1,\ i^5=i,\ i^6=-1,\ \cdots$ 이므로

$A=\{i,\ -1,\ -i,\ 1\}$ $\qquad\cdots\cdots$ ❶

$z_1\in A,\ z_2\in A$인 $z_1,\ z_2$에 대하여 z_1z_2의 값을 구하면 오른쪽 표와 같으므로

z_1＼z_2	i	-1	$-i$	1
i	-1	$-i$	1	i
-1	$-i$	1	i	-1
$-i$	1	i	-1	$-i$
1	i	-1	$-i$	1

$B=\{i,\ -1,\ -i,\ 1\}$ $\qquad\cdots\cdots$ ❷

따라서 집합 B의 모든 원소의 곱은

$i\times(-1)\times(-i)\times1=-1$ $\qquad\cdots\cdots$ ❸

채점 기준	
❶ 집합 A 구하기	30%
❷ 집합 B 구하기	50%
❸ 집합 B의 모든 원소의 곱 구하기	20%

0433 답 ㄱ, ㄴ, ㄹ

ㄱ. $\dfrac{3}{5}$은 정수가 아니므로 $\dfrac{3}{5}\notin Z$

ㄴ. $\sqrt{169}=13$이고, 13은 정수이므로 $\sqrt{169}\in Z$

ㄷ. $i^4=1$이고, 1은 유리수이므로 $i^4\in Q$

ㄹ. $\dfrac{1}{2-\sqrt{3}}$은 무리수이고, 무리수는 유리수에 포함되지 않으므로

$\dfrac{1}{2-\sqrt{3}}\notin Q$

ㅁ. 5는 정수이고, 정수는 실수에 포함되므로 $5\in R$

ㅂ. $-i$는 실수가 아니므로 $-i\notin R$

따라서 보기에서 옳은 것은 ㄱ, ㄴ, ㄹ이다.

0434 답 ②

① $\{1,\ 2,\ 3,\ 6\}$ ➡ 유한집합

② $\{2,\ 4,\ 6,\ 8,\ \cdots\}$ ➡ 무한집합

③ $\{11,\ 13,\ 15,\ 17,\ \cdots,\ 99\}$ ➡ 유한집합

④ $x^2+4<0$인 실수는 존재하지 않으므로 공집합이다.

⑤ 이차방정식 $x^2+3x+6=0$의 판별식을 D라 하면

$D=3^2-4\times6=-15<0$

즉, 이차방정식 $x^2+3x+6=0$의 실근은 존재하지 않으므로 공집합이다.

따라서 무한집합인 것은 ②이다.

0435 답 ④

① $\{-1,\ 1\}$이므로 공집합이 아니다.

② $x<1$인 정수는 무수히 많으므로 공집합이 아니다.

③ $\{2\}$이므로 공집합이 아니다.

④ $0<x<1$인 자연수는 존재하지 않으므로 공집합이다.

⑤ $\{0\}$이므로 공집합이 아니다.

따라서 공집합인 것은 ④이다.

0436 답 1

$x^2-4x+4=0$에서 $(x-2)^2=0$ $\quad\therefore x=2$

따라서 $A=\{2\}$이므로 $n(A)=1$

0437 답 ③

$A=\{(1,\ 2),\ (1,\ -2),\ (-1,\ 2),\ (-1,\ -2),\ (2,\ 1),$
$\quad(2,\ -1),\ (-2,\ 1),\ (-2,\ -1)\}$

$\therefore n(A)=8$

0438 답 ⑤

① $n(\{2\})=1$

② $n(\{50\})-n(\{48\})=1-1=0$

③ $n(\{0,\ 1\})-n(\{1\})=2-1=1$

④ $n(\{0,\ 1,\ 2\})-n(\{\varnothing\})=3-1=2$

⑤ $n(\{0\})-n(\varnothing)=1-0=1$

따라서 옳은 것은 ⑤이다.

0439 답 13

$A=\{1,\ 3,\ 5,\ 7,\ 9\}$이므로 $n(A)=5$

$B=\{1,\ 3,\ 5,\ 9,\ 15,\ 45\}$이므로 $n(B)=6$

$x^2-4x-5=0$에서 $(x+1)(x-5)=0$

$\therefore x=-1$ 또는 $x=5$

즉, $C=\{-1,\ 5\}$이므로 $n(C)=2$

$\therefore n(A)+n(B)+n(C)=13$

0440 답 6

5의 양의 배수는 5, 10, 15, 20, $\cdots$이므로 k의 값이 될 수 있는 자연수는 6, 7, 8, 9이다.

따라서 자연수 k의 최솟값은 6이다.

0441 답 15

$A=\{1,\ 2,\ 3,\ 4,\ 6,\ 12\}$이므로 $n(A)=6$

$B=\{1,\ 2,\ 3,\ 4,\ \cdots,\ k-1\}$이므로 $n(B)=k-1$

이때 $n(A)+n(B)=20$이므로

$6+(k-1)=20$ $\quad\therefore k=15$

0442 답 8

$x\in A$, $y\in B$인 x, y에 대하여
$x+y$의 값을 구하면 오른쪽 표와
같으므로
$X=\{2,\ 3,\ 4,\ 5,\ 6,\ 7,\ 8,\ 9,\ a+1,$
$\qquad a+3,\ a+5\}$
이때 $n(X)=10$이 되려면
$a+1=8$ 또는 $a+1=9$
$\therefore\ a=7$ 또는 $a=8$
따라서 자연수 a의 최댓값은 8이다.

$x\backslash y$	1	3	5
1	2	4	6
2	3	5	7
3	4	6	8
4	5	7	9
a	$a+1$	$a+3$	$a+5$

0443 답 6

이차방정식 $x^2-5x+7=0$의 판별식을 D_1이라 하면
$D_1=(-5)^2-4\times7=-3<0$
즉, 이차방정식 $x^2-5x+7=0$은 실근을 갖지 않으므로
$n(A)=0$ $\qquad\qquad$ ······ ❶
이때 $n(A)=n(B)$가 되려면 $n(B)=0$이어야 하므로 이차방정식
$x^2+ax+a=0$이 실근을 갖지 않아야 한다.
이차방정식 $x^2+ax+a=0$의 판별식을 D_2라 하면
$D_2=a^2-4a<0$
$a(a-4)<0$ $\qquad\therefore\ 0<a<4$ $\qquad$ ······ ❷
따라서 정수 a의 값은 1, 2, 3이므로 구하는 합은
$1+2+3=6$ $\qquad\qquad$ ······ ❸

채점 기준

❶ $n(A)$ 구하기	30%
❷ a의 값의 범위 구하기	50%
❸ 모든 정수 a의 값의 합 구하기	20%

0444 답 $\{-3,\ -2,\ 1,\ 6\}$

㈎, ㈏에서 $1\in A$, $6\in A$이고, $n(A)=4$이므로
$A=\{1,\ 6,\ a,\ b\}$라 하자.
㈐에서 모든 원소의 합이 2이므로
$1+6+a+b=2$ $\qquad\therefore\ b=-a-5$ $\qquad$ ······ ㉠
또 곱이 36이므로
$1\times6\times a\times b=36$ $\qquad\therefore\ ab=6$
㉠을 대입하면
$a(-a-5)=6,\ a^2+5a+6=0$
$(a+3)(a+2)=0$ $\qquad\therefore\ a=-3$ 또는 $a=-2$
㉠에서 $a=-3$이면 $b=-(-3)-5=-2$,
$a=-2$이면 $b=-(-2)-5=-3$
$\therefore\ A=\{-3,\ -2,\ 1,\ 6\}$

0445 답 ②

$n(A)=1$이 되려면 x에 대한 방정식 $(k-2)x^2-4x+k=0$의 실
근이 1개이어야 한다.
(i) $k=2$일 때,
$\quad(k-2)x^2-4x+k=0$에서 $-4x+2=0$, 즉 $x=\dfrac{1}{2}$이므로 해
$\quad$는 1개이다.

(ii) $k\neq2$일 때,
$\quad x$에 대한 이차방정식 $(k-2)x^2-4x+k=0$이 중근을 가져야
$\quad$하므로 이 이차방정식의 판별식을 D라 하면
$$\frac{D}{4}=(-2)^2-(k-2)k=0,\ k^2-2k-4=0$$
$\quad$이때 이차방정식 $k^2-2k-4=0$을 만족시키는 실수 k의 값의
$\quad$합은 근과 계수의 관계에 의하여 2이다.
(i), (ii)에서 모든 실수 k의 값의 합은 $2+2=4$

0446 답 $\sqrt{5}$

$A\neq\varnothing$이 되려면 $x^2+y^2=1$과 $y=-2x+k$를 동시에 만족시키는
실수 x, y가 존재해야 한다.
즉, 좌표평면에서 원 $x^2+y^2=1$과 직선 $y=-2x+k$가 만나야 한다.
원의 중심 $(0,\ 0)$과 직선 $y=-2x+k$, 즉 $2x+y-k=0$ 사이의 거
리는 $\dfrac{|-k|}{\sqrt{2^2+1^2}}=\dfrac{|k|}{\sqrt{5}}$
원의 반지름의 길이가 1이므로 원과 직선이 만나려면
$$\frac{|k|}{\sqrt{5}}\leq1,\ |k|\leq\sqrt{5}\qquad\therefore\ -\sqrt{5}\leq k\leq\sqrt{5}$$
따라서 실수 k의 최댓값은 $\sqrt{5}$이다.

0447 답 ⑤

① 1은 집합 A의 원소이므로 $1\in A$
② -2는 집합 B의 원소가 아니므로 $-2\notin B$
③ $\{1,\ 3\}$은 집합 A의 원소가 아니므로 $\{1,\ 3\}\notin A$, $\{1,\ 3\}\subset A$
④ 4는 집합 B의 원소이므로 $4\in B$
⑤ 1, 3은 집합 B의 원소이므로 $\{1,\ 3\}\subset B$
따라서 옳은 것은 ⑤이다.

0448 답 $B\subset A$

$B=\{0\}$이므로 $B\subset A$

0449 답 $\varnothing,\ \{1\},\ \{5\},\ \{25\},\ \{1,\ 5\},\ \{1,\ 25\},\ \{5,\ 25\}$

$\{x\,|\,x$는 25의 양의 약수$\}=\{1,\ 5,\ 25\}$이므로 집합 $\{1,\ 5,\ 25\}$의 진
부분집합은
$\varnothing,\ \{1\},\ \{5\},\ \{25\},\ \{1,\ 5\},\ \{1,\ 25\},\ \{5,\ 25\}$

0450 답 ⑤

① $\varnothing$은 집합 A의 부분집합이므로 $\varnothing\subset A$
② 0은 집합 A의 원소이므로 $0\in A$
③, ④ $\{1\}$은 집합 A의 원소이므로 $\{1\}\in A$, $\{\{1\}\}\subset A$
⑤ $\{0,\ 1,\ \{1\}\}$은 집합 A의 원소가 아니므로
$\quad\{0,\ 1,\ \{1\}\}\notin A$, $\{0,\ 1,\ \{1\}\}\subset A$
따라서 옳지 않은 것은 ⑤이다.

0451 답 ⑤

$A=\{2,\ 4,\ 6,\ 8,\ 10\}$, $B=\{1,\ 2,\ 3,\ 6,\ 9,\ 18\}$
⑤ $4\notin B$이므로 $\{1,\ 4,\ 6,\ 9\}\not\subset B$

0452 답 ④

$A=\{1,\ 2\}$, $B=\{1,\ 2,\ 3,\ 4,\ 5\}$
④ $\{1,\ 2\}\subset B$

0453 답 ㄷ, ㄹ

ㄱ. 0은 집합 $\{\varnothing, 1, 2\}$의 원소가 아니므로 $0 \notin \{\varnothing, 1, 2\}$

ㄴ. $\varnothing$은 집합 $\{\varnothing, 1, 2\}$의 원소이므로 $\varnothing \in \{\varnothing, 1, 2\}$

ㄹ. $\varnothing$은 집합 $\{\varnothing, 1, 2\}$의 원소이므로 $\{\varnothing\} \subset \{\varnothing, 1, 2\}$

따라서 보기에서 옳은 것은 ㄷ, ㄹ이다.

0454 답 ㄱ, ㄹ

ㄱ, ㄷ. $\{\varnothing\}$은 집합 A의 원소이므로 $\{\varnothing\} \in A$, $\{\varnothing\} \not\subset A$

ㄴ. 3은 집합 A의 원소가 아니므로 $3 \notin A$

ㄹ. 1, 2는 집합 A의 원소이므로 $\{1, 2\} \subset A$

따라서 보기에서 옳은 것은 ㄱ, ㄹ이다.

0455 답 ③

주어진 벤 다이어그램에서 두 집합 A, B 사이의 포함 관계는 $B \subset A$이다.

① $A \subset B$

② $A \not\subset B$, $B \not\subset A$

③ $A = \{2, 4, 6, 8, \ldots\}$, $B = \{4, 8, 12, 16, \ldots\}$이므로 $B \subset A$

④ $A = \{1, 2, 3, 6\}$, $B = \{1, 2, 3, 4, 6, 12\}$이므로 $A \subset B$

⑤ $A = \{2, 3, 5\}$, $B = \{2, 3, 5, 7\}$이므로 $A \subset B$

따라서 두 집합 A, B 사이의 포함 관계가 주어진 벤 다이어그램과 같은 것은 ③이다.

0456 답 ③

$A \subset B$이고 $B \subset A$이면 $A = B$

① $B = \{1, 3, 5, 7, \ldots\}$이므로 $A \neq B$

② $B = \{1, 2, 3, 4\}$이므로 $A \neq B$

③ $A = \{2, 3, 5, 7\}$이므로 $A = B$

④ $A = \{-1, 1\}$, $B = \{-1, 0, 1\}$이므로 $A \neq B$

⑤ $A = \{1, 2, 4, 8\}$, $B = \{2, 4, 6, 8, \ldots\}$이므로 $A \neq B$

따라서 $A \subset B$이고 $B \subset A$인 것은 ③이다.

0457 답 ④

ㄱ. $A \subset B$이고 $A \neq B$이므로 집합 A는 집합 B의 진부분집합이다.

ㄴ. $A = B$이므로 집합 A는 집합 B의 진부분집합이 아니다.

ㄷ. $A = \{1, 2, 3, 4, 6, 12\}$, $B = \{1, 2, 3, 6\}$

  즉, $B \subset A$이고 $A \neq B$이므로 집합 B는 집합 A의 진부분집합이다.

ㄹ. $B = \{2, 3, 5, 7\}$

  즉, $A \subset B$이고 $A \neq B$이므로 집합 A는 집합 B의 진부분집합이다.

따라서 보기에서 집합 A가 집합 B의 진부분집합인 것은 ㄱ, ㄹ이다.

0458 답 ④

$x \in A$, $y \in A$인 x, y에 대하여 $x + y$의 값을 구하면 오른쪽 표와 같으므로

$B = \{-2, -1, 0, 1, 2\}$

또 $C = \{0, 1\}$이므로

$C \subset A \subset B$

x \ y	-1	0	1
-1	-2	-1	0
0	-1	0	1
1	0	1	2

0459 답 ㄱ, ㅂ

$x^2 = 9$에서 $x = -3$ 또는 $x = 3$ $\therefore A = \{-3, 3\}$

$B = \{-3, -2, -1, 0, 1, 2, 3\}$

$x^2 + 3x = 0$에서 $x(x+3) = 0$ $\therefore x = -3$ 또는 $x = 0$

$\therefore C = \{-3, 0\}$

따라서 $A \subset B$, $C \subset B$이므로 보기에서 옳은 것은 ㄱ, ㅂ이다.

0460 답 ③

① $A = \varnothing$이면 $n(A) = 0$이다.

② $A = \{1, 2\}$, $B = \{3, 4\}$이면 $n(A) = n(B) = 2$이지만 $A \neq B$이다.

④ $A = \{1, 2\}$, $B = \{3, 4, 5\}$이면 $n(A) < n(B)$이지만 $A \not\subset B$이다.

⑤ 집합 A의 부분집합은 $\varnothing$, $\{1\}$, $\{2\}$, $\{1, 2\}$이므로 집합 A의 부분집합을 원소로 갖는 집합은

  $\{\varnothing, \{1\}, \{2\}, \{1, 2\}\}$

  $\therefore n(\{X \mid X \subset A\}) = 4$

따라서 옳은 것은 ③이다.

0461 답 ③

$B = \{\varnothing, \{\varnothing\}, \{a\}, \{\{a\}\}, \{\varnothing, a\}, \{\varnothing, \{a\}\}, \{a, \{a\}\}, \{\varnothing, a, \{a\}\}\}$

① $\varnothing$은 집합 B의 원소이므로 $\varnothing \in B$

② $\{a\}$는 집합 B의 원소이므로 $\{a\} \in B$

③ $\{\{a\}\}$는 집합 B의 원소이므로 $\{\{a\}\} \in B$

④ $\{\varnothing\}$은 집합 B의 원소이므로 $\{\{\varnothing\}\} \subset B$

⑤ $\{a, \{a\}\}$는 집합 B의 원소이므로 $\{\{a, \{a\}\}\} \subset B$

따라서 옳지 않은 것은 ③이다.

0462 답 28

진부분집합 X가 집합 $\{2, 4, 6, 8, 10\}$의 가장 작은 원소 2를 제외한 나머지를 모두 원소로 가질 때, 즉 $X = \{4, 6, 8, 10\}$일 때 $S(X)$의 값이 최대이다.

따라서 $S(X)$의 최댓값은 $4 + 6 + 8 + 10 = 28$

0463 답 -45

$A = \{-3, -1, 1, 3, 5\}$ ······ ❶

집합 A의 부분집합 중에서 $n(X) = 3$을 만족시키는 집합 X는

$\{-3, -1, 1\}$, $\{-3, -1, 3\}$, $\{-3, -1, 5\}$, $\{-3, 1, 3\}$,

$\{-3, 1, 5\}$, $\{-3, 3, 5\}$, $\{-1, 1, 3\}$, $\{-1, 1, 5\}$,

$\{-1, 3, 5\}$, $\{1, 3, 5\}$ ······ ❷

따라서 $X = \{-3, 3, 5\}$일 때 모든 원소의 곱이 최소이므로

$M(X)$의 최솟값은

$-3 \times 3 \times 5 = -45$ ······ ❸

채점 기준

❶ 집합 A 구하기	20%
❷ 집합 A의 부분집합 중에서 원소가 3개인 집합 X 구하기	40%
❸ $M(X)$의 최솟값 구하기	40%

0464 답 12

집합 A의 부분집합 중에서 2개의 원소로 이루어진 부분집합은
$\{1, 3\}, \{1, 4\}, \{1, 7\}, \{1, x\}, \{3, 4\}, \{3, 7\}, \{3, x\}, \{4, 7\},$
$\{4, x\}, \{7, x\}$
즉, 집합 $A_1, A_2, A_3, \cdots, A_{10}$에는 원소 $1, 3, 4, 7, x$가 각각 4번씩 있으므로
$a_1+a_2+a_3+\cdots+a_{10}=108$에서 $(1+3+4+7+x)\times 4=108$
$15+x=27$ $\quad \therefore x=12$

0465 답 ④

$A=B$이면 $1\in B$에서 $1\in A$이므로
$a=1$
또 $3\in A$에서 $3\in B$이므로
$b=3$
$\therefore a+b=4$

0466 답 3

$B\subset A$가 성립하려면 집합 B의 모든 원소가 집합 A에 속해야 하므로
$-2\leq a\leq 3$
따라서 상수 a의 최댓값은 3이다.

0467 답 7

$B=\{1, 2, 4, 8\}$
$A\subset B$이면 $2a\in A$에서 $2a\in B$
이때 a는 자연수이므로 $2a\neq 1$
즉, $2a=2$ 또는 $2a=4$ 또는 $2a=8$이므로
$a=1$ 또는 $a=2$ 또는 $a=4$
따라서 모든 자연수 a의 값의 합은
$1+2+4=7$

0468 답 ⑤

$A\subset B$이면 $2\in A$에서 $2\in B$이므로
$a-1=2$ 또는 $3a-1=2$ $\quad \therefore a=1$ 또는 $a=3$
(i) $a=1$일 때,
$\quad A=\{2, 4\}, B=\{0, 2, 6\}$이므로 $A\not\subset B$
(ii) $a=3$일 때,
$\quad A=\{2, 6\}, B=\{2, 6, 8\}$이므로 $A\subset B$
(i), (ii)에서 $a=3$

0469 답 5

$A\subset B\subset C$가 성립하도록 세 집합 $A,$
B, C를 수직선 위에 나타내면 오른쪽 그림과 같으므로
$2\leq a\leq 6$
따라서 정수 a는 $2, 3, 4, 5, 6$의 5개이다.

0470 답 3

$A\subset B$이고 $B\subset A$이면 $A=B$
$3\in B$에서 $3\in A$이므로
$a+1=3$ $\quad \therefore a=2$ $\quad\quad\quad$ ⋯⋯ ❶

또 $7\in A$에서 $7\in B$이므로
$2b-3=7$ $\quad \therefore b=5$ $\quad\quad\quad$ ⋯⋯ ❷
$\therefore b-a=3$ $\quad\quad\quad$ ⋯⋯ ❸

채점 기준	
❶ a의 값 구하기	40%
❷ b의 값 구하기	40%
❸ $b-a$의 값 구하기	20%

0471 답 ①

두 집합 A, B가 서로 같으므로 $4\in A$에서 $4\in B$
$b^2+3b=4$
$b^2+3b-4=0, (b+4)(b-1)=0$
$\therefore b=1 (\because b$는 자연수$)$
$1\in B$에서 $1\in A$이므로
$a^2=1$ $\quad \therefore a=1 (\because a$는 자연수$)$
$\therefore a+b=2$

0472 답 ⑤

$a\neq 0$이므로 $a+1\neq 1, 2a+1\neq 1, 3-a\neq 3$
즉, $3-a=1$이므로 $a=2$
$\therefore A=\{1, 3, 5\}, B=\{1, 3, 5\}$
따라서 $A=B$이므로 구하는 상수 a의 값은 2이다.

0473 답 3

$A\subset B$가 성립하려면 $10\in A$에서 $10\in B$이어야 하므로
$a^2-3a=10$
$a^2-3a-10=0, (a+2)(a-5)=0$
$\therefore a=-2$ 또는 $a=5$
(i) $a=-2$일 때,
$\quad A=\{-5, 10\}, B=\{-5, 10, 16\}$이므로 $A\subset B$
(ii) $a=5$일 때,
$\quad A=\{10, 16\}, B=\{-5, 10, 16\}$이므로 $A\subset B$
(i), (ii)에서 $a=-2$ 또는 $a=5$
따라서 모든 상수 a의 값의 합은 $-2+5=3$

0474 답 -2

$A\subset B$이고 $B\subset A$이면 $A=B$
$9\in B$에서 $9\in A$이므로
$a^2-a+3=9$
$a^2-a-6=0, (a+2)(a-3)=0$
$\therefore a=-2$ 또는 $a=3$
(i) $a=-2$일 때,
$\quad A=\{2, 9, 11\}, B=\{2, 9, 11\}$이므로 $A=B$
(ii) $a=3$일 때,
$\quad A=\{2, 9, 11\}, B=\{-9, 9, 12\}$이므로 $A\neq B$
(i), (ii)에서 $a=-2$

0475 답 ①

$x^2+x-6\leq 0$에서 $(x+3)(x-2)\leq 0$ $\quad \therefore -3\leq x\leq 2$
$\therefore A=\{x\,|-3\leq x\leq 2\}$

$|x+2| \le a$에서 $-a \le x+2 \le a$ $\quad \therefore -a-2 \le x \le a-2$

$\therefore B=\{x \,|\, -a-2 \le x \le a-2\}$

$A \subset B$가 성립하도록 두 집합 A, B를 수직선 위에 나타내면 오른쪽 그림과 같으므로

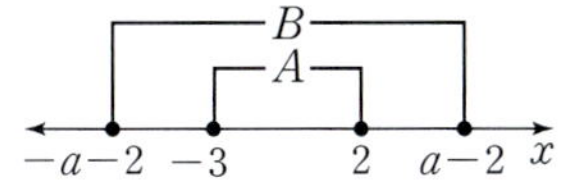

$-a-2 \le -3,\ 2 \le a-2 \quad \therefore a \ge 4$

따라서 양수 a의 최솟값은 4이다.

0476 답 16

$A \subset B$이고 $A \ne B$이므로 a는 12의 양의 약수 중 12를 제외한 수이다.

따라서 자연수 a의 값은 1, 2, 3, 4, 6이므로 구하는 합은

$1+2+3+4+6=16$

0477 답 12

$A \subset B$가 성립하도록 두 집합 A, B를 수직선 위에 나타내면 오른쪽 그림과 같으므로

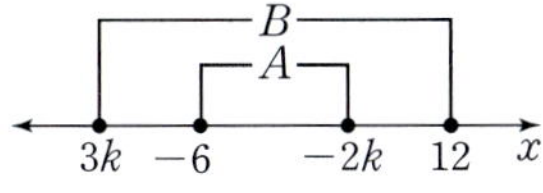

$3k \le -6,\ -2k \le 12 \quad \therefore -6 \le k \le -2$ ...... ❶

따라서 $M=-2,\ m=-6$이므로 $Mm=12$ ...... ❷

❶ $A \subset B$가 성립하도록 하는 실수 k의 값의 범위 구하기	70%
❷ Mm의 값 구하기	30%

0478 답 ②

$A \subset B$이고 $B \subset A$이면 $A=B$

$-2 \in A$에서 $-2 \in B$이므로

$x^2+x+b=0$에 $x=-2$를 대입하면

$4-2+b=0 \quad \therefore b=-2$

즉, $x^2+x-2=0$에서

$(x+2)(x-1)=0 \quad \therefore x=-2$ 또는 $x=1$

$\therefore B=\{-2,\ 1\}$

따라서 $A=B$이므로 $a=1$

$\therefore a+b=1+(-2)=-1$

다른 풀이

$A \subset B$이고 $B \subset A$이면 $A=B$

즉, -2, a는 이차방정식 $x^2+x+b=0$의 두 근이므로 이차방정식의 근과 계수의 관계에 의하여

$-2+a=-1,\ -2a=b \quad \therefore a=1,\ b=-2$

$\therefore a+b=1+(-2)=-1$

0479 답 5

$A=B$이므로 $a+2 \in A$에서 $a+2 \in B$

$a+2=2$ 또는 $a+2=6-a$

$\therefore a=0$ 또는 $a=2$

(i) $a=0$일 때,

$\quad A=\{-2,\ 2\},\ B=\{2,\ 6\}$이므로 $A \ne B$

(ii) $a=2$일 때,

$\quad A=\{2,\ 4\},\ B=\{2,\ 4\}$이므로 $A=B$

(i), (ii)에서 $a=2$ ...... ❶

이때 이차항의 계수가 1이고 $a+1$, a^2, 즉 3, 4를 두 근으로 하는 이차방정식은

$x^2-(3+4)x+3 \times 4=0$

$\therefore x^2-7x+12=0$

이 식이 $x^2+mx+n=0$과 일치하므로

$m=-7,\ n=12$ ...... ❷

$\therefore m+n=5$ ...... ❸

❶ a의 값 구하기	50%
❷ m, n의 값 구하기	30%
❸ $m+n$의 값 구하기	20%

0480 답 ④

집합 A가 집합 B의 진부분집합이므로 $A \subset B$이고 $A \ne B$

$a \in A$에서 $a \in B$이므로

$a=a+4$ 또는 $a=a^2-a-8$

이때 $a=a+4$인 a의 값은 존재하지 않으므로

$a^2-2a-8=0$

$(a+2)(a-4)=0$

$\therefore a=-2$ 또는 $a=4$

(i) $a=-2$일 때,

$\quad A=\{-2,\ 1,\ 2\},\ B=\{-2,\ 1,\ 2\}$이므로 $A=B$

(ii) $a=4$일 때,

$\quad A=\{1,\ 2,\ 4\}\ B=\{1,\ 2,\ 4,\ 8\}$이므로

$\quad A \subset B$이고 $A \ne B$

(i), (ii)에서 $a=4$

이때 $B=\{1,\ 2,\ 4,\ 8\}$이므로 집합 B의 모든 원소의 합은

$1+2+4+8=15 \quad \therefore b=15$

$\therefore a+b=19$

0481 답 48

$A_{25}=\{x \,|\, x$는 5 이하의 홀수$\}=\{1,\ 3,\ 5\}$

$A_n \subset A_{25}$를 만족시키려면 $\sqrt{n}$ 이하의 홀수가 1, 3, 5 이외에는 존재하지 않아야 하므로 $\sqrt{n}<7$이어야 한다.

이때 n은 자연수이므로

$1 \le \sqrt{n}<7$

$\therefore 1 \le n<49$

따라서 자연수 n의 최댓값은 48이다.

0482 답 ③

$A \subset B$이므로 $3 \in A$에서 $3 \in B$

$-6-a=3$ 또는 $2b+5=3 \quad \therefore a=-9$ 또는 $b=-1$

(i) $a=-9$일 때,

$\quad A=\{-5,\ 3\},\ B=\{1,\ 3,\ 2b+5\}$

$\quad A \subset B$이려면 $-5 \in A$에서 $-5 \in B$

$\quad 2b+5=-5 \quad \therefore b=-5$

$\quad \therefore a+b=-14$

(ii) $b=-1$일 때,

$A=\{3,\ a+4\}$, $B=\{1,\ -6-a,\ 3\}$

$A\subset B$이려면 $a+4\in A$에서 $a+4\in B$

$a+4=1$ 또는 $a+4=-6-a$

$\therefore a=-5$ 또는 $a=-3$

$a=-5$이면 $a+b=-6$

$a=-3$이면 $a+b=-4$

(i), (ii)에서 $M=-4$, $m=-14$

$\therefore M-m=10$

0483 답 24

$x^2+5x+6\le0$에서 $(x+2)(x+3)\le0$

$\therefore -3\le x\le-2$

$\therefore B=\{x\,|\,-3\le x\le-2\}$

$x^2<36$에서 $x^2-36<0$

$(x+6)(x-6)<0$ $\quad\therefore -6<x<6$

$\therefore C=\{x\,|\,-6<x<6\}$

이때 $A=\{x\,|\,a<x\le b\}$이므로 $B\subset A\subset C$가 성립하도록 세 집합 A, B, C를 수직선 위에 나타내면 오른쪽 그림과 같다.

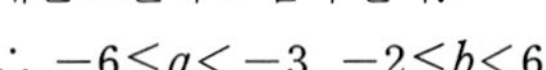

$\therefore -6\le a<-3$, $-2\le b<6$

따라서 정수 a는 -6, -5, -4의 3개, 정수 b는 -2, -1, 0, $\dots$, 5의 8개이므로 구하는 순서쌍 $(a,\ b)$의 개수는

$3\times8=24$

0484 답 19

두 집합 A, B가 서로 같으므로

$xy+yz+zx=4$

두 집합 A, B의 모든 원소를 각각 곱하면

$xyz=xy\times yz\times zx$

$xyz=(xyz)^2$, $xyz(xyz-1)=0$

$\therefore xyz=1\,(\because xyz\ne0)$

$x^3+y^3+z^3=(x+y+z)(x^2+y^2+z^2-xy-yz-zx)+3xyz$

이때

$x^2+y^2+z^2=(x+y+z)^2-2(xy+yz+zx)$

$\qquad\qquad\quad=4^2-2\times4=8$

이므로

$x^3+y^3+z^3=4\times(8-4)+3\times1=19$

0485 답 31

집합 A의 부분집합의 개수는 $2^4=16$ $\quad\therefore x=16$

또 진부분집합의 개수는 $2^4-1=15$ $\quad\therefore y=15$

$\therefore x+y=31$

0486 답 ④

집합 A의 부분집합 중에서 2는 반드시 원소로 갖는 부분집합의 개수는

$2^{6-1}=2^5=32$

0487 답 14

두 집합 A, B의 원소의 개수를 각각 a, b라 하면

$2^a=64$, $2^b-1=255$

$2^a=64=2^6$에서 $a=6$ $\quad\therefore n(A)=6$

$2^b=256=2^8$에서 $b=8$ $\quad\therefore n(B)=8$

$\therefore n(A)+n(B)=14$

0488 답 ②

집합 A의 부분집합 중에서 1, 3은 반드시 원소로 갖고, 7은 원소로 갖지 않는 부분집합 X의 개수는

$2^{5-2-1}=4$

0489 답 7

$x^2-7x+6\le0$에서 $(x-1)(x-6)\le0$

$\therefore 1\le x\le6$

즉, $A=\{1,\ 2,\ 3,\ 4,\ 5,\ 6\}$이므로 집합 A의 부분집합 중에서 짝수인 원소만으로 이루어진 부분집합은 집합 $\{2,\ 4,\ 6\}$의 부분집합 중에서 공집합을 제외하면 된다.

따라서 구하는 부분집합의 개수는

$2^3-1=8-1=7$

0490 답 ③

집합 A의 부분집합 중에서 가장 큰 원소가 5인 부분집합은 5는 반드시 원소로 갖고, 6은 원소로 갖지 않는 부분집합과 같으므로 그 개수는

$2^{6-1-1}=2^4=16$

0491 답 16

$A=\{1,\ 2,\ 3,\ 4,\ 5,\ 6,\ 7,\ 8,\ 9\}$이므로 집합 A의 부분집합 중에서 3, 6, 9는 반드시 원소로 갖고, 4, 8은 원소로 갖지 않는 부분집합의 개수는

$2^{9-3-2}=2^4=16$

0492 답 ⑤

집합 X의 개수는 집합 A의 부분집합의 개수와 같으므로

$2^3=8$

따라서 집합 $P(A)$의 원소의 개수가 8이므로 집합 $P(A)$의 부분집합의 개수는

$2^8=256$

0493 답 56

$A=\{3,\ 6,\ 9,\ 12,\ 15,\ 18\}$이므로 집합 A의 부분집합 중에서 적어도 1개의 짝수를 원소로 갖는 부분집합은 집합 A의 부분집합 중에서 집합 $\{3,\ 9,\ 15\}$의 부분집합을 제외하면 된다. $\qquad$ ······ ❶

따라서 구하는 부분집합의 개수는

$2^6-2^3=64-8=56$ $\qquad$ ······ ❷

채점 기준

❶ 주어진 조건을 만족시키는 부분집합 조건 파악하기	50%
❷ 부분집합의 개수 구하기	50%

0494 답 160

$N(S)=1$인 집합 S는 1, 3, 5, 7, 9 중에서 1개는 반드시 원소로
갖고, 나머지 4개는 원소로 갖지 않는 집합이다.
1은 반드시 원소로 갖고, 3, 5, 7, 9는 원소로 갖지 않는 집합의 개
수는
$2^{10-1-4}=2^5=32$
3, 5, 7, 9에 대해서도 같은 방법으로 하면 부분집합의 개수는 각각
32이다.
따라서 구하는 집합 S의 개수는
$32\times5=160$

0495 답 7

x와 $\dfrac{16}{x}$이 모두 자연수이므로 집합 B의 원소가 될 수 있는 수는

1, 2, 4, 8, 16
이때 1과 16, 2와 8은 어느 하나가 집합 B의 원소이면 나머지 하나
도 반드시 집합 B의 원소이다.
따라서 집합 B의 개수는 집합 $\{1, 2, 4\}$의 공집합이 아닌 부분집합
의 개수와 같으므로
$2^3-1=8-1=7$

0496 답 ⑤

구하는 부분집합은 집합 $A=\{1, 2, 3, 4, \ldots, 10\}$의 부분집합 중에
서 소수가 없거나 1개인 부분집합을 제외하면 된다.
(i) 집합 A의 부분집합의 원소 중 소수가 없는 경우
　　집합 A의 부분집합 중에서 2, 3, 5, 7을 원소로 갖지 않는 부분
　　집합의 개수는
　　$2^{10-4}=2^6=64$
(ii) 집합 A의 부분집합의 원소 중 소수가 1개인 경우
　　집합 A의 부분집합 중에서 2는 반드시 원소로 갖고 3, 5, 7은 원
　　소로 갖지 않는 부분집합의 개수는
　　$2^{10-1-3}=2^6=64$
　　3, 5, 7에 대해서도 같은 방법으로 하면 부분집합의 개수는 각각
　　64이므로
　　$64\times4=256$
(i), (ii)에서 소수가 없거나 1개인 부분집합의 개수는
$64+256=320$
따라서 구하는 부분집합의 개수는
$2^{10}-320=1024-320=704$

0497 답 48

집합 A의 부분집합 중에서 a, b는 반드시 원소로 갖고, e 또는 f를
원소로 갖는 부분집합은 a, b는 반드시 원소로 갖는 부분집합에서
a, b는 반드시 원소로 갖고, e, f는 원소로 갖지 않는 부분집합을
제외하면 된다.
따라서 구하는 부분집합의 개수는
$2^{8-2}-2^{8-2-2}=2^6-2^4=64-16=48$

0498 답 8

$n(A)=k$이고 집합 A의 부분집합 중에서 가장 작은 원소가 4인 집
합은 4를 반드시 원소로 갖고, 1, 2, 3은 원소로 갖지 않아야 한다.
즉, $2^{k-1-3}=16=2^4$이므로
$k-4=4$ 　　 $\therefore k=8$

0499 답 11

(i) 원소가 1개인 경우
　　$\{3\}$의 1개
(ii) 원소가 2개인 경우
　　$\{1, 3\}$, $\{3, 5\}$, $\{3, 6\}$, $\{3, 7\}$의 5개
(iii) 원소가 3개인 경우
　　$\{1, 3, 5\}$, $\{1, 3, 6\}$, $\{1, 3, 7\}$, $\{3, 5, 7\}$의 4개
(iv) 원소가 4개인 경우
　　$\{1, 3, 5, 7\}$의 1개
(v) 원소가 5개 이상인 경우
　　연속하는 두 자연수를 반드시 포함하게 되므로 조건을 만족시키
　　는 부분집합은 없다.
(i)~(v)에서 구하는 부분집합의 개수는
$1+5+4+1=11$

0500 답 ②

$A=\{1, 2, 3, 4\}$,
$B=\{1, 2, 3, 4\}$일 때,
$m\in A$, $n\in B$인 m, n에
대하여 $(-i)^m+i^n$의 값
을 구하면 오른쪽 표와 같
다.

m╲n	1	2	3	4
1	0	$-i-1$	$-2i$	$-i+1$
2	$i-1$	-2	$-i-1$	0
3	$2i$	$i-1$	0	$i+1$
4	$i+1$	0	$-i+1$	2

이때 $2\in X$이려면 $(-i)^m+i^n=2$이어야 하므로
$m=4$, $n=4$
즉, 두 집합 A, B는 각각 4를 반드시 원소로 가져야 한다.
이를 만족시키는 두 집합 A, B의 개수는 각각
$2^{4-1}=2^3=8$
따라서 순서쌍 (A, B)의 개수는
$8\times8=64$

0501 답 48

집합 A의 부분집합 중에서 1을 반드시 원소로 갖는 부분집합의 개
수는 $2^{4-1}=2^3=8$이므로 집합 A_1, A_2, A_3, $\ldots$, A_{15} 중 1을 원소로
갖는 집합은 8개이다.
같은 방법으로 하면 3, 9, 27을 원소로 갖는 집합은 각각 8개이므로
$$f(A_1)\times f(A_2)\times f(A_3)\times\cdots\times f(A_{15})=1^8\times3^8\times9^8\times27^8$$
$$=1^8\times3^8\times(3^2)^8\times(3^3)^8$$
$$=3^8\times3^{16}\times3^{24}$$
$$=3^{8+16+24}$$
$$=3^{48}$$
$$\therefore k=48$$

0502 답 3

집합 S의 부분집합 중에서 가장 작은 원소가 $\dfrac{1}{2^6}$인 부분집합은 $\dfrac{1}{2^6}$
을 반드시 원소로 갖는 부분집합과 같으므로 그 개수는
$$2^{6-1}=2^5=32$$

집합 S의 부분집합 중에서 가장 작은 원소가 $\dfrac{1}{2^5}$인 부분집합은 $\dfrac{1}{2^5}$
은 반드시 원소로 갖고, $\dfrac{1}{2^6}$은 원소로 갖지 않는 부분집합과 같으므
로 그 개수는
$$2^{6-1-1}=2^4=16$$

같은 방법으로 하면 집합 S의 부분집합 중에서 가장 작은 원소가
$\dfrac{1}{2^4}$, $\dfrac{1}{2^3}$, $\dfrac{1}{2^2}$인 부분집합의 개수는 각각
$$2^{6-1-2}=2^3=8,\ 2^{6-1-3}=2^2=4,\ 2^{6-1-4}=2$$

집합 S의 부분집합 중에서 가장 작은 원소가 $\dfrac{1}{2}$인 부분집합은 집합
$\left\{\dfrac{1}{2}\right\}$뿐이므로 그 개수는 1이다.

$\therefore a_1+a_2+a_3+\cdots+a_{63}$
$$=\dfrac{1}{2^6}\times 32+\dfrac{1}{2^5}\times 16+\dfrac{1}{2^4}\times 8+\dfrac{1}{2^3}\times 4+\dfrac{1}{2^2}\times 2+\dfrac{1}{2}\times 1$$
$$=\dfrac{1}{2}+\dfrac{1}{2}+\dfrac{1}{2}+\dfrac{1}{2}+\dfrac{1}{2}+\dfrac{1}{2}=3$$

0503 답 4

$A=\{1,\,3,\,5\}$, $B=\{1,\,2,\,3,\,4,\,5,\,6\}$이므로 집합 X의 개수는 집
합 B의 부분집합 중에서 1, 3, 5는 반드시 원소로 갖고, 2는 원소로
갖지 않는 부분집합의 개수와 같다.
따라서 구하는 집합 X의 개수는
$$2^{6-3-1}=2^2=4$$

0504 답 8

$A=\{1,\,2,\,4\}$, $B=\{1,\,2,\,3,\,4,\,6,\,12\}$이므로 집합 X의 개수는
집합 B의 부분집합 중에서 1, 2, 4를 반드시 원소로 갖는 부분집합
의 개수와 같다.
따라서 구하는 집합 X의 개수는
$$2^{6-3}=2^3=8$$

0505 답 ④

$x^2-8x+15=0$에서 $(x-3)(x-5)=0$
$\therefore x=3$ 또는 $x=5$
$\therefore A=\{3,\,5\}$
이때 $B=\{2,\,3,\,5,\,7,\,11\}$이므로 집합 X의 개수는 집합 B의 부분
집합 중에서 3, 5를 반드시 원소로 갖는 부분집합의 개수와 같다.
따라서 구하는 집합 X의 개수는
$$2^{5-2}=2^3=8$$

0506 답 63

$A=\{1,\,2,\,3,\,4,\,6,\,9,\,12,\,18,\,36\}$
㈎, ㈏에서 집합 X의 개수는 집합 A의 진부분집합 중에서 1, 6, 9
를 반드시 원소로 갖는 부분집합의 개수와 같다.

따라서 구하는 집합 X의 개수는
$$2^{9-3}-1=2^6-1=64-1=63$$

0507 답 255

집합 X의 개수는 집합 A의 부분집합 중에서 1, 3을 반드시 원소로
갖는 부분집합의 개수와 같으므로
$$2^{n-2}=64=2^6$$
즉, $n-2=6$이므로 $n=8$
따라서 집합 A의 진부분집합의 개수는
$$2^8-1=256-1=255$$

0508 답 9

$A=\{1,\,2,\,3,\,6\}$이므로
$$n(A)=4 \qquad\qquad \cdots\cdots \text{①}$$
$B=\{1,\,2,\,3,\,\ldots,\,k-1\}$이므로
$$n(B)=k-1 \qquad\qquad \cdots\cdots \text{②}$$
이때 집합 X의 개수는 집합 B의 부분집합 중에서 1, 2, 3, 6을 반
드시 원소로 갖는 부분집합의 개수와 같으므로
$$2^{(k-1)-4}=16$$
$$2^{k-5}=2^4$$
$$k-5=4$$
$$\therefore k=9 \qquad\qquad \cdots\cdots \text{③}$$

채점 기준		
① $n(A)$ 구하기		30 %
② $n(B)$ 구하기		30 %
③ 자연수 k의 값 구하기		40 %

0509 답 120

$B=\{2,\,4,\,6,\,8,\,10,\,12,\,14,\,16,\,18,\,20\}$
㈎, ㈏에서 집합 X는 집합 B의 부분집합 중에서 2, 8, 10을 반드
시 원소로 갖고 나머지 원소 4, 6, 12, 14, 16, 18, 20 중 2개 이상
을 원소로 갖는 집합이다.
따라서 구하는 집합 X의 개수는 집합 $\{4,\,6,\,12,\,14,\,16,\,18,\,20\}$
의 부분집합의 개수에서 원소의 개수가 1인 부분집합 7개와 공집합
을 제외한 것과 같으므로
$$2^7-7-1=128-8=120$$

0510 답 ③

집합 $U=\{1,\,2,\,3\}$의 세 부분집합 A, B, C에 대하여 $A\subset B\subset C$
를 만족시키면서 원소 1을 포함하는 경우는
$1\in A$
또는 $1\notin A$이고 $1\in B$
또는 $1\notin A$, $1\notin B$이고 $1\in C$
또는 $1\notin A$, $1\notin B$, $1\notin C$이고 $1\in U$
의 4가지이다.
같은 방법으로 하면 원소 2, 3을 포함하는 경우는 각각 4가지이다.
따라서 구하는 순서쌍 $(A,\,B,\,C)$의 개수는
$$4\times 4\times 4=64$$

0511 답 3

㈎에서 $0 \in A$

㈏에서 $a \in A$이면 $a^2 - 2 \in A$이므로

$0 \in A$에서 $-2 \in A$

$-2 \in A$에서 $2 \in A$

$2 \in A$에서 $2 \in A$

$\therefore \{-2, 0, 2\} \subset A$

㈐에서 $n(A)=4$이므로 $A=\{-2, 0, 2, k\} \, (k \neq -2, 0, 2)$라 하자.

$k \in A$이면 $k^2 - 2 \in A$이므로

$k^2 - 2 = -2$ 또는 $k^2 - 2 = 0$ 또는 $k^2 - 2 = 2$ 또는 $k^2 - 2 = k$

(i) $k^2 - 2 = -2$일 때,

$k^2 = 0$ $\therefore k = 0$

이때 $k \neq 0$이므로 조건을 만족시키는 k의 값은 존재하지 않는다.

(ii) $k^2 - 2 = 0$일 때,

$k^2 = 2$ $\therefore k = -\sqrt{2}$ 또는 $k = \sqrt{2}$

(iii) $k^2 - 2 = 2$일 때,

$k^2 = 4$ $\therefore k = -2$ 또는 $k = 2$

이때 $k \neq -2$, $k \neq 2$이므로 조건을 만족시키는 k의 값은 존재하지 않는다.

(iv) $k^2 - 2 = k$일 때,

$k^2 - k - 2 = 0$

$(k+1)(k-2) = 0$

$\therefore k = -1$ 또는 $k = 2$

이때 $k \neq 2$이므로 조건을 만족시키는 k의 값은 -1이다.

(i)~(iv)에서

$k = -\sqrt{2}$ 또는 $k = -1$ 또는 $k = \sqrt{2}$

따라서 구하는 집합 A는 $\{-2, 0, 2, -\sqrt{2}\}$, $\{-2, 0, 2, -1\}$, $\{-2, 0, 2, \sqrt{2}\}$의 3개이다.

0512 답 15

전략 집합 U의 각 원소를 제곱한 수의 일의 자릿수가 같은 것을 찾는다.

집합 U의 원소 1, 2, 3, 4, …, 9를 제곱한 수의 일의 자릿수는 각각

1, 4, 9, 6, 5, 6, 9, 4, 1

즉, 1과 9, 2와 8, 3과 7, 4와 6은 어느 하나가 집합 A의 원소이면 나머지 하나도 반드시 집합 A의 원소이다.

이때 5는 제곱하여 일의 자릿수가 같은 수가 없으므로 집합 A의 원소가 아니다.

따라서 공집합이 아닌 집합 A의 개수는 집합 $\{1, 2, 3, 4\}$의 공집합이 아닌 부분집합의 개수와 같으므로

$2^4 - 1 = 16 - 1 = 15$

0513 답 ③

전략 집합 A_k가 k의 양의 약수의 집합임을 이용하여 k의 최솟값을 구한다.

$1 \in A_k$이므로 $k \in A_k$이다.

또 $x \in A_k$이면 $\dfrac{k}{x} \in A_k$이므로 x와 $\dfrac{k}{x}$는 모두 2 이상의 자연수이어야 한다.

즉, 집합 A_k는 k의 양의 약수의 집합이고, $n(A_k)=12$이므로 k의 양의 약수의 개수는 12이다.

이때 $12 = 12 \times 1 = 6 \times 2 = 4 \times 3 = 2 \times 2 \times 3$이므로

양의 약수의 개수가 12인 수는

2^{11}, $2^5 \times 3^1$, $2^3 \times 3^2$, $2^2 \times 3^1 \times 5^1$, …

따라서 자연수 k의 최솟값은 60이다.

☑ 중1 다시보기

> 자연수 A가
>
> $A = a^l \times b^m \times c^n \, (a, b, c$는 서로 다른 소수, l, m, n은 자연수$)$
>
> 으로 소인수분해 될 때
>
> (1) A의 약수 ➡ $(a^l$의 약수$) \times (b^m$의 약수$) \times (c^n$의 약수$)$ 꼴
>
> (2) A의 약수의 개수 ➡ $(l+1) \times (m+1) \times (n+1)$

0514 답 ①

전략 x_1, x_2가 방정식 $x^3 = 1$의 서로 다른 두 허근임을 이용하여 $n \in A$, $k \in B$인 n, k에 대한 $x_k{}^n + \dfrac{1}{x_k{}^n} + k$의 값을 각각 구한다.

$x^3 = 1$에서 $x^3 - 1 = 0$, $(x-1)(x^2 + x + 1) = 0$

즉, 이차방정식 $x^2 + x + 1 = 0$의 서로 다른 두 허근이 x_1, x_2이므로

$x_1{}^2 + x_1 + 1 = 0$, $x_2{}^2 + x_2 + 1 = 0$

또 두 허근 x_1, x_2는 방정식 $x^3 = 1$의 근이므로 $x_1{}^3 = 1$, $x_2{}^3 = 1$

$n \in A$, $k \in B$인 n, k에 대하여 $x_k{}^n + \dfrac{1}{x_k{}^n} + k$의 값을 구하면

(i) $k = 1$일 때,

$$x_1 + \dfrac{1}{x_1} + 1 = \dfrac{x_1{}^2 + x_1 + 1}{x_1} = 0$$

$$x_1{}^2 + \dfrac{1}{x_1{}^2} + 1 = \dfrac{x_1{}^4 + x_1{}^2 + 1}{x_1{}^2} = \dfrac{x_1{}^2 + x_1 + 1}{x_1{}^2} = 0$$

$$x_1{}^3 + \dfrac{1}{x_1{}^3} + 1 = 1 + 1 + 1 = 3$$

$$x_1{}^4 + \dfrac{1}{x_1{}^4} + 1 = x_1 + \dfrac{1}{x_1} + 1 = 0$$

(ii) $k = 2$일 때,

$$x_2 + \dfrac{1}{x_2} + 2 = \dfrac{x_2{}^2 + x_2 + 1}{x_2} + 1 = 1$$

$$x_2{}^2 + \dfrac{1}{x_2{}^2} + 2 = \dfrac{x_2{}^4 + x_2{}^2 + 1}{x_2{}^2} + 1 = \dfrac{x_2{}^2 + x_2 + 1}{x_2{}^2} + 1 = 1$$

$$x_2{}^3 + \dfrac{1}{x_2{}^3} + 2 = 1 + 1 + 2 = 4$$

$$x_2{}^4 + \dfrac{1}{x_2{}^4} + 2 = x_2 + \dfrac{1}{x_2} + 2 = 1$$

(i), (ii)에서 $C = \{0, 1, 3, 4\}$

따라서 집합 C의 원소의 개수는 4이다.

0515 답 21

전략 함수 $y=x(n-x)$의 그래프의 개형을 이용하여 동일한 y의 값이 가장 많은 경우를 구한다.

$a \in A$이므로 a는 20 이하의 자연수이다.

$y=x(n-x)$라 하면 함수 $y=x(n-x)$의 그래프는 오른쪽 그림과 같이 두 점 $(0, 0)$, $(n, 0)$을 지나고 위로 볼록인 모양이다.

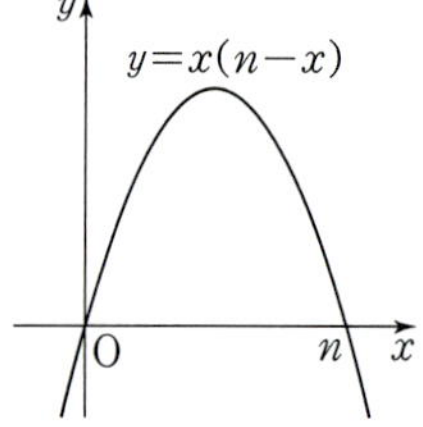

집합 B_n의 원소의 개수가 최소가 되려면 x 대신 20 이하의 자연수를 대입했을 때, 동일한 y의 값이 가장 많아야 한다.

그런데 이차함수는 대칭축에 대하여 대칭이므로 동일한 y의 값은 최대 2개씩이다.

즉, 동일한 y의 값이 2개인 경우가 가장 많을 때는 대칭축이 $x=\dfrac{21}{2}$일 때이다.

$y=x(n-x)=-\left(x-\dfrac{n}{2}\right)^2+\dfrac{n^2}{4}$에서 대칭축은 $x=\dfrac{n}{2}$이므로

$$\dfrac{n}{2}=\dfrac{21}{2} \qquad \therefore n=21$$

0516 답 ②

전략 6의 배수는 2와 3의 공배수임을 이용하여 6의 배수가 아닌 수로만 이루어진 집합의 원소에 대한 조건을 구한다.

어떤 두 원소의 곱도 6의 배수가 아닌 수들로만 이루어진 집합을 X라 하면 집합 X는 다음 조건을 만족시킨다.

(i) 6과 서로소인 수는 모두 집합 X의 원소가 될 수 있다.

(ii) 2의 배수가 집합 X의 원소이면 3의 배수는 집합 X의 원소가 될 수 없다.

(iii) 3의 배수가 집합 X의 원소이면 2의 배수는 집합 X의 원소가 될 수 없다.

집합 $\{1, 2, 3, 4, \ldots, 20\}$의 원소 중에서 2의 배수는 2, 4, 6, $\ldots$, 20의 10개, 3의 배수는 3, 6, 9, $\ldots$, 18의 6개이므로 집합 X의 원소의 개수가 최대이려면 2의 배수는 모두 집합 X의 원소이어야 한다.

따라서 집합 M은 집합 $\{1, 2, 3, 4, \ldots, 20\}$의 원소 중에서 3의 배수를 제외한 나머지를 모두 원소로 갖는 집합이므로 집합 M의 원소의 개수는

$$20-6=14$$

0517 답 144

전략 가장 작은 원소에 따라 경우를 나누어 $n(A_i) \geq 3$을 만족시키는 집합 A_i의 개수를 구한다.

(i) 가장 작은 원소가 2일 때,

집합 A_i의 개수는 집합 $\{2^2, 2^3, 2^4, 2^5, 2^6\}$의 부분집합 중에서 원소의 개수가 2 이상인 집합의 개수와 같으므로

$$2^5-{}_5C_0-{}_5C_1=32-1-5=26$$

∅ └ 원소의 개수가 1인 부분집합의 개수

(ii) 가장 작은 원소가 2^2일 때,

집합 A_i의 개수는 집합 $\{2^3, 2^4, 2^5, 2^6\}$의 부분집합 중에서 원소의 개수가 2 이상인 집합의 개수와 같으므로

$$2^4-{}_4C_0-{}_4C_1=16-1-4=11$$

(iii) 가장 작은 원소가 2^3일 때,

집합 A_i의 개수는 집합 $\{2^4, 2^5, 2^6\}$의 부분집합 중에서 원소의 개수가 2 이상인 집합의 개수와 같으므로

$$2^3-{}_3C_0-{}_3C_1=8-1-3=4$$

(iv) 가장 작은 원소가 2^4일 때,

집합 A_i는 $\{2^4, 2^5, 2^6\}$의 1개이다.

(i)~(iv)에서 구하는 값은

$$2\times26+2^2\times11+2^3\times4+2^4\times1=144$$

0518 답 55

전략 $S(A)$의 값을 구한 후 집합 X 중에서 집합 B가 될 수 없는 경우를 찾아 집합 B의 개수를 구한다.

㈎에서 $A=\{1, 3, 4\}$이므로

$$S(A)=1+3+4=8$$

$2 \in B$이고 $S(B)>8$이므로 집합 B는 2를 반드시 원소로 갖는 집합 X 중에서 모든 원소의 합이 8 이하인 집합을 제외하면 된다.

집합 X 중에서 2를 반드시 원소로 갖고 모든 원소의 합이 8 이하인 집합의 개수는 다음과 같다.

(i) 원소가 1개인 경우

$\{2\}$의 1개

(ii) 원소가 2개인 경우

$\{1, 2\}$, $\{2, 3\}$, $\{2, 4\}$, $\{2, 5\}$, $\{2, 6\}$의 5개

(iii) 원소가 3개인 경우

$\{1, 2, 3\}$, $\{1, 2, 4\}$, $\{1, 2, 5\}$의 3개

(i), (ii), (iii)에서 구하는 집합 B의 개수는

$$2^{7-1}-1-5-3=2^6-9=64-9=55$$

0519 답 ㄱ, ㄷ

전략 지수법칙을 이용하여 집합 X_m의 원소를 구한다.

$3^a=\dfrac{m}{b}$에서 $m=3^a \times b$

ㄱ. X_9는 $9=3^a \times b$인 자연수 a, b의 순서쌍 (a, b)를 원소로 갖는 집합이다.

따라서 $9=3^1 \times 3$, $9=3^2 \times 1$이므로

$$X_9=\{(1, 3), (2, 1)\}$$

ㄴ. $m=3^k$ (k는 자연수)이면 X_m은 $3^k=3^a \times b$인 자연수 a, b의 순서쌍 (a, b)를 원소로 갖는 집합이므로

$$X_m=\{(1, 3^{k-1}), (2, 3^{k-2}), (3, 3^{k-3}), \ldots, (k, 1)\}$$

$$\therefore n(X_m)=k$$

ㄷ. $n(X_m)=1$이려면 $a=1$이고, b는 3과 서로소인 수이어야 하므로 $m=3\times(3$과 서로소인 수$)$ 꼴이어야 한다.

두 자리 자연수 중에서 $3\times(3$과 서로소인 수$)$ 꼴인 자연수는

$$3\times4, 3\times5, 3\times7, \ldots, 3\times32$$

즉, 조건을 만족시키는 m의 개수는 4부터 32까지의 자연수 중 3의 배수를 제외한 개수와 같으므로

$$29-9=20$$

따라서 보기에서 옳은 것은 ㄱ, ㄷ이다.

08 집합의 연산

난이도별 **필수 기출**   116~133쪽

0520 답 ④
$A^C = U - A = \{2, 4\}$이므로 모든 원소의 곱은
$2 \times 4 = 8$

0521 답 {1, 3, 5}
$A = \{1, 2, 3, 4, 5\}$, $B = \{1, 3, 5, 7, 9\}$이므로
$A \cap B = \{1, 3, 5\}$

0522 답 ③
③ $\{1, 7\}$
④ $\{2, 3, 5, 7\}$
⑤ $\{2, 4, 6, 8, 10\}$
따라서 주어진 집합과 서로소인 집합은 ③이다.

0523 답 ③
$A \cap B = \{4\}$에서 $4 \in A$이므로
$a + 2 = 4$ $\therefore a = 2$
또 $4 \in B$이므로 $b = 4$
$\therefore a + b = 6$

0524 답 ⑤
$U = \{1, 2, 3, 4, \ldots, 10\}$
③ $A^C = U - A = \{1, 3, 5, 7, 9\}$
④ $B^C = U - B = \{3, 5, 6, 7, 9, 10\}$
⑤ $A - B = \{6, 10\}$
따라서 옳지 않은 것은 ⑤이다.

0525 답 ④
주어진 조건을 벤 다이어그램으로 나타내면 오른쪽 그림과 같으므로
$B = \{1, 5, 7, 9, 11\}$
따라서 집합 B의 모든 원소의 합은
$1 + 5 + 7 + 9 + 11 = 33$

0526 답 3
$A = \{1, 3, 9\}$
$A \cup B = \{1, 2, 3, 6, 9, 18\}$ …… ❶
두 집합 A, B가 서로소이므로
$A \cap B = \varnothing$
$\therefore B = \{2, 6, 18\}$ …… ❷
따라서 집합 B의 원소의 개수는 3이다.   …… ❸

채점 기준	
❶ 두 집합 A, $A \cup B$ 구하기	30 %
❷ 집합 B 구하기	60 %
❸ 집합 B의 원소의 개수 구하기	10 %

0527 답 ⑤
$A = \{2, 3, 5, 7\}$, $B = \{1, 2, 4, 8, 16\}$,
$C = \{1, 2, 3, 4, 6, 8, 12, 24\}$이므로
$A \cup (B \cap C) = \{2, 3, 5, 7\} \cup \{1, 2, 4, 8\}$
$\qquad\qquad = \{1, 2, 3, 4, 5, 7, 8\}$

0528 답 ④
① 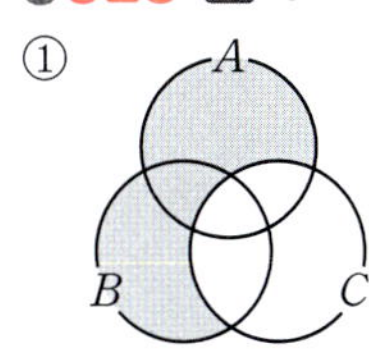 ② 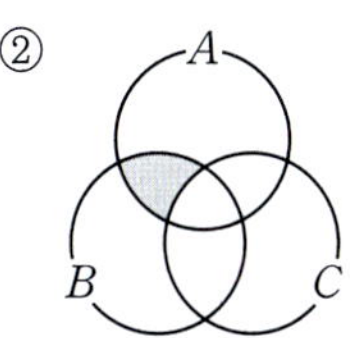
③ 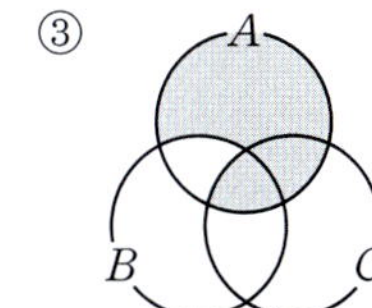 ⑤ 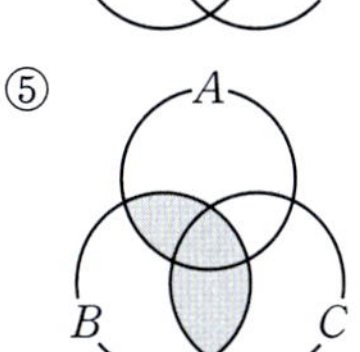

따라서 주어진 벤 다이어그램의 색칠한 부분을 나타내는 집합은 ④이다.

0529 답 8
집합 $A = \{1, 2, 3, 4, 5\}$의 부분집합 중에서 집합 $B = \{4, 5\}$와 서로소인 집합은 4, 5를 원소로 갖지 않는 부분집합이다.
따라서 구하는 집합의 개수는
$2^{5-2} = 2^3 = 8$

0530 답 ①
$U = \{x \mid -4 \leq x \leq 4\}$이므로
$B^C = \{x \mid -4 \leq x \leq 1 \text{ 또는 } 3 < x \leq 4\}$
$\therefore A \cup B^C = \{x \mid -4 \leq x < 2 \text{ 또는 } 3 < x \leq 4\}$
즉, 집합 $A \cup B^C$의 정수인 원소는
$-4, -3, -2, -1, 0, 1, 4$
따라서 구하는 정수인 모든 원소의 합은
$-4 + (-3) + (-2) + (-1) + 0 + 1 + 4 = -5$

0531 답 16
$U = \{1, 2, 3, 4, 5, 6, 7, 8, 9\}$
주어진 조건을 벤 다이어그램으로 나타내면 오른쪽 그림과 같으므로
$B = \{2, 5, 7, 8\}$
따라서 집합 B의 부분집합의 개수는
$2^4 = 16$

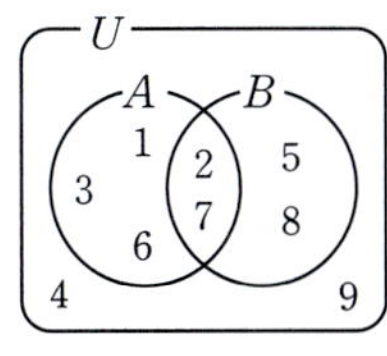

0532 답 −3
$A - B = \{9\}$에서 $\{2, 6, 2a - b\} \subset (A \cap B)$
즉, $2 \in B$, $2a - b \in B$이므로
$a + b = 2$, $2a - b = 7$
두 식을 연립하여 풀면
$a = 3$, $b = -1$
$\therefore ab = -3$

0533 답 0

$A \cup B = \{2, 3, 5, 8\}$에서 $5 \in A$ 또는 $8 \in A$이므로

$5-a=5$ 또는 $5-a=8$ $\therefore a=-3$ 또는 $a=0$

(i) $a=-3$일 때,

　　$A=\{2, 3, 8\}$, $B=\{6, 8, 11\}$이므로

　　$A \cup B = \{2, 3, 6, 8, 11\}$

　　즉, 주어진 조건을 만족시키지 않는다.

(ii) $a=0$일 때,

　　$A=\{2, 3, 5\}$, $B=\{2, 3, 8\}$이므로

　　$A \cup B = \{2, 3, 5, 8\}$

(i), (ii)에서 $a=0$

0534 답 ④

$A-B=\{1, 4, 5, 8\}$, $A-(B \cup C)=\{4, 8\}$
을 벤 다이어그램으로 나타내면 오른쪽 그림과
같고, $A \cap B = \{2, 3\}$은 색칠한 부분이므로
$A \cap (B \cup C) = \{1, 2, 3, 5\}$
따라서 집합 $A \cap (B \cup C)$의 원소가 아닌 것은
④이다.

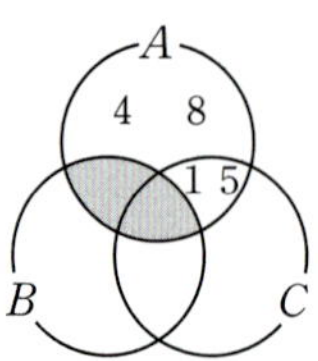

0535 답 ⑤

집합 $B-A$의 모든 원소의 합은 $5+6=11$이고 집합 B의 모든 원
소의 합이 12이므로 $A \cap B = \{1\}$이다.

즉, 두 집합 A, B를 벤 다이어그램으로 나타
내면 오른쪽 그림과 같으므로
$A-B=\{2, 3, 4\}$
따라서 집합 $A-B$의 모든 원소의 합은
$2+3+4=9$

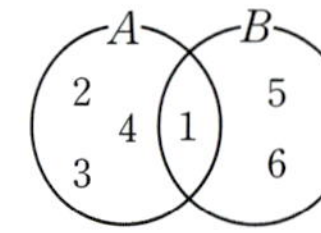

0536 답 25

$U=\{1, 2, 3, 4, ..., 10\}$, $A-B=\{2, 4, 6, 8, 10\}$,
$B-A=\{3, 5, 7\}$

주어진 조건을 벤 다이어그램으로 나타내면
오른쪽 그림과 같다.

한편 집합 A의 원소의 개수가 최대이려면
집합 $A \cap B$의 원소의 개수가 최대이어야
하므로
$A \cap B = \{1, 9\}$

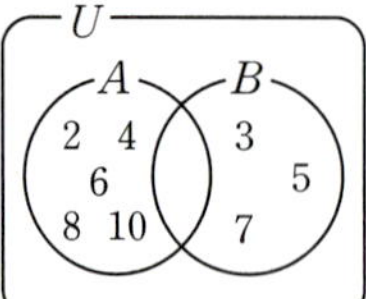

따라서 $B=\{1, 3, 5, 7, 9\}$이므로 집합 B의 모든 원소의 합은
$1+3+5+7+9=25$

0537 답 8

$(A-B) \cup (B-A) = \{0, 1\}$에서 $2 \notin (A \cap B)$

즉, $2 \in A$이므로 $a-1=2$ 또는 $a^2-2=2$

$\therefore a=-2$ 또는 $a=2$ 또는 $a=3$

(i) $a=-2$일 때,

　　$A=\{-3, 2, 3\}$, $B=\{-4, 2, 3\}$이므로

　　$(A-B) \cup (B-A) = \{-4, -3\}$

　　즉, 주어진 조건을 만족시키지 않는다.

(ii) $a=2$일 때,

　　$A=\{1, 2, 3\}$, $B=\{0, 2, 3\}$이므로

　　$(A-B) \cup (B-A) = \{0, 1\}$

(iii) $a=3$일 때,

　　$A=\{2, 3, 7\}$, $B=\{1, 2, 3\}$이므로

　　$(A-B) \cup (B-A) = \{1, 7\}$

　　즉, 주어진 조건을 만족시키지 않는다.

(i), (ii), (iii)에서 $a=2$이고, $A=\{1, 2, 3\}$　　⋯⋯ ❶

$\therefore b=1 \times 2 \times 3=6$　　⋯⋯ ❷

$\therefore a+b=8$　　⋯⋯ ❸

채점 기준

❶ 조건을 만족시키는 a의 값과 집합 A 구하기	70%
❷ b의 값 구하기	20%
❸ $a+b$의 값 구하기	10%

0538 답 ⑤

$A=\{a, b, c\}$ $(a<b<c)$라 하면
$B=\{2a, a+b, a+c, 2b, b+c, 2c\}$
집합 B의 원소의 최솟값은 8, 최댓값은 24이므로
$2a=8$, $2c=24$
$\therefore a=4$, $c=12$
$A=\{4, b, 12\}$이므로
$B=\{8, 4+b, 16, 2b, b+12, 24\}$
이때 $n(B)=5$이므로 집합 B의 원소 중 두 원소는 같다.
$4<b<12$이므로
$8<4+b<16$에서 $4+b$와 같은 원소는 존재하지 않는다.
$8<2b<24$에서 $2b=16$ $\therefore b=8$
$16<b+12<24$에서 $b+12$와 같은 원소는 존재하지 않는다.
즉, $A=\{4, 8, 12\}$, $B=\{8, 12, 16, 20, 24\}$이므로
$B-A=\{16, 20, 24\}$
따라서 집합 $B-A$의 모든 원소의 합은
$16+20+24=60$

0539 답 ①

(다)에서 12, 14는 집합 B의 원소이므로

$\dfrac{x+a}{2}=12$에서 $x=24-a$

$\dfrac{x+a}{2}=14$에서 $x=28-a$

즉, $24-a$와 $28-a$는 집합 A의 원소이다.

이때 $n(A)=5$이므로 $A=\{24-a, 28-a, 12, 14, b\}$라 하면

$B=\left\{12, 14, \dfrac{12+a}{2}, \dfrac{14+a}{2}, \dfrac{a+b}{2}\right\}$

(가)에서 $24-a+28-a+12+14+b=80$

$78-2a+b=80$ $\therefore b=2a+2$　　⋯⋯ ㉠

(나)에서 $80+\dfrac{12+a}{2}+\dfrac{14+a}{2}+\dfrac{a+b}{2}=104$

$80+\dfrac{3a+b+26}{2}=104$ $\therefore 3a+b=22$

㉠을 대입하여 풀면

$a=4$

0540 답 ②

① $(-3, 1) \in X$이므로 $(-3, -1) \in B$이고 $(-3, -1) \in (A \cup B)$

$(3, 1) \in X$이므로 $(-3, -1) \in C$

$\therefore (-3, -1) \notin \{(A \cup B) - C\}$

② $(2, 3) \in X$이므로 $(-2, 3) \in A$이고 $(-2, 3) \in (A \cup B)$

$(2, -3) \notin X$이므로 $(-2, 3) \notin C$

$\therefore (-2, 3) \in \{(A \cup B) - C\}$

③ $(-1, 4) \in X$이므로 $(1, 4) \in A$이고 $(1, 4) \in (A \cup B)$

$(-1, -4) \in X$이므로 $(1, 4) \in C$

$\therefore (1, 4) \notin \{(A \cup B) - C\}$

④ $(-5, 0) \in X$이므로 $(5, 0) \in A$이고 $(5, 0) \in C$

$\therefore (5, 0) \notin \{(A \cup B) - C\}$

⑤ $(-6, -3) \in X$이므로 $(6, -3) \in A$이고 $(6, -3) \in (A \cup B)$

$(-6, 3) \in X$이므로 $(6, -3) \in C$

$\therefore (6, -3) \notin \{(A \cup B) - C\}$

따라서 집합 $(A \cup B) - C$의 원소인 것은 ②이다.

0541 답 ①

① $A \cup A^C = U$

따라서 옳지 않은 것은 ①이다.

0542 답 8

$A \cup B = B$에서 $A \subset B$

즉, 집합 B는 전체집합 U의 부분집합 중에서 집합 A의 원소인 1, 5를 반드시 원소로 갖는 부분집합이다.

따라서 구하는 집합 B의 개수는

$2^{5-2} = 2^3 = 8$

0543 답 ④

$A \cap B = A$에서 $A \subset B$, $B^C \subset A^C$

③ $A - B = \varnothing$

⑤ $A^C \cap B^C = B^C$

따라서 항상 옳은 것은 ④이다.

0544 답 ③

$A - B = A$이므로 두 집합 A, B는 서로소이다.

ㄱ. $A \cap B = \varnothing$ ㄴ. $B - A = B$

ㄷ. $A \subset B^C$, $B \subset A^C$ ㄹ. $B^C \not\subset A^C$

따라서 보기에서 항상 옳은 것은 ㄴ, ㄷ이다.

0545 답 32

$(A \cap B) \cup X = X$에서 $(A \cap B) \subset X$

$A \cap B = \{2, 6\}$이므로 집합 X는 전체집합 U의 부분집합 중에서 2, 6을 반드시 원소로 갖는 부분집합이다.

따라서 구하는 집합 X의 개수는

$2^{7-2} = 2^5 = 32$

0546 답 8

$A \cap X = X$에서 $X \subset A$

$B \cap X = \varnothing$에서 두 집합 B, X는 서로소이다.   ······ ❶

즉, 집합 X는 집합 A의 부분집합 중에서 집합 B의 원소인 1, 3, 5를 원소로 갖지 않는 부분집합이다.

따라서 구하는 집합 X의 개수는

$2^{6-3} = 2^3 = 8$ ······ ❷

채점 기준		
❶ 세 집합 A, B, X 사이의 포함 관계 구하기		40%
❷ 집합 X의 개수 구하기		60%

0547 답 ③

② $B - A^C = B \cap (A^C)^C = A \cap B$

③ $A \cap (B \cup B^C) = A \cap U = A$

④ $A \cap (U - B^C) = A \cap B$

⑤ $(A \cap B) \cap (A \cup A^C) = (A \cap B) \cap U = A \cap B$

따라서 나머지 넷과 다른 하나는 ③이다.

0548 답 ③

$A^C \cap B = \varnothing$에서 $B \subset A$

①, ⑤ $A^C \subset B^C$

② $A \cap B = B$

③ $A - B^C = A \cap (B^C)^C = A \cap B = B$

④ $A^C \cap B^C = A^C$

따라서 항상 옳은 것은 ③이다.

0549 답 ㄴ, ㄷ

$(A - B) \cup (B \cap C) = \varnothing$이므로

$A - B = \varnothing$이고 $B \cap C = \varnothing$

즉, $A \subset B$이고 두 집합 B, C는 서로소이다.

ㄱ. $A \cap B = A$

ㄹ. $C \subset B^C$

따라서 보기에서 항상 옳은 것은 ㄴ, ㄷ이다.

0550 답 32

$(A - B) \cup X = X$에서 $(A - B) \subset X$

$(A \cup B) \cap X = X$에서 $X \subset (A \cup B)$

$\therefore (A - B) \subset X \subset (A \cup B)$ ······ ❶

이때 $A = \{2, 3, 5, 7\}$, $B = \{1, 2, 4, 8, 16\}$이므로

$A - B = \{3, 5, 7\}$, $A \cup B = \{1, 2, 3, 4, 5, 7, 8, 16\}$

$\therefore \{3, 5, 7\} \subset X \subset \{1, 2, 3, 4, 5, 7, 8, 16\}$

즉, 집합 X는 집합 $\{1, 2, 3, 4, 5, 7, 8, 16\}$의 부분집합 중에서 3, 5, 7을 반드시 원소로 갖는 부분집합이다.   ······ ❷

따라서 구하는 집합 X의 개수는

$2^{8-3} = 2^5 = 32$ ······ ❸

채점 기준		
❶ 세 집합 $A - B$, $A \cup B$, X 사이의 포함 관계 구하기		40%
❷ 집합 X의 원소의 조건 구하기		40%
❸ 집합 X의 개수 구하기		20%

0551 답 64

$A\cup C=B\cup C$이므로 집합 C는 전체집합 U의 부분집합 중에서 두 집합 A, B의 공통인 원소 1, 3, 5를 제외한 나머지 원소인 2, 4, 7, 9를 반드시 원소로 갖는 부분집합이다.

따라서 구하는 집합 C의 개수는 $2^{10-4}=2^6=64$

0552 답 ③

$U=\{1,\ 2,\ 3,\ 4,\ \cdots,\ 10\}$

㈎에서 $B\subset X$

$A-B=\{1,\ 5\}$이므로 ㈏에서 집합 X는 5를 반드시 원소로 갖고 1은 원소로 갖지 않는다.

즉, 집합 X는 전체집합 U의 부분집합 중에서 2, 3, 5, 6, 8은 반드시 원소로 갖고, 1은 원소로 갖지 않는 부분집합이다.

따라서 구하는 집합 X의 개수는 $2^{10-5-1}=2^4=16$

0553 답 9

$A\cap X=X$에서 $X\subset A$

$(A-B)\cup X=X$에서 $(A-B)\subset X$

$\therefore\ (A-B)\subset X\subset A$

이때 $A-B=\{x\,|\,1\le x\le 3\}$이므로 $(A-B)\subset X\subset A$가 성립하도록 세 집합 $A-B$, X, A를 수직선 위에 나타내면 오른쪽 그림과 같다.

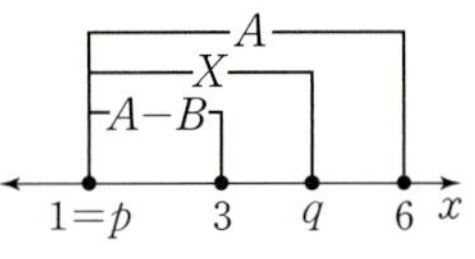

$\therefore\ p=1,\ 3\le q\le 6$

따라서 q의 최댓값은 6, 최솟값은 3이므로 구하는 합은

$6+3=9$

0554 답 ③

$(A\cap X)\subset(B\cap X)$에서 $x\in(A\cap X)$이면 $x\in(B\cap X)$이므로 집합 X의 원소 x가 $x\in A$이면 $x\in B$이어야 한다.

이때 집합 X의 원소 x가 $x\in A$이고 $x\notin B$이면 $x\in(A\cap X)$이지만 $x\notin(B\cap X)$이다.

즉, 집합 A의 원소 중에서 집합 B의 원소가 아닌 것은 집합 X의 원소가 될 수 없다.

따라서 $A-B=\{1,\ 4,\ 8\}$이므로 집합 X는 전체집합 U의 부분집합 중에서 1, 4, 8을 원소로 갖지 않는 부분집합이다.

따라서 구하는 집합 X의 개수는 $2^{8-3}=2^5=32$

0555 답 ㉠ 드모르간 법칙 ㉡ 교환법칙 ㉢ 분배법칙

0556 답 10

$$A\cap(B\cup C)=(A\cap B)\cup(A\cap C)$$
$$=\{1,\ 2\}\cup\{2,\ 3,\ 4\}$$
$$=\{1,\ 2,\ 3,\ 4\} \qquad\cdots\cdots ❶$$

따라서 집합 $A\cap(B\cup C)$의 모든 원소의 합은

$1+2+3+4=10 \qquad\cdots\cdots ❷$

채점 기준	
❶ 집합 $A\cap(B\cup C)$ 구하기	80 %
❷ 집합 $A\cap(B\cup C)$의 모든 원소의 합 구하기	20 %

0557 답 ④

$$A-(A\cap B^c)=A\cap(A\cap B^c)^c=A\cap(A^c\cup B)$$
$$=(A\cap A^c)\cup(A\cap B)=\varnothing\cup(A\cap B)$$
$$=A\cap B$$

따라서 집합 $A-(A\cap B^c)$와 항상 같은 집합은 ④이다.

0558 답 36

$A=\{4,\ 8,\ 12,\ 16,\ 20\}$, $B=\{1,\ 2,\ 4,\ 5,\ 10,\ 20\}$이므로

$(A^c\cup B)^c=A\cap B^c=A-B=\{8,\ 12,\ 16\}$

따라서 집합 $(A^c\cup B)^c$의 모든 원소의 합은

$8+12+16=36$

0559 답 ㄱ, ㄷ

ㄱ. $A-B^c=A\cap(B^c)^c=A\cap B$

ㄴ. $A\cap(U-B)=A\cap B^c$

ㄷ. $A\cap(A^c\cup B)=(A\cap A^c)\cup(A\cap B)$
$$=\varnothing\cup(A\cap B)=A\cap B$$

ㄹ. $(A\cap B)\cup(A\cap B^c)=A\cap(B\cup B^c)=A\cap U=A$

따라서 보기에서 집합 $A\cap B$와 항상 같은 집합은 ㄱ, ㄷ이다.

0560 답 ②

$$A-(C-B)=A\cap(C\cap B^c)^c=A\cap(B^c\cap C)^c$$
$$=A\cap(B\cup C^c)$$

따라서 집합 $A-(C-B)$와 항상 같은 집합은 ②이다.

0561 답 ④

$$\{(A\cap B)\cup(A\cap B^c)\}\cap\{(B\cup C^c)\cap(B\cap C)^c\}$$
$$=\{A\cap(B\cup B^c)\}\cap\{(B\cup C^c)\cap(B^c\cup C^c)\}$$
$$=(A\cap U)\cap\{(B\cap B^c)\cup C^c\}$$
$$=A\cap(\varnothing\cup C^c)=A\cap C^c=A-C$$

따라서 주어진 집합과 항상 같은 집합은 ④이다.

0562 답 ③

$$(A-B^c)\cup(B^c-A^c)=\{A\cap(B^c)^c\}\cup\{B^c\cap(A^c)^c\}$$
$$=(A\cap B)\cup(B^c\cap A)$$
$$=(A\cap B)\cup(A\cap B^c)$$
$$=A\cap(B\cup B^c)$$
$$=A\cap U=A$$

즉, $A\cap B=A$이므로 $A\subset B$

② $B^c\subset A^c$

③ $A^c\cup B=(A\cap B^c)^c=\varnothing^c=U$

④ $B\cap(A-B)^c=B\cap(A\cap B^c)^c=B\cap(A^c\cup B)$
$$=B\cap U=B$$

⑤ $A-(A-B)=A\cap(A\cap B^c)^c=A\cap(A^c\cup B)$
$$=A\cap U=A$$

따라서 항상 옳은 것은 ③이다.

0563 답 ①

$A\cap(B^c\cup C^c)=(A\cap B^c)\cup(A\cap C^c)$
$\qquad\qquad\quad=(A-B)\cup(A-C)$
즉, $(A-B)\cup(A-C)=\varnothing$이므로
$A-B=\varnothing$이고 $A-C=\varnothing$
$\therefore A\subset B$이고 $A\subset C$
① $B^c\subset A^c$이므로 $A^c\cap B^c=B^c$
⑤ $A\cap B\cap C=(A\cap B)\cap C=A\cap C=A$
따라서 옳지 않은 것은 ①이다.

0564 답 ④

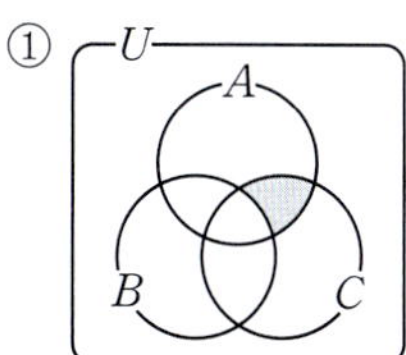
① U, A, B, C

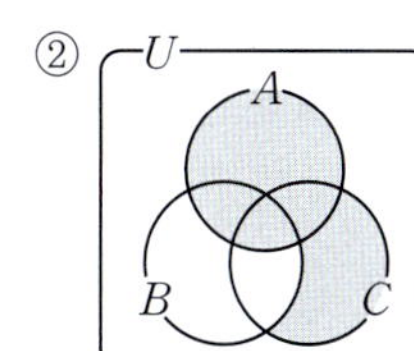
② U, A, B, C

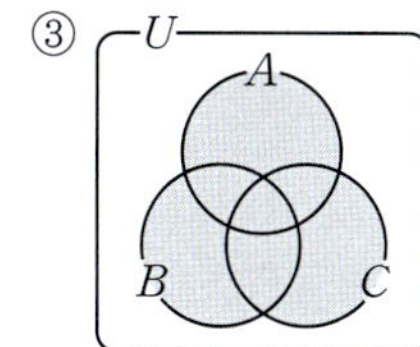
③ U, A, B, C

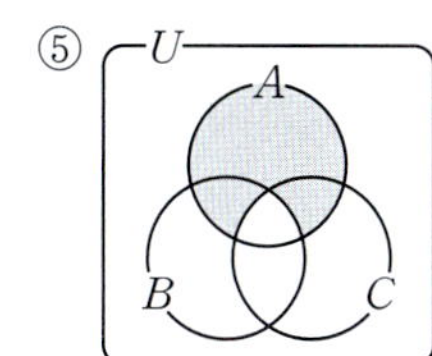
⑤ U, A, B, C

따라서 주어진 벤 다이어그램의 색칠한 부분을 나타내는 집합은 ④
이다.

참고 ③ $A\cup(B^c\cap C^c)^c=A\cup(B\cup C)=A\cup B\cup C$
④ $(A\cap B^c)\cup(A\cap C)=A\cap(B^c\cup C)$
⑤ $(A\cap B^c)\cup(A\cap C^c)=A\cap(B^c\cup C^c)$
$\qquad\qquad\qquad\qquad\quad=A\cap(B\cap C)^c$
$\qquad\qquad\qquad\qquad\quad=A-(B\cap C)$

0565 답 ⑤

드모르간 법칙에 의하여 $A\cap B^c=(A^c\cup B)^c$이므로
(나)에서 $A\cap B^c=\{4,\ 32\}$
이때 $A=(A\cap B)\cup(A\cap B^c)$이므로
$A=\{2,\ 4,\ 8,\ 32\}$
따라서 집합 A의 모든 원소의 합은 $2+4+8+32=46$

0566 답 12

$U=\{1,\ 2,\ 3,\ 4,\ \cdots,\ 9,\ 10\}$
$(A\cup B)\cap(A^c\cup B^c)=(A\cup B)\cap(A\cap B)^c$
$\qquad\qquad\qquad\qquad\quad=(A\cup B)-(A\cap B)$
$\qquad\qquad\qquad\qquad\quad=\{3,\ 4,\ 5\}$
즉, 주어진 조건을 벤 다이어그램으로 나타
내면 오른쪽 그림과 같으므로
$B=\{1,\ 4,\ 7\}$
따라서 집합 B의 모든 원소의 합은
$1+4+7=12$

0567 답 ⑤

ㄱ. $A\cap(A-B)^c=A\cap(A\cap B^c)^c=A\cap(A^c\cup B)$
$\qquad\qquad\quad=(A\cap A^c)\cup(A\cap B)=\varnothing\cup(A\cap B)$
$\qquad\qquad\quad=A\cap B$

ㄴ. $A\cap(A^c\cup B^c)=(A\cap A^c)\cup(A\cap B^c)=\varnothing\cup(A-B)$
$\qquad\qquad\qquad=A-B$

ㄷ. $A-(B\cap C)=A\cap(B\cap C)^c=A\cap(B^c\cup C^c)$
$\qquad\qquad\qquad=(A\cap B^c)\cup(A\cap C^c)$
$\qquad\qquad\qquad=(A-B)\cup(A-C)$

따라서 보기에서 항상 옳은 것은 ㄴ, ㄷ이다.

0568 답 ②

$\{(A^c\cap B^c)\cup(A-B)\}\cup A^c$
$=\{(A^c\cap B^c)\cup(A\cap B^c)\}\cup A^c$
$=\{(A^c\cup A)\cap B^c\}\cup A^c$
$=(U\cap B^c)\cup A^c$
$=B^c\cup A^c$
즉, $B^c\cup A^c=A^c$이므로 $B^c\subset A^c$ $\quad\therefore A\subset B$
따라서 두 집합 A, B 사이의 포함 관계를 벤 다이어그램으로 바르
게 나타낸 것은 ②이다.

0569 답 ⑤

① $(A\cap B)-B=(A\cap B)\cap B^c=(A\cap B^c)\cap(B\cap B^c)$
$\qquad\qquad\qquad=(A\cap B^c)\cap\varnothing=\varnothing$
② $(A-B)^c\cap A=(A\cap B^c)^c\cap A=(A^c\cup B)\cap A$
$\qquad\qquad\qquad=(A^c\cap A)\cup(B\cap A)$
$\qquad\qquad\qquad=\varnothing\cup(B\cap A)=A\cap B$
③ $(A\cup B)\cap(B-A)^c=(A\cup B)\cap(B\cap A^c)^c$
$\qquad\qquad\qquad\qquad=(A\cup B)\cap(B^c\cup A)$
$\qquad\qquad\qquad\qquad=(A\cup B)\cap(A\cup B^c)$
$\qquad\qquad\qquad\qquad=A\cup(B\cap B^c)$
$\qquad\qquad\qquad\qquad=A\cup\varnothing=A$
④ $(A\cup B)\cap(A^c\cap B^c)=(A\cup B)\cap(A\cup B)^c=\varnothing$
⑤ $(A-B^c)-C=\{A\cap(B^c)^c\}-C=(A\cap B)\cap C^c$
$\qquad\qquad\qquad=A\cap(B\cap C^c)=A\cap(B-C)$

따라서 항상 옳은 것은 ⑤이다.

0570 답 14

$A\cap B=\{2\}$에서 $2\in A$이므로
$a^2-a=2$, $a^2-a-2=0$
$(a+1)(a-2)=0$ $\quad\therefore a=-1$ 또는 $a=2$
(i) $a=-1$일 때,
$\quad A=\{0,\ 2,\ 4\}$, $B=\{-1,\ 0,\ 2\}$이므로
$\quad A\cap B=\{0,\ 2\}$
$\quad$즉, 주어진 조건을 만족시키지 않는다.
(ii) $a=2$일 때,
$\quad A=\{0,\ 2,\ 4\}$, $B=\{2,\ 3,\ 5\}$이므로
$\quad A\cap B=\{2\}$
(i), (ii)에서 $a=2$이고, $A=\{0,\ 2,\ 4\}$, $B=\{2,\ 3,\ 5\}$ $\quad$······ ❶
$\therefore (A\cap B^c)\cup(A^c\cap B)^c=(A-B)\cup(A\cup B)=A\cup B$
$\qquad\qquad\qquad\qquad\qquad\qquad=\{0,\ 2,\ 3,\ 4,\ 5\}$ $\quad$······ ❷
따라서 구하는 모든 원소의 합은
$0+2+3+4+5=14$ $\quad$······ ❸

0571 답 ㄱ, ㄹ

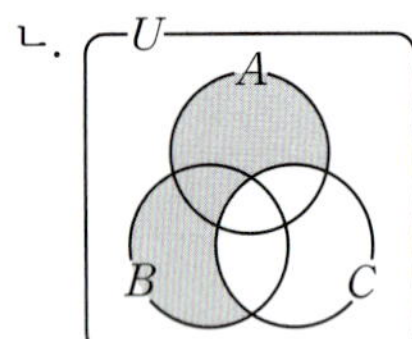 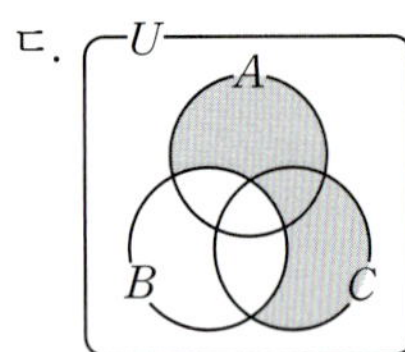

따라서 보기에서 주어진 벤 다이어그램의 색칠한 부분을 나타내는
집합인 것은 ㄱ, ㄹ이다.

참고 ㄱ. $A\cap(B\cap C^c)=(A\cap B)\cap C^c=(A\cap B)-C$
ㄴ. $(A\cup B)\cap C^c=(A\cup B)-C$
ㄷ. $(A\cap B^c)\cup(C\cap B^c)=(A\cup C)\cap B^c=(A\cup C)-B$

0572 답 18

$\{(A\cup B)\cap(A^c-B^c)^c\}\cup B$
$=\{(A\cup B)\cap(A^c\cap B)^c\}\cup B$
$=\{(A\cup B)\cap(A\cup B^c)\}\cup B$
$=\{A\cup(B\cap B^c)\}\cup B$
$=(A\cup\varnothing)\cup B$
$=A\cup B$

즉, $A\cup B=A$이므로 $B\subset A$ $\qquad$ ……❶
집합 B는 집합 A의 부분집합이므로 자연수 k는 18의 양의 배수이다.
따라서 자연수 k의 최솟값은 18이다. $\qquad$ ……❷

0573 답 ⑤

① $A\triangle\varnothing=(A-\varnothing)\cup(\varnothing-A)$
$\qquad\qquad=A\cup\varnothing=A$
② $A\triangle A=(A-A)\cup(A-A)$
$\qquad\qquad=\varnothing\cup\varnothing=\varnothing$
③ $A\triangle U=(A-U)\cup(U-A)$
$\qquad\qquad=\varnothing\cup A^c=A^c$
④ $A\triangle A^c=(A-A^c)\cup(A^c-A)$
$\qquad\qquad=A\cup A^c=U$
⑤ $A^c\triangle B^c=(A^c-B^c)\cup(B^c-A^c)$
$\qquad\qquad=(A^c\cap B)\cup(B^c\cap A)$
$(A\triangle B)^c=\{(A-B)\cup(B-A)\}^c$
$\qquad\qquad=\{(A\cap B^c)\cup(B\cap A^c)\}^c$
$\qquad\qquad=(A\cap B^c)^c\cap(B\cap A^c)^c$
$\qquad\qquad=(A^c\cup B)\cap(B^c\cup A)$
$\therefore A^c\triangle B^c\neq(A\triangle B)^c$

따라서 옳지 않은 것은 ⑤이다.

0574 답 ①

$B\triangleright A=(B^c\cap A)\cup(B\cap A)=(B^c\cup B)\cap A=U\cap A=A$
$\therefore (B\triangleright A)\triangleright A=A\triangleright A=(A^c\cap A)\cup(A\cap A)$
$\qquad\qquad\qquad\qquad\quad=\varnothing\cup A=A$

0575 답 25

$A\circledcirc B=(A\cup B)-(A\cap B)=U-(A\cap B)$ $\qquad$ ……❶
이때 $A\circledcirc B=\{1, 2, 4, 6\}$이므로
$A\cap B=\{3, 5, 7\}$ $\qquad$ ……❷
즉, $A\cup B=U$, $A=\{1, 2, 3, 5, 7\}$이므로
$B=\{3, 4, 5, 6, 7\}$ $\qquad$ ……❸
따라서 집합 B의 모든 원소의 합은
$3+4+5+6+7=25$ $\qquad$ ……❹

0576 답 ③

$A\diamond B=(A\cup B)\cap A^c=(A\cap A^c)\cup(B\cap A^c)$
$\qquad\qquad=\varnothing\cup(B\cap A^c)=B\cap A^c=B-A$
$\therefore (B\diamond C)\diamond A=(C-B)\diamond A=A-(C-B)$

따라서 집합 $(B\diamond C)\diamond A$를 벤 다이어그램
으로 나타내면 오른쪽 그림과 같다.

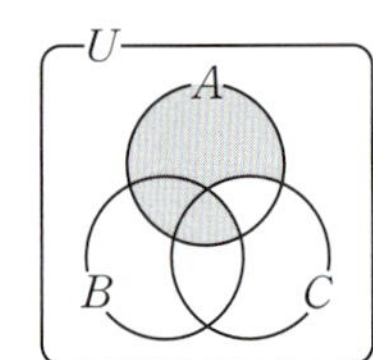

0577 답 ④

$A_6\cap A_{18}\cap A_{24}=(A_6\cap A_{18})\cap A_{24}=A_6\cap A_{24}$
$\qquad\qquad\qquad\quad=A_6=\{1, 2, 3, 6\}$
따라서 집합 $A_6\cap A_{18}\cap A_{24}$에 속하는 원소가 아닌 것은 ④이다.

0578 답 ④

$A_3\cap(A_2\cup A_4)=A_3\cap A_2=A_6=\{6, 12, 18, 24, \cdots, 96\}$
따라서 집합 $A_3\cap(A_2\cup A_4)$의 원소의 개수는 16이다.

0579 답 24

$A_{72}\cap A_{48}=A_{24}$이므로 $A_{24}\subset A_m$을 만족시키는 자연수 m의 최솟
값은 24이다.

0580 답 ③

집합 $A\cap B$는 24와 k의 양의 공약수의 집합이므로 24와 k의 최대
공약수가 6이어야 한다.
이때 $24=6\times 4$에서 $k=6\times m$(m은 4와 서로소인 자연수) 꼴이어
야 하므로 자연수 k의 값이 될 수 있는 것은 ③ $30=6\times 5$이다.

0581 답 ②

$A_8 \cap A_{12} = A_{24}$이므로 $a = 24$

$A_{18} \cup A_{36} = A_{18}$이므로 $b = 18$

이때 24와 18의 최대공약수는 6이므로 $(A_{24} \cup A_{18}) \subset A_m$을 만족시키는 자연수 m의 최댓값은 6이다.

0582 답 ㄴ, ㄷ, ㅁ

ㄱ. $A_2 \cup A_4 = A_2$

ㄴ. $A_3 \cap A_{12} = A_{12}$

ㄷ. $A_2 \cup (A_4 \cap A_5) = A_2 \cup A_{20} = A_2$

ㄹ. $A_2 \cap (A_3 \cup A_6) = A_2 \cap A_3 = A_6$

ㅁ. $A_5 \cap (A_2 \cup A_6) = A_5 \cap A_2 = A_{10}$

ㅂ. $A_{10} \cup (A_4 \cap A_5) = A_{10} \cup A_{20} = A_{10}$

따라서 보기에서 옳은 것은 ㄴ, ㄷ, ㅁ이다.

0583 답 $\{-4, -2, 2, 3\}$

$A \cap B = \{2\}$에서 $2 \in A$이므로

$x^2 + 2x + a = 0$에 $x = 2$를 대입하면

$4 + 4 + a = 0 \quad \therefore a = -8$

즉, $x^2 + 2x - 8 = 0$에서

$(x+4)(x-2) = 0$

$\therefore x = -4$ 또는 $x = 2$

$\therefore A = \{-4, 2\}$ ...... ❶

또 $2 \in B$이므로

$x^3 - bx^2 - 4x + 12 = 0$에 $x = 2$를 대입하면

$8 - 4b - 8 + 12 = 0 \quad \therefore b = 3$

즉, $x^3 - 3x^2 - 4x + 12 = 0$에서

$(x+2)(x-2)(x-3) = 0$

$\therefore x = -2$ 또는 $x = 2$ 또는 $x = 3$

$\therefore B = \{-2, 2, 3\}$ ...... ❷

$\therefore A \cup B = \{-4, -2, 2, 3\}$ ...... ❸

채점 기준	
❶ 집합 A 구하기	40 %
❷ 집합 B 구하기	40 %
❸ 집합 $A \cup B$ 구하기	20 %

0584 답 ③

$x^2 - 3x - 4 \leq 0$에서

$(x+1)(x-4) \leq 0 \quad \therefore -1 \leq x \leq 4$

$\therefore A = \{x \mid -1 \leq x \leq 4\}$

이때 주어진 조건을 만족시키려면 오른쪽 그림과 같아야 하므로

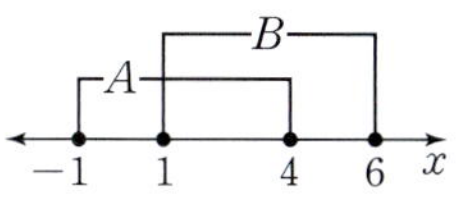

$B = \{x \mid 1 \leq x \leq 6\}$

$\quad = \{x \mid (x-1)(x-6) \leq 0\}$

$\quad = \{x \mid x^2 - 7x + 6 \leq 0\}$

따라서 $a = -7$, $b = 6$이므로

$b - a = 13$

✔ 공통수학1 다시보기

$\alpha < \beta$일 때

(1) 해가 $\alpha < x < \beta$이고 x^2의 계수가 1인 이차부등식은

$(x - \alpha)(x - \beta) < 0 \Rightarrow x^2 - (\alpha + \beta)x + \alpha\beta < 0$

(2) 해가 $x < \alpha$ 또는 $x > \beta$이고 x^2의 계수가 1인 이차부등식은

$(x - \alpha)(x - \beta) > 0 \Rightarrow x^2 - (\alpha + \beta)x + \alpha\beta > 0$

0585 답 ⑤

$(x-1)(x-26) > 0$에서 $x < 1$ 또는 $x > 26$

$\therefore A = \{x \mid x < 1 \text{ 또는 } x > 26\}$

a가 정수이면 $a \leq a^2$이므로 $(x - a)(x - a^2) \leq 0$에서

$a \leq x \leq a^2 \quad \therefore B = \{x \mid a \leq x \leq a^2\}$

$A \cap B = \varnothing$이 되려면 $1 \leq a \leq a^2 \leq 26$이어야 하므로 $1 \leq a \leq \sqrt{26}$

따라서 정수 a는 1, 2, 3, 4, 5의 5개이다.

0586 답 -6

$A = (A \cup B) - (B - A)$이므로

$A = \{x \mid -3 \leq x \leq 1\}$

$\quad = \{x \mid (x+3)(x-1) \leq 0\}$

$\quad = \{x \mid x^2 + 2x - 3 \leq 0\}$

따라서 $a = 2$, $b = -3$이므로 $ab = -6$

0587 답 17

$x^2 - x - 6 > 0$에서

$(x+2)(x-3) > 0 \quad \therefore x < -2$ 또는 $x > 3$

$\therefore A = \{x \mid x < -2 \text{ 또는 } x > 3\}$

이때 ㈎, ㈏를 만족시키려면 오른쪽 그림과 같아야 하므로

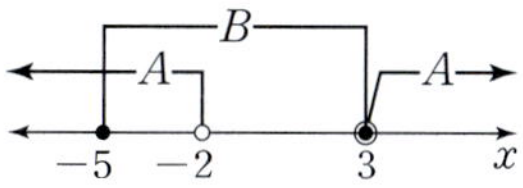

$B = \{x \mid -5 \leq x \leq 3\}$

$\quad = \{x \mid (x+5)(x-3) \leq 0\}$

$\quad = \{x \mid x^2 + 2x - 15 \leq 0\}$

따라서 $a = 2$, $b = -15$이므로 $a - b = 17$

0588 답 72

$A_{10} \cap A_{12} = A_{60}$이므로 $A_p \subset A_{60}$을 만족시키는 자연수 p의 최솟값은 60이다. ...... ❶

$B_{24} \cap B_{36} = B_{12}$이므로 $B_q \subset B_{12}$를 만족시키는 자연수 q의 최댓값은 12이다. ...... ❷

따라서 구하는 합은 $60 + 12 = 72$ ...... ❸

채점 기준	
❶ 자연수 p의 최솟값 구하기	40 %
❷ 자연수 q의 최댓값 구하기	40 %
❸ 자연수 p의 최솟값과 자연수 q의 최댓값의 합 구하기	20 %

0589 답 ㄷ, ㄹ

ㄱ. $A \subset B$이면 $A \cup B = B$이고 $A \cap B = A$이므로

$\quad A ☆ B = (A \cup B) \cap (A \cap B)^C = B \cap A^C = B - A$

ㄴ. $A ☆ B = (A \cup B) \cap (A \cap B)^C = (A \cup B) \cap \varnothing^C$

$\quad = (A \cup B) \cap U = A \cup B$

ㄷ. $A \star A^C = (A \cup A^C) \cap (A \cap A^C)^C$
$\qquad = U \cap \varnothing^C = U \cap U = U$

ㄹ. $B \star B = (B \cup B) \cap (B \cap B)^C = B \cap B^C = \varnothing$
$\qquad \therefore (B \star B) \star B = \varnothing \star B = (\varnothing \cup B) \cap (\varnothing \cap B)^C$
$\qquad\qquad = B \cap \varnothing^C = B \cap U = B$

따라서 보기에서 옳은 것은 ㄷ, ㄹ이다.

0590 답 $k < \dfrac{1}{3}$

$x^2 - 7x + 10 > 0$에서
$(x-2)(x-5) > 0$ $\quad \therefore x < 2$ 또는 $x > 5$
$\therefore B = \{x \mid x < 2$ 또는 $x > 5\}$
$A \cup B = B$에서 $A \subset B$ $\qquad \cdots\cdots$ ㉠
$A \neq \varnothing$이므로 이차방정식 $x^2 - 6x + 3k + 4 = 0$의 판별식을 D라 하면

$\dfrac{D}{4} = (-3)^2 - (3k+4) \geq 0$

$5 - 3k \geq 0$ $\quad \therefore k \leq \dfrac{5}{3}$ $\qquad \cdots\cdots$ ㉡

한편 이차방정식 $x^2 - 6x + 3k + 4 = 0$에서 근과 계수의 관계에 의하여 두 근의 합이 6이므로 두 근이 모두 2보다 작거나 5보다 클 수 없다.
즉, 이 이차방정식의 두 근을 α, β $(\alpha < \beta)$라 하면 ㉠에서
$\alpha < 2$, $\beta > 5$
$f(x) = x^2 - 6x + 3k + 4$라 하면 $y = f(x)$의 그래프는 오른쪽 그림과 같아야 하므로
$f(2) < 0$, $f(5) < 0$
$f(2) < 0$에서
$4 - 12 + 3k + 4 < 0$
$3k - 4 < 0$ $\quad \therefore k < \dfrac{4}{3}$ $\qquad \cdots\cdots$ ㉢
$f(5) < 0$에서
$25 - 30 + 3k + 4 < 0$
$3k - 1 < 0$ $\quad \therefore k < \dfrac{1}{3}$ $\qquad \cdots\cdots$ ㉣
㉡, ㉢, ㉣에서 실수 k의 값의 범위는
$k < \dfrac{1}{3}$

0591 답 ③

$x^2 + x - 2 > 0$에서
$(x+2)(x-1) > 0$ $\quad \therefore x < -2$ 또는 $x > 1$
$\therefore A = \{x \mid x < -2$ 또는 $x > 1\}$
$x^2 - (a+4)x + 4a < 0$에서
$(x-a)(x-4) < 0$
(i) $a < 4$일 때,
$\quad B = \{x \mid a < x < 4\}$
$\quad$ 즉, 집합 $A \cap B$에 속하는 정수의 개수가 1이 되려면 오른쪽 그림과 같아야 하므로
$\quad 2 \leq a < 3$

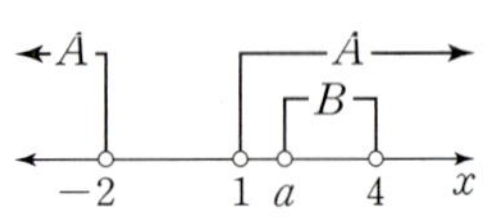

(ii) $a > 4$일 때,
$\quad B = \{x \mid 4 < x < a\}$
$\quad$ 즉, 집합 $A \cap B$에 속하는 정수의 개수가 1이 되려면 오른쪽 그림과 같아야 하므로
$\quad 5 < a \leq 6$

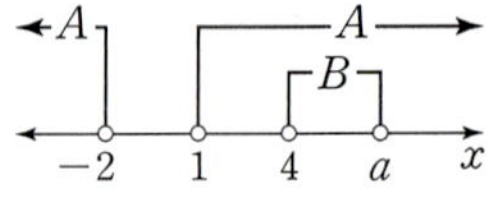

(i), (ii)에서 실수 a의 값의 범위는
$2 \leq a < 3$ 또는 $5 < a \leq 6$
따라서 $M = 6$, $m = 2$이므로
$M^2 + m^2 = 6^2 + 2^2 = 40$

참고 $a = 4$이면 $B = \varnothing$이므로 $A \cap B = \varnothing$이다.

0592 답 ④

$n(A \cup B) = n(A) + n(B) - n(A \cap B)$에서
$12 = n(A) + 7 - 3$ $\quad \therefore n(A) = 8$

0593 답 16

$n(B \cap A^C) = n(B - A) = n(B) - n(A \cap B)$
$\qquad\qquad = 26 - 10 = 16$

0594 답 ⑤

$A = \{1, 3, 5, 7, \ldots, 99\}$에서 $n(A) = 50$
$B = \{7, 14, 21, 28, \ldots, 98\}$에서 $n(B) = 14$
이때 $A \cap B = \{7, 21, 35, 49, 63, 77, 91\}$이므로
$n(A \cap B) = 7$
$\therefore n(A \cup B) = n(A) + n(B) - n(A \cap B)$
$\qquad\qquad = 50 + 14 - 7 = 57$

0595 답 ⑤

$A \subset B^C$에서 $A \cap B = \varnothing$ $\quad \therefore n(A \cap B) = 0$
$\therefore n(A \cup B) = n(A) + n(B) = 5 + 10 = 15$

0596 답 ②

$A^C \cap B^C = (A \cup B)^C$이므로
$n(A \cup B) = n(U) - n((A \cup B)^C) = 30 - 5 = 25$
$n(A \cup B) = n(A) + n(B) - n(A \cap B)$에서
$25 = n(A) + n(B) - 7$ $\quad \therefore n(A) + n(B) = 32$

0597 답 9

학생 전체의 집합을 U, 수학을 좋아하는 학생의 집합을 A, 영어를 좋아하는 학생의 집합을 B라 하면
$n(U) = 35$, $n(A) = 20$, $n(B) = 14$, $n(A^C \cap B^C) = 10$
이고 수학과 영어를 모두 좋아하는 학생의 집합은 $A \cap B$이다.
$\qquad\qquad\qquad\qquad\qquad\qquad\qquad \cdots\cdots$ ❶

$A^C \cap B^C = (A \cup B)^C$이므로
$n(A \cup B) = n(U) - n((A \cup B)^C) = 35 - 10 = 25$ $\quad \cdots\cdots$ ❷
$n(A \cup B) = n(A) + n(B) - n(A \cap B)$에서
$25 = 20 + 14 - n(A \cap B)$ $\quad \therefore n(A \cap B) = 9$
따라서 수학과 영어를 모두 좋아하는 학생 수는 9이다. $\quad \cdots\cdots$ ❸

채점 기준	
❶ 주어진 조건을 집합으로 나타내기	30 %
❷ $n(A\cup B)$ 구하기	30 %
❸ 수학과 영어를 모두 좋아하는 학생 수 구하기	40 %

0598 답 13

$n(A-B)=n(A)-n(A\cap B)$이므로
$15=40-n(A\cap B)$
$\therefore n(A\cap B)=25$ $\qquad\cdots\cdots$ ❶
$n(A\cup B)=n(A)+n(B)-n(A\cap B)$
$\qquad\qquad=40+32-25=47$ $\qquad\cdots\cdots$ ❷
$\therefore n(A^C\cap B^C)=n((A\cup B)^C)$
$\qquad\qquad\qquad=n(U)-n(A\cup B)$
$\qquad\qquad\qquad=60-47=13$ $\qquad\cdots\cdots$ ❸

채점 기준	
❶ $n(A\cap B)$ 구하기	40 %
❷ $n(A\cup B)$ 구하기	30 %
❸ $n(A^C\cap B^C)$ 구하기	30 %

0599 답 ④

학생 전체의 집합을 U, 손전등을 가져온 학생의 집합을 A, 머리 전등을 가져온 학생의 집합을 B라 하면
$n(U)=30,\ n(A^C)=12,\ n(B^C)=10,\ n(A\cap B)=12$
이고 손전등과 머리 전등 중 어느 것도 가져오지 않은 학생의 집합은 $A^C\cap B^C$이다.
$n(A)=n(U)-n(A^C)=30-12=18,$
$n(B)=n(U)-n(B^C)=30-10=20$
이므로
$n(A\cup B)=n(A)+n(B)-n(A\cap B)$
$\qquad\qquad=18+20-12=26$
$\therefore n(A^C\cap B^C)=n((A\cup B)^C)$
$\qquad\qquad\qquad=n(U)-n(A\cup B)$
$\qquad\qquad\qquad=30-26=4$
따라서 손전등과 머리 전등 중 어느 것도 가져오지 않은 학생 수는 4이다.

0600 답 ④

집합 $(A-B)\cup(B-A)$를 벤 다이어그램으로 나타내면 오른쪽 그림의 색칠한 부분과 같으므로
$(A-B)\cup(B-A)$
$=(A\cup B)-(A\cap B)$
$A^C\cap B^C=(A\cup B)^C$이므로
$n(A\cup B)=n(U)-n((A\cup B)^C)$
$\qquad\qquad=50-5=45$
$\therefore n((A-B)\cup(B-A))=n(A\cup B)-n(A\cap B)$
$\qquad\qquad\qquad\qquad=45-12=33$

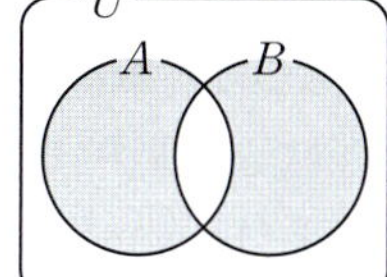

0601 답 27

회원 전체의 집합을 U, 축구를 선호하는 회원의 집합을 A, 야구를 선호하는 회원의 집합을 B라 하면
$n(U)=50,\ n(A\cap B^C)=13,\ n(A^C\cap B^C)=10$
$A^C\cap B^C=(A\cup B)^C$이므로
$n(A\cup B)=n(U)-n((A\cup B)^C)=50-10=40$
$\therefore n(B)=n(A\cup B)-n(A\cap B^C)=40-13=27$
따라서 야구를 선호하는 회원 수는 27이다.

0602 답 ②

은행 A를 이용하는 고객의 집합을 A, 은행 B를 이용하는 고객의 집합을 B라 하면
㈎에서 $n(A)+n(B)=82$
조사한 전체 고객 수가 65이므로 $n(A\cup B)=65$
$n(A\cup B)=n(A)+n(B)-n(A\cap B)$에서
$65=82-n(A\cap B)$ $\quad\therefore n(A\cap B)=17$
즉, 두 은행 A, B 중 한 은행만 이용하는 고객 수는
$n(A\cup B)-n(A\cap B)=65-17=48$
㈏에서 두 은행 A, B 중 한 은행만 이용하는 남자 고객 수와 두 은행 A, B 중 한 은행만 이용하는 여자 고객 수는 각각 24이다.
따라서 은행 A와 은행 B를 모두 이용하는 여자 고객 수는
$30-24=6$

0603 답 ④

학생 전체의 집합을 U, 미술관을 희망하는 학생의 집합을 A, 박물관을 희망하는 학생의 집합을 B라 하면
$n(A)=14,\ n(B)=9,\ n(A^C\cap B^C)=15,$
$n(A\cup B)-n(A\cap B)=11$ $\qquad\cdots\cdots$ ㉠
이때 $n(A\cup B)=n(A)+n(B)-n(A\cap B)$에서
$n(A\cup B)=14+9-n(A\cap B)$
$\therefore n(A\cup B)+n(A\cap B)=23$ $\qquad\cdots\cdots$ ㉡
㉠, ㉡을 연립하여 풀면
$n(A\cup B)=17,\ n(A\cap B)=6$
$\therefore n(U)=n(A\cup B)+n((A\cup B)^C)$
$\qquad\qquad=n(A\cup B)+n(A^C\cap B^C)$
$\qquad\qquad=17+15=32$
따라서 이 반 전체 학생 수는 32이다.

0604 답 ③

A와 B가 서로소이면 $A\cap B=\varnothing$이므로
$n(A\cap B)=0$
또 $A\cap B\cap C=\varnothing$이므로 $n(A\cap B\cap C)=0$
$n(A\cup C)=n(A)+n(C)-n(A\cap C)$에서
$16=10+12-n(A\cap C)$ $\quad\therefore n(A\cap C)=6$
$n(B\cup C)=n(B)+n(C)-n(B\cap C)$에서
$18=8+12-n(B\cap C)$ $\quad\therefore n(B\cap C)=2$
$\therefore n(A\cup B\cup C)=n(A)+n(B)+n(C)-n(A\cap B)$
$\qquad\qquad-n(B\cap C)-n(C\cap A)+n(A\cap B\cap C)$
$\qquad\qquad=10+8+12-0-2-6+0=22$

채점 기준

ⅰ 주어진 조건을 집합으로 나타내기		30%
ⅱ M의 값 구하기		30%
ⅲ m의 값 구하기		30%
ⅳ $M-m$의 값 구하기		10%

0605 답 21

$A \subset C$에서 $A \cup C = C$이므로
$A \cup B \cup C = B \cup C$
$$n(B \cup C) = n(B) + n(C) - n(B \cap C)$$
$$= 13 + 18 - 7 = 24$$
$$\therefore n(A^c \cap B^c \cap C^c) = n((A \cup B \cup C)^c)$$
$$= n((B \cup C)^c)$$
$$= n(U) - n(B \cup C)$$
$$= 45 - 24 = 21$$

0606 답 19

학생 전체의 집합을 U, 국어를 신청한 학생의 집합을 A, 영어를 신청한 학생의 집합을 B, 수학을 신청한 학생의 집합을 C라 하면
$n(U) = 50$, $n(A) = 28$, $n(B) = 23$, $n(C) = 20$,
$n(A \cap B \cap C) = 4$, $n(A^c \cap B^c \cap C^c) = 6$
이고 세 과목 중 두 과목만 신청한 학생의 집합을 벤 다이어그램으로 나타내면 오른쪽 그림과 같으므로 그 학생 수는

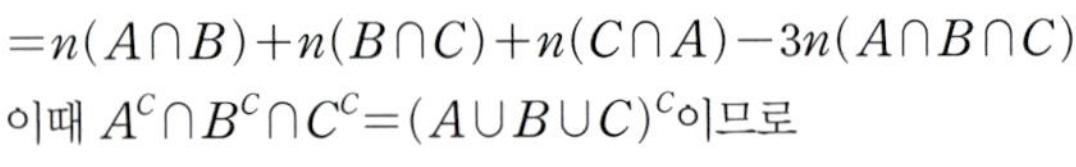

$$n(A \cap B) - n(A \cap B \cap C)$$
$$+ n(B \cap C) - n(A \cap B \cap C)$$
$$+ n(C \cap A) - n(A \cap B \cap C)$$
$$= n(A \cap B) + n(B \cap C) + n(C \cap A) - 3n(A \cap B \cap C)$$
이때 $A^c \cap B^c \cap C^c = (A \cup B \cup C)^c$이므로
$$n(A \cup B \cup C) = n(U) - n((A \cup B \cup C)^c)$$
$$= 50 - 6$$
$$= 44$$
$$n(A \cup B \cup C) = n(A) + n(B) + n(C) - n(A \cap B)$$
$$- n(B \cap C) - n(C \cap A) + n(A \cap B \cap C)$$
에서
$44 = 28 + 23 + 20 - n(A \cap B) - n(B \cap C) - n(C \cap A) + 4$
$$\therefore n(A \cap B) + n(B \cap C) + n(C \cap A) = 31$$
$$\therefore n(A \cap B) + n(B \cap C) + n(C \cap A) - 3n(A \cap B \cap C)$$
$$= 31 - 3 \times 4$$
$$= 19$$
따라서 세 과목 중 두 과목만 신청한 학생 수는 19이다.

0607 답 5

회원 전체의 집합을 U, 영화 A를 관람한 회원의 집합을 A, 영화 B를 관람한 회원의 집합을 B라 하면
$n(U) = 25$, $n(A) = 20$, $n(B) = 18$
이고 영화 A와 영화 B를 모두 관람한 회원의 집합은 $A \cap B$이다.
　　　　　　　　　　　　　　　　　　　…… ⅰ

(ⅰ) $n(A \cap B)$가 최대인 경우는 $B \subset A$일 때이므로
$$M = n(B) = 18$$
　　　　　　　　　　　　　　　　　　　…… ⅱ
(ⅱ) $n(A \cap B)$가 최소인 경우는 $A \cup B = U$일 때이므로
$$n(A \cup B) = n(A) + n(B) - n(A \cap B)$$에서
$$25 = 20 + 18 - m$$
$$\therefore m = 13$$
　　　　　　　　　　　　　　　　　　　…… ⅲ
(ⅰ), (ⅱ)에서 $M - m = 18 - 13 = 5$
　　　　　　　　　　　　　　　　　　　…… ⅳ

0608 답 3

$$n(A - B) = n(A) - n(A \cap B)$$
$$= 21 - n(A \cap B) \quad \cdots\cdots ㉠$$
즉, $n(A - B)$가 최소인 경우는 $n(A \cap B)$가 최대일 때이다.
$n(A \cap B)$가 최대인 경우는 $B \subset A$일 때이므로
$$n(A \cap B) = n(B) = 18$$
이를 ㉠에 대입하면
$$n(A - B) = 21 - 18 = 3$$
따라서 $n(A - B)$의 최솟값은 3이다.

0609 답 ①

$$n(B) = n(A \cup B) - n(A \cap B^c)$$
$$= 6 - 4 = 2$$
$$n(A^c \cap B) = n(B - A)$$
$$= n(B) - n(A \cap B)$$
$$= 2 - n(A \cap B) \quad \cdots\cdots ㉠$$
즉, $n(A^c \cap B)$가 최대인 경우는 $n(A \cap B)$가 최소일 때이므로
$$n(A \cap B) = 0$$
이를 ㉠에 대입하면
$$n(A^c \cap B) = 2 - 0 = 2$$
따라서 $n(A^c \cap B)$의 최댓값은 2이다.

0610 답 8

학생 전체의 집합을 U, 버스를 이용하는 학생의 집합을 A, 자전거를 이용하는 학생의 집합을 B라 하면
$n(U) = 40$, $n(A) = 25$, $n(B) = 32$
이고 버스와 자전거를 모두 이용하지 않는 학생의 집합은 $A^c \cap B^c$이다.
　　　　　　　　　　　　　　　　　　　…… ⅰ
$$n(A^c \cap B^c) = n((A \cup B)^c)$$
$$= n(U) - n(A \cup B)$$
$$= 40 - n(A \cup B) \quad \cdots\cdots ㉠$$
즉, $n(A^c \cap B^c)$가 최대인 경우는 $n(A \cup B)$가 최소일 때이다.
$n(A \cup B)$가 최소인 경우는 $A \subset B$일 때이므로
$$n(A \cup B) = n(B) = 32$$
　　　　　　　　　　　　　　　　　　　…… ⅱ
이를 ㉠에 대입하면
$$n(A^c \cap B^c) = 40 - 32 = 8$$
따라서 $n(A^c \cap B^c)$의 최댓값은 8이므로 구하는 학생 수의 최댓값은 8이다.
　　　　　　　　　　　　　　　　　　　…… ⅲ

채점 기준

ⅰ 주어진 조건을 집합으로 나타내기	40%
ⅱ $n(A^c \cap B^c)$가 최대일 때 $n(A \cup B)$ 구하기	30%
ⅲ 버스와 자전거를 모두 이용하지 않는 학생 수의 최댓값 구하기	30%

0611 답 ③

$n(A-B)=n(A)-n(A\cap B)$

즉, $n(A-B)$가 최대인 경우는 $n(A\cap B)$가 최소일 때이다.

$n(A\cap B)$가 최소인 경우는 $A\cup B=U$일 때이므로

$n(A\cup B)=n(U)=25$

㈐에서

$$B\cap(A\cup B^C)=(B\cap A)\cup(B\cap B^C)$$
$$=(B\cap A)\cup\varnothing=A\cap B$$

즉, $A\cap B\neq\varnothing$이므로 $n(A\cap B)$의 최솟값은 1이다.

㈏에서 $n(B-A)=n(B)-n(A\cap B)$이므로

$15=n(B)-1$ ∴ $n(B)=16$

$$\therefore\ n(A-B)=n(A\cup B)-n(B)$$
$$=25-16=9$$

따라서 $n(A-B)$의 최댓값은 9이다.

0612 답 ⑤

$n(A\cap B)$가 최대인 경우는 $A\subset B$일 때이므로

$n(A\cap B)\leq n(A)=12$

∴ $7\leq n(A\cap B)\leq 12$ $(\because n(A\cap B)\geq 7)$ ······ ㉠

$n(A\cup B)=n(A)+n(B)-n(A\cap B)=32-n(A\cap B)$이므로

$n(A\cap B)=32-n(A\cup B)$ ······ ㉡

㉠, ㉡에서 $7\leq 32-n(A\cup B)\leq 12$

∴ $20\leq n(A\cup B)\leq 25$

따라서 $M=25$, $m=20$이므로

$M+m=45$

0613 답 7

$n(B\cap C)$와 $n(A\cap B\cap C)$가 최대인 경우는 $A\subset B\subset C$일 때이므로

$n(A-B)=n(A)-n(A\cap B)=n(A)-n(A)=0$

$n(B-C)=n(B)-n(B\cap C)=n(B)-n(B)=0$

$n(C-A)=n(C)-n(C\cap A)=n(C)-n(A)=38-31=7$

∴ $n(A-B)+n(B-C)+n(C-A)=7$

0614 답 56

학생 전체의 집합을 U, 지역 A를 방문한 학생의 집합을 A, 지역 B를 방문한 학생의 집합을 B라 하면

$n(U)=30$, $n(A)=17$, $n(B)=15$

이고 지역 A와 지역 B 중 어느 한 지역만 방문한 학생 수는

$n(A\cup B)-n(A\cap B)$ ······ ㉠

(i) ㉠이 최대인 경우는 $A\cup B=U$일 때이므로

　　$n(A\cup B)=n(A)+n(B)-n(A\cap B)$에서

　　$30=17+15-n(A\cap B)$ ∴ $n(A\cap B)=2$

　　∴ $M=n(A\cup B)-n(A\cap B)=30-2=28$

(ii) ㉠이 최소인 경우는 $B\subset A$일 때이므로

　　$m=n(A\cup B)-n(A\cap B)$

　　$=n(A)-n(B)=17-15=2$

(i), (ii)에서 $Mm=28\times 2=56$

다른 풀이

학생 전체의 집합을 U, 지역 A를 방문한 학생의 집합을 A, 지역 B를 방문한 학생의 집합을 B라 하면

$n(U)=30$, $n(A)=17$, $n(B)=15$

이고 지역 A와 지역 B 중 어느 한 지역만 방문한 학생 수는

$n(A-B)+n(B-A)$

$n(A\cap B)=a$라 하면

$n(A-B)=n(A)-n(A\cap B)=17-a$

$n(B-A)=n(B)-n(A\cap B)=15-a$

$n(A\cup B)=n(A)+n(B)-n(A\cap B)=17+15-a=32-a$

$n(A^C\cap B^C)=n((A\cup B)^C)=n(U)-n(A\cup B)$

　　　　　　$=30-(32-a)=a-2$

이때 $a\geq 0$, $17-a\geq 0$, $15-a\geq 0$, $32-a\geq 0$, $a-2\geq 0$이므로

$2\leq a\leq 15$

따라서 $M=32-2a=32-2\times 2=28$,

$m=32-2a=32-2\times 15=2$이므로 $M\times m=28\times 2=56$

0615 답 75

학생 전체의 집합을 U, 부산을 희망하는 학생의 집합을 A, 경주를 희망하는 학생의 집합을 B라 하면

$n(U)=200$, $n(A)=n(B)+30$,

$n(A^C\cap B^C)=n(A\cup B)-160$

이때 $n(A^C\cap B^C)=n((A\cup B)^C)=n(U)-n(A\cup B)$이므로

$n(A\cup B)-160=200-n(A\cup B)$ ∴ $n(A\cup B)=180$

경주만 희망한 학생의 집합은 $B-A$이고,

$n(B-A)=n(B)-n(A\cap B)$이므로 $n(B-A)$가 최대인 경우는 $A\cap B=\varnothing$일 때이다.

∴ $n(A\cap B)=0$

즉, $n(A\cup B)=n(A)+n(B)-n(A\cap B)$에서

$180=n(B)+30+n(B)-0$ ∴ $n(B)=75$

0616 답 9

전략 $n(A\cap B)=2$이면 좌표평면에서 원과 직선이 서로 다른 두 점에서 만나는 경우와 같음을 알고 원과 직선의 위치 관계를 이용한다.

좌표평면에서 집합 A의 원소는 중심의 좌표가 $(a,\ -1)$이고 반지름의 길이가 3인 원 위의 점이고, 집합 B의 원소는 직선 $4x-3y-a=0$ 위의 점이다.

$n(A\cap B)=2$이므로 원 $(x-a)^2+(y+1)^2=9$와 직선 $4x-3y-a=0$이 서로 다른 두 점에서 만난다.

즉, 원의 중심 $(a,\ -1)$과 직선 $4x-3y-a=0$ 사이의 거리가 원의 반지름의 길이보다 작아야 하므로

$$\frac{|3a+3|}{\sqrt{4^2+(-3)^2}}<3$$

$|3a+3|<15$, $-15<3a+3<15$ ∴ $-6<a<4$

따라서 구하는 정수 a는 -5, -4, -3, $\cdots$, 3의 9개이다.

0617 답 ①

 $n(A)$와 $n(B)$의 관계식을 구하여 $n(A)\times n(B)$를 $n(A)$에 대한 식으로 나타낸다. 이때 $n(A\cap B)\leq n(A)\leq n(A\cup B)$이므로 $n(A)$의 범위에 유의한다.

$n(A^C\cup B^C)=n((A\cap B)^C)=n(U)-n(A\cap B)$이므로

$28=40-n(A\cap B)$ $\therefore n(A\cap B)=12$

$n(A\cup B)=n(A)+n(B)-n(A\cap B)$에서

$30=n(A)+n(B)-12$

$\therefore n(B)=18-n(A)$ $\cdots\cdots$ ㉠

$n(A\cap B)\leq n(A)\leq n(A\cup B)$이므로

$12\leq n(A)\leq 30$

$n(A)=t$라 하면 $12\leq t\leq 30$이고 ㉠에 의하여

$$n(A)\times n(B)=n(A)\times(18-n(A))=t(18-t)$$
$$=-t^2+18t=-(t-9)^2+81$$

이때 $12\leq t\leq 30$이므로 $t=12$, 즉 $n(A)=12$에서 $n(A)\times n(B)$는 최댓값 72를 갖는다.

0618 답 ②

 소수의 약수는 1과 자기 자신뿐임을 이용하여 조건을 만족시키는 n의 값을 구한다.

집합 A의 원소는 20 이하의 자연수 n에 대하여

$$f(n)=(n^2-7n+11)(n^2+3n+3)$$

이고 집합 B의 원소가 100 이하의 소수이므로 집합 $A\cap B$의 원소는 $f(n)=(n^2-7n+11)(n^2+3n+3)$ 중에서 100 이하의 소수이다.

집합 $A\cap B$의 원소는 두 수 $n^2-7n+11$, n^2+3n+3의 곱으로 나타낼 수 있고, n^2+3n+3이 1보다 큰 자연수이므로 $n^2-7n+11=1$, $n^2+3n+3=p$ $(p$는 소수)이어야 한다.

이때 $n^2-7n+11=1$에서 $n^2-7n+10=0$

$(n-2)(n-5)=0$ $\therefore n=2$ 또는 $n=5$

(i) $n=2$일 때,

    $f(2)=1\times(2^2+3\times 2+3)=13$

(ii) $n=5$일 때,

    $f(5)=1\times(5^2+3\times 5+3)=43$

(i), (ii)에서 13과 43이 모두 100 이하의 소수이므로

$A\cap B=\{13,\ 43\}$

$\therefore n(A\cap B)=2$

0619 답 ⑤

 (나)에서 집합 X의 개수를 이용하여 $n(B-A)$를 구한 후 $A\cup(B-A)=A\cup B$임을 이용하여 $n(A\cup B)$를 구한다.

(나)에서 집합 X는 집합 $B-A$의 원소를 모두 원소로 갖는 집합 U의 부분집합이므로 $n(B-A)=a$라 하면 집합 X의 개수는

$2^{10-a}=32$에서 $10-a=5$ $\therefore a=5$

즉, $n(A)=4$, $n(B-A)=5$이고 $A\cup(B-A)=A\cup B$이므로

$n(A\cup B)=4+5=9$

(i) $n(B)$가 최대인 경우는 $A\subset B$일 때이므로

    $M=n(A\cup B)=9$

(ii) $n(B)$가 최소인 경우는 $A\cap B=\varnothing$일 때이므로

    $m=n(A\cup B)-n(A)=9-4=5$

(i), (ii)에서 $M+m=9+5=14$

0620 답 252

 주어진 조건을 이용하여 집합 $A\cap B\cap C$의 원소가 될 수 있는 경우를 구하고, 나머지 원소가 포함될 수 있는 집합의 경우는 벤 다이어그램을 이용하여 구한다.

(i) $n(A\cap B\cap C)=1$인 경우

    집합 $A\cap B\cap C$는 집합 $B\cap C$의 원소 a, b, c 중 한 개를 원소로 가지므로 그 경우의 수는

    $_3C_1=3$

(ii) $n(A\cap B\cap C)=2$인 경우

    집합 $A\cap B\cap C$는 집합 $B\cap C$의 원소 a, b, c 중 두 개를 원소로 가지므로 그 경우의 수는

    $_3C_2=3$

(iii) $n(A\cap B\cap C)=3$인 경우

    집합 $A\cap B\cap C$는 집합 $B\cap C$의 원소 a, b, c를 모두 원소로 가지므로 그 경우의 수는

    $_3C_3=1$

이때 원소 d, e가 속할 수 있는 집합을 오른쪽 그림과 같이 벤 다이어그램으로 나타내면 각각 6가지이다.

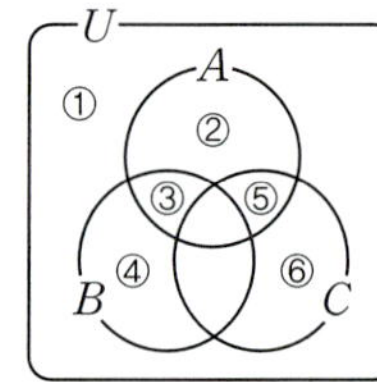

따라서 구하는 순서쌍 $(A,\ B,\ C)$의 개수는

$(3+3+1)\times 6\times 6=252$

0621 답 ②

 주어진 조건을 이용하여 세 집합 A, B, X 사이의 포함 관계를 구하고 집합 X에 속하는 원소의 조건을 구한다.

(나)에서 $A-X=B-X$이고 $(A-X)\subset A$, $(B-X)\subset B$이므로 $(A-X)\subset(A\cap B)$, $(B-X)\subset(A\cap B)$

$A\cap B=\{3,\ 4,\ 5\}$이므로

$(A-X)\subset\{3,\ 4,\ 5\}$에서 $\{1,\ 2\}\subset X$

$(B-X)\subset\{3,\ 4,\ 5\}$에서 $\{6,\ 7\}\subset X$

$\therefore \{1,\ 2,\ 6,\ 7\}\subset X$ $\cdots\cdots$ ㉠

(다)에서

$$(X-A)\cap(X-B)=(X\cap A^C)\cap(X\cap B^C)$$
$$=X\cap(A\cup B)^C$$
$$=X\cap\{8,\ 9,\ 10\}$$

즉, $X\cap\{8,\ 9,\ 10\}\neq\varnothing$ $\cdots\cdots$ ㉡

이므로 집합 X는 원소 8, 9, 10 중 적어도 하나를 원소로 가져야 한다.

(가)에서 $n(X)=6$이고 ㉠에 의하여 집합 X는 3, 4, 5, 8, 9, 10 중 2개를 원소로 가져야 한다. $\cdots\cdots$ ㉢

㉡, ㉢에서 집합 X의 모든 원소의 합이 최소이려면

$3\in X$, $8\in X$

따라서 $X=\{1,\ 2,\ 3,\ 6,\ 7,\ 8\}$일 때, 집합 X의 모든 원소의 합이 최소이므로 그 최솟값은

$1+2+3+6+7+8=27$

0622 답 9

전략 집합 A_k의 원소가 될 수 있는 수를 구한 후 집합 B의 원소와 집합 $A_k \cap B^C$의 원소가 될 수 있는 수를 구한다.

집합 A_k는 전체집합 U의 부분집합이므로 x는 10 이하의 자연수이고 $x(y-k)=10$에서 $y-k$는 10의 약수이다.

이때 y, k는 모두 자연수이고, $y \in U$이므로

$1 \le y-k \le 10$에서 y의 값이 될 수 있는 것은 1, 2, 5, 10

따라서 x의 값이 될 수 있는 것은 1, 2, 5, 10이다.

$\therefore A_k \subset \{1, 2, 5, 10\}$

또 $\dfrac{20-x}{3} \in U$에서 $20-x$는 3의 배수이므로 $x=2, 5, 8$

즉, $B=\{2, 5, 8\}$이므로 $B^C=\{1, 3, 4, 6, 7, 9, 10\}$

$\therefore (A_k \cap B^C) \subset \{1, 10\}$

(i) $1 \in (A_k \cap B^C)$일 때,

$\quad y-k=10$에서 $y=k+10$

$\quad y=k+10 > 10$이므로 조건을 만족시키지 않는다.

(ii) $10 \in (A_k \cap B^C)$일 때,

$\quad y-k=1$에서 $y=k+1$

$\quad y=k+1 \le 10$에서 $k \le 9$

(i), (ii)에서 주어진 조건을 만족시키는 자연수 k는 1, 2, 3, …, 9의 9개이다.

0623 답 ⑤

전략 집합의 연산 법칙을 이용하여 조건을 만족시키는 집합을 구한다.

㈎에서 $B-A=B \cap A^C=A^C \cap B=(A \cup B^C)^C=U-(A \cup B^C)$

이므로

$n(B-A)=n(U)-n(A \cup B^C)$

$2=k-7 \qquad \therefore k=9$

$\therefore U=\{1, 2, 3, 4, …, 9\}$

㈎에서 집합 $B-A$의 모든 원소의 합이 11이고 ㈏에서 집합 A의 모든 원소의 합과 집합 B의 모든 원소의 합은 서로 같으므로 집합 $A-B$의 모든 원소의 합도 11이다.

즉, 집합 A의 모든 원소의 합은 11 이상이어야 하고 $B-A=\{4, 7\}$이므로 자연수 m은 4와 7 중 어느 수도 약수로 갖지 않아야 한다.

따라서 m의 값이 될 수 있는 수는 6 또는 9이다.

(i) $m=6$일 때,

$\quad A=\{1, 2, 3, 6\}$이므로 $A-B=\{2, 3, 6\}$이면 집합 $A-B$의 모든 원소의 합은 11이다.

(ii) $m=9$일 때,

$\quad A=\{1, 3, 9\}$이므로 집합 $A-B$의 모든 원소의 합이 11인 경우는 존재하지 않는다.

(i), (ii)에서 $m=6$이고, $A=\{1, 2, 3, 6\}$

즉, $A \cup B=A \cup (B-A)=\{1, 2, 3, 4, 6, 7\}$이므로

$A^C \cap B^C=(A \cup B)^C=U-(A \cup B)=\{5, 8, 9\}$

따라서 집합 $A^C \cap B^C$의 모든 원소의 합은

$5+8+9=22$

참고 m의 값이 1, 2, 3, 5인 경우에는 약수의 합이 11 이상일 수 없고, 4, 7, 8인 경우에는 $B-A=\{4, 7\}$을 만족시키지 않는다.

0624 답 ①

① '큰'은 기준이 명확하지 않아 참, 거짓을 판별할 수 없으므로 명제가 아니다.

0625 답 ②

실수 x에 대한 조건 'x는 1보다 크다.'의 부정은

'x는 1보다 크지 않다.', 즉 $x \le 1$이다.

0626 답 {2, 3, 5}

$U=\{1, 2, 3, 4, 5, 6\}$이므로 조건 p의 진리집합은 $\{2, 3, 5\}$

0627 답 2

ㄱ, ㄷ, ㄹ. 거짓인 명제이다.

ㄴ, ㅁ. x의 값에 따라 참, 거짓이 판별되므로 조건이다.

ㅂ. 참인 명제이다.

따라서 보기에서 명제인 것은 ㄱ, ㄷ, ㄹ, ㅂ의 4개, 조건인 것은 ㄴ, ㅁ의 2개이므로

$a=4$, $b=2$

$\therefore a-b=2$

0628 답 ②

전체집합 U의 원소 중 짝수는 2, 4, 6, 8이고 6의 약수는 1, 2, 3, 6이므로 조건 p의 진리집합을 P라 하면

$P=\{1, 2, 3, 4, 6, 8\}$

즉, 조건 $\sim p$의 진리집합은 $P^C=\{5, 7\}$

따라서 조건 $\sim p$의 진리집합의 모든 원소의 합은

$5+7=12$

0629 답 ⑤

$a^2+b^2=0$에서 $a^2=0$이고 $b^2=0$

$\therefore a=0$이고 $b=0$

따라서 조건 '$a=0$이고 $b=0$'의 부정은 '$a \ne 0$ 또는 $b \ne 0$'이다.

0630 답 {3}

두 조건 p, q의 진리집합을 각각 P, Q라 하면

$x^2-x-6=0$에서

$(x+2)(x-3)=0 \qquad \therefore x=-2$ 또는 $x=3$

$\therefore P=\{-2, 3\}$ 　　　　　　…… ❶

$|x-2| \le 1$에서 $-1 \le x-2 \le 1 \qquad \therefore 1 \le x \le 3$

$\therefore Q=\{1, 2, 3\}$ 　　　　　　…… ❷

이때 조건 'p 그리고 q'의 진리집합은 $P \cap Q$이므로

$P \cap Q=\{3\}$ 　　　　　　…… ❸

❶ 조건 p의 진리집합 구하기	30%
❷ 조건 q의 진리집합 구하기	30%
❸ 조건 'p 그리고 q'의 진리집합 구하기	40%

0631 답 ①

$|x|<5$에서 $-5<x<5$

$\therefore U=\{-4,\ -3,\ -2,\ -1,\ 0,\ 1,\ 2,\ 3,\ 4\}$

두 조건 p, q의 진리집합을 각각 P, Q라 하면 조건 '$\sim p$ 그리고 $\sim q$'의 진리집합은 $P^C \cap Q^C$이다.

$x^2+2x-8>0$에서 $(x+4)(x-2)>0$ $\therefore x<-4$ 또는 $x>2$

$\therefore P=\{3,\ 4\}$

$x^2=1$에서 $x=-1$ 또는 $x=1$

$\therefore Q=\{-1,\ 1\}$

이때 $P^C=\{-4,\ -3,\ -2,\ -1,\ 0,\ 1,\ 2\}$,

$Q^C=\{-4,\ -3,\ -2,\ 0,\ 2,\ 3,\ 4\}$이므로

$P^C \cap Q^C=\{-4,\ -3,\ -2,\ 0,\ 2\}$

따라서 조건 '$\sim p$ 그리고 $\sim q$'의 진리집합의 모든 원소의 합은

$-4+(-3)+(-2)+0+2=-7$

0632 답 ③

p: $x^2-3x-4\leq 0$에서

$(x+1)(x-4)\leq 0$ $\therefore -1\leq x\leq 4$

q: $x^2-4\geq 0$에서

$(x+2)(x-2)\geq 0$ $\therefore x\leq -2$ 또는 $x\geq 2$

한편 조건 '$\sim p$ 또는 q'의 부정은 'p 그리고 $\sim q$'이고

p: $-1\leq x\leq 4$, $\sim q$: $-2<x<2$이므로 'p 그리고 $\sim q$'는

$-1\leq x<2$이다.

0633 답 ③

$P=\{x|x\geq 2\}$에서 $P^C=\{x|x<2\}$이고, $Q=\{x|x\geq -3\}$이므로 조건 '$-3\leq x<2$'의 진리집합은 $P^C \cap Q$이다.

0634 답 8

$U=\{1,\ 2,\ 3,\ 4,\ \cdots,\ 15\}$, $P=\{1,\ 2,\ 5,\ 10\}$

$x^2-2x-24\leq 0$에서 $(x+4)(x-6)\leq 0$ $\therefore -4\leq x\leq 6$

$\therefore Q=\{1,\ 2,\ 3,\ 4,\ 5,\ 6\}$

즉, $P\cap Q=\{1,\ 2,\ 5\}$이므로 집합 X는 집합 Q의 부분집합 중에서 1, 2, 5를 반드시 원소로 갖는 부분집합이다.

따라서 구하는 집합 X의 개수는

$2^{6-3}=2^3=8$

0635 답 ⑤

$a^2+b^2+c^2-ab-bc-ca=0$에서

$2a^2+2b^2+2c^2-2ab-2bc-2ca=0$

$(a^2-2ab+b^2)+(b^2-2bc+c^2)+(c^2-2ca+a^2)=0$

$(a-b)^2+(b-c)^2+(c-a)^2=0$

$a-b=0$이고 $b-c=0$이고 $c-a=0$

$\therefore a=b=c$

따라서 조건 '$a=b=c$'의 부정은 '$a\neq b$ 또는 $b\neq c$ 또는 $c\neq a$'이다.

0636 답 ③

$(x+n)(x+2n)>0$에서 $x<-2n$ 또는 $x>-n$

$\therefore P=\{x|x<-2n$ 또는 $x>-n$인 정수$\}$

$x^2+4x-5\leq 0$에서 $(x+5)(x-1)\leq 0$

$\therefore -5\leq x\leq 1$

$\therefore Q=\{-5,\ -4,\ -3,\ -2,\ -1,\ 0,\ 1\}$

(i) $n=1$일 때,

$P=\{x|x<-2$ 또는 $x>-1$인 정수$\}$이므로

$P\cap Q=\{-5,\ -4,\ -3,\ 0,\ 1\}$

$\therefore n(P\cap Q)=5$

(ii) $n=2$일 때,

$P=\{x|x<-4$ 또는 $x>-2$인 정수$\}$이므로

$P\cap Q=\{-5,\ -1,\ 0,\ 1\}$

$\therefore n(P\cap Q)=4$

(iii) $n=3$일 때,

$P=\{x|x<-6$ 또는 $x>-3$인 정수$\}$이므로

$P\cap Q=\{-2,\ -1,\ 0,\ 1\}$

$\therefore n(P\cap Q)=4$

(iv) $n=4$일 때,

$P=\{x|x<-8$ 또는 $x>-4$인 정수$\}$이므로

$P\cap Q=\{-3,\ -2,\ -1,\ 0,\ 1\}$

$\therefore n(P\cap Q)=5$

(v) $n=5$일 때,

$P=\{x|x<-10$ 또는 $x>-5$인 정수$\}$이므로

$P\cap Q=\{-4,\ -3,\ -2,\ -1,\ 0,\ 1\}$

$\therefore n(P\cap Q)=6$

(vi) $n=6,\ 7,\ 8,\ \cdots$일 때,

$P\cap Q=\{-5,\ -4,\ -3,\ -2,\ -1,\ 0,\ 1\}$이므로

$n(P\cap Q)=7$

(i)~(vi)에서 $n(P\cap Q)=4$를 만족시키는 자연수 n의 값은 2, 3이므로 구하는 합은

$2+3=5$

0637 답 ③

$P\neq\varnothing$이려면 $x^2-4x+a+2\leq 0$을 만족시키는 실수 x가 존재해야 하므로 이차방정식 $x^2-4x+a+2=0$의 실근이 존재해야 한다.

이차방정식 $x^2-4x+a+2=0$의 판별식을 D라 하면

$$\frac{D}{4}=(-2)^2-(a+2)\geq 0$$

$-a+2\geq 0$ $\therefore a\leq 2$

즉, $P\neq\varnothing$이 되도록 하는 자연수 a는 1, 2이다.

$0<|x-b|\leq 4$에서

$b-4\leq x<b$ 또는 $b<x\leq b+4$

$\therefore Q=\{x|b-4\leq x<b$ 또는 $b<x\leq b+4\}$

(i) $a=1$일 때,

$x^2-4x+3\leq 0$에서 $(x-1)(x-3)\leq 0$

$\therefore 1\leq x\leq 3$

즉, $P=\{x|1\leq x\leq 3\}$이므로 $P\subset Q$가 되려면

$P\subset\{x|b-4\leq x<b\}$ 또는 $P\subset\{x|b<x\leq b+4\}$이어야 한다.

ⓘ $P \subset \{x \mid b-4 \leq x < b\}$인 경우

오른쪽 그림에서

$b-4 \leq 1,\ 3 < b$

$\therefore\ 3 < b \leq 5$

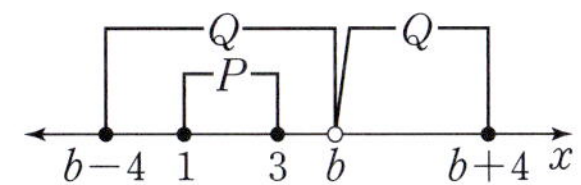

즉, 조건을 만족시키는 자연수 b는 4, 5이므로

순서쌍 (a, b)는 $(1, 4)$, $(1, 5)$의 2개이다.

ⓘ $P \subset \{x \mid b < x \leq b+4\}$인 경우

오른쪽 그림에서

$b < 1,\ 3 \leq b+4$

$\therefore\ -1 \leq b < 1$

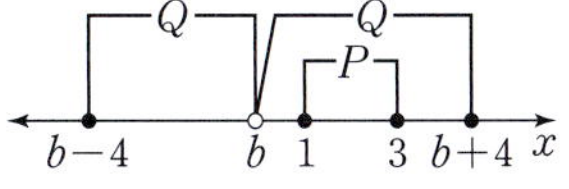

즉, 조건을 만족시키는 자연수 b는 존재하지 않는다.

(ⅱ) $a=2$일 때,

$x^2-4x+4 \leq 0$에서 $(x-2)^2 \leq 0$　　$\therefore\ x=2$

$P=\{2\}$이므로 $P \subset Q$가 되려면 $b-4 \leq 2 < b$ 또는

$b < 2 \leq b+4$이어야 하므로

$2 < b \leq 6$ 또는 $-2 \leq b < 2$

즉, 조건을 만족시키는 자연수 b는 1, 3, 4, 5, 6이므로 순서쌍

(a, b)는 $(2, 1)$, $(2, 3)$, $(2, 4)$, $(2, 5)$, $(2, 6)$의 5개이다.

(ⅰ), (ⅱ)에서 구하는 순서쌍 (a, b)의 개수는

$2+5=7$

0638 답 ⑤

⑤ $n=9$이면 n은 18의 약수이지만 24의 약수는 아니다.

0639 답 ③

명제 $p \longrightarrow \sim q$가 참이므로 그 대우 $q \longrightarrow \sim p$도 참이다.

따라서 항상 참인 명제는 ③이다.

0640 답 ②

① [반례] 9는 9의 약수이지만 6의 약수는 아니다.

② $x-2=0$, 즉 $x=2$이면 $2^2-2 \times 2=0$이므로 주어진 명제는 참

이다.

③ [반례] 2는 소수이지만 홀수가 아니다.

④ [반례] $x=1$, $y=-1$이면 $x^2=y^2$이지만 $x \neq y$이다.

⑤ [반례] $x=0$이면 $x > -1$이지만 $x < 10$이다.

따라서 참인 명제는 ②이다.

0641 답 ㄱ, ㅂ

$U=\{1, 2, 3, 4, \ldots, 10\}$

두 조건 p, q의 진리집합을 각각 P, Q라 하면

$P=\{4, 8\}$, $Q=\{1, 2, 4, 8\}$

즉, $P \subset Q$이고 $Q^C \subset P^C$이므로

두 명제 $p \longrightarrow q$, $\sim q \longrightarrow \sim p$가 모두 참이다.

따라서 보기에서 항상 참인 명제는 ㄱ, ㅂ이다.

0642 답 5

p: $a < x < 3$, q: $x > -2$라 하고 두 조건 p, q의 진리집합을 각각

P, Q라 하면

$P=\{x \mid a < x < 3\}$, $Q=\{x \mid x > -2\}$

명제 $p \longrightarrow q$가 참이 되려면 $P \subset Q$이어야

하므로 오른쪽 그림에서 $-2 \leq a < 3$

따라서 정수 a는 -2, -1, 0, 1, 2의 5개

이다.

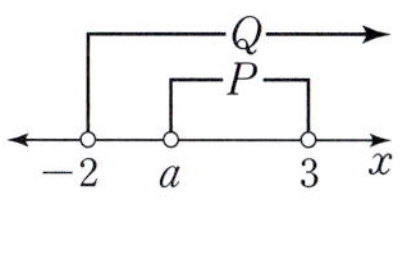

0643 답 ③

① [반례] $x=-1$이면 $x^2 > 0$이지만 $x < 0$이다.

② [반례] $x=-1$, $y=-1$이면 $xy > 0$이지만 $x+y < 0$이다.

③ p: $|x-1| < 1$, q: $x^2 < 4$라 하고 두 조건 p, q의 진리집합을 각

각 P, Q라 하면 $P=\{x \mid 0 < x < 2\}$, $Q=\{x \mid -2 < x < 2\}$

따라서 $P \subset Q$이므로 주어진 명제는 참이다.

④ [반례] $x=-2$, $y=2$이면 $x+y < 1$이지만 $x < 1$이고 $y > 1$이다.

⑤ [반례] $x=\dfrac{2}{3}$, $y=\dfrac{2}{3}$이면 $x^2+y^2 \leq 1$이지만 $|x|+|y| > 1$이다.

따라서 참인 명제는 ③이다.

0644 답 ⑤

명제 $p \longrightarrow q$가 참이므로 $P \subset Q$

② $P \cup Q=Q$

③ $Q^C \subset P^C$

④ $P^C \cup Q^C=P^C$

따라서 항상 옳은 것은 ⑤이다.

0645 답 ④

명제 '$\sim p$이면 q이다.'가 거짓임을 보이려면 집합 P^C의 원소 중에

서 Q의 원소가 아닌 것을 찾으면 된다.

따라서 구하는 집합은 $P^C \cap Q^C$이다.

0646 답 -2

두 조건 p, q의 진리집합을 각각 P, Q라 하면

$P=\{x \mid -1 \leq x \leq 3\}$, $Q=\{x \mid x \leq k+1\}$　　$\cdots\cdots$ ❶

이때 명제 $q \longrightarrow \sim p$가 거짓임을 보이는 반례는 집합 Q에는 속하

고 집합 P^C에는 속하지 않는 집합 $Q \cap (P^C)^C$, 즉 집합 $P \cap Q$의 원

소이다.

집합 $P \cap Q$에 속하는 원소가 존재하

려면 오른쪽 그림에서

$k+1 \geq -1$　　$\therefore\ k \geq -2$　$\cdots\cdots$ ❷

따라서 실수 k의 최솟값은 -2이다.　　$\cdots\cdots$ ❸

채점 기준	
❶ 두 조건 p, q의 진리집합 구하기	20 %
❷ 실수 k의 값의 범위 구하기	70 %
❸ 실수 k의 최솟값 구하기	10 %

0647 답 ②

① $P \not\subset Q$이므로 명제 $p \longrightarrow q$는 거짓이다.

② $P \subset Q^C$이므로 명제 $p \longrightarrow \sim q$는 참이다.

③ $R \not\subset Q$이므로 명제 $r \longrightarrow q$는 거짓이다.

④ $P^C \not\subset R$이므로 명제 $\sim p \longrightarrow r$는 거짓이다.

⑤ $Q^C \not\subset R$이므로 명제 $\sim q \longrightarrow r$는 거짓이다.

따라서 항상 참인 명제는 ②이다.

0648 답 ④

$(P-Q)\cup(Q-R^C)=\varnothing$에서 $P-Q=\varnothing$이고 $Q-R^C=\varnothing$
즉, $P\subset Q$이고 $Q\cap R=\varnothing$이므로 세 집합
P, Q, R 사이의 포함 관계를 벤 다이어그
램으로 나타내면 오른쪽 그림과 같다.

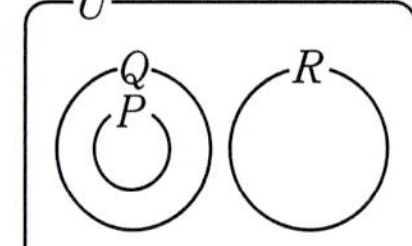

① $P\not\subset R$이므로 명제 $p\longrightarrow r$는 거짓이다.
② $Q\not\subset P$이므로 명제 $q\longrightarrow p$는 거짓이다.
③ $Q\not\subset R$이므로 명제 $q\longrightarrow r$는 거짓이다.
④ $R\subset P^C$이므로 명제 $r\longrightarrow \sim p$는 참이다.
⑤ $R^C\not\subset Q$이므로 명제 $\sim r\longrightarrow q$는 거짓이다.
따라서 항상 참인 명제는 ④이다.

0649 답 ②

세 조건 p, q, r의 진리집합을 각각 P, Q, R라 하면
$|ab|>ab$에서 $ab<0$ $\therefore a>0$, $b<0$ 또는 $a<0$, $b>0$
$\therefore P=\{(a, b)\,|\,a>0,\ b<0$ 또는 $a<0,\ b>0\}$
$a>b$이고 $ab<0$에서 $a>0$, $b<0$
$\therefore Q=\{(a, b)\,|\,a>0,\ b<0\}$
$a^2-2ab+b^2>0$에서 $(a-b)^2>0$ $\therefore a\neq b$
$\therefore R=\{(a, b)\,|\,a\neq b\}$
$\therefore Q\subset P\subset R$

① $P\not\subset Q$이므로 명제 $p\longrightarrow q$는 거짓이다.
② $Q\subset P$이므로 명제 $q\longrightarrow p$는 참이다.
③ $R\not\subset P$이므로 명제 $r\longrightarrow p$는 거짓이다.
④ $R\not\subset Q$이므로 명제 $r\longrightarrow q$는 거짓이다.
⑤ $P^C\not\subset R$이므로 명제 $\sim p\longrightarrow r$는 거짓이다.
따라서 항상 참인 명제는 ②이다.

0650 답 ①

ㄱ. $a\in A$이면 $a^2\in A$, $a^2\in A$이면 $a^4\in A$, $a^4\in A$이면 $a^8\in A$,
  $a^8\in A$이면 $a^{16}\in A$, $a^{16}\in A$이면 $a^{32}\in A$
  즉, $a\in A$이면 $a^{32}\in A$이다.
ㄴ. $2\in A$이면 $4\in A$, $4\in A$이면 $16\in A$, $\cdots$
  $\therefore A=\{2,\ 4,\ 16,\ \cdots\}$
  즉, A는 무한집합이다.
ㄷ. $1\in A$이고 $2\in A$이면 ㄴ에 의하여 A는 무한집합이다.
ㄹ. $1\in A$이고 $2\in A$이면 ㄴ에 의하여 A는 무한집합이지만 $1\in A$
  이다.
따라서 보기에서 옳은 것은 ㄱ, ㄴ이다.

0651 답 2

$r:x\leq b$에서 $\sim r:x>b$
세 조건 p, q, r의 진리집합을 각각 P, Q, R라 하면
$P=\{x\,|-3\leq x\leq 2$ 또는 $x>5\}$, $Q=\{x\,|\,x\geq a\}$,
$R^C=\{x\,|\,x>b\}$ $\cdots\cdots$ ❶
명제 $p\longrightarrow q$가 참이 되려면 $P\subset Q$
명제 $\sim r\longrightarrow p$가 참이 되려면 $R^C\subset P$
$\therefore R^C\subset P\subset Q$

즉, 오른쪽 그림에서
$a\leq -3$, $b\geq 5$ $\cdots\cdots$ ❷
따라서 $M=-3$, $m=5$이므로
$M+m=2$ $\cdots\cdots$ ❸

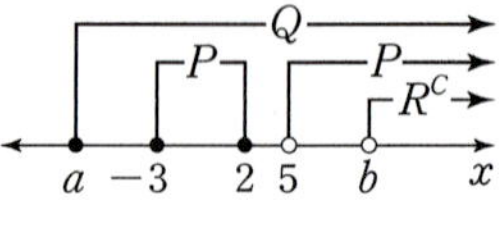

채점 기준	
❶ 세 조건 p, q, $\sim r$의 진리집합 구하기	30 %
❷ 실수 a, b의 값의 범위 구하기	50 %
❸ $M+m$의 값 구하기	20 %

0652 답 12

두 조건 p, q의 진리집합을 각각 P, Q라 하자.
명제 $p\longrightarrow \sim q$가 참이 되려면 $P\subset Q^C$이고 $Q\subset P^C$
또 명제 $\sim p\longrightarrow q$가 참이 되려면 $P^C\subset Q$
$\therefore Q=P^C$
$2x-a=0$에서 $x=\dfrac{a}{2}$ $\therefore P=\left\{\dfrac{a}{2}\right\}$
이때 $Q=P^C$이므로 $Q=\left\{x\,\middle|\,x\neq \dfrac{a}{2}$인 실수$\right\}$이다.
즉, 부등식 $x^2-bx+9>0$의 해가 $x\neq \dfrac{a}{2}$인 모든 실수이므로 이차
함수 $y=x^2-bx+9$의 그래프는 x축에 접해야 한다.
이차방정식 $x^2-bx+9=0$의 판별식을 D라 하면
$D=(-b)^2-4\times 1\times 9=0$
$b^2=36$ $\therefore b=6(\because b>0)$
$x^2-6x+9=(x-3)^2>0$에서 $Q=\{x\,|\,x\neq 3$인 실수$\}$이므로
$\dfrac{a}{2}=3$ $\therefore a=6$
$\therefore a+b=12$

0653 답 8

$U=\{1, 2, 3, 4, \cdots, 10\}$이므로
$P=\{1, 2, 3, 4, 6\}$, $Q=\{2, 3, 5, 7\}$ $\cdots\cdots$ ❶
명제 'p 또는 q이면 r이다.'가 참이 되려면
$(P\cup Q)\subset R$
그런데 집합 R는 전체집합 U의 부분집합이므로
$(P\cup Q)\subset R\subset U$ $\cdots\cdots$ ❷
이때 $P\cup Q=\{1, 2, 3, 4, 5, 6, 7\}$이므로 집합 R는 전체집합 U의
부분집합 중에서 1, 2, 3, 4, 5, 6, 7을 반드시 원소로 갖는 부분집
합이다.
따라서 구하는 집합 R의 개수는
$2^{10-7}=2^3=8$ $\cdots\cdots$ ❸

채점 기준	
❶ 두 집합 P, Q 구하기	20 %
❷ 네 집합 U, P, Q, R 사이의 포함 관계 구하기	40 %
❸ 집합 R의 개수 구하기	40 %

0654 답 ㄱ, ㄴ, ㄹ

세 명제 $p\longrightarrow q$, $\sim p\longrightarrow q$, $r\longrightarrow \sim p$가 모두 참이면
$P\subset Q$, $P^C\subset Q$, $R\subset P^C$
이때 $P\subset Q$, $P^C\subset Q$에서 $(P\cup P^C)\subset Q$이므로
$U=Q$

ㄴ. $Q-R^C=U-R^C=R$

ㄷ. $R\subset P^C$에서 $P\cap R=\varnothing$이므로 $P-R\neq\varnothing$

ㄹ. $Q-P=U-P=P^C$이므로 $R\subset(Q-P)$

따라서 보기에서 옳은 것은 ㄱ, ㄴ, ㄹ이다.

0655 답 $3<k\leq4$

두 조건 p, q의 진리집합을 각각 P, Q라 하면

$P^C=\{x\,|\,2<x<5\}$, $Q=\{x\,|\,k<x<6\}$

이때 명제 $\sim p\longrightarrow q$가 거짓임을 보이는 반례 중 정수가 1개이므로 집합 P^C의 원소 중에서 집합 Q의 원소가 아닌 것 중 정수가 1개 있다.

따라서 오른쪽 그림에서 구하는 실수 k의 값의 범위는

$3<k\leq4$

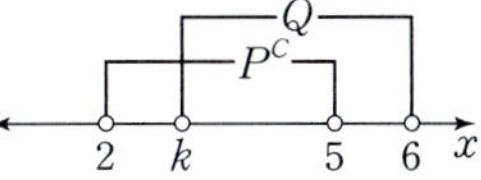

0656 답 ⑤

주어진 명제의 부정은

'어떤 실수 x에 대하여 $x^2\leq0$이다.'

0657 답 ③

① [반례] 순환하지 않는 무한소수는 유리수가 아니다.

② 9의 양의 약수는 1, 3, 9이므로 모두 홀수이다.

③ 2는 소수이면서 2로 나누어떨어지므로 주어진 명제는 참이다.

④ [반례] 세 변의 길이가 각각 2, 2, 3인 이등변삼각형은 정삼각형이 아니다.

⑤ [반례] $x=1+\sqrt{2}$는 무리수이지만 $x^2=3+2\sqrt{2}$는 유리수가 아니다.

따라서 참인 명제는 ③이다.

0658 답 9

주어진 명제가 거짓이 되려면 주어진 명제의 부정인

'$5\leq x<8$인 어떤 실수 x에 대하여 $x\geq a-2$이다.'가 참이어야 한다.

즉, $a-2<8$이어야 하므로 $a<10$

따라서 정수 a의 최댓값은 9이다.

0659 답 ②

① $x=2$이면 $-x=-2$이므로 $-x\not\in U$이다.

즉, 주어진 명제는 거짓이다.

② $x=-1$이면 $x^2=1$이므로 $x^2\in U$이다.

즉, 주어진 명제는 참이다.

③ p: $x+1<0$이라 하고 조건 p의 진리집합을 P라 하면 $P=\varnothing$이므로 주어진 명제는 거짓이다.

④ p: $|x|>0$이라 하고 조건 p의 진리집합을 P라 하면

$P=\{-1, 1, 2\}$

즉, $P\neq U$이므로 주어진 명제는 거짓이다.

⑤ p: $2x+1>-1$이라 하고 조건 p의 진리집합을 P라 하면

$P=\{0, 1, 2\}$

즉, $P\neq U$이므로 주어진 명제는 거짓이다.

따라서 참인 명제는 ②이다.

0660 답 5

주어진 명제의 부정은

'모든 실수 x에 대하여 $x^2+4kx+3k^2\geq k-6$이다.' ······ ❶

이 부정이 참이므로 이차방정식 $x^2+4kx+3k^2=k-6$, 즉

$x^2+4kx+3k^2-k+6=0$의 판별식을 D라 하면

$\dfrac{D}{4}=(2k)^2-(3k^2-k+6)\leq0$

$k^2+k-6\leq0$, $(k+3)(k-2)\leq0$

$\therefore -3\leq k\leq2$ ······ ❷

따라서 $M=2$, $m=-3$이므로

$M-m=5$ ······ ❸

채점 기준		
❶ 주어진 명제의 부정 구하기		20%
❷ 실수 k의 값의 범위 구하기		60%
❸ $M-m$의 값 구하기		20%

0661 답 9

정수 k에 대한 두 조건 p, q의 진리집합을 각각 P, Q라 하자.

모든 실수 x에 대하여 $x^2+2kx+4k+5>0$이므로 이차방정식 $x^2+2kx+4k+5=0$의 판별식을 D라 하면

$\dfrac{D}{4}=k^2-(4k+5)<0$

$k^2-4k-5<0$, $(k+1)(k-5)<0$ $\quad\therefore -1<k<5$

$\therefore P=\{0, 1, 2, 3, 4\}$

어떤 실수 x에 대하여 $x^2=k-2$이므로

$k-2\geq0$에서 $k\geq2$

$\therefore Q=\{2, 3, 4, \cdots\}$

즉, $P\cap Q=\{2, 3, 4\}$이므로 두 조건 p, q가 모두 참인 명제가 되도록 하는 k의 값은 2, 3, 4이다.

따라서 모든 k의 값의 합은

$2+3+4=9$

0662 답 ③

주어진 명제의 부정은

'어떤 실수 x에 대하여 $x^2-2ax+b<0$이다.'

이차방정식 $x^2-2ax+b=0$의 판별식을 D라 할 때, 주어진 명제의 부정이 참이 되려면

$\dfrac{D}{4}=(-a)^2-b>0$ $\quad\therefore a^2>b$

(i) $a=1$일 때,

부등식을 만족시키는 순서쌍 (a, b)는 존재하지 않는다.

(ii) $a=2$일 때,

부등식을 만족시키는 순서쌍 (a, b)는 $(2, 1)$, $(2, 2)$, $(2, 3)$의 3개이다.

(iii) $a=3$일 때,

부등식을 만족시키는 순서쌍 (a, b)는 $(3, 1)$, $(3, 2)$, $(3, 3)$, ..., $(3, 8)$의 8개이다.

(iv) $a=4$일 때,

부등식을 만족시키는 순서쌍 (a, b)는 $(4, 1)$, $(4, 2)$, $(4, 3)$, ..., $(4, 10)$의 10개이다.

(v) $a=5, 6, 7, \cdots, 10$일 때,

마찬가지로 부등식을 만족시키는 순서쌍 (a, b)는 각각 10개이다.

(i)~(v)에서 구하는 순서쌍 (a, b)의 개수는

$3+8+10 \times 7 = 81$

0663 답 ②

㈎에서 $A \cap B = \varnothing$

㈏에서 $B \cap C \neq \varnothing$, $B \not\subset C$

㈐에서 $C \cap A \neq \varnothing$, $C \not\subset A$이므로 $A-C \neq \varnothing$이고 $A \cup C \neq A$

② $A \cap B^c = A-B = A$

따라서 항상 옳은 것은 ②이다.

0664 답 4

$\angle \mathrm{APB} = 90°$이므로 점 P는 선분 AB를 지름으로 하는 원 위의 점이다.

선분 AB의 중점을 C라 하면

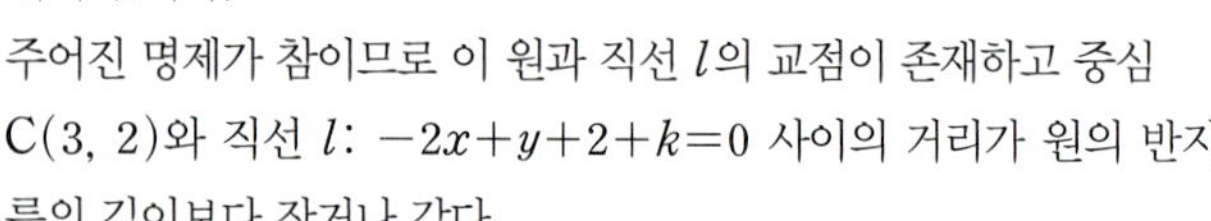

$\mathrm{C}\left(\dfrac{4+2}{2}, \dfrac{4}{2}\right)$ $\therefore \mathrm{C}(3, 2)$

$\overline{\mathrm{CA}} = \sqrt{(4-3)^2+(-2)^2} = \sqrt{5}$

즉, 점 P는 원 $(x-3)^2+(y-2)^2=5$ 위의 점이다.

주어진 명제가 참이므로 이 원과 직선 l의 교점이 존재하고 중심 $\mathrm{C}(3, 2)$와 직선 $l: -2x+y+2+k=0$ 사이의 거리가 원의 반지름의 길이보다 작거나 같다.

$\dfrac{|-6+2+2+k|}{\sqrt{(-2)^2+1^2}} \leq \sqrt{5}$, $|k-2| \leq 5$

$-5 \leq k-2 \leq 5$ $\therefore -3 \leq k \leq 7$

따라서 실수 k의 최댓값은 7, 최솟값은 -3이므로 구하는 합은

$7+(-3)=4$

0665 답 ④

역: '$x \geq 1$이면 $x^2 \geq 1$이다.'

0666 답 ①

대우: 'a, b, c가 모두 홀수이면 $a^2+b^2 \neq c^2$이다.'

0667 답 8

주어진 명제가 참이면 그 대우 '$x-2=0$이면 $x^3-k=0$이다.'가 참이다.

$x-2=0$, 즉 $x=2$를 $x^3-k=0$에 대입하면

$8-k=0$ $\therefore k=8$

0668 답 ㄴ, ㄷ

ㄱ. 역: 실수 x에 대하여 $|x|=-x$이면 $x<0$이다. (거짓)

　　[반례] $x=0$이면 $|x|=-x$이지만 $x<0$이 아니다.

ㄴ. 역: 정사각형은 네 각이 모두 직각인 사각형이다. (참)

ㄷ. 역: 무리수는 순환하지 않는 무한소수이다. (참)

ㄹ. 역: 실수 x, y에 대하여 $x^2>y^2$이면 $x>y$이다. (거짓)

　　[반례] $x=-2, y=1$이면 $x^2>y^2$이지만 $x<y$이다.

따라서 보기에서 그 역이 참인 명제인 것은 ㄴ, ㄷ이다.

0669 답 ②

명제 $\sim p \longrightarrow q$의 역이 참이므로 명제 $q \longrightarrow \sim p$가 참이다.

따라서 명제 $q \longrightarrow \sim p$의 대우 $p \longrightarrow \sim q$도 참이다.

0670 답 ③

두 명제 $q \longrightarrow \sim p$, $\sim r \longrightarrow p$가 모두 참이므로 각각의 대우 $p \longrightarrow \sim q$, $\sim p \longrightarrow r$도 모두 참이다.

이때 두 명제 $q \longrightarrow \sim p$, $\sim p \longrightarrow r$가 모두 참이므로 명제 $q \longrightarrow r$도 참이다.

따라서 보기에서 항상 참인 명제인 것은 ㄴ, ㄷ이다.

0671 답 ③

두 명제 $p \longrightarrow \sim q$, $\sim r \longrightarrow q$가 모두 참이므로 각각의 대우 $q \longrightarrow \sim p$, $\sim q \longrightarrow r$도 모두 참이다.

이때 두 명제 $p \longrightarrow \sim q$, $\sim q \longrightarrow r$가 모두 참이므로 명제 $p \longrightarrow r$가 참이고 그 대우 $\sim r \longrightarrow \sim p$도 참이다.

따라서 주어진 명제 중 반드시 참이라고 할 수 없는 것은 ③이다.

0672 답 ㄱ, ㄹ, ㅁ

ㄱ. 대우: $x^2 \neq 1$이면 $x \neq 1$이다. (참)

　　역: $x^2=1$이면 $x=1$이다. (거짓)

ㄴ. 대우: $x \leq 0$ 또는 $y \leq 0$이면 $|xy| \neq xy$이다. (거짓)

　　역: $x>0$이고 $y>0$이면 $|xy|=xy$이다. (참)

ㄷ. 대우: $x \neq y$이면 $x^3 \neq y^3$이다. (참)

　　역: $x=y$이면 $x^3=y^3$이다. (참)

ㄹ. 대우: $x^2+y^2 \leq 0$이면 $xy \geq 0$이다. (참)

　　역: $x^2+y^2>0$이면 $xy<0$이다. (거짓)

ㅁ. 대우: $|x+y| \neq |x-y|$이면 $x^2+y^2 \neq 0$이다. (참)

　　역: $|x+y|=|x-y|$이면 $x^2+y^2=0$이다. (거짓)

따라서 보기에서 그 대우는 참이지만 역은 거짓인 명제인 것은 ㄱ, ㄹ, ㅁ이다.

0673 답 5

명제 $p \longrightarrow q$의 역인 $q \longrightarrow p$가 참이 되려면 그 대우 $\sim p \longrightarrow \sim q$도 참이 되어야 한다.

$p: x^2+3x+2 \neq 0$에서 $\sim p: x^2+3x+2=0$

$x^2+3x+2=0$에서 $(x+1)(x+2)=0$

$\therefore x=-2$ 또는 $x=-1$

조건 p의 진리집합을 P라 하면

$P^c = \{-2, -1\}$ ⋯⋯ ⓘ

$q: x^2-2x+1-a^2<0$에서 $\sim q: x^2-2x+1-a^2 \geq 0$

$f(x)=x^2-2x+1-a^2$이라 할 때, 명제 $\sim p \longrightarrow \sim q$가 참이 되려면 $f(-2) \geq 0$, $f(-1) \geq 0$이어야 하므로

$f(x)=x^2-2x+1-a^2=(x-1)^2-a^2$에서

(i) $f(-2)=9-a^2 \geq 0$, $a^2-9 \leq 0$

　　$(a+3)(a-3) \leq 0$　　$\therefore -3 \leq a \leq 3$

(ii) $f(-1)=4-a^2 \geq 0$, $a^2-4 \leq 0$

　　$(a+2)(a-2) \leq 0$　　$\therefore -2 \leq a \leq 2$

(ⅰ), (ⅱ)에서 $-2 \le a \le 2$　　　……　ⅱ

따라서 정수 a는 -2, -1, 0, 1, 2의 5개이다.　　　……　ⅲ

채점 기준	
ⅰ 조건 $\sim p$의 진리집합 구하기	40%
ⅱ a의 값의 범위 구하기	50%
ⅲ 정수 a의 개수 구하기	10%

0674 답 ④

세 조건 p, q, r를

p: 사과를 좋아한다., q: 바나나를 좋아한다., r: 귤을 좋아한다.

라 하면 두 명제 $p \longrightarrow q$, $q \longrightarrow \sim r$가 모두 참이므로 각각의 대우

$\sim q \longrightarrow \sim p$, $r \longrightarrow \sim q$도 모두 참이다.

또 두 명제 $p \longrightarrow q$, $q \longrightarrow \sim r$가 모두 참이므로 명제 $p \longrightarrow \sim r$가

참이고 그 대우 $r \longrightarrow \sim p$도 참이다.

① $p \longrightarrow r$　　　② $\sim p \longrightarrow \sim r$　　　③ $\sim r \longrightarrow p$

④ $r \longrightarrow \sim p$　　　⑤ $\sim q \longrightarrow r$

따라서 항상 참인 명제는 ④이다.

0675 답 ④

두 조건 p, q의 진리집합을 각각 P, Q라 할 때, 명제 $p \longrightarrow q$의 역

$q \longrightarrow p$가 참이 되려면 $Q \subset P$이어야 한다.

$|x-a| \ge 5$에서 $x-a \le -5$ 또는 $x-a \ge 5$

$\therefore x \le a-5$ 또는 $x \ge a+5$

$\therefore P=\{x \,|\, x \le a-5$ 또는 $x \ge a+5\}$

$x^2-(b+7)x+7b<0$에서 $(x-7)(x-b)<0$

이때 $a+b=11$이므로 $b=11-a$

$(x-7)(x-11+a)<0$

(ⅰ) $11-a<7$, 즉 $a>4$일 때,

$Q=\{x \,|\, 11-a<x<7\}$이고

$Q \subset P$이어야 하므로 오른쪽 그림

에서

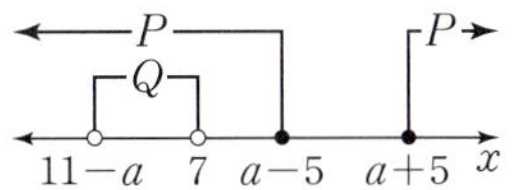

$a-5 \ge 7$　　$\therefore a \ge 12$

그런데 a는 10 이하의 자연수이므로 이를 만족시키는 a의 값은

존재하지 않는다.

(ⅱ) $7<11-a$, 즉 $a<4$일 때,

$Q=\{x \,|\, 7<x<11-a\}$이고

$Q \subset P$이어야 하므로 오른쪽 그림

에서

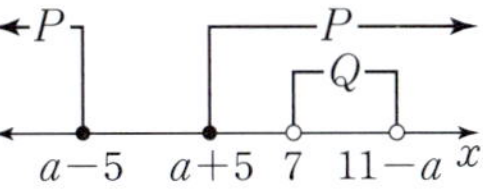

$a+5 \le 7$　　$\therefore a \le 2$

즉, 자연수 a의 값은 1, 2이다.

(ⅲ) $7=11-a$, 즉 $a=4$일 때,

$Q=\varnothing$이므로 $Q \subset P$를 만족시킨다.

(ⅰ), (ⅱ), (ⅲ)에서 $a=1$ 또는 $a=2$ 또는 $a=4$

$a=1$이면 $b=11-1=10$　　$\therefore ab=10$

$a=2$이면 $b=11-2=9$　　$\therefore ab=18$

$a=4$이면 $b=11-4=7$　　$\therefore ab=28$

따라서 ab의 최댓값은 28이다.

0676 답 ③

ㄱ. 명제 $\sim p \longrightarrow r$가 참이므로

$\quad P^C \subset R$

ㄴ. [반례] $U=\{a, b, c\}$, $P=\{a, b\}$, $Q=\{b\}$, $R=\{a, c\}$일 때,

$\quad P \not\subset Q$

ㄷ. 명제 $r \longrightarrow \sim q$가 참이므로 그 대우 $q \longrightarrow \sim r$도 참이다.

$\quad \therefore Q \subset R^C$　　……㉠

명제 $\sim p \longrightarrow r$가 참이므로 그 대우 $\sim r \longrightarrow p$도 참이다.

$\quad \therefore R^C \subset P$　　……㉡

명제 $\sim r \longrightarrow q$가 참이므로

$R^C \subset Q$　　……㉢

㉠, ㉡에서 $Q \subset R^C \subset P$이므로 $Q \subset P$

$\quad \therefore P \cap Q=Q$

㉠, ㉢에서 $Q=R^C$

$\quad \therefore P \cap Q=Q=R^C$

따라서 보기에서 옳은 것은 ㄱ, ㄷ이다.

0677 답 샌드위치, 햄버거, 피자

(ⅰ) 민지만 진실을 말했다고 하면 다음 문장이 모두 참이다.

민지는 햄버거를 먹었다.

유빈이는 햄버거를 먹었다.

지혜는 샌드위치를 먹었다.

이때 민지와 유빈이가 모두 햄버거를 먹었으므로 민지는 진실을

말하지 않았다.

(ⅱ) 유빈이만 진실을 말했다고 하면 다음 문장이 모두 참이다.

민지는 햄버거를 먹지 않았다.

유빈이는 햄버거를 먹지 않았다.

지혜는 샌드위치를 먹었다.

이때 햄버거를 먹은 사람이 아무도 없으므로 유빈이는 진실을 말

하지 않았다.

(ⅲ) 지혜만 진실을 말했다고 하면 다음 문장이 모두 참이다.

민지는 햄버거를 먹지 않았다.

유빈이는 햄버거를 먹었다.

지혜는 샌드위치를 먹지 않았다.

즉, 민지는 샌드위치를 먹었고 지혜는 피자를 먹었다.

(ⅰ), (ⅱ), (ⅲ)에서 진실을 말한 사람은 지혜이고 민지, 유빈, 지혜가

먹은 것은 차례로 샌드위치, 햄버거, 피자이다.

0678 답 ⑤

$\sim p$는 q이기 위한 충분조건이므로 $\sim p \Longrightarrow q$

$\therefore \sim q \Longrightarrow p$

따라서 항상 참인 명제는 ⑤이다.

0679 답 (가) 충분 (나) 필요충분

• $x^2+y^2=0$이면 $xy=0$이다. (참)

$xy=0$이면 $x^2+y^2=0$이다. (거짓)

[반례] $x=1$, $y=0$이면 $xy=0$이지만 $x^2+y^2 \ne 0$이다.

따라서 $x^2+y^2=0$은 $xy=0$이기 위한 충분조건이다.

- $|x|=|y|$이면 $x^2=y^2$이다. (참)

  $x^2=y^2$이면 $|x|=|y|$이다. (참)

  따라서 $|x|=|y|$는 $x^2=y^2$이기 위한 필요충분조건이다.

0680 답 ②

$(A\cup B)\cap(A^C\cup B)=(A\cap A^C)\cup B=B$

즉, $A\cup B=B$이므로 $A\subset B$

① $A\cup B=B$

②, ③ $A\cap B=A$

④ $B^C\subset A^C$

따라서 $(A\cup B)\cap(A^C\cup B)=A\cup B$이기 위한 필요충분조건인 것은 ②이다.

0681 답 ④

① $x=3$, $y=0$이면 $x+y=3$이지만 $x\neq1$, $y\neq2$이다.

  즉, $p\Longrightarrow q$이고, $q\not\Longrightarrow p$이므로 p는 q이기 위한 충분조건이다.

② $x=1$, $y=-1$, $z=0$이면 $xz=yz$이지만 $x\neq y$이다.

  즉, $p\Longrightarrow q$이고, $q\not\Longrightarrow p$이므로 p는 q이기 위한 충분조건이다.

③ $x=-1$이면 $-2\leq x\leq2$이지만 $-1<x<0$은 아니다.

  즉, $p\Longrightarrow q$이고, $q\not\Longrightarrow p$이므로 p는 q이기 위한 충분조건이다.

④ $x=6$이면 6의 양의 약수이지만 3의 양의 약수는 아니다.

  즉, $p\not\Longrightarrow q$이고, $q\Longrightarrow p$이므로 p는 q이기 위한 필요조건이다.

⑤ $x=1+\sqrt{2}$, $y=1-\sqrt{2}$이면 $xy=-1$로 유리수이지만 x, y는 모두 유리수가 아니다.

  즉, $p\Longrightarrow q$이고, $q\not\Longrightarrow p$이므로 p는 q이기 위한 충분조건이다.

따라서 p가 q이기 위한 필요조건이지만 충분조건은 아닌 것은 ④이다.

0682 답 12

두 조건 p, q의 진리집합을 각각 P, Q라 하면

$x^2-6x=ax-6a$에서 $x^2-(6+a)x+6a=0$

$(x-6)(x-a)=0$ ∴ $x=6$ 또는 $x=a$

∴ $P=\{6,\ a\}$ ...... ❶

$x-b=0$에서 $x=b$

∴ $Q=\{b\}$ ...... ❷

이때 p가 q이기 위한 필요충분조건이므로 $P=Q$이다. ...... ❸

따라서 $a=b=6$이므로

$a+b=12$ ...... ❹

채점 기준	
❶ 조건 p의 진리집합 구하기	30%
❷ 조건 q의 진리집합 구하기	30%
❸ 두 조건 p, q의 진리집합 사이의 포함 관계 구하기	20%
❹ $a+b$의 값 구하기	20%

0683 답 ④

두 조건 p, q의 진리집합을 각각 P, Q라 하면

$(x+1)(x+2)(x-3)=0$에서

$x=-2$ 또는 $x=-1$ 또는 $x=3$

∴ $P=\{-2,\ -1,\ 3\}$

$x^2+kx+k-1=0$에서 $(x+1)(x+k-1)=0$

∴ $x=-1$ 또는 $x=-k+1$

∴ $Q=\{-1,\ -k+1\}$

이때 p가 q이기 위한 필요조건이 되려면 $Q\subset P$이어야 한다.

즉, $-k+1\in Q$에서 $-k+1\in P$이므로

$-k+1=-2$ 또는 $-k+1=-1$ 또는 $-k+1=3$

∴ $k=3$ 또는 $k=2$ 또는 $k=-2$

따라서 모든 정수 k의 값의 곱은

$3\times2\times(-2)=-12$

0684 답 ①

두 조건 p, q의 진리집합을 각각 P, Q라 하면

$x^2-6x+9\leq0$에서 $(x-3)^2\leq0$ ∴ $x=3$

∴ $P=\{3\}$

$|x-a|\leq2$에서 $-2\leq x-a\leq2$

∴ $-2+a\leq x\leq2+a$

∴ $Q=\{x\mid -2+a\leq x\leq2+a\}$

이때 p가 q이기 위한 충분조건이 되려면 $P\subset Q$이어야 한다.

즉, $3\in P$에서 $3\in Q$이므로

$-2+a\leq3$이고 $3\leq a+2$ ∴ $1\leq a\leq5$

따라서 실수 a의 최댓값은 5, 최솟값은 1이므로 구하는 합은

$5+1=6$

0685 답 ①

두 명제 $p\longrightarrow\sim q$, $r\longrightarrow q$가 모두 참이므로 각각의 대우

$q\longrightarrow\sim p$, $\sim q\longrightarrow\sim r$도 모두 참이다.

ㄱ. 두 명제 $p\longrightarrow\sim q$, $\sim q\longrightarrow\sim r$가 모두 참이므로 명제

  $p\longrightarrow\sim r$가 참이다.

  따라서 p는 $\sim r$이기 위한 충분조건이다.

ㄴ. 명제 $q\longrightarrow\sim p$가 참이므로 q는 $\sim p$이기 위한 충분조건이다.

ㄷ. 명제 $\sim q\longrightarrow\sim r$가 참이므로 $\sim r$는 $\sim q$이기 위한 필요조건이다.

따라서 보기에서 옳은 것은 ㄱ이다.

0686 답 ㄴ, ㄷ

ㄱ. $P\not\subset R^C$, $R^C\not\subset P$이므로 p는 $\sim r$이기 위한 필요조건도 충분조건도 아니다.

ㄴ. $R\subset Q^C$이므로 $\sim q$는 r이기 위한 필요조건이다.

ㄷ. $P^C\subset R^C$이므로 $\sim r$는 $\sim p$이기 위한 필요조건이다.

따라서 보기에서 항상 옳은 것은 ㄴ, ㄷ이다.

0687 답 ③

p는 q이기 위한 충분조건이므로 $p\Longrightarrow q$ ∴ $\sim q\Longrightarrow\sim p$

$\sim q$는 r이기 위한 필요조건이므로 $r\Longrightarrow\sim q$ ∴ $q\Longrightarrow\sim r$

이때 $p\Longrightarrow q$, $q\Longrightarrow\sim r$이므로 $p\Longrightarrow\sim r$ ∴ $r\Longrightarrow\sim p$

따라서 항상 참인 명제는 ③이다.

0688 답 ④

$\sim q$는 $\sim p$이기 위한 필요조건이므로 $P^C\subset Q^C$ ∴ $Q\subset P$

r는 q이기 위한 충분조건이므로 $R\subset Q$

$\therefore R \subset Q \subset P$

③ $R \subset Q$이므로 $Q^C \subset R^C$

④ $Q \cup R = Q$이므로 $(Q \cup R) \subset P$

⑤ $Q \cap R = R$이므로 $(Q \cap R) \subset P$

따라서 옳지 않은 것은 ④이다.

0689 답 ㄱ, ㄹ

ㄱ. $x=0$이면 $|x|=x$이지만 $x>0$은 아니다.

즉, $p \Longrightarrow q$이고, $q \not\Longrightarrow p$이므로 p는 q이기 위한 충분조건이다.

ㄴ. $x=-2$, $y=1$이면 $x+y<0$이지만 $x<0$, $y<0$은 아니다.

즉, $p \not\Longrightarrow q$이고, $q \Longrightarrow p$이므로 p는 q이기 위한 필요조건이다.

ㄷ. 두 명제 $p \longrightarrow q$, $q \longrightarrow p$가 모두 참이므로 $p \Longleftrightarrow q$

즉, p는 q이기 위한 필요충분조건이다.

ㄹ. $x=1$, $y=-1$이면 $x^2=y^2$이지만 $x^3=y^3$은 아니다.

즉, $p \Longrightarrow q$이고, $q \not\Longrightarrow p$이므로 p는 q이기 위한 충분조건이다.

따라서 보기에서 p가 q이기 위한 충분조건이지만 필요조건은 아닌 것은 ㄱ, ㄹ이다.

0690 답 ①

세 집합 P, Q, R 사이의 포함 관계를 벤 다이어그램으로 나타내면 오른쪽 그림과 같다.

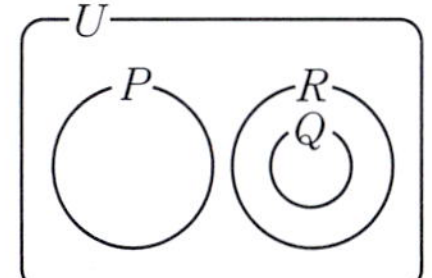

① $P \subset Q^C$이므로 $\sim q$는 p이기 위한 필요조건이다.

② $Q \subset R$이므로 r는 q이기 위한 필요조건이다.

③ $P \not\subset R$, $R \not\subset P$이므로 p는 r이기 위한 필요조건도 충분조건도 아니다.

④ $P \subset R^C$이므로 p는 $\sim r$이기 위한 충분조건이다.

⑤ $Q \subset R$이고 $R \not\subset Q$이므로 q는 r이기 위한 충분조건이지만 필요조건은 아니다.

따라서 옳은 것은 ①이다.

0691 답 ㄴ

p는 r이기 위한 필요조건이므로 $r \Longrightarrow p$

p는 s이기 위한 충분조건이므로 $p \Longrightarrow s$

q는 r이기 위한 필요충분조건이므로 $q \Longleftrightarrow r$

ㄱ. $r \Longrightarrow p$, $q \Longleftrightarrow r$이므로 $q \Longrightarrow p$

즉, q는 p이기 위한 충분조건이다.

ㄴ. $r \Longrightarrow p$, $p \Longrightarrow s$이므로 $r \Longrightarrow s$

즉, r는 s이기 위한 충분조건이다.

ㄷ. $q \Longrightarrow p$, $p \Longrightarrow s$이므로 $q \Longrightarrow s$

즉, s는 q이기 위한 필요조건이다.

따라서 보기에서 항상 옳은 것은 ㄴ이다.

0692 답 6

세 조건 p, q, r의 진리집합을 각각 P, Q, R라 하면

$P=\{x \mid 1<x<3 \text{ 또는 } x \geq 5\}$, $Q=\{x \mid x \geq a\}$, $R=\{x \mid x \leq b\}$

$\cdots\cdots$ ⓘ

q는 p이기 위한 충분조건이고 $\sim p$는 r이기 위한 필요조건이므로

$Q \subset P$, $R \subset P^C$

즉, $P \subset R^C$이므로 $Q \subset P \subset R^C$

이때 $R^C=\{x \mid x>b\}$이므로 오른쪽 그림에서

$a \geq 5$, $b \leq 1$ $\cdots\cdots$ ⓙ

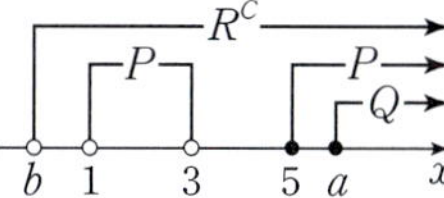

따라서 실수 a의 최솟값은 5, 실수 b의 최댓값은 1이므로 구하는 합은

$5+1=6$ $\cdots\cdots$ ⓚ

채점 기준		
ⓘ 세 조건 p, q, r의 진리집합 구하기		20%
ⓙ 실수 a, b의 값의 범위 구하기		60%
ⓚ 실수 a의 최솟값과 실수 b의 최댓값의 합 구하기		20%

0693 답 ㄷ

세 조건 p, q, r의 진리집합을 각각 P, Q, R라 하면

$|a|+|b|=0$에서 $a=0$, $b=0$

$\therefore P=\{(a, b) \mid a=0 \text{이고 } b=0\}$

$a^2-2ab+b^2=0$에서 $(a-b)^2=0$ $\therefore a=b$

$\therefore Q=\{(a, b) \mid a=b\}$

$|a+b|=|a-b|$에서 $|a+b|^2=|a-b|^2$이므로

$ab=0$ $\therefore a=0$ 또는 $b=0$

$\therefore R=\{(a, b) \mid a=0 \text{ 또는 } b=0\}$

ㄱ. $P \subset Q$이므로 p는 q이기 위한 충분조건이다.

ㄴ. $P \subset R$이므로 r는 p이기 위한 필요조건이다.

ㄷ. $Q \cap R=\{(a, b) \mid a=0 \text{이고 } b=0\}$이므로 $Q \cap R=P$

즉, q이고 r는 p이기 위한 필요충분조건이다.

따라서 보기에서 옳은 것은 ㄷ이다.

0694 답 ③

$Q-P=P^C$에서 $Q \cap P^C=P^C$ $\therefore P^C \subset Q$

$(P \cap R) \cup Q^C=Q^C$에서 $(P \cap R) \subset Q^C$

$\therefore Q \subset (P^C \cup R^C)$

즉, $P^C \subset Q \subset (P^C \cup R^C)$이므로 $P^C \subset Q \subset R^C$

ㄱ. $P^C \subset Q$이므로 $Q^C \subset P$

즉, 명제 '$\sim q$이면 p이다.'는 참이다.

ㄴ. $P^C \subset Q \subset R^C$이므로 $Q \cap R=\varnothing$

즉, r는 q이기 위한 필요조건이 아니다.

ㄷ. $P^C \subset R^C$에서 $R \subset P$이므로 $R-P=\varnothing$

따라서 보기에서 옳은 것은 ㄱ, ㄷ이다.

0695 답 ③

세 조건 p, q, r의 진리집합을 각각 P, Q, R라 하면

$|x+2|<a$에서 $-a<x+2<a$ $\therefore -a-2<x<a-2$

$\therefore P=\{x \mid -a-2<x<a-2\}$

$x^2 \leq 9$에서 $-3 \leq x \leq 3$

$\therefore Q=\{x \mid -3 \leq x \leq 3\}$

p는 q이기 위한 필요조건이므로 $Q \subset P$이다.

또 r는 $\sim p$이기 위한 충분조건이므로 $R \subset P^C$이다.

즉, $P \subset R^C$이므로 $Q \subset P \subset R^C$

이때 $R^C=\{x\,|\,x<7\}$이므로 오른쪽 그림에서
$-a-2<-3,\ 3<a-2\le7$
$\therefore 5<a\le9$
따라서 자연수 a의 값은 6, 7, 8, 9이므로 구하는 합은
$6+7+8+9=30$

0696 답 5

p는 q이기 위한 충분조건이 되려면 $P\subset Q$이어야 한다.
$a\in P$에서 $a\in Q$이므로
$a=b^2$ 또는 $a=6$
또 r는 p이기 위한 필요조건이 되려면 $P\subset R$이어야 한다.
$a\in P$에서 $a\in R$이므로
$a=4$ 또는 $a=ab$
(i) $a=b^2$이고 $a=4$일 때,
 $b^2=4$이므로 $b=-2$ 또는 $b=2$
 $b=-2$이면 $ab=-8$
 $b=2$이면 $ab=8$
 $\therefore R=\{4,\ -8\}$ 또는 $R=\{4,\ 8\}$
(ii) $a=b^2$이고 $a=ab$일 때,
 $b^2=ab,\ b^2-ab=0$
 $b(b-a)=0$　$\therefore b=0$ 또는 $b=a$
 $b=0$이면 $ab=0$
 $b=a$이면 $a=a^2$에서 $a^2-a=0$
 $a(a-1)=0$　$\therefore a=0$ 또는 $a=1$
 $\therefore ab=0$ 또는 $ab=1$
 $\therefore R=\{4,\ 0\}$ 또는 $R=\{4,\ 1\}$
(iii) $a=6$이고 $a=ab$일 때,
 $6=6b$　$\therefore b=1$
 즉, $ab=6$이므로 $R=\{4,\ 6\}$
(i), (ii), (iii)에서 집합 R는 $\{4,\ -8\}$, $\{4,\ 0\}$, $\{4,\ 1\}$, $\{4,\ 6\}$, $\{4,\ 8\}$의 5개이다.

0697 답 ①

실수 전체의 집합을 U, 두 조건 p, q의 진리집합을 각각 P, Q라 하자.
'모든 실수 x에 대하여 p이다.'가 참인 명제가 되려면 $P=U$이어야 한다.
즉, 모든 실수 x에 대하여 $x^2+2ax+1\ge0$이어야 하므로 이차방정식 $x^2+2ax+1=0$의 판별식을 D_1이라 하면
$\dfrac{D_1}{4}=a^2-1\le0,\ a^2\le1$　$\therefore -1\le a\le1$ …… ㉠
또 'p는 $\sim q$이기 위한 충분조건이다.'가 참인 명제가 되려면 $P\subset Q^C$이어야 한다.
이때 $P=U$이므로 $Q^C=U$
즉, 모든 실수 x에 대하여 $x^2+2bx+9>0$이어야 하므로 이차방정식 $x^2+2bx+9=0$의 판별식을 D_2라 하면
$\dfrac{D_2}{4}=b^2-9<0,\ b^2<9$　$\therefore -3<b<3$ …… ㉡

㉠, ㉡에서 정수 a는 -1, 0, 1의 3개이고 정수 b는 -2, -1, 0, 1, 2의 5개이므로 순서쌍 $(a,\ b)$의 개수는
$3\times5=15$

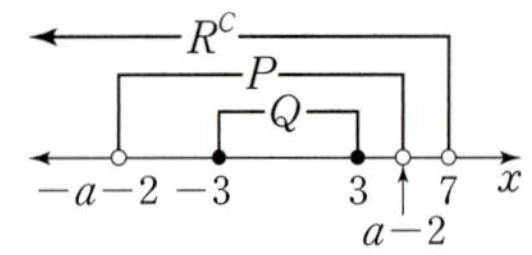

최고수준 도전 기출

0698 답 42

전략 주어진 명제와 그 대우가 참일 때, 집합 A의 원소의 조건을 구한다.

$1\in A$이면 $\dfrac{1}{2}\notin A$, $2\in A$이면 $1\notin A$, $3\in A$이면 $\dfrac{3}{2}\notin A$,
$4\in A$이면 $2\notin A$, $5\in A$이면 $\dfrac{5}{2}\notin A$, $6\in A$이면 $3\notin A$,
$7\in A$이면 $\dfrac{7}{2}\notin A$, $8\in A$이면 $4\notin A$, $9\in A$이면 $\dfrac{9}{2}\notin A$,
$10\in A$이면 $5\notin A$

또 주어진 명제가 참이면 그 대우 '$\dfrac{a}{2}\in A$이면 $a\notin A$이다.'도 참이다.

$1\in A$이면 $2\notin A$, $2\in A$이면 $4\notin A$, $3\in A$이면 $6\notin A$,
$4\in A$이면 $8\notin A$, $5\in A$이면 $10\notin A$, $6\in A$이면 $12\notin A$,
$7\in A$이면 $14\notin A$, $8\in A$이면 $16\notin A$, $9\in A$이면 $18\notin A$,
$10\in A$이면 $20\notin A$
즉, 집합 A의 모든 원소의 합이 최대일 때는 집합 A가
$A=\{2,\ 6,\ 7,\ 8,\ 9,\ 10\}$일 때이다.
따라서 집합 A의 모든 원소의 합의 최댓값은
$2+6+7+8+9+10=42$

0699 답 17

전략 두 조건 p, q에 대하여 p는 q이기 위한 필요충분조건이면 두 조건의 진리집합이 서로 같음을 이용한다.

두 조건 p, q의 진리집합을 각각 P, Q라 하면 p는 q이기 위한 필요충분조건이므로
$P=Q$　$\therefore P^C=Q^C$
$P^C=\{a,\ b,\ c\}$이므로 집합 Q^C의 원소의 개수는 3이다.
한편 명제 'x는 소수 또는 3의 배수'의 부정은 'x는 소수가 아니면서 3의 배수가 아닌 수'이다.
이때 자연수 중 소수가 아니면서 3의 배수가 아닌 수를 작은 수부터 차례로 나열하면
$1,\ 4,\ 8,\ 10,\ 14,\ \cdots$
$\therefore Q^C=\{1,\ 4,\ 8\}$
따라서 자연수 k의 값은 8, 9이므로 구하는 합은
$8+9=17$

0700 답 ②

전략 주어진 명제가 모두 거짓일 때, 두 조건 p, q의 진리집합 P, Q 사이의 포함 관계를 구한다.

두 조건 p, q의 진리집합을 각각 P, Q라 하면
$|x-k|\le2$에서 $-2\le x-k\le2$　$\therefore k-2\le x\le k+2$
$\therefore P=\{x\,|\,k-2\le x\le k+2\}$

$x^2-4x-5\le0$에서 $(x+1)(x-5)\le0$ $\quad\therefore -1\le x\le5$

$\therefore Q=\{x\mid -1\le x\le5\}$

명제 $p\longrightarrow q$가 거짓이 되려면 $P\not\subset Q$이어야 한다.

이때 $k-2\ge-1$이고 $k+2\le5$, 즉 $1\le k\le3$이면 $P\subset Q$이므로 조건을 만족시키려면 $k<1$ 또는 $k>3$이어야 한다.

또 명제 $p\longrightarrow \sim q$가 거짓이 되려면 $P\not\subset Q^C$이어야 하므로 $P\cap Q\ne\varnothing$이어야 한다.

(i) $k<1$일 때,

$P\cap Q\ne\varnothing$이려면 오른쪽 그림에서 $k+2\ge-1$ $\quad\therefore k\ge-3$

$\quad\therefore -3\le k<1\,(\because k<1)$

(ii) $k>3$일 때,

$P\cap Q\ne\varnothing$이려면 오른쪽 그림에서 $k-2\le5$ $\quad\therefore k\le7$

$\quad\therefore 3<k\le7\,(\because k>3)$

(i), (ii)에서 $-3\le k<1$ 또는 $3<k\le7$

따라서 정수 k의 값은 -3, -2, -1, 0, 4, 5, 6, 7이므로 구하는 합은

$-3+(-2)+(-1)+0+4+5+6+7=16$

0701 답 38

전략 주어진 조건을 이용하여 세 조건 p, q, r의 진리집합 P, Q, R 사이의 포함 관계를 구한다.

$U=\{1,\,2,\,3,\,6,\,9,\,18\}$, $P=\{1,\,3,\,9\}$

㈎에서 q는 $\sim p$이기 위한 필요조건이므로

$P^C\subset Q$ $\quad\therefore \{2,\,6,\,18\}\subset Q$

㈏에서 r는 p이기 위한 필요조건이지만 충분조건은 아니므로

$P\subset R$, $R\not\subset P$ $\quad\therefore \{1,\,3,\,9\}\subset R$

집합 Q는 2, 6, 18을 반드시 원소로 갖고, 집합 R는 1, 3, 9를 반드시 원소로 갖고 1, 3, 9 이외의 원소를 적어도 1개 갖는다.

(i) S의 값이 최대일 때,

집합 $Q\cap R$의 원소의 개수가 최대이고 큰 수를 원소로 가져야 한다.

㈐에서 두 집합 Q, R는 전체집합 U의 진부분집합이므로 집합 Q는 1, 3, 9 중 가장 작은 수인 1을 제외한 나머지를 모두 원소로 갖고, 집합 R는 2, 6, 18 중 가장 작은 수인 2를 제외한 나머지를 모두 원소로 가져야 한다.

$\quad\therefore Q=\{2,\,3,\,6,\,9,\,18\}$, $R=\{1,\,3,\,6,\,9,\,18\}$

즉, $Q\cap R=\{3,\,6,\,9,\,18\}$이므로 $S=3+6+9+18=36$

(ii) S의 값이 최소일 때,

집합 $Q\cap R$의 원소의 개수가 최소이고 작은 수를 원소로 가져야 한다.

$R\not\subset P$이므로 집합 R는 2, 6, 18 중 가장 작은 수인 2를 원소로 가져야 한다.

$\quad\therefore Q=\{2,\,6,\,18\}$, $R=\{1,\,2,\,3,\,9\}$

즉, $Q\cap R=\{2\}$이므로 $S=2$

(i), (ii)에서 S의 최댓값은 36, 최솟값은 2이므로 구하는 합은

$36+2=38$

0702 답 ㈎ 유리수 ㈏ 서로소 ㈐ 짝수

$\sqrt{2}$가 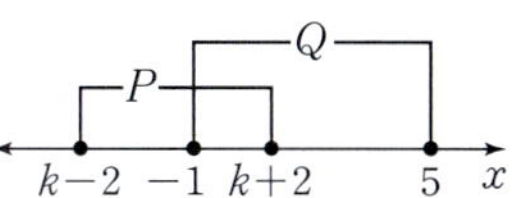 라 가정하면

$\sqrt{2}=\dfrac{a}{b}$ (a, b는 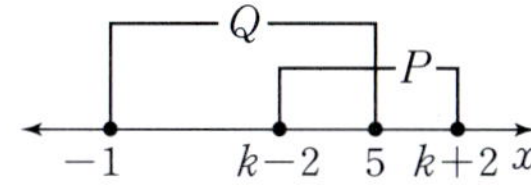 인 자연수)

로 나타낼 수 있다.

양변을 제곱하면

$2=\dfrac{a^2}{b^2}$ $\quad\therefore a^2=2b^2$ $\quad\cdots\cdots$ ㉠

이때 a^2이 ㈐ 짝수 이므로 a도 ㈐ 짝수 이다.

즉, $a=2k$ (k는 자연수)로 나타낼 수 있으므로 이를 ㉠에 대입하면

$(2k)^2=2b^2$ $\quad\therefore b^2=2k^2$

이때 b^2이 ㈐ 짝수 이므로 b도 ㈐ 짝수 이다.

그런데 a, b가 모두 ㈐ 짝수 이면 a, b가 ㈏ 서로소 라는 가정에 모순이므로 $\sqrt{2}$는 무리수이다.

0703 답 ⑤

$1+\sqrt{2}$가 ㈎ 유리수 라 가정하면

$1+\sqrt{2}=a$ (a는 ㈎ 유리수)

로 나타낼 수 있다.

이때 $\sqrt{2}=a-1$이고, a와 1은 모두 ㈏ 유리수 이므로 $a-1$도 ㈏ 유리수 이다.

즉, $\sqrt{2}$도 ㈐ 유리수 이다.

이는 $\sqrt{2}$가 ㈑ 무리수 라는 사실에 모순이므로 $1+\sqrt{2}$는 ㈒ 무리수 이다.

따라서 ㈎~㈒ 중 '무리수'가 들어갈 곳으로 알맞은 것은 ㈑, ㈒이다.

0704 답 ④

주어진 명제의 대우 '자연수 n에 대하여 n이 3의 배수가 아니면 n^2도 3의 배수가 아니다.'가 참임을 보이면 된다.

n이 3의 배수가 아니면

$n=3k-2$ 또는 $n=$ ㈎ $3k-1$ (k는 자연수)

로 나타낼 수 있다.

(i) $n=3k-2$일 때,

$n^2=9k^2-12k+4$

$\quad=3(\,$㈏ $3k^2-4k+1\,)+1$

(ii) $n=$ ㈎ $3k-1$ 일 때,

$n^2=9k^2-6k+1$

$\quad=3(\,$㈐ $3k^2-2k\,)+1$

(i), (ii)에서 n^2은 3으로 나누면 나머지가 1인 자연수가 되므로 n이 3의 배수가 아니면 n^2도 3의 배수가 아니다.

따라서 주어진 명제의 대우가 참이므로 주어진 명제도 참이다.

즉, $f(k)=3k-1$, $g(k)=3k^2-4k+1$, $h(k)=3k^2-2k$이므로

$f(3)+g(3)+h(3)$

$=(3\times3-1)+(3\times3^2-4\times3+1)+(3\times3^2-2\times3)=45$

0705　답 풀이 참조

주어진 명제의 대우 '자연수 a, b에 대하여 a와 b가 모두 짝수이면 a, b는 서로소가 아니다.'가 참임을 보이면 된다.　……ⓘ

a와 b가 모두 짝수이면

$a=2k$, $b=2l$ (k, l은 자연수)

로 나타낼 수 있다.

이때 2는 a와 b의 공약수이므로 a와 b가 모두 짝수이면 a, b는 서로소가 아니다.

따라서 주어진 명제의 대우가 참이므로 주어진 명제도 참이다.　……ⓘⓘ

채점 기준	
ⓘ 주어진 명제의 대우 구하기	30%
ⓘⓘ 주어진 명제의 대우가 참임을 증명하기	70%

0706　답 ④

주어진 명제의 대우 '자연수 a, b, c에 대하여 a, b, c가 〔가 모두 홀수〕이면 $a^2+b^2 \neq c^2$이다.'가 참임을 보이면 된다.

a, b, c가 〔가 모두 홀수〕이면 a^2, b^2, c^2도 모두 홀수이다.

즉, a^2+b^2은 〔나 짝수〕, c^2은 〔다 홀수〕이므로 $a^2+b^2 \neq c^2$이다.

따라서 주어진 명제의 대우가 참이므로 주어진 명제도 참이다.

0707　답 ②

$n^2+2n+23$이 121의 배수라 가정하면

$n^2+2n+23=121k$ (k는 자연수)

로 나타낼 수 있으므로

$(n+1)^2=121k-22=11(\,\boxed{\text{가 } 11k-2}\,)$　……㉠

이때 $(n+1)^2$은 11의 배수이므로 $n+1$도 11의 배수이다.

즉, $n+1=11l$ (l은 자연수)로 나타낼 수 있으므로 이를 ㉠에 대입하면

$(11l)^2=11(\,\boxed{\text{가 } 11k-2}\,)$　　∴ $11(k-l^2)=\boxed{\text{나 } 2}$

이때 $\boxed{\text{나 } 2}$가 11의 배수가 되어 모순이므로 $n^2+2n+23$은 121의 배수가 아니다.

따라서 $f(k)=11k-2$, $a=2$이므로 $f(a)=f(2)=11 \times 2-2=20$

0708　답 풀이 참조

주어진 명제의 대우 '자연수 a, b에 대하여 ab가 홀수이면 a^2+b^2은 짝수이다.'가 참임을 보이면 된다.　……ⓘ

ab가 홀수이면 a, b가 모두 홀수이어야 하므로

$a=2m-1$, $b=2n-1$ (m, n은 자연수)

로 나타낼 수 있다.

$a^2=(2m-1)^2=4m^2-4m+1$, $b^2=(2n-1)^2=4n^2-4n+1$

이므로

$a^2+b^2=2(2m^2+2n^2-2m-2n+1)$

즉, a^2+b^2은 짝수이다.

따라서 주어진 명제의 대우가 참이므로 주어진 명제도 참이다.　……ⓘⓘ

채점 기준	
ⓘ 주어진 명제의 대우 구하기	30%
ⓘⓘ 주어진 명제의 대우가 참임을 증명하기	70%

0709　답 ⑤

$f(x)=ax^2+bx+c$에서 $f(0)=c$, $f(1)=a+b+c$

방정식 $f(x)=0$이 정수인 근 α를 가진다고 가정하면 $f(\alpha)=0$이다.

(ⅰ) $\alpha=2n$ (n은 정수)일 때

$\begin{aligned} f(\alpha)&=f(2n) \\ &=a(2n)^2+b \times 2n+c \\ &=4an^2+2bn+c \\ &=2(2an^2+bn)+\boxed{\text{가 } f(0)} \end{aligned}$

이때 $f(0)$은 홀수이므로 위 등식에서 우변은 〔나 홀수〕가 되어 모순이다.

(ⅱ) $\alpha=2n+1$ (n은 정수)일 때

$\begin{aligned} f(\alpha)&=f(2n+1) \\ &=a(2n+1)^2+b \times (2n+1)+c \\ &=4an^2+4an+2bn+a+b+c \\ &=2(2an^2+2an+bn)+\boxed{\text{다 } f(1)} \end{aligned}$

이때 $f(1)$은 홀수이므로 위 등식에서 우변은 〔나 홀수〕가 되어 모순이다.

따라서 방정식 $f(x)=0$은 정수인 근을 갖지 않는다.

0710　답 ④

$a>0$이므로 산술평균과 기하평균의 관계에 의하여

$2a+\dfrac{8}{a} \geq 2\sqrt{2a \times \dfrac{8}{a}}=8$ $\left(\text{단, 등호는 } 2a=\dfrac{8}{a}, \text{ 즉 } a=2 \text{일 때 성립}\right)$

따라서 구하는 최솟값은 8이다.

0711　답 10

x, y가 실수이므로 코시-슈바르츠의 부등식에 의하여

$(2^2+4^2)(x^2+y^2) \geq (2x+4y)^2$

이때 $x^2+y^2=5$이므로

$20 \times 5 \geq (2x+4y)^2$, $(2x+4y)^2 \leq 10^2$

∴ $-10 \leq 2x+4y \leq 10$ (단, 등호는 $2y=4x$일 때 성립)

따라서 구하는 최댓값은 10이다.

0712　답 4

$x^2+y^2-xy=\left(x-\boxed{\text{가 } \dfrac{y}{2}}\right)^2+\dfrac{3}{4}y^2$

x, y가 실수이므로 $\left(x-\dfrac{y}{2}\right)^2 \geq 0$, $\dfrac{3}{4}y^2 \geq 0$에서

$x^2+y^2-xy \geq 0$　　∴ $x^2+y^2 \geq xy$

이때 등호는 $x=y=\boxed{\text{나 } 0}$일 때 성립한다.

따라서 $f(y)=\dfrac{y}{2}$, $a=0$이므로

$(a+2)f(a+4)=2f(4)=2 \times \dfrac{4}{2}=4$

0713　답 ④

ㄱ. [반례] $a=-1$이면 $2a+\dfrac{2}{a}=-2+(-2)=-4<4$

ㄴ. $(4a-1)-4a=-1<0$　　∴ $4a-1<4a$

ㄷ. $a^2+2a+2=(a+1)^2+1>0$

ㄹ. $a^2 \geq 0$, $b^2 \geq 0$이므로 $a^2+b^2 \geq 0$ (단, 등호는 $a=b=0$일 때 성립)

ㅁ. [반례] $a=0$, $b=0$이면 $|a|+|b|=0$

ㅂ. $a^2+b^2+c^2-(ab+bc+ca)$
$\quad =\dfrac{1}{2}\{(a-b)^2+(b-c)^2+(c-a)^2\}$
$\quad (a-b)^2\geq0,\ (b-c)^2\geq0,\ (c-a)^2\geq0$이므로
$\quad a^2+b^2+c^2-(ab+bc+ca)\geq0$
$\quad \therefore\ ab+bc+ca\leq a^2+b^2+c^2$
따라서 보기에서 절대부등식인 것은 ㄴ, ㄷ, ㄹ, ㅂ의 4개이다.

0714 답 ④

$x>0,\ y>0$에서 $2x>0,\ 5y>0$이므로
산술평균과 기하평균의 관계에 의하여
$2x+5y\geq2\sqrt{2x\times5y}=2\sqrt{10xy}$
이때 $2x+5y=20$이므로
$20\geq2\sqrt{10xy}$
$\sqrt{10xy}\leq10$ (단, 등호는 $2x=5y$일 때 성립)
양변을 제곱하면
$10xy\leq100$
$\therefore\ xy\leq10$
따라서 구하는 최댓값은 10이다.

0715 답 36

$x>0$이므로 산술평균과 기하평균의 관계에 의하여
$3x+\dfrac{12}{x}+6\geq2\sqrt{3x\times\dfrac{12}{x}}+6$
$\qquad\qquad\qquad =12+6=18$
$\therefore\ m=18$
이때 등호는 $3x=\dfrac{12}{x}$일 때 성립하므로
$3x^2=12,\ x^2=4\qquad \therefore\ x=2\,(\because\ x>0)$
$\therefore\ n=2$
$\therefore\ mn=36$

0716 답 ①

$x>0,\ a>0$에서 $\dfrac{a}{x}>0$이므로
산술평균과 기하평균의 관계에 의하여
$4x+\dfrac{a}{x}\geq2\sqrt{4x\times\dfrac{a}{x}}=4\sqrt{a}$ $\left(\text{단, 등호는 }4x=\dfrac{a}{x}\text{일 때 성립}\right)$
이때 최솟값이 2이므로
$4\sqrt{a}=2,\ \sqrt{a}=\dfrac{1}{2}\qquad \therefore\ a=\dfrac{1}{4}$

0717 답 ④

$x,\ y$가 실수이므로 코시-슈바르츠의 부등식에 의하여
$\left\{\left(\dfrac{1}{3}\right)^2+\left(\dfrac{1}{4}\right)^2\right\}(x^2+y^2)\geq\left(\dfrac{x}{3}+\dfrac{y}{4}\right)^2$
이때 $\dfrac{x}{3}+\dfrac{y}{4}=\dfrac{5}{3}$이므로
$\left(\dfrac{1}{9}+\dfrac{1}{16}\right)(x^2+y^2)\geq\left(\dfrac{5}{3}\right)^2$
$\therefore\ x^2+y^2\geq\dfrac{25}{9}\times\dfrac{9\times16}{25}=16$ $\left(\text{단, 등호는 }\dfrac{y}{3}=\dfrac{x}{4}\text{일 때 성립}\right)$
따라서 구하는 최솟값은 16이다.

0718 답 1

$a>0$에서 $a^2>0$이므로 산술평균과 기하평균의 관계에 의하여
$\left(a-\dfrac{2}{a}\right)\left(2a-\dfrac{1}{a}\right)=2a^2-1-4+\dfrac{2}{a^2}=2a^2+\dfrac{2}{a^2}-5$
$\qquad\qquad\qquad\qquad\qquad \geq2\sqrt{2a^2\times\dfrac{2}{a^2}}-5$
$\qquad\qquad\qquad\qquad\qquad =4-5=-1$
이때 등호는 $2a^2=\dfrac{2}{a^2}$일 때 성립하므로
$2a^4=2,\ a^4=1$
$a^2=1\,(\because\ a^2>0)$
$\therefore\ a=1\,(\because\ a>0)$

0719 답 ③

실수 x에 대하여 $x^2+1>0$이므로
산술평균과 기하평균의 관계에 의하여
$5x^2+\dfrac{5}{x^2+1}=5(x^2+1)+\dfrac{5}{x^2+1}-5$
$\qquad\qquad\qquad \geq2\sqrt{5(x^2+1)\times\dfrac{5}{x^2+1}}-5$
$\qquad\qquad\qquad =10-5=5$
$\therefore\ a=5$
이때 등호는 $5(x^2+1)=\dfrac{5}{x^2+1}$일 때 성립하므로
$5(x^2+1)^2=5$
$x^2+1=1\,(\because\ x^2+1>0)$
$x^2=0\qquad \therefore\ x=0$
$\therefore\ b=0$
$\therefore\ a+b=5$

0720 답 ③

$a>0,\ b>0,\ c>0$이므로 산술평균과 기하평균의 관계에 의하여
$\left(\dfrac{a}{b}+\dfrac{b}{c}\right)\left(\dfrac{b}{c}+\dfrac{c}{a}\right)\left(\dfrac{c}{a}+\dfrac{a}{b}\right)$
$\geq2\sqrt{\dfrac{a}{b}\times\dfrac{b}{c}}\times2\sqrt{\dfrac{b}{c}\times\dfrac{c}{a}}\times2\sqrt{\dfrac{c}{a}\times\dfrac{a}{b}}$
$=8\sqrt{\dfrac{a}{c}}\sqrt{\dfrac{b}{a}}\sqrt{\dfrac{c}{b}}$
$=8$ $\left(\text{단, 등호는 }\dfrac{a}{b}=\dfrac{b}{c}=\dfrac{c}{a}\text{, 즉 }a=b=c\text{일 때 성립}\right)$
따라서 구하는 최솟값은 8이다.

0721 답 ①

$(|a|+|b|)^2-|a+b|^2$
$=|a|^2+2|a||b|+|b|^2-(a+b)^2$
$=a^2+2|ab|+b^2-(a^2+2ab+b^2)$
$=2(\boxed{\text{(가) }|ab|-ab})\geq0\,(\because\ |ab|\geq ab)$
$\therefore\ (|a|+|b|)^2\geq|a+b|^2$
그런데 $|a|+|b|\geq0,\ |a+b|\geq0$이므로
$|a|+|b|\geq|a+b|$
이때 등호는 $|ab|-ab=0$, 즉 $|ab|=ab$일 때 성립하므로
$\boxed{\text{(나) }ab\geq0}$일 때 성립한다.

0722 답 ⑤

ㄱ. $|a-b|^2-(|a|-|b|)^2$
$=(a-b)^2-(|a|^2-2|a||b|+|b|^2)$
$=a^2-2ab+b^2-(a^2-2|ab|+b^2)$
$=2(|ab|-ab)\geq0\,(\because\,|ab|\geq ab)$
$\therefore\,|a-b|\geq|a|-|b|$

ㄴ. $|a-b|^2-(|b|-|a|)^2$
$=(a-b)^2-(|b|^2-2|b||a|+|a|^2)$
$=a^2-2ab+b^2-(b^2-2|ab|+a^2)$
$=2(|ab|-ab)\geq0\,(\because\,|ab|\geq ab)$
$\therefore\,|a-b|\geq|b|-|a|$

ㄷ. $|a-b|^2-||a|-|b||^2$
$=(a-b)^2-(|a|-|b|)^2$
$=a^2-2ab+b^2-(|a|^2-2|a||b|+|b|^2)$
$=a^2-2ab+b^2-(a^2-2|ab|+b^2)$
$=2(|ab|-ab)\geq0\,(\because\,|ab|\geq ab)$
$\therefore\,|a-b|\geq||a|-|b||$

따라서 보기에서 절대부등식인 것은 ㄱ, ㄴ, ㄷ이다.

0723 답 10

$$\frac{x^2+4}{x}+\frac{y^2+4}{y}=x+\frac{4}{x}+y+\frac{4}{y}=x+y+\frac{4(x+y)}{xy}$$
$$=8+\frac{32}{xy}\,(\because\,x+y=8)\quad\cdots\cdots\,\bigcirc\quad\cdots\cdots\,\text{ⓘ}$$

한편 $x>0$, $y>0$이므로 산술평균과 기하평균의 관계에 의하여
$$x+y\geq2\sqrt{xy}$$
이때 $x+y=8$이므로
$$8\geq2\sqrt{xy},\ \sqrt{xy}\leq4\ (\text{단, 등호는 }x=y\text{일 때 성립})$$
양변을 제곱하면
$$xy\leq16\qquad\therefore\,\frac{1}{xy}\geq\frac{1}{16}\qquad\cdots\cdots\,\text{ⓘⓘ}$$

$\bigcirc$에서 $\dfrac{x^2+4}{x}+\dfrac{y^2+4}{y}=8+\dfrac{32}{xy}\geq8+2=10$

따라서 구하는 최솟값은 10이다. $\quad\cdots\cdots\,\text{ⓘⓘⓘ}$

채점 기준	
ⓘ 주어진 식 간단히 하기	20%
ⓘⓘ $\dfrac{1}{xy}$의 값의 범위 구하기	50%
ⓘⓘⓘ 주어진 식의 최솟값 구하기	30%

0724 답 ⑤

이차방정식 $x^2-4x+2a=0$의 판별식을 D라 하면
$$\frac{D}{4}=(-2)^2-2a<0,\ 4-2a<0\qquad\therefore\,a>2$$
$a-2>0$이므로 산술평균과 기하평균의 관계에 의하여
$$4a+\frac{1}{a-2}=4(a-2)+\frac{1}{a-2}+8$$
$$\geq2\sqrt{4(a-2)\times\frac{1}{a-2}}+8$$
$$=4+8=12$$
$$\left(\text{단, 등호는 }4(a-2)=\frac{1}{a-2},\text{ 즉 }a=\frac{5}{2}\text{일 때 성립}\right)$$

따라서 구하는 최솟값은 12이다.

0725 답 5

x, y가 실수이므로 코시-슈바르츠의 부등식에 의하여
$$(2^2+1^2)(x^2+y^2)\geq(2x+y)^2$$
이때 $x^2+y^2=k$이므로
$$5k\geq(2x+y)^2$$
$$\therefore\,-\sqrt{5k}\leq2x+y\leq\sqrt{5k}\ (\text{단, 등호는 }2y=x\text{일 때 성립})$$
즉, $2x+y$의 최댓값은 $\sqrt{5k}$, 최솟값은 $-\sqrt{5k}$이고 최댓값과 최솟값의 차가 10이므로
$$\sqrt{5k}-(-\sqrt{5k})=10$$
$$2\sqrt{5k}=10,\ \sqrt{5k}=5$$
양변을 제곱하면
$$5k=25\qquad\therefore\,k=5$$

0726 답 ①

$x\neq0$이므로 $\dfrac{x}{x^2+3x+16}$의 분모와 분자를 각각 x로 나누면
$$\frac{x}{x^2+3x+16}=\frac{1}{x+3+\dfrac{16}{x}}$$
이때 $x>0$이므로 산술평균과 기하평균의 관계에 의하여
$$x+3+\frac{16}{x}\geq2\sqrt{x\times\frac{16}{x}}+3=8+3=11$$
$$\left(\text{단, 등호는 }x=\frac{16}{x},\text{ 즉 }x=4\text{일 때 성립}\right)$$

따라서 $x+3+\dfrac{16}{x}$의 최솟값은 11이므로 구하는 최댓값은 $\dfrac{1}{11}$이다.

0727 답 $2\sqrt6$

x, y, z가 실수이므로 코시-슈바르츠의 부등식에 의하여
$$\{1^2+(-2)^2+1^2\}(x^2+y^2+z^2)\geq(x-2y+z)^2$$
이때 $x^2+y^2+z^2=4$이므로
$$6\times4\geq(x-2y+z)^2$$
$$(x-2y+z)^2\leq24$$
$$\therefore\,-2\sqrt6\leq x-2y+z\leq2\sqrt6\ \left(\text{단, 등호는 }x=-\frac{y}{2}=z\text{일 때 성립}\right)$$
따라서 구하는 최댓값은 $2\sqrt6$이다.

0728 답 ③

$b+c=x$, $c+a=y$, $a+b=z$라 하면,
$$a+b+c=\boxed{\text{(가) }\dfrac{1}{2}}(x+y+z)\text{이므로}$$
$$a=\frac{1}{2}(x+y+z)-(b+c)=\frac{1}{2}(x+y+z)-x$$
$$=\frac{1}{2}(y+z-x)$$
$$b=\frac{1}{2}(x+y+z)-(a+c)=\frac{1}{2}(x+y+z)-y$$
$$=\frac{1}{2}(z+x-y)$$
$$c=\frac{1}{2}(x+y+z)-(a+b)=\frac{1}{2}(x+y+z)-z$$
$$=\frac{1}{2}(x+y-z)$$
이다.

그러므로
$$\frac{a}{b+c}+\frac{b}{c+a}+\frac{c}{a+b}$$
$$=\frac{y+z-x}{2x}+\frac{z+x-y}{2y}+\frac{x+y-z}{2z}$$
$$=\frac{1}{2}\left(\frac{y}{x}+\frac{z}{x}+\frac{z}{y}+\frac{x}{y}+\frac{x}{z}+\frac{y}{z}\right)+\left(\boxed{(\text{나})\ -\frac{3}{2}}\right)$$
$$\geq\frac{1}{2}\left(2\sqrt{\frac{y}{x}\times\frac{x}{y}}+2\sqrt{\frac{z}{y}\times\frac{y}{z}}+2\sqrt{\frac{x}{z}\times\frac{z}{x}}\right)+\left(-\frac{3}{2}\right)$$
$$=\boxed{(\text{다})\ 1}\left(\sqrt{\frac{y}{x}\times\frac{x}{y}}+\sqrt{\frac{z}{y}\times\frac{y}{z}}+\sqrt{\frac{x}{z}\times\frac{z}{x}}\right)+\left(\boxed{(\text{나})\ -\frac{3}{2}}\right)$$
$$=3+\left(-\frac{3}{2}\right)=\frac{3}{2}\ (\text{단, 등호는 } x=y=z\text{일 때 성립})$$
따라서 세 양수 a, b, c에 대하여 주어진 부등식이 성립한다.

0729 답 $3\sqrt{5}$

$\sqrt{a}$, $\sqrt{b}$가 실수이므로 코시-슈바르츠의 부등식에 의하여
$$\{(\sqrt{2})^2+(\sqrt{3})^2\}\{(\sqrt{a})^2+(\sqrt{b})^2\}\geq(\sqrt{2a}+\sqrt{3b})^2$$
이때 $a+b=4$이므로
$$5\times4\geq(\sqrt{2a}+\sqrt{3b})^2$$
$$(\sqrt{2a}+\sqrt{3b})^2\leq20$$
$a>0$, $b>0$이므로
$$0<\sqrt{2a}+\sqrt{3b}\leq2\sqrt{5}$$
즉, $\sqrt{2a}+\sqrt{3b}$의 최댓값은 $2\sqrt{5}$이다.
이때 등호는 $\sqrt{2b}=\sqrt{3a}$, 즉 $2b=3a$일 때 성립하므로
$$b=\frac{3}{2}a\quad\cdots\cdots\ \bigcirc$$
$a+b=4$에서
$$\frac{5}{2}a=4\quad\therefore\ a=\frac{8}{5}$$
이를 $\bigcirc$에 대입하면 $b=\frac{12}{5}$
따라서 $\sqrt{2a}+\sqrt{3b}$는 $a=\frac{8}{5}$, $b=\frac{12}{5}$일 때, 최댓값 $2\sqrt{5}$를 가지므로
$$p=2\sqrt{5},\ q=\frac{8}{5},\ r=\frac{12}{5}$$
$$\therefore\ \frac{pr}{q}=3\sqrt{5}$$

0730 답 4

주어진 부등식의 좌변을 전개하면
$$(x-y)\left(\frac{1}{x}-\frac{9}{y}\right)=1-\frac{9x}{y}-\frac{y}{x}+9$$
$$=10-\left(\frac{9x}{y}+\frac{y}{x}\right)\quad\cdots\cdots\ \bigcirc$$
$x>0$, $y>0$이므로 산술평균과 기하평균의 관계에 의하여
$$\frac{9x}{y}+\frac{y}{x}\geq2\sqrt{\frac{9x}{y}\times\frac{y}{x}}=6\ (\text{단, 등호는 } 3x=y\text{일 때 성립})$$
$\bigcirc$에서
$$(x-y)\left(\frac{1}{x}-\frac{9}{y}\right)=10-\left(\frac{9x}{y}+\frac{y}{x}\right)$$
$$\leq10-6=4$$
따라서 $(x-y)\left(\frac{1}{x}-\frac{9}{y}\right)\leq k$가 항상 성립하려면 $k\geq4$이어야 하므로 실수 k의 최솟값은 4이다.

0731 답 ③

$\overline{AC}=x$, $\overline{BC}=y$라 하면 삼각형 ABC의 넓이가 16이므로
$$\frac{1}{2}xy=16\quad\therefore\ xy=32$$
$\overline{AB}^2=x^2+y^2$이고 $x>0$, $y>0$에서 $x^2>0$, $y^2>0$이므로 산술평균과 기하평균의 관계에 의하여
$$x^2+y^2\geq2\sqrt{x^2y^2}=2xy=64\ (\text{단, 등호는 } x=y\text{일 때 성립})$$
따라서 구하는 최솟값은 64이다.

0732 답 24

점 $P(a,\ b)$가 직선 $2x+3y=12$ 위의 점이므로
$$2a+3b=12\quad\cdots\cdots\ \text{❶}$$
$$(3+a)(2+b)=6+2a+3b+ab$$
$$=18+ab\quad\cdots\cdots\ \bigcirc$$
$a>0$, $b>0$이므로 산술평균과 기하평균의 관계에 의하여
$$2a+3b\geq2\sqrt{6ab}$$
이때 $2a+3b=12$이므로
$$12\geq2\sqrt{6ab},\ \sqrt{6ab}\leq6\ (\text{단, 등호는 } 2a=3b\text{일 때 성립})$$
양변을 제곱하면
$$6ab\leq36\quad\therefore\ ab\leq6\quad\cdots\cdots\ \text{❷}$$
$\bigcirc$에서 $(3+a)(2+b)=18+ab\leq18+6=24$
따라서 구하는 최댓값은 24이다. $\quad\cdots\cdots\ \text{❸}$

채점 기준	
❶ a, b 사이의 관계식 구하기	20%
❷ ab의 값의 범위 구하기	50%
❸ $(3+a)(2+b)$의 최댓값 구하기	30%

0733 답 ①

전체 구역의 가로의 길이를 a m, 세로의 길이를 b m라 하면
$$2a+4b=40\quad\cdots\cdots\ \bigcirc$$
구역의 전체 넓이는 ab m²
$a>0$, $b>0$에서 $2a>0$, $4b>0$이므로
산술평균과 기하평균의 관계에 의하여
$$2a+4b\geq2\sqrt{2a\times4b}=4\sqrt{2ab}\quad\cdots\cdots\ \bigcirc\!\!\bigcirc$$
$\bigcirc$, $\bigcirc\!\!\bigcirc$에서
$$40\geq4\sqrt{2ab},\ \sqrt{2ab}\leq10\ (\text{단, 등호는 } a=2b\text{일 때 성립})$$
양변을 제곱하면
$$2ab\leq100\quad\therefore\ ab\leq50$$
따라서 구하는 넓이의 최댓값은 50 m²이다.

0734 답 $12\sqrt{2}$

직사각형의 가로의 길이를 x, 세로의 길이를 y라 하면
$$x^2+y^2=6^2=36\quad\cdots\cdots\ \bigcirc\qquad\cdots\cdots\ \text{❶}$$
직사각형의 둘레의 길이는 $2(x+y)$
x, y가 실수이므로 코시-슈바르츠의 부등식에 의하여
$$(1^2+1^2)(x^2+y^2)\geq(x+y)^2\quad\cdots\cdots\ \bigcirc\!\!\bigcirc$$
$\bigcirc$, $\bigcirc\!\!\bigcirc$에서
$$2\times36\geq(x+y)^2,\ (x+y)^2\leq72$$

이때 $x>0$, $y>0$이므로

$0<x+y\leq 6\sqrt{2}$ (단, 등호는 $x=y$일 때 성립) ····· ❷

$\therefore 0<2(x+y)\leq 12\sqrt{2}$

따라서 직사각형의 둘레의 길이의 최댓값은 $12\sqrt{2}$이다. ····· ❸

❶ 직사각형의 가로의 길이를 x, 세로의 길이를 y라 하고 주어진 조건을 x, y에 대한 식으로 나타내기	20%
❷ $x+y$의 값의 범위 구하기	60%
❸ 직사각형의 둘레의 길이의 최댓값 구하기	20%

0735 답 ②

직선 OP의 기울기는 $\dfrac{b}{a}$이므로 이 직선에 수직인 직선의 기울기는 $-\dfrac{a}{b}$이다.

즉, 점 $P(a, b)$를 지나고 직선 OP에 수직인 직선의 방정식은

$$y-b=-\frac{a}{b}(x-a) \qquad \therefore y=-\frac{a}{b}x+\frac{a^2}{b}+b$$

이 식에 $x=0$을 대입하면 $y=\dfrac{a^2}{b}+b$

$$\therefore Q\left(0, \frac{a^2}{b}+b\right)$$

삼각형 OQR의 넓이는

$$\frac{1}{2}\times\overline{OR}\times\overline{OQ}=\frac{1}{2}\times\frac{1}{a}\times\left(\frac{a^2}{b}+b\right)=\frac{1}{2}\left(\frac{a}{b}+\frac{b}{a}\right)$$

$a>0$, $b>0$에서 $\dfrac{a}{b}>0$, $\dfrac{b}{a}>0$이므로

산술평균과 기하평균의 관계에 의하여

$$\frac{1}{2}\left(\frac{a}{b}+\frac{b}{a}\right)\geq\frac{1}{2}\times 2\sqrt{\frac{a}{b}\times\frac{b}{a}}=1 \text{ (단, 등호는 } a=b\text{일 때 성립)}$$

따라서 삼각형 OQR의 넓이의 최솟값은 1이다.

0736 답 ④

$\overline{AB}=x$, $\overline{BC}=y$라 하면 울타리 설치 비용은

$$(x+2y)+\frac{x}{5}=\frac{6}{5}x+2y$$

에 비례한다.

꽃밭의 넓이가 135이므로 $xy=135$ ····· ㉠

$x>0$, $y>0$이므로 산술평균과 기하평균의 관계에 의하여

$$\frac{6}{5}x+2y\geq 2\sqrt{\frac{6}{5}x\times 2y}=4\sqrt{\frac{3}{5}xy}$$

이때 등호는 $\dfrac{6}{5}x=2y$, 즉 $y=\dfrac{3}{5}x$일 때 성립하므로

㉠에 $y=\dfrac{3}{5}x$를 대입하면

$$\frac{3}{5}x^2=135, \ x^2=225 \qquad \therefore x=15(\because x>0)$$

따라서 $\overline{AB}=\overline{CD}$이므로 C 지점에서 D 지점까지 설치할 울타리의 길이는 15이다.

0737 답 ③

직선 $\dfrac{x}{a}+\dfrac{y}{b}=1$이 점 $(4, 9)$를 지나므로

$$\frac{4}{a}+\frac{9}{b}=1$$

$$\overline{OA}+\overline{OB}=a+b=(a+b)\left(\frac{4}{a}+\frac{9}{b}\right)\left(\because \frac{4}{a}+\frac{9}{b}=1\right)$$

$$=4+\frac{9a}{b}+\frac{4b}{a}+9$$

$$=\frac{9a}{b}+\frac{4b}{a}+13$$

$a>0$, $b>0$에서 $\dfrac{a}{b}>0$, $\dfrac{b}{a}>0$이므로

산술평균과 기하평균의 관계에 의하여

$$\frac{9a}{b}+\frac{4b}{a}+13\geq 2\sqrt{\frac{9a}{b}\times\frac{4b}{a}}+13$$

$$=12+13=25 \text{ (단, 등호는 } 3a=2b\text{일 때 성립)}$$

따라서 구하는 최솟값은 25이다.

직선 $\dfrac{x}{a}+\dfrac{y}{b}=1$의 x절편은 a, y절편은 b이므로

$A(a, 0)$, $B(0, b)$

점 $(4, 9)$를 지나는 직선의 기울기를 $m(m<0)$이라 하면 이 직선의 방정식은

$$y-9=m(x-4) \qquad ····· ㉠$$

㉠에 $x=a$, $y=0$을 대입하면

$$-9=m(a-4) \qquad \therefore a=-\frac{9}{m}+4$$

㉠에 $x=0$, $y=b$를 대입하면

$$b-9=-4m \qquad \therefore b=-4m+9$$

$m<0$에서 $-\dfrac{9}{m}>0$, $-4m>0$이므로

산술평균과 기하평균의 관계에 의하여

$$\overline{OA}+\overline{OB}=a+b$$

$$=-\frac{9}{m}+4+(-4m+9)$$

$$=-\frac{9}{m}-4m+13$$

$$\geq 2\sqrt{\left(-\frac{9}{m}\right)\times(-4m)}+13$$

$$=12+13=25$$

$$\left(\text{단, 등호는 } -\frac{9}{m}=-4m, \text{ 즉 } m=-\frac{3}{2}\text{일 때 성립}\right)$$

따라서 구하는 최솟값은 25이다.

0738 답 ①

직육면체의 세 모서리의 길이를 각각 6, a, b라 하면 부피가 108이므로

$$6ab=108 \qquad \therefore ab=18$$

직육면체의 대각선의 길이를 l이라 하면

$$l^2=6^2+a^2+b^2$$

$a>0$, $b>0$이므로 산술평균과 기하평균의 관계에 의하여

$$a^2+b^2\geq 2\sqrt{a^2b^2}=2ab=36 \text{ (단, 등호는 } a=b\text{일 때 성립)}$$

이 식의 양변에 6^2을 각각 더하면

$$6^2+a^2+b^2\geq 6^2+36$$

$$\therefore l^2\geq 72$$

이때 $l>0$이므로 $l\geq 6\sqrt{2}$

따라서 직육면체의 대각선의 길이의 최솟값은 $6\sqrt{2}$이다.

0739 답 ④

직사각형의 대각선의 길이가 $2\sqrt{5}$이므로

$(2a)^2+b^2=(2\sqrt{5})^2$ $\therefore 4a^2+b^2=20$

사각기둥의 모든 모서리의 길이의 합은 $4a+4b$

a, b가 실수이므로 코시-슈바르츠의 부등식에 의하여

$(2^2+4^2)\{(2a)^2+b^2\}\geq(4a+4b)^2$

이때 $4a^2+b^2=20$이므로

$20\times20\geq(4a+4b)^2$, $(4a+4b)^2\leq20^2$

$a>0$, $b>0$이므로

$0<4a+4b\leq20$ (단, 등호는 $b=4a$일 때 성립)

따라서 구하는 최댓값은 20이다.

0740 답 ④

$\overline{AB}=a$, $\overline{AD}=b$라 하면

$\overline{AP}:\overline{PD}=1:2$이므로 $\overline{AP}=\dfrac{b}{3}$, $\overline{PD}=\dfrac{2}{3}b$

$\overline{BQ}:\overline{QC}=2:1$이므로 $\overline{BQ}=\dfrac{2}{3}b$, $\overline{QC}=\dfrac{b}{3}$

오른쪽 그림과 같이 점 P에서 $\overline{BC}$에 내린 수선의 발을 H라 하면

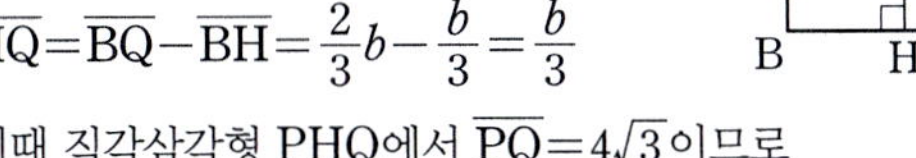

$\overline{PH}=\overline{AB}=a$, $\overline{BH}=\overline{AP}=\dfrac{b}{3}$

$\overline{HQ}=\overline{BQ}-\overline{BH}=\dfrac{2}{3}b-\dfrac{b}{3}=\dfrac{b}{3}$

이때 직각삼각형 PHQ에서 $\overline{PQ}=4\sqrt{3}$이므로

$a^2+\left(\dfrac{b}{3}\right)^2=(4\sqrt{3})^2$, $a^2+\dfrac{b^2}{9}=48$

$a>0$, $b>0$에서 $a^2>0$, $\dfrac{b^2}{9}>0$이므로

산술평균과 기하평균의 관계에 의하여

$a^2+\dfrac{b^2}{9}\geq2\sqrt{a^2\times\dfrac{b^2}{9}}=\dfrac{2}{3}ab$ (단, 등호는 $3a=b$일 때 성립)

이때 $a^2+\dfrac{b^2}{9}=48$이므로 $48\geq\dfrac{2}{3}ab$ $\therefore ab\leq72$

따라서 사각형 ABCD의 넓이의 최댓값은 72이다.

0741 답 18

$\overline{OA}=a$, $\overline{OB}=b$, $\overline{OC}=c$, $\overline{OD}=d$라 하면

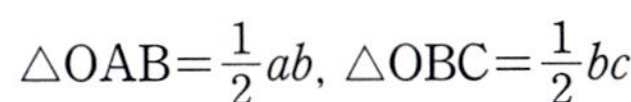

$\triangle OAB=\dfrac{1}{2}ab$, $\triangle OBC=\dfrac{1}{2}bc$,

$\triangle OCD=\dfrac{1}{2}cd$, $\triangle ODA=\dfrac{1}{2}da$

두 삼각형 OAB, OCD의 넓이가 각각 2, 8이므로

$\dfrac{1}{2}ab=2$에서 $b=\dfrac{4}{a}$, $\dfrac{1}{2}cd=8$에서 $d=\dfrac{16}{c}$

즉, 사각형 ABCD의 넓이는

$\triangle OAB+\triangle OBC+\triangle OCD+\triangle ODA$

$=2+\dfrac{1}{2}bc+8+\dfrac{1}{2}da$

$=\dfrac{1}{2}\times\dfrac{4}{a}\times c+\dfrac{1}{2}\times\dfrac{16}{c}\times a+10$

$=\dfrac{2c}{a}+\dfrac{8a}{c}+10$

$a>0$, $c>0$에서 $\dfrac{2c}{a}>0$, $\dfrac{8a}{c}>0$이므로

산술평균과 기하평균의 관계에 의하여

$\dfrac{2c}{a}+\dfrac{8a}{c}+10\geq2\sqrt{\dfrac{2c}{a}\times\dfrac{8a}{c}}+10$

$\qquad\qquad=8+10=18$ (단, 등호는 $2a=c$일 때 성립)

따라서 사각형 ABCD의 넓이의 최솟값은 18이다.

0742 답 40

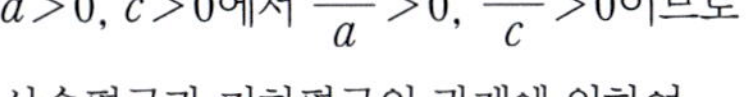

선분 AB가 원의 지름이고 점 P는 원 위의 점이므로 원주각의 성질에 의하여 $\angle APB=90°$

삼각형 ABP는 $\angle APB=90°$인 직각삼각형이므로

$\overline{AP}^2+\overline{BP}^2=8^2=64$

$\overline{AP}>0$, $\overline{BP}>0$이므로 코시-슈바르츠의 부등식에 의하여

$(3^2+4^2)(\overline{AP}^2+\overline{BP}^2)\geq(3\overline{AP}+4\overline{BP})^2$

이때 $\overline{AP}^2+\overline{BP}^2=64$이므로

$25\times64\geq(3\overline{AP}+4\overline{BP})^2$, $(3\overline{AP}+4\overline{BP})^2\leq1600$

$\overline{AP}>0$, $\overline{BP}>0$이므로

$0<3\overline{AP}+4\overline{BP}\leq40$ (단, 등호는 $3\overline{BP}=4\overline{AP}$일 때 성립)

따라서 구하는 최댓값은 40이다.

0743 답 ①

이차함수 $f(x)=x^2-2ax$의 그래프와 직선 $g(x)=\dfrac{1}{a}x$가 만나는 점의 x좌표는

$x^2-2ax=\dfrac{1}{a}x$에서 $x^2-\left(2a+\dfrac{1}{a}\right)x=0$

$x\left\{x-\left(2a+\dfrac{1}{a}\right)\right\}=0$ $\therefore x=0$ 또는 $x=2a+\dfrac{1}{a}$

$x=2a+\dfrac{1}{a}$을 $y=\dfrac{1}{a}x$에 대입하면 $y=2+\dfrac{1}{a^2}$

$\therefore A\left(2a+\dfrac{1}{a},\ 2+\dfrac{1}{a^2}\right)$

$f(x)=x^2-2ax=(x-a)^2-a^2$이므로 이차함수 $y=f(x)$의 그래프의 꼭짓점 B의 좌표는 $(a,\ -a^2)$

즉, 선분 AB의 중점 C의 좌표는

$\left(\dfrac{2a+\dfrac{1}{a}+a}{2},\ \dfrac{2+\dfrac{1}{a^2}-a^2}{2}\right)$

$\therefore \left(\dfrac{3}{2}a+\dfrac{1}{2a},\ 1+\dfrac{1}{2a^2}-\dfrac{a^2}{2}\right)$

오른쪽 그림과 같이 선분 CH의 길이는 점 C의 x좌표와 같으므로

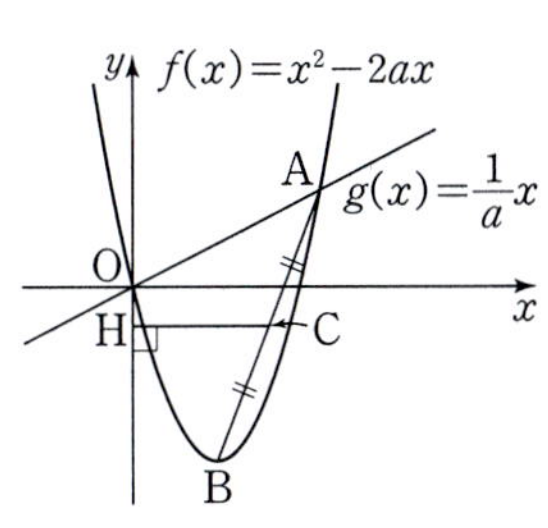

$\overline{CH}=\dfrac{3}{2}a+\dfrac{1}{2a}$

$a>0$에서 $\dfrac{3}{2}a>0$, $\dfrac{1}{2a}>0$이므로 산술평균과 기하평균의 관계에 의하여

$\dfrac{3}{2}a+\dfrac{1}{2a}\geq2\sqrt{\dfrac{3}{2}a\times\dfrac{1}{2a}}=\sqrt{3}$

$\left(\text{단, 등호는 }\dfrac{3}{2}a=\dfrac{1}{2a},\text{ 즉 }a=\dfrac{\sqrt{3}}{3}\text{일 때 성립}\right)$

따라서 선분 CH의 길이의 최솟값은 $\sqrt{3}$이다.

0744 답 ③

전략 $\sqrt{n^2-1}$이 유리수라 가정한 후 가정에 모순이 생김을 보여서 주어진 명제가 참임을 증명한다.

$\sqrt{n^2-1}$이 $\boxed{(개) \ 유리수}$ 라 가정하면

$\sqrt{n^2-1}=\dfrac{a}{b}$ (a, b는 서로소인 자연수)

로 나타낼 수 있다.

양변을 제곱하여 정리하면

$\boxed{(나) \ b^2(n^2-1)}=a^2$ $\quad$ ……㉠

b는 a^2의 약수이므로 $\dfrac{a^2}{b}$은 자연수이다.

이때 b가 1이 아닌 자연수이면 a, b는 서로소이므로 $\dfrac{a^2}{b}$은 자연수가 아니다.

$\therefore b=1$

이를 ㉠에 대입하면

$n^2-1=a^2$ $\quad \therefore n^2=\boxed{(다) \ a^2+1}$

$n\geq2$에서 $a^2=n^2-1\geq2^2-1=3$이므로

$a>1$

(i) $a=2k$ (k는 자연수)일 때,

$\quad n^2=(2k)^2+1$이므로

$\quad \boxed{(라) \ (2k)^2}<n^2<(2k+1)^2$

이때 $2k<n<2k+1$을 만족시키는 자연수 n의 값은 존재하지 않는다.

(ii) $a=2k+1$ (k는 자연수)일 때,

$\quad n^2=(2k+1)^2+1$이므로

$\quad (2k+1)^2<n^2<\boxed{(마) \ (2k+2)^2}$

이때 $2k+1<n<2k+2$를 만족시키는 자연수 n의 값은 존재하지 않는다.

(i), (ii)에서 $\sqrt{n^2-1}=\dfrac{a}{b}$ (a, b는 서로소인 자연수)를 만족시키는 자연수 n의 값은 존재하지 않으므로 $\sqrt{n^2-1}$은 무리수이다.

따라서 (개)~(마)에 알맞지 않은 것은 ③이다.

0745 답 ⑤

전략 직각삼각형 ABC의 넓이를 a, b, c에 대한 식으로 나타내어 정리한 후 코시-슈바르츠의 부등식을 이용하여 $\dfrac{5}{a}+\dfrac{4}{b}+\dfrac{3}{c}$의 최솟값을 구한다.

삼각형 ABC의 넓이는 세 삼각형 PAB, PBC, PCA의 넓이의 합과 같으므로

$\dfrac{1}{2}\times8\times6=\dfrac{1}{2}\times10\times a+\dfrac{1}{2}\times8\times b+\dfrac{1}{2}\times6\times c$

$\therefore 5a+4b+3c=24$

a, b, c가 실수이므로 코시-슈바르츠의 부등식에 의하여

$\left\{(\sqrt{5a})^2+(\sqrt{4b})^2+(\sqrt{3c})^2\right\}\left\{\left(\sqrt{\dfrac{5}{a}}\right)^2+\left(\sqrt{\dfrac{4}{b}}\right)^2+\left(\sqrt{\dfrac{3}{c}}\right)^2\right\}$

$\geq(5+4+3)^2$

$(5a+4b+3c)\left(\dfrac{5}{a}+\dfrac{4}{b}+\dfrac{3}{c}\right)\geq12^2$

이때 $5a+4b+3c=24$이므로

$24\left(\dfrac{5}{a}+\dfrac{4}{b}+\dfrac{3}{c}\right)\geq144$

$\therefore \dfrac{5}{a}+\dfrac{4}{b}+\dfrac{3}{c}\geq6$ (단, 등호는 $a=b=c$일 때 성립)

따라서 구하는 최솟값은 6이다.

다른 풀이

삼각형 ABC의 넓이는 세 삼각형 PAB, PBC, PCA의 넓이의 합과 같으므로

$\dfrac{1}{2}\times8\times6=\dfrac{1}{2}\times10\times a+\dfrac{1}{2}\times8\times b+\dfrac{1}{2}\times6\times c$

$\therefore 5a+4b+3c=24$ $\quad$ ……㉠

$a>0$, $b>0$, $c>0$이므로 산술평균과 기하평균의 관계에 의하여

$(5a+4b+3c)\left(\dfrac{5}{a}+\dfrac{4}{b}+\dfrac{3}{c}\right)$

$=25+\dfrac{20a}{b}+\dfrac{15a}{c}+\dfrac{20b}{a}+16+\dfrac{12b}{c}+\dfrac{15c}{a}+\dfrac{12c}{b}+9$

$=20\left(\dfrac{a}{b}+\dfrac{b}{a}\right)+15\left(\dfrac{a}{c}+\dfrac{c}{a}\right)+12\left(\dfrac{b}{c}+\dfrac{c}{b}\right)+50$

$\geq20\times2\sqrt{\dfrac{a}{b}\times\dfrac{b}{a}}+15\times2\sqrt{\dfrac{a}{c}\times\dfrac{c}{a}}+12\times2\sqrt{\dfrac{b}{c}\times\dfrac{c}{b}}+50$

$=40+30+24+50$

$=144$ (단, 등호는 $a=b=c$일 때 성립)

㉠에 의하여

$24\left(\dfrac{5}{a}+\dfrac{4}{b}+\dfrac{3}{c}\right)\geq144$

$\therefore \dfrac{5}{a}+\dfrac{4}{b}+\dfrac{3}{c}\geq6$

따라서 구하는 최솟값은 6이다.

0746 답 18

전략 $\overline{BC}=x$, $\overline{CD}=y$라 하고 삼각형의 세 변의 길이의 관계와 코시-슈바르츠의 부등식을 이용하여 사각형 ABCD의 둘레의 길이의 범위를 구한다.

직각삼각형 ABD에서

$\overline{BD}=\sqrt{7^2+1^2}=5\sqrt{2}$

$\overline{BC}=x$, $\overline{CD}=y$라 하면 직각삼각형 BCD에서

$x+y>5\sqrt{2}$ $\quad$ ……㉠

또 $\overline{BD}$는 직각삼각형 BCD의 빗변이므로

$x^2+y^2=(5\sqrt{2})^2=50$

사각형 ABCD의 둘레의 길이는

$7+x+y+1=8+x+y$

x, y는 실수이므로 코시-슈바르츠의 부등식에 의하여

$(1^2+1^2)(x^2+y^2)\geq(x+y)^2$

이때 $x^2+y^2=50$이므로

$2\times50\geq(x+y)^2$, $(x+y)^2\leq100$

$x>0$, $y>0$이므로

$0<x+y\leq10$ (단, 등호는 $x=y$일 때 성립) $\quad$ ……㉡

㉠, ㉡에서 $5\sqrt{2}<x+y\leq10$

$\therefore 8+5\sqrt{2}<8+x+y\leq18$

따라서 구하는 최댓값은 18이다.

0747 답 ①

전략 주어진 식의 좌변에 $\{(2a+1)+(3b+1)\}$을 곱하여 산술평균과 기하평균의 관계를 이용할 수 있도록 식을 변형한다.

$a>0$, $b>0$에서 $2a+1>0$, $3b+1>0$이므로 산술평균과 기하평균의 관계에 의하여

$$\{(2a+1)+(3b+1)\}\left(\frac{1}{2a+1}+\frac{1}{3b+1}\right)$$

$$=1+\frac{2a+1}{3b+1}+\frac{3b+1}{2a+1}+1$$

$$=\frac{2a+1}{3b+1}+\frac{3b+1}{2a+1}+2$$

$$\geq 2\sqrt{\frac{2a+1}{3b+1}\times\frac{3b+1}{2a+1}}+2$$

$$=2+2=4$$

(단, 등호는 $(2a+1)^2=(3b+1)^2$, 즉 $2a=3b$일 때 성립)

이때 $\dfrac{1}{2a+1}+\dfrac{1}{3b+1}=\dfrac{1}{4}$이므로

$$\{(2a+1)+(3b+1)\}\left(\frac{1}{2a+1}+\frac{1}{3b+1}\right)\geq 4$$에서

$$(2a+3b+2)\times\frac{1}{4}\geq 4$$

$$2a+3b+2\geq 16$$

$$\therefore\ 2a+3b\geq 14$$

따라서 구하는 최솟값은 14이다.

0748 답 80

전략 산술평균과 기하평균의 관계를 이용하여 $ab+cd$의 값의 범위를 구하고, 코시-슈바르츠의 부등식을 이용하여 $ac+bd$의 값의 범위를 구한다.

$a^2>0$, $b^2>0$이므로 산술평균과 기하평균의 관계에 의하여

$a^2+b^2\geq 2\sqrt{a^2b^2}=2|ab|$ (단, 등호는 $|a|=|b|$일 때 성립)

이때 $a^2+b^2=16$이므로

$16\geq 2|ab|$

$|ab|\leq 8$

$\therefore\ -8\leq ab\leq 8$ $\qquad\cdots\cdots$ ㉠

$c^2>0$, $d^2>0$이므로 산술평균과 기하평균의 관계에 의하여

$c^2+d^2\geq 2\sqrt{c^2d^2}=2|cd|$ (단, 등호는 $|c|=|d|$일 때 성립)

이때 $c^2+d^2=4$이므로

$4\geq 2|cd|$

$|cd|\leq 2$

$\therefore\ -2\leq cd\leq 2$ $\qquad\cdots\cdots$ ㉡

㉠, ㉡에서

$-10\leq ab+cd\leq 10$

$\therefore\ M_1=10$

한편 a, b, c, d가 실수이므로 코시-슈바르츠의 부등식에 의하여

$(a^2+b^2)(c^2+d^2)\geq (ac+bd)^2$

이때 $a^2+b^2=16$, $c^2+d^2=4$이므로

$16\times 4\geq (ac+bd)^2$

$(ac+bd)^2\leq 64$

$\therefore\ -8\leq ac+bd\leq 8$ (단, 등호는 $ad=bc$일 때 성립)

$\therefore\ M_2=8$

$\therefore\ M_1M_2=80$

0749 답 ④

전략 서로 다른 세 원의 반지름의 길이를 각각 a, b, $c\,(a<b<c)$라 하고 세 원의 둘레의 길이의 합과 넓이의 합을 a, b, c에 대한 식으로 나타낸다.

서로 다른 세 원의 반지름의 길이를 각각 a, b, $c\,(a<b<c)$라 하면 세 원의 둘레의 길이의 합은 16π이므로

$2a\pi+2b\pi+2c\pi=16\pi$

$a+b+c=8$

$\therefore\ a+b=8-c$ $\qquad\cdots\cdots$ ㉠

또 세 원의 넓이의 합은 24π이므로

$a^2\pi+b^2\pi+c^2\pi=24\pi$

$a^2+b^2+c^2=24$

$\therefore\ a^2+b^2=24-c^2$ $\qquad\cdots\cdots$ ㉡

a, b가 실수이므로 코시-슈바르츠의 부등식에 의하여

$(1+1)(a^2+b^2)\geq (a+b)^2$ (단, 등호는 $a=b$일 때 성립)

㉠, ㉡에서

$2(24-c^2)\geq (8-c)^2$, $3c^2-16c+16\leq 0$

$(3c-4)(c-4)\leq 0$ $\qquad\therefore\ \dfrac{4}{3}\leq c\leq 4$

따라서 세 원 중 넓이가 가장 큰 원의 반지름의 길이의 최댓값은 4이다.

0750 답 9

전략 삼각형 HFG가 직각삼각형임을 알고 산술평균과 기하평균의 관계를 이용하여 삼각형 MFG의 넓이의 최댓값을 구한다.

두 삼각형 HGD, GFC는 직각이등변삼각형이므로

$\angle HGD=\angle FGC=45°$

$\therefore\ \angle FGH=180°-(45°+45°)$

$\qquad\qquad =90°$

즉, 삼각형 HFG는 직각삼각형이다.

또 두 삼각형 HGD, GFC는 직각이등변삼각형이므로

삼각형 HGD에서 $\overline{HG}=\sqrt{2}a$

삼각형 GFC에서 $\overline{GF}=\sqrt{2}b$

이때 직각삼각형 HFG에서 $\overline{FH}=6\sqrt{2}$이므로

$(\sqrt{2}a)^2+(\sqrt{2}b)^2=(6\sqrt{2})^2$

$2a^2+2b^2=72$ $\qquad\therefore\ a^2+b^2=36$

$a>0$, $b>0$이므로 산술평균과 기하평균의 관계에 의하여

$a^2+b^2\geq 2\sqrt{a^2b^2}=2ab$ (단, 등호는 $a=b$일 때 성립)

이때 $a^2+b^2=36$이므로

$36\geq 2ab$ $\qquad\therefore\ ab\leq 18$ $\qquad\cdots\cdots$ ㉠

한편 점 M은 선분 FH의 중점이므로 삼각형 MFG의 넓이는 직각삼각형 HFG의 넓이의 $\dfrac{1}{2}$이다.

$$\triangle MFG=\frac{1}{2}\times\left(\frac{1}{2}\times\sqrt{2}a\times\sqrt{2}b\right)=\frac{1}{2}ab$$

㉠에서 $\dfrac{1}{2}ab\leq 9$

따라서 삼각형 MFG의 넓이의 최댓값은 9이다.

11 함수

0751 답 ③

③ 집합 X의 원소 d에 대응하는 집합 Y의 원소가 없으므로 함수가 아니다.

0752 답 ④

$f(2)=9$, $f(4)=7$이므로
$f(2)+f(4)=16$

0753 답 ⑤

$f(-2)=11$, $f(-1)=2$, $f(0)=-1$, $f(1)=2$
따라서 함수 f의 치역이 $\{-1,\ 2,\ 11\}$이므로 치역의 모든 원소의 합은
$-1+2+11=12$

0754 답 ㄱ, ㄹ, ㅁ

정의역의 각 원소 k에 대하여 y축에 평행한 직선 $x=k$와 오직 한 점에서 만나는 그래프는 ㄱ, ㄹ, ㅁ이다.

0755 답 ⑤

각 대응을 그림으로 나타내면 다음과 같다.

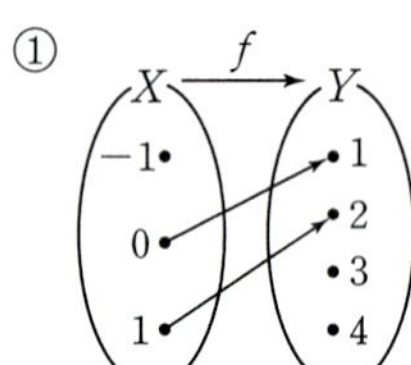
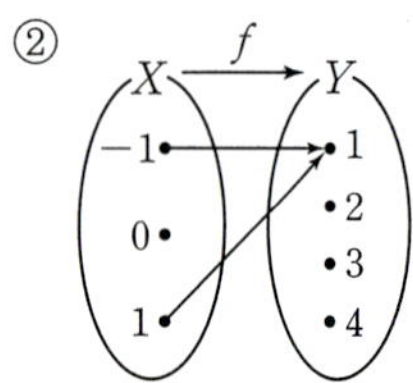
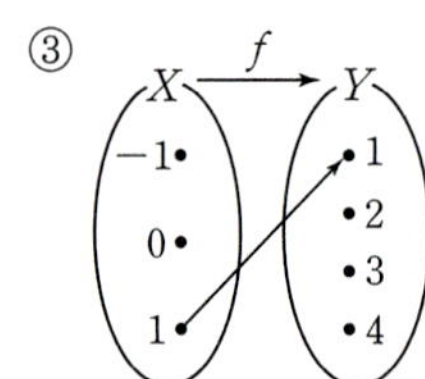
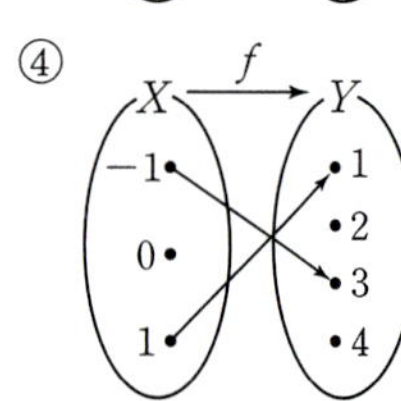
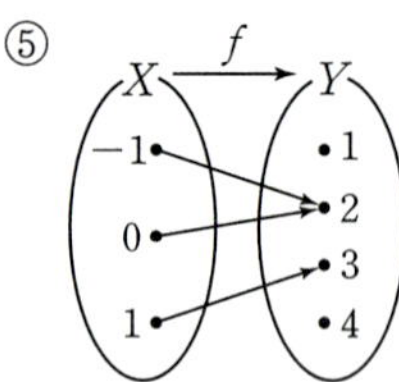

따라서 X에서 Y로의 함수인 것은 ⑤이다.

0756 답 19

$\dfrac{x+1}{3}=3$에서 $x+1=9$ ∴ $x=8$

이를 $f\left(\dfrac{x+1}{3}\right)=2x+3$의 양변에 대입하면
$f(3)=2\times8+3=19$

0757 답 ③

$f(2)=f(3)=f(5)=f(7)=2$
$f(4)=f(9)=3$
$f(6)=f(8)=4$
∴ $f(2)+f(3)+f(4)+\cdots+f(9)=2\times4+3\times2+4\times2=22$

0758 답 ④

함수 $f(x)$의 공역과 치역이 서로 같으므로 정의역의 4개의 원소 중 3개는 2, 4, 6에 각각 하나씩 대응하고 나머지 1개는 2, 4, 6 중 하나에만 대응한다.
따라서 $f(1)+f(2)+f(3)+f(4)$의 값이 최소이려면 정의역의 원소 중 2개는 2에 대응하고 나머지는 4와 6에 각각 대응하면 되므로 구하는 최솟값은
$2+2+4+6=14$

0759 답 ④

$ab\neq0$이므로 $a\neq0$, $b\neq0$
(i) $a>0$일 때,
함수 $f(x)=ax+b$의 공역과 치역이 서로 같으므로
$f(-2)=-2$, $f(1)=1$
∴ $-2a+b=-2$, $a+b=1$
두 식을 연립하여 풀면 $a=1$, $b=0$
그런데 $b=0$이므로 조건을 만족시키지 않는다.
(ii) $a<0$일 때,
함수 $f(x)=ax+b$의 공역과 치역이 서로 같으므로
$f(-2)=1$, $f(1)=-2$
∴ $-2a+b=1$, $a+b=-2$
두 식을 연립하여 풀면 $a=-1$, $b=-1$
(i), (ii)에서 $a=-1$, $b=-1$
∴ $ab=1$

0760 답 ⑤

주어진 식의 양변에 $x=2$, $y=2$를 대입하면
$f(2\times2)=f(2)+f(2)$ ∴ $f(4)=6$
주어진 식의 양변에 $x=2$, $y=4$를 대입하면
$f(2\times4)=f(2)+f(4)$
∴ $f(8)=3+6=9$

0761 답 ②

$f(1)=2$, $f(2)=3$, $f(3)=1$이므로
$a_{11}=1$, $a_{12}=1$, $a_{13}=0$, $a_{21}=1$, $a_{22}=1$, $a_{23}=1$,
$a_{31}=1$, $a_{32}=0$, $a_{33}=0$
∴ $A=\begin{pmatrix} 1 & 1 & 0 \\ 1 & 1 & 1 \\ 1 & 0 & 0 \end{pmatrix}$
따라서 행렬 A의 모든 성분의 합은
$1+1+1+1+1+1=6$

0762 답 18

$x^2+4x-2=0$에서 $x=-2\pm\sqrt{6}$

즉, α, β는 무리수이고, $\alpha\beta$는 유리수이므로

$f(\alpha)=\alpha^2$, $f(\beta)=\beta^2$, $f(\alpha\beta)=\alpha\beta$ ...... ❶

이차방정식의 근과 계수의 관계에 의하여

$\alpha+\beta=-4$, $\alpha\beta=-2$

$$\begin{aligned}
\therefore\ f(\alpha)+f(\beta)+f(\alpha\beta)&=\alpha^2+\beta^2+\alpha\beta\\
&=(\alpha+\beta)^2-\alpha\beta\\
&=(-4)^2-(-2)\\
&=18 \qquad \cdots\cdots ❷
\end{aligned}$$

채점 기준

❶ $f(\alpha)$, $f(\beta)$, $f(\alpha\beta)$의 값을 α, β로 나타내기	40 %
❷ $f(\alpha)+f(\beta)+f(\alpha\beta)$의 값 구하기	60 %

0763 답 ③

$f(x)=1$이려면 $x=4k+1$ (k는 음이 아닌 정수) 꼴이어야 한다.

따라서 함수 f의 정의역 X는 집합 $\{1,\ 5,\ 9,\ 13,\ 17\}$의 공집합이 아닌 부분집합이어야 하므로 구하는 정의역 X의 개수는

$2^5-1=31$

0764 답 ③

$f(1)=2$, $f(2)=8$, $f(3)=8$, $f(4)=2$,

$f(5)=0$이므로 함수 f의 대응을 그림으로 나

타내면 오른쪽과 같다.

$f(a)=2$에서 $a=1$ 또는 $a=4$

$f(b)=8$에서 $b=2$ 또는 $b=3$

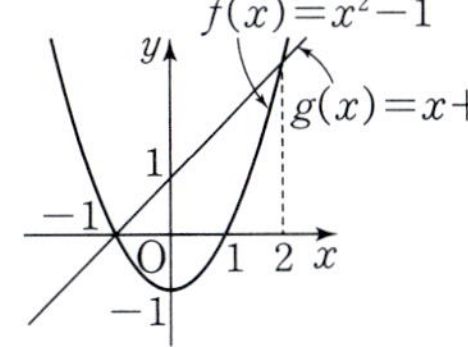

조건을 만족시키는 a, b의 순서쌍 $(a,\ b)$는

$(1,\ 2),\ (1,\ 3),\ (4,\ 2),\ (4,\ 3)$

따라서 $a=4$, $b=3$일 때 $a+b$의 최댓값은 7이다.

0765 답 6

두 함수 $f(x)=x^2-1$, $g(x)=x+1$

의 그래프는 오른쪽 그림과 같다.

두 함수의 그래프의 교점의 x좌표는

$x^2-1=x+1$에서 $x^2-x-2=0$

$(x+1)(x-2)=0$

$\therefore\ x=-1$ 또는 $x=2$

따라서 $h(x)=\begin{cases} x^2-1 & (x\le-1\ \text{또는}\ x\ge2) \\ x+1 & (-1<x<2) \end{cases}$ 이므로

$h(-3)-h(1)=8-2=6$

다른 풀이

$f(-3)=8$, $g(-3)=-2$이므로

$h(-3)=f(-3)=8$

$f(1)=0$, $g(1)=2$이므로

$h(1)=g(1)=2$

$\therefore\ h(-3)-h(1)=8-2=6$

두 함수 $f(x)$, $g(x)$에 대하여

(1) 부등식 $f(x)>g(x)$의 해

➡ 함수 $y=f(x)$의 그래프가 함수 $y=g(x)$의 그래프보다 위쪽에 있는 부분의 x의 값의 범위

(2) 부등식 $f(x)<g(x)$의 해

➡ 함수 $y=f(x)$의 그래프가 함수 $y=g(x)$의 그래프보다 아래쪽에 있는 부분의 x의 값의 범위

0766 답 ④

ㄱ. 주어진 식의 양변에 $x=0$, $y=0$을 대입하면

$f(0+0)=f(0)+f(0)$ $\quad\therefore\ f(0)=0$

ㄴ. $f(x-x)=f(x)+f(-x)$이므로

$0=f(x)+f(-x)$ $\quad\therefore\ f(x)=-f(-x)$

ㄷ. 주어진 식의 양변에 $x=1$, $y=1$을 대입하면

$f(1+1)=f(1)+f(1)$, $-4=2f(1)$ $\quad\therefore\ f(1)=-2$

주어진 식의 양변에 $x=-1$, $y=1$을 대입하면

$f(-1+1)=f(-1)+f(1)$, $0=f(-1)-2$

$\therefore\ f(-1)=2$

ㄹ. $f(2x)=f(x+x)=f(x)+f(x)=2f(x)$

$f(3x)=f(x+2x)=f(x)+f(2x)=f(x)+2f(x)=3f(x)$

$f(4x)=f(x+3x)=f(x)+f(3x)=f(x)+3f(x)=4f(x)$

$\vdots$

$\therefore\ f(nx)=nf(x)$ (단, n은 자연수)

따라서 보기에서 옳은 것은 ㄱ, ㄷ, ㄹ이다.

0767 답 ②

① $f(-1)=g(-1)=-1$, $f(1)=g(1)=1$이므로

$f=g$

② $f(-1)=-2$, $g(-1)=0$이므로

$f(-1)\ne g(-1)$ $\quad\therefore\ f\ne g$

③ $f(-1)=g(-1)=0$, $f(1)=g(1)=2$이므로

$f=g$

④ $f(-1)=g(-1)=1$, $f(1)=g(1)=1$이므로

$f=g$

⑤ $f(-1)=g(-1)=1$, $f(1)=g(1)=1$이므로

$f=g$

따라서 두 함수 f, g가 서로 같지 않은 것은 ②이다.

0768 답 ③

$f(2)=g(2)$에서

$2a+b=2$ ...... ㉠

$f(3)=g(3)$에서

$3a+b=7$ ...... ㉡

㉠, ㉡을 연립하여 풀면 $a=5$, $b=-8$

$\therefore\ a+b=-3$

$f(-4)=g(-4)$에서

$14=16-16+b$ $\therefore b=14$

$\therefore g(x)=x^2+4x+14$ ...... ❶

$f(a)=g(a)$에서

$-3a+2=a^2+4a+14$

$a^2+7a+12=0$, $(a+3)(a+4)=0$

$\therefore a=-3\,(\because a\neq-4)$

$\therefore X=\{-4,\,-3\}$ ...... ❷

따라서 $g(-4)=14$, $g(-3)=11$이므로 함수 g의 치역은 $\{11,\,14\}$이다. ...... ❸

채점 기준

❶ $g(x)$ 구하기		30%
❷ 집합 X 구하기		40%
❸ 함수 g의 치역 구하기		30%

0770 답 ④

$f(0)=g(0)$에서 $3=a+b$ ...... ㉠

$f(1)=g(1)$에서 $1=b$

이를 ㉠에 대입하면

$3=a+1$ $\therefore a=2$

$\therefore 2a-b=4-1=3$

0771 답 3

$f(x)=g(x)$이어야 하므로

$2x^2-3x-1=x^2+3$에서 $x^2-3x-4=0$

$(x+1)(x-4)=0$

$\therefore x=-1$ 또는 $x=4$

따라서 집합 X는 집합 $\{-1,\,4\}$의 공집합이 아닌 부분집합이어야 하므로 구하는 집합 X의 개수는

$2^2-1=3$

0772 답 ⑤

$f(x)=g(x)$이므로

(ⅰ) $x\leq0$일 때,

$x^2+3x=x+3$에서 $x^2+2x-3=0$

$(x+3)(x-1)=0$

$\therefore x=-3\,(\because x\leq0)$

(ⅱ) $0<x\leq3$일 때,

$x^2-x=x+3$에서 $x^2-2x-3=0$

$(x+1)(x-3)=0$

$\therefore x=3\,(\because 0<x\leq3)$

(ⅲ) $x>3$일 때,

$x^2-x=6x-12$에서 $x^2-7x+12=0$

$(x-3)(x-4)=0$

$\therefore x=4\,(\because x>3)$

(ⅰ), (ⅱ), (ⅲ)에서 $X=\{-3,\,3,\,4\}$이므로 집합 X의 모든 원소의 합은

$-3+3+4=4$

0773 답 5

일대일함수의 그래프는 치역의 각 원소 k에 대하여 x축에 평행한 직선 $y=k$와 오직 한 점에서 만나므로 ㄱ, ㄷ, ㄹ의 3개이다.

$\therefore a=3$

일대일대응의 그래프는 일대일함수의 그래프 중 치역과 공역이 같은 것이므로 ㄱ, ㄹ의 2개이다.

$\therefore b=2$

$\therefore a+b=5$

0774 답 ③

① $x_1\neq x_2$일 때, $f(x_1)=f(x_2)=3$이므로 일대일함수가 아니다.

②, ④, ⑤ $-1\neq1$이지만 $f(-1)=f(1)=1$이므로 일대일함수가 아니다.

따라서 일대일함수인 것은 ③이다.

0775 답 ③

f가 일대일함수이고 $f(3)=2$이므로 $f(1)$, $f(2)$의 값이 될 수 있는 것은 1, 3, 4, 5 중 서로 다른 두 수이다.

즉, $f(1)+f(2)$의 값이 최소일 때는

$f(1)=1$, $f(2)=3$ 또는 $f(1)=3$, $f(2)=1$

따라서 구하는 최솟값은

$1+3=4$

0776 답 10

함수 f가 일대일대응이고 $f(5)=8$이므로 $f(1)$, $f(7)$의 값이 될 수 있는 것은 2, 4, 6 중 서로 다른 두 수이다.

이때 $f(1)-f(7)=4$이므로

$f(1)=6$, $f(7)=2$

따라서 $f(3)=4$이므로

$f(1)+f(3)=10$

0777 답 ①

$a>0$이므로 함수 f가 일대일대응이면

$f(-1)=-2$, $f(3)=4$

$\therefore -a+b=-2$, $3a+b=4$

두 식을 연립하여 풀면

$a=\dfrac{3}{2}$, $b=-\dfrac{1}{2}$

$\therefore 4ab=-3$

0778 답 4

함수 f가 일대일대응이려면 x의 값이 증가할 때, $f(x)$의 값은 항상 증가하거나 항상 감소해야 한다. ...... ❶

즉, $x<0$일 때와 $x\geq0$일 때의 직선의 기울기의 부호가 서로 같아야 하므로

$(a+2)(3-a)>0$, $(a+2)(a-3)<0$

$\therefore -2<a<3$ ...... ❷

따라서 정수 a는 -1, 0, 1, 2의 4개이다. ...... ❸

채점 기준	
❶ 함수 f가 일대일대응이 되기 위한 조건 구하기	20%
❷ a의 값의 범위 구하기	60%
❸ 정수 a의 개수 구하기	20%

0779 답 ⑤

$f(x)=ax^2+bx+1$에서

$f(-1)=a-b+1$, $f(0)=1$, $f(1)=a+b+1$ $\quad$ …… ㉠

함수 f가 일대일대응이므로

$f(-1)=-1$, $f(1)=0$ 또는 $f(-1)=0$, $f(1)=-1$

(i) $f(-1)=-1$, $f(1)=0$일 때,

㉠에서

$a-b+1=-1$, $a+b+1=0$

$\therefore a-b=-2$, $a+b=-1$

두 식을 연립하여 풀면

$a=-\dfrac{3}{2}$, $b=\dfrac{1}{2}$

$\therefore 2(a^2+b^2)=2\times\left(\dfrac{9}{4}+\dfrac{1}{4}\right)=5$

(ii) $f(-1)=0$, $f(1)=-1$일 때,

㉠에서

$a-b+1=0$, $a+b+1=-1$

$\therefore a-b=-1$, $a+b=-2$

두 식을 연립하여 풀면

$a=-\dfrac{3}{2}$, $b=-\dfrac{1}{2}$

$\therefore 2(a^2+b^2)=2\times\left(\dfrac{9}{4}+\dfrac{1}{4}\right)=5$

(i), (ii)에서 $2(a^2+b^2)=5$

0780 답 $k<-2$ 또는 $k>2$

$f(x)=|2x-1|+kx+3$에서

(i) $x<\dfrac{1}{2}$일 때,

$f(x)=-(2x-1)+kx+3$
$\qquad=(k-2)x+4$

(ii) $x\geq\dfrac{1}{2}$일 때,

$f(x)=2x-1+kx+3$
$\qquad=(k+2)x+2$

(i), (ii)에서 $f(x)=\begin{cases} (k-2)x+4 & \left(x<\dfrac{1}{2}\right) \\ (k+2)x+2 & \left(x\geq\dfrac{1}{2}\right) \end{cases}$

함수 f가 일대일대응이므로 x의 값이 증가할 때, $f(x)$의 값은 항상 증가하거나 항상 감소한다.

즉, $x<\dfrac{1}{2}$일 때와 $x\geq\dfrac{1}{2}$일 때의 직선의 기울기의 부호가 서로 같아야 하므로

$(k-2)(k+2)>0$

$\therefore k<-2$ 또는 $k>2$

0781 답 ②

㈎에서 $f(8)=\dfrac{1}{2}f(6)$이므로

$f(6)=4$, $f(8)=2$ 또는 $f(6)=8$, $f(8)=4$

(i) $f(6)=4$, $f(8)=2$일 때,

㈏에 의하여 $f(4)=6$, $f(2)=8$

이때 함수 f가 일대일대응이므로

$f(10)=10$

(ii) $f(6)=8$, $f(8)=4$일 때,

㈏에 의하여 $f(8)=6$, $f(4)=8$

그런데 $f(4)=f(6)=8$이므로 함수 f는 일대일대응이 아니다.

(i), (ii)에서 $f(2)=8$, $f(4)=6$, $f(10)=10$

$\therefore f(2)+f(4)-f(10)=4$

0782 답 ⑤

집합 $\{x\,|\,3\leq x\leq4\}$에서 정의된 함수 $y=x-3$의 치역은 $\{y\,|\,0\leq y\leq1\}$

함수 f가 일대일대응이므로 집합 $\{x\,|\,0\leq x<3\}$에서 정의된 함수 $y=ax^2+b$의 치역은 $\{y\,|\,1<y\leq4\}$

즉, $y=f(x)$의 그래프는 오른쪽 그림과 같다.

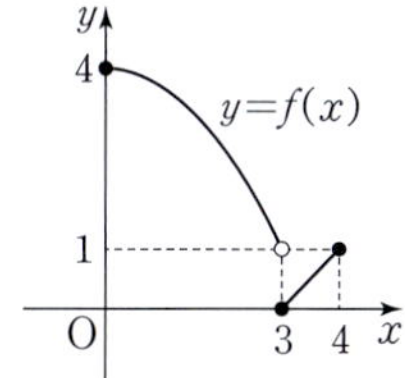

$g(x)=ax^2+b$라 하면 $y=g(x)$의 그래프가 두 점 $(0, 4)$, $(3, 1)$을 지나야 하므로

$g(0)=4$에서 $b=4$

$g(3)=1$에서 $9a+b=1$

$b=4$를 이 식에 대입하면

$9a+4=1$ $\quad\therefore a=-\dfrac{1}{3}$

따라서 $f(x)=\begin{cases} -\dfrac{1}{3}x^2+4 & (0\leq x<3) \\ x-3 & (3\leq x\leq4) \end{cases}$ 이므로

$f(1)=-\dfrac{1}{3}+4=\dfrac{11}{3}$

참고 $y=f(x)$의 그래프가 오른쪽 그림과 같으면 $f(0)=f(4)=1$이므로 f는 일대일함수가 아니다. 또 공역의 원소 4가 치역에 속하지 않으므로 함수 f는 일대일대응이 아니다.

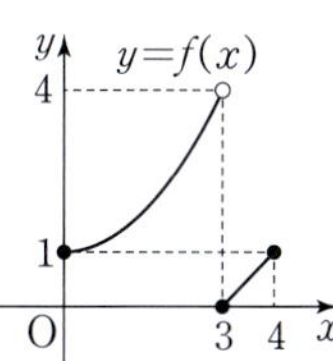

0783 답 17

$f(x)=x^2-4x+3=(x-2)^2-1$이므로 $x\geq2$일 때 x의 값이 증가하면 $f(x)$의 값도 증가한다.

즉, 함수 f가 일대일대응이려면 $a\geq2$이어야 한다.

$a\geq2$일 때, 함수 f의 치역은 $\{y\,|\,y\geq f(a)\}$이고 치역이 집합 $Y=\{y\,|\,y\geq b\}$와 같아야 하므로

$b=f(a)$

$\therefore a-b=a-f(a)=a-(a^2-4a+3)$
$\qquad\quad=-a^2+5a-3=-\left(a-\dfrac{5}{2}\right)^2+\dfrac{13}{4}$

즉, $a\geq2$에서 $a=\dfrac{5}{2}$일 때, $a-b$의 최댓값은 $\dfrac{13}{4}$이다.

따라서 $p=4$, $q=13$이므로 $p+q=17$

0784 답 12

$a \leq x < 3$일 때,
$f(x) = x^2 - 6x + 12 = (x-3)^2 + 3$이므로 x의 값이 증가하면
$f(x)$의 값은 감소한다.
$3 \leq x \leq b$일 때,
$f(x) = -\dfrac{1}{3}x + 4$이므로 x의 값이 증가하면 $f(x)$의 값은 감소한다.
즉, $a \leq x \leq b$일 때, x의 값이 증가하면 $f(x)$의 값은 항상 감소하고
함수 f가 일대일대응이므로
$f(a) = b$, $f(b) = a$
$f(a) = b$에서
$a^2 - 6a + 12 = b$ $\qquad \cdots\cdots$ ㉠
$f(b) = a$에서
$-\dfrac{1}{3}b + 4 = a$
$\therefore b = -3a + 12$ $\qquad \cdots\cdots$ ㉡
㉡을 ㉠에 대입하면
$a^2 - 6a + 12 = -3a + 12$
$a^2 - 3a = 0$
$a(a-3) = 0$
$\therefore a = 0 \ (\because a < 3)$
이를 ㉡에 대입하면
$b = 12$
$\therefore a + b = 12$

0785 답 ⑤

㈎에서 $f(0) = 3ab = 6$
$\therefore ab = 2$
이때 a, b는 자연수이므로
$a = 1$, $b = 2$ 또는 $a = 2$, $b = 1$
(i) $a = 1$, $b = 2$일 때,
$\quad f(x) = (x-2)(x-3)$이므로 $y = f(x)$의
그래프는 오른쪽 그림과 같다.
$\quad$ 그런데 $x > 2$일 때, 함수 f는 일대일대응이
아니므로 ㈏를 만족시키지 않는다.

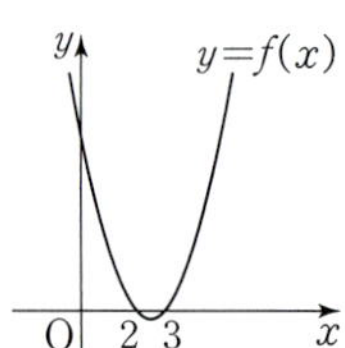

(ii) $a = 2$, $b = 1$일 때,
$\quad f(x) = 2(x-1)(x-3)$이므로 $y = f(x)$의
그래프는 오른쪽 그림과 같다.
$\quad x > 2$일 때, 함수 f는 일대일대응이므로
㈏를 만족시킨다.

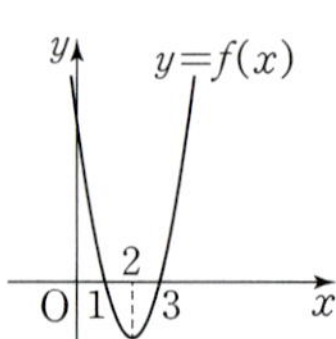

(i), (ii)에서 $f(x) = 2(x-1)(x-3)$
$\therefore f(5) = 2 \times 4 \times 2 = 16$

0786 답 ④

$f(3) = 5$이고 f는 상수함수이므로
$f(x) = 5$
따라서 $f(1) = f(2) = f(3) = \cdots = f(10) = 5$이므로
$f(1) + f(2) + f(3) + \cdots + f(10) = 5 \times 10 = 50$

0787 답 4

ㄱ. $f(1) = 1$, $f(3) = 3$, $f(5) = 5$, $f(7) = 7$이므로 f는 항등함수
이다.
ㄴ. $g(1) = 1$, $g(3) = 3$, $g(5) = 5$, $g(7) = 7$이므로 g는 항등함수
이다.
ㄷ. $h(1) = 1$, $h(3) = 2$, $h(5) = 2$, $h(7) = 2$이므로 h는 항등함수
도 아니고, 상수함수도 아니다.
ㄹ. $i(1) = 1$, $i(3) = 1$, $i(5) = 1$, $i(7) = 1$이므로 i는 상수함수이다.
따라서 항등함수는 ㄱ, ㄴ의 2개이므로 $a = 2$, 상수함수는 ㄹ의 1개
이므로 $b = 1$이다.
$\therefore a + 2b = 2 + 2 = 4$

0788 답 ③

f는 항등함수이므로 $f(x) = x$
$f(2) = 2$이므로 $f(2) = g(2)$에서 $g(2) = 2$
g는 상수함수이므로 $g(x) = 2$
$\therefore f(3) + g(1) = 3 + 2 = 5$

0789 답 3

f가 항등함수이려면 $f(x) = x$이어야 하므로
$x^2 - 11x + 20 = x$에서
$x^2 - 12x + 20 = 0$
$(x-2)(x-10) = 0$
$\therefore x = 2$ 또는 $x = 10$
따라서 집합 X는 집합 $\{2, 10\}$의 공집합이 아닌 부분집합이어야
하므로 구하는 집합 X의 개수는
$2^2 - 1 = 3$

0790 답 ④

f는 상수함수이므로
$f(0) = f(2) = f(4)$
$f(0) = f(2)$에서 $2 = 4 + 2a + b$
$\therefore 2a + b = -2$ $\qquad \cdots\cdots$ ㉠
$f(0) = f(4)$에서 $2 = 16 + 4a + b$
$\therefore 4a + b = -14$ $\qquad \cdots\cdots$ ㉡
㉠, ㉡을 연립하여 풀면 $a = -6$, $b = 10$
$\therefore a + b = 4$

0791 답 ⑤

g는 항등함수이므로 $g(x) = x$
$\therefore g(3) = 3$
또 $g(2) = 2$이므로 $f(1) = g(2) = h(3)$에서
$f(1) = h(3) = 2$
$f(1) = 2$이므로 $f(3) - f(2) = f(1)$에서
$f(3) - f(2) = 2$
이때 함수 f가 일대일대응이므로
$f(3) = 3$, $f(2) = 1$
$h(3) = 2$이고 h는 상수함수이므로 $h(x) = 2$
$\therefore h(1) = 2$
$\therefore f(2) + g(3) + h(1) = 1 + 3 + 2 = 6$

0792 답 ⑤

㈎에서 f는 항등함수이고 g는 상수함수이므로
$f(x)=x$, $g(x)=k$(단, $k\in X$)
㈏에서 $f(x)+g(x)+h(x)=7$이므로
$x+k+h(x)=7$
$\therefore h(x)=-x-k+7$
$x\in X$에서 $1\leq x\leq 5$이므로
$2-k\leq -x-k+7\leq 6-k$
이때 $1\leq h(x)\leq 5$이므로
$2-k\geq 1$에서 $k\leq 1$ ······ ㉠
$6-k\leq 5$에서 $k\geq 1$ ······ ㉡
㉠, ㉡에서 $k=1$
따라서 $g(x)=1$, $h(x)=-x+6$이므로
$g(3)+h(1)=1+5=6$

다른 풀이

㈎에서 f는 항등함수이고 g는 상수함수이므로
$f(x)=x$, $g(x)=k$(단, $k\in X$)
㈏에서 $f(1)+g(1)+h(1)=7$이므로
$1+k+h(1)=7$
$\therefore h(1)=6-k$
$\therefore g(3)+h(1)=k+6-k=6$

0793 답 1

f는 항등함수이므로 $f(x)=x$
(i) $x\leq -1$일 때,
　$f(x)=-3$이므로 $x=-3$
(ii) $-1<x\leq 2$일 때,
　$f(x)=2x-1$이므로 $2x-1=x$
　$\therefore x=1$
(iii) $x>2$일 때,
　$f(x)=3$이므로 $x=3$
(i), (ii), (iii)에서 $X=\{-3,\ 1,\ 3\}$
$\therefore f(a)+f(b)+f(c)=a+b+c=-3+1+3=1$

0794 답 5

㈏에서 $h(2)=g(1)+g(2)+g(3)$이므로 g가 항등함수가 아닌 일대일대응이거나 항등함수이면 $g(1)+g(2)+g(3)$의 최솟값은 $1+2+3=6$, 즉 $h(2)$의 최솟값은 6이다.
그런데 h의 공역은 집합 $X=\{1,\ 2,\ 3,\ 4\}$이므로 조건을 만족시키지 않는다.
즉, ㈎에서 g는 상수함수이다.
이때 $h(2)=g(1)+g(2)+g(3)=3g(1)$에서
$g(1)=1$, $h(2)=3$
따라서 g는 $g(x)=1$인 상수함수, h는 항등함수가 아닌 일대일대응, f는 항등함수이다.
㈐에서 $h(3)=f(1)=1$이므로
$h(1)=2$ 또는 $h(1)=4$
$\therefore g(4)+f(2)+h(1)=1+2+h(1)=h(1)+3$
따라서 $h(1)=2$일 때, $g(4)+f(2)+h(1)$의 최솟값은 $2+3=5$

0795 답 285

함수의 개수는 $4^4=256$ $\therefore p=256$
일대일대응의 개수는 $4!=24$ $\therefore q=24$
항등함수의 개수는 1 $\therefore r=1$
상수함수의 개수는 4 $\therefore s=4$
$\therefore p+q+r+s=285$

0796 답 ③

$f(1)+f(-1)=0$이므로
$f(1)=0$, $f(-1)=0$ 또는 $f(1)=-1$, $f(-1)=1$ 또는
$f(1)=1$, $f(-1)=-1$
이때 각 경우에 대하여 $f(0)$의 값이 될 수 있는 것은 -1, 0, 1의 3가지이다.
따라서 구하는 함수 f의 개수는
$3\times 3=9$

0797 답 ①

구하는 함수의 개수는 X에서 Y로의 함수의 개수에서 치역이 $\{6\}$, $\{7\}$인 함수 2개를 빼면 되므로
$2^5-2=30$

0798 답 ②

집합 Y의 원소의 개수를 $n\,(n\geq 2)$이라 하면 집합 $X=\{1,\ 2\}$에서 집합 Y로의 일대일함수의 개수가 30이므로
$_n\mathrm{P}_2=30$, $n(n-1)=6\times 5$
$\therefore n=6$
따라서 X에서 Y로의 함수의 개수는
$6^2=36$

0799 답 ④

공역의 원소 7개 중에서 4개를 택하여 크기가 큰 것부터 순서대로 정의역의 원소 1, 2, 3, 4에 대응시키면 되므로 구하는 함수 f의 개수는
$_7\mathrm{C}_4={_7\mathrm{C}_3}=\dfrac{7\times 6\times 5}{3\times 2\times 1}=35$

0800 답 60

㈏에서 $f(3)<f(5)$이므로 공역의 원소 5개 중에서 2개를 택하여 크기가 작은 것부터 순서대로 정의역의 원소 3, 5에 대응시키면 된다.
즉, 그 경우의 수는
$_5\mathrm{C}_2=\dfrac{5\times 4}{2\times 1}=10$ ······ ❶
㈎에서 f는 일대일함수이므로 공역의 원소 5개 중에서 $f(3)$, $f(5)$의 값을 제외한 3개의 원소를 정의역의 원소 1, 2, 4에 대응시키면 된다.
즉, 그 경우의 수는
$3!=6$ ······ ❷
따라서 구하는 함수 f의 개수는
$10\times 6=60$ ······ ❸

0801 답 96

$x=1$일 때, $1+f(1)\geq4$에서 $f(1)\geq3$이므로 $f(1)$의 값이 될 수 있는 것은 3, 4의 2가지이다.

$x=2$일 때, $2+f(2)\geq4$에서 $f(2)\geq2$이므로 $f(2)$의 값이 될 수 있는 것은 2, 3, 4의 3가지이다.

$x=3$일 때, $3+f(3)\geq4$에서 $f(3)\geq1$이므로 $f(3)$의 값이 될 수 있는 것은 1, 2, 3, 4의 4가지이다.

$x=4$일 때, $4+f(4)\geq4$에서 $f(4)\geq0$이므로 $f(4)$의 값이 될 수 있는 것은 1, 2, 3, 4의 4가지이다.

따라서 구하는 함수 f의 개수는

$2\times3\times4\times4=96$

0802 답 ③

$X\cup Y=U$, $X\cap Y=\varnothing$이고 함수 f가 일대일대응이므로 두 집합 X, Y의 원소의 개수는 같다.

$\therefore n(X)=n(Y)=3$

전체집합 U의 원소 6개 중에서 집합 X의 원소 3개를 택하는 경우의 수는

$_6C_3=\dfrac{6\times5\times4}{3\times2\times1}=20$

전체집합 U에서 집합 X의 원소를 제외한 3개의 원소 중에서 집합 Y의 원소 3개를 택하는 경우의 수는

$_3C_3=1$

집합 X에서 집합 Y로의 일대일대응의 개수는

$3!=6$

따라서 구하는 함수 f의 개수는

$20\times1\times6=120$

0803 답 ⑤

$f(-x)=-f(x)$이므로 $f(0)=-f(0)$

$2f(0)=0$　　$\therefore f(0)=0$

또 $f(-3)=-f(3)$, $f(-2)=-f(2)$, $f(-1)=-f(1)$이므로 $f(-3)$, $f(-2)$, $f(-1)$의 값은 $f(3)$, $f(2)$, $f(1)$의 값에 따라 1가지로 정해진다.

이때 $f(1)$, $f(2)$, $f(3)$의 값이 될 수 있는 것은 각각 -3, -2, -1, 0, 1, 2, 3의 7가지이다.

따라서 구하는 함수 f의 개수는

$7\times7\times7=343$

0804 답 ②

(나)에서 $f(n+2)=f(n)+4$이므로

$f(n)=0$, $f(n+2)=4$

(i) $n=0$일 때,

　$f(0)=0$, $f(2)=4$이므로 일대일대응인 함수 f의 개수는 $3!=6$

(ii) $n=1$일 때,

　$f(1)=0$, $f(3)=4$이므로 일대일대응인 함수 f의 개수는 $3!=6$

(iii) $n=2$일 때,

　$f(2)=0$, $f(4)=4$이므로 일대일대응인 함수 f의 개수는 $3!=6$

(i), (ii), (iii)에서 구하는 함수 f의 개수는

$6+6+6=18$

0805 답 18

(가)에서 $f(2)\leq2$, $f(3)\leq3$, $f(5)\leq5$, $f(7)\leq7$

(나)에서 $f(1)<f(2)<f(4)<f(8)$, $f(1)<f(3)<f(6)$

이때 $f(1)<f(2)\leq2$이므로

$f(1)=1$, $f(2)=2$

함수 f가 일대일대응이므로

$f(3)=3$

한편 $f(5)$의 값이 될 수 있는 것은 4, 5이고 $f(7)$의 값이 될 수 있는 것은 4, 5, 6, 7이므로 4, 5 중에서 1개를 택하여 정의역의 원소 5에 대응시키고 4, 5, 6, 7 중에서 $f(5)$의 값을 제외한 3개의 원소 중에서 1개를 택하여 정의역의 원소 7에 대응시키면 된다.

즉, 그 경우의 수는

$_2C_1\times_3C_1=2\times3=6$

또 공역의 나머지 3개의 원소 중에서 2개를 택하여 크기가 작은 것부터 순서대로 정의역의 원소 4, 8에 대응시키고 남은 1개의 원소를 정의역의 원소 6에 대응시키면 된다.

즉, 그 경우의 수는

$_3C_2=3$

따라서 구하는 함수 f의 개수는

$6\times3=18$

0806 답 ②

전략 $f(n)+f(n+2)$의 값이 홀수인 경우를 찾고 $f(3)\times f(7)$의 값이 최소일 때의 $f(3)$, $f(7)$의 값을 구한다.

$3\leq n\leq5$인 모든 자연수 n에 대하여 $f(n)+f(n+2)$의 값이 홀수이므로 $f(3)+f(5)$, $f(4)+f(6)$, $f(5)+f(7)$의 값은 모두 홀수이다.

두 수의 합이 홀수이려면 (홀수)+(짝수) 또는 (짝수)+(홀수)이어야 하므로 $f(4)+f(6)$의 값이 홀수이려면 $f(4)$의 값과 $f(6)$의 값 중 하나는 짝수이고 하나는 홀수이어야 한다.

이때 함수 f가 일대일대응이고 집합 X의 원소 중에서 짝수는 4, 6의 2개이므로 $f(3)+f(5)$, $f(5)+f(7)$의 값이 모두 홀수이려면 $f(5)$의 값이 짝수이어야 한다.

즉, $f(3)$, $f(7)$의 값은 모두 홀수이므로 $f(3)\times f(7)$의 값이 최소일 때는

$f(3)=3$, $f(7)=5$ 또는 $f(3)=5$, $f(7)=3$

따라서 구하는 최솟값은 $3\times5=15$

0807 답 7

전략 공역의 원소 중 정의역의 원소에 중복으로 대응되는 원소와 치역에 포함되지 않는 원소를 주어진 조건을 이용하여 구한다.

(개)에서 함수 f의 치역의 원소의 개수가 7이므로 집합 X의 서로 다른 두 원소 a, b에 대하여 $f(a)=f(b)=n$을 만족시키는 집합 X의 원소 n은 1개이다.

이때 공역의 원소 중 치역의 원소가 아닌 원소를 m이라 하자.

(내)에서

$f(1)+f(2)+f(3)+f(4)+f(5)+f(6)+f(7)+f(8)$
$=1+2+3+4+5+6+7+8+n-m$
$=36+n-m$

즉, $36+n-m=42$이므로 $n-m=6$

$\therefore n=7$, $m=1$ 또는 $n=8$, $m=2$

(i) $n=7$, $m=1$일 때,

함수 f의 치역은 $\{2, 3, 4, 5, 6, 7, 8\}$

함수 f의 치역의 원소 중 최댓값과 최솟값의 차는 $8-2=6$

따라서 (대)를 만족시킨다.

(ii) $n=8$, $m=2$일 때,

함수 f의 치역은 $\{1, 3, 4, 5, 6, 7, 8\}$

함수 f의 치역의 원소 중 최댓값과 최솟값의 차는 $8-1=7$

따라서 (대)를 만족시키지 않는다.

(i), (ii)에서 $n=7$

0808 답 2

전략 함수 f의 치역의 원소가 1개이고 $f(x)=g(x)$임을 이용하여 $a+b$의 최솟값을 구한다.

집합 $R=\{f(x)\,|\,x\in X\}$에 대하여 $n(R)=1$이므로 정의역의 원소 x_1, x_2에 대응하는 치역의 원소는 1개이다.

$\therefore f(x_1)=f(x_2)$

이때 함수 $f(x)=2x^2+1$의 그래프는 y축에 대하여 대칭이므로

$x_2=-x_1$ ······ ㉠

$x_1\neq x_2$이므로 $x_1\neq 0$, $x_2\neq 0$

두 함수 $f(x)$, $g(x)$가 서로 같으므로

$f(x_1)=g(x_1)$에서 $2x_1{}^2+1=-x_1{}^2+ax_1+b$ ······ ㉡

$f(x_2)=g(x_2)$에서 $2x_2{}^2+1=-x_2{}^2+ax_2+b$ ······ ㉢

㉠을 ㉢에 대입하면 $2x_1{}^2+1=-x_1{}^2-ax_1+b$ ······ ㉣

㉡-㉣을 하면

$0=2ax_1$ $\therefore a=0\,(\because x_1\neq 0)$

이를 ㉡에 대입하면

$2x_1{}^2+1=-x_1{}^2+b$, $3x_1{}^2=b-1$

$x_1{}^2>0$이므로 $b-1>0$ $\therefore b>1$

따라서 정수 b의 최솟값은 2이므로 $a+b$의 최솟값은 $0+2=2$

0809 답 26

전략 $f(x)$가 일대일함수임을 이용하여 주어진 조건을 만족시키는 함숫값을 구한다.

(개)에서 $\{f(x)+x^2-5\}\times\{f(x)+4x\}=0$이므로

$f(x)=-x^2+5$ 또는 $f(x)=-4x$

$g(x)=-x^2+5$, $h(x)=-4x$라 하면

$g(x)=h(x)$에서 $-x^2+5=-4x$

$x^2-4x-5=0$, $(x+1)(x-5)=0$

$\therefore x=-1\,(\because x\in X)$

$g(-1)=h(-1)=4$이므로 $f(-1)=4$

이차함수 $g(x)=-x^2+5$의 그래프는 y축에 대하여 대칭이므로

$g(1)=g(-1)$

이때 $f(1)=g(1)=4$이면 f는 일대일함수가 아니므로

$f(1)=h(1)=-4$

또 $g(x)=-4$에서 $-x^2+5=-4$

$x^2=9$ $\therefore x=-3\,(\because x\in X)$

이때 $f(-3)=g(-3)=-4$이면 f는 일대일함수가 아니므로

$f(-3)=h(-3)=12$

(내)에서 $f(0)\times f(1)\times f(2)<0$이고 $f(1)=-4$이므로

$f(0)\times f(2)>0$ ······ ㉠

$f(0)=h(0)=0$이면 부등식 ㉠을 만족시키지 않으므로

$f(0)=g(0)=5$

$f(2)=h(2)=-8$이면 부등식 ㉠을 만족시키지 않으므로

$f(2)=g(2)=1$

이차함수 $g(x)=-x^2+5$의 그래프는 y축에 대하여 대칭이므로

$g(-2)=g(2)$

이때 $f(-2)=g(-2)=1$이면 f는 일대일함수가 아니므로

$f(-2)=h(-2)=8$

$\therefore f(-3)+f(-2)+f(-1)+f(0)+f(1)+f(2)$
$=12+8+4+5+(-4)+1=26$

다른 풀이

(개)에서 $\{f(x)+x^2-5\}\times\{f(x)+4x\}=0$이므로

$f(x)=-x^2+5$ 또는 $f(x)=-4x$ ······ ㉠

㉠에 $x=-3$을 대입하면

$f(-3)=-4$ 또는 $f(-3)=12$ ······ ㉡

㉠에 $x=-2$를 대입하면

$f(-2)=1$ 또는 $f(-2)=8$ ······ ㉢

㉠에 $x=-1$을 대입하면

$f(-1)=4$

㉠에 $x=0$을 대입하면

$f(0)=5$ 또는 $f(0)=0$

이때 (내)에 의하여 $f(0)\neq 0$이므로 $f(0)=5$

㉠에 $x=1$을 대입하면

$f(1)=4$ 또는 $f(1)=-4$

이때 f는 일대일함수이고 $f(-1)=4$이므로 $f(1)=-4$

㉠에 $x=2$를 대입하면

$f(2)=1$ 또는 $f(2)=-8$

이때 (내)에서 $f(0)\times f(1)\times f(2)<0$이고 $f(0)=5$, $f(1)=-4$이므로 $f(2)=1$

f는 일대일함수이므로 ㉡, ㉢에서

$f(-3)=12$, $f(-2)=8$

$\therefore f(-3)+f(-2)+f(-1)+f(0)+f(1)+f(2)$
$=12+8+4+5+(-4)+1=26$

0810 답 ②

$(g \circ f)(7) = g(f(7)) = g(6) = 3$

0811 답 4

$(f \circ g)(4) + (g \circ f)(-1) = f(g(4)) + g(f(-1))$
$\qquad\qquad = f(5) + g(2) = 5 - 1 = 4$

0812 답 5

$(f \circ g)(k) = f(g(k)) = f(-k+7)$

즉, $f(-k+7) = 7$이므로

$3(-k+7) + 1 = 7,\ -k+7 = 2$

$\therefore k = 5$

0813 답 ②

$(f \circ h)(x) = f(h(x)) = 2h(x) + 5$

$f \circ h = g$에서 $2h(x) + 5 = -3x + 2$

$\therefore h(x) = -\dfrac{3}{2}x - \dfrac{3}{2}$

$\therefore h(-5) = \dfrac{15}{2} - \dfrac{3}{2} = 6$

0814 답 ③

$(f \circ g)(x) = f(g(x)) = f(ax-7)$
$\qquad\qquad = 2(ax-7) + 1 = 2ax - 13$
$(g \circ f)(x) = g(f(x)) = g(2x+1)$
$\qquad\qquad = a(2x+1) - 7 = 2ax + a - 7$

$f \circ g = g \circ f$에서 $2ax - 13 = 2ax + a - 7$

$\therefore a = -6$

0815 답 3

$f(x) = 1 - x$에서

$f^2(x) = (f \circ f)(x) = f(f(x))$
$\qquad = f(1-x) = 1 - (1-x) = x$
$f^3(x) = (f \circ f^2)(x) = f(f^2(x))$
$\qquad = f(x) = 1 - x$
$f^4(x) = (f \circ f^3)(x) = f(f^3(x))$
$\qquad = f(1-x) = 1 - (1-x) = x$
$\qquad\qquad \vdots$

$\therefore f^n(x) = \begin{cases} 1-x & (n\text{은 홀수}) \\ x & (n\text{은 짝수}) \end{cases}$

따라서 $f^{100}(x) = x$이므로

$f^{100}(3) = 3$

0816 답 25

$(f \circ g)(x) = f(g(x))$
$\qquad\qquad = f(x-2)$
$\qquad\qquad = (x-2)^2 - 4(x-2) - 7$
$\qquad\qquad = x^2 - 8x + 5$
$\qquad\qquad = (x-4)^2 - 11$

따라서 $-1 \le x \le 6$에서 함수 $y = (f \circ g)(x)$는 $x = -1$일 때, 최댓값은 14이고 $x = 4$일 때, 최솟값은 -11이므로

$M = 14,\ m = -11$

$\therefore M - m = 25$

0817 답 ②

$(f \circ g)(x) = f(g(x))$
$\qquad\qquad = f(ax+b)$
$\qquad\qquad = 4(ax+b) - 3$
$\qquad\qquad = 4ax + 4b - 3$
$(g \circ f)(x) = g(f(x))$
$\qquad\qquad = g(4x-3)$
$\qquad\qquad = a(4x-3) + b$
$\qquad\qquad = 4ax - 3a + b$

$f \circ g = g \circ f$에서

$4ax + 4b - 3 = 4ax - 3a + b$

$\therefore b = -a + 1$

이를 $g(x) = ax + b$에 대입하면

$g(x) = ax - a + 1 = a(x-1) + 1$

즉, $y = g(x)$의 그래프는 a의 값에 관계없이 항상 점 $(1,\ 1)$을 지난다.

따라서 $p = 1,\ q = 1$이므로

$p + q = 2$

0818 답 ⑤

$f(2) = 4$

$f^2(2) = (f \circ f)(2) = f(f(2)) = f(4) = 2$
$f^3(2) = (f \circ f^2)(2) = f(f^2(2)) = f(2) = 4$
$f^4(2) = (f \circ f^3)(2) = f(f^3(2)) = f(4) = 2$
$\qquad\qquad \vdots$

즉, $f^n(2)$의 값은 4, 2가 이 순서대로 반복된다.

이때 $28 = 2 \times 14$이므로

$f^{28}(2) = 2$

또

$f(1) = 3$

$f^2(1) = (f \circ f)(1) = f(f(1)) = f(3) = 5$
$f^3(1) = (f \circ f^2)(1) = f(f^2(1)) = f(5) = 1$
$f^4(1) = (f \circ f^3)(1) = f(f^3(1)) = f(1) = 3$
$\qquad\qquad \vdots$

즉, $f^n(1)$의 값은 3, 5, 1이 이 순서대로 반복된다.

이때 $38 = 3 \times 12 + 2$이므로

$f^{38}(1) = 5$

$\therefore f^{28}(2) + f^{38}(1) = 2 + 5 = 7$

0819 답 2

$f(x)=x+3$에서

$f^2(x)=(f\circ f)(x)=f(f(x))$
$\qquad =f(x+3)=(x+3)+3$
$\qquad =x+6$

$f^3(x)=(f\circ f^2)(x)=f(f^2(x))$
$\qquad =f(x+6)=(x+6)+3$
$\qquad =x+9$

$f^4(x)=(f\circ f^3)(x)=f(f^3(x))$
$\qquad =f(x+9)=(x+9)+3$
$\qquad =x+12$
$\qquad \vdots$

$\therefore f^n(x)=x+3n$ (단, n은 자연수)

즉, $f^{16}(x)=x+48$이므로 $f^{16}(k)=50$에서

$k+48=50$ $\therefore k=2$

0820 답 ①

$((f\circ g)\circ g)(a)=(f\circ(g\circ g))(a)$
$\qquad\qquad\qquad =f((g\circ g)(a))$
$\qquad\qquad\qquad =f(3a-1)$
$\qquad\qquad\qquad =2(3a-1)+1$
$\qquad\qquad\qquad =6a-1$

따라서 $6a-1=a$이므로

$a=\dfrac{1}{5}$

0821 답 $0<a<4$

$(f\circ g)(x)=f(g(x))$
$\qquad\qquad =f(-x-a)$
$\qquad\qquad =(-x-a)^2-a(-x-a)+a$
$\qquad\qquad =x^2+3ax+2a^2+a$

$(f\circ g)(x)>0$에서

$x^2+3ax+2a^2+a>0$ $\qquad\cdots\cdots$ ❶

모든 실수 x에 대하여 이 부등식이 성립하므로 이차방정식

$x^2+3ax+2a^2+a=0$의 판별식을 D라 하면

$D=(3a)^2-4(2a^2+a)<0$

$a^2-4a<0,\ a(a-4)<0$

$\therefore 0<a<4$ $\qquad\cdots\cdots$ ❷

채점 기준

❶ $(f\circ g)(x)>0$을 x에 대한 이차부등식으로 나타내기	60 %
❷ 실수 a의 값의 범위 구하기	40 %

0822 답 16

$(f\circ g)(x)=3x-2$에서 $f\left(\dfrac{-x+2}{4}\right)=3x-2$

$\dfrac{-x+2}{4}=t$로 놓으면 $-x+2=4t$

$\therefore x=-4t+2$

따라서 $f(t)=3(-4t+2)-2=-12t+4$이므로

$f(-1)=12+4=16$

$(f\circ g)(x)=3x-2$에서 $f\left(\dfrac{-x+2}{4}\right)=3x-2$

$\dfrac{-x+2}{4}=-1$에서 $-x+2=-4$

$\therefore x=6$

이를 $f\left(\dfrac{-x+2}{4}\right)=3x-2$의 양변에 대입하면

$f(-1)=3\times6-2=16$

0823 답 ⑤

$((h\circ g)\circ f)(2x-1)=(h\circ(g\circ f))(2x-1)$
$\qquad\qquad\qquad\qquad =h((g\circ f)(2x-1))$

이때 $(g\circ f)(x)=-x+2$이므로

$(g\circ f)(2x-1)=-(2x-1)+2=-2x+3$

즉, $h(-2x+3)=4x-1$이므로

$-2x+3=t$로 놓으면 $x=-\dfrac{t}{2}+\dfrac{3}{2}$

따라서 $h(t)=4\left(-\dfrac{t}{2}+\dfrac{3}{2}\right)-1=-2t+5$이므로

$h(2)=-4+5=1$

0824 답 4

$g\circ f$가 항등함수이므로

$(g\circ f)(2)=2,\ (g\circ f)(3)=3$

$(g\circ f)(2)=2$에서

$(g\circ f)(2)=g(f(2))=g(-a)=a^2-2a+b$

즉, $a^2-2a+b=2$이므로

$a^2-2a+b-2=0$ $\qquad\cdots\cdots$ ㉠

$(g\circ f)(3)=3$에서

$(g\circ f)(3)=g(f(3))=g(0)=b$

$\therefore b=3$

이를 ㉠에 대입하면 $a^2-2a+1=0$

$(a-1)^2=0$ $\therefore a=1$

$\therefore a+b=4$

0825 답 6

$f(3)=2$

$f^2(3)=(f\circ f)(3)=f(f(3))=f(2)=4$

$f^3(3)=(f\circ f^2)(3)=f(f^2(3))=f(4)=0$

$f^4(3)=(f\circ f^3)(3)=f(f^3(3))=f(0)=0$
$\qquad\vdots$

즉, n이 3 이상의 자연수일 때, $f^n(3)$의 값은 0이다.

$\therefore f(3)+f^2(3)+f^3(3)+\cdots+f^{10}(3)=2+4+0\times8=6$

0826 답 ②

$f(50)=\dfrac{50}{2}=25$

$f^2(50)=(f\circ f)(50)=f(f(50))=f(25)=25+1=26$

$f^3(50)=(f\circ f^2)(50)=f(f^2(50))=f(26)=\dfrac{26}{2}=13$

$f^4(50)=(f\circ f^3)(50)=f(f^3(50))=f(13)=13+1=14$

$f^5(50)=(f\circ f^4)(50)=f(f^4(50))=f(14)=\dfrac{14}{2}=7$

$f^6(50)=(f\circ f^5)(50)=f(f^5(50))=f(7)=7+1=8$

$f^7(50)=(f\circ f^6)(50)=f(f^6(50))=f(8)=\dfrac{8}{2}=4$

$f^8(50)=(f\circ f^7)(50)=f(f^7(50))=f(4)=\dfrac{4}{2}=2$

따라서 구하는 자연수 n의 최솟값은 8이다.

0827 답 ⑤

$f(2)=2+2=4,\ f(4)=4+2=6,\ f(6)=6+2=8,$

$f(8)=8+2=10,\ f(10)=2$

이때 $g(2)=6$이고 $g\circ f=f\circ g$이므로

$g(f(2))=f(g(2))$에서 $g(4)=f(6)=8$

$g(f(4))=f(g(4))$에서 $g(6)=f(8)=10$

$g(f(6))=f(g(6))$에서 $g(8)=f(10)=2$

$g(f(8))=f(g(8))$에서 $g(10)=f(2)=4$

$\therefore g(6)+g(10)=14$

0828 답 17

$(f\circ f)(1)=3$에서

$f(1)=1$이면 $(f\circ f)(1)=f(f(1))=f(1)=3$이므로 f는 함수가
아니다.

$f(1)=2$이면 $(f\circ f)(1)=f(f(1))=f(2)=3$

이때 $(f\circ f)(2)=2$에서 $(f\circ f)(2)=f(f(2))=f(3)=2$

즉, $f(1)=f(3)=2$이므로 ㈎를 만족시키지 않는다.

$f(1)=3$이면 $(f\circ f)(1)=f(f(1))=f(3)=3$이므로 ㈎를 만족
시키지 않는다.

$\therefore f(1)=4$

$(f\circ f)(1)=3$에서 $(f\circ f)(1)=f(f(1))=f(4)=3$

$\therefore f(4)=3$

이때 ㈎에서 함수 f는 일대일대응이므로 $f(2)=1$ 또는 $f(2)=2$

$(f\circ f)(2)=2$에서 $f(2)=1$이면

$(f\circ f)(2)=f(f(2))=f(1)=2$이므로 f는 함수가 아니다.

$\therefore f(2)=2$

이때 ㈎에서 함수 f는 일대일대응이므로 $f(3)=1$

$\therefore 4f(2)+3f(3)+2f(4)=8+3+6=17$

0829 답 6

$(f\circ f)(a)=f(a)$에서 $f(f(a))=f(a)$

$f(a)=t$로 놓으면 $f(t)=t$

$t<2$일 때, $2t+2=t$에서 $t=-2$

$t\geq2$일 때, $t^2-7t+16=t$에서 $t^2-8t+16=0$

$(t-4)^2=0$ $\quad\therefore t=4$

(ⅰ) $t=-2$인 경우

$f(a)=-2$이므로

$a<2$일 때, $2a+2=-2$ $\quad\therefore a=-2$

$a\geq2$일 때, $a^2-7a+16=-2$, $a^2-7a+18=0$

이 이차방정식의 판별식을 D라 하면

$D=(-7)^2-4\times1\times18=-23<0$

즉, $a\geq2$일 때 $f(a)=-2$를 만족시키는 실수 a의 값이 존재하
지 않는다.

(ⅱ) $t=4$인 경우

$f(a)=4$이므로

$a<2$일 때, $2a+2=4$ $\quad\therefore a=1$

$a\geq2$일 때, $a^2-7a+16=4$

$a^2-7a+12=0$, $(a-3)(a-4)=0$

$\quad\therefore a=3$ 또는 $a=4$

(ⅰ), (ⅱ)에서 모든 실수 a의 값의 합은

$-2+1+3+4=6$

0830 답 ⑤

$(f\circ f)(x)=f(f(x))=\begin{cases}\{f(x)\}^2 & (-1\leq f(x)<0) \\ -f(x) & (0\leq f(x)\leq1)\end{cases}$

(ⅰ) $-1\leq x<0$일 때,

$0<f(x)\leq1$이므로

$(f\circ f)(x)=-f(x)=-x^2$

(ⅱ) $0\leq x\leq1$일 때,

$-1\leq f(x)\leq0$이므로

$(f\circ f)(x)=\{f(x)\}^2=(-x)^2=x^2$

(ⅰ), (ⅱ)에서

$(f\circ f)(x)=\begin{cases}-x^2 & (-1\leq x<0) \\ x^2 & (0\leq x\leq1)\end{cases}$

따라서 $y=(f\circ f)(x)$의 그래프는 ⑤이다.

0831 답 ②

주어진 그래프에서

$f(x)=\begin{cases}-x-1 & (x<0) \\ x-1 & (x\geq0)\end{cases}$

$\therefore (f\circ g)(x)=f(g(x))=\begin{cases}-g(x)-1 & (g(x)<0) \\ g(x)-1 & (g(x)\geq0)\end{cases}$

(ⅰ) $x\leq1$일 때,

$g(x)\geq0$이므로

$(f\circ g)(x)=g(x)-1=(-x+1)-1=-x$

(ⅱ) $x>1$일 때,

$g(x)<0$이므로

$(f\circ g)(x)=-g(x)-1=-(-x+1)-1=x-2$

(ⅰ), (ⅱ)에서

$(f\circ g)(x)=\begin{cases}-x & (x\leq1) \\ x-2 & (x>1)\end{cases}$

따라서 $y=(f\circ g)(x)$의 그래프는 ②이다.

0832 답 4

주어진 그래프에서

$f(x)=\begin{cases}-2x+4 & (0\leq x<2) \\ 2x-4 & (2\leq x\leq4)\end{cases}$

$\therefore (f\circ f)(x)=f(f(x))=\begin{cases}-2f(x)+4 & (0\leq f(x)<2) \\ 2f(x)-4 & (2\leq f(x)\leq4)\end{cases}$

(i) $0 \leq x < 1$일 때,

$2 < f(x) \leq 4$이므로

$(f \circ f)(x) = 2f(x) - 4 = 2(-2x+4) - 4 = -4x+4$

(ii) $1 \leq x < 2$일 때,

$0 < f(x) \leq 2$이므로

$(f \circ f)(x) = -2f(x) + 4 = -2(-2x+4) + 4 = 4x - 4$

(iii) $2 \leq x < 3$일 때,

$0 \leq f(x) < 2$이므로

$(f \circ f)(x) = -2f(x) + 4 = -2(2x-4) + 4 = -4x + 12$

(iv) $3 \leq x \leq 4$일 때,

$2 \leq f(x) \leq 4$이므로

$(f \circ f)(x) = 2f(x) - 4 = 2(2x-4) - 4 = 4x - 12$

(i)~(iv)에서

$$(f \circ f)(x) = \begin{cases} -4x+4 & (0 \leq x < 1) \\ 4x-4 & (1 \leq x < 2) \\ -4x+12 & (2 \leq x < 3) \\ 4x-12 & (3 \leq x \leq 4) \end{cases}$$

따라서 $y = (f \circ f)(x)$의 그래프는 오른쪽 그림과 같다.

방정식 $(f \circ f)(x) = 2$의 서로 다른 실근의 개수는 $y = (f \circ f)(x)$의 그래프와 직선 $y = 2$의 교점의 개수와 같으므로 4이다.

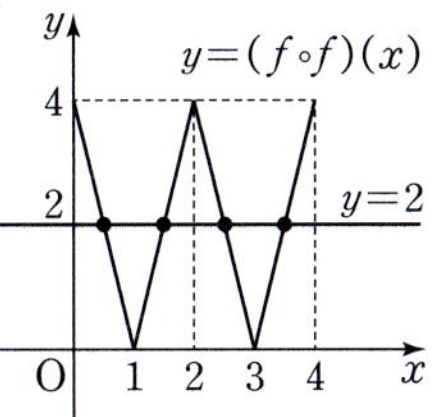

0833 답 ⑤

주어진 그래프에서

$$f(x) = \begin{cases} x & (0 \leq x < 1) \\ 1 & (1 \leq x < 2) \\ 2x-3 & (2 \leq x \leq 3) \end{cases}$$

$g(x) = -x+3 \ (0 \leq x \leq 3)$

$\therefore (g \circ f)(x) = g(f(x))$

$\qquad\qquad\quad = -f(x) + 3$

$$= \begin{cases} -x+3 & (0 \leq x < 1) \\ 2 & (1 \leq x < 2) \\ -2x+6 & (2 \leq x \leq 3) \end{cases}$$

따라서 $y = (g \circ f)(x)$의 그래프는 오른쪽 그림과 같으므로 구하는 넓이는

$\dfrac{1}{2} \times 1 \times 1 + \dfrac{1}{2} \times (2+3) \times 2 = \dfrac{11}{2}$

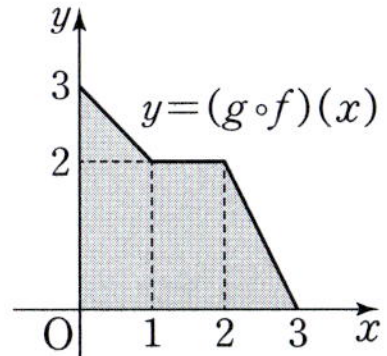

0834 답 ①

$f^{-1}(-8) = 2$, $f^{-1}(-6) = 3$에서

$f(2) = -8$, $f(3) = -6$

$\therefore 2a+b = -8$, $3a+b = -6$

두 식을 연립하여 풀면

$a = 2$, $b = -12$

$\therefore ab = -24$

0835 답 18

$y = ax - 9$라 하면 $ax = y+9$ $\qquad \therefore x = \dfrac{1}{a}y + \dfrac{9}{a}$

x와 y를 서로 바꾸면 $y = \dfrac{1}{a}x + \dfrac{9}{a}$

$\therefore f^{-1}(x) = \dfrac{1}{a}x + \dfrac{9}{a}$

즉, $\dfrac{1}{a}x + \dfrac{9}{a} = \dfrac{1}{3}x + b$이므로

$\dfrac{1}{a} = \dfrac{1}{3}$, $\dfrac{9}{a} = b$ $\qquad \therefore a = 3$, $b = 3$

$\therefore a^2 + b^2 = 9 + 9 = 18$

0836 답 -7

$f^{-1}(1) = 2$에서 $f(2) = 1$

$(f \circ f)(2) = 3$에서 $f(f(2)) = 3$ $\qquad \therefore f(1) = 3$

$f(x) = ax + b \, (a, b$는 상수, $a \neq 0)$라 하면

$f(2) = 1$에서 $2a + b = 1$ $\qquad \cdots\cdots$ ㉠

$f(1) = 3$에서 $a + b = 3$ $\qquad \cdots\cdots$ ㉡

㉠, ㉡을 연립하여 풀면 $a = -2$, $b = 5$

따라서 $f(x) = -2x + 5$이므로

$f(5) = -10 + 5 = -5$ $\qquad\qquad \cdots\cdots$ ❶

한편 $f^{-1}(9) = k \, (k$는 상수)라 하면 $f(k) = 9$이므로

$-2k + 5 = 9$ $\qquad \therefore k = -2$

$\therefore f^{-1}(9) = -2$ $\qquad\qquad\qquad\quad \cdots\cdots$ ❷

$\therefore f(5) + f^{-1}(9) = -5 - 2 = -7$ $\qquad \cdots\cdots$ ❸

채점 기준	
❶ $f(5)$의 값 구하기	60%
❷ $f^{-1}(9)$의 값 구하기	30%
❸ $f(5) + f^{-1}(9)$의 값 구하기	10%

0837 답 15

함수 $f(x)$의 역함수 $g(x)$의 정의역은 함수 $f(x)$의 치역과 같다.

$x \leq 0$에서 $y = f(x)$의 그래프는 오른쪽 그림과 같으므로 함수 $f(x)$의 치역은 $\{y \mid y \leq 5\}$이다.

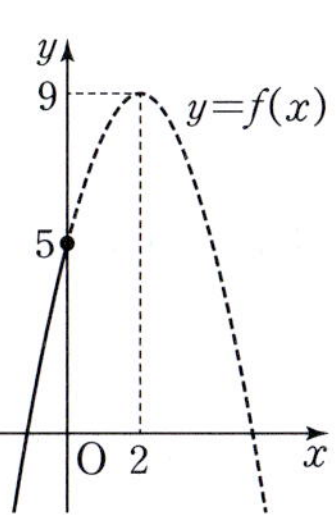

즉, 함수 $g(x)$의 정의역은 $\{x \mid x \leq 5\}$이다.

따라서 함수 $g(x)$의 정의역에 속하는 자연수는 1, 2, 3, 4, 5이므로 구하는 합은

$1 + 2 + 3 + 4 + 5 = 15$

0838 답 5

$f(x) = a|x-1| + 3x - 4$에서

(i) $x < 1$일 때,

$f(x) = -a(x-1) + 3x - 4 = (3-a)x + a - 4$

(ii) $x \geq 1$일 때,

$f(x) = a(x-1) + 3x - 4 = (a+3)x - a - 4$

(i), (ii)에서

$$f(x) = \begin{cases} (3-a)x + a - 4 & (x < 1) \\ (a+3)x - a - 4 & (x \geq 1) \end{cases} \qquad \cdots\cdots ❶$$

함수 f의 역함수가 존재하려면 f는 일대일대응이어야 하므로 x의 값이 증가할 때, $f(x)$의 값은 항상 증가하거나 항상 감소해야 한다.
즉, $x<1$일 때와 $x\geq1$일 때의 직선의 기울기의 부호가 서로 같아야 하므로
$(3-a)(a+3)>0$, $(a+3)(a-3)<0$
$\therefore -3<a<3$ ..... ❷
따라서 정수 a는 -2, -1, 0, 1, 2의 5개이다. ..... ❸

채점 기준

❶ $x<1$일 때와 $x\geq1$일 때로 나누어 $f(x)$ 구하기	40%	
❷ a의 값의 범위 구하기	50%	
❸ 정수 a의 개수 구하기	10%	

0839 답 ⑤

$f(x)=x^2-6x+10=(x-3)^2+1$이고 함수 f의 역함수가 존재하면 f는 일대일대응이므로
$a\geq3$, $f(a)=a$
$f(a)=a$에서 $a^2-6a+10=a$
$a^2-7a+10=0$, $(a-2)(a-5)=0$
$\therefore a=2$ 또는 $a=5$
그런데 $a\geq3$이므로 $a=5$

0840 답 2

$x<1$일 때, $f(x)=3x-1<2$
$x\geq1$일 때, $f(x)=x^2+1\geq2$
$f^{-1}(5)=k\,(k$는 상수$)$라 하면 $f(k)=5\geq2$이므로
$k\geq1$
$f(k)=5$에서 $k^2+1=5$
$k^2=4$　$\therefore k=2\,(\because k\geq1)$
$\therefore f^{-1}(5)=2$

0841 답 ⑤

$2x-7=t$로 놓으면 $x=\dfrac{t+7}{2}$
$\therefore f(t)=-6\times\dfrac{t+7}{2}+15=-3t-6$
$\therefore f(x)=-3x-6$
$y=-3x-6$이라 하면 $3x=-y-6$
$\therefore x=-\dfrac{1}{3}y-2$
x와 y를 서로 바꾸면 $y=-\dfrac{1}{3}x-2$
$\therefore f^{-1}(x)=-\dfrac{1}{3}x-2$
따라서 $a=-\dfrac{1}{3}$, $b=-2$이므로 $ab=\dfrac{2}{3}$

0842 답 ②

함수 f의 역함수가 존재하므로 f는 일대일대응이다.
$f(1)+2f(3)=12$에서
$f(1)=2$, $f(3)=5$ ..... ㉠

$\therefore f^{-1}(2)=1$, $f^{-1}(5)=3$
함수 f^{-1}는 일대일대응이므로
$f^{-1}(1)-f^{-1}(3)=2$에서
$f^{-1}(1)=4$, $f^{-1}(3)=2$
$\therefore f(2)=3$, $f(4)=1$ ..... ㉡
함수 f는 일대일대응이므로 ㉠, ㉡에서
$f(5)=4$
$\therefore f^{-1}(4)=5$
$\therefore f(4)+f^{-1}(4)=6$

0843 답 ④

함수 f의 역함수가 존재하면 f는 일대일대응이므로 $y=f(x)$의 그래프는 오른쪽 그림과 같아야 한다.
즉, $y=a(x-2)^2+b$의 그래프가 점 $(2, 6)$을 지나야 하므로
$b=6$
또 $x\geq2$일 때, x의 값이 증가하면 $f(x)$의 값은 감소하므로 $x<2$일 때, $y=a(x-2)^2+6$의 그래프가 아래로 볼록해야 한다.
$\therefore a>0$
따라서 정수 a의 최솟값은 1이므로 $a+b$의 최솟값은
$1+6=7$

0844 답 ③

$f(-2)=k\,(k$는 상수$)$라 하면
$f^{-1}(k)=-2$
모든 실수 x에 대하여 $f(x)=f^{-1}(x)$이므로
$f(k)=-2$
$f(x^2+1)=-2x^2+1$에서
$-2x^2+1=-2$
$\therefore x^2=\dfrac{3}{2}$
이를 $f(x^2+1)=-2x^2+1$의 양변에 대입하면
$f\left(\dfrac{5}{2}\right)=-2\times\dfrac{3}{2}+1=-2$
이때 함수 $f(x)$가 역함수를 가지므로 $f(x)$는 일대일대응이다.
따라서 $k=\dfrac{5}{2}$이므로 $f(-2)=\dfrac{5}{2}$

0845 답 ①

$f(1)=2$이므로
$3+k=2$
$\therefore k=-1$
$f(x)=x|x-2|+2x-1$에서
(i) $x<2$일 때,
　$f(x)=-x(x-2)+2x-1$
　　$=-x^2+4x-1$
　　$=-(x-2)^2+3$
이때 함수 f의 치역은 $\{y\,|\,y<3\}$이다.

(ii) $x\geq2$일 때,
$$f(x)=x(x-2)+2x-1$$
$$=x^2-1$$

이때 함수 f의 치역은 $\{y|y\geq3\}$이다.

(i), (ii)에서
$$f(x)=\begin{cases}-(x-2)^2+3 & (x<2)\\ x^2-1 & (x\geq2)\end{cases}$$

$f^{-1}(-6)=a\,(a$는 상수$)$라 하면 $f(a)=-6<3$이므로
$a<2$

$f(a)=-6$에서 $-(a-2)^2+3=-6$

$(a-2)^2=9$

$a-2=\pm3$

$\therefore a=-1\,(\because a<2)$

$f^{-1}(8)=b\,(b$는 상수$)$라 하면 $f(b)=8\geq3$이므로
$b\geq2$

$f(b)=8$에서 $b^2-1=8$

$b^2=9$

$\therefore b=3\,(\because b\geq2)$

$\therefore f^{-1}(-6)+f^{-1}(8)=-1+3=2$

0846 답 ④

$y=f(4x+5)$라 하면 함수 $f(x)$의 역함수가 $g(x)$이므로
$4x+5=g(y)$

이를 x에 대하여 풀면 $x=\dfrac{g(y)-5}{4}$

x와 y를 서로 바꾸면 $y=\dfrac{g(x)-5}{4}$

0847 답 ③

함수 f의 역함수가 존재하므로 f는 일대일대응이고
$f(1)=1$, $f(2)=4$, $f(3)=3+a$, $f(4)=4+a$이므로
$f(3)=2$, $f(4)=3$

$3+a=2$, $4+a=3$

$\therefore a=-1$

즉, $g(1)=1$, $g(2)=3$, $g(3)=4$, $g(4)=2$이므로

$g^2(2)=g(g(2))=g(3)=4$

$g^3(2)=g(g^2(2))=g(4)=2$

$g^4(2)=g(g^3(2))=g(2)=3$

$\qquad\vdots$

따라서 $g^n(2)$의 값은 3, 4, 2가 이 순서대로 반복된다.

이때 $10=3\times3+1$, $11=3\times3+2$이므로

$g^{10}(2)=3$, $g^{11}(2)=4$

$\therefore a+g^{10}(2)+g^{11}(2)=6$

0848 답 3

$(g\circ f^{-1})(-1)=g(f^{-1}(1))$

이때 $f(3)=1$이므로 $f^{-1}(1)=3$

$\therefore (g\circ f^{-1})(1)=g(3)=3$

0849 답 -3

$(f^{-1}\circ g)(0)=f^{-1}(g(0))=f^{-1}(-3)$

$f^{-1}(-3)=a\,(a$는 상수$)$라 하면 $f(a)=-3$이므로

$2a+7=-3\qquad\therefore a=-5$

$(g^{-1}\circ f)(-1)=g^{-1}(f(-1))=g^{-1}(5)$

$g^{-1}(5)=b\,(b$는 상수$)$라 하면 $g(b)=5$이므로

$4b-3=5\qquad\therefore b=2$

$\therefore (f^{-1}\circ g)(0)+(g^{-1}\circ f)(-1)=f^{-1}(-3)+g^{-1}(5)$
$$=-5+2=-3$$

0850 답 ③

$(f\circ g^{-1})(k)=f(g^{-1}(k))=7$

$g^{-1}(k)=a\,(a$는 상수$)$라 하면 $f(a)=7$이므로

$4a-5=7\qquad\therefore a=3$

따라서 $g^{-1}(k)=3$이므로 $k=g(3)=10$

0851 답 ③

$(g^{-1}\circ(g\circ f^{-1})^{-1}\circ g)(3)=(g^{-1}\circ f\circ g^{-1}\circ g)(3)$
$$=(g^{-1}\circ f)(3)$$
$$=g^{-1}(f(3))$$
$$=g^{-1}(12)$$

$g^{-1}(12)=k\,(k$는 상수$)$라 하면 $g(k)=12$이므로

$-2k+6=12\qquad\therefore k=-3$

$\therefore (g^{-1}\circ(g\circ f^{-1})^{-1}\circ g)(3)=g^{-1}(12)=-3$

0852 답 ②

$(g\circ f)(x)=x$에서 $f(x)=g^{-1}(x)$, $g(x)=f^{-1}(x)$

$f^{-1}(2)=k\,(k$는 상수$)$라 하면 $f(k)=2$이므로

$3k-4=2\qquad\therefore k=2$

$g^{-1}(2)=f(2)=2$

$\therefore f^{-1}(2)+g^{-1}(2)=2+2=4$

0853 답 $-\dfrac{5}{9}$

$(f\circ(g^{-1}\circ f)^{-1}\circ f^{-1})(x)=(f\circ f^{-1}\circ g\circ f^{-1})(x)$
$$=(g\circ f^{-1})(x)$$
$$=g(f^{-1}(x)) \qquad\cdots\cdots ❶$$

이때 $y=3x-1$이라 하면 $3x=y+1$

$\therefore x=\dfrac{1}{3}y+\dfrac{1}{3}$

x와 y를 서로 바꾸면 $y=\dfrac{1}{3}x+\dfrac{1}{3}$

$\therefore f^{-1}(x)=\dfrac{1}{3}x+\dfrac{1}{3} \qquad\cdots\cdots ❷$

$\therefore (f\circ(g^{-1}\circ f)^{-1}\circ f^{-1})(x)=g(f^{-1}(x))$
$$=g\left(\dfrac{1}{3}x+\dfrac{1}{3}\right)$$
$$=-\left(\dfrac{1}{3}x+\dfrac{1}{3}\right)+2$$
$$=-\dfrac{1}{3}x+\dfrac{5}{3} \qquad\cdots\cdots ❸$$

따라서 $a=-\dfrac{1}{3}$, $b=\dfrac{5}{3}$이므로

$$ab=-\dfrac{5}{9} \qquad\qquad \cdots\cdots\ \text{ⓘⓥ}$$

ⓘ 주어진 합성함수 간단히 하기	30%	
ⓘⓘ $f^{-1}(x)$ 구하기	30%	
ⓘⓘⓘ 주어진 합성함수의 식 구하기	30%	
ⓘⓥ ab의 값 구하기	10%	

0854 답 ①

$f^{-1}(-4)=2$에서 $f(2)=-4$이므로

$-8+a=-4$ $\quad\therefore a=4$

$f(x)=-2x|x|+4$에서

$x<0$일 때, $f(x)=2x^2+4$

$x\geq0$일 때, $f(x)=-2x^2+4$

$\therefore f(x)=\begin{cases} 2x^2+4 & (x<0) \\ -2x^2+4 & (x\geq0) \end{cases}$

$(f\circ f)^{-1}(-4)=(f^{-1}\circ f^{-1})(-4)$
$\qquad\qquad\qquad =f^{-1}(f^{-1}(-4))$
$\qquad\qquad\qquad =f^{-1}(2)$

$f^{-1}(2)=k$ (k는 상수)라 하면 $f(k)=2\leq4$이므로

$k\geq0$

$f(k)=2$에서

$-2k^2+4=2$, $k^2=1$

$\therefore k=1$ ($\because k\geq0$)

$\therefore (f\circ f)^{-1}(-4)=f^{-1}(2)=1$

0855 답 ⑤

$(f^{-1}\circ g^{-1})(3)=4$에서 $(g\circ f)^{-1}(3)=4$이므로

$(g\circ f)(4)=3$

이때 $f(4)=7$이므로

$(g\circ f)(4)=g(f(4))=g(7)=3$

$\therefore 7a+b=3 \qquad \cdots\cdots\ \bigcirc$

또 $(g\circ f^{-1})(-5)=-6$에서

$f^{-1}(-5)=k$ (k는 상수)라 하면 $f(k)=-5$이므로

$2k-1=-5 \quad\therefore k=-2$

즉, $f^{-1}(-5)=-2$이므로

$(g\circ f^{-1})(-5)=g(f^{-1}(-5))=g(-2)=-6$

$\therefore -2a+b=-6 \qquad \cdots\cdots\ \bigcirc\hspace{-0.6em}\bigcirc$

$\bigcirc$, $\bigcirc\hspace{-0.6em}\bigcirc$을 연립하여 풀면

$a=1$, $b=-4$

$\therefore a-2b=1+8=9$

0856 답 -1

$(h^{-1}\circ g^{-1}\circ f^{-1})(14)=(h^{-1}\circ (f\circ g)^{-1})(14)$
$\qquad\qquad\qquad\qquad =((f\circ g)\circ h)^{-1}(14)$
$\qquad\qquad\qquad\qquad =(f\circ g\circ h)^{-1}(14)$

$(f\circ g\circ h)^{-1}(14)=k$ (k는 상수)라 하면

$(f\circ g\circ h)(k)=14$이므로

$(f\circ g\circ h)(k)=((f\circ g)\circ h)(k)$
$\qquad\qquad\qquad =(f\circ g)(h(k))$
$\qquad\qquad\qquad =(f\circ g)(3k)$
$\qquad\qquad\qquad =-12k+2$

즉, $-12k+2=14$이므로 $k=-1$

$\therefore (h^{-1}\circ g^{-1}\circ f^{-1})(14)=(f\circ g\circ h)^{-1}(14)=-1$

0857 답 ㄱ, ㄷ

ㄱ. 두 함수 f, g가 일대일대응이면 역함수가 존재하므로
$\quad (g\circ f)^{-1}=f^{-1}\circ g^{-1}$

ㄴ. [반례] $X=\{1, 2\}$, $Y=\{1, 2\}$, $Z=\{1, 2, 3\}$이고 $f(x)=x$,
$\quad g(x)=x$이면 $(g\circ f)(x)=g(f(x))=g(x)=x$이지만 함수
$\quad g$는 일대일대응이 아니므로 역함수가 존재하지 않는다.

ㄷ. 함수 $f:X\longrightarrow Y$의 역함수가 존재할 때, $f\circ f^{-1}$는 Y에서 Y
$\quad$로의 항등함수이고, $f^{-1}\circ f$는 X에서 X로의 항등함수이다.
$\quad$따라서 $X\neq Y$이면 $f\circ f^{-1}\neq f^{-1}\circ f$이다.

따라서 보기에서 옳은 것은 ㄱ, ㄷ이다.

0858 답 ③

$(g\circ f)^{-1}(7)=3$, $(g\circ f)^{-1}(8)=1$, $(g\circ f)^{-1}(9)=2$이므로

$(g\circ f)(1)=8$, $(g\circ f)(2)=9$, $(g\circ f)(3)=7$

$g(6)=9$이고 함수 g는 일대일대응이므로

$(g\circ f)(2)=g(f(2))=9$에서

$f(2)=6$

$f(1)=4$이고 함수 f는 일대일대응이므로

$f(3)=5$

$(g\circ f)(3)=7$에서

$(g\circ f)(3)=g(f(3))=g(5)=7$

$\therefore f(2)+g(5)=6+7=13$

0859 답 7

$(f^{-1}\circ g^{-1}\circ h)(x)=((g\circ f)^{-1}\circ h)(x)$

$(g\circ f)(x)=g(f(x))$
$\qquad\qquad =g(x+1)$
$\qquad\qquad =-5(x+1)+2$
$\qquad\qquad =-5x-3$

$y=-5x-3$이라 하면 $5x=-y-3$

$\therefore x=-\dfrac{1}{5}y-\dfrac{3}{5}$

x와 y를 서로 바꾸면 $y=-\dfrac{1}{5}x-\dfrac{3}{5}$

$\therefore (g\circ f)^{-1}(x)=-\dfrac{1}{5}x-\dfrac{3}{5}$

$\therefore (f^{-1}\circ g^{-1}\circ h)(x)=((g\circ f)^{-1}\circ h)(x)$
$\qquad\qquad\qquad\qquad =(g\circ f)^{-1}(h(x))$
$\qquad\qquad\qquad\qquad =-\dfrac{1}{5}h(x)-\dfrac{3}{5}$

즉, $-\dfrac{1}{5}h(x)-\dfrac{3}{5}=x+1$이므로

$h(x)=-5x-8$

$\therefore h(-3)=15-8=7$

다른 풀이

$(f^{-1} \circ g^{-1} \circ h)(x) = f(x)$에서

$((g \circ f) \circ (g \circ f)^{-1} \circ h)(x) = (g \circ f \circ f)(x)$

$\therefore h(x) = (g \circ f \circ f)(x)$

$\therefore h(-3) = (g \circ f \circ f)(-3) = g(f(f(-3)))$

$\qquad\qquad = g(f(-2)) = g(-1) = 7$

0860 답 ④

㈐에서

$(g \circ (f^{-1} \circ g)^{-1} \circ h)(-1) = (g \circ g^{-1} \circ f \circ h)(-1)$

$\qquad\qquad\qquad\qquad = (f \circ h)(-1)$

$\qquad\qquad\qquad\qquad = -4$

㈏에서 $(f \circ h)(x) = 3x + a$이므로

$-3 + a = -4 \qquad \therefore a = -1$

$\therefore (f \circ h)(x) = f(h(x)) = 3x - 1$

㈎에서 $f(x) = 2x - 2$이므로

$2h(x) - 2 = 3x - 1$

$\therefore h(x) = \dfrac{3}{2}x + \dfrac{1}{2}$

$h^{-1}(8) = k\,(k\text{는 상수})$라 하면 $h(k) = 8$이므로

$\dfrac{3}{2}k + \dfrac{1}{2} = 8 \qquad \therefore k = 5$

$\therefore h^{-1}(8) = 5$

0861 답 12

㈐에서 $a \in X$, $a \in Y$이므로

$a \in (X \cap Y) \qquad \therefore a \in \{2, 4\}$

이때 주어진 등식을 만족시키는 a의 개수가 2이므로

$a = 2$ 또는 $a = 4$

$\dfrac{1}{2}f(a) = (f \circ f^{-1})(a)$에서

$\dfrac{1}{2}f(a) = a \qquad \therefore f(a) = 2a$

$\therefore f(2) = 4,\ f(4) = 8$

㈎에서 함수 f는 일대일대응이고 ㈏에서 $f(1) \neq 2$이므로

$f(1) = 6,\ f(3) = 2 \qquad \therefore f^{-1}(2) = 3$

$\therefore f(2) \times f^{-1}(2) = 12$

0862 답 -16

주어진 함수 $y = f(x)$의 그래프와 그 역함수 $y = f^{-1}(x)$의 그래프의 교점은 함수 $y = f(x)$의 그래프와 직선 $y = x$의 교점과 같으므로

$\dfrac{3}{2}x + 4 = x$에서 $x = -8$

따라서 교점의 좌표는 $(-8,\ -8)$이므로

$a = -8,\ b = -8$

$\therefore a + b = -16$

0863 답 ②

$y = g(x)$의 그래프가 점 $(10, a)$를 지나므로 $y = f(x)$의 그래프는 점 $(a, 10)$을 지난다.

$f(a) = 10$에서 $3a + 4 = 10$

$\therefore a = 2$

즉, $y = f(x)$의 그래프는 점 $(b, 2)$를 지나므로

$f(b) = 2$에서 $3b + 4 = 2$

$\therefore b = -\dfrac{2}{3}$

$\therefore a - 3b = 2 + 2 = 4$

0864 답 ①

함수 $y = f(x)$의 그래프가 점 $(2, -3)$을 지나므로

$f(2) = -3$에서 $2a + b = -3 \quad \cdots\cdots \ㄱ$

또 역함수 $y = f^{-1}(x)$의 그래프가 점 $(2, -3)$을 지나므로 함수 $y = f(x)$의 그래프는 점 $(-3, 2)$를 지난다.

$f(-3) = 2$에서 $-3a + b = 2 \quad \cdots\cdots \ㄴ$

㉠, ㉡을 연립하여 풀면 $a = -1,\ b = -1$

$\therefore ab = 1$

0865 답 ③

$(f \circ f)(a) = f(f(a)) = f(b) = c$

$(f \circ f)^{-1}(d) = (f^{-1} \circ f^{-1})(d)$

$\qquad\qquad\quad = f^{-1}(f^{-1}(d))$

$f^{-1}(d) = k\,(k\text{는 상수})$라 하면

$f(k) = d$이므로

$k = c$

$f^{-1}(c) = l\,(l\text{은 상수})$이라 하면

$f(l) = c$이므로

$l = b$

$\therefore (f \circ f)^{-1}(d) = f^{-1}(f^{-1}(d))$

$\qquad\qquad\qquad = f^{-1}(c) = b$

$\therefore (f \circ f)(a) + (f \circ f)^{-1}(d) = b + c$

0866 답 7

$f^{-1}(2) = a\,(a\text{는 상수})$라 하면

$f(a) = 2$이므로

$a = 1$

$(f^{-1} \circ g)^{-1}(3) = (g^{-1} \circ f)(3)$

$\qquad\qquad\qquad = g^{-1}(f(3))$

$\qquad\qquad\qquad = g^{-1}(4)$

$g^{-1}(4) = b\,(b\text{는 상수})$라 하면

$g(b) = 4$이므로

$b = 6$

$\therefore (f^{-1} \circ g)^{-1}(3) = g^{-1}(4) = 6$

$\therefore f^{-1}(2) + (f^{-1} \circ g)^{-1}(3) = 1 + 6 = 7$

0867 답 $4\sqrt{2}$

주어진 함수 $y = f(x)$의 그래프와 그 역함수 $y = f^{-1}(x)$의 그래프의 교점은 함수 $y = f(x)$의 그래프와 직선 $y = x$의 교점과 같으므로

$-x^2 - 2x + 4 = x$에서 $x^2 + 3x - 4 = 0$

$(x + 4)(x - 1) = 0 \qquad \therefore x = -4$ 또는 $x = 1$

그런데 $x \leq -1$이므로 $x = -4 \qquad\cdots\cdots$ ❶

따라서 $\mathrm{P}(-4,\ -4)$이므로

$\overline{\mathrm{OP}} = \sqrt{(-4)^2 + (-4)^2} = 4\sqrt{2} \qquad\cdots\cdots$ ❷

| ❶ 점 P의 x좌표 구하기 | 70% |
| ❷ 선분 OP의 길이 구하기 | 30% |

0868 답 ㄴ, ㄷ

주어진 함수 $y=f(x)$의 그래프와 그 역함수 $y=g(x)$의 그래프의 교점은 함수 $y=f(x)$의 그래프와 직선 $y=x$의 교점과 같으므로
$x^2+4x+2=x$에서 $x^2+3x+2=0$
$(x+1)(x+2)=0$ $\therefore x=-2$ 또는 $x=-1$
$\therefore \alpha=-2,\ \beta=-1$ 또는 $\alpha=-1,\ \beta=-2$

ㄱ. 두 교점의 좌표는 $(-2,-2)$, $(-1,-1)$이므로 두 교점 사이의 거리는
$$\sqrt{(-1+2)^2+(-1+2)^2}=\sqrt{2}$$
ㄴ. $\alpha^3+\beta^3=-8+(-1)=-9$
ㄷ. $y=g(x)$의 그래프와 직선 $y=x$의 교점은 $y=f(x)$의 그래프와 직선 $y=x$의 교점과 같으므로 교점의 x좌표의 합은
$$-2+(-1)=-3$$
따라서 보기에서 옳은 것은 ㄴ, ㄷ이다.

0869 답 ②

오른쪽 그림과 같이 함수 $y=f(x)$의 그래프와 그 역함수 $y=g(x)$의 그래프는 직선 $y=x$에 대하여 대칭이므로 구하는 넓이는 함수 $y=f(x)$의 그래프와 직선 $y=x$로 둘러싸인 부분의 넓이의 2배이다.

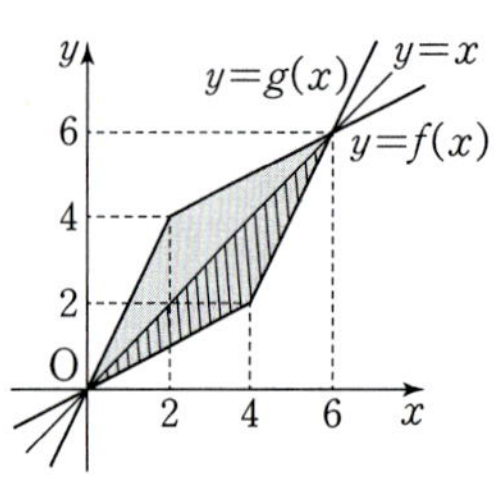

$y=f(x)$의 그래프와 직선 $y=x$의 교점의 x좌표를 구하면
(i) $x<2$일 때,
　$2x=x$에서 $x=0$
(ii) $x\geq 2$일 때,
　$\dfrac{1}{2}x+3=x$에서 $x=6$
(i), (ii)에서 $y=f(x)$의 그래프와 직선 $y=x$의 두 교점의 좌표는 $(0,0)$, $(6,6)$이므로 구하는 넓이는
$$2\times\left\{\dfrac{1}{2}\times(4-2)\times2+\dfrac{1}{2}\times(4-2)\times(6-2)\right\}=12$$

0870 답 6

$f(x)=x^2-4x+k$
　　　$=(x-2)^2+k-4\ (x\geq 2)$
이므로 $y=f(x)$의 그래프는 오른쪽 그림과 같다.

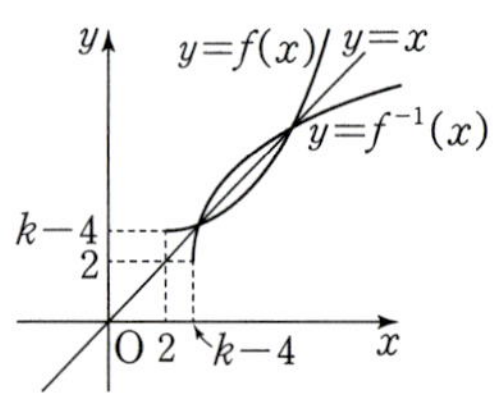

함수 $y=f(x)$의 그래프와 그 역함수 $y=f^{-1}(x)$의 그래프는 직선 $y=x$에 대하여 대칭이므로 함수 $y=f(x)$와 그 역함수 $y=f^{-1}(x)$의 그래프가 서로 다른 두 점에서 만나려면 함수 $y=f(x)$의 그래프와 직선 $y=x$가 서로 다른 두 점에서 만나야 한다.
따라서 이차방정식 $x^2-4x+k=x$, 즉 $x^2-5x+k=0$이 $x\geq 2$에서 서로 다른 두 실근을 가져야 한다.

$g(x)=x^2-5x+k$라 하자.
(i) 이차방정식 $g(x)=0$의 판별식을 D라 하면
$$D=(-5)^2-4k>0$$
$$25-4k>0 \qquad \therefore k<\dfrac{25}{4}$$
(ii) $g(2)\geq 0$이어야 하므로
$$-6+k\geq 0 \qquad \therefore k\geq 6$$
(iii) 이차함수 $g(x)=x^2-5x+k$의 그래프의 축의 방정식은
$$g(x)=x^2-5x+k=\left(x-\dfrac{5}{2}\right)^2+k-\dfrac{25}{4}\text{에서}$$
$$x=\dfrac{5}{2}\text{이므로 }\dfrac{5}{2}>2$$
(i), (ii), (iii)에서 실수 k의 값의 범위는
$$6\leq k<\dfrac{25}{4}$$
따라서 정수 k의 값은 6이다.

> 이차함수 $f(x)=ax^2+bx+c\,(a>0)$에 대하여 이차방정식 $f(x)=0$의 서로 다른 두 실근이 모두 p보다 크거나 같으려면 다음을 모두 만족시켜야 한다.
> (1) 이차방정식 $f(x)=0$의 판별식을 D라 하면 ➡ $D>0$
> (2) $f(p)\geq 0$
> (3) 그래프의 축의 방정식이 $x=-\dfrac{b}{2a}$이므로 ➡ $-\dfrac{b}{2a}>p$

최고수준 도전 기출　　188~189쪽

0871 답 ④

전략 주어진 그래프를 이용하여 $f(x)$를 구한 후 $f(x)=t$로 놓고 $y=f(x)$의 그래프와 직선 $y=t$의 교점의 개수를 구한다.

주어진 그래프에서
$$f(x)=\begin{cases}-3x+3 & (0\leq x<1)\\ \dfrac{1}{2}x-\dfrac{1}{2} & (1\leq x\leq 3)\end{cases}$$
이때 $f(x)=t\,(0\leq t\leq 3)$로 놓으면
$f(f(x))=\dfrac{3}{2}-f(x)$에서 $f(t)=\dfrac{3}{2}-t$
(i) $0\leq t<1$일 때,
　$f(t)=-3t+3$이므로
$$-3t+3=\dfrac{3}{2}-t \qquad \therefore t=\dfrac{3}{4}$$
(ii) $1\leq t\leq 3$일 때,
　$f(t)=\dfrac{1}{2}t-\dfrac{1}{2}$이므로
$$\dfrac{1}{2}t-\dfrac{1}{2}=\dfrac{3}{2}-t \qquad \therefore t=\dfrac{4}{3}$$
(i), (ii)에서 $f(x)=\dfrac{3}{4}$ 또는 $f(x)=\dfrac{4}{3}$

따라서 방정식 $f(f(x))=\dfrac{3}{2}-f(x)$
의 서로 다른 실근의 개수는 $y=f(x)$
의 그래프와 두 직선 $y=\dfrac{3}{4}$, $y=\dfrac{4}{3}$의
교점의 개수와 같다.

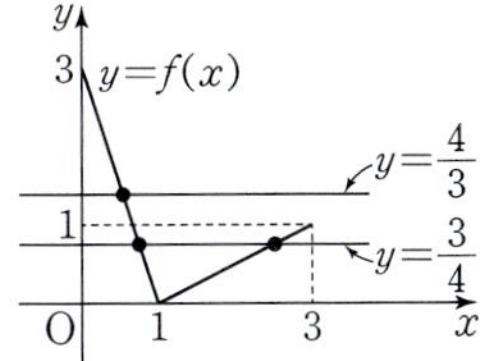

위의 그림에서 교점의 개수가 3이므로 구하는 실근의 개수는 3이다.

0872　답 256

전략　주어진 정의에 따라 행렬 A를 구한 후 행렬 A^2, A^3, A^4, …에서 규칙을 찾아 행렬 A^7의 모든 성분의 합을 구한다.

$a_{11}=(f_2\circ f_1)(1)=f_2(f_1(1))=f_2(0)=1$

$a_{12}=(f_3\circ f_2)(2)=f_3(f_2(2))=f_3(1)=1$

$a_{21}=(f_2\circ f_1)(1)=f_2(f_1(1))=f_2(0)=1$

$a_{22}=(f_3\circ f_2)(2)=f_3(f_2(2))=f_3(1)=1$

$\therefore A=\begin{pmatrix} 1 & 1 \\ 1 & 1 \end{pmatrix}$

$A^2=\begin{pmatrix} 1 & 1 \\ 1 & 1 \end{pmatrix}\begin{pmatrix} 1 & 1 \\ 1 & 1 \end{pmatrix}=\begin{pmatrix} 2 & 2 \\ 2 & 2 \end{pmatrix}=2A$

$A^3=A^2A=2AA=2A^2=2^2A$

$A^4=A^3A=2^2AA=2^2A^2=2^3A$

$\vdots$

$A^7=2^6A=\begin{pmatrix} 2^6 & 2^6 \\ 2^6 & 2^6 \end{pmatrix}$

따라서 행렬 A^7의 모든 성분의 합은 $4\times 2^6=256$

0873　답 40

전략　$a\leq 4$일 때와 $a>4$일 때로 나누어 $(f\circ g)(4)$를 a에 대한 식으로 나타낸다.

$(g\circ f)(1)=g(f(1))=g(a+1)=(a+1)^2$

$(f\circ g)(4)=f(g(4))$에서

(i) $a\leq 4$일 때,

　$g(4)=4^2=16$이므로

　$(f\circ g)(4)=f(g(4))=f(16)=a+16$

　$\therefore (g\circ f)(1)+(f\circ g)(4)=(a+1)^2+a+16$

$=a^2+3a+17$

　즉, $a^2+3a+17=57$이므로

　$a^2+3a-40=0$, $(a+8)(a-5)=0$

　$\therefore a=-8\ (\because a\leq 4)$

(ii) $a>4$일 때,

　$g(4)=8-6=2$이므로

　$(f\circ g)(4)=f(g(4))=f(2)=a+2$

　$\therefore (g\circ f)(1)+(f\circ g)(4)=(a+1)^2+a+2$

$=a^2+3a+3$

　즉, $a^2+3a+3=57$이므로

　$a^2+3a-54=0$, $(a+9)(a-6)=0$

　$\therefore a=6\ (\because a>4)$

(i), (ii)에서 $a=-8$ 또는 $a=6$

따라서 $S=-8+6=-2$이므로

$10S^2=10\times 4=40$

0874　답 13

전략　함수 f가 일대일대응임을 이용하여 주어진 조건을 만족시키도록 정의역의 각 원소를 대응시킨다.

함수 f가 역함수가 존재하므로 f는 일대일대응이다.

㈎에서 $(f\circ f)(-1)+f^{-1}(-2)=4$이므로

$(f\circ f)(-1)=2$, $f^{-1}(-2)=2$ ← $(f\circ f)(-1)$, $f^{-1}(-2)$의 값은

$\therefore f(f(-1))=2$, $f(2)=-2$ 　$-2,-1,0,1,2$ 중 하나이다.

$f(-1)=a\,(a는\ 상수)$라 하면

$f(a)=2$이고 $a\neq -2$, $a\neq -1$, $a\neq 2$이므로

$a=0$ 또는 $a=1$

(i) $a=0$, 즉 $f(-1)=0$일 때,

　$f(f(-1))=f(0)=2$

　㈏에서 $f(0)\times f(-2)\leq 0$, $f(1)\times f(-1)\leq 0$이므로

　$f(-2)=-1$, $f(1)=1$

(ii) $a=1$, 즉 $f(-1)=1$일 때,

　$f(f(-1))=f(1)=2$

　이때 $f(1)\times f(-1)=2>0$이므로 ㈏를 만족시키지 않는다.

(i), (ii)에서 $f(0)=2$, $f(1)=1$

$\therefore 6f(0)+5f(1)+2f(2)=12+5+(-4)=13$

참고　$a=-2$이면 $f(-1)=-2$, $f(2)=-2$이므로 함수 f는 일대일대응이 아니다.

$a=-1$이면 $f(-1)=-1$이고 $f(f(-1))=2$에서 $f(-1)=2$이므로 f는 함수가 아니다.

$a=2$이면 $f(-1)=2$이고 $f(f(-1))=2$에서 $f(2)=2$이므로 함수 f는 일대일대응이 아니다.

0875　답 72

전략　함수 $y=f(x)$의 그래프와 그 역함수 $y=f^{-1}(x)$의 그래프는 직선 $y=x$에 대하여 대칭임을 이용하여 네 점 A, B, C, D의 좌표를 구한다.

㈎에서 점 A는 $y=f(x)$의 그래프 위의 점이므로 $f(3)=4$

함수 $y=f(x)$의 그래프와 그 역함수 $y=f^{-1}(x)$의 그래프는 직선 $y=x$에 대하여 대칭이고 ㈏에서 선분 AB와 직선 $y=x$가 서로 수직이므로

$B(4, 3)$

㈐에서 직선 BD는 x축에 평행하므로 점 D의 y좌표는 3이다.

점 D의 좌표를 $(a, 3)$이라 하면 ㈏에서 선분 DC와 직선 $y=x$가 서로 수직이므로

$C(3, a)$

또 점 C는 $y=f^{-1}(x)$의 그래프 위의 점이므로 $f^{-1}(3)=a$

이때 $f(3)=f^{-1}(3)+12$이므로

$4=a+12$ 　$\therefore a=-8$

즉, A$(3, 4)$, B$(4, 3)$, C$(3, -8)$, D$(-8, 3)$이므로

$\overline{AB}=\sqrt{(4-3)^2+(3-4)^2}=\sqrt{2}$

$\overline{DC}=\sqrt{(3+8)^2+(-8-3)^2}=11\sqrt{2}$

한편 직선 DC의 방정식은 $y=-x-5$이므로 직선 $x+y+5=0$과 점 A$(3, 4)$ 사이의 거리는

$\dfrac{|3+4+5|}{\sqrt{1^2+1^2}}=6\sqrt{2}$

따라서 사각형 ADCB의 넓이는

$$\frac{1}{2} \times (\sqrt{2} + 11\sqrt{2}) \times 6\sqrt{2} = 72$$

0876 답 $\frac{9}{4}$

전략 함수 $y=f(x)$의 그래프가 직선 $y=x$에 대하여 대칭임을 이용하여 $f(k)=2$로 놓고 k의 값을 구한다.

$x<1$일 때, $y=-3x+4$라 하면 $x=-\dfrac{1}{3}y+\dfrac{4}{3}$

x와 y를 서로 바꾸면 $y=-\dfrac{1}{3}x+\dfrac{4}{3}$

$x\geq 1$일 때, $y=-\dfrac{1}{3}x+\dfrac{4}{3}$라 하면 $x=-3y+4$

x와 y를 서로 바꾸면 $y=-3x+4$

따라서 $y=f(x)$의 그래프가 직선 $y=x$에 대하여 대칭이므로

$$f(x)=f^{-1}(x)$$

$y=f(x)$와 $y=f^{-1}(x)$의 그래프가 일치하므로 상수 k에 대하여 $f(k)=f^{-1}(k)=2$라 하면

$g(f^{-1}(x))+g(f(x))=\dfrac{3}{2}x+\dfrac{7}{2}$에서

$g(f^{-1}(k))+g(f(k))=\dfrac{3}{2}k+\dfrac{7}{2}$

$g(2)+g(2)=\dfrac{3}{2}k+\dfrac{7}{2}$

$\therefore g(2)=\dfrac{3}{4}k+\dfrac{7}{4}$

이때 $f^{-1}(k)=2$에서 $f(2)=k$이므로

$-\dfrac{2}{3}+\dfrac{4}{3}=k$ $\quad \therefore k=\dfrac{2}{3}$

$\therefore g(2)=\dfrac{1}{2}+\dfrac{7}{4}=\dfrac{9}{4}$

0877 답 16

전략 $f(n)$의 값을 모두 구한 후 함수 f의 역함수가 존재하려면 f는 일대일대응임을 이용하여 집합 X의 개수를 구한다.

$S=\{9,\ 18,\ 27,\ 36,\ 45,\ 54,\ 63,\ 72,\ 81,\ 90,\ 99\}$

9를 7로 나눈 나머지는 2이므로 $f(9)=2$

18을 7로 나눈 나머지는 4이므로 $f(18)=4$

27을 7로 나눈 나머지는 6이므로 $f(27)=6$

같은 방법으로 하면 n의 값이 9, 18, 27, …, 99일 때의 $f(n)$의 값은

$f(9)=f(72)=2,$

$f(18)=f(81)=4,$

$f(27)=f(90)=6,$

$f(36)=f(99)=1,$

$f(45)=3,\ f(54)=5,\ f(63)=0$

즉, $f(n)=0,\ f(n)=3,\ f(n)=5$인 n의 값은 각각 1개이고,

$f(n)=1,\ f(n)=2,\ f(n)=4,\ f(n)=6$인 n의 값은 각각 2개이다.

이때 함수 f의 역함수가 존재하려면 f는 일대일대응이어야 하므로 집합 X는 n의 값이 각각 1개인 것은 반드시 원소로 갖고, 2개씩 있는 것은 그중 1개씩만 원소로 가져야 한다.

따라서 구하는 집합 X의 개수는

$$2\times 2\times 2\times 2=16$$

0878 답 ④

전략 방정식 $f(g(x))=f(x)$의 서로 다른 실근의 개수가 2가 되는 경우를 찾은 후 이차방정식의 판별식을 이용한다.

$f(g(x))=f(x)$에서

$\{g(x)\}^2-2g(x)-3=x^2-2x-3$

$\{g(x)\}^2-2g(x)-x(x-2)=0$

$\{g(x)-x\}\{g(x)+x-2\}=0$

$\therefore g(x)=x$ 또는 $g(x)=-x+2$

$g(x)=x$일 때, $x^2+2x+a=x$

$\therefore x^2+x+a=0$ $\qquad \cdots\cdots$ ㉠

$g(x)=-x+2$일 때, $x^2+2x+a=-x+2$

$\therefore x^2+3x+a-2=0$ $\qquad \cdots\cdots$ ㉡

방정식 $f(g(x))=f(x)$가 서로 다른 두 실근을 가지려면 이차방정식 ㉠만 서로 다른 두 실근을 갖거나 두 이차방정식 ㉠, ㉡이 각각 중근을 갖거나 이차방정식 ㉡만 서로 다른 두 실근을 가져야 한다.

이차방정식 ㉠의 판별식을 D_1이라 하면

$D_1=1-4a$

이차방정식 ㉡의 판별식을 D_2라 하면

$D_2=3^2-4(a-2)$

$\quad\ \ =17-4a$

(i) 이차방정식 ㉠은 서로 다른 두 실근을 갖고 이차방정식 ㉡은 실근을 갖지 않는 경우

$D_1>0,\ D_2<0$이어야 하므로

$1-4a>0,\ 17-4a<0$

$a<\dfrac{1}{4},\ a>\dfrac{17}{4}$

이를 만족시키는 실수 a의 값이 존재하지 않는다.

(ii) 두 이차방정식 ㉠, ㉡이 각각 중근을 갖는 경우

$D_1=0,\ D_2=0$이어야 하므로

$1-4a=0,\ 17-4a=0$

$a=\dfrac{1}{4},\ a=\dfrac{17}{4}$

이를 만족시키는 실수 a의 값이 존재하지 않는다.

(iii) 이차방정식 ㉠은 실근을 갖지 않고 이차방정식 ㉡은 서로 다른 두 실근을 갖는 경우

$D_1<0,\ D_2>0$이어야 하므로

$1-4a<0,\ 17-4a>0$

$a>\dfrac{1}{4},\ a<\dfrac{17}{4}$ $\quad \therefore \dfrac{1}{4}<a<\dfrac{17}{4}$

(i), (ii), (iii)에서 a의 값의 범위는

$$\frac{1}{4}<a<\frac{17}{4}$$

따라서 구하는 정수 a는 1, 2, 3, 4의 4개이다.

참고 주어진 방정식의 서로 다른 실근의 개수가 2이려면 $y=g(x)$의 그래프와 두 직선 $y=x$, $y=-x+2$의 서로 다른 교점의 개수가 2이어야 하므로 오른쪽 그림과 같이 $y=g(x)$의 그래프가 직선 $y=x$와는 만나지 않고, 직선 $y=-x+2$와 서로 다른 두 점에서 만나야 한다.

즉, 이차방정식 ㉠의 실근의 개수가 0, 이차방정식 ㉡의 서로 다른 실근의 개수가 2이어야 한다.

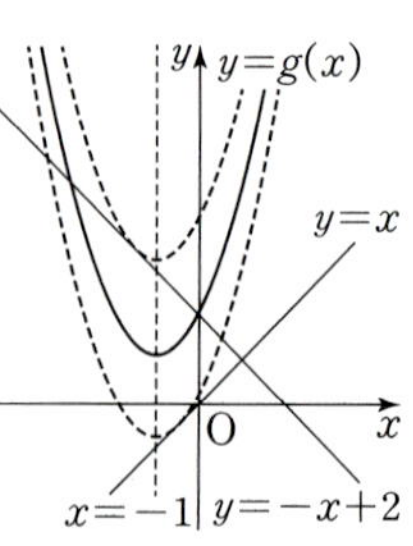

13 유리함수

0879 답 ④

$$\frac{x-1}{x+2}-\frac{2}{x-3}+\frac{7x-1}{x^2-x-6}$$
$$=\frac{x-1}{x+2}-\frac{2}{x-3}+\frac{7x-1}{(x+2)(x-3)}$$
$$=\frac{(x-1)(x-3)-2(x+2)+7x-1}{(x+2)(x-3)}$$
$$=\frac{x^2+x-2}{(x+2)(x-3)}$$
$$=\frac{(x+2)(x-1)}{(x+2)(x-3)}$$
$$=\frac{x-1}{x-3}$$

0880 답 ③

$$\frac{2x-6}{x^2-4}\times\frac{x+2}{x^2-6x+9}\div\frac{2}{x-3}$$
$$=\frac{2(x-3)}{(x+2)(x-2)}\times\frac{x+2}{(x-3)^2}\times\frac{x-3}{2}$$
$$=\frac{1}{x-2}$$

0881 답 ④

주어진 등식의 좌변을 통분하여 정리하면
$$\frac{3x}{x^2-3x+2}+\frac{4}{x-1}=\frac{3x}{(x-1)(x-2)}+\frac{4}{x-1}$$
$$=\frac{3x+4(x-2)}{(x-1)(x-2)}$$
$$=\frac{7x-8}{(x-1)(x-2)}$$

이때 $\dfrac{7x-8}{(x-1)(x-2)}=\dfrac{cx+d}{(x-a)(x-b)}$ 가 x에 대한 항등식이므로

$a=1,\ b=2,\ c=7,\ d=-8$ 또는 $a=2,\ b=1,\ c=7,\ d=-8$

$\therefore ab-cd=2-(-56)=58$

☑ 공통수학1 다시보기

(1) $ax^2+bx+c=0$이 x에 대한 항등식
　　$\Longleftrightarrow a=b=c=0$

(2) $ax^2+bx+c=a'x^2+b'x+c'$이 x에 대한 항등식
　　$\Longleftrightarrow a=a',\ b=b',\ c=c'$

0882 답 ③

① $\dfrac{2}{x+1}-\dfrac{1}{x-1}=\dfrac{2(x-1)-(x+1)}{(x+1)(x-1)}=\dfrac{x-3}{(x+1)(x-1)}$

② $\dfrac{x-1}{x-2}+\dfrac{3x}{x^2-2x}=\dfrac{x-1}{x-2}+\dfrac{3x}{x(x-2)}=\dfrac{x(x-1)+3x}{x(x-2)}$
$$=\frac{x^2+2x}{x(x-2)}=\frac{x(x+2)}{x(x-2)}=\frac{x+2}{x-2}$$

③ $\dfrac{x+4}{x^2-x-2}-\dfrac{x}{x^2-3x+2}$
$$=\frac{x+4}{(x+1)(x-2)}-\frac{x}{(x-1)(x-2)}$$
$$=\frac{(x+4)(x-1)-x(x+1)}{(x+1)(x-1)(x-2)}=\frac{2x-4}{(x+1)(x-1)(x-2)}$$
$$=\frac{2(x-2)}{(x+1)(x-1)(x-2)}$$
$$=\frac{2}{(x+1)(x-1)}$$

④ $\dfrac{x-3}{x+2}\times\dfrac{x^2+x-2}{x^2-3x}=\dfrac{x-3}{x+2}\times\dfrac{(x+2)(x-1)}{x(x-3)}$
$$=\frac{x-1}{x}$$

⑤ $\dfrac{x^2+2x}{x-1}\div\dfrac{x^2-4}{x^2-1}=\dfrac{x(x+2)}{x-1}\times\dfrac{(x+1)(x-1)}{(x+2)(x-2)}$
$$=\frac{x(x+1)}{x-2}$$

따라서 옳지 않은 것은 ③이다.

0883 답 −1

$$(주어진\ 식)=\frac{x^2(y-z)+y^2(z-x)+z^2(x-y)}{(x-y)(y-z)(z-x)}\quad\cdots\cdots\ ㉠$$
$$x^2(y-z)+y^2(z-x)+z^2(x-y)$$
$$=x^2(y-z)+y^2z-xy^2+xz^2-yz^2$$
$$=x^2(y-z)-x(y^2-z^2)+yz(y-z)$$
$$=x^2(y-z)-x(y+z)(y-z)+yz(y-z)$$
$$=(y-z)\{x^2-(y+z)x+yz\}$$
$$=(y-z)(x-y)(x-z)$$
$$=-(x-y)(y-z)(z-x)$$

이므로 이를 ㉠에 대입하면
$$(주어진\ 식)=\frac{-(x-y)(y-z)(z-x)}{(x-y)(y-z)(z-x)}=-1$$

0884 답 4

주어진 등식의 좌변을 통분하여 정리하면
$$\frac{a}{x-2}+\frac{x+b}{x^2+2x+4}$$
$$=\frac{a(x^2+2x+4)+(x+b)(x-2)}{(x-2)(x^2+2x+4)}$$
$$=\frac{ax^2+2ax+4a+x^2+(b-2)x-2b}{x^3-8}$$
$$=\frac{(a+1)x^2+(2a+b-2)x+4a-2b}{x^3-8}$$

이때 $\dfrac{(a+1)x^2+(2a+b-2)x+4a-2b}{x^3-8}=\dfrac{-x-10}{x^3-8}$이 x에 대한 항등식이므로
$a+1=0,\ 2a+b-2=-1,\ 4a-2b=-10$
$\therefore a=-1,\ b=3$
$\therefore b-a=4$

다른 풀이

주어진 식의 양변에 $(x-2)(x^2+2x+4)$를 곱하여 정리하면
$a(x^2+2x+4)+(x+b)(x-2)=-x-10$
$\therefore (a+1)x^2+(2a+b-2)x+4a-2b=-x-10$

이 식이 x에 대한 항등식이므로
$a+1=0,\ 2a+b-2=-1,\ 4a-2b=-10$
$\therefore a=-1,\ b=3$
$\therefore b-a=4$

0885 답 $\dfrac{23}{50}$

$\dfrac{1}{2\times3}+\dfrac{1}{3\times4}+\dfrac{1}{4\times5}+\cdots+\dfrac{1}{24\times25}$
$=\left(\dfrac{1}{2}-\dfrac{1}{3}\right)+\left(\dfrac{1}{3}-\dfrac{1}{4}\right)+\left(\dfrac{1}{4}-\dfrac{1}{5}\right)+\cdots+\left(\dfrac{1}{24}-\dfrac{1}{25}\right)$
$=\dfrac{1}{2}-\dfrac{1}{25}=\dfrac{23}{50}$

0886 답 ③

$\dfrac{1}{x(x+1)}+\dfrac{2}{(x+1)(x+3)}+\dfrac{3}{(x+3)(x+6)}$
$=\left(\dfrac{1}{x}-\dfrac{1}{x+1}\right)+\left(\dfrac{1}{x+1}-\dfrac{1}{x+3}\right)+\left(\dfrac{1}{x+3}-\dfrac{1}{x+6}\right)$
$=\dfrac{1}{x}-\dfrac{1}{x+6}$
$=\dfrac{6}{x^2+6x}$
따라서 $a=1,\ b=6$이므로
$a-b=-5$

0887 답 ④

주어진 등식의 양변에 $(x-1)^3$을 곱하여 정리하면
$(x+2)(x-1)=a(x-1)^2+b(x-1)+c$
$\therefore x^2+x-2=ax^2-(2a-b)x+a-b+c$
이 식이 x에 대한 항등식이므로
$1=a,\ 1=-(2a-b),\ -2=a-b+c$
$\therefore a=1,\ b=3,\ c=0$
$\therefore a+b-c=4$

0888 답 8

$\dfrac{2}{x^2+2x}+\dfrac{3}{1+\dfrac{1}{x+1}}=\dfrac{2}{x^2+2x}+\dfrac{3}{\dfrac{x+2}{x+1}}$
$=\dfrac{2}{x^2+2x}+\dfrac{3(x+1)}{x+2}$
$=\dfrac{2}{x^2+2x}+\dfrac{3x(x+1)}{x(x+2)}$
$=\dfrac{3x^2+3x+2}{x^2+2x}$ ······ ⓘ
즉, $\dfrac{3x^2+3x+2}{x^2+2x}=\dfrac{f(x)}{x^2+2x}$이므로
$f(x)=3x^2+3x+2$ ······ ⓘⓘ
$\therefore f(-2)=12-6+2=8$ ······ ⓘⓘⓘ

채점 기준	
ⓘ 주어진 식의 좌변을 간단히 하기	60%
ⓘⓘ $f(x)$ 구하기	20%
ⓘⓘⓘ $f(-2)$의 값 구하기	20%

0889 답 -36

$\dfrac{x+1}{x}-\dfrac{x+2}{x+1}+\dfrac{x-1}{x-2}-\dfrac{x-2}{x-3}$
$=\dfrac{x+1}{x}-\dfrac{(x+1)+1}{x+1}+\dfrac{(x-2)+1}{x-2}-\dfrac{(x-3)+1}{x-3}$
$=\left(1+\dfrac{1}{x}\right)-\left(1+\dfrac{1}{x+1}\right)+\left(1+\dfrac{1}{x-2}\right)-\left(1+\dfrac{1}{x-3}\right)$
$=\left(\dfrac{1}{x}-\dfrac{1}{x+1}\right)+\left(\dfrac{1}{x-2}-\dfrac{1}{x-3}\right)$
$=\dfrac{1}{x(x+1)}-\dfrac{1}{(x-2)(x-3)}$
$=\dfrac{x^2-5x+6-(x^2+x)}{x(x+1)(x-2)(x-3)}$
$=\dfrac{-6x+6}{x(x+1)(x-2)(x-3)}$
따라서 $a=-6,\ b=6$이므로 $ab=-36$

0890 답 11

$\dfrac{\dfrac{1}{n+1}-\dfrac{1}{n+5}}{\dfrac{1}{n+5}-\dfrac{1}{n+9}}=\dfrac{\dfrac{4}{(n+1)(n+5)}}{\dfrac{4}{(n+5)(n+9)}}$
$=\dfrac{n+9}{n+1}$
$=\dfrac{(n+1)+8}{n+1}$
$=1+\dfrac{8}{n+1}$ ······ ⓘ
즉, $1+\dfrac{8}{n+1}$의 값이 자연수가 되려면 $\dfrac{8}{n+1}$의 값이 0 또는 자연수이어야 한다.
이때 $\dfrac{8}{n+1}\neq0$이므로 $\dfrac{8}{n+1}$의 값이 자연수가 되도록 하는 $n+1$의 값은 8의 양의 약수인 1, 2, 4, 8이다.
따라서 정수 n의 값은 0, 1, 3, 7이므로 구하는 합은
$0+1+3+7=11$ ······ ⓘⓘ

채점 기준	
ⓘ 주어진 식을 간단히 하기	70%
ⓘⓘ 모든 정수 n의 값의 합 구하기	30%

0891 답 ⑤

$\dfrac{16}{57}=\dfrac{1}{\dfrac{57}{16}}=\dfrac{1}{3+\dfrac{9}{16}}=\dfrac{1}{3+\dfrac{1}{\dfrac{16}{9}}}=\dfrac{1}{3+\dfrac{1}{1+\dfrac{7}{9}}}$
$=\dfrac{1}{3+\dfrac{1}{1+\dfrac{1}{\dfrac{9}{7}}}}=\dfrac{1}{3+\dfrac{1}{1+\dfrac{1}{1+\dfrac{2}{7}}}}$
$=\dfrac{1}{3+\dfrac{1}{1+\dfrac{1}{1+\dfrac{1}{1+\dfrac{7}{2}}}}}=\dfrac{1}{3+\dfrac{1}{1+\dfrac{1}{1+\dfrac{1}{3+\dfrac{1}{2}}}}}$
따라서 $a=3,\ b=1,\ c=1,\ d=3,\ e=2$이므로
$a+b+c+d+e=10$

0892 답 0

주어진 등식의 양변에 $(x-1)(x-2)(x-3)\times\cdots\times(x-8)$을 곱하여 정리하면

$$1=a_1(x-2)(x-3)(x-4)(x-5)(x-6)(x-7)(x-8)$$
$$+a_2(x-1)(x-3)(x-4)(x-5)(x-6)(x-7)(x-8)$$
$$+a_3(x-1)(x-2)(x-4)(x-5)(x-6)(x-7)(x-8)$$
$$+\cdots+a_8(x-1)(x-2)(x-3)(x-4)(x-5)(x-6)(x-7)$$

이 식이 x에 대한 항등식이고 우변에서 x^7의 계수가

$a_1+a_2+a_3+\cdots+a_8$이므로

$a_1+a_2+a_3+\cdots+a_8=0$

0893 답 ③

$$\frac{1}{1^2+2}+\frac{1}{3^2+6}+\frac{1}{5^2+10}+\cdots+\frac{1}{57^2+114}$$
$$=\frac{1}{1^2+1\times2}+\frac{1}{3^2+3\times2}+\frac{1}{5^2+5\times2}+\cdots+\frac{1}{57^2+57\times2}$$
$$=\frac{1}{1(1+2)}+\frac{1}{3(3+2)}+\frac{1}{5(5+2)}+\cdots+\frac{1}{57(57+2)}$$
$$=\frac{1}{1\times3}+\frac{1}{3\times5}+\frac{1}{5\times7}+\cdots+\frac{1}{57\times59}$$
$$=\frac{1}{2}\left\{\left(1-\frac{1}{3}\right)+\left(\frac{1}{3}-\frac{1}{5}\right)+\left(\frac{1}{5}-\frac{1}{7}\right)+\cdots+\left(\frac{1}{57}-\frac{1}{59}\right)\right\}$$
$$=\frac{1}{2}\left(1-\frac{1}{59}\right)=\frac{29}{59}$$

따라서 $p=59$, $q=29$이므로

$p+q=88$

0894 답 $\dfrac{5}{8}$

$x:y:z=3:4:7$이므로 $x=3k$, $y=4k$, $z=7k\,(k\neq0)$로 놓으면

$$\frac{3x+2y-z}{x-2y+3z}=\frac{3\times3k+2\times4k-7k}{3k-2\times4k+3\times7k}=\frac{10k}{16k}=\frac{5}{8}$$

0895 답 $-\dfrac{7}{8}$

$x^2-5xy+4y^2=0$에서 $(x-y)(x-4y)=0$

$\therefore x=4y\,(\because x\neq y)$

$$\therefore \frac{x^2-3xy+3y^2}{2xy-x^2}=\frac{(4y)^2-3\times4y\times y+3y^2}{2\times4y\times y-(4y)^2}$$
$$=\frac{7y^2}{-8y^2}=-\frac{7}{8}$$

0896 답 $-\dfrac{14}{5}$

$x-y+z=0$ ⋯⋯ ㉠

$x+5y-z=0$ ⋯⋯ ㉡

㉠+㉡을 하면

$2x+4y=0$ $\therefore x=-2y$

이를 ㉠에 대입하면

$-2y-y+z=0$ $\therefore z=3y$ ⋯⋯ ❶

$$\therefore \frac{x^2+y^2+z^2}{xy+yz+zx}=\frac{(-2y)^2+y^2+(3y)^2}{-2y\times y+y\times3y+3y\times(-2y)}$$
$$=\frac{14y^2}{-5y^2}=-\frac{14}{5}$$ ⋯⋯ ❷

❶ x, z를 y에 대한 식으로 나타내기		60%
❷ $\dfrac{x^2+y^2+z^2}{xy+yz+zx}$의 값 구하기		40%

0897 답 ④

$\dfrac{x+xy+y}{x-xy+y}=9$에서 $x+xy+y=9(x-xy+y)$

$10xy=8x+8y$ $\therefore xy=\dfrac{4}{5}(x+y)$

$$\therefore \frac{1}{x}+\frac{1}{y}=\frac{x+y}{xy}=\frac{x+y}{\frac{4}{5}(x+y)}=\frac{5}{4}$$

0898 답 $\dfrac{5}{2}$

$(a+b):(b+c):(c+a)=5:7:8$이므로

$a+b=5k$, $b+c=7k$, $c+a=8k\,(k\neq0)$ ⋯⋯ ㉠

로 놓고 세 식을 변끼리 더하면

$2(a+b+c)=20k$

$\therefore a+b+c=10k$ ⋯⋯ ㉡

㉠, ㉡에서 $a=3k$, $b=2k$, $c=5k$ ⋯⋯ ❶

$$\therefore \frac{bc}{a^2+2bc-c^2}=\frac{2k\times5k}{(3k)^2+2\times2k\times5k-(5k)^2}$$
$$=\frac{10k^2}{4k^2}=\frac{5}{2}$$ ⋯⋯ ❷

❶ a, b, c를 0이 아닌 실수 k에 대한 식으로 나타내기		60%
❷ $\dfrac{bc}{a^2+2bc-c^2}$의 값 구하기		40%

0899 답 ①

$a+2b+3c=0$에서

$a+2b=-3c$, $2b+3c=-a$, $a+3c=-2b$

$$\therefore a\left(\frac{1}{2b}+\frac{1}{3c}\right)+2b\left(\frac{1}{3c}+\frac{1}{a}\right)+3c\left(\frac{1}{a}+\frac{1}{2b}\right)$$
$$=\frac{a}{2b}+\frac{a}{3c}+\frac{2b}{3c}+\frac{2b}{a}+\frac{3c}{a}+\frac{3c}{2b}$$
$$=\frac{2b+3c}{a}+\frac{a+3c}{2b}+\frac{a+2b}{3c}$$
$$=\frac{-a}{a}+\frac{-2b}{2b}+\frac{-3c}{3c}=-3$$

0900 답 ②

$x-\dfrac{4}{z}=1$에서 $\dfrac{4}{z}=x-1$

$\dfrac{z}{4}=\dfrac{1}{x-1}$ $\therefore z=\dfrac{4}{x-1}$

$\dfrac{1}{x}-y=1$에서 $y=\dfrac{1}{x}-1=\dfrac{1-x}{x}$

$$\therefore xyz=x\times\frac{1-x}{x}\times\frac{4}{x-1}=-4$$

$$\therefore \frac{12}{xyz}=\frac{12}{-4}=-3$$

0901 답 3

$\dfrac{1}{a^2}+\dfrac{1}{b^2}+\dfrac{1}{c^2}=\left(\dfrac{1}{a}+\dfrac{1}{b}+\dfrac{1}{c}\right)^2$에서

$\dfrac{1}{a^2}+\dfrac{1}{b^2}+\dfrac{1}{c^2}=\dfrac{1}{a^2}+\dfrac{1}{b^2}+\dfrac{1}{c^2}+2\left(\dfrac{1}{ab}+\dfrac{1}{bc}+\dfrac{1}{ca}\right)$

$2\left(\dfrac{1}{ab}+\dfrac{1}{bc}+\dfrac{1}{ca}\right)=0$

$\dfrac{1}{ab}+\dfrac{1}{bc}+\dfrac{1}{ca}=0$

$\dfrac{a+b+c}{abc}=0$ ∴ $a+b+c=0$

∴ $\dfrac{a^3+b^3+c^3}{abc}$

$=\dfrac{(a+b+c)(a^2+b^2+c^2-ab-bc-ca)+3abc}{abc}$

$=\dfrac{3abc}{abc}=3$

0902 답 ②

$\dfrac{3a-b-c}{3a}=\dfrac{-a+3b-c}{3b}=\dfrac{-a-b+3c}{3c}=k\,(k\neq0)$로 놓으면

$3a-b-c=3ak,\ -a+3b-c=3bk,\ -a-b+3c=3ck$

$\qquad\qquad\qquad\qquad\qquad\qquad\cdots\cdots\ \bigcirc$

세 식을 변끼리 더하면

$a+b+c=3k(a+b+c)$

$(3k-1)(a+b+c)=0$

∴ $k=\dfrac{1}{3}$ 또는 $a+b+c=0$

(i) $k=\dfrac{1}{3}$일 때,

 $\bigcirc$에서 $b+c=2a,\ c+a=2b,\ a+b=2c$이므로

 $\dfrac{(a+b)(b+c)(c+a)}{2abc}=\dfrac{2c\times2a\times2b}{2abc}=4$

 ∴ $p=4$

(ii) $a+b+c=0$일 때,

 $a+b=-c,\ b+c=-a,\ c+a=-b$이므로

 $\dfrac{(a+b)(b+c)(c+a)}{2abc}=\dfrac{-c\times(-a)\times(-b)}{2abc}=-\dfrac{1}{2}$

 ∴ $p=-\dfrac{1}{2}$

(i), (ii)에서 $p=4$ 또는 $p=-\dfrac{1}{2}$

따라서 구하는 곱은

$4\times\left(-\dfrac{1}{2}\right)=-2$

0903 답 ④

$y=\dfrac{4x-6}{x-2}=\dfrac{4(x-2)+2}{x-2}=\dfrac{2}{x-2}+4$이므로 주어진 함수의 그

래프는 $y=\dfrac{2}{x}$의 그래프를 x축의 방향으로 2만큼, y축의 방향으로

4만큼 평행이동한 것이다.

따라서 $x\geq4$에서 $y=\dfrac{4x-6}{x-2}$의 그래프는

오른쪽 그림과 같으므로 치역은

$\{y\,|\,4<y\leq5\}$

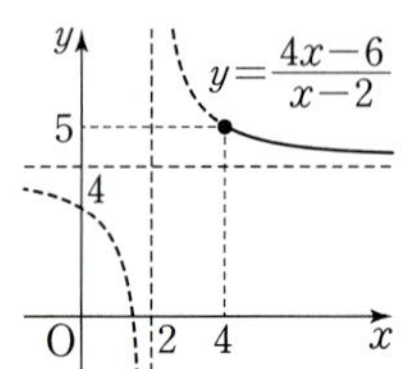

0904 답 ①

$y=\dfrac{mx+3}{x+n}=\dfrac{m(x+n)-mn+3}{x+n}=\dfrac{-mn+3}{x+n}+m$

따라서 정의역은 $\{x\,|\,x\neq-n$인 실수$\}$이고, 치역은

$\{y\,|\,y\neq m$인 실수$\}$이므로

$-n=-1,\ m=5$ ∴ $m=5,\ n=1$

∴ $mn=5$

0905 답 -3

$y=\dfrac{3x+5}{x+a}=\dfrac{3(x+a)-3a+5}{x+a}=\dfrac{-3a+5}{x+a}+3$

따라서 정의역은 $\{x\,|\,x\neq-a$인 실수$\}$이고, 치역은

$\{y\,|\,y\neq3$인 실수$\}$이다. $\cdots\cdots$ ❶

이때 정의역과 치역이 서로 같으므로

$-a=3$ ∴ $a=-3$ $\cdots\cdots$ ❷

❶ 함수 $y=\dfrac{3x+5}{x+a}$의 정의역, 치역 구하기		70%
❷ a의 값 구하기		30%

0906 답 12

$y=\dfrac{2x+1}{x-4}=\dfrac{2(x-4)+9}{x-4}=\dfrac{9}{x-4}+2$이므로 주어진 함수의 그

래프는 $y=\dfrac{9}{x}$의 그래프를 x축의 방향으로 4만큼, y축의 방향으로

2만큼 평행이동한 것이다.

$y\leq-1$ 또는 $y\geq3$에서 $y=\dfrac{2x+1}{x-4}$의

그래프는 오른쪽 그림과 같으므로 정의

역은

$\{x\,|\,1\leq x<4$ 또는 $4<x\leq13\}$

따라서 정의역에 속하는 자연수는 1, 2,

3, 5, 6, ..., 13의 12개이다.

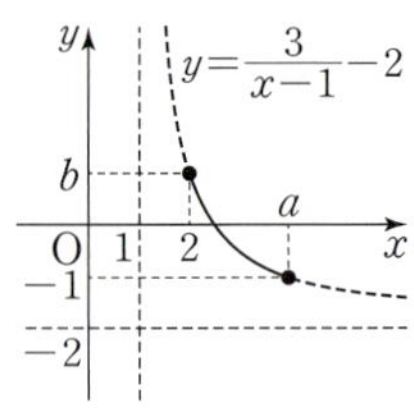

0907 답 ①

$y=\dfrac{3}{x-1}-2$의 그래프는 $y=\dfrac{3}{x}$의 그래프를 x축의 방향으로 1만

큼, y축의 방향으로 -2만큼 평행이동한 것이다.

따라서 $2\leq x\leq a$에서 $y=\dfrac{3}{x-1}-2$의 그

래프는 오른쪽 그림과 같다.

즉, $y=\dfrac{3}{x-1}-2$에서 $x=2$일 때, $y=b$

이므로

$\dfrac{3}{2-1}-2=b$ ∴ $b=1$

$x=a$일 때, $y=-1$이므로

$\dfrac{3}{a-1}-2=-1,\ \dfrac{3}{a-1}=1$

$a-1=3$ ∴ $a=4$

∴ $a+b=5$

III. 함수와 그래프

0908 답 32

$$f(x)=\frac{8x+a}{x+2}=\frac{8(x+2)+a-16}{x+2}=\frac{a-16}{x+2}+8$$

(i) $a-16>0$, 즉 $a>16$일 때,

$x\geq-1$에서 $y=f(x)$의 그래프는 오른쪽
그림과 같으므로 치역은
$\{y\,|\,8<y\leq a-8\}$
따라서 치역의 원소 중 정수는 9, 10,
11, 12, 13의 5개이어야 하므로
$13\leq a-8<14$ ∴ $21\leq a<22$

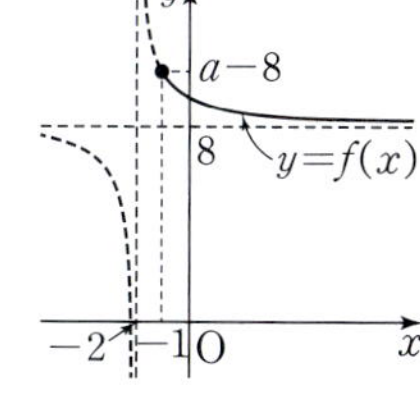

(ii) $a-16<0$, 즉 $a<16$일 때,

$x\geq-1$에서 $y=f(x)$의 그래프는 오른쪽
그림과 같으므로 치역은
$\{y\,|\,a-8\leq y<8\}$
따라서 치역의 원소 중 정수는 3, 4, 5,
6, 7의 5개이어야 하므로
$2<a-8\leq3$ ∴ $10<a\leq11$

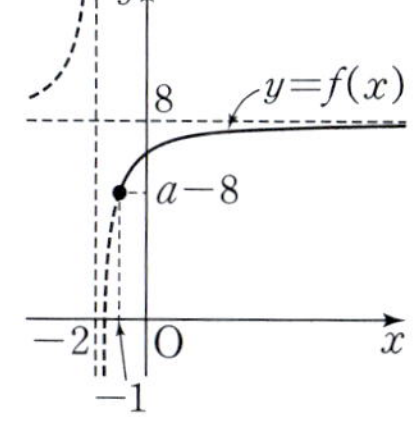

(iii) $a-16=0$, 즉 $a=16$일 때,

$f(x)=8$이므로 주어진 조건을 만족시키지 않는다.

(i), (ii), (iii)에서 $10<a\leq11$ 또는 $21\leq a<22$

따라서 정수 a의 값은 11, 21이므로 구하는 합은

$11+21=32$

0909 답 ④

$y=\dfrac{4x+2}{x+1}=\dfrac{4(x+1)-2}{x+1}=-\dfrac{2}{x+1}+4$이므로 $y=\dfrac{4x+2}{x+1}$의

그래프는 $y=-\dfrac{2}{x}$의 그래프를 x축의 방향으로 -1만큼, y축의 방

향으로 4만큼 평행이동한 것이다.

따라서 $k=-2$, $a=-1$, $b=4$이므로 $k+a+b=1$

0910 답 $\dfrac{7}{2}$

$y=\dfrac{6x-4}{2x-1}=\dfrac{3(2x-1)-1}{2x-1}=-\dfrac{1}{2\left(x-\dfrac{1}{2}\right)}+3$이므로 점근선

의 방정식은

$x=\dfrac{1}{2}$, $y=3$

따라서 $a=\dfrac{1}{2}$, $b=3$이므로 $a+b=\dfrac{7}{2}$

0911 답 ②

$y=\dfrac{-3x+2}{x-1}=\dfrac{-3(x-1)-1}{x-1}=-\dfrac{1}{x-1}-3$이므로

$y=\dfrac{-3x+2}{x-1}$의 그래프는 $y=-\dfrac{1}{x}$의 그래프를 x축의 방향으로 1

만큼, y축의 방향으로 -3만큼 평행이동한 것이다.

따라서 $y=\dfrac{-3x+2}{x-1}$의 그래프는 오른
쪽 그림과 같으므로 제2사분면을 지나지
않는다.

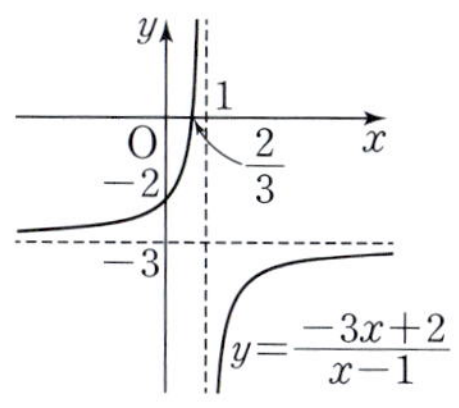

0912 답 ⑤

함수 $y=\dfrac{3}{x-5}+k$의 그래프의 점근선의 방정식은

$x=5$, $y=k$

따라서 점 $(5,\,k)$는 직선 $y=x$ 위의 점이므로

$k=5$

0913 답 ③

$y=\dfrac{2}{x+5}+3$의 그래프는 오른쪽 그
림과 같다.

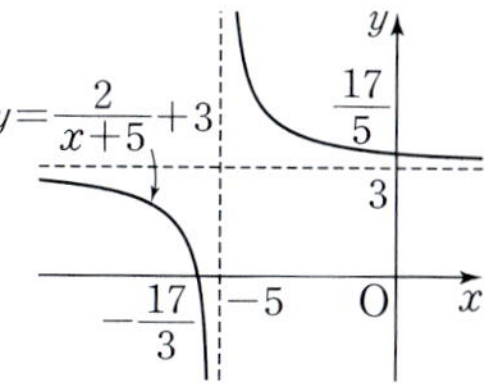

ㄱ. $y=\dfrac{2}{x}$의 그래프를 x축의 방향으
로 -5만큼, y축의 방향으로 3만
큼 평행이동한 것이다.

ㄴ. 점근선의 방정식은 $x=-5$, $y=3$이므로 점 $(-5,\,3)$에 대하여
대칭이다.

ㄷ. 제2사분면을 지난다.

따라서 보기에서 옳은 것은 ㄱ, ㄴ이다.

0914 답 ㄴ, ㄹ

ㄱ. $y=\dfrac{2x-1}{x}=-\dfrac{1}{x}+2$이므로 $y=\dfrac{2x-1}{x}$의 그래프는 $y=-\dfrac{1}{x}$
의 그래프를 y축의 방향으로 2만큼 평행이동한 것이다.

ㄴ. $y=\dfrac{x-3}{x-1}=\dfrac{(x-1)-2}{x-1}=-\dfrac{2}{x-1}+1$이므로 $y=\dfrac{x-3}{x-1}$의

그래프는 $y=-\dfrac{2}{x}$의 그래프를 x축의 방향으로 1만큼, y축의

방향으로 1만큼 평행이동한 것이다.

ㄷ. $y=\dfrac{2x+7}{x+3}=\dfrac{2(x+3)+1}{x+3}=\dfrac{1}{x+3}+2$이므로 $y=\dfrac{2x+7}{x+3}$

의 그래프는 $y=\dfrac{1}{x}$의 그래프를 x축의 방향으로 -3만큼, y축

의 방향으로 2만큼 평행이동한 것이다.

ㄹ. $y=\dfrac{3x-4}{2-x}=\dfrac{-3x+4}{x-2}=\dfrac{-3(x-2)-2}{x-2}=-\dfrac{2}{x-2}-3$이

므로 $y=\dfrac{3x-4}{2-x}$의 그래프는 $y=-\dfrac{2}{x}$의 그래프를 x축의 방향

으로 2만큼, y축의 방향으로 -3만큼 평행이동한 것이다.

따라서 보기에서 그 그래프가 함수 $y=-\dfrac{2}{x}$의 그래프를 평행이동

하여 겹쳐지는 함수인 것은 ㄴ, ㄹ이다.

0915 답 ④

$y=\dfrac{b}{x-a}$의 그래프의 점근선의 방정식은

$x=a$, $y=0$

이때 한 점근선의 방정식이 $x=4$이므로 $a=4$

또 $y=\dfrac{b}{x-4}$의 그래프가 점 $(2,\,4)$를 지나므로

$4=\dfrac{b}{2-4}$ ∴ $b=-8$

∴ $a-b=12$

0916 답 6

$y=\dfrac{3x-5}{1-x}=\dfrac{-3x+5}{x-1}=\dfrac{-3(x-1)+2}{x-1}=\dfrac{2}{x-1}-3$이므로

점근선의 방정식은 $x=1$, $y=-3$ ...... ❶

$y=\dfrac{bx-4}{3x+a}=\dfrac{\frac{b}{3}(3x+a)-\frac{ab}{3}-4}{3x+a}=\dfrac{-\frac{ab}{3}-4}{3\left(x+\frac{a}{3}\right)}+\dfrac{b}{3}$이므로

점근선의 방정식은 $x=-\dfrac{a}{3}$, $y=\dfrac{b}{3}$ ...... ❷

두 그래프의 점근선이 일치하므로

$1=-\dfrac{a}{3}$, $-3=\dfrac{b}{3}$ $\therefore a=-3$, $b=-9$

$\therefore a-b=6$ ...... ❸

채점 기준

❶ 함수 $y=\dfrac{3x-5}{1-x}$의 그래프의 점근선의 방정식 구하기	40%
❷ 함수 $y=\dfrac{bx-4}{3x+a}$의 그래프의 점근선의 방정식 구하기	40%
❸ $a-b$의 값 구하기	20%

0917 답 4

$y=\dfrac{2x+3}{x+4}=\dfrac{2(x+4)-5}{x+4}=-\dfrac{5}{x+4}+2$이므로 점근선의 방정식은

$x=-4$, $y=2$

따라서 주어진 함수의 그래프는 점 $(-4, 2)$에 대하여 대칭이므로

$p=-4$, $q=2$

또 점 $(-4, 2)$는 직선 $y=x+r$ 위의 점이므로

$2=-4+r$ $\therefore r=6$

$\therefore p+q+r=4$

0918 답 -18

$y=\dfrac{ax+b}{x+3}=\dfrac{a(x+3)-3a+b}{x+3}=\dfrac{-3a+b}{x+3}+a$이므로 점근선의 방정식은

$x=-3$, $y=a$

주어진 함수의 그래프가 점 $(c, 1)$에 대하여 대칭이므로

$c=-3$, $a=1$

따라서 $y=\dfrac{x+b}{x+3}$의 그래프가 y축과 만나는 점의 y좌표는 2이므로

$2=\dfrac{b}{3}$ $\therefore b=6$

$\therefore abc=-18$

다른 풀이

주어진 함수의 그래프가 점 $(c, 1)$에 대하여 대칭이므로 점근선의 방정식은 $x=c$, $y=1$

$y=\dfrac{k}{x-c}+1\,(k\neq0)$ ...... ㉠

이라 하면 ㉠의 그래프가 y축과 만나는 점의 y좌표는 2이므로

$2=\dfrac{k}{-c}+1$

$\therefore k=-c$

$k=-c$를 ㉠에 대입하면

$y=\dfrac{-c}{x-c}+1=\dfrac{x-2c}{x-c}$

즉, $\dfrac{x-2c}{x-c}=\dfrac{ax+b}{x+3}$이므로

$a=1$, $b=-2c$, $3=-c$ $\therefore a=1$, $b=6$, $c=-3$

$\therefore abc=-18$

0919 답 ②

$y=\dfrac{ax+b}{x+c}=\dfrac{a(x+c)-ac+b}{x+c}=\dfrac{-ac+b}{x+c}+a$이므로 점근선의 방정식은 $x=-c$, $y=a$

즉, 두 직선 $y=x-1$, $y=-x+5$가 두 점근선의 교점 $(-c, a)$를 지나므로

$a=-c-1$, $a=c+5$

두 식을 연립하여 풀면 $a=2$, $c=-3$

따라서 $y=\dfrac{2x+b}{x-3}$의 그래프가 점 $(1, -2)$를 지나므로

$-2=\dfrac{2+b}{1-3}$, $4=2+b$ $\therefore b=2$

$\therefore a-b-c=3$

0920 답 ⑤

$f(x)=\dfrac{3x+k}{x+4}=\dfrac{3(x+4)+k-12}{x+4}=\dfrac{k-12}{x+4}+3$

$y=f(x)$의 그래프를 x축의 방향으로 -2만큼, y축의 방향으로 3만큼 평행이동한 그래프의 식은

$y-3=\dfrac{k-12}{(x+2)+4}+3$ $\therefore y=\dfrac{k-12}{x+6}+6$

$\therefore g(x)=\dfrac{k-12}{x+6}+6$

즉, 곡선 $y=g(x)$의 점근선의 방정식은 $x=-6$, $y=6$이므로 두 점근선의 교점의 좌표는 $(-6, 6)$이다.

따라서 점 $(-6, 6)$이 $y=f(x)$의 그래프 위의 점이므로

$6=\dfrac{-18+k}{-6+4}$, $-12=-18+k$ $\therefore k=6$

0921 답 ③

$y=\dfrac{3x+k-10}{x+1}=\dfrac{3(x+1)+k-13}{x+1}=\dfrac{k-13}{x+1}+3$ ...... ㉠

이때 $k-13=0$, 즉 $k=13$이면 ㉠은 $y=3$이므로 그래프가 제4사분면을 지나지 않는다.

$\therefore k\neq13$

㉠의 그래프는 점근선의 방정식이 $x=-1$, $y=3$이고,

점 $(0, k-10)$을 지난다.

(ⅰ) $k-13>0$, 즉 $k>13$일 때,

　그래프가 제4사분면을 지나지 않는다.

(ⅱ) $k-13<0$, 즉 $k<13$일 때,

　그래프가 제4사분면을 지나려면 $x=0$

　일 때 $y<0$이어야 하므로

　$k-10<0$ $\therefore k<10$

(ⅰ), (ⅱ)에서 $k<10$

따라서 자연수 k는 1, 2, 3, ..., 9의 9개이다.

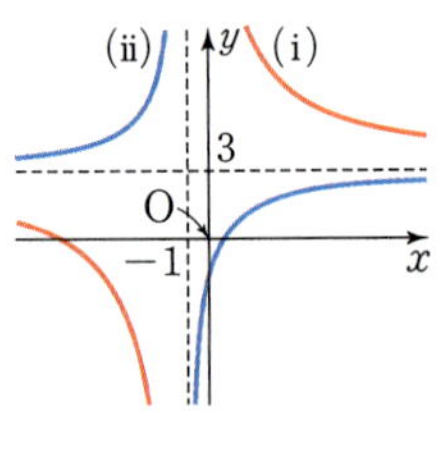

0922 답 $k<0$ 또는 $0<k\le2$

$y=\dfrac{k}{x}$의 그래프를 x축의 방향으로 1만큼, y축의 방향으로 2만큼

평행이동한 그래프의 식은

$y=\dfrac{k}{x-1}+2$

이 함수의 그래프는 점근선의 방정식이 $x=1$, $y=2$이고,

점 $(0,\ -k+2)$를 지난다.

(i) $k>0$일 때,

그래프가 제3사분면을 지나지 않으려면

$x=0$일 때 $y\ge0$이어야 하므로

$-k+2\ge0$

$\therefore\ k\le2$

그런데 $k>0$이므로

$0<k\le2$

(ii) $k<0$일 때,

그래프가 제3사분면을 지나지 않는다.

(i), (ii)에서

$k<0$ 또는 $0<k\le2$

0923 답 6

$f(x)=\dfrac{a}{x+3}-4$의 그래프는 점근선의 방정식이 $x=-3$, $y=-4$

이고, 점 $\left(0,\ \dfrac{a}{3}-4\right)$를 지난다.

(i) $a>0$일 때,

$y=f(x)$의 그래프가 제2, 3, 4사분면만

을 지나려면 $x=0$일 때 $y\le0$이어야 하

므로

$\dfrac{a}{3}-4\le0$

$\therefore\ a\le12$

그런데 $a>0$이므로 $0<a\le12$

(ii) $a<0$일 때,

$y=f(x)$의 그래프는 제2, 3, 4사분면만을 지난다.

(i), (ii)에서

$a<0$ 또는 $0<a\le12$ $\quad\cdots\cdots\ \bigcirc$

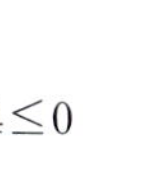

또 $g(x)=\dfrac{a}{x+2}-3$의 그래프는 점근선의 방정식이 $x=-2$,

$y=-3$이고, 점 $\left(0,\ \dfrac{a}{2}-3\right)$을 지난다.

(iii) $a>0$일 때,

$y=g(x)$의 그래프가 모든 사분면을 지

나려면 $x=0$일 때 $y>0$이어야 하므로

$\dfrac{a}{2}-3>0$

$\therefore\ a>6$

(iv) $a<0$일 때,

$y=g(x)$의 그래프는 제1사분면을 지나지 않는다.

(iii), (iv)에서 $a>6$ $\quad\cdots\cdots\ \bigcirc$

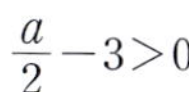

$\bigcirc$, $\bigcirc$에서 $6<a\le12$

따라서 정수 a는 7, 8, 9, $\cdots$, 12의 6개이다.

0924 답 ④

$y=\dfrac{k}{x-2}+1$에 $y=0$을 대입하면

$0=\dfrac{k}{x-2}+1$, $x-2=-k$ $\quad\therefore\ x=-k+2$

$\therefore\ \mathrm{A}(-k+2,\ 0)$

$y=\dfrac{k}{x-2}+1$에 $x=0$을 대입하면

$y=-\dfrac{k}{2}+1$ $\quad\therefore\ \mathrm{B}\left(0,\ -\dfrac{k}{2}+1\right)$

$y=\dfrac{k}{x-2}+1$의 그래프의 점근선의 방정식은

$x=2$, $y=1$ $\quad\therefore\ \mathrm{C}(2,\ 1)$

세 점 A, B, C가 한 직선 위에 있으려면 직선 AC와 직선 BC의 기

울기가 같아야 하므로

$$\dfrac{1}{2-(-k+2)}=\dfrac{1-\left(-\dfrac{k}{2}+1\right)}{2},\ \dfrac{1}{k}=\dfrac{\dfrac{k}{2}}{2}$$

$k^2=4$ $\quad\therefore\ k=-2\,(\because\ k<0)$

0925 답 1

$y=\dfrac{2x-1}{x-1}=\dfrac{2(x-1)+1}{x-1}=\dfrac{1}{x-1}+2$이므로 점근선의 방정식은

$x=1$, $y=2$

주어진 함수의 그래프는 두 점근선의 교점 $(1,\ 2)$에 대하여 대칭이

므로 두 직선 $y=(x-1)+2$, $y=-(x-1)+2$, 즉 $y=x+1$,

$y=-x+3$에 대하여 대칭이다.

따라서 오른쪽 그림에서 구하는 넓이는

$\dfrac{1}{2}\times(3-1)\times1=1$

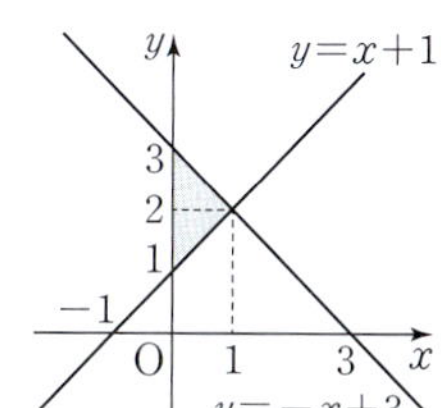

0926 답 3

$y=\dfrac{3x+1}{x-k}=\dfrac{3(x-k)+3k+1}{x-k}=\dfrac{3k+1}{x-k}+3$이므로 점근선의

방정식은 $x=k$, $y=3$ $\quad\cdots\cdots\ \textbf{❶}$

$y=\dfrac{-kx-1}{x+1}=\dfrac{-k(x+1)+k-1}{x+1}=\dfrac{k-1}{x+1}-k$이므로 점근선

의 방정식은 $x=-1$, $y=-k$ $\quad\cdots\cdots\ \textbf{❷}$

이때 k가 양수이므로 두 함수의 그래프

의 점근선은 오른쪽 그림과 같다.

색칠한 부분의 넓이가 24이므로

$\{k-(-1)\}\{3-(-k)\}=24$

$k^2+4k-21=0$

$(k+7)(k-3)=0$

$\therefore\ k=3\,(\because\ k>0)$ $\quad\cdots\cdots\ \textbf{❸}$

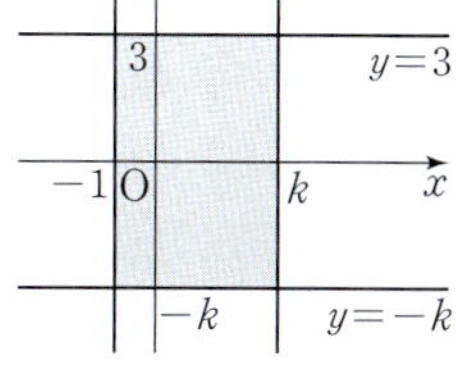

채점 기준		
❶ 함수 $y=\dfrac{3x+1}{x-k}$의 그래프의 점근선의 방정식 구하기		30%
❷ 함수 $y=\dfrac{-kx-1}{x+1}$의 그래프의 점근선의 방정식 구하기		30%
❸ 양수 k의 값 구하기		40%

$x-\dfrac{7}{2}=-x+\dfrac{11}{2}$에서 $2x=9$ $\quad\therefore x=\dfrac{9}{2}$

이를 $y=x-\dfrac{7}{2}$에 대입하면 $y=\dfrac{9}{2}-\dfrac{7}{2}=1$

즉, 두 직선 $y=x-\dfrac{7}{2}$, $y=-x+\dfrac{11}{2}$의 교점의 좌표는 $\left(\dfrac{9}{2},\ 1\right)$이

므로 $y=f(x)$의 그래프는 점 $\left(\dfrac{9}{2},\ 1\right)$에 대하여 대칭이고, 점근선

의 방정식은 $x=\dfrac{9}{2}$, $y=1$이다.

$f(x)=\dfrac{k}{2x-9}+1\ (k\neq0)$이라 하면

$f(1)=-\dfrac{k}{7}+1$

$f(2)=-\dfrac{k}{5}+1$

$f(3)=-\dfrac{k}{3}+1$

$\vdots$

$f(7)=\dfrac{k}{5}+1$

$f(8)=\dfrac{k}{7}+1$

$\therefore f(1)+f(2)+f(3)+\cdots+f(8)$

$=\left(-\dfrac{k}{7}+1\right)+\left(-\dfrac{k}{5}+1\right)+\left(-\dfrac{k}{3}+1\right)$

$\qquad\qquad\qquad +\cdots+\left(\dfrac{k}{5}+1\right)+\left(\dfrac{k}{7}+1\right)$

$=1\times8=8$

0928 답 ④

$y=\dfrac{x+3a-4}{x-2}=\dfrac{(x-2)+3a-2}{x-2}=\dfrac{3a-2}{x-2}+1$ $\quad\cdots\cdots$ ㉠

이때 $3a-2=0$, 즉 $a=\dfrac{2}{3}$이면 ㉠은 $y=1$이므로 그래프가 지나는

사분면의 개수는 2이다.

$\therefore a\neq\dfrac{2}{3}$

㉠의 그래프는 점근선의 방정식이 $x=2$, $y=1$이고,

점 $\left(0,\ -\dfrac{3}{2}a+2\right)$를 지난다.

(i) $3a-2>0$, 즉 $a>\dfrac{2}{3}$일 때,

㉠의 그래프가 지나는 사분면의 개수가
3이 되려면 제3사분면을 지나지 않아야
하므로 $x=0$일 때 $y\geq0$이어야 한다.

$-\dfrac{3}{2}a+2\geq0$ $\quad\therefore a\leq\dfrac{4}{3}$

그런데 $a>\dfrac{2}{3}$이므로 $\dfrac{2}{3}<a\leq\dfrac{4}{3}$

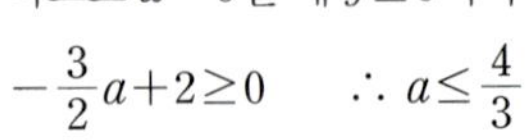

(ii) $3a-2<0$, 즉 $a<\dfrac{2}{3}$일 때,

그래프는 제1, 2, 4사분면을 지나므로 그래프가 지나는 사분면
의 개수는 3이다.

(i), (ii)에서 $a<\dfrac{2}{3}$ 또는 $\dfrac{2}{3}<a\leq\dfrac{4}{3}$

따라서 정수 a의 최댓값은 1이다.

0929 답 ①

주어진 함수의 그래프에서 점근선의 방정식이 $x=-2$, $y=1$이므로

$a=-2$, $b=1$

즉, $y=\dfrac{k}{x+2}+1$의 그래프가 점 $(0,\ 2)$를 지나므로

$2=\dfrac{k}{2}+1$ $\quad\therefore k=2$

$\therefore a+b+k=1$

0930 답 ②

주어진 함수의 그래프에서 점근선의 방정식이 $x=2$, $y=-3$이므

로 함수의 식을 $y=\dfrac{k}{x-2}-3\ (k<0)$이라 하자.

이 함수의 그래프가 점 $(0,\ -1)$을 지나므로

$-1=\dfrac{k}{-2}-3$ $\quad\therefore k=-4$

따라서 보기에서 그 그래프가 함수 $y=-\dfrac{4}{x-2}-3$의 그래프를 평

행이동하여 겹쳐지는 함수인 것은 ㄴ이다.

0931 답 6

$y=\dfrac{bx+c}{x+a}=\dfrac{b(x+a)+c-ab}{x+a}=\dfrac{c-ab}{x+a}+b$이므로 점근선의

방정식은 $x=-a$, $y=b$

이때 주어진 함수의 그래프에서 점근선의 방정식은 $x=-1$,

$y=-3$이므로

$-a=-1$, $b=-3$ $\quad\therefore a=1$, $b=-3$ $\qquad\cdots\cdots$ ❶

즉, $y=\dfrac{c+3}{x+1}-3$의 그래프를 y축의 방향으로 2만큼 평행이동한

그래프의 식은

$y-2=\dfrac{c+3}{x+1}-3$ $\quad\therefore y=\dfrac{c+3}{x+1}-1$

이 그래프가 원점을 지나므로

$0=\dfrac{c+3}{1}-1$ $\quad\therefore c=-2$ $\qquad\cdots\cdots$ ❷

$\therefore a-b-c=6$ $\qquad\cdots\cdots$ ❸

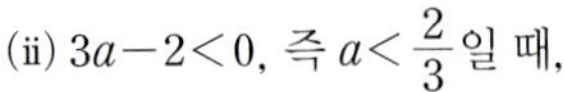

채점 기준	
❶ a, b의 값 구하기	40%
❷ c의 값 구하기	40%
❸ $a-b-c$의 값 구하기	20%

0932 답 ④

주어진 함수의 그래프에서 점근선의 방정식이 $x=m$, $y=n$이므로
함수의 식을

$y=\dfrac{k}{x-m}+n\ (k>0)$ $\qquad\cdots\cdots$ ㉠

이라 하자.

㉠의 그래프가 점 $(0,\ l)$을 지나므로

$l=\dfrac{k}{-m}+n$ $\quad\therefore k=m(n-l)$

이를 ㉠에 대입하면 $y=\dfrac{m(n-l)}{x-m}+n$

이 식이 $y=\dfrac{b}{x-a}+c$와 같으므로

$a=m$, $b=m(n-l)$, $c=n$

ㄱ. $n<m$이므로 $a-c=m-n>0$

ㄴ. $a=m>0$, $c=n>0$

　　또 주어진 그래프에서 $b>0$　　$\therefore\ a+b+c>0$

ㄷ. $ac=mn$, $b=m(n-l)=mn-ml$

　　이때 $m>0$, $l<0$에서 $ml<0$이므로

　　$mn<mn-ml$　　$\therefore\ ac<b$

따라서 보기에서 옳은 것은 ㄱ, ㄷ이다.

0933 답 ②

$y=-\dfrac{7}{x-5}-2$의 그래프는 $y=-\dfrac{7}{x}$의 그래프를 x축의 방향으로

5만큼, y축의 방향으로 -2만큼 평행이동한 것이다.

$-1\leq x\leq4$에서 $y=-\dfrac{7}{x-5}-2$

의 그래프는 오른쪽 그림과 같으므 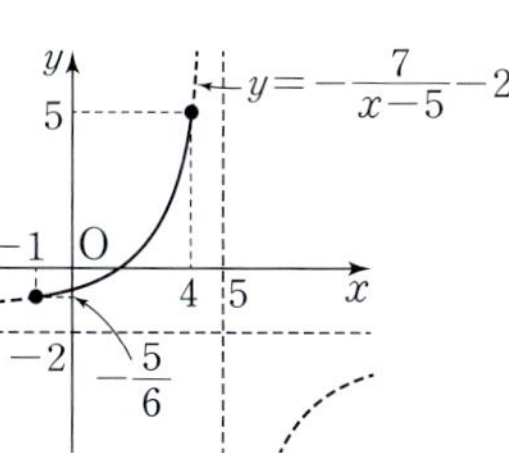

로 $x=4$일 때, 최댓값은 5이고

$x=-1$일 때, 최솟값은 $-\dfrac{5}{6}$이다.

따라서 최댓값과 최솟값의 곱은

$5\times\left(-\dfrac{5}{6}\right)=-\dfrac{25}{6}$

0934 답 ②

$x^2-6x+8\geq0$에서 $(x-2)(x-4)\geq0$　　$\therefore\ x\leq2$ 또는 $x\geq4$

즉, 주어진 함수의 정의역은 $\{x\,|\,x\leq2$ 또는 $x\geq4\}$

$y=\dfrac{x+4}{x-3}=\dfrac{(x-3)+7}{x-3}=\dfrac{7}{x-3}+1$이므로 주어진 함수의 그래

프는 $y=\dfrac{7}{x}$의 그래프를 x축의 방향으로 3만큼, y축의 방향으로 1

만큼 평행이동한 것이다.

$x\leq2$ 또는 $x\geq4$에서 $y=\dfrac{x+4}{x-3}$의 그 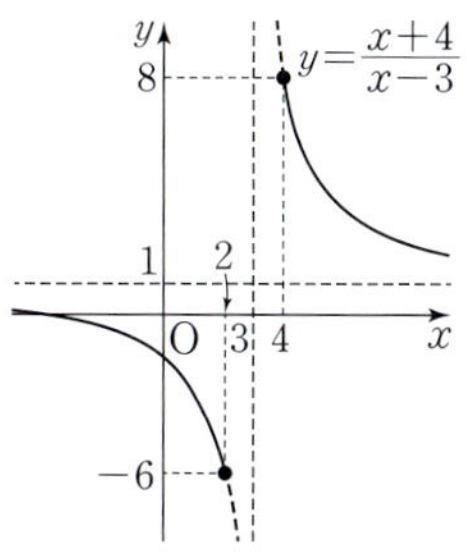

래프는 오른쪽 그림과 같으므로 $x=4$

일 때, 최댓값은 8이고 $x=2$일 때, 최

솟값은 -6이다.

따라서 $M=8$, $m=-6$이므로

$M+m=2$

0935 답 ①

$y=\dfrac{2}{x+4}+a$의 그래프는 $y=\dfrac{2}{x}$의 그래프를 x축의 방향으로 -4

만큼, y축의 방향으로 a만큼 평행이동한 것이다.

$-3\leq x\leq0$에서 $y=\dfrac{2}{x+4}+a$의 그래프 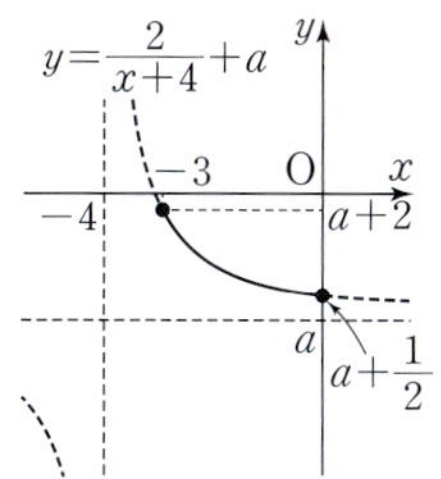

는 오른쪽 그림과 같으므로 $x=-3$일 때,

최댓값은 $a+2$이고 $x=0$일 때, 최솟값은

$a+\dfrac{1}{2}$이다.

이때 최댓값과 최솟값의 합이 -2이므로

$(a+2)+\left(a+\dfrac{1}{2}\right)=-2$

$2a=-\dfrac{9}{2}$　　$\therefore\ a=-\dfrac{9}{4}$

0936 답 ①

$y=\dfrac{kx+2k+5}{x+2}=\dfrac{k(x+2)+5}{x+2}=\dfrac{5}{x+2}+k$이므로 주어진 함수

의 그래프는 $y=\dfrac{5}{x}$의 그래프를 x축의 방향으로 -2만큼, y축의 방

향으로 k만큼 평행이동한 것이다.

$-1\leq x\leq3$에서 $y=\dfrac{kx+2k+5}{x+2}$의 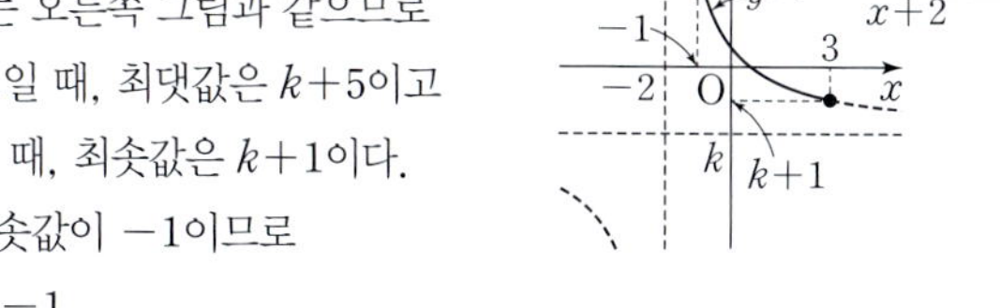

그래프는 오른쪽 그림과 같으므로

$x=-1$일 때, 최댓값은 $k+5$이고

$x=3$일 때, 최솟값은 $k+1$이다.

이때 최솟값이 -1이므로

$k+1=-1$

$\therefore\ k=-2$

따라서 최댓값은

$k+5=-2+5=3$

0937 답 $\dfrac{9}{2}$

$f(x)=\dfrac{ax+b}{x+c}=\dfrac{a(x+c)-ac+b}{x+c}=\dfrac{-ac+b}{x+c}+a$이므로 점근

선의 방정식은

$x=-c$, $y=a$　　　　　　　　　　　　$\cdots\cdots$ ❶

주어진 함수의 그래프가 점 $(3,\ 1)$에 대하여 대칭이므로

$-c=3$, $a=1$

$\therefore\ a=1$, $c=-3$

이때 함수 $f(x)=\dfrac{x+b}{x-3}$의 그래프가 점 $(2,\ 3)$을 지나므로

$f(2)=3$에서 $\dfrac{2+b}{2-3}=3$

$\therefore\ b=-5$

$\therefore\ f(x)=\dfrac{x-5}{x-3}$　　　　　　　　　　　$\cdots\cdots$ ❷

$-1\leq x\leq2$에서 $y=f(x)$의 그래프는 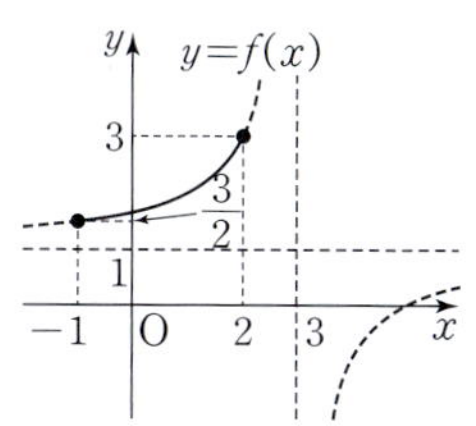

오른쪽 그림과 같으므로 $x=2$일 때, 최

댓값은 3이고 $x=-1$일 때, 최솟값은

$\dfrac{3}{2}$이다.

따라서 함수 $f(x)$의 최댓값과 최솟값의

합은

$3+\dfrac{3}{2}=\dfrac{9}{2}$　　　　　　　　　　　　$\cdots\cdots$ ❸

채점 기준	
❶ 함수 $y=f(x)$의 그래프의 점근선의 방정식 구하기	20 %
❷ $f(x)$ 구하기	40 %
❸ 함수 $f(x)$의 최댓값과 최솟값의 합 구하기	40 %

0938 답 0

$y=\dfrac{x+k}{x+3}=\dfrac{(x+3)+k-3}{x+3}=\dfrac{k-3}{x+3}+1$　　　$\cdots\cdots$ ㉠

이때 $k-3=0$, 즉 $k=3$이면 ㉠은 $y=1$이므로 최댓값이 0이 아니

다.

$\therefore\ k\neq3$

(i) $k-3>0$, 즉 $k>3$일 때,
$-2\leq x\leq 0$에서 ㉠의 그래프는
오른쪽 그림과 같으므로 $x=-2$
일 때, 최댓값은 $-2+k$이다.
이때 최댓값이 0이므로
$-2+k=0$ $\therefore k=2$
그런데 $k>3$이므로 조건을 만족
시키지 않는다.

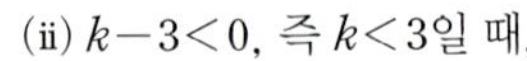

(ii) $k-3<0$, 즉 $k<3$일 때,
$-2\leq x\leq 0$에서 ㉠의 그래프는 오
른쪽 그림과 같으므로 $x=0$일 때,
최댓값은 $\dfrac{k}{3}$이다.
이때 최댓값이 0이므로
$\dfrac{k}{3}=0$ $\therefore k=0$

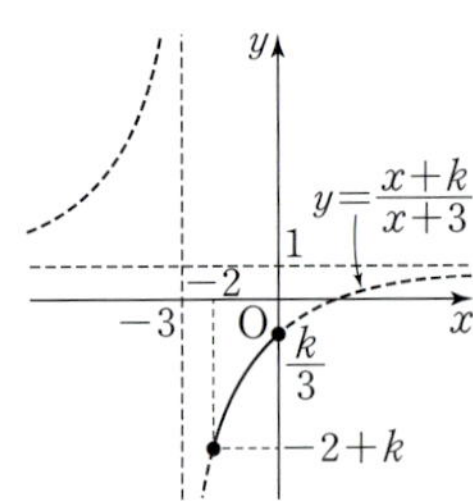

(i), (ii)에서 $k=0$

0939 답 ⑤

$\dfrac{x-4}{x+1}=mx+1$에서 $x-4=(mx+1)(x+1)$

$x-4=mx^2+(m+1)x+1$ $\therefore mx^2+mx+5=0$

이 이차방정식의 판별식을 D라 하면 $y=\dfrac{x-4}{x+1}$의 그래프와 직선
$y=mx+1$이 한 점에서 만나므로
$D=m^2-4\times m\times 5=0$
$m^2-20m=0,\ m(m-20)=0$ $\therefore m=20\,(\because m>0)$

0940 답 ③

$\dfrac{x-2}{x-3}=-x+m$에서 $x-2=(-x+m)(x-3)$

$x-2=-x^2+(m+3)x-3m$

$\therefore x^2-(m+2)x+3m-2=0$

이 이차방정식의 판별식을 D라 할 때, $y=\dfrac{x-2}{x-3}$의 그래프와 직선
$y=-x+m$이 만나지 않으려면
$D=\{-(m+2)\}^2-4(3m-2)<0$
$m^2-8m+12<0,\ (m-2)(m-6)<0$
$\therefore 2<m<6$
따라서 정수 m의 최댓값은 5이다.

0941 답 $k\leq -2-\sqrt{3}$ 또는 $k\geq -2+\sqrt{3}$

$\dfrac{2}{x-2}+1=kx+3$에서 $\dfrac{2}{x-2}=kx+2$

$2=(kx+2)(x-2),\ 2=kx^2-2(k-1)x-4$

$\therefore kx^2-2(k-1)x-6=0$

이 이차방정식의 판별식을 D라 할 때, $y=\dfrac{2}{x-2}+1$의 그래프와
직선 $y=kx+3$이 교점을 가지려면
$\dfrac{D}{4}=\{-(k-1)\}^2-k\times(-6)\geq 0$
$k^2+4k+1\geq 0,\ (k+2+\sqrt{3})(k+2-\sqrt{3})\geq 0$
$\therefore k\leq -2-\sqrt{3}$ 또는 $k\geq -2+\sqrt{3}$

0942 답 1

$A\cap B=\varnothing$이므로 함수 $y=\dfrac{2x-5}{x+2}$의 그래프와 직선 $y=mx+2$
가 만나지 않는다.

$\dfrac{2x-5}{x+2}=mx+2$에서 $2x-5=(mx+2)(x+2)$

$2x-5=mx^2+2(m+1)x+4$

$\therefore mx^2+2mx+9=0$

이 이차방정식의 판별식을 D라 하면 $y=\dfrac{2x-5}{x+2}$의 그래프와 직선
$y=mx+2$가 만나지 않으므로
$\dfrac{D}{4}=m^2-9m<0$
$m(m-9)<0$ $\therefore 0<m<9$
따라서 정수 m의 최솟값은 1이다.

0943 답 $\dfrac{10}{3}$

$y=\dfrac{x+2}{x-1}=\dfrac{(x-1)+3}{x-1}=\dfrac{3}{x-1}+1$

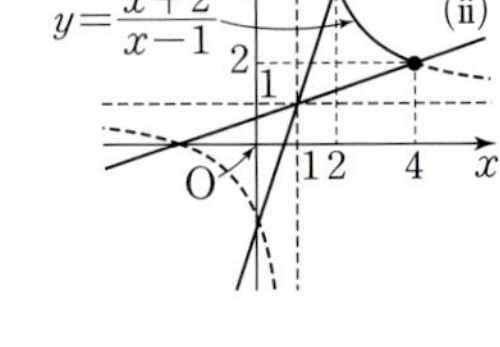

이므로 $2\leq x\leq 4$에서 $y=\dfrac{x+2}{x-1}$의 그
래프는 오른쪽 그림과 같고, 직선
$y=mx-m+1$, 즉 $y=m(x-1)+1$
은 m의 값에 관계없이 항상 점 $(1,\ 1)$
을 지난다.
$\cdots\cdots$ ❶
(i) 직선 $y=mx-m+1$이 점 $(2,\ 4)$를 지날 때,
  $4=2m-m+1$ $\therefore m=3$
(ii) 직선 $y=mx-m+1$이 점 $(4,\ 2)$를 지날 때,
  $2=4m-m+1$ $\therefore m=\dfrac{1}{3}$
(i), (ii)에서 실수 m의 값의 범위는
$\dfrac{1}{3}\leq m\leq 3$ $\cdots\cdots$ ❷

따라서 실수 m의 최댓값은 3, 최솟값은 $\dfrac{1}{3}$이므로 구하는 합은
$3+\dfrac{1}{3}=\dfrac{10}{3}$ $\cdots\cdots$ ❸

채점 기준	
❶ 함수 $y=\dfrac{x+2}{x-1}$의 그래프와 직선 $y=mx-m+1$ 그리기	40%
❷ 실수 m의 값의 범위 구하기	50%
❸ 실수 m의 최댓값과 최솟값의 합 구하기	10%

0944 답 ①

$y=\dfrac{2x+3}{x-1}$이라 하면

$y=\dfrac{2x+3}{x-1}=\dfrac{2(x-1)+5}{x-1}=\dfrac{5}{x-1}+2$

$2\leq x\leq 6$에서 $y=\dfrac{2x+3}{x-1}$의 그래프는 오
른쪽 그림과 같고, 두 직선 $y=mx$,
$y=nx$는 m, n의 값에 관계없이 항상 점
$(0,\ 0)$을 지난다.

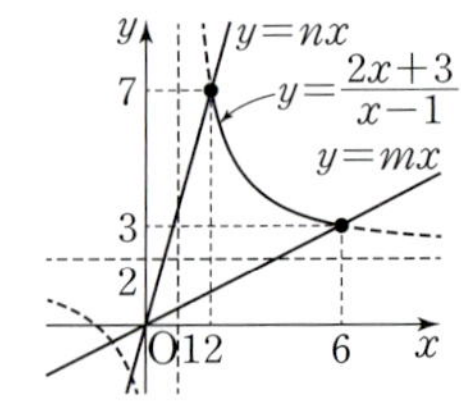

이때 $2\leq x\leq 6$에서 부등식 $mx\leq\dfrac{2x+3}{x-1}\leq nx$가 항상 성립하려면 m의 값은 직선 $y=mx$가 점 $(6,3)$을 지날 때보다 작거나 같고, n의 값은 직선 $y=nx$가 점 $(2,7)$을 지날 때보다 크거나 같아야 한다.

직선 $y=mx$가 점 $(6,3)$을 지날 때,

$3=6m$

$\therefore m=\dfrac{1}{2}$

직선 $y=nx$가 점 $(2,7)$을 지날 때,

$7=2n$

$\therefore n=\dfrac{7}{2}$

$\therefore m\leq\dfrac{1}{2},\ n\geq\dfrac{7}{2}$

따라서 m의 값은 최대이고 n의 값은 최소일 때, $m-n$의 값이 최대이므로 구하는 최댓값은

$\dfrac{1}{2}-\dfrac{7}{2}=-3$

0945 답 ④

$y=\dfrac{1}{2x-8}+3=\dfrac{1}{2(x-4)}+3$이므로 주어진 함수의 그래프는 $y=\dfrac{1}{2x}$의 그래프를 x축의 방향으로 4만큼, y축의 방향으로 3만큼 평행이동한 것이다.

$y=\dfrac{1}{2x-8}+3$의 그래프와 x축, y축으로 둘러싸인 영역은 오른쪽 그림의 색칠한 부분과 같으므로 x좌표와 y좌표가 모두 자연수인 점은 $(1,1)$, $(1,2)$, $(2,1)$, $(2,2)$, $(3,1)$, $(3,2)$의 6개이다.

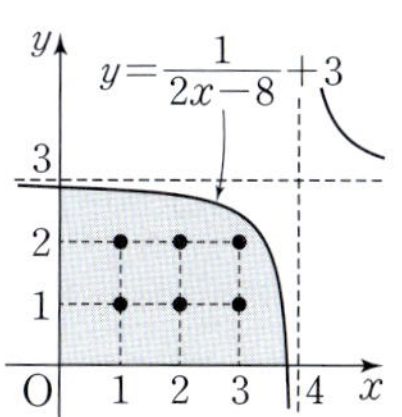

참고 $f(x)=\dfrac{1}{2x-8}+3$이라 하면

$f(1)=\dfrac{1}{2-8}+3=\dfrac{17}{6}$, $f(2)=\dfrac{1}{4-8}+3=\dfrac{11}{4}$,

$f(3)=\dfrac{1}{6-8}+3=\dfrac{5}{2}$

0946 답 ②

$\mathrm{P}\left(a,\dfrac{k}{a-1}+2\right)(a>1)$라 하면

$\overline{\mathrm{PA}}=\dfrac{k}{a-1}+2-2=\dfrac{k}{a-1}$

$\overline{\mathrm{PB}}=a-1$

$\therefore \overline{\mathrm{PA}}+\overline{\mathrm{PB}}=\dfrac{k}{a-1}+a-1$

이때 $a>1$, $k>0$에서 $\dfrac{k}{a-1}>0$, $a-1>0$이므로 산술평균과 기하평균의 관계에 의하여

$\dfrac{k}{a-1}+a-1\geq 2\sqrt{\dfrac{k}{a-1}\times(a-1)}$

$\qquad=2\sqrt{k}\left(\text{단, 등호는 }\dfrac{k}{a-1}=a-1\text{일 때 성립}\right)$

이때 $\overline{\mathrm{PA}}+\overline{\mathrm{PB}}$의 최솟값이 6이므로

$2\sqrt{k}=6$

$\therefore k=9$

0947 답 14

$y=\dfrac{1}{x}\,(x>0)$의 그래프를 x축의 방향으로 2만큼, y축의 방향으로 3만큼 평행이동한 그래프의 식은

$y=\dfrac{1}{x-2}+3\,(x>2)$

$y=\dfrac{1}{x-2}+3\,(x>2)$의 그래프는 오른쪽 그림과 같고, $\mathrm{P}\left(k,\dfrac{1}{k-2}+3\right)(k>2)$이라 하면

$\overline{\mathrm{PR}}=k$, $\overline{\mathrm{PQ}}=\dfrac{1}{k-2}+3$

직사각형 PROQ의 둘레의 길이는

$2\left(k+\dfrac{1}{k-2}+3\right)=2\left(k-2+\dfrac{1}{k-2}+5\right)$

이때 $k>2$에서 $k-2>0$, $\dfrac{1}{k-2}>0$이므로 산술평균과 기하평균의 관계에 의하여

$k-2+\dfrac{1}{k-2}+5\geq 2\sqrt{(k-2)\times\dfrac{1}{k-2}}+5$

$\qquad=2+5=7$

$\left(\text{단, 등호는 }k-2=\dfrac{1}{k-2},\text{ 즉 }k=3\text{일 때 성립}\right)$

따라서 직사각형 PROQ의 둘레의 길이의 최솟값은

$2\times 7=14$

0948 답 2

$\mathrm{P}\left(k,\dfrac{2}{k-2}+3\right)(k>2)$이라 하면 점 P와 직선 $y=-x+5$, 즉 $x+y-5=0$ 사이의 거리는

$\dfrac{\left|k+\dfrac{2}{k-2}+3-5\right|}{\sqrt{1^2+1^2}}=\dfrac{\left|k-2+\dfrac{2}{k-2}\right|}{\sqrt{2}}$ ······ ❶

이때 $k>2$에서 $k-2>0$, $\dfrac{2}{k-2}>0$이므로 산술평균과 기하평균의 관계에 의하여

$k-2+\dfrac{2}{k-2}\geq 2\sqrt{(k-2)\times\dfrac{2}{k-2}}=2\sqrt{2}$

$\left(\text{단, 등호는 }k-2=\dfrac{2}{k-2},\text{ 즉 }k=2+\sqrt{2}\text{일 때 성립}\right)$

따라서 점 P와 직선 $y=-x+5$ 사이의 거리의 최솟값은

$\dfrac{2\sqrt{2}}{\sqrt{2}}=2$ ······ ❷

채점 기준	
❶ 점 P의 x좌표를 k라 하고 점 P와 직선 $y=-x+5$ 사이의 거리를 k에 대한 식으로 나타내기	40 %
❷ 점 P와 직선 $y=-x+5$ 사이의 거리의 최솟값 구하기	60 %

0949 답 ③

$\mathrm{P}\left(k,\dfrac{-k+1}{k+2}\right)(k\neq 2)$이라 하면

$\overline{\mathrm{AP}}=\sqrt{(k+2)^2+\left(\dfrac{-k+1}{k+2}+1\right)^2}$

$\qquad=\sqrt{(k+2)^2+\left(\dfrac{3}{k+2}\right)^2}$

이때 $k\neq-2$에서 $(k+2)^2>0$, $\left(\dfrac{3}{k+2}\right)^2>0$이므로 산술평균과 기하평균의 관계에 의하여

$$(k+2)^2+\left(\frac{3}{k+2}\right)^2\geq2\sqrt{(k+2)^2\times\left(\frac{3}{k+2}\right)^2}=6$$

$$\left(\text{단, 등호는 }(k+2)^2=\left(\frac{3}{k+2}\right)^2,\ \text{즉 }k=-2\pm\sqrt{3}\text{일 때 성립}\right)$$

따라서 $\overline{AP}$의 길이의 최솟값은 $\sqrt{6}$이므로 구하는 원의 둘레의 길이의 최솟값은

$$2\pi\times\sqrt{6}=2\sqrt{6}\,\pi$$

참고 함수 $y=\dfrac{-x+1}{x+2}$의 정의역은 $\{x\,|\,x\neq-2\text{인 실수}\}$이므로 $k\neq-2$이다.

다른 풀이

$y=\dfrac{-x+1}{x+2}=\dfrac{-(x+2)+3}{x+2}=\dfrac{3}{x+2}-1$이므로 점근선의 방정식은 $x=-2$, $y=-1$

즉, $y=\dfrac{-x+1}{x+2}$의 그래프는 점 $A(-2,\ -1)$에 대하여 대칭이다.

원의 반지름인 $\overline{AP}$의 길이가 최소일 때, 원의 둘레의 길이가 최소이고, 이때의 점 P는 오른쪽 그림과 같이 P_1, P_2의 2개가 존재한다.

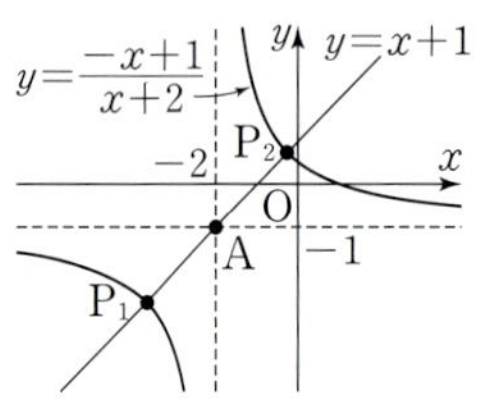

한편 $y=\dfrac{-x+1}{x+2}$의 그래프는 $y=\dfrac{3}{x}$의 그래프를 x축의 방향으로 -2만큼, y축의 방향으로 -1만큼 평행이동한 것이므로 직선 $y=(x+2)-1$, 즉 $y=x+1$에 대하여 대칭이다.

두 점 P_1, P_2의 x좌표는 $\dfrac{-x+1}{x+2}=x+1$에서

$-x+1=(x+1)(x+2)$, $-x+1=x^2+3x+2$

$x^2+4x+1=0$ $\quad\therefore x=-2-\sqrt{3}$ 또는 $x=-2+\sqrt{3}$

즉, $P_1(-2-\sqrt{3},\ -1-\sqrt{3})$, $P_2(-2+\sqrt{3},\ -1+\sqrt{3})$이므로

$\overline{AP_1}=\overline{AP_2}=\sqrt{(-2-\sqrt{3}+2)^2+(-1-\sqrt{3}+1)^2}=\sqrt{6}$

따라서 구하는 원의 둘레의 길이의 최솟값은 $2\pi\times\sqrt{6}=2\sqrt{6}\,\pi$

0950 답 -3

$\dfrac{k}{x}=-x+2$에서 $k=-x^2+2x$

$\therefore x^2-2x+k=0$ $\quad\cdots\cdots\ \unicode{x24BC}$

이 이차방정식의 서로 다른 두 실근을 α, β라 하면 α, β는 두 점 A, B의 x좌표이고 두 점은 모두 직선 $y=-x+2$ 위의 점이므로

$A(\alpha,\ -\alpha+2)$, $B(\beta,\ -\beta+2)$

이때 $\overline{AB}=4\sqrt{2}$이므로

$\sqrt{(\beta-\alpha)^2+(-\beta+2+\alpha-2)^2}=4\sqrt{2}$

$\sqrt{2(\alpha-\beta)^2}=4\sqrt{2}$

양변을 제곱하면

$2(\alpha-\beta)^2=32$ $\quad\therefore (\alpha-\beta)^2=16$

$\unicode{x24BC}$에서 이차방정식의 근과 계수의 관계에 의하여

$\alpha+\beta=2$, $\alpha\beta=k$

$\therefore (\alpha-\beta)^2=(\alpha+\beta)^2-4\alpha\beta=4-4k$

따라서 $4-4k=16$이므로 $k=-3$

0951 답 ⑤

$y=f(x)$에 $y=0$을 대입하면

$0=\dfrac{4}{x-a}-4$

$4(x-a)=4$ $\quad\therefore x=a+1$

$\therefore A(a+1,\ 0)$

$y=f(x)$에 $x=0$을 대입하면

$y=\dfrac{4}{-a}-4$ $\quad\therefore B\left(0,\ -\dfrac{4}{a}-4\right)$

$y=f(x)$의 그래프의 점근선의 방정식은

$x=a$, $y=-4$ $\quad\therefore C(a,\ -4)$

즉, $y=f(x)$의 그래프는 오른쪽 그림과 같으므로

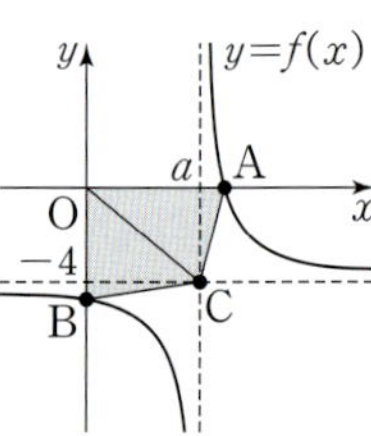

$\square OBCA$

$=\triangle OCA+\triangle OBC$

$=\dfrac{1}{2}\times(a+1)\times4+\dfrac{1}{2}\times\left(\dfrac{4}{a}+4\right)\times a$

$=4a+4$

따라서 $4a+4=24$이므로 $a=5$

0952 답 12

$P\left(a,\ \dfrac{4}{a}\right)$, $Q\left(-b,\ -\dfrac{4}{b}\right)$ $(a>0,\ b>0)$라 하면

$A(a,\ 0)$, $B\left(0,\ \dfrac{4}{a}\right)$, $C(-b,\ 0)$, $D\left(0,\ -\dfrac{4}{b}\right)$

육각형 APBCQD의 넓이를 S라 하면

$S=\square OAPB+\triangle OBC+\square OCQD+\triangle ODA$

$=a\times\dfrac{4}{a}+\dfrac{1}{2}\times b\times\dfrac{4}{a}+b\times\dfrac{4}{b}+\dfrac{1}{2}\times a\times\dfrac{4}{b}$

$=8+2\left(\dfrac{b}{a}+\dfrac{a}{b}\right)$

이때 $a>0$, $b>0$에서 $\dfrac{b}{a}>0$, $\dfrac{a}{b}>0$이므로 산술평균과 기하평균의 관계에 의하여

$\dfrac{b}{a}+\dfrac{a}{b}\geq2\sqrt{\dfrac{b}{a}\times\dfrac{a}{b}}=2$

$$\left(\text{단, 등호는 }\dfrac{b}{a}=\dfrac{a}{b},\ \text{즉 }a=b\text{일 때 성립}\right)$$

따라서 육각형 APBCQD의 넓이의 최솟값은

$8+2\times2=12$

0953 답 ②

$P\left(a,\ \dfrac{k}{a}\right)$, $Q\left(-b,\ \dfrac{2k}{b}\right)$ $(a>0,\ b>0)$라 하고, 오른쪽 그림과 같이 두 점 P, Q에서 x축에 내린 수선의 발을 각각 H, I라 하면

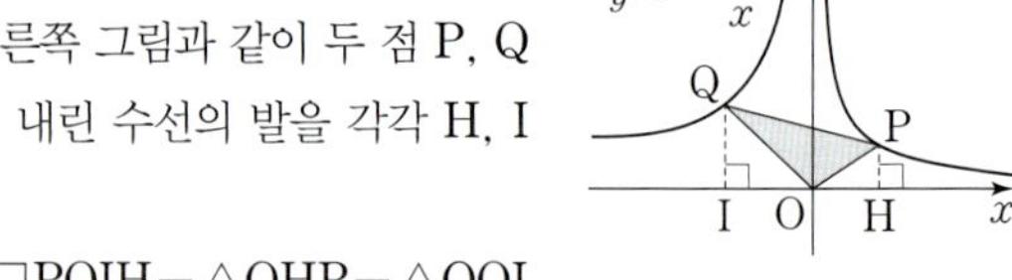

$\triangle OPQ=\square PQIH-\triangle OHP-\triangle OQI$

$=\dfrac{1}{2}\times\left(\dfrac{k}{a}+\dfrac{2k}{b}\right)\times(a+b)-\dfrac{1}{2}\times a\times\dfrac{k}{a}-\dfrac{1}{2}\times b\times\dfrac{2k}{b}$

$=\dfrac{k}{2}\left(\dfrac{2a}{b}+\dfrac{b}{a}+3\right)-\dfrac{k}{2}-k$

$=\dfrac{k}{2}\left(\dfrac{2a}{b}+\dfrac{b}{a}\right)$

이때 $a>0$, $b>0$에서 $\dfrac{2a}{b}>0$, $\dfrac{b}{a}>0$이므로 산술평균과 기하평균의 관계에 의하여

$$\dfrac{2a}{b}+\dfrac{b}{a}\geq 2\sqrt{\dfrac{2a}{b}\times\dfrac{b}{a}}=2\sqrt{2}$$

$$\left(\text{단, 등호는 }\dfrac{2a}{b}=\dfrac{b}{a}\text{, 즉 }\sqrt{2}a=b\text{일 때 성립}\right)$$

따라서 삼각형 OPQ의 넓이의 최솟값이 4이므로

$$\dfrac{k}{2}\times 2\sqrt{2}=4 \qquad \therefore k=2\sqrt{2}$$

0954 답 $\dfrac{25}{4}$

두 점 $A(-1, 1)$, $B(2, -3)$을 지나는 직선의 방정식은

$$y-1=\dfrac{-3-1}{2+1}(x+1)$$

$$\therefore 4x+3y+1=0$$

삼각형 PAB의 넓이가 최소일 때, 점 P와 직선 $4x+3y+1=0$ 사이의 거리가 최소이다.

즉, $P\left(t, \dfrac{3}{t}\right)(t>0)$이라 하면

$$\dfrac{\left|4t+3\times\dfrac{3}{t}+1\right|}{\sqrt{4^2+3^2}}=\dfrac{\left|4t+\dfrac{9}{t}+1\right|}{5}$$

이때 $4t>0$, $\dfrac{9}{t}>0$이므로 산술평균과 기하평균의 관계에 의하여

$$4t+\dfrac{9}{t}+1\geq 2\sqrt{4t\times\dfrac{9}{t}}+1$$
$$=2\times 6+1=13$$

이때 등호는 $4t=\dfrac{9}{t}$일 때 성립하므로

$$4t^2=9,\ t^2=\dfrac{9}{4} \qquad \therefore t=\dfrac{3}{2}\ (\because t>0)$$

따라서 삼각형 PAB의 넓이가 최소일 때, 점 P의 좌표는 $\left(\dfrac{3}{2}, 2\right)$이므로

$$p=\dfrac{3}{2},\ q=2$$

$$\therefore p^2+q^2=\dfrac{9}{4}+4=\dfrac{25}{4}$$

0955 답 ①

$P\left(a, \dfrac{k}{a}\right)$, $Q\left(b, \dfrac{k}{b}\right)(0<b<a)$라 하면 두 점 P, Q는 $y=\dfrac{k}{x}$의 그래프와 직선 $y=-x+6$의 교점이므로

$\dfrac{k}{x}=-x+6$에서 $k=-x^2+6x$

$\therefore x^2-6x+k=0$

이 이차방정식의 두 근이 a, b이므로 근과 계수의 관계에 의하여

$a+b=6$ ······ ㉠

$ab=k$ ······ ㉡

$$\therefore \overline{PQ}=\sqrt{(b-a)^2+\left(\dfrac{k}{b}-\dfrac{k}{a}\right)^2}=\sqrt{(b-a)^2+\left\{\dfrac{k(a-b)}{ab}\right\}^2}$$
$$=\sqrt{(b-a)^2+(a-b)^2}\ (\because ㉡)$$
$$=\sqrt{2(a-b)^2}=\sqrt{2}(a-b)\ (\because a-b>0)$$

원점과 직선 $y=-x+6$, 즉 $x+y-6=0$ 사이의 거리는

$$\dfrac{|-6|}{\sqrt{1^2+1^2}}=3\sqrt{2}$$

이때 삼각형 POQ의 넓이가 14이므로

$$\dfrac{1}{2}\times\sqrt{2}(a-b)\times 3\sqrt{2}=14$$

$$\therefore a-b=\dfrac{14}{3} \qquad \cdots\cdots ㉢$$

㉠, ㉢을 연립하여 풀면 $a=\dfrac{16}{3}$, $b=\dfrac{2}{3}$

㉡에서 $k=ab=\dfrac{32}{9}$

직선 $y=-x+6$이 x축, y축과 만나는 점을 각각 A, B라 하면

$A(6, 0)$, $B(0, 6)$

$y=\dfrac{k}{x}$의 그래프는 직선 $y=x$에 대하여 대칭이고, 직선 $y=-x+6$은 직선 $y=x$에 수직이므로 두 점 P, Q는 직선 $y=x$에 대하여 대칭이다.

따라서 두 삼각형 OAP, OQB의 넓이는 같다.

$\triangle OAB=\dfrac{1}{2}\times 6\times 6=18$, $\triangle OPQ=14$이므로

$$\triangle OAP=\dfrac{1}{2}(\triangle OAB-\triangle OPQ)=\dfrac{1}{2}\times(18-14)=2$$

이때 $P(a, b)(a>0)$라 하면

$$\triangle OAP=\dfrac{1}{2}\times 6\times b=3b$$

즉, $3b=2$이므로 $b=\dfrac{2}{3}$

점 $P\left(a, \dfrac{2}{3}\right)$는 직선 $y=-x+6$ 위의 점이므로

$$\dfrac{2}{3}=-a+6 \qquad \therefore a=\dfrac{16}{3}$$

$$\therefore P\left(\dfrac{16}{3}, \dfrac{2}{3}\right)$$

또 점 P는 $y=\dfrac{k}{x}$의 그래프 위의 점이므로

$$\dfrac{2}{3}=\dfrac{k}{\dfrac{16}{3}} \qquad \therefore k=\dfrac{32}{9}$$

0956 답 ④

$g(5)=\dfrac{5-2}{5+4}=\dfrac{1}{3}$이므로

$$(f\circ g)(5)=f(g(5))=f\left(\dfrac{1}{3}\right)=\dfrac{\dfrac{1}{3}-3}{\dfrac{1}{3}+1}=-2$$

0957 답 ④

$$(f\circ f)(k)=f(f(k))=\dfrac{1}{\dfrac{1}{k-1}-1}=\dfrac{1}{\dfrac{1-(k-1)}{k-1}}=\dfrac{k-1}{2-k}$$

따라서 $\dfrac{k-1}{2-k}=-3$이므로

$$k-1=-3(2-k) \qquad \therefore k=\dfrac{5}{2}$$

0958 답 3

$y=\dfrac{x-1}{x-3}$ 이라 하면 $(x-3)y=x-1$

$(y-1)x=3y-1$ $\quad\therefore x=\dfrac{3y-1}{y-1}$

x와 y를 서로 바꾸면 $y=\dfrac{3x-1}{x-1}$

$\therefore f^{-1}(x)=\dfrac{3x-1}{x-1}$

따라서 $a=3$, $b=-1$, $c=-1$이므로

$abc=3$

0959 답 -1

$f(-1)=\dfrac{-1+a}{-2\times(-1)+1}=1-a$이므로

$(g\circ f)(-1)=g(f(-1))=g(1-a)$

$\qquad\qquad\qquad=\dfrac{4(1-a)-10}{1-a-3}=\dfrac{4a+6}{a+2}$ $\quad$ …… ❶

따라서 $\dfrac{4a+6}{a+2}=2$이므로

$4a+6=2(a+2)$

$\therefore a=-1$ $\quad$ …… ❷

채점 기준	
❶ $(g\circ f)(-1)$을 a에 대한 식으로 나타내기	60 %
❷ a의 값 구하기	40 %

0960 답 ③

주어진 $y=f(x)$의 그래프에서 $f(3)=0$, $f(0)=3$이므로

$f^2(3)=(f\circ f)(3)=f(f(3))=f(0)=3$

$f^3(3)=(f\circ f^2)(3)=f(f^2(3))=f(3)=0$

$\qquad\vdots$

즉, $f^n(3)$의 값은 0, 3이 이 순서대로 반복된다.

따라서 $121=2\times60+1$이므로

$f^{121}(3)=0$

다른 풀이

주어진 $y=f(x)$의 그래프의 점근선의 방정식이 $x=2$, $y=2$이므로

$f(x)=\dfrac{k}{x-2}+2\,(k<0)$라 하자.

$y=f(x)$의 그래프가 점 $(3,0)$을 지나므로

$0=\dfrac{k}{3-2}+2$ $\quad\therefore k=-2$

즉, $f(x)=-\dfrac{2}{x-2}+2$이므로

$f^2(x)=(f\circ f)(x)=f(f(x))$

$\qquad\quad=-\dfrac{2}{-\dfrac{2}{x-2}+2-2}+2=x$

$f^3(x)=(f\circ f^2)(x)=f(f^2(x))$

$\qquad\quad=f(x)=-\dfrac{2}{x-2}+2$

$\qquad\vdots$

따라서 $f^{2n}(x)=x$, $f^{2n+1}(x)=f(x)$ (n은 자연수)이므로

$f^{121}(3)=f^{2\times60+1}(3)=f(3)=0$

0961 답 ①

$g(x)=\begin{cases}1 & (x\text{가 정수인 경우}) \\ 0 & (x\text{가 정수가 아닌 경우})\end{cases}$ 이므로

$(g\circ f)(x)=g(f(x))=1$에서 $f(x)$는 정수이다.

$f(x)=\dfrac{6x+21}{2x+1}=\dfrac{3(2x+1)+18}{2x+1}=\dfrac{18}{2x+1}+3$이므로

$f(x)$가 정수이려면 $2x+1$은 18의 약수이어야 한다.

이때 x는 자연수이므로 $2x+1$은 18의 양의 약수 중 3 이상인 홀수이다.

즉, $2x+1=3$ 또는 $2x+1=9$이므로

$x=1$ 또는 $x=4$

따라서 자연수 x는 1, 4의 2개이다.

0962 답 4

$f^2(x)=(f\circ f)(x)=f(f(x))$

$\qquad\quad=\dfrac{\dfrac{x+1}{x-1}+1}{\dfrac{x+1}{x-1}-1}=\dfrac{\dfrac{x+1+x-1}{x-1}}{\dfrac{x+1-(x-1)}{x-1}}$

$\qquad\quad=x$

$f^3(x)=(f\circ f^2)(x)=f(f^2(x))$

$\qquad\quad=f(x)=\dfrac{x+1}{x-1}$

$\qquad\vdots$

따라서 $f^{2n}(x)=x$, $f^{2n+1}(x)=f(x)$ (n은 자연수)이므로

$f^{50}(4)=f^{2\times25}(4)=f(4)=4$

다른 풀이

$f(4)=\dfrac{4+1}{4-1}=\dfrac{5}{3}$

$f^2(4)=(f\circ f)(4)=f(f(4))=f\left(\dfrac{5}{3}\right)=\dfrac{\dfrac{5}{3}+1}{\dfrac{5}{3}-1}=4$

$\qquad\vdots$

즉, $f^n(4)$의 값은 $\dfrac{5}{3}$, 4가 이 순서대로 반복된다.

따라서 $50=2\times25$이므로

$f^{50}(4)=4$

0963 답 ②

$f^2(x)=(f\circ f)(x)=f(f(x))$

$\qquad\quad=\dfrac{\dfrac{x}{1-x}}{1-\dfrac{x}{1-x}}=\dfrac{\dfrac{x}{1-x}}{\dfrac{1-x-x}{1-x}}$

$\qquad\quad=\dfrac{x}{1-2x}$

$f^3(x)=(f\circ f^2)(x)=f(f^2(x))$

$\qquad\quad=\dfrac{\dfrac{x}{1-2x}}{1-\dfrac{x}{1-2x}}=\dfrac{\dfrac{x}{1-2x}}{\dfrac{1-2x-x}{1-2x}}$

$\qquad\quad=\dfrac{x}{1-3x}$

$\qquad\vdots$

즉, $f^n(x)=\dfrac{x}{1-nx}$ (n은 자연수)이므로

$$f^{19}(a)=\dfrac{a}{1-19a}$$

따라서 $\dfrac{a}{1-19a}=1$이므로

$$a=1-19a$$

$$\therefore a=\dfrac{1}{20}$$

0964 답 2

$f^2(x)=(f\circ f)(x)=f(f(x))$

$$=\dfrac{\dfrac{x-3}{x+1}-3}{\dfrac{x-3}{x+1}+1}=\dfrac{\dfrac{x-3-3(x+1)}{x+1}}{\dfrac{x-3+x+1}{x+1}}$$

$$=\dfrac{-2x-6}{2x-2}=\dfrac{-x-3}{x-1} \qquad \cdots\cdots \text{ⓘ}$$

$f^3(x)=(f\circ f^2)(x)=f(f^2(x))$

$$=\dfrac{\dfrac{-x-3}{x-1}-3}{\dfrac{-x-3}{x-1}+1}=\dfrac{\dfrac{-x-3-3(x-1)}{x-1}}{\dfrac{-x-3+x-1}{x-1}}$$

$$=x \qquad \cdots\cdots \text{ⓙ}$$

$$\vdots$$

따라서 $f^3(x)=f^6(x)=f^9(x)=\cdots=f^{3n}(x)=x$ (n은 자연수)이므로

$$f^{100}(x)=f^{3\times33+1}=f(x)=\dfrac{x-3}{x+1},$$

$$f^{200}(x)=f^{3\times66+2}(x)=f^2(x)=\dfrac{-x-3}{x-1},$$

$$f^{300}(x)=f^{3\times100}(x)=x \qquad \cdots\cdots \text{ⓚ}$$

$$\therefore f^{300}(f^{200}(f^{100}(2)))=f^{300}\!\left(f^{200}\!\left(\dfrac{2-3}{2+1}\right)\right)$$

$$=f^{300}\!\left(f^{200}\!\left(-\dfrac{1}{3}\right)\right)$$

$$=f^{300}\!\left(\dfrac{\dfrac{1}{3}-3}{-\dfrac{1}{3}-1}\right)$$

$$=f^{300}(2)=2 \qquad \cdots\cdots \text{ⓛ}$$

채점 기준

ⓘ $f^2(x)$ 구하기	30%
ⓙ $f^3(x)$ 구하기	30%
ⓚ $f^{100}(x)$, $f^{200}(x)$, $f^{300}(x)$ 구하기	20%
ⓛ $f^{300}(f^{200}(f^{100}(2)))$의 값 구하기	20%

0965 답 ⑤

$y=\dfrac{3x+1}{x+a}$이라 하면 $(x+a)y=3x+1$

$(y-3)x=-ay+1 \qquad \therefore x=\dfrac{-ay+1}{y-3}$

x와 y를 서로 바꾸면 $y=\dfrac{-ax+1}{x-3}$

$$\therefore f^{-1}(x)=\dfrac{-ax+1}{x-3}$$

$f=f^{-1}$에서 $\dfrac{3x+1}{x+a}=\dfrac{-ax+1}{x-3}$

$$\therefore a=-3$$

따라서 $f^{-1}(x)=\dfrac{3x+1}{x-3}$이므로

$$f^{-1}(4)=\dfrac{12+1}{4-3}=13$$

0966 답 ⑤

$y=\dfrac{2x+5}{x+3}$라 하면 $(x+3)y=2x+5$

$(y-2)x=-3y+5 \qquad \therefore x=\dfrac{-3y+5}{y-2}$

x와 y를 서로 바꾸면 $y=\dfrac{-3x+5}{x-2}$

$$\therefore f^{-1}(x)=\dfrac{-3x+5}{x-2}$$

$f^{-1}(x)=\dfrac{-3x+5}{x-2}=\dfrac{-3(x-2)-1}{x-2}=-\dfrac{1}{x-2}-3$이므로 점근선의 방정식은

$$x=2,\ y=-3$$

따라서 역함수 $y=f^{-1}(x)$의 그래프는 점 $(2,\ -3)$에 대하여 대칭이므로

$$p=2,\ q=-3$$

$$\therefore p-q=5$$

다른 풀이

$f(x)=\dfrac{2x+5}{x+3}=\dfrac{2(x+3)-1}{x+3}=-\dfrac{1}{x+3}+2$이므로 점근선의 방정식은

$$x=-3,\ y=2$$

즉, 두 점근선의 교점의 좌표는 $(-3,\ 2)$이다.

역함수 $y=f^{-1}(x)$의 그래프의 두 점근선의 교점은 점 $(-3,\ 2)$를 직선 $y=x$에 대하여 대칭이동한 점이므로

$$(2,\ -3)$$

따라서 역함수 $y=f^{-1}(x)$의 그래프는 점 $(2,\ -3)$에 대하여 대칭이므로

$$p=2,\ q=-3$$

$$\therefore p-q=5$$

0967 답 ①

주어진 두 함수 $y=f(x)$, $y=g(x)$의 그래프가 직선 $y=x$에 대하여 대칭이므로 $g(x)$는 $f(x)$의 역함수이다.

$y=\dfrac{6x+1}{ax+6}$이라 하면 $(ax+6)y=6x+1$

$(ay-6)x=-6y+1 \qquad \therefore x=\dfrac{-6y+1}{ay-6}$

x와 y를 서로 바꾸면 $y=\dfrac{-6x+1}{ax-6}$

$$\therefore f^{-1}(x)=\dfrac{-6x+1}{ax-6}$$

$g(x)=f^{-1}(x)$이므로 $\dfrac{bx+1}{3x-6}=\dfrac{-6x+1}{ax-6}$

따라서 $a=3$, $b=-6$이므로

$$a+b=-3$$

0968 답 -3

함수 $f(x)=\dfrac{x+b}{x-a}$ 의 그래프가 점 $(2,\,-1)$을 지나므로

$-1=\dfrac{2+b}{2-a}$

$\therefore a-b=4$ $\qquad\qquad\cdots\cdots$ ㉠

또 $f(x)$의 역함수의 그래프가 점 $(2,\,-1)$을 지나므로

함수 $f(x)=\dfrac{x+b}{x-a}$ 의 그래프는 점 $(-1,\,2)$를 지난다.

즉, $2=\dfrac{-1+b}{-1-a}$ 이므로 $2a+b=-1$ $\quad\cdots\cdots$ ㉡

㉠, ㉡을 연립하여 풀면

$a=1,\,b=-3$

$\therefore ab=-3$

0969 답 $\dfrac{1}{2}$

$(f\circ(f^{-1}\circ g)^{-1}\circ f^{-1})(-2)=(f\circ g^{-1}\circ f\circ f^{-1})(-2)$
$=(f\circ g^{-1})(-2)$
$=f(g^{-1}(-2))$ $\quad\cdots\cdots$ ❶

$g^{-1}(-2)=k\,(k$는 상수$)$라 하면 $g(k)=-2$이므로

$\dfrac{2k-4}{k}=-2$

$2k-4=-2k$ $\quad\therefore k=1$

$\therefore g^{-1}(-2)=1$ $\qquad\qquad\cdots\cdots$ ❷

$\therefore (f\circ(f^{-1}\circ g)^{-1}\circ f^{-1})(-2)=f(g^{-1}(-2))$
$=f(1)=\dfrac{1}{2}$ $\quad\cdots\cdots$ ❸

채점 기준

❶ $(f\circ(f^{-1}\circ g)^{-1}\circ f^{-1})(-2)$를 간단히 하기		30%
❷ $g^{-1}(-2)$의 값 구하기		40%
❸ $(f\circ(f^{-1}\circ g)^{-1}\circ f^{-1})(-2)$의 값 구하기		30%

0970 답 ②

$g(f(x))=x$이므로 $g(x)$는 $f(x)$의 역함수이다.

$(g\circ f\circ g)(1)=g(f(g(1)))=g(1)$

$g(1)=k\,(k$는 상수$)$라 하면 $f(k)=1$이므로

$\dfrac{-3k+2}{k+1}=1$

$-3k+2=k+1$ $\quad\therefore k=\dfrac{1}{4}$

$\therefore g(1)=\dfrac{1}{4}$

$\therefore (g\circ f\circ g)(1)=g(1)=\dfrac{1}{4}$

0971 답 9

⑷에서 점근선의 방정식이 $x=1,\,y=-2$이므로

$f(x)=\dfrac{k}{x-1}-2\,(k\neq0)$라 하면 ⑺에서 점 $(-3,\,2)$를 지나므로

$2=\dfrac{k}{-3-1}-2$ $\quad\therefore k=-16$

$\therefore f(x)=-\dfrac{16}{x-1}-2$

$f^{-1}(-4)=t\,(t$는 상수$)$라 하면 $f(t)=-4$이므로

$-\dfrac{16}{t-1}-2=-4$

$t-1=8$ $\quad\therefore t=9$

$\therefore f^{-1}(-4)=9$

참고 $y=-\dfrac{16}{x-1}-2$라 하면 $y+2=-\dfrac{16}{x-1}$

$x-1=-\dfrac{16}{y+2}$ $\quad\therefore x=-\dfrac{16}{y+2}+1$

x와 y를 서로 바꾸면 $y=-\dfrac{16}{x+2}+1$

$\therefore f^{-1}(x)=-\dfrac{16}{x+2}+1$

0972 답 1

$\dfrac{4x+3}{x-1}=t$로 놓으면 $4x+3=(x-1)t$

$(t-4)x=t+3$

$\therefore x=\dfrac{t+3}{t-4}$

즉, $f(t)=2\times\dfrac{t+3}{t-4}+1=\dfrac{3t+2}{t-4}$이므로

$f(x)=\dfrac{3x+2}{x-4}$

$y=\dfrac{3x+2}{x-4}$라 하면 $(x-4)y=3x+2$

$(y-3)x=4y+2$ $\quad\therefore x=\dfrac{4y+2}{y-3}$

x와 y를 서로 바꾸면 $y=\dfrac{4x+2}{x-3}$

$\therefore g(x)=\dfrac{4x+2}{x-3}$

$g(x)=\dfrac{4x+2}{x-3}=\dfrac{4(x-3)+14}{x-3}=\dfrac{14}{x-3}+4$이므로 점근선의 방

정식은

$x=3,\,y=4$

따라서 $y=g(x)$의 그래프는 점 $(3,\,4)$에 대하여 대칭이므로

$a=3,\,b=4$

$\therefore b-a=1$

0973 답 ㄱ, ㄴ, ㄷ

$f^2(x)=(f\circ f)(x)=f(f(x))$
$=-\dfrac{-\dfrac{x+1}{x}+1}{-\dfrac{x+1}{x}}=\dfrac{\dfrac{-x-1+x}{x}}{\dfrac{x+1}{x}}$
$=-\dfrac{1}{x+1}$

$f^3(x)=(f\circ f^2)(x)=f(f^2(x))$
$=-\dfrac{-\dfrac{1}{x+1}+1}{-\dfrac{1}{x+1}}=\dfrac{\dfrac{-1+x+1}{x+1}}{\dfrac{1}{x+1}}$
$=x$
$\vdots$

$\therefore f^{3m-2}(x)=-\dfrac{x+1}{x},\ f^{3m-1}(x)=-\dfrac{1}{x+1},\ f^{3m}(x)=x$

(단, m은 자연수)

ㄱ. $f^2(x)=-\dfrac{1}{x+1}$에서 $y=f^2(x)$의 그

래프는 오른쪽 그림과 같으므로 제1사

분면을 지나지 않는다.

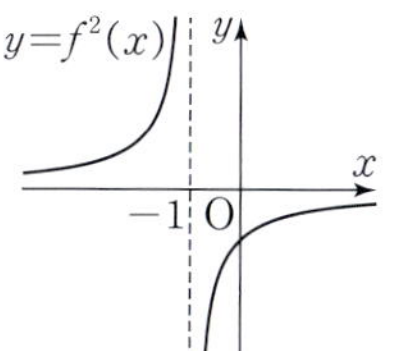

ㄴ. $f^{11}(x)=f^{3\times4-1}(x)=-\dfrac{1}{x+1}$이므로

$a=0,\ b=-1,\ c=1$

$\therefore a+b+c=0$

ㄷ. $f^{24}(x)=f^{3\times8}(x)=x$이므로 $f^{24}(x)$는 항등함수이다.

따라서 보기에서 옳은 것은 ㄱ, ㄴ, ㄷ이다.

0974 답 ⑤

$y=\dfrac{2x+b}{x-a}$라 하면 $(x-a)y=2x+b$

$(y-2)x=ay+b$ $\therefore x=\dfrac{ay+b}{y-2}$

x와 y를 서로 바꾸면 $y=\dfrac{ax+b}{x-2}$

$\therefore f^{-1}(x)=\dfrac{ax+b}{x-2}$

$\begin{aligned}
f(x-4)-4&=\dfrac{2(x-4)+b}{x-4-a}-4\\
&=\dfrac{2(x-4)+b-4(x-4-a)}{x-4-a}\\
&=\dfrac{-2x+4a+b+8}{x-4-a}
\end{aligned}$

(개)에서 $\dfrac{ax+b}{x-2}=\dfrac{-2x+4a+b+8}{x-4-a}$이므로

$a=-2,\ b=4a+b+8,\ -2=-4-a$

따라서 $f(x)=\dfrac{2x+b}{x+2}=\dfrac{2(x+2)+b-4}{x+2}=\dfrac{b-4}{x+2}+2$이므로

(내)에서 $b-4=3$ $\therefore b=7$

$\therefore a+b=5$

다른 풀이

$f(x)=\dfrac{2x+b}{x-a}=\dfrac{2(x-a)+2a+b}{x-a}=\dfrac{2a+b}{x-a}+2$

(내)에서 함수 $y=f(x)$의 그래프를 평행이동하면 함수 $y=\dfrac{3}{x}$의 그

래프와 일치하므로

$2a+b=3$ ······ ㉠

함수 $y=f(x)$의 그래프의 점근선의 방정식은 $x=a,\ y=2$이므로

두 점근선의 교점의 좌표는 $(a,\ 2)$

역함수 $y=f^{-1}(x)$의 그래프의 두 점근선의 교점은 점 $(a,\ 2)$를 직

선 $y=x$에 대하여 대칭이동한 점이므로 $(2,\ a)$

(개)에서 역함수 $y=f^{-1}(x)$의 그래프는 함수 $y=f(x)$의 그래프를 x

축의 방향으로 4만큼, y축의 방향으로 -4만큼 평행이동한 것이므

로 역함수 $y=f^{-1}(x)$의 그래프의 두 점근선의 교점의 좌표는

$(a+4,\ 2-4)$ $\therefore (a+4,\ -2)$

즉, 이 점이 점 $(2,\ a)$와 일치하므로 $a=-2$

이를 ㉠에 대입하면

$-4+b=3$ $\therefore b=7$

$\therefore a+b=5$

0975 답 16

전략 주어진 유리함수의 그래프가 대칭하는 점을 찾은 후 유리함수의 그래프의 대칭성을 이용하여 네 교점의 y좌표의 합을 구한다.

$y=\dfrac{4x+7}{x+5}=\dfrac{4(x+5)-13}{x+5}=-\dfrac{13}{x+5}+4$이므로 점근선의 방정식은

$x=-5,\ y=4$

즉, 주어진 함수의 그래프는 두 점근선의 교점 $(-5,\ 4)$에 대하여 대칭이다.

두 점근선의 교점과 원의 중심이 일치하므로 오른쪽 그림과 같이 $y=\dfrac{4x+7}{x+5}$의 그래프가 중심이 점 $(-5,\ 4)$인 원과 만나는 네

점을 각각 A, B, C, D라 하면 두 점 A, C와 두 점 B, D는 각각

점 $(-5,\ 4)$에 대하여 대칭이다.

따라서 선분 AC와 선분 BD의 중점이 모두 점 $(-5,\ 4)$이므로

$\dfrac{y_1+y_3}{2}=4,\ \dfrac{y_2+y_4}{2}=4$ $\therefore y_1+y_3=8,\ y_2+y_4=8$

$\therefore y_1+y_2+y_3+y_4=16$

0976 답 ②

전략 합성함수의 규칙을 찾고 주어진 식을 만족시키는 자연수 k의 값을 구한다.

$f(2)=\dfrac{4-1}{4}=\dfrac{3}{4}$

$f^2(2)=(f\circ f)(2)=f(f(2))=f\Big(\dfrac{3}{4}\Big)=\dfrac{\frac{3}{2}-1}{\frac{3}{2}}=\dfrac{1}{3}$

$f^3(2)=(f\circ f^2)(2)=f(f^2(2))=f\Big(\dfrac{1}{3}\Big)=\dfrac{\frac{2}{3}-1}{\frac{2}{3}}=-\dfrac{1}{2}$

$f^4(2)=(f\circ f^3)(2)=f(f^3(2))=f\Big(-\dfrac{1}{2}\Big)=\dfrac{-1-1}{-1}=2$

$f^5(2)=(f\circ f^4)(2)=f(f^4(2))=f(2)=\dfrac{3}{4}$

$\vdots$

따라서 $f^{4m-3}(2)=\dfrac{3}{4},\ f^{4m-2}(2)=\dfrac{1}{3},\ f^{4m-1}(2)=-\dfrac{1}{2},$

$f^{4m}(2)=2\,(m$은 자연수$)$이므로

$f^{4m-3}(2)\times f^{4m-2}(2)=\dfrac{3}{4}\times\dfrac{1}{3}=\dfrac{1}{4}$

$f^{4m-3}(2)\times f^{4m-2}(2)\times f^{4m-1}(2)=\dfrac{1}{4}\times\Big(-\dfrac{1}{2}\Big)=-\dfrac{1}{8}$

$\begin{aligned}
f^{4m-3}(2)\times f^{4m-2}(2)\times f^{4m-1}(2)\times f^{4m}(2)&=-\dfrac{1}{8}\times2\\
&=-\dfrac{1}{4}
\end{aligned}$

이때 $f(2)\times f^2(2)\times f^3(2)\times\cdots\times f^k(2)=\dfrac{3}{64}$에서

$\dfrac{3}{64}=\Big(-\dfrac{1}{4}\Big)^2\times\dfrac{3}{4}$이므로

$k=9$

Ⅲ. 함수와 그래프

0977 답 ④

 네 점 P, Q, R, S를 a에 대한 식으로 나타내고 세 직선 PS, RS, QR의 기울기를 구한다.

$P(a, f(a))$, $Q(a+2, f(a+2))$이므로

$P\left(a, \dfrac{k}{a}\right)$, $Q\left(a+2, \dfrac{k}{a+2}\right)$

㈎에서 직선 PQ의 기울기는 -1이므로

$$\dfrac{\dfrac{k}{a+2}-\dfrac{k}{a}}{a+2-a}=-1$$

$$\dfrac{k}{a+2}-\dfrac{k}{a}=-2$$

$$\dfrac{-2k}{a(a+2)}=-2$$

$\therefore k=a(a+2)$ ······ ㉠

$\therefore P(a, a+2)$, $Q(a+2, a)$

㈏에서 두 점 P, Q를 원점에 대하여 대칭이동하면

$R(-a, -a-2)$, $S(-a-2, -a)$

이때 직선 PS의 기울기는

$$\dfrac{-a-a-2}{-a-2-a}=1$$

직선 RS의 기울기는

$$\dfrac{-a+a+2}{-a-2+a}=-1$$

직선 QR의 기울기는

$$\dfrac{-a-2-a}{-a-a-2}=1$$

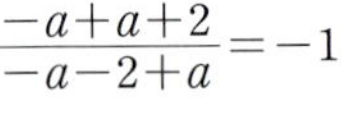

이므로 사각형 PQRS는 직사각형이다.

$\overline{PQ}=\sqrt{(a+2-a)^2+(a-a-2)^2}=2\sqrt{2}$

$\overline{PS}=\sqrt{(-a-2-a)^2+(-a-a-2)^2}=2\sqrt{2}(a+1)$

즉, 사각형 PQRS의 넓이는

$2\sqrt{2}\times2\sqrt{2}(a+1)=8(a+1)$

따라서 사각형 PQRS의 넓이가 $8\sqrt{5}$이므로

$8(a+1)=8\sqrt{5}$

$\therefore a=\sqrt{5}-1$

이를 ㉠에 대입하면

$k=(\sqrt{5}-1)(\sqrt{5}+1)=5-1=4$

0978 답 ④

 함수 $y=\left|f(x+a)+\dfrac{a}{2}\right|$의 그래프의 개형을 그린 후 이 함수의 그래프의 점근선의 방정식을 구하여 a, b의 값을 구한다.

$y=f(x+a)+\dfrac{a}{2}$의 그래프는 $y=f(x)$의 그래프를 x축의 방향으로 $-a$만큼, y축의 방향으로 $\dfrac{a}{2}$만큼 평행이동한 것이고,

$y=\left|f(x+a)+\dfrac{a}{2}\right|$의 그래프는 $y=f(x+a)+\dfrac{a}{2}$의 그래프에서 $y<0$인 부분을 x축에 대하여 대칭이동한 것이다.

이때 $y=\left|f(x+a)+\dfrac{a}{2}\right|$의 그래프가 y축에 대하여 대칭이려면 $y=f(x+a)+\dfrac{a}{2}$의 그래프의 점근선의 방정식이 다음 그림과 같이 $x=0$, $y=0$이어야 한다.

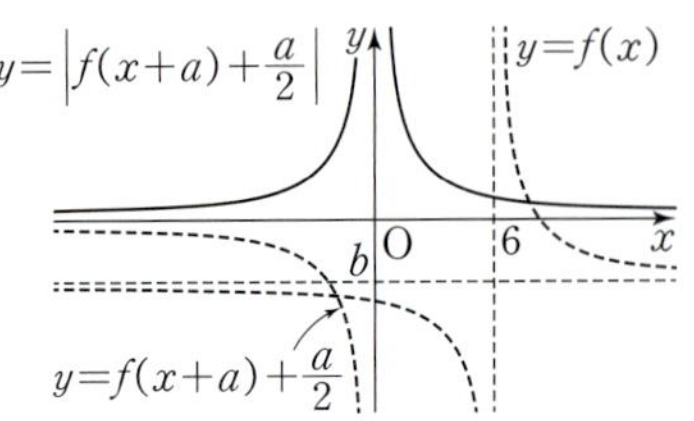

함수 $f(x)=\dfrac{a}{x-6}+b$의 그래프의 점근선의 방정식은 $x=6$, $y=b$이므로 $y=f(x+a)+\dfrac{a}{2}$의 그래프의 점근선의 방정식은

$x=6-a$, $y=b+\dfrac{a}{2}$

이 점근선의 방정식이 $x=0$, $y=0$이어야 하므로

$6-a=0$, $b+\dfrac{a}{2}=0$

$\therefore a=6$, $b=-3$

따라서 $f(x)=\dfrac{6}{x-6}-3$이므로

$$f(b)=f(-3)=\dfrac{6}{-3-6}-3=-\dfrac{11}{3}$$

0979 답 ⑤

 두 점 A, B를 지나는 직선의 방정식을 구한 후 두 삼각형 POQ, PB′B의 넓이를 구한다.

두 점 $A(-1, -1)$, $B\left(a, \dfrac{1}{a}\right)$을 지나는 직선의 방정식은

$$y+1=\dfrac{\dfrac{1}{a}+1}{a+1}(x+1)$$

$$\therefore y=\dfrac{1}{a}x+\dfrac{1}{a}-1$$

즉, $P(a-1, 0)$, $Q\left(0, \dfrac{1}{a}-1\right)$이므로

$\overline{OP}=a-1$

$\overline{OQ}=1-\dfrac{1}{a}$

이때 $B'(a, 0)$이므로

$\overline{PB'}=|a-(a-1)|=1$

$\overline{BB'}=\dfrac{1}{a}$

두 삼각형 POQ, PB′B의 넓이 S_1, S_2는

$$S_1=\dfrac{1}{2}\times\overline{OP}\times\overline{OQ}=\dfrac{1}{2}\times(a-1)\times\left(1-\dfrac{1}{a}\right)$$

$$=\dfrac{1}{2}\left(a-1-1+\dfrac{1}{a}\right)=\dfrac{a}{2}+\dfrac{1}{2a}-1$$

$$S_2=\dfrac{1}{2}\times\overline{PB'}\times\overline{BB'}=\dfrac{1}{2}\times1\times\dfrac{1}{a}=\dfrac{1}{2a}$$

$$\therefore S_1+S_2=\dfrac{a}{2}+\dfrac{1}{a}-1$$

이때 $a>1$에서 $\dfrac{a}{2}>0$, $\dfrac{1}{a}>0$이므로 산술평균과 기하평균의 관계에 의하여

$$\dfrac{a}{2}+\dfrac{1}{a}-1\geq2\sqrt{\dfrac{a}{2}\times\dfrac{1}{a}}-1=\sqrt{2}-1$$

$$\left(\text{단, 등호는 }\dfrac{a}{2}=\dfrac{1}{a}\text{, 즉 }a=\sqrt{2}\text{일 때 성립}\right)$$

따라서 S_1+S_2의 최솟값은 $\sqrt{2}-1$이다.

0980 답 9

전략 함수 $y=\dfrac{2}{x}$의 그래프가 두 직선 $y=x$, $y=-x$에 대하여 대칭임을 이용한다.

$y=\dfrac{2}{x}$의 그래프는 직선 $y=x$에 대하여 대칭이고, 직선 $y=-x+k$는 직선 $y=x$에 수직이므로 두 점 A, B는 직선 $y=x$에 대하여 대칭이다.

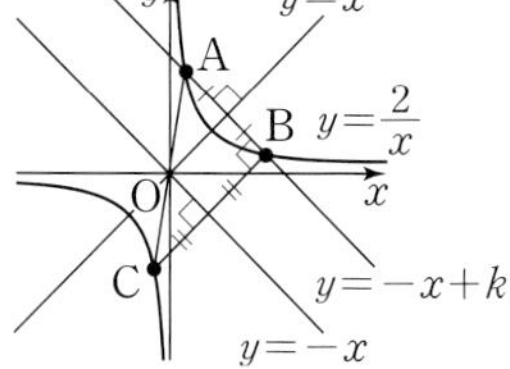

또 $y=\dfrac{2}{x}$의 그래프는 직선 $y=-x$에 대하여 대칭이고, $\angle ABC=90°$이므로 두 점 B, C는 직선 $y=-x$에 대하여 대칭이다.

따라서 $A\left(a,\dfrac{2}{a}\right)(a\neq\sqrt{2})$라 하면
$B\left(\dfrac{2}{a},a\right)$, $C\left(-a,-\dfrac{2}{a}\right)$

이때 점 A는 직선 $y=-x+k$ 위의 점이므로
$$\dfrac{2}{a}=-a+k \quad \therefore k=a+\dfrac{2}{a}$$

$\overline{AC}=2\sqrt{5}$이어야 하므로
$$\sqrt{(-a-a)^2+\left(-\dfrac{2}{a}-\dfrac{2}{a}\right)^2}=2\sqrt{5}$$

양변을 제곱하면
$$4a^2+\dfrac{16}{a^2}=20 \quad \therefore a^2+\dfrac{4}{a^2}=5$$

$$\therefore k^2=\left(a+\dfrac{2}{a}\right)^2=a^2+\dfrac{4}{a^2}+4=5+4=9$$

0981 답 16

전략 직선 l과 함수 $y=f(x)$의 그래프가 만나는 점 중 B가 아닌 점을 $Q(a,b)$라 하고 두 점 Q, C의 좌표를 구한 후 직선 l의 방정식을 구한다.

직선 l과 $y=f(x)$의 그래프가 만나는 점 중 B가 아닌 점을 $Q(a,b)$라 하면 점 P는 $y=f(x)$의 그래프의 두 점근선의 교점이므로

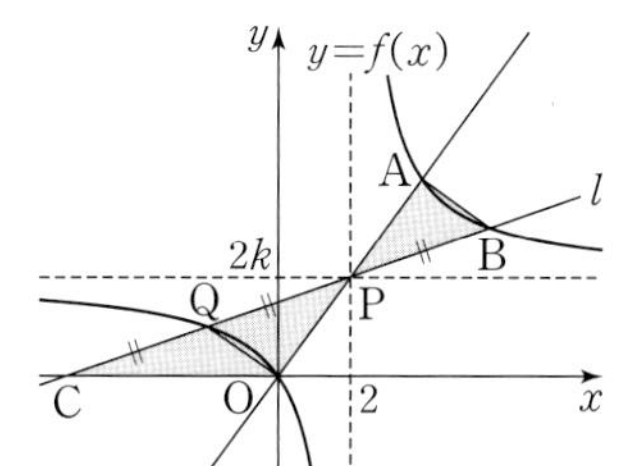

$\triangle APB\equiv\triangle OPQ$ (SAS 합동)

이때 $2S_1=S_2$이므로
$$\overline{PB}=\overline{PQ}=\overline{QC}$$

$\overline{PQ}=\overline{QC}$에서 점 Q는 선분 PC의 중점이므로 점 C의 좌표를 $(c,0)$이라 하면
$$a=\dfrac{2+c}{2},\ b=\dfrac{2k}{2}=k$$

또 점 Q는 $y=f(x)$의 그래프 위의 점이므로
$$b=\dfrac{4k}{a-2}+2k$$

이 식에 $b=k$를 대입하면
$$k=\dfrac{4k}{a-2}+2k,\ a-2=-4$$

$$\therefore a=-2$$

$$\therefore Q(-2,k)$$

$a=-2$를 $a=\dfrac{2+c}{2}$에 대입하면
$$-2=\dfrac{2+c}{2}$$
$$2+c=-4$$
$$\therefore c=-6$$
$$\therefore C(-6,0)$$

한편 두 점 $Q(-2,k)$, $C(-6,0)$을 지나는 직선 l의 방정식은
$$y-k=\dfrac{-k}{-6+2}(x+2)$$
$$\therefore kx-4y+6k=0$$

원점과 직선 l 사이의 거리는 2이므로
$$\dfrac{|6k|}{\sqrt{k^2+(-4)^2}}=2$$
$$|6k|=2\sqrt{k^2+16}$$

양변을 제곱하면
$$36k^2=4(k^2+16)$$
$$32k^2=64 \quad \therefore k^2=2$$
$$\therefore 8k^2=16$$

0982 답 ①

전략 (가)를 만족시키는 함수 $y=f(x)$의 그래프의 개형을 이용하여 점근선의 방정식을 구한 후 주어진 조건을 만족시키는 함수 $f(x)$를 구한다.

(가)에서 $y=|f(x)|$의 그래프는 $y=f(x)$의 그래프에서 $y<0$인 부분을 x축에 대하여 대칭이동한 것이므로 $y=f(x)$의 그래프가 직선 $y=2$와 만나는 점의 개수와 직선 $y=-2$와 만나는 점의 개수의 합은 1이다.

이때 $y=f(x)$의 그래프가 x축과 평행한 직선과 만나는 점의 개수는 점근선을 제외하면 항상 1이므로 $y=f(x)$의 그래프의 한 점근선의 방정식은 $y=2$ 또는 $y=-2$이다.

(i) 점근선의 방정식이 $y=2$일 때,
(나)에서 $f^{-1}(2)=k$(k는 상수)라 하면 $f(k)=2$이므로 이를 만족시키는 k의 값이 존재하지 않는다.

(ii) 점근선의 방정식이 $y=-2$일 때,
$f(x)=\dfrac{a}{x}+b$에서
$$b=-2$$
(나)에서 $f^{-1}(2)=t$(t는 상수)라 하면 $f(t)=2$이므로
$$\dfrac{a}{t}-2=2 \quad \therefore t=\dfrac{a}{4}$$
$$\therefore f^{-1}(2)=\dfrac{a}{4}$$
$f(2)=\dfrac{a}{2}-2$이므로 $f^{-1}(2)=f(2)-1$에서
$$\dfrac{a}{4}=\dfrac{a}{2}-2-1$$
$$\dfrac{a}{4}=3$$
$$\therefore a=12$$

(i), (ii)에서 $f(x)=\dfrac{12}{x}-2$이므로
$$f(8)=\dfrac{12}{8}-2=-\dfrac{1}{2}$$

난이도별 **필수 기출** 212~225쪽

0983 답 ②

$x-2\geq0$에서 $x\geq2$

$5-x>0$에서 $x<5$

$\therefore 2\leq x<5$

따라서 자연수 x의 값은 2, 3, 4이므로 구하는 합은

$2+3+4=9$

0984 답 ④

$\dfrac{\sqrt{x+2}}{\sqrt{x+2}-\sqrt{x}}-\dfrac{\sqrt{x}}{\sqrt{x+2}+\sqrt{x}}$

$=\dfrac{\sqrt{x+2}(\sqrt{x+2}+\sqrt{x})-\sqrt{x}(\sqrt{x+2}-\sqrt{x})}{(\sqrt{x+2}-\sqrt{x})(\sqrt{x+2}+\sqrt{x})}$

$=\dfrac{x+2+\sqrt{x^2+2x}-\sqrt{x^2+2x}+x}{x+2-x}$

$=\dfrac{2x+2}{2}=x+1$

0985 답 ②

$\dfrac{1}{1+\sqrt{x}}+\dfrac{1}{1-\sqrt{x}}=\dfrac{1-\sqrt{x}+1+\sqrt{x}}{(1+\sqrt{x})(1-\sqrt{x})}$

$=\dfrac{2}{1-x}$

$=\dfrac{2}{1-\sqrt{5}}$ ← $x=\sqrt{5}$ 대입

$=\dfrac{2(1+\sqrt{5})}{(1-\sqrt{5})(1+\sqrt{5})}$

$=\dfrac{-1-\sqrt{5}}{2}$

0986 답 ⑤

$\dfrac{2}{a+\sqrt{ab}}+\dfrac{2}{b+\sqrt{ab}}=\dfrac{2}{\sqrt{a}(\sqrt{a}+\sqrt{b})}+\dfrac{2}{\sqrt{b}(\sqrt{b}+\sqrt{a})}$

$=\dfrac{2(\sqrt{a}+\sqrt{b})}{\sqrt{ab}(\sqrt{a}+\sqrt{b})}$

$=\dfrac{2}{\sqrt{ab}}$

$=\dfrac{2\sqrt{ab}}{ab}$

0987 답 $-6<x\leq-2$

$x^2+x-2\geq0$에서 $(x+2)(x-1)\geq0$

$\therefore x\leq-2$ 또는 $x\geq1$ ······ ㉠

$-x^2-5x+6>0$에서 $x^2+5x-6<0$

$(x+6)(x-1)<0$ $\therefore -6<x<1$ ······ ㉡

㉠, ㉡에서 $-6<x\leq-2$

0988 답 ④

$|x-2|-2\geq0$에서 $|x-2|\geq2$

$x-2\leq-2$ 또는 $x-2\geq2$

$\therefore x\leq0$ 또는 $x\geq4$ ······ ㉠

$5-|x+1|\geq0$에서 $|x+1|\leq5$

$-5\leq x+1\leq5$

$\therefore -6\leq x\leq4$ ······ ㉡

㉠, ㉡에서 $-6\leq x\leq0$ 또는 $x=4$

따라서 정수 x는 -6, -5, -4, ..., 0, 4의 8개이다.

0989 답 ③

$x+2\geq0$에서 $x\geq-2$

$1-x\geq0$에서 $x\leq1$

$\therefore -2\leq x\leq1$

따라서 $0\leq x+2\leq3$, $-5\leq x-3\leq-2$이므로

$\sqrt{x^2+4x+4}+\sqrt{4x^2-24x+36}=\sqrt{(x+2)^2}+\sqrt{4(x-3)^2}$

$=|x+2|+2|x-3|$

$=x+2-2(x-3)$

$=-x+8$

0990 답 $2x-1$

$\dfrac{\sqrt{x+1}}{\sqrt{x-2}}=-\sqrt{\dfrac{x+1}{x-2}}$에서 $x+1>0$, $x-2<0$

$\therefore \sqrt{(x+1)^2}-\sqrt{(x-2)^2}=|x+1|-|x-2|$

$=x+1+x-2$

$=2x-1$

0991 답 ④

모든 실수 x에 대하여 $\sqrt{kx^2-kx+3}$의 값이 실수가 되려면

$kx^2-kx+3\geq0$이어야 한다.

(i) $k=0$일 때,

　　$3\geq0$이므로 $\sqrt{kx^2-kx+3}$의 값이 실수이다.

(ii) $k\neq0$일 때,

　　모든 실수 x에 대하여 $kx^2-kx+3\geq0$이어야 하므로

　　$k>0$

　　이차방정식 $kx^2-kx+3=0$의 판별식을 D라 하면

　　$D=(-k)^2-4\times k\times3\leq0$

　　$k^2-12k\leq0$, $k(k-12)\leq0$

　　$\therefore 0\leq k\leq12$

　　그런데 $k>0$이므로 $0<k\leq12$

(i), (ii)에서 $0\leq k\leq12$

따라서 정수 k는 0, 1, 2, ..., 12의 13개이다.

0992 답 ④

$y-x=2\sqrt{2}$, $xy=4$이므로

$\dfrac{\sqrt{y}}{\sqrt{x}}-\dfrac{\sqrt{x}}{\sqrt{y}}=\dfrac{y-x}{\sqrt{xy}}=\dfrac{2\sqrt{2}}{2}=\sqrt{2}$

0993 답 ②

$$x=\frac{\sqrt{2}-1}{\sqrt{2}+1}=\frac{(\sqrt{2}-1)^2}{(\sqrt{2}+1)(\sqrt{2}-1)}$$
$$=3-2\sqrt{2}$$

$$\therefore \frac{\sqrt{x}+1}{\sqrt{x}-1}+\frac{\sqrt{x}-1}{\sqrt{x}+1}=\frac{(\sqrt{x}+1)^2+(\sqrt{x}-1)^2}{(\sqrt{x}-1)(\sqrt{x}+1)}$$
$$=\frac{x+2\sqrt{x}+1+x-2\sqrt{x}+1}{x-1}$$
$$=\frac{2(x+1)}{x-1}$$
$$=\frac{2(3-2\sqrt{2}+1)}{3-2\sqrt{2}-1} \quad \text{← } x=3-2\sqrt{2} \text{ 대입}$$
$$=\frac{4-2\sqrt{2}}{1-\sqrt{2}}$$
$$=\frac{(4-2\sqrt{2})(1+\sqrt{2})}{(1-\sqrt{2})(1+\sqrt{2})}$$
$$=-2\sqrt{2}$$

0994 답 $2+\sqrt{3}$

$\sqrt{2x+5}=3$의 양변을 제곱하면

$$2x+5=9 \quad \therefore x=2 \qquad \cdots\cdots \text{ⓘ}$$

$$\therefore \frac{1}{4-\dfrac{1}{2-\sqrt{x+1}}}=\frac{1}{4-\dfrac{1}{2-\sqrt{3}}}$$
$$=\frac{1}{4-\dfrac{2+\sqrt{3}}{(2-\sqrt{3})(2+\sqrt{3})}}$$
$$=\frac{1}{4-(2+\sqrt{3})}=\frac{1}{2-\sqrt{3}}$$
$$=\frac{2+\sqrt{3}}{(2-\sqrt{3})(2+\sqrt{3})}$$
$$=2+\sqrt{3} \qquad \cdots\cdots \text{ⓘⓘ}$$

채점 기준

ⓘ x의 값 구하기		30%
ⓘⓘ 주어진 식의 값 구하기		70%

0995 답 ①

$$\frac{1}{\sqrt{x+1}+\sqrt{x+2}}+\frac{1}{\sqrt{x+2}+\sqrt{x+3}}+\frac{1}{\sqrt{x+3}+\sqrt{x+4}}$$
$$=\frac{\sqrt{x+1}-\sqrt{x+2}}{(\sqrt{x+1}+\sqrt{x+2})(\sqrt{x+1}-\sqrt{x+2})}$$
$$+\frac{\sqrt{x+2}-\sqrt{x+3}}{(\sqrt{x+2}+\sqrt{x+3})(\sqrt{x+2}-\sqrt{x+3})}$$
$$+\frac{\sqrt{x+3}-\sqrt{x+4}}{(\sqrt{x+3}+\sqrt{x+4})(\sqrt{x+3}-\sqrt{x+4})}$$
$$=\frac{\sqrt{x+1}-\sqrt{x+2}}{x+1-(x+2)}+\frac{\sqrt{x+2}-\sqrt{x+3}}{x+2-(x+3)}+\frac{\sqrt{x+3}-\sqrt{x+4}}{x+3-(x+4)}$$
$$=-(\sqrt{x+1}-\sqrt{x+2})-(\sqrt{x+2}-\sqrt{x+3})-(\sqrt{x+3}-\sqrt{x+4})$$
$$=\sqrt{x+4}-\sqrt{x+1}$$
$$=\sqrt{5+4}-\sqrt{5+1} \quad \text{← } x=5 \text{ 대입}$$
$$=3-\sqrt{6}$$

0996 답 4

$$\frac{1}{f(n)}=\frac{1}{\sqrt{2n+1}+\sqrt{2n-1}}$$
$$=\frac{\sqrt{2n+1}-\sqrt{2n-1}}{(\sqrt{2n+1}+\sqrt{2n-1})(\sqrt{2n+1}-\sqrt{2n-1})}$$
$$=\frac{\sqrt{2n+1}-\sqrt{2n-1}}{2n+1-(2n-1)}$$
$$=\frac{\sqrt{2n+1}-\sqrt{2n-1}}{2} \qquad \cdots\cdots \text{ⓘ}$$

$$\therefore \frac{1}{f(1)}+\frac{1}{f(2)}+\frac{1}{f(3)}+\cdots+\frac{1}{f(40)}$$
$$=\frac{1}{2}\{(\sqrt{3}-\sqrt{1})+(\sqrt{5}-\sqrt{3})+(\sqrt{7}-\sqrt{5})$$
$$+\cdots+(\sqrt{81}-\sqrt{79})\}$$
$$=\frac{1}{2}(\sqrt{81}-\sqrt{1})=4 \qquad \cdots\cdots \text{ⓘⓘ}$$

채점 기준

ⓘ $\dfrac{1}{f(n)}$의 분모를 유리화하여 나타내기		50%
ⓘⓘ $\dfrac{1}{f(1)}+\dfrac{1}{f(2)}+\dfrac{1}{f(3)}+\cdots+\dfrac{1}{f(40)}$의 값 구하기		50%

0997 답 ②

$$x=\frac{2}{\sqrt{3}+1}=\frac{2(\sqrt{3}-1)}{(\sqrt{3}+1)(\sqrt{3}-1)}=\sqrt{3}-1$$
$$y=\frac{2}{\sqrt{3}-1}=\frac{2(\sqrt{3}+1)}{(\sqrt{3}-1)(\sqrt{3}+1)}=\sqrt{3}+1$$

따라서 $x+y=2\sqrt{3}$, $x-y=-2$이므로

$$x^3+x^2y-xy^2-y^3=x^2(x+y)-y^2(x+y)$$
$$=(x+y)(x^2-y^2)$$
$$=(x+y)^2(x-y)$$
$$=(2\sqrt{3})^2\times(-2)$$
$$=-24$$

0998 답 $\sqrt{10}$

$$x=\frac{\sqrt{5}+\sqrt{3}}{\sqrt{5}-\sqrt{3}}$$
$$=\frac{(\sqrt{5}+\sqrt{3})^2}{(\sqrt{5}-\sqrt{3})(\sqrt{5}+\sqrt{3})}$$
$$=\frac{5+2\sqrt{15}+3}{5-3}=4+\sqrt{15}$$
$$y=\frac{\sqrt{5}-\sqrt{3}}{\sqrt{5}+\sqrt{3}}$$
$$=\frac{(\sqrt{5}-\sqrt{3})^2}{(\sqrt{5}+\sqrt{3})(\sqrt{5}-\sqrt{3})}$$
$$=\frac{5-2\sqrt{15}+3}{5-3}=4-\sqrt{15}$$

따라서 $x+y=8$, $xy=1$이므로

$$(\sqrt{x}+\sqrt{y})^2=x+y+2\sqrt{xy}$$
$$=8+2=10$$

이때 $x>0$, $y>0$이므로 $\sqrt{x}+\sqrt{y}>0$

$$\therefore \sqrt{x}+\sqrt{y}=\sqrt{10}$$

0999　답 ②

$$\frac{\sqrt{3}+\sqrt{2}+1}{\sqrt{3}-\sqrt{2}+1}=\frac{\{(\sqrt{3}+\sqrt{2})+1\}\{(\sqrt{3}+\sqrt{2})-1\}}{\{\sqrt{3}-(\sqrt{2}-1)\}\{\sqrt{3}+(\sqrt{2}-1)\}}$$

$$=\frac{(\sqrt{3}+\sqrt{2})^2-1}{3-(\sqrt{2}-1)^2}$$

$$=\frac{(3+2\sqrt{6}+2)-1}{3-(2-2\sqrt{2}+1)}$$

$$=\frac{4+2\sqrt{6}}{2\sqrt{2}}$$

$$=\sqrt{2}+\sqrt{3}$$

따라서 $a=2$, $b=3$ 또는 $a=3$, $b=2$이므로

$ab=6$

1000　답 ⑤

자연수 n에 대하여 $\sqrt{n^2}<\sqrt{n^2+n}<\sqrt{(n+1)^2}$이므로

$n<\sqrt{n^2+n}<n+1$　$\cdots\cdots$ ㉠

따라서 $f(n)=n$, $g(n)=\sqrt{n^2+n}-n$이므로

$$\frac{f(n)}{g(n)}=\frac{n}{\sqrt{n^2+n}-n}=\frac{n(\sqrt{n^2+n}+n)}{(\sqrt{n^2+n}-n)(\sqrt{n^2+n}+n)}$$

$$=\frac{n(\sqrt{n^2+n}+n)}{n^2+n-n^2}$$

$$=\sqrt{n^2+n}+n$$

㉠에 의하여 $2n<\sqrt{n^2+n}+n<2n+1$이므로 $\dfrac{f(n)}{g(n)}$의 정수 부분은 $2n$이다.

1001　답 ②

$4x+8\geq0$에서 $x\geq-2$이므로 정의역은 $\{x\,|\,x\geq-2\}$, 치역은 $\{y\,|\,y\geq3\}$이다.

1002　답 ②

$y=\sqrt{ax}$의 그래프를 x축의 방향으로 1만큼, y축의 방향으로 -2만큼 평행이동한 그래프의 식은

$y=\sqrt{a(x-1)}-2$

이 그래프가 원점을 지나므로

$0=\sqrt{-a}-2$

$\sqrt{-a}=2$, $-a=4$

$\therefore a=-4$

1003　답 ④

$y=-\sqrt{3x-1}+1=-\sqrt{3\left(x-\dfrac{1}{3}\right)}+1$

즉, 주어진 함수의 그래프는 $y=-\sqrt{3x}$

의 그래프를 x축의 방향으로 $\dfrac{1}{3}$만큼, y

축의 방향으로 1만큼 평행이동한 것이므로 오른쪽 그림과 같다.

① 치역은 $\{y\,|\,y\leq1\}$이다.

② 그래프는 제1, 4사분면을 지난다.

③ $y=-\sqrt{3x-1}+1$에 $y=0$을 대입하면

$0=-\sqrt{3x-1}+1$, $\sqrt{3x-1}=1$

양변을 제곱하면

$3x-1=1$　$\therefore x=\dfrac{2}{3}$

즉, 그래프와 x축의 교점의 좌표는 $\left(\dfrac{2}{3},\,0\right)$이다.

⑤ $y=\sqrt{3x-1}-1$의 그래프와 x축에 대하여 대칭이다.

따라서 옳은 것은 ④이다.

1004　답 ③

ㄱ. $y=\sqrt{-2x}+4$의 그래프는 $y=-\sqrt{2x}$의 그래프를 원점에 대하여 대칭이동한 후 y축의 방향으로 4만큼 평행이동한 것이다.

ㄹ. $y=\dfrac{1}{2}\sqrt{8x+1}=\sqrt{\dfrac{1}{4}(8x+1)}=\sqrt{2x+\dfrac{1}{4}}=\sqrt{2\left(x+\dfrac{1}{8}\right)}$의 그래프는 $y=-\sqrt{2x}$의 그래프를 x축에 대하여 대칭이동한 후 x축의 방향으로 $-\dfrac{1}{8}$만큼 평행이동한 것이다.

따라서 보기에서 그 그래프가 $y=-\sqrt{2x}$의 그래프를 평행이동 또는 대칭이동하여 겹쳐지는 함수인 것은 ㄱ, ㄹ이다.

1005　답 ①

$y=-\sqrt{x-a}+a+2$의 그래프가 점 $(a,\,-a)$를 지나므로

$-a=a+2$　$\therefore a=-1$

$\therefore y=-\sqrt{x+1}+1$

따라서 구하는 함수의 치역은 $\{y\,|\,y\leq1\}$이다.

1006　답 ③

함수 $y=\sqrt{2x+a}+b$의 치역은 $\{y\,|\,y\geq b\}$이므로 $b=4$

즉, $y=\sqrt{2x+a}+4$의 그래프가 점 $(3,\,7)$을 지나므로

$7=\sqrt{6+a}+4$, $\sqrt{6+a}=3$

양변을 제곱하면 $6+a=9$　$\therefore a=3$

$\therefore ab=12$

1007　답 ⑤

$y=\sqrt{3x+4}-2$의 그래프를 x축의 방향으로 3만큼, y축의 방향으로 -2만큼 평행이동한 그래프의 식은

$y=\sqrt{3(x-3)+4}-2-2$　$\therefore y=\sqrt{3x-5}-4$

이 함수의 그래프를 y축에 대하여 대칭이동한 그래프의 식은

$y=\sqrt{-3x-5}-4$

이 식이 $y=\sqrt{ax+b}+c$와 일치하므로

$a=-3$, $b=-5$, $c=-4$　$\therefore abc=-60$

1008　답 1

$y=\dfrac{ax-5}{x+b}=\dfrac{-ab-5}{x+b}+a$의 그래프의 점근선의 방정식은

$x=-b$, $y=a$

$\therefore a=4$, $b=2$　$\cdots\cdots$ ❶

즉, 함수 $y=\sqrt{ax-b}=\sqrt{4x-2}=\sqrt{4\left(x-\dfrac{1}{2}\right)}$의 정의역은

$\left\{x\,\middle|\,x\geq\dfrac{1}{2}\right\}$이다.　$\cdots\cdots$ ❷

따라서 정수 x의 최솟값은 1이다.　$\cdots\cdots$ ❸

❶ a, b의 값 구하기		40%
❷ 함수 $y=\sqrt{ax-b}$의 정의역 구하기		40%
❸ 정수 x의 최솟값 구하기		20%

❶ 함수 $y=-\sqrt{ax}$의 그래프를 평행이동한 식 구하기		30%
❷ 함수 $y=\dfrac{1-2x}{x-4}$의 그래프의 두 점근선의 교점의 좌표 구하기		40%
❸ 상수 a의 값 구하기		30%

1009 답 3

$y=-\sqrt{-x+5}+k=-\sqrt{-(x-5)}+k$이므로 주어진 함수의 그래프는 $y=-\sqrt{-x}$의 그래프를 x축의 방향으로 5만큼, y축의 방향으로 k만큼 평행이동한 것이다.

$y=-\sqrt{-x+5}+k$의 그래프가 제
4사분면을 지나지 않으려면 오른쪽
그림과 같이 $x=0$일 때 $y\geq0$이어
야 하므로

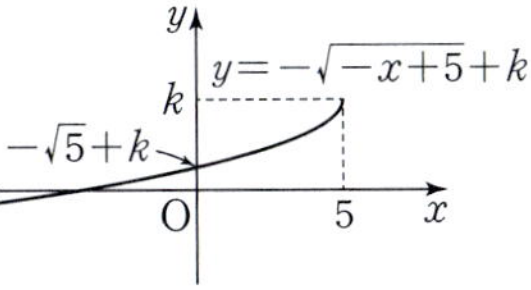

$-\sqrt{5}+k\geq0$　　$\therefore k\geq\sqrt{5}$

따라서 자연수 k의 최솟값은 3이다.

1010 답 ③

$y=\sqrt{-3x+k}-3$의 그래프를 원점에 대하여 대칭이동한 그래프의
식은

$-y=\sqrt{3x+k}-3$

$\therefore y=-\sqrt{3x+k}+3$

이 함수의 그래프를 x축의 방향으로 -1만큼 평행이동한 그래프의
식은

$y=-\sqrt{3(x+1)+k}+3$

$\therefore y=-\sqrt{3x+3+k}+3$

$y=0$을 대입하면

$0=-\sqrt{3x+3+k}+3$

$\sqrt{3x+3+k}=3$

양변을 제곱하면

$3x+3+k=9$　　$\therefore x=\dfrac{6-k}{3}$

즉, $\dfrac{6-k}{3}<0$이므로 $k>6$

따라서 정수 k의 최솟값은 7이다.

1011 답 7

$y=-\sqrt{ax}$의 그래프를 x축의 방향으로 -3만큼, y축의 방향으로 5
만큼 평행이동한 그래프의 식은

$y=-\sqrt{a(x+3)}+5$　　　　　…… ❶

또 $y=\dfrac{1-2x}{x-4}=-\dfrac{7}{x-4}-2$이므로 $y=\dfrac{1-2x}{x-4}$의 그래프의 점근
선의 방정식은

$x=4$, $y=-2$

즉, 두 점근선의 교점의 좌표는 $(4, -2)$이다.　　…… ❷

따라서 $y=-\sqrt{a(x+3)}+5$의 그래프가 점 $(4, -2)$를 지나므로

$-2=-\sqrt{7a}+5$

$\sqrt{7a}=7$, $7a=49$

$\therefore a=7$　　　　　　　　　…… ❸

1012 답 ①

$y=\sqrt{2x-2a}-a^2+4=\sqrt{2(x-a)}-a^2+4$이므로 주어진 함수의
그래프는 $y=\sqrt{2x}$의 그래프를 x축의 방향으로 a만큼, y축의 방향
으로 $-a^2+4$만큼 평행이동한 것이다.

이 그래프가 오직 하나의 사분면을
지나려면 오른쪽 그림과 같아야 하
므로

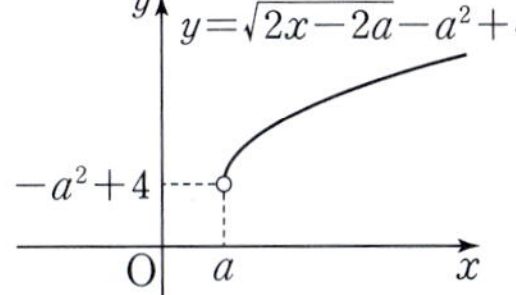

$a\geq0$, $-a^2+4\geq0$

$-a^2+4\geq0$에서 $a^2\leq4$

$\therefore -2\leq a\leq2$

그런데 $a\geq0$이므로 $0\leq a\leq2$

따라서 실수 a의 최댓값은 2이다.

1013 답 ④

$y=\dfrac{ax+b}{x+c}=\dfrac{-ac+b}{x+c}+a$이므로 $y=\dfrac{ax+b}{x+c}$의 그래프의 점근
선의 방정식은

$x=-c$, $y=a$

이때 주어진 그래프의 점근선의 방정식은 $x=1$, $y=-1$이므로

$a=-1$, $c=-1$

즉, $y=\dfrac{-x+b}{x-1}$의 그래프가 점 $(2, 0)$을 지나므로

$0=\dfrac{-2+b}{2-1}$

$-2+b=0$　　$\therefore b=2$

$\therefore y=\sqrt{-ax+b}+c=\sqrt{x+2}-1$

이 함수의 그래프는 $y=\sqrt{x}$의 그래프를 x축의 방향으로 -2만큼, y
축의 방향으로 -1만큼 평행이동한 것이다.

따라서 $y=\sqrt{x+2}-1$의 그래프는 오른
쪽 그림과 같으므로 제1, 2, 3사분면만
을 지난다.

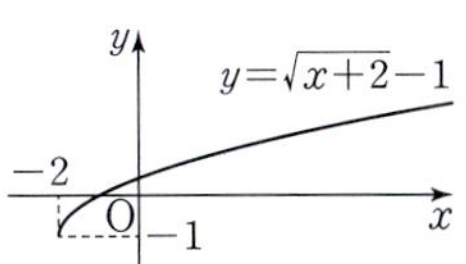

1014 답 ②

$y=a\sqrt{bx+c}=a\sqrt{b\left(x+\dfrac{c}{b}\right)}$

ㄱ. $y=a\sqrt{bx+c}$의 그래프는 $y=-a\sqrt{bx+c}$의 그래프와 x축에
　　대하여 대칭이다.

ㄴ. $a>0$, $b<0$, $c>0$이면 $-\dfrac{c}{b}>0$이므로
　　$y=a\sqrt{bx+c}$의 그래프의 개형은 오른
　　쪽 그림과 같이 제1, 2사분면을 지난다.

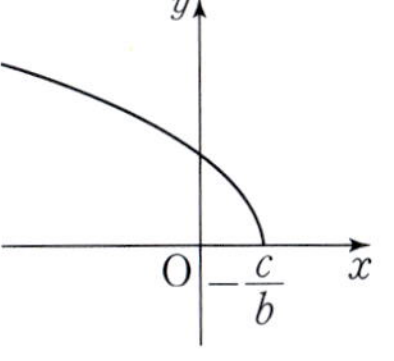

ㄷ. $b>0$이면 정의역은 $\left\{x\,\middle|\,x\geq-\dfrac{c}{b}\right\}$이다.

따라서 보기에서 옳은 것은 ㄱ, ㄴ이다.

1015 답 2

$y=\sqrt{x+3}$의 그래프는 $y=\sqrt{x}$의 그래프를 x축의 방향으로 -3만큼 평행이동한 것이다.

또 $y=\sqrt{1-x}+k=\sqrt{-(x-1)}+k$이므로 $y=\sqrt{1-x}+k$의 그래프는 $y=\sqrt{-x}$의 그래프를 x축의 방향으로 1만큼, y축의 방향으로 k만큼 평행이동한 것이다.

따라서 오른쪽 그림과 같이 $y=\sqrt{1-x}+k$의 그래프가 $y=\sqrt{x+3}$의 그래프와 직선 $x=1$의 교점을 지날 때 실수 k는 최댓값을 갖는다.

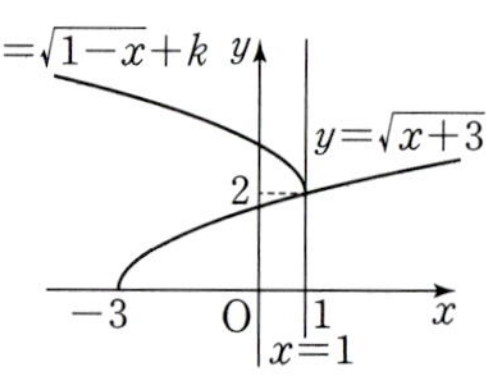

이때 교점의 좌표가 $(1,\ 2)$이므로 $2=\sqrt{1-1}+k$ $\therefore k=2$

1016 답 2

$y=\dfrac{k-1}{x+2}+1$의 그래프의 점근선의 방정식은 $x=-2$, $y=1$이고 점 $\left(0,\ \dfrac{k+1}{2}\right)$을 지난다.

(i) $k-1>0$, 즉 $k>1$일 때,

$y=\dfrac{k-1}{x+2}+1$의 그래프는 제4사분면을 지나지 않는다.

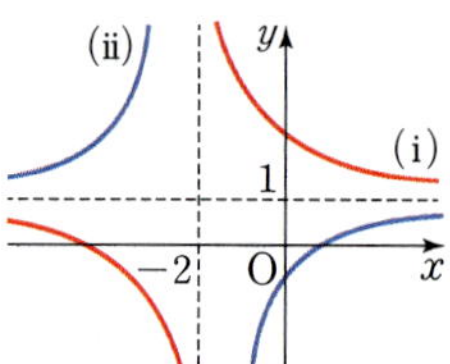

(ii) $k-1<0$, 즉 $k<1$일 때,

$y=\dfrac{k-1}{x+2}+1$의 그래프가 모든 사분면을 지나려면 $x=0$일 때 $y<0$이어야 하므로 $\dfrac{k+1}{2}<0$ $\therefore k<-1$

(i), (ii)에서 $k<-1$ $\quad\cdots\cdots$ ㉠

한편 $y=2\sqrt{3-x}+k=\sqrt{-4(x-3)}+k$이므로 $y=2\sqrt{3-x}+k$의 그래프는 $y=\sqrt{-4x}$의 그래프를 x축의 방향으로 3만큼, y축의 방향으로 k만큼 평행이동한 것이다.

$y=2\sqrt{3-x}+k$의 그래프가 제1, 2, 4사분면만을 지나려면 오른쪽 그림과 같이 $x=0$일 때 $y>0$이어야 하므로 $2\sqrt{3}+k>0$ $\therefore k>-2\sqrt{3}$ $\quad\cdots\cdots$ ㉡

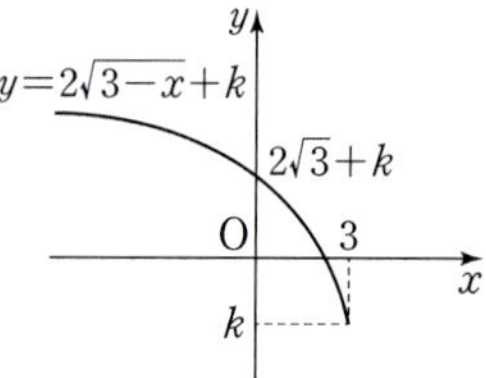

㉠, ㉡에서 $-2\sqrt{3}<k<-1$

따라서 정수 k는 -3, -2의 2개이다.

1017 답 ⑤

$y=\dfrac{4x+7}{x+2}=-\dfrac{1}{x+2}+4$이므로 $y=\dfrac{4x+7}{x+2}$의 그래프는 $y=-\dfrac{1}{x}$의 그래프를 x축의 방향으로 -2만큼, y축의 방향으로 4만큼 평행이동한 것이다.

$-1\leq x\leq 2$에서 함수 $y=\dfrac{4x+7}{x+2}$의 치역이 $\left\{y\ \middle|\ 3\leq y\leq\dfrac{15}{4}\right\}$이므로 오른쪽 그림과 같이 두 함수 $y=\dfrac{4x+7}{x+2}$, $y=-\sqrt{2x+3}+k$의 그래프가 점 $(-1,\ 3)$에서 만날 때 실수 k는 최솟값을 갖는다.

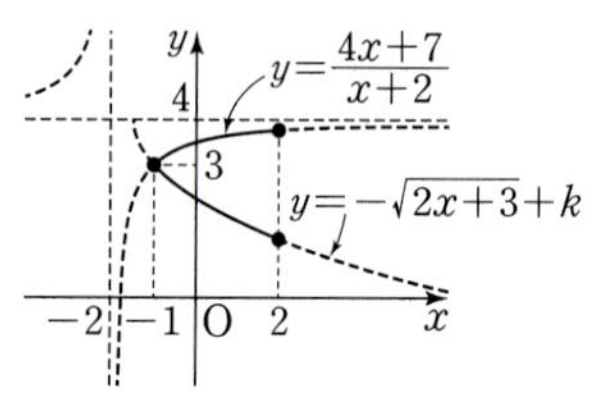

따라서 $3=-1+k$이므로 $k=4$

1018 답 $0<a<\dfrac{9}{2}$

$y=\sqrt{ax}$의 그래프를 x축의 방향으로 -2만큼, y축의 방향으로 1만큼 평행이동한 그래프의 식은 $y=\sqrt{a(x+2)}+1$

또 $y=\dfrac{3x+8}{x+2}=\dfrac{2}{x+2}+3$이므로 $y=\dfrac{3x+8}{x+2}$의 그래프는 $y=\dfrac{2}{x}$의 그래프를 x축의 방향으로 -2만큼, y축의 방향으로 3만큼 평행이동한 것이다.

이때 $y=\sqrt{a(x+2)}+1$의 그래프가 $y=\dfrac{3x+8}{x+2}$의 그래프와 제1사분면에서 만나므로 오른쪽 그림과 같이 $x=0$일 때 $y<4$이다.

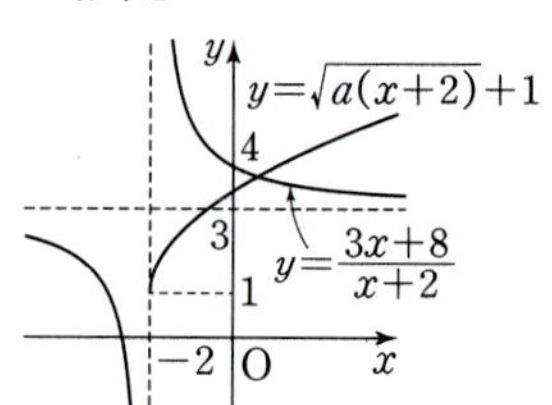

$\sqrt{2a}+1<4$

$\sqrt{2a}<3$, $2a<9$

$\therefore a<\dfrac{9}{2}$

그런데 $a>0$이므로 $0<a<\dfrac{9}{2}$

1019 답 ①

$x>5$에서 $f(x)=\dfrac{2x-4}{x-4}=\dfrac{4}{x-4}+2$이므로 $y=f(x)$의 그래프는 $y=\dfrac{4}{x}$의 그래프를 x축의 방향으로 4만큼, y축의 방향으로 2만큼 평행이동한 것이다.

또 $x\leq 5$에서 $f(x)=\sqrt{5-x}+a=\sqrt{-(x-5)}+a$이므로 $y=f(x)$의 그래프는 $y=\sqrt{-x}$의 그래프를 x축의 방향으로 5만큼, y축의 방향으로 a만큼 평행이동한 것이다.

㈎에서 함수 $f(x)$의 치역은 $\{y\,|\,y>2\}$이고 ㈏에서 함수 $f(x)$가 일대일대응이므로 $y=f(x)$의 그래프는 오른쪽 그림과 같이 점 $(5,\ 6)$을 지난다.

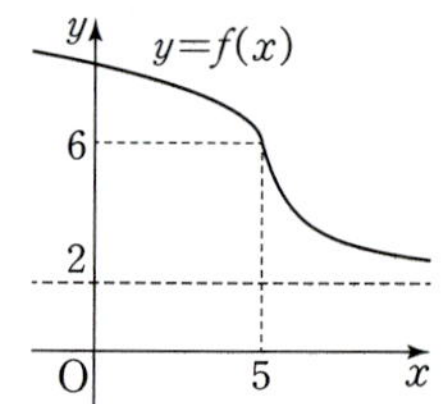

$\therefore a=6$

$\therefore f(x)=\begin{cases}\dfrac{2x-4}{x-4} & (x>5)\\ \sqrt{5-x}+6 & (x\leq 5)\end{cases}$

$f(4)=1+6=7$이므로 $f(4)f(k)=28$에서

$7f(k)=28$

$\therefore f(k)=4$

$k\leq 5$이면 $f(k)\geq 6$이므로 $k>5$

$\dfrac{2k-4}{k-4}=4$

$2k-4=4k-16$

$\therefore k=6$

1020 답 ③

주어진 그래프는 $y=\sqrt{-x}$의 그래프를 x축의 방향으로 2만큼, y축의 방향으로 1만큼 평행이동한 것이므로 $y=\sqrt{-(x-2)}+1=\sqrt{-x+2}+1$

따라서 $a=2$, $b=1$이므로 $a+b=3$

1021 답 ④

주어진 그래프는 $y=-\sqrt{ax}\ (a>0)$의 그래프를 x축의 방향으로 -3만큼, y축의 방향으로 2만큼 평행이동한 것이므로

$$y=-\sqrt{a(x+3)}+2 \quad\cdots\cdots\ \text{㉠}$$

㉠의 그래프가 점 $(0,\ -1)$을 지나므로

$$-1=-\sqrt{3a}+2,\ \sqrt{3a}=3$$

양변을 제곱하면 $3a=9$ $\quad\therefore\ a=3$

이를 ㉠에 대입하면

$$y=-\sqrt{3(x+3)}+2=-\sqrt{3x+9}+2$$

따라서 $f(x)=-\sqrt{3x+9}+2$이므로

$$f\left(\frac{7}{3}\right)=-\sqrt{7+9}+2=-2$$

1022 답 ②

$$g(x)=\sqrt{-ax+b}+c=\sqrt{-a\left(x-\frac{b}{a}\right)}+c$$

$y=g(x)$의 그래프는 $y=\sqrt{-ax}$의 그래프를 x축의 방향으로 $\dfrac{b}{a}$만큼, y축의 방향으로 c만큼 평행이동한 것이다.

주어진 그래프에서 $-a<0,\ \dfrac{b}{a}>0,\ c<0$이므로

$$a>0,\ b>0,\ c<0$$

따라서 상수 a, b, c의 부호로 옳은 것은 ②이다.

1023 답 ⑤

$y=a\sqrt{bx+c}=a\sqrt{b\left(x+\dfrac{c}{b}\right)}$이므로 $y=a\sqrt{bx+c}$의 그래프는

$y=a\sqrt{bx}$의 그래프를 x축의 방향으로 $-\dfrac{c}{b}$만큼 평행이동한 것이다.

주어진 무리함수의 그래프에서 $a<0,\ b<0,\ -\dfrac{c}{b}>0$이므로

$$a<0,\ b<0,\ c>0$$

$y=\dfrac{b}{x+a}+c$의 그래프는 $y=\dfrac{b}{x}$의 그래프를 x축의 방향으로 $-a$만큼, y축의 방향으로 c만큼 평행이동한 것이므로

$$-a>0,\ b<0,\ c>0$$

따라서 $y=\dfrac{b}{x+a}+c$의 그래프의 개형은 ⑤이다.

1024 답 ②

$y=\dfrac{a}{x+b}+c$의 그래프의 점근선의 방정식은 $x=-b,\ y=c$

주어진 유리함수의 그래프에서 $a<0,\ -b<0,\ c>0$이므로

$$a<0,\ b>0,\ c>0$$

$$y=\sqrt{-ax-b}+c=\sqrt{-a\left(x+\frac{b}{a}\right)}+c$$

즉, $y=\sqrt{-ax-b}+c$의 그래프는 $y=\sqrt{-ax}$의 그래프를 x축의 방향으로 $-\dfrac{b}{a}$만큼, y축의 방향으로 c만큼 평행이동한 것이므로

$$-a>0,\ -\frac{b}{a}>0,\ c>0$$

따라서 $y=\sqrt{-ax-b}+c$의 그래프의 개형은 ②이다.

1025 답 11

$y=\sqrt{3x+a}+5=\sqrt{3\left(x+\dfrac{a}{3}\right)}+5$이므로 주어진 함수의 그래프는

$y=\sqrt{3x}$의 그래프를 x축의 방향으로 $-\dfrac{a}{3}$만큼, y축의 방향으로 5만큼 평행이동한 것이다.

$y=\sqrt{3x+a}+5$의 그래프는 오른쪽 그림과 같으므로 $x=-\dfrac{a}{3}$일 때, 최솟값은 5이다.

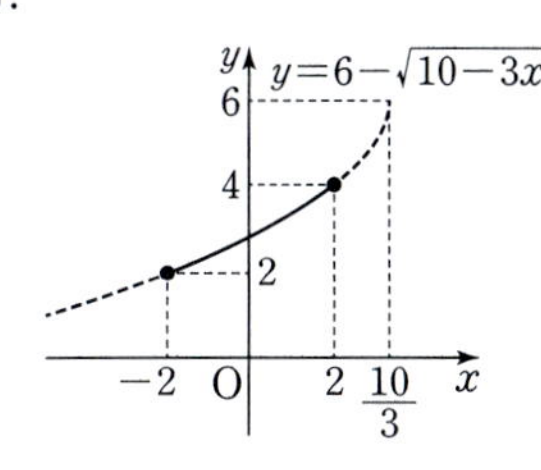

따라서 $-\dfrac{a}{3}=-2$에서 $a=6$이고 $m=5$이므로

$$a+m=11$$

1026 답 ①

$y=6-\sqrt{10-3x}=-\sqrt{-3\left(x-\dfrac{10}{3}\right)}+6$이므로 주어진 함수의 그래프는 $y=-\sqrt{-3x}$의 그래프를 x축의 방향으로 $\dfrac{10}{3}$만큼, y축의 방향으로 6만큼 평행이동한 것이다.

$-2\le x\le 2$에서 $y=6-\sqrt{10-3x}$의 그래프는 오른쪽 그림과 같으므로 $x=2$일 때, 최댓값은 4이고 $x=-2$일 때, 최솟값은 2이다.

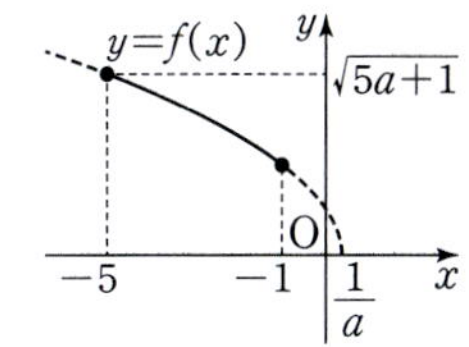

따라서 $M=4,\ m=2$이므로

$$Mm=8$$

1027 답 3

$f(x)=\sqrt{-ax+1}=\sqrt{-a\left(x-\dfrac{1}{a}\right)}$이므로 주어진 함수의 그래프는

$y=\sqrt{-ax}$의 그래프를 x축의 방향으로 $\dfrac{1}{a}$만큼 평행이동한 것이다.

$-5\le x\le -1$에서 $y=f(x)$의 그래프는 오른쪽 그림과 같으므로 $x=-5$일 때, 최댓값은 $\sqrt{5a+1}$이다.

즉, $\sqrt{5a+1}=4$이므로

양변을 제곱하면

$$5a+1=16$$

$$\therefore\ a=3$$

1028 답 7

$y=\sqrt{-x+3k}+2=\sqrt{-(x-3k)}+2$이므로 주어진 함수의 그래프는 $y=\sqrt{-x}$의 그래프를 x축의 방향으로 $3k$만큼, y축의 방향으로 2만큼 평행이동한 것이다. $\quad\cdots\cdots\ \text{❶}$

$k-1\le x\le k+8$에서 $y=\sqrt{-x+3k}+2$의 그래프는 오른쪽 그림과 같으므로 $x=k+8$일 때, 최솟값은 $\sqrt{2k-8}+2$이다.

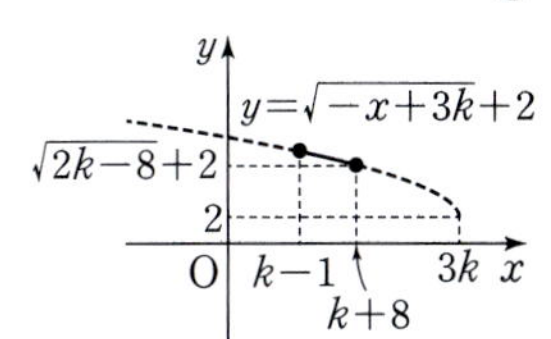

즉, $\sqrt{2k-8}+2=6$이므로

$\sqrt{2k-8}=4$

양변을 제곱하면

$2k-8=16$ $\therefore k=12$ **ⅱ**

따라서 $k-1\le x\le k+8$, 즉 $11\le x\le 20$에서 $y=\sqrt{-x+36}+2$는

$x=11$일 때, 최댓값 7이다.   **ⅲ**

채점 기준

ⅰ 함수 $y=\sqrt{-x+3k}+2$의 그래프의 평행이동 파악하기	30 %
ⅱ k의 값 구하기	40 %
ⅲ 함수 $y=\sqrt{-x+3k}+2$의 최댓값 구하기	30 %

1029 답 ③

$y=-\sqrt{x-a}+3$의 그래프는 $y=-\sqrt{x}$의 그래프를 x축의 방향으로 a만큼, y축의 방향으로 3만큼 평행이동한 것이다.

$y=-\sqrt{x-a}+3$의 그래프가 제3사분면을 지나므로 오른쪽 그림과 같이 $a<0$이고 $x=0$일 때 $y<0$이다.

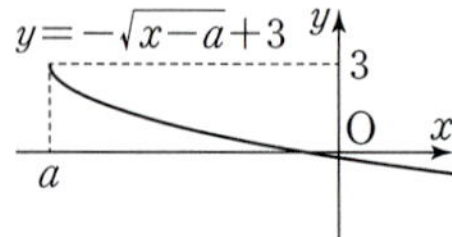

$-\sqrt{-a}+3<0$, $\sqrt{-a}>3$

$-a>9$ $\therefore a<-9$

따라서 정수 a의 최댓값은 -10이므로 $m=-10$

$m+4\le x\le m+16$, 즉

$-6\le x\le 6$에서

$y=\sqrt{-x+10}+5$의 그래프는 오른쪽 그림과 같으므로 $x=6$일 때, 최솟값은 7이다.

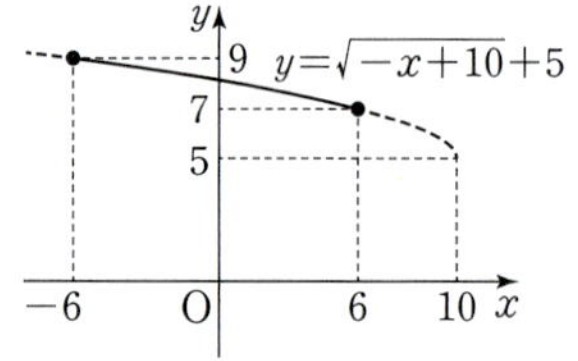

$\therefore n=7$

$\therefore mn=-70$

1030 답 ⑤

$f(x)=3-\sqrt{2x-5}=-\sqrt{2\left(x-\dfrac{5}{2}\right)}+3$이므로 $y=f(x)$의 그래프는 $y=-\sqrt{2x}$의 그래프를 x축의 방향으로 $\dfrac{5}{2}$만큼, y축의 방향으로 3만큼 평행이동한 것이다.

$3\le x\le 7$에서 $y=f(x)$의 그래프는 오른쪽 그림과 같으므로

$0\le f(x)\le 2$ ㉠

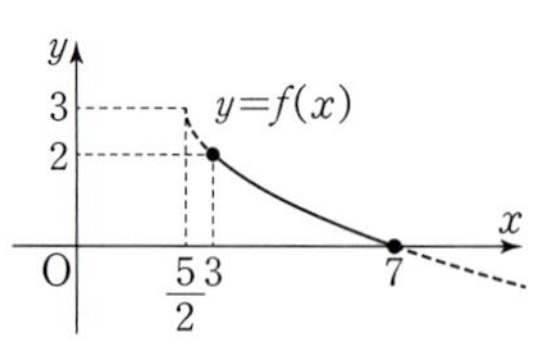

$g(x)=\dfrac{2x-1}{x+1}=-\dfrac{3}{x+1}+2$

이므로 $y=g(x)$의 그래프의 점근선의 방정식은

$x=-1$, $y=2$

$(g\circ f)(x)=g(f(x))$에서 $f(x)=t$라 하면 ㉠에서

$0\le t\le 2$

따라서 $0\le t\le 2$에서 $y=g(t)$의 그래프는 오른쪽 그림과 같으므로 $t=2$일 때, 최댓값은 1이다.

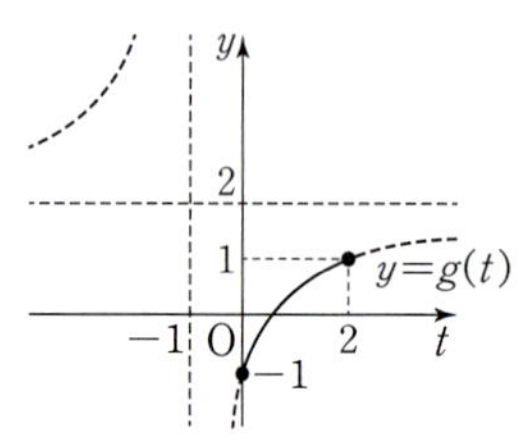

1031 답 ⑤

$f(x)=\sqrt{2x+2}+\sqrt{-2x+6}$이라 하면

$2x+2\ge 0$에서 $x\ge -1$

$-2x+6\ge 0$에서 $x\le 3$

$\therefore -1\le x\le 3$

이때 $f(x)\ge 0$이므로 $\{f(x)\}^2$이 최댓값과 최솟값을 가질 때, $f(x)$도 최댓값과 최솟값을 갖는다.

$\{f(x)\}^2=(\sqrt{2x+2}+\sqrt{-2x+6})^2$

$\qquad =8+2\sqrt{(2x+2)(-2x+6)}$

$\qquad =8+2\sqrt{-4x^2+8x+12}$

$g(x)=-4x^2+8x+12=-4(x-1)^2+16$이라 하면

$-1\le x\le 3$에서 $y=g(x)$의 그래프는 오른쪽 그림과 같으므로 $x=1$일 때, 최댓값은 16이고 $x=-1$ 또는 $x=3$일 때, 최솟값은 0이다.

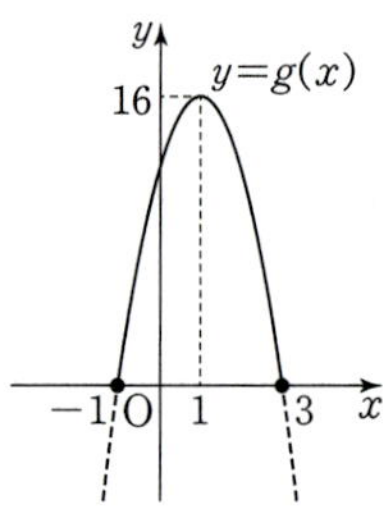

즉, $-1\le x\le 3$에서 함수 $f(x)$는 $x=1$일 때, 최댓값은 $f(1)=\sqrt{4}+\sqrt{4}=4$이고

$x=-1$ 또는 $x=3$일 때, 최솟값은

$f(-1)=f(3)=\sqrt{8}=2\sqrt{2}$이다.

따라서 $M=4$, $m=2\sqrt{2}$이므로

$M^2+m^2=16+8=24$

1032 답 ③

$y=-\sqrt{x-2}+3$의 그래프는

$y=-\sqrt{x}$의 그래프를 x축의 방향으로 2만큼, y축의 방향으로 3만큼 평행이동한 것이고, 직선 $y=mx-1$은 기울기가 m이고 y절편이 -1이다.

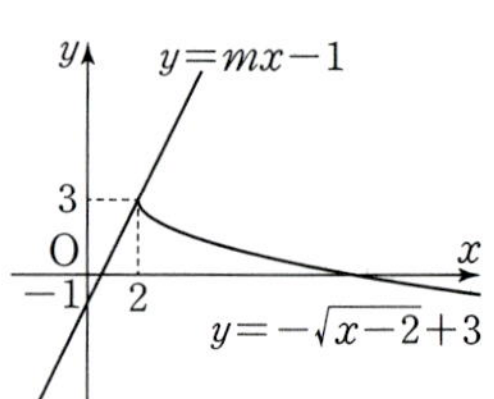

직선 $y=mx-1$이 점 $(2, 3)$을 지날 때,

$3=2m-1$ $\therefore m=2$

따라서 $y=-\sqrt{x-2}+3$의 그래프와 직선 $y=mx-1$이 만나지 않으려면 $m>2$이어야 하므로 구하는 자연수 m의 최솟값은 3이다.

1033 답 ⑤

$y=\sqrt{2x-1}=\sqrt{2\left(x-\dfrac{1}{2}\right)}$이므로 주어진 함수의 그래프는 $y=\sqrt{2x}$의 그래프를 x축의 방향으로 $\dfrac{1}{2}$만큼 평행이동한 것이고, 직선 $y=2x+k$는 기울기가 2이고 y절편이 k이다.

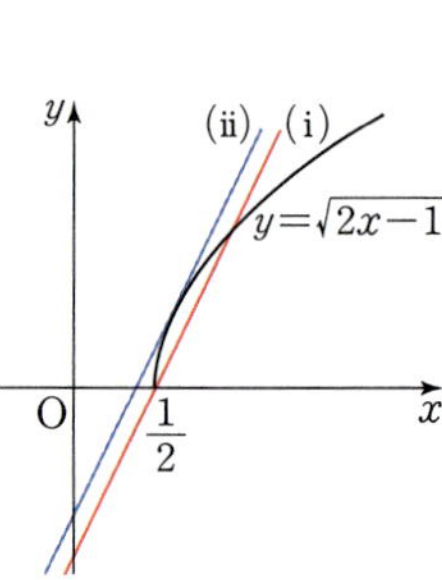

(i) 직선 $y=2x+k$가 점 $\left(\dfrac{1}{2}, 0\right)$을 지날 때,

$\qquad 0=1+k$ $\therefore k=-1$

(ii) $y=\sqrt{2x-1}$의 그래프와 직선 $y=2x+k$가 접할 때,

$\qquad \sqrt{2x-1}=2x+k$의 양변을 제곱하면

$\qquad 2x-1=4x^2+4kx+k^2$

$\qquad \therefore 4x^2+2(2k-1)x+k^2+1=0$

이 이차방정식의 판별식을 D라 하면

$$\frac{D}{4}=(2k-1)^2-4(k^2+1)=0$$

$$-4k-3=0$$

$$\therefore k=-\frac{3}{4}$$

(i), (ii)에서 실수 k의 값의 범위는

$$k<-1 \ \text{또는} \ k=-\frac{3}{4}$$

따라서 실수 k의 값이 될 수 없는 것은 ⑤이다.

1034 답 $-4\leq k<-\dfrac{15}{4}$

$y=\sqrt{x-4}$ 의 그래프는 $y=\sqrt{x}$ 의 그래프를 x축의 방향으로 4만큼 평행이동한 것이고, 직선 $y=x+k$는 기울기가 1이고 y절편이 k이다.

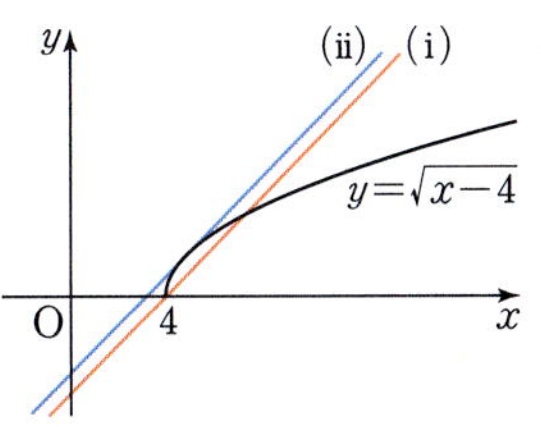

(i) 직선 $y=x+k$가 점 $(4,\ 0)$을 지날 때,

$$0=4+k \qquad \therefore k=-4 \qquad \cdots\cdots \ \text{❶}$$

(ii) $y=\sqrt{x-4}$ 의 그래프와 직선 $y=x+k$가 접할 때,

$\sqrt{x-4}=x+k$ 의 양변을 제곱하면

$$x-4=x^2+2kx+k^2$$

$$\therefore x^2+(2k-1)x+k^2+4=0$$

이 이차방정식의 판별식을 D라 하면

$$D=(2k-1)^2-4(k^2+4)=0$$

$$-4k-15=0$$

$$\therefore k=-\frac{15}{4} \qquad \cdots\cdots \ \text{❷}$$

(i), (ii)에서 실수 k의 값의 범위는

$$-4\leq k<-\frac{15}{4} \qquad \cdots\cdots \ \text{❸}$$

❶ 직선 $y=x+k$가 점 $(4, 0)$을 지날 때 k의 값 구하기	40%
❷ $y=\sqrt{x-4}$ 의 그래프와 직선 $y=x+k$가 접할 때 k의 값 구하기	40%
❸ 실수 k의 값의 범위 구하기	20%

1035 답 ③

$$y=5-2\sqrt{1-x}$$
$$=-2\sqrt{-(x-1)}+5$$

이므로 주어진 함수의 그래프는 $y=-2\sqrt{-x}$ 의 그래프를 x축의 방향으로 1만큼, y축의 방향으로 5만큼 평행이동한 것이고, 직선 $y=-x+k$는 기울기가 -1이고 y절편이 k이다.

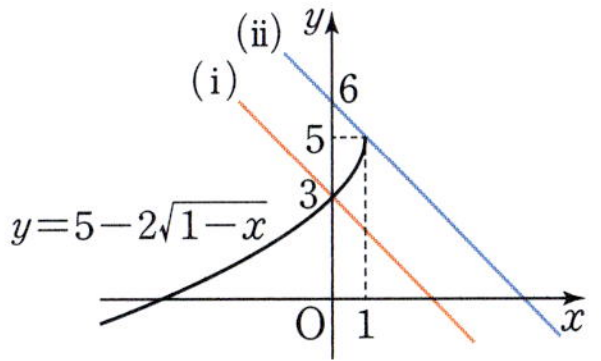

(i) 직선 $y=-x+k$가 점 $(0,\ 3)$을 지날 때,

$$k=3$$

(ii) 직선 $y=-x+k$가 점 $(1,\ 5)$를 지날 때,

$$5=-1+k \qquad \therefore k=6$$

(i), (ii)에서 실수 k의 값의 범위는 $3<k\leq 6$

따라서 정수 k의 값은 4, 5, 6이므로 구하는 합은

$$4+5+6=15$$

1036 답 -3

$A\cap B\neq\varnothing$이므로 $y=\sqrt{-2x+3}$ 의 그래프와 직선 $y=2x+k$가 만나야 한다. $\qquad \cdots\cdots \ \text{❶}$

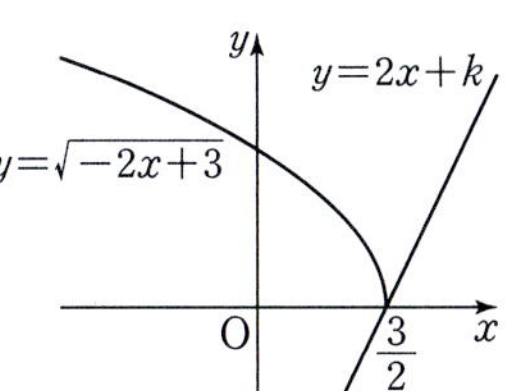

$y=\sqrt{-2x+3}=\sqrt{-2\left(x-\dfrac{3}{2}\right)}$ 이므로 $y=\sqrt{-2x+3}$ 의 그래프는 $y=\sqrt{-2x}$ 의 그래프를 x축의 방향으로 $\dfrac{3}{2}$만큼 평행이동한 것이고, 직선 $y=2x+k$는 기울기가 2이고 y절편이 k이다.

직선 $y=2x+k$가 점 $\left(\dfrac{3}{2},\ 0\right)$을 지날 때,

$$0=3+k$$

$$\therefore k=-3 \qquad \cdots\cdots \ \text{❷}$$

따라서 $y=\sqrt{-2x+3}$ 의 그래프와 직선 $y=2x+k$가 만나려면 $k\geq -3$이어야 하므로 구하는 실수 k의 최솟값은 -3이다. $\cdots\cdots \ \text{❸}$

❶ 무리함수의 그래프와 직선의 위치 관계 파악하기	20%
❷ 직선 $y=2x+k$가 점 $\left(\dfrac{3}{2}, 0\right)$을 지날 때 k의 값 구하기	50%
❸ 실수 k의 최솟값 구하기	30%

1037 답 ②

$y=\sqrt{8-4x}=\sqrt{-4(x-2)}$ 이므로 $y=\sqrt{8-4x}$ 의 그래프는 $y=\sqrt{-4x}$ 의 그래프를 x축의 방향으로 2만큼 평행이동한 것이고, 직선 $y=-x+k$는 기울기가 -1이고 y절편이 k이다.

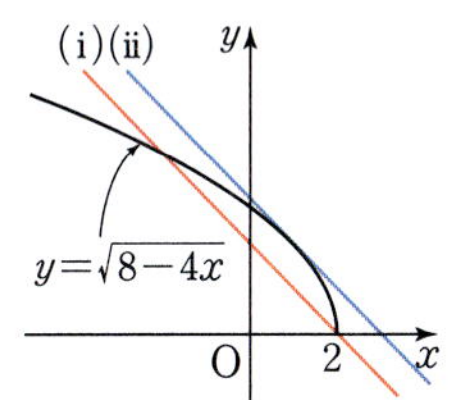

(i) 직선 $y=-x+k$가 점 $(2,\ 0)$을 지날 때,

$$0=-2+k$$

$$\therefore k=2$$

(ii) $y=\sqrt{8-4x}$ 의 그래프와 직선 $y=-x+k$가 접할 때,

$\sqrt{8-4x}=-x+k$ 의 양변을 제곱하면

$$8-4x=x^2-2kx+k^2$$

$$\therefore x^2-2(k-2)x+k^2-8=0$$

이 이차방정식의 판별식을 D라 하면

$$\frac{D}{4}=\{-(k-2)\}^2-(k^2-8)=0$$

$$-4k+12=0$$

$$\therefore k=3$$

(i), (ii)에서 $f(k)=\begin{cases} 0 & (k>3) \\ 1 & (k=3 \ \text{또는} \ k<2) \\ 2 & (2\leq k<3) \end{cases}$

$$\therefore f\left(\frac{3}{2}\right)+f(2)+f(3)+f\left(\frac{9}{2}\right)=1+2+1+0=4$$

1038 답 ①

$y=\sqrt{kx+1}-2$의 그래프는 k의 값에 관계없이 점 $(0,\,-1)$을 지난다.

또 두 점 A, B는 모두 제1사분면 위에 있으므로 $y=\sqrt{kx+1}-2$의 그래프와 선분 AB가 만나려면 오른쪽 그림과 같이 $k>0$이고 $x=1$일 때 $y\le3$, $x=3$일 때 $y\ge1$이어야 한다.

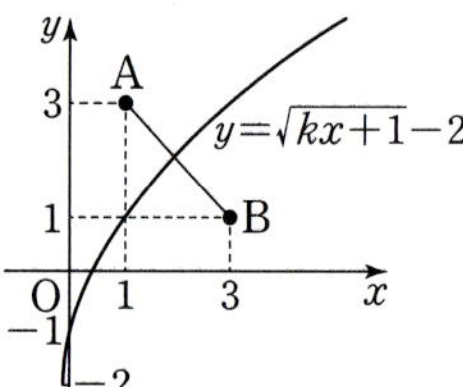

(i) $x=1$일 때,
$$\sqrt{k+1}-2\le3$$
$$\sqrt{k+1}\le5$$
양변을 제곱하면
$$k+1\le25 \qquad \therefore k\le24$$

(ii) $x=3$일 때,
$$\sqrt{3k+1}-2\ge1$$
$$\sqrt{3k+1}\ge3$$
양변을 제곱하면
$$3k+1\ge9 \qquad \therefore k\ge\frac{8}{3}$$

(i), (ii)에서 $\dfrac{8}{3}\le k\le24$

따라서 정수 k는 3, 4, 5, …, 24의 22개이다.

1039 답 $\dfrac{9}{4}$

$y=\sqrt{3x-9}=\sqrt{3(x-3)}$이므로 $y=\sqrt{3x-9}$의 그래프는 $y=\sqrt{3x}$의 그래프를 x축의 방향으로 3만큼 평행이동한 것이다.

$y=|x-k|$에서
$x\ge k$일 때, $y=x-k$
$x<k$일 때, $y=-(x-k)=-x+k$

즉, 두 함수 $y=\sqrt{3x-9}$, $y=|x-k|$의 그래프의 교점이 존재하도록 하는 실수 k의 값은 오른쪽 그림과 같이 $x\ge k$에서 두 함수 $y=x-k$와

$y=\sqrt{3x-9}$의 그래프가 접할 때 최솟값을 갖는다.

$\sqrt{3x-9}=x-k$의 양변을 제곱하면
$$3x-9=x^2-2kx+k^2$$
$$\therefore x^2-(2k+3)x+k^2+9=0$$
이 이차방정식의 판별식을 D라 하면
$$D=\{-(2k+3)\}^2-4(k^2+9)=0$$
$$12k-27=0$$
$$\therefore k=\frac{9}{4}$$

따라서 구하는 실수 k의 최솟값은 $\dfrac{9}{4}$이다.

1040 답 $\dfrac{1}{4}$

$y=\sqrt{x+|x|}$에서
$x\ge0$일 때, $y=\sqrt{x+x}=\sqrt{2x}$
$x<0$일 때, $y=\sqrt{x-x}=0$

즉, $y=\sqrt{x+|x|}$의 그래프는 오른쪽 그림과 같고, 직선 $y=2x+k$는 기울기가 2이고 y절편이 k이다.

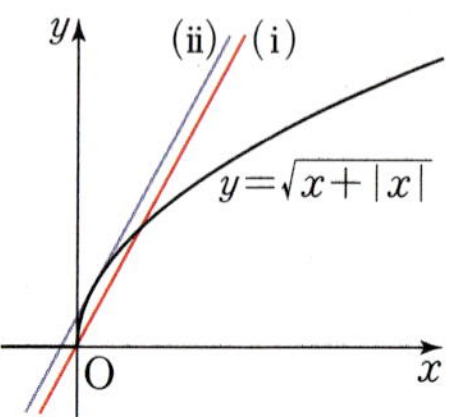

(i) 직선 $y=2x+k$가 원점을 지날 때,
$$k=0$$

(ii) $y=\sqrt{2x}$의 그래프와 직선 $y=2x+k$가 접할 때,
$\sqrt{2x}=2x+k$의 양변을 제곱하면
$$2x=4x^2+4kx+k^2$$
$$\therefore 4x^2+2(2k-1)x+k^2=0$$
이 이차방정식의 판별식을 D라 하면
$$\frac{D}{4}=(2k-1)^2-4k^2=0$$
$$-4k+1=0 \qquad \therefore k=\frac{1}{4}$$

(i), (ii)에서 실수 k의 값의 범위는 $0<k<\dfrac{1}{4}$

따라서 $\alpha=0$, $\beta=\dfrac{1}{4}$이므로 $\alpha+\beta=\dfrac{1}{4}$

1041 답 ②

$C(k,\,0)$, $D(4k,\,0)$이고, 사각형 ACDB는 넓이가 18인 사다리꼴이므로
$$\frac{1}{2}(\sqrt{2k}+2\sqrt{2k})(4k-k)=18$$
$$k\sqrt{2k}=4$$
양변을 제곱하면
$$2k^3=16,\ k^3=8 \qquad \therefore k=2\ (\because k>0)$$
따라서 $A(2,\,2)$, $B(8,\,4)$이므로
$$\overline{AB}=\sqrt{(8-2)^2+(4-2)^2}=2\sqrt{10}$$

1042 답 ⑤

두 점 P, Q의 x좌표를 각각 p, $q\,(p\ne q)$라 하면
$P(p,\,\sqrt{p-1}+3)$, $Q(q,\,\sqrt{q-1}+3)$
선분 PQ의 중점의 y좌표가 5이므로
$$\frac{\sqrt{p-1}+3+\sqrt{q-1}+3}{2}=5$$
$$\therefore \sqrt{p-1}+\sqrt{q-1}=4 \qquad \cdots\cdots\ \text{㉠}$$
직선 PQ의 기울기는
$$\frac{\sqrt{q-1}+3-(\sqrt{p-1}+3)}{q-p}$$
$$=\frac{\sqrt{q-1}-\sqrt{p-1}}{q-p}$$
$$=\frac{(\sqrt{q-1}-\sqrt{p-1})(\sqrt{q-1}+\sqrt{p-1})}{(q-p)(\sqrt{q-1}+\sqrt{p-1})}$$
$$=\frac{1}{\sqrt{q-1}+\sqrt{p-1}}=\frac{1}{4}\ (\because\ \text{㉠})$$
즉, 기울기가 $\dfrac{1}{4}$이고 점 $(4,\,3)$을 지나는 직선의 방정식은
$$y-3=\frac{1}{4}(x-4) \qquad \therefore y=\frac{1}{4}x+2$$
따라서 $a=\dfrac{1}{4}$, $b=2$이므로 $ab=\dfrac{1}{2}$

1043 답 32

$A(a, \sqrt{2a})$, $B(a, \sqrt{6a})$

점 C의 y좌표는 점 B의 y좌표와 같으므로 x좌표를 구하면

$\sqrt{2x} = \sqrt{6a}$

양변을 제곱하면

$2x = 6a$ $\quad \therefore x = 3a$

$\therefore C(3a, \sqrt{6a})$

점 D의 x좌표는 점 C의 x좌표와 같으므로

$D(3a, 3\sqrt{2a})$

두 점 A, D를 지나는 직선의 기울기는

$$\frac{3\sqrt{2a} - \sqrt{2a}}{3a - a} = \frac{\sqrt{2a}}{a} = \sqrt{\frac{2}{a}} \ (\because a > 0)$$

즉, $\sqrt{\dfrac{2}{a}} = \dfrac{1}{4}$ 이므로 양변을 제곱하면

$\dfrac{2}{a} = \dfrac{1}{16}$ $\quad \therefore a = 32$

1044 답 ⑤

점 D의 x좌표는 점 A의 x좌표와 같으므로

$D(a, 5\sqrt{a})$

점 C의 y좌표는 점 D의 y좌표와 같으므로 x좌표를 구하면

$\sqrt{5x} = 5\sqrt{a}$

양변을 제곱하면

$5x = 25a$ $\quad \therefore x = 5a$

$\therefore C(5a, 5\sqrt{a})$

이때 점 B는 x축 위에 있고 점 B의 x좌표는 점 C의 x좌표와 같으므로

$B(5a, 0)$

정사각형 ABCD에서 $\overline{AD} = \overline{AB}$ 이므로

$5\sqrt{a} = 4a$

양변을 제곱하면

$25a = 16a^2$, $16a\left(a - \dfrac{25}{16}\right) = 0$

$\therefore a = \dfrac{25}{16} \ (\because a > 0)$

1045 답 3

$P_k(k, \sqrt{k+1})$, $Q_k(k, \sqrt{k})$ 이므로

$\overline{P_kQ_k} = |\sqrt{k} - \sqrt{k+1}| = \sqrt{k+1} - \sqrt{k}$ $\quad$ ······ ❶

$\therefore \overline{P_1Q_1} + \overline{P_2Q_2} + \overline{P_3Q_3} + \cdots + \overline{P_{79}Q_{79}}$

$\quad = (\sqrt{2} - \sqrt{1}) + (\sqrt{3} - \sqrt{2}) + (\sqrt{4} - \sqrt{3})$

$\quad\quad\quad\quad\quad\quad\quad\quad + \cdots + (\sqrt{79} - \sqrt{78}) + (\sqrt{80} - \sqrt{79})$

$\quad = -\sqrt{1} + \sqrt{80}$

$\quad = -1 + 4\sqrt{5}$ $\quad$ ······ ❷

따라서 $a = -1$, $b = 4$ 이므로

$a + b = 3$ $\quad$ ······ ❸

채점 기준	
❶ 선분 P_kQ_k의 길이를 k에 대한 식으로 나타내기	40 %
❷ $\overline{P_1Q_1} + \overline{P_2Q_2} + \overline{P_3Q_3} + \cdots + \overline{P_{79}Q_{79}}$의 값 구하기	40 %
❸ $a + b$의 값 구하기	20 %

1046 답 ②

$y = \sqrt{a(6-x)} = \sqrt{-a(x-6)}$ 이므로 $y = \sqrt{a(6-x)}$ 의 그래프는 $y = \sqrt{-ax}$ 의 그래프를 x축의 방향으로 6만큼 평행이동한 것이다.

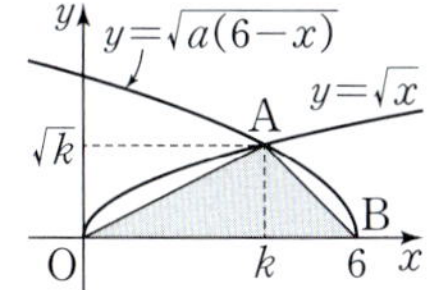

오른쪽 그림과 같이 점 A의 좌표를 $(k, \sqrt{k})$ 라 하면 삼각형 AOB의 넓이가 6 이므로

$\dfrac{1}{2} \times 6 \times \sqrt{k} = 6$

$\sqrt{k} = 2$ $\quad \therefore k = 4$

$\therefore A(4, 2)$

이 점이 $y = \sqrt{a(6-x)}$ 의 그래프 위의 점이므로

$2 = \sqrt{a(6-4)}$

$\sqrt{2a} = 2$, $2a = 4$

$\therefore a = 2$

1047 답 ③

$A(k, \sqrt{k})$, $B(k, 2\sqrt{k})$ 이므로

두 점 A, B의 중점을 M이라 하면

$M\left(k, \dfrac{3\sqrt{k}}{2}\right)$

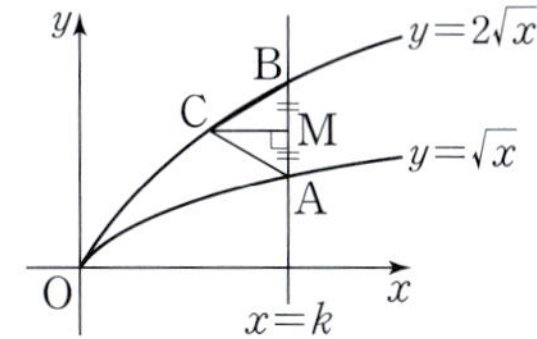

이때 삼각형 ABC는 정삼각형이고 선분 AB는 x축에 수직이므로 점 C의 y좌표는 점 M의 y좌표와 같다.

즉, 점 C의 x좌표를 구하면

$2\sqrt{x} = \dfrac{3\sqrt{k}}{2}$ 에서 $4\sqrt{x} = 3\sqrt{k}$

양변을 제곱하면

$16x = 9k$ $\quad \therefore x = \dfrac{9}{16}k$

$\therefore C\left(\dfrac{9}{16}k, \dfrac{3\sqrt{k}}{2}\right)$

한편 삼각형 ABC는 정삼각형이므로

$\overline{AM} : \overline{CM} = 1 : \sqrt{3}$ 에서

$\overline{CM} = \sqrt{3} \times \overline{AM}$

$\overline{CM}^2 = 3\overline{AM}^2$ 이므로

$\left(k - \dfrac{9}{16}k\right)^2 = 3\left(\dfrac{3\sqrt{k}}{2} - \sqrt{k}\right)^2$

$\dfrac{49}{256}k^2 = \dfrac{3}{4}k$, $\dfrac{49}{256}k\left(k - \dfrac{192}{49}\right) = 0$

$\therefore k = \dfrac{192}{49} \ (\because k > 0)$

따라서 정삼각형 ABC의 한 변의 길이는

$\overline{AB} = |2\sqrt{k} - \sqrt{k}| = \sqrt{k} = \dfrac{8\sqrt{3}}{7}$

1048 답 10

$y = \sqrt{x}$ 의 그래프는 $y = x^2 \ (x \leq 0)$ 의 그래프를 y축에 대하여 대칭이동한 후 직선 $y = x$ 에 대하여 대칭이동한 것이다.

또 점 $A(-2, 4)$ 를 y축에 대하여 대칭이동한 후 직선 $y = x$ 에 대하여 대칭이동한 점의 좌표는 $(4, 2)$, 즉 점 B가 된다.

즉, 오른쪽 그림의 빗금 친 부분의 넓이가 서로 같으므로 구하는 넓이는 삼각형 OBA의 넓이와 같다.

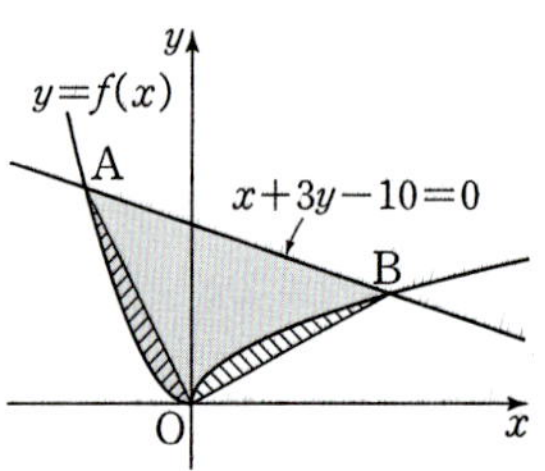

$$\overline{AB}=\sqrt{(4+2)^2+(2-4)^2}$$
$$=2\sqrt{10}$$

원점과 직선 $x+3y-10=0$ 사이의 거리는

$$\frac{|-10|}{\sqrt{1^2+3^2}}=\sqrt{10}$$

따라서 구하는 넓이는

$$\triangle OBA=\frac{1}{2}\times 2\sqrt{10}\times\sqrt{10}=10$$

1049 답 27

$f^{-1}(7)=k\,(k$는 상수$)$라 하면 $f(k)=7$이므로
$$\sqrt{k-2}+2=7,\ \sqrt{k-2}=5$$
양변을 제곱하면
$$k-2=25\qquad\therefore\ k=27$$
$$\therefore\ f^{-1}(7)=27$$

1050 답 ③

$f^{-1}(g(x))=2x$에서
$$f(f^{-1}(g(x)))=f(2x)$$
즉, $g(x)=f(2x)=\sqrt{6x-12}$이므로
$$g(3)=\sqrt{6}$$

다른 풀이

$f^{-1}(g(x))=2x$에 $x=3$을 대입하면
$$f^{-1}(g(3))=6$$
이때 $f(f^{-1}(g(3)))=f(6)$이므로
$$g(3)=f(6)=\sqrt{6}$$

1051 답 13

$(g^{-1}\circ f)(2)=g^{-1}(f(2))=g^{-1}(5)$
$g^{-1}(5)=k\,(k$는 상수$)$라 하면 $g(k)=5$이므로
$$\sqrt{2k-1}=5$$
양변을 제곱하면
$$2k-1=25\qquad\therefore\ k=13$$
$$\therefore\ (g^{-1}\circ f)(2)=13$$

1052 답 12

함수 $y=\sqrt{2(x-1)}+a$의 역함수의 그래프가 두 점 $(5,1)$, $(b,3)$을 지나므로 함수 $y=\sqrt{2(x-1)}+a$의 그래프는 두 점 $(1,5)$, $(3,b)$를 지난다.
$5=\sqrt{2(1-1)}+a$에서 $a=5$
$b=\sqrt{2(3-1)}+5$에서 $b=7$
$$\therefore\ a+b=12$$

1053 답 ②

주어진 그래프는 $y=-\sqrt{ax}\,(a<0)$의 그래프를 x축의 방향으로 1만큼, y축의 방향으로 1만큼 평행이동한 것이므로
$$f(x)=-\sqrt{a(x-1)}+1$$
이 함수의 그래프가 점 $(0,-1)$을 지나므로
$$-1=-\sqrt{-a}+1$$
$$\sqrt{-a}=2$$
$$-a=4\qquad\therefore\ a=-4$$
$$\therefore\ f(x)=-\sqrt{-4(x-1)}+1=-\sqrt{-4x+4}+1$$
$g(-2)=k\,(k$는 상수$)$라 하면 $f(k)=-2$이므로
$$-\sqrt{-4k+4}+1=-2,\ \sqrt{-4k+4}=3$$
양변을 제곱하면
$$-4k+4=9$$
$$\therefore\ k=-\frac{5}{4}$$
$$\therefore\ g(-2)=-\frac{5}{4}$$

1054 답 ①

함수 $y=f(x)$의 치역이 $\{y\,|\,y\geq -1\}$이므로 그 역함수 $y=f^{-1}(x)$의 정의역은 $\{x\,|\,x\geq -1\}$이다.
$y=\sqrt{4x+5}-1$이라 하면 $y+1=\sqrt{4x+5}$
양변을 제곱하면
$$y^2+2y+1=4x+5$$
$$\therefore\ x=\frac{1}{4}y^2+\frac{1}{2}y-1$$
x와 y를 서로 바꾸면
$$y=\frac{1}{4}x^2+\frac{1}{2}x-1$$
$$\therefore\ f^{-1}(x)=\frac{1}{4}x^2+\frac{1}{2}x-1\,(x\geq -1)$$
따라서 $a=\frac{1}{2}$, $b=-1$, $c=-1$이므로
$$a+b+c=-\frac{3}{2}$$

1055 답 ③

함수 $y=f(x)$의 그래프와 그 역함수 $y=g(x)$의 그래프는 직선 $y=x$에 대하여 대칭이므로 두 함수의 그래프의 교점은 $y=f(x)$의 그래프와 직선 $y=x$의 교점과 같다.
$\sqrt{x+2}+4=x$에서 $\sqrt{x+2}=x-4$
양변을 제곱하면
$$x+2=x^2-8x+16,\ x^2-9x+14=0$$
$$(x-2)(x-7)=0$$
$$\therefore\ x=2\ \text{또는}\ x=7$$
그런데 함수 $y=f(x)$의 치역이 $\{y\,|\,y\geq 4\}$이므로 그 역함수 $y=g(x)$의 정의역은 $\{x\,|\,x\geq 4\}$이다.
$$\therefore\ x=7$$
따라서 두 함수 $y=f(x)$, $y=g(x)$의 교점의 좌표는 $(7,7)$이므로 $a=7$, $b=7$
$$\therefore\ (a-4)(b-5)=(7-4)(7-5)=6$$

1056 답 ①

함수 $f(x)=\sqrt{ax+b}$ 의 그래프가 점 $(3, 2)$를 지나므로
$2=\sqrt{3a+b}$
양변을 제곱하면
$3a+b=4$ $\quad$ …… ㉠
또 $f(x)$의 역함수의 그래프가 점 $(3, 2)$를 지나므로
함수 $f(x)=\sqrt{ax+b}$의 그래프는 점 $(2, 3)$을 지난다.
즉, $3=\sqrt{2a+b}$이므로 양변을 제곱하면
$2a+b=9$ $\quad$ …… ㉡
㉠, ㉡을 연립하여 풀면
$a=-5$, $b=19$
$\therefore a-b=-24$

1057 답 ⑤

$(g^{-1} \circ (f \circ g^{-1})^{-1} \circ g)(3) = (g^{-1} \circ g \circ f^{-1} \circ g)(3)$
$\qquad\qquad\qquad\qquad\qquad = (f^{-1} \circ g)(3)$
$\qquad\qquad\qquad\qquad\qquad = f^{-1}(g(3))$
$\qquad\qquad\qquad\qquad\qquad = f^{-1}(4)$
$f^{-1}(4)=k\,(k$는 상수$)$라 하면 $f(k)=4$이므로
$\dfrac{2k+4}{k-2}=4$, $2k+4=4k-8$ $\quad \therefore k=6$
$\therefore (g^{-1} \circ (f \circ g^{-1})^{-1} \circ g)(3)=6$

1058 답 5

$g(3)=k\,(k$는 상수$)$라 하면 $f(k)=3$이므로
$\sqrt{-2k+11}=3$
양변을 제곱하면
$-2k+11=9$ $\quad \therefore k=1$
$\therefore g(3)=1$ $\qquad\qquad\qquad\qquad\qquad$ …… ❶
$g(1)=l\,(l$은 상수$)$이라 하면 $f(l)=1$이므로
$\sqrt{-2l+11}=1$
양변을 제곱하면
$-2l+11=1$ $\quad \therefore l=5$
$\therefore g(1)=5$ $\qquad\qquad\qquad\qquad\qquad$ …… ❷
$\therefore (g \circ g)(3)=g(g(3))=g(1)=5$ $\qquad$ …… ❸

채점 기준	
❶ $g(3)$의 값 구하기	40%
❷ $g(1)$의 값 구하기	40%
❸ $(g \circ g)(3)$의 값 구하기	20%

1059 답 ①

$y=2\sqrt{x}$의 그래프를 x축의 방향으로 a만큼, y축의 방향으로 3만큼
평행이동한 그래프의 식은
$y=2\sqrt{x-a}+3$ $\quad \therefore f(x)=2\sqrt{x-a}+3$
함수 $y=f(x)$의 그래프와 그 역함수 $y=f^{-1}(x)$의 그래프는 직선
$y=x$에 대하여 대칭이므로 두 함수 $y=f(x)$, $y=f^{-1}(x)$의 그래
프가 접하면 함수 $y=f(x)$의 그래프와 직선 $y=x$도 접한다.

$2\sqrt{x-a}+3=x$에서 $2\sqrt{x-a}=x-3$
양변을 제곱하면
$4(x-a)=x^2-6x+9$
$\therefore x^2-10x+4a+9=0$
이 이차방정식의 판별식을 D라 하면
$\dfrac{D}{4}=(-5)^2-(4a+9)=0$
$-4a+16=0$ $\quad \therefore a=4$

1060 답 ③

$(f^{-1} \circ f^{-1})(k)=9$에서 $(f \circ f)^{-1}(k)=9$이므로
$(f \circ f)(9)=k$
$9>0$이므로
$f(9)=1-2\sqrt{9}=-5$
$-5<0$이므로
$f(-5)=\sqrt{2-(-5)}=\sqrt{7}$
$\therefore k=f(f(9))=f(-5)=\sqrt{7}$

1061 답 ③

함수 $y=f(x)$의 그래프와 그 역함수 $y=f^{-1}(x)$의 그래프는 직선
$y=x$에 대하여 대칭이므로 두 함수의 그래프의 교점은 $y=f(x)$의
그래프와 직선 $y=x$의 교점과 같다.
$\sqrt{3x-a}+2=x$에서 $\sqrt{3x-a}=x-2$
양변을 제곱하면
$3x-a=x^2-4x+4$
$\therefore x^2-7x+a+4=0$
이 이차방정식의 두 근을 α, β라 하면 근과 계수의 관계에 의하여
$\alpha+\beta=7$, $\alpha\beta=a+4$ $\quad$ …… ㉠
한편 두 교점의 좌표는 (α, α), (β, β)이고 두 교점 사이의 거리가
$\sqrt{2}$이므로
$\sqrt{(\beta-\alpha)^2+(\beta-\alpha)^2}=\sqrt{2}$
$\sqrt{2(\alpha-\beta)^2}=\sqrt{2}$
$\therefore (\alpha-\beta)^2=1$
이때 $(\alpha-\beta)^2=(\alpha+\beta)^2-4\alpha\beta$이므로
$1=7^2-4(a+4)\,(\because ㉠)$
$4(a+4)=48$
$\therefore a=8$

1062 답 ②

$x \geq 0$에서 함수 $f(x)=\dfrac{1}{5}x^2+\dfrac{1}{5}k$는 일대일대응이므로 역함수가
존재한다.
$y=\dfrac{1}{5}x^2+\dfrac{1}{5}k\,(x \geq 0)$라 하면
$\dfrac{1}{5}x^2=y-\dfrac{1}{5}k$, $x^2=5y-k$
$\therefore x=\sqrt{5y-k}\,(\because x \geq 0)$
x와 y를 서로 바꾸면
$y=\sqrt{5x-k}$
즉, 함수 $g(x)=\sqrt{5x-k}$는 $f(x)$의 역함수이다.

따라서 두 함수 $y=f(x)$, $y=g(x)$의 그래프는 오른쪽 그림과 같이 직선 $y=x$에 대하여 대칭이므로 두 함수 $y=f(x)$, $y=g(x)$의 그래프의 교점은 함수 $y=f(x)$의 그래프와 직선 $y=x$의 교점과 같다.

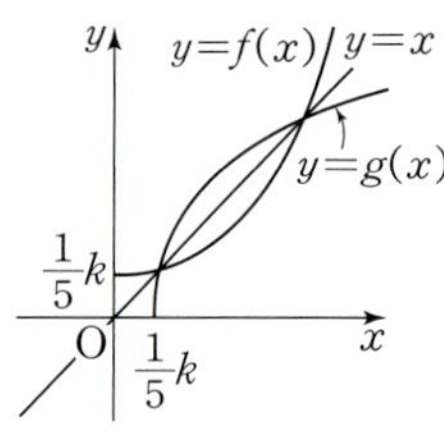

두 함수 $y=f(x)$, $y=g(x)$의 그래프가 서로 다른 두 점에서 만나려면 이차방정식 $\dfrac{1}{5}x^2+\dfrac{1}{5}k=x$, 즉 $x^2-5x+k=0$이 음이 아닌 서로 다른 두 실근을 가져야 한다.

(i) 이 이차방정식의 판별식을 D라 하면
$$D=(-5)^2-4k>0 \qquad \therefore k<\frac{25}{4}$$

(ii) (두 근의 곱)≥ 0에서 이차방정식의 근과 계수의 관계에 의하여
$$k\geq 0$$

(i), (ii)에서 $0\leq k<\dfrac{25}{4}$

따라서 정수 k는 0, 1, 2, …, 6의 7개이다.

1063　답 $\left(\dfrac{27}{4},\ \dfrac{3}{2}\right)$

전략　사각형 OAPB를 두 삼각형 OAB, APB로 나누어 넓이가 최대일 때의 점 P의 위치를 파악한다.

$y=\sqrt{9-x}$의 그래프가 x축, y축과 만나는 점은 각각 A$(9,0)$, B$(0,3)$이다.

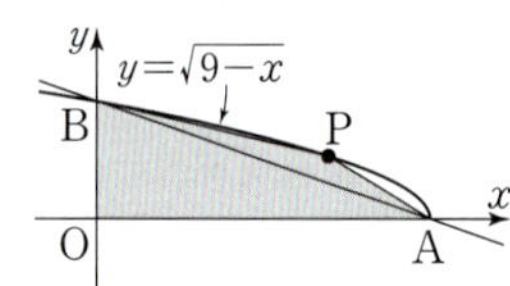

$\square$OAPB$=\triangle$OAB$+\triangle$APB

이때 삼각형 OAB의 넓이는
$$\frac{1}{2}\times\overline{OA}\times\overline{OB}=\frac{1}{2}\times 9\times 3=\frac{27}{2}$$

즉, 삼각형 OAB의 넓이는 일정하므로 삼각형 APB의 넓이가 최대일 때, 사각형 OAPB의 넓이가 최대이다.

삼각형 APB의 밑변을 선분 AB라 하면
$\overline{AB}=\sqrt{(-9)^2+3^2}=3\sqrt{10}$이므로 점 P와 직선 AB 사이의 거리가 최대일 때, 삼각형 APB의 넓이가 최대이다.

두 점 A$(9,0)$, B$(0,3)$을 지나는 직선의 방정식은
$$\frac{x}{9}+\frac{y}{3}=1 \qquad \therefore x+3y-9=0$$

점 P의 y좌표를 $a(a>0)$라 하고 x좌표를 구하면
$$a=\sqrt{9-x}$$

양변을 제곱하면
$$a^2=9-x \qquad \therefore x=9-a^2$$
$$\therefore \text{P}(9-a^2,\ a)$$

점 P와 직선 $x+3y-9=0$ 사이의 거리는
$$\frac{|9-a^2+3a-9|}{\sqrt{1^2+3^2}}=\frac{|-a^2+3a|}{\sqrt{10}}=\frac{\left|-\left(a-\frac{3}{2}\right)^2+\frac{9}{4}\right|}{\sqrt{10}}$$

즉, $a=\dfrac{3}{2}$일 때, 삼각형 APB의 넓이가 최대이므로 사각형 OAPB의 넓이가 최대이다.

따라서 구하는 점 P의 좌표는 $\left(\dfrac{27}{4},\ \dfrac{3}{2}\right)$이다.

1064　답 ④

$f(x)=-\sqrt{kx+2k}+4$, $g(x)=\sqrt{-kx+2k}-4$라 하자.

ㄱ. $-f(-x)=-(-\sqrt{-kx+2k}+4)=\sqrt{-kx+2k}-4$

따라서 두 함수의 그래프는 서로 원점에 대하여 대칭이다.

ㄴ. $k<0$일 때, 두 함수의 그래프는 오른쪽 그림과 같으므로 만나지 않는다.

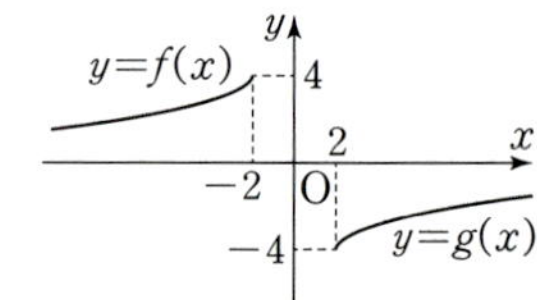

ㄷ. ㄱ에서 두 함수의 그래프는 원점에 대하여 대칭이므로 $k>0$일 때, 두 함수의 그래프가 서로 다른 두 점에서 만나도록 하는 k의 최댓값은 오른쪽 그림과 같이 $y=f(x)$의 그래프가 $y=g(x)$의 그래프 위의 점 $(2,-4)$를 지날 때이다.

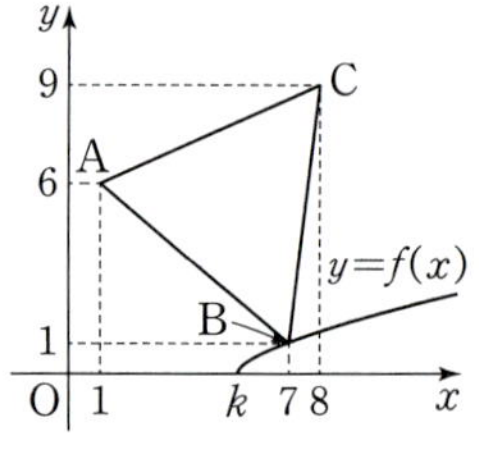

$f(2)=-4$에서 $-\sqrt{4k}+4=-4$
$$\sqrt{4k}=8,\ 4k=64$$
$$\therefore k=16$$

따라서 보기에서 옳은 것은 ㄱ, ㄷ이다.

1065　답 ②

전략　함수 $y=f(x)$의 그래프가 삼각형 ABC와 만날 때 지나는 점과 함수 $f(x)$의 역함수의 그래프가 삼각형 ABC와 만날 때 지나는 점을 찾는다.

(i) $y=f(x)$의 그래프가 삼각형 ABC와 B$(7,1)$에서 만날 때,
$f(7)=1$이므로 $\sqrt{7-k}=1$

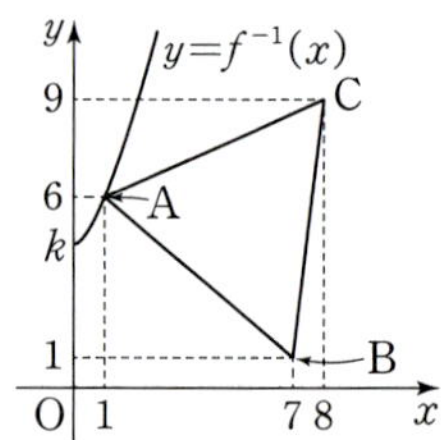

양변을 제곱하면
$$7-k=1 \qquad \therefore k=6$$

즉, $k>6$일 때 $y=f(x)$의 그래프는 삼각형 ABC와 만나지 않으므로 $y=f(x)$의 그래프가 삼각형 ABC와 만나도록 하는 실수 k의 최댓값은 6이다.

(ii) $y=f^{-1}(x)$의 그래프가 삼각형 ABC와 A$(1,6)$에서 만날 때,
$f^{-1}(1)=6$, 즉 $f(6)=1$이므로
$$\sqrt{6-k}=1$$

양변을 제곱하면
$$6-k=1 \qquad \therefore k=5$$

즉, $k>5$일 때 $y=f^{-1}(x)$의 그래프는 삼각형 ABC와 만나지 않으므로 $y=f^{-1}(x)$의 그래프가 삼각형 ABC와 만나도록 하는 실수 k의 최댓값은 5이다.

(i), (ii)에서 $y=f(x)$의 그래프와 함수 $f(x)$의 역함수의 그래프가 삼각형 ABC와 만나도록 하는 실수 k의 최댓값은 5이다.

1066 <답> 2

 방정식 $f(f(x))=0$에서 $f(x)=t\,(t\geq -3)$로 놓고 t에 대한 방정식을 푼 후 함수 $y=f(x)$의 그래프와 직선 $y=-k$의 교점의 x좌표를 구한다.

$f(f(x))=0$에서 $f(x)=t\,(t\geq -3)$로 놓으면 $f(t)=0$이므로

$\sqrt{|t|-1}-3=0$

$\sqrt{|t|-1}=3$

양변을 제곱하면

$|t|-1=9,\ |t|=10$

$\therefore t=10\,(\because t\geq -3)$

$f(x)=10$이므로

$\sqrt{|x|-1}-3=10$

$\sqrt{|x|-1}=13$

양변을 제곱하면

$|x|-1=169,\ |x|=170$

$\therefore x=-170$ 또는 $x=170$

즉, 방정식 $f(f(x))=0$의 실근의 개수는 2이므로 $k=2$

$f(x)=\sqrt{|x|-1}-3$에서

$x\geq 0$일 때, $f(x)=\sqrt{x-1}-3$

$x<0$일 때, $f(x)=\sqrt{-x-1}-3$

따라서 오른쪽 그림과 같이 함수 $y=f(x)$의 그래프와 직선 $y=-2$가 만나는 점의 x좌표의 최댓값은 $x\geq 0$에서 $y=f(x)$의 그래프와 직선 $y=-2$의 교점의 x좌표이므로

$\sqrt{x-1}-3=-2$

$\sqrt{x-1}=1$

양변을 제곱하면

$x-1=1$

$\therefore x=2$

1067 <답> ④

 두 함수 $f(x)$와 $g(x)$가 서로 역함수 관계인 것을 파악한 후 두 점 A, C의 좌표를 구하여 삼각형 ABC의 넓이를 구한다.

$y=\sqrt{2x+3}$이라 하고 양변을 제곱하면

$y^2=2x+3$

$\therefore x=\dfrac{1}{2}(y^2-3)$

x와 y를 서로 바꾸면

$y=\dfrac{1}{2}(x^2-3)\,(x\geq 0)$

즉, 함수 $g(x)$는 함수 $f(x)$의 역함수이다.

두 함수 $y=f(x)$, $y=g(x)$의 그래프가 만나는 점 A는 함수 $f(x)=\sqrt{2x+3}$의 그래프와 직선 $y=x$의 교점과 같다.

$\sqrt{2x+3}=x$에서 양변을 제곱하면

$2x+3=x^2,\ x^2-2x-3=0$

$(x+1)(x-3)=0$

$\therefore x=3\,(\because x\geq 0)$

$\therefore \text{A}(3,\,3)$

점 C는 점 $\text{B}\left(\dfrac{1}{2},\,2\right)$를 직선 $y=x$에 대하여 대칭이동한 점이므로

$\text{C}\left(2,\,\dfrac{1}{2}\right)$

$\therefore \overline{\text{BC}}=\sqrt{\left(2-\dfrac{1}{2}\right)^2+\left(\dfrac{1}{2}-2\right)^2}=\dfrac{3\sqrt{2}}{2}$

점 $\text{B}\left(\dfrac{1}{2},\,2\right)$를 지나고 기울기가 -1인 직선 l의 방정식은

$y=-\left(x-\dfrac{1}{2}\right)+2$

$\therefore 2x+2y-5=0$

점 $\text{A}(3,\,3)$에서 직선 $2x+2y-5=0$에 내린 수선의 발을 H라 하면

$\overline{\text{AH}}=\dfrac{|6+6-5|}{\sqrt{2^2+2^2}}=\dfrac{7\sqrt{2}}{4}$

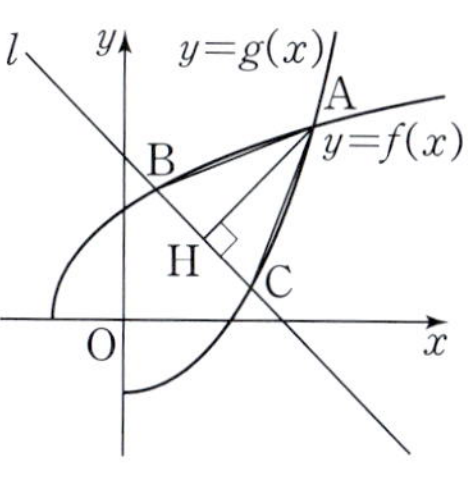

따라서 삼각형 ABC의 넓이는

$\dfrac{1}{2}\times\overline{\text{BC}}\times\overline{\text{AH}}=\dfrac{1}{2}\times\dfrac{3\sqrt{2}}{2}\times\dfrac{7\sqrt{2}}{4}$

$=\dfrac{21}{8}$

1068 <답> $\dfrac{3\sqrt{2}}{4}$

 두 점 P, Q 사이의 거리가 최소가 되도록 하는 두 점 P, Q의 위치를 파악한다.

두 점 P, Q 사이의 거리가 최소이려면 오른쪽 그림과 같이 점 P는 $y=f(x)$의 그래프의 접선 중 기울기가 1인 직선과의 접점이고, 점 Q는 점 P와 직선 $y=x$에 대하여 대칭인 점이어야 한다.

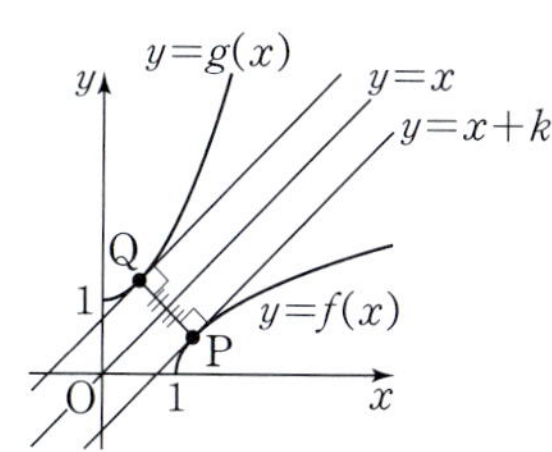

$y=f(x)$의 그래프의 접선 중 기울기가 1인 직선의 방정식을 $y=x+k\,(k$는 상수$)$라 하자.

$\sqrt{x-1}=x+k$에서 양변을 제곱하면

$x-1=x^2+2kx+k^2$

$\therefore x^2+(2k-1)x+k^2+1=0$

이 이차방정식의 판별식을 D라 하면

$D=(2k-1)^2-4(k^2+1)=0$

$-4k-3=0 \qquad \therefore k=-\dfrac{3}{4}$

$\therefore y=x-\dfrac{3}{4}$

즉, 구하는 거리의 최솟값은 직선 $y=x$와 직선 $y=x-\dfrac{3}{4}$ 사이의 거리의 2배와 같다.

이때 두 직선 $y=x$, $y=x-\dfrac{3}{4}$ 사이의 거리는 직선 $y=x$ 위의 한 점 $(0,\,0)$과 직선 $y=x-\dfrac{3}{4}$, 즉 $4x-4y-3=0$ 사이의 거리와 같으므로

$\dfrac{|-3|}{\sqrt{4^2+(-4)^2}}=\dfrac{3\sqrt{2}}{8}$

따라서 구하는 거리의 최솟값은

$2\times\dfrac{3\sqrt{2}}{8}=\dfrac{3\sqrt{2}}{4}$

1069 답 ⑤

전략 두 함수 $y=f(x)$, $y=g(x)$의 그래프는 서로 역함수 관계이므로 직선 $y=x$에 대하여 대칭임을 이용한다.

함수 $f(x)=\sqrt{x+n^2}-n\,(x\geq0)$의 그래프와 그 역함수 $y=g(x)$의 그래프는 원점에서만 만나므로 오른쪽 그림과 같다.

이때 두 함수 $y=f(x)$, $y=g(x)$의 그래프는 직선 $y=x$에 대하여 대칭이므로 두 점 P_n, Q_n도 직선 $y=x$에 대하여 대칭이다.

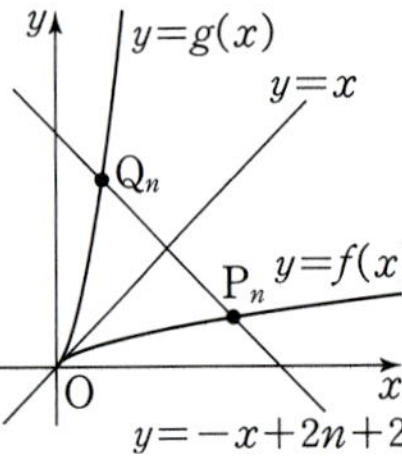

$\sqrt{x+n^2}-n=-x+2n+2$에서

$\sqrt{x+n^2}=-x+3n+2$

양변을 제곱하면

$x+n^2=x^2+9n^2+4-6nx+12n-4x$

$x^2-(6n+5)x+8n^2+12n+4=0$

$(x-2n-1)(x-4n-4)=0$

$\therefore x=2n+1$ 또는 $x=4n+4$

이때 직선 $y=-x+2n+2$의 x절편은 $2n+2$이므로 점 P_n의 x좌표는 $2n+1$이다.

점 P_n은 직선 $y=-x+2n+2$ 위의 점이므로 점 P_n의 y좌표는

$y=-(2n+1)+2n+2=1$

$\therefore P_n(2n+1,\ 1)$

즉, 점 Q_n의 좌표는 $(1,\ 2n+1)$이므로

$l_n=\overline{P_nQ_n}$

$\quad=\sqrt{(1-2n-1)^2+(2n+1-1)^2}=2\sqrt{2}\,n$

따라서 $l_1=2\sqrt{2}$, $l_2=4\sqrt{2}$, $l_3=6\sqrt{2}$이므로

$l_1^2+l_2^2+l_3^2=8+32+72=112$

1070 답 ①

전략 점 P에서 직선 $y=x+2$에 내린 수선의 발을 H라 할 때, 점 M이 선분 PH의 수직이등분선 위에 있음을 파악하고 두 점 M, A 사이의 거리의 최솟값과 같은 것을 구한다.

오른쪽 그림과 같이 점 P에서 직선 $y=x+2$에 내린 수선의 발을 H라 하면 선분 PQ의 중점 M은 선분 PH의 수직이등분선 위에 있으므로 두 점 M, A 사이의 거리의 최솟값은 점 A와 선분 PH의 수직이등분선 사이의 거리의 최솟값과 같다.

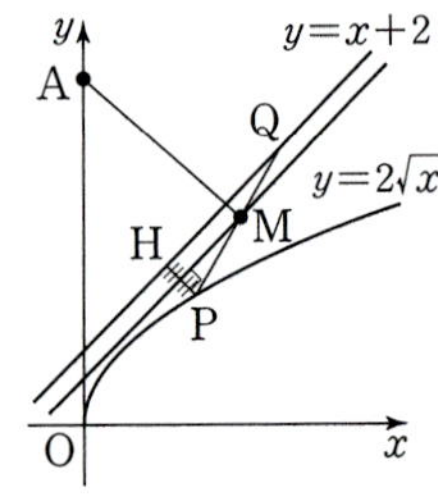

이때 직선 $y=x+2$와 선분 PH의 수직이등분선 사이의 거리의 최솟값은 점 P와 직선 $y=x+2$ 사이의 거리의 최솟값의 $\dfrac{1}{2}$과 같다.

$P(a,\ 2\sqrt{a})$라 하면 점 P와 직선 $y=x+2$, 즉 $x-y+2=0$ 사이의 거리는

$$\frac{|a-2\sqrt{a}+2|}{\sqrt{1^2+(-1)^2}}=\frac{|(\sqrt{a}-1)^2+1|}{\sqrt{2}}$$

즉, 점 P와 직선 $y=x+2$ 사이의 거리의 최솟값은 $a=1$일 때, $\dfrac{\sqrt{2}}{2}$이므로 직선 $y=x+2$와 선분 PH의 수직이등분선 사이의 거리의 최솟값은 $\dfrac{1}{2}\times\dfrac{\sqrt{2}}{2}=\dfrac{\sqrt{2}}{4}$

$A(0,\ 8)$과 직선 $y=x+2$, 즉 $x-y+2=0$ 사이의 거리는

$$\frac{|-8+2|}{\sqrt{1^2+(-1)^2}}=3\sqrt{2}$$

따라서 두 점 M, A 사이의 거리의 최솟값은

$$\frac{\sqrt{2}}{4}+3\sqrt{2}=\frac{13\sqrt{2}}{4}$$

MEMO

MEMO

문제부터 해설까지 자세하게!

Full수록

Full수록

풀수록 커지는 수능 실력! 풀수록 1등급!

- 최신 수능 트렌드 완벽 반영!
- 한눈에 파악하는 **기출 경향과 유형별 문제!**
- 상세한 **지문 분석 및 직관적인 해설!**
- 완벽한 **일차별 학습 플래닝!**

수능기출 | 국어 영역, 영어 영역, 수학 영역, 사회탐구 영역, 과학탐구 영역
고1 모의고사 | 국어 영역, 영어 영역

완자가 pick한 내신 기출의 모든 것, 1등급 필수템!

대표전화 1544-0554
주소 경기도 과천시 과천대로2길 54(갈현동, 그라운드브이)
협의 없는 무단 복제는 법으로 금지되어 있습니다.